概率统计系列研究生教学丛书 2

多元统计分析

王静龙　著

科 学 出 版 社
北 京

内 容 简 介

本书系统讲解多元统计分析的基本理论与应用方法, 同时包含了一些新近发展起来的理论丰富且有实用价值的内容. 本书内容包括多元正态分布及由其导出的分布、多元正态分布的参数估计与检验问题、线性模型、相关分析、判别分析以及聚类分析, 结合案例分析讲解多元统计分析的理论与方法.

本书可作为统计专业研究生和高年级本科生的教材使用, 同时也可供统计工作者、科技人员和高校相关专业的教师与学生阅读参考.

图书在版编目(CIP)数据

多元统计分析/王静龙著. —北京: 科学出版社, 2008

(概率统计系列研究生教学丛书; 2)

ISBN 978-7-03-021555-0

Ⅰ. 多… Ⅱ. 王… Ⅲ. 多元分析: 统计分析 Ⅳ. O212. 4

中国版本图书馆 CIP 数据核字(2008) 第 044770 号

责任编辑: 范庆奎 房 阳 / 责任校对: 陈玉凤

责任印制: 徐晓晨 / 封面设计: 王 浩

科 学 出 版 社 出版

北京东黄城根北街 16 号

邮政编码: 100717

http://www.sciencep.com

北京中石油彩色印刷有限责任公司 印刷

科学出版社发行 各地新华书店经销

*

2008 年 7 月第 一 版 开本: B5(720×1000)

2021 年 1 月第三次印刷 印张: 31 1/4

字数: 592 000

定价: 178.00 元

(如有印装质量问题,我社负责调换)

《概率统计系列研究生教学丛书》序

概率论与数理统计是一门研究随机现象规律性的数学学科. 它一方面有自己独特的概念和方法, 形成了结构宏大的理论; 另一方面, 它与其他数学分支又有紧密的联系, 它是近代数学的重要组成部分. 在培养高素质科学技术人才中具有其独特的、不可替代的重要作用. 它不单是一种知识、方法或工具, 更在于它可以有效地培养和训练学生的随机思维模式、培养学生的一种素养.

大体上说, 概率论是统计学的理论和方法的依据, 而统计学可视为概率论的一种应用. 统计方法的应用促进了科学技术的进步; 反过来科技的进步推动了统计学突飞猛进的发展. 统计学的一些新方法应运而生, 比如 EM 法、GEE 方法、MCMC 方法、经验似然、贝叶斯网络、大维数据分析等. 而计算机技术和信息技术的飞速发展为数据分析的复杂化和多样化提供了强有力的平台, 过去许多不敢想像的方法成为可能, 如 Data Mining, Bootstrap 和 Jack-knife 等方法. 英国统计学家哈斯利特说:"统计方法的应用是这样普遍, 在我们的生活和习惯中, 统计的影响是这样巨大, 以致统计的重要性无论怎样强调也不过分."

为了适应国内概率统计教学的现状以及社会对人才培养的需求, 并拓宽统计学应用的领域, 在科学出版社的大力支持下, 我们组织了一批专家编写了该系列适用于概率统计专业高年级本科生、研究生以及有关教师的教材 (教学参考书). 该丛书力求提高理论水平、突出前沿思想、侧重实际应用和学科渗透, 其中凝聚了该系列丛书作者的多年教学和科研经验.

我们衷心希望该系列丛书的出版能为我国高等院校教学改革作出贡献, 更希望能促进统计学在诸多领域的广泛应用.

史宁中

2008 年 5 月

于东北师范大学

前　言

多元统计分析的理论很丰富, 应用非常广泛. 国内绝大多数高校, 包括华东师范大学统计系, 都把多元统计分析当作统计方向硕士研究生的学位必修课. 我们先后采用了张尧庭与方开泰两位教授所著的《多元统计分析引论》和 Johnson 与 Wichern 的*Applied Multivariate Statistical Analysis* 作为多元统计分析课的教学用书. 在二十多年教学的过程中, 我们参考了很多国内外有关多元统计分析的经典著作, 其中有 Anderson 的*An Introduction to Multivariate Statistical Analysis*, Giri 的*Multivariate Statistical Inference*, Muirhead 的*Aspects of Multivariate Statistical Theory*, 方开泰编著的《实用多元统计分析》, 王学仁和王松桂编译的《实用多元统计分析》. 此外, 特别需要提到的是, 同济大学的王福宝曾将 Srivastava 和 Khatri 的*An Introduction to Multivariate Statistics* 翻译成中文, 承蒙他给了我此书的翻译打印稿《多元统计学导引》, 它也是我们多元统计分析课教学的主要参考用书之一. 在教学过程中, 我们陆续添加了一些新近发展起来的、理论丰富且有实用价值的内容, 并在听取学生意见的基础上尝试用一些新的方法去处理教材. 本书就是结合我和我学生的研究工作, 将陆续编写的讲义经过多次修改整理加工后写成的.

本书系统地讲解了多元统计分析的基本理论与应用方法. 全书共分 9 章. 第 1 章通过实例阐述多元统计分析的特点, 激发学生学习多元统计分析的兴趣; 第 2 章介绍多元正态分布及其有关性质; 第 3 章介绍由多元正态分布导出的 Wishart 分布、Hotelling T^2 分布、Wilks 分布以及这些分布的性质; 第 4 章讨论多元正态分布参数的估计问题; 第 5 章讨论多元正态分布均值参数的检验问题; 第 6 章讨论多元正态分布协方差阵参数的检验问题; 第 7 章讨论多元线性模型、多元线性回归模型和重复测量模型的估计与检验问题; 第 8 章讨论相关分析, 包括典型相关分析、主成分分析、因子分析与协方差选择模型; 第 9 章简要介绍多元统计分析的一些应用, 有判别分析与聚类分析. 本书标有 "*" 号的章节和习题可以跳过去, 这并不影响全书阅读的连贯性.

本书力求讲清楚多元正态分布和由它导出的分布. 关于多元正态分布, 本书在讲相关系数的时候还讲了条件独立性, 即偏相关系数与精度矩阵的关系. 关于 Wishart 分布的密度函数的推导, 本书正文采用的是数学归纳法. 这种方法比较初等, 仅需要基本的概率论与数理统计的知识, 读者容易理解. 考虑到二元正态分布用得比较多, 并且它是多元正态分布的一个缩影, 本书在推导任意阶 Wishart 分布的密度函数之前, 先行推导二阶 Wishart 分布的密度函数, 这能使读者对 Wishart 分布有一个直观的理解. 此外, 在习题和附录中还分别用 Bartlett 分解、许氏公式和不变测度推导了 Wishart 分布的密度函数. 多元统计检验问题的渐近 p 值的计算是一个很重要的问题. 本书在讲 Wilks 分布时, 还讲了它的分布函数的渐近展开, 为以后计算渐近 p 值作准备. 本书还简要地介绍了非中心的 Wishart 分布和 Hotelling T^2 分布.

随着经济的发展, 处理多个变量的观察数据的多元统计理论和方法也不断完善与发展. 除了常见的多元统计方法之外, 本书还介绍了多重比较、变点检验、序约束下有方向的检验问题、重复测量模型和协方差选择模型等多元统计方法. 本书力求讲清楚多元统计方法的实际背景和统计思想. 本书以成年人上衣服装号型的制定为例引入主成分分析, 这个例子在本书进行了多次讨论, 这不仅有助于激发读者学习多元统计分析的兴趣, 而且有助于读者理解多元统计分析的有关概念与方法. 通常人们是用关于智力的定义和测量的实例引入因子分析的, 除此之外, 本书还用新近发展起来的满意度指数模型引入因子分析. 根据解实际问题的需要, 本书对典型相关变量个数的检验、主成分特征根的统计推断、因子模型的估计与检验、费希尔判别函数个数的检验等问题进行了较为详细的讨论.

本书将与多元统计分析有关的一些内容放在附录中, 其中有多元特征函数、矩阵代数、二次型及其极值、变换的雅可比行列式和求导、指数分布族与条件独立性等. 这些内容对于理解正文的有关内容是很重要的, 而将它们放入附录的目的是为了在正文中突出多元统计分析的理论与方法. 用许氏公式和不变测度推导 Wishart 分布密度函数的证明比较抽象, 也放入附录.

我要特别感谢张尧庭和方开泰两位教授, 他们的书《多元统计分析引论》和他们关于多元统计分析的讲座影响了中国好几代从事多元统计分析的工作者. 我就是被他们的著作和讲座所吸引, 从而对多元统计分析产生了浓厚的兴趣. 如今, 张尧庭教授已过世, 仅以此书寄托我们对他的怀念与哀思. 方开泰教授给了我很多指导与帮助, 谨向他致以衷心的感谢.

我也要特别感谢林举干教授, 在我之前, 华东师范大学统计系硕士研究生的多元统计分析课是他任教的. 我的教学工作得到了他很多的帮助与启发. 我还要感谢徐进博士, 他仔细且评判性地阅读了本书底稿, 提出了很多修改意见. 我还要感谢华东师范大学统计系的历届研究生、访问学者和进修教师, 正因为有了他们的参与, 我对多元统计分析课的科研和教学越来越有体会, 否则难以想像本书能够成稿.

本书得到了华东师范大学研究生教材基金的资助, 在此对华东师范大学研究生院以及培养处束金龙教授表示衷心的感谢.

限于作者水平, 书中必有疏漏和需要改进之处, 恳请大家批评指正.

王静龙

2007 年 12 月

目　录

第1章　引　　言

在生产、技术、社会、经济以及管理等领域中, 人们常常需要同时观察多个变量. 通常有两种不同的方法来处理多个变量的观察数据. 把多个变量分开来进行研究, 一次分析一个变量, 这是一种方法. 另一种方法就是本书介绍的多元统计分析方法, 它把多个变量合在一起进行研究.

前一种方法仅需使用分析单个变量的单元统计分析方法, 比较简单, 但它没有考虑变量之间的相互关系. 在变量之间具有相关关系时, 倘若把它们分开来进行研究, 就会丢失变量之间相关的信息, 其分析结果很可能不是有效的. 后一种方法将变量合在一起进行研究, 研究它们之间的相互关系, 正确地揭示这些变量内在的相关数量变化规律, 其分析结果通常是有效的. 看下面的例子:

英国著名统计学家 K. Pearson(1857~1936) 曾进行了一项研究[114], 研究家庭成员间的相似性. 作为这项研究的一部分, 他测量了 1078 个父亲及其成年儿子的身高. 经计算,

父亲平均身高为 68in(即 172.7cm), 标准差 SD 为 2.7in(即 6.86cm);

儿子平均身高为 69in(即 175.3cm), 标准差 SD 为 2.7in(即 6.86cm);

它们之间的相关系数为 0.5.

我们的讨论与 Pearson 的讨论有所不同. 我们欲解决的问题是, 希望得到一个区域 D, 使得有如 95%的家庭, 其家庭成员中父亲及其成年儿子的身高在这个区域 D 中, 即使得

$$P\left((X,Y)\in D\right)=95\%, \tag{1.1}$$

其中, X,Y 分别表示家庭成员中父亲及其成年儿子的身高. 下面的第一个做法就是将父亲和儿子的身高分开来进行分析, 然后将所得到的结果合在一起从而求得区域 D. 看看这样的分析方法有什么缺陷.

在正常的情况下, 人的生理测量值, 如身高、体重等都服从正态分布. 设父亲的身高 $X\sim N(\mu,\sigma^2)$. 由于此项研究测量了很多 (1078 个) 父亲的身高, 故不妨认为

$$\mu=172.7\text{cm},\quad \sigma=6.86\text{cm}.$$

在 $X\sim N(172.7,6.86^2)$ 时, 若记标准正态分布 $N(0,1)$ 的 γ 分位点为 U_γ, 则有

$$P\left(X\in\left[172.7-6.86U_{1-\alpha/2},172.7+6.86U_{1-\alpha/2}\right]\right)=1-\alpha, \tag{1.2}$$

所以有 $1-\alpha$ 比例的家庭, 其家庭成员中父亲的身高在 $172.7-6.86U_{1-\alpha/2}$ 和 $172.7+6.86U_{1-\alpha/2}$ 之间. 同理, 在成年儿子的身高 $Y \sim N(175.3, 6.86^2)$ 时, 有

$$P\left(Y \in \left[175.3 - 6.86U_{1-\alpha/2}, 175.3 + 6.86U_{1-\alpha/2}\right]\right) = 1 - \alpha, \tag{1.3}$$

所以有 $1-\alpha$ 比例的家庭, 其家庭成员中成年儿子的身高在 $175.3 - 6.86U_{1-\alpha/2}$ 和 $175.3 + 6.86U_{1-\alpha/2}$ 之间.

考虑到 $\sqrt{95\%} = 97.47\%$, 故取 $\alpha = 1 - 97.47\% = 2.53\%$, 从而得

$$U_{1-\alpha/2} = U_{0.98735} = 2.237,$$

则由 (1.2) 式和 (1.3) 式知

$$\begin{cases} P\left(X \in [159.29, 186.11]\right) = 97.47\%, \\ P\left(Y \in [161.89, 188.71]\right) = 97.47\%. \end{cases} \tag{1.4}$$

若取 D 为矩形 (图 1.1)

$$D = \left\{(x, y) : 159.29 \leqslant x \leqslant 186.11, 161.89 \leqslant y \leqslant 188.71\right\},$$

则有

$$P\left((X, Y) \in D\right) = 97.47\% \times 97.47\% = 95\%, \tag{1.5}$$

所以 (1.1) 式成立. 事实上, 对本例来说, D 是正方形.

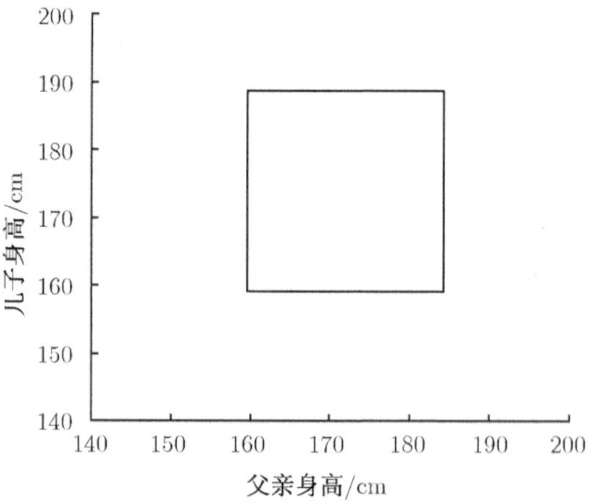

图 1.1

下面分析上述解法有什么不足之处. 可以知道, 家庭成员中父亲的身高与其成年儿子的身高正相关, 它们并不相互独立, 所以由 (1.4) 式成立并不能保证 (1.5) 式

成立. 这是上述解法的一个很明显的不足之处. 同时, 也正因为家庭成员中父亲的身高与其成年儿子的身高正相关, 所以如果父亲长得高, 其成年儿子往往也比较高, 而如果父亲比较矮, 其成年儿子往往长得也比较矮, 因此, 这个正方形的左上角 (父亲矮但成年儿子高) 和右下角 (父亲高但成年儿子矮) 不大可能发生, 没有必要保留. 这也就是说, 这个正方形应该被切成如图 1.2 所示的形状.

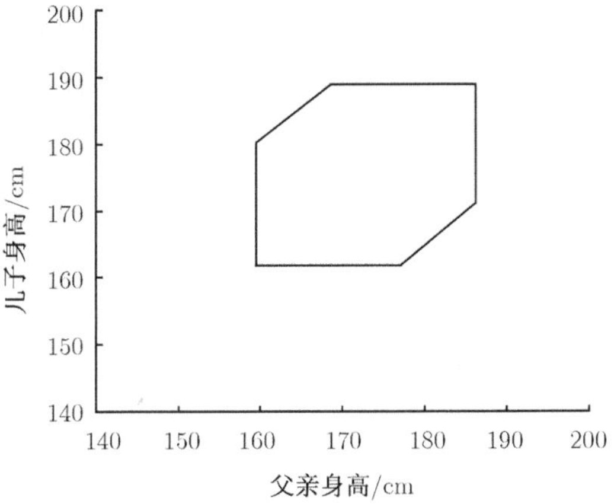

图 1.2

这启发我们, 使得 (1.1) 式成立的区域 D 取成长轴方向自左向右向上的椭圆比较恰当. 这是上述解法的又一个不足之处. 所以在变量之间存在相关关系时, 倘若分开来进行研究, 分析结果很可能不是有效的.

下面的第 2 个做法就是把父亲的身高 X 与其成年儿子的身高 Y 合在一起进行研究, 从而构造椭圆型区域 D. 二元正态分布 $(X,Y) \sim N(\mu_1,\mu_2,\sigma_1^2,\sigma_2^2,\rho)$ 的密度函数为

$$p\,(x,y) = \frac{1}{2\pi\sigma_1\sigma_2\sqrt{1-\rho^2}} \cdot \exp\left\{-\frac{1}{2(1-\rho^2)}\left(\frac{(x-\mu_1)^2}{\sigma_1^2} - \frac{2\rho(x-\mu_1)(y-\mu_2)}{\sigma_1\sigma_2} + \frac{(y-\mu_2)^2}{\sigma_2^2}\right)\right\}. \quad (1.6)$$

如同一元正态分布, 二元正态分布的密度曲面也是单峰对称的 (图 1.3 ~ 图 1.5). 图 1.3 是相关系数 $\rho > 0$ 时的二维正态分布的密度曲面. 由此图可见, $\rho > 0$ 时二维正态分布的值集中在方向自左向右向上 (斜率大于 0) 的直线附近. 图 1.4 是相关系数 $\rho < 0$ 时的二维正态分布的密度曲面. 由此图可见, $\rho < 0$ 时二维正态分布的值集中在方向自左向右向下 (斜率小于 0) 的直线附近. 图 1.5 是相关系数 $\rho = 0$, 即 X 与 Y 相互独立时的二维正态分布的密度曲面.

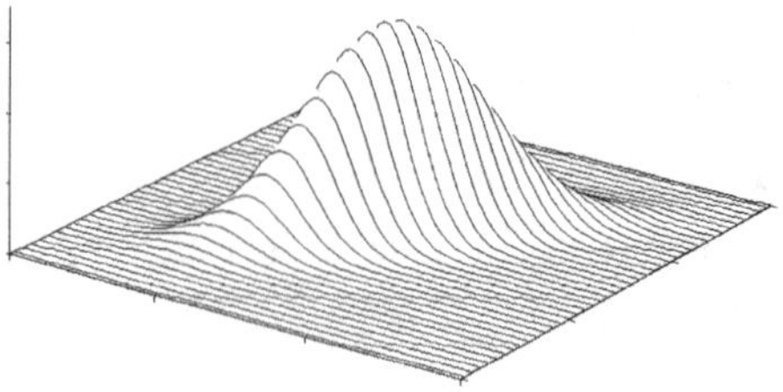

图 1.3　相关系数 $\rho > 0$ 时的二维正态分布的密度曲面

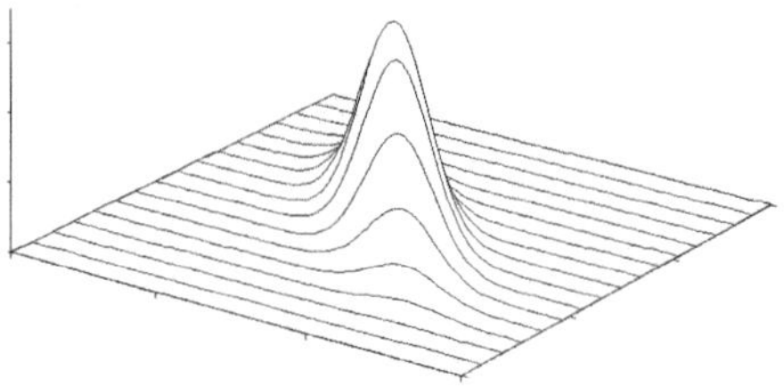

图 1.4　相关系数 $\rho < 0$ 时的二维正态分布的密度曲面

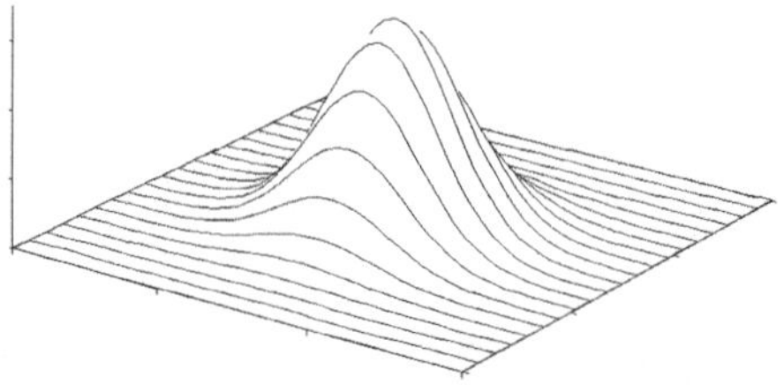

图 1.5　相关系数 $\rho = 0$ 时的二维正态分布的密度曲面

图 1.6 ~ 图 1.8 分别是与图 1.3 ~ 图 1.5 相对应的二维正态分布密度等高线. 密度等高线是椭圆曲线. $\rho > 0$ 时椭圆曲线长轴的方向自左向右向上 (图 1.6), $\rho < 0$ 时椭圆曲线长轴的方向自左向右向下 (图 1.7). $\rho = 0$ 时椭圆曲线的长轴和短轴分别平行于坐标 X 轴和 Y 轴或 Y 轴和 X 轴 (图 1.8). 由二维正态分布的密度函数表达式 (1.6) 知, 密度等高椭圆曲线的方程为

$$\frac{(x-\mu_1)^2}{\sigma_1^2} - \frac{2\rho(x-\mu_1)(y-\mu_2)}{\sigma_1\sigma_2} + \frac{(y-\mu_2)^2}{\sigma_2^2} = c. \tag{1.7}$$

取不同的 c 就得到不同的密度等高椭圆曲线. c 越大, 密度等高椭圆曲线就越大. 小的 c 的密度等高椭圆曲线在大的 c 的密度等高椭圆曲线的里面.

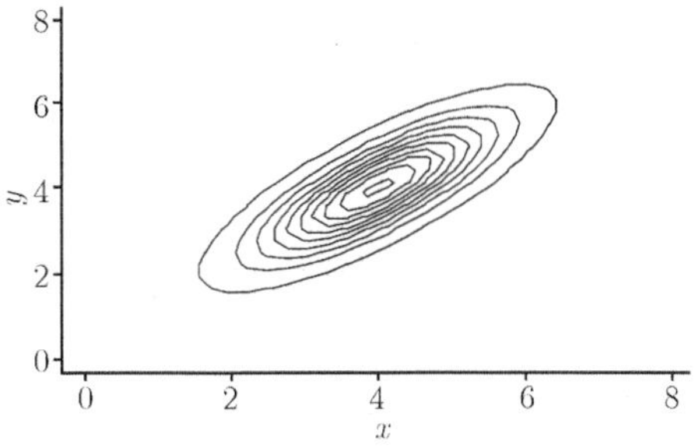

图 1.6 相关系数 $\rho > 0$ 时的二维正态分布密度等高椭圆曲线

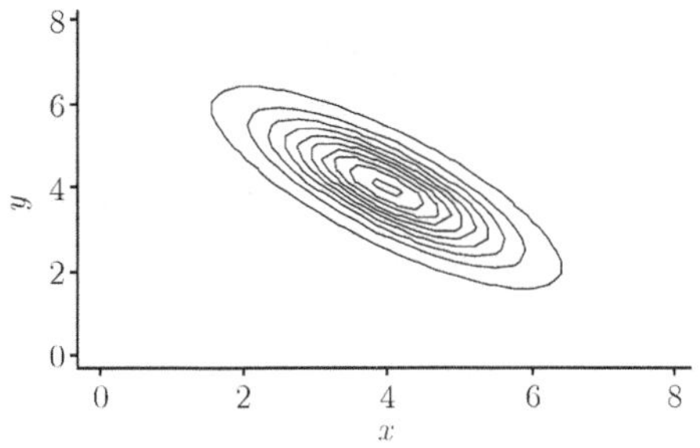

图 1.7 相关系数 $\rho < 0$ 时的二维正态分布密度等高椭圆曲线

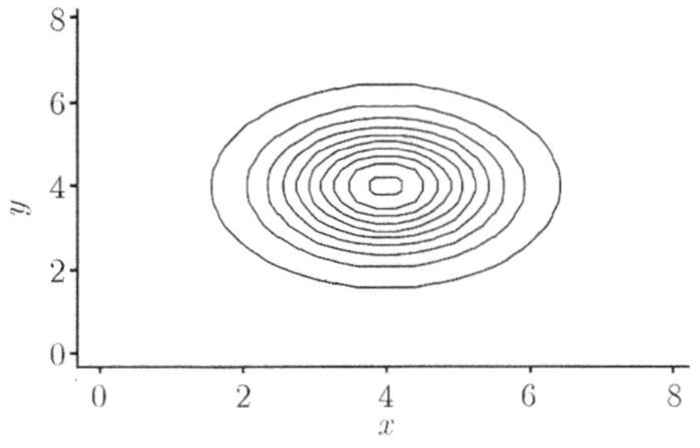

图 1.8 相关系数 $\rho = 0$ 时的二维正态分布密度等高椭圆曲线

与前面的分析假设相类似, 由于此项研究测量了很多 (1078 个) 父亲及其成年儿子的身高, 不妨认为家庭成员中父亲及其成年儿子的身高 X 和 Y 的二维正态分布为 $N(172.7, 175.3; 6.86^2, 6.86^2, 0.5)$. 由于其相关系数 $\rho = 0.5 > 0$, 所以它的密度曲面和密度等高椭圆分别如图 1.3 和图 1.6 所示. 在前面受图 1.2 的启发, 认为使得 (1.1) 式成立的区域 D 取成长轴方向自左向右向上的椭圆比较恰当. 将图 1.2 与图 1.6 进行比较, 进一步受到启发, 使得 (1.1) 式成立的区域 D 的边界取成密度等

高椭圆曲线 (见 (1.7) 式) 比较好. 为此, 令区域 D 为椭圆

$$D=\left\{(x,y):\frac{(x-\mu_1)^2}{\sigma_1^2}-\frac{2\rho(x-\mu_1)(y-\mu_2)}{\sigma_1\sigma_2}+\frac{(y-\mu_2)^2}{\sigma_2^2}\leqslant c\right\}$$
$$=\left\{(x,y):\frac{(x-172.7)^2}{6.86^2}-\frac{(x-172.7)(y-175.3)}{6.86^2}+\frac{(y-175.3)^2}{6.86^2}\leqslant c\right\}$$

或等价地将椭圆 D 简写成

$$D=\left\{(x,y):(x-172.7)^2-(x-172.7)(y-175.3)+(y-175.3)^2\leqslant c\right\}. \qquad (1.8)$$

可以证明, 在 (1.8) 式中的 $c=2(1-\rho^2)\sigma^2\ln 20=211.47$ 时, (1.1) 式成立. 其证明留作习题 (见习题 1.1(1)). 这个椭圆 D 见图 1.9.

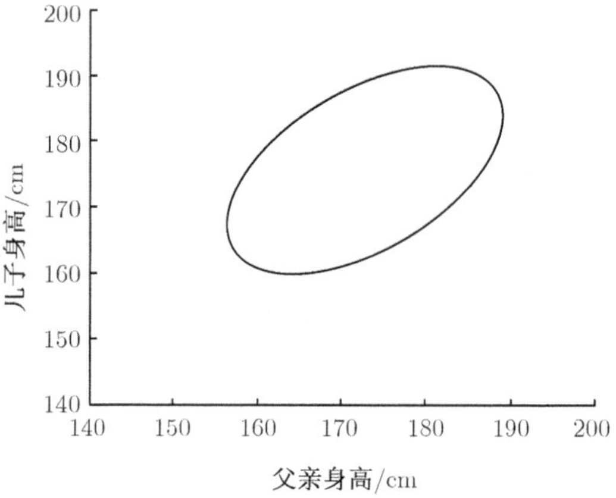

图 1.9

此外, 还可以证明这个椭圆 D 有一个非常优良的性质: 对任意一个使得 (1.1) 式成立的区域 D^*,

$$P\left((X,Y)\in D^*\right)=95\%,$$

则必有

$$\text{椭圆 } D \text{ 的面积} \leqslant \text{区域 } D^* \text{ 的面积},$$

且等号成立的充要条件是椭圆 D 和 D^*(几乎处处) 重合. 这也就是说, 在使得 (1.1) 式成立的区域 D 中, 这个椭圆 D 的面积最小. 其证明留作习题 (见习题 1.1(2)).

这个例子说明, 在研究多个变量的观察数据时, 把它们合在一起进行研究比分开研究好. 由此可见, 学习多元统计分析方法非常有必要. 多元统计分析的理论非常丰富, 应用非常广泛. 将多个变量合在一起进行研究, 正如一些人所说的, 多元统计分析很 "烦". 根据经验, 大凡学过这门课的人, 他们的体会是多元统计分析很有

用, 它的理论和方法不难理解和掌握. 总之, 多元统计分析虽 “烦”, 但是不 “难”. 而且随着计算机技术的发展与统计软件的开发, 多元统计分析中复杂的统计运算变得简单可行. 熟练地掌握统计软件 (如 Minitab, SAS, SPSS 和 R 等) 后, 就会感到多元统计分析既不 “烦”, 也不 “难”. 对多元统计分析 SAS 软件的应用有兴趣的读者可参阅文献 [9] 和 [36].

这里必须指出的是, 在研究多个变量的观察数据时, 最好既要将它们合在一起进行研究, 研究它们之间的相互关系, 也要将它们分开来或三三两两地将部分变量合在一起进行研究, 了解各个侧面的情况. 既要综合, 也要分解, 这是人们研究问题时通常采用的做法.

作为一元正态分布的推广, 多元正态分布在多元统计分析中十分重要. 一般来说, 多元统计分析的理论和方法大都假设观察数据来自多元正态分布. 正态分布是现实世界最常见的一种分布. 例如, 测量的误差, 炮弹落点的纵向和横向偏差, 人的身高、体重等, 产品的直径、长度、宽度、高度等, 农作物的收获量, 某地区的年降雨量 ······ 它们都服从或近似服从正态分布. 一般来说, 若影响某个数量指标的随机因素很多, 且每一个因素所起的作用都不大, 这也就是说, 若该数量指标可以看成很多量的叠加, 且每一个量都不大, 则由中心极限定理知, 这个数量指标服从正态分布. 也正由于中心极限定理, 不论总体服从何种分布, 它与正态分布相去多远, 很多统计量的分布都是近似正态的, 所以在许多情况下, 确实能假设来自多个变量的观察数据服从多元正态分布.

精确地说, 实际数据并不一定严格服从正态分布, 正态分布仅仅作为实际数据的真实分布的一种近似. 为什么人们乐意选用正态分布作为总体的真实分布的近似? 其原因就在于正态分布有许多良好的性质, 它在数学上容易处理, 且能够由它获得很好的结果. 总而言之, 假设多个变量的观察数据来自多元正态分布, 一方面是由于正态分布最常见; 另一方面是由于正态分布有许多优良的性质. 关于正态分布的历史, 陈希孺院士在文献 [2] 的第 5 章作了一个翔实、深入而又生动的描述.

当然, 变量连续时也有可能不服从多元正态分布. 倘若不顾正态分布假设是否成立仍然按正态性数据进行处理, 就有可能导致错误的结论, 冒很大的风险. 这时应该检验正态性假设是否成立. 如果假设成立, 则按正态性数据进行处理; 如果假设不成立, 则对数据进行变换, 使得变换后数据的正态性假设成立, 然后对变换后的数据按正态性数据进行处理. 关于单元正态性假设有国际标准以及国家标准, 读者可参阅文献 [13] 和 [14]. 至于多元正态性假设目前尚没有制定出标准. 当然, 也可以假设来自多个变量的观察数据服从非正态的某个特殊类型分布, 然后按这种类型分布的数据进行处理. 显然, 当变量离散时, 它不可能服从多元正态分布. 关于离散数据的多元分析请阅读文献 [32] 和 [58]. 此外, 可以对多个变量的观察数据进行非参数或半参数的数据分析方法的处理. 本书不涉及非参数和半参数方法, 只着重讨论基于多元正态分布假设的多元统计参数分析. 对多个变量的非参数和半参数分析方法有兴趣的读者可参阅文献 [33], [124], [146].

习　题　一

1.1　设 (X,Y) 服从二维正态分布 $(X,Y)\sim N(\mu_1,\mu_2,\sigma_1^2,\sigma_2^2,\rho)$.

(1) 令椭圆 D 为

$$D=\left\{(x,y):\frac{1}{2(1-\rho^2)}\left(\frac{(x-\mu_1)^2}{\sigma_1^2}-\frac{2\rho(x-\mu_1)(y-\mu_2)}{\sigma_1\sigma_2}+\frac{(y-\mu_2)^2}{\sigma_2^2}\right)\leqslant c\right\},$$

其中, $c=\ln 20=2.9957$. 试证明:

$$P\left((X,Y)\in D\right)=95\%.$$

(2) 假设区域 D^* 满足条件

$$P\left((X,Y)\in D^*\right)=95\%.$$

试证明:

$$\text{椭圆 } D \text{ 的面积} \leqslant \text{区域 } D^* \text{ 的面积},$$

且等号成立的充要条件是区域 D^* 与椭圆 D (几乎处处) 重合.

第 2 章　多元正态分布

本章 2.1 节导出多元正态分布的密度函数, 2.2 节给出多元正态分布的定义, 2.3 节讨论多元正态分布的性质, 2.4 节计算相关系数和偏相关系数, 2.5 节讨论矩阵正态分布.

2.1　多元正态分布密度函数的导出

正态分布最早是 19 世纪初由德国伟大的科学家 Gauss(1777~1855) 在研究误差分布时导出的. 由单个测量误差 e 的分布人们导出了一元正态分布 $N(0,\sigma^2)$ 的密度函数. 若对物理量 μ 进行测量, 由于观察值 y 等于 μ 与测量误差 e 的和, 所以 y 的分布为正态分布 $N(\mu,\sigma^2)$.

多元正态分布最早是由多个测量误差的联合分布导出的. 下面讨论如何由一元正态分布导出多元正态分布密度函数的问题.

测量误差与很多因素有关, 如测量时的温度、气压, 测量程序的掌控程度, 测量者的健康、心理状况, 测量仪器的状态等. 假设有 k 个因素, 由这些因素引起的误差分别记为 $x_1,\cdots,x_k$, 不妨假设这些误差相互独立, 分别服从正态分布 $N(0,\sigma_i^2)$, $i=1,\cdots,k$. $x_1,\cdots,x_k$ 的联合密度函数为

$$\prod_{i=1}^{k}\left(\frac{1}{\sqrt{2\pi}\sigma_i}\mathrm{e}^{-\frac{x_i^2}{2\sigma_i^2}}\right).$$

假设对 p 个物理量 $\mu_1,\cdots,\mu_p$ 进行测量, 它们的测量误差都与上述这 k 个因素有关. 为此把这 p 个物理量的测量误差 $e_1,\cdots,e_p$ 写为

$$e_j=f_j\left(x_1,\cdots,x_k\right),\quad j=1,\cdots,p. \tag{2.1.1}$$

显然, 在所有的 $x_i(i=1,\cdots,k)$ 都等于 0, 即在这 k 个因素引起的误差值都等于 0 时, 这 p 个物理量的测量误差 $e_j(j=1,\cdots,p)$ 的值也都等于 0. 也就是说 $f_j\left(0,\cdots,0\right)=0$, $j=1,\cdots,p$. 由于 $x_i(i=1,\cdots,k)$ 是这 k 个因素引起的误差, 其值都很小, 故不妨根据 Taylor 展开把 (2.1.1) 式近似地简写为

$$e_j=a_{j1}x_1+\cdots+a_{jk}x_k,\quad j=1,\cdots,p, \tag{2.1.2}$$

其中, a_{ji} 是 $f_j\left(x_1,\cdots,x_k\right)$ 关于 x_i 的偏导数在 $x_1=\cdots=x_k=0$ 时的值. 由此可见, 这 p 个物理量的测量值 $y_1,\cdots,y_p$ 为

$$y_j = \mu_j + e_j = \mu_j + a_{j1}x_1 + \cdots + a_{jk}x_k, \quad j = 1, \cdots, p. \tag{2.1.3}$$

一般来说, 有很多的因素与测量误差有关, 所以因素的个数 k 比较大. 为此不妨假设 k 比待测的物理量的个数 p 大：$k > p$. 下面讨论如何由 $x_1, \cdots, x_k$ 的联合密度函数导出 $e_1, \cdots, e_p$ 的联合密度, 或等价地导出 $y_1, \cdots, y_p$ 的联合密度, 即多元正态分布的密度函数.

由于在 $X \sim N(0, \sigma^2)$ 时, $X/\sigma \sim N(0,1)$, 所以, $x_1/\sigma_1, \cdots, x_k/\sigma_k$ 相互独立且都服从标准正态分布 $N(0,1)$. 显然, (2.1.2) 式和 (2.1.3) 式可分别改写为

$$e_j = \sigma_1 a_{j1} \cdot \frac{x_1}{\sigma_1} + \cdots + \sigma_k a_{jk} \cdot \frac{x_k}{\sigma_k}, \quad j = 1, \cdots, p,$$

$$f_j = \mu_j + \sigma_1 a_{j1} \cdot \frac{x_1}{\sigma_1} + \cdots + \sigma_k a_{jk} \cdot \frac{x_k}{\sigma_k}, \quad j = 1, \cdots, p.$$

由此可见, 由 $x_1, \cdots, x_k$ 的联合密度函数导出 $e_1, \cdots, e_p$, 或等价地导出 $y_1, \cdots, y_p$ 的联合密度的问题, 可以概括为下面这样一个一般性的问题. 假设

$$\boldsymbol{Y} = \boldsymbol{\mu} + \boldsymbol{A}\boldsymbol{X},$$

其中, $\boldsymbol{Y} = (y_1, \cdots, y_p)'$ 和 $\boldsymbol{X} = (x_1, \cdots, x_k)'$ 为随机向量, $x_1, \cdots, x_k$ 相互独立且都服从标准正态分布 $N(0,1)$, $\boldsymbol{\mu} = (\mu_1, \cdots, \mu_p)'$ 为常数向量, $\boldsymbol{A} = (a_{ji})_{1\leqslant j\leqslant p, 1\leqslant i\leqslant k}$ 为 $p \times k$ 阶常数矩阵, 其中, $p < k$. 一般来说, 待测的 p 个物理量的测量值 $y_1, \cdots, y_p$ 是互不相关的. 为此假设 $\boldsymbol{A}$ 的秩 $R(\boldsymbol{A}) = p$. 首先, 在 $p = k$ 时导出随机向量 $\boldsymbol{Y}$ 的密度函数, 然后, 证明多元正态分布的边际分布仍为正态分布, 从而在 $p < k$ 时导出随机向量 $\boldsymbol{Y}$ 的密度函数.

情况 1　$p = k$. 此时 p 阶方阵 $\boldsymbol{A}$ 非奇异. 为了导出随机向量 $\boldsymbol{Y}$ 的密度函数, 首先要计算线性变换的雅可比 (Jacobian) 行列式. 显然, 由函数 $\boldsymbol{Y} = \boldsymbol{\mu} + \boldsymbol{A}\boldsymbol{X}$ 诱导的线性变换有两个：将 $\boldsymbol{X}$ 变换为 $\boldsymbol{Y}$, 记为 $\boldsymbol{X} \to \boldsymbol{Y}$, 将 $\boldsymbol{Y}$ 变换为 $\boldsymbol{X}$, 记为 $\boldsymbol{Y} \to \boldsymbol{X}$. 考虑到 $\boldsymbol{X}$ 是原有的变量, 首先讨论变换 $\boldsymbol{X} \to \boldsymbol{Y}$ 的雅可比行列式. 在 $\boldsymbol{Y} = \boldsymbol{\mu} + \boldsymbol{A}\boldsymbol{X}$ 的时候, 所谓变换 $\boldsymbol{X} \to \boldsymbol{Y}$, 就是将 $\boldsymbol{X}$ 代换为 $\boldsymbol{A}^{-1}(\boldsymbol{Y} - \boldsymbol{\mu})$, 所以变换 $\boldsymbol{X} \to \boldsymbol{Y}$ 就是变换 $\boldsymbol{X} \to \boldsymbol{A}^{-1}(\boldsymbol{Y} - \boldsymbol{\mu})$ 的简写. 一般来说, 在 $\boldsymbol{Y} = \boldsymbol{g}(\boldsymbol{X})$, 其中, $\boldsymbol{g}(\boldsymbol{X})$ 是一一对应的函数的时候, 变换 $\boldsymbol{X} \to \boldsymbol{Y}$ 就是 $\boldsymbol{X} \to \boldsymbol{h}(\boldsymbol{Y})$, 就是将 $\boldsymbol{X}$ 代换为 $\boldsymbol{h}(\boldsymbol{Y})$, 其中, $\boldsymbol{X} = \boldsymbol{h}(\boldsymbol{Y})$ 是 $\boldsymbol{Y} = \boldsymbol{g}(\boldsymbol{X})$ 的逆函数. 变换 $\boldsymbol{X} \to \boldsymbol{Y}$ 的雅可比行列式记为 $J(\boldsymbol{X} \to \boldsymbol{Y})$, 或简记为 J, 它是下面这个矩阵的行列式的值：

$$\frac{\partial \boldsymbol{X}}{\partial \boldsymbol{Y}} = \frac{\partial \boldsymbol{h}(\boldsymbol{Y})}{\partial \boldsymbol{Y}} = \begin{pmatrix} \dfrac{\partial x_1}{\partial y_1} & \cdots & \dfrac{\partial x_1}{\partial y_p} \\ \vdots & & \vdots \\ \dfrac{\partial x_p}{\partial y_1} & \cdots & \dfrac{\partial x_p}{\partial y_p} \end{pmatrix} = \begin{pmatrix} \dfrac{\partial h_1(\boldsymbol{Y})}{\partial y_1} & \cdots & \dfrac{\partial h_1(\boldsymbol{Y})}{\partial y_p} \\ \vdots & & \vdots \\ \dfrac{\partial h_p(\boldsymbol{Y})}{\partial y_1} & \cdots & \dfrac{\partial h_p(\boldsymbol{Y})}{\partial y_p} \end{pmatrix},$$

其中, $\boldsymbol{X}=(x_1,\cdots,x_p)'$, $\boldsymbol{Y}=(y_1,\cdots,y_p)'$. $\boldsymbol{Y}=\boldsymbol{g}(\boldsymbol{X})$ 意思是说 $y_i=g_i(\boldsymbol{X})$, $i=1,\cdots,p$; 而 $\boldsymbol{X}\to\boldsymbol{h}(\boldsymbol{Y})$ 意思是说 $x_i=h_i(\boldsymbol{Y})$, $i=1,\cdots,p$. **注意**: $\boldsymbol{J}(\boldsymbol{X}\to\boldsymbol{Y})$ 即 $|\partial(\boldsymbol{X})/\partial(\boldsymbol{Y})|$, 而不是 $|\partial(\boldsymbol{Y})/\partial(\boldsymbol{X})|$. 有时候, 人们将 $\boldsymbol{X}\to\boldsymbol{Y}$ 的雅可比行列式 $J(\boldsymbol{X}\to\boldsymbol{Y})$ 写为 $J(\boldsymbol{h}(\boldsymbol{Y})\to\boldsymbol{Y})$. 后面的这种写法只有一个变量 $\boldsymbol{Y}$. 就此而言, 它比前面的写法简单.

在 $\boldsymbol{Y}=\boldsymbol{\mu}+\boldsymbol{AX}$, 从而 $\boldsymbol{X}=\boldsymbol{A}^{-1}(\boldsymbol{Y}-\boldsymbol{\mu})$ 时, 若记 $\boldsymbol{A}^{-1}=(a^{ji})$, 则

$$x_j=\sum_{i=1}^{p}a^{ji}(y_i-\mu_i),\quad j=1,\cdots,p,$$

所以 $\partial x_j/\partial y_i=a^{ji}(i,j=1,\cdots,p)$. 从而知, 变换 $\boldsymbol{X}\to\boldsymbol{Y}$ 的雅可比行列式为

$$J(\boldsymbol{X}\to\boldsymbol{Y})=\left|\boldsymbol{A}^{-1}\right|=|\boldsymbol{A}|^{-1}.$$

由于这个线性变换的雅可比行列式与 $\boldsymbol{\mu}$ 无关, 所以通常简单地说, 在 $\boldsymbol{Y}=\boldsymbol{AX}$ 时, 线性变换 $\boldsymbol{X}\to\boldsymbol{Y}$ 的雅可比行列式为 $J=|\boldsymbol{A}|^{-1}$.

引理 2.1.1(线性变换的雅可比行列式) 假设 $\boldsymbol{Y}=\boldsymbol{AX}$, 其中, $\boldsymbol{X},\boldsymbol{Y}\in\mathbf{R}^p$, $\boldsymbol{A}$ 为非奇异的 p 阶方阵. 则线性变换 $\boldsymbol{X}\to\boldsymbol{Y}$ 的雅可比行列式为 $J(\boldsymbol{X}\to\boldsymbol{Y})=|\boldsymbol{A}|^{-1}$.

变换 $\boldsymbol{Y}\to\boldsymbol{X}$ 称为变换 $\boldsymbol{X}\to\boldsymbol{Y}$ 的逆变换. 在 $\boldsymbol{Y}=\boldsymbol{g}(\boldsymbol{X})$ 的时候, 变换 $\boldsymbol{Y}\to\boldsymbol{X}$ 就是将 $\boldsymbol{Y}$ 代换为 $\boldsymbol{g}(\boldsymbol{X})$, 它的雅可比行列式 $J(\boldsymbol{Y}\to\boldsymbol{X})$ 是下面这个矩阵的行列式的值:

$$\frac{\partial\boldsymbol{Y}}{\partial\boldsymbol{X}}=\frac{\partial\boldsymbol{g}(\boldsymbol{X})}{\partial\boldsymbol{X}}=\begin{pmatrix}\dfrac{\partial y_1}{\partial x_1}&\cdots&\dfrac{\partial y_1}{\partial x_p}\\ \vdots&&\vdots\\ \dfrac{\partial y_p}{\partial x_1}&\cdots&\dfrac{\partial y_p}{\partial x_p}\end{pmatrix}=\begin{pmatrix}\dfrac{\partial g_1(\boldsymbol{X})}{\partial x_1}&\cdots&\dfrac{\partial g_1(\boldsymbol{X})}{\partial x_p}\\ \vdots&&\vdots\\ \dfrac{\partial g_p(\boldsymbol{X})}{\partial x_1}&\cdots&\dfrac{\partial g_p(\boldsymbol{X})}{\partial x_p}\end{pmatrix},$$

在 $\boldsymbol{Y}=\boldsymbol{\mu}+\boldsymbol{AX}$ 时, 变换 $\boldsymbol{Y}\to\boldsymbol{X}$ 就是将 $\boldsymbol{Y}$ 代换为 $\boldsymbol{\mu}+\boldsymbol{AX}$. 若记 $\boldsymbol{A}=(a_{ji})$, 则

$$y_j=\mu_j+\sum_{i=1}^{p}a_{ji}x_i,\quad j=1,\cdots,p,$$

所以 $\partial y_j/\partial x_i=a_{ji}(i,j=1,\cdots,p)$. 从而知, 变换 $\boldsymbol{Y}\to\boldsymbol{X}$ 的雅可比行列式为

$$J(\boldsymbol{Y}\to\boldsymbol{X})=|\boldsymbol{A}|.$$

由此可见, 在 $\boldsymbol{Y}=\boldsymbol{\mu}+\boldsymbol{AX}$ 时, $J(\boldsymbol{Y}\to\boldsymbol{X})=(J(\boldsymbol{X}\to\boldsymbol{Y}))^{-1}$. 在 $\boldsymbol{Y}=\boldsymbol{g}(\boldsymbol{X})$ 时, 对一般的变换问题而言, 这样的关系式也是成立的.

引理 2.1.2(逆变换的雅可比行列式) $J(\boldsymbol{Y}\to\boldsymbol{X})=(J(\boldsymbol{X}\to\boldsymbol{Y}))^{-1}$.

这个引理不难理解, 证明从略.

在多元统计分析中, 雅可比行列式的计算是一个很重要的问题. 附录 A.5.3 计算了多元统计分析中一些常用变换的雅可比行列式. 这里计算线性变换和逆变换的雅可比行列式并把它写成引理的形式, 是为了让大家对雅可比行列式首先有一个初步和直观的了解.

下面的这个结论众所周知.

假设 $\boldsymbol{X}$ 的密度函数为 $f(\boldsymbol{X})$, $\boldsymbol{Y}=\boldsymbol{g}(\boldsymbol{X})$ 是一一对应的函数, $\boldsymbol{X}=\boldsymbol{h}(\boldsymbol{Y})$ 是它的逆函数, 则 $\boldsymbol{Y}=\boldsymbol{g}(\boldsymbol{X})$ 的密度函数为

$$f(\boldsymbol{h}(\boldsymbol{Y}))\,|J(\boldsymbol{X}\to\boldsymbol{Y})|, \tag{2.1.4}$$

其中, $|J(\boldsymbol{X}\to\boldsymbol{Y})|$ 是变换 $\boldsymbol{X}\to\boldsymbol{Y}$ 的雅可比行列式 $J(\boldsymbol{X}\to\boldsymbol{Y})$, 即行列式 $|\partial(\boldsymbol{X})/\partial(\boldsymbol{Y})|$ 的值的绝对值.

在 $\boldsymbol{X}=(x_1,\cdots,x_p)'$ 相互独立且都服从标准正态分布 $N(0,1)$ 时, 其联合密度函数为

$$\prod_{i=1}^{p}\frac{1}{\sqrt{2\pi}}\mathrm{e}^{-\frac{x_i^2}{2}}=\frac{1}{(2\pi)^{p/2}}\mathrm{e}^{-\frac{1}{2}\boldsymbol{X}'\boldsymbol{X}},$$

则在 $\boldsymbol{Y}=\boldsymbol{\mu}+\boldsymbol{A}\boldsymbol{X}$, 从而有 $\boldsymbol{X}=\boldsymbol{A}^{-1}(\boldsymbol{Y}-\boldsymbol{\mu})$ 时, 由引理 2.1.1 知, $J(\boldsymbol{X}\to\boldsymbol{Y})=|\boldsymbol{A}|^{-1}$. 从而根据 (2.1.4) 式, 随机向量 $\boldsymbol{Y}=(y_1,\cdots,y_p)'$ 的联合密度函数为

$$\begin{aligned}&\frac{1}{(2\pi)^{p/2}}\mathrm{e}^{-\frac{1}{2}\left(\boldsymbol{A}^{-1}(\boldsymbol{Y}-\boldsymbol{\mu})\right)'\left(\boldsymbol{A}^{-1}(\boldsymbol{Y}-\boldsymbol{\mu})\right)}\,|J(\boldsymbol{X}\to\boldsymbol{Y})|\\ =&\frac{1}{(2\pi)^{p/2}}\mathrm{e}^{-\frac{1}{2}(\boldsymbol{Y}-\boldsymbol{\mu})'(\boldsymbol{A}\boldsymbol{A}')^{-1}(\boldsymbol{Y}-\boldsymbol{\mu})}\left(|\boldsymbol{A}|_+\right)^{-1},\end{aligned}$$

其中, $|\boldsymbol{A}|_+$ 表示矩阵 $\boldsymbol{A}$ 的行列式的值 $|\boldsymbol{A}|$ 的绝对值. 记 $\boldsymbol{\Sigma}=\boldsymbol{A}\boldsymbol{A}'$. 由于 $\boldsymbol{A}$ 非奇异, 所以 $\boldsymbol{\Sigma}>0$. 从而有 $|\boldsymbol{A}|_+=\sqrt{|\boldsymbol{\Sigma}|}$, 故 $\boldsymbol{Y}$ 的密度函数可以写为

$$\frac{1}{(2\pi)^{p/2}\sqrt{|\boldsymbol{\Sigma}|}}\mathrm{e}^{-\frac{1}{2}(\boldsymbol{Y}-\boldsymbol{\mu})'\boldsymbol{\Sigma}^{-1}(\boldsymbol{Y}-\boldsymbol{\mu})}. \tag{2.1.5}$$

至此, 在 $p=k$ 时导出了随机向量 $\boldsymbol{Y}$ 的密度函数. 通常将多元正态分布的密度函数写成 (2.1.5) 式的形式, 并将这个多元正态分布记为 $N_p(\boldsymbol{\mu},\boldsymbol{\Sigma})$, 称它为 p 元正态分布. 在 $\boldsymbol{\mu}=\boldsymbol{0}$, $\boldsymbol{\Sigma}=\boldsymbol{I}_p$ 时, $N_p(\boldsymbol{0},\boldsymbol{I}_p)$ 称为 p 元标准正态分布.

在 $p=1$ 时, 记 $\boldsymbol{\Sigma}=\sigma^2$, 则 (2.1.5) 式简化为一元正态分布 $N(\mu,\sigma^2)$ 的密度函数. 在 $p=2$ 时, 记

$$\boldsymbol{\Sigma}=\begin{pmatrix}\sigma_1^2 & \rho\sigma_1\sigma_2\\ \rho\sigma_1\sigma_2 & \sigma_2^2\end{pmatrix},$$

则 (2.1.5) 式就是二元正态分布 $(\boldsymbol{X},\boldsymbol{Y})\sim N_2(\mu_1,\mu_2,\sigma_1^2,\sigma_2^2,\rho)$ 的密度函数 (见 (1.6) 式). 同一元和二元正态分布, 多元正态分布密度曲面也是单峰对称的, 其密度等高线是超椭圆曲线

$$(\boldsymbol{Y}-\boldsymbol{\mu})'\,\boldsymbol{\Sigma}^{-1}\,(\boldsymbol{Y}-\boldsymbol{\mu})=c.$$

取不同的 c 就得到不同的密度等高超椭圆曲线. c 越大, 密度等高超椭圆曲线所围的区域就越大. 小的 c 的密度等高超椭圆曲线在大的 c 的密度等高超椭圆曲线所围的区域内. 二元正态分布具有的优良性质 (见习题 1.1) 可以推广至多元正态分布. 在 $\boldsymbol{Y}\sim N_p(\boldsymbol{\mu},\boldsymbol{\Sigma})$ 时, 可以证明:

(1) $(\boldsymbol{Y}-\boldsymbol{\mu})'\,\boldsymbol{\Sigma}^{-1}\,(\boldsymbol{Y}-\boldsymbol{\mu})\sim\chi^2(p)$;

(2) 若取超椭圆 D:

$$D=\left\{\boldsymbol{Y}:(\boldsymbol{Y}-\boldsymbol{\mu})'\,\boldsymbol{\Sigma}^{-1}\,(\boldsymbol{Y}-\boldsymbol{\mu})\leqslant\chi^2_{1-\alpha}(p)\right\},$$

则 $P\,(\boldsymbol{Y}\in D)=1-\alpha$;

(3) 对任意区域 D^*, 若 $P\,(\boldsymbol{Y}\in D^*)=1-\alpha$ 也成立, 则必有

$$\text{超椭圆 } D \text{ 的体积} \leqslant \text{区域 } D^* \text{ 的体积},$$

且等号成立的充要条件是 D^* 和超椭圆 D(几乎处处) 重合. 所以在使得 $P\,(\boldsymbol{Y}\in D)=1-\alpha$ 成立的区域 D 中, 超椭圆 D 的体积最小. 多元正态分布上述这个优良性质的证明留作习题 (见习题 2.1).

下面证明多元正态分布的另一个优良性质: 多元正态分布的边际分布仍为正态分布.

假设 $\boldsymbol{Y}\sim N_p(\boldsymbol{\mu},\boldsymbol{\Sigma})$. 将 $\boldsymbol{Y}$, $\boldsymbol{\mu}$ 和 $\boldsymbol{\Sigma}$ 分别剖分为

$$\boldsymbol{Y}=\begin{pmatrix}\boldsymbol{Y}_1\\ \boldsymbol{Y}_2\end{pmatrix}\begin{matrix}{\scriptstyle q}\\ {\scriptstyle p-q}\end{matrix},\quad \boldsymbol{\mu}=\begin{pmatrix}\boldsymbol{\mu}_1\\ \boldsymbol{\mu}_2\end{pmatrix}\begin{matrix}{\scriptstyle q}\\ {\scriptstyle p-q}\end{matrix},\quad \boldsymbol{\Sigma}=\begin{matrix}\begin{pmatrix}\boldsymbol{\Sigma}_{11} & \boldsymbol{\Sigma}_{12}\\ \boldsymbol{\Sigma}_{21} & \boldsymbol{\Sigma}_{22}\end{pmatrix}\\ \begin{matrix}{\scriptstyle q} & \quad{\scriptstyle p-q}\end{matrix}\end{matrix}\begin{matrix}{\scriptstyle q}\\ {\scriptstyle p-q}\end{matrix}.$$

下面证明 $\boldsymbol{Y}$ 的边际分布, 即 $\boldsymbol{Y}_1$ 和 $\boldsymbol{Y}_2$ 的边际分布仍为正态分布: $\boldsymbol{Y}_1\sim N_q(\boldsymbol{\mu}_1,\boldsymbol{\Sigma}_{11})$, $\boldsymbol{Y}_2\sim N_{p-q}(\boldsymbol{\mu}_2,\boldsymbol{\Sigma}_{22})$. 仅证明 $\boldsymbol{Y}_1\sim N_q(\boldsymbol{\mu}_1,\boldsymbol{\Sigma}_{11})$, $\boldsymbol{Y}_2\sim N_{p-q}(\boldsymbol{\mu}_2,\boldsymbol{\Sigma}_{22})$ 的证明类似.

根据 (A.2.3) 式和 (A.2.4) 式, 有

$$|\boldsymbol{\Sigma}|=|\boldsymbol{\Sigma}_{11}|\,\left|\boldsymbol{\Sigma}_{2|1}\right|,$$

$$\boldsymbol{\Sigma}^{-1}=\begin{pmatrix}\boldsymbol{I} & -\boldsymbol{\Sigma}_{11}^{-1}\boldsymbol{\Sigma}_{12}\\ \boldsymbol{0} & \boldsymbol{I}\end{pmatrix}\begin{pmatrix}\boldsymbol{\Sigma}_{11}^{-1} & \boldsymbol{0}\\ \boldsymbol{0} & \boldsymbol{\Sigma}_{2|1}^{-1}\end{pmatrix}\begin{pmatrix}\boldsymbol{I} & \boldsymbol{0}\\ -\boldsymbol{\Sigma}_{21}\boldsymbol{\Sigma}_{11}^{-1} & \boldsymbol{I}\end{pmatrix},$$

其中, $\boldsymbol{\Sigma}_{2|1} = \boldsymbol{\Sigma}_{22} - \boldsymbol{\Sigma}_{21}\boldsymbol{\Sigma}_{11}^{-1}\boldsymbol{\Sigma}_{12}$. 从而将 (2.1.5) 式, 即 $\boldsymbol{Y}$, 也就是 $(\boldsymbol{Y}_1, \boldsymbol{Y}_2)$ 的密度函数 $p(\boldsymbol{y}_1, \boldsymbol{y}_2)$ 改写为

$$p(\boldsymbol{y}_1, \boldsymbol{y}_2) = p_1(\boldsymbol{y}_1)\, p_{2|1}(\boldsymbol{y}_2|\boldsymbol{y}_1), \tag{2.1.6}$$

$$p_1(\boldsymbol{y}_1) = \frac{1}{(2\pi)^{q/2}\sqrt{|\boldsymbol{\Sigma}_{11}|}} \mathrm{e}^{-\frac{1}{2}(\boldsymbol{y}_1-\boldsymbol{\mu}_1)'\boldsymbol{\Sigma}_{11}^{-1}(\boldsymbol{y}_1-\boldsymbol{\mu}_1)},$$

$$p_{2|1}(\boldsymbol{y}_2|\boldsymbol{y}_1) = \frac{1}{(2\pi)^{(p-q)/2}\sqrt{|\boldsymbol{\Sigma}_{2|1}|}} \mathrm{e}^{-\frac{1}{2}(\boldsymbol{y}_2-\boldsymbol{\mu}_{2|1})'\boldsymbol{\Sigma}_{2|1}^{-1}(\boldsymbol{y}_2-\boldsymbol{\mu}_{2|1})},$$

其中, $\boldsymbol{\mu}_{2|1} = \boldsymbol{\mu}_2 + \boldsymbol{\Sigma}_{21}\boldsymbol{\Sigma}_{11}^{-1}(\boldsymbol{y}_1 - \boldsymbol{\mu}_1)$. $p_1(\boldsymbol{y}_1)$ 是 q 元正态分布 $N_q(\boldsymbol{\mu}_1, \boldsymbol{\Sigma}_{11})$ 的密度函数. 若将 $\boldsymbol{y}_1$ 视为常数, 那么 $p_{2|1}(\boldsymbol{y}_2|\boldsymbol{y}_1)$ 就是 $p-q$ 元正态分布 $N_{p-q}\left(\boldsymbol{\mu}_{2|1}, \boldsymbol{\Sigma}_{2|1}\right)$ 的密度函数. 由此可见, $\boldsymbol{Y}_1$ 的边际密度函数为

$$\int p(\boldsymbol{y}_1, \boldsymbol{y}_2)\mathrm{d}\boldsymbol{y}_2 = p_1(\boldsymbol{y}_1)\int p_{2|1}(\boldsymbol{y}_2|\boldsymbol{y}_1)\mathrm{d}\boldsymbol{y}_2 = p_1(\boldsymbol{y}_1).$$

至此, $Y_1 \sim N_q(\boldsymbol{\mu}_1, \boldsymbol{\Sigma}_{11})$ 得到证明.

不仅多元正态分布的边际分布仍为正态分布, 而且它的条件分布也仍是正态分布. 这些都是正态分布的优良性质. 下面证明多元正态分布的条件分布仍是正态分布. 由于 (2.1.6) 式是 $\boldsymbol{Y}$, 也就是 $(\boldsymbol{Y}_1, \boldsymbol{Y}_2)$ 的密度函数, 其中, $p_1(\boldsymbol{y}_1)$ 是 $\boldsymbol{Y}_1$ 的边际密度函数, 所以在给定 $\boldsymbol{Y}_1 = \boldsymbol{y}_1$ 后, $\boldsymbol{Y}_2$ 的条件密度为 $p_{2|1}(\boldsymbol{y}_2|\boldsymbol{y}_1)$. $p_{2|1}(\boldsymbol{y}_2|\boldsymbol{y}_1)$ 可以看作在 $\boldsymbol{Y}_1 = \boldsymbol{y}_1$ 给定后 $p-q$ 元正态分布 $N_{p-q}\left(\boldsymbol{\mu}_{2|1}, \boldsymbol{\Sigma}_{2|1}\right)$ 的密度函数, 因而在 $\boldsymbol{Y}_1 = \boldsymbol{y}_1$ 给定后, $\boldsymbol{Y}_2$ 的条件分布为 $p-q$ 元正态分布 $N_{p-q}\left(\boldsymbol{\mu}_{2|1}, \boldsymbol{\Sigma}_{2|1}\right)$, 它的条件均值和条件协方差阵分别为

$$E(\boldsymbol{Y}_2|\boldsymbol{Y}_1 = \boldsymbol{y}_1) = \boldsymbol{\mu}_{2|1} = \boldsymbol{\mu}_2 + \boldsymbol{\Sigma}_{21}\boldsymbol{\Sigma}_{11}^{-1}(\boldsymbol{y}_1 - \boldsymbol{\mu}_1),$$

$$\mathrm{Cov}(\boldsymbol{Y}_2|\boldsymbol{Y}_1 = \boldsymbol{y}_1) = \boldsymbol{\Sigma}_{2|1} = \boldsymbol{\Sigma}_{22} - \boldsymbol{\Sigma}_{21}\boldsymbol{\Sigma}_{11}^{-1}\boldsymbol{\Sigma}_{12}.$$

它的条件均值与给定的条件 $(\boldsymbol{Y}_1 = \boldsymbol{y}_1)$ 有关, 而它的条件协方差阵与给定的条件无关. 同理, 在 $\boldsymbol{Y}_2 = \boldsymbol{y}_2$ 给定的条件下, $\boldsymbol{Y}_1$ 的条件分布为 q 元正态分布 $N_q(\boldsymbol{\mu}_{1|2}, \boldsymbol{\Sigma}_{1|2})$, 其中, $\boldsymbol{\mu}_{1|2} = \boldsymbol{\mu}_1 + \boldsymbol{\Sigma}_{12}\boldsymbol{\Sigma}_{22}^{-1}(\boldsymbol{y}_2 - \boldsymbol{\mu}_2)$ 与 $\boldsymbol{y}_2$ 有关, $\boldsymbol{\Sigma}_{1|2} = \boldsymbol{\Sigma}_{11} - \boldsymbol{\Sigma}_{12}\boldsymbol{\Sigma}_{22}^{-1}\boldsymbol{\Sigma}_{21}$ 与 $\boldsymbol{y}_2$ 无关.

多元正态分布除了超椭圆体积最小、边际分布仍为正态分布、条件分布仍为正态分布这些优良性质外, 还有很多优良性质. 2.3 节将综述多元正态分布的一系列的优良性质.

下面利用多元正态分布的边际分布仍为正态分布这个性质, 在 $p < k$ 时导出随机向量 $\boldsymbol{Y} = \boldsymbol{\mu} + \boldsymbol{A}\boldsymbol{X}$ 的密度函数.

情况 2 $p<k$. 此时 $p\times k$ 阶矩阵 $\boldsymbol{A}$ 行满秩: $R(\boldsymbol{A})=p<k$, 故存在 $(k-p)\times k$ 阶矩阵 $\boldsymbol{B}_2$, 使得 k 阶方阵 $\boldsymbol{B}$ 非奇异,

$$\boldsymbol{B}=\begin{pmatrix}\boldsymbol{A}\\ \boldsymbol{B}_2\end{pmatrix}.$$

令 $\boldsymbol{\eta}'=(\boldsymbol{\mu}',\boldsymbol{\eta}_2')$, 其中, $\boldsymbol{\eta}_2$ 是任意一个 $k-p$ 维常数向量, 如将 $\boldsymbol{\eta}_2$ 取成所有元素皆为 0 的零向量. 令 $\boldsymbol{Z}=\boldsymbol{\eta}+\boldsymbol{B}\boldsymbol{X}$, 则由情况 1 的证明知, $\boldsymbol{Z}\sim N_k(\boldsymbol{\eta},\boldsymbol{\Lambda})$, $\boldsymbol{\Lambda}=\boldsymbol{B}\boldsymbol{B}'$. $\boldsymbol{Z}$ 的密度函数类似于 (2.1.5) 式, 只需将其中的 p, $\boldsymbol{\mu}$ 和 $\boldsymbol{\Sigma}$ 分别换为 k, $\boldsymbol{\eta}$ 和 $\boldsymbol{\Lambda}$. 由于 $\boldsymbol{Z}$, $\boldsymbol{\eta}$ 和 $\boldsymbol{\Lambda}$ 可类似地剖分为

$$\boldsymbol{Z}=\begin{pmatrix}\boldsymbol{Y}\\ \boldsymbol{Z}_2\end{pmatrix}\begin{matrix}p\\ k-p\end{matrix},\quad \boldsymbol{\eta}=\begin{pmatrix}\boldsymbol{\mu}\\ \boldsymbol{\eta}_2\end{pmatrix}\begin{matrix}p\\ k-p\end{matrix},\quad \boldsymbol{\Lambda}=\boldsymbol{B}\boldsymbol{B}'=\begin{matrix}\begin{pmatrix}\boldsymbol{\Sigma} & \boldsymbol{A}\boldsymbol{B}_2'\\ \boldsymbol{B}_2\boldsymbol{A}' & \boldsymbol{B}_2\boldsymbol{B}_2'\end{pmatrix}\\ \begin{matrix}p & \quad k-p\end{matrix}\end{matrix}\begin{matrix}p\\ k-p\end{matrix},$$

其中, $\boldsymbol{Z}_2=\boldsymbol{B}_2\boldsymbol{X}$, $\boldsymbol{\Sigma}=\boldsymbol{A}\boldsymbol{A}'$. 由于多元正态分布的边际分布仍为正态分布, 所以 $\boldsymbol{Y}\sim N_p(\boldsymbol{\mu},\boldsymbol{\Sigma})$, 其密度函数如 (2.1.5) 式所示. 这说明在 $p<k$ 时也导出了随机向量 $\boldsymbol{Y}$ 的密度函数.

至此, 由多个测量误差的联合分布导出了多元正态分布密度函数. 由导出的过程可以看到, 实际上是由一元正态分布的密度函数导出多元正态分布的密度函数.

二元和三元正态分布的密度函数, 最早是由布拉瓦依斯于 18 世纪中叶研究 2 个和 3 个测量误差的联合分布时导出的, 可参见文献 [2] 的 5.5 节. 他得到的结果很复杂, 没有简化为现在人们所熟悉的 (2.1.5) 式. 由于这里使用了向量和矩阵的符号以及它们的运算法则, 所以证明过程以及结果都很简单明了. 向量和矩阵是多元统计分析的一个重要工具.

2.2 多元正态分布的定义

上一节讨论了这样一个问题: 假设 $\boldsymbol{X}=(x_1,\cdots,x_k)'$, $x_1,\cdots,x_k$ 独立同标准正态分布 $N(0,1)$, 试求 $\boldsymbol{Y}=\boldsymbol{\mu}+\boldsymbol{A}\boldsymbol{X}$ 的密度函数, 其中, $\boldsymbol{\mu}$ 为 p 维常数向量, $\boldsymbol{A}$ 为 $p\times k$ 常数矩阵, $p\leqslant k$, $R(\boldsymbol{A})=p$. 求得了 $\boldsymbol{Y}$ 的密度函数如 (2.1.5) 式所示, 并说 $\boldsymbol{Y}$ 服从 p 元正态分布 $N_p(\boldsymbol{\mu},\boldsymbol{\Sigma})$, 其中, $\boldsymbol{\Sigma}=\boldsymbol{A}\boldsymbol{A}'$ 为 p 阶正定矩阵. 很自然地, 会问若 $p>k$ 或者 $p\leqslant k$, 但 $R(\boldsymbol{A})<p$, 是否仍能得到 $\boldsymbol{Y}$ 的密度函数? 这时由于 $\boldsymbol{\Sigma}=\boldsymbol{A}\boldsymbol{A}'$ 不是正定矩阵, 所以得不到如 (2.1.5) 式那样的密度函数. 即使没有密度函数, 仍称 $\boldsymbol{Y}$ 服从多元正态分布, 见下面的定义.

定义 2.2.1 如果 $\boldsymbol{Y}=\boldsymbol{\mu}+\boldsymbol{A}\boldsymbol{X}$, 其中, $\boldsymbol{X}=(x_1,\cdots,x_k)'$, $x_1,\cdots,x_k$ 独立同标准正态分布 $N(0,1)$, $\boldsymbol{\mu}$ 为 p 维常数向量, $\boldsymbol{A}$ 为 $p\times k$ 常数矩阵, 则称 $\boldsymbol{Y}$ 服从 p 元正态分布 $N_p(\boldsymbol{\mu},\boldsymbol{\Sigma})$, 其中, $\boldsymbol{\Sigma}=\boldsymbol{A}\boldsymbol{A}'$.

事实上, 只要 $\boldsymbol{Y}$ 与 $\boldsymbol{\mu}+\boldsymbol{AX}$ 同分布, 即 $\boldsymbol{Y}\overset{\mathrm{d}}{=}\boldsymbol{\mu}+\boldsymbol{AX}$, 就说 $\boldsymbol{Y}$ 服从 p 元正态分布.

由于 $\boldsymbol{Y}=\boldsymbol{\mu}+\boldsymbol{AX}$, $\boldsymbol{X}=(x_1,\cdots,x_k)'$, $x_1,\cdots,x_k$ 独立同标准正态分布 $N(0,1)$, 所以 $E(\boldsymbol{Y})=\boldsymbol{\mu}$, $\mathrm{Cov}(\boldsymbol{Y})=\boldsymbol{AA}'=\boldsymbol{\Sigma}$. 在定义 2.2.1 中, 若 $p\leqslant k$ 且 $R(\boldsymbol{A})=p$, 则 $\boldsymbol{Y}$ 的密度函数存在 (见 (2.1.5) 式), 而在 $p>k$ 或者 $p\leqslant k$, 但 $R(\boldsymbol{A})<p$ 时, $\boldsymbol{Y}$ 不存在密度函数, 但是它的分布函数存在, 等价地, 它的特征函数也是存在的. 知道特征函数与分布函数相互唯一确定. 考虑到特征函数的表达式比较简单明了且有良好的分析性质, 所以人们通常用特征函数来定义分布.

随机向量 $\boldsymbol{Y}=(y_1,\cdots,y_p)'$ 的特征函数 (有时特称它为多元特征函数) 为

$$\phi(t_1,\cdots,t_p)=E\mathrm{e}^{\mathrm{i}(t_1y_1+\cdots+t_py_p)}.$$

若记 $\boldsymbol{t}=(t_1,\cdots,t_p)'$, 则该特征函数可简写为 $\phi(\boldsymbol{t})=E\mathrm{e}^{\mathrm{i}\boldsymbol{t}'\boldsymbol{Y}}$. 多元特征函数的有关性质见附录 A.1.

由于标准正态分布 $N(0,1)$ 的特征函数是 $\mathrm{e}^{-t^2/2}$, 所以在 $\boldsymbol{X}=(x_1,\cdots,x_k)'$, $x_1,\cdots,x_k$ 独立同标准正态分布 $N(0,1)$ 时, $\boldsymbol{X}$ 的特征函数为

$$E\mathrm{e}^{\mathrm{i}\boldsymbol{t}'\boldsymbol{X}}=\prod_{j=1}^{p}E\mathrm{e}^{\mathrm{i}t_jx_j}=\exp\left\{-\sum_{j=1}^{p}\frac{t_j^2}{2}\right\}=\exp\left\{-\frac{\boldsymbol{t}'\boldsymbol{t}}{2}\right\}.$$

从而由定义 2.2.1, $\boldsymbol{Y}=\boldsymbol{\mu}+\boldsymbol{AX}$ 的特征函数为

$$\begin{aligned}E\mathrm{e}^{\mathrm{i}\boldsymbol{t}'\boldsymbol{y}}&=E\mathrm{e}^{\mathrm{i}\boldsymbol{t}'(\boldsymbol{\mu}+\boldsymbol{AX})}=\exp\{\mathrm{i}\boldsymbol{t}'\boldsymbol{\mu}\}E\mathrm{e}^{\mathrm{i}(\boldsymbol{A}'\boldsymbol{t})'\boldsymbol{X}}=\exp\left\{\mathrm{i}\boldsymbol{t}'\boldsymbol{\mu}-\frac{(\boldsymbol{A}'\boldsymbol{t})'\boldsymbol{A}'\boldsymbol{t}}{2}\right\}\\&=\exp\left\{\mathrm{i}\boldsymbol{t}'\boldsymbol{\mu}-\frac{\boldsymbol{t}'\boldsymbol{AA}'\boldsymbol{t}}{2}\right\}=\exp\left\{\mathrm{i}\boldsymbol{t}'\boldsymbol{\mu}-\frac{\boldsymbol{t}'\boldsymbol{\Sigma}\boldsymbol{t}}{2}\right\},\end{aligned}$$

所以由定义 2.2.1 定义的 p 元正态分布 $N_p(\boldsymbol{\mu},\boldsymbol{\Sigma})$ 的特征函数为 $\exp\{\mathrm{i}\boldsymbol{t}'\boldsymbol{\mu}-\boldsymbol{t}'\boldsymbol{\Sigma}\boldsymbol{t}/2\}$. 当然, 也可以反过来由特征函数来定义正态分布, 于是有多元正态分布的第二种定义方法.

定义 2.2.2　如果 $\boldsymbol{Y}\in\mathbf{R}^p$, $\boldsymbol{Y}$ 的特征函数为 $\exp\{\mathrm{i}\boldsymbol{t}'\boldsymbol{\mu}-\boldsymbol{t}'\boldsymbol{\Sigma}\boldsymbol{t}/2\}$, 则称 $\boldsymbol{Y}$ 服从 p 元正态分布 $N_p(\boldsymbol{\mu},\boldsymbol{\Sigma})$.

已经证明了根据定义 2.2.1 定义的多元正态分布 $N_p(\boldsymbol{\mu},\boldsymbol{\Sigma})$ 满足定义 2.2.2 的条件: 其特征函数为 $\exp\{\mathrm{i}\boldsymbol{t}'\boldsymbol{\mu}-\boldsymbol{t}'\boldsymbol{\Sigma}\boldsymbol{t}/2\}$ (简称由定义 2.2.1 可以推出定义 2.2.2). 下面证明由定义 2.2.2 也可以推出定义 2.2.1.

由性质 A.1.1 可以推出: 若 $\boldsymbol{Y}$ 的特征函数为 $\exp\{\mathrm{i}\boldsymbol{t}'\boldsymbol{\mu}-\boldsymbol{t}'\boldsymbol{\Sigma}\boldsymbol{t}/2\}$, 则 $E(\boldsymbol{Y})=\boldsymbol{\mu}$, $\mathrm{Cov}(\boldsymbol{Y})=\boldsymbol{\Sigma}$.

下面利用性质 A.1.2 证明多元正态分布的边际分布仍为正态分布. 从中可以看到, 利用特征函数分析问题简单明了. 若 $\boldsymbol{Y}$ 的特征函数为 $\exp\{\mathrm{i}\boldsymbol{t}'\boldsymbol{\mu}-\boldsymbol{t}'\boldsymbol{\Sigma}\boldsymbol{t}/2\}$. 将 $\boldsymbol{Y}$, $\boldsymbol{\mu}$, $\boldsymbol{\Sigma}$ 和 $\boldsymbol{t}$ 类似地剖分:

$$\boldsymbol{Y}=\begin{pmatrix}\boldsymbol{Y}_1\\ \boldsymbol{Y}_2\end{pmatrix}\begin{matrix}q\\ p-q\end{matrix},\quad \boldsymbol{\mu}=\begin{pmatrix}\boldsymbol{\mu}_1\\ \boldsymbol{\mu}_2\end{pmatrix}\begin{matrix}q\\ p-q\end{matrix},\quad \boldsymbol{\Sigma}=\underset{\quad q\qquad p-q}{\begin{pmatrix}\boldsymbol{\Sigma}_{11} & \boldsymbol{\Sigma}_{12}\\ \boldsymbol{\Sigma}_{21} & \boldsymbol{\Sigma}_{22}\end{pmatrix}}\begin{matrix}q\\ p-q\end{matrix},\quad \boldsymbol{t}=\begin{pmatrix}\boldsymbol{t}_1\\ \boldsymbol{t}_2\end{pmatrix}\begin{matrix}q\\ p-q\end{matrix},$$

则 $\boldsymbol{Y}$ 的特征函数可变化为

$$\begin{aligned}&\exp\left\{\mathrm{i}\boldsymbol{t}'\boldsymbol{\mu}-\frac{\boldsymbol{t}'\boldsymbol{\Sigma}\boldsymbol{t}}{2}\right\}\\ =&\exp\left\{\mathrm{i}\boldsymbol{t}_1'\boldsymbol{\mu}_1+\mathrm{i}\boldsymbol{t}_2'\boldsymbol{\mu}_2-\frac{\boldsymbol{t}_1'\boldsymbol{\Sigma}_{11}\boldsymbol{t}_1+\boldsymbol{t}_1'\boldsymbol{\Sigma}_{12}\boldsymbol{t}_2+\boldsymbol{t}_2'\boldsymbol{\Sigma}_{21}\boldsymbol{t}_1+\boldsymbol{t}_2'\boldsymbol{\Sigma}_{22}\boldsymbol{t}_2}{2}\right\}.\end{aligned}$$

分别令 $\boldsymbol{t}_2=\boldsymbol{0}$ 和 $\boldsymbol{t}_1=\boldsymbol{0}$, 则由性质 A.1.2, 得到 $\boldsymbol{Y}_1$ 的特征函数 $\exp\{\mathrm{i}\boldsymbol{t}_1'\boldsymbol{\mu}_1-\boldsymbol{t}_1'\boldsymbol{\Sigma}_{11}\boldsymbol{t}_1/2\}$ 和 $\boldsymbol{Y}_2$ 的特征函数 $\exp\{\mathrm{i}\boldsymbol{t}_2'\boldsymbol{\mu}_2-\boldsymbol{t}_2'\boldsymbol{\Sigma}_{22}\boldsymbol{t}_2/2\}$. 这说明若 $\boldsymbol{Y}\sim N_p(\boldsymbol{\mu},\boldsymbol{\Sigma})$, 则 $\boldsymbol{Y}_1\sim N_q(\boldsymbol{\mu}_1,\boldsymbol{\Sigma}_{11})$, $\boldsymbol{Y}_2\sim N_{p-q}(\boldsymbol{\mu}_2,\boldsymbol{\Sigma}_{22})$. 由此看来, 利用特征函数很容易证明: 多元正态分布的边际分布仍为正态分布.

在 $\boldsymbol{\Sigma}_{12}=\boldsymbol{0}$ 时, 由于

$$\exp\left\{\mathrm{i}\boldsymbol{t}'\boldsymbol{\mu}-\frac{\boldsymbol{t}'\boldsymbol{\Sigma}\boldsymbol{t}}{2}\right\}=\exp\left\{\mathrm{i}\boldsymbol{t}_1'\boldsymbol{\mu}_1-\frac{\boldsymbol{t}_1'\boldsymbol{\Sigma}_{11}\boldsymbol{t}_1}{2}\right\}\exp\left\{\mathrm{i}\boldsymbol{t}_2'\boldsymbol{\mu}_2-\frac{\boldsymbol{t}_2'\boldsymbol{\Sigma}_{22}\boldsymbol{t}_2}{2}\right\},$$

则由性质 A.1.4 知, 若 $\boldsymbol{Y}\sim N_p(\boldsymbol{\mu},\boldsymbol{\Sigma})$, 则 $\mathrm{Cov}(\boldsymbol{Y}_1,\boldsymbol{Y}_2)=\boldsymbol{\Sigma}_{12}=\boldsymbol{0}$ 是 $\boldsymbol{Y}_1$ 与 $\boldsymbol{Y}_2$ 相互独立的充要条件. 这个结论可以进一步推广. 将 $\boldsymbol{Y}$ 和 $\boldsymbol{\Sigma}$ 类似地剖分:

$$\boldsymbol{Y}=\begin{pmatrix}\boldsymbol{Y}_1\\ \vdots\\ \boldsymbol{Y}_m\end{pmatrix}\begin{matrix}q_1\\ \vdots\\ q_m\end{matrix},\quad \boldsymbol{\Sigma}=\underset{q_1\qquad\cdots\qquad q_m}{\begin{pmatrix}\boldsymbol{\Sigma}_{11} & \cdots & \boldsymbol{\Sigma}_{1m}\\ \vdots & & \vdots\\ \boldsymbol{\Sigma}_{m1} & \cdots & \boldsymbol{\Sigma}_{mm}\end{pmatrix}}\begin{matrix}q_1\\ \vdots\\ q_m\end{matrix},$$

则由性质 A.1.4 知, 若 $\boldsymbol{Y}\sim N_p(\boldsymbol{\mu},\boldsymbol{\Sigma})$, 则 $\mathrm{Cov}(\boldsymbol{Y}_i,\boldsymbol{Y}_j)=\boldsymbol{\Sigma}_{ij}=\boldsymbol{0}(1\leqslant i<j\leqslant m)$ 都成立是 $\boldsymbol{Y}_1,\cdots,\boldsymbol{Y}_m$ 相互独立的充要条件. 利用特征函数很容易给出多元正态分布的各个分量相互独立的充要条件.

下面利用特征函数的性质证明, 由多元正态分布的定义 2.2.2 可以推出定义 2.2.1. 假设 $\boldsymbol{Y}$ 的特征函数为 $\exp\{\mathrm{i}\boldsymbol{t}'\boldsymbol{\mu}-\boldsymbol{t}'\boldsymbol{\Sigma}\boldsymbol{t}/2\}$, 记

$$\boldsymbol{\Sigma}^{1/2}=(\boldsymbol{\gamma}_1,\cdots,\boldsymbol{\gamma}_p),\quad \boldsymbol{\gamma}_i=(\gamma_{1i},\cdots,\gamma_{pi})',\quad \gamma_{ij}=\gamma_{ji},$$

则

$$\exp\left\{\mathrm{i}\boldsymbol{t}'\boldsymbol{\mu}-\frac{\boldsymbol{t}'\boldsymbol{\Sigma}\boldsymbol{t}}{2}\right\}=\exp\left\{\mathrm{i}\boldsymbol{t}'\boldsymbol{\mu}\right\}\prod_{i=1}^{p}\exp\left\{-\frac{(\boldsymbol{t}'\boldsymbol{\gamma}_i)^2}{2}\right\}.$$

令 $\boldsymbol{Z}_i=\boldsymbol{\gamma}_i x_i$, $i=1,\cdots,p$, 其中, $x_1,\cdots,x_p$ 独立同标准正态分布 $N(0,1)$, 则 $\boldsymbol{Z}_1,\cdots,\boldsymbol{Z}_p$ 相互独立, 且 $\boldsymbol{Z}_i$ 的特征函数为

$$E\mathrm{e}^{\mathrm{i}\boldsymbol{t}'\boldsymbol{Z}_i}=E\mathrm{e}^{\mathrm{i}\boldsymbol{t}'\boldsymbol{\gamma}_i x_i}=\exp\left\{-\frac{(\boldsymbol{t}'\boldsymbol{\gamma}_i)^2}{2}\right\}.$$

从而由性质 A.1.5 知, $\exp\{\mathrm{i}\boldsymbol{t}'\boldsymbol{\mu}-\boldsymbol{t}'\boldsymbol{\Sigma}\boldsymbol{t}/2\}$ 是随机向量 $\boldsymbol{\mu}+\boldsymbol{Z}_1+\cdots+\boldsymbol{Z}_p$ 的特征函数, 这说明 $\boldsymbol{Y}$ 与 $\boldsymbol{\mu}+\boldsymbol{Z}_1+\cdots+\boldsymbol{Z}_p$ 有相同的特征函数, 则由性质 A.1.3 知, $\boldsymbol{Y}$ 与 $\boldsymbol{\mu}+\boldsymbol{Z}_1+\cdots+\boldsymbol{Z}_p$ 同分布. 由于

$$\boldsymbol{\mu}+\boldsymbol{Z}_1+\cdots+\boldsymbol{Z}_p=\boldsymbol{\mu}+(\boldsymbol{\gamma}_1,\cdots,\boldsymbol{\gamma}_p)\boldsymbol{X}=\boldsymbol{\mu}+\boldsymbol{\Sigma}^{\frac{1}{2}}\boldsymbol{X},\quad \boldsymbol{X}=(x_1,\cdots,x_p)',$$

所以由定义 2.2.2 推出了定义 2.2.1. 至此证明了定义 2.2.1 与定义 2.2.2 相互等价.

定义 2.2.1 是基于一元正态分布定义多元正态分布, 定义 2.2.2 是利用特征函数定义多元正态分布. 下面的定义 2.2.3 也是基于一元正态分布定义多元正态分布.

定义 2.2.3 设 $\boldsymbol{Y}\in\mathbf{R}^p$, $E(\boldsymbol{Y})=\boldsymbol{\mu}$, $\mathrm{Cov}(\boldsymbol{Y})=\boldsymbol{\Sigma}$. 如果 $\boldsymbol{Y}$ 的任意一个线性函数 $\boldsymbol{c}'\boldsymbol{Y}$ 都服从一元正态分布, 则称 $\boldsymbol{Y}$ 服从 p 元正态分布 $N_p(\boldsymbol{\mu},\boldsymbol{\Sigma})$.

下面证明定义 2.2.3 与定义 2.2.2 相互等价. 首先证明由定义 2.2.2 可以推出定义 2.2.3. 假设 $\boldsymbol{Y}$ 的特征函数为 $\exp\{\mathrm{i}\boldsymbol{t}'\boldsymbol{\mu}-\boldsymbol{t}'\boldsymbol{\Sigma}\boldsymbol{t}/2\}$, 则随机变量 $\boldsymbol{c}'\boldsymbol{Y}$ 的特征函数为

$$E\mathrm{e}^{\mathrm{i}t\boldsymbol{c}'\boldsymbol{Y}}=\exp\left\{\mathrm{i}t\boldsymbol{c}'\boldsymbol{\mu}-\frac{t^2\boldsymbol{c}'\boldsymbol{\Sigma}\boldsymbol{c}}{2}\right\},$$

其中, t 是实数. 这说明随机变量 $\boldsymbol{c}'\boldsymbol{Y}$ 服从一元正态分布 $N(\boldsymbol{c}'\boldsymbol{\mu},\boldsymbol{c}'\boldsymbol{\Sigma}\boldsymbol{c})$, 从而由定义 2.2.2 推出了定义 2.2.3.

下面证明由定义 2.2.3 也可以推出定义 2.2.2. 假设对任意的 p 维向量 $\boldsymbol{c}$, $\boldsymbol{c}'\boldsymbol{Y}$ 都服从一元正态分布. 由于 $E(\boldsymbol{Y})=\boldsymbol{\mu}$, $\mathrm{Cov}(\boldsymbol{Y})=\boldsymbol{\Sigma}$, 所以 $E(\boldsymbol{c}'\boldsymbol{Y})=\boldsymbol{c}'\boldsymbol{\mu}$, $\mathrm{Var}(\boldsymbol{c}'\boldsymbol{Y})=\boldsymbol{c}'\boldsymbol{\Sigma}\boldsymbol{c}$. 从而知, $\boldsymbol{c}'\boldsymbol{Y}\sim N(\boldsymbol{c}'\boldsymbol{\mu},\boldsymbol{c}'\boldsymbol{\Sigma}\boldsymbol{c})$. 因而 $\boldsymbol{c}'\boldsymbol{Y}$ 的特征函数为

$$E\mathrm{e}^{\mathrm{i}t(\boldsymbol{c}'\boldsymbol{Y})}=E\mathrm{e}^{\mathrm{i}(t\boldsymbol{c}')\boldsymbol{Y}}=\exp\left\{\mathrm{i}t\boldsymbol{c}'\boldsymbol{\mu}-\frac{t^2\boldsymbol{c}'\boldsymbol{\Sigma}\boldsymbol{c}}{2}\right\},$$

其中, t 是实数. 取 $t=1$, 则有

$$E\mathrm{e}^{\mathrm{i}\boldsymbol{c}'\boldsymbol{Y}}=\exp\left\{\mathrm{i}\boldsymbol{c}'\boldsymbol{\mu}-\frac{\boldsymbol{c}'\boldsymbol{\Sigma}\boldsymbol{c}}{2}\right\}.\tag{2.2.1}$$

由于 $\boldsymbol{c}$ 是任意的 p 维向量, 所以由 (2.2.1) 式, 得到 $\boldsymbol{Y}$ 的特征函数为

$$E\mathrm{e}^{\mathrm{i}\boldsymbol{t}'\boldsymbol{y}} = \exp\left\{\mathrm{i}\boldsymbol{t}'\boldsymbol{\mu} - \frac{\boldsymbol{t}'\boldsymbol{\Sigma}\boldsymbol{t}}{2}\right\},$$

从而由定义 2.2.3 推出了定义 2.2.2, 所以定义 2.2.3 与定义 2.2.2 相互等价. 由于已经证明了定义 2.2.1 与定义 2.2.2 相互等价, 所以至此证明了多元正态分布的这 3 个定义相互等价.

在 $\boldsymbol{Y} \sim N_p(\boldsymbol{\mu}, \boldsymbol{\Sigma})$ 时, 若协方差阵 $\boldsymbol{\Sigma} > 0$, 则 $\boldsymbol{Y}$ 有密度函数 (见 (2.1.5) 式). 若 $\boldsymbol{\Sigma}$ 的秩 $R(\boldsymbol{\Sigma}) < p$, $\boldsymbol{Y}$ 没有密度函数, 下面将说明这时的 $\boldsymbol{Y}$ 经过线性变换后, 可以分解成两部分, 一部分是协方差阵为正定矩阵的正态分布, 另一部分是退化分布.

假设 p 阶协方差阵 $\boldsymbol{\Sigma}$ 的秩为 $R(\boldsymbol{\Sigma}) = q < p$, 则存在 p 阶非奇异矩阵 $\boldsymbol{A}$, 使得

$$\boldsymbol{A\Sigma A}' = \begin{pmatrix} \boldsymbol{\Sigma}_{11} & \boldsymbol{0} \\ \boldsymbol{0} & \boldsymbol{0} \end{pmatrix},$$

其中, q 阶矩阵 $\boldsymbol{\Sigma}_{11} > 0$. 若令 $\boldsymbol{Z} = \boldsymbol{AY}$, $\boldsymbol{\eta} = \boldsymbol{A\mu}$, 并将 $\boldsymbol{Z}$ 和 $\boldsymbol{\eta}$ 剖分为

$$\boldsymbol{Z} = \begin{pmatrix} \boldsymbol{Z}_1 \\ \boldsymbol{Z}_2 \end{pmatrix} \begin{matrix} {\scriptstyle q} \\ {\scriptstyle p-q} \end{matrix}, \quad \boldsymbol{\eta} = \begin{pmatrix} \boldsymbol{\eta}_1 \\ \boldsymbol{\eta}_2 \end{pmatrix} \begin{matrix} {\scriptstyle q} \\ {\scriptstyle p-q} \end{matrix},$$

则 $\boldsymbol{Z}_1$ 服从 q 元正态分布 $\boldsymbol{Z}_1 \sim N_q(\boldsymbol{\eta}_1, \boldsymbol{\Sigma}_{11})$, 其中, 协方差阵 $\boldsymbol{\Sigma}_{11}$ 为正定矩阵, 而 $\boldsymbol{Z}_2$ 服从退化分布 $P(\boldsymbol{Z}_2 = \boldsymbol{\eta}_2) = 1$, 所以在 $\boldsymbol{Y}$ 线性变换成 $\boldsymbol{Z} = \boldsymbol{AY}$ 后, $\boldsymbol{Z}$ 分解成 $\boldsymbol{Z}_1$ 和 $\boldsymbol{Z}_2$, $\boldsymbol{Z}_1$ 服从协方差阵为正定矩阵的正态分布, $\boldsymbol{Z}_2$ 服从退化分布. 特别地, 取 $\boldsymbol{A}$ 为某个正交矩阵时, 可使得

$$\boldsymbol{A\Sigma A}' = \begin{pmatrix} \boldsymbol{D} & \boldsymbol{0} \\ \boldsymbol{0} & \boldsymbol{0} \end{pmatrix},$$

其中, $\boldsymbol{D}$ 为 q 阶对角矩阵 $\boldsymbol{D} = \mathrm{diag}\,(d_1, \cdots, d_q)$, 所有的 $d_i > 0$, $i = 1, \cdots, q$, 则 $\boldsymbol{Z}_1 \sim N_q(\boldsymbol{\eta}_1, \boldsymbol{D})$, q 维随机向量 $\boldsymbol{Z}_1$ 的各个分量之间相互独立. 这说明, 在 $\boldsymbol{Y} \sim N_p(\boldsymbol{\mu}, \boldsymbol{\Sigma})$, $\boldsymbol{\Sigma}$ 的秩 $R(\boldsymbol{\Sigma}) = q < p$ 时, $\boldsymbol{Y}$ 线性变换成 $\boldsymbol{Z} = \boldsymbol{AY}$ 后, $\boldsymbol{Z}$ 的 p 个分量之间相互独立, 其中, q 个分量都服从一元正态分布, 剩下的 $p - q$ 个分量都服从退化分布.

2.3　多元正态分布的性质

前面已经给出了多元正态分布的定义和它的一些性质. 下面将这些结果和多元正态分布的其他一些性质综合在一起, 叙述如下.

性质 2.3.1(密度函数)　设 $\boldsymbol{Y} \sim N_p(\boldsymbol{\mu}, \boldsymbol{\Sigma})$, $\boldsymbol{\Sigma} > 0$, 则 $\boldsymbol{Y}$ 有密度函数

$$f(y) = \frac{1}{(2\pi)^{p/2}\sqrt{|\boldsymbol{\Sigma}|}} \mathrm{e}^{-\frac{1}{2}(\boldsymbol{y}-\boldsymbol{\mu})'\boldsymbol{\Sigma}^{-1}(\boldsymbol{y}-\boldsymbol{\mu})}.$$

性质 2.3.2(特征函数)　设 $\boldsymbol{Y} \sim N_p(\boldsymbol{\mu}, \boldsymbol{\Sigma})$, 则 $\boldsymbol{Y}$ 有特征函数

$$\phi(\boldsymbol{t}) = \exp\left\{\mathrm{i}\boldsymbol{t}'\boldsymbol{\mu} - \frac{\boldsymbol{t}'\boldsymbol{\Sigma}\boldsymbol{t}}{2}\right\}.$$

性质 2.3.3(均值和协方差阵)　设 $\boldsymbol{Y} \sim N_p(\boldsymbol{\mu}, \boldsymbol{\Sigma})$, 则 $E(\boldsymbol{Y}) = \boldsymbol{\mu}$, $\mathrm{Cov}(\boldsymbol{Y}) = \boldsymbol{\Sigma}$.

性质 2.3.4(线性变换)　设 $\boldsymbol{Y} \sim N_p(\boldsymbol{\mu}, \boldsymbol{\Sigma})$, $\boldsymbol{Z} = \boldsymbol{\eta} + \boldsymbol{A}\boldsymbol{Y}$, $\boldsymbol{\eta}$ 为 k 维常数向量, $\boldsymbol{A}$ 为 $k \times p$ 常数矩阵, 则 $\boldsymbol{Z} \sim N_k(\boldsymbol{\eta} + \boldsymbol{A}\boldsymbol{\mu}, \boldsymbol{A}\boldsymbol{\Sigma}\boldsymbol{A}')$.

性质 2.3.5(可加性)　设 $\boldsymbol{Y}_1, \cdots, \boldsymbol{Y}_k$ 相互独立, $\boldsymbol{Y}_i \sim N_p(\boldsymbol{\mu}_i, \boldsymbol{\Sigma}_i)$, $i = 1, \cdots, k$, 则

$$\sum_{i=1}^{k} \boldsymbol{Y}_i \sim N_p\left(\sum_{i=1}^{k} \boldsymbol{\mu}_i, \sum_{i=1}^{k} \boldsymbol{\Sigma}_i\right).$$

性质 2.3.6(二次型)　设 $\boldsymbol{Y} \sim N_p(\boldsymbol{\mu}, \boldsymbol{\Sigma})$, $\boldsymbol{\Sigma} > 0$, 则根据性质 A.3.1, 二次型 $(\boldsymbol{Y} - \boldsymbol{\mu})'\boldsymbol{A}(\boldsymbol{Y} - \boldsymbol{\mu})$, 其中, $\boldsymbol{A} \geqslant 0$, 服从中心 $\chi^2(m)$ 分布的充要条件为 $\boldsymbol{A}\boldsymbol{\Sigma}\boldsymbol{A}\boldsymbol{\Sigma} = \boldsymbol{A}\boldsymbol{\Sigma}$, 且其自由度 m 等于 $\boldsymbol{A}\boldsymbol{\Sigma}$ 的秩 $m = R(\boldsymbol{A}\boldsymbol{\Sigma})$. 特别地, 在 $\boldsymbol{A} = \boldsymbol{\Sigma}^{-1}$ 时, $(\boldsymbol{Y} - \boldsymbol{\mu})'\boldsymbol{\Sigma}^{-1}(\boldsymbol{Y} - \boldsymbol{\mu})$ 服从自由度为 p 的中心 χ^2 分布.

性质 2.3.7(超椭圆)　设 $\boldsymbol{Y} \sim N_p(\boldsymbol{\mu}, \boldsymbol{\Sigma})$, $\boldsymbol{\Sigma} > 0$, 则 $P(\boldsymbol{Y} \in D) = 1 - \alpha$, 其中, D 为 $\mathbf{R}^p$ 空间的超椭圆:

$$D = \left\{\boldsymbol{y} : (\boldsymbol{y} - \boldsymbol{\mu})'\boldsymbol{\Sigma}^{-1}(\boldsymbol{y} - \boldsymbol{\mu}) \leqslant \chi^2_{1-\alpha}(p)\right\},$$

且对任意区域 D^*, 若 $P(\boldsymbol{Y} \in D^*) = 1 - \alpha$ 也成立, 则必有

$$\text{椭圆 } D \text{ 的体积} \leqslant \text{区域 } D^* \text{ 的体积},$$

且等号成立的充要条件是椭圆 D 与区域 D^*(几乎处处) 重合, 所以在使得 $P(\boldsymbol{X} \in D) = 1 - \alpha$ 成立的区域 D 中, 椭圆 D 的体积最小.

性质 2.3.8(边际分布)　设 $\boldsymbol{Y} \sim N_p(\boldsymbol{\mu}, \boldsymbol{\Sigma})$, 将 $\boldsymbol{Y}$, $\boldsymbol{\mu}$ 和 $\boldsymbol{\Sigma}$ 类似地剖分:

$$\boldsymbol{Y} = \begin{pmatrix} \boldsymbol{Y}_1 \\ \boldsymbol{Y}_2 \end{pmatrix} \begin{matrix} q \\ p-q \end{matrix}, \quad \boldsymbol{\mu} = \begin{pmatrix} \boldsymbol{\mu}_1 \\ \boldsymbol{\mu}_2 \end{pmatrix} \begin{matrix} q \\ p-q \end{matrix}, \quad \boldsymbol{\Sigma} = \underset{\quad q \qquad p-q}{\begin{pmatrix} \boldsymbol{\Sigma}_{11} & \boldsymbol{\Sigma}_{12} \\ \boldsymbol{\Sigma}_{21} & \boldsymbol{\Sigma}_{22} \end{pmatrix}} \begin{matrix} q \\ p-q \end{matrix},$$

则 $\boldsymbol{Y}_1 \sim N_q(\boldsymbol{\mu}_1, \boldsymbol{\Sigma}_{11})$, $\boldsymbol{Y}_2 \sim N_{p-q}(\boldsymbol{\mu}_2, \boldsymbol{\Sigma}_{22})$.

性质 2.3.9 (独立性) 设 $\boldsymbol{Y} \sim N_p(\boldsymbol{\mu}, \boldsymbol{\Sigma})$, 将 $\boldsymbol{Y}$ 和 $\boldsymbol{\Sigma}$ 类似地剖分:

$$\boldsymbol{Y} = \begin{pmatrix} \boldsymbol{Y}_1 \\ \vdots \\ \boldsymbol{Y}_m \end{pmatrix} \begin{matrix} q_1 \\ \vdots \\ q_m \end{matrix}, \quad \boldsymbol{\Sigma} = \begin{matrix} \begin{pmatrix} \boldsymbol{\Sigma}_{11} & \cdots & \boldsymbol{\Sigma}_{1m} \\ \vdots & & \vdots \\ \boldsymbol{\Sigma}_{m1} & \cdots & \boldsymbol{\Sigma}_{mm} \end{pmatrix} \\ \quad q_1 \qquad\quad q_m \end{matrix} \begin{matrix} q_1 \\ \vdots \\ q_m \end{matrix},$$

则 $\mathrm{Cov}(\boldsymbol{Y}_i, \boldsymbol{Y}_j) = \boldsymbol{\Sigma}_{ij} = \boldsymbol{0} (1 \leqslant i < j \leqslant m)$ 都成立, 是 $\boldsymbol{Y}_1, \cdots, \boldsymbol{Y}_m$ 相互独立的充要条件.

看下面的协方差阵:

$$\begin{matrix} & x_1 & x_2 & x_3 & x_4 \\ x_1 & \sigma_{11} & \sigma_{12} & \sigma_{13} & \sigma_{14} \\ x_2 & \sigma_{21} & \sigma_{22} & \sigma_{23} & \sigma_{24} \\ x_3 & \sigma_{31} & \sigma_{32} & \sigma_{33} & \sigma_{34} \\ x_4 & 0 & \sigma_{42} & 0 & \sigma_{44} \end{matrix},$$

其中有两个 0, 它们在同一行但没有连在一起. 同样可以说, x_4 与 (x_1, x_3) 相互独立. 事实上, 把变量 x_2 与 x_3 相互交换就可以把这两个 0 聚合在一起. 更一般地, 设有 $r \times s$ 个 0, 它们在 s 行, 每一行有 r 个 0, 同时它们又在 r 列, 每一列有 s 个 0. 虽然它们不在一起, 但同样可以说, 0 所在的这 s 行的 s 个变量与 0 所在的这 r 列的 r 个变量相互独立.

性质 2.3.10(条件分布) 设 $\boldsymbol{Y} \sim N_p(\boldsymbol{\mu}, \boldsymbol{\Sigma})$, $\boldsymbol{\Sigma} > 0$, 将 $\boldsymbol{Y}$, $\boldsymbol{\mu}$ 和 $\boldsymbol{\Sigma}$ 类似地剖分:

$$\boldsymbol{Y} = \begin{pmatrix} \boldsymbol{Y}_1 \\ \boldsymbol{Y}_2 \end{pmatrix} \begin{matrix} q \\ p-q \end{matrix}, \quad \boldsymbol{\mu} = \begin{pmatrix} \boldsymbol{\mu}_1 \\ \boldsymbol{\mu}_2 \end{pmatrix} \begin{matrix} q \\ p-q \end{matrix}, \quad \boldsymbol{\Sigma} = \begin{matrix} \begin{pmatrix} \boldsymbol{\Sigma}_{11} & \boldsymbol{\Sigma}_{12} \\ \boldsymbol{\Sigma}_{21} & \boldsymbol{\Sigma}_{22} \end{pmatrix} \\ q \quad\ p-q \end{matrix} \begin{matrix} q \\ p-q \end{matrix},$$

则在 $\boldsymbol{Y}_2 = \boldsymbol{y}_2$ 给定的条件下, $\boldsymbol{Y}_1$ 的条件分布为 q 元正态分布 $N_q(\boldsymbol{\mu}_{1|2}, \boldsymbol{\Sigma}_{1|2})$, 它的均值和协方差阵分别为

$$E(\boldsymbol{Y}_1 | \boldsymbol{Y}_2 = \boldsymbol{y}_2) = \boldsymbol{\mu}_{1|2} = \boldsymbol{\mu}_1 + \boldsymbol{\Sigma}_{12} \boldsymbol{\Sigma}_{22}^{-1} (\boldsymbol{y}_2 - \boldsymbol{\mu}_2),$$

$$\mathrm{Cov}(\boldsymbol{Y}_1 | \boldsymbol{Y}_2 = \boldsymbol{y}_2) = \boldsymbol{\Sigma}_{1|2} = \boldsymbol{\Sigma}_{11} - \boldsymbol{\Sigma}_{12} \boldsymbol{\Sigma}_{22}^{-1} \boldsymbol{\Sigma}_{21}.$$

同理, 在 $\boldsymbol{Y}_1 = \boldsymbol{y}_1$ 给定的条件下, $\boldsymbol{Y}_2$ 的条件分布为 $p-q$ 元正态分布 N_{p-q} $(\boldsymbol{\mu}_{2|1}, \boldsymbol{\Sigma}_{2|1})$, 它的均值和协方差阵分别为

$$E(\boldsymbol{Y}_2 | \boldsymbol{Y}_1 = \boldsymbol{y}_1) = \boldsymbol{\mu}_{2|1} = \boldsymbol{\mu}_2 + \boldsymbol{\Sigma}_{21} \boldsymbol{\Sigma}_{11}^{-1} (\boldsymbol{y}_1 - \boldsymbol{\mu}_1),$$

$$\mathrm{Cov}\left(\boldsymbol{Y}_2|\boldsymbol{Y}_1=\boldsymbol{y}_1\right)=\boldsymbol{\Sigma}_{2|1}=\boldsymbol{\Sigma}_{22}-\boldsymbol{\Sigma}_{21}\boldsymbol{\Sigma}_{11}^{-1}\boldsymbol{\Sigma}_{12}.$$

记

$$\boldsymbol{Y}_1=\begin{pmatrix}y_1\\ \vdots\\ y_q\end{pmatrix},\quad \boldsymbol{Y}_2=\begin{pmatrix}y_{q+1}\\ \vdots\\ y_p\end{pmatrix},\quad \boldsymbol{\mu}_1=\begin{pmatrix}\nu_1\\ \vdots\\ \nu_q\end{pmatrix},\quad \boldsymbol{\mu}_2=\begin{pmatrix}\nu_{q+1}\\ \vdots\\ \nu_p\end{pmatrix},$$

$$\boldsymbol{\Sigma}_1=\underset{q}{\begin{pmatrix}\boldsymbol{\Sigma}_{11}\\ \boldsymbol{\Sigma}_{21}\end{pmatrix}}\begin{matrix}q\\ p-q\end{matrix}=\begin{pmatrix}\boldsymbol{\gamma}_1'\\ \vdots\\ \boldsymbol{\gamma}_p'\end{pmatrix},\quad \boldsymbol{\Sigma}_2=\underset{p-q}{\begin{pmatrix}\boldsymbol{\Sigma}_{12}\\ \boldsymbol{\Sigma}_{22}\end{pmatrix}}\begin{matrix}q\\ p-q\end{matrix}=\begin{pmatrix}\boldsymbol{\beta}_1'\\ \vdots\\ \boldsymbol{\beta}_p'\end{pmatrix},$$

那么

(1) 在 $\boldsymbol{Y}_2=\boldsymbol{y}_2$ 给定的条件下, $y_i(i=1,\cdots,q)$ 的条件期望和条件方差分别是

$$E\left(y_i|\boldsymbol{Y}_2=\boldsymbol{y}_2\right)=\nu_i+\boldsymbol{\beta}_i'\boldsymbol{\Sigma}_{22}^{-1}\left(\boldsymbol{y}_2-\boldsymbol{\mu}_2\right),$$

$$\mathrm{Var}\left(y_i|\boldsymbol{Y}_2=\boldsymbol{y}_2\right)=\sigma_{ii}-\boldsymbol{\beta}_i'\boldsymbol{\Sigma}_{22}^{-1}\boldsymbol{\beta}_i,$$

其中，σ_{ii} 是 $\boldsymbol{\Sigma}$ 的第 i 个对角线上的元素, 这也就是说 $\sigma_{ii}=\mathrm{Var}(y_i)$, $i=1,\cdots,p$.

(2) 在 $\boldsymbol{Y}_1=\boldsymbol{y}_1$ 给定的条件下, $y_j(j=q+1,\cdots,p)$ 的条件期望和条件方差分别是

$$E\left(y_j|\boldsymbol{Y}_1=\boldsymbol{y}_1\right)=\nu_j+\boldsymbol{\gamma}_j'\boldsymbol{\Sigma}_{11}^{-1}\left(\boldsymbol{y}_1-\boldsymbol{\mu}_1\right),$$

$$\mathrm{Var}\left(y_j|\boldsymbol{Y}_1=\boldsymbol{y}_1\right)=\sigma_{jj}-\boldsymbol{\gamma}_j'\boldsymbol{\Sigma}_{11}^{-1}\boldsymbol{\gamma}_j.$$

性质 2.3.11(分解)　设 $\boldsymbol{Y}\sim N_p(\boldsymbol{\mu},\boldsymbol{\Sigma})$, $\boldsymbol{\Sigma}>0$, 将 $\boldsymbol{Y}$, $\boldsymbol{\mu}$ 和 $\boldsymbol{\Sigma}$ 类似地剖分:

$$\boldsymbol{Y}=\begin{pmatrix}\boldsymbol{Y}_1\\ \boldsymbol{Y}_2\end{pmatrix}\begin{matrix}q\\ p-q\end{matrix},\quad \boldsymbol{\mu}=\begin{pmatrix}\boldsymbol{\mu}_1\\ \boldsymbol{\mu}_2\end{pmatrix}\begin{matrix}q\\ p-q\end{matrix},\quad \boldsymbol{\Sigma}=\begin{pmatrix}\boldsymbol{\Sigma}_{11}&\boldsymbol{\Sigma}_{12}\\ \boldsymbol{\Sigma}_{21}&\boldsymbol{\Sigma}_{22}\end{pmatrix}\begin{matrix}q\\ p-q\end{matrix},$$
$$\qquad\qquad\qquad\qquad\qquad\qquad\qquad q\qquad p-q$$

则 $\boldsymbol{Y}_1$ 与 $\boldsymbol{Y}_2-\boldsymbol{\Sigma}_{21}\boldsymbol{\Sigma}_{11}^{-1}\boldsymbol{Y}_1$ 相互独立, 并且

$$\boldsymbol{Y}_1\sim N_q(\boldsymbol{\mu}_1,\boldsymbol{\Sigma}_{11}),\quad \boldsymbol{Y}_2-\boldsymbol{\Sigma}_{21}\boldsymbol{\Sigma}_{11}^{-1}\boldsymbol{Y}_1\sim N_{p-q}(\boldsymbol{\mu}_2-\boldsymbol{\Sigma}_{21}\boldsymbol{\Sigma}_{11}^{-1}\boldsymbol{\mu}_1,\boldsymbol{\Sigma}_{2|1}).$$

同理, $\boldsymbol{Y}_2$ 与 $\boldsymbol{Y}_1-\boldsymbol{\Sigma}_{12}\boldsymbol{\Sigma}_{22}^{-1}\boldsymbol{Y}_2$ 相互独立, 并且

$$\boldsymbol{Y}_2\sim N_{p-q}(\boldsymbol{\mu}_2,\boldsymbol{\Sigma}_{22}),\quad \boldsymbol{Y}_1-\boldsymbol{\Sigma}_{12}\boldsymbol{\Sigma}_{22}^{-1}\boldsymbol{Y}_2\sim N_q(\boldsymbol{\mu}_1-\boldsymbol{\Sigma}_{12}\boldsymbol{\Sigma}_{22}^{-1}\boldsymbol{\mu}_2,\boldsymbol{\Sigma}_{1|2}),$$

其中, $\boldsymbol{\mu}_2-\boldsymbol{\Sigma}_{21}\boldsymbol{\Sigma}_{11}^{-1}\boldsymbol{\mu}_1=E\left(\boldsymbol{Y}_2-\boldsymbol{\Sigma}_{21}\boldsymbol{\Sigma}_{11}^{-1}\boldsymbol{Y}_1\right)$, $\boldsymbol{\mu}_1-\boldsymbol{\Sigma}_{12}\boldsymbol{\Sigma}_{22}^{-1}\boldsymbol{\mu}_2=E(\boldsymbol{Y}_1-\boldsymbol{\Sigma}_{12}\boldsymbol{\Sigma}_{22}^{-1}\boldsymbol{Y}_2)$, 而 $\boldsymbol{\Sigma}_{2|1}$ 和 $\boldsymbol{\Sigma}_{1|2}$ 的定义见性质 2.3.10, 即

$$\boldsymbol{\Sigma}_{2|1}=\mathrm{Var}\left(\boldsymbol{Y}_2-\boldsymbol{\Sigma}_{21}\boldsymbol{\Sigma}_{11}^{-1}\boldsymbol{Y}_1\right)=\boldsymbol{\Sigma}_{22}-\boldsymbol{\Sigma}_{21}\boldsymbol{\Sigma}_{11}^{-1}\boldsymbol{\Sigma}_{12},$$

$$\boldsymbol{\Sigma}_{1|2}=\mathrm{Var}\left(\boldsymbol{Y}_1-\boldsymbol{\Sigma}_{12}\boldsymbol{\Sigma}_{22}^{-1}\boldsymbol{Y}_2\right)=\boldsymbol{\Sigma}_{11}-\boldsymbol{\Sigma}_{12}\boldsymbol{\Sigma}_{22}^{-1}\boldsymbol{\Sigma}_{21}.$$

下面仅给出性质 2.3.11 的证明. 其他性质有的已经证明过了, 有的很容易证明, 这里从略. 令

$$\boldsymbol{Z}=\begin{pmatrix}\boldsymbol{Z}_1\\ \boldsymbol{Z}_2\end{pmatrix}=\begin{pmatrix}\boldsymbol{I} & \boldsymbol{0}\\ -\boldsymbol{\Sigma}_{21}\boldsymbol{\Sigma}_{11}^{-1} & \boldsymbol{I}\end{pmatrix}\begin{pmatrix}\boldsymbol{Y}_1\\ \boldsymbol{Y}_2\end{pmatrix},$$

则 $\boldsymbol{Z}_1=\boldsymbol{Y}_1$, $\boldsymbol{Z}_2=\boldsymbol{Y}_2-\boldsymbol{\Sigma}_{21}\boldsymbol{\Sigma}_{11}^{-1}\boldsymbol{Y}_1$. 由于 $\boldsymbol{Y}\sim N_p(\boldsymbol{\mu},\boldsymbol{\Sigma})$ 以及 (A.2.1) 式,

$$\boldsymbol{Z}=\begin{pmatrix}\boldsymbol{Z}_1\\ \boldsymbol{Z}_2\end{pmatrix}\sim N_p\left(\begin{pmatrix}\boldsymbol{\mu}_1\\ \boldsymbol{\mu}_2-\boldsymbol{\Sigma}_{21}\boldsymbol{\Sigma}_{11}^{-1}\boldsymbol{\mu}_1\end{pmatrix},\begin{pmatrix}\boldsymbol{\Sigma}_{11} & \boldsymbol{0}\\ \boldsymbol{0} & \boldsymbol{\Sigma}_{2|1}\end{pmatrix}\right).$$

由此可见, $\boldsymbol{Z}_1=\boldsymbol{Y}_1$ 与 $\boldsymbol{Z}_2=\boldsymbol{Y}_2-\boldsymbol{\Sigma}_{21}\boldsymbol{\Sigma}_{11}^{-1}\boldsymbol{Y}_1$ 相互独立, 并且

$$\boldsymbol{Y}_1=\boldsymbol{Z}_1\sim N_q(\boldsymbol{\mu}_1,\boldsymbol{\Sigma}_{11}),$$

$$\boldsymbol{Y}_2-\boldsymbol{\Sigma}_{21}\boldsymbol{\Sigma}_{11}^{-1}\boldsymbol{Y}_1=\boldsymbol{Z}_2\sim N_{p-q}(\boldsymbol{\mu}_2-\boldsymbol{\Sigma}_{21}\boldsymbol{\Sigma}_{11}^{-1}\boldsymbol{\mu}_1,\boldsymbol{\Sigma}_{2|1}).$$

关于 $\boldsymbol{Y}_2$ 与 $\boldsymbol{Y}_1-\boldsymbol{\Sigma}_{12}\boldsymbol{\Sigma}_{22}^{-1}\boldsymbol{Y}_2$ 的结论类似地可证. 性质 2.3.11 得证.

下面对性质 2.3.7 进行讨论, 从而导出广义方差的概念. 由性质 2.3.7 可知, 若记椭圆 $D=\left\{\boldsymbol{y}:(\boldsymbol{y}-\boldsymbol{\mu})'\boldsymbol{\Sigma}^{-1}(\boldsymbol{y}-\boldsymbol{\mu})\leqslant\chi^2_{1-\alpha}(p)\right\}$ 的体积为 V, 则 V 越小 p 元正态分布 $\boldsymbol{Y}$ 的取值就越密集于其均值向量的周围. 下面证明这个椭圆 D 的体积 V 与协方差阵 $\boldsymbol{\Sigma}$ 的行列式 $|\boldsymbol{\Sigma}|$ 的值有关. 作变换 $\boldsymbol{X}=\boldsymbol{\Sigma}^{-1/2}(\boldsymbol{Y}-\boldsymbol{\mu})/\sqrt{\chi^2_{1-\alpha}(p)}$, 则椭圆 D 的体积

$$V=\int_D\mathrm{d}\boldsymbol{y}=V^*\cdot\left(\chi^2_{1-\alpha}(p)\right)^{\frac{p}{2}}\sqrt{|\boldsymbol{\Sigma}|},\tag{2.3.1}$$

其中, V^* 是单位超球 $D^*=\left\{(x_1,\cdots,x_p):x_1^2+\cdots+x_p^2\leqslant 1\right\}$ 的体积

$$V^*=\int_{x_1^2+\cdots+x_p^2\leqslant 1}\mathrm{d}x_1\cdots\mathrm{d}x_p.\tag{2.3.2}$$

由 (2.3.1) 式知, 协方差阵 $\boldsymbol{\Sigma}$ 的行列式 $|\boldsymbol{\Sigma}|$ 的值越小, 椭圆 D 的体积 V 就越小, p 元正态分布 $\boldsymbol{Y}$ 的取值就越密集. 为此人们将 $|\boldsymbol{\Sigma}|$ 称为广义方差, 广义方差 $|\boldsymbol{\Sigma}|$ 可用来度量多元正态分布取值的密集程度. 广义方差 $|\boldsymbol{\Sigma}|$ 越小, 多元正态分布 $N_p(\boldsymbol{\mu},\boldsymbol{\Sigma})$ 变量的取值就越密集.

单位超球 D^* 的体积 V^* 的计算是一个很有趣的问题. 通常人们使用极坐标变换的方法计算体积, 这里使用 Dirichlet 分布计算体积. 设 $z_1,\cdots,z_k,z_{k+1}$ 相互独立, 分别服从参数为 $(\alpha_1,\lambda),\cdots,(\alpha_k,\lambda)$, (α_{k+1},λ) 的 Gamma 分布, 这也就是说它们的密度函数分别为

$$\frac{\lambda^{\alpha_i}}{\Gamma(\alpha_i)}z_i^{\alpha_i-1}\mathrm{e}^{-\lambda z_i},\quad z_i>0,\ i=1,\cdots,k,k+1.$$

令

$$w_i = \frac{z_i}{z_1 + \cdots + z_k + z_{k+1}}, \quad i = 1, \cdots, k,$$

则 $w_1, \cdots, w_k$ 的联合密度为 (其证明留作习题, 见习题 2.2)

$$\frac{\Gamma(\alpha_1 + \cdots + \alpha_k + \alpha_{k+1})}{\Gamma(\alpha_1)\cdots\Gamma(\alpha_k)\Gamma(\alpha_{k+1})} w_1^{\alpha_1 - 1} \cdots w_k^{\alpha_k - 1}(1 - w_1 - \cdots - w_k)^{\alpha_{k+1}-1},$$

$$w_1 \geqslant 0, \quad \cdots, \quad w_k \geqslant 0, \quad w_1 + \cdots + w_k \leqslant 1, \tag{2.3.3}$$

称 $w_1, \cdots, w_k$ 服从 Dirichlet 分布. 显然, Dirichlet 分布是 β 分布的推广. 由 Dirichlet 分布的密度函数 (见 (2.3.3) 式) 得到了一个积分计算公式

$$\begin{aligned}&\int_{\substack{w_1+\cdots+w_k \leqslant 1 \\ w_1 \geqslant 0, \cdots, w_k \geqslant 0}} w_1^{\alpha_1 - 1} \cdots w_k^{\alpha_k - 1} (1 - w_1 - \cdots - w_k)^{\alpha_{k+1}-1} \mathrm{d}w_1 \cdots \mathrm{d}w_k \\ =& \frac{\Gamma(\alpha_1) \cdots \Gamma(\alpha_k) \Gamma(\alpha_{k+1})}{\Gamma(\alpha_1 + \cdots + \alpha_k + \alpha_{k+1})}.\end{aligned}$$

下面使用这个积分计算公式计算单位超球 D^* 的体积 V^*. 由 (2.3.2) 式知

$$\begin{aligned}V^* =& 2^p \int_{\substack{x_1^2+\cdots+x_p^2 \leqslant 1 \\ x_1 \geqslant 0, \cdots, x_p \geqslant 0}} \mathrm{d}x_1 \cdots \mathrm{d}x_p \\ =& 2^p \int_{\substack{x_1^2+\cdots+x_{p-1}^2 \leqslant 1 \\ x_1 \geqslant 0, \cdots, x_{p-1} \geqslant 0}} \sqrt{1 - (x_1^2 + \cdots + x_{p-1}^2)} \mathrm{d}x_1 \cdots \mathrm{d}x_p \\ =& 2 \int_{\substack{w_1+\cdots+w_{p-1} \leqslant 1 \\ w_1 \geqslant 0, \cdots, w_{p-1} \geqslant 0}} [1 - (w_1 + \cdots + w_{p-1})]^{1/2} w_1^{-1/2} \cdots w_{p-1}^{-1/2} \mathrm{d}w_1 \cdots \mathrm{d}w_p \\ =& 2\frac{\Gamma(1/2)^{p-1}\Gamma(3/2)}{\Gamma((p-1)/2 + 3/2)} = \frac{\pi^{p/2}}{\Gamma(p/2+1)}.\end{aligned}$$

从而知椭圆 D 的体积

$$V = \frac{\pi^{p/2}}{\Gamma((p+1)/2)} \cdot \left(\chi_{1-\alpha}^2(p)\right)^{p/2} \sqrt{|\boldsymbol{\Sigma}|}.$$

下面的例子来自文献 [24] 的案例 5, 中国人体型分类与国家标准《服装号型》的制定. 该案例的作者是中国科学院冯士雍研究员, 他负责课题研究与标准制定中有关统计方面的工作. 下面仅以成年男子和成年女子上衣服装号型的制定为例说明多元统计分析方法的应用.

例 2.3.1　1986~1990 年, 历时 5 年, 在我国不同地区共测量了 15200 人左右的人体尺寸数据. 表 2.3.1~ 表 2.3.3 来自这个案例.

表 2.3.1 成年男子和成年女子上衣的 8 个人体部位尺寸的均值与标准差 (单位: cm)

部位	成年男子 (样本量 5115)		成年女子 (样本量 5507)	
	均值	标准差	均值	标准差
身高	167.48	6.09	156.58	5.47
颈椎点高	142.91	5.60	133.00	5.01
腰围高	100.58	4.44	95.67	4.05
坐姿颈椎点高	65.61	2.67	61.58	2.58
颈围	36.83	2.11	33.68	1.72
胸围	87.53	5.55	84.07	6.64
后肩横弧	43.24	2.75	39.63	2.41
臂全长	54.53	3.04	49.39	2.71

表 2.3.2 成年男子上衣的 8 个人体部位尺寸的协方差阵 (单位: cm)

	身高	颈椎点高	腰围高	坐姿颈椎点高	颈围	胸围	后肩横弧	臂全长
身高	37.115							
颈椎点高	33.069	31.314						
腰围高	24.631	22.624	19.739					
坐姿颈椎点高	12.364	11.506	7.119	7.131				
颈围	2.695	2.593	1.217	1.575	4.437			
胸围	11.155	11.177	6.163	5.334	7.013	30.784		
后肩横弧	7.367	7.075	4.030	3.229	2.084	7.472	7.554	
臂全长	12.597	11.911	9.322	3.573	0.577	4.049	2.340	9.246

表 2.3.3 成年女子上衣的 8 个人体部位尺寸的协方差阵 (单位: cm)

	身高	颈椎点高	腰围高	坐姿颈椎点高	颈围	胸围	后肩横弧	臂全长
身高	29.909							
颈椎点高	26.827	25.055						
腰围高	20.375	18.851	16.399					
坐姿颈椎点高	9.741	9.174	5.749	6.663				
颈围	2.068	2.065	1.253	1.109	2.953			
胸围	5.084	6.315	3.227	4.114	7.646	44.092		
后肩横弧	3.422	3.253	2.242	0.994	1.530	4.475	5.793	
臂全长	9.619	9.074	7.122	2.514	0.698	2.336	1.628	7.321

这 8 个人体部位尺寸服从 ($p = 8$) 正态分布. 由于样本量很大 (超过 5000), 故不妨认为成年男子和成年女子这两个 8 元正态分布的均值和协方差阵都是已知的, 如表 2.3.1～ 表 2.3.3 所示.

与上衣有关的有 8 个人体部位. 如果销售上衣时 8 个部位的尺寸都要, 这太烦琐了, 而且是行不通的. 只能从这 8 个部位中挑选少数几个基本部位, 然后由基本部位确定上衣的号型.

如果某个人体部位的标准差 (或方差) 很大, 那么这个部位的尺寸在人群中的变化就很大. 由此可见, 标准差最大的人体部位可选为第一基本部位. 由表 2.3.1 知, 成年男子上衣的第一基本部位是身高, 而成年女子上衣的第一基本部位是胸围. 这说明成年男子上衣的最有代表性的部位是身高, 成年女子上衣的最有代表性的部位是胸围.

有了第一基本部位之后, 选择第二基本部位的方法应该看条件标准差 (或条件方差). 由表 2.3.2 和表 2.3.3, 根据性质 2.3.10 中计算条件方差的公式, 分别计算成年男子的身高和成年女子的胸围给定后其余 7 个人体部位尺寸的条件标准差. 算得的结果见表 2.3.4.

表 2.3.4 标准差与成年男子的身高和成年女子的胸围给定后的条件标准差

	成年男子		成年女子	
	标准差	身高给定后的条件标准差	标准差	胸围给定后的条件标准差
身高	—	—	5.47	5.42
颈椎点高	5.60	1.36	5.01	4.91
腰围高	4.44	1.84	4.05	4.02
坐姿颈椎点高	2.67	1.74	2.58	2.51
颈围	2.11	2.06	1.72	1.27
胸围	5.55	5.24	—	—
后肩横弧	2.75	2.47	2.41	2.31
臂全长	3.04	2.23	2.71	2.68

也可以根据性质 2.3.10 中计算条件协方差阵的公式, 分别计算成年男子的身高和成年女子的胸围给定后其余 7 个人体部位尺寸的条件协方差阵. 该条件协方差阵对角线上的元素就是条件方差, 它们的平方根即为表 2.3.4 中的条件标准差.

由表 2.3.4 知, 成年男子上衣的第二基本部位是胸围, 而成年女子上衣的第二基本部位是身高. 由此可见, 成年男子上衣的最有代表性的前两个部位依次是身高和胸围, 而成年女子上衣的最有代表性的前两个部位依次是胸围和身高. 身高是表示人高矮的代表性部位, 胸围是表示人胖瘦的代表性部位. 用它们作为上衣的基本部位, 顺理成章. 只是对成年男子的上衣来说身高最重要, 而对成年女子的上衣来说胸围最重要.

上衣的前两个基本部位确定之后, 是否有必要选择以及如何选择第 3 个基本部位的问题就需要计算在身高和胸围给定的条件下, 成年男子和成年女子上衣的其余 6 个人体部位尺寸的条件标准差. 算得的结果见表 2.3.5.

在表 2.3.5 中看到, 身高和胸围给定后的其余 6 个人体部位尺寸的条件标准差 (见表 2.3.5 的第 3, 5 列) 都不大, 都比 (无条件的) 标准差 (见表 2.3.5 的第 2, 4 列, 它们来自表 2.3.1) 小得多, 都在服装裁剪工艺的允许误差范围内, 所以在做上衣时有了身高和胸围之后, 没有必要选择第 3 个基本部位. 但仅有身高和胸围的尺寸还不能做一件上衣, 需要根据这 2 个尺寸计算其余 6 个部位的尺寸. 这实际上就是计算在身高和胸围给定后, 其余 6 个部位尺寸的条件期望. 计算条件期望的公式见性质 2.3.10, 算得的结果见表 2.3.6.

表 2.3.5 标准差与身高和胸围给定后的条件标准差

	成年男子		成年女子	
	标准差	身高和胸围给定后的条件标准差	标准差	身高和胸围给定后的条件标准差
颈椎点高	5.60	1.34	5.01	0.96
腰围高	4.44	1.83	4.05	1.57
坐姿颈椎点高	2.67	1.71	2.58	1.83
颈围	2.11	1.68	1.72	1.26
后肩横弧	2.75	2.25	2.41	2.25
臂全长	3.04	2.23	2.71	2.05

表 2.3.6 身高和胸围给定后的条件期望

	成年男子	成年女子
颈椎点高	$-7.985+0.877\times$身高 $+0.0451\times$胸围	$-9.785+0.89\times$身高 $+0.0406\times$胸围
腰围高	$-8.881+0.677\times$身高 $-0.0452\times$胸围	$-10.687+0.682\times$身高 $-0.0055\times$胸围
坐姿颈椎点高	$7.623+0.315\times$身高 $+0.059\times$胸围	$7.317+0.316\times$身高 $+0.0569\times$胸围
颈围	$16.252+0.0047\times$身高 $+0.226\times$胸围	$13.172+0.0404\times$身高 $+0.169\times$胸围
后肩横弧	$2.863+0.141\times$身高 $+0.192\times$胸围	$16.538+0.099\times$身高 $+0.0901\times$胸围
臂全长	$-2.667+0.337\times$身高 $+0.0096\times$胸围	$-1.89+0.319\times$身高 $+0.0162\times$胸围

接下来的问题就是如何将基本部位 (身高和胸围) 分档, 从而制定上衣服装规格系列号型. 这个问题从理论上来说就是性质 2.3.7 的等高超椭圆问题. 由于有两个基本部位 (身高和胸围), 所以上衣服装分档就是身高和胸围这两个变量所服从的二元正态分布的密度等高椭圆问题, 以及如何将这个椭圆离散化为一个个小的方形 (见表 2.3.7), 并且计算在每一个小的方形中有多大比例的人群的问题. 这些问题这里就不详细讨论了, 仅将成年男子的结果列于表 2.3.7.

上面讨论的仅仅是制定服装号型中的一个问题, 得到的结果要付诸实施, 还有很多事情要做. 对这个问题有兴趣的读者请参阅文献 [24] 中由冯士雍研究员撰写的案例 5 以及文献 [7] 的附录 I《运用 "条件分布" 的数学理论制定全国服装统一号型标准》.

第 1 章提到多元统计分析方法把多个变量合在一起进行研究, 研究它们之间的相关关系, 正确地揭示这些变量内在的数量变化规律. 这是多元统计分析方法的一大优点. 这一节的成年男子和成年女子的上衣服装号型的例子说明, 把多个变量合在一起进行研究, 可以找到代表性的变量, 从而降低变量的维数, 将问题简化. 这是多元统计分析方法的另一大优点.

表 2.3.7　成年男子上衣服装身高和胸围的分档以及比例　(单位：%)

		身高/cm									
		145	150	155	160	165	170	175	180	185	190
胸围/cm	108								0.01		
	104					0.01	0.23	0.05	0.05	0.02	
	100				0.02	0.10	0.28	0.36	0.23	0.07	0.01
	96			0.02	0.17	0.71	1.44	1.43	0.70	0.17	0.02
	92		0.01	0.14	0.89	2.80	4.41	3.26	1.21	0.22	0.02
	88		0.06	0.55	2.69	5.41	7.49	4.30	1.21	0.17	
	84	0.01	0.17	1.28	4.70	8.49	7.54	3.29	0.70	0.07	
	80	0.03	0.30	1.70	4.75	6.51	4.40	1.46	0.24	0.02	
	76	0.03	0.30	1.31	2.78	2.94	1.48	0.37	0.05		
	72	0.03	0.18	0.58	0.94	0.74	0.29	0.05	0.01		
	68	0.01	0.06	0.15	0.18	0.11	0.03				
	64		0.01	0.02	0.02	0.01					

2.4　相关系数和偏相关系数

在 $\boldsymbol{Y}=(y_1,\cdots,y_p)'\sim N_p(\boldsymbol{\mu},\boldsymbol{\Sigma})$ 时, 协方差阵 $\boldsymbol{\Sigma}=(\sigma_{ij})_{1\leqslant i,j\leqslant p}$ 的对角线上的元素 σ_{ii} 是 y_i 的方差: $\mathrm{Var}\,(y_i)=\sigma_{ii},\ i=1,\cdots,p$; 其非对角线上的元素 σ_{ij} 是 y_i 和 y_j 的协方差: $\mathrm{Cov}(y_i,y_j)=\sigma_{ij},\ i,j=1,\cdots,p,\ i\neq j$.

2.4.1　相关系数

y_i 和 y_j 的相关系数记为 $\rho_{y_iy_j}$, 简记为 ρ_{ij}:

$$\rho_{ij}=\frac{\mathrm{Cov}\,(x_i,x_j)}{\sqrt{\mathrm{Var}\,(x_i)}\sqrt{\mathrm{Var}\,(x_j)}}=\frac{\sigma_{ij}}{\sqrt{\sigma_{ii}}\sqrt{\sigma_{jj}}}.$$

显然, 在 $i=j$ 时, $\rho_{ii}=1$. 称下面的矩阵 $\boldsymbol{R}$ 为 $\boldsymbol{Y}$ 的相关阵:

$$\begin{aligned}\boldsymbol{R}&=\begin{pmatrix}\rho_{11}&\cdots&\rho_{1p}\\ \vdots&&\vdots\\ \rho_{p1}&\cdots&\rho_{pp}\end{pmatrix}\\ &=\begin{pmatrix}\dfrac{1}{\sqrt{\sigma_{11}}}&&0\\ &\ddots&\\ 0&&\dfrac{1}{\sqrt{\sigma_{pp}}}\end{pmatrix}\begin{pmatrix}\sigma_{11}&\cdots&\sigma_{1p}\\ \vdots&&\vdots\\ \sigma_{p1}&\cdots&\sigma_{pp}\end{pmatrix}\begin{pmatrix}\dfrac{1}{\sqrt{\sigma_{11}}}&&0\\ &\ddots&\\ 0&&\dfrac{1}{\sqrt{\sigma_{pp}}}\end{pmatrix}.\end{aligned}\tag{2.4.1}$$

根据表 2.3.2 和表 2.3.3, 算得成年男子和成年女子上衣的 8 个人体部位尺寸的相关阵, 分别见表 2.4.1 和表 2.4.2.

表 2.4.1 成年男子上衣的 8 个人体部位尺寸的相关阵

	身高	颈椎点高	腰围高	坐姿颈椎点高	颈围	胸围	后肩横弧	臂全长
身高	1.00							
颈椎点高	0.97	1.00						
腰围高	0.91	0.91	1.00					
坐姿颈椎点高	0.76	0.77	0.60	1.00				
颈围	0.21	0.22	0.13	0.28	1.00			
胸围	0.33	0.36	0.25	0.36	0.60	1.00		
后肩横弧	0.44	0.46	0.33	0.44	0.36	0.49	1.00	
臂全长	0.68	0.70	0.69	0.44	0.09	0.24	0.28	1.00

表 2.4.2 成年女子上衣的 8 个人体部位尺寸的相关阵

	身高	颈椎点高	腰围高	坐姿颈椎点高	颈围	胸围	后肩横弧	臂全长
身高	1.00							
颈椎点高	0.98	1.00						
腰围高	0.92	0.93	1.00					
坐姿颈椎点高	0.69	0.71	0.55	1.00				
颈围	0.22	0.24	0.18	0.25	1.00			
胸围	0.14	0.19	0.12	0.24	0.67	1.00		
后肩横弧	0.26	0.27	0.23	0.16	0.37	0.28	1.00	
臂全长	0.65	0.67	0.65	0.36	0.15	0.13	0.25	1.00

由表 2.4.1 和表 2.4.2 可以看到, 所有的相关系数都大于 0, 这些人体部位尺寸两两之间都是正相关. 有的正相关系数比较大, 有的正相关系数比较小. 通过比较相关系数的大小, 可以把这些人体部位尺寸大致聚合为两类, 一类尺寸表示人的高矮, 另一类尺寸表示人的胖瘦. 表示人高矮的部位有 5 个: 身高、颈椎点高、腰围高、坐姿颈椎点高和臂全长. 这 5 个部位两两之间的相关系数都比较大. 表示人的胖瘦的部位有 2 个: 颈围和胸围. 这 2 个部位之间的相关系数也比较大. 但是表示人的高矮的 5 个部位与表示人的胖瘦的 2 个部位之间的相关系数却比较小. 后肩横弧是一个比较特殊的部位, 它与表示人的高矮的 5 个部位与表示人的胖瘦的 2 个部位之间的相关系数都不大.

本节再次分析成年男子和成年女子的上衣服装号型的例子, 把多个变量合在一起进行研究, 通过分析它们之间的相互关系, 可以将这些变量聚类. 由此看来, 多元统计分析方法有很多的优点.

2.4.2 偏相关系数

设 $\boldsymbol{Y} \sim N_p(\boldsymbol{\mu}, \boldsymbol{\Sigma})$, $\boldsymbol{\Sigma} > 0$, 将 $\boldsymbol{Y}$, $\boldsymbol{\mu}$ 和 $\boldsymbol{\Sigma}$ 类似地剖分:

$$\boldsymbol{Y}=\begin{pmatrix}\boldsymbol{Y}_1\\ \boldsymbol{Y}_2\end{pmatrix}\begin{matrix}q\\ p-q\end{matrix},\quad \boldsymbol{\mu}=\begin{pmatrix}\boldsymbol{\mu}_1\\ \boldsymbol{\mu}_2\end{pmatrix}\begin{matrix}q\\ p-q\end{matrix},\quad \boldsymbol{\Sigma}=\begin{pmatrix}\boldsymbol{\Sigma}_{11} & \boldsymbol{\Sigma}_{12}\\ \boldsymbol{\Sigma}_{21} & \boldsymbol{\Sigma}_{22}\end{pmatrix}\begin{matrix}q\\ p-q\end{matrix}.$$
$$\qquad\qquad\qquad\qquad\qquad\qquad\qquad\qquad\quad q \qquad p-q$$

设 $\boldsymbol{Y}=(y_1,\cdots,y_p)'$, 则 $\boldsymbol{Y}_1=(y_1,\cdots,y_q)'$, $\boldsymbol{Y}_2=(y_{q+1},\cdots,y_p)'$. 在 $\boldsymbol{Y}_2$ 给定后, $\boldsymbol{Y}_1\sim N_q(\boldsymbol{\mu}_{1|2},\boldsymbol{\Sigma}_{1|2})$, 其中,

$$\boldsymbol{\mu}_{1|2}=\boldsymbol{\mu}_1+\boldsymbol{\Sigma}_{12}\boldsymbol{\Sigma}_{22}^{-1}(\boldsymbol{Y}_2-\boldsymbol{\mu}_2),\quad \boldsymbol{\Sigma}_{1|2}=\boldsymbol{\Sigma}_{11}-\boldsymbol{\Sigma}_{12}\boldsymbol{\Sigma}_{22}^{-1}\boldsymbol{\Sigma}_{21}.$$

记 $\boldsymbol{\Sigma}_{1|2}=(\sigma_{ij|q+1,\cdots,p})_{i,j=1,\cdots,q}$. 在 $\boldsymbol{Y}_2$ 给定后, y_i 和 $y_j(i,j=1,\cdots,q)$ 的条件相关系数记为 $\rho_{y_iy_j|y_{q+1},\cdots,y_p}$, 简记为 $\rho_{ij|q+1,\cdots,p}$, 则

$$\rho_{ij|q+1,\cdots,p}=\frac{\sigma_{ij|q+1,\cdots,p}}{\sqrt{\sigma_{ii|q+1,\cdots,p}}\sqrt{\sigma_{jj|q+1,\cdots,p}}}.$$

通常称条件相关系数为偏相关系数, 并称下面的矩阵 $\boldsymbol{R}_{1|2}$ 为 $\boldsymbol{Y}_2$ 给定后 $\boldsymbol{Y}_1$ 的偏相关阵:

$$\boldsymbol{R}_{1|2}=\begin{pmatrix}\rho_{11|q+1,\cdots,p} & \cdots & \rho_{1q|q+1,\cdots,p}\\ \vdots & & \vdots\\ \rho_{q1|q+1,\cdots,p} & \cdots & \rho_{qq|q+1,\cdots,p}\end{pmatrix}.$$

下面给出一个结果, 它说明协方差阵的逆矩阵和偏相关系数之间的关系.

对单元随机变量来说, 考虑到方差越小, 它的取值就越不分散, 它的精度就越高. 为此通常将方差的倒数称为随机变量的精度. 同样地, 协方差阵的逆矩阵通常称为随机向量的精度矩阵.

引理 2.4.1　设 $\boldsymbol{Y}=(y_1,\cdots,y_p)'\sim N_p(\boldsymbol{\mu},\boldsymbol{\Sigma})$, $\boldsymbol{\Sigma}>0$. 令 $\boldsymbol{K}=\boldsymbol{\Sigma}^{-1}=(k_{ij})_{i,j=1,\cdots,p}$. 有下述两个结论:

(1) 精度矩阵 $\boldsymbol{K}$ 的对角线上的元素 k_{ii} 是其余的变量给定后 y_i 的条件方差的倒数, 即

$$k_{ii}=[\mathrm{Var}\,(y_i|y_1,\cdots,y_{i-1},y_{i+1},\cdots,y_p)]^{-1},\quad i=1,\cdots,p.$$

(2) (2.4.1) 式是由协方差阵 $\boldsymbol{\Sigma}$ 求相关矩阵 $\boldsymbol{R}$ 的计算公式. 与这个公式相类似地, 令

$$\boldsymbol{C}=\begin{pmatrix}c_{11} & \cdots & c_{1p}\\ \vdots & & \vdots\\ c_{p1} & \cdots & c_{pp}\end{pmatrix}$$

$$= \begin{pmatrix} \frac{1}{\sqrt{k_{11}}} & & 0 \\ & \ddots & \\ 0 & & \frac{1}{\sqrt{k_{pp}}} \end{pmatrix} \begin{pmatrix} k_{11} & \cdots & k_{1p} \\ \vdots & & \vdots \\ k_{p1} & \cdots & k_{pp} \end{pmatrix} \begin{pmatrix} \frac{1}{\sqrt{k_{11}}} & & 0 \\ & \ddots & \\ 0 & & \frac{1}{\sqrt{k_{pp}}} \end{pmatrix}. \tag{2.4.2}$$

也就是说

$$c_{ij} = \frac{k_{ij}}{\sqrt{k_{ii}k_{jj}}}, \quad i, j = 1, \cdots, p.$$

与相关矩阵 $\boldsymbol{R}$ 相类似地, $\boldsymbol{C}$ 的对角线上的元素也全等于 1, 即 $c_{ii} = 1, i = 1, \cdots, p$. 知道 $\boldsymbol{R}$ 的非对角线上的元素 ρ_{ij} 是 y_i 和 y_j 的相关系数, 而 $\boldsymbol{C}$ 的非对角线上的元素 c_{ij} 也有类似的情况, 这就是结论 (2). 结论 (2) 说明, $\boldsymbol{C}$ 的非对角线上的元素 c_{ij} 是其余的变量给定后, y_i 和 y_j 的偏相关系数的相反数, 即

$$\begin{aligned} c_{ij} &= -\rho_{y_i, y_j | y_1, \cdots, y_{i-1}, y_{i+1}, \cdots, y_{j-1}, y_{j+1}, \cdots, y_p} \\ &= -\rho_{ij|1, \cdots, i-1, i+1, \cdots, j-1, j+1, \cdots, p}, \quad 1 \leqslant i < j \leqslant p. \end{aligned}$$

证明 先证 (1). 仅证明 $i = 1$ 的情况, 即

$$k_{11} = [\mathrm{Var}\,(y_1|y_2, \cdots, y_p)]^{-1}, \tag{2.4.3}$$

其余的情况类似地可证. 将协方差阵 $\boldsymbol{\Sigma}$ 和精度矩阵 $\boldsymbol{K}$ 类似地剖分为

$$\boldsymbol{\Sigma} = \underset{\quad 1 \quad\;\; p-1}{\begin{pmatrix} \sigma_{11} & \boldsymbol{\Sigma}_{12} \\ \boldsymbol{\Sigma}_{21} & \boldsymbol{\Sigma}_{22} \end{pmatrix}} \begin{matrix} 1 \\ p-1 \end{matrix}, \quad \boldsymbol{K} = \underset{\quad 1 \quad\;\; p-1}{\begin{pmatrix} k_{11} & \boldsymbol{K}_{12} \\ \boldsymbol{K}_{21} & \boldsymbol{K}_{22} \end{pmatrix}} \begin{matrix} 1 \\ p-1 \end{matrix},$$

则

$$\mathrm{Var}\,(y_1|y_2, \cdots, y_p) = \sigma_{11} - \boldsymbol{\Sigma}_{12}\boldsymbol{\Sigma}_{22}^{-1}\boldsymbol{\Sigma}_{21}. \tag{2.4.4}$$

由于 $\boldsymbol{K} = \boldsymbol{\Sigma}^{-1}$, 则根据分块矩阵的逆矩阵的计算方法 (见 (A.2.5) 式),

$$k_{11} = \left(\sigma_{11} - \boldsymbol{\Sigma}_{12}\boldsymbol{\Sigma}_{22}^{-1}\boldsymbol{\Sigma}_{21}\right)^{-1}. \tag{2.4.5}$$

由 (2.4.4) 式和 (2.4.5) 式知, (2.4.3) 式成立, (1) 得证.

接下来证 (2). 仅证明 $i = 1, j = 2$ 的情况, 即给定 $y_3, \cdots, y_p$ 之后, y_1 与 y_2 的偏相关系数为

$$\rho_{y_1, y_2 | y_3, \cdots, y_p} = \rho_{12|3, \cdots, p} = -c_{12}. \tag{2.4.6}$$

其余的情况类似地可证. 将协方差阵 $\boldsymbol{\Sigma}$ 和精度矩阵 $\boldsymbol{K}$ 类似地剖分为

$$\boldsymbol{\Sigma} = \underset{\quad 2 \quad\;\; p-2}{\begin{pmatrix} \boldsymbol{\Sigma}_{11} & \boldsymbol{\Sigma}_{12} \\ \boldsymbol{\Sigma}_{21} & \boldsymbol{\Sigma}_{22} \end{pmatrix}} \begin{matrix} 2 \\ p-2 \end{matrix}, \quad \boldsymbol{K} = \underset{\quad 2 \quad\;\; p-2}{\begin{pmatrix} \boldsymbol{K}_{11} & \boldsymbol{K}_{12} \\ \boldsymbol{K}_{21} & \boldsymbol{K}_{22} \end{pmatrix}} \begin{matrix} 2 \\ p-2 \end{matrix}.$$

根据分块矩阵的逆矩阵的计算方法 (见 (A.2.5) 式), $\boldsymbol{K}_{11}=\left(\boldsymbol{\Sigma}_{11}-\boldsymbol{\Sigma}_{12}\boldsymbol{\Sigma}_{22}^{-1}\boldsymbol{\Sigma}_{21}\right)^{-1}$.

记

$$\boldsymbol{K}_{11}=\begin{pmatrix} k_{11} & k_{12} \\ k_{21} & k_{22} \end{pmatrix}, \quad \boldsymbol{\Sigma}_{11}-\boldsymbol{\Sigma}_{12}\boldsymbol{\Sigma}_{22}^{-1}\boldsymbol{\Sigma}_{21}=\begin{pmatrix} a_{11} & a_{12} \\ a_{21} & a_{22} \end{pmatrix},$$

则

$$k_{11}=\frac{a_{22}}{a_{11}a_{22}-a_{12}a_{21}}, \quad k_{22}=\frac{a_{11}}{a_{11}a_{22}-a_{12}a_{21}}, \quad k_{12}=-\frac{a_{12}}{a_{11}a_{22}-a_{12}a_{21}},$$

并且在给定 $y_3,\cdots,y_p$ 之后, y_1 与 y_2 的偏相关系数为

$$\rho_{12|3,\cdots,p}=\frac{a_{12}}{\sqrt{a_{11}a_{22}}}. \tag{2.4.7}$$

由于

$$c_{12}=\frac{k_{12}}{\sqrt{k_{11}k_{22}}}=-\frac{a_{12}}{\sqrt{a_{11}a_{22}}}, \tag{2.4.8}$$

所以据 (2.4.7) 式和 (2.4.8) 式知, (2.4.6) 式成立, (2) 得证.

由结论 (2) 知, 精度矩阵 $\boldsymbol{K}$ 的非对角线上的元素 $k_{ij}=0$, $k_{ij}>0$ 和 $k_{ij}<0$ 分别是其余的变量给定后 y_i 和 y_j 条件独立、条件负相关和条件正相关的充要条件.

下面将第 2 个结论进行推广.

设 $\boldsymbol{Y}\sim N_p(\boldsymbol{\mu},\boldsymbol{\Sigma})$, $\boldsymbol{\Sigma}>0$. 将 $\boldsymbol{Y}$, $\boldsymbol{\Sigma}$ 和 $\boldsymbol{K}$ 类似地剖分:

$$\boldsymbol{Y}=\begin{pmatrix} \boldsymbol{Y}_1 \\ \boldsymbol{Y}_2 \\ \boldsymbol{Y}_3 \end{pmatrix}\begin{matrix} q_1 \\ q_2 \\ q_3 \end{matrix}, \quad \boldsymbol{\Sigma}=\begin{pmatrix} \boldsymbol{\Sigma}_{11} & \boldsymbol{\Sigma}_{12} & \boldsymbol{\Sigma}_{13} \\ \boldsymbol{\Sigma}_{21} & \boldsymbol{\Sigma}_{22} & \boldsymbol{\Sigma}_{23} \\ \boldsymbol{\Sigma}_{31} & \boldsymbol{\Sigma}_{32} & \boldsymbol{\Sigma}_{33} \end{pmatrix}\begin{matrix} q_1 \\ q_2 \\ q_3 \end{matrix}, \quad \boldsymbol{K}=\begin{pmatrix} \boldsymbol{K}_{11} & \boldsymbol{K}_{12} & \boldsymbol{K}_{13} \\ \boldsymbol{K}_{21} & \boldsymbol{K}_{22} & \boldsymbol{K}_{23} \\ \boldsymbol{K}_{31} & \boldsymbol{K}_{32} & \boldsymbol{K}_{33} \end{pmatrix}\begin{matrix} q_1 \\ q_2 \\ q_3 \end{matrix}.$$
$$\qquad\qquad\qquad q_1 \quad q_2 \quad q_3 \qquad\qquad\qquad\qquad q_1 \quad q_2 \quad q_3 \tag{2.4.9}$$

关于协方差阵 $\boldsymbol{\Sigma}$ 有这样一个性质, $\boldsymbol{\Sigma}_{12}=0$ 是 $\boldsymbol{Y}_1$ 与 $\boldsymbol{Y}_2$ 相互独立的充要条件. 关于精度矩阵 $\boldsymbol{K}$ 也有与此相类似的性质. 这就是下面证明的结论.

引理 2.4.2 在 $\boldsymbol{Y}_3$ 给定后, $\boldsymbol{Y}_1$ 与 $\boldsymbol{Y}_2$ 相互条件独立的充要条件为 $\boldsymbol{K}_{12}=0$.

证明 (1) 在 $\boldsymbol{Y}_3$ 给定后 $\boldsymbol{Y}_1$ 与 $\boldsymbol{Y}_2$ 的条件协方差阵为

$$\begin{aligned}\boldsymbol{\Sigma}_{12|3}&=\begin{pmatrix} \boldsymbol{\Sigma}_{11} & \boldsymbol{\Sigma}_{12} \\ \boldsymbol{\Sigma}_{21} & \boldsymbol{\Sigma}_{22} \end{pmatrix}-\begin{pmatrix} \boldsymbol{\Sigma}_{13} \\ \boldsymbol{\Sigma}_{23} \end{pmatrix}\boldsymbol{\Sigma}_{33}^{-1}(\boldsymbol{\Sigma}_{31},\boldsymbol{\Sigma}_{32}) \\ &=\begin{pmatrix} \boldsymbol{\Sigma}_{11}-\boldsymbol{\Sigma}_{13}\boldsymbol{\Sigma}_{33}^{-1}\boldsymbol{\Sigma}_{31} & \boldsymbol{\Sigma}_{12}-\boldsymbol{\Sigma}_{13}\boldsymbol{\Sigma}_{33}^{-1}\boldsymbol{\Sigma}_{32} \\ \boldsymbol{\Sigma}_{21}-\boldsymbol{\Sigma}_{23}\boldsymbol{\Sigma}_{33}^{-1}\boldsymbol{\Sigma}_{31} & \boldsymbol{\Sigma}_{22}-\boldsymbol{\Sigma}_{23}\boldsymbol{\Sigma}_{33}^{-1}\boldsymbol{\Sigma}_{32} \end{pmatrix},\end{aligned}$$

所以在 $\boldsymbol{Y}_3$ 给定后 $\boldsymbol{Y}_1$ 与 $\boldsymbol{Y}_2$ 相互条件独立的充要条件为

$$\boldsymbol{\Sigma}_{12}-\boldsymbol{\Sigma}_{13}\boldsymbol{\Sigma}_{33}^{-1}\boldsymbol{\Sigma}_{32}=\mathbf{0}. \tag{2.4.10}$$

(2) 由于 $\boldsymbol{K}=\boldsymbol{\Sigma}^{-1}$, 则根据逆矩阵的计算方法 (见 (A.2.5) 式),

$$\begin{aligned}\begin{pmatrix}\boldsymbol{K}_{11} & \boldsymbol{K}_{12}\\ \boldsymbol{K}_{21} & \boldsymbol{K}_{22}\end{pmatrix}^{-1} &= \begin{pmatrix}\boldsymbol{\Sigma}_{11} & \boldsymbol{\Sigma}_{12}\\ \boldsymbol{\Sigma}_{21} & \boldsymbol{\Sigma}_{22}\end{pmatrix}-\begin{pmatrix}\boldsymbol{\Sigma}_{13}\\ \boldsymbol{\Sigma}_{23}\end{pmatrix}\boldsymbol{\Sigma}_{33}^{-1}(\boldsymbol{\Sigma}_{31},\boldsymbol{\Sigma}_{32})\\ &= \begin{pmatrix}\boldsymbol{\Sigma}_{11}-\boldsymbol{\Sigma}_{13}\boldsymbol{\Sigma}_{33}^{-1}\boldsymbol{\Sigma}_{31} & \boldsymbol{\Sigma}_{12}-\boldsymbol{\Sigma}_{13}\boldsymbol{\Sigma}_{33}^{-1}\boldsymbol{\Sigma}_{32}\\ \boldsymbol{\Sigma}_{21}-\boldsymbol{\Sigma}_{23}\boldsymbol{\Sigma}_{33}^{-1}\boldsymbol{\Sigma}_{31} & \boldsymbol{\Sigma}_{22}-\boldsymbol{\Sigma}_{23}\boldsymbol{\Sigma}_{33}^{-1}\boldsymbol{\Sigma}_{32}\end{pmatrix}.\end{aligned}$$

由此可见, $\boldsymbol{\Sigma}_{12}-\boldsymbol{\Sigma}_{13}\boldsymbol{\Sigma}_{33}^{-1}\boldsymbol{\Sigma}_{32}=\mathbf{0}$ 的充要条件为 $\boldsymbol{K}_{12}=\mathbf{0}$.

综合 (1) 和 (2), 引理 2.4.2 得证.

由引理 2.4.2 知, 欲证明在 $\boldsymbol{Y}_3$ 给定后 $\boldsymbol{Y}_1$ 与 $\boldsymbol{Y}_2$ 相互条件独立, 仅需证明 $\boldsymbol{K}_{12}=0$, 或仅需证明 (2.4.10) 式成立. 这是证明条件独立性通常使用的两个方法.

由于 $\boldsymbol{K}_{12}$ 的数值与量纲有关, 所以将精度矩阵 $\boldsymbol{K}$ 按 (2.4.2) 式的方法化为对角线元素都等于 1, 并且非对角线元素的相反数是偏相关系数的矩阵 $\boldsymbol{C}$, 然后与 (2.4.9) 式相类似地将 $\boldsymbol{C}$ 剖分为

$$\boldsymbol{C}=\begin{pmatrix}\boldsymbol{C}_{11} & \boldsymbol{C}_{12} & \boldsymbol{C}_{13}\\ \boldsymbol{C}_{21} & \boldsymbol{C}_{22} & \boldsymbol{C}_{23}\\ \boldsymbol{C}_{31} & \boldsymbol{C}_{32} & \boldsymbol{C}_{33}\end{pmatrix}\begin{matrix}q_1\\ q_2\\ q_3\end{matrix}, \quad \text{列维数 } q_1,\ q_2,\ q_3$$

则在 $\boldsymbol{Y}_3$ 给定后 $\boldsymbol{Y}_1$ 与 $\boldsymbol{Y}_2$ 相互条件独立的充要条件为 $\boldsymbol{C}_{12}=0$. 这时 $\boldsymbol{C}_{12}$ 的数值与量纲无关.

偏相关系数矩阵 $\boldsymbol{C}$ 有两种计算方法. 一是上面所说的, 首先由协方差阵 $\boldsymbol{\Sigma}$ 得到精度矩阵 $\boldsymbol{K}$, 然后将精度矩阵 $\boldsymbol{K}$ 按 (2.4.2) 式的方法作一个变换, 从而得到偏相关系数矩阵 $\boldsymbol{C}$. 其二是首先计算相关阵的逆矩阵, 然后将所得到的逆矩阵按与 (2.4.1) 式或 (2.4.2) 式相类似的方法作一个变换, 则最后得到的矩阵也是偏相关系数矩阵 $\boldsymbol{C}$.

下面的例子是非常著名的, 被引用很多次. 它最早为文献 [83] 所引用.

例 2.4.1 某种水泥在凝固时释放的热量 y 与水泥中下列 4 种化学成分有关:

x_1 为 $3CaO{\cdot}Al_2O_3$ 的质量分数 (%),

x_2 为 $3CaO{\cdot}SiO_2$ 的质量分数 (%),

x_3 为 $4CaO{\cdot}Al_2O_3{\cdot}Fe_2O_3$ 的质量分数 (%),

x_4 为 $2CaO{\cdot}SiO_2$ 的质量分数 (%).

现测得 13 组数据 (表 2.4.3).

表 2.4.3

x_1	x_2	x_3	x_4	y
7	26	6	60	78.5
1	29	15	52	74.3
11	56	8	20	104.3
11	31	8	47	87.6
7	52	6	33	95.9
11	55	9	22	109.2
3	71	17	6	102.7
1	31	22	44	72.5
2	54	18	22	93.1
21	47	4	26	115.9
1	40	23	34	83.8
11	66	9	12	113.3
10	68	8	12	109.4

如何由水泥中 4 种化学成分的观察值预测水泥凝固时释放的热量是人们感兴趣的问题. 很多书籍和文章引用这个例子, 是为了说明变量筛选的方法和该方法的合理性. 假设水泥在凝固时释放的热量与水泥中 4 种化学成分的联合分布是正态分布. 使用求最优回归子集或逐步回归的方法, 得到 (x_1, x_2) 为最优子集. 这也就是说, 知道了 (x_1, x_2) 之后, 就可以预测 y, (x_3, x_4) 可舍弃不用. 这里采用相关分析的方法来进行变量筛选.

由这 13 组数据算得的样本协方差阵和样本相关阵 (它们的计算方法见 4.2 节) 分别见表 2.4.4 和表 2.4.5.

表 2.4.4　样本协方差阵

	x_1	x_2	x_3	x_4	y
x_1	31.941				
x_2	19.314	223.515			
x_3	−28.663	−12.811	37.870		
x_4	−22.308	−233.923	2.923	258.615	
y	56.689	176.381	−47.556	−190.900	208.905

表 2.4.5　样本相关阵

	x_1	x_2	x_3	x_4	y
x_1	1.000				
x_2	0.229	1.000			
x_3	−0.824	−0.139	1.000		
x_4	−0.245	−0.973	0.030	1.000	
y	0.731	0.816	−0.535	−0.821	1.000

例 2.3.1 的样本量很大 (超过 5000), 所以不妨认为成年男子和成年女子人体尺寸服从的正态分布的均值和协方差阵都是已知的, 如表 2.3.1～ 表 2.3.3 所示. 本例的样本量为 13. 由于样本量不大, 所以不能认为样本协方差阵和样本相关阵分别就是总体的协方差阵和相关阵. 为此, 表 2.4.4 和表 2.4.5 的标题都多了 "样本" 这两个字, 与表 2.3.1～ 表 2.3.3 以及表 2.4.1 和表 2.4.2 的标题有所不同. 但毕竟样本中含有总体的信息, 还是可以由样本协方差阵和样本相关阵去了解总体协方差阵和相关阵. 由表 2.4.5 可以看到, 最有可能相互独立的两个变量是 x_3 与 x_4. 它们之间的样本相关系数为 0.030. x_3 与 x_4 是否相互独立的统计检验方法见 4.2 节.

下面由样本协方差阵计算样本精度矩阵 (表 2.4.6) 和样本偏相关系数矩阵 (表 2.4.7), 然后观察条件独立性.

表 2.4.6　样本精度矩阵

	x_1	x_2	x_3	x_4	y
x_1	1.859				
x_2	1.329	1.209			
x_3	1.247	1.156	1.240		
x_4	1.037	1.093	1.119	1.098	
y	−0.421	−0.139	−0.028	0.040	0.272

表 2.4.7　样本偏相关系数矩阵

	x_1	x_2	x_3	x_4	y
x_1	1.000				
x_2	0.887	1.000			
x_3	0.821	0.944	1.000		
x_4	0.726	0.949	0.959	1.000	
y	−0.593	−0.242	−0.048	0.072	1.000

由表 2.4.6, 尤其是由表 2.4.7 可以看到, 总体精度矩阵最有可能的情况如表 2.4.8 所示 (其中,"$*$" 表示不等于 0 的数).

表 2.4.8　总体精度矩阵

	x_1	x_2	x_3	x_4	y
x_1	*				
x_2	*	*			
x_3	*	*	*		
x_4	*	*	*	*	
y	*	*	0	0	*

由表 2.4.8 可以看到, 行 "y" 与列 "x_3" 和 "x_4" 的交汇处的值为 0. 这说明在 (x_1, x_2) 给定后 y 与 (x_3, x_4) 相互条件独立 (这个结论的统计检验方法见 6.6 节).

由此可见, 在知道了 (x_1, x_2) 之后, 就可以预测 y, (x_3, x_4) 可舍弃不用. 这个结论与通常使用求最优回归子集或逐步回归的方法所得到的结论是相同的.

倘若在表 2.4.8 的总体精度矩阵中这两个 0 在同一行但没有连在一起, 同样可以判断条件独立性: 在其他的变量给定后, 0 所在的这个行变量与 0 所在的这两个列变量相互条件独立性. 更一般地, 设有 $r \times s$ 个 0. 它们在 s 行, 每一行有 r 个 0. 同时它们又在 r 列, 每一列有 s 个 0. 虽然它们不在一起, 但同样可以判断条件独立性: 在其他的变量给定后, 0 所在的这些行的变量与 0 所在的这些列的变量相互条件独立性. 事实上, 通过交换变量可以把它们聚合在一起形成一个长方形, 然后根据引理 2.4.2 判断其条件独立性.

在 (x_1, x_2) 给定后, y 与 (x_3, x_4) 相互条件独立的情况下, 这 5 个变量 x_1, x_2, x_3, x_4 和 y 之间的关系可以用图 2.4.1 来表示.

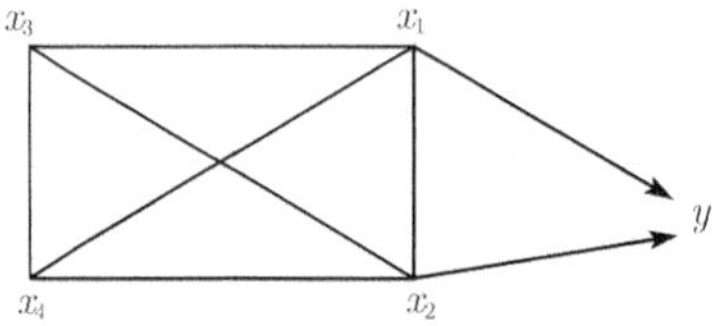

图 2.4.1

这种类型的模型称为图模型. 有关图模型的知识可参阅文献 [98]. 图 2.4.1 就是图模型中的链图 (chain graph). 箭头的方向表示 “可推断” 或 “可预测”. 图 2.4.1 说明, 由 x_1 和 x_2 可预测 y. x_3 和 x_4 是经过 x_1 和 x_2 与 y 发生关系的, 所以在知道 x_1 和 x_2 之后, x_3 和 x_4 可舍弃不用, 仅由 x_1 和 x_2 就可预测 y.

由于在 (x_1, x_2) 给定后, y 与 (x_3, x_4) 相互条件独立, 所以这 5 个变量 x_1, x_2, x_3, x_4 和 y 的联合密度函数为

$$\begin{aligned} f(x_1, x_2, x_3, x_4, y) &= f(x_1, x_2) f(x_3, x_4, y | x_1, x_2) \\ &= f(x_1, x_2) f(x_3, x_4 | x_1, x_2) f(y | x_1, x_2), \end{aligned} \tag{2.4.11}$$

其中, f 作为一般性的符号, 以表示对应变量的密度 (或条件密度) 函数. (2.4.11) 式说明, x_1, x_2, x_3, x_4 和 y 的联合密度函数可分解为

$$f(x_1, x_2, x_3, x_4, y) = g_1(x_1, x_2, y) g_2(x_1, x_2, x_3, x_4).$$

注 只能说在 (x_1, x_2) 给定后 y 与 (x_3, x_4) 相互条件独立, 但不能说 y 与 (x_3, x_4) 相互独立. 为什么? 试由 (2.4.11) 式计算 y 与 (x_3, x_4) 的边际密度 $f(x_3, x_4, y)$. 在 $f(x_3, x_4, y)$ 中, y 与 (x_3, x_4) 能不能分离?

2.5 矩阵多元正态分布

在以往的学习中, 通常将来自一元总体的独立同分布的样本 $x_1, \cdots, x_n$ 写成 $n \times 1$ 维向量的形式: $\boldsymbol{X} = (x_1, \cdots, x_n)'$. 当总体是 p 元正态分布 $N_p(\boldsymbol{\mu}, \boldsymbol{\Sigma})$ 时, 其

样本 $\boldsymbol{x}_1, \cdots, \boldsymbol{x}_n$ 都是 $p \times 1$ 维向量. 如果将样本仍记为 $\boldsymbol{X} = (\boldsymbol{x}_1, \cdots, \boldsymbol{x}_n)'$, 则 $\boldsymbol{X}$ 就是 $n \times p$ 阶矩阵. 令 $\boldsymbol{x}_i = (x_{i1}, \cdots, x_{ip})'$, $i = 1, \cdots, n$, 则

$$\boldsymbol{X} = (\boldsymbol{x}_1, \cdots, \boldsymbol{x}_n)' = \begin{pmatrix} \boldsymbol{x}_1' \\ \vdots \\ \boldsymbol{x}_n' \end{pmatrix} = \begin{pmatrix} x_{11} & \cdots & x_{1p} \\ \vdots & & \vdots \\ x_{n1} & \cdots & x_{np} \end{pmatrix}.$$

和向量的均值相类似, 矩阵的均值就是对矩阵中每一个元素取均值. 显然,

$$E(\boldsymbol{X}) = \begin{pmatrix} \boldsymbol{\mu}' \\ \vdots \\ \boldsymbol{\mu}' \end{pmatrix} = \mathbf{1}_n \cdot \boldsymbol{\mu}' \tag{2.5.1}$$

为定义矩阵的协方差, 需要引入附录 A.4 给出的矩阵的拉直运算. 令 $\boldsymbol{X} = (\boldsymbol{x}_{(1)}, \cdots, \boldsymbol{x}_{(p)})$, $\boldsymbol{x}_{(1)}, \cdots, \boldsymbol{x}_{(p)}$ 依次为其列向量, $\boldsymbol{x}_{(i)} = (x_{1i}, \cdots, x_{ni})'$, $i = 1, \cdots, p$. $\boldsymbol{X}$ 按列拉直后的向量为

$$\operatorname{vec}(\boldsymbol{X}) = \begin{pmatrix} \boldsymbol{x}_{(1)} \\ \vdots \\ \boldsymbol{x}_{(p)} \end{pmatrix}.$$

矩阵的协方差实际上就是它拉直后的向量的协方差. 由此可见, 矩阵的分布实际上就是矩阵拉直后的向量的分布.

由于 $\boldsymbol{X} = (\boldsymbol{x}_1, \cdots, \boldsymbol{x}_n)'$, 所以

$$\operatorname{vec}(\boldsymbol{X}') = \begin{pmatrix} \boldsymbol{x}_1 \\ \vdots \\ \boldsymbol{x}_n \end{pmatrix}.$$

相对于 $\operatorname{vec}(\boldsymbol{X})$ 而言, $\operatorname{vec}(\boldsymbol{X}')$ 的均值与方差的计算比较简单. 它们分别为

$$E\left(\operatorname{vec}(\boldsymbol{X}')\right) = \begin{pmatrix} \boldsymbol{\mu} \\ \vdots \\ \boldsymbol{\mu} \end{pmatrix}, \tag{2.5.2}$$

$$\operatorname{Cov}\left(\operatorname{vec}(\boldsymbol{X}')\right) = \begin{pmatrix} \boldsymbol{\Sigma} & \mathbf{0} & \cdots & \mathbf{0} \\ \mathbf{0} & \ddots & \ddots & \vdots \\ \vdots & \ddots & \ddots & \mathbf{0} \\ \mathbf{0} & \cdots & \mathbf{0} & \boldsymbol{\Sigma} \end{pmatrix}, \tag{2.5.3}$$

附录 A.4 给出的矩阵的 Kronecker 积将简化 (2.5.2) 式和 (2.5.3) 式.

由 Kronecker 积, $\text{vec}\left(\boldsymbol{X}'\right)$ 的均值与方差, 即 (2.5.2) 式和 (2.5.3) 式, 可简单地表示为

$$E\left(\text{vec}(\boldsymbol{X}')\right) = \boldsymbol{1}_n \otimes \boldsymbol{\mu}, \tag{2.5.4}$$

$$\text{Cov}\left(\text{vec}(\boldsymbol{X}')\right) = \boldsymbol{I}_n \otimes \boldsymbol{\Sigma}, \tag{2.5.5}$$

其中, $\boldsymbol{1}_n$ 表示元素全都等于 1 的 n 维向量, $\boldsymbol{I}_n$ 表示 n 阶单位方阵.

下面利用附录 A.4 给出的有关拉直运算和 Kronecker 积的一些性质, 尤其是性质 A.4.9, 说明 $\text{vec}(\boldsymbol{X})$ 与 $\text{vec}(\boldsymbol{X}')$ 的均值和协方差阵之间有什么样的关系. 下面的证明过程中, 在运用拉直运算和 Kronecker 积的性质 (包括性质 A.4.9) 的时候, 将不特别说明, 请读者自明.

引理 2.5.1　如果

$$E\left(\text{vec}(\boldsymbol{Y})\right) = \boldsymbol{\alpha} \otimes \boldsymbol{\beta}, \quad \text{Cov}\left(\text{vec}(\boldsymbol{Y})\right) = \boldsymbol{A} \otimes \boldsymbol{B},$$

其中, $\boldsymbol{Y}$ 是 $n \times m$ 阶的矩阵, $\boldsymbol{\alpha}$ 和 $\boldsymbol{\beta}$ 分别是 m 和 n 维列向量, $\boldsymbol{A}$ 和 $\boldsymbol{B}$ 分别是 m 和 n 阶方阵, 则

$$E\left(\text{vec}(\boldsymbol{Y}')\right) = \boldsymbol{\beta} \otimes \boldsymbol{\alpha}, \quad \text{Cov}\left(\text{vec}(\boldsymbol{Y}')\right) = \boldsymbol{B} \otimes \boldsymbol{A}.$$

证明　在 $\boldsymbol{\alpha}$ 或 $\boldsymbol{\beta}$ 是零向量 (即所有的元素都是 0 的向量) 时, 由 $E\left(\text{vec}(\boldsymbol{Y})\right) = \boldsymbol{\alpha} \otimes \boldsymbol{\beta}$, 显然可推得 $E\left(\text{vec}(\boldsymbol{Y}')\right) = \boldsymbol{\beta} \otimes \boldsymbol{\alpha}$, 引理 2.5.1 的前一个结论成立. 在 $\boldsymbol{\alpha}$ 和 $\boldsymbol{\beta}$ 分别是 m 维列向量 $\boldsymbol{e}_1(m) = (1, 0, \cdots, 0)'$ 和 n 维列向量 $\boldsymbol{e}_1(n) = (1, 0, \cdots, 0)'$ 时, 由 $E\left(\text{vec}(\boldsymbol{Y})\right) = \boldsymbol{e}_1(m) \otimes \boldsymbol{e}_1(n)$, 显然也可以推得 $E\left(\text{vec}(\boldsymbol{Y}')\right) = \boldsymbol{e}_1(n) \otimes \boldsymbol{e}_1(m)$, 引理 2.5.1 的前一个结论也成立. 下面证明, 对任意非零的 m 和 n 维列向量 $\boldsymbol{\alpha}$ 和 $\boldsymbol{\beta}$, 引理 2.5.1 的前一个结论仍然成立.

对任意非零的 m 和 n 维列向量 $\boldsymbol{\alpha}$ 和 $\boldsymbol{\beta}$, 分别存在 m 和 n 阶非奇异方阵 $\boldsymbol{P}$ 和 $\boldsymbol{Q}$, 使得 $\boldsymbol{P\alpha} = \boldsymbol{e}_1(m)$ 和 $\boldsymbol{Q\beta} = \boldsymbol{e}_1(n)$, 则有

$$\begin{aligned} E\left(\text{vec}(\boldsymbol{QYP}')\right) &= E\left((\boldsymbol{P} \otimes \boldsymbol{Q})\text{vec}(\boldsymbol{Y})\right) = (\boldsymbol{P} \otimes \boldsymbol{Q})(\boldsymbol{\alpha} \otimes \boldsymbol{\beta}) \\ &= \boldsymbol{P\alpha} \otimes \boldsymbol{Q\beta} = \boldsymbol{e}_1(m) \otimes \boldsymbol{e}_1(n). \end{aligned}$$

由于 $\left(\boldsymbol{QYP}'\right)' = \boldsymbol{PY}'\boldsymbol{Q}'$, 所以

$$E\left(\text{vec}(\boldsymbol{PY}'\boldsymbol{Q}')\right) = E\left(\text{vec}(\boldsymbol{QYP}')'\right) = \boldsymbol{e}_1(n) \otimes \boldsymbol{e}_1(m).$$

从而知

$$\begin{aligned} E\left(\text{vec}(\boldsymbol{Y}')\right) &= E\left(\text{vec}(\boldsymbol{P}^{-1}\boldsymbol{PY}'\boldsymbol{Q}'(\boldsymbol{Q}')^{-1}\right) \\ &= \left(\boldsymbol{Q}^{-1} \otimes \boldsymbol{P}^{-1}\right) E\left(\text{vec}(\boldsymbol{PY}'\boldsymbol{Q}')\right) = \left(\boldsymbol{Q}^{-1} \otimes \boldsymbol{P}^{-1}\right)\left(\boldsymbol{e}_1(n) \otimes \boldsymbol{e}_1(m)\right) \\ &= \boldsymbol{Q}^{-1}\boldsymbol{e}_1(n) \otimes \boldsymbol{P}^{-1}\boldsymbol{e}_1(m) = \boldsymbol{\beta} \otimes \boldsymbol{\alpha}. \end{aligned}$$

至此, 证明了由 $E(\mathrm{vec}(\boldsymbol{Y}))=\boldsymbol{\alpha}\otimes\boldsymbol{\beta}$, 可以推得 $E\left(\mathrm{vec}(\boldsymbol{Y}')\right)=\boldsymbol{\beta}\otimes\boldsymbol{\alpha}$. 引理 2.5.1 的前一个结论对任意非零的 m 和 n 维列向量 $\boldsymbol{\alpha}$ 和 $\boldsymbol{\beta}$ 都成立.

在 $\boldsymbol{A}$ 或 $\boldsymbol{B}$ 是零矩阵 (即所有的元素都是 0 的矩阵) 时, 由 $\mathrm{Cov}(\mathrm{vec}(\boldsymbol{Y}))=\boldsymbol{A}\otimes\boldsymbol{B}$, 显然可推得 $\mathrm{Cov}\left(\mathrm{vec}(\boldsymbol{Y}')\right)=\boldsymbol{B}\otimes\boldsymbol{A}$, 引理 2.5.1 的后一个结论成立. 在 m 和 n 阶方阵 $\boldsymbol{A}$ 和 $\boldsymbol{B}$ 形如

$$\boldsymbol{A}=\begin{pmatrix}\boldsymbol{I}_r & \boldsymbol{0}\\ \boldsymbol{0} & \boldsymbol{0}\end{pmatrix},\quad \boldsymbol{B}=\begin{pmatrix}\boldsymbol{I}_k & \boldsymbol{0}\\ \boldsymbol{0} & \boldsymbol{0}\end{pmatrix}$$

时, 由 $\mathrm{Cov}(\mathrm{vec}(\boldsymbol{Y}))=\boldsymbol{A}\otimes\boldsymbol{B}$ 知, 若令 $\boldsymbol{Y}=(y_{ij})_{1\leqslant i\leqslant n,1\leqslant j\leqslant m}$, 则所有的 y_{ij} 都相互独立, 且在 $i=1,\cdots,k$, $j=1,\cdots,r$ 时, $\mathrm{Var}(y_{ij})=1$; 而其余的 y_{ij}, 也就是当 $i=k+1,\cdots,n$ 或者 $j=r+1,\cdots,m$ 时的 y_{ij}, 方差都等于 0, 它们都服从退化分布. 由此不难推得 $\mathrm{Cov}\left(\mathrm{vec}(\boldsymbol{Y}')\right)=\boldsymbol{B}\otimes\boldsymbol{A}$ 成立, 引理 2.5.1 的后一个结论也成立. 下面证明, 对任意非零的 m 和 n 阶方阵 $\boldsymbol{A}$ 和 $\boldsymbol{B}$, 引理 2.5.1 的后一个结论仍然成立.

对任意非零的 m 和 n 阶方阵 $\boldsymbol{A}$ 和 $\boldsymbol{B}$, 分别存在 m 和 n 阶非奇异方阵 $\boldsymbol{S}$ 和 $\boldsymbol{T}$, 使得

$$\boldsymbol{SAS}'=\boldsymbol{D}=\begin{pmatrix}\boldsymbol{I}_r & \boldsymbol{0}\\ \boldsymbol{0} & \boldsymbol{0}\end{pmatrix},\quad \boldsymbol{TBT}'=\boldsymbol{\Lambda}=\begin{pmatrix}\boldsymbol{I}_k & \boldsymbol{0}\\ \boldsymbol{0} & \boldsymbol{0}\end{pmatrix},$$

其中, $\boldsymbol{I}_r$ 和 $\boldsymbol{I}_k$ 都是单位矩阵, $r=R(\boldsymbol{A})$, $k=R(\boldsymbol{B})$, 则有

$$\begin{aligned}\mathrm{Cov}\left(\mathrm{vec}(\boldsymbol{TYS}')\right)&=\mathrm{Cov}\left((\boldsymbol{S}\otimes\boldsymbol{T})\mathrm{vec}(\boldsymbol{Y})\right)=(\boldsymbol{S}\otimes\boldsymbol{T})\mathrm{Cov}(\mathrm{vec}(\boldsymbol{Y}))(\boldsymbol{S}'\otimes\boldsymbol{T}')\\&=(\boldsymbol{S}\otimes\boldsymbol{T})(\boldsymbol{A}\otimes\boldsymbol{B})(\boldsymbol{S}'\otimes\boldsymbol{T}')=(\boldsymbol{SAS}'\otimes\boldsymbol{TBT}')=\boldsymbol{D}\otimes\boldsymbol{\Lambda}.\end{aligned}$$

由于 $\left(\boldsymbol{TYS}'\right)'=\boldsymbol{SY}'\boldsymbol{T}'$, 所以

$$\mathrm{Cov}\left(\mathrm{vec}(\boldsymbol{SY}'\boldsymbol{T}')\right)=\mathrm{Cov}\left(\mathrm{vec}(\boldsymbol{TYS}')'\right)=\boldsymbol{\Lambda}\otimes\boldsymbol{D},$$

从而知

$$\begin{aligned}\mathrm{Cov}\left(\mathrm{vec}(\boldsymbol{Y}')\right)&=\mathrm{Cov}\left(\mathrm{vec}(\boldsymbol{S}^{-1}\boldsymbol{SY}'\boldsymbol{T}'(\boldsymbol{T}')^{-1}\right)\\&=\mathrm{Cov}\left((\boldsymbol{T}^{-1}\otimes\boldsymbol{S}^{-1})(\mathrm{vec}(\boldsymbol{SY}'\boldsymbol{T}'))\right)\\&=\left((\boldsymbol{T}^{-1}\otimes\boldsymbol{S}^{-1})\right)\mathrm{Cov}\left(\mathrm{vec}(\boldsymbol{SY}'\boldsymbol{T}')\right)\left((\boldsymbol{T}')^{-1}\otimes(\boldsymbol{S}')^{-1}\right)\\&=\left((\boldsymbol{T}^{-1}\otimes\boldsymbol{S}^{-1})\right)(\boldsymbol{\Lambda}\otimes\boldsymbol{D})\left((\boldsymbol{T}')^{-1}\otimes(\boldsymbol{S}')^{-1}\right)\\&=\left(\boldsymbol{T}^{-1}\boldsymbol{\Lambda}(\boldsymbol{T}')^{-1}\right)\otimes\left(\boldsymbol{S}^{-1}\boldsymbol{D}(\boldsymbol{S}')^{-1}\right)=\boldsymbol{B}\otimes\boldsymbol{A}.\end{aligned}$$

至此, 证明了由 $\mathrm{Cov}(\mathrm{vec}(\boldsymbol{Y}))=\boldsymbol{A}\otimes\boldsymbol{B}$, 可以推得 $\mathrm{Cov}\left(\mathrm{vec}(\boldsymbol{Y}')\right)=\boldsymbol{B}\otimes\boldsymbol{A}$. 引理 2.5.1 的后一个结论仍然成立, 对任意非零的 m 和 n 阶方阵 $\boldsymbol{A}$ 和 $\boldsymbol{B}$ 都成立.

至此, 引理 2.5.1 得到了证明.

利用引理 2.5.1, 由 (2.5.4) 式和 (2.5.5) 式立即分别推得

$$E\,(\mathrm{vec}(\boldsymbol{X})) = \boldsymbol{\mu} \otimes \mathbf{1}_n, \tag{2.5.6}$$

$$\mathrm{Cov}\,(\mathrm{vec}(\boldsymbol{X})) = \boldsymbol{\Sigma} \otimes \boldsymbol{I}_n. \tag{2.5.7}$$

$\boldsymbol{x}_1, \cdots, \boldsymbol{x}_n$ 是来自 p 元正态分布 $N_p(\boldsymbol{\mu}, \boldsymbol{\Sigma})$ 的样本, $\boldsymbol{X}' = (\boldsymbol{x}_1, \cdots, \boldsymbol{x}_n)$ 拉直后的向量 $\mathrm{vec}\,(\boldsymbol{X}')$ 服从 np 元正态分布. 由 (2.5.4) 式和 (2.5.5) 式知 $\mathrm{vec}(\boldsymbol{X}') \sim N_{np}(\mathbf{1}_n \otimes \boldsymbol{\mu}, \boldsymbol{I}_n \otimes \boldsymbol{\Sigma})$. $\boldsymbol{X}$ 拉直后的向量 $\mathrm{vec}\,(\boldsymbol{X})$ 也服从 np 元正态分布. 由 (2.5.6) 式和 (2.5.7) 式知 $\mathrm{vec}(\boldsymbol{X}) \sim N_{np}(\boldsymbol{\mu} \otimes \mathbf{1}_n, \boldsymbol{\Sigma} \otimes \boldsymbol{I}_n)$.

在 $\mathrm{vec}(\boldsymbol{X}') \sim N_{np}(\mathbf{1}_n \otimes \boldsymbol{\mu}, \boldsymbol{I}_n \otimes \boldsymbol{\Sigma})$ 或在 $\mathrm{vec}(\boldsymbol{X}) \sim N_{np}(\boldsymbol{\mu} \otimes \mathbf{1}_n, \boldsymbol{\Sigma} \otimes \boldsymbol{I}_n)$ 时, 称 $n \times p$ 阶矩阵 $\boldsymbol{X}$ 和 $p \times n$ 阶矩阵 $\boldsymbol{X}'$ 分别服从矩阵正态分布, 记为 $\boldsymbol{X} \sim N_{n\times p}(\mathbf{1}_n \cdot \boldsymbol{\mu}', \boldsymbol{\Sigma} \otimes \boldsymbol{I}_n)$ 和 $\boldsymbol{X}' \sim N_{p\times n}(\boldsymbol{\mu} \cdot \mathbf{1}_n', \boldsymbol{I}_n \otimes \boldsymbol{\Sigma})$, 其中,

$$\mathbf{1}_n \cdot \boldsymbol{\mu}' = E\,(\boldsymbol{X})\ \text{(见 (2.5.1) 式)}, \quad \boldsymbol{\mu} \cdot \mathbf{1}_n' = E\left(\boldsymbol{X}'\right),$$

$$\boldsymbol{\Sigma} \otimes \boldsymbol{I}_n = \mathrm{Cov}\,(\mathrm{vec}(\boldsymbol{X})), \quad \boldsymbol{I}_n \otimes \boldsymbol{\Sigma} = \mathrm{Cov}\left(\mathrm{vec}(\boldsymbol{X}')\right).$$

矩阵正态分布的一般形式为 $\boldsymbol{X} \sim N_{n\times p}(\boldsymbol{B}, \boldsymbol{\Sigma} \otimes \boldsymbol{V})$, 其中,

$$\boldsymbol{B} = E\,(\boldsymbol{X}), \quad \boldsymbol{\Sigma} \otimes \boldsymbol{V} = \mathrm{Cov}\,(\mathrm{vec}\,(\boldsymbol{X})),$$

$\boldsymbol{\Sigma}$ 和 $\boldsymbol{V}$ 分别是 p 和 n 阶方阵, 这等价于 $\mathrm{vec}\,(\boldsymbol{X}) \sim N_{n\cdot p}\,(\mathrm{vec}\,(\boldsymbol{B}), \boldsymbol{\Sigma} \otimes \boldsymbol{V})$.

这里特别要指出的是, 若某矩阵服从矩阵正态分布, 且其协方差阵为 $\boldsymbol{I}_n \otimes \boldsymbol{\Sigma}$, 那么该矩阵的所有的列向量相互独立, 且有相同的协方差阵 $\boldsymbol{\Sigma}$. 类似地, 若某矩阵服从矩阵正态分布, 且其协方差阵为 $\boldsymbol{\Sigma} \otimes \boldsymbol{I}_n$, 那么该矩阵的所有的行向量相互独立, 且有相同的协方差阵 $\boldsymbol{\Sigma}$.

下面在 $\boldsymbol{\Sigma}$ 为 p 阶正定矩阵, $\boldsymbol{V}$ 为 n 阶正定矩阵时, 计算矩阵正态分布 $\boldsymbol{X} \sim N_{p\times n}(\boldsymbol{B}, \boldsymbol{V} \otimes \boldsymbol{\Sigma})$ 的密度函数. 由于矩阵 $\boldsymbol{X}$ 的分布就是 $\mathrm{vec}\,(\boldsymbol{X})$ 的分布, 所以由 $\mathrm{vec}\,(\boldsymbol{X}) \sim N_{np}(\mathrm{vec}(\boldsymbol{B}), \boldsymbol{V} \otimes \boldsymbol{\Sigma})$ 知, 矩阵 $\boldsymbol{X}$ 的密度函数为

$$\begin{aligned}&\frac{1}{(2\pi)^{pn/2}\sqrt{|\boldsymbol{V}\otimes\boldsymbol{\Sigma}|}}\exp\left\{-\frac{(\mathrm{vec}(\boldsymbol{X})-\mathrm{vec}\,(\boldsymbol{B}))'\,(\boldsymbol{V}\otimes\boldsymbol{\Sigma})^{-1}\,(\mathrm{vec}(\boldsymbol{X})-\mathrm{vec}\,(\boldsymbol{B}))}{2}\right\}\\ =&\frac{1}{(2\pi)^{pn/2}\sqrt{|\boldsymbol{V}\otimes\boldsymbol{\Sigma}|}}\exp\left\{-\frac{(\mathrm{vec}\,(\boldsymbol{X}-\boldsymbol{B}))'\,(\boldsymbol{V}\otimes\boldsymbol{\Sigma})^{-1}\,(\mathrm{vec}\,(\boldsymbol{X}-\boldsymbol{B}))}{2}\right\}.\end{aligned} \tag{2.5.8}$$

矩阵 $\boldsymbol{X}$ 的密度函数也可以是下面的表达形式:

$$\frac{1}{(2\pi)^{np/2}\,|\boldsymbol{V}|^{p/2}\,|\boldsymbol{\Sigma}|^{n/2}}\exp\left\{-\frac{\mathrm{tr}\left((\boldsymbol{X}-\boldsymbol{B})'\,\boldsymbol{\Sigma}^{-1}\,(\boldsymbol{X}-\boldsymbol{B})\,\boldsymbol{V}^{-1}\right)}{2}\right\}. \tag{2.5.9}$$

矩阵正态分布 $\boldsymbol{X} \sim N_{p\times n}(\boldsymbol{B}, \boldsymbol{V} \otimes \boldsymbol{\Sigma})$ 的密度函数的这两个表达式 (即 (2.5.8) 式和 (2.5.9) 式) 是相互等价的, 其证明留作习题 (见习题 2.3).

2.3 节列举了多元正态分布的一系列性质, 这些性质可以推广至矩阵正态分布. 考虑到线性变换的重要性, 这里特别说明多元正态分布的性质 2.3.4 是如何推广至矩阵正态分布的. 设 $p \times n$ 阶矩阵 $\boldsymbol{X}$ 服从矩阵正态分布 $\boldsymbol{X} \sim N_{p\times n}(\boldsymbol{B}, \boldsymbol{V} \otimes \boldsymbol{\Sigma})$, $\boldsymbol{\Sigma} \geqslant 0$ 和 $\boldsymbol{V} \geqslant 0$ 分别是 p 和 n 阶非负定阵. 令 $\boldsymbol{Y} = \boldsymbol{C} + \boldsymbol{A}\boldsymbol{X}\boldsymbol{\Gamma}$, $\boldsymbol{C}$, $\boldsymbol{A}$ 和 $\boldsymbol{\Gamma}$ 分别为 $q \times m$, $q \times p$ 和 $n \times m$ 阶常数矩阵, 则 $\boldsymbol{Y}$ 服从矩阵正态分布 $N_{q\times m}(\boldsymbol{C} + \boldsymbol{A}\boldsymbol{B}\boldsymbol{\Gamma}, \boldsymbol{\Gamma}'\boldsymbol{V}\boldsymbol{\Gamma} \otimes \boldsymbol{A}\boldsymbol{\Sigma}\boldsymbol{A}')$. 其证明留作习题 (见习题 2.4(1)).

习 题 二

2.1 在 $\boldsymbol{Y} \sim N_p(\boldsymbol{\mu}, \boldsymbol{\Sigma})$ 时, 试证明:

(1) $(\boldsymbol{Y} - \boldsymbol{\mu})'\boldsymbol{\Sigma}^{-1}(\boldsymbol{Y} - \boldsymbol{\mu}) \sim \chi^2(p)$,

(2) $\boldsymbol{P}(\boldsymbol{Y} \in D) = 1 - \alpha$, 其中, D 为超椭圆:

$$D = \left\{\boldsymbol{y} : (\boldsymbol{y} - \boldsymbol{\mu})'\boldsymbol{\Sigma}^{-1}(\boldsymbol{y} - \boldsymbol{\mu}) \leqslant \chi^2_{1-\alpha}(p)\right\},$$

(3) 对任意区域 D^*, 若 $P(\boldsymbol{Y} \in D^*) = 1 - \alpha$ 成立, 则必有

$$\text{椭圆 } D \text{ 的体积} \leqslant \text{区域 } D^* \text{ 的体积},$$

且等号成立的充要条件是椭圆 D^* 和 D (几乎处处) 重合.

2.2 设 $z_1, \cdots, z_k, z_{k+1}$ 相互独立, 分别服从参数为 (α_1, λ), $\cdots, (\alpha_k, \lambda)$, (α_{k+1}, λ) 的 Gamma 分布, 这也就是说它们的密度函数分别为

$$\frac{\lambda^{\alpha_i}}{\Gamma(\alpha_i)} z_i^{\alpha_i - 1}\mathrm{e}^{-\lambda z_i}, \quad z_i > 0, i = 1, \cdots, k, k+1.$$

令

$$w_i = \frac{z_i}{z_1 + \cdots + z_k + z_{k+1}}, \quad i = 1, \cdots, k,$$

则称 $w_1, \cdots, w_k$ 服从 Dirichlet 分布, 其联合密度为

$$\frac{\Gamma(\alpha_1 + \cdots + \alpha_k + \alpha_{k+1})}{\Gamma(\alpha_1)\cdots\Gamma(\alpha_k)\Gamma(\alpha_{k+1})} w_1^{\alpha_1 - 1} \cdots w_k^{\alpha_k - 1}(1 - w_1 - \cdots - w_k)^{\alpha_{k+1} - 1}.$$

2.3 设有矩阵正态分布 $\boldsymbol{X} \sim N_{p\times n}(\boldsymbol{B}, \boldsymbol{V} \otimes \boldsymbol{\Sigma})$, 其中, p 阶方阵 $\boldsymbol{\Sigma} > 0$, n 阶方阵 $\boldsymbol{V} > 0$. 试证明 $\boldsymbol{X}$ 的密度函数有以下两个等价的表达式:

(1) $$\frac{1}{(2\pi)^{pn/2}\sqrt{|\boldsymbol{V} \otimes \boldsymbol{\Sigma}|}} \exp\left\{-\frac{(\mathrm{vec}(\boldsymbol{X} - \boldsymbol{B}))'(\boldsymbol{V} \otimes \boldsymbol{\Sigma})^{-1}(\mathrm{vec}(\boldsymbol{X} - \boldsymbol{B}))}{2}\right\},$$

(2) $$\frac{1}{(2\pi)^{np/2}|\boldsymbol{V}|^{p/2}|\boldsymbol{\Sigma}|^{n/2}} \exp\left\{-\frac{\mathrm{tr}\left((\boldsymbol{X} - \boldsymbol{B})'\boldsymbol{\Sigma}^{-1}(\boldsymbol{X} - \boldsymbol{B})\boldsymbol{V}^{-1}\right)}{2}\right\}.$$

2.4 设 $p\times n$ 阶矩阵 $\boldsymbol{X}$ 服从矩阵正态分布 $N_{p\times n}(\boldsymbol{B},\boldsymbol{V}\otimes\boldsymbol{\Sigma})$, $\boldsymbol{\Sigma}\geqslant 0$ 和 $\boldsymbol{V}\geqslant 0$ 分别是 p 和 n 阶非负定阵.

(1) 令 $\boldsymbol{Y}=\boldsymbol{C}+\boldsymbol{A}\boldsymbol{X}\boldsymbol{\Gamma}$, $\boldsymbol{C}$, $\boldsymbol{A}$ 和 $\boldsymbol{\Gamma}$ 分别为 $q\times m$, $q\times p$ 和 $n\times m$ 阶常数矩阵, 试证明:

$$\boldsymbol{Y}\sim N_{q\times m}(\boldsymbol{C}+\boldsymbol{A}\boldsymbol{B}\boldsymbol{\Gamma},\boldsymbol{\Gamma}'\boldsymbol{V}\boldsymbol{\Gamma}\otimes\boldsymbol{A}\boldsymbol{\Sigma}\boldsymbol{A}'),$$

(2) 试分别计算 $\boldsymbol{X}$ 和 $\boldsymbol{Y}$ 的特征函数.

2.5 设 $p\times n$ 阶矩阵 $\boldsymbol{X}\sim N_{p\times n}(\boldsymbol{B},\boldsymbol{V}\otimes\boldsymbol{\Sigma})$, 其中, p 阶方阵 $\boldsymbol{\Sigma}>0$, n 阶方阵 $\boldsymbol{V}>0$. 令 p 和 n 阶方阵 $\boldsymbol{C}$ 和 $\boldsymbol{D}$ 分别满足条件 $\boldsymbol{C}\boldsymbol{\Sigma}\boldsymbol{C}'=\boldsymbol{I}_p$ 和 $\boldsymbol{D}\boldsymbol{V}\boldsymbol{D}'=\boldsymbol{I}_n$, 试证明:

$$\boldsymbol{C}\boldsymbol{X}\boldsymbol{D}'\sim N_{p\times n}(\boldsymbol{C}\boldsymbol{B}\boldsymbol{D}',\boldsymbol{I}_n\otimes\boldsymbol{I}_p).$$

2.6 若 $\boldsymbol{W}\sim N_p(0,\boldsymbol{I}_p)$, 则由性质 2.3.6 (二次型) 知 $\boldsymbol{W}'\boldsymbol{W}\sim\chi^2(p)$. 试证明: 给定 $\boldsymbol{W}>0$, $\boldsymbol{W}'\boldsymbol{W}$ 的条件分布仍为 $\chi^2(p)$ 分布. 令 $\boldsymbol{W}=(w_1,\cdots,w_p)'$, 则 $\boldsymbol{W}>0$ 的意思是所有的 $w_i>0$, $i=1,\cdots,p$.

2.7 习题 2.6 可推广到更一般的形式. 若 $\boldsymbol{W}\sim N_p(\boldsymbol{0},\boldsymbol{\Sigma})$, 其中, $\boldsymbol{\Sigma}>0$, 则由性质 2.3.6(二次型) 知 $\boldsymbol{W}'\boldsymbol{\Sigma}^{-1}\boldsymbol{W}\sim\chi^2(p)$. 试证明: 给定 $\boldsymbol{W}>0$, $\boldsymbol{W}'\boldsymbol{\Sigma}^{-1}\boldsymbol{W}$ 的条件分布仍为 $\chi^2(p)$ 分布.

提示: 习题 2.6 和习题 2.7 的证明方法可参阅文献 [111].

第 3 章　由多元正态分布导出的分布

众所周知, (一元) 正态分布导出了 χ^2 分布、t 分布和 F 分布, 它们广泛用于 (单元) 正态分布的统计推断问题. 为讨论多元正态分布的统计推断问题, 人们导出了 Wishart 分布, Hotelling T^2 分布和 Wilks 分布, 它们分别是 χ^2 分布, t 分布和 F 分布的推广. 本章将逐一介绍这些由多元正态分布导出的分布及其性质. 3.1 节推导 Wishart 分布的密度函数, 3.2 节介绍 Wishart 分布的性质, 3.3 节简要介绍非中心 Wishart 分布, 3.4 节介绍 Hotelling T^2 分布, 3.5 节介绍 Wilks 分布, 3.6 节介绍 Wilks 分布的渐近展开.

3.1　Wishart 分布

设 $x_1, \cdots, x_n$ 相互独立同标准正态 $N(0,1)$ 分布. 令 $\boldsymbol{X} = (x_1, \cdots, x_n)'$, 则

$$\boldsymbol{Y} = \boldsymbol{X}'\boldsymbol{X} = \sum_{i=1}^{n} x_i^2 \sim \chi^2(n),$$

其密度函数为

$$\left(2^{n/2}\Gamma\left(\frac{n}{2}\right)\right)^{-1} y^{n/2-1} \exp\left\{-\frac{y}{2}\right\}, \quad y > 0, \tag{3.1.1}$$

而在 $x_1, \cdots, x_n$ 相互独立同正态 $N(0, \sigma^2)$ 分布时, $\boldsymbol{Y} \sim \sigma^2\chi^2(n)$, 其密度函数为

$$\left(2^{n/2}\Gamma\left(\frac{n}{2}\right)\right)^{-1} \sigma^{-n} y^{n/2-1} \exp\left\{-\frac{y}{2\sigma^2}\right\}, \quad y > 0. \tag{3.1.2}$$

下面将上述结果推广至多元正态分布的情况.

3.1.1　Wishart 分布的定义

定义 3.1.1(Wishart 分布)　设 $\boldsymbol{x}_1, \cdots, \boldsymbol{x}_n$ 独立同p 维正态分布 $N_p(\boldsymbol{0}, \boldsymbol{\Sigma})$, 记 $\boldsymbol{X} = (\boldsymbol{x}_1, \cdots, \boldsymbol{x}_n)'$, 则称 p 阶矩阵 $\boldsymbol{W} = \boldsymbol{X}'\boldsymbol{X} = \sum\limits_{i=1}^{n} \boldsymbol{x}_i\boldsymbol{x}_i'$的分布为 p 阶 Wishart 分布, 简称 Wishart 分布, 记为 $\boldsymbol{W} \sim W_p(n, \boldsymbol{\Sigma})$, n 称为它的自由度.

也可以根据矩阵正态分布来定义 Wishart 分布. 设 $\boldsymbol{X} \sim N_{n\times p}(\boldsymbol{0}, \boldsymbol{\Sigma} \otimes \boldsymbol{I}_n)$ 或等价地设 $\boldsymbol{X}' \sim N_{p\times n}(\boldsymbol{0}, \boldsymbol{I}_n \otimes \boldsymbol{\Sigma})$, 则称 $\boldsymbol{W} = \boldsymbol{X}'\boldsymbol{X} \sim W_p(n, \boldsymbol{\Sigma})$.

在 $\boldsymbol{\Sigma}>0,\ n\geqslant p$ 时, p 阶 Wishart 分布有密度函数

$$\frac{|\boldsymbol{W}|^{(n-p-1)/2}\exp\left\{-\frac{1}{2}\mathrm{tr}\left(\boldsymbol{\Sigma}^{-1}\boldsymbol{W}\right)\right\}}{2^{np/2}\pi^{p(p-1)/4}\prod_{i=1}^{p}\Gamma\left((n-i+1)/2\right)|\boldsymbol{\Sigma}|^{n/2}},\quad \boldsymbol{W}>0. \tag{3.1.3}$$

显然, (3.1.2) 式是 (3.1.3) 式在 $p=1$ 时的特殊情况.

令

$$\Gamma_p(\alpha)=\pi^{p(p-1)/4}\prod_{i=1}^{p}\Gamma\left(\alpha-\frac{i-1}{2}\right),$$

并称 $\Gamma_p(\alpha)$ 为 p 维 Γ 函数, 那么 Wishart 分布的密度函数就可简写为

$$\frac{|\boldsymbol{W}|^{(n-p-1)/2}\exp\left\{-\frac{1}{2}\mathrm{tr}\left(\boldsymbol{\Sigma}^{-1}\boldsymbol{W}\right)\right\}}{2^{np/2}\Gamma_p(n/2)|\boldsymbol{\Sigma}|^{n/2}},\quad \boldsymbol{W}>0.$$

有时记 $c_{n,p}=\left(2^{np/2}\Gamma_p(n/2)\right)^{-1}$, 从而把 Wishart 分布的密度函数更加简单地写为

$$c_{n,p}|\boldsymbol{\Sigma}|^{-n/2}|\boldsymbol{W}|^{(n-p-1)/2}\exp\left\{-\frac{1}{2}\mathrm{tr}\left(\boldsymbol{\Sigma}^{-1}\boldsymbol{W}\right)\right\},\quad \boldsymbol{W}>0.$$

关于 p 阶 Wishart 分布的密度函数有以下两点说明:

(1) $\boldsymbol{W}$ 是 p 阶对称矩阵. (3.1.3) 式是 $\boldsymbol{W}$ 的 $p(p+1)/2$ 个变量 $(w_{11},\cdots,w_{1p},w_{22},\cdots,w_{2p},\cdots,w_{pp})$ 的密度函数, 而积分区域是使得 $\boldsymbol{W}>0$ 的这些变量所构成的区域.

(2) 为使得 p 阶 Wishart 分布有密度函数, 除了 $\boldsymbol{\Sigma}>0$, 为什么还要求 $n\geqslant p$? 这是因为 p 阶矩阵 $\boldsymbol{W}$ 以概率 1 为正定矩阵的充分必要条件是 $n\geqslant p$. 下面给出这个结论的证明.

由于 $\boldsymbol{W}=\boldsymbol{X}'\boldsymbol{X}$, $\boldsymbol{X}$ 是 $n\times p$ 阶矩阵, 所以在 $n<p$ 时, p 阶矩阵 $\boldsymbol{W}$ 不可能是正定矩阵. 此外, 在 $n>p$ 时, $\boldsymbol{W}=\boldsymbol{X}'\boldsymbol{X}=\sum_{i=1}^{n}x_ix_i'\geqslant\sum_{i=1}^{p}x_ix_i'$, 所以欲证 $\boldsymbol{W}$ 以概率 1 为正定矩阵的充分必要条件是 $n\geqslant p$, 仅需证明在 $n=p$ 时, $P(\boldsymbol{W}>0)=1$.

在 $n=p$ 时, 由于 $\boldsymbol{W}=\boldsymbol{X}'\boldsymbol{X}$, 所以

$$\boldsymbol{W}\text{ 不是正定矩阵 }\Leftrightarrow|\boldsymbol{X}|=0.$$

令 $\boldsymbol{x}_i=(x_{i1},\cdots,x_{ip})'$, $i=1,\cdots,p$. 显然, $G=\{x_{ij},i,j=1,\cdots,p:|\boldsymbol{X}|=0\}$ 是 p^2 维欧氏空间中一个没有内点的集合. 由此可见, $P(|\boldsymbol{X}|=0)=0$. 从而有

$P(\boldsymbol{W}>0)=1$. 至此, $\boldsymbol{W}$ 以概率 1 为正定矩阵的充分必要条件是 $n \geqslant p$ 得到了证明.

本节将在 $\boldsymbol{\Sigma}>0, n \geqslant p$ 的假设条件下推导 Wishart 分布的密度函数. Wishart 分布的密度函数的推导有好几个方法. 本节使用的方法, 特别是推导二阶 Wishart 分布 $W_2(n, \boldsymbol{\Sigma})$ 以及 $\boldsymbol{\Sigma}=\boldsymbol{I}_p$ 时 p 阶 Wishart 分布 $W_p(n, \boldsymbol{I}_p)$ 的密度函数所使用的方法, 仅需要基本的概率论与数理统计的知识, 读者容易理解. 除本节所用的方法外, Wishart 分布的密度函数还有其他的推导方法, 见习题 3.7 和附录 A.9.

3.1.2 二阶 Wishart 分布

考虑到二元正态分布用得比较多, 并且它是多元正态分布的一个缩影, 首先推导由二元正态分布导出的二阶 Wishart 分布的密度函数.

设有二元正态分布总体

$$\begin{pmatrix} X \\ Y \end{pmatrix} \sim N_2(\boldsymbol{0}, \boldsymbol{\Sigma}), \quad \boldsymbol{\Sigma}=\begin{pmatrix} \sigma_1^2 & \rho\sigma_1\sigma_2 \\ \rho\sigma_1\sigma_2 & \sigma_2^2 \end{pmatrix}, \quad \sigma_1, \sigma_2>0,\ -1<\rho<1,$$

它的密度函数为

$$\frac{1}{2\pi\sigma_1\sigma_2\sqrt{1-\rho^2}} \exp\left\{-\frac{1}{2(1-\rho^2)}\left(\frac{x^2}{\sigma_1^2}-\frac{2\rho xy}{\sigma_1\sigma_2}+\frac{y^2}{\sigma_2^2}\right)\right\}.$$

设来自该二元正态分布总体的样本为

$$\begin{pmatrix} x_1 \\ y_1 \end{pmatrix}, \cdots, \begin{pmatrix} x_n \\ y_n \end{pmatrix}, \quad n \geqslant 2,$$

那么

$$\boldsymbol{W}=\sum_{i=1}^n \begin{pmatrix} x_i \\ y_i \end{pmatrix}(x_i,\ y_i)=\begin{pmatrix} w_{xx} & w_{xy} \\ w_{xy} & w_{yy} \end{pmatrix},$$

其中,

$$w_{xx}=\sum_{i=1}^n x_i^2, \quad w_{xy}=\sum_{i=1}^n x_i y_i, \quad w_{yy}=\sum_{i=1}^n y_i^2.$$

$\boldsymbol{W}$, 即 (w_{xx}, w_{xy}, w_{yy}) 的二阶 Wishart 分布的密度函数为

$$\frac{\left(w_{xx}w_{yy}-w_{xy}^2\right)^{(n-3)/2} \exp\left\{-\frac{1}{2(1-\rho^2)}\left(\frac{w_{xx}}{\sigma_1^2}-\frac{2\rho w_{xy}}{\sigma_1\sigma_2}+\frac{w_{yy}}{\sigma_2^2}\right)\right\}}{2^n\Gamma_2(n/2)\left(\sigma_1^2\sigma_2^2(1-\rho^2)\right)^{n/2}},$$

$$w_{xx}>0, \quad w_{yy}>0, \quad w_{xx}w_{yy}-w_{xy}^2>0, \tag{3.1.4}$$

其中, $\Gamma_2(n/2)=\sqrt{\pi}\Gamma(n/2)\Gamma((n-1)/2)$ 为二维 Γ 函数. 显然, (3.1.4) 式是 (3.1.3) 式在 $p=2$ 时的特殊情况.

将由简单到一般, 分 3 步推导出二阶 Wishart 分布的密度函数的 (3.1.4) 式.

(1) 首先在 $\sigma_1=\sigma_2=1,\ \rho=0$ 时, 推导出二阶 Wishart 分布的密度函数.

(2) 然后在 $\sigma_1=\sigma_2=1$ 时, 推导出二阶 Wishart 分布的密度函数.

(3) 最后推导 (3.1.4) 式.

(1) 在 $\sigma_1=\sigma_2=1,\ \rho=0$ 时, 总体为

$$\begin{pmatrix} X \\ Y \end{pmatrix} \sim N_2\left(\begin{pmatrix} 0 \\ 0 \end{pmatrix}, \begin{pmatrix} 1 & 0 \\ 0 & 1 \end{pmatrix}\right).$$

X 和 Y 相互独立, 所以样本 $x_1,\cdots,x_n$ 与 $y_1,\cdots,y_n$ 相互独立. 因而在 $x_1,\cdots,x_n$ 给定的条件下, $y_1,\cdots,y_n$ 独立同 $N(0,1)$ 分布, 故在 $x_1,\cdots,x_n$ 给定的条件下, $w_{xy}/\sqrt{w_{xx}}$ 的条件分布为 $N(0,1)$, w_{yy} 的条件分布为 $\chi^2(n)$.

根据二次型分布的性质 A.3.2 和 A.3.4, 由于 $w_{yy}-w_{xy}^2/w_{xx}>0$, 则在 $x_1,\cdots,x_n$ 给定的条件下,

$w_{yy}-w_{xy}^2/w_{xx}$ 与 $w_{xy}/\sqrt{w_{xx}}$ 相互条件独立;

$w_{yy}-w_{xy}^2/w_{xx}$ 的条件分布为 $\chi^2(n-1)$;

$w_{xy}/\sqrt{w_{xx}}$ 的条件分布为 $N(0,1)$.

由于这些条件分布都与给定的条件 $x_1,\cdots,x_n$ 没有关系, 所以 $w_{yy}-w_{xy}^2/w_{xx}$, $w_{xy}/\sqrt{w_{xx}}$ 与 $x_1,\cdots,x_n$ 相互独立, 并且 $w_{yy}-w_{xy}^2/w_{xx}$ 的 (无条件) 分布为 $\chi^2(n-1)$, $w_{xy}/\sqrt{w_{xx}}$ 的 (无条件) 分布为 $N(0,1)$. 由于 $x_1,\cdots,x_n$ 独立同 $N(0,1)$ 分布, 所以 w_{xx} 的分布为 $\chi^2(n)$. 至此证得

$$t_1=w_{yy}-w_{xy}^2/w_{xx},\quad t_2=w_{xy}/\sqrt{w_{xx}} \text{ 与 } t_3=w_{xx} \text{ 相互独立},$$

$$t_1\sim\chi^2(n-1),\quad t_2\sim N(0,1),\quad t_3\sim\chi^2(n).$$

这说明 (t_1,t_2,t_3) 的密度函数为

$$\frac{t_1^{(n-1)/2-1}\exp\left\{-\dfrac{t_1}{2}\right\}}{2^{(n-1)/2}\Gamma((n-1)/2)}\cdot\frac{\exp\left\{-\dfrac{t_2^2}{2}\right\}}{\sqrt{2\pi}}\cdot\frac{t_3^{n/2-1}\exp\left\{-\dfrac{t_3}{2}\right\}}{2^{n/2}\Gamma(n/2)},$$

其中, $t_1,t_3>0$, $-\infty<t_2<\infty$. 由于变换 $(t_1,t_2,t_3)\to(w_{xx},w_{xy},w_{yy})$ 的雅可比行列式为

$$J((t_1,t_2,t_3)\to(w_{xx},w_{xy},w_{yy}))=\left|\frac{\partial(t_1,t_2,t_3)}{\partial(w_{xx},w_{xy},w_{yy})}\right|=\frac{1}{\sqrt{w_{xx}}},$$

则从 (t_1, t_2, t_3) 的密度函数得到 (w_{xx}, w_{xy}, w_{yy}) 的密度函数为

$$\frac{\left(w_{xx}w_{yy} - w_{xy}^2\right)^{(n-3)/2} \exp\left\{-\frac{w_{xx} + w_{yy}}{2}\right\}}{2^n\Gamma_2\left(n/2\right)}, \tag{3.1.5}$$

其中, $w_{xx} > 0$, $w_{yy} > 0$, $w_{xx}w_{yy} - w_{xy}^2 > 0$. 显然, (3.1.5) 式是 (3.1.4) 式在 $\sigma_1 = \sigma_2 = 1$, $\rho = 0$ 时的特殊情况. (3.1.5) 式是二阶 Wishart 分布 $W_2(n, \boldsymbol{I}_2)$ 的密度函数.

(2) 在 $\sigma_1 = \sigma_2 = 1$ 时, 总体为

$$\begin{pmatrix} X \\ Y \end{pmatrix} \sim N_2\left(\begin{pmatrix} 0 \\ 0 \end{pmatrix}, \begin{pmatrix} 1 & \rho \\ \rho & 1 \end{pmatrix}\right).$$

由多元正态分布的性质 2.3.11 知, 若令

$$z_i = \frac{y_i - \rho x_i}{\sqrt{1-\rho^2}}, \quad i = 1, \cdots, n,$$

那么

$$\begin{pmatrix} x_1 \\ z_1 \end{pmatrix}, \cdots, \begin{pmatrix} x_n \\ z_n \end{pmatrix}$$

相互独立同分布, 它们共同的分布为

$$N_2\left(\begin{pmatrix} 0 \\ 0 \end{pmatrix}, \begin{pmatrix} 1 & 0 \\ 0 & 1 \end{pmatrix}\right),$$

从而据 (3.1.5) 式, (w_{xx}, w_{xz}, w_{zz}) 的密度函数为

$$\frac{\left(w_{xx}w_{zz} - w_{xz}^2\right)^{(n-3)/2} \exp\left\{-\frac{w_{xx} + w_{zz}}{2}\right\}}{2^n\Gamma_2\left(n/2\right)},$$

其中, $w_{xx} > 0$, $w_{zz} > 0$, $w_{xx}w_{zz} - w_{xz}^2 > 0$. 由于

$$w_{xz} = \sum_{i=1}^n x_i z_i = \frac{w_{xy} - \rho w_{xx}}{\sqrt{1-\rho^2}},$$

$$w_{zz} = \sum_{i=1}^n z_i^2 = \frac{w_{yy} - 2\rho w_{xy} + \rho^2 w_{xx}}{(1-\rho^2)},$$

所以

$$w_{xx}w_{zz} - w_{xz}^2 = \frac{w_{xx}w_{yy} - w_{xy}^2}{(1-\rho^2)},$$

并且变换 $(w_{xx}, w_{xz}, w_{zz}) \to (w_{xx}, w_{xy}, w_{yy})$ 的雅可比行列式为

$$\begin{aligned} J\left((w_{xx}, w_{xz}, w_{zz}) \to (w_{xx}, w_{xy}, w_{yy})\right) &= \left|\frac{\partial\left(w_{xx}, w_{xz}, w_{zz}\right)}{\partial\left(w_{xx}, w_{xy}, w_{yy}\right)}\right| \\ &= \left(1-\rho^2\right)^{-3/2}, \end{aligned}$$

从而由 (w_{xx}, w_{xz}, w_{zz}) 的密度函数得到 (w_{xx}, w_{xy}, w_{yy}) 的密度函数为

$$\frac{\left(w_{xx}w_{yy}-w_{xy}^2\right)^{(n-3)/2}\exp\left\{-\dfrac{w_{xx}-2\rho w_{xy}+w_{yy}}{2(1-\rho^2)}\right\}}{2^n\Gamma_2\left(n/2\right)\left(1-\rho^2\right)^{n/2}},$$

$$w_{xx}>0,\quad w_{yy}>0,\quad w_{xx}w_{yy}-w_{xy}^2>0. \tag{3.1.6}$$

显然, (3.1.6) 式是 (3.1.4) 式在 $\sigma_1=\sigma_2=1$ 时的特殊情况.

(3) 对二元正态分布总体

$$\begin{pmatrix} X \\ Y \end{pmatrix} \sim N_2\left(\begin{pmatrix} 0 \\ 0 \end{pmatrix}, \begin{pmatrix} \sigma_1^2 & \rho\sigma_1\sigma_2 \\ \rho\sigma_1\sigma_2 & \sigma_2^2 \end{pmatrix}\right)$$

而言, 若令

$$u_i=\frac{x_i}{\sigma_1},\quad v_i=\frac{y_i}{\sigma_2},\quad i=1,\cdots,n,$$

那么

$$\begin{pmatrix} u_1 \\ v_1 \end{pmatrix}, \cdots, \begin{pmatrix} u_n \\ v_n \end{pmatrix}$$

相互独立同分布, 它们共同的分布为

$$N_2\left(\begin{pmatrix} 0 \\ 0 \end{pmatrix}, \begin{pmatrix} 1 & \rho \\ \rho & 1 \end{pmatrix}\right).$$

从而据 (3.1.6) 式, (w_{uu}, w_{uv}, w_{vv}) 的密度函数为

$$\frac{\left(w_{uu}w_{vv}-w_{uv}^2\right)^{(n-3)/2}\exp\left\{-\dfrac{w_{uu}-2\rho w_{uv}+w_{vv}}{2(1-\rho^2)}\right\}}{2^n\Gamma_2\left(n/2\right)\left(1-\rho^2\right)^{n/2}},$$

其中, $w_{uu}>0$, $w_{vv}>0$, $w_{uu}w_{vv}-w_{uv}^2>0$. 由于

$$w_{uu}=\frac{w_{xx}}{\sigma_1^2},\quad w_{uv}=\frac{w_{xy}}{\sigma_1\sigma_2},\quad w_{vv}=\frac{w_{yy}}{\sigma_2^2},$$

所以变换 $(w_{uu}, w_{uv}, w_{vv}) \to (w_{xx}, w_{xy}, w_{yy})$ 的雅可比行列式为

$$\begin{aligned} J\left((w_{uu}, w_{uv}, w_{vv}) \to (w_{xx}, w_{xy}, w_{yy})\right) &= \left|\frac{\partial\left(w_{uu}, w_{uv}, w_{vv}\right)}{\partial\left(w_{xx}, w_{xy}, w_{yy}\right)}\right| \\ &= \left(\sigma_1\sigma_2\right)^{-3/2}, \end{aligned}$$

从而由 (w_{uu}, w_{uv}, w_{vv}) 的密度函数可以得到 (w_{xx}, w_{xy}, w_{yy}) 的密度函数. 它就是 (3.1.4) 式.

至此, 推导出了二阶 Wishart 分布的密度函数.

3.1.3 p 阶 Wishart 分布

仍将由简单到一般, 分 2 步推导出 p 阶 Wishart 分布的密度函数的 (3.1.3) 式.

(1) 已经知道 (3.1.1) 式是一阶 Wishart 分布 $W_1(n,1)$, 即 $\chi^2(n)$ 分布的密度函数, 并且已经证明 (3.1.5) 式是二阶 Wishart 分布 $W_2(n,\boldsymbol{I}_2)$ 的密度函数. 由此看来, 可以使用数学归纳法证明, 任意 p 阶 Wishart 分布 $W_p(n,\boldsymbol{I}_p)$ 的密度函数为

$$\frac{|\boldsymbol{W}|^{(n-p-1)/2}\exp\left\{-\dfrac{1}{2}\mathrm{tr}\left(\boldsymbol{W}\right)\right\}}{2^{np/2}\Gamma_p\left(n/2\right)}, \quad \boldsymbol{W}>0. \tag{3.1.7}$$

显然, (3.1.1) 式和 (3.1.5) 式分别是 (3.1.7) 式在 $p=1$ 和 $p=2$ 时的特殊情况.

(2) 基于 $W_p(n,\boldsymbol{I}_p)$ 的密度函数, 即基于 (3.1.7) 式推导出 (3.1.3) 式.

(1) 假设 $k-1$ 阶 Wishart 分布 $W_{k-1}(n,\boldsymbol{I}_{k-1})$ 的密度函数形如 (3.1.7) 式, 其中, $p=k-1$. 下面证明 $p=k$ 时 Wishart 分布 $W_k\left(n,\boldsymbol{I}_k\right)$ 的密度函数也形如 (3.1.7) 式, 但其中的 $p=k$. 这里使用的方法与推导二阶 Wishart 分布密度函数 (1) 中使用的方法相类似.

设 $\boldsymbol{x}_1,\cdots,\boldsymbol{x}_n$ 独立同 k 维正态分布 $N_k\left(\boldsymbol{0},\boldsymbol{I}_k\right)$, $n\geqslant k$. 将 $\boldsymbol{x}_i$ 剖分为

$$\boldsymbol{x}_i=\begin{pmatrix}\boldsymbol{x}_{i1}\\ \boldsymbol{x}_{i2}\end{pmatrix}\begin{matrix}{\scriptstyle k-1}\\ {\scriptstyle 1}\end{matrix}, \quad i=1,\cdots,n,$$

则

$$\boldsymbol{X}=(\boldsymbol{x}_1,\cdots,\boldsymbol{x}_n)'=\begin{pmatrix}\boldsymbol{x}_{11}' & x_{12}\\ \vdots & \vdots\\ \boldsymbol{x}_{n1}' & x_{n2}\end{pmatrix},$$

$$\boldsymbol{W}=\boldsymbol{X}'\boldsymbol{X}=\begin{pmatrix}\boldsymbol{W}_{11} & \boldsymbol{W}_{12}\\ \boldsymbol{W}_{21} & w_{22}\end{pmatrix}\sim W_k\left(n,\boldsymbol{I}_k\right),$$

其中, $\boldsymbol{W}_{11}=\sum_{i=1}^{n}\boldsymbol{x}_{i1}\boldsymbol{x}_{i1}'\sim W_{k-1}(n,\boldsymbol{I}_{k-1})$, $\boldsymbol{W}_{12}=\sum_{i=1}^{n}\boldsymbol{x}_{i1}x_{i2}$, $w_{22}=\sum_{i=1}^{n}x_{i2}^2\sim\chi^2(n)$.

在 $\boldsymbol{x}_{11},\cdots,\boldsymbol{x}_{n1}$ 给定的条件下, $x_{12},\cdots,x_{n2}$ 独立同 $N(0,1)$ 分布. 故在 $\boldsymbol{x}_{11},\cdots,\boldsymbol{x}_{n1}$ 给定的条件下, w_{22} 的条件分布为 $\chi^2(n)$, 并且

$$\boldsymbol{W}_{12}=\sum_{i=1}^{n}\boldsymbol{x}_{i1}x_{i2}=(\boldsymbol{x}_{11},\cdots,\boldsymbol{x}_{n1})\begin{pmatrix}x_{12}\\ \vdots\\ x_{n2}\end{pmatrix}$$

的条件分布为$N_{k-1}\left(\boldsymbol{0},\sum_{i=1}^{n}\boldsymbol{x}_{i1}\boldsymbol{x}_{i1}'\right)$, 即 $N_{k-1}(\boldsymbol{0},\boldsymbol{W}_{11})$. 从而知, $\boldsymbol{W}_{11}^{-1/2}\boldsymbol{W}_{12}$ 的条件分布为 $N_{k-1}(\boldsymbol{0},\boldsymbol{I}_{k-1})$. 根据二次型分布的性质 A.3.2 和 A.3.4, 由于 $w_{22}-(\boldsymbol{W}_{11}^{-1/2}\cdot\boldsymbol{W}_{12})'(\boldsymbol{W}_{11}^{-1/2}\boldsymbol{W}_{12})=w_{22}-\boldsymbol{W}_{21}\boldsymbol{W}_{11}^{-1}\boldsymbol{W}_{12}>0$, 则在 $\boldsymbol{x}_{11},\cdots,\boldsymbol{x}_{n1}$ 给定的条件下,

$w_{22}-\boldsymbol{W}_{21}\boldsymbol{W}_{11}^{-1}\boldsymbol{W}_{12}$ 与 $\boldsymbol{W}_{11}^{-1/2}\boldsymbol{W}_{12}$ 相互条件独立;

$w_{22}-\boldsymbol{W}_{21}\boldsymbol{W}_{11}^{-1}\boldsymbol{W}_{12}$ 的条件分布为 $\chi^2(n-k+1)$;

$\boldsymbol{W}_{11}^{-1/2}\boldsymbol{W}_{12}$ 的条件分布为 $N_{k-1}(\boldsymbol{0},\boldsymbol{I}_{k-1})$.

由于这些条件分布都与给定的条件 $\boldsymbol{x}_{11},\cdots,\boldsymbol{x}_{n1}$ 没有关系, 所以 $w_{22}-\boldsymbol{W}_{21}\boldsymbol{W}_{11}^{-1}\boldsymbol{W}_{12}$, $\boldsymbol{W}_{11}^{-1/2}\boldsymbol{W}_{12}$ 与 $\boldsymbol{x}_{11},\cdots,\boldsymbol{x}_{n1}$ 相互独立, 并且 $w_{22}-\boldsymbol{W}_{21}\boldsymbol{W}_{11}^{-1}\boldsymbol{W}_{12}$ 的 (无条件) 分布为 $\chi^2(n-k+1)$, $\boldsymbol{W}_{11}^{-1/2}\boldsymbol{W}_{12}$ 的 (无条件) 分布为 $N_{k-1}(\boldsymbol{0},\boldsymbol{I}_{k-1})$. 由于 $\boldsymbol{W}_{11}=\sum_{i=1}^{n}\boldsymbol{x}_{i1}\boldsymbol{x}_{i1}'$ 仅与 $\boldsymbol{x}_{11},\cdots,\boldsymbol{x}_{n1}$ 有关, 所以至此证得

$$t_1=w_{22}-\boldsymbol{W}_{21}\boldsymbol{W}_{11}^{-1}\boldsymbol{W}_{12},\quad \boldsymbol{T}_2=\boldsymbol{W}_{11}^{-1/2}\boldsymbol{W}_{12}\text{ 与 }\boldsymbol{T}_3=\boldsymbol{W}_{11}\text{ 相互独立},$$

$$t_1\sim\chi^2(n-k+1),\quad \boldsymbol{T}_2\sim N_{k-1}(\boldsymbol{0},\boldsymbol{I}_{k-1}),\quad \boldsymbol{T}_3\sim W_{k-1}(n,\boldsymbol{I}_{k-1}).$$

由此可见, $(t_1,\boldsymbol{T}_2,\boldsymbol{T}_3)$ 的密度函数为 $f_1(t_1)\cdot f_2(\boldsymbol{T}_2)\cdot f_3(\boldsymbol{T}_3)$, 其中,

$$f_1(t_1)=\frac{t_1^{(n-k+1)/2-1}\exp\{-t_1/2\}}{2^{(n-k+1)/2}\Gamma((n-k+1)/2)}\text{ 是 }t_1\text{的密度函数},\quad t_1>0;$$

$$f_2(\boldsymbol{T}_2)=\frac{\exp\{-\boldsymbol{T}_2'\boldsymbol{T}_2/2\}}{(2\pi)^{p/2}}\text{ 是 }\boldsymbol{T}_2\text{ 的密度函数};$$

根据归纳法的假设, $\boldsymbol{T}_3$ 有密度函数

$$f_3(\boldsymbol{T}_3)=\frac{|\boldsymbol{T}_3|^{(n-k)/2}\exp\left\{-\frac{1}{2}\mathrm{tr}(\boldsymbol{T}_3)\right\}}{2^{n(k-1)/2}\Gamma_{k-1}(n/2)},\quad \boldsymbol{T}_3>0.$$

下面计算变换 $(t_1, \boldsymbol{T}_2, \boldsymbol{T}_3) \to (\boldsymbol{W}_{11}, \boldsymbol{W}_{12}, w_{22})$ 的雅可比行列式.

由于讨论的变换 $(t_1, \boldsymbol{T}_2, \boldsymbol{T}_3) \to (\boldsymbol{W}_{11}, \boldsymbol{W}_{12}, w_{22})$ 为

$$\begin{cases} t_1 = w_{22} - \boldsymbol{W}_{21}\boldsymbol{W}_{11}^{-1}\boldsymbol{W}_{12} = g_1(w_{22}, \boldsymbol{W}_{12}, \boldsymbol{W}_{11}), \\ \boldsymbol{T}_2 = \boldsymbol{W}_{11}^{-1/2}\boldsymbol{W}_{12} = g_2(\boldsymbol{W}_{12}, \boldsymbol{W}_{11}), \\ \boldsymbol{T}_3 = \boldsymbol{W}_{11} = g_3(\boldsymbol{W}_{11}), \end{cases}$$

所以由引理 A.5.2 知, 这个变换的雅可比行列式为

$$J((t_1, \boldsymbol{T}_2, \boldsymbol{T}_3) \to (\boldsymbol{W}_{11}, \boldsymbol{W}_{12}, w_{22})) = \left|\frac{\partial(t_1)}{\partial(w_{22})}\right| \cdot \left|\frac{\partial(\boldsymbol{T}_2)}{\partial(\boldsymbol{W}_{12})}\right| \cdot \left|\frac{\partial(\boldsymbol{T}_3)}{\partial(\boldsymbol{W}_{11})}\right|.$$

显然, $|\partial(t_1)/\partial(w_{22})| = 1$. $\boldsymbol{T}_3$ 和 $\boldsymbol{W}_{11}$ 是 $k-1$ 阶对称矩阵, $\partial(\boldsymbol{T}_3)/\partial(\boldsymbol{W}_{11})$ 应理解为 $\boldsymbol{T}_3$ 的上 (或下) 三角上 $k(k+1)/2$ 个变量对 $\boldsymbol{W}_{11}$ 的上 (或下) 三角上 $k(k+1)/2$ 个变量的微商. 由于 $\boldsymbol{T}_3 = \boldsymbol{W}_{11}$, 所以 $|\partial(\boldsymbol{T}_3)/\partial(\boldsymbol{W}_{11})| = 1$. $\boldsymbol{T}_2$ 和 $\boldsymbol{W}_{12}$ 是 $k-1$ 维向量, 则由引理 2.1.1 知, $|\partial(\boldsymbol{T}_2)/\partial(\boldsymbol{W}_{12})| = \left|\boldsymbol{W}_{11}^{-1/2}\right| = 1/\sqrt{|\boldsymbol{W}_{11}|}$. 从而知

$$J((t_1, \boldsymbol{T}_2, \boldsymbol{T}_3) \to (\boldsymbol{W}_{11}, \boldsymbol{W}_{12}, w_{22})) = \frac{1}{\sqrt{|\boldsymbol{W}_{11}|}}.$$

故由 $(t_1, \boldsymbol{T}_2, \boldsymbol{T}_3)$ 的密度函数可以得到 $(\boldsymbol{W}_{11}, \boldsymbol{W}_{12}, w_{22})$ 的密度函数, 即 (3.1.7) 式, 其中, $p = k$. 这说明证得了 $p = k$ 时 Wishart 分布 $W_k(n, \boldsymbol{I}_k)$ 的密度函数.

至此, 使用数学归纳法证得了 p 阶 Wishart 分布 $W_p(n, \boldsymbol{I}_p)$ 的密度函数为 (3.1.7) 式.

(2) 下面利用定理 A.5.2(对称矩阵变换的雅可比行列式), 由 $W_p(n, \boldsymbol{I}_p)$ 的密度函数 (见 (3.1.7) 式) 得到 $W_p(n, \boldsymbol{\Sigma})$ 的密度函数 (见 (3.1.3) 式).

首先回顾 Wishart 分布的定义 3.1.1. 设 $\boldsymbol{x}_1, \cdots, \boldsymbol{x}_n$ 独立同 p 维正态分布 $N_p(\boldsymbol{0}, \boldsymbol{\Sigma})$, 则 $\boldsymbol{W} = \sum_{i=1}^{n} \boldsymbol{x}_i\boldsymbol{x}_i' \sim W_p(n, \boldsymbol{\Sigma})$. 令 $\boldsymbol{y}_i = \boldsymbol{\Sigma}^{-1/2}\boldsymbol{x}_i$, $i = 1, \cdots, n$, 则 $\boldsymbol{y}_1, \cdots, \boldsymbol{y}_n$ 独立同 p 维正态分布 $N_p(\boldsymbol{0}, \boldsymbol{I}_p)$, 所以 $\boldsymbol{S} = \sum_{i=1}^{n} \boldsymbol{y}_i\boldsymbol{y}_i' \sim W_p(n, \boldsymbol{I}_p)$. 由 (3.1.7) 式知 $\boldsymbol{S}$ 有密度函数

$$f(\boldsymbol{S}) = \frac{|\boldsymbol{S}|^{(n-p-1)/2} \exp\left\{-\frac{1}{2}\mathrm{tr}(\boldsymbol{S})\right\}}{2^{np/2}\Gamma_p(n/2)}, \quad \boldsymbol{S} > 0.$$

显然, $\boldsymbol{S} = \boldsymbol{\Sigma}^{-1/2}\boldsymbol{W}\boldsymbol{\Sigma}^{-1/2}$. 由定理 A.5.7 知 $J(\boldsymbol{S} \to \boldsymbol{W}) = \left|\boldsymbol{\Sigma}^{-1/2}\right|^{p+1} = |\boldsymbol{\Sigma}|^{-(p+1)/2}$.

从而知 $\boldsymbol{W} \sim W_p(n, \boldsymbol{\Sigma})$ 有密度函数

$$\begin{aligned}
&f\left(\boldsymbol{\Sigma}^{-1/2}\boldsymbol{W}\boldsymbol{\Sigma}^{-1/2}\right)|J(\boldsymbol{S}\to\boldsymbol{W})| \\
=&\frac{\left|\boldsymbol{\Sigma}^{-1/2}\boldsymbol{W}\boldsymbol{\Sigma}^{-1/2}\right|^{(n-p-1)/2}\exp\left\{-\dfrac{1}{2}\mathrm{tr}\left(\boldsymbol{\Sigma}^{-1/2}\boldsymbol{W}\boldsymbol{\Sigma}^{-1/2}\right)\right\}}{2^{np/2}\Gamma_p(n/2)}\cdot|\boldsymbol{\Sigma}|^{-(p+1)/2} \\
=&\frac{|\boldsymbol{W}|^{(n-p-1)/2}\exp\left\{-\dfrac{1}{2}\mathrm{tr}\left(\boldsymbol{\Sigma}^{-1}\boldsymbol{W}\right)\right\}}{2^{np/2}\Gamma_p(n/2)|\boldsymbol{\Sigma}|^{n/2}},\quad \boldsymbol{W}>0.
\end{aligned}$$

这就是 (3.1.3) 式. 至此, 在 $\boldsymbol{\Sigma} > 0$, $n \geqslant p$ 的假设条件下推导出了 Wishart 分布 $W_p(n, \boldsymbol{\Sigma})$ 的密度函数.

推导 Wishart 分布的密度函数有很多方法, 这里首先用数学归纳法得到 $W_p(n, \boldsymbol{I}_p)$ 的密度函数, 然后利用对称矩阵变换的雅可比行列式最终得到 $W_p(n, \boldsymbol{\Sigma})$ 的密度函数. 这个方法比较初等, 读者容易理解. 它的最大的缺点就在于它使用了数学归纳法, 必须事先知道 Wishart 分布密度函数的表达式. 因而严格地说, 该方法并不是推导, 而仅仅是证明了 Wishart 分布的密度函数.

由于在 $\boldsymbol{\Sigma} > 0$, $n \geqslant p$ 时 Wishart 分布才有密度函数, 所以在 $\boldsymbol{\Sigma}$ 非正定或 $n < p$ 时, 通常根据 Wishart 分布的定义 3.1.1 来讨论它的性质. 事实上, 即使在 $\boldsymbol{\Sigma} > 0$, $n \geqslant p$ 时, 除了根据 Wishart 分布的密度函数来讨论它的性质外, 有时候也根据它的定义 3.1.1 来讨论问题.

3.2 Wishart 分布的性质

Wishart 分布在多元统计分析中有很重要的地位. 本章后面两节将要介绍的 Hotelling T^2 分布和 Wilks 分布都与它有关. 本节叙述 Wishart 分布的性质.

性质 3.2.1(均值)　若 $\boldsymbol{W} \sim W_p(n, \boldsymbol{\Sigma})$, 则 $E(\boldsymbol{W}) = n\boldsymbol{\Sigma}$.

性质 3.2.2(变换)　若 $\boldsymbol{W} \sim W_p(n, \boldsymbol{\Sigma})$, $\boldsymbol{C}$ 是 $k \times p$ 阶矩阵, 则 $\boldsymbol{CWC}' \sim W_k(n, \boldsymbol{C\Sigma C}')$.

根据 Wishart 分布的定义, 很容易证明性质 3.2.1 和性质 3.2.2. 证明从略.

性质 3.2.3(特征函数)　若 $\boldsymbol{W} \sim W_p(n, \boldsymbol{\Sigma})$, 则 $\boldsymbol{W}$ 的特征函数为

$$E\left(\mathrm{e}^{\mathrm{itr}(\boldsymbol{TW})}\right) = |\boldsymbol{I}_p - 2\mathrm{i}\boldsymbol{\Sigma T}|^{-n/2}, \tag{3.2.1}$$

其中, $\boldsymbol{T}$ 为 p 阶实对称矩阵.

设 $\boldsymbol{T}=(t_{ij})$, $\boldsymbol{W}=(w_{ij})$, 则

$$\mathrm{itr}(\boldsymbol{TW})=\mathrm{i}\left(\sum_{i=1}^{p}t_{ii}w_{ii}+2\sum_{1\leqslant i<j\leqslant p}t_{ij}w_{ij}\right).$$

由此可见, 性质 3.2.3 中 $\boldsymbol{W}$ 的特征函数实际上是 $(w_{11},\cdots,w_{pp},2w_{12},\cdots,2w_{1p},2w_{23},\cdots,2w_{2p},\cdots,2w_{p-1,p})$ 的特征函数.

将由简单到一般, 分两步计算 $\boldsymbol{W}$ 的特征函数:

(1) 首先在 $\boldsymbol{\Sigma}=\boldsymbol{I}_p$ 时计算 $\boldsymbol{W}$ 的特征函数;

(2) 然后对任意的 $\boldsymbol{\Sigma}$ 计算 $\boldsymbol{W}$ 的特征函数, 推导出 (3.2.1) 式.

下面来具体说明:

(1) 在 $\boldsymbol{\Sigma}=\boldsymbol{I}_p$ 时, $\boldsymbol{W}\sim W_p(n,\boldsymbol{I}_p)$. 由于 $\boldsymbol{T}$ 为 p 阶实对称矩阵, 故存在正交矩阵 $\boldsymbol{U}$, 使得 $\boldsymbol{T}=\boldsymbol{U}'\boldsymbol{DU}$, 其中, $\boldsymbol{D}=\mathrm{diag}(d_1,\cdots,d_p)$ 为对角矩阵. 因而 $\boldsymbol{W}$ 的特征函数为

$$E\left(\mathrm{e}^{\mathrm{itr}(\boldsymbol{TW})}\right)=E\left(\mathrm{e}^{\mathrm{itr}\left(\boldsymbol{U}'\boldsymbol{DUW}\right)}\right)=E\left(\mathrm{e}^{\mathrm{itr}\left(\boldsymbol{DUWU}'\right)}\right).\tag{3.2.2}$$

由于 $\boldsymbol{U}$ 为正交矩阵, $\boldsymbol{W}\sim W_p(n,\boldsymbol{I}_p)$, 故据 Wishart 分布的性质 3.2.2, $\boldsymbol{S}=\boldsymbol{UWU}'\sim W_p(n,\boldsymbol{I}_p)$. 若令 $\boldsymbol{S}=(s_{ij})$, $i,j=1,\cdots,p$, 则因 $\boldsymbol{D}$ 是对角矩阵, 故由 (3.2.2) 式知 $\boldsymbol{W}$ 的特征函数为

$$E\left(\mathrm{e}^{\mathrm{itr}(\boldsymbol{DS})}\right)=E\left(\mathrm{e}^{\mathrm{i}(d_1s_{11}+\cdots+d_ps_{pp})}\right).\tag{3.2.3}$$

由于 $\boldsymbol{S}\sim W_p(n,\boldsymbol{I}_p)$, 所以 $s_{11},\cdots,s_{pp}$ 相互独立同为 $\chi^2(n)$ 分布 (其证明见习题 3.3(2)). 已经知道 $\chi^2(n)$ 分布的特征函数为 $(1-2\mathrm{i}t)^{-n/2}$, 故由 (3.2.3) 式知 $\boldsymbol{W}$ 的特征函数为

$$\prod_{k=1}^{p}(1-2\mathrm{i}d_k)^{-n/2}=|\boldsymbol{I}_p-2\mathrm{i}\boldsymbol{D}|^{-n/2}.$$

由于 $\boldsymbol{T}=\boldsymbol{U}'\boldsymbol{DU}$, 所以 $\boldsymbol{W}$ 的特征函数为

$$|\boldsymbol{I}_p-2\mathrm{i}\boldsymbol{D}|^{-n/2}=\left|\boldsymbol{I}_p-2\mathrm{i}\boldsymbol{UTU}'\right|^{-n/2}=|\boldsymbol{I}_p-2\mathrm{i}\boldsymbol{T}|^{-n/2}.$$

至此, 证明了 $W_p(n,\boldsymbol{\Sigma})$ 的特征函数的计算公式, 即 (3.2.1) 式在 $\boldsymbol{\Sigma}=\boldsymbol{I}_p$ 时成立.

(2) 假设 $\boldsymbol{x}_1,\cdots,\boldsymbol{x}_n$ 独立同 p 维正态分布 $N_p(\boldsymbol{0},\boldsymbol{\Sigma})$, 其中, $\boldsymbol{\Sigma}$ 的秩为 $k\leqslant p$. 由多元正态分布的定义 2.2.1 知, 存在秩为 k 的 $p\times k$ 阶矩阵 $\boldsymbol{C}$, 使得 $\boldsymbol{CC}'=\boldsymbol{\Sigma}$, $\boldsymbol{x}_i\overset{\mathrm{d}}{=}\boldsymbol{Cy}_i$, $i=1,\cdots,n$, 并且 $\boldsymbol{y}_1,\cdots,\boldsymbol{y}_n$ 独立同 k 维正态分布 $N_k(\boldsymbol{0},\boldsymbol{I}_k)$. 从而有

$$\boldsymbol{W}=\sum_{i=1}^{n}\boldsymbol{x}_i\boldsymbol{x}_i'\overset{\mathrm{d}}{=}C\left(\sum_{i=1}^{n}\boldsymbol{y}_i\boldsymbol{y}_i'\right)\boldsymbol{C}',$$

其中 $\boldsymbol{W} \sim W_p(n, \boldsymbol{\Sigma})$, 而 $\boldsymbol{S} = \sum_{i=1}^{n} \boldsymbol{y}_i \boldsymbol{y}_i' \sim W_k(n, \boldsymbol{I}_k)$. 由于 $\boldsymbol{W} \overset{\mathrm{d}}{=} \boldsymbol{C}\boldsymbol{S}\boldsymbol{C}'$, 所以 $\boldsymbol{W}$ 的特征函数为

$$E\left(\mathrm{e}^{\mathrm{itr}(\boldsymbol{T}\boldsymbol{W})}\right) = E\left(\mathrm{e}^{\mathrm{itr}(\boldsymbol{T}\boldsymbol{C}\boldsymbol{S}\boldsymbol{C}')}\right) = E\left(\mathrm{e}^{\mathrm{itr}([\boldsymbol{C}'\boldsymbol{T}\boldsymbol{C}]\boldsymbol{S})}\right). \tag{3.2.4}$$

根据 (1) 证得的结果以及 (3.2.4) 式, $\boldsymbol{W}$ 的特征函数为

$$E\left(\mathrm{e}^{\mathrm{itr}(\boldsymbol{T}\boldsymbol{W})}\right) = E\left(\mathrm{e}^{\mathrm{itr}([\boldsymbol{C}'\boldsymbol{T}\boldsymbol{C}]S)}\right) = \left|\boldsymbol{I}_k - 2\mathrm{i}\boldsymbol{C}'\boldsymbol{T}\boldsymbol{C}\right|^{-n/2}.$$

由此可见, 欲证 $\boldsymbol{W}$ 的特征函数为 $|\boldsymbol{I}_p - 2\mathrm{i}\boldsymbol{\Sigma}\boldsymbol{T}|^{-n/2}$, 仅需证明 $\left|\boldsymbol{I}_k - 2\mathrm{i}\boldsymbol{C}'\boldsymbol{T}\boldsymbol{C}\right| = |\boldsymbol{I}_p - 2\mathrm{i}\boldsymbol{\Sigma}\boldsymbol{T}|$. 它的证明不难, 只需要将行列式的计算公式 (见 (A.2.3) 式)

$$\begin{vmatrix} \boldsymbol{A}_{11} & \boldsymbol{A}_{12} \\ \boldsymbol{A}_{21} & \boldsymbol{A}_{22} \end{vmatrix} = |\boldsymbol{A}_{11}|\left|\boldsymbol{A}_{22} - \boldsymbol{A}_{21}\boldsymbol{A}_{11}^{-1}\boldsymbol{A}_{12}\right| = |\boldsymbol{A}_{22}|\left|\boldsymbol{A}_{11} - \boldsymbol{A}_{12}\boldsymbol{A}_{22}^{-1}\boldsymbol{A}_{21}\right|$$

应用于下面这个行列式的计算:

$$\begin{vmatrix} \boldsymbol{I}_k & \boldsymbol{B} \\ \boldsymbol{B}' & \boldsymbol{I}_p \end{vmatrix},$$

其中, $\boldsymbol{B}$ 是 $k \times p$ 阶矩阵, 则有

$$\left|\boldsymbol{I}_k - \boldsymbol{B}\boldsymbol{B}'\right| = \left|\boldsymbol{I}_p - \boldsymbol{B}'\boldsymbol{B}\right|. \tag{3.2.5}$$

从而知

$$\begin{aligned}\left|\boldsymbol{I}_k - 2\mathrm{i}\boldsymbol{C}'\boldsymbol{T}\boldsymbol{C}\right| &= \left|\boldsymbol{I}_k - 2\mathrm{i}\boldsymbol{C}'\boldsymbol{T}^{1/2}\boldsymbol{T}^{1/2}\boldsymbol{C}\right| = \left|\boldsymbol{I}_p - 2\mathrm{i}\boldsymbol{T}^{1/2}\boldsymbol{C}\boldsymbol{C}'\boldsymbol{T}^{1/2}\right| \\ &= \left|\boldsymbol{I}_p - 2\mathrm{i}\boldsymbol{T}^{1/2}\boldsymbol{\Sigma}\boldsymbol{T}^{1/2}\right| = |\boldsymbol{I}_p - 2\mathrm{i}\boldsymbol{\Sigma}\boldsymbol{T}|.\end{aligned}$$

至此, 证明了 $W_p(n, \boldsymbol{\Sigma})$ 的特征函数为 $|\boldsymbol{I}_p - 2\mathrm{i}\boldsymbol{\Sigma}\boldsymbol{T}|^{-n/2}$, 所以, (3.2.1) 式对任意的 $\boldsymbol{\Sigma}$ 都是成立的.

性质 3.2.4(可加性)　若 $\boldsymbol{W}_1, \cdots, \boldsymbol{W}_k$ 相互独立, $\boldsymbol{W}_i \sim W_p(n_i, \boldsymbol{\Sigma}), i = 1, \cdots, k$, 则

$$\sum_{i=1}^{k} \boldsymbol{W}_i \sim W_p\left(\sum_{i=1}^{k} n_i, \boldsymbol{\Sigma}\right).$$

根据 Wishart 分布的定义或利用它的特征函数很容易证明性质 3.2.4. 证明从略.

二次型分布的理论有着广泛的应用. 3.1 节在推导 Wishart 分布的密度函数时应用了这个理论. 下面将二次型分布的理论进行推广. 为简单起见, 首先考虑将中

心的二次型分布理论推广到中心的矩阵二次型分布. 关于非中心的矩阵二次型分布的性质见附录 A.3.

设 $\boldsymbol{x}_1, \cdots, \boldsymbol{x}_n$ 独立同 p 维正态分布 $N_p(\mathbf{0}, \boldsymbol{\Sigma})$, 其中, $\boldsymbol{\Sigma} > 0$. 记 $\boldsymbol{X}' = (\boldsymbol{x}_1, \cdots, \boldsymbol{x}_n)$, 则称 $\boldsymbol{Q} = \boldsymbol{X}'\boldsymbol{A}\boldsymbol{X}$ 为中心的矩阵二次型, 简称矩阵二次型, 其中, n 阶方阵 $\boldsymbol{A} \geqslant 0$. 相应地, 将 $\boldsymbol{X}$ 是向量时的 $\boldsymbol{Q} = \boldsymbol{X}'\boldsymbol{A}\boldsymbol{X}$ 称为向量二次型, 简称二次型. 也可以根据矩阵正态分布定义矩阵二次型. 设 $\boldsymbol{X} \sim N_{n\times p}(\mathbf{0}, \boldsymbol{\Sigma} \otimes \boldsymbol{I}_n)$ 或等价地设 $\boldsymbol{X}' \sim N_{p\times n}(\mathbf{0}, \boldsymbol{I}_n \otimes \boldsymbol{\Sigma})$, 则称 $\boldsymbol{Q} = \boldsymbol{X}'\boldsymbol{A}\boldsymbol{X}$ 为矩阵二次型. 关于矩阵二次型的分布有以下的结论.

性质 3.2.5(矩阵二次型) (1) 若 $\boldsymbol{A}$ 为幂等矩阵, 则矩阵二次型 $\boldsymbol{Q} = \boldsymbol{X}'\boldsymbol{A}\boldsymbol{X}$ 有 Wishart 分布 $W_p(m, \boldsymbol{\Sigma})$, 其中, $m = R(\boldsymbol{A}) = \operatorname{tr}(\boldsymbol{A})$.

(2) 设 $\boldsymbol{Q} = \boldsymbol{X}'\boldsymbol{A}\boldsymbol{X}$, $\boldsymbol{Q}_1 = \boldsymbol{X}'\boldsymbol{B}\boldsymbol{X}$, 其中, $\boldsymbol{A}$ 和 $\boldsymbol{B}$ 都是幂等矩阵. 若 $\boldsymbol{Q}_2 = \boldsymbol{Q} - \boldsymbol{Q}_1 \geqslant 0$, 则 $\boldsymbol{Q}_2$ 有 Wishart 分布 $W_p(m-r, \boldsymbol{\Sigma})$, 其中, $m = R(\boldsymbol{A}) = \operatorname{tr}(\boldsymbol{A})$, $r = R(\boldsymbol{B}) = \operatorname{tr}(\boldsymbol{B})$ 且 $\boldsymbol{Q}_1$ 与 $\boldsymbol{Q}_2$ 相互独立.

(3) 设 $\boldsymbol{Q} = \boldsymbol{X}'\boldsymbol{A}\boldsymbol{X}$, $\boldsymbol{A}$ 为幂等矩阵, 则 $\boldsymbol{P}'\boldsymbol{X}$ 与 $\boldsymbol{Q}$ 独立的充分必要条件是 $\boldsymbol{A}\boldsymbol{P} = \mathbf{0}$.

证明 在 $\boldsymbol{A}$ 为幂等矩阵时, 存在正交矩阵 $\boldsymbol{U}$, 使得 $\boldsymbol{A} = \boldsymbol{U}'\boldsymbol{D}\boldsymbol{U}$, 其中,

$$\boldsymbol{D} = \begin{pmatrix} \boldsymbol{I}_m & \mathbf{0} \\ \mathbf{0} & \mathbf{0} \end{pmatrix}, \quad m = R(\boldsymbol{A}). \tag{3.2.6}$$

由于 $\boldsymbol{X}' \sim N_{p\times n}(\mathbf{0}, \boldsymbol{I}_n \otimes \boldsymbol{\Sigma})$, 则根据拉直运算和 Kronecker 积的性质 A.4.9,

$$\begin{aligned} \operatorname{Cov}\left(\operatorname{vec}(\boldsymbol{X}'\boldsymbol{U}')\right) &= (\boldsymbol{U} \otimes \boldsymbol{I}_p) \operatorname{Cov}\left(\operatorname{vec}(\boldsymbol{X}')\right) \left(\boldsymbol{U}' \otimes \boldsymbol{I}_p\right) \\ &= (\boldsymbol{U} \otimes \boldsymbol{I}_p)(\boldsymbol{I}_n \otimes \boldsymbol{\Sigma})\left(\boldsymbol{U}' \otimes \boldsymbol{I}_p\right) = \boldsymbol{I}_n \otimes \boldsymbol{\Sigma}. \end{aligned}$$

这说明 $p \times n$ 阶矩阵 $\boldsymbol{Y}' = \boldsymbol{X}'\boldsymbol{U}'$ 的分布为 $N_{p\times n}(\mathbf{0}, \boldsymbol{I}_n \otimes \boldsymbol{\Sigma})$. 由此知若令 $\boldsymbol{Y}' = (\boldsymbol{y}_1, \cdots, \boldsymbol{y}_n)$, 则 $\boldsymbol{y}_1, \cdots, \boldsymbol{y}_n$ 独立同 p 维正态分布 $N_p(\mathbf{0}, \boldsymbol{\Sigma})$. 从而有

$$\boldsymbol{Q} = \boldsymbol{X}'\boldsymbol{A}\boldsymbol{X} = \boldsymbol{Y}'\boldsymbol{D}\boldsymbol{Y} = \sum_{i=1}^{m} \boldsymbol{y}_i\boldsymbol{y}_i' \sim W_p(m, \boldsymbol{\Sigma}).$$

(1) 证毕.

接下来证明 (2). 由于 $\boldsymbol{Q} = \boldsymbol{Y}'\boldsymbol{D}\boldsymbol{Y}$, $\boldsymbol{Q}_1 = \boldsymbol{X}'\boldsymbol{B}\boldsymbol{X} = \boldsymbol{Y}'\boldsymbol{U}\boldsymbol{B}\boldsymbol{U}'\boldsymbol{Y}$,

$$\boldsymbol{Q}_2 = \boldsymbol{Q} - \boldsymbol{Q}_1 = \boldsymbol{Y}'\boldsymbol{D}\boldsymbol{Y} - \boldsymbol{Y}'\boldsymbol{U}\boldsymbol{B}\boldsymbol{U}'\boldsymbol{Y} = \boldsymbol{Y}'\left(\boldsymbol{D} - \boldsymbol{U}\boldsymbol{B}\boldsymbol{U}'\right)\boldsymbol{Y} \geqslant 0,$$

所以 $\boldsymbol{D} - \boldsymbol{U}\boldsymbol{B}\boldsymbol{U}' \geqslant 0$. 考虑到 $\boldsymbol{D}$ 是 (3.2.6) 式那样的矩阵, 所以 $\boldsymbol{U}\boldsymbol{B}\boldsymbol{U}'$ 必定形如

$$\boldsymbol{U}\boldsymbol{B}\boldsymbol{U}' = \begin{matrix} \begin{pmatrix} \boldsymbol{E} & \mathbf{0} \\ \mathbf{0} & \mathbf{0} \end{pmatrix} & \begin{matrix} m \\ p-m \end{matrix} \\ \begin{matrix} \;m & \quad p-m \end{matrix} & \end{matrix},$$

其中, $\boldsymbol{E}$ 是对角线元素不大于 1 的 m 阶矩阵. 由于 $\boldsymbol{B}$ 是幂等矩阵, $\boldsymbol{U}$ 是正交矩阵, 所以 $\boldsymbol{UBU'}$ 是幂等矩阵, 从而 $\boldsymbol{E}$ 也都是幂等矩阵, 并且 $\boldsymbol{B}$ 的秩

$$r = \mathrm{tr}(\boldsymbol{B}) = \mathrm{tr}(\boldsymbol{UBU'}) = \mathrm{tr}(\boldsymbol{E}),$$

故存在 m 阶正交矩阵 $\boldsymbol{V}$, 使得 $\boldsymbol{E} = \boldsymbol{V'FV}$, 其中,

$$\boldsymbol{F} = \begin{pmatrix} \boldsymbol{I}_r & \boldsymbol{0} \\ \boldsymbol{0} & \boldsymbol{0} \end{pmatrix}.$$

构造 n 阶正交矩阵

$$\boldsymbol{T} = \begin{pmatrix} \boldsymbol{V} & \boldsymbol{0} \\ \boldsymbol{0} & \boldsymbol{I}_{n-m} \end{pmatrix} \boldsymbol{U},$$

则 $\boldsymbol{B} = \boldsymbol{T'FT}$. 由于 $\boldsymbol{D}$ 是 (3.2.6) 式那样的矩阵, 所以 $\boldsymbol{A} = \boldsymbol{U'DU} = \boldsymbol{T'DT}$. 令 $\boldsymbol{Z}' = \boldsymbol{X'T'} = (\boldsymbol{z}_1, \cdots, \boldsymbol{z}_n)$, 则 $\boldsymbol{Z}' \sim N_{p\times n}(\boldsymbol{0}, \boldsymbol{I}_n \otimes \boldsymbol{\Sigma})$, $\boldsymbol{z}_1, \cdots, \boldsymbol{z}_n$ 独立同 p 维正态分布 $N_p(\boldsymbol{0}, \boldsymbol{\Sigma})$. 从而知

$$\boldsymbol{Q} = \boldsymbol{X'AX} = \boldsymbol{Z'DZ} = \sum_{i=1}^{m} \boldsymbol{z}_i \boldsymbol{z}_i',$$

$$\boldsymbol{Q}_1 = \boldsymbol{X'BX} = \boldsymbol{Z'FZ} = \sum_{i=1}^{r} \boldsymbol{z}_i \boldsymbol{z}_i'.$$

因而

$$\boldsymbol{Q}_2 = \boldsymbol{Q} - \boldsymbol{Q}_1 = \sum_{i=r+1}^{m} \boldsymbol{z}_i \boldsymbol{z}_i' \sim W_p(m-r, \boldsymbol{\Sigma}),$$

并且 $\boldsymbol{Q}_1$ 与 $\boldsymbol{Q}_2$ 相互独立. (2) 证毕.

最后证明 (3). 欲证 (3) 仅需计算 $\boldsymbol{AX}$ 与 $\boldsymbol{P'X}$ 的协方差阵

$$\begin{aligned} \mathrm{Cov}(\boldsymbol{AX}, \boldsymbol{P'X}) &= \mathrm{Cov}((\boldsymbol{I}_p \otimes \boldsymbol{A})\,\mathrm{vec}(\boldsymbol{X}),\ (\boldsymbol{I}_p \otimes \boldsymbol{P'})\,\mathrm{vec}(\boldsymbol{X})) \\ &= (\boldsymbol{I}_p \otimes \boldsymbol{A})\,\mathrm{Cov}(\boldsymbol{X})\,(\boldsymbol{I}_p \otimes \boldsymbol{P}) = (\boldsymbol{I}_p \otimes \boldsymbol{A})(\boldsymbol{\Sigma} \otimes \boldsymbol{I}_n)(\boldsymbol{I}_p \otimes \boldsymbol{P}) \\ &= \boldsymbol{\Sigma} \otimes (\boldsymbol{AP}). \end{aligned}$$

由于 $\boldsymbol{\Sigma} > 0$, 所以, $\boldsymbol{AX}$ 与 $\boldsymbol{P'X}$ 相互独立的充分必要条件是 $\boldsymbol{AP} = \boldsymbol{0}$. 由于 $\boldsymbol{Q} = \boldsymbol{X'AX} = (\boldsymbol{AX})'\boldsymbol{AX}$, 所以, $\boldsymbol{P'X}$ 与 $\boldsymbol{Q}$ 独立的充分必要条件是 $\boldsymbol{AP} = \boldsymbol{0}$.

性质 3.2.6(分解) 设 $\boldsymbol{W} \sim W_p(n, \boldsymbol{\Sigma})$, $\boldsymbol{\Sigma} > 0$, $n \geqslant p$. 将 $\boldsymbol{W}$ 和 $\boldsymbol{\Sigma}$ 作相同的剖分:

$$\boldsymbol{W} = \begin{pmatrix} \boldsymbol{W}_{11} & \boldsymbol{W}_{12} \\ \boldsymbol{W}_{21} & \boldsymbol{W}_{22} \end{pmatrix} \begin{matrix} q \\ p-q \end{matrix}, \quad \boldsymbol{\Sigma} = \begin{pmatrix} \boldsymbol{\Sigma}_{11} & \boldsymbol{\Sigma}_{12} \\ \boldsymbol{\Sigma}_{21} & \boldsymbol{\Sigma}_{22} \end{pmatrix} \begin{matrix} q \\ p-q \end{matrix},$$
$$\qquad\quad q \quad p-q \qquad\qquad\qquad q \quad p-q$$

那么

(1) $\boldsymbol{W}_{22}-\boldsymbol{W}_{21}\boldsymbol{W}_{11}^{-1}\boldsymbol{W}_{12}$ 与 $(\boldsymbol{W}_{11},\boldsymbol{W}_{21})$ 相互独立;

(2) $\boldsymbol{W}_{22}-\boldsymbol{W}_{21}\boldsymbol{W}_{11}^{-1}\boldsymbol{W}_{12}\sim \boldsymbol{W}_{p-q}\left(n-q,\boldsymbol{\Sigma}_{2|1}\right)$, $\boldsymbol{\Sigma}_{2|1}=\boldsymbol{\Sigma}_{22}-\boldsymbol{\Sigma}_{21}\boldsymbol{\Sigma}_{11}^{-1}\boldsymbol{\Sigma}_{12}$;

(3) $\boldsymbol{W}_{11}\sim W_q\left(n,\boldsymbol{\Sigma}_{11}\right)$;

(4) 在 $\boldsymbol{W}_{11}$ 给定的条件下, $\boldsymbol{W}_{21}\sim N_{(p-q)\times q}\left(\boldsymbol{\Sigma}_{21}\boldsymbol{\Sigma}_{11}^{-1}\boldsymbol{W}_{11},\boldsymbol{W}_{11}\otimes\boldsymbol{\Sigma}_{2|1}\right)$.

可以证明, 上述结论 (4) 与以下两个结论两两相互等价:

(i) 在 $\boldsymbol{W}_{11}$ 给定的条件下, $\boldsymbol{W}_{21}\boldsymbol{W}_{11}^{-1}\sim N_{(p-q)\times q}\left(\boldsymbol{\Sigma}_{21}\boldsymbol{\Sigma}_{11}^{-1},\boldsymbol{W}_{11}^{-1}\otimes\boldsymbol{\Sigma}_{2|1}\right)$;

(ii) 在 $\boldsymbol{W}_{11}$ 给定的条件下,

$$\boldsymbol{W}_{21}\boldsymbol{W}_{11}^{-1/2}\sim N_{(p-q)\times q}\left(\boldsymbol{\Sigma}_{21}\boldsymbol{\Sigma}_{11}^{-1}\boldsymbol{W}_{11}^{1/2},\boldsymbol{I}_q\otimes\boldsymbol{\Sigma}_{2|1}\right).$$

在 $\boldsymbol{\Sigma}_{12}=\mathbf{0}$ 时, 性质 3.2.6 简化为

(1)$'$ $\boldsymbol{W}_{22}-\boldsymbol{W}_{21}\boldsymbol{W}_{11}^{-1}\boldsymbol{W}_{12}$, $\boldsymbol{W}_{11}$ 与 $\boldsymbol{W}_{21}\boldsymbol{W}_{11}^{-1/2}$ 相互独立;

(2)$'$ $\boldsymbol{W}_{22}-\boldsymbol{W}_{21}\boldsymbol{W}_{11}^{-1}\boldsymbol{W}_{12}\sim W_{p-q}\left(n-q,\boldsymbol{\Sigma}_{22}\right)$;

(3)$'$ $\boldsymbol{W}_{11}\sim W_q\left(n,\boldsymbol{\Sigma}_{11}\right)$;

(4)$'$ $\boldsymbol{W}_{21}\boldsymbol{W}_{11}^{-1/2}\sim N_{(p-q)\times q}\left(\mathbf{0},\boldsymbol{I}_q\otimes\boldsymbol{\Sigma}_{22}\right)$.

注 在 $\boldsymbol{\Sigma}_{12}=\mathbf{0}$ 时, 显然 $\boldsymbol{W}_{11}$ 与 $\boldsymbol{W}_{22}$ 相互独立.

性质 3.2.6 的证明 首先证明在 $\boldsymbol{\Sigma}_{12}=\mathbf{0}$ 时的结论 (1)$'\sim$ (4)$'$. 这里使用的方法与 3.1 节推导二阶和 p 阶 Wishart 分布密度函数过程的 (1) 中使用的方法相类似. 设 $\boldsymbol{x}_1,\cdots,\boldsymbol{x}_n$ 独立同 p 维正态分布 $N_p(\mathbf{0},\boldsymbol{\Sigma})$, $\boldsymbol{\Sigma}>0$, $n\geqslant p$. 记 $\boldsymbol{X}'=(\boldsymbol{x}_1,\cdots,\boldsymbol{x}_n)$, 则 $\boldsymbol{W}=\boldsymbol{X}'\boldsymbol{X}=\sum\limits_{i=1}^{n}\boldsymbol{x}_i\boldsymbol{x}_i'\sim W_p(n,\boldsymbol{\Sigma})$. 将 $\boldsymbol{x}_i$ 剖分为

$$\boldsymbol{x}_i=\begin{pmatrix} x_{i1}\\ x_{i2}\end{pmatrix}\begin{matrix} q\\ p-q\end{matrix},\quad i=1,\cdots,n,$$

并记 $\boldsymbol{X}_1'=(x_{11},\cdots,x_{n1})$, $\boldsymbol{X}_2'=(x_{12},\cdots,x_{n2})$, 则 $\boldsymbol{W}_{11}=\boldsymbol{X}_1'\boldsymbol{X}_1=\sum\limits_{i=1}^{n}\boldsymbol{x}_{i1}\boldsymbol{x}_{i1}'$, $\boldsymbol{W}_{21}=\boldsymbol{X}_2'\boldsymbol{X}_1=\sum\limits_{i=1}^{n}\boldsymbol{x}_{i2}\boldsymbol{x}_{i1}'$, $\boldsymbol{W}_{22}=\boldsymbol{X}_2'\boldsymbol{X}_2=\sum\limits_{i=1}^{n}\boldsymbol{x}_{i2}\boldsymbol{x}_{i2}'$. 在 $\boldsymbol{\Sigma}_{12}=\mathbf{0}$ 时, $\boldsymbol{X}_1'$ 与 $\boldsymbol{X}_2'$ 相互独立, 所以在 $\boldsymbol{X}_1'$ 给定的条件下, $\boldsymbol{x}_{12},\cdots,\boldsymbol{x}_{n2}$ 相互独立同 $N_{p-q}\left(\mathbf{0},\boldsymbol{\Sigma}_{22}\right)$ 分布, 因而 $\boldsymbol{W}_{22}=\boldsymbol{X}_2'\boldsymbol{X}_2$ 的条件分布为 $W_{p-q}\left(n,\boldsymbol{\Sigma}_{22}\right)$. 由于 $\boldsymbol{W}_{21}\boldsymbol{W}_{11}^{-1/2}=\boldsymbol{X}_2'\boldsymbol{X}_1\left(\boldsymbol{X}_1'\boldsymbol{X}_1\right)^{-1/2}$, 所以 $\boldsymbol{W}_{21}\boldsymbol{W}_{11}^{-1/2}$ 的条件分布为正态分布. 显然, $\boldsymbol{W}_{21}\boldsymbol{W}_{11}^{-1/2}$ 的条件均值为 $\mathbf{0}$, 而它的条件协方差为

$$\mathrm{Cov}\left(\mathrm{vec}\left(\boldsymbol{X}_2'\boldsymbol{X}_1\left(\boldsymbol{X}_1'\boldsymbol{X}_1\right)^{-1/2}\right)\right)$$

$$
\begin{aligned}
&= \operatorname{Cov}\left(\left(\left(\boldsymbol{X}_1'\boldsymbol{X}_1\right)^{-1/2}\boldsymbol{X}_1'\otimes\boldsymbol{I}_{p-q}\right)\operatorname{vec}\left(\boldsymbol{X}_2'\right)\right)\\
&= \left(\left(\boldsymbol{X}_1'\boldsymbol{X}_1\right)^{-1/2}\boldsymbol{X}_1'\otimes\boldsymbol{I}_{p-q}\right)\left(\boldsymbol{I}_n\otimes\boldsymbol{\Sigma}_{22}\right)\left(\boldsymbol{X}_1\left(\boldsymbol{X}_1'\boldsymbol{X}_1\right)^{-1/2}\otimes\boldsymbol{I}_{p-q}\right)\\
&= \boldsymbol{I}_q\otimes\boldsymbol{\Sigma}_{22}.
\end{aligned}
$$

这说明 $(p-q)\times q$ 阶矩阵 $\boldsymbol{W}_{21}\boldsymbol{W}_{11}^{-1/2}$ 的条件分布为 $N_{(p-q)\times q}(\boldsymbol{0},\boldsymbol{I}_q\otimes\boldsymbol{\Sigma}_{22})$, 所以 $\left(\boldsymbol{W}_{21}\boldsymbol{W}_{11}^{-1/2}\right)\left(\boldsymbol{W}_{21}\boldsymbol{W}_{11}^{-1/2}\right)'=\boldsymbol{W}_{21}\boldsymbol{W}_{11}^{-1}\boldsymbol{W}_{12}$ 的条件分布为 $W_{p-q}(q,\boldsymbol{\Sigma}_{22})$. 由于 $\boldsymbol{W}_{22}-\boldsymbol{W}_{21}\boldsymbol{W}_{11}^{-1}\boldsymbol{W}_{12}>0$, 根据 Wishart 分布的性质 3.2.5, 即矩阵二次型分布的理论知, 在 X_1' 给定的条件下,

$\boldsymbol{W}_{22}-\boldsymbol{W}_{21}\boldsymbol{W}_{11}^{-1}\boldsymbol{W}_{12}$ 与 $\boldsymbol{W}_{21}\boldsymbol{W}_{11}^{-1/2}$ 相互条件独立;

$\boldsymbol{W}_{22}-\boldsymbol{W}_{21}\boldsymbol{W}_{11}^{-1}\boldsymbol{W}_{12}$ 的条件分布为 $W_{p-q}(q,\boldsymbol{\Sigma}_{22})$;

$\boldsymbol{W}_{21}\boldsymbol{W}_{11}^{-1/2}$ 的条件分布为 $N_{(p-q)\times q}(\boldsymbol{0},\boldsymbol{I}_q\otimes\boldsymbol{\Sigma}_{22})$.

由于这些条件分布都与给定的条件 $\boldsymbol{X}_1'$ 没有关系, 所以 $\boldsymbol{W}_{22}-\boldsymbol{W}_{21}\boldsymbol{W}_{11}^{-1}\boldsymbol{W}_{12}$, $\boldsymbol{W}_{21}\boldsymbol{W}_{11}^{-1/2}$ 与 $\boldsymbol{X}_1'$ 相互独立, 并且 $\boldsymbol{W}_{22}-\boldsymbol{W}_{21}\boldsymbol{W}_{11}^{-1}\boldsymbol{W}_{12}$ 的 (无条件) 分布为 $W_{p-q}(q,\boldsymbol{\Sigma}_{22})$, $\boldsymbol{W}_{21}\boldsymbol{W}_{11}^{-1/2}$ 的 (无条件) 分布为 $N_{(p-q)\times q}(\boldsymbol{0},\boldsymbol{I}_q\otimes\boldsymbol{\Sigma}_{22})$. 由于 $\boldsymbol{W}_{11}\sim W_q(n,\boldsymbol{\Sigma}_{11})$, 并且 $\boldsymbol{W}_{11}$ 仅与 $\boldsymbol{X}_1'$ 有关, 所以 $\boldsymbol{W}_{22}-\boldsymbol{W}_{21}\boldsymbol{W}_{11}^{-1}\boldsymbol{W}_{12}$, $\boldsymbol{W}_{21}\boldsymbol{W}_{11}^{-1/2}$ 与 $\boldsymbol{W}_{11}$ 相互独立. 至此, $\boldsymbol{\Sigma}_{12}=0$ 时的结论 $(1)'\sim(4)'$ 得证.

接下来证明, 在并不知道 $\boldsymbol{\Sigma}_{12}$ 是否等于 $\boldsymbol{0}$ 时的结论 (1) ~ (4). 这里使用的方法与 3.1 节推导二阶 Wishart 分布密度函数过程的 (2) 中使用的方法相类似. 令 $z_{i2}=x_{i2}-\boldsymbol{\Sigma}_{21}\boldsymbol{\Sigma}_{11}^{-1}x_{i1}$, $i=1,\cdots,n$, 那么

$$
\begin{pmatrix} x_{11}\\ z_{11}\end{pmatrix},\cdots,\begin{pmatrix} x_{n1}\\ z_{n1}\end{pmatrix}
$$

相互独立同分布, 它们共同的分布为

$$
N_p\left(\boldsymbol{0},\boldsymbol{\Sigma}^*\right),\quad \boldsymbol{\Sigma}^*=\begin{pmatrix}\boldsymbol{\Sigma}_{11} & \boldsymbol{0}\\ \boldsymbol{0} & \boldsymbol{\Sigma}_{2|1}\end{pmatrix}.
$$

记

$$
\boldsymbol{S}=\sum_{i=1}^{n}\begin{pmatrix}\boldsymbol{x}_{i1}\\ \boldsymbol{z}_{i2}\end{pmatrix}\left(\boldsymbol{x}_{i1}'\boldsymbol{z}_{i2}'\right),
$$

则 $\boldsymbol{S}\sim W_p(n,\boldsymbol{\Sigma}^*)$. 将 $\boldsymbol{S}$ 剖分为

$$
\boldsymbol{S}=\begin{pmatrix}\boldsymbol{S}_{11} & \boldsymbol{S}_{12}\\ \boldsymbol{S}_{21} & \boldsymbol{S}_{22}\end{pmatrix}\begin{matrix} q\\ p-q\end{matrix}.
\\
\qquad\begin{matrix} q & \quad p-q\end{matrix}
$$

由已经证得的 $\boldsymbol{\Sigma}_{12}=\mathbf{0}$ 时的结论 $(1)'\sim(4)'$ 知

(1) $\boldsymbol{S}_{22}-\boldsymbol{S}_{21}\boldsymbol{S}_{11}^{-1}\boldsymbol{S}_{12}$, $\boldsymbol{S}_{11}$ 与 $\boldsymbol{S}_{21}\boldsymbol{S}_{11}^{-1/2}$ 相互独立;

(2) $\boldsymbol{S}_{22}-\boldsymbol{S}_{21}\boldsymbol{S}_{11}^{-1}\boldsymbol{S}_{12}\sim W_{p-q}\left(n-q,\boldsymbol{\Sigma}_{2|1}\right)$;

(3) $\boldsymbol{S}_{11}\sim W_q\left(n,\boldsymbol{\Sigma}_{11}\right)$;

(4) $\boldsymbol{S}_{21}\boldsymbol{S}_{11}^{-1/2}\sim N_{(p-q)\times q}\left(\mathbf{0},\boldsymbol{I}_q\otimes\boldsymbol{\Sigma}_{2|1}\right)$.

由于

$$\begin{aligned}
\boldsymbol{S}_{11}&=\sum_{i=1}^n\boldsymbol{x}_{i1}\boldsymbol{x}_{i1}'=\boldsymbol{W}_{11},\\
\boldsymbol{S}_{21}&=\sum_{i=1}^n\boldsymbol{z}_{i2}\boldsymbol{x}_{i1}'=\sum_{i=1}^n\boldsymbol{x}_{i2}\boldsymbol{x}_{i1}'-\boldsymbol{\Sigma}_{21}\boldsymbol{\Sigma}_{11}^{-1}\sum_{i=1}^n\boldsymbol{x}_{i1}\boldsymbol{x}_{i1}'=\boldsymbol{W}_{12}-\boldsymbol{\Sigma}_{21}\boldsymbol{\Sigma}_{11}^{-1}\boldsymbol{W}_{11},\\
\boldsymbol{S}_{22}&=\sum_{i=1}^n\boldsymbol{z}_{i2}\boldsymbol{z}_{i2}'\\
&=\sum_{i=1}^n\boldsymbol{x}_{i2}\boldsymbol{x}_{i2}'-\sum_{i=1}^n\boldsymbol{x}_{i2}\boldsymbol{x}_{i1}'\boldsymbol{\Sigma}_{11}^{-1}\boldsymbol{\Sigma}_{12}-\boldsymbol{\Sigma}_{21}\boldsymbol{\Sigma}_{11}^{-1}\sum_{i=1}^n\boldsymbol{x}_{i1}\boldsymbol{x}_{i2}'\\
&\quad+\boldsymbol{\Sigma}_{21}\boldsymbol{\Sigma}_{11}^{-1}\sum_{i=1}^n\boldsymbol{x}_{i1}\boldsymbol{x}_{i1}'\boldsymbol{\Sigma}_{11}^{-1}\boldsymbol{\Sigma}_{12}\\
&=\boldsymbol{W}_{22}-\boldsymbol{W}_{21}\boldsymbol{\Sigma}_{11}^{-1}\boldsymbol{\Sigma}_{12}-\boldsymbol{\Sigma}_{21}\boldsymbol{\Sigma}_{11}^{-1}\boldsymbol{W}_{12}+\boldsymbol{\Sigma}_{21}\boldsymbol{\Sigma}_{11}^{-1}\boldsymbol{W}_{11}\boldsymbol{\Sigma}_{11}^{-1}\boldsymbol{\Sigma}_{12}.
\end{aligned}$$

故有

$$\begin{aligned}
\boldsymbol{S}_{22}-\boldsymbol{S}_{21}\boldsymbol{S}_{11}^{-1}\boldsymbol{S}_{12}&=\boldsymbol{W}_{22}-\boldsymbol{W}_{21}\boldsymbol{W}_{11}^{-1}\boldsymbol{W}_{12},\\
\boldsymbol{S}_{21}\boldsymbol{S}_{11}^{-1/2}&=\boldsymbol{W}_{21}\boldsymbol{W}_{11}^{-1/2}-\boldsymbol{\Sigma}_{21}\boldsymbol{\Sigma}_{11}^{-1}\boldsymbol{W}_{11}^{1/2}.
\end{aligned}$$

从而得到下面的结论:

(1) 因为 $\boldsymbol{S}_{22}-\boldsymbol{S}_{21}\boldsymbol{S}_{11}^{-1}\boldsymbol{S}_{12}$, $\boldsymbol{S}_{11}$ 与 $\boldsymbol{S}_{21}\boldsymbol{S}_{11}^{-1/2}$ 相互独立, 所以 $\boldsymbol{W}_{22}-\boldsymbol{W}_{21}\boldsymbol{W}_{11}^{-1}\boldsymbol{W}_{12}$ 与 $(\boldsymbol{W}_{11},\boldsymbol{W}_{21})$ 相互独立;

(2) $\boldsymbol{W}_{22}-\boldsymbol{W}_{21}\boldsymbol{W}_{11}^{-1}\boldsymbol{W}_{12}\sim W_{p-q}\left(n-q,\boldsymbol{\Sigma}_{2|1}\right)$;

(3) $\boldsymbol{W}_{11}\sim W_q\left(n,\boldsymbol{\Sigma}_{11}\right)$;

(4) 因为 $\boldsymbol{W}_{21}\boldsymbol{W}_{11}^{-1/2}-\boldsymbol{\Sigma}_{21}\boldsymbol{\Sigma}_{11}^{-1}\boldsymbol{W}_{11}^{1/2}\sim N_{(p-q)\times q}\left(\mathbf{0},\boldsymbol{I}_q\otimes\boldsymbol{\Sigma}_{2|1}\right)$, 并且 $\boldsymbol{S}_{11}=\boldsymbol{W}_{11}$ 与 $\boldsymbol{S}_{21}=\boldsymbol{W}_{21}\boldsymbol{W}_{11}^{-1/2}-\boldsymbol{\Sigma}_{21}\boldsymbol{\Sigma}_{11}^{-1}\boldsymbol{W}_{11}^{1/2}$ 相互独立, 所以在 $\boldsymbol{W}_{11}$ 给定的条件下,

$$\boldsymbol{W}_{21}\boldsymbol{W}_{11}^{-1/2}\sim N_{(p-q)\times q}\left(\boldsymbol{\Sigma}_{21}\boldsymbol{\Sigma}_{11}^{-1}\boldsymbol{W}_{11}^{1/2},\boldsymbol{I}_q\otimes\boldsymbol{\Sigma}_{2|1}\right).$$

由于 $\boldsymbol{W}_{21}=\left(\boldsymbol{W}_{21}\boldsymbol{W}_{11}^{-1/2}\right)\boldsymbol{W}_{11}^{1/2}$, $\boldsymbol{W}_{21}\boldsymbol{W}_{11}^{-1}=\left(\boldsymbol{W}_{21}\boldsymbol{W}_{11}^{-1/2}\right)\boldsymbol{W}_{11}^{-1/2}$, 所以在 $\boldsymbol{W}_{11}$ 给定的条件下, $E\left(\boldsymbol{W}_{21}\right)=\boldsymbol{\Sigma}_{21}\boldsymbol{\Sigma}_{11}^{-1/2}\boldsymbol{W}_{11}$, $E\left(\boldsymbol{W}_{21}\boldsymbol{W}_{11}^{-1}\right)=\boldsymbol{\Sigma}_{21}\boldsymbol{\Sigma}_{11}^{-1/2}$. 又由于

$$\operatorname{vec}\left(\boldsymbol{W}_{21}\right)=\operatorname{vec}\left(\left(\boldsymbol{W}_{21}\boldsymbol{W}_{11}^{-1/2}\right)\boldsymbol{W}_{11}^{1/2}\right)=\left(\boldsymbol{W}_{11}^{1/2}\otimes\boldsymbol{I}_{p-q}\right)\operatorname{vec}\left(\boldsymbol{W}_{21}\boldsymbol{W}_{11}^{-1/2}\right),$$

$$\text{vec}\left(\boldsymbol{W}_{21}\boldsymbol{W}_{11}^{-1}\right)=\text{vec}\left(\left(\boldsymbol{W}_{21}\boldsymbol{W}_{11}^{-1/2}\right)\boldsymbol{W}_{11}^{-1/2}\right)=\left(\boldsymbol{W}_{11}^{-1/2}\otimes\boldsymbol{I}_{p-q}\right)\text{vec}\left(\boldsymbol{W}_{21}\boldsymbol{W}_{11}^{-1/2}\right),$$

故在 $\boldsymbol{W}_{11}$ 给定的条件下,

$$\text{Cov}\left(\text{vec}\left(\boldsymbol{W}_{21}\right)\right)=\left(\boldsymbol{W}_{11}^{1/2}\otimes\boldsymbol{I}_{p-q}\right)\left(\boldsymbol{I}_q\otimes\boldsymbol{\Sigma}_{2|1}\right)\left(\boldsymbol{W}_{11}^{1/2}\otimes\boldsymbol{I}_{p-q}\right)=\boldsymbol{W}_{11}\otimes\boldsymbol{\Sigma}_{2|1},$$

$$\text{Cov}\left(\text{vec}\left(\boldsymbol{W}_{21}\boldsymbol{W}_{11}^{-1}\right)\right)=\left(\boldsymbol{W}_{11}^{-1/2}\otimes\boldsymbol{I}_{p-q}\right)\left(\boldsymbol{I}_q\otimes\boldsymbol{\Sigma}_{2|1}\right)\left(\boldsymbol{W}_{11}^{-1/2}\otimes\boldsymbol{I}_{p-q}\right)=\boldsymbol{W}_{11}^{-1}\otimes\boldsymbol{\Sigma}_{2|1}.$$

因而在 $\boldsymbol{W}_{11}$ 给定的条件下,

$$\boldsymbol{W}_{21}\sim N_{(p-q)\times q}\left(\boldsymbol{\Sigma}_{21}\boldsymbol{\Sigma}_{11}^{-1}\boldsymbol{W}_{11},\boldsymbol{W}_{11}\otimes\boldsymbol{\Sigma}_{2|1}\right),$$

$$\boldsymbol{W}_{21}\boldsymbol{W}_{11}^{-1}\sim N_{(p-q)\times q}\left(\boldsymbol{\Sigma}_{21}\boldsymbol{\Sigma}_{11}^{-1},\boldsymbol{W}_{11}^{-1}\otimes\boldsymbol{\Sigma}_{2|1}\right).$$

至此, 性质 3.2.6 得到证明.

性质 3.2.6 除了上面这种表述方法外, 还有下面与它等价的一种表述方法:

类似于上面的 (1) $\sim$ (4), 有

(1) $\boldsymbol{W}_{11}-\boldsymbol{W}_{12}\boldsymbol{W}_{22}^{-1}\boldsymbol{W}_{21}$ 与 $(\boldsymbol{W}_{22},\boldsymbol{W}_{12})$ 相互独立;

(2) $\boldsymbol{W}_{11}-\boldsymbol{W}_{12}\boldsymbol{W}_{22}^{-1}\boldsymbol{W}_{21}\sim W_q\left(n-(p-q),\boldsymbol{\Sigma}_{1|2}\right)$, $\boldsymbol{\Sigma}_{1|2}=\boldsymbol{\Sigma}_{11}-\boldsymbol{\Sigma}_{12}\boldsymbol{\Sigma}_{22}^{-1}\boldsymbol{\Sigma}_{21}$;

(3) $\boldsymbol{W}_{22}\sim W_{p-q}\left(n,\boldsymbol{\Sigma}_{22}\right)$;

(4) 在 $\boldsymbol{W}_{22}$ 给定的条件下, $\boldsymbol{W}_{12}\sim N_{q\times(p-q)}\left(\boldsymbol{\Sigma}_{12}\boldsymbol{\Sigma}_{22}^{-1}\boldsymbol{W}_{22},\boldsymbol{W}_{22}\otimes\boldsymbol{\Sigma}_{1|2}\right)$ 或等价地, 在 $\boldsymbol{W}_{22}$ 给定的条件下,

$$\boldsymbol{W}_{12}\boldsymbol{W}_{22}^{-1}\sim N_{q\times(p-q)}\left(\boldsymbol{\Sigma}_{12}\boldsymbol{\Sigma}_{22}^{-1},\boldsymbol{W}_{22}^{-1}\otimes\boldsymbol{\Sigma}_{1|2}\right),$$

或等价地, 在 $\boldsymbol{W}_{22}$ 给定的条件下,

$$\boldsymbol{W}_{12}\boldsymbol{W}_{22}^{-1/2}\sim N_{q\times(p-q)}\left(\boldsymbol{\Sigma}_{12}\boldsymbol{\Sigma}_{22}^{-1}\boldsymbol{W}_{22}^{1/2},\boldsymbol{I}_{p-q}\otimes\boldsymbol{\Sigma}_{1|2}\right).$$

同上面的 $(1)'\sim(4)'$, 在 $\boldsymbol{\Sigma}_{12}=0$ 时, 有

(1) $\boldsymbol{W}_{11}-\boldsymbol{W}_{12}\boldsymbol{W}_{22}^{-1}\boldsymbol{W}_{21}$, $\boldsymbol{W}_{22}$ 与 $\boldsymbol{W}_{12}\boldsymbol{W}_{22}^{-1/2}$ 相互独立;

(2) $\boldsymbol{W}_{11}-\boldsymbol{W}_{12}\boldsymbol{W}_{22}^{-1}\boldsymbol{W}_{21}\sim W_q\left(n-(p-q),\boldsymbol{\Sigma}_{11}\right)$;

(3) $\boldsymbol{W}_{22}\sim W_{p-q}\left(n,\boldsymbol{\Sigma}_{22}\right)$;

(4) $\boldsymbol{W}_{12}\boldsymbol{W}_{22}^{-1/2}\sim N_{q\times(p-q)}\left(\boldsymbol{0},\boldsymbol{I}_{p-q}\otimes\boldsymbol{\Sigma}_{11}\right)$.

性质 3.2.7(行列式) 设 $\boldsymbol{W}\sim W_p\left(n,\boldsymbol{\Sigma}\right)$, $\boldsymbol{\Sigma}>0$, $n\geqslant p$, 则

$$|\boldsymbol{W}|\overset{\mathrm{d}}{=}|\boldsymbol{\Sigma}|\,\gamma_1\gamma_2\cdots\gamma_p,$$

其中, $\gamma_1,\gamma_2,\cdots,\gamma_p$ 相互独立, $\gamma_i\sim\chi^2\left(n-i+1\right)$, $i=1,\cdots,p$.

性质 3.2.7 说明, $|\boldsymbol{W}|/|\boldsymbol{\Sigma}|$ 与相互独立的 p 个自由度分别为 $n,n-1,\cdots,n-p+1$ 的 χ^2 分布变量的乘积同分布. 根据性质 3.2.6, 使用数学归纳法容易证明这个性质.

令 $\boldsymbol{S} = \boldsymbol{\Sigma}^{-1/2}\boldsymbol{W}\boldsymbol{\Sigma}^{-1/2}$, 则 $\boldsymbol{S} \sim W_p(n, \boldsymbol{I}_p)$. 将 $\boldsymbol{S}$ 剖分为

$$\boldsymbol{S} = \begin{pmatrix} s_{11} & \boldsymbol{S}_{12} \\ \boldsymbol{S}_{21} & \boldsymbol{S}_{22} \end{pmatrix} \begin{matrix} 1 \\ p-1 \end{matrix}, \quad \begin{matrix} 1 & p-1 \end{matrix}$$

则 $|\boldsymbol{S}| = s_{11}|\boldsymbol{S}_{22} - \boldsymbol{S}_{21}\boldsymbol{S}_{12}/s_{11}|$. 由性质 3.2.6 在 $\boldsymbol{\Sigma}_{12} = \boldsymbol{0}$ 时的结论 (1) 知 s_{11} 与 $\boldsymbol{S}_{22} - \boldsymbol{S}_{21}\boldsymbol{S}_{12}/s_{11}$ 相互独立, $s_{11} \sim \chi^2(n)$, $\boldsymbol{S}_{22} - \boldsymbol{S}_{21}\boldsymbol{S}_{12}/s_{11} \sim W_{p-1}(n-1, \boldsymbol{I}_{p-1})$. 由于

$$|\boldsymbol{S}| = \frac{|\boldsymbol{W}|}{|\boldsymbol{\Sigma}|} = s_{11}\left|\boldsymbol{S}_{22} - \frac{\boldsymbol{S}_{21}\boldsymbol{S}_{12}}{s_{11}}\right|, \quad s_{11}\text{与}\boldsymbol{S}_{22} - \frac{\boldsymbol{S}_{21}\boldsymbol{S}_{12}}{s_{11}}\text{相互独立},$$

$$s_{11} \sim \chi^2(n), \quad \boldsymbol{S}_{22} - \frac{\boldsymbol{S}_{21}\boldsymbol{S}_{12}}{s_{11}} \sim W_{p-1}(n-1, \boldsymbol{I}_{p-1}),$$

所以使用数学归纳法很容易证明性质 3.2.7.

性质 3.2.8(逆矩阵期望) 若 $\boldsymbol{W} \sim W_p(n, \boldsymbol{\Sigma})$, $\boldsymbol{\Sigma} > 0$, $n > p+1$, 则

$$E\left(\boldsymbol{W}^{-1}\right) = \frac{1}{n-p-1}\boldsymbol{\Sigma}^{-1}.$$

性质 3.2.1 说的是 $E(\boldsymbol{W})$ 的计算, 根据 Wishart 分布的定义很容易证明这个性质. 但对 $E\left(\boldsymbol{W}^{-1}\right)$ 来说, 难以直接根据 Wishart 分布的定义证明它. 其证明方法如下.

首先, 在 $\boldsymbol{W} \sim W_p(n, \boldsymbol{I}_p)$ 时证明性质 2.3.8 成立. 正因为考虑到 $\boldsymbol{W} \sim W_p(n, \boldsymbol{I}_p)$, 则 $E\left(\boldsymbol{W}^{-1}\right)$ 必是下面这样一种形式:

$$E\left(\boldsymbol{W}^{-1}\right) = d_0 \cdot \boldsymbol{I}_p + d_1 \cdot \boldsymbol{1}_p \cdot \boldsymbol{1}_p',$$

其中, d_0 和 d_1 是两个待定常数. 由此可见, 欲计算 $E\left(\boldsymbol{W}^{-1}\right)$, 仅需计算 d_0 和 d_1.

下面证明 $d_1 = 0$. 对任意的正交矩阵 $\boldsymbol{U}$, $\boldsymbol{U}\boldsymbol{W}\boldsymbol{U}' \sim W_p(n, \boldsymbol{I}_p)$, 所以

$$E\left(\left(\boldsymbol{U}\boldsymbol{W}\boldsymbol{U}'\right)^{-1}\right) = d_0 \cdot \boldsymbol{I}_p + d_1 \cdot \boldsymbol{1}_p \cdot \boldsymbol{1}_p'.$$

由于 $E\left(\left(\boldsymbol{U}\boldsymbol{W}\boldsymbol{U}'\right)^{-1}\right) = \boldsymbol{U}E\left(\boldsymbol{W}^{-1}\right)\boldsymbol{U}'$, 所以下面的等式对任意的正交矩阵 $\boldsymbol{U}$ 都成立:

$$\boldsymbol{U}\left(d_0 \cdot \boldsymbol{I}_p + d_1 \cdot \boldsymbol{1}_p \cdot \boldsymbol{1}_p'\right)\boldsymbol{U}' = d_0 \cdot \boldsymbol{I}_p + d_1 \cdot \boldsymbol{1}_p \cdot \boldsymbol{1}_p'.$$

这也就是说, $d_1 \cdot (\boldsymbol{U}\boldsymbol{1}_p) \cdot (\boldsymbol{U}\boldsymbol{1}_p)' = d_1 \cdot \boldsymbol{1}_p \cdot \boldsymbol{1}_p'$ 对任意的正交矩阵 $\boldsymbol{U}$ 都成立. 由此看来, d_1 必等于 0, 故 $E\left(\boldsymbol{W}^{-1}\right) = d_0 \cdot \boldsymbol{I}_p$.

接下来证明 $d_0 = 1/(n-p-1)$. 令 $\boldsymbol{W}^{-1} = (w^{ij})$, 由 $E\left(\boldsymbol{W}^{-1}\right) = d_0 \cdot \boldsymbol{I}_p$ 知 $d_0 = E\left(w^{11}\right)$. 根据分块矩阵的逆矩阵的计算方法 (见 (A.2.5) 式), 若将 $\boldsymbol{W}$ 剖分为

$$\boldsymbol{W} = \begin{pmatrix} w_{11} & \boldsymbol{W}_{12} \\ \boldsymbol{W}_{21} & \boldsymbol{W}_{22} \end{pmatrix} \begin{matrix} 1 \\ p-1 \end{matrix}, \quad \text{(列: } 1, \ p-1\text{)}$$

则有 $w^{11} = \left(w_{11} - \boldsymbol{W}_{12}\boldsymbol{W}_{22}^{-1}\boldsymbol{W}_{21}\right)^{-1}$. 从而由性质 3.2.6 在 $\boldsymbol{\Sigma}_{12} = \boldsymbol{0}$ 时的结论 (2) 知 $w_{11} - \boldsymbol{W}_{12}\boldsymbol{W}_{22}^{-1}\boldsymbol{W}_{21} \sim \chi^2(n-p+1)$, 所以

$$d_0 = E\left(w^{11}\right) = E\left(\left(w_{11} - \boldsymbol{W}_{12}\boldsymbol{W}_{22}^{-1}\boldsymbol{W}_{21}\right)^{-1}\right) = \frac{1}{n-p-1}.$$

至此证明了在 $\boldsymbol{W} \sim W_p(n, \boldsymbol{I}_p)$ 时, 性质 3.2.8 成立,

$$E\left(\boldsymbol{W}^{-1}\right) = \frac{1}{n-p-1}\boldsymbol{I}_p.$$

而在 $\boldsymbol{W} \sim W_p(n, \boldsymbol{\Sigma})$ 时, 令 $\boldsymbol{S} = \boldsymbol{\Sigma}^{-1/2}\boldsymbol{W}\boldsymbol{\Sigma}^{-1/2}$, 则 $\boldsymbol{S} \sim W_p(n, \boldsymbol{I}_p)$. 从而有

$$E\left(\boldsymbol{W}^{-1}\right) = \boldsymbol{\Sigma}^{-1/2}E\left(\boldsymbol{S}^{-1}\right)\boldsymbol{\Sigma}^{-1/2} = \frac{\boldsymbol{\Sigma}^{-1}}{n-p-1}.$$

至此性质 3.2.8 得到证明. 这个性质在 4.4 节学习多元正态分布参数的 Bayes 估计时会有应用.

下面这个性质很重要, 它可用来导出 3.4 节定义的 Hotelling T^2 分布.

性质 3.2.9(逆矩阵) 设 $\boldsymbol{W} \sim W_p(n, \boldsymbol{\Sigma})$, $\boldsymbol{\Sigma} > 0$, $n \geqslant p$, 则对任意非零的 p 维向量 $\boldsymbol{a}$, 都有

$$\frac{\boldsymbol{a}'\boldsymbol{\Sigma}^{-1}\boldsymbol{a}}{\boldsymbol{a}'\boldsymbol{W}^{-1}\boldsymbol{a}} \sim \chi^2(n-p+1).$$

下面将通过变换把所要解决的问题等价地转化为另一个较为简单的问题. 一系列的变换将把问题逐步地简化, 最后将问题简化为一个很容易解决的问题, 从而证明这个性质.

由于

$$\frac{\boldsymbol{a}'\boldsymbol{\Sigma}^{-1}\boldsymbol{a}}{\boldsymbol{a}'\boldsymbol{W}^{-1}\boldsymbol{a}} = \frac{\left(\boldsymbol{\Sigma}^{-1/2}\boldsymbol{a}\right)'\left(\boldsymbol{\Sigma}^{-1/2}\boldsymbol{a}\right)}{\left(\boldsymbol{\Sigma}^{-1/2}\boldsymbol{a}\right)'\left(\boldsymbol{\Sigma}^{-1/2}\boldsymbol{W}\boldsymbol{\Sigma}^{-12}\right)^{-1}\left(\boldsymbol{\Sigma}^{-1/2}\boldsymbol{a}\right)},$$

$$\boldsymbol{\Sigma}^{-1/2}\boldsymbol{W}\boldsymbol{\Sigma}^{-1/2} \sim W_p(n, \boldsymbol{I}_p),$$

所以性质 3.2.9 可等价地转化为

性质 3.2.9′ 设 $\boldsymbol{W} \sim W_p(n, \boldsymbol{I}_p)$, $n \geqslant p$, 则对任意非零的 p 维向量 $\boldsymbol{a}$, 都有

$$\frac{\boldsymbol{a}'\boldsymbol{a}}{\boldsymbol{a}'\boldsymbol{W}^{-1}\boldsymbol{a}} \sim \chi^2(n-p+1).$$

由于

$$\frac{\boldsymbol{a}'\boldsymbol{a}}{\boldsymbol{a}'\boldsymbol{W}^{-1}\boldsymbol{a}} = \frac{1}{\left(\boldsymbol{a}/\sqrt{\boldsymbol{a}'\boldsymbol{a}}\right)'\boldsymbol{W}^{-1}\left(\boldsymbol{a}/\sqrt{\boldsymbol{a}'\boldsymbol{a}}\right)}, \quad \left(\frac{\boldsymbol{a}}{\sqrt{\boldsymbol{a}'\boldsymbol{a}}}\right)'\left(\frac{\boldsymbol{a}}{\sqrt{\boldsymbol{a}'\boldsymbol{a}}}\right) = 1,$$

所以性质 3.2.9′ 可等价地转化为

性质 3.2.9″ 设 $\boldsymbol{W} \sim W_p(n, \boldsymbol{I}_p)$, $n \geqslant p$, 则对任意非零的 p 维向量 $\boldsymbol{a}$, 若 $\boldsymbol{a}'\boldsymbol{a} = 1$, 则都有

$$\frac{1}{\boldsymbol{a}'\boldsymbol{W}^{-1}\boldsymbol{a}} \sim \chi^2(n-p+1).$$

在 $\boldsymbol{a}'\boldsymbol{a} = 1$ 时, 构造正交矩阵 $\boldsymbol{T}$, 使得 $\boldsymbol{T}$ 的第 1 个列向量为 $\boldsymbol{a}$, 则有

$$\frac{1}{\boldsymbol{a}'\boldsymbol{W}^{-1}\boldsymbol{a}} = \frac{1}{(\boldsymbol{T}'\boldsymbol{a})'(\boldsymbol{T}'\boldsymbol{W}\boldsymbol{T})^{-1}(\boldsymbol{T}'\boldsymbol{a})},$$

$$\boldsymbol{T}'\boldsymbol{W}\boldsymbol{T} \sim W_p(n, \boldsymbol{I}_p), \quad (\boldsymbol{T}'\boldsymbol{a})' = (1, 0, \cdots, 0).$$

由于 $(\boldsymbol{T}'\boldsymbol{a})'(\boldsymbol{T}'\boldsymbol{W}\boldsymbol{T})^{-1}(\boldsymbol{T}'\boldsymbol{a}) = (1,0,\cdots,0)(\boldsymbol{T}'\boldsymbol{W}\boldsymbol{T})^{-1}(1,0,\cdots,0)'$ 就是矩阵 $(\boldsymbol{T}'\boldsymbol{W}\boldsymbol{T})^{-1}$ 的第 1 列第 1 行上的元素, 所以性质 3.2.9″ 可等价地转化为

性质 3.2.9‴ 设 $\boldsymbol{W} \sim W_p(n, \boldsymbol{I}_p)$, $n \geqslant p$. 令 $\boldsymbol{W}^{-1} = (w^{ij})$, $i, j = 1, 2, \cdots, p$, 则

$$\frac{1}{w^{11}} \sim \chi^2(n-p+1),$$

其中, w^{11} 是 $\boldsymbol{W}$ 的逆矩阵的第 1 行第 1 列上的元素. 在证明性质 3.2.8 时, 就已经知道在 $\boldsymbol{W} \sim W_p(n, \boldsymbol{I}_p)$ 时,

$$\frac{1}{w^{11}} = w_{11} - \boldsymbol{W}_{12}\boldsymbol{W}_{22}^{-1}\boldsymbol{W}_{21} \sim \chi^2(n-p+1).$$

故性质 3.2.9‴ 得到证明. 至此, 性质 3.2.9 证毕.

所谓正定矩阵 $\boldsymbol{W}$ 的 Cholesky 分解, 就是存在一个下三角阵 $\boldsymbol{T}$, 使得 $\boldsymbol{W} = \boldsymbol{T}\boldsymbol{T}'$ 或使得 $\boldsymbol{W} = \boldsymbol{T}'\boldsymbol{T}$. Cholesky 分解不是唯一存在的, 也就是说, 有这样两个下三角阵 $\boldsymbol{T}$ 和 $\boldsymbol{U}$, 使得 $\boldsymbol{W} = \boldsymbol{T}\boldsymbol{T}' = \boldsymbol{U}\boldsymbol{U}'$. 但如果给下三角阵一些约束条件, 如要求它的对角线元素为正, 则 Cholesky 分解就唯一存在了. 人们感兴趣的一个问题是, 当 $\boldsymbol{W}$ 服从 Wishart 分布时, 它的 Cholesky 分解有些什么性质? 经研究, 当 $\boldsymbol{W} \sim W_p(n, \boldsymbol{I}_p)$ 时, 它的 Cholesky 分解有下面的性质. $\boldsymbol{W} \sim W_p(n, \boldsymbol{I}_p)$ 时的 Cholesky 分解称为 Bartlett 分解.

性质 3.2.10(Bartlett 分解) 设 $\boldsymbol{W} \sim W_p(n, \boldsymbol{I}_p)$, $n \geqslant p$. 将 $\boldsymbol{W}$ 作 Bartlett 分解 $\boldsymbol{W} = \boldsymbol{T}\boldsymbol{T}'$, $\boldsymbol{T}$ 是对角线元素为正的下三角阵. 令 $\boldsymbol{T} = (t_{ij})$, 则 $t_{11}, t_{21}, t_{22}, \cdots, t_{p1}, \cdots, t_{pp}$ 相互独立, 在 $i > j$ 时, $t_{ij} \sim N(0,1)$, 而在 $i = j$ 时, $t_{ii}^2 \sim \chi^2(n-p+1)$.

在 $\boldsymbol{W} \sim W_p(n, \boldsymbol{I}_p)$ 时, 由 (3.1.7) 式知 $\boldsymbol{W}$ 的密度函数为

$$f(\boldsymbol{W}) = \frac{|\boldsymbol{W}|^{(n-p-1)/2} \exp\left\{-\frac{1}{2}\mathrm{tr}(\boldsymbol{W})\right\}}{2^{np/2}\Gamma_p(n/2)}$$

$$= \frac{|\boldsymbol{W}|^{(n-p-1)/2} \exp\left\{-\frac{1}{2}\mathrm{tr}(\boldsymbol{W})\right\}}{2^{np/2}\pi^{p(p-1)/4}\prod_{i=1}^{p}\Gamma((n-i+1)/2)}, \quad \boldsymbol{W} > 0.$$

由于 $\boldsymbol{W} = \boldsymbol{T}\boldsymbol{T}'$, $\boldsymbol{T}$ 是下三角阵, 所以 $|\boldsymbol{W}| = \sum_{i=1}^{p} t_{ii}^2$, $\mathrm{tr}(\boldsymbol{W}) = \sum_{1 \leqslant j < i \leqslant p} t_{ij}^2$. 由此可见, 如果能求得变换 $\boldsymbol{W} \to \boldsymbol{T}$ 的雅可比行列式, 就能得到 $\boldsymbol{T}$ 的密度函数, 从而证明性质 3.2.10. 这个变换的雅可比行列式就是定理 A.5.8 的 Cholesky 分解的雅可比行列式.

根据 Cholesky 分解的雅可比行列式的计算公式, 不难由 $\boldsymbol{W} \sim W_p(n, \boldsymbol{I}_p)$ 的密度函数得到 $\boldsymbol{T}$ 的密度函数为

$$f(\boldsymbol{T}\boldsymbol{T}')|J(\boldsymbol{W} \to \boldsymbol{T})|$$

$$= \frac{\left(\prod_{i=1}^{p} t_{ii}^2\right)^{(n-p-1)/2} \exp\left\{-\frac{1}{2}\sum_{1 \leqslant j \leqslant i \leqslant p} t_{ij}^2\right\}}{2^{np/2}\pi^{p(p-1)/4}\prod_{i=1}^{p}\Gamma((n-i+1)/2)} 2^p \prod_{i=1}^{p} t_{ii}^{p+1-i}$$

$$= \prod_{1 \leqslant j < i \leqslant p}\left(\frac{1}{\sqrt{2\pi}}\mathrm{e}^{-\frac{t_{ij}^2}{2}}\right)\prod_{i=1}^{p}\left(\frac{t_{ii}^{n-i}\mathrm{e}^{-t_{ii}^2/2}}{2^{(n-i-1)/2}\Gamma((n-i+1)/2)}\right), \quad t_{ii} > 0,\ i = 1\cdots,p,$$

所以 $t_{11}, t_{21}, t_{22}, \cdots, t_{p1}, \cdots, t_{pp}$ 相互独立, 在 $i > j$ 时, $t_{ij} \sim N(0,1)$, 而在 $i = j$ 时, t_{ii} 的密度函数为

$$\frac{t_{ii}^{n-i}\mathrm{e}^{-t_{ii}^2/2}}{2^{(n-i-1)/2}\Gamma((n-i+1)/2)}.$$

从而推得 $t_{ii}^2 \sim \chi^2(n-p+1)$. Wishart 分布的性质 3.2.10 证毕.

由 $\boldsymbol{W} \sim W_p(n, \boldsymbol{I}_p)$ 的密度函数, 利用 Cholesky 分解的雅可比行列式, 证明了性质 2.3.10. 反之, 如果不用 $\boldsymbol{W} \sim W_p(n, \boldsymbol{I}_p)$ 的密度函数而用另外的方法证明了

Bartlett 分解, 则据 Cholesky 分解的雅可比行列式, 就可以推导出 $\boldsymbol{W} \sim W_p(n, \boldsymbol{I}_p)$ 的密度函数. 首先证明 Bartlett 分解, 然后利用 Cholesky 分解的雅可比行列式, 推导 $\boldsymbol{W} \sim W_p(n, \boldsymbol{I}_p)$ 的密度函数, 这是推导 Wishart 分布密度函数的又一个方法. Bartlett 分解的另外一个证明方法的具体推导过程留作习题 (见习题 3.7).

本节和上一节所讨论的仅是所谓的中心 Wishart 分布, 至于非中心 Wishart 分布以及 Wishart 分布的系统且深入的讨论请参阅文献 [15], [106]. 下一节将在一个较为简单但常见的情况下推导非中心 Wishart 分布的密度函数.

*3.3 非中心 Wishart 分布

非中心 Wishart 分布是非中心 χ^2 分布的推广. 若 $x_1, \cdots, x_n$ 相互独立, $x_i \sim N(\mu_i, 1)$, $i = 1, \cdots, n$, 则称 $Y = \sum\limits_{i=1}^{n} x_i^2$ 服从非中心 χ^2 分布, 其自由度为 n. 它的分布除了与 n 有关外, 还与 $a = \sum\limits_{i=1}^{n} \mu_i^2$ 有关, a 称为非中心参数. 非中心 χ^2 分布记为 $\chi^2(n, a)$. 非中心 $\chi^2(n, a)$ 分布的密度函数见 (A.3.1) 式. 显然, 在 $x_i \sim N(\mu_i, \sigma^2)$ 时, $\sum\limits_{i=1}^{n} (x_i/\sigma)^2$ 服从非中心 $\chi^2(n, a)$ 分布, 其中, $a = \sum\limits_{i=1}^{n} (\mu_i/\sigma)^2$. 这时 $Y = \sum\limits_{i=1}^{n} x_i^2 \overset{\mathrm{d}}{=} \sigma^2 \chi^2(n, a)$.

下面将非中心 χ^2 分布的定义推广到非中心 Wishart 分布. 若 $\boldsymbol{x}_1, \cdots, \boldsymbol{x}_n$ 相互独立, $\boldsymbol{x}_i \sim N_p(\boldsymbol{\mu}_i, \boldsymbol{\Sigma})$, $\boldsymbol{\Sigma} > 0$, $i = 1, \cdots, n$, 则称 $\boldsymbol{W} = \sum\limits_{i=1}^{n} \boldsymbol{x}_i \boldsymbol{x}_i'$ 服从非中心 Wishart 分布. 显然, $\boldsymbol{W}$ 的分布与 p, n 和 $\boldsymbol{\Sigma}$ 有关. 下面证明其分布还与 $\boldsymbol{H} = \boldsymbol{\Sigma}^{-1/2} \left(\sum\limits_{i=1}^{n} \boldsymbol{\mu}_i \boldsymbol{\mu}_i' \right) \boldsymbol{\Sigma}^{-1/2}$ 有关.

令 $\boldsymbol{y}_i = \boldsymbol{\Sigma}^{-1/2} (\boldsymbol{x}_i - \boldsymbol{\mu}_i) \sim N_p(\boldsymbol{0}, \boldsymbol{I}_p)$, $i = 1, \cdots, n$, 则因 $\boldsymbol{x}_i = \boldsymbol{\Sigma}^{1/2} \boldsymbol{y}_i + \boldsymbol{\mu}_i$, $i = 1, \cdots, n$, 所以

$$
\begin{aligned}
\boldsymbol{W} &= \sum_{i=1}^{n} \boldsymbol{x}_i \boldsymbol{x}_i' \\
&= \boldsymbol{\Sigma}^{1/2} \left[\sum_{i=1}^{n} \boldsymbol{y}_i \boldsymbol{y}_i' + \sum_{i=1}^{n} \boldsymbol{y}_i \left(\boldsymbol{\mu}_i' \boldsymbol{\Sigma}^{-1/2} \right) + \sum_{i=1}^{n} \left(\boldsymbol{\Sigma}^{-1/2} \boldsymbol{\mu}_i \right) \boldsymbol{y}_i' + \boldsymbol{H} \right] \boldsymbol{\Sigma}^{1/2},
\end{aligned}
$$

其中,

$$\sum_{i=1}^{n} \boldsymbol{y}_i \boldsymbol{y}_i' \sim W_p\left(n, \boldsymbol{I}_p\right),$$

$$\sum_{i=1}^{n} \boldsymbol{y}_i \left(\boldsymbol{\mu}_i' \boldsymbol{\Sigma}^{-1/2}\right) \sim N_{p\times p}\left(\boldsymbol{0}, \boldsymbol{H} \otimes \boldsymbol{I}_p\right),$$

$$\sum_{i=1}^{n} \left(\boldsymbol{\Sigma}^{-1/2} \boldsymbol{\mu}_i\right) \boldsymbol{y}_i' \sim N_{p\times p}\left(\boldsymbol{0}, \boldsymbol{I}_p \otimes \boldsymbol{H}\right).$$

由此看来, $\boldsymbol{W}$ 的分布仅与 p, n, $\boldsymbol{\Sigma}$ 和 $\boldsymbol{H}$ 有关, 或等价地, 仅与 p, n, $\boldsymbol{\Sigma}$ 和 $\boldsymbol{\Omega} = \boldsymbol{\Sigma}^{-1}\left(\sum_{i=1}^{n} \boldsymbol{\mu}_i \boldsymbol{\mu}_i'\right)$ 有关. 称 $\boldsymbol{H}$ 或者 $\boldsymbol{\Omega}$ 为非中心参数, 其中, 尤以称 $\boldsymbol{\Omega}$ 为非中心参数为多见. 非中心 Wishart 分布记为 $W_p\left(n, \boldsymbol{\Sigma}, \boldsymbol{\Omega}\right)$.

性质 3.2.5 的关于中心的矩阵二次型分布的 3 个结论可以推广到非中心的矩阵二次型. 记 $\boldsymbol{X}' = (\boldsymbol{x}_1, \cdots, \boldsymbol{x}_n)$, 假设 $\boldsymbol{x}_1, \cdots, \boldsymbol{x}_n$ 相互独立, $\boldsymbol{x}_i \sim N_p\left(\boldsymbol{\mu}_i, \boldsymbol{\Sigma}\right)$, $i = 1, \cdots, n$, 则在 $\boldsymbol{A} \geqslant 0$ 时, $\boldsymbol{Q} = \boldsymbol{X}'\boldsymbol{A}\boldsymbol{X}$ 称为非中心的矩阵二次型, 简称矩阵二次型. 对于非中心的矩阵二次型来说, 性质 3.2.5 的 3 个结论仍然成立, 但需作适当的修改. 关于非中心的矩阵二次型分布的 3 个结论见附录 A.3.

下面在所有的 $\boldsymbol{\mu}_i (i = 1, \cdots, n)$ 都相等: $\boldsymbol{\mu}_1 = \cdots = \boldsymbol{\mu}_n = \boldsymbol{\mu}$, 即 $\boldsymbol{x}_1, \cdots, \boldsymbol{x}_n$ 是来自于总体 $N_p\left(\boldsymbol{\mu}, \boldsymbol{\Sigma}\right)$ 的样本时, 推导非中心 Wishart 分布的密度函数. 分 $\boldsymbol{\Sigma} = \boldsymbol{I}_p$ 与 $\boldsymbol{\Sigma} > 0$ 两种情况来进行推导.

情况 1　$\boldsymbol{\Sigma} = \boldsymbol{I}_p$. 此时按以下两个步骤推导非中心 Wishart 分布的密度函数.

第 1 步. 在 $\boldsymbol{\mu} = \delta \boldsymbol{e}_1$, 也就是在 $\boldsymbol{x}_1, \cdots, \boldsymbol{x}_n$ 是来自于总体 $N_p\left(\delta \boldsymbol{e}_1, \boldsymbol{I}_p\right)$ 的样本时, 推导 $\boldsymbol{W} = \sum_{i=1}^{n} \boldsymbol{x}_i \boldsymbol{x}_i'$ 的密度函数, 其中, $\delta > 0$, $\boldsymbol{e}_1$ 如同前面所说的, 它是第 1 个元素为 1 而其余元素皆为 0 的向量. 将 $\boldsymbol{x}_i (i = 1, \cdots, n)$ 和 $\boldsymbol{W}$ 剖分为

$$\boldsymbol{x}_i = \begin{pmatrix} x_{i1} \\ x_{i2} \end{pmatrix} \begin{matrix} 1 \\ p-1 \end{matrix}, \quad \boldsymbol{W} = \begin{pmatrix} w_{11} & \boldsymbol{W}_{12} \\ \boldsymbol{W}_{21} & \boldsymbol{W}_{22} \end{pmatrix} \begin{matrix} 1 \\ p-1 \end{matrix}.$$
$$\qquad\qquad\qquad\qquad\qquad\qquad 1 \qquad\ p-1$$

显然

$$w_{11} = \sum_{i=1}^{n} x_{i1}^2 \sim \chi^2\left(n, a\right), \quad a = n\delta^2;$$

$$\boldsymbol{W}_{22} = \sum_{i=1}^{n} \boldsymbol{x}_{i2} \boldsymbol{x}_{i2}' \sim W_{p-1}\left(n, \boldsymbol{I}_{p-1}\right);$$

$$w_{11} \text{ 与 } \boldsymbol{W}_{22} \text{ 相互独立;}$$

$$\boldsymbol{W}_{21} = \sum_{i=1}^{n} x_{i1} \boldsymbol{x}_{i2}.$$

可以证明: 在 $x_{11}, \cdots, x_{n1}$ 给定的条件下,

$\boldsymbol{W}_{21}/\sqrt{w_{11}}$与$\boldsymbol{W}_{22} - \boldsymbol{W}_{21}\boldsymbol{W}_{12}/w_{11}$相互条件独立;

$\boldsymbol{W}_{21}/\sqrt{w_{11}}$的条件分布为$N_{p-1}(\boldsymbol{0}, \boldsymbol{I}_{p-1})$;

$\boldsymbol{W}_{22} - \boldsymbol{W}_{21}\boldsymbol{W}_{12}/w_{11}$的条件分布为$W_{p-1}(n-1, \boldsymbol{I}_{p-1})$.

其证明类似于 3.1.3 小节推导 p 阶 Wishart 分布密度函数的 (1) 中使用的方法, 详细的求证过程留作习题 (见习题 3.8). 从而有

$t_1 = w_{11}$, $\quad \boldsymbol{t}_2 = \boldsymbol{W}_{21}/\sqrt{w_{11}}$ 与 $\boldsymbol{t}_3 = \boldsymbol{W}_{22} - \boldsymbol{W}_{21}\boldsymbol{W}_{12}/w_{11}$ 相互独立;

$t_1 \sim \chi^2(n, a)$;

$\boldsymbol{t}_2 \sim N_{p-1}(\boldsymbol{0}, \boldsymbol{I}_{p-1})$;

$\boldsymbol{t}_3 \sim W_{p-1}(n-1, \boldsymbol{I}_{p-1})$.

这说明, $(t_1, \boldsymbol{t}_2, \boldsymbol{t}_3)$ 的密度函数为 $f_1(t_1) f_2(\boldsymbol{t}_2) f_3(\boldsymbol{t}_3)$, 其中,

$$f_2(\boldsymbol{t}_2) = \frac{\exp\{-\boldsymbol{t}_2'\boldsymbol{t}_2/2\}}{(2\pi)^{(p-1)/2}},$$

$$f_3(\boldsymbol{t}_3) = \frac{|\boldsymbol{t}_3|^{(n-p-1)/2}\exp\{-\mathrm{tr}(\boldsymbol{t}_3)/2\}}{2^{(n-1)(p-1)/2}\pi^{(p-1)(p-2)/4}\prod_{i=1}^{p-1}\Gamma((n-i)/2)}.$$

而 $f_1(t_1)$ 是非中心 $t_1 \sim \chi^2(n, a)$ 分布的密度函数 (见 (A.3.1) 式), 它等于

$$f_1(t_1) = \sum_{k=0}^{\infty} \frac{(a/2)^k}{k!} \mathrm{e}^{-a/2} \frac{(1/2)^{(n+2k)/2}}{\Gamma((n+2k)/2)} t_1^{(n+2k)/2-1} \mathrm{e}^{-t_1/2}.$$

附录 A.3 还说明, 若引入服从泊松分布 $P(a/2)$ 的变量 $\varPsi$, 那么 $t_1 \sim \chi^2(n, a)$ 可以理解为在给定 $\varPsi = k$ 后, t_1 的条件分布为自由度等于 $n+2k$ 的中心 $\chi^2(n+2k)$ 分布.

由于变换 $(t_1, \boldsymbol{t}_2, \boldsymbol{t}_3) \to (w_{11}, \boldsymbol{W}_{21}, \boldsymbol{W}_{22})$ 的雅可比行列式为

$$J\left(\left(t_1, \boldsymbol{t}_2, \boldsymbol{t}_3\right) \rightarrow \left(w_{11}, \boldsymbol{W}_{21}, \boldsymbol{W}_{22}\right)\right)=\left|\frac{\partial\left(t_1, \boldsymbol{t}_2, \boldsymbol{t}_3\right)}{\partial\left(w_{11}, \boldsymbol{W}_{21}, \boldsymbol{W}_{22}\right)}\right|=w_{11}^{(p-1)/2},$$

则从 $(t_1, \boldsymbol{t}_2, \boldsymbol{t}_3)$ 的密度函数得到 $(w_{11}, \boldsymbol{W}_{21}, \boldsymbol{W}_{22})$, 也就是 $\boldsymbol{W}$ 的密度函数为

$$\mathrm{e}^{-a/2} \frac{|\boldsymbol{W}|^{(n-p-1)/2} \exp\{-\operatorname{tr}(\boldsymbol{W})/2\}}{2^{(np)/2} \pi^{p(p-1)/4} \prod_{i=1}^{p} \Gamma((n-i+1)/2)} \sum_{k=0}^{\infty} \frac{1}{k!} \frac{\Gamma(n/2)}{\Gamma(n/2+k)}\left(\frac{a w_{11}}{4}\right)^k. \tag{3.3.1}$$

这就是 $\boldsymbol{x}_1, \cdots, \boldsymbol{x}_n$ 为来自于总体 $N_p(\delta \boldsymbol{e}_1, \boldsymbol{I}_p)$ 的样本时, $\boldsymbol{W}=\sum_{i=1}^{n} \boldsymbol{x}_i \boldsymbol{x}_i'$ 的密度函数.

第 2 步. 接下来由 (3.3.1)式推导当 $\boldsymbol{x}_1, \cdots, \boldsymbol{x}_n$ 是来自于总体 $N_p(\boldsymbol{\mu}, \boldsymbol{I}_p)$ 的样本时, $\boldsymbol{W}=\sum_{i=1}^{n} \boldsymbol{x}_i \boldsymbol{x}_i'$ 的密度函数. 令 $\boldsymbol{T}$ 为第 1 个行向量为 $\boldsymbol{\mu}'/\delta$ 的正交矩阵, 其中, $\delta=\sqrt{\boldsymbol{\mu}'\boldsymbol{\mu}}$, 并令 $\boldsymbol{y}_i=\boldsymbol{T}\boldsymbol{x}_i$, $i=1, \cdots, n$, 则有 $\boldsymbol{y}_i \sim N_p(\delta \boldsymbol{e}_1, \boldsymbol{I}_p)$, $i=1, \cdots, n$. 令 $\boldsymbol{V}=\sum_{i=1}^{n} \boldsymbol{y}_i \boldsymbol{y}_i'$, 则据 (3.3.1) 式, $\boldsymbol{V}$ 的密度函数为

$$\mathrm{e}^{-a/2} \frac{|\boldsymbol{V}|^{(n-p-1)/2} \exp\{-\operatorname{tr}(\boldsymbol{V})/2\}}{2^{(np)/2} \pi^{p(p-1)/4} \prod_{i=1}^{p} \Gamma((n-i+1)/2)} \sum_{k=0}^{\infty} \frac{1}{k!} \frac{\Gamma(n/2)}{\Gamma(n/2+k)}\left(\frac{a v_{11}}{4}\right)^k, \tag{3.3.2}$$

其中, $a=n\delta^2=n\boldsymbol{\mu}'\boldsymbol{\mu}$, v_{11} 是 $\boldsymbol{V}$ 的第 1 行第 1 列上的元素. 由于 $\boldsymbol{y}_i=\boldsymbol{T}\boldsymbol{x}_i$, $i=1, \cdots, n$, 所以 $\boldsymbol{V}=\boldsymbol{T}\boldsymbol{W}\boldsymbol{T}'$. 由此知 $\boldsymbol{V}$ 的第 1 行第 1 列上的元素

$$v_{11}=\left(\frac{\boldsymbol{\mu}'}{\delta}\right) \boldsymbol{W}\left(\frac{\boldsymbol{\mu}}{\delta}\right)=\frac{(\boldsymbol{\mu}' \boldsymbol{W} \boldsymbol{\mu})}{(\boldsymbol{\mu}'\boldsymbol{\mu})}.$$

变换 $\boldsymbol{V} \rightarrow \boldsymbol{W}$ 的雅可比行列式 $J(\boldsymbol{V} \rightarrow \boldsymbol{W})=|\boldsymbol{T}|^{(p+1)/2}=1$, 因而由 (3.3.2) 式得到 $\boldsymbol{W}$ 的密度函数为

$$\mathrm{e}^{-n\boldsymbol{\mu}'\boldsymbol{\mu}/2} \frac{|\boldsymbol{W}|^{(n-p-1)/2} \exp\{-\operatorname{tr}(\boldsymbol{W})/2\}}{2^{(np)/2} \pi^{p(p-1)/4} \prod_{i=1}^{p} \Gamma((n-i+1)/2)} \cdot \sum_{k=0}^{\infty} \frac{1}{k!} \frac{\Gamma(n/2)}{\Gamma(n/2+k)}\left(\frac{n \boldsymbol{\mu}' \boldsymbol{W} \boldsymbol{\mu}}{4}\right)^k. \tag{3.3.3}$$

情况 2 $\boldsymbol{\Sigma}>0$, 当 $\boldsymbol{x}_1, \cdots, \boldsymbol{x}_n$ 是来自于总体 $N_p(\boldsymbol{\mu}, \boldsymbol{\Sigma})$ 的样本时, 作变换 $\boldsymbol{x}_i \rightarrow \boldsymbol{\Sigma}^{1/2} \boldsymbol{y}_i$, $i=1, \cdots, n$, 那么 $\boldsymbol{y}_1, \cdots, \boldsymbol{y}_n$ 是来自于总体 $N_p\left(\boldsymbol{\Sigma}^{-1/2} \boldsymbol{\mu}, \boldsymbol{I}_p\right)$ 的样本.

由此变换诱导出一个变换：$\boldsymbol{W} \to \boldsymbol{\Sigma}^{1/2}\boldsymbol{V}\boldsymbol{\Sigma}^{1/2}$, 其中, $\boldsymbol{W} = \sum\limits_{i=1}^{n} \boldsymbol{x}_i\boldsymbol{x}_i'$, $\boldsymbol{V} = \sum\limits_{i=1}^{n} \boldsymbol{y}_i\boldsymbol{y}_i'$. $\boldsymbol{V}$ 的密度函数见 (3.3.3) 式, 只不过将其中的 $\boldsymbol{W}$ 代换为 $\boldsymbol{V}$, $\boldsymbol{\mu}$ 代换为 $\boldsymbol{\Sigma}^{-1/2}\boldsymbol{\mu}$. 由 $\boldsymbol{V}$ 的密度函数得到 $\boldsymbol{W}$ 的密度函数为

$$
\mathrm{e}^{-n\boldsymbol{\mu}'\boldsymbol{\Sigma}^{-1}\boldsymbol{\mu}/2}\frac{|\boldsymbol{\Sigma}|^{-n/2}|\boldsymbol{W}|^{(n-p-1)/2}\exp\left\{-\mathrm{tr}\left(\boldsymbol{\Sigma}^{-1}\boldsymbol{W}\right)/2\right\}}{2^{(np)/2}\pi^{p(p-1)/4}\prod\limits_{i=1}^{p}\Gamma\left((n-i+1)/2\right)}
\cdot\sum_{k=0}^{\infty}\frac{1}{k!}\frac{\Gamma(n/2)}{\Gamma(n/2+k)}\left(\frac{n\boldsymbol{\mu}'\boldsymbol{\Sigma}^{-1}\boldsymbol{W}\boldsymbol{\Sigma}^{-1}\boldsymbol{\mu}}{4}\right)^k. \tag{3.3.4}
$$

这就是我们所要求的当 $\boldsymbol{x}_1, \cdots, \boldsymbol{x}_n$ 是来自于总体 $N_p(\boldsymbol{\mu}, \boldsymbol{\Sigma})$ 的样本时, $\boldsymbol{W} = \sum\limits_{i=1}^{n} \boldsymbol{x}_i\boldsymbol{x}_i'$ 的非中心 Wishart 分布的密度函数. 通常用超几何函数表示非中心 Wishart 分布的密度函数, 将 (3.3.4) 式简写成

$$
\mathrm{e}^{-n\boldsymbol{\mu}'\boldsymbol{\Sigma}^{-1}\boldsymbol{\mu}/2}\frac{|\boldsymbol{\Sigma}|^{-n/2}|\boldsymbol{W}|^{(n-p-1)/2}\exp\left\{-\mathrm{tr}\left(\boldsymbol{\Sigma}^{-1}\boldsymbol{W}\right)/2\right\}}{2^{(np)/2}\pi^{p(p-1)/4}\prod\limits_{i=1}^{p}\Gamma\left((n-i+1)/2\right)}{}_0\mathrm{F}_1\left(\frac{n}{2};\frac{n\boldsymbol{\mu}'\boldsymbol{\Sigma}^{-1}\boldsymbol{W}\boldsymbol{\Sigma}^{-1}\boldsymbol{\mu}}{4}\right).
$$

超几何函数的定义如下：

$$
{}_p\mathrm{F}_q\left(a_1, \cdots, a_p; b_1, \cdots, b_q; x\right) = \sum_{k=0}^{\infty}\frac{(a_1)_k\cdots(a_p)_k}{(b_1)_k\cdots(b_q)_k}\frac{x^k}{k!},
$$

其中,

$$
(a)_k = a(a+1)\cdots(a+k-1) = \frac{\Gamma(a+k)}{\Gamma(a)}.
$$

至此, 当 $\boldsymbol{x}_1, \cdots, \boldsymbol{x}_n$ 是来自于总体 $N_p(\boldsymbol{\mu}, \boldsymbol{\Sigma})$ 的样本时, 推导了 $\boldsymbol{W} = \sum\limits_{i=1}^{n} \boldsymbol{x}_i\boldsymbol{x}_i'$ 的非中心 Wishart 分布的密度函数. 而一般情况, 也就是在 $\boldsymbol{x}_1, \cdots, \boldsymbol{x}_n$ 相互独立, $\boldsymbol{x}_i \sim N_p(\boldsymbol{\mu}_i, \boldsymbol{\Sigma})$, $i = 1, \cdots, n$ 时, $\boldsymbol{W} = \sum\limits_{i=1}^{n} \boldsymbol{x}_i\boldsymbol{x}_i'$ 的非中心 Wishart 分布的密度函数需要用到所谓的带状多项式 (zonal polynomials). 对带状多项式和非中心 Wishart 分布有兴趣的读者可参阅文献 [15], [106].

3.4　Hotelling T^2 分布

首先回顾 t 分布的定义. 假设变量 $\boldsymbol{X}$ 和 $\boldsymbol{Y}$ 相互独立, $\boldsymbol{X} \sim N(0,1)$, $Y \sim \chi^2(n)$, 则

$$t = \frac{X}{\sqrt{Y/n}} \sim t(n),$$

称变量 t 服从自由度为 n 的 t 分布. 显然, 若 $X \sim N(0, \sigma^2)$, $Y \sim \sigma^2 \cdot \chi^2(n)$, 则 t 仍服从自由度为 n 的 t 分布. 事实上, 所谓将 t 分布推广到多元正态分布的场合并不是直接将 t 进行推广, 而是将 t^2 进行推广. t 的平方服从 F 分布

$$t^2 = n\frac{X^2}{Y} \sim F(1, n). \tag{3.4.1}$$

下面将 t^2 推广到多元正态分布的场合.

3.4.1　中心 Hotelling T^2 分布

定义 3.4.1　假设 $\boldsymbol{X}$ 和 $\boldsymbol{W}$ 相互独立, $\boldsymbol{X} \sim N_p(\boldsymbol{0}, \boldsymbol{\Sigma})$, $\boldsymbol{W} \sim W_p(n, \boldsymbol{\Sigma})$. 记

$$T^2 = n\boldsymbol{X}'\boldsymbol{W}^{-1}\boldsymbol{X},$$

则称 T^2 的分布为 Hotelling T^2 分布.

由于

$$T^2 = n\left(\boldsymbol{\Sigma}^{-1/2}\boldsymbol{X}\right)'\left(\boldsymbol{\Sigma}^{-1/2}\boldsymbol{W}\boldsymbol{\Sigma}^{-1/2}\right)^{-1}\left(\boldsymbol{\Sigma}^{-1/2}\boldsymbol{X}\right),$$

$$\boldsymbol{\Sigma}^{-1/2}\boldsymbol{X} \sim N_p(\boldsymbol{0}, \boldsymbol{I}_p), \quad \boldsymbol{\Sigma}^{-1/2}\boldsymbol{W}\boldsymbol{\Sigma}^{-1/2} \sim W_p(n, \boldsymbol{I}_p),$$

所以 T^2 的分布与 $\boldsymbol{\Sigma}$ 无关. 通常将 Hotelling T^2 分布记为 $T_p^2(n)$.

关于 Hotelling T^2 分布有以下一些性质:

由于 $\boldsymbol{X}$ 和 $\boldsymbol{W}$ 相互独立, 所以在 $\boldsymbol{X}$ 给定的条件下, $\boldsymbol{W}$ 的条件分布仍为 $W_p(n, \boldsymbol{\Sigma})$, 则由性质 3.2.9 知

$$\boldsymbol{Y} = \frac{\boldsymbol{X}'\boldsymbol{\Sigma}^{-1}\boldsymbol{X}}{\boldsymbol{X}'\boldsymbol{W}^{-1}\boldsymbol{X}}\text{的条件分布为}\chi^2(n-p+1).$$

由于这个条件分布与给定的条件 $\boldsymbol{X}$ 没有关系, 所以 $\boldsymbol{Y}$ 与 $\boldsymbol{X}$ 相互独立, 并且 $\boldsymbol{Y}$ 的 (无条件) 分布仍为 $\chi^2(n-p+1)$. 由于 $\boldsymbol{X} \sim N_p(0, \boldsymbol{\Sigma})$, 根据多元正态分布的性质 2.3.6 知 $\boldsymbol{X}'\boldsymbol{\Sigma}^{-1}\boldsymbol{X} \sim \chi^2(p)$. 因为

$$\boldsymbol{X}'\boldsymbol{W}^{-1}\boldsymbol{X} = \frac{\boldsymbol{X}'\boldsymbol{\Sigma}^{-1}\boldsymbol{X}}{\boldsymbol{X}'\boldsymbol{\Sigma}^{-1}\boldsymbol{X}/(\boldsymbol{X}'\boldsymbol{W}^{-1}\boldsymbol{X})},$$

所以有

性质 3.4.1

$$\boldsymbol{X}'\boldsymbol{W}^{-1}\boldsymbol{X} \stackrel{\mathrm{d}}{=} \frac{\chi^2(p)}{\chi^2(n-p+1)}, \tag{3.4.2}$$

其中, 分子与分母这两个 χ^2 分布相互独立.

性质 3.4.1 说明 $\boldsymbol{X}'\boldsymbol{W}^{-1}X$ 服从 $Z(p/2,(n-p+1)/2)$ 分布, 从而由 (3.4.2) 式知, Hotelling $T_p^2(n)$ 分布可转化为 Z 分布

$$\frac{1}{n}T_p^2(n) \stackrel{\mathrm{d}}{=} \frac{\chi^2(p)}{\chi^2(n-p+1)} \sim Z\left(\frac{p}{2},\frac{n-p+1}{2}\right). \tag{3.4.3}$$

由 (3.4.2) 式, 有

$$\frac{n-p+1}{np}\boldsymbol{T}^2 = \frac{n-p+1}{p}\boldsymbol{X}'\boldsymbol{W}^{-1}\boldsymbol{X} \stackrel{\mathrm{d}}{=} \frac{\chi^2(p)/p}{\chi^2(n-p+1)/(n-p+1)}.$$

这说明 Hotelling $T_p^2(n)$ 分布可转化为 F 分布.

性质 3.4.2

$$\frac{n-p+1}{np}T_p^2(n) \stackrel{\mathrm{d}}{=} \frac{\chi^2(p)/p}{\chi^2(n-p+1)/(n-p+1)} \sim F(p,n-p+1). \tag{3.4.4}$$

显然, $p=1$ 时 (3.4.4) 式就化为 (3.4.1) 式.

由性质 3.4.1 导出性质 3.4.2, 把 Hotelling T^2 的分布转化为 F 分布. 性质 3.4.1 在把 Hotelling T^2 的分布转化为 F 分布的过程中起着关键的作用, 所以除了记住 (3.4.4) 式外, 还有必要记住 (3.4.2) 式和 (3.4.3) 式.

3.4.2 非中心 Hotelling T^2 分布

严格地说, 在 $\boldsymbol{X}$ 和 $\boldsymbol{W}$ 相互独立, $\boldsymbol{X} \sim N_p(\boldsymbol{0},\boldsymbol{\Sigma})$, $\boldsymbol{W} \sim W_p(n,\boldsymbol{\Sigma})$ 时, $T^2 = n\boldsymbol{X}'\boldsymbol{W}^{-1}\boldsymbol{X}$ 的分布是中心的 Hotelling T^2 分布. 如果 $\boldsymbol{X} \sim N_p(\mu,\boldsymbol{\Sigma})$, 则称 T^2 的分布是非中心 Hotelling T^2 分布. 由于

$$T^2 = n\left(\boldsymbol{\Sigma}^{-1/2}\boldsymbol{X}\right)'\left(\boldsymbol{\Sigma}^{-1/2}\boldsymbol{W}\boldsymbol{\Sigma}^{-1/2}\right)^{-1}\left(\boldsymbol{\Sigma}^{-1/2}\boldsymbol{X}\right),$$

$$\boldsymbol{\Sigma}^{-1/2}\boldsymbol{X} \sim N_p\left(\boldsymbol{\Sigma}^{-1/2}\boldsymbol{\mu},\boldsymbol{I}_p\right), \quad \boldsymbol{\Sigma}^{-1/2}\boldsymbol{W}\boldsymbol{\Sigma}^{-1/2} \sim W_p(n,\boldsymbol{I}_p),$$

所以非中心 $T^2 = n\boldsymbol{X}'\boldsymbol{W}^{-1}\boldsymbol{X}$ 的分布与 $\boldsymbol{\delta} = \boldsymbol{\Sigma}^{-1/2}\boldsymbol{\mu}$ 无关. 而在 $\boldsymbol{\delta} = \boldsymbol{0}$ 时, 非中心 Hotelling T^2 分布就是中心的 Hotelling T^2 分布 $T_p^2(n)$.

与 (3.4.2) 式 ~(3.4.4) 式相类似, 有

(1) 在 $\boldsymbol{X}$ 和 $\boldsymbol{W}$ 相互独立, $\boldsymbol{X} \sim N_p(\boldsymbol{\mu},\boldsymbol{\Sigma})$, $\boldsymbol{W} \sim W_p(n,\boldsymbol{\Sigma})$ 时,

$$\boldsymbol{X}'\boldsymbol{W}^{-1}\boldsymbol{X} \stackrel{\mathrm{d}}{=} \frac{\chi^2(p,a)}{\chi^2(n-p+1)}, \quad a = \boldsymbol{\delta}'\boldsymbol{\delta} = \boldsymbol{\mu}'\boldsymbol{\Sigma}^{-1}\boldsymbol{\mu}, \tag{3.4.5}$$

其中, 分子与分母这两个 χ^2 分布相互独立, 分子的 $\chi^2(p,a)$ 是自由度为 p 的非中心 χ^2 分布, 其非中心参数为 a. 由 (3.4.5) 式可以看到非中心 $T^2 = n\boldsymbol{X}'\boldsymbol{W}^{-1}\boldsymbol{X}$ 的分布除了与 p 有关外, 还仅与 $a = \boldsymbol{\delta}'\boldsymbol{\delta} = \boldsymbol{\mu}'\boldsymbol{\Sigma}^{-1}\boldsymbol{\mu}$ 有关. 为此人们将非中心 Hotelling T^2 分布记为 $T_p^2(n,a)$. 在 $a=0$ 时, $T_p^2(n,0)$ 分布就是中心的 Hotelling $T_p^2\ (n)$ 分布.

(2) 非中心 Hotelling T^2 分布与非中心 Z 分布

$$\frac{1}{n}T_p^2(n,a) \overset{\mathrm{d}}{=} \frac{\chi^2(p,a)}{\chi^2(n-p+1)} \sim Z\left(\frac{p}{2}, \frac{n-p+1}{2}, a\right). \tag{3.4.6}$$

(3) 非中心 Hotelling T^2 分布与非中心 F 分布

$$\frac{n-p+1}{np}T_p^2(n,a) \overset{\mathrm{d}}{=} \frac{\chi^2(p,a)/p}{\chi^2(n-p+1)/(n-p+1)} \sim F(p, n-p+1, a). \tag{3.4.7}$$

(3.4.5) 式 ~(3.4.7) 式的证明与 (3.4.2) 式 ~(3.4.4) 式的证明相类似, 留作习题 (见习题 3.10). 非中心 Z 分布和非中心 F 分布的介绍见文献 [16] 的第 1 章第 5 节.

下面讨论如何导出非中心 Hotelling T^2 分布的密度函数. 由 (3.4.7) 式知, 由非中心 F 分布的密度函数可以得到非中心 Hotelling T^2 分布的密度函数. 同样地, (3.4.6) 式说明, 由非中心 Z 分布的密度函数也能得到非中心 Hotelling T^2 分布的密度函数. 考虑到非中心 Z 分布的密度函数容易记住, 由它得到非中心 Hotelling T^2 分布的密度函数的计算过程比由非中心 F 分布的计算过程更为简单, 所以下面首先介绍非中心 Z 分布的密度函数, 然后导出非中心 T^2 分布的密度函数.

(A.3.1) 式给出了非中心 χ^2 分布的密度函数, 并说在引入服从泊松分布的变量 $\varPsi$ 后, 非中心 χ^2 分布变量 y 的分布可理解成, 在给定 $\varPsi$ 后 y 的条件分布为中心 χ^2 分布. 因而由 (3.4.6) 式知, 若令 $z \sim Z(p/2, (n-p+1)/2, a)$, 则在引入服从泊松分布 $P(a/2)$ 的变量 $\varPsi$ 后, 变量 z 的分布可理解成, 在给定 $\varPsi$ 后 z 的条件分布为中心的 $Z((p+2\varPsi)/2, (n-p+1)/2)$ 分布, 所以非中心 $Z(p/2, (n-p+1)/2, a)$ 分布的密度函数为

$$\begin{aligned}
p(z;a) &= \sum_{k=0}^{\infty} \frac{(a/2)^k}{k!}\mathrm{e}^{-a/2} Z\left(z \left| \frac{p+2k}{2}, \frac{n-p+1}{2}\right.\right) \\
&= \sum_{k=0}^{\infty} \frac{(a/2)^k}{k!}\mathrm{e}^{-a/2} \frac{\Gamma((n+2k+1)/2)}{\Gamma((p+2k)/2)\,\Gamma((n-p+1)/2)} \frac{z^{(p+2k)/2-1}}{(1+z)^{(n+2k+1)/2}}.
\end{aligned}$$

从而根据 (3.4.6) 式, 可由非中心 $Z(p/2, (n-p+1)/2, a)$ 分布的密度函数得到非中

心 $T_p^2(n,a)$ 分布的密度函数为

$$p\left(\boldsymbol{T}^2;a\right)=\frac{1}{n}\sum_{k=0}^{\infty}\frac{(a/2)^k}{k!}\mathrm{e}^{-a/2}$$
$$\cdot\frac{\Gamma(n+2k+1/2)}{\Gamma(p+2k/2)\,\Gamma(n-p+1/2)}\frac{\left(T^2/n\right)z^{(p+2k)/2-1}}{\left(1+T^2/n\right)^{(n+2k+1)/2}}. \tag{3.4.8}$$

在 (3.4.8) 式中取 $a=0$, 即得到中心 $T_p^2(n)$ 分布的密度函数为

$$p\left(T^2\right)=\frac{\Gamma((n+1)/2)}{\Gamma(p/2)\,\Gamma((n-p+1)/2)}\frac{\left(T^2/n\right)z^{p/2-1}}{\left(1+T^2/n\right)^{(n+1)/2}}. \tag{3.4.9}$$

此外, 中心 $T_p^2(n)$ 分布的密度函数也可由中心 $Z(p/2,(n-p+1)/2)$ 分布的密度函数导出. 知道中心 $Z(\boldsymbol{\alpha},\boldsymbol{\beta})$ 分布的密度函数为

$$p(z)=\frac{\Gamma((\alpha+\beta)/2)}{\Gamma(\alpha/2)\,\Gamma(\beta/2)}\frac{z^{\alpha/2-1}}{(1+z)^{(\alpha+\beta)/2}},$$

从而根据 (3.4.3) 式, 就可得到中心 $T_p^2(n)$ 分布的密度函数, 即 (3.4.9) 式.

3.5 Wilks 分 布

首先回顾 F 分布的定义. 假设变量 X 和 Y 相互独立, $X\sim\chi^2(n)$, $Y\sim\chi^2(m)$, 则

$$F=\frac{X/n}{Y/m}\sim F(n,m),$$

称变量 F 服从分子自由度为 n, 分母自由度为 m 的 F 分布, 简称 F 服从自由度为 n 和 m 的 F 分布. 显然, 若 $X\sim\sigma^2\cdot\chi^2(n)$, $Y\sim\sigma^2\cdot\chi^2(m)$, 则 F 仍服从分子自由度为 n, 分母自由度为 m 的 F 分布. F 分布和 β 分布可以相互转化. 令

$$B=\frac{X}{X+Y}=\frac{F\cdot\dfrac{n}{m}}{1+F\cdot\dfrac{n}{m}},$$

则 $B\sim\beta(n/2,m/2)$. 事实上, 所谓将 F 分布推广到多元正态分布的场合并不是直接将它进行推广, 而是将 β 分布进行推广.

定义 3.5.1(Wilks 分布) 假设 $\boldsymbol{W}_1$ 与 $\boldsymbol{W}_2$ 相互独立, $\boldsymbol{W}_1\sim W_p(n,\boldsymbol{\Sigma})$, $\boldsymbol{W}_2\sim W_p(m,\boldsymbol{\Sigma})$, 其中, $\boldsymbol{\Sigma}>0$, $n\geqslant p$. 记

$$\Lambda=\frac{|\boldsymbol{W}_1|}{|\boldsymbol{W}_1+\boldsymbol{W}_2|},$$

称 Λ 的分布为 Wilks 分布.

显然, $0 \leqslant \Lambda \leqslant 1$. 除了 $\boldsymbol{\Sigma} > 0$, 为什么还要求 $n \geqslant p$? 这是为了使得 Λ 的分子和分母为正的概率都等于 1. 而 m 和 p 之间, 可能 $m \geqslant p$, 也可能 $m < p$.

由于

$$\Lambda = \frac{\left|\boldsymbol{\Sigma}^{-1/2}\boldsymbol{W}_1\boldsymbol{\Sigma}^{-1/2}\right|}{\left|\boldsymbol{\Sigma}^{-1/2}\boldsymbol{W}_1\boldsymbol{\Sigma}^{-1/2} + \boldsymbol{\Sigma}^{-1/2}\boldsymbol{W}_2\boldsymbol{\Sigma}^{-1/2}\right|},$$

$$\boldsymbol{\Sigma}^{-1/2}\boldsymbol{W}_1\boldsymbol{\Sigma}^{-1/2} \sim W_p\left(n, \boldsymbol{I}_p\right), \quad \boldsymbol{\Sigma}^{-1/2}\boldsymbol{W}_2\boldsymbol{\Sigma}^{-1/2} \sim W_p\left(m, \boldsymbol{I}_p\right),$$

所以 Λ 的分布与 $\boldsymbol{\Sigma}$ 无关. 通常将 Λ 的分布记为 $\Lambda_{p,n,m}$.

性质 3.5.1 是 Wilks 分布的一个基本性质.

性质 3.5.1

$$\Lambda_{p,n,m} \overset{\mathrm{d}}{=} B_1 B_2 \cdots B_p,$$

其中, $B_1, B_2, \cdots, B_p$ 相互独立, $B_i \sim \beta\left((n-i+1)/2, m/2\right)$, $i = 1, \cdots, p$.

性质 3.5.1 说明, $\Lambda_{p,n,m}$ 和相互独立的 p 个参数分别为 $(n/2, m/2)$, $((n-1)/2, m/2)$, $\cdots$, $((n-p+1)/2, m/2)$ 的 β 分布变量的乘积同分布.

采用下面的方法证明两个变量同分布. 显然, 若变量 $\boldsymbol{X}$ 与 $\boldsymbol{Y}$ 同分布, 则 $\boldsymbol{X}$ 与 $\boldsymbol{Y}$ 的各阶矩都相等: $E\left(\boldsymbol{X}^h\right) = E\left(\boldsymbol{Y}^h\right)$, $h = 0, 1, 2, \cdots$. 反之, 若 $\boldsymbol{X}$ 与 $\boldsymbol{Y}$ 的各阶矩都相等, $\boldsymbol{X} \overset{\mathrm{d}}{=} \boldsymbol{Y}$ 是否一定成立? $\boldsymbol{X} \overset{\mathrm{d}}{=} \boldsymbol{Y}$ 是不一定成立的. 存在这样的变量 $\boldsymbol{X}$ 和 $\boldsymbol{Y}$, 它们的各阶矩都相等, 但它们有不同的分布. 这样的反例见文献 [37] 的 2.13 节. 但是在一定的条件下, 若 $\boldsymbol{X}$ 与 $\boldsymbol{Y}$ 的各阶矩都相等, 则 $\boldsymbol{X}$ 与 $\boldsymbol{Y}$ 有相同的分布. 例如, 设 $a_0 = 1, a_1, a_2, \cdots$ 是某个变量 $\boldsymbol{X}$ 的各阶矩, 它们都有限, 如果对某个 $r > 0$, 级数

$$\sum_{n=0}^{\infty} \frac{a_n}{n!} r^n \tag{3.5.1}$$

绝对收敛, 则 $\boldsymbol{X}$ 是唯一以 a_n 为 $n(n = 0, 1, 2, \cdots)$ 阶矩的变量. 这个结论的证明见文献 [63] 的 15.4 节.

显然, 若变量 $\boldsymbol{X}$ 有界, 则 (3.5.1) 式的级数必绝对收敛, 故 $\boldsymbol{X}$ 就被它的各阶矩唯一确定. 性质 3.5.1 中的 $\Lambda_{p,n,m}$ 和 $B_1 B_2 \cdots B_p$ 都是有界的: $0 \leqslant \Lambda_{p,n,m} \leqslant 1$, $0 \leqslant B_1 B_2 \cdots B_p \leqslant 1$, 所以欲证性质 3.5.1, 仅需验证 $\Lambda_{p,n,m}$ 和 $B_1 B_2 \cdots B_p$ 的各阶矩都相等.

$\beta\left(a, b\right)$ 分布的密度函数为

$$\frac{\Gamma\left(a+b\right)}{\Gamma\left(a\right)\Gamma\left(b\right)} x^{a-1}\left(1-x\right)^{b-1}, \quad 0 \leqslant x \leqslant 1,$$

所以 $\beta(a,b)$ 分布的 h 阶矩为

$$\int_0^1 x^h \frac{\Gamma(a+b)}{\Gamma(a)\Gamma(b)} x^{a-1}(1-x)^{b-1}\,\mathrm{d}x = \frac{\Gamma(a+b)\Gamma(a+h)}{\Gamma(a)\Gamma(a+b+h)}.$$

由此得到 $B_1B_2\cdots B_p$ 的 h 阶矩

$$\begin{aligned} E(B_1B_2\cdots B_p)^h &= \prod_{i=1}^p E(B_i)^h \\ &= \prod_{i=1}^p \frac{\Gamma(n-i+1+m/2)\Gamma(n-i+1/2+h)}{\Gamma(n-i+1/2)\Gamma(n-i+1+m/2+h)}. \end{aligned} \tag{3.5.2}$$

在 $m \geqslant p$ 时, 可以由 $(\boldsymbol{W}_1, \boldsymbol{W}_2)$ 的联合密度求得 $\Lambda_{p,n,m}$ 的 h 阶矩. 将它的计算过程留作习题 (见习题 3.12). 而在 $m < p$ 时, 不存在 $\boldsymbol{W}_2$ 的密度函数, 将根据 Wishart 分布的定义, 计算 $\Lambda_{p,n,m}$ 的 h 阶矩. 下面使用的求 $\Lambda_{p,n,m}$ 的 h 阶矩的方法, 无论 $m \geqslant p$ 还是 $m < p$, 都是适用的.

假设 $\boldsymbol{W}, x_1, \cdots, x_m$ 相互独立, $\boldsymbol{W} \sim W_p(n, \boldsymbol{\Sigma})$, $x_1, \cdots, x_m$ 同为 $N_p(\boldsymbol{0}, \boldsymbol{\Sigma})$ 分布, 其中, $\boldsymbol{\Sigma} > 0$, $n \geqslant p$, 则 $\sum_{i=1}^m \boldsymbol{x}_i\boldsymbol{x}_i' \sim W_p(m, \boldsymbol{\Sigma})$,

$$\Lambda = \frac{|\boldsymbol{W}|}{\left|\boldsymbol{W} + \sum_{i=1}^m \boldsymbol{x}_i\boldsymbol{x}_i'\right|} \sim \Lambda_{p,n,m}.$$

为简化计算, 不妨假设 $\boldsymbol{\Sigma} = \boldsymbol{I}_p$. 将分以下 3 个步骤计算 $\Lambda_{p,n,m}$ 的矩:

(1) 令 $\boldsymbol{X}' = (x_1, \cdots, x_m)$. 首先由 $(\boldsymbol{W}, \boldsymbol{X}')$ 的联合密度求得 $(\boldsymbol{U}_1, \boldsymbol{U}_2)$ 的联合密度, 其中,

$$\begin{cases} \boldsymbol{U}_1 = \boldsymbol{W} + \boldsymbol{X}'\boldsymbol{X}, \\ \boldsymbol{U}_2 = \boldsymbol{U}_1^{-1/2}\boldsymbol{X}'. \end{cases}$$

引入变量 $(\boldsymbol{U}_1, \boldsymbol{U}_2)$ 的原因就在于

$$\Lambda = \frac{|\boldsymbol{W}|}{|\boldsymbol{W} + \boldsymbol{X}'\boldsymbol{X}|} = \frac{|\boldsymbol{U}_1 - \boldsymbol{X}'\boldsymbol{X}|}{|\boldsymbol{U}_1|} = \left|\boldsymbol{I}_p - \boldsymbol{U}_2\boldsymbol{U}_2'\right|.$$

(2) 然后由 $(\boldsymbol{U}_1, \boldsymbol{U}_2)$ 的联合密度, 导出 $\boldsymbol{U}_2$ 的密度函数.

(3) 最后由 $\boldsymbol{U}_2$ 的密度函数计算 $\Lambda = \left|\boldsymbol{I}_p - \boldsymbol{U}_2\boldsymbol{U}_2'\right|$ 的 h 阶矩.

具体说明如下:

(1) $(\boldsymbol{W}, \boldsymbol{X}')$ 的联合密度为

$$\frac{|\boldsymbol{W}|^{(n-p-1)/2}\exp\left\{-\frac{1}{2}\mathrm{tr}\,(\boldsymbol{W})\right\}}{2^{np/2}\Gamma_p\,(n/2)}\prod_{i=1}^{m}\frac{\exp\left\{-\frac{\boldsymbol{x}_i'\boldsymbol{x}_i}{2}\right\}}{(2\pi)^{p/2}}$$

$$=\frac{|\boldsymbol{W}|^{(n-p-1)/2}\exp\left\{-\frac{1}{2}\mathrm{tr}\,(\boldsymbol{W})\right\}}{2^{np/2}\Gamma_p\,(n/2)}\frac{\exp\left\{-\frac{1}{2}\mathrm{tr}\left(\boldsymbol{X}'\boldsymbol{X}\right)\right\}}{(2\pi)^{mp/2}},\quad \boldsymbol{W}>0.$$

为了由 $(\boldsymbol{W},\boldsymbol{X}')$ 的联合密度得到 $(\boldsymbol{U}_1,\boldsymbol{U}_2)$ 的联合密度, 关键在于计算变换 $(\boldsymbol{W},\boldsymbol{X}')\to(\boldsymbol{U}_1,\boldsymbol{U}_2)$ 的雅可比行列式. 由于变换 $(\boldsymbol{U}_1,\boldsymbol{U}_2)\to(\boldsymbol{W},\boldsymbol{X}')$ 是

$$\begin{cases}\boldsymbol{U}_1=\boldsymbol{W}+\boldsymbol{X}'\boldsymbol{X},\\ \boldsymbol{U}_2=\boldsymbol{U}_1^{-1/2}\boldsymbol{X}',\end{cases}$$

所以由引理 A.5.4 知, 这个变换的雅可比行列式为

$$J\left((\boldsymbol{U}_1,\boldsymbol{U}_2)\to(\boldsymbol{W},\boldsymbol{X}')\right)=\left|\frac{\partial(\boldsymbol{U}_1)}{\partial(\boldsymbol{W})}\right|\cdot\left|\frac{\partial(\boldsymbol{U}_2)}{\partial(\boldsymbol{X}')}\right|=\left|\frac{\partial(\boldsymbol{U}_2)}{\partial(\boldsymbol{X}')}\right|.$$

这相当于引入中间变量 $(\boldsymbol{U}_1,\boldsymbol{X}')$, 使得

$$\begin{aligned}&J\left((\boldsymbol{U}_1,\boldsymbol{U}_2)\to(\boldsymbol{W},\boldsymbol{X}')\right)\\=&J\left((\boldsymbol{U}_1,\boldsymbol{U}_2)\to(\boldsymbol{U}_1,\boldsymbol{X}')\right)\cdot J\left((\boldsymbol{U}_1,\boldsymbol{X}')\to(\boldsymbol{W},\boldsymbol{X}')\right).\end{aligned}$$

由定理 A.5.1 线性变换的雅可比行列式知 $\left|\partial(\boldsymbol{U}_2)/\partial(\boldsymbol{X}')\right|=\left|\boldsymbol{U}_1^{-1/2}\right|^m=|\boldsymbol{U}_1|^{-m/2}$, 所以

$$J\left((\boldsymbol{U}_1,\boldsymbol{U}_2)\to(\boldsymbol{W},\boldsymbol{X}')\right)=|\boldsymbol{U}_1|^{-m/2}.$$

从而知 $J\left((\boldsymbol{W},\boldsymbol{X}')\to(\boldsymbol{U}_1,\boldsymbol{U}_2)\right)=|\boldsymbol{U}_1|^{m/2}$, 由 $(\boldsymbol{W},\boldsymbol{X}')$ 的联合密度得到 $(\boldsymbol{U}_1,\boldsymbol{U}_2)$ 的联合密度为

$$\frac{|\boldsymbol{U}_1|^{(n+m-p-1)/2}\exp\left\{-\frac{1}{2}\mathrm{tr}\,(\boldsymbol{U}_1)\right\}\left|\boldsymbol{I}_p-\boldsymbol{U}_2\boldsymbol{U}_2'\right|^{(n-p-1)/2}}{2^{(n+m)p/2}\Gamma_p\,(n/2)\,\pi^{mp/2}},\quad \boldsymbol{U}_1>0.$$

(2) 由 $(\boldsymbol{U}_1,\boldsymbol{U}_2)$ 的联合密度知 $\boldsymbol{U}_1$ 与 $\boldsymbol{U}_2$ 相互独立. 显然, $\boldsymbol{U}_1=\boldsymbol{W}+\boldsymbol{X}'\boldsymbol{X}\sim W_p\,(n+m,\boldsymbol{I}_p)$, $\boldsymbol{U}_1$ 的密度函数为

$$\frac{|\boldsymbol{U}_1|^{(n+m-p-1)/2}\exp\left\{-\frac{1}{2}\mathrm{tr}\,(\boldsymbol{U}_1)\right\}}{2^{(m+n)p/2}\Gamma_p\,((n+m)/2)},$$

故 $\boldsymbol{U}_2$ 的密度函数为

$$\frac{\Gamma_p\left((n+m)/2\right)}{\Gamma_p\left(n/2\right)\pi^{mp/2}}\left|\boldsymbol{I}_p-\boldsymbol{U}_2\boldsymbol{U}_2'\right|^{(n-p-1)/2}.$$

(3) 由于 $\Lambda=\left|\boldsymbol{I}_p-\boldsymbol{U}_2\boldsymbol{U}_2'\right|$, 所以 Λ 的 h 阶矩为

$$E\left(\Lambda\right)^h=\int\left|\boldsymbol{I}_p-\boldsymbol{U}_2\boldsymbol{U}_2'\right|^h\frac{\Gamma_p\left((n+m)/2\right)}{\Gamma_p\left(n/2\right)\pi^{mp/2}}\left|\boldsymbol{I}_p-\boldsymbol{U}_2\boldsymbol{U}_2'\right|^{(n-p-1)/2}\mathrm{d}\boldsymbol{U}$$

$$=\frac{\Gamma_p\left((n+m)/2\right)}{\Gamma_p\left(n/2\right)}\frac{\Gamma_p\left((n+2h)/2\right)}{\Gamma_p\left((n+2h+m)/2\right)}$$

$$=\frac{\prod\limits_{i=1}^{p}\Gamma\left((n+m-i+1)/2\right)}{\prod\limits_{i=1}^{p}\Gamma\left((n-i+1)/2\right)}\frac{\prod\limits_{i=1}^{p}\Gamma((n+2h-i+1)/2)}{\prod\limits_{i=1}^{p}\Gamma\left((n+2h+m-i+1)/2\right)}. \tag{3.5.3}$$

比较 (3.5.2) 式与 (3.5.3) 式. 由此可见, Λ 与 $B_1B_2\cdots B_p$ 的各阶矩都相等, 所以 Λ 与 $B_1B_2\cdots B_p$ 同分布. 由于 $\Lambda\sim\Lambda_{p,n,m}$, 所以性质 3.5.1 得到证明.

利用性质 3.5.1 并计算等式两边的矩, 可以证得 Wilks 分布的另一些基本性质, 见下面的性质 3.5.2 和性质 3.5.3. 其证明分别留作习题 (见习题 3.13, 习题 3.14).

性质 3.5.2 $\Lambda_{p,n,m}\overset{\mathrm{d}}{=}\Lambda_{m,n+m-p,p}$.

在 $m<p$ 时, 通常根据性质 3.5.2 将 $\Lambda_{p,n,m}$ 化为 $\Lambda_{m,n+m-p,p}$.

性质 3.5.3 (1) $\Lambda_{2r,n,m}\overset{\mathrm{d}}{=}B_1^2\cdots B_r^2$, 其中, $B_1,B_2,\cdots,B_r$ 相互独立, $B_i\sim\beta\left(n+1-2i,m\right)$, $i=1,\cdots,r$.

(2) $\Lambda_{2r+1,n,m}\overset{\mathrm{d}}{=}B_1^2\cdots B_r^2B_{r+1}$, 其中, $B_1,B_2,\cdots,B_r,B_{r+1}$ 相互独立, $B_i\sim\beta(n+1-2i,m)$, $i=1,\cdots,r$; $B_{r+1}\sim\beta\left((n-2r)/2,m/2\right)$.

在 $p=1,2$ 或 $m=1,2$ 时, Wilks 分布可转换为 F 分布, 其分布函数的计算比较简单.

(1) $p=1$ 时, 由性质 3.5.1 知 $\Lambda_{1,n,m}\sim\beta\left(n/2,m/2\right)$, 所以

$$\frac{n}{m}\frac{1-\Lambda_{1,n,m}}{\Lambda_{1,n,m}}\sim F\left(m,n\right). \tag{3.5.4}$$

(2) $m=1$ 时, 由性质 3.5.2 知 $\Lambda_{p,n,1}\overset{\mathrm{d}}{=}\Lambda_{1,n+1-p,p}\sim\beta\left((n+1-p)/2,p/2\right)$, 所以

$$\frac{n+1-p}{p}\frac{1-\Lambda_{p,n,1}}{\Lambda_{p,n,1}}\sim F\left(p,n+1-p\right). \tag{3.5.5}$$

(3) $p=2$ 时, 由性质 3.5.3 知 $\sqrt{\Lambda_{2,n,m}}\sim\beta\left(n-1,m\right)$, 所以

$$\frac{n-1}{m}\frac{1-\sqrt{\Lambda_{2,n,m}}}{\sqrt{\Lambda_{2,n,m}}}\sim F\left(2m,2(n-1)\right). \tag{3.5.6}$$

(4) $m=2$ 时, 由性质 3.5.2 知 $\Lambda_{p,n,2} \overset{\mathrm{d}}{=} \Lambda_{2,n+2-p,p}$, 从而由性质 3.5.3 知 $\sqrt{\Lambda_{p,n,2}} \sim \beta\,(n+1-p,p)$, 所以

$$\frac{n+1-p}{p}\frac{1-\sqrt{\Lambda_{p,n,2}}}{\sqrt{\Lambda_{p,n,2}}} \sim F\,(2p,2(n+1-p))\,. \tag{3.5.7}$$

在 $p \geqslant 3$ 或 $m \geqslant 3$ 时, Wilks 分布的分布函数的精确计算很是困难. 对精确计算有兴趣的读者可参阅文献 [118]. 下一节讨论 Wilks 分布的分布函数的渐近展开.

3.6 Wilks 分布的渐近展开

在 p 和 m 给定, $n \to \infty$ 时讨论 Wilks 分布 $\Lambda_{p,n,m}$ 的分布函数的渐近展开. 首先讨论 $-n\ln(\Lambda_{p,n,m})$ 的分布函数的渐近展开, 然后讨论 $-n\rho\ln(\Lambda_{p,n,m})$ 的分布函数的渐近展开, 其中, ρ 待定, 用以提高 Wilks 分布 $\Lambda_{p,n,m}$ 的分布函数的渐近计算的精度.

3.6.1 $-n\ln(\Lambda_{p,n,m})$ 分布函数的渐近展开

上一节, 在证明 Wilks 分布的性质 3.5.1 时, 得到了 Wilks 分布 $\Lambda_{p,n,m}$ 的 $h(h=0,1,2,\cdots)$ 阶矩的计算公式

$$E\,(\Lambda_{p,n,m})^h = \frac{\prod_{j=1}^{p}\Gamma\,((n+m-j+1)/2)}{\prod_{j=1}^{p}\Gamma\,((n-j+1)/2)}\frac{\prod_{j=1}^{p}\Gamma\,((n-j+1)/2+h)}{\prod_{j=1}^{p}\Gamma\,((n+m-j+1)/2+h)}. \tag{3.6.1}$$

利用这个公式首先得到 $-n\ln(\Lambda_{p,n,m})$ 的特征函数的展开式, 然后基于这个特征函数的展开式得到 $-n\ln(\Lambda_{p,n,m})$ 的分布函数的渐近展开.

根据 (3.6.1) 式, $-n\ln(\Lambda_{p,n,m})$ 的特征函数为

$$\begin{aligned}\phi\,(t) &= E\,(\exp\{\mathrm{i}t\,(-n\ln(\Lambda_{p,n,m}))\}) = E\,(\Lambda_{p,n,m})^{-n\mathrm{i}t}\\ &= \frac{\prod_{j=1}^{p}\Gamma\,((n+m-j+1)/2)}{\prod_{j=1}^{p}\Gamma\,((n-j+1)/2)}\frac{\prod_{j=1}^{p}\Gamma\,((n-j+1)/2-n\mathrm{i}t)}{\prod_{j=1}^{p}\Gamma\,((n+m-j+1)/2-n\mathrm{i}t)}.\end{aligned}$$

令

$$h(t)=\frac{\prod_{j=1}^{p}\Gamma\left(\frac{n}{2}(1-2\mathrm{i}t)+\frac{-j+1}{2}\right)}{\prod_{j=1}^{p}\Gamma\left(\frac{n}{2}(1-2\mathrm{i}t)+\frac{m-j+1}{2}\right)},$$

则 $\phi(t)=h(t)/h(0)$, $-n\ln(\varLambda_{p,n,m})$ 的特征函数 $\phi(t)$ 的对数为

$$\varPhi(t)=\ln\phi(t)=g(t)-g(0),$$

其中,

$$\begin{aligned}g(t)=&\ln h(t)\\=&\sum_{j=1}^{p}\ln\Gamma\left(\frac{n}{2}(1-2\mathrm{i}t)+\frac{-j+1}{2}\right)-\sum_{j=1}^{p}\ln\Gamma\left(\frac{n}{2}(1-2\mathrm{i}t)+\frac{m-j+1}{2}\right).\end{aligned}\tag{3.6.2}$$

在 $-n\ln(\varLambda_{p,n,m})$ 的特征函数 $\phi(t)$ 及其对数 $\varPhi(t)$ 的表达式中有因子 $1-2\mathrm{i}t$, 联系到 $\chi^2(n)$ 的特征函数为 $(1-2\mathrm{i}t)^{-n/2}$, 由此可以看到是在用 χ^2 分布近似 $-n\ln(\varLambda_{p,n,m})$ 的分布.

Γ 函数有展开式 [51]

$$\begin{aligned}&\ln\Gamma(x+h)\\&=\ln\sqrt{2\pi}+\left(x+h-\frac{1}{2}\right)\ln x-x-\sum_{r=1}^{k}(-1)^r\frac{B_{r+1}(h)}{r(r+1)x^r}+R_{k+1}(x),\end{aligned}\tag{3.6.3}$$

其中, $R_{k+1}(x)=O\left(x^{-(k+1)}\right)$, 即当 $|x|\to\infty$ 时, $\left|x^{k+1}R_{k+1}(x)\right|$ 有界, $B_r(h)(r=0,1,2,\cdots)$ 是 Bernoulli 多项式, 满足条件

$$\frac{\tau\mathrm{e}^{h\tau}}{\mathrm{e}^{\tau}-1}=\sum_{r=0}^{\infty}\frac{\tau^r}{r!}B_r(h).$$

这里列举前 5 个 Bernoulli 多项式, 它们为

$$\begin{aligned}&B_0(h)=1,\\&B_1(h)=h-\frac{1}{2},\\&B_2(h)=h^2-h+\frac{1}{6},\\&B_3(h)=h^3-\frac{3}{2}h^2+\frac{1}{2}h,\\&B_4(h)=h^4-2h^3+h^2+\frac{1}{30}.\end{aligned}$$

将 $g(t)$(见 (3.6.2) 式) 中的 $n(1-2\mathrm{i}t)/2$ 视为 x, 根据 Γ 函数的展开式, 将 $g(t)$ 展开至 n^{-k}, 使得尾部为 $O\left(n^{-(k+1)}\right)$, 其中, $k=0,1,2,\cdots$,

$$g(t)=-\frac{mp}{2}\ln\left(\frac{n(1-2\mathrm{i}t)}{2}\right)+\sum_{r=1}^{k}n^{-r}\omega_r(1-2\mathrm{i}t)^{-r}+O\left(n^{-(k+1)}\right), \tag{3.6.4}$$

其中,

$$\omega_r=\frac{(-1)^{r+1}2^r}{r(r+1)}\sum_{j=1}^{p}\left(B_{r+1}\left(\frac{-j+1}{2}\right)-B_{r+1}\left(\frac{m-j+1}{2}\right)\right). \tag{3.6.5}$$

这里列举 ω_1 和 ω_2 的值, 它们是

$$\omega_1=\frac{mp}{4}(-m+p+1),$$

$$\omega_2=\frac{mp}{24}\left(2m^2-3mp-3m+2p^2+3p-1\right).$$

由 (3.6.4) 式知

$$g(0)=-\frac{mp}{2}\ln\left(\frac{n}{2}\right)+\sum_{r=1}^{k}n^{-r}\omega_r+O\left(n^{-(k+1)}\right),$$

所以 $-n\ln(\Lambda_{p,n,m})$ 的特征函数 $\phi(t)$ 的对数 $\Phi(t)$ 可展开为

$$\begin{aligned}\Phi(t)&=\ln\phi(t)=g(t)-g(0)\\&=-\frac{mp}{2}\ln(1-2\mathrm{i}t)+\sum_{r=1}^{k}n^{-r}\omega_r\left((1-2\mathrm{i}t)^{-r}-1\right)+O\left(n^{-(k+1)}\right).\end{aligned}$$

从而得到 $-n\ln(\Lambda_{p,n,m})$ 的特征函数的展开式为

$$\phi(t)=\mathrm{e}^{\Phi(t)}=(1-2\mathrm{i}t)^{-mp/2}\left[\prod_{r=1}^{k}\exp\left\{n^{-r}\omega_r\left((1-2\mathrm{i}t)^{-r}-1\right)\right\}\right]+O\left(n^{-(k+1)}\right),$$

其中, $\exp\left\{n^{-r}\omega_r\left((1-2\mathrm{i}t)^{-r}-1\right)\right\}$ 展开为

$$1+n^{-r}\omega_r\left((1-2\mathrm{i}t)^{-r}-1\right)+\frac{1}{2}\left(n^{-r}\omega_r\left((1-2\mathrm{i}t)^{-r}-1\right)\right)^2+\cdots.$$

从而有

$$\phi(t)=(1-2\mathrm{i}t)^{-mp/2}\left(1+\sum_{r=1}^{k}n^{-r}T_r\right)+O\left(n^{-(k+1)}\right), \tag{3.6.6}$$

其中,

$$\begin{aligned}&1+\sum_{r=1}^{k} n^{-r}T_r\\&=\prod_{r=1}^{k}\left[1+n^{-r}\omega_r\left((1-2\mathrm{i}t)^{-r}-1\right)+\frac{1}{2}\left(n^{-r}\omega_r\left((1-2\mathrm{i}t)^{-r}-1\right)\right)^2+\cdots\right]. \end{aligned}\qquad(3.6.7)$$

这里列举 T_1 和 T_2 的值, 它们是

$$T_1=\omega_1\left((1-2\mathrm{i}t)^{-1}-1\right),$$

$$T_2=\omega_2\left((1-2\mathrm{i}t)^{-2}-1\right)+\frac{1}{2}\omega_1^2\left((1-2\mathrm{i}t)^{-2}-2(1-2\mathrm{i}t)+1\right).$$

若取 $k=0$, 则

$$\phi(t)=(1-2\mathrm{i}t)^{-mp/2}+O\left(n^{-1}\right);$$

若取 $k=1$, 则

$$\phi(t)=(1-2\mathrm{i}t)^{-mp/2}+n^{-1}\omega_1\left((1-2\mathrm{i}t)^{-(mp/2+1)}-(1-2\mathrm{i}t)^{-mp/2}\right)+O\left(n^{-2}\right);$$

若取 $k=2$, 则

$$\begin{aligned}\phi(t)=&(1-2\mathrm{i}t)^{-mp/2}+n^{-1}\omega_1\left((1-2\mathrm{i}t)^{-(mp/2+1)}-(1-2\mathrm{i}t)^{-mp/2}\right)\\&+n^{-2}\omega_2\left((1-2\mathrm{i}t)^{-(mp/2+2)}-(1-2\mathrm{i}t)^{-mp/2}\right)\\&+\frac{1}{2}n^{-2}\omega_1^2\Big((1-2\mathrm{i}t)^{-(mp/2+2)}-2(1-2\mathrm{i}t)^{-(mp/2+1)}\\&+(1-2\mathrm{i}t)^{-mp/2}\Big)+O\left(n^{-3}\right).\end{aligned}$$

由 (3.6.7) 式知 T_r 是 $(1-2\mathrm{i}t)^{-1}$ 的 r 次多项式. 从而由 (3.6.6) 式知, $-n\ln(\Lambda_{p,n,m})$ 的特征函数 $\phi(t)$ 的展开式中的每一项都是某个常数乘以 $(1-2\mathrm{i}t)^{-\nu/2}$, 其中, ν 是某个正整数. 由于 $(1-2\mathrm{i}t)^{-\nu/2}$ 是 $\chi^2(\nu)$ 分布的特征函数, 根据下面的一个结论就可以知道, $-n\ln(\Lambda_{p,n,m})$ 的分布是 χ^2 分布的加权和.

可以知道, 在变量 X 的特征函数 $\phi(t)$ 满足

$$\int|\phi(t)|\,\mathrm{d}t<\infty \qquad(3.6.8)$$

时, X 的分布函数 $F(x)$ 的导数, 即 X 的密度函数 $f(x)=F'(x)$ 存在并连续, 而且

$$f(x)=\frac{1}{2\pi}\int \mathrm{e}^{-\mathrm{i}tx}\phi(t)\,\mathrm{d}t<\infty.$$

由此结论可以得到下面的结论：

设有变量 $X, X_1, \cdots, X_k$, 它们的特征函数分别为 $\phi(t), \phi_1(t), \cdots, \phi_k(t)$. 这些特征函数都满足条件 (3.6.8). 若存在常数 $\alpha_1, \cdots, \alpha_k$, 使得

$$\phi(t) = \alpha_1\phi_1(t) + \cdots + \alpha_k\phi_k(t),$$

则

$$f(x) = \alpha_1 f_1(x) + \cdots + \alpha_k f_k(x),$$

$$F(x) = \alpha_1 F_1(x) + \cdots + \alpha_k F_k(x),$$

其中, $f(x), f_1(x), \cdots, f_k(x)$ 分别是 $X, X_1, \cdots, X_k$ 的密度函数, 而 $F(x), F_1(x), \cdots, F_k(x)$ 分别是 $X, X_1, \cdots, X_k$ 的分布函数. 当然, 下式也是成立的:

$$\bar{F}(x) = \alpha_1\bar{F}_1(x) + \cdots + \alpha_k\bar{F}_k(x), \tag{3.6.9}$$

其中, $\bar{F}(x)$ 的定义为 $\bar{F}(x) = 1 - F(x)$, 它们称为生存函数. 由上述结论知, $-n\ln(\Lambda_{p,n,m})$ 的分布是 χ^2 分布的加权和.

若取 $k=0$, 则对任意的 $x \geqslant 0$, 都有

$$P(-n\ln\Lambda_{p,n,m} \leqslant x) = P\left(\chi^2(mp) \leqslant x\right) + O\left(n^{-1}\right), \tag{3.6.10}$$

其中, $\chi^2(mp)$ 表示一个变量, 它服从自由度为 mp 的 χ^2 分布, 所以 $P\left(\chi^2(mp) \leqslant x\right)$ 就是 $\chi^2(mp)$ 的分布函数. 若用 $\chi^2(mp)$ 的分布函数近似 $-n\ln(\Lambda_{p,n,m})$ 的分布函数, 其精度达到 n^{-1}. 由 (3.6.9) 式知, (3.6.10) 式可以改写为

$$P(-n\ln\Lambda_{p,n,m} \geqslant x) = P\left(\chi^2(mp) \geqslant x\right) + O\left(n^{-1}\right). \tag{3.6.11}$$

在讨论 Wilks 分布 $\Lambda_{p,n,m}$ 的分布函数的渐近计算时, 为方便计算检验的 p 值, 宁愿取生存函数渐近展开 (即 (3.6.11) 式) 来代替分布函数渐近展开, 即 (3.6.10) 式.

若取 $k=1$, 则对任意的 $x \geqslant 0$, 都有

$$\begin{aligned} P(-n\ln\Lambda_{p,n,m} \geqslant x) = {} & P\left(\chi^2(mp) \geqslant x\right) + n^{-1}\omega_1\Big(P\left(\chi^2(mp+2) \geqslant x\right) \\ & - P\left(\chi^2(mp) \geqslant x\right)\Big) + O\left(n^{-2}\right). \end{aligned} \tag{3.6.12}$$

这时若用 $\chi^2(mp)$ 和 $\chi^2(mp+2)$ 分布的加权和近似 $-n\ln(\Lambda_{p,n,m})$ 的分布, 其精度就能达到 n^{-2}.

若取 $k=2$, 则对任意的 $x \geqslant 0$, 都有

$$\begin{aligned} & P(-n\ln\Lambda_{p,n,m} \geqslant x) \\ = {} & P\left(\chi^2(mp) \geqslant x\right) + n^{-1}\omega_1\left(P\left(\chi^2(mp+2) \geqslant x\right) - P\left(\chi^2(mp) \geqslant x\right)\right) \end{aligned}$$

$$
\begin{aligned}
&+n^{-2}\omega_2\left(P\left(\chi^2\left(mp+4\right)\geqslant x\right)-\left(\chi^2\left(mp\right)\geqslant x\right)\right)\\
&+\frac{1}{2}n^{-2}\omega_1^2\left(P\left(\chi^2\left(mp+4\right)\geqslant x\right)-2P\left(\chi^2\left(mp\right)\geqslant x\right)\right.\\
&\left.+P\left(\chi^2\left(mp\right)\geqslant x\right)\right)+O\left(n^{-3}\right).
\end{aligned}
\tag{3.6.13}
$$

这时, 若用 $\chi^2\left(mp\right)$, $\chi^2\left(mp+2\right)$ 和 $\chi^2\left(mp+4\right)$ 分布的加权和近似 $-n\ln\left(\varLambda_{p,n,m}\right)$ 的分布, 其精度就能达到 n^{-3}.

$k=0$ 时, $-n\ln\left(\varLambda_{p,n,m}\right)$ 的生存 (或分布) 函数 $P\left(-n\ln\varLambda_{p,n,m}\geqslant x\right)$ 的近似计算最为简单, 但是它的精度比较低, 只有 $O\left(n^{-1}\right)$. 取 $k=1$ 精度提高至 $O\left(n^{-2}\right)$. 由 (3.6.12) 式可以看到, 倘若 $\omega_1=0$, 则同 $k=0$, $k=1$ 时的 $P\left(-n\ln\varLambda_{p,n,m}\geqslant x\right)$ 的近似计算也很简单, 且若 $\omega_1=0$, 则由 (3.6.13) 式知, 将精度提高至 $O\left(n^{-3}\right)$ 也变得不很复杂. 为此引入数 ρ, 使得 $-n\rho\ln\left(\varLambda_{p,n,m}\right)$ 的展开式中的 $\omega_1=0$. 这个问题下面进行讨论.

3.6.2 $-n\rho\ln\left(\varLambda_{p,n,m}\right)$ 分布函数的渐近展开

这里使用的方法同 3.6.1 小节. 根据 (3.6.1) 式, $-n\rho\ln\left(\varLambda_{p,n,m}\right)$ 的特征函数为

$$
\begin{aligned}
\phi\left(t\right)&=E\left(\exp\left\{\mathrm{i}t\left(-n\rho\ln(\varLambda_{p,n,m})\right)\right\}\right)=E\left(\varLambda_{p,n,m}\right)^{-n\rho\mathrm{i}t}\\
&=\frac{\prod\limits_{j=1}^{p}\Gamma\left(\left(n+m-j+1\right)/2\right)}{\prod\limits_{j=1}^{p}\Gamma\left(\left(n-j+1\right)/2\right)}\frac{\prod\limits_{j=1}^{p}\Gamma\left(\left(n-j+1\right)/2-n\rho\mathrm{i}t\right)}{\prod\limits_{j=1}^{p}\Gamma\left(\left(n+m-j+1\right)/2-n\rho\mathrm{i}t\right)}=\frac{h\left(t\right)}{h\left(0\right)},
\end{aligned}
$$

其中,

$$
h\left(t\right)=\frac{\prod\limits_{j=1}^{p}\Gamma\left(\dfrac{n\rho}{2}(1-2\mathrm{i}t)+\left(n(1-\rho)-j+1\right)/2\right)}{\prod\limits_{j=1}^{p}\Gamma\left(\dfrac{n\rho}{2}(1-2\mathrm{i}t)+\left(n(1-\rho)+m-j+1\right)/2\right)}.
$$

从而知, $-n\rho\ln\left(\varLambda_{p,n,m}\right)$ 的特征函数 $\phi(t)$ 的对数为 $\varPhi\left(t\right)=\ln\phi\left(t\right)=g\left(t\right)-g\left(0\right)$, 其中,

$$
\begin{aligned}
g\left(t\right)=\ln h\left(t\right)=&\sum_{j=1}^{p}\ln\Gamma\left(\frac{n\rho}{2}(1-2\mathrm{i}t)+\frac{n(1-\rho)-j+1}{2}\right)\\
&-\sum_{j=1}^{p}\ln\Gamma\left(\frac{n\rho}{2}(1-2\mathrm{i}t)+\frac{n(1-\rho)+m-j+1}{2}\right).
\end{aligned}
$$

将 $g(t)$ 中的 $n\rho(1-2\mathrm{i}t)/2$ 视为 x, 根据 Γ 函数的展开式可将 $g(t)$ 展开. 由于并不知道 ρ 是怎样的一个常数, 下面仅将 $g(t)$ 形式地展开为

$$g(t)=-\frac{mp}{2}\ln\left(\frac{n\rho(1-2\mathrm{i}t)}{2}\right)+n^{-1}\omega_1(1-2\mathrm{i}t)^{-1}+n^{-2}\omega_2(1-2\mathrm{i}t)^{-2}+\cdots,$$

其中,

$$\omega_r=\frac{(-1)^{r+1}}{r(r+1)}\left(\frac{2}{\rho}\right)^r\sum_{j=1}^{p}\left[B_{r+1}\left(\frac{n(1-\rho)-j+1}{2}\right)-B_{r+1}\left(\frac{n(1-\rho)+m-j+1}{2}\right)\right]. \tag{3.6.14}$$

将 (3.6.14) 式与 (3.6.5) 式相对照后可以知道, 如果在 $n\to\infty$ 时, ρ 和 $n(1-\rho)$ 都分别趋向于常数, 则 $g(t)$ 可不必形式地展开, 而如 (3.6.4) 式那样展开至 n^{-k}, 使得尾部为 $O\left(n^{-(k+1)}\right)$, 其中, $k=0,1,2,\cdots$. 下面列举 ω_1 和 ω_2 的值:

$$\begin{aligned}\omega_1&=\frac{mp}{4}\left[-m+p+1-2n(1-\rho)\right],\\ \omega_2&=\frac{mp}{24}\left[2m^2-3mp-3m+2p^2+3p-1-6n(1-\rho)(p+1)\right.\\ &\quad\left.+6(n^2(1-\rho)^2+n(1-\rho)m)\right].\end{aligned}$$

接下来求 ρ 的值, 使得 $\omega_1=0$. 显然, 若取

$$\rho=\frac{2n-p+m-1}{2n}=1-\frac{p-m+1}{2n}, \tag{3.6.15}$$

则 $\omega_1=0$, 这时

$$\omega_2=\frac{mp\left(m^2+p^2-5\right)}{48}. \tag{3.6.16}$$

由于当 $n\to\infty$ 时,

$$\rho=\frac{2n-p+m-1}{2n}\longrightarrow 1,\quad n(1-\rho)=\frac{p-m+1}{2},$$

所以当 $\rho=(2n-p+m-1)/(2n)$ 时, 同 (3.6.4) 式, $g(t)$ 也可展开为

$$g(t)=-\frac{mp}{2}\ln\left(\frac{(2n-p+m-1)(1-2\mathrm{i}t)}{4}\right)+\sum_{r=2}^{k}n^{-r}\omega_r(1-2\mathrm{i}t)^{-r}+O\left(n^{-(k+1)}\right).$$

由于

$$g(0)=-\frac{mp}{2}\ln\left(\frac{2n-p+m-1}{4}\right)+\sum_{r=2}^{k}n^{-r}\omega_r+O\left(n^{-(k+1)}\right),$$

所以在 $\rho=(2n-p+m-1)/(2n)$ 时, $-n\rho\ln(\Lambda_{p,n,m})$ 的特征函数 $\phi(t)$ 的对数 $\Phi(t)$ 可展开为

$$\begin{aligned}\Phi(t)&=\ln\phi(t)=g(t)-g(0)\\&=-\frac{mp}{2}\ln(1-2\mathrm{i}t)+\sum_{r=2}^{k}n^{-r}\omega_r\left((1-2\mathrm{i}t)^{-r}-1\right)+O\left(n^{-(k+1)}\right).\end{aligned}$$

从而知在 $\rho=(2n-p+m-1)/(2n)$ 时, $-n\rho\ln(\Lambda_{p,n,m})$ 的特征函数 $\phi(t)$ 的展开式为

$$\phi(t)=(1-2\mathrm{i}t)^{-mp/2}\left[1+\sum_{r=2}^{k}n^{-r}T_r+O\left(n^{-(k+1)}\right)\right].$$

由此可见, 作为 (3.6.11) 式的改进, 当 $\rho=(2n-p+m-1)/(2n)$ 时, 与 (3.6.12) 式相类似, 有

$$\begin{aligned}P(-n\rho\ln\Lambda_{p,n,m}\geqslant x)&=P\left(-\left(n-\frac{p+1-m}{2}\right)\ln\Lambda_{p,n,m}\geqslant x\right)\\&=P\left(\chi^2(mp)\geqslant x\right)+O\left(n^{-2}\right).\end{aligned}\tag{3.6.17}$$

用 $\chi^2(mp)$ 分布近似 $-(n-(p+1-m)/2)\ln(\Lambda_{p,n,m})$ 的分布, 其精度达到 n^{-2}. 此外, 作为 (3.6.17) 式的改进, 当 $\rho=(2n-p+m-1)/(2n)$ 时, 与 (3.6.13) 式相类似, 有

$$\begin{aligned}P(-n\rho\ln\Lambda_{p,n,m}\geqslant x)&=P\left(-\left(n-\frac{p+1-m}{2}\right)\ln\Lambda_{p,n,m}\geqslant x\right)\\&=P\left(\chi^2(mp)\geqslant x\right)+n^{-2}\omega_2\big(P(\chi^2(mp+4)\geqslant x)\\&\quad-(\chi^2(mp)\geqslant x)\big)+O(n^{-3}),\end{aligned}\tag{3.6.18}$$

其中, $\omega_2=mp\left(m^2+p^2-5\right)/48$(见 (3.6.16) 式). 用 $\chi^2(mp)$ 与 $\chi^2(mp+4)$ 分布的加权和近似 $-(n-(p+1-m)/2)\ln(\Lambda_{p,n,m})$ 的分布, 其精度达到 n^{-3}.

习 题 三

3.1 设 $\boldsymbol{W}\sim W_p(n,\boldsymbol{\Sigma})$. 令 $\boldsymbol{W}=(w_{ij})$, $\boldsymbol{\Sigma}=(\sigma_{ij})$, $i,j=1,\cdots,p$.

(1) 试证明 $w_{ii}\sim\sigma_{ii}\cdot\chi^2(n)$, $i=1,\cdots,p$;

(2) 试计算 $E(w_{ij})$ 和 $\mathrm{Cov}(w_{ij},w_{kr})$.

提示: $\mathrm{Cov}(w_{ij},w_{kr})=n(\sigma_{ik}\sigma_{jr}+\sigma_{ir}\sigma_{jk})$.

3.2 (1) 设 $\boldsymbol{W},\boldsymbol{x}_1,\cdots,\boldsymbol{x}_m$ 相互独立, $\boldsymbol{W}\sim W_p(n,\boldsymbol{I}_p)$, $\boldsymbol{x}_i\sim N_p(\boldsymbol{0},\boldsymbol{I}_p)$, $i=1,\cdots,m$, $n\geqslant p$. 试求 $\boldsymbol{W}^{-1/2}\boldsymbol{X}'$ 的密度函数, 其中, $\boldsymbol{X}'=(\boldsymbol{x}_1,\cdots,\boldsymbol{x}_m)$.

(2) 设 $\boldsymbol{W}_1$ 与 $\boldsymbol{W}_2$ 相互独立, $\boldsymbol{W}_1\sim W_p(n,\boldsymbol{I}_p)$, $\boldsymbol{W}_2\sim W_p(m,\boldsymbol{I}_p)$, 其中, $n,m\geqslant p$. 试求 $\boldsymbol{W}_1^{-1/2}\boldsymbol{W}_2\boldsymbol{W}_1^{-1/2}$ 的密度函数.

3.3　假设 $\boldsymbol{W} \sim W_p(n, \boldsymbol{I}_p)$, $\boldsymbol{W} = (w_{ij})$, $r_{ij} = w_{ij}/\left(\sqrt{w_{ii}}\sqrt{w_{jj}}\right)$, $\boldsymbol{R} = (r_{ij})_{p\times p}$.

(1) 试证明：$w_{11}, \cdots, w_{pp}, \boldsymbol{R}$ 相互独立.

(2) 试证明：$w_{11}, \cdots, w_{pp}$ 独立同 $\chi^2(n)$ 分布.

(3) 试求 $\boldsymbol{R}$ 的分布.

(4) 若将已知条件 $\boldsymbol{W}_1 \sim W_p(n, \boldsymbol{I}_p)$ 改变为 $\boldsymbol{W} \sim W_p\left(n, \sigma^2\boldsymbol{I}_p\right)$, 其中, $\sigma^2 > 0$, 那么上述结论是否成立? 应如何修改?

(5) 若将已知条件进一步改变为 $\boldsymbol{W} \sim W_p(n, \boldsymbol{\Sigma})$, 其中, $\boldsymbol{\Sigma}$ 为对角线元素为正的对角矩阵, 那么上述结论是否成立？应如何修改？

3.4　设 $\boldsymbol{W}_0, \boldsymbol{W}_1, \cdots, \boldsymbol{W}_k$ 相互独立, $\boldsymbol{W}_i \sim W_p(n_i, \boldsymbol{I}_p)$, $n_i \geqslant p$, $i = 0, 1, \cdots, k$.

(1) 令 $\boldsymbol{S}_j = \left(\sum_{i=0}^{k}\boldsymbol{W}_i\right)^{-1/2}\boldsymbol{W}_j\left(\sum_{i=0}^{k}\boldsymbol{W}_i\right)^{-1/2}$, $j = 1, \cdots, k$. 试求 $(\boldsymbol{S}_1, \cdots, \boldsymbol{S}_k)$ 的联合密度.

(2) 令 $\boldsymbol{V}_j = \boldsymbol{W}_0^{-1/2}\boldsymbol{W}_j\boldsymbol{W}_0^{-1/2}$, $j = 1, \cdots, k$. 试求 $(\boldsymbol{V}_1, \cdots, \boldsymbol{V}_k)$ 的联合密度.

(3) 令 $\boldsymbol{Z}_j = \left(\boldsymbol{I}_p + \sum_{i=1}^{k}\boldsymbol{V}_i\right)^{-1/2}\boldsymbol{V}_j\left(\boldsymbol{I}_p + \sum_{i=1}^{k}\boldsymbol{V}_i\right)^{-1/2}$, $j=1, \cdots, k$. 试证明 $(\boldsymbol{S}_1, \cdots, \boldsymbol{S}_k)$ 与 $(\boldsymbol{Z}_1, \cdots, \boldsymbol{Z}_k)$ 有相同的联合密度.

3.5　设 $\boldsymbol{W}_1, \cdots, \boldsymbol{W}_k$ 相互独立, $\boldsymbol{W}_j \sim W_p(n_j, \boldsymbol{\Sigma})$, $\boldsymbol{\Sigma} > 0$, $n_j \geqslant p$, $j = 1, \cdots, k$.

(1) 令 $\boldsymbol{T}_j = \left(\sum_{i=1}^{j+1}\boldsymbol{W}_i\right)^{-1/2}\boldsymbol{W}_{j+1}\left(\sum_{i=1}^{j+1}\boldsymbol{W}_i\right)^{-1/2}$, $j = 1, \cdots, k-1$. 试证明 $\boldsymbol{T}_1, \cdots, \boldsymbol{T}_{k-1}$ 相互独立.

(2) 令 $\sum_{i=1}^{j+1}\boldsymbol{W}_i = \boldsymbol{U}_{j+1}\boldsymbol{U}'_{j+1}$, $j = 1, \cdots, k-1$, 其中, $\boldsymbol{U}_{j+1}$ 是对角线元素为正的下三角阵. 令 $\boldsymbol{Y}_j = \boldsymbol{U}_{j+1}^{-1}\boldsymbol{W}_{j+1}(\boldsymbol{U}_{j+1}^{-1})'$, $j = 1, \cdots, k-1$. 试证明 $\boldsymbol{Y}_1, \cdots, \boldsymbol{Y}_{k-1}$ 相互独立.

3.6　设 $\boldsymbol{W} \sim W_p(n, \boldsymbol{\Sigma})$, $n \geqslant p$. 试求 $E(|\boldsymbol{W}|^k)$, k 为已知的正整数.

3.7　设 $\boldsymbol{x}_1, \cdots, \boldsymbol{x}_n$ 相互独立同 $N_p(\boldsymbol{0}, \boldsymbol{I}_p)$ 分布, 其中, $n \geqslant p$. 令 $\boldsymbol{X} = (\boldsymbol{x}_1, \cdots, \boldsymbol{x}_n)$, 则 $\boldsymbol{W} = \boldsymbol{X}\boldsymbol{X}' \sim W_p(n, \boldsymbol{I}_p)$. 将 $\boldsymbol{W}$ 作 Bartlett 分解: $\boldsymbol{W} = \boldsymbol{T}\boldsymbol{T}'$, $\boldsymbol{T}$ 是对角线元素为正的下三角阵. 令 $\boldsymbol{T} = (t_{ij})$. 按下面的步骤 (1)~(6), 证明 Bartlett 分解: $t_{11}, t_{21}, t_{22}, \cdots, t_{p1}, \cdots, t_{pp}$ 相互独立, 当 $i > j$ 时 $t_{ij} \sim N(0, 1)$, 而当 $i = j$ 时 $t_{ii}^2 \sim \chi^2(n-p+1)$.

(1) 令 $\boldsymbol{X}' = \left(x_{(1)}, \cdots, x_{(p)}\right)$, $\boldsymbol{W} = (w_{ij})$, 则 $w_{ij} = x'_{(i)}x_{(j)}$, $1 \leqslant i, j \leqslant p$. 试证明: $t_{11}^2 = w_{11}$ 且当 $k = 2, \cdots, p$ 时, 有

$$\begin{cases} \boldsymbol{T}_{k-1}(t_{k1}, \cdots, t_{k,k-1})' = (w_{k1}, \cdots, w_{k,k-1})', \\ t_{k1}^2 + \cdots + t_{k,k-1}^2 + t_{kk}^2 = w_{kk}, \end{cases}$$

其中,

$$\boldsymbol{T}_{k-1} = \begin{pmatrix} t_{11} & & \\ \vdots & \ddots & \\ t_{k-1,1} & \cdots & t_{k-1,k-1} \end{pmatrix} \text{为 } r-1 \text{ 阶下三角阵.}$$

(2) 试证明：$\boldsymbol{T}_{k-1}$ 是矩阵 $\boldsymbol{W}_{k-1}$ 的 Bartlett 分解：$\boldsymbol{W}_{k-1}=\boldsymbol{T}_{k-1}\boldsymbol{T}_{k-1}'$，其中,

$$\boldsymbol{W}_{k-1}=\begin{pmatrix}\boldsymbol{x}_{(1)}'\\ \vdots\\ \boldsymbol{x}_{(k-1)}'\end{pmatrix}\left(\boldsymbol{x}_{(1)},\cdots,\boldsymbol{x}_{(k-1)}\right).$$

由此可见，对任意的 $k=1,\cdots,p$, $(t_{k1},\cdots,t_{kk})$ 仅与 $\left(\boldsymbol{x}_{(1)},\cdots,\boldsymbol{x}_{(k)}\right)$ 有关. 这是为什么?

(3) 试证明：对任意的 $k=2,\cdots,p$, 在 $\left(\boldsymbol{x}_{(1)},\cdots,\boldsymbol{x}_{(k-1)}\right)$ 给定后，$(t_{k1},\cdots,t_{k,k-1})'$ 是 $x_{(k)}$ 的线性函数

$$(t_{k1},\cdots,t_{k,k-1})'=\boldsymbol{H}_{k-1}\boldsymbol{x}_{(k)}.$$

t_{kk} 是 $\boldsymbol{x}_{(k)}$ 的二次型，其中，系数矩阵 $\boldsymbol{H}_{k-1}=(\boldsymbol{T}_{k-1})^{-1}\left(\boldsymbol{x}_{(1)},\cdots,\boldsymbol{x}_{(k-1)}\right)'$ 是行正交矩阵：$\boldsymbol{H}_{k-1}\boldsymbol{H}_{k-1}'=\boldsymbol{I}_{k-1}$.

(4) 试用二次型分布的理论 (见附录 A.3) 证明：对任意的 $k=2,\cdots,p$, 在 $\left(\boldsymbol{x}_{(1)},\cdots,\boldsymbol{x}_{(k)}\right)$ 给定后，$t_{k1},\cdots,t_{k,k-1},t_{kk}$ 相互条件独立，且对任意的 $j=1,\cdots,k-1$, t_{kj} 的条件分布为 $N(0,1)$, t_{kk}^2 的条件分布为 $\chi^2(n-k+1)$.

由此可见，$\left(\boldsymbol{x}_{(1)},\cdots,\boldsymbol{x}_{(k-1)}\right),t_{k1},\cdots,t_{k,k-1},t_{kk}$ 相互独立，$t_{k1},\cdots,t_{k,k-1}$ 同 $N(0,1)$ 分布，$t_{kk}^2\sim\chi^2(n-k+1)$. 这是为什么?

(5) 试证明：$(t_{11},t_{21},t_{22},\cdots,t_{k-1,1},\cdots,t_{k-1,k-1}),t_{k1},\cdots,t_{k,k-1},t_{kk}$ 相互独立，$t_{k1},\cdots,t_{k,k-1}$ 同 $N(0,1)$ 分布，$t_{kk}^2\sim\chi^2(n-k+1)$.

(6) 试用数学归纳法证明 Bartlett 分解：$t_{11},t_{21},t_{22},\cdots,t_{p1},\cdots,t_{pp}$ 相互独立，在 $i>j$ 时 $t_{ij}\sim N(0,1)$, 而在 $i=j$ 时 $t_{ii}^2\sim\chi^2(n-p+1)$.

(7) 试利用 Cholesky 分解的雅可比行列式，基于 Bartlett 分解，推导 $\boldsymbol{W}\sim W_p(n,\boldsymbol{I}_p)$ 的密度函数.

注 行正交的系数矩阵 $\boldsymbol{H}_{k-1}$ 的元素依赖于随机向量 $\boldsymbol{x}_{(1)},\cdots,\boldsymbol{x}_{(k-1)}$, 故通常称它为随机行正交矩阵. 类似地，有随机正交矩阵与随机列正交矩阵，它们统称为随机正交矩阵. 可以看到，在上述 Bartlett 分解的证明过程中，随机正交矩阵 $\boldsymbol{H}_{k-1}$ 起着关键的作用. 对随机正交矩阵有兴趣的读者可参阅文献 [145].

3.8 设 $\boldsymbol{x}_1,\cdots,\boldsymbol{x}_n$ 是来自于总体 $N_p(\delta\boldsymbol{e}_1,\boldsymbol{I}_p)$ 的样本，其中，$\delta>0$, $\boldsymbol{e}_1$ 是第 1 个元素为 1 而其余元素皆为 0 的向量. 将 $\boldsymbol{x}_i(i=1,\cdots,n)$ 和 $\boldsymbol{W}=\sum_{i=1}^{n}\boldsymbol{x}_i\boldsymbol{x}_i'$ 剖分为

$$\boldsymbol{x}_i=\begin{pmatrix}x_{i1}\\ x_{i2}\end{pmatrix}\begin{matrix}1\\ p-1\end{matrix},\quad \boldsymbol{W}=\begin{pmatrix}w_{11} & \boldsymbol{W}_{12}\\ \boldsymbol{W}_{21} & \boldsymbol{W}_{22}\end{pmatrix}\begin{matrix}1\\ p-1\end{matrix}.$$
$$\qquad\qquad\qquad\qquad\qquad\qquad\quad 1 \qquad p-1$$

(1) 试证明：在 $x_{11},\cdots,x_{n1}$ 给定的条件下，

$\boldsymbol{W}_{21}/\sqrt{w_{11}}$ 与 $\boldsymbol{W}_{22}-\boldsymbol{W}_{21}\boldsymbol{W}_{12}/w_{11}$ 相互条件独立;

$\boldsymbol{W}_{21}/\sqrt{w_{11}}$ 的条件分布为 $N_{p-1}(\boldsymbol{0},\boldsymbol{I}_p)$;

$\boldsymbol{W}_{22}-\boldsymbol{W}_{21}\boldsymbol{W}_{12}/w_{11}$ 的条件分布为 $W_{p-1}(n-1,\boldsymbol{I}_p)$.

(2) 令 $t_1 = v_{11}$, $\boldsymbol{t}_2 = \boldsymbol{V}_{21}/\sqrt{v_{11}}$, $\boldsymbol{t}_3 = \boldsymbol{V}_{22} - \boldsymbol{V}_{21}\boldsymbol{V}_{12}/v_{11}$. 试证明:

$$t_1, \boldsymbol{t}_2 \text{与} \boldsymbol{t}_3 \text{ 相互独立};$$

$$t_1 \sim \chi^2(n, a), \quad a = n\delta^2;$$

$$\boldsymbol{t}_2 \sim N_{p-1}(\boldsymbol{0}, \boldsymbol{I}_{p-1});$$

$$\boldsymbol{t}_3 \sim W_{p-1}(n-1, \boldsymbol{I}_{p-1}).$$

(3) 试由 $(t_1, \boldsymbol{t}_2, \boldsymbol{t}_3)$ 的密度函数导出 $(v_{11}, \boldsymbol{V}_{21}, \boldsymbol{V}_{22})$, 也就是 $\boldsymbol{V}$ 的密度函数.

3.9　设 $\boldsymbol{X}_1, \cdots, \boldsymbol{X}_n, \boldsymbol{X}_{n+1}$ 是来自 $N_p(\boldsymbol{\mu}, \boldsymbol{\Sigma})$ 的样本, $n \geqslant p$. 令

$$\bar{\boldsymbol{X}}_n = \frac{1}{n}\sum_{i=1}^{n}\boldsymbol{X}_i, \quad \boldsymbol{V}_n = \sum_{i=1}^{n}(\boldsymbol{X}_i - \bar{\boldsymbol{X}}_n)(\boldsymbol{X}_i - \bar{\boldsymbol{X}}_n)',$$

试求 $(\boldsymbol{X}_{n+1} - \bar{\boldsymbol{X}}_n)'\boldsymbol{V}_n^{-1}(\boldsymbol{X}_{n+1} - \bar{\boldsymbol{X}}_n)$ 的分布.

3.10　假设 $\boldsymbol{X}$ 和 $\boldsymbol{W}$ 相互独立, $\boldsymbol{X} \sim N_p(\boldsymbol{\mu}, \boldsymbol{\Sigma})$, $\boldsymbol{W} \sim W_p(n, \boldsymbol{\Sigma})$, $\boldsymbol{\Sigma} > 0$, $n \geqslant p$. 试证明下列 3 个等式:

(1) $\boldsymbol{X}'\boldsymbol{W}^{-1}\boldsymbol{X} \overset{\mathrm{d}}{=} \dfrac{\chi^2(p, a)}{\chi^2(n-p+1)}$, 分子与分母这两个 χ^2 分布相互独立, $\boldsymbol{a} = \boldsymbol{\mu}'\boldsymbol{\Sigma}^{-1}\boldsymbol{\mu}$;

(2) $\dfrac{1}{n}T_p^2(n, a) \overset{\mathrm{d}}{=} \dfrac{\chi^2(p, a)}{\chi^2(n-p+1)} \sim Z\left(\dfrac{p}{2}, \dfrac{n-p+1}{2}, a\right)$;

(3) $\dfrac{n-p+1}{np}\boldsymbol{T}_p^2(n, a) \overset{\mathrm{d}}{=} \dfrac{\chi^2(p, a)/p}{\chi^2(n-p+1)/(n-p+1)} \sim F(p, n-p+1, a)$.

3.11　设 $\boldsymbol{W} \sim W_p(n, \boldsymbol{\Sigma})$, 其中,

$$\boldsymbol{\Sigma} = \begin{pmatrix} \boldsymbol{\Sigma}_{11} & \boldsymbol{0} \\ \boldsymbol{0} & \boldsymbol{\Sigma}_{22} \end{pmatrix} \begin{matrix} q \\ p-q \end{matrix}.$$
$$\qquad\quad q \qquad p-q$$

若将 $\boldsymbol{W}$ 也剖分为

$$\boldsymbol{W} = \begin{pmatrix} \boldsymbol{W}_{11} & \boldsymbol{W}_{12} \\ \boldsymbol{W}_{21} & \boldsymbol{W}_{22} \end{pmatrix} \begin{matrix} q \\ p-q \end{matrix},$$
$$\qquad\quad q \qquad p-q$$

并令

$$\Lambda = \frac{|\boldsymbol{W}|}{|\boldsymbol{W}_{11}||\boldsymbol{W}_{22}|}.$$

试证明: (1) $\boldsymbol{W}_{11}$ 与 Λ 相互独立; (2) $\Lambda \sim \Lambda_{p-q,n-q,q}$.

3.12　设 $\boldsymbol{W}_1$ 和 $\boldsymbol{W}_2$ 相互独立, $\boldsymbol{W}_1 \sim W_p(n, \boldsymbol{\Sigma})$, $\boldsymbol{W}_2 \sim W_p(m, \boldsymbol{\Sigma})$, 其中, $\boldsymbol{\Sigma} > 0$, $n \geqslant p$, $m \geqslant p$.

(1) 试证明 $\boldsymbol{W}_1 + \boldsymbol{W}_2$ 与 $(\boldsymbol{W}_1 + \boldsymbol{W}_2)^{-1/2}\boldsymbol{W}_1(\boldsymbol{W}_1 + \boldsymbol{W}_2)^{-1/2}$ 相互独立.

(2) 试由 $(\boldsymbol{W}_1 + \boldsymbol{W}_2)^{-1/2}\boldsymbol{W}_1(\boldsymbol{W}_1 + \boldsymbol{W}_2)^{-1/2}$ 的密度函数, 计算 $\Lambda_{p,n,m}$ 的矩.

(3) 令 $\boldsymbol{W}_1+\boldsymbol{W}_2=\boldsymbol{U}\boldsymbol{U}'$, 其中, $\boldsymbol{U}$ 是对角线元素为正的下三角阵. 试证明 $\boldsymbol{W}_1+\boldsymbol{W}_2$ 与 $\boldsymbol{U}^{-1}\boldsymbol{W}_1\boldsymbol{U}^{-1}$ 相互独立.

(4) 试证明 $\boldsymbol{W}_1+\boldsymbol{W}_2$ 与 $\boldsymbol{C}\boldsymbol{W}_1\boldsymbol{C}'$ 相互独立, 其中, $\boldsymbol{C}$ 满足条件 $\boldsymbol{C}(\boldsymbol{W}_1+\boldsymbol{W}_2)\boldsymbol{C}'=\boldsymbol{I}_p$.

3.13 试证明: $\Lambda_{p,n,m}\stackrel{\mathrm{d}}{=}\Lambda_{m,n+m-p,p}$.

3.14 试证明:

(1) $\Lambda_{2r,n,m}\stackrel{\mathrm{d}}{=}B_1^2\cdots B_r^2$, 其中, $B_1,\cdots,B_r$ 相互独立, $B_i\sim\beta(n+1-2i,m)$, $i=1,\cdots,r$.

(2) $\Lambda_{2r+1,n,m}\stackrel{\mathrm{d}}{=}B_1^2\cdots B_r^2B_{r+1}$, 其中, $B_1,\cdots,B_{r+1}$ 相互独立, $B_i\sim\beta(n+1-2i,m)$, $i=1,\cdots,r$; $B_{r+1}\sim\beta((n-2r)/2,m/2)$.

提示: 可利用下面 Γ 函数的公式解习题 3.14:

$$\Gamma(a)\Gamma\left(a+\frac{1}{2}\right)=\frac{\sqrt{\pi}}{2^{2a-1}}\Gamma(2a).$$

第 4 章　多元正态分布的参数估计

本章 4.1 节讨论多元正态分布样本的充分、完全的统计量, 4.2 节给出多元正态分布参数的极大似然估计, 4.3 节给出多元正态分布均值参数的置信域估计, 4.4 节讨论多元正态分布均值参数的 Bayes 估计, 4.5 节讨论多元正态分布参数的常用估计的改进.

4.1　多元正态分布样本统计量

设多元正态分布总体 $N_p(\boldsymbol{\mu}, \boldsymbol{\Sigma})$ 的样本为 $\boldsymbol{X}' = (\boldsymbol{x}_1, \cdots, \boldsymbol{x}_n)$, $\boldsymbol{\mu} \in \mathbf{R}^p$, $\boldsymbol{\Sigma} > 0$, $n > p$. 样本的联合密度为

$$\begin{aligned}&\prod_{i=1}^{n}\left(\frac{1}{(2\pi)^{p/2}\sqrt{|\boldsymbol{\Sigma}|}}\exp\left\{-\frac{(\boldsymbol{x}_i-\boldsymbol{\mu})'\boldsymbol{\Sigma}^{-1}(\boldsymbol{x}_i-\boldsymbol{\mu})}{2}\right\}\right)\\&=\frac{1}{(2\pi)^{np/2}|\boldsymbol{\Sigma}|^{n/2}}\exp\left\{-\frac{1}{2}\mathrm{tr}\left(\boldsymbol{\Sigma}^{-1}\left[\sum_{i=1}^{n}(\boldsymbol{x}_i-\boldsymbol{\mu})(\boldsymbol{x}_i-\boldsymbol{\mu})'\right]\right)\right\}.\end{aligned}$$

利用等式 $\sum_{i=1}^{n}(\boldsymbol{x}_i-\boldsymbol{\mu})(\boldsymbol{x}_i-\boldsymbol{\mu})' = \boldsymbol{V} + n(\bar{\boldsymbol{x}}-\boldsymbol{\mu})(\bar{\boldsymbol{x}}-\boldsymbol{\mu})'$, 其中,

$$\bar{\boldsymbol{x}} = \sum_{i=1}^{n}\frac{\boldsymbol{x}_i}{n}\ \text{称为样本均值},$$

$$\boldsymbol{V} = \sum_{i=1}^{n}(\boldsymbol{x}_i-\bar{\boldsymbol{x}})(\boldsymbol{x}_i-\bar{\boldsymbol{x}})'\ \text{称为样本离差阵}.$$

可以将样本的联合密度改写为

$$\frac{1}{(2\pi)^{np/2}|\boldsymbol{\Sigma}|^{n/2}}\exp\left\{-\frac{1}{2}\mathrm{tr}\left(\boldsymbol{\Sigma}^{-1}\left(\boldsymbol{V}+n(\bar{\boldsymbol{x}}-\boldsymbol{\mu})(\bar{\boldsymbol{x}}-\boldsymbol{\mu})'\right)\right)\right\}. \tag{4.1.1}$$

由此可见, 根据充分性的判定准则 —— 分解定理, $(\boldsymbol{V}, \bar{\boldsymbol{x}})$ 是参数 $(\boldsymbol{\mu}, \boldsymbol{\Sigma})$ 的充分统计量.

(4.1.1) 式是指数分布族. 指数分布族的简要介绍见附录 A.7. 指数分布族的充分统计量并不一定是完全统计量. 要判定指数分布族的充分统计量是不是完全统计量, 可根据性质 A.7.3.

将指数分布族写成所谓的自然形式, 即将它的密度函数写成下面的形式:

$$c(\boldsymbol{\theta})\exp\left\{\sum_{i=1}^{k}\theta_i T_i(\boldsymbol{x})\right\}h(\boldsymbol{x}) = c(\boldsymbol{\theta})\exp\left\{\boldsymbol{\theta}'\boldsymbol{T}(\boldsymbol{x})\right\}h(\boldsymbol{x}), \tag{4.1.2}$$

其中, $\boldsymbol{\theta}=(\theta_1,\cdots,\theta_k)'\in\Theta\subset\mathbf{R}^k$, $\boldsymbol{x}=(x_1,\cdots,x_n)'$, $\boldsymbol{T}(\boldsymbol{x})=(T_1(\boldsymbol{x}),\cdots,T_k(\boldsymbol{x}))'$. 由性质 A.7.3 知, 若参数空间 Θ 有内点, 则统计量 $T(\boldsymbol{x})$ 是 $\boldsymbol{\theta}$ 的充分且完全的统计量.

为证明 $(\boldsymbol{V},\bar{\boldsymbol{x}})$ 是参数 $(\boldsymbol{\mu},\boldsymbol{\Sigma})$ 的完全统计量, 首先将 (4.1.1) 式改写成 (4.1.2) 式那样的指数分布族的自然形式. 记 $\boldsymbol{K}=\boldsymbol{\Sigma}^{-1}$, $\boldsymbol{\beta}=\boldsymbol{K}\boldsymbol{\mu}$, 则 (4.1.1) 式可改写为

$$\frac{|\boldsymbol{K}|^{n/2}\exp\left\{-n\boldsymbol{\beta}'\boldsymbol{K}^{-1}\boldsymbol{\beta}/2\right\}}{(2\pi)^{np/2}}\exp\left\{-\frac{1}{2}\mathrm{tr}\left(\boldsymbol{K}\left(\boldsymbol{V}+n\bar{\boldsymbol{x}}\bar{\boldsymbol{x}}'\right)\right)+n\boldsymbol{\beta}'\bar{\boldsymbol{x}}\right\},$$

这是指数分布族的自然形式. 由于参数空间为

$$\Theta=\{(\boldsymbol{\beta},\boldsymbol{K}):\boldsymbol{\beta}\in\mathbf{R}^p,\boldsymbol{K}>0\},$$

所以 Θ 有内点. 由此可见, $(\boldsymbol{V}+n\bar{\boldsymbol{x}}\bar{\boldsymbol{x}}',\bar{\boldsymbol{x}})$ 是参数 $(\boldsymbol{\beta},\boldsymbol{K})$ 的充分且完全的统计量. 考虑到 $(\boldsymbol{V}+n\bar{\boldsymbol{x}}\bar{\boldsymbol{x}}',\bar{\boldsymbol{x}})$ 与 $(\boldsymbol{V},\bar{\boldsymbol{x}})$ 以及 $(\boldsymbol{\beta},\boldsymbol{K})$ 与 $(\boldsymbol{\mu},\boldsymbol{\Sigma})$ 之间都有着一一对应关系, 所以, $(\boldsymbol{V},\bar{\boldsymbol{x}})$ 是参数 $(\boldsymbol{\mu},\boldsymbol{\Sigma})$ 的充分且完全的统计量.

关于 $(\boldsymbol{V},\bar{\boldsymbol{x}})$ 的抽样分布有一个非常重要的性质. 这个性质由 3 个结论组成.

性质 4.1.1 (1) 第 1 个结论关于 $\bar{\boldsymbol{x}}$ 的抽样分布: $\bar{\boldsymbol{x}}\sim N_p(\boldsymbol{\mu},\boldsymbol{\Sigma}/n)$.

(2) 第 2 个结论关于 $\boldsymbol{V}$ 的抽样分布: $\boldsymbol{V}\sim W_p(n-1,\boldsymbol{\Sigma})$. 正因为这个结论, 为使得 $\boldsymbol{V}$ 以概率 1 为正定矩阵, 要求 $n-1\geqslant p$, 即 $n>p$.

(3) 第 3 个结论关于 $\bar{\boldsymbol{x}}$ 与 $\boldsymbol{V}$ 之间的关系: $\bar{\boldsymbol{x}}$ 与 $\boldsymbol{V}$ 相互独立.

第 1 个结论显然为真. 下面给出这个性质的证明.

由于 $\boldsymbol{X}'=(\boldsymbol{x}_1,\cdots,\boldsymbol{x}_n)$ 是来自总体为 $N_p(\boldsymbol{\mu},\boldsymbol{\Sigma})$ 的样本, 所以有

$$E\left(\boldsymbol{X}'\right)=\boldsymbol{\mu}\cdot\mathbf{1}_n' \text{ 或 } E\left(\mathrm{vec}(\boldsymbol{X}')\right)=\mathbf{1}_n\otimes\boldsymbol{\mu},$$

$$\mathrm{Cov}\left(\mathrm{vec}(\boldsymbol{X}')\right)=\boldsymbol{I}_n\otimes\boldsymbol{\Sigma}.$$

令 $\boldsymbol{Y}'=\boldsymbol{X}'\boldsymbol{U}'$, 其中, $\boldsymbol{U}$ 是第 1 个行向量为 $(1/\sqrt{n},\cdots,1/\sqrt{n})$ 的 n 阶正交矩阵, 则

$$E\left(\boldsymbol{Y}'\right)=E\left(\boldsymbol{X}'\right)\boldsymbol{U}'=\boldsymbol{\mu}\cdot\mathbf{1}_n'\cdot\boldsymbol{U}'=\sqrt{n}\boldsymbol{\mu}\cdot\boldsymbol{e}_1'=\left(\sqrt{n}\boldsymbol{\mu},0,\cdots,0\right),$$

$$\mathrm{Cov}\left(\mathrm{vec}(\boldsymbol{Y}')\right)=(\boldsymbol{U}\otimes\boldsymbol{I}_p)\,\mathrm{Cov}\left(\mathrm{vec}(\boldsymbol{X}')\right)\left(\boldsymbol{U}'\otimes\boldsymbol{I}_p\right)=\boldsymbol{I}_n\otimes\boldsymbol{\Sigma}.$$

这说明, 若令 $\boldsymbol{Y}'=(\boldsymbol{y}_1,\cdots,\boldsymbol{y}_n)$, 则 $\boldsymbol{y}_1,\cdots,\boldsymbol{y}_n$ 相互独立, $\boldsymbol{y}_1=\sqrt{n}\bar{\boldsymbol{x}}\sim N_p(\sqrt{n}\boldsymbol{\mu},\boldsymbol{\Sigma})$, $\boldsymbol{y}_2,\cdots,\boldsymbol{y}_n$ 同为 $N_p(\mathbf{0},\boldsymbol{\Sigma})$ 分布.

(1) 由 $\boldsymbol{y}_1=\sqrt{n}\bar{\boldsymbol{x}}\sim N_p(\sqrt{n}\boldsymbol{\mu},\boldsymbol{\Sigma})$, 立即得到第 1 个结论, $\bar{\boldsymbol{x}}\sim N_p(\boldsymbol{\mu},\boldsymbol{\Sigma}/n)$;

(2) 由于 $\boldsymbol{y}_1=\sqrt{n}\bar{\boldsymbol{x}}$, 所以

$$\sum_{i=1}^{n}\boldsymbol{x}_i\boldsymbol{x}_i'=\sum_{i=1}^{n}(\boldsymbol{x}_i-\bar{\boldsymbol{x}})(\boldsymbol{x}_i-\bar{\boldsymbol{x}})'+n\bar{\boldsymbol{x}}\bar{\boldsymbol{x}}'=\boldsymbol{V}+\boldsymbol{y}_1\boldsymbol{y}_1'. \tag{4.1.3}$$

由于 $\boldsymbol{Y}'\boldsymbol{Y}=(\boldsymbol{X}'\boldsymbol{U}')(\boldsymbol{U}\boldsymbol{X})=\boldsymbol{X}'\boldsymbol{X}$, 所以 $\sum\limits_{i=1}^{n}\boldsymbol{x}_i\boldsymbol{x}_i'=\sum\limits_{i=1}^{n}\boldsymbol{y}_i\boldsymbol{y}_i'$. 从而由 (4.1.3) 式, 有

$$\begin{aligned}\boldsymbol{V}&=\sum_{i=1}^{n}\boldsymbol{x}_i\boldsymbol{x}_i'-\boldsymbol{y}_1\boldsymbol{y}_1'=\sum_{i=1}^{n}\boldsymbol{y}_i\boldsymbol{y}_i'-\boldsymbol{y}_1\boldsymbol{y}_1'\\&=\sum_{i=2}^{n}\boldsymbol{y}_i\boldsymbol{y}_i'\sim W_p(n-1,\boldsymbol{\Sigma}).\end{aligned}$$

第 2 个结论得证.

(3) 由于 $\boldsymbol{y}_1=\sqrt{n}\bar{\boldsymbol{x}}$, $\boldsymbol{V}=\sum\limits_{i=2}^{n}\boldsymbol{y}_i\boldsymbol{y}_i'$, 所以 $\bar{\boldsymbol{x}}$ 与 $\boldsymbol{V}$ 相互独立, 第 3 个结论成立.

至此, 性质 4.1.1 证明完毕.

关于样本离差阵 $\boldsymbol{V}=\sum\limits_{i=1}^{n}(\boldsymbol{x}_i-\bar{\boldsymbol{x}})(\boldsymbol{x}_i-\bar{\boldsymbol{x}})'$, (4.1.3) 式给出了它的另一个表达形式

$$\boldsymbol{V}=\sum_{i=1}^{n}\boldsymbol{x}_i\boldsymbol{x}_i'-n\bar{\boldsymbol{x}}\bar{\boldsymbol{x}}'=\boldsymbol{X}'\boldsymbol{X}-n\bar{\boldsymbol{x}}\bar{\boldsymbol{x}}'. \tag{4.1.4}$$

由 (4.1.4) 式, 样本离差阵 $\boldsymbol{V}$ 还有下面这样的表达形式:

$$\boldsymbol{V}=\boldsymbol{X}'\left(\boldsymbol{I}_n-\frac{\boldsymbol{J}_n}{n}\right)\boldsymbol{X}, \tag{4.1.5}$$

其中, $\boldsymbol{J}_n$ 是元素全为 1 的 n 阶方阵, 而 $n\times p$ 阶矩阵 $\boldsymbol{X}$ 如前面所说的, 其转置矩阵为 $\boldsymbol{X}'=(\boldsymbol{x}_1,\cdots,\boldsymbol{x}_n)$. 记住样本离差阵 $\boldsymbol{V}$ 的这几个表达形式是很有用的.

4.2 多元正态分布参数的极大似然估计

设 $\boldsymbol{X}'=(\boldsymbol{x}_1,\cdots,\boldsymbol{x}_n)$ 是来自多元正态分布总体 $\boldsymbol{X}\sim N_p(\boldsymbol{\mu},\boldsymbol{\Sigma})$ 的样本, 其中, $n>p$, $\boldsymbol{\mu}\in\mathbf{R}^p$, $\boldsymbol{\Sigma}>0$. 本节首先在 $\boldsymbol{\mu}$ 未知时, 讨论 $\boldsymbol{\mu}$ 和 $\boldsymbol{\Sigma}$ 的估计问题, 至于 $\boldsymbol{\mu}$ 已知时 $\boldsymbol{\Sigma}$ 的估计问题留作习题 (见习题 4.1).

4.2.1 均值和协方差阵的极大似然估计

由 (4.1.1) 式, 样本的联合密度为

$$\frac{1}{(2\pi)^{np/2}|\boldsymbol{\Sigma}|^{n/2}}\exp\left\{-\frac{1}{2}\mathrm{tr}\left(\boldsymbol{\Sigma}^{-1}\left(\boldsymbol{V}+n\left(\bar{\boldsymbol{x}}-\boldsymbol{\mu}\right)\left(\bar{\boldsymbol{x}}-\boldsymbol{\mu}\right)'\right)\right)\right\}, \tag{4.2.1}$$

其中, $\bar{\boldsymbol{x}}=\sum_{i=1}^{n}\boldsymbol{x}_i/n$ 为样本均值, $\boldsymbol{V}=\sum_{i=1}^{n}\left(\boldsymbol{x}_i-\bar{\boldsymbol{x}}\right)\left(\boldsymbol{x}_i-\bar{\boldsymbol{x}}\right)'$ 为样本离差阵. 由 (4.2.1) 式知, 总体均值 $\boldsymbol{\mu}$ 的极大似然估计为样本均值 $\bar{\boldsymbol{x}}$. 根据 4.1 节给出的 $(\boldsymbol{V},\bar{\boldsymbol{x}})$ 的抽样分布性质的第 1 个结论, $E\left(\bar{\boldsymbol{x}}\right)=\boldsymbol{\mu}$, 所以 $\bar{\boldsymbol{x}}$ 是 $\boldsymbol{\mu}$ 的无偏估计. 由于 $(\boldsymbol{V},\bar{\boldsymbol{x}})$ 是参数 $(\boldsymbol{\mu},\boldsymbol{\Sigma})$ 的充分且完全的统计量, 所以 $\bar{\boldsymbol{x}}$ 是 $\boldsymbol{\mu}$ 唯一的一致最小协方差阵无偏估计, 其协方差阵 $\mathrm{Cov}\left(\bar{\boldsymbol{x}}\right)=\boldsymbol{\Sigma}/n$.

将 (4.2.1) 式中的 $\boldsymbol{\mu}$ 代换为 $\bar{\boldsymbol{x}}$, 由此得到 $\boldsymbol{\Sigma}$ 的似然函数为

$$\frac{1}{|\boldsymbol{\Sigma}|^{n/2}}\exp\left\{-\frac{1}{2}\mathrm{tr}\left(\boldsymbol{\Sigma}^{-1}\boldsymbol{V}\right)\right\}. \tag{4.2.2}$$

令 $\boldsymbol{\Sigma}^{-1/2}\boldsymbol{V}\boldsymbol{\Sigma}^{-1/2}=\boldsymbol{U}\boldsymbol{\Lambda}\boldsymbol{U}'$, 其中, $\boldsymbol{U}$ 是正交矩阵, $\boldsymbol{\Lambda}=\mathrm{diag}\left(\lambda_1,\cdots,\lambda_p\right)$ 是对角矩阵, 则 (4.2.2) 式就简化为

$$|\boldsymbol{V}|^{-n/2}\prod_{i=1}^{p}\left[\lambda_i^{n/2}\exp\left\{-\frac{\lambda_i}{2}\right\}\right]. \tag{4.2.3}$$

由于 $f\left(x\right)=x^{n/2}\exp\{-x/2\}$, 在 $x=n$ 时取最大值, 所以 (4.2.3) 式在 $\lambda_1=\cdots=\lambda_p=n$ 时取最大值. 从而知, $\boldsymbol{\Sigma}$ 的极大似然估计 $\hat{\boldsymbol{\Sigma}}$ 满足条件 $\hat{\boldsymbol{\Sigma}}^{-1/2}\boldsymbol{V}\hat{\boldsymbol{\Sigma}}^{-1/2}=n\boldsymbol{I}_p$. 由此可见, $\boldsymbol{\Sigma}$ 的极大似然估计 $\hat{\boldsymbol{\Sigma}}=\boldsymbol{V}/n$. 根据 4.1 节给出的 $(\boldsymbol{V},\bar{\boldsymbol{x}})$ 的抽样分布的性质 4.4.1 的第 2 个结论以及 3.2 节 Wishart 分布的性质 3.2.1, $E\left(\boldsymbol{V}\right)=(n-1)\,\boldsymbol{\Sigma}$, 所以极大似然估计 $\hat{\boldsymbol{\Sigma}}=\boldsymbol{V}/n$ 并不是 $\boldsymbol{\Sigma}$ 的无偏估计. 记 $\boldsymbol{S}=\boldsymbol{V}/(n-1)$, $\boldsymbol{S}$ 才是 $\boldsymbol{\Sigma}$ 的无偏估计. 由于 $(\boldsymbol{V},\bar{\boldsymbol{x}})$ 是参数 $(\boldsymbol{\mu},\boldsymbol{\Sigma})$ 的充分且完全的统计量, 所以 $\boldsymbol{S}$ 是 $\boldsymbol{\Sigma}$ 唯一的一致最小协方差阵无偏估计. 通常称 $\boldsymbol{S}$ 为样本协方差阵, 而将 $\boldsymbol{S}$ 的逆矩阵 $K=\boldsymbol{S}^{-1}$ 称为样本精度矩阵.

记 $\boldsymbol{\Sigma}=(\sigma_{ij})$, 则 $\rho_{ij}=\sigma_{ij}/\left(\sqrt{\sigma_{ii}}\sqrt{\sigma_{jj}}\right)$ 是总体相关系数, 下面讨论它的估计问题.

设 $\boldsymbol{x}_i=(x_{i1},\cdots,x_{ip})'$, $i=1,\cdots,n$; $\bar{x}_j=\sum_{i=1}^{n}x_{ij}/n$, $j=1,\cdots,p$, 则

$$\bar{\boldsymbol{x}}=\left(\bar{x}_1,\cdots,\bar{x}_p\right)',$$

$$\boldsymbol{V}=(v_{ij}),\quad v_{ij}=\sum_{k=1}^{n}\left(x_{ki}-\bar{x}_i\right)\left(x_{kj}-\bar{x}_j\right),\quad i,j=1,\cdots,p.$$

令 $\boldsymbol{S}=(s_{ij})$, 则 $s_{ij}=v_{ij}/(n-1)$ 是 σ_{ij} 的无偏估计. 由此可得总体相关系数 ρ_{ij} 的极大似然估计为样本相关系数

$$r_{ij}=\frac{s_{ij}}{\sqrt{s_{ii}}\sqrt{s_{jj}}}=\frac{\sum\limits_{k=1}^{n}(x_{ki}-\bar{x}_i)(x_{kj}-\bar{x}_j)}{\sqrt{\sum\limits_{k=1}^{n}(x_{ki}-\bar{x}_i)^2}\sqrt{\sum\limits_{k=1}^{n}(x_{kj}-\bar{x}_j)^2}}. \tag{4.2.4}$$

由样本相关系数组成的矩阵

$$\boldsymbol{R}=\begin{pmatrix} r_{11} & \cdots & r_{1p} \\ \vdots & & \vdots \\ r_{p1} & \cdots & r_{pp} \end{pmatrix}$$

称为样本相关系数矩阵. 根据习题 3.3 的结论, 可以在 $\boldsymbol{\Sigma}=\boldsymbol{I}_p$, $\boldsymbol{\Sigma}=\sigma^2\boldsymbol{I}_p$ $(\sigma^2>0)$, $\boldsymbol{\Sigma}$ 为对角线元素为正的对角矩阵时得到样本相关系数矩阵 $\boldsymbol{R}$ 的密度函数. 详细讨论从略 (请读者思考).

将总体 $\boldsymbol{X}$, $\boldsymbol{\mu}$, $\bar{\boldsymbol{x}}$, $\boldsymbol{\Sigma}$, $\boldsymbol{V}$ 和 $\boldsymbol{S}$ 类似地剖分:

$$\boldsymbol{X}=\begin{pmatrix} \boldsymbol{X}_1 \\ \boldsymbol{X}_2 \end{pmatrix}\begin{matrix} q \\ p-q \end{matrix}, \quad \boldsymbol{\mu}=\begin{pmatrix} \boldsymbol{\mu}_1 \\ \boldsymbol{\mu}_2 \end{pmatrix}\begin{matrix} q \\ p-q \end{matrix}, \quad \bar{\boldsymbol{x}}=\begin{pmatrix} \bar{\boldsymbol{x}}_1 \\ \bar{\boldsymbol{x}}_2 \end{pmatrix}\begin{matrix} q \\ p-q \end{matrix},$$

$$\boldsymbol{\Sigma}=\underset{\quad q \qquad p-q}{\begin{pmatrix} \boldsymbol{\Sigma}_{11} & \boldsymbol{\Sigma}_{12} \\ \boldsymbol{\Sigma}_{21} & \boldsymbol{\Sigma}_{22} \end{pmatrix}}\begin{matrix} q \\ p-q \end{matrix}, \quad \boldsymbol{V}=\underset{\quad q \qquad p-q}{\begin{pmatrix} \boldsymbol{V}_{11} & \boldsymbol{V}_{12} \\ \boldsymbol{V}_{21} & \boldsymbol{V}_{22} \end{pmatrix}}\begin{matrix} q \\ p-q \end{matrix}, \quad \boldsymbol{S}=\underset{\quad q \qquad p-q}{\begin{pmatrix} \boldsymbol{S}_{11} & \boldsymbol{S}_{12} \\ \boldsymbol{S}_{21} & \boldsymbol{S}_{22} \end{pmatrix}}\begin{matrix} q \\ p-q \end{matrix},$$

那么在 $\boldsymbol{X}_2$ 给定后 $\boldsymbol{X}_1$ 的条件期望 $\boldsymbol{\mu}_{1|2}=\boldsymbol{\mu}_1+\boldsymbol{\Sigma}_{12}\boldsymbol{\Sigma}_{22}^{-1}(\boldsymbol{X}_2-\boldsymbol{\mu}_2)$ 的极大似然估计为

$$\begin{aligned}\bar{\boldsymbol{x}}_{1|2}&=\bar{\boldsymbol{x}}_1+(\boldsymbol{V}_{12}/n)(\boldsymbol{V}_{22}/n)^{-1}(\boldsymbol{X}_2-\bar{\boldsymbol{x}}_2)\\&=\bar{\boldsymbol{x}}_1+\boldsymbol{V}_{12}\boldsymbol{V}_{22}^{-1}(\boldsymbol{X}_2-\bar{\boldsymbol{x}}_2).\end{aligned}$$

由于 $\boldsymbol{V}_{12}\boldsymbol{V}_{22}^{-1}=\boldsymbol{S}_{12}\boldsymbol{S}_{22}^{-1}$, 所以条件期望 $\boldsymbol{\mu}_{1|2}=\boldsymbol{\mu}_1+\boldsymbol{\Sigma}_{12}\boldsymbol{\Sigma}_{22}^{-1}(\boldsymbol{X}_2-\boldsymbol{\mu}_2)$ 的极大似然估计也可以写为

$$\bar{\boldsymbol{x}}_{1|2}=\bar{\boldsymbol{x}}_1+\boldsymbol{S}_{12}\boldsymbol{S}_{22}^{-1}(\boldsymbol{X}_2-\bar{\boldsymbol{x}}_2).$$

在 $\boldsymbol{X}_2$ 给定后, $\boldsymbol{X}_1$ 的条件协方差阵 $\boldsymbol{\Sigma}_{1|2}=\boldsymbol{\Sigma}_{11}-\boldsymbol{\Sigma}_{12}\boldsymbol{\Sigma}_{22}^{-1}\boldsymbol{\Sigma}_{21}$ 的极大似然估计为

$$\frac{\boldsymbol{V}_{11}}{n}-\frac{\boldsymbol{V}_{12}}{n}\left(\frac{\boldsymbol{V}_{22}}{n}\right)^{-1}\frac{\boldsymbol{V}_{21}}{n}=\frac{\boldsymbol{V}_{11}-\boldsymbol{V}_{12}\boldsymbol{V}_{22}^{-1}\boldsymbol{V}_{21}}{n}=\frac{\boldsymbol{V}_{1|2}}{n}.$$

通常用

$$\boldsymbol{S}_{1|2} = \boldsymbol{S}_{11} - \boldsymbol{S}_{12}\boldsymbol{S}_{22}^{-1}\boldsymbol{S}_{21} = \frac{\boldsymbol{V}_{1|2}}{n-1}$$

估计条件协方差阵. $\boldsymbol{S}_{1|2}$ 是不是条件协方差阵 $\boldsymbol{\Sigma}_{1|2}$ 的无偏估计? 这个问题请读者思考. 由条件协方差阵的极大似然估计 $\boldsymbol{V}_{1|2}/n$ 或者由它的常用估计 $\boldsymbol{S}_{1|2}$, 都可以得到在 X_2 给定后 X_1 的任意两个分量之间的偏相关系数的估计. 这两个偏相关系数的估计其实是相同的, 都是极大似然估计. 这个极大似然估计称为样本偏相关系数, 它的计算过程从略. 由样本偏相关系数组成的矩阵成为样本偏相关系数矩阵.

下面讨论样本相关系数 (见 (4.2.4) 式) 的抽样分布. 样本偏相关系数可类似地讨论, 这里从略.

4.2.2 样本相关系数的抽样分布

首先推导样本相关系数的精确分布, 然后推导样本相关系数的渐近正态分布.

4.2.2.1 样本相关系数的精确分布

考虑到相关系数仅与两个变量的样本有关, 为简化讨论, 将总体取为二元正态分布

$$\begin{pmatrix} X \\ Y \end{pmatrix} \sim N_2\left(\begin{pmatrix} \mu_1 \\ \mu_2 \end{pmatrix}, \begin{pmatrix} \sigma_1^2 & \rho\sigma_1\sigma_2 \\ \rho\sigma_1\sigma_2 & \sigma_2^2 \end{pmatrix}\right),$$

其中, $-\infty < \mu_1, \mu_2 < \infty$, $\sigma_1, \sigma_2 > 0$, $-1 < \rho < 1$. 假设来自该二元正态分布总体的样本为

$$\begin{pmatrix} x_1 \\ y_1 \end{pmatrix}, \cdots, \begin{pmatrix} x_n \\ y_n \end{pmatrix}, \quad n > 2,$$

那么样本均值为

$$\begin{pmatrix} \bar{x} \\ \bar{y} \end{pmatrix} = \begin{pmatrix} \displaystyle\sum_{i=1}^{n} \frac{x_i}{n} \\ \displaystyle\sum_{i=1}^{n} \frac{y_i}{n} \end{pmatrix},$$

样本离差阵为

$$\boldsymbol{V} = \begin{pmatrix} v_{xx} & v_{xy} \\ v_{yx} & v_{yy} \end{pmatrix} = \begin{pmatrix} \displaystyle\sum_{i=1}^{n} (x_i - \bar{x})^2 & \displaystyle\sum_{i=1}^{n} (x_i - \bar{x})(y_i - \bar{y}) \\ \displaystyle\sum_{i=1}^{n} (y_i - \bar{y})(x_i - \bar{x}) & \displaystyle\sum_{i=1}^{n} (y_i - \bar{y})^2 \end{pmatrix}.$$

由 (4.2.4) 式知, 总体 $\boldsymbol{X}$ 和 $\boldsymbol{Y}$ 的相关系数 ρ 的极大似然估计, 即样本相关系数为

$$r = \frac{\sum_{i=1}^{n}(x_i - \bar{x})(y_i - \bar{y})}{\sqrt{\sum_{i=1}^{n}(x_i - \bar{x})^2}\sqrt{\sum_{i=1}^{n}(y_i - \bar{y})^2}} = \frac{v_{xy}}{\sqrt{v_{xx}}\sqrt{v_{yy}}}.$$

下面说明样本相关系数 r 的分布与 μ_1, μ_2, σ_1 和 σ_2 都没有关系. 只需令

$$u_i = \frac{x_i - \mu_1}{\sigma_1}, \quad z_i = \frac{y_i - \mu_2}{\sigma_2}, \quad i = 1, \cdots, n,$$

那么

$$\begin{pmatrix} u_1 \\ z_1 \end{pmatrix}, \cdots, \begin{pmatrix} u_n \\ z_n \end{pmatrix}$$

独立同分布, 它们共同的分布为

$$N_2\left(\begin{pmatrix} 0 \\ 0 \end{pmatrix}, \begin{pmatrix} 1 & \rho \\ \rho & 1 \end{pmatrix}\right).$$

由于

$$v_{xx} = \sigma_1^2 v_{uu}, \quad v_{xy} = \sigma_1\sigma_2 v_{uz}, \quad v_{yy} = \sigma_2^2 v_{zz},$$

所以

$$r = \frac{v_{xy}}{\sqrt{v_{xx}}\sqrt{v_{yy}}} = \frac{v_{uz}}{\sqrt{v_{uu}}\sqrt{v_{zz}}}.$$

由此可见, r 的分布与 μ_1, μ_2, σ_1 和 σ_2 都没有关系, 仅与 ρ 有关, 所以在讨论 r 的分布时, 不妨假设 $\mu_1 = \mu_2 = 0, \sigma_1 = \sigma_2 = 1$.

根据 4.1 节给出的 $(V, \bar{x})$ 的抽样分布性质 4.1.1, $\boldsymbol{V} \sim W_2(n-1, \boldsymbol{\Sigma})$, 其中,

$$\boldsymbol{\Sigma} = \begin{pmatrix} 1 & \rho \\ \rho & 1 \end{pmatrix}.$$

由 (3.1.6) 式 (其中, n 用 $n-1$ 代替), 得到 $\boldsymbol{V}$, 也就是 (v_{xx}, v_{xy}, v_{yy}) 的密度函数为

$$\frac{\left(v_{xx}v_{yy} - v_{xy}^2\right)^{(n-4)/2} \exp\left\{-\dfrac{v_{xx} - 2\rho v_{xy} + v_{yy}}{2(1-\rho^2)}\right\}}{2^{n-1}\pi^{1/2}\Gamma((n-1)/2)\Gamma((n-2)/2)(1-\rho^2)^{(n-1)/2}},$$

其中, $v_{xx} > 0, v_{yy} > 0, v_{xx}v_{yy} - v_{xy}^2 > 0$. 将根据 (v_{xx}, v_{xy}, v_{yy}) 的密度函数导出样本相关系数 r 的精确分布.

变换 $(v_{xx}, v_{xy}, v_{yy}) \to (v_{xx}, v_{yy}, r)$ 的雅可比行列式为 $(v_{xx}v_{yy})^{1/2}$, 所以 (v_{xx}, v_{yy}, r) 的密度函数为

$$\frac{\left(v_{xx}v_{yy}\left(1-r^2\right)\right)^{(n-4)/2}\exp\left\{-\dfrac{v_{xx}-2\rho r\sqrt{v_{xx}v_{yy}}+v_{yy}}{2\left(1-\rho^2\right)}\right\}}{2^{n-1}\pi^{1/2}\Gamma\left((n-1)/2\right)\Gamma\left((n-2)/2\right)\left(1-\rho^2\right)^{(n-1)/2}}\cdot\sqrt{v_{xx}v_{yy}}$$

$$=\frac{\left(1-r^2\right)^{(n-4)/2}\left(v_{xx}v_{yy}\right)^{(n-3)/2}\exp\left\{-\dfrac{v_{xx}+v_{yy}}{2\left(1-\rho^2\right)}\right\}\exp\left\{\dfrac{\rho r\sqrt{v_{xx}v_{yy}}}{1-\rho^2}\right\}}{2^{n-1}\pi^{1/2}\Gamma\left((n-1)/2\right)\Gamma\left((n-2)/2\right)\left(1-\rho^2\right)^{(n-1)/2}},$$

$$v_{xx}, v_{yy} > 0, \quad -1 < r < 1.$$

按展开式 $\exp(x) = 1 + x + x^2/2 + \cdots$, 将 $\exp\left\{\rho r\sqrt{v_{xx}v_{yy}}/\left(1-\rho^2\right)\right\}$ 展开, 并利用 Γ 函数的一个公式 $\Gamma(a)\Gamma(a+1/2) = \sqrt{\pi}\Gamma(2a)/2^{2a-1}$, 可推得 r 的密度函数为

$$\frac{\left(1-r^2\right)^{(n-4)/2}\displaystyle\sum_{k=0}^{\infty}\frac{\left(\rho r/\left(1-\rho^2\right)\right)^k}{k!}\left[\int_0^{\infty}\exp\left\{-t/\left(2\left(1-\rho^2\right)\right)\right\}t^{(n-3+k)/2}\mathrm{d}t\right]^2}{4\pi(n-3)!\left(1-\rho^2\right)^{(n-1)/2}}$$

$$=\frac{2^{n-3}\left(1-\rho^2\right)^{(n-1)/2}\left(1-r^2\right)^{(n-4)/2}}{\pi(n-3)!}\sum_{k=0}^{\infty}\frac{(2\rho r)^k}{k!}\Gamma^2\left(\frac{n+k-1}{2}\right), \tag{4.2.5}$$

其中, $-1 < r < 1$.

有了 r 的密度函数之后, 很自然地希望知道 r 作为 ρ 的估计, 是不是无偏估计? 若不是无偏估计, 能不能把它修正为无偏估计? 经研究 [112], r 是有偏的且难以把它修正为无偏的, ρ 的唯一一致最小方差无偏估计为

$$G(r) = r \cdot {}_2\mathrm{F}_1\left(\frac{1}{2}, \frac{1}{2}; \frac{n-2}{2}; 1-r^2\right), \tag{4.2.6}$$

其中, ${}_2\mathrm{F}_1(\alpha, \beta; \gamma; x)$ 为超几何函数 (超几何函数的定义见 3.3 节)

$$\begin{aligned}{}_2\mathrm{F}_1(\alpha, \beta; \gamma; x) &= \sum_{k=0}^{\infty}\frac{(\alpha)_k(\beta)_k}{(\gamma)_k}\cdot\frac{x^k}{k!}\\ &= \sum_{k=0}^{\infty}\frac{\Gamma(\alpha+k)\Gamma(\beta+k)\Gamma(\gamma)}{\Gamma(\alpha)\Gamma(\beta)\Gamma(\gamma+k)}\cdot\frac{x^k}{k!}.\end{aligned}$$

关于这个一致最小方差无偏估计的验证留作习题 (见习题 4.2).

由 (4.2.5) 式知, 在总体相关系数 $\rho = 0$, 即 $\boldsymbol{X}$ 和 $\boldsymbol{Y}$ 相互独立的时候, 样本相关系数 r 的密度函数为

$$\frac{2^{n-3}\left(1-r^2\right)^{(n-4)/2}}{\pi(n-3)!}\Gamma^2\left(\frac{n-1}{2}\right), \quad -1 < r < 1. \tag{4.2.7}$$

事实上, 在 $\rho=0$ 时通常不是用 r, 而是用 $t=\sqrt{n-2}r/\sqrt{1-r^2}$ 来进行统计推断. 根据 $\rho=0$ 时 r 的密度函数 (见 (4.2.7) 式), 可以证明 $t\sim t\,(n-2)$, 其证明留作习题 (见习题 4.3). 此外, 还可以用下面的方法证明 $t\sim t\,(n-2)$. 这个方法和推导二阶 Wishart 分布密度函数的第 1 步相类似, 它较为简单明了.

在 $\rho=0$ 时, 由于 $\boldsymbol{X}$ 和 $\boldsymbol{Y}$ 相互独立, 所以样本 $x_1,\cdots,x_n$ 与 $y_1,\cdots,y_n$ 相互独立. 因而在 $x_1,\cdots,x_n$ 给定的条件下, $y_1,\cdots,y_n$ 独立同 $N\,(0,1)$ 分布, 所以

$$\frac{v_{xy}}{\sqrt{v_{xx}}}=\sum_{i=1}^{n}\frac{x_i-\bar{x}}{\sqrt{v_{xx}}}y_i\ \ \text{的条件分布为}N\,(0,1)\,.$$

从而知

$$v_{xy}/\sqrt{v_{xx}}\ \text{与}\ v_{yy}-v_{xy}^2/v_{xx}\ \text{相互条件独立;}$$

$$v_{xy}/\sqrt{v_{xx}}\ \text{的条件分布为}\ N\,(0,1)\,;$$

$$v_{yy}-v_{xy}^2/v_{xx}\ \text{的条件分布为}\ \chi^2(n-2).$$

由于这些条件分布都与给定的条件 $x_1,\cdots,x_n$ 没有关系, 所以 $v_{xy}/\sqrt{v_{xx}}$ 与 $v_{yy}-v_{xy}^2/v_{xx}$ 相互独立, 并且 $v_{xy}/\sqrt{v_{xx}}$ 的 (无条件) 分布为 $N\,(0,1)$, $v_{yy}-v_{xy}^2/v_{xx}$ 的 (无条件) 分布为 $\chi^2(n-2)$. 由此可见

$$t=\sqrt{n-2}\frac{r}{\sqrt{1-r^2}}=\sqrt{n-2}\frac{v_{xy}\big/\sqrt{v_{xx}}}{\sqrt{v_{yy}-v_{xy}^2\big/v_{xx}}}\sim t\,(n-2)\,. \tag{4.2.8}$$

在正态总体时, t 可以作为检验统计量检验独立性假设, 如

$$H_0:\rho=0,\quad H_1:\rho>0.$$

这个独立与正相关的检验问题的 p 值为 $P\,(t\,(n-2)\geqslant t)$. 例 2.4.1 的样本容量为 13, 样本相关阵如表 2.4.5 所示. 由该表可以看到, 变量 x_1 与 x_3 以及变量 x_2 与 x_4 是不可能被检验为相互独立的. 其余各对变量之间独立性的检验情况如下:

(1) 变量 x_3 与 x_4 独立与正相关检验问题的 p 值为 $P\,(t(11)\geqslant 0.0995)=0.4613$;

(2) 变量 x_1 与 x_2 独立与正相关检验问题的 p 值为 $P\,(t(11)\geqslant 0.7802)=0.2259$;

(3) 变量 x_1 与 x_4 独立与负相关检验问题的 p 值为 $P(t(11)\leqslant -0.8381)=0.2099$;

(4) 变量 x_3 与 x_2 独立与负相关检验问题的 p 值为 $P(t(11)\leqslant -0.4655)=0.3253$.

由此可见, 不能拒绝独立性假设, 因而认为 x_3 与 x_4, x_1 与 x_2, x_1 与 x_4 以及 x_3 与 x_2 之间都是相互独立的. 这也就是说, (x_1,x_3) 中的任意一个变量与 (x_2,x_4) 中的任意一个变量都是相互独立的. 可以知道, 对正态分布而言, 由两两相互独立性就能推出二维向量 (x_1,x_3) 与 (x_2,x_4) 之间的相互独立性. 考虑到这些两两相互独立性都是假设检验的结论, 所以, (x_1,x_3) 与 (x_2,x_4) 之间的相互独立性仍需要检验. 向

量与向量之间相互独立性的检验见 6.6 节. 6.6 节将对二维向量 (x_1,x_3) 与 (x_2,x_4) 之间是否相互独立进行检验. 经检验, 不能认为 (x_1,x_3) 与 (x_2,x_4) 相互独立. 由此看来, 对正态分布而言, 由两两相互独立性可以推出向量与向量之间的相互独立性, 但如果这些两两相互独立性都是假设检验的结论, 那么向量与向量之间是否相互独立仍需要进一步检验.

4.2.2.2 样本相关系数的渐近正态分布

应用定理 A.6.1 和定理 A.6.2, 计算样本相关系数的渐近正态分布. 由于样本相关系数 $r=v_{xy}/\left(\sqrt{v_{xx}}\sqrt{v_{yy}}\right)$, 其中,

$$v_{xx}=\sum_{i=1}^{n}(x_i-\bar{x})^2=n\left(\sum_{i=1}^{n}\frac{x_i^2}{n}-\bar{x}^2\right),$$

$$v_{yy}=\sum_{i=1}^{n}(y_i-\bar{y})^2=n\left(\sum_{i=1}^{n}\frac{y_i^2}{n}-\bar{y}^2\right),$$

$$v_{xy}=\sum_{i=1}^{n}(x_i-\bar{x})(y_i-\bar{y})=n\left(\sum_{i=1}^{n}\frac{x_iy_i}{n}-\bar{x}\bar{y}\right).$$

所以, r 是 t_1,t_2,t_3,t_4,t_5 的函数

$$r=\frac{t_5-t_1t_2}{\sqrt{t_3-t_1^2}\sqrt{t_4-t_2^2}},\tag{4.2.9}$$

其中, t_1,t_2,t_3,t_4,t_5 分别表示 $\bar{x},\bar{y},\sum_{i=1}^{n}x_i^2/n,\sum_{i=1}^{n}y_i^2/n,\sum_{i=1}^{n}x_iy_i/n$. 由此可见, 若能求得 $\left(\bar{x},\bar{y},\sum_{i=1}^{n}x_i^2/n,\sum_{i=1}^{n}y_i^2/n,\sum_{i=1}^{n}x_iy_i/n\right)$ 的渐近正态分布, 则根据定理 A.6.2, 就能由 (4.2.9) 式算得 r 的渐近正态分布.

构造 5 维随机向量序列 $\boldsymbol{z}_1,\boldsymbol{z}_2,\cdots$, 其中,

$$\boldsymbol{z}_i=\left(x_i,y_i,x_i^2,y_i^2,x_iy_i\right)',\quad i=1,2,\cdots,n,$$

那么

$$\bar{\boldsymbol{z}}_n=\left(\bar{x},\bar{y},\sum_{i=1}^{n}\frac{x_i^2}{n},\sum_{i=1}^{n}\frac{y_i^2}{n},\sum_{i=1}^{n}\frac{x_iy_i}{n}\right)'.$$

这说明, 若能算得 $E(\boldsymbol{z}_1)$ 和 $\mathrm{Cov}(\boldsymbol{z}_1)$, 就可根据定理 A.6.1 算得 $\left(\bar{x},\bar{y},\sum_{i=1}^{n}x_i^2/n,\right.$ $\left.\sum_{i=1}^{n}y_i^2/n,\sum_{i=1}^{n}x_iy_i/n\right)$ 的渐近正态分布.

接下来计算 $E(\boldsymbol{z}_1)$ 和 $\mathrm{Cov}(\boldsymbol{z}_1)$. 正如前面所说的, 考虑到 r 的分布与 μ_1, μ_2, σ_1 和 σ_2 都没有关系, 仅与 ρ 有关, 不妨假设 $\mu_1=\mu_2=0$, $\sigma_1=\sigma_2=1$. 为计算 $E(\boldsymbol{z}_1)$ 和 $\mathrm{Cov}(\boldsymbol{z}_1)$, 首先叙述正态分布的一些结论:

(1) 若 $x\sim N(0,1)$, 则 $E\left(x^{2k-1}\right)=0$, $E\left(x^{2k}\right)=1\cdot 3\cdot 5\cdots(2k-1)$.

(2) 若 $x\sim N\left(\mu,\sigma^2\right)$, 则

$$
\begin{aligned}
&E(x)=\mu;\\
&D(x)=\sigma^2\Rightarrow E\left(x^2\right)=\sigma^2+\mu^2;\\
&E\left((x-\mu)^3\right)=0\Rightarrow E\left(x^3\right)=3\sigma^2\mu+\mu^3.
\end{aligned}
$$

(3) 若 $\begin{pmatrix} x\\ y\end{pmatrix}\sim N_2\left(\mathbf{0},\begin{pmatrix}1&\rho\\ \rho&1\end{pmatrix}\right)$, 则给定 y 后, x 的条件分布为 $N\left(\rho y,1-\rho^2\right)$. 从而

$$
\begin{aligned}
&E\left(x^2y\right)=E\left(y\cdot E\left(x^2|y\right)\right)=E\left(y\left(1-\rho^2+\rho^2y^2\right)\right)=0;\\
&E\left(x^2y^2\right)=E\left(y^2E\left(x^2|y\right)\right)=E\left(y^2\left(1-\rho^2+\rho^2y^2\right)\right)=1+2\rho^2;\\
&E\left(x^3y\right)=E\left(yE\left(x^3|y\right)\right)=E\left(y\left(3\left(1-\rho^2\right)\rho y+\rho^3y^3\right)\right)=3\rho.
\end{aligned}
$$

根据这些性质, 不难算得

$$
E(\boldsymbol{Z}_1)=\boldsymbol{\mu}=\begin{pmatrix}0\\0\\1\\1\\ \rho\end{pmatrix},\quad \mathrm{Cov}(\boldsymbol{Z}_1)=\boldsymbol{\Sigma}=\begin{pmatrix}1&\rho&0&0&3\rho\\ \rho&1&0&0&3\rho\\ 0&0&2&2\rho^2&2\rho\\ 0&0&2\rho^2&2&2\rho\\ 3\rho&3\rho&2\rho&2\rho&1+\rho^2\end{pmatrix}.
$$

首先根据定理 A.6.1, 算得 $\bar{z}_n$ 的渐近正态分布 $\sqrt{n}\left(\bar{\boldsymbol{Z}}_n-\boldsymbol{\mu}\right)\xrightarrow{\mathrm{L}}N_5(\mathbf{0},\boldsymbol{\Sigma})$, 然后根据定理 A.6.2, 由 (4.2.9) 式算得 r 的渐近正态分布

$$
\sqrt{n}(r-\rho)\xrightarrow{\mathrm{L}}N\left(0,\left(1-\rho^2\right)^2\right). \tag{4.2.10}
$$

事实上, 除了极大似然估计外, (4.2.9) 式说明样本相关系数 r 也是总体相关系数 ρ 的矩估计. 根据定理 A.6.1, 样本矩有渐近正态分布. 矩估计作为样本矩的函数, 根据定理 A.6.2, 矩估计也有渐近正态分布. 由此看来, 这里计算样本相关系数 r 的渐近正态分布的方法可以推广到一般的矩估计.

由 r 的渐近正态分布可以计算 ρ 的区间估计. 由于渐近正态分布的方差 $(1-\rho^2)^2$ 含有 ρ, 所以基于这个渐近正态性, 难以构造 ρ 的区间估计. 一般来说, 有以下两种处理方法:

方法 1 方差 $\left(1-\rho^2\right)^2$ 中的 ρ, 可以用它的估计 r 来代换, 从而有

$$\frac{\sqrt{n}\,(r-\rho)}{1-r^2} \xrightarrow{\mathrm{L}} N\,(0,1)\,. \tag{4.2.11}$$

由此得 ρ 的水平为 $1-\alpha$ 的区间估计为 $r \pm \dfrac{1-r^2}{\sqrt{n}} U_{1-\alpha/2}$. 事实上, 这样的代换是基于 Slutsky 定理 (参见文献 [17] 的 1.4.3). 由于 r 是 ρ 的矩估计, 所以 $r \xrightarrow{p} \rho$. 根据 Slutsky 定理以及 (4.2.10) 式, 有

$$\frac{\sqrt{n}\,(r-\rho)}{1-r^2} = \frac{\sqrt{n}\,(r-\rho)}{1-\rho^2}\frac{1-\rho^2}{1-r^2} \xrightarrow{\mathrm{L}} N\,(0,1)\,.$$

从而得 (4.2.11) 式.

方法 2(方差齐性变换) 求函数 f 使得

$$\sqrt{n}\,(f(r)-f(\rho)) \xrightarrow{\mathrm{L}} N\,(0,1)\,. \tag{4.2.12}$$

根据定理 A.6.2, 有

$$\sqrt{n}\,(f(r)-f(\rho)) \xrightarrow{\mathrm{L}} N\left(0, \left(f'(\rho)\right)^2\left(1-\rho^2\right)^2\right).$$

则据 (4.2.12) 式, 有 $\left(f'(\rho)\right)^2\left(1-\rho^2\right)^2 = 1$. 由此解得函数 $f(x) = \dfrac{1}{2}\ln\dfrac{1+x}{1-x}$, 所以

$$\sqrt{n}\left(\frac{1}{2}\ln\frac{1+r}{1-r} - \frac{1}{2}\ln\frac{1+\rho}{1-\rho}\right) \xrightarrow{\mathrm{L}} N\,(0,1)\,.$$

由此得 $\dfrac{1}{2}\ln\dfrac{1+\rho}{1-\rho}$ 的水平为 $1-\alpha$ 的区间估计为 $\dfrac{1}{2}\ln\dfrac{1+r}{1-r} \pm \dfrac{1}{\sqrt{n}}U_{1-\alpha/2}$. 从而得到 ρ 的水平为 $1-\alpha$ 的区间估计为

$$\left(\frac{\dfrac{1+r}{1-r}\mathrm{e}^{-\frac{2}{\sqrt{n}}U_{1-\alpha/2}}-1}{\dfrac{1+r}{1-r}\mathrm{e}^{-\frac{2}{\sqrt{n}}U_{1-\alpha/2}}+1}, \frac{\dfrac{1+r}{1-r}\mathrm{e}^{\frac{2}{\sqrt{n}}U_{1-\alpha/2}}-1}{\dfrac{1+r}{1-r}\mathrm{e}^{\frac{2}{\sqrt{n}}U_{1-\alpha/2}}+1}\right),$$

称 $Z = \dfrac{1}{2}\ln\dfrac{1+r}{1-r}$ 为 Fisher 的 Z 变换. 通常使用 Fisher 的 Z 变换构造 ρ 的区间估计.

不少统计模型, 如线性模型和方差分析模型等, 都要求方差齐性, 所以方差齐性变换的方法应用广泛. 习题 4.4 与习题 4.5 分别是关于二项分布和泊松分布的方差齐性变换问题.

4.3　多元正态分布均值参数的置信域估计

设多元正态分布总体 $N_p(\boldsymbol{\mu}, \boldsymbol{\Sigma})$ 的样本为 $\boldsymbol{X}' = (\boldsymbol{x}_1, \cdots, \boldsymbol{x}_n)$, $\boldsymbol{\mu} \in \mathbf{R}^p$, $\boldsymbol{\Sigma} > 0$, $n > p$. 4.2 给出了总体均值 $\boldsymbol{\mu}$ 和总体协方差阵 $\boldsymbol{\Sigma}$ 的估计. $\boldsymbol{\mu}$ 的常用估计是样本均值 $\bar{\boldsymbol{x}}$, $\boldsymbol{\Sigma}$ 的常用估计是样本协方差阵 $\boldsymbol{S}$

$$\bar{\boldsymbol{x}} = \sum_{i=1}^{n} \frac{\boldsymbol{x}_i}{n},$$

$$\boldsymbol{S} = \frac{\boldsymbol{V}}{n-1}, \quad \boldsymbol{V} = \sum_{i=1}^{n} (\boldsymbol{x}_i - \bar{\boldsymbol{x}})(\boldsymbol{x}_i - \bar{\boldsymbol{x}})' \text{为样本离差阵.}$$

本节讨论总体均值 $\boldsymbol{\mu}$ 的置信域估计.

本节讨论的问题有两个. 问题之一是, 在单个多元正态分布总体时它的均值的置信域估计问题; 问题之二是, 在两个多元正态分布总体时它们均值之差的置信域估计问题.

4.3.1　单个多元正态分布总体

在 $\boldsymbol{\Sigma}$ 已知与 $\boldsymbol{\Sigma}$ 未知这两种情况, 分别讨论总体均值 $\boldsymbol{\mu}$ 的置信域估计问题.

情况 1　$\boldsymbol{\Sigma}$ 已知.

在 $\boldsymbol{\Sigma}$ 已知时, 由于 $\bar{\boldsymbol{x}} \sim N_p(\boldsymbol{\mu}, \boldsymbol{\Sigma}/n)$, 根据多元正态分布的性质 2.3.6, 有

$$n(\bar{\boldsymbol{x}} - \boldsymbol{\mu})' \boldsymbol{\Sigma}^{-1} (\bar{\boldsymbol{x}} - \boldsymbol{\mu}) \sim \chi^2(p).$$

由此得到 $\boldsymbol{\mu}$ 的水平为 $1-\alpha$ 置信域估计为超椭球

$$D = \left\{\boldsymbol{\mu} : n(\bar{\boldsymbol{x}} - \boldsymbol{\mu})' \boldsymbol{\Sigma}^{-1} (\bar{\boldsymbol{x}} - \boldsymbol{\mu}) \leqslant \chi^2_{1-\alpha}(p)\right\}. \tag{4.3.1}$$

情况 2　$\boldsymbol{\Sigma}$ 未知.

在 $\boldsymbol{\Sigma}$ 未知时, 一个很自然的想法就是将 (4.3.1) 式中的 $\boldsymbol{\Sigma}$ 用它的估计, 即样本协方差阵 $\boldsymbol{S}$ 来代替. 这也就是说, 将 $n(\bar{\boldsymbol{x}} - \boldsymbol{\mu})' \boldsymbol{\Sigma}^{-1} (\bar{\boldsymbol{x}} - \boldsymbol{\mu})$ 变换为 $n(\bar{\boldsymbol{x}} - \boldsymbol{\mu})' \boldsymbol{S}^{-1} (\bar{\boldsymbol{x}} - \boldsymbol{\mu})$, 即变换为

$$n(n-1)(\bar{\boldsymbol{x}} - \boldsymbol{\mu})' \boldsymbol{V}^{-1} (\bar{\boldsymbol{x}} - \boldsymbol{\mu}).$$

考虑到 $\sqrt{n}\,(\bar{\boldsymbol{x}} - \boldsymbol{\mu}) \sim N_p(0, \boldsymbol{\Sigma})$, $\boldsymbol{V} \sim W_p(n-1, \boldsymbol{\Sigma})$ 以及 $\bar{\boldsymbol{x}}$ 和 $\boldsymbol{V}$ 相互独立, 则由 3.4 节 Hotelling T^2 分布的定义知

$$\begin{aligned} T^2 &= n(n-1)(\bar{\boldsymbol{x}} - \boldsymbol{\mu})' \boldsymbol{V}^{-1} (\bar{\boldsymbol{x}} - \boldsymbol{\mu}) \\ &= (n-1)\left(\sqrt{n}(\bar{\boldsymbol{x}} - \boldsymbol{\mu})\right)' \boldsymbol{V}^{-1} \left(\sqrt{n}(\bar{\boldsymbol{x}} - \boldsymbol{\mu})\right) \sim T_p^2(n-1). \end{aligned}$$

从而由性质 3.4.1 和性质 3.4.2 知

$$\frac{1}{n-1}\boldsymbol{T}^2 = n(\bar{\boldsymbol{x}}-\boldsymbol{\mu})'\boldsymbol{V}^{-1}(\bar{\boldsymbol{x}}-\boldsymbol{\mu}) \overset{\mathrm{d}}{=} \frac{\chi^2(p)}{\chi^2(n-p)},$$ 分子与分母的 χ^2 分布相互独立,

$$\frac{n-p}{(n-1)p}\boldsymbol{T}^2 = \frac{n(n-p)}{p}(\bar{\boldsymbol{x}}-\boldsymbol{\mu})'\boldsymbol{V}^{-1}(\bar{\boldsymbol{x}}-\boldsymbol{\mu}) \sim F(p, n-p).$$

由此得到 $\boldsymbol{\mu}$ 的水平为 $1-\alpha$ 置信域估计为超椭球 D

$$D = \left\{\boldsymbol{\mu} : \frac{n(n-p)}{p}(\bar{\boldsymbol{x}}-\boldsymbol{\mu})'\boldsymbol{V}^{-1}(\bar{\boldsymbol{x}}-\boldsymbol{\mu}) \leqslant F_{1-\alpha}(p, n-p)\right\}. \tag{4.3.2}$$

4.3.2 两个多元正态分布总体

设相互独立的总体 $\boldsymbol{X} \sim N_p(\boldsymbol{\mu}_1, \boldsymbol{\Sigma})$ 和 $\boldsymbol{Y} \sim N_p(\boldsymbol{\mu}_2, \boldsymbol{\Sigma})$, $\boldsymbol{\mu}_1, \boldsymbol{\mu}_2 \in \mathbf{R}^p$, $\boldsymbol{\Sigma} > 0$. $\boldsymbol{X}' = (x_1, \cdots, x_m)$ 和 $\boldsymbol{Y}' = (y_1, \cdots, y_n)$ 分别是来自总体 $\boldsymbol{X}$ 和 $\boldsymbol{Y}$ 的样本, $m, n > p$. 在 $\boldsymbol{\Sigma}$ 已知与 $\boldsymbol{\Sigma}$ 未知这两种情况, 分别讨论总体均值之差 $\boldsymbol{\delta} = \boldsymbol{\mu}_1 - \boldsymbol{\mu}_2$ 的置信域估计问题.

情况 1 $\boldsymbol{\Sigma}$ 已知.

在 $\boldsymbol{\Sigma}$ 已知时, 由于 $\bar{\boldsymbol{x}} \sim N_p(\boldsymbol{\mu}_1, \boldsymbol{\Sigma}/m)$, $\bar{\boldsymbol{y}} \sim N_p(\boldsymbol{\mu}_2, \boldsymbol{\Sigma}/n)$, 所以

$$\bar{\boldsymbol{x}} - \bar{\boldsymbol{y}} \sim N_p\left(\boldsymbol{\delta}, \frac{\boldsymbol{\Sigma}}{m} + \frac{\boldsymbol{\Sigma}}{n}\right).$$

根据多元正态分布的性质 2.3.6, 有

$$\frac{mn}{m+n}((\bar{\boldsymbol{x}}-\bar{\boldsymbol{y}})-\boldsymbol{\delta})'\boldsymbol{\Sigma}^{-1}((\bar{\boldsymbol{x}}-\bar{\boldsymbol{y}})-\boldsymbol{\delta}) \sim \chi^2(p).$$

由此得到均值之差 $\boldsymbol{\delta}$ 的水平为 $1-\alpha$ 置信域估计为超椭球

$$D = \left\{\boldsymbol{\delta} : \frac{mn}{m+n}((\bar{\boldsymbol{x}}-\bar{\boldsymbol{y}})-\boldsymbol{\delta})'\boldsymbol{\Sigma}^{-1}((\bar{\boldsymbol{x}}-\bar{\boldsymbol{y}})-\boldsymbol{\delta}) \leqslant \chi^2_{1-\alpha}(p)\right\}. \tag{4.3.3}$$

情况 2 $\boldsymbol{\Sigma}$ 未知.

同单个多元正态分布总体在 $\boldsymbol{\Sigma}$ 未知时的处理方法, 将 (4.3.3) 式中的 $\boldsymbol{\Sigma}$ 用它的估计来代替. 现在的问题是, 使用样本 $\boldsymbol{X}' = (\boldsymbol{x}_1, \cdots, \boldsymbol{x}_m)$ 可以得到 $\boldsymbol{\Sigma}$ 的一个估计

$$\boldsymbol{S}_1 = \frac{\boldsymbol{V}_1}{m-1}, \quad \boldsymbol{V}_1 = \sum_{i=1}^{m}(\boldsymbol{x}_i - \bar{\boldsymbol{x}})(\boldsymbol{x}_i - \bar{\boldsymbol{x}})'.$$

而使用样本 $\boldsymbol{Y}' = (\boldsymbol{y}_1, \cdots, \boldsymbol{y}_n)$ 可以得到 $\boldsymbol{\Sigma}$ 的另一个估计

$$\boldsymbol{S}_2 = \frac{\boldsymbol{V}_2}{n-1}, \quad \boldsymbol{V}_2 = \sum_{i=1}^{n}(\boldsymbol{y}_i - \bar{\boldsymbol{y}})(\boldsymbol{y}_i - \bar{\boldsymbol{y}})',$$

那么, $\boldsymbol{\Sigma}$ 究竟应如何估计? 解决这个问题, 还得从充分统计量说起. 由 (4.1.1) 式知, 样本 $\boldsymbol{X}'=(\boldsymbol{x}_1,\cdots,\boldsymbol{x}_m)$ 和 $\boldsymbol{Y}'=(\boldsymbol{y}_1,\cdots,\boldsymbol{y}_n)$ 的联合密度函数为

$$\frac{1}{(2\pi)^{(m+n)p/2}|\boldsymbol{\Sigma}|^{(m+n)/2}}$$
$$\cdot\exp\left\{-\frac{1}{2}\mathrm{tr}\left(\boldsymbol{\Sigma}^{-1}\left(\boldsymbol{V}_1+\boldsymbol{V}_2+m(\bar{\boldsymbol{x}}-\boldsymbol{\mu}_1)(\bar{\boldsymbol{x}}-\boldsymbol{\mu}_1)'+n(\bar{\boldsymbol{y}}-\boldsymbol{\mu}_2)(\bar{\boldsymbol{y}}-\boldsymbol{\mu}_2)'\right)\right)\right\}.$$

由此联合密度, 可以得到参数 $(\boldsymbol{\mu}_1,\boldsymbol{\mu}_2,\boldsymbol{\Sigma})$ 的充分且完全的统计量为 $(\bar{\boldsymbol{x}},\bar{\boldsymbol{y}},\boldsymbol{V}_1+\boldsymbol{V}_2)$ 以及参数 $(\boldsymbol{\mu}_1,\boldsymbol{\mu}_2,\boldsymbol{\Sigma})$ 的极大似然估计. $\boldsymbol{\mu}_1$ 和 $\boldsymbol{\mu}_2$ 的极大似然估计分别为 $\bar{\boldsymbol{x}}$ 和 $\bar{\boldsymbol{y}}$, 它们都是无偏估计, 而且都是唯一的最小协方差阵无偏估计. $\boldsymbol{\Sigma}$ 的极大似然估计为 $(\boldsymbol{V}_1+\boldsymbol{V}_2)/(m+n)$, 它不是无偏估计. $\hat{\boldsymbol{\Sigma}}=(\boldsymbol{V}_1+\boldsymbol{V}_2)/(m+n-2)$ 才是 $\boldsymbol{\Sigma}$ 的无偏估计, 而且是 $\boldsymbol{\Sigma}$ 的唯一的最小协方差阵无偏估计. 所有这些结论的证明都留作习题 (见习题 4.6).

若仅有样本 $\boldsymbol{X}'=(\boldsymbol{x}_1,\cdots,\boldsymbol{x}_m)$, 可以得到 $\boldsymbol{\Sigma}$ 的唯一的最小协方差阵无偏估计 $\boldsymbol{S}_1$. 同样地, 若仅有样本 $\boldsymbol{Y}'=(\boldsymbol{y}_1,\cdots,\boldsymbol{y}_n)$, 可以得到 $\boldsymbol{\Sigma}$ 的唯一的最小协方差阵无偏估计 $\boldsymbol{S}_2$. 如果同时有样本 $\boldsymbol{X}'=(\boldsymbol{x}_1,\cdots,\boldsymbol{x}_m)$ 和 $\boldsymbol{Y}'=(\boldsymbol{y}_1,\cdots,\boldsymbol{y}_n)$, 只能说, $\boldsymbol{S}_1$ 和 $\boldsymbol{S}_2$ 都是无偏估计, 但都并不是协方差阵最小的无偏估计, $\hat{\boldsymbol{\Sigma}}=(\boldsymbol{V}_1+\boldsymbol{V}_2)/(m+n-2)$ 才是 $\boldsymbol{\Sigma}$ 的唯一的最小协方差阵无偏估计. 由于

$$\begin{aligned}\hat{\boldsymbol{\Sigma}}&=\frac{m-1}{m+n-2}\frac{\boldsymbol{V}_1}{m-1}+\frac{n-1}{m+n-2}\frac{\boldsymbol{V}_2}{n-1}\\&=\frac{m-1}{m+n-2}\boldsymbol{S}_1+\frac{n-1}{m+n-2}\boldsymbol{S}_2,\end{aligned}$$

所以 $\hat{\boldsymbol{\Sigma}}$ 是 $\boldsymbol{S}_1$ 和 $\boldsymbol{S}_2$ 的加权平均. 通常称 $\hat{\boldsymbol{\Sigma}}$ 为协方差阵的合并估计或联合估计 (pooled estimation).

(4.3.3) 式中的 $\boldsymbol{\Sigma}$ 用它唯一的最小协方差阵无偏估计 $\hat{\boldsymbol{\Sigma}}=(\boldsymbol{V}_1+\boldsymbol{V}_2)/(m+n-2)$ 来代替. 由此得到

$$\frac{(m+n-2)\,mn}{m+n}\left((\bar{\boldsymbol{x}}-\bar{\boldsymbol{y}})-\boldsymbol{\delta}\right)'(\boldsymbol{V}_1+\boldsymbol{V}_2)^{-1}\left((\bar{\boldsymbol{x}}-\bar{\boldsymbol{y}})-\boldsymbol{\delta}\right).$$

考虑到 $\bar{\boldsymbol{x}}-\bar{\boldsymbol{y}}$ 与 $\boldsymbol{V}_1+\boldsymbol{V}_2$ 相互独立以及

$$\sqrt{\frac{mn}{m+n}}\left((\bar{\boldsymbol{x}}-\bar{\boldsymbol{y}})-\boldsymbol{\delta}\right)\sim N_p(\boldsymbol{0},\boldsymbol{\Sigma}),\quad \boldsymbol{V}_1+\boldsymbol{V}_2\sim W_p(m+n-2,\boldsymbol{\Sigma}),$$

则由 3.4 节 Hotelling T^2 分布的定义知

$$
\begin{aligned}
T^2 &= \frac{(m+n-2)\,mn}{m+n}\left((\bar{\boldsymbol{x}}-\bar{\boldsymbol{y}})-\boldsymbol{\delta}\right)'\left(\boldsymbol{V}_1+\boldsymbol{V}_2\right)^{-1}\left((\bar{\boldsymbol{x}}-\bar{\boldsymbol{y}})-\boldsymbol{\delta}\right)\\
&= (m+n-2)\left(\sqrt{\frac{mn}{m+n}}\left((\bar{\boldsymbol{x}}-\bar{\boldsymbol{y}})-\boldsymbol{\delta}\right)\right)'\left(\boldsymbol{V}_1+\boldsymbol{V}_2\right)^{-1}\\
&\quad\cdot\left(\sqrt{\frac{mn}{m+n}}\left((\bar{\boldsymbol{x}}-\bar{\boldsymbol{y}})-\boldsymbol{\delta}\right)\right)\sim T_p^2\,(m+n-2)\,.
\end{aligned}
$$

从而由性质 3.4.1 和性质 3.4.2 知

$$
\begin{aligned}
\frac{1}{m+n-2}\boldsymbol{T}^2 &= \frac{mn}{m+n}\left((\bar{\boldsymbol{x}}-\bar{\boldsymbol{y}})-\boldsymbol{\delta}\right)'\left(\boldsymbol{V}_1+\boldsymbol{V}_2\right)^{-1}\left((\bar{\boldsymbol{x}}-\bar{\boldsymbol{y}})-\boldsymbol{\delta}\right)\\
&\overset{\mathrm{d}}{=} \frac{\chi^2\,(p)}{\chi^2\,(m+n-p-1)},\quad \text{分子与分母的 } \chi^2 \text{ 分布相互独立},
\end{aligned}
$$

$$
\begin{aligned}
&\frac{m+n-p-1}{(m+n-2)p}\boldsymbol{T}^2\\
&= \frac{(m+n-p-1)\,mn}{(m+n)\,p}\left((\bar{\boldsymbol{x}}-\bar{\boldsymbol{y}})-\boldsymbol{\delta}\right)'\left(\boldsymbol{V}_1+\boldsymbol{V}_2\right)^{-1}\left((\bar{\boldsymbol{x}}-\bar{\boldsymbol{y}})-\boldsymbol{\delta}\right)\\
&\sim F\,(p, m+n-p-1)\,.
\end{aligned}
$$

由此得到 $\boldsymbol{\delta}$ 的水平为 $1-\alpha$ 置信域估计为超椭球 D

$$
\begin{aligned}
D = \Bigg\{\boldsymbol{\delta} : &\frac{(m+n-2)\,mn}{m+n}\left((\bar{\boldsymbol{x}}-\bar{\boldsymbol{y}})-\boldsymbol{\delta}\right)'\left(\boldsymbol{V}_1+\boldsymbol{V}_2\right)^{-1}\\
&\cdot\left((\bar{\boldsymbol{x}}-\bar{\boldsymbol{y}})-\boldsymbol{\delta}\right)\leqslant F_{1-\alpha}\,(p, m+n-p-1)\Bigg\}.
\end{aligned}
$$

在两个相互独立的 p 元正态总体的协方差阵相等的时候, 给出了总体均值之差的置信超椭球域估计. 在协方差阵不等时, 均值之差的置信域估计问题就是所谓的 Behrens-Fisher 问题. 这个问题留待 5.3 节与均值之差的假设检验问题一并讨论.

4.4 多元正态分布均值参数的 Bayes 估计

首先回顾单元正态分布均值参数的 Bayes 估计问题. 设样本 $x_1,\cdots,x_n$ 来自单元正态分布总体 $N\left(\mu,\sigma^2\right)$, 其中, $-\infty<\mu<\infty$, $\sigma>0$, $n\geqslant 2$. 样本的联合密度函数为

$$
\frac{1}{(2\pi)^{n/2}\,\sigma^n}\exp\left\{-\frac{v^2+n\,(\bar{x}-\mu)^2}{2\sigma^2}\right\},
$$

其中,

$$
\bar{x}=\sum_{i=1}^{n}\frac{x_i}{n}\sim N\left(\mu,\frac{\sigma^2}{n}\right)\ \text{是样本均值;}
$$

$$v^2=\sum_{i=1}^{n}(x_i-\bar{x})^2\sim\sigma^2\chi^2(n-1) \text{ 是样本离差平方和.}$$

$(\bar{x},v^2)$ 为参数 (μ,σ^2) 的充分完全的统计量. 对于正态分布总体来说, 参数 (μ,σ^2) 的共轭先验分布为

$$(\sigma^2)^{-1}\sim\frac{1}{\tau}\chi^2(\alpha) \text{ 或 } \sigma^2\sim\tau\cdot I\chi^2(\alpha),$$

$$\sigma^2 \text{ 给定后}, \mu\sim N(\theta,\sigma^2/k).$$

$I\chi^2(\alpha)$ 称为参数为 α 的倒 χ^2 分布. 在 $X\sim\chi^2(\alpha)$ 时, X 的密度函数为

$$\frac{(1/2)^{\alpha/2}}{\Gamma(\alpha/2)}x^{\alpha/2-1}\exp\left\{-\frac{x}{2}\right\},$$

那么 $Y=1/X\sim I\chi^2(\alpha)$ 的密度函数为

$$\frac{(1/2)^{\alpha/2}}{\Gamma(\alpha/2)}y^{-(\alpha/2+1)}\exp\left\{-\frac{1}{2y}\right\}.$$

参数 (μ,σ^2) 的共轭先验密度为 $\pi_1(\sigma^2)\pi_2(\mu|\sigma^2)$, 其中,

$$\pi_1(\sigma^2)=\frac{(\tau/2)^{\alpha/2}}{\Gamma(\alpha/2)}(\sigma^2)^{-(\alpha/2+1)}\exp\left\{-\frac{\tau}{2(\sigma^2)}\right\},$$

$$\pi_2(\mu|\sigma^2)=\frac{\sqrt{k}}{\sqrt{2\pi}\sigma}\exp\left\{-\frac{k(\mu-\theta)^2}{2\sigma^2}\right\}.$$

$\pi_1(\sigma^2)$ 是 σ^2 的先验密度函数, $\pi_2(\mu|\sigma^2)$ 是 σ^2 给定后 μ 的条件先验密度. 由此得到 (μ,σ^2) 的后验分布的密度函数为 $\pi_1(\sigma^2|x_1,\cdots,x_n)\pi_2(\mu|\sigma^2;x_1,\cdots,x_n)$, 其中,

$$\pi_1(\sigma^2|x_1,\cdots,x_n)=\frac{(\tau_n/2)^{\alpha_n/2}}{\Gamma(\alpha_n/2)}(\sigma^2)^{-(\alpha_n/2+1)}\exp\left\{-\frac{\tau_n}{2(\sigma^2)}\right\},$$

$$\pi_2(\mu|\sigma^2;x_1,\cdots,x_n)=\frac{\sqrt{k_n}}{\sqrt{2\pi}\sigma}\exp\left\{-\frac{k_n(\mu-\theta_n)^2}{2\sigma^2}\right\},$$

其中,

$$\alpha_n=n+\alpha,\quad \tau_n=\tau+v^2+\frac{kn(\bar{x}-\theta)^2}{k+n},$$

$$\theta_n=\frac{n\bar{x}+k\theta}{n+k},\quad k_n=n+k.$$

这说明 σ^2 的后验分布为 $\tau_n\cdot I\chi^2(\alpha_n)$; 而在 σ^2 给定后, μ 的后验分布为 $N(\theta_n,\sigma^2/k_n)$. 前面说了 σ^2 的先验分布为 $\tau\cdot I\chi^2(\alpha)$; 而在 σ^2 给定后, μ 的先验分布为 $N(\theta,\sigma^2/k)$.

由此可见, 先验分布与后验分布是相同类型的分布. 正因为如此, 称参数 (μ,σ^2) 有共轭的先验分布. 共轭的先验分布有其合理性. 所谓先验分布实际上就是来源于人们的实践经验和历史资料的信息. 当然, 它也可能来源于某种理论. 事实上, 历史资料和理论都可以看成实践经验的总结, 所以先验分布可看成是来源于人们的实践经验的信息. 因而根据本次样本 $x_1,\cdots,x_n$ 得到的后验分布很自然地就是有了下一个样本时的先验分布. 由此可见共轭先验分布的合理性.

由参数 (μ,σ^2) 的后验分布得到 μ 和 σ^2 的 Bayes 估计 (后验均值) 分别为

$$\hat{\mu}=\theta_n,\quad \hat{\sigma}^2=\frac{\tau_n}{\alpha_n-2}.$$

本节将单元正态分布均值参数的 Bayes 估计问题推广到多元正态分布. 设样本 $\boldsymbol{x}_1,\cdots,\boldsymbol{x}_n$ 来自多元正态分布总体 $N_p(\boldsymbol{\mu},\boldsymbol{\Sigma})$, 其中, $\boldsymbol{\mu}\in\mathbf{R}^p$, $\boldsymbol{\Sigma}>0$, $n>p$. 样本的联合密度函数为

$$\frac{1}{(2\pi)^{np/2}\left|\boldsymbol{\Sigma}\right|^{n/2}}\exp\left\{-\frac{1}{2}\mathrm{tr}\left(\boldsymbol{\Sigma}^{-1}\left[\boldsymbol{V}+n\left(\bar{\boldsymbol{x}}-\boldsymbol{\mu}\right)\left(\bar{\boldsymbol{x}}-\boldsymbol{\mu}\right)'\right]\right)\right\},$$

其中,

$$\bar{\boldsymbol{x}}=\sum_{i=1}^{n}\frac{\boldsymbol{x}_i}{n}\sim N_p\left(\boldsymbol{\mu},\frac{\boldsymbol{\Sigma}}{n}\right)\ \text{是样本均值;}$$

$$\boldsymbol{V}=\sum_{i=1}^{n}\left(\boldsymbol{x}_i-\bar{\boldsymbol{x}}\right)\left(\boldsymbol{x}_i-\bar{\boldsymbol{x}}\right)'\sim W_p\left(n-1,\boldsymbol{\Sigma}\right)\ \text{是样本离差阵.}$$

$(\boldsymbol{V},\bar{\boldsymbol{x}})$ 为参数 $(\boldsymbol{\mu},\boldsymbol{\Sigma})$ 的充分完全的统计量. 同单元正态分布, 多元正态分布参数 $(\boldsymbol{\mu},\boldsymbol{\Sigma})$ 的先验分布取为

$$\boldsymbol{\Sigma}^{-1}\sim W_p\left(\alpha,\boldsymbol{T}^{-1}\right)\ \text{或}\ \boldsymbol{\Sigma}\sim IW_p\left(\alpha,T\right),$$

$$\boldsymbol{\Sigma}\text{给定后},\boldsymbol{\mu}\sim N_p\left(\theta,\boldsymbol{\Sigma}/k\right).$$

在后面的分析中将说明这个先验分布仍然是共轭的. $IW_p(\alpha,T)$ 称为参数为 α 和 T 的逆 Wishart 分布. 下面介绍逆 Wishart 分布的有关知识.

4.4.1 逆 Wishart 分布

逆 Wishart 分布的定义 在 $\boldsymbol{X}^{-1}\sim W_p(n,\boldsymbol{\Sigma})$ 时, 称 $\boldsymbol{X}\sim \boldsymbol{IW}_p(n,\boldsymbol{T})$, 其中, $\boldsymbol{T}=\boldsymbol{\Sigma}^{-1}$.

根据定理 A.5.4, 由 Wishart 分布的密度函数可以推得逆 Wishart 分布的密度函数.

逆 Wishart 分布 $\boldsymbol{IW_p(n,T)}$ 的密度函数 当 $\boldsymbol{X}\sim IW_p(n,\boldsymbol{T})$ 时, $\boldsymbol{Y}=\boldsymbol{X}^{-1}\sim W_p(n,\boldsymbol{\Sigma})$, 其中, $\boldsymbol{\Sigma}=\boldsymbol{T}^{-1}$. 当 $n\geqslant p$ 时, Wishart 分布 $\boldsymbol{Y}$ 的密度函数为

$$\frac{|\boldsymbol{Y}|^{(n-p-1)/2}\exp\left\{-\frac{1}{2}\mathrm{tr}\left(\boldsymbol{\Sigma}^{-1}\boldsymbol{Y}\right)\right\}}{2^{np/2}\Gamma_p\left(n/2\right)|\boldsymbol{\Sigma}|^{n/2}},\quad \boldsymbol{Y}>0.$$

从而由定理 A.5.4 得 $\boldsymbol{X}=\boldsymbol{Y}^{-1}\sim IW_p\left(n,\boldsymbol{T}\right)$ 的密度函数为

$$\frac{|\boldsymbol{T}|^{n/2}|\boldsymbol{X}|^{-(n+p+1)/2}\exp\left\{-\frac{1}{2}\mathrm{tr}\left(\boldsymbol{T}\boldsymbol{X}^{-1}\right)\right\}}{2^{np/2}\Gamma_p\left(n/2\right)},\quad \boldsymbol{X}>0. \tag{4.4.1}$$

这就是 $n\geqslant p$ 时逆 Wishart 分布 $IW_p\left(n,\boldsymbol{T}\right)$ 的密度函数.

4.4.2 均值参数的 Bayes 估计

对于多元正态分布总体来说, 参数 $(\boldsymbol{\mu},\boldsymbol{\Sigma})$ 的共轭先验密度为 $\pi_1\left(\boldsymbol{\Sigma}\right)\pi_2\left(\boldsymbol{\mu}|\boldsymbol{\Sigma}\right)$, 其中,

$$\pi_1\left(\boldsymbol{\Sigma}\right)=\frac{|\boldsymbol{T}|^{\alpha/2}|\boldsymbol{\Sigma}|^{-(\alpha+p+1)/2}\exp\left\{-\frac{1}{2}\mathrm{tr}\left(\boldsymbol{T}\boldsymbol{\Sigma}^{-1}\right)\right\}}{2^{\alpha p/2}\pi^{p(p-1)/4}\prod\limits_{i=1}^{p}\Gamma\left((\alpha-i+1)/2\right)}, \tag{4.4.2}$$

$$\pi_2\left(\boldsymbol{\mu}|\boldsymbol{\Sigma}\right)=\frac{k^{p/2}}{(2\pi)^{p/2}\sqrt{|\boldsymbol{\Sigma}|}}\exp\left\{-\frac{k}{2}\left(\boldsymbol{\mu}-\boldsymbol{\theta}\right)'\boldsymbol{\Sigma}^{-1}\left(\boldsymbol{\mu}-\boldsymbol{\theta}\right)\right\}. \tag{4.4.3}$$

$\pi_1\left(\boldsymbol{\Sigma}\right)$ 是 $\boldsymbol{\Sigma}$ 的先验密度函数, $\pi_2\left(\boldsymbol{\mu}|\boldsymbol{\Sigma}\right)$ 是 $\boldsymbol{\Sigma}$ 给定后 $\boldsymbol{\mu}$ 的条件先验密度. 由此不难得到 $(\boldsymbol{\mu},\boldsymbol{\Sigma})$ 的后验密度函数为 $\pi_1\left(\boldsymbol{\Sigma}|x_1,\cdots,x_n\right)\pi_2\left(\boldsymbol{\mu}|\boldsymbol{\Sigma};x_1,\cdots,x_n\right)$, 其中,

$$\pi_1\left(\boldsymbol{\Sigma}|x_1,\cdots,x_n\right)=\frac{|\boldsymbol{T}_n|^{\alpha_n/2}|\boldsymbol{\Sigma}|^{-(\alpha_n+p+1)/2}\exp\left\{-\frac{1}{2}\mathrm{tr}\left(\boldsymbol{T}_n\boldsymbol{\Sigma}^{-1}\right)\right\}}{2^{\alpha_n p/2}\pi^{p(p-1)/4}\prod\limits_{i=1}^{p}\Gamma\left((\alpha_n-i+1)/2\right)}, \tag{4.4.4}$$

$$\pi_2\left(\boldsymbol{\mu}|\boldsymbol{\Sigma};x_1,\cdots,x_n\right)=\frac{k_n^{p/2}}{(2\pi)^{p/2}\sqrt{|\boldsymbol{\Sigma}|}}\exp\left\{-\frac{k_n}{2}\left(\boldsymbol{\mu}-\boldsymbol{\theta}_n\right)'\boldsymbol{\Sigma}^{-1}\left(\boldsymbol{\mu}-\boldsymbol{\theta}_n\right)\right\}, \tag{4.4.5}$$

其中,

$$\alpha_n=n+\alpha,\quad \boldsymbol{T}_n=\boldsymbol{T}+\boldsymbol{V}+\frac{kn\left(\bar{\boldsymbol{x}}-\boldsymbol{\theta}\right)\left(\bar{\boldsymbol{x}}-\boldsymbol{\theta}\right)'}{k+n},$$

$$\boldsymbol{\theta}_n=\frac{n\bar{\boldsymbol{x}}+k\boldsymbol{\theta}}{n+k},\quad k_n=n+k.$$

这说明 $\boldsymbol{\Sigma}$ 的后验分布是参数为 $(\alpha_n, \boldsymbol{T}_n)$ 的逆 Wishart 分布 $IW_p(\alpha_n, \boldsymbol{T}_n)$; 而在 $\boldsymbol{\Sigma}$ 给定后 $\boldsymbol{\mu}$ 的后验分布是正态分布 $N_p(\boldsymbol{\theta}_n, \boldsymbol{\Sigma}/k_n)$. 将 $(\boldsymbol{\mu}, \boldsymbol{\Sigma})$ 的先验分布 (见 (4.4.2) 式和 (4.4.3) 式) 与后验分布 (见 (4.4.4) 式和 (4.4.5) 式) 进行比较, 不难发现所取的 $(\boldsymbol{\mu}, \boldsymbol{\Sigma})$ 的先验分布是共轭的.

由 $(\boldsymbol{\mu}, \boldsymbol{\Sigma})$ 的后验分布得到 $\boldsymbol{\mu}$ 的 Bayes 估计 (后验均值) 为

$$\hat{\boldsymbol{\mu}} = \boldsymbol{\theta}_n.$$

性质 3.2.8 说明, 若 $\boldsymbol{W} \sim W_p(n, \boldsymbol{\Sigma})$, $\boldsymbol{\Sigma} > 0$, $n > p+1$, 则 $E\left(\boldsymbol{W}^{-1}\right) = \boldsymbol{\Sigma}^{-1}/(n-p-1)$. 在 $\boldsymbol{W} \sim W_p(n, \boldsymbol{\Sigma})$ 时, $\boldsymbol{W}^{-1} \sim IW_p(n, \boldsymbol{T})$, 其中, $\boldsymbol{T} = \boldsymbol{\Sigma}^{-1}$, 所以 Wishart 分布的这个性质说明, 在 $\boldsymbol{X} \sim IW_p(n, \boldsymbol{T})$ 时, $E(\boldsymbol{X}) = \boldsymbol{T}/(n-p-1)$. 从而由 $(\boldsymbol{\mu}, \boldsymbol{\Sigma})$ 的后验分布得到 $\boldsymbol{\Sigma}$ 的 Bayes 估计 (后验均值) 为

$$\hat{\boldsymbol{\sigma}}^2 = \frac{\boldsymbol{T}_n}{(\alpha_n - p - 1)}.$$

这里采用共轭先验分布, Bayes 估计 (后验均值) 的计算较为简单. 如果根据先验信息不宜采用共轭先验分布, 而应采用另外的先验分布, 则后验均值的计算往往较为复杂. 解决这一类复杂的计算问题需要应用统计计算的一些技术. 统计计算的有关内容读者可参阅文献 [134]. 事实上, 用后验均值作为 Bayes 估计是对平方损失函数而言的. 此外还有其他的损失函数, 不同损失函数下的 Bayes 估计是不同的. 一般来说, 相对于平方损失函数而言, 其他的损失函数下的 Bayes 估计的计算更为复杂, 其中, 统计计算的有关内容也可参阅上面提到的文献 [134].

*4.5 多元正态分布参数估计的改进

本节将根据统计决策理论, 在平方损失函数下, 讨论如何对多元正态分布的均值与协方差阵的常用估计进行改进的问题.

4.5.1 多元正态分布均值的常用估计的改进

设样本 $\boldsymbol{x}_1, \cdots, \boldsymbol{x}_n$ 来自多元正态分布总体 $N_p(\boldsymbol{\mu}, \boldsymbol{\Sigma})$, 其中, $\boldsymbol{\mu} \in \mathbf{R}^p$, $\boldsymbol{\Sigma} > 0$, $n > p$. 由 (4.1.1) 式知样本的联合密度函数为

$$L(\boldsymbol{\mu}, \boldsymbol{\Sigma}) = \frac{1}{(2\pi)^{np/2} |\boldsymbol{\Sigma}|^{n/2}} \exp\left\{-\frac{1}{2}\mathrm{tr}\left(\boldsymbol{\Sigma}^{-1}\left(\boldsymbol{V} + n(\bar{\boldsymbol{x}} - \boldsymbol{\mu})(\bar{\boldsymbol{x}} - \boldsymbol{\mu})'\right)\right)\right\}, \quad (4.5.1)$$

其中, $\bar{\boldsymbol{x}} = \sum_{i=1}^{n} \boldsymbol{x}_i/n$ 是样本均值, $\boldsymbol{V} = \sum_{i=1}^{n} (\boldsymbol{x}_i - \bar{\boldsymbol{x}})(\boldsymbol{x}_i - \bar{\boldsymbol{x}})'$ 是样本离差阵. 已经知道, $\bar{\boldsymbol{x}}$ 是总体均值 $\boldsymbol{\mu}$ 的极大似然估计, $\hat{\boldsymbol{\Sigma}} = \boldsymbol{V}/n$ 是总体协方差阵 $\boldsymbol{\Sigma}$ 的极大似然估

计. 极大似然的思想是著名统计学家 Fisher 提出的. 所谓极大似然估计就是使得似然函数达到极大的估计,

$$L\left(\bar{\boldsymbol{x}}, \hat{\boldsymbol{\Sigma}}\right) = \sup_{\boldsymbol{\mu}, \boldsymbol{\Sigma}} L\left(\boldsymbol{\mu}, \boldsymbol{\Sigma}\right),$$

其中, $L\left(\boldsymbol{\mu}, \boldsymbol{\Sigma}\right)$ 见 (4.5.1) 式. 称 $L\left(\boldsymbol{\mu}, \boldsymbol{\Sigma}\right)$ 或与它仅相差一个与 $\boldsymbol{\mu}$ 和 $\boldsymbol{\Sigma}$ 无关的因子的函数为似然函数. 这也就是说, 首先确定了一个准则: 要求所构造的估计应使得似然函数达到极大, 然后根据这个准则求极大似然估计. 当然, 除极大似然准则外还可以有其他一些准则.

$\bar{\boldsymbol{x}}$ 是 $\boldsymbol{\mu}$ 的估计, 不可避免有偏差 $\bar{\boldsymbol{x}} - \boldsymbol{\mu}$. 很自然地希望总的来说, 平均偏差 $E\left(\bar{\boldsymbol{x}} - \boldsymbol{\mu}\right)$ 越小越好, 最好为 $\mathbf{0}$. $\bar{\boldsymbol{x}}$ 就满足这样一个要求: $E\left(\bar{\boldsymbol{x}} - \boldsymbol{\mu}\right) = \mathbf{0}$ 对所有的 $\left(\boldsymbol{\mu}, \boldsymbol{\Sigma}\right)$ 一致地成立. 通常把这个等式改写成 $E\left(\bar{\boldsymbol{x}}\right) = \boldsymbol{\mu}$ 的形式. 这就是另一个构造估计的准则: 要求所构造的估计应是无偏估计. $\bar{\boldsymbol{x}}$ 是 $\boldsymbol{\mu}$ 的无偏估计. 无偏估计往往不是唯一存在的, 可以构造出很多个无偏估计. 人们很自然地希望所构造的无偏估计应该使得协方差阵最小. $\boldsymbol{\mu}$ 的无偏估计 $\bar{\boldsymbol{x}}$ 就满足这样一个要求: $\mathrm{Cov}\left(\bar{\boldsymbol{x}}\right) = \inf\limits_{\hat{\boldsymbol{\mu}} \in U} \mathrm{Cov}\left(\hat{\boldsymbol{\mu}}\right)$ 对所有的 $\left(\boldsymbol{\mu}, \boldsymbol{\Sigma}\right)$ 都成立, 其中, U 表示 $\boldsymbol{\mu}$ 的所有的无偏估计组成的无偏估计类. 这也就是说, 对任意的 $\hat{\boldsymbol{\mu}} \in U$, 即对 $\boldsymbol{\mu}$ 的任意一个无偏估计 $\hat{\boldsymbol{\mu}}$, 都有 $\mathrm{Cov}\left(\hat{\boldsymbol{\mu}}\right) - \mathrm{Cov}\left(\bar{\boldsymbol{x}}\right) \geqslant 0$. 这就是又一个构造估计的准则: 要求所构造的估计应是无偏估计, 并且是无偏估计类中协方差阵最小的. $\bar{\boldsymbol{x}}$ 就是 $\boldsymbol{\mu}$ 的唯一的一致最小协方差阵无偏估计.

著名统计学家 Wald[136] 提出统计决策理论, 引入损失函数, 用来评价估计的优劣. 用 $\bar{\boldsymbol{x}}$ 来估计 $\boldsymbol{\mu}$, 难免有损失, $\bar{\boldsymbol{x}}$ 与 $\boldsymbol{\mu}$ 相距越远, 其损失越大. 用 $\bar{\boldsymbol{x}}$ 估计 $\boldsymbol{\mu}$ 的损失由函数 $L\left(\bar{\boldsymbol{x}}, \boldsymbol{\mu}\right)$ 衡量. 这样的一个函数称为损失函数. 很自然地要求损失函数是非负函数: $L\left(\bar{\boldsymbol{x}}, \boldsymbol{\mu}\right) \geqslant 0$; 在 $\bar{\boldsymbol{x}}$ 与 $\boldsymbol{\mu}$ 没有差别, 即 $\bar{\boldsymbol{x}} = \boldsymbol{\mu}$ 时没有损失: $L\left(\bar{\boldsymbol{x}}, \boldsymbol{\mu}\right) = 0$; 在 $\bar{\boldsymbol{x}}$ 离开 $\boldsymbol{\mu}$ 越来越远时, 损失函数 $L\left(\bar{\boldsymbol{x}}, \boldsymbol{\mu}\right)$ 的值越来越大. 在多元统计决策理论中用得比较多的损失函数是平方和损失函数. 令 $\bar{\boldsymbol{x}} = \left(\bar{x}_1, \cdots, \bar{x}_p\right)'$, $\boldsymbol{\mu} = \left(\mu_1, \cdots, \mu_p\right)'$, 所谓的平方和损失函数就是

$$L\left(\bar{\boldsymbol{x}}, \boldsymbol{\mu}\right) = \left(\bar{x}_1 - \mu_1\right)^2 + \cdots + \left(\bar{x}_p - \mu_p\right)^2 = \left(\bar{\boldsymbol{x}} - \boldsymbol{\mu}\right)'\left(\bar{\boldsymbol{x}} - \boldsymbol{\mu}\right). \tag{4.5.2}$$

很自然地希望总的来说, 平均损失越小越好. 在统计决策理论中损失函数的平均值称为风险函数. $\bar{\boldsymbol{x}}$ 作为 $\boldsymbol{\mu}$ 的估计, 它在平方和损失函数下的风险函数为

$$\begin{aligned} R\left(\bar{\boldsymbol{x}}\right) &= E\left\{\left(\bar{\boldsymbol{x}} - \boldsymbol{\mu}\right)'\left(\bar{\boldsymbol{x}} - \boldsymbol{\mu}\right)\right\} = E\left(\mathrm{tr}\left(\left(\bar{\boldsymbol{x}} - \boldsymbol{\mu}\right)\left(\bar{\boldsymbol{x}} - \boldsymbol{\mu}\right)'\right)\right) \\ &= \mathrm{tr}\left(E\left(\left(\bar{\boldsymbol{x}} - \boldsymbol{\mu}\right)\left(\bar{\boldsymbol{x}} - \boldsymbol{\mu}\right)'\right)\right) = \frac{\mathrm{tr}\left(\boldsymbol{\Sigma}\right)}{n}. \end{aligned} \tag{4.5.3}$$

一般来说, 对 $\boldsymbol{\mu}$ 的任意给定的估计 $\hat{\boldsymbol{\mu}}$ 而言, 其风险函数 $E\left(L\left(\hat{\boldsymbol{\mu}}, \boldsymbol{\mu}\right)\right)$ 是参数 $\left(\boldsymbol{\mu}, \boldsymbol{\Sigma}\right)$ 的函数. 由 (4.5.3) 式知 $\bar{\boldsymbol{x}}$ 的风险函数仅与 $\boldsymbol{\Sigma}$ 有关, 而与 $\boldsymbol{\mu}$ 无关.

很自然地，希望有 $\boldsymbol{\mu}$ 这样一个估计，它的风险函数处处，即对所有的 $(\boldsymbol{\mu}, \boldsymbol{\Sigma})$，一致地都等于 0. 可惜的是，风险函数处处都等于 0 的估计通常是不存在的. 不仅如此，风险函数处处都最小的估计通常也不存在. 于是，人们退而求其次讨论下面的问题：对某一个常用的估计，如 $\bar{\boldsymbol{x}}$ 来说，是否存在这样的一个估计 $\hat{\boldsymbol{\mu}}$，使得 $\hat{\boldsymbol{\mu}}$ 的风险函数处处比 $\bar{\boldsymbol{x}}$ 的风险函数小或不比 $\bar{\boldsymbol{x}}$ 的风险函数大，并且至少有一处，即至少存在一个 $(\boldsymbol{\mu}_0, \boldsymbol{\Sigma}_0)$，使得在 $(\boldsymbol{\mu}_0, \boldsymbol{\Sigma}_0)$ 处 $\hat{\boldsymbol{\mu}}$ 的风险函数比 $\bar{\boldsymbol{x}}$ 的风险函数小. 这就是所谓的常用估计的改进问题. 这是统计决策理论中经常研究的问题之一. 本节研究多元正态分布参数 $\boldsymbol{\mu}$ 和 $\boldsymbol{\Sigma}$ 的常用估计的改进. 统计决策理论的内容非常丰富，有兴趣的读者可参阅文献 [54], [59].

下面分 $p=1, p=2$ 和 $p \geqslant 3$ 等三种情况，分别在平方和损失函数以及加权平方和损失函数下讨论 $\bar{\boldsymbol{x}}$ 作为 $\boldsymbol{\mu}$ 的估计的改进问题. 这里的不少结论都不加证明仅给以叙述.

4.5.1.1 平方和损失函数

情况 1 $p=1$ 时的平方和损失函数简化为平方损失函数 $L(\bar{\boldsymbol{x}}, \boldsymbol{\mu}) = (\bar{\boldsymbol{x}} - \boldsymbol{\mu})^2$. 令 $p=1$ 时的 $\boldsymbol{\Sigma} = \sigma^2$. 当 σ^2 已知时，根据 Karlin 定理 [94]，$\bar{\boldsymbol{x}}$ 作为 $\boldsymbol{\mu}$ 的估计，其改进估计是不存在的. 在统计决策理论中称这样的估计是容许估计. 既然当 σ^2 已知时，不存在这样的估计 $\hat{\boldsymbol{\mu}}$，使得 $\hat{\boldsymbol{\mu}}$ 的风险函数对所有的 $\boldsymbol{\mu}$ 一致地比 $\bar{\boldsymbol{x}}$ 的风险函数小，那么当 σ^2 未知时，也不存在这样的估计 $\hat{\boldsymbol{\mu}}$，使得 $\hat{\boldsymbol{\mu}}$ 的风险函数对所有的 $(\boldsymbol{\mu}, \sigma^2)$ 一致地比 $\bar{\boldsymbol{x}}$ 的风险函数小. 这说明当 σ^2 未知时，$\bar{\boldsymbol{x}}$ 也无法改进，它仍是容许估计. 这些结论就是所谓的单参数指数分布族平方损失函数下估计的容许性理论. 我国著名统计学家成平 [3] 对这个问题进行了深入的研究，并取得了非常好的成果.

情况 2 $p=2$ 时有与 $p=1$ 时同样的结论. 当 $p=2$, $\boldsymbol{\Sigma}$ 已知时，根据二维位置参数最优同变估计的理论 [60]，$\bar{\boldsymbol{x}}$ 作为 $\boldsymbol{\mu}$ 的估计，其改进估计也是不存在的，它仍是容许估计. 进而知，当 $\boldsymbol{\Sigma}$ 未知时 $\bar{\boldsymbol{x}}$ 也无法改进，它仍是 $\boldsymbol{\mu}$ 的容许估计.

情况 3 $p \geqslant 3$ 的情况与 $p=1, 2$ 时的情况大不相同. 著名统计学家 Stein 给出了 $\bar{\boldsymbol{x}}$ 的改进估计. 这也就是说，当 $p \geqslant 3$ 时 $\bar{\boldsymbol{x}}$ 作为 $\boldsymbol{\mu}$ 的估计，在平方损失函数下不是容许估计. 他的这一结果出乎人们的意料，引起了统计界很大的轰动. 这就是所谓的 Stein 效应. 下面介绍 Stein 以及人们在他工作的基础上所取得的有关结果 [90].

(1) $p \geqslant 3$, $\boldsymbol{\Sigma}$ 已知时，首先讨论 $\boldsymbol{\Sigma} = \boldsymbol{I}_p$ 的情况. 知道 $\sqrt{\bar{\boldsymbol{x}}'\bar{\boldsymbol{x}}}$ 和 $\sqrt{\boldsymbol{\mu}'\boldsymbol{\mu}}$ 分别是 $\bar{\boldsymbol{x}}$ 和 $\boldsymbol{\mu}$ 的长度. 由于 $E(\bar{\boldsymbol{x}}'\bar{\boldsymbol{x}}) = \boldsymbol{\mu}'\boldsymbol{\mu} + p/n$，所以尽管 $\bar{\boldsymbol{x}}$ 是 $\boldsymbol{\mu}$ 的无偏估计，但 $\bar{\boldsymbol{x}}$ 比 $\boldsymbol{\mu}$ 稍长了一些. 这启发我们，$\bar{\boldsymbol{x}}$ 有压缩的余地. 可以证明：如果将 $\bar{\boldsymbol{x}}$ 压缩为

$$\hat{\boldsymbol{\mu}} = \left(1 - \frac{p-2}{n\bar{\boldsymbol{x}}'\bar{\boldsymbol{x}}}\right)\bar{\boldsymbol{x}}, \tag{4.5.4}$$

则 $\hat{\boldsymbol{\mu}}$ 是 $\bar{\boldsymbol{x}}$ 的改进估计. 其证明方法请参阅文献 [17] 的 5.3.2 节. (4.5.4) 式的估计将

$\bar{\boldsymbol{x}}$ 向原点压缩, 当然也可以向任意一点压缩. 向点 $\boldsymbol{\nu}$ 压缩的估计为

$$\left(1-\frac{p-2}{n\left(\bar{\boldsymbol{x}}-\boldsymbol{\nu}\right)'\left(\bar{\boldsymbol{x}}-\boldsymbol{\nu}\right)}\right)\left(\bar{\boldsymbol{x}}-\boldsymbol{\nu}\right)+\boldsymbol{\nu},$$

它仍是 $\bar{\boldsymbol{x}}$ 的改进估计. 由此可见, 在 $p\geqslant 3$, $\boldsymbol{\Sigma}=\boldsymbol{I}_p$ 时, $\bar{\boldsymbol{x}}$ 作为 $\boldsymbol{\mu}$ 的估计, 它不是容许估计, 它有很多改进估计.

(2) $p\geqslant 3$, $\boldsymbol{\Sigma}$ 已知时, 可以证明: 如果将 $\bar{\boldsymbol{x}}$ 压缩为

$$\hat{\boldsymbol{\mu}}=\left(\boldsymbol{I}_p-\frac{p-2}{n\bar{\boldsymbol{x}}'\boldsymbol{\Sigma}^{-2}\bar{\boldsymbol{x}}}\boldsymbol{\Sigma}^{-1}\right)\bar{\boldsymbol{x}}, \tag{4.5.5}$$

则 $\hat{\boldsymbol{\mu}}$ 是 $\bar{\boldsymbol{x}}$ 的改进估计. 证明方法请参阅文献 [4] 的第 8 章 4.2 节. (4.5.5) 式的估计将 $\bar{\boldsymbol{x}}$ 向原点压缩, 同 (1), 也可以构造出向任意给定的点 $\boldsymbol{\nu}$ 压缩的 $\bar{\boldsymbol{x}}$ 的改进估计. 由此可见, 在 $p\geqslant 3$, $\boldsymbol{\Sigma}$ 已知时, $\bar{\boldsymbol{x}}$ 作为 $\boldsymbol{\mu}$ 的估计, 它仍不是容许估计, 它也有很多改进估计.

(3) 至于 $p\geqslant 3$, $\boldsymbol{\Sigma}$ 未知时, 仅讨论下面这样一种情况: $\boldsymbol{\Sigma}=\sigma^2\boldsymbol{\Sigma}_0$, 其中, σ^2 未知, $\boldsymbol{\Sigma}_0$ 已知, 并且有统计量 s^2, 它与 $\bar{\boldsymbol{x}}$ 相互独立, $s^2\sim\sigma^2\chi^2(\nu)$. 可以证明: 如果将 $\bar{\boldsymbol{x}}$ 压缩为

$$\hat{\boldsymbol{\mu}}=\left(\boldsymbol{I}_p-\frac{(p-2)/(\nu+2)}{n\bar{\boldsymbol{x}}'\boldsymbol{\Sigma}_0^{-2}\bar{\boldsymbol{x}}}s^2\boldsymbol{\Sigma}_0^{-1}\right)\bar{\boldsymbol{x}}, \tag{4.5.6}$$

则 $\hat{\boldsymbol{\mu}}$ 是 $\bar{\boldsymbol{x}}$ 的改进估计. 证明方法请参阅文献 [4] 的第 8 章 4.3 节. 参阅此书可以了解到, 在线性回归模型有所讨论的这样一种情况, 即 $\boldsymbol{\Sigma}=\sigma^2\boldsymbol{\Sigma}_0$, 其中, σ^2 未知, $\boldsymbol{\Sigma}_0$ 已知, 并且有统计量 s^2, 它与 $\bar{\boldsymbol{x}}$ 相互独立, $s^2\sim\sigma^2\chi^2(\nu)$. (4.5.6) 式的估计将 $\bar{\boldsymbol{x}}$ 向原点压缩, 同 (1), 也可以构造出向任意给定的点 $\boldsymbol{\nu}$ 压缩的 $\bar{\boldsymbol{x}}$ 的改进估计. 由此可见, 在 $p\geqslant 3$, $\boldsymbol{\Sigma}=\sigma^2\boldsymbol{\Sigma}_0$, 其中, σ^2 未知, $\boldsymbol{\Sigma}_0$ 已知时, $\bar{\boldsymbol{x}}$ 作为 $\boldsymbol{\mu}$ 的估计, 它仍不是容许估计, 它也有很多改进估计.

4.5.1.2　加权平方和损失函数

对于给定的协方差阵 $\boldsymbol{\Sigma}$, 如果将平方和损失函数 (见 (4.5.2) 式) 修改为加权平方和损失函数似乎更合理些. 所谓加权平方和损失函数就是

$$L\left(\bar{\boldsymbol{x}},\boldsymbol{\mu}\right)=\left(\bar{\boldsymbol{x}}-\boldsymbol{\mu}\right)'\boldsymbol{\Sigma}^{-1}\left(\bar{\boldsymbol{x}}-\boldsymbol{\mu}\right). \tag{4.5.7}$$

显然, 平方和损失函数和度量数据的单位有关. 例如, 考虑身高和体重这个二维变量, 身高单位为 m、体重单位为 kg 时的平方和损失函数值, 与身高单位为 cm、体重单位为 kg 时的平方和损失函数值是不同的. 由于当 $\boldsymbol{X}\sim N_p(\boldsymbol{\mu},\boldsymbol{\Sigma})$ 时, $\boldsymbol{\Sigma}^{-1/2}(\boldsymbol{X}-\boldsymbol{\mu})\sim N_p(\boldsymbol{0},\boldsymbol{I}_p)$. 由此可以看到, 加权平方和损失函数与度量数据的单位是没有关系的. 用加权平方和损失函数代替平方和损失函数更为合理.

情况 1 $p=1$ 时的加权平方和损失函数为 $L(\bar{\boldsymbol{x}},\boldsymbol{\mu})=(\bar{\boldsymbol{x}}-\boldsymbol{\mu})^2/\sigma^2$, 它与平方损失函数 $L(\bar{\boldsymbol{x}},\boldsymbol{\mu})=(\bar{\boldsymbol{x}}-\boldsymbol{\mu})^2$ 没有本质的差别, 所以 $p=1$ 时 $\bar{\boldsymbol{x}}$ 作为 $\boldsymbol{\mu}$ 的估计, 在加权平方和损失函数下, 其改进估计也是不存在的, 它仍是容许估计.

情况 2 $p=2$ 时的加权平方和损失函数同平方和损失函数是有差别的. 但与平方和损失函数相类似地, 仍然可以根据二维位置参数最优同变估计的理论 [60], $p=2$ 时 $\bar{\boldsymbol{x}}$ 作为 $\boldsymbol{\mu}$ 的估计, 在加权平方和损失函数下, 其改进估计也是不存在的, 它仍是容许估计.

情况 3 (1) 在 $p\geqslant 3$, $\boldsymbol{\Sigma}$ 已知时, 由于加权平方和损失函数 (见 (4.5.7) 式) 可化为

$$L(\bar{\boldsymbol{x}},\boldsymbol{\mu})=(\bar{\boldsymbol{x}}-\boldsymbol{\mu})'\boldsymbol{\Sigma}^{-1}(\bar{\boldsymbol{x}}-\boldsymbol{\mu})=\left(\boldsymbol{\Sigma}^{-1/2}\bar{\boldsymbol{x}}-\boldsymbol{\Sigma}^{-1/2}\boldsymbol{\mu}\right)'\left(\boldsymbol{\Sigma}^{-1/2}\bar{\boldsymbol{x}}-\boldsymbol{\Sigma}^{-1/2}\boldsymbol{\mu}\right). \tag{4.5.8}$$

所以这个加权平方和损失函数就是用 $\boldsymbol{\Sigma}^{-1/2}\bar{\boldsymbol{x}}$ 来估计 $\boldsymbol{\Sigma}^{-1/2}\boldsymbol{\mu}$ 的平方和损失函数. 由此可见, 对估计 $\boldsymbol{\Sigma}^{-1/2}\boldsymbol{\mu}$ 的问题来说, 按 (4.5.4) 式构造的估计

$$\left(1-\frac{p-2}{n\left(\boldsymbol{\Sigma}^{-1/2}\bar{\boldsymbol{x}}\right)'\left(\boldsymbol{\Sigma}^{-1/2}\bar{\boldsymbol{x}}\right)}\right)\left(\boldsymbol{\Sigma}^{-1/2}\bar{\boldsymbol{x}}\right)=\left(1-\frac{p-2}{n\bar{\boldsymbol{x}}'\boldsymbol{\Sigma}^{-1}\bar{\boldsymbol{x}}}\right)\left(\boldsymbol{\Sigma}^{-1/2}\bar{\boldsymbol{x}}\right) \tag{4.5.9}$$

就是 $\boldsymbol{\Sigma}^{-1/2}\bar{\boldsymbol{x}}$ 作为 $\boldsymbol{\Sigma}^{-1/2}\boldsymbol{\mu}$ 的估计在平方和损失函数 (见 (4.5.8) 式) 下的改进估计. 从而知对估计 $\boldsymbol{\mu}$ 的问题来说, 由 (4.5.9) 式导出的估计

$$\left(1-\frac{p-2}{n\bar{\boldsymbol{x}}'\boldsymbol{\Sigma}^{-1}\bar{\boldsymbol{x}}}\right)\bar{\boldsymbol{x}} \tag{4.5.10}$$

就是 $\bar{\boldsymbol{x}}$ 作为 $\boldsymbol{\mu}$ 的估计在加权平方和损失函数 (见 (4.5.8) 式) 下的改进估计. (4.5.10) 式的估计将 $\bar{\boldsymbol{x}}$ 向原点压缩, 也可以构造向任意给定的点 $\boldsymbol{\nu}$ 压缩的 $\bar{\boldsymbol{x}}$ 的改进估计. 由此可见, 在 $p\geqslant 3$, $\boldsymbol{\Sigma}$ 已知时, $\bar{\boldsymbol{x}}$ 作为 $\boldsymbol{\mu}$ 的估计, 在加权平方和损失函数下, 它不是容许估计, 它有很多改进估计.

(2) $p\geqslant 3$, $\boldsymbol{\Sigma}$ 未知时, 样本均值 $\bar{\boldsymbol{x}}\sim N_p(\boldsymbol{\mu},\boldsymbol{\Sigma}/n)$, 样本离差阵 $\boldsymbol{V}\sim W_p(n-1,\boldsymbol{\Sigma})$, $\bar{\boldsymbol{x}}$ 与 $\boldsymbol{V}$ 相互独立. 可以证明: 如果将 $\bar{\boldsymbol{x}}$ 压缩为

$$\hat{\boldsymbol{\mu}}=\left(1-\frac{p-2}{n(n-p+2)\bar{\boldsymbol{x}}'\boldsymbol{V}^{-1}\bar{\boldsymbol{x}}}\right)\bar{\boldsymbol{x}}, \tag{4.5.11}$$

则 $\hat{\boldsymbol{\mu}}$ 是 $\bar{\boldsymbol{x}}$ 的改进估计. 将 (4.5.10) 式与 (4.5.11) 式比较后知, 将 $\boldsymbol{\Sigma}$ 已知时的估计 (见 (4.5.10) 式) 中的 $\boldsymbol{\Sigma}$ 用 $\boldsymbol{V}/(n-p+2)$ 来替代, 就得到 $\boldsymbol{\Sigma}$ 未知时的估计 (见 (4.5.11) 式) 了. 下面证明, 在加权平方和损失函数 (见 (4.5.7) 式) 下, (4.5.11) 式的估计 $\hat{\boldsymbol{\mu}}$ 是 $\bar{\boldsymbol{x}}$ 的改进.

首先计算 $\bar{\boldsymbol{x}}$ 的风险函数,

$$R\left(\bar{\boldsymbol{x}}\right)=E\left(\left(\bar{\boldsymbol{x}}-\boldsymbol{\mu}\right)'\boldsymbol{\Sigma}^{-1}\left(\bar{\boldsymbol{x}}-\boldsymbol{\mu}\right)\right)=\operatorname{tr}\left(\boldsymbol{\Sigma}^{-1}E\left(\left(\bar{\boldsymbol{x}}-\boldsymbol{\mu}\right)\left(\bar{\boldsymbol{x}}-\boldsymbol{\mu}\right)'\right)\right).$$

由于 $E\left(\left(\bar{\boldsymbol{x}}-\boldsymbol{\mu}\right)\left(\bar{\boldsymbol{x}}-\boldsymbol{\mu}\right)'\right)=\boldsymbol{\Sigma}/n$, 所以 $\bar{\boldsymbol{x}}$ 的风险函数为

$$R\left(\bar{\boldsymbol{x}}\right)=\frac{1}{n}\operatorname{tr}\left(\boldsymbol{I}_p\right)=\frac{p}{n}. \tag{4.5.12}$$

接下来计算 (4.5.11) 式的估计 $\hat{\boldsymbol{\mu}}$ 的风险函数,

$$\begin{aligned}R\left(\hat{\boldsymbol{\mu}}\right)&=E\left(\left(\hat{\boldsymbol{\mu}}-\boldsymbol{\mu}\right)'\boldsymbol{\Sigma}^{-1}\left(\hat{\boldsymbol{\mu}}-\boldsymbol{\mu}\right)\right)\\&=E\left(\left(\bar{\boldsymbol{x}}-\boldsymbol{\mu}\right)'\boldsymbol{\Sigma}^{-1}\left(\bar{\boldsymbol{x}}-\boldsymbol{\mu}\right)\right)-2\frac{p-2}{n(n-p+2)}E\left(\frac{\bar{\boldsymbol{x}}'\boldsymbol{\Sigma}^{-1}\left(\bar{\boldsymbol{x}}-\boldsymbol{\mu}\right)}{\bar{\boldsymbol{x}}'\boldsymbol{V}^{-1}\bar{\boldsymbol{x}}}\right)\\&\quad+\frac{(p-2)^2}{n^2(n-p+2)^2}E\left(\frac{\bar{\boldsymbol{x}}'\boldsymbol{\Sigma}^{-1}\bar{\boldsymbol{x}}}{\left(\bar{\boldsymbol{x}}'\boldsymbol{V}^{-1}\bar{\boldsymbol{x}}\right)^2}\right).\end{aligned}$$

令

$$[1]=E\left(\frac{\bar{\boldsymbol{x}}'\boldsymbol{\Sigma}^{-1}\left(\bar{\boldsymbol{x}}-\boldsymbol{\mu}\right)}{\bar{\boldsymbol{x}}'\boldsymbol{V}^{-1}\bar{\boldsymbol{x}}}\right)=E\left(\frac{\bar{\boldsymbol{x}}'\boldsymbol{\Sigma}^{-1}\bar{\boldsymbol{x}}}{\bar{\boldsymbol{x}}'\boldsymbol{V}^{-1}\bar{\boldsymbol{x}}}\right)-E\left(\frac{\bar{\boldsymbol{x}}'\boldsymbol{\Sigma}^{-1}\bar{\boldsymbol{x}}}{\bar{\boldsymbol{x}}'\boldsymbol{V}^{-1}\bar{\boldsymbol{x}}}\cdot\frac{\bar{\boldsymbol{x}}'\boldsymbol{\Sigma}^{-1}\boldsymbol{\mu}}{\bar{\boldsymbol{x}}'\boldsymbol{\Sigma}^{-1}\bar{\boldsymbol{x}}}\right),$$

$$[2]=E\left(\frac{\bar{\boldsymbol{x}}'\boldsymbol{\Sigma}^{-1}\bar{\boldsymbol{x}}}{\left(\bar{\boldsymbol{x}}'\boldsymbol{V}^{-1}\bar{\boldsymbol{x}}\right)^2}\right)=E\left(\left(\frac{\bar{\boldsymbol{x}}'\boldsymbol{\Sigma}^{-1}\bar{\boldsymbol{x}}}{\bar{\boldsymbol{x}}'\boldsymbol{V}^{-1}\bar{\boldsymbol{x}}}\right)^2\cdot\frac{1}{\bar{\boldsymbol{x}}'\boldsymbol{\Sigma}^{-1}\bar{\boldsymbol{x}}}\right),$$

则

$$R(\hat{\boldsymbol{\mu}})=\frac{p}{n}-2\frac{p-2}{n(n-p+2)}\cdot[1]+\frac{(p-2)^2}{n^2(n-p+2)^2}\cdot[2]. \tag{4.5.13}$$

为计算 $\hat{\boldsymbol{\mu}}$ 的风险函数 $R\left(\hat{\boldsymbol{\mu}}\right)$, 其关键是计算 [1] 和 [2].

根据多元正态分布的性质 3.2.9 知, 在 $\bar{\boldsymbol{x}}$ 给定后, $\bar{\boldsymbol{x}}'\boldsymbol{\Sigma}^{-1}\bar{\boldsymbol{x}}/\bar{\boldsymbol{x}}'\boldsymbol{V}^{-1}\bar{\boldsymbol{x}}\sim\chi^2(n-p)$. 由于这个条件分布与 $\bar{\boldsymbol{x}}$ 无关, 所以 $\bar{\boldsymbol{x}}'\boldsymbol{\Sigma}^{-1}\bar{\boldsymbol{x}}/\bar{\boldsymbol{x}}'\boldsymbol{V}^{-1}\bar{\boldsymbol{x}}$ 的无条件分布是 $\chi^2\left(n-p\right)$, 并且 $\bar{\boldsymbol{x}}'\boldsymbol{\Sigma}^{-1}\bar{\boldsymbol{x}}/\bar{\boldsymbol{x}}'\boldsymbol{V}^{-1}\bar{\boldsymbol{x}}$ 与 $\bar{\boldsymbol{x}}$ 相互独立. 由此可见

$$\begin{aligned}[1]&=E\left(\frac{\bar{\boldsymbol{x}}'\boldsymbol{\Sigma}^{-1}\boldsymbol{\mu}}{\bar{\boldsymbol{x}}'\boldsymbol{V}^{-1}\bar{\boldsymbol{x}}}\right)-E\left(\frac{\bar{\boldsymbol{x}}'\boldsymbol{\Sigma}^{-1}\boldsymbol{\mu}}{\bar{\boldsymbol{x}}'\boldsymbol{V}^{-1}\bar{\boldsymbol{x}}}\right)E\left(\frac{\bar{\boldsymbol{x}}'\boldsymbol{\Sigma}^{-1}\boldsymbol{\mu}}{\bar{\boldsymbol{x}}'\boldsymbol{\Sigma}^{-1}\bar{\boldsymbol{x}}}\right)\\&=E\left(\frac{\bar{\boldsymbol{x}}'\boldsymbol{\Sigma}^{-1}\boldsymbol{\mu}}{\bar{\boldsymbol{x}}'\boldsymbol{V}^{-1}\bar{\boldsymbol{x}}}\right)\left[1-E\left(\frac{\bar{\boldsymbol{x}}'\boldsymbol{\Sigma}^{-1}\boldsymbol{\mu}}{\bar{\boldsymbol{x}}'\boldsymbol{\Sigma}^{-1}\bar{\boldsymbol{x}}}\right)\right]=(n-p)\left[1-E\left(\frac{\bar{\boldsymbol{x}}'\boldsymbol{\Sigma}^{-1}\boldsymbol{\mu}}{\bar{\boldsymbol{x}}'\boldsymbol{\Sigma}^{-1}\bar{\boldsymbol{x}}}\right)\right],\end{aligned}$$

$$[2]=E\left(\frac{\bar{\boldsymbol{x}}'\boldsymbol{\Sigma}^{-1}\bar{\boldsymbol{x}}}{\bar{\boldsymbol{x}}'\boldsymbol{V}^{-1}\bar{\boldsymbol{x}}}\right)^2E\left(\frac{1}{\bar{\boldsymbol{x}}'\boldsymbol{\Sigma}^{-1}\bar{\boldsymbol{x}}}\right)=(n-p)\left(n-p+2\right)E\left(\frac{1}{\bar{\boldsymbol{x}}'\boldsymbol{\Sigma}^{-1}\bar{\boldsymbol{x}}}\right).$$

为计算 [1] 和 [2], 其关键分别是计算

$$E\left(\frac{\bar{\boldsymbol{x}}'\boldsymbol{\Sigma}^{-1}\boldsymbol{\mu}}{\bar{\boldsymbol{x}}'\boldsymbol{\Sigma}^{-1}\bar{\boldsymbol{x}}}\right)\ \text{和}\ E\left(\frac{1}{\bar{\boldsymbol{x}}'\boldsymbol{\Sigma}^{-1}\bar{\boldsymbol{x}}}\right).$$

首先计算 $E\left(1/\bar{\boldsymbol{x}}'\boldsymbol{\Sigma}^{-1}\bar{\boldsymbol{x}}\right)$. 由于 $\bar{\boldsymbol{x}} \sim N_p(\boldsymbol{\mu}, \boldsymbol{\Sigma}/n)$, 所以 $y = n\bar{\boldsymbol{x}}'\boldsymbol{\Sigma}^{-1}\bar{\boldsymbol{x}}$ 服从自由度为 p 非中心参数为 $a = n\boldsymbol{\mu}'\boldsymbol{\Sigma}^{-1}\boldsymbol{\mu}$ 的 χ^2 分布. (A.3.1) 式给出了非中心 χ^2 分布的密度函数, 并说在引入服从泊松分布 $P(a/2)$ 的变量 Ψ 后, 非中心 χ^2 分布变量 y 的分布可理解成, 在给定 Ψ 后 y 的条件分布为中心 $\chi^2(p+2\Psi)$ 分布. 由此可见, 在给定 Ψ 后,

$$E\left(\frac{1}{\bar{\boldsymbol{x}}'\boldsymbol{\Sigma}^{-1}\bar{\boldsymbol{x}}}\right) = nE\left(E\left(\frac{1}{y}\middle|\Psi\right)\right) = nE\left(\frac{1}{p+2\Psi-2}\right).$$

从而知

$$\begin{aligned}[2] &= (n-p)(n-p+2)E\left(\frac{1}{\bar{\boldsymbol{x}}'\boldsymbol{\Sigma}^{-1}\bar{\boldsymbol{x}}}\right) \\ &= (n-p)(n-p+2)nE\left(\frac{1}{p+2\Psi-2}\right).\end{aligned} \tag{4.5.14}$$

$E\left(\bar{\boldsymbol{x}}'\boldsymbol{\Sigma}^{-1}\boldsymbol{\mu}/(\bar{\boldsymbol{x}}'\boldsymbol{\Sigma}^{-1}\bar{\boldsymbol{x}})\right)$ 的计算比 $E\left(1/\bar{\boldsymbol{x}}'\boldsymbol{\Sigma}^{-1}\bar{\boldsymbol{x}}\right)$ 的计算复杂得多. 令 $\boldsymbol{u} = \sqrt{n}\boldsymbol{\Sigma}^{-1/2}\bar{\boldsymbol{x}}, \quad \boldsymbol{\xi} = \sqrt{n}\boldsymbol{\Sigma}^{-1/2}\boldsymbol{\mu}$, 则 $\boldsymbol{u} \sim N_p(\boldsymbol{\xi}, \boldsymbol{I}_p), a = n\boldsymbol{\mu}'\boldsymbol{\Sigma}^{-1}\boldsymbol{\mu} = \boldsymbol{\xi}'\boldsymbol{\xi}$ 且

$$E\left(\frac{\bar{\boldsymbol{x}}'\boldsymbol{\Sigma}^{-1}\boldsymbol{\mu}}{\bar{\boldsymbol{x}}'\boldsymbol{\Sigma}^{-1}\bar{\boldsymbol{x}}}\right) = E\left(\frac{\boldsymbol{u}'\boldsymbol{\xi}}{\boldsymbol{u}'\boldsymbol{u}}\right).$$

可以证明

$$E\left(\frac{\boldsymbol{u}'\boldsymbol{\xi}}{\boldsymbol{u}'\boldsymbol{u}}\right) = E\left(\frac{2\Psi}{p+2\Psi-2}\right), \tag{4.5.15}$$

其中, 变量 Ψ 同前, 它是服从泊松分布 $P(a/2)$ 的一个变量. (4.5.15) 式的证明方法请参阅文献 [17] 的 5.3.2 节. 从而知

$$\begin{aligned}[1] &= (n-p)\left[1 - E\left(\frac{\bar{\boldsymbol{x}}'\boldsymbol{\Sigma}^{-1}\boldsymbol{\mu}}{\bar{\boldsymbol{x}}'\boldsymbol{\Sigma}^{-1}\bar{\boldsymbol{x}}}\right)\right] = (n-p)\left[1 - E\left(\frac{2\Psi}{p+2\Psi-2}\right)\right] \\ &= (n-p)(p-2)E\left(\frac{1}{p+2\Psi-2}\right).\end{aligned} \tag{4.5.16}$$

将 [1] 和 [2] 的计算结果 (分别见 (4.5.16) 式和 (4.5.14) 式) 代入 (4.5.13) 式, 则得到 $\hat{\boldsymbol{\mu}}$ 的风险函数为

$$R(\hat{\boldsymbol{\mu}}) = \frac{p}{n} - \frac{(n-p)(p-2)^2}{n(n-p+2)}E\left(\frac{1}{p+2\Psi-2}\right).$$

将 $\hat{\boldsymbol{\mu}}$ 的风险函数与 $\bar{\boldsymbol{x}}$ 的风险函数 (见 (4.5.12) 式) 进行比较可以看出, (4.5.11) 式的估计 $\hat{\boldsymbol{\mu}}$ 的确是 $\bar{\boldsymbol{x}}$ 的改进. (4.5.11) 式的估计将 $\bar{\boldsymbol{x}}$ 向原点压缩, 也可以构造向任意给定的点 $\boldsymbol{\nu}$ 压缩的 $\bar{\boldsymbol{x}}$ 的改进估计. 由此可见, 在 $p \geqslant 3$, $\boldsymbol{\Sigma}$ 未知时, $\bar{\boldsymbol{x}}$ 作为 $\boldsymbol{\mu}$ 的估计, 在加权平方和损失函数下, 它不是容许估计, 它有很多改进估计.

4.5.2 多元正态分布协方差阵的常用估计的改进

设样本 $\boldsymbol{x}_1, \cdots, \boldsymbol{x}_n$ 来自多元正态分布总体 $N_p(\boldsymbol{\mu}, \boldsymbol{\Sigma})$, 其中, $\boldsymbol{\mu} \in \mathbf{R}^p$, $\boldsymbol{\Sigma} > 0$, $n > p$. 样本的联合密度函数为

$$\frac{1}{(2\pi)^{np/2} |\boldsymbol{\Sigma}|^{n/2}} \exp\left\{-\frac{1}{2}\mathrm{tr}\left(\boldsymbol{\Sigma}^{-1}\left(\boldsymbol{V} + n(\bar{\boldsymbol{x}} - \boldsymbol{\mu})(\bar{\boldsymbol{x}} - \boldsymbol{\mu})'\right)\right)\right\},$$

其中, $\bar{\boldsymbol{x}} = \sum_{i=1}^{n} \boldsymbol{x}_i/n$ 是样本均值, $\boldsymbol{V} = \sum_{i=1}^{n} (\boldsymbol{x}_i - \bar{\boldsymbol{x}})(\boldsymbol{x}_i - \bar{\boldsymbol{x}})'$ 是样本离差阵. 已经知道, $\hat{\boldsymbol{\Sigma}}_L = \boldsymbol{V}/n$ 是协方差阵 $\boldsymbol{\Sigma}$ 的极大似然估计, $\boldsymbol{S} = \boldsymbol{V}/(n-1)$ 是 $\boldsymbol{\Sigma}$ 唯一最小协方差阵无偏估计. 对于矩阵 $\boldsymbol{\Sigma}$ 的估计 $\hat{\boldsymbol{\Sigma}}$ 而言, 平方损失函数取为

$$L\left(\hat{\boldsymbol{\Sigma}}, \boldsymbol{\Sigma}\right) = \mathrm{tr}\left(\hat{\boldsymbol{\Sigma}}\boldsymbol{\Sigma}^{-1} - \boldsymbol{I}_p\right)^2. \tag{4.5.17}$$

此外, 还有以下一些类型的损失函数:

似然函数型或称为熵损失函数: $\mathrm{tr}\left(\hat{\boldsymbol{\Sigma}}\boldsymbol{\Sigma}^{-1}\right) - \ln\left|\hat{\boldsymbol{\Sigma}}\boldsymbol{\Sigma}^{-1}\right| - p$,

对称损失函数: $\mathrm{tr}\left(\hat{\boldsymbol{\Sigma}}\boldsymbol{\Sigma}^{-1}\right) + \mathrm{tr}\left(\hat{\boldsymbol{\Sigma}}^{-1}\boldsymbol{\Sigma}\right) - 2p$.

可以看到, 同加权平方和损失函数, 这些损失函数也都与度量数据的单位没有关系.

除了协方差阵 $\boldsymbol{\Sigma}$, 还可以讨论精度矩阵 $\boldsymbol{\Sigma}^{-1}$ 的常用估计在上述这些损失函数下的改进问题, 以及广义方差 $|\boldsymbol{\Sigma}|$ 的常用估计在平方损失函数下的改进问题. 有兴趣的读者可参阅文献 [23], [148]. 在这里仅讨论 (4.5.17) 式的平方损失函数下, 协方差阵 $\boldsymbol{\Sigma}$ 的极大似然估计 $\hat{\boldsymbol{\Sigma}}_L = \boldsymbol{V}/n$ 和无偏估计 $\boldsymbol{S} = \boldsymbol{V}/(n-1)$ 的比较问题, 以及如何对它们进行改进的问题.

考虑到极大似然估计为 $\hat{\boldsymbol{\Sigma}}_L = \boldsymbol{V}/n$, 无偏估计为 $S = \boldsymbol{V}/(n-1)$, 所以构造一个估计类 G_a

$$G_a = \left\{\hat{\boldsymbol{\Sigma}} : \hat{\boldsymbol{\Sigma}} = a\boldsymbol{V}, a > 0\right\}.$$

显然 $\hat{\boldsymbol{\Sigma}}_L, \boldsymbol{S} \in G_a$. 下面讨论在估计类 G_a 中是否存在风险函数最小的估计? 将 $\hat{\boldsymbol{\Sigma}} = a\boldsymbol{V}$ 在平方损失函数下的风险函数记为 $f(a)$, 则

$$f(a) = E\left\{\mathrm{tr}\left(a\boldsymbol{V}\boldsymbol{\Sigma}^{-1} - \boldsymbol{I}_p\right)^2\right\} = \mathrm{tr}\left(E\left(a\boldsymbol{V}\boldsymbol{\Sigma}^{-1} - \boldsymbol{I}_p\right)^2\right).$$

由此可见, $f(a)$ 是 a 的二次项系数为正的二次三项式, 它有最小值. $f(a)$ 关于 a 的导数为

$$\begin{aligned} f'(a) &= 2\mathrm{tr}\left(E\left(\boldsymbol{V}\boldsymbol{\Sigma}^{-1}\left(a\boldsymbol{V}\boldsymbol{\Sigma}^{-1} - \boldsymbol{I}_p\right)\right)\right) \\ &= 2\left[aE\left(\mathrm{tr}\left(\boldsymbol{V}\boldsymbol{\Sigma}^{-1}\boldsymbol{V}\boldsymbol{\Sigma}^{-1}\right)\right) - E\left(\mathrm{tr}\left(\boldsymbol{V}\boldsymbol{\Sigma}^{-1}\right)\right)\right]. \end{aligned} \tag{4.5.18}$$

由于 $\boldsymbol{V} \sim W_p(n-1, \boldsymbol{\Sigma})$, $\boldsymbol{\Sigma}^{-1/2}\boldsymbol{V}\boldsymbol{\Sigma}^{-1/2} \sim W_p(n-1, \boldsymbol{I}_p)$, 故若令 $\boldsymbol{U} = \boldsymbol{\Sigma}^{-1/2}\boldsymbol{V}\boldsymbol{\Sigma}^{-1/2} = (u_{ij})$, 则不难证明 (证明留作习题 4.11)

$$
\begin{aligned}
E\left(\operatorname{tr}\left(\boldsymbol{V}\boldsymbol{\Sigma}^{-1}\right)\right) &= E\left(\operatorname{tr}\left(\boldsymbol{\Sigma}^{-1/2}\boldsymbol{V}\boldsymbol{\Sigma}^{-1/2}\right)\right) = E\left(\operatorname{tr}\left(\boldsymbol{U}\right)\right) = \sum_{i=1}^{p} E\left(u_{ii}\right) \\
&= p\left(n-1\right),
\end{aligned}
\tag{4.5.19}
$$

$$
\begin{aligned}
E\left(\operatorname{tr}\left(\boldsymbol{V}\boldsymbol{\Sigma}^{-1}\boldsymbol{V}\boldsymbol{\Sigma}^{-1}\right)\right) &= E\left(\operatorname{tr}\left(\boldsymbol{\Sigma}^{-1/2}\boldsymbol{V}\boldsymbol{\Sigma}^{-1/2}\boldsymbol{\Sigma}^{-1/2}\boldsymbol{V}\boldsymbol{\Sigma}^{-1/2}\right)\right) \\
&= E\left(\operatorname{tr}\left(\boldsymbol{U}^2\right)\right) = \sum_{i=1}^{p} E\left(u_{ii}^2\right) + 2\sum_{1\leqslant i<j\leqslant p} E\left(u_{ij}^2\right) \\
&= p\left(n-1\right)\left(n+1\right) + p\left(p-1\right)\left(n-1\right) \\
&= p\left(n-1\right)\left(p+n\right).
\end{aligned}
\tag{4.5.20}
$$

将 (4.5.19) 式和 (4.5.20) 式代入 (4.5.18) 式, 得

$$
f'\left(a\right) = 2p\left(n-1\right)\left[a\left(p+n\right)-1\right],
$$

所以 $\hat{\boldsymbol{\Sigma}} = a\boldsymbol{V}$ 的风险函数 $f(a)$ 在 $a = 1/(p+n)$ 时最小, 并且在 $a < 1/(p+n)$ 时单调下降, 在 $a > 1/(p+n)$ 时单调上升. 由此可见, 根据统计决策理论, $\boldsymbol{\Sigma}$ 的极大似然估计 $\hat{\boldsymbol{\Sigma}}_L = \boldsymbol{V}/n$ 优于无偏估计 $\boldsymbol{S} = \boldsymbol{V}/(n-1)$, 而 $\hat{\boldsymbol{\Sigma}} = \boldsymbol{V}/(n+p)$ 是它们的改进估计. 这个估计是估计类 G_a 中风险函数最小的估计. 它的风险函数值为 $R\left(\hat{\boldsymbol{\Sigma}}\right) = p(p+1)/(n+p)$, 其计算过程留作习题 (见习题 4.12).

在平方损失函数下, $\hat{\boldsymbol{\Sigma}} = \boldsymbol{V}/(n+p)$ 是估计类 G_a 中风险函数最小的估计, 它能否继续再改进? 换句话说, 是否存在一个估计, 它不在估计类 G_a 中, 但是它的风险函数比 $\hat{\boldsymbol{\Sigma}} = \boldsymbol{V}/(n+p)$ 的风险函数小? 这个问题已被解决. 下面简要介绍如何构造这个估计的改进估计 [113].

将 $\boldsymbol{V}$ 作 Cholesky 分解 $\boldsymbol{V} = \boldsymbol{T}\boldsymbol{T}'$, $\boldsymbol{T}$ 是对角线元素为正的下三角阵. 构造估计类

$$
G_D = \left\{\hat{\boldsymbol{\Sigma}} : \hat{\boldsymbol{\Sigma}} = \boldsymbol{T}\boldsymbol{D}\boldsymbol{T}', \boldsymbol{D} = \operatorname{diag}\left(d_1, \cdots, d_p\right)\right\},
$$

其中, $\boldsymbol{D}$ 是对角矩阵. 若取 $\boldsymbol{D} = a\boldsymbol{I}_p$, 则 $\hat{\boldsymbol{\Sigma}} = \boldsymbol{T}\boldsymbol{D}\boldsymbol{T}' = a\boldsymbol{V}$, 所以 $G_a \subseteq G_D$. 显然, 在 $p = 1$ 时, $G_a = G_D$; 而在 $p \geqslant 2$ 时, G_a 是 G_D 的真子集. 因为 G_D 包含着 G_a, 所以如果在 G_D 中存在风险函数最小的估计, 且它不在估计类 G_a 中, 那么这个估计就是估计类 G_a 中风险函数最小的估计, 即 $\hat{\boldsymbol{\Sigma}} = \boldsymbol{V}/(n+p)$ 的改进估计了.

将 $\hat{\boldsymbol{\Sigma}} = \boldsymbol{T}\boldsymbol{D}\boldsymbol{T}'$ 在平方损失函数 (见 (4.5.17) 式) 下的风险函数记为 $f(d_1, \cdots, d_p)$, 则

$$
f\left(d_1, \cdots, d_p\right) = E\left(\operatorname{tr}\left(\boldsymbol{T}\boldsymbol{D}\boldsymbol{T}'\boldsymbol{\Sigma}^{-1} - \boldsymbol{I}_p\right)^2\right) = \operatorname{tr}\left(E\left(\boldsymbol{T}\boldsymbol{D}\boldsymbol{T}'\boldsymbol{\Sigma}^{-1} - \boldsymbol{I}_p\right)^2\right). \tag{4.5.21}
$$

将 $\boldsymbol{\Sigma}^{-1}$ 作 Cholesky 分解 $\boldsymbol{\Sigma}^{-1}=\boldsymbol{\Phi}\boldsymbol{\Phi}'$, $\boldsymbol{\Phi}$ 是对角线元素为正的上三角阵. 提醒读者注意, $\boldsymbol{\Sigma}^{-1}$ 的 Cholesky 分解不同于 $\boldsymbol{V}$ 的 Cholesky 分解, $\boldsymbol{\Sigma}^{-1}$ 被分解成上三角阵与下三角阵的乘积, 而 $\boldsymbol{V}$ 被分解成下三角阵与上三角阵的乘积. 将 $\boldsymbol{\Sigma}^{-1}=\boldsymbol{\Phi}\boldsymbol{\Phi}'$ 代入 (4.5.21) 式, 从而不难将该式变化为

$$f\left(d_1,\cdots,d_p\right)=\operatorname{tr}\left(E\left(\boldsymbol{\Phi}'\boldsymbol{T}\boldsymbol{D}\boldsymbol{T}'\boldsymbol{\Phi}-\boldsymbol{I}_p\right)^2\right). \tag{4.5.22}$$

令 $\boldsymbol{U}=\boldsymbol{\Phi}'\boldsymbol{V}\boldsymbol{\Phi}$, 由于 $\boldsymbol{\Sigma}^{-1}=\boldsymbol{\Phi}\boldsymbol{\Phi}'$, 所以 $\boldsymbol{\Phi}'\boldsymbol{\Sigma}\boldsymbol{\Phi}=\boldsymbol{\Phi}'\left(\boldsymbol{\Phi}\boldsymbol{\Phi}'\right)^{-1}\boldsymbol{\Phi}=\boldsymbol{I}_p$. 从而知 $\boldsymbol{U}\sim W_p(n-1,\boldsymbol{I}_p)$. 将 $\boldsymbol{U}$ 作 Cholesky 分解 $\boldsymbol{U}=\boldsymbol{H}\boldsymbol{H}'$, $\boldsymbol{H}$ 是对角线元素为正的下三角阵, 由于 $\boldsymbol{U}=\boldsymbol{\Phi}'\boldsymbol{V}\boldsymbol{\Phi}=\boldsymbol{\Phi}'\boldsymbol{T}\boldsymbol{T}'\boldsymbol{\Phi}$, 所以有 $\boldsymbol{H}=\boldsymbol{\Phi}'\boldsymbol{T}$. 从而将 (4.5.22) 式变化为

$$f\left(d_1,\cdots,d_p\right)=\operatorname{tr}\left(E\left(\boldsymbol{H}\boldsymbol{D}\boldsymbol{H}'-\boldsymbol{I}_p\right)^2\right). \tag{4.5.23}$$

根据性质 3.2.10, 由于 $\boldsymbol{U}\sim W_p(n-1,\boldsymbol{I}_p)$, $\boldsymbol{U}=\boldsymbol{H}\boldsymbol{H}'$, $\boldsymbol{H}$ 是对角线元素为正的下三角阵, 因而所有的 $h_{ij}(p\geqslant i\geqslant j\geqslant 1)$ 相互独立, 且当 $i=1,\cdots,p$ 时 $h_{ii}^2\sim\chi^2(n-i+1)$, 当 $p\geqslant i>j\geqslant 1$ 时 $h_{ij}\sim N(0,1)$. 由 (4.5.23) 式可以看到估计类 G_D 中任意一个估计的风险函数 $f\left(d_1,\cdots,d_p\right)$ 都与参数 $\boldsymbol{\Sigma}$ 无关, 且 $f\left(d_1,\cdots,d_p\right)$ 是 $d_1,\cdots,d_p$ 的开口方向上的椭圆抛物面, 它有最小值.

考虑到估计类 G_D 中任意一个估计的风险函数 $f\left(d_1,\ \cdots,d_p\right)$ 都与参数 $\boldsymbol{\Sigma}$ 无关, 所以在计算它的风险的时候, 不妨假设 $\boldsymbol{\Sigma}=\boldsymbol{I}_p$. 为简化起见, 下面以 $p=2$ 为例, 说明如何在估计类 G_D 中寻找风险函数最小的估计. 令 $\boldsymbol{H}=(h_{ij})$, 当 $p=2$ 时, (4.5.23) 式可化为

$$\begin{aligned}f\left(d_1,d_2\right)=&\ d_1^2E\left(h_{11}^2+h_{21}^2\right)^2+d_2^2E\left(h_{22}^4\right)+2d_1d_2E\left(h_{21}^2h_{22}^2\right)\\&-2d_1E\left(h_{11}^2+h_{21}^2\right)-2d_2E\left(h_{22}^2\right)+2.\end{aligned} \tag{4.5.24}$$

根据性质 3.2.10, h_{11},h_{21},h_{22} 相互独立, $h_{11}^2\sim\chi^2(n-1)$, $h_{22}^2\sim\chi^2(n-2)$, $h_{21}\sim N(0,1)$. 由此不难将 (4.5.24) 式化为

$$\begin{aligned}f\left(d_1,d_2\right)=&\ d_1^2n\left(n+2\right)+d_2^2n\left(n-2\right)+2d_1d_2E\left(n-2\right)\\&-2d_1n-2d_2\left(n-2\right)+2.\end{aligned}$$

由此可见, 解下面的方程组可以得到 $p=2$ 时估计类 G_D 中风险函数最小的估计:

$$\begin{cases}\dfrac{\partial f\left(d_1,d_2\right)}{\partial d_1}=0\Rightarrow d_1n\left(n+2\right)+d_2\left(n-2\right)=n,\\[2ex]\dfrac{\partial f\left(d_1,d_2\right)}{\partial d_2}=0\Rightarrow d_1\left(n-2\right)+d_2n\left(n-2\right)=n-2,\end{cases}$$

其解为

$$d_1 = \frac{n^2 - n + 2}{n^3 + 2n^2 - n + 2}, \quad d_2 = \frac{n(n+1)}{n^3 + 2n^2 - n + 2}. \tag{4.5.25}$$

从而有 $p = 2$ 时估计类 G_D 中风险函数最小的估计为 $\hat{\boldsymbol{\Sigma}} = \boldsymbol{TDT}'$, 其中, $\boldsymbol{D} = \mathrm{diag}(d_1, d_2)$, d_1 和 d_2 的值见 (4.5.25) 式. 它的风险函数值为 $R\left(\hat{\boldsymbol{\Sigma}}\right) = 2(3n^2 - n + 2)/\left(n^3 + 2n^2 - n + 2\right)$, 其计算过程留作习题 (见习题 4.13).

前面说过, 在估计类 $G_a = \left\{\hat{\boldsymbol{\Sigma}} : \hat{\boldsymbol{\Sigma}} = a\boldsymbol{V}, a > 0\right\}$ 中风险函数最小的估计为 $\boldsymbol{V}/(n+p)$, 它的风险函数值为 $p(p+1)/(n+p)$, 所以在 $p = 2$ 时风险函数值为 $6/(n+2)$. 它与估计类 G_D 中风险函数最小的估计的风险函数值的差为

$$\frac{6}{n+2} - \frac{2\left(3n^2 - n + 2\right)}{n^3 + 2n^2 - n + 2} = \frac{2(n-1)(n-2)}{(n+2)\left(n^3 + 2n^2 - n + 2\right)}.$$

由此看来, 在 $n > 2$ 时相对于估计类 G_a 中风险函数最小的估计来说, 估计类 G_D 中风险函数最小的估计的确是它的改进估计. 此外还看到, 这个改进不是很大, 是 $O\left(1/n^2\right)$.

对于一般的 p, 需要解的方程组为

$$(d_1, d_2, \cdots, d_p)\boldsymbol{B} = (n+p-2, n+p-4, \cdots, n-p),$$

其中, $\boldsymbol{B} = (b_{ij})$ 是 p 阶对称矩阵, 当 $i = 1, \cdots, p$ 时, $b_{ii} = (n+p-2i)(n+p-2i+2)$; 当 $1 \leqslant i < j \leqslant p$ 时, $b_{ij} = n+p-2j$.

接下来的问题是, 所找到的估计类 G_D 中风险函数最小的估计能否继续再改进? 这个问题解决的思路简述如下. 首先构造一个包含着 G_D 的估计类, 虽然在这个新的估计类中难以找到风险函数最小的估计, 但可找到一个估计, 它不在估计类 G_D 中, 但它是估计类 G_D 中风险函数最小的估计的改进. 为构造估计类 G_D 将 $\boldsymbol{V}$ 作 Cholesky 分解 $\boldsymbol{V} = \boldsymbol{TT}'$, $\boldsymbol{T}$ 是对角线元素为正的下三角阵. 为构造新的估计类将 $\boldsymbol{V} + n\bar{\boldsymbol{x}}\bar{\boldsymbol{x}}' = \sum\limits_{i=1}^{n} \boldsymbol{x}_i\boldsymbol{x}_i'$ 作 Cholesky 分解 $\sum\limits_{i=1}^{n} \boldsymbol{x}_i\boldsymbol{x}_i' = \boldsymbol{V} + n\bar{\boldsymbol{x}}\bar{\boldsymbol{x}}' = \boldsymbol{HH}'$, $\boldsymbol{H}$ 是对角线元素为正的下三角阵, 且令 $\boldsymbol{y} = \boldsymbol{H}^{-1}\left(\sqrt{n}\bar{\boldsymbol{x}}\right) = (y_1, \cdots, y_p)'$. 记新的估计类为 G_{D_y},

$$G_{D_y} = \left\{\hat{\boldsymbol{\Sigma}} : \hat{\boldsymbol{\Sigma}} = \boldsymbol{HD}_y\boldsymbol{H}'\right\},$$

其中, $\boldsymbol{D}_y = (d_{ij}(y))$ 是 p 阶正定矩阵, 其对角线元素 $d_{ii}(y)$ 形如 $f_{ii}\left(y_1^2, \cdots, y_p^2\right)$, 非对角线元素 $d_{ij}(y)$ 形如 $y_iy_jf_{ij}\left(y_1^2, \cdots, y_p^2\right)$. 可以证明 G_D 是 G_{D_y} 的真子集, 而且能够在 G_{D_y} 中找到估计, 它不在估计类 G_D 中, 但它是估计类 G_D 中那个风险函数最小的估计的改进. 证明的详细情况请参阅文献 [29].

本节研究如何改进多元正态分布的均值与协方差阵的常用估计, 但必须指出的是, 在实际使用时, 一般来说仍倾向于使用常用估计.

习 题 四

4.1 设 $\boldsymbol{X}' = (\boldsymbol{x}_1, \cdots, \boldsymbol{x}_n)$ 是来自多元正态分布总体 $\boldsymbol{X} \sim N_p(\boldsymbol{\mu}_0, \boldsymbol{\Sigma})$ 的样本, 其中, $n \geqslant p$, $\boldsymbol{\mu}_0 \in \mathbf{R}^p$ 已知, $\boldsymbol{\Sigma} > 0$. 试求 $\boldsymbol{\Sigma}$ 的极大似然估计. 该极大似然估计是不是 $\boldsymbol{\Sigma}$ 的无偏估计?

4.2 验证: (4.2.6) 式所给出的统计量是 ρ 的一致最小方差无偏估计.

4.3 试根据 $\rho = 0$ 时 r 的密度函数 (见 (4.2.7) 式), 证明 $t = \sqrt{n-2}r/\sqrt{1-r^2} \sim t(n-2)$.

4.4 若 $x_1, x_2, \cdots$ i.i.d., x_1 服从 $(0-1)$ 分布, 其分布律为 $P(x_1 = 1) = p$, $P(x_1 = 0) = 1-p$, $0<p<1$. 根据中心极限定理, 有 $\sqrt{n}(\bar{x}_n - p) \xrightarrow{\mathrm{L}} N(0, p(1-p))$. 试应用方差齐性变换的方法构造 p 的水平为 $1-\alpha$ 的区间估计.

4.5 若 $x_1, x_2, \cdots$ i.i.d., $x_1 \sim P(\lambda)$, 泊松分布的参数 $\lambda > 0$. 根据中心极限定理, 有 $\sqrt{n}(\bar{x}_n - \lambda) \xrightarrow{\mathrm{L}} N(0, \lambda)$. 试用方差齐性变换的方法构造 λ 的水平为 $1-\alpha$ 的区间估计.

4.6 设有相互独立的总体 $\boldsymbol{X} \sim N_p(\boldsymbol{\mu}_1, \boldsymbol{\Sigma})$ 和 $\boldsymbol{Y} \sim N_p(\boldsymbol{\mu}_2, \boldsymbol{\Sigma})$, $-\infty < \mu_1, \mu_2 < \infty$, $\boldsymbol{\Sigma} > 0$. $\boldsymbol{X}' = (\boldsymbol{x}_1, \cdots, \boldsymbol{x}_m)$ 和 $\boldsymbol{Y}' = (\boldsymbol{y}_1, \cdots, \boldsymbol{y}_n)$ 分别是来自总体 $\boldsymbol{X}$ 和 $\boldsymbol{Y}$ 的样本, $m, n > p$.

(1) 试证明参数 $(\boldsymbol{\mu}_1, \boldsymbol{\mu}_2, \boldsymbol{\Sigma})$ 的充分且完全的统计量为 $(\bar{\boldsymbol{x}}, \bar{\boldsymbol{y}}, V_1 + V_2)$, 其中,

$$V_1 = \sum_{i=1}^{m} (\boldsymbol{x}_i - \bar{\boldsymbol{x}})(\boldsymbol{x}_i - \bar{\boldsymbol{x}})', \quad V_2 = \sum_{i=1}^{n} (\boldsymbol{y}_i - \bar{\boldsymbol{y}})(\boldsymbol{y}_i - \bar{\boldsymbol{y}})',$$

(2) 试求参数 $(\boldsymbol{\mu}_1, \boldsymbol{\mu}_2, \boldsymbol{\Sigma})$ 的极大似然估计, 它们是无偏估计吗?

(3) 试求参数 $(\boldsymbol{\mu}_1, \boldsymbol{\mu}_2, \boldsymbol{\Sigma})$ 的一致最小协方差阵无偏估计, 它们是不是唯一存在的?

4.7 设 $\boldsymbol{X}_1, \cdots, \boldsymbol{X}_n$ 是来自 $N_p(\boldsymbol{\mu}, \boldsymbol{\Sigma})$ 的样本, $\boldsymbol{\alpha} \in \mathbf{R}^p$ 已知. $\Delta^2 = (\boldsymbol{\mu} - \boldsymbol{\alpha})' \boldsymbol{\Sigma}^{-1} (\boldsymbol{\mu} - \boldsymbol{\alpha})$ 通常用来表示点 α 和正态分布 $N_p(\boldsymbol{\mu}, \boldsymbol{\Sigma})$ 之间的距离. 试求 Δ^2 的 MLE. Δ^2 的 MLE 是 Δ^2 的无偏估计吗? 若不是, 试求 Δ^2 的无偏估计. 这个无偏估计是 Δ^2 的 UMVUE 吗?

4.8 设 $\boldsymbol{X} \sim N_p(\boldsymbol{\mu}_1, \boldsymbol{\Sigma})$ 和 $\boldsymbol{Y} \sim N_p(\boldsymbol{\mu}_2, \boldsymbol{\Sigma})$ 是相互独立的两个总体, $\boldsymbol{\mu}_1, \boldsymbol{\mu}_2 \in \mathbf{R}^p$, $\boldsymbol{\Sigma} > 0$. $\boldsymbol{X}' = (\boldsymbol{x}_1, \cdots, \boldsymbol{x}_m)$ 和 $\boldsymbol{Y}' = (\boldsymbol{y}_1, \cdots, \boldsymbol{y}_n)$ 分别是来自总体 $\boldsymbol{X}$ 和 $\boldsymbol{Y}$ 的样本, $m, n > p$. $\Delta^2 = (\boldsymbol{\mu}_1 - \boldsymbol{\mu}_2)' \boldsymbol{\Sigma}^{-1} (\boldsymbol{\mu}_1 - \boldsymbol{\mu}_2)$ 通常用来表示两个正态分布 $N_p(\boldsymbol{\mu}_1, \boldsymbol{\Sigma})$ 和 $N_p(\boldsymbol{\mu}_2, \boldsymbol{\Sigma})$ 之间的距离, 试求 Δ^2 的 MLE. Δ^2 的 MLE 是 Δ^2 的无偏估计吗? 若不是, 试求 Δ^2 的无偏估计. 这个无偏估计是 Δ^2 的 UMVUE 吗?

4.9 人出汗多少与人体内钠和钾的含量有关. 今对 $n = 20$ 名健康女性的汗水进行测量和化验, 其数据摘自文献 [6] 的习题四第 8 题. 数据见下表:

假设总体 $\boldsymbol{X} = (X_1, X_2, X_3)'$ 服从正态分布 $N_3(\mu, \boldsymbol{\Sigma})$, 其中, X_1, X_2 和 X_3 分别表示排汗量、钠含量和钾含量.

(1) 试求 μ 和 $\boldsymbol{\Sigma}$ 的估计.

(2) 试求 X_2 和 X_3 的相关系数的估计及其 95%的区间估计.

(3) 试求 X_1 给定后, X_2 和 X_3 的偏相关系数的估计及其 95%的区间估计.

(4) 试求在 X_2 和 X_3 给定后, X_1 的条件数学期望的估计及其 95%的区间估计.

排汗量	钠含量	钾含量	排汗量	钠含量	钾含量
3.7	48.5	9.3	3.9	36.9	12.7
5.7	65.1	8.0	4.5	58.8	12.3
3.8	47.2	10.9	3.5	27.8	9.8
3.2	53.2	12.0	4.5	40.2	8.4
3.1	55.5	9.7	1.5	13.5	10.1
4.6	36.1	7.9	8.5	56.4	7.1
2.4	24.8	14.0	4.5	71.6	8.2
7.2	33.1	7.6	6.5	52.8	10.9
6.7	47.4	8.5	4.1	44.1	11.2
5.4	54.1	11.3	5.5	40.9	9.4

4.10 设 $\Psi \sim IW_p(\alpha, T)$, $T > 0$, $\alpha > p+1$. 计算 Ψ 的行列式值的数学期望 $E(|\Psi|)$.

4.11 设 $\boldsymbol{W} \sim W_p(n, \boldsymbol{I}_p)$. 试证明

$$E(\operatorname{tr}(\boldsymbol{W})) = pn, \quad E\left(\operatorname{tr}\left(\boldsymbol{W}^2\right)\right) = pn(p+n+1).$$

*4.12 设样本 $\boldsymbol{x}_1, \cdots, \boldsymbol{x}_n$ 来自多元正态分布总体 $N_p(\boldsymbol{\mu}, \boldsymbol{\Sigma})$, 其中, $\boldsymbol{\mu} \in \mathbf{R}^p$, $\boldsymbol{\Sigma} > 0$, $n > p$. 令样本均值 $\bar{\boldsymbol{x}} = \sum_{i=1}^{n} \boldsymbol{x}_i/n$, 样本离差阵 $\boldsymbol{V} = \sum_{i=1}^{n} (\boldsymbol{x}_i - \bar{\boldsymbol{x}})(\boldsymbol{x}_i - \bar{\boldsymbol{x}})'$. 取平方损失函数 $L\left(\hat{\boldsymbol{\Sigma}}, \boldsymbol{\Sigma}\right) = \operatorname{tr}\left(\hat{\boldsymbol{\Sigma}}\boldsymbol{\Sigma}^{-1} - \boldsymbol{I}_p\right)^2$, 试求 $\hat{\boldsymbol{\Sigma}} = \boldsymbol{V}/(n+p)$ 作为 $\boldsymbol{\Sigma}$ 的估计, 它的风险函数值.

*4.13 接习题 4.12, $p = 2$. 将 $\boldsymbol{V}$ 作 Cholesky 分解 $\boldsymbol{V} = \boldsymbol{T}\boldsymbol{T}'$, $\boldsymbol{T}$ 是对角线元素为正的下三角阵. 构造 $\boldsymbol{\Sigma}$ 的估计类

$$G_D = \left\{\hat{\boldsymbol{\Sigma}} : \hat{\boldsymbol{\Sigma}} = \boldsymbol{T}\boldsymbol{D}\boldsymbol{T}', \boldsymbol{D} = \operatorname{diag}(d_1, d_2)\right\}.$$

(1) 试证明估计类 G_D 中任意一个估计的风险函数都与参数 $\boldsymbol{\Sigma}$ 无关;

(2) 在估计类 G_D 中是否存在风险函数最小的估计? 若存在, 试求这个风险函数最小的估计, 以及它的风险函数值.

第 5 章　多元正态分布均值的检验

本章 5.1 节讨论多元正态分布均值的检验问题, 5.2 节讨论不变检验以及 Hotelling T^2 检验的优良性, 5.3 节讨论两个多元正态分布均值比较的检验问题, 5.4 节讨论多元方差分析问题, 5.5 节讨论 Wishart 分布矩阵的特征根的分布问题, 5.6 节讨论多元正态分布的均值的多重比较问题, 5.7 节讨论多元正态分布均值参数变点的检验问题, 5.8 节讨论多元正态分布均值参数的有方向的检验问题.

5.1　多元正态分布均值的检验问题

设 $\boldsymbol{X}' = (\boldsymbol{x}_1, \cdots, \boldsymbol{x}_n)$ 是来自多元正态分布总体 $\boldsymbol{X} \sim N_p(\boldsymbol{\mu}, \boldsymbol{\Sigma})$ 的样本, 其中, $n > p$, $\boldsymbol{\mu} \in \mathbf{R}^p$, $\boldsymbol{\Sigma} > 0$. 本节讨论总体均值 $\boldsymbol{\mu}$ 的检验问题

$$H_0 : \boldsymbol{\mu} = \boldsymbol{\mu}_0, \quad H_1 : \boldsymbol{\mu} \neq \boldsymbol{\mu}_0, \tag{5.1.1}$$

其中, $\boldsymbol{\mu}_0 \in \mathbf{R}^p$ 已知. 在 $\boldsymbol{\Sigma}$ 已知与 $\boldsymbol{\Sigma}$ 未知这两种情况, 分别讨论 $\boldsymbol{\mu}$ 的检验问题. 导出检验统计量的方法很多, 而在多元统计分析中主要用似然比原则导出检验统计量. 这里除采用似然比原则外, 还采用交并原则导出检验统计量.

5.1.1　似然比原则

由 (4.1.1) 式, 样本 $\boldsymbol{x}_1, \cdots, \boldsymbol{x}_n$ 的联合密度为

$$\frac{1}{(2\pi)^{np/2} |\boldsymbol{\Sigma}|^{n/2}} \exp\left\{-\frac{1}{2}\mathrm{tr}\left(\boldsymbol{\Sigma}^{-1}\left(\boldsymbol{V} + n(\bar{\boldsymbol{x}} - \boldsymbol{\mu})(\bar{\boldsymbol{x}} - \boldsymbol{\mu})'\right)\right)\right\},$$

其中,

$$\bar{\boldsymbol{x}} = \sum_{i=1}^{n} \frac{\boldsymbol{x}_i}{n} \text{ 称为样本均值,}$$

$$\boldsymbol{V} = \sum_{i=1}^{n} (\boldsymbol{x}_i - \bar{\boldsymbol{x}})(\boldsymbol{x}_i - \bar{\boldsymbol{x}})' \text{ 称为样本离差阵.}$$

情况 1　$\boldsymbol{\Sigma}$ 已知. $\boldsymbol{\mu}$ 的似然函数为

$$\begin{aligned}&\exp\left\{-\frac{1}{2}\mathrm{tr}\left(\boldsymbol{\Sigma}^{-1}\left(n(\bar{\boldsymbol{x}} - \boldsymbol{\mu})(\bar{\boldsymbol{x}} - \boldsymbol{\mu})'\right)\right)\right\}\\ &= \exp\left\{-\frac{1}{2}n(\bar{\boldsymbol{x}} - \boldsymbol{\mu})'\boldsymbol{\Sigma}^{-1}(\bar{\boldsymbol{x}} - \boldsymbol{\mu})\right\},\end{aligned}$$

则检验问题 (5.1.1) 的似然比为

$$\lambda = \frac{\exp\left\{-\frac{1}{2}n\left(\bar{\boldsymbol{x}}-\boldsymbol{\mu}_0\right)'\boldsymbol{\Sigma}^{-1}\left(\bar{\boldsymbol{x}}-\boldsymbol{\mu}_0\right)\right\}}{\sup\limits_{\boldsymbol{\mu}}\left[\exp\left\{-\frac{1}{2}n\left(\bar{\boldsymbol{x}}-\boldsymbol{\mu}\right)'\boldsymbol{\Sigma}^{-1}\left(\bar{\boldsymbol{x}}-\boldsymbol{\mu}\right)\right\}\right]}$$

$$= \frac{\exp\left\{-\frac{1}{2}n\left(\bar{\boldsymbol{x}}-\boldsymbol{\mu}_0\right)'\boldsymbol{\Sigma}^{-1}\left(\bar{\boldsymbol{x}}-\boldsymbol{\mu}_0\right)\right\}}{\exp\left\{-\frac{1}{2}n\left(\bar{\boldsymbol{x}}-\hat{\boldsymbol{\mu}}\right)'\boldsymbol{\Sigma}^{-1}\left(\bar{\boldsymbol{x}}-\hat{\boldsymbol{\mu}}\right)\right\}},$$

其中, $\hat{\boldsymbol{\mu}}$ 是在 $\boldsymbol{\mu}\in\mathbf{R}^p$ 时 $\boldsymbol{\mu}$ 的极大似然估计, 所以 $\hat{\boldsymbol{\mu}}=\bar{\boldsymbol{x}}$. 从而似然比

$$\lambda = \exp\left\{-\frac{1}{2}n\left(\bar{\boldsymbol{x}}-\boldsymbol{\mu}_0\right)'\boldsymbol{\Sigma}^{-1}\left(\bar{\boldsymbol{x}}-\boldsymbol{\mu}_0\right)\right\}. \tag{5.1.2}$$

在 λ 比较小的时候拒绝原假设, 从而认为 $\boldsymbol{\mu}\neq\boldsymbol{\mu}_0$. 考虑到在原假设为真, 即 $\boldsymbol{\mu}=\boldsymbol{\mu}_0$ 时, $n\left(\bar{\boldsymbol{x}}-\boldsymbol{\mu}_0\right)'\boldsymbol{\Sigma}^{-1}\left(\bar{\boldsymbol{x}}-\boldsymbol{\mu}_0\right)\sim\chi^2(p)$, 故取

$$\chi^2 = n\left(\bar{\boldsymbol{x}}-\boldsymbol{\mu}_0\right)'\boldsymbol{\Sigma}^{-1}\left(\bar{\boldsymbol{x}}-\boldsymbol{\mu}_0\right) \tag{5.1.3}$$

为检验统计量, 并且在 χ^2 比较大的时候拒绝原假设, 从而认为 $\boldsymbol{\mu}\neq\boldsymbol{\mu}_0$, 其 p 值为

$$p = P\left(\chi^2(p)\geqslant\chi^2\right).$$

情况 2 $\boldsymbol{\Sigma}$ 未知. $(\boldsymbol{\mu},\boldsymbol{\Sigma})$ 的似然函数为

$$|\boldsymbol{\Sigma}|^{-n/2}\exp\left\{-\frac{1}{2}\mathrm{tr}\left(\boldsymbol{\Sigma}^{-1}\left(\boldsymbol{V}+n\left(\bar{\boldsymbol{x}}-\boldsymbol{\mu}\right)\left(\bar{\boldsymbol{x}}-\boldsymbol{\mu}\right)'\right)\right)\right\}$$

或等价地为

$$|\boldsymbol{\Sigma}|^{-n/2}\exp\left\{-\frac{1}{2}\mathrm{tr}\left(\boldsymbol{\Sigma}^{-1}\left(\sum_{i=1}^n\left(\boldsymbol{x}_i-\boldsymbol{\mu}\right)\left(\boldsymbol{x}_i-\boldsymbol{\mu}\right)'\right)\right)\right\},$$

则检验问题 (5.1.1) 的似然比为

$$\lambda = \frac{\sup\limits_{\boldsymbol{\Sigma}}\left[|\boldsymbol{\Sigma}|^{-n/2}\exp\left\{-\frac{1}{2}\mathrm{tr}\left(\boldsymbol{\Sigma}^{-1}\left(\sum_{i=1}^n\left(\boldsymbol{x}_i-\boldsymbol{\mu}_0\right)\left(\boldsymbol{x}_i-\boldsymbol{\mu}_0\right)'\right)\right)\right\}\right]}{\sup\limits_{\boldsymbol{\mu},\boldsymbol{\Sigma}}\left[|\boldsymbol{\Sigma}|^{-n/2}\exp\left\{-\frac{1}{2}\mathrm{tr}\left(\boldsymbol{\Sigma}^{-1}\left(\boldsymbol{V}+n\left(\bar{\boldsymbol{x}}-\boldsymbol{\mu}\right)\left(\bar{\boldsymbol{x}}-\boldsymbol{\mu}\right)'\right)\right)\right\}\right]}$$

$$= \frac{\left|\hat{\boldsymbol{\Sigma}}_0\right|^{-n/2}\exp\left\{-\frac{1}{2}\mathrm{tr}\left(\hat{\boldsymbol{\Sigma}}_0^{-1}\left(\sum_{i=1}^n\left(\boldsymbol{x}_i-\boldsymbol{\mu}_0\right)\left(\boldsymbol{x}_i-\boldsymbol{\mu}_0\right)'\right)\right)\right\}}{\left|\hat{\boldsymbol{\Sigma}}\right|^{-n/2}\exp\left\{-\frac{1}{2}\mathrm{tr}\left(\hat{\boldsymbol{\Sigma}}^{-1}\left(\boldsymbol{V}+n\left(\bar{\boldsymbol{x}}-\hat{\boldsymbol{\mu}}\right)\left(\bar{\boldsymbol{x}}-\hat{\boldsymbol{\mu}}\right)'\right)\right)\right\}}.$$

分子中的 $\hat{\boldsymbol{\Sigma}}_0$ 是原假设为真, 即 $\boldsymbol{\mu}=\boldsymbol{\mu}_0$, $\boldsymbol{\Sigma}>0$ 时 $\boldsymbol{\Sigma}$ 的极大似然估计. 由习题 4.1 知

$$\hat{\boldsymbol{\Sigma}}_0=\frac{\sum_{i=1}^{n}(\boldsymbol{x}_i-\boldsymbol{\mu}_0)(\boldsymbol{x}_i-\boldsymbol{\mu}_0)'}{n},$$

而分母中的 $\hat{\boldsymbol{\mu}}$ 和 $\hat{\boldsymbol{\Sigma}}$ 分别是当 $\boldsymbol{\mu}\in\mathbf{R}^p$, $\boldsymbol{\Sigma}>0$ 时 $\boldsymbol{\mu}$ 和 $\boldsymbol{\Sigma}$ 的极大似然估计, 故

$$\hat{\boldsymbol{\mu}}=\bar{\boldsymbol{x}},\quad \hat{\boldsymbol{\Sigma}}=\frac{\boldsymbol{V}}{n}.$$

由此推得似然比

$$\lambda=\left(\frac{|\boldsymbol{V}|}{\left|\boldsymbol{V}+n(\bar{\boldsymbol{x}}-\boldsymbol{\mu}_0)(\bar{\boldsymbol{x}}-\boldsymbol{\mu}_0)'\right|}\right)^{n/2}. \tag{5.1.4}$$

在 λ 比较小的时候拒绝原假设, 从而认为 $\boldsymbol{\mu}\neq\boldsymbol{\mu}_0$. 根据 (3.2.5) 式, 有

$$\left|\boldsymbol{I}_p+n\boldsymbol{V}^{-1/2}(\bar{\boldsymbol{x}}-\boldsymbol{\mu}_0)(\bar{\boldsymbol{x}}-\boldsymbol{\mu}_0)'\boldsymbol{V}^{-1/2}\right|=1+n(\bar{\boldsymbol{x}}-\boldsymbol{\mu}_0)'\boldsymbol{V}^{-1}(\bar{\boldsymbol{x}}-\boldsymbol{\mu}_0),$$

从而有

$$\begin{aligned}\frac{|\boldsymbol{V}|}{\left|\boldsymbol{V}+n(\bar{\boldsymbol{x}}-\boldsymbol{\mu}_0)(\bar{\boldsymbol{x}}-\boldsymbol{\mu}_0)'\right|}&=\frac{1}{\left|\boldsymbol{I}_p+n\boldsymbol{V}^{-1/2}(\bar{\boldsymbol{x}}-\boldsymbol{\mu}_0)(\bar{\boldsymbol{x}}-\boldsymbol{\mu}_0)'\boldsymbol{V}^{-1/2}\right|}\\&=\frac{1}{1+n(\bar{\boldsymbol{x}}-\boldsymbol{\mu}_0)'\boldsymbol{V}^{-1}(\bar{\boldsymbol{x}}-\boldsymbol{\mu}_0)}.\end{aligned}$$

考虑到在原假设为真, 即 $\boldsymbol{\mu}=\boldsymbol{\mu}_0$ 时, $n(n-1)(\bar{\boldsymbol{x}}-\boldsymbol{\mu}_0)'\boldsymbol{V}^{-1}(\bar{\boldsymbol{x}}-\boldsymbol{\mu}_0)$ 服从 Hotelling T^2 分布 $T_p^2(n-1)$, 所以通常取

$$T^2=n(n-1)(\bar{\boldsymbol{x}}-\boldsymbol{\mu}_0)'\boldsymbol{V}^{-1}(\bar{\boldsymbol{x}}-\boldsymbol{\mu}_0) \tag{5.1.5}$$

为检验统计量, 并且在 T^2 比较大的时候拒绝原假设, 从而认为 $\boldsymbol{\mu}\neq\boldsymbol{\mu}_0$. 根据性质 3.4.1 和性质 3.4.2,

$$\frac{1}{n-1}T^2\overset{\mathrm{d}}{=}\frac{\chi^2(p)}{\chi^2(n-p)},\quad \text{分子与分母的}\chi^2\text{ 分布相互独立}, \tag{5.1.6}$$

$$\frac{n-p}{(n-1)p}T^2\sim F(p,n-p),$$

所以 Hotelling T^2 检验的 p 值为

$$p=P\left(F(p,n-p)\geqslant\frac{n-p}{(n-1)p}T^2\right).$$

至此, 利用似然比原则分别在 $\boldsymbol{\Sigma}$ 已知与 $\boldsymbol{\Sigma}$ 未知时, 导出了关于均值 μ 的检验问题的检验统计量 (见 (5.1.3) 式和 (5.1.5) 式). 下面将利用交并原则导出检验统计量. 可以看到, 对单个多元正态分布均值的检验问题来说, 由交并原则导出的检验统计量与由似然比原则导出的检验统计量是相同的.

5.1.2 交并原则

情况 1 $\boldsymbol{\Sigma}$ 已知. 令

$$\boldsymbol{\mu} = (\mu_1, \cdots, \mu_p)', \quad \boldsymbol{\mu}_0 = (\mu_{10}, \cdots, \mu_{p0})'.$$

显然, "$\boldsymbol{\mu} = \boldsymbol{\mu}_0$" 等价于 "对任意的 $i = 1, \cdots, p$, 都有 $\mu_i = \mu_{i0}$", 所以若对每一个 $i(i = 1, \cdots, p)$, 考虑检验问题

$$H_{i0} : \mu_i = \mu_{i0}, \quad H_{i1} : \mu_i \neq \mu_{i0}, \tag{5.1.7}$$

则检验问题 (5.1.1) 的原假设

$$H_0 = \bigcap_{i=1}^{p} H_{i0}, \tag{5.1.8}$$

这就是交并原则中的 "交". 由此可见, 检验问题 (5.1.1) 等价于上述 p 个检验问题的联立检验问题, 所以只要这 p 个检验问题中有一个的原假设被拒绝, 就拒绝检验问题 (5.1.1) 的原假设.

令

$$\bar{\boldsymbol{x}} = (\bar{x}_1, \cdots, \bar{x}_p)', \quad \boldsymbol{\Sigma} = (\sigma_{ij}),$$

则 $\bar{x}_i \sim N_p(\mu_i, \sigma_{ii}/n)$, 所以检验问题 (5.1.7) 是一元正态分布均值的检验问题, 其检验统计量为

$$u_i = \sqrt{n}\frac{\bar{x}_i - \mu_{i0}}{\sqrt{\sigma_{ii}}}.$$

在 $|u_i|$ 比较大的时候拒绝原假设 H_{i0}. 取水平 α, 则检验的临界值为 $U_{1-\alpha/2}$, 其中, U_γ 如同第 1 章所说的, 它表示标准正态分布 $N(0,1)$ 的 γ 分位点. 在 $|u_i| \geqslant U_{1-\alpha/2}$ 时拒绝原假设 H_{i0}, 从而认为 $\mu_i \neq \mu_{i0}$, 进而认为 $\boldsymbol{\mu} \neq \boldsymbol{\mu}_0$. 由此可见, 检验问题 (5.1.1) 的拒绝域为

$$\bigcup_{i=1}^{p} \left(|u_i| \geqslant U_{1-\alpha/2}\right),$$

这就是交并原则中的 "并".

现在的问题是, 对每一个检验问题来说, 它的水平是 α, 即当 $\mu_i = \mu_{i0}$ 时, $P\left(|u_i| \geqslant U_{1-\alpha/2}\right) = \alpha$, 但是当所有的 $\boldsymbol{\mu}_i = \boldsymbol{\mu}_{i0}(i = 1, \cdots, p)$ 时, 即当 $\mu = \mu_0$

时, $P\left(\bigcup_{i=1}^{p}\left(|u_i| \geqslant U_{1-\alpha/2}\right)\right)$ 就不等于 α. 事实上, 有

$$P\left(\bigcup_{i=1}^{p}\left(|u_i| \geqslant U_{1-\alpha/2}\right)\right) > P\left(|u_1| \geqslant U_{1-\alpha/2}\right) = \alpha.$$

应该将检验问题 (5.1.1) 的拒绝域写为 $\bigcup_{i=1}^{p}\left(|u_i| \geqslant c\right)$, 然后求临界值 c, 使得下式在 $\mu = \mu_0$ 时成立:

$$P\left(\bigcup_{i=1}^{p}\left(|u_i| \geqslant c\right)\right) = \alpha. \tag{5.1.9}$$

显然, $c > U_{1-\alpha/2}$. (5.1.9) 式等价于

$$P\left(\max_i \{|u_i|\} \geqslant c\right) = \alpha.$$

由此可见, 由交并原则导出的检验统计量为

$$\max_i \{|u_i|\} = \max_i \left\{\sqrt{n}\frac{|\bar{x}_i - \mu_{i0}|}{\sqrt{\sigma_{ii}}}\right\}.$$

在它比较大的时候拒绝原假设, 从而认为 $\boldsymbol{\mu} \neq \boldsymbol{\mu}_0$.

接下来的问题是, 在原假设为真, 即 $\boldsymbol{\mu} = \boldsymbol{\mu}_0$ 时, 检验统计量 $\max_i \{|u_i|\}$ 的抽样分布是什么? 我们知道, 绝对值 $|u_i|$ 比较大等价于平方 u_i^2 比较大. 考虑到绝对值函数的数学处理比平方函数的数学处理困难, 把由交并原则导出的检验统计量修改为

$$\max_i \{u_i^2\} = \max_i \left\{n\frac{(\bar{x}_i - \mu_{i0})^2}{\sigma_{ii}}\right\}. \tag{5.1.10}$$

在它比较大的时候拒绝原假设, 从而认为 $\boldsymbol{\mu} \neq \boldsymbol{\mu}_0$. 若水平为 α, 则临界值 c 满足条件:

当 $\mu = \mu_0$ 时, 有

$$P\left(\max_i \{u_i^2\} \geqslant c\right) = P\left(\max_i \left\{n\frac{(\bar{x}_i - \mu_{i0})^2}{\sigma_{ii}}\right\} \geqslant c\right) = \alpha. \tag{5.1.11}$$

在把绝对值换为平方后, 这个检验统计量 (见 (5.1.10) 式) 的抽样分布仍然难以求得. 如果不知道检验统计量的抽样分布, 就难以计算检验的临界值 c. 为此退而求其次, 将 "$\boldsymbol{\mu} = \boldsymbol{\mu}_0$" 等价于 "对任意的 $i = 1, \cdots, p$ 都有 $\mu_i = \mu_{i0}$" 修改为 "$\boldsymbol{\mu} = \boldsymbol{\mu}_0$" 等价于 "对任意的 $\boldsymbol{a} \in \mathbf{R}^p$ 都有 $\boldsymbol{a}'\boldsymbol{\mu} = \boldsymbol{a}'\boldsymbol{\mu}_0$", 并对任意的 $\boldsymbol{a} \in \mathbf{R}^p$ 考虑检验问题

$$H_{\boldsymbol{a}0} : \boldsymbol{a}'\boldsymbol{\mu} = \boldsymbol{a}'\boldsymbol{\mu}_0, \quad H_{\boldsymbol{a}1} : \boldsymbol{a}'\boldsymbol{\mu} \neq \boldsymbol{a}'\boldsymbol{\mu}_0. \tag{5.1.12}$$

从而将 (5.1.8) 式修改为

$$H_0 = \bigcap_{\boldsymbol{a}\in\mathbf{R}^p} H_{\boldsymbol{a}0}.$$

当 $\boldsymbol{X} \sim N_p(\boldsymbol{\mu}, \boldsymbol{\Sigma})$ 时, 有 $\boldsymbol{a}'\boldsymbol{X} \sim N(\boldsymbol{a}'\boldsymbol{\mu}, \boldsymbol{a}'\boldsymbol{\Sigma}\boldsymbol{a})$, 所以检验问题 (5.1.12) 是一元正态分布均值的检验问题, 其检验统计量为

$$u_{\boldsymbol{a}} = \sqrt{n}\frac{\boldsymbol{a}'\bar{\boldsymbol{x}} - \boldsymbol{a}'\boldsymbol{\mu}_0}{\sqrt{\boldsymbol{a}'\boldsymbol{\Sigma}\boldsymbol{a}}}.$$

由此导出检验问题 (5.1.1) 的检验统计量为

$$\sup_{\boldsymbol{a}\in\mathbf{R}^p}\left\{u_{\boldsymbol{a}}^2\right\} = \sup_{\boldsymbol{a}\in\mathbf{R}^p}\left\{n\frac{(\boldsymbol{a}'\bar{\boldsymbol{x}} - \boldsymbol{a}'\boldsymbol{\mu}_0)^2}{\boldsymbol{a}'\boldsymbol{\Sigma}\boldsymbol{a}}\right\}. \tag{5.1.13}$$

在它比较大的时候拒绝原假设, 从而认为 $\boldsymbol{\mu} \neq \boldsymbol{\mu}_0$. 若水平为 α, 则临界值 c 满足条件:

当 $\boldsymbol{\mu} = \boldsymbol{\mu}_0$ 时, 有

$$P\left(\sup_{\boldsymbol{a}\in\mathbf{R}^p}\left\{u_{\boldsymbol{a}}^2\right\} \geqslant c\right) = P\left(\sup_{\boldsymbol{a}\in\mathbf{R}^p}\left\{n\frac{(\boldsymbol{a}'\bar{\boldsymbol{x}} - \boldsymbol{a}'\boldsymbol{\mu}_0)^2}{\boldsymbol{a}'\boldsymbol{\Sigma}\boldsymbol{a}}\right\} \geqslant c\right) = \alpha. \tag{5.1.14}$$

取 $\boldsymbol{a} = \boldsymbol{e}_i$, $\boldsymbol{e}_i$ 的定义同前, 它是第 i 个元素为 1 其余元素为 0 的向量, 则

$$u_{\boldsymbol{e}_i} = \sqrt{n}\frac{\boldsymbol{e}_i'\bar{\boldsymbol{x}} - \boldsymbol{e}_i'\boldsymbol{\mu}_0}{\sqrt{\boldsymbol{e}_i'\boldsymbol{\Sigma}\boldsymbol{e}_i}} = \sqrt{n}\frac{\bar{\boldsymbol{x}}_i - \boldsymbol{\mu}_{i0}}{\sqrt{\sigma_{ii}}} = \boldsymbol{u}_i,$$

所以 (5.1.10) 式给出的检验统计量 $\max\limits_i\left\{u_i^2\right\}$ 小, 而 (5.1.13) 式给出的检验统计量 $\sup\limits_{\boldsymbol{a}\in\mathbf{R}^p}\left\{u_{\boldsymbol{a}}^2\right\}$ 大. 由于是在检验统计量的值比较大的时候拒绝原假设, 所以不用 $\max\limits_i\left\{u_i^2\right\}$, 而用 $\sup\limits_{\boldsymbol{a}\in\mathbf{R}^p}\left\{u_{\boldsymbol{a}}^2\right\}$ 作为检验统计量似乎是 “退而求其次”, 一旦拒绝原假设理由更充分的选择. 事实上, 换一个角度看, 用 $\sup\limits_{\boldsymbol{a}\in\mathbf{R}^p}\left\{u_{\boldsymbol{a}}^2\right\}$ 作为检验统计量比用 $\max\limits_i\left\{u_i^2\right\}$ 作为检验统计量更为合适. 有可能对每一个 $i = 1, \cdots, p$, $\bar{x}_i - \mu_{i0}$ 的差异都不大, 以至于

$$\max_i\left\{u_i^2\right\} = \max_i\left\{n\frac{(\bar{x}_i - \mu_{i0})^2}{\sigma_{ii}}\right\}$$

的值不大, 认为对每一个 $i = 1, \cdots, p$, 都不能拒绝原假设 $\mu_i = \mu_{i0}$, 进而认为 $\boldsymbol{\mu} = \boldsymbol{\mu}_0$. 但可能存在这样的 $\boldsymbol{a} = (a_1, \cdots, a_p)' \in \mathbf{R}^p$, $\boldsymbol{a}'\bar{\boldsymbol{x}} - \boldsymbol{a}'\boldsymbol{\mu}_0 = \sum\limits_{i=1}^p a_i(\bar{x}_i - \mu_{i0})$ 的差异却比较大, 以至于

$$\sup_{\boldsymbol{a}\in\mathbf{R}^p}\left\{u_{\boldsymbol{a}}^2\right\} = \sup_{\boldsymbol{a}\in\mathbf{R}^p}\left\{n\frac{(\boldsymbol{a}'\bar{\boldsymbol{x}} - \boldsymbol{a}'\boldsymbol{\mu}_0)^2}{\boldsymbol{a}'\boldsymbol{\Sigma}\boldsymbol{a}}\right\}$$

的值比较大, 认为能拒绝原假设 $\boldsymbol{a}'\boldsymbol{\mu} = \boldsymbol{a}'\boldsymbol{\mu}_0$, 进而认为 $\boldsymbol{\mu} \neq \boldsymbol{\mu}_0$. 正因为如此, 用 $\sup\limits_{\boldsymbol{a}\in\mathbf{R}^p} \{u_{\boldsymbol{a}}^2\}$ 作为检验统计量更为合适 (具体见下面的例 5.1.1). 此外, 还考虑到难以得到 $\max\limits_{i} \{u_i^2\}$ 的简单明了的表达式以及它的抽样分布, 但 $\sup\limits_{\boldsymbol{a}\in\mathbf{R}^p} \{u_{\boldsymbol{a}}^2\}$ 容易得到它的简单明了的表达式以及它的抽样分布, 所以用 $\sup\limits_{\boldsymbol{a}\in\mathbf{R}^p} \{u_{\boldsymbol{a}}^2\}$ 作为检验统计量是有其优良性的. 本书后面在利用交并原则导出检验统计量时就都直接 "退而求其次" 了.

下面在原假设为真, 即 $\boldsymbol{\mu} = \boldsymbol{\mu}_0$ 时, 计算 $\sup\limits_{\boldsymbol{a}\in\mathbf{R}^p} \{u_{\boldsymbol{a}}^2\}$ 以及它的抽样分布. 关于二次型极值有许多有用的结果 (见附录 A.8). 根据性质 A.8.1, 有

$$\sup_{\boldsymbol{a}\in\mathbf{R}^p} \{u_{\boldsymbol{a}}^2\} = \sup_{\boldsymbol{a}\in\mathbf{R}^p} \left\{ n\frac{(\boldsymbol{a}'\bar{\boldsymbol{x}} - \boldsymbol{a}'\boldsymbol{\mu}_0)^2}{\boldsymbol{a}'\boldsymbol{\Sigma}\boldsymbol{a}} \right\} = n\,(\bar{\boldsymbol{x}} - \boldsymbol{\mu}_0)'\,\boldsymbol{\Sigma}^{-1}\,(\bar{\boldsymbol{x}} - \boldsymbol{\mu}_0)\,.$$

这说明由交并原则导出的检验统计量与由似然比原则导出的检验统计量 (见 (5.1.3) 式) 是相同的, 都是

$$\chi^2 = n\,(\bar{\boldsymbol{x}} - \boldsymbol{\mu}_0)'\,\boldsymbol{\Sigma}^{-1}\,(\bar{\boldsymbol{x}} - \boldsymbol{\mu}_0)\,.$$

在原假设为真, 即 $\boldsymbol{\mu} = \boldsymbol{\mu}_0$ 时它的抽样分布是自由度为 p 的 χ^2 分布, 所以满足 (5.1.14) 式的 $c = \chi^2_{1-\alpha}(p)$.

情况 2 $\boldsymbol{\Sigma}$ 未知. 这时检验问题 (5.1.12) 的检验统计量为

$$t_{\boldsymbol{a}} = \sqrt{n}\frac{\boldsymbol{a}'\bar{\boldsymbol{x}} - \boldsymbol{a}'\boldsymbol{\mu}_0}{\sqrt{\boldsymbol{a}'\boldsymbol{V}\boldsymbol{a}/(n-1)}} = \sqrt{n\,(n-1)}\frac{\boldsymbol{a}'\bar{\boldsymbol{x}} - \boldsymbol{a}'\boldsymbol{\mu}_0}{\sqrt{\boldsymbol{a}'\boldsymbol{V}\boldsymbol{a}}}.$$

从而导出检验问题 (5.1.1) 的检验统计量为

$$\sup_{\boldsymbol{a}\in\mathbf{R}^p} \{t_{\boldsymbol{a}}^2\} = \sup_{\boldsymbol{a}\in\mathbf{R}^p} \left\{ n\,(n-1)\,\frac{(\boldsymbol{a}'\bar{\boldsymbol{x}} - \boldsymbol{a}'\boldsymbol{\mu}_0)^2}{\boldsymbol{a}'\boldsymbol{V}\boldsymbol{a}} \right\}.$$

根据性质 A.8.1, 有

$$\sup_{\boldsymbol{a}\in\mathbf{R}^p} \{t_{\boldsymbol{a}}^2\} = n\,(n-1)\,(\bar{\boldsymbol{x}} - \boldsymbol{\mu}_0)'\,\boldsymbol{V}^{-1}\,(\bar{\boldsymbol{x}} - \boldsymbol{\mu}_0)\,.$$

这说明由交并原则导出的检验统计量与由似然比原则导出的检验统计量 (见 (5.1.5) 式) 是相同的, 都是

$$T^2 = n\,(n-1)\,(\bar{\boldsymbol{x}} - \boldsymbol{\mu}_0)'\,\boldsymbol{V}^{-1}\,(\bar{\boldsymbol{x}} - \boldsymbol{\mu}_0)\,.$$

在原假设为真, 即 $\boldsymbol{\mu} = \boldsymbol{\mu}_0$ 时它的抽样分布是 Hotelling T^2 分布 $T_p^2\,(n-1)$.

例 5.1.1 中世纪英国教堂的建筑风格, 早期是罗马式, 后来有哥特式. 罗马式教堂平均长度为 145.29 m, 中殿的平均高度为 22.69 m. $n = 16$ 个哥特式教堂的样本数据见表 5.1.1(数据摘自文献 [141] 的第 7 章问题 7.9).

试问, 在正态分布假设下, 哥特式教堂的长度和中殿高度是否与罗马式教堂有相同的均值? 这是协方差阵 $\boldsymbol{\Sigma}$ 未知时均值 $\boldsymbol{\mu}=\boldsymbol{\mu}_0$ 的假设检验问题, 其中,

$$\boldsymbol{\mu}_0=\begin{pmatrix}145.29\\22.69\end{pmatrix}.$$

表 5.1.1 哥特式教堂的长度和中殿高度

长度/m	中殿高度/m	长度/m	中殿高度/m
158.19	30.48	124.05	21.95
68.58	22.86	89.92	26.82
91.44	15.85	83.21	16.76
127.41	18.90	126.49	20.42
124.66	20.73	55.47	13.72
129.54	26.21	161.54	31.39
112.78	17.37	186.23	31.39
154.23	24.99	144.17	25.60

经计算, 样本均值和样本离差阵分别为

$$\bar{\boldsymbol{x}}=\begin{pmatrix}121.12\\22.84\end{pmatrix},\quad \boldsymbol{V}=\begin{pmatrix}19466.70 & 2257.90\\2257.90 & 469.56\end{pmatrix}.$$

检验统计量 Hotelling T^2 为

$$T^2=n\,(n-1)\,(\bar{\boldsymbol{x}}-\boldsymbol{\mu}_0)'\,\boldsymbol{V}^{-1}\,(\bar{\boldsymbol{x}}-\boldsymbol{\mu}_0)=17.283.$$

检验的 p 值为

$$p=P\left(F\,(p,n-p)\geqslant\frac{n-p}{(n-1)\,p}T^2\right)=P\left(F\,(2,14)\geqslant\frac{14}{15\cdot 2}T^2\right)=0.0047.$$

所以认为哥特式教堂的长度和中殿高度的均值不等于 $\boldsymbol{\mu}_0=(145.29,22.69)'$, 它与罗马式教堂的长度和中殿高度没有相同的均值.

下面分别检验哥特式教堂的长度与罗马式教堂有没有相同的均值以及哥特式教堂的中殿高度与罗马式教堂有没有相同的均值.

样本协方差阵为

$$\boldsymbol{S}=\frac{\boldsymbol{V}}{15}=\begin{pmatrix}1297.78 & 150.53\\150.53 & 31.30\end{pmatrix},$$

记 $\boldsymbol{S}=(s_{ij})_{i,j=1,2}$.

(1) 哥特式教堂的长度与罗马式教堂有没有相同均值的 t 检验:

$$t_1 = \sqrt{n}\frac{\bar{x}_1 - 145.29}{\sqrt{s_{11}}} = \sqrt{16}\frac{121.12 - 145.29}{\sqrt{1297.78}} = -2.684.$$

由于检验的 p 值为 $p = 2P\left(t(15) \leqslant -2.684\right) = 0.017$, 所以认为哥特式教堂的长度的均值不等于 145.29, 它与罗马式教堂的长度没有相同的均值.

(2) 哥特式教堂的中殿高度与罗马式教堂有没有相同均值的 t 检验:

$$t_2 = \sqrt{n}\frac{\bar{x}_2 - 22.69}{\sqrt{s_{22}}} = \sqrt{16}\frac{22.84 - 22.69}{\sqrt{31.30}} = 0.107.$$

由于检验的 p 值为 $p = 2P\left(t(15) \geqslant 0.107\right) = 0.916$, 所以认为哥特式教堂的中殿高度的均值等于 22.69, 它与罗马式教堂的中殿高度有相同的均值.

哥特式教堂的中殿高度与罗马式教堂的中殿高度差异不大, 但长度的差异比较大, 所以分开来一个个作检验, 得到的结论与合在一起的 Hotelling T^2 检验的结论没有矛盾.

倘若罗马式教堂平均长度为 131 m, 它的中殿的平均高度为 21 m, 即 $\boldsymbol{\mu} = \boldsymbol{\mu}_0$ 的假设检验问题中的 $\boldsymbol{\mu}_0$ 改变为

$$\boldsymbol{\mu}_0 = \begin{pmatrix} 131 \\ 21 \end{pmatrix}.$$

对这个 $\boldsymbol{\mu}_0$ 而言, 可以看到, 分开来一个个作检验, 得到的结论与合在一起的 HotellingT^2 检验的结论有矛盾.

下面首先在 $\boldsymbol{\mu}_0 = (131, 21)'$ 时分别检验哥特式教堂的长度与罗马式教堂有没有相同的均值以及哥特式教堂的中殿高度与罗马式教堂有没有相同的均值.

(1) 哥特式教堂的长度与罗马式教堂有没有相同均值的 t 检验:

$$t_1 = \sqrt{n}\frac{\bar{x}_1 - 131}{\sqrt{s_{11}}} = \sqrt{16}\frac{121.12 - 131}{\sqrt{1297.78}} = -1.097.$$

由于检验的 p 值为 $p = 2P\left(t(15) \leqslant -1.097\right) = 0.290$, 所以认为哥特式教堂的长度的均值等于 131, 它与罗马式教堂有相同的均值.

(2) 哥特式教堂的中殿高度与罗马式教堂有没有相同均值的 t 检验:

$$t_2 = \sqrt{n}\frac{\bar{x}_2 - 21}{\sqrt{s_{22}}} = \sqrt{16}\frac{22.84 - 21}{\sqrt{31.30}} = 1.315.$$

由于检验的 p 值为 $p = 2P\left(t(15) \geqslant 1.315\right) = 0.208$, 所以认为哥特式教堂的中殿高度的均值等于 21, 它与罗马式教堂有相同的均值.

虽然分开来作的检验认为, 在 $\boldsymbol{\mu}_0=(131,21)'$ 时哥特式教堂的长度与罗马式教堂有相同的均值, 并且哥特式教堂的中殿高度与罗马式教堂有相同的均值, 但合在一起的 Hotelling T^2 检验的结果, 却是认为哥特式教堂的长度和中殿高度与罗马式教堂没有相同的均值.

Hotelling T^2 检验的计算过程如下:

$$T^2=n\,(n-1)\,(\bar{\boldsymbol{x}}-\boldsymbol{\mu}_0)'\,\boldsymbol{V}^{-1}\,(\bar{\boldsymbol{x}}-\boldsymbol{\mu}_0)=11.507.$$

检验的 p 值为

$$p=P\left(F\,(p,n-p)\geqslant\frac{n-p}{(n-1)\,p}T^2\right)=P\left(F\,(2,14)\geqslant\frac{14}{15\cdot 2}T^2\right)=0.019.$$

故而 Hotelling T^2 检验说明, 哥特式教堂的长度和中殿高度的均值不等于 $\boldsymbol{\mu}_0=(131,21)'$, 它与罗马式教堂没有相同的均值.

对这个 $\boldsymbol{\mu}_0$ 而言, 看到将长度与中殿高度分开来一个个作检验, 那么不仅哥特式教堂的长度与罗马式教堂的长度差异不大, 而且它们的中殿高度的差异也不大, 但是合在一起的 Hotelling T^2 检验的结论却是, 哥特式教堂的长度和中殿高度与罗马式教堂没有相同的均值. 这个现象说明对每一个 $i=1,\cdots,p$ 来说, $\bar{x}_i-\mu_{i0}$ 的差异都不大, 但存在这样的 $\boldsymbol{a}=(a_1,\cdots,a_p)'\in\mathbf{R}^p$, $\boldsymbol{a}'\bar{\boldsymbol{x}}-\boldsymbol{a}'\boldsymbol{\mu}_0=\sum\limits_{i=1}^{p}a_i\,(\bar{x}_i-\mu_{i0})$ 的差异却比较大, 以至于认为 $\boldsymbol{a}'\boldsymbol{\mu}\neq\boldsymbol{a}'\boldsymbol{\mu}_0$, 进而认为 $\boldsymbol{\mu}\neq\boldsymbol{\mu}_0$. 这说明在利用交并原则导出检验统计量时, “退而求其次” 是合适的.

根据 (4.3.2) 式, 不难算得哥特式教堂的长度和中殿高度的均值 $\boldsymbol{\mu}=(\mu_1,\mu_2)'$ 的水平为 95% 的置信域估计为椭圆

$$\begin{aligned}D=\big\{(\mu_1,\mu_2):&\,0.013(121.12-\mu_1)^2-0.125(121.12-\mu_1)(22.84-\mu_2)\\&+0.539\,(22.84-\mu_2)^2\leqslant 3.74\big\},\end{aligned}$$

95% 的置信椭圆见图 5.1.1. 在图 5.1.1 中形如 “■” 的点是椭圆中心, 即样本均值 $\bar{\boldsymbol{x}}=(121.12,22.84)'$, 形如 “▲” 的点是前一个 $\boldsymbol{\mu}_0=(145.29,22.69)'$, 而形如 “◆” 的点是后一个 $\boldsymbol{\mu}_0=(131,21)'$. “▲” 和 “◆” 这两个点都不在置信椭圆内, 这意味着 Hotelling T^2 检验的结果都是拒绝原假设. 这两点的纵坐标与椭圆中心 “■” 的纵坐标都相差不大, 所以在分开来对教堂的中殿高度的均值进行检验时, 检验结果都不拒绝原假设. 点 “▲” 靠右, 它的横坐标与椭圆中心 “■” 的横坐标相差很大, 所以在 $\boldsymbol{\mu}_0=(145.29,22.69)'$ 时分开来对教堂的长度的均值进行检验时, 检验结果是拒绝原假设. 点 “◆” 居中, 它的横坐标与椭圆中心 “■” 的横坐标相差不大, 所以

在 $\boldsymbol{\mu}_0 = (131, 21)'$ 时分开来对教堂的长度的均值进行检验时, 检验结果是不拒绝原假设.

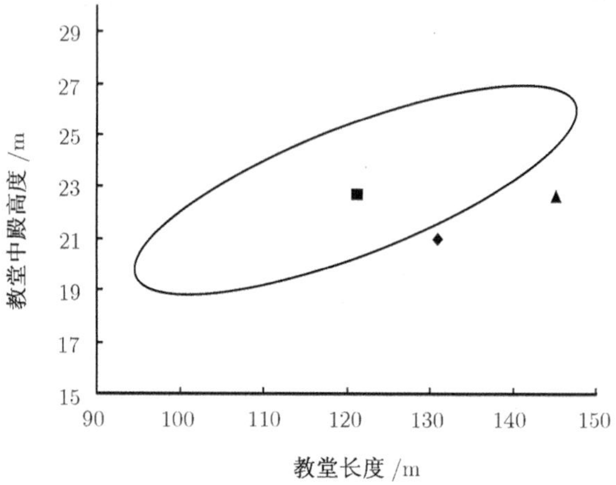

图 5.1.1

点 "◆" 不在置信椭圆内, Hotelling T^2 检验结果是拒绝原假设, 但分开来对教堂的长度和中殿高度的均值分别进行检验时, 检验结果都是不拒绝原假设, 这种现象的发生与椭圆长轴的方向从左到右是向上的方向, 也就是与教堂的长度和中殿高度正相关有关. 可以设想, 倘若教堂的长度和中殿高度负相关, 以至于椭圆长轴的方向自左向右向下时, 点 "◆" 就在置信椭圆内, Hotelling T^2 检验结果就不拒绝原假设了. 所以在处理多个变量的观察数据时, 有必要把它们合在一起进行研究. 它们之间不同的相关关系会导致不同的统计推断结果.

这里必须指出的是, 在研究多个变量的观察数据时, 最好既要将它们合在一起进行研究, 研究它们之间的相互关系, 也要将它们分开来, 或三三两两地将部分变量合在一起进行研究, 了解各个侧面的情况. 既要综合, 也要分解, 这是研究问题时通常采用的做法.

还必须指出的是, 有些问题除了要求合在一起进行检验, 还要求分开来作多个检验. 分开来作多个检验的问题实际上就是所谓的多重比较问题, 5.6 节将讨论多元正态分布均值的多重比较问题.

*5.2 Hotelling T^2 检验的优良性

在例 5.1.1 中, 长度和中殿高度的单位都是 m. 根据单位为 m 的数据拒绝原假设, 认为哥特式教堂的长度和中殿高度与罗马式教堂没有相同的均值. 当然, 也可以用 cm, 或者长度用 km 而中殿高度用 m 为单位. 若用 cm 为单位, 则其数据是单位为 m 的数据的 100 倍. 不难发现, 对不同单位的数据而言, 它们的检验统计量 Hotelling T^2 的值都是一样的. 如果在 m 为单位, $\boldsymbol{\mu}_0 = (145.29\ \text{m}, 22.69\ \text{m})'$ 时, Hotelling T^2 的值等于 17.283, 那么在 cm 为单位, $\boldsymbol{\mu}_0 = (14529\ \text{cm}, 22.69\ \text{cm})'$, 或长度用 km 而中殿高度用 m 为单位, $\boldsymbol{\mu}_0 = (0.14529\ \text{km}, 22.69\ \text{m})'$ 时 Hotelling T^2 的值也都等于 17.283. 由此可见, 不论什么样单位的数据, Hotelling T^2 检验的结论都是相同的. 这就是所谓的检验的不变性. 如果某一种检验方法, 仅仅由于所用单位的不同, 而导致不同的结论, 这样的检验方法显然是不可取的. 所以要求检验具有不变性是一个非常自然的要求.

用不同的单位来度量相当于作一个尺度变换, 从原来的 x_i 变换为 $y_i = cx_i (c \neq 0)$. 在尺度变换下 Hotelling T^2 的值是不变的. 除尺度变换外, 还有其他一些变换, 如位移变换、仿射变换、对数变换等, 其中,

位移变换: x_i 变换为 $y_i = x_i + a$;

仿射变换: x_i 变换为 $y_i = cx_i + a (c \neq 0)$;

对数变换: x_i 变换为 $y_i = \ln x_i$.

不难发现, 在位移变换和仿射变换下, Hotelling T^2 的值也是不变的, 但在对数变换下 Hotelling T^2 的值是有变化的. 所以检验的不变性是对某一个具体的变换而言的.

本节首先介绍变换群的概念, 然后叙述变换群下不变检验的概念, 最后证明 Hotelling T^2 检验在尺度变换群下是不变检验, 并且是一致最优势不变检验.

5.2.1 变换群

假设总体 $\boldsymbol{X} \in \mathbf{R}^p$, $\boldsymbol{X}$ 的分布族为参数型分布族 $\Im = \{F(x;\boldsymbol{\theta}) : \boldsymbol{\theta} \in \Theta\}$, 其中, 参数 $\boldsymbol{\theta} = (\theta_1, \cdots, \theta_r)'$, 参数空间 Θ 是 r 维欧氏空间 $\mathbf{R}^r$ 上的一个子集. 设 $\boldsymbol{Y} = g(\boldsymbol{X})$ 是一个从 $\mathbf{R}^p$ 到 $\mathbf{R}^p$ 的双方可测的 1-1 变换. 如果对任意两个这样的变换 g_1 和 g_2, 定义代数运算 $g_1 \circ g_2$,

$$(g_1 \circ g_2)(\boldsymbol{X}) = g_1(g_2(\boldsymbol{X})),$$

则 $\boldsymbol{Y} = (g_1 \circ g_2)(\boldsymbol{X})$ 仍是一个从 $\mathbf{R}^p$ 到 $\mathbf{R}^p$ 的双方可测的 1-1 变换. 显然, 这个代数运算 $g_1 \circ g_2$ 满足结合律, 并且有逆运算. 由此可见, 所有这样的变换 g 构成的集合 G 是一个群, 称为变换群.

统计中讨论的变换群 G 还满足下面的条件: 对任意的 $g \in G$, 在 X 的分布为 $\Im$ 中某一个分布时, $\boldsymbol{Y} = g(\boldsymbol{X})$ 的分布仍为 $\Im$ 中某一个分布. 这也就是说, 在 $\boldsymbol{X}$ 的分布函数为 $F(x;\boldsymbol{\theta})$, 其中, $\boldsymbol{\theta} \in \Theta$ 时, $\boldsymbol{Y} = g(\boldsymbol{X})$ 的分布函数为 $F(y;\boldsymbol{\omega})$, 其中, $\boldsymbol{\omega} \in \Theta$, 所以对每一个 $g \in G$, 诱导出在参数空间 Θ 上的一个从 Θ 到 Θ 的 1-1 变

换 $\bar{g}$, 将原来的 $\boldsymbol{\theta}$ 变换为 $\omega=\bar{g}(\theta)$. 由此可见

$$\boldsymbol{X}\sim F(x;\boldsymbol{\theta}) \;\Rightarrow\; \boldsymbol{Y}=g(\boldsymbol{X})\sim F(y;\bar{g}(\boldsymbol{\theta})). \tag{5.2.1}$$

下面简述同变估计的概念. 假设样本 $x_1,\cdots,x_n$ 来自于总体 $\boldsymbol{X}\sim F(x;\boldsymbol{\theta})$, 并且统计量 $T(x_1,\cdots,x_n)$ 是 $\boldsymbol{\theta}$ 的一个估计量. 将样本 $x_1,\cdots,x_n$ 变换为 $y_1,\cdots,y_n$, 其中, $y_i=g(x_i)$, $i=1,\cdots,n$. 由于 $\boldsymbol{Y}=g(\boldsymbol{X})\sim F(y;\bar{g}(\boldsymbol{\theta}))$, 所以 $T(y_1,\cdots,y_n)=T(g(x_1),\cdots,g(x_n))$ 是 $\bar{g}(\boldsymbol{\theta})$ 的一个估计量. 很自然地, 希望有这样的一个关系式:

$$T(g(x_1),\cdots,g(x_n))=\bar{g}(T(x_1,\cdots,x_n)),\quad \text{对任意的 } g\in G \text{ 都成立}, \tag{5.2.2}$$

这说明在 $x_1,\cdots,x_n$ 变换为 $g(x_1),\cdots,g(x_n)$ 后, $T(x_1,\cdots,x_n)$ 就同时变换为 $T(g(x_1),\cdots,g(x_n))=\bar{g}(T(x_1,\cdots,x_n))$. 满足 (5.2.2) 式的统计量 $T(x_1,\cdots,x_n)$ 称为变换群 G 下 $\boldsymbol{\theta}$ 的同变估计. 通常关心这样的问题, 一些常用的估计在一些常用的变换下是不是同变估计.

尺度变换是最为常用的变换之一. 下面介绍何谓尺度变换, 并考察均值和方差的常用估计在尺度变换下是否是同变估计. 令 $\boldsymbol{C}$ 为 p 阶非奇异方阵, 则称 $\boldsymbol{Y}=\boldsymbol{C}\boldsymbol{X}$ 为从 $\boldsymbol{X}\in\mathbf{R}^p$ 到 $\boldsymbol{Y}\in\mathbf{R}^p$ 的尺度变换. 所有这样的变换组成了尺度变换群 C. 尺度变换群中有通常使用的一些变换. 令 $\boldsymbol{X}=(x_1,\cdots,x_p)'$, $\boldsymbol{Y}=(y_1,\cdots,y_p)'$, 则在 $\boldsymbol{C}=c\boldsymbol{I}_p$ 时, $\boldsymbol{Y}=\boldsymbol{C}\boldsymbol{X}$ 意味着每一个 x_i 都乘以 $\boldsymbol{c}$, 这相当于说单位变了; 在 $\boldsymbol{C}$ 为对角矩阵 $\operatorname{diag}(c_1,\cdots,c_p)$ 时, 每一个 x_i 分别乘以 c_i, 这说明单位变了并且单位也不同; 而在 $\boldsymbol{C}$ 为正交矩阵时, $\boldsymbol{Y}=\boldsymbol{C}\boldsymbol{X}$ 就是坐标轴的正交旋转变换.

设 $\boldsymbol{X}\sim N_p(\boldsymbol{\mu},\boldsymbol{\Sigma})$, $-\infty<\boldsymbol{\mu}<\infty$, $\boldsymbol{\Sigma}>0$, 则 $\boldsymbol{Y}=\boldsymbol{C}\boldsymbol{X}\sim N_p(\boldsymbol{C}\boldsymbol{\mu},\boldsymbol{C}\boldsymbol{\Sigma}\boldsymbol{C}')$, 所以由这个尺度变换诱导出参数 $(\boldsymbol{\mu},\boldsymbol{\Sigma})$ 的一个变换 $\bar{g}$

$$\bar{g}(\boldsymbol{\mu},\boldsymbol{\Sigma})=(\boldsymbol{C}\boldsymbol{\mu},\boldsymbol{C}\boldsymbol{\Sigma}\boldsymbol{C}'). \tag{5.2.3}$$

假设 $\boldsymbol{x}_1,\cdots,\boldsymbol{x}_n$ 是来自于总体 $N_p(\boldsymbol{\mu},\boldsymbol{\Sigma})$ 的样本, $n>p$, 则由 (5.2.2) 式知, $\boldsymbol{\mu}$ 和 $\boldsymbol{\Sigma}$ 的尺度变换群 C 下的同变估计 $\hat{\boldsymbol{\mu}}=\hat{\boldsymbol{\mu}}(\boldsymbol{x}_1,\cdots,\boldsymbol{x}_n)$ 和 $\hat{\boldsymbol{\Sigma}}=\hat{\boldsymbol{\Sigma}}(\boldsymbol{x}_1,\cdots,\boldsymbol{x}_n)$ 应分别满足下列条件: 对任意 p 阶非奇异方阵 $\boldsymbol{C}$, 都有

$$\hat{\boldsymbol{\mu}}(\boldsymbol{C}\boldsymbol{x}_1,\cdots,\boldsymbol{C}\boldsymbol{x}_n)=\boldsymbol{C}\hat{\boldsymbol{\mu}}(\boldsymbol{x}_1,\cdots,\boldsymbol{x}_n), \tag{5.2.4}$$

$$\hat{\boldsymbol{\Sigma}}(\boldsymbol{C}\boldsymbol{x}_1,\cdots,\boldsymbol{C}\boldsymbol{x}_n)=\boldsymbol{C}\hat{\boldsymbol{\Sigma}}(\boldsymbol{x}_1,\cdots,\boldsymbol{x}_n)\boldsymbol{C}'. \tag{5.2.5}$$

$\boldsymbol{\mu}$ 的常用估计是样本均值 $\bar{\boldsymbol{x}}$, 显然

$$\frac{\boldsymbol{C}\boldsymbol{x}_1+\cdots+\boldsymbol{C}\boldsymbol{x}_n}{n}=\boldsymbol{C}\frac{\boldsymbol{x}_1+\cdots+\boldsymbol{x}_n}{n},$$

则 (5.2.4) 式成立, 所以样本均值 $\bar{\boldsymbol{x}}$ 是 $\boldsymbol{\mu}$ 的尺度变换群 C 下的同变估计. 由于样本离差阵

$$\boldsymbol{V}=\sum_{i=1}^{n}(\boldsymbol{x}_i-\bar{\boldsymbol{x}})(\boldsymbol{x}_i-\bar{\boldsymbol{x}})',$$

所以在 $\boldsymbol{y}_i=\boldsymbol{C}\boldsymbol{x}_i(i=1,\cdots,n)$ 时,

$$\sum_{i=1}^{n}(\boldsymbol{y}_i-\bar{\boldsymbol{y}})(\boldsymbol{y}_i-\bar{\boldsymbol{y}})'=\boldsymbol{C}\left(\sum_{i=1}^{n}(\boldsymbol{x}_i-\bar{\boldsymbol{x}})(\boldsymbol{x}_i-\bar{\boldsymbol{x}})'\right)\boldsymbol{C}'.$$

由此可见, $\boldsymbol{\Sigma}$ 的极大似然估计 $\hat{\boldsymbol{\Sigma}}=\boldsymbol{V}/n$ 和 $\boldsymbol{\Sigma}$ 的无偏估计 $\hat{\boldsymbol{\Sigma}}=\boldsymbol{V}/(n-1)$ 都满足 (5.2.5) 式, 它们都是 $\boldsymbol{\Sigma}$ 的尺度变换群 C 下的同变估计.

同变估计有很多个, 它们组成同变估计类. 在知道了常用的估计是同变估计之后, 接下来关心的问题是, 这个同变的常用估计在同变估计类中的优良性如何. 这个问题不在本书的讨论范围之中, 有兴趣的读者可参阅文献 [4], [101].

5.2.2 不变检验

不变检验是相对于不变检验问题而言的. 为此首先叙述不变检验问题的概念.

设总体 $\boldsymbol{X}\in\mathbf{R}^p$, $\boldsymbol{X}$ 的分布族为参数型分布族 $\Im=\{F(\boldsymbol{x};\theta):\boldsymbol{\theta}\in\Theta\}$. 欲检验的假设是

$$\text{原假设 } H_0:\boldsymbol{\theta}\in\Theta_0,\ \text{备择假设 } H_1:\boldsymbol{\theta}\in\Theta_1,$$

其中, $\Theta_0\cup\Theta_1=\Theta$, $\Theta_0\cap\Theta_1=\varnothing$(空集). 如果对任意的 $g\in G$, 都有 $\bar{g}(\boldsymbol{\theta}:\boldsymbol{\theta}\in\Theta_0)=\Theta_0$, $\bar{g}(\boldsymbol{\theta}:\boldsymbol{\theta}\in\Theta_1)=\Theta_1$ 或简写为

$$\bar{g}(\Theta_0)=\Theta_0,\quad \bar{g}(\Theta_1)=\Theta_1,$$

则称该检验问题在变换群 G 下是不变检验问题. 由此可见, 虽然数据作了变换, 但不变检验问题的原假设和备择假设却保持不变.

设 $\boldsymbol{X}\sim N_p(\boldsymbol{\mu},\boldsymbol{\Sigma})$, $-\infty<\boldsymbol{\mu}<\infty$, $\boldsymbol{\Sigma}>0$. 关于均值 $\boldsymbol{\mu}$ 的假设检验问题仅需考虑 $\boldsymbol{\mu}$ 是否等于 $\mathbf{0}$ 的检验问题. 这是因为对于 $\boldsymbol{\mu}$ 是否等于 $\boldsymbol{\mu}_0$ 的检验问题, 只需将 $\boldsymbol{X}$ 减去 $\boldsymbol{\mu}_0$, 就可以将 $\boldsymbol{\mu}$ 是否等于 $\boldsymbol{\mu}_0$ 的检验问题化为 $\boldsymbol{\mu}$ 是否等于 $\mathbf{0}$ 的检验问题了. 由此可见, 讨论 $\boldsymbol{\mu}$ 是否等于 $\mathbf{0}$ 的检验问题并没有失去一般性.

$\boldsymbol{\mu}$ 是否等于 $\mathbf{0}$ 的检验问题的原假设和备择假设分别是

$$H_0:(\boldsymbol{\mu},\boldsymbol{\Sigma})\in\Theta_0,\quad H_1:(\boldsymbol{\mu},\boldsymbol{\Sigma})\in\Theta_1,\tag{5.2.6}$$

其中, $\Theta_0=((\boldsymbol{\mu},\boldsymbol{\Sigma}):\boldsymbol{\mu}=\mathbf{0},\boldsymbol{\Sigma}>0)$, $\Theta_1=((\boldsymbol{\mu},\boldsymbol{\Sigma}):\boldsymbol{\mu}\neq\mathbf{0},\boldsymbol{\Sigma}>0)$. 参数空间 $\Theta=\Theta_0\cup\Theta_1=((\boldsymbol{\mu},\boldsymbol{\Sigma}):-\infty<\boldsymbol{\mu}<\infty,\boldsymbol{\Sigma}>0)$. 由于尺度变换 $\boldsymbol{Y}=\boldsymbol{C}\boldsymbol{X}$ 诱导出参数

$(\boldsymbol{\mu}, \boldsymbol{\Sigma})$ 的一个变换 $\bar{g}$ 为 $\bar{g}(\boldsymbol{\mu}, \boldsymbol{\Sigma}) = \left(\boldsymbol{C}\boldsymbol{\mu}, \boldsymbol{C}\boldsymbol{\Sigma}\boldsymbol{C}'\right)$(见 (5.2.3) 式), 其中, $\boldsymbol{C}$ 为 p 阶非奇异方阵, 所以

$$\begin{aligned}\bar{g}\left((\boldsymbol{\mu}, \boldsymbol{\Sigma}) : \boldsymbol{\mu} = \mathbf{0}, \boldsymbol{\Sigma} > 0\right) &= \left(\left(\boldsymbol{C}\boldsymbol{\mu}, \boldsymbol{C}\boldsymbol{\Sigma}\boldsymbol{C}'\right) : \boldsymbol{\mu} = 0, \boldsymbol{\Sigma} > 0\right)\\ &= \left((\boldsymbol{\mu}, \boldsymbol{\Sigma}) : \boldsymbol{\mu} = 0, \boldsymbol{\Sigma} > 0\right),\\ \bar{g}\left((\boldsymbol{\mu}, \boldsymbol{\Sigma}) : \boldsymbol{\mu} \neq \mathbf{0}, \boldsymbol{\Sigma} > 0\right) &= \left(\left(\boldsymbol{C}\boldsymbol{\mu}, \boldsymbol{C}\boldsymbol{\Sigma}\boldsymbol{C}'\right) : \boldsymbol{\mu} \neq 0, \boldsymbol{\Sigma} > 0\right)\\ &= \left((\boldsymbol{\mu}, \boldsymbol{\Sigma}) : \boldsymbol{\mu} \neq 0, \boldsymbol{\Sigma} > 0\right).\end{aligned}$$

这说明 $\bar{g}(\Theta_0) = \Theta_0$, $\bar{g}(\Theta_1) = \Theta_1$, 尺度变换之后的原假设和备择假设保持不变, 所以在尺度变换群 C 下, 检验问题 (5.2.6) 是不变检验问题.

下面叙述不变检验问题的不变检验的概念. 已经知道, 检验方法就是给出样本空间中的一个集合 W, 把它称为拒绝域, 并给出检验方法: 在样本观察值 $(x_1, \cdots, x_n) \in W$ 时, 拒绝原假设, 而在 $(x_1, \cdots, x_n) \notin W$ 时, 不拒绝原假设.

给出拒绝域 W 等价于给出它的示性函数

$$\phi(x_1, \cdots, x_n) = \begin{cases} 1, & (x_1, \cdots, x_n) \in W, \\ 0, & (x_1, \cdots, x_n) \notin W, \end{cases}$$

$\phi(x_1, \cdots, x_n)$ 称为检验函数. 仅取 0 和 1 两个值的检验函数是非随机化检验. 此外, 还有随机化检验. 所谓随机化检验, 就是给出定义在样本空间上的一个函数 $\phi(x_1, \cdots, x_n)$, 其值在 0 和 1 之间, 仍称它为检验函数. 在 $\phi(x_1, \cdots, x_n) = 1$ 时拒绝原假设, 在 $\phi(x_1, \cdots, x_n) = 0$ 时不拒绝原假设, 而在 $0 < \phi(x_1, \cdots, x_n) < 1$ 时以概率 $\phi(x_1, \cdots, x_n)$ 拒绝原假设, 以概率 $1 - \phi(x_1, \cdots, x_n)$ 不拒绝原假设. 检验函数 $\phi(x_1, \cdots, x_n)$ 的统计特性由它的势函数 $E(\phi(x_1, \cdots, x_n))$ 完全确定. 如果两个检验函数的势函数相等, 就认为这两个检验函数是等价的.

对某一个变换群 G 下的不变检验问题而言, 如果检验函数 $\phi(x_1, \cdots, x_n)$ 满足条件: 对任意的 $g \in G$, 都有

$$\phi(g(x_1), \cdots, g(x_n)) = \phi(x_1, \cdots, x_n),$$

则称这个检验为变换群 G 下的不变检验. 不变检验的检验函数实际上就是不变统计量. 不变统计量的定义如下: 若统计量 $T(x_1, \cdots, x_n)$ 满足条件: 对任意的 $g \in G$, 都有

$$T(g(x_1), \cdots, g(x_n)) = T(x_1, \cdots, x_n),$$

则称这个统计量为变换群 G 下的不变统计量. 由此可见, 欲验证某个检验是不变检验问题的不变检验, 仅需验证它的检验函数是不变统计量.

5.1 节在 $\boldsymbol{\Sigma}$ 未知时关于 $\boldsymbol{\mu}$ 是否等于 0 的检验问题给出了 Hotelling T^2 检验统计量 $T^2 = n(n-1)\bar{\boldsymbol{x}}'\boldsymbol{V}^{-1}\bar{\boldsymbol{x}}$. 在 T^2 的值比较大的时候拒绝原假设, 而在它的值比

较小的时候不拒绝原假设. 这也就是说, Hotelling T^2 检验的检验函数仅取 0 和 1 两个值, 检验函数形如

$$\phi(x_1,\cdots,x_n)=\begin{cases}1, & T^2\geqslant d,\\ 0, & T^2<d,\end{cases} \tag{5.2.7}$$

其中, d 为临界值. 尺度变换将 x_i 变换为 $\boldsymbol{C}x_i(i=1,\cdots,n)$, 从而将 $\bar{\boldsymbol{x}}$ 变换为 $\boldsymbol{C}\bar{\boldsymbol{x}}$, 将 $\boldsymbol{V}$ 变换为 $\boldsymbol{CVC}'$, 其中, $\boldsymbol{C}$ 为 p 阶非奇异方阵, 所以 $T^2=n(n-1)\bar{\boldsymbol{x}}'\boldsymbol{V}^{-1}\bar{\boldsymbol{x}}$ 的值在尺度变换群 C 下是保持不变的, 它是尺度变换群 C 下的不变统计量. 由此可见, 它的检验函数 $\phi(x_1,\cdots,x_n)$(见 (5.2.7) 式) 也是不变统计量

$$\phi(\boldsymbol{C}x_1,\cdots,\boldsymbol{C}x_n)=\phi(x_1,\cdots,x_n), \tag{5.2.8}$$

所以对于 $\boldsymbol{\Sigma}$ 未知时 $\boldsymbol{\mu}$ 是否等于 0 的检验问题来说, Hotelling T^2 检验是尺度变换群 C 下的不变检验.

5.2.3 检验的优良性

设多元正态分布总体 $\boldsymbol{X}\sim N_p(\boldsymbol{\mu},\boldsymbol{\Sigma})$ 的样本为 $\boldsymbol{x}_1,\cdots,\boldsymbol{x}_n$, $\boldsymbol{\mu}\in\mathbf{R}^p$, $\boldsymbol{\Sigma}>0$, $n>p$. 在 4.1 节, 称 $(\bar{\boldsymbol{x}},\boldsymbol{V})$ 是参数 $(\boldsymbol{\mu},\boldsymbol{\Sigma})$ 的充分且完全的统计量, 其中,

$$\bar{\boldsymbol{x}}=\sum_{i=1}^{n}\frac{\boldsymbol{x}_i}{n}\ \text{为样本均值},$$

$$\boldsymbol{V}=\sum_{i=1}^{n}(\boldsymbol{x}_i-\bar{\boldsymbol{x}})(\boldsymbol{x}_i-\bar{\boldsymbol{x}})'\text{为样本离差阵}.$$

所谓充分统计量, 即知道了 $(\bar{\boldsymbol{x}},\boldsymbol{V})$ 就知道了样本 $\boldsymbol{x}_1,\cdots,\boldsymbol{x}_n$ 中的全部信息. 既然如此, 好的估计和检验势必仅依赖于充分统计量. 4.2 节所给出的 $\boldsymbol{\mu}$ 和 $\boldsymbol{\Sigma}$ 的极大似然估计与一致最小协方差阵无偏估计就都仅依赖于充分统计量 $(\bar{\boldsymbol{x}},\boldsymbol{V})$. 5.1 节由似然比原则 (或由交并原则) 导出的关于均值 $\boldsymbol{\mu}$ 的检验问题的 Hotelling T^2 检验统计量也仅依赖于充分统计量 $(\bar{\boldsymbol{x}},\boldsymbol{V})$. 由此看来, 若要证明 Hotelling T^2 检验方法在尺度变换群下是不变检验类中的一致最优势检验, 仅需证明它在仅依赖于充分统计量的不变检验类中是一致最优势的. 下面就按照这样的思路展开证明, 证明 Hotelling T^2 检验是一致最优势不变检验. 证明的步骤如下:

(1) 首先证明, 要寻找好的检验, 只需要从仅依赖于充分统计量的检验中找. 这就是假设检验中所谓的 "充分性原则".

(2) 接下来进一步证明, 要寻找好的不变检验, 只需要从仅依赖于充分统计量的不变检验中找.

(3) 最后证明, Hotelling T^2 检验是一致最优势不变检验.

(1) 的证明 由于 $(\bar{\boldsymbol{x}}, \boldsymbol{V})$ 是参数 $(\boldsymbol{\mu}, \boldsymbol{\Sigma})$ 的充分且完全的统计量, 所以对任意的检验函数 $\phi(\boldsymbol{x}_1, \cdots, \boldsymbol{x}_n)$, 条件期望 $\varphi(\bar{\boldsymbol{x}}, \boldsymbol{V}) = E(\phi(x_1, \cdots, x_n)|\bar{\boldsymbol{x}}, \boldsymbol{V})$ 都与参数 $(\boldsymbol{\mu}, \boldsymbol{\Sigma})$ 无关, 又因为 $0 \leqslant \phi(\boldsymbol{x}_1, \cdots, \boldsymbol{x}_n) \leqslant 1$, 所以 $0 \leqslant \varphi(\bar{\boldsymbol{x}}, \boldsymbol{V}) \leqslant 1$, 因而 $\varphi(\bar{\boldsymbol{x}}, \boldsymbol{V})$ 也是检验函数. 由于

$$E(\varphi(\bar{\boldsymbol{x}}, \boldsymbol{V})) = E(E(\phi(\boldsymbol{x}_1, \cdots, \boldsymbol{x}_n)|\bar{\boldsymbol{x}}, \boldsymbol{V})) = E(\phi(\boldsymbol{x}_1, \cdots, \boldsymbol{x}_n)),$$

所以 $\varphi(\bar{\boldsymbol{x}}, \boldsymbol{V})$ 与 $\phi(\boldsymbol{x}_1, \cdots, \boldsymbol{x}_n)$ 有相等的势函数, 这两个检验相互等价. 由此可见, 要寻找好的检验, 只需要从仅依赖于充分统计量 $(\bar{\boldsymbol{x}}, \boldsymbol{V})$ 的检验中找. 假设检验的 "充分性原则" 得证.

(2) 的证明 尺度变换将 $\boldsymbol{x}_i$ 变换为 $\boldsymbol{C}\boldsymbol{x}_i (i = 1, \cdots, n)$, 从而将 $\bar{\boldsymbol{x}}$ 变换为 $\boldsymbol{C}\bar{\boldsymbol{x}}$, 将 $\boldsymbol{V}$ 变换为 $\boldsymbol{C}\boldsymbol{V}\boldsymbol{C}'$, 其中, $\boldsymbol{C}$ 为 p 阶非奇异方阵, 所以仅依赖于充分统计量 $(\bar{\boldsymbol{x}}, \boldsymbol{V})$ 的函数 $f(\bar{\boldsymbol{x}}, \boldsymbol{V})$ 在尺度变换群 C 下是不变统计量的条件是

$$f\left(\boldsymbol{C}\bar{\boldsymbol{x}}, \boldsymbol{C}\boldsymbol{V}\boldsymbol{C}'\right) = f(\bar{\boldsymbol{x}}, \boldsymbol{V}), \text{对任意 } p \text{ 阶非奇异方阵 } \boldsymbol{C} \text{ 都成立.}$$

由此可见, 仅依赖于充分统计量 $(\bar{\boldsymbol{x}}, \boldsymbol{V})$ 的检验函数 $\varphi(\bar{\boldsymbol{x}}, \boldsymbol{V})$ 在尺度变换群 C 下是不变检验的条件是

$$\varphi\left(\boldsymbol{C}\bar{\boldsymbol{x}}, \boldsymbol{C}\boldsymbol{V}\boldsymbol{C}'\right) = \varphi(\bar{\boldsymbol{x}}, \boldsymbol{V}), \text{对任意 } p \text{ 阶非奇异方阵 } \boldsymbol{C} \text{ 都成立.} \tag{5.2.9}$$

下面证明, 如果 $\phi(\boldsymbol{x}_1, \cdots, \boldsymbol{x}_n)$ 在尺度变换群 C 下是不变检验, 即 (5.2.8) 式成立, 则 $\varphi(\bar{\boldsymbol{x}}, \boldsymbol{V}) = E(\phi(\boldsymbol{x}_1, \cdots, \boldsymbol{x}_n)|\bar{\boldsymbol{x}}, \boldsymbol{V})$ 在尺度变换群 C 下也是不变检验, 即使得 (5.2.9) 式成立. 证明了这个结果, 并结合第一步证得的检验的 "充分性原则", 就可以说, 要寻找好的不变检验, 只需要从仅依赖于充分统计量 $(\bar{\boldsymbol{x}}, \boldsymbol{V})$ 的不变检验中找.

假设 $\phi(\boldsymbol{x}_1, \cdots, \boldsymbol{x}_n)$ 在尺度变换群 C 下是不变检验, 它使得 (5.2.8) 式成立. 由于

$$\varphi(\bar{\boldsymbol{x}}, \boldsymbol{V}) = E(\phi(\boldsymbol{x}_1, \cdots, \boldsymbol{x}_n)|\bar{\boldsymbol{x}}, \boldsymbol{V}), \tag{5.2.10}$$

所以

$$\varphi\left(\boldsymbol{C}\bar{\boldsymbol{x}}, \boldsymbol{C}\boldsymbol{V}\boldsymbol{C}'\right) = E\left(\phi(\boldsymbol{x}_1, \cdots, \boldsymbol{x}_n)|\boldsymbol{C}\bar{\boldsymbol{x}}, \boldsymbol{C}\boldsymbol{V}\boldsymbol{C}'\right). \tag{5.2.11}$$

考虑尺度变换 $\boldsymbol{y}_i = \boldsymbol{C}\boldsymbol{x}_i$ 的逆变换 $\boldsymbol{y}_i = \boldsymbol{C}^{-1}\boldsymbol{x}_i$, $i = 1, \cdots, n$. 逆变换将 $\boldsymbol{x}_i$ 变换为 $\boldsymbol{C}^{-1}\boldsymbol{x}_i (i = 1, \cdots, n)$, 从而将 $\boldsymbol{C}\bar{\boldsymbol{x}}$ 变换为 $\bar{\boldsymbol{x}}$, 将 $\boldsymbol{C}\boldsymbol{V}\boldsymbol{C}'$ 变换为 $\boldsymbol{V}$, 则有

$$E\left(\phi(\boldsymbol{x}_1, \cdots, \boldsymbol{x}_n)|\boldsymbol{C}\bar{\boldsymbol{x}}, \boldsymbol{C}\boldsymbol{V}\boldsymbol{C}'\right) = E\left(\phi\left(\boldsymbol{C}^{-1}\boldsymbol{x}_1, \cdots, \boldsymbol{C}^{-1}\boldsymbol{x}_n\right)|\bar{\boldsymbol{x}}, \boldsymbol{V}\right). \tag{5.2.12}$$

由于 $\phi(\boldsymbol{x}_1, \cdots, \boldsymbol{x}_n)$ 在尺度变换群 C 下是不变检验, 所以

$$\phi\left(\boldsymbol{C}^{-1}\boldsymbol{x}_1, \cdots, \boldsymbol{C}^{-1}\boldsymbol{x}_n\right) = \phi(\boldsymbol{x}_1, \cdots, \boldsymbol{x}_n)$$

从而有

$$E\left(\phi\left(\boldsymbol{C}^{-1}\boldsymbol{x}_1,\cdots,\boldsymbol{C}^{-1}\boldsymbol{x}_n\right)|\bar{\boldsymbol{x}},\boldsymbol{V}\right)=E\left(\phi\left(\boldsymbol{x}_1,\cdots,\boldsymbol{x}_n\right)|\bar{\boldsymbol{x}},\boldsymbol{V}\right). \tag{5.2.13}$$

根据 (5.2.11) 式 ~ (5.2.13) 式可以知道, 若 $\phi(x_1,\cdots,x_n)$ 在尺度变换群 C 下是不变检验, 则有 $\varphi\left(\boldsymbol{C}\bar{\boldsymbol{x}},\boldsymbol{C}\boldsymbol{V}\boldsymbol{C}'\right)=E\left(\phi\left(\boldsymbol{x}_1,\cdots,\boldsymbol{x}_n\right)|\bar{\boldsymbol{x}},\boldsymbol{V}\right)$. 将它与 (5.2.10) 式进行比较, 从而有

$$\varphi\left(\bar{\boldsymbol{x}},\boldsymbol{V}\right)=\varphi\left(\boldsymbol{C}\bar{\boldsymbol{x}},\boldsymbol{C}\boldsymbol{V}\boldsymbol{C}'\right).$$

由此可见, 如果 $\phi\left(\boldsymbol{x}_1,\cdots,\boldsymbol{x}_n\right)$ 在尺度变换群 C 下是不变检验, 那么 $\varphi\left(\bar{\boldsymbol{x}},\boldsymbol{V}\right)=E\left(\phi\left(\boldsymbol{x}_1,\cdots,\boldsymbol{x}_n\right)|\bar{\boldsymbol{x}},\boldsymbol{V}\right)$ 在尺度变换群 C 下也是不变检验.

(3) 的证明 由 (1) 和 (2) 的证明知, 欲证 Hotelling T^2 检验是一致最优势不变检验, 仅需证明它在仅依赖于充分统计量 $(\bar{\boldsymbol{x}},\boldsymbol{V})$ 的不变检验中是一致最优势的.

首先讨论仅依赖于充分统计量 $(\bar{\boldsymbol{x}},\boldsymbol{V})$ 的统计量 $T\left(\bar{\boldsymbol{x}},\boldsymbol{V}\right)$, 如果它在尺度变换群 C 下是不变统计量, 它有些什么样的性质? 由于对任意 p 阶非奇异方阵 $\boldsymbol{C}$, 都有

$$T\left(\boldsymbol{C}\bar{\boldsymbol{x}},\boldsymbol{C}\boldsymbol{V}\boldsymbol{C}'\right)=T\left(\bar{\boldsymbol{x}},\boldsymbol{V}\right). \tag{5.2.14}$$

取一个特殊的 $\boldsymbol{C}$, 使得 $\boldsymbol{C}=\boldsymbol{U}\boldsymbol{V}^{-1/2}$, 其中, $\boldsymbol{U}$ 是第一个行向量为 $\bar{\boldsymbol{x}}'\boldsymbol{V}^{-1/2}/\sqrt{\bar{\boldsymbol{x}}'\boldsymbol{V}^{-1}\bar{\boldsymbol{x}}}$ 的正交矩阵. 将这个特殊的 $\boldsymbol{C}$ 代入 (5.2.14) 式, 从而有

$$T\left(\bar{\boldsymbol{x}},\boldsymbol{V}\right)=T\left(\boldsymbol{\eta},\boldsymbol{I}_p\right), \tag{5.2.15}$$

其中, $\boldsymbol{\eta}$ 是第 1 个元素为 $\sqrt{\bar{\boldsymbol{x}}'\boldsymbol{V}^{-1}\bar{\boldsymbol{x}}}$, 其余元素都等于 0 的向量. (5.2.15) 式说明, 仅依赖于充分统计量 $(\bar{\boldsymbol{x}},\boldsymbol{V})$ 的统计量 $T\left(\bar{\boldsymbol{x}},\boldsymbol{V}\right)$, 如果在尺度变换群 C 下是不变统计量, 那么它一定是 $\bar{\boldsymbol{x}}'\boldsymbol{V}^{-1}\bar{\boldsymbol{x}}$ 的函数. $\bar{\boldsymbol{x}}'\boldsymbol{V}^{-1}\bar{\boldsymbol{x}}$ 就是所谓的极大不变统计量. 有关极大不变统计量乃至不变检验的详细讨论, 读者可参阅文献 [100] 的第 6 章.

由上述证明可知, 仅依赖于充分统计量 $(\bar{\boldsymbol{x}},\boldsymbol{V})$ 的不变检验 $\varphi\left(\bar{\boldsymbol{x}},\boldsymbol{V}\right)$ 一定是 $\bar{\boldsymbol{x}}'\boldsymbol{V}^{-1}\bar{\boldsymbol{x}}$ 的函数, 或等价地说, 仅依赖于充分统计量 $(\bar{\boldsymbol{x}},\boldsymbol{V})$ 的不变检验 $\varphi\left(\bar{\boldsymbol{x}},\boldsymbol{V}\right)$ 一定是 $T^2=n\left(n-1\right)\bar{\boldsymbol{x}}'\boldsymbol{V}^{-1}\bar{\boldsymbol{x}}$ 的函数. 由此可见, 欲证 Hotelling T^2 检验是一致最优势不变检验, 仅需证明它在仅依赖于 T^2 的检验中是一致最优势的.

所谓仅依赖于 T^2 的检验, 也就是仅根据 T^2 的值作出判断, 拒绝原假设还是不拒绝原假设. 为此首先讨论 T^2 的分布. 由于 $\bar{\boldsymbol{x}}$ 和 $\boldsymbol{V}$ 相互独立, $\sqrt{n}\bar{\boldsymbol{x}}\sim N_p\left(\sqrt{n}\boldsymbol{\mu},\boldsymbol{\Sigma}\right)$, $\boldsymbol{V}\sim W_p\left(n-1,\boldsymbol{\Sigma}\right)$, 根据 3.4 节非中心 Hotelling T^2 分布的定义, 有

$$T^2=n\left(n-1\right)\bar{\boldsymbol{x}}'\boldsymbol{V}^{-1}\bar{\boldsymbol{x}}\sim T_p\left(n-1,a\right),\quad a=n\boldsymbol{\mu}'\boldsymbol{\Sigma}^{-1}\boldsymbol{\mu}.$$

从而由 (3.4.8) 式知 T^2 的密度函数为

$$p\left(T^2;a\right)=\frac{1}{n-1}\sum_{k=0}^{\infty}\frac{\left(a/2\right)^k}{k!}\mathrm{e}^{-a/2}$$

$$\cdot \frac{\Gamma\left((n+2k)/2\right)}{\Gamma\left((p+2k)/2\right)\Gamma\left((n-p)/2\right)} \frac{\left(T^2/(n-1)\right)^{(p+2k)/2-1}}{\left(1+T^2/(n-1)\right)^{(n+2k)/2}}. \tag{5.2.16}$$

由于 $a = n\boldsymbol{\mu}'\boldsymbol{\Sigma}^{-1}\boldsymbol{\mu} \geqslant 0$, 所以, 所讨论的 $\boldsymbol{\mu}$ 是否等于 0 的双边检验问题与下面的单边检验问题是等价的:

$$H_0 : a = 0, \quad H_1 : a > 0, \tag{5.2.17}$$

这是单参数的检验问题. 欲构造的检验统计量仅依赖于 T^2, T^2 的密度函数 (见 (5.2.16) 式) 仅含有参数 a. 这类问题的通常处理方法为首先任取 $a_0 > 0$, 考虑简单假设检验问题 $H_0 : a = 0$ 和 $H_1 : a = a_0$. 应用 Neyman-Pearson 基本引理, 构造最优势检验. 对于这个简单假设检验问题, 如果所构造的最优势检验与 a_0 无关, 则它就是检验问题 (5.2.17) 的一致最优势检验.

应用 Neyman-Pearson 基本引理, 在

$$\lambda = \frac{p\left(T^2; a_0\right)}{p\left(T^2; 0\right)} = \sum_{k=0}^{\infty} \frac{(a_0/2)^k}{k!} \mathrm{e}^{-a_0/2} \frac{\Gamma\left((n+2k)/2\right)\Gamma\left(p/2\right)}{\Gamma\left(n/2\right)\Gamma\left((p+2k)/2\right)} \left(1+(n-1)/T^2\right)^{-k}$$

比较大时拒绝原假设, 从而认为 $a = a_0$. 由于 λ 比较大等价于 T^2 比较大, 所以也可以在 T^2 比较大时拒绝原假设. 由此可见, 这个检验与 a_0 无关, 它就是检验问题 (5.2.17) 的一致最优势检验. 由于这个一致最优势检验是在 T^2 比较大时拒绝原假设, 从而认为 $a > 0$, 进而认为 $\boldsymbol{\mu} \neq \mathbf{0}$, 所以它就是 Hotelling T^2 检验. 至此证明了, 关于 $\boldsymbol{\mu}$ 是否等于 $\mathbf{0}$ 的检验问题的 Hotelling T^2 检验在仅依赖于 T^2 的检验中是一致最优势检验.

将 (1)~(3) 的证明结果综合在一起就可以知道, 检验 $\boldsymbol{\mu}$ 是否等于 $\mathbf{0}$ 的 Hotelling T^2 检验在尺度变换群下是一致最优势不变检验. 不仅如此, 5.3 节给出的比较两个多元正态分布均值的 Hotelling T^2 检验也是一致最优势不变检验. 多元正态统计分析中的常用检验往往是不变检验, 其中, 很多的检验还是一致最优势不变检验. 它们的证明本书从略. 关于多元正态统计分析中检验的优良性的讨论, 读者可参阅文献 [80]. 此外, 本书往往仅对原假设成立时检验统计量的抽样分布以及检验的 p 值进行讨论, 而备择假设成立时检验统计量的抽样分布以及检验势的讨论从略. 有兴趣的读者可参阅文献 [49], [106].

5.3　两个多元正态分布均值比较的检验问题

设 $\boldsymbol{X} \sim N_p\left(\boldsymbol{\mu}_1, \boldsymbol{\Sigma}\right)$ 和 $\boldsymbol{Y} \sim N_p\left(\boldsymbol{\mu}_2, \boldsymbol{\Sigma}\right)$ 是相互独立的两个总体, $\boldsymbol{\mu}_1, \boldsymbol{\mu}_2 \in \mathbf{R}^p$, $\boldsymbol{\Sigma} > 0$. $\boldsymbol{x}_1, \cdots, \boldsymbol{x}_m$ 和 $\boldsymbol{y}_1, \cdots, \boldsymbol{y}_n$ 分别是来自总体 $\boldsymbol{X}$ 和 $\boldsymbol{Y}$ 的样本, $m + n \geqslant p + 2$.

本节讨论总体均值之差 $\boldsymbol{\mu}_1-\boldsymbol{\mu}_2$ 是否等于 0, 即 $\boldsymbol{\mu}_1$ 和 $\boldsymbol{\mu}_2$ 是否相等的假设检验问题. 至于均值之差 $\boldsymbol{\mu}_1-\boldsymbol{\mu}_2$ 是否等于 $\boldsymbol{\delta}$ 的假设检验问题, 只要将每一个 $\boldsymbol{y}_i$ 都加上 $\boldsymbol{\delta}$, $i=1,\cdots,n$, 就将均值之差是否等于 $\boldsymbol{\delta}$ 的假设检验问题化为均值之差是否等于 0 的假设检验问题, 所以不失一般性, 仅讨论均值之差是否等于 0 的假设检验问题.

均值之差是否等于 0 的假设检验问题为

$$H_0:\boldsymbol{\mu}_1-\boldsymbol{\mu}_2=0,\quad H_1:\boldsymbol{\mu}_1-\boldsymbol{\mu}_2\neq 0, \tag{5.3.1}$$

分别用似然比原则和交并原则导出它的检验统计量.

5.3.1　似然比原则

由 (4.1.1) 式, 样本 $\boldsymbol{x}_1,\cdots,\boldsymbol{x}_m,\boldsymbol{y}_1,\cdots,\boldsymbol{y}_n$ 的联合密度为

$$\frac{1}{(2\pi)^{(m+n)p/2}|\boldsymbol{\Sigma}|^{(m+n)/2}}\exp\left\{-\frac{1}{2}\mathrm{tr}(\boldsymbol{\Sigma}^{-1}\left(\boldsymbol{V}_1+\boldsymbol{V}_2+m\left(\bar{\boldsymbol{x}}-\boldsymbol{\mu}_1\right)\left(\bar{\boldsymbol{x}}-\boldsymbol{\mu}_1\right)'\right.\right.$$
$$\left.\left.+n\left(\bar{\boldsymbol{y}}-\boldsymbol{\mu}_2\right)\left(\bar{\boldsymbol{y}}-\boldsymbol{\mu}_2\right)'\right)\right)\Bigg\},$$

其中,

$$\bar{\boldsymbol{x}}=\sum_{i=1}^{n}\frac{\boldsymbol{x}_i}{n}\text{和 }\bar{\boldsymbol{y}}=\sum_{i=1}^{n}\frac{\boldsymbol{y}_i}{n}\text{为样本均值,}$$
$$\boldsymbol{V}_1=\sum_{i=1}^{m}\left(\boldsymbol{x}_i-\bar{\boldsymbol{x}}\right)\left(\boldsymbol{x}_i-\bar{\boldsymbol{x}}\right)'\ \text{和}\boldsymbol{V}_2=\sum_{i=1}^{n}\left(\boldsymbol{y}_i-\bar{\boldsymbol{y}}\right)\left(\boldsymbol{y}_i-\bar{\boldsymbol{y}}\right)'\ \text{为样本离差阵.}$$

情况 1　$\boldsymbol{\Sigma}$ 已知. $(\boldsymbol{\mu}_1,\boldsymbol{\mu}_2)$ 的似然函数为

$$\begin{aligned}L\left(\boldsymbol{\mu}_1,\boldsymbol{\mu}_2\right)&=\exp\left\{-\frac{1}{2}\mathrm{tr}\left(\boldsymbol{\Sigma}^{-1}\left(m\left(\bar{\boldsymbol{x}}-\boldsymbol{\mu}_1\right)\left(\bar{\boldsymbol{x}}-\boldsymbol{\mu}_1\right)'+n\left(\bar{\boldsymbol{y}}-\boldsymbol{\mu}_2\right)\left(\bar{\boldsymbol{y}}-\boldsymbol{\mu}_2\right)'\right)\right)\right\}\\&=\exp\left\{-\frac{1}{2}\left[m\left(\bar{\boldsymbol{x}}-\boldsymbol{\mu}_1\right)'\boldsymbol{\Sigma}^{-1}\left(\bar{\boldsymbol{x}}-\boldsymbol{\mu}_1\right)+n\left(\bar{\boldsymbol{y}}-\boldsymbol{\mu}_2\right)'\boldsymbol{\Sigma}^{-1}\left(\bar{\boldsymbol{y}}-\boldsymbol{\mu}_2\right)\right]\right\}.\end{aligned}$$

当 $\boldsymbol{\mu}_1,\boldsymbol{\mu}_2\in\mathbf{R}^p$ 时, $\boldsymbol{\mu}_1$ 和 $\boldsymbol{\mu}_2$ 的极大似然估计分别为 $\hat{\boldsymbol{\mu}}_1=\bar{\boldsymbol{x}}$ 和 $\hat{\boldsymbol{\mu}}_2=\bar{\boldsymbol{y}}$, 而在原假设 H_0 成立, 即当 $\boldsymbol{\mu}_1=\boldsymbol{\mu}_2=\boldsymbol{\mu}$ 时, $\boldsymbol{\mu}$ 的极大似然估计为 $\hat{\boldsymbol{\mu}}_0=(m\bar{\boldsymbol{x}}+n\bar{\boldsymbol{y}})/(m+n)$.

从而得检验问题 (5.3.1) 的似然比为

$$\lambda=\frac{\sup\limits_{\boldsymbol{\mu}} L(\boldsymbol{\mu},\boldsymbol{\mu})}{\sup\limits_{\boldsymbol{\mu}_1,\boldsymbol{\mu}_2} L(\boldsymbol{\mu}_1,\boldsymbol{\mu}_2)}=\frac{L(\hat{\boldsymbol{\mu}}_0,\hat{\boldsymbol{\mu}}_0)}{L(\hat{\boldsymbol{\mu}}_1,\hat{\boldsymbol{\mu}}_2)}$$

$$=\exp\left\{-\frac{1}{2}\left[m(\bar{\boldsymbol{x}}-\hat{\boldsymbol{\mu}}_0)'\boldsymbol{\Sigma}^{-1}(\bar{\boldsymbol{x}}-\hat{\boldsymbol{\mu}}_0)+n(\bar{\boldsymbol{y}}-\hat{\boldsymbol{\mu}}_0)'\boldsymbol{\Sigma}^{-1}(\bar{\boldsymbol{y}}-\hat{\boldsymbol{\mu}}_0)\right]\right\} \tag{5.3.2}$$

$$=\exp\left\{-\frac{1}{2}\left[\frac{mn}{m+n}(\bar{\boldsymbol{x}}-\bar{\boldsymbol{y}})'\boldsymbol{\Sigma}^{-1}(\bar{\boldsymbol{x}}-\bar{\boldsymbol{y}})\right]\right\}.$$

在 λ 比较小的时候拒绝原假设, 从而认为 $\boldsymbol{\mu}_1\neq\boldsymbol{\mu}_2$. 考虑到在原假设为真, 即 $\boldsymbol{\mu}_1=\boldsymbol{\mu}_2$ 时, $(mn/(m+n))(\bar{\boldsymbol{x}}-\bar{\boldsymbol{y}})'\boldsymbol{\Sigma}^{-1}(\bar{\boldsymbol{x}}-\bar{\boldsymbol{y}})\sim\chi^2(p)$, 所以取

$$\chi^2=\frac{mn}{m+n}(\bar{\boldsymbol{x}}-\bar{\boldsymbol{y}})'\boldsymbol{\Sigma}^{-1}(\bar{\boldsymbol{x}}-\bar{\boldsymbol{y}}) \tag{5.3.3}$$

为检验统计量, 并且在 χ^2 比较大的时候拒绝原假设, 从而认为 $\boldsymbol{\mu}_1\neq\boldsymbol{\mu}_2$, 其 p 值为

$$p=P\left(\chi^2(p)\geqslant\chi^2\right).$$

情况 2　$\boldsymbol{\Sigma}$ 未知. $(\boldsymbol{\mu}_1,\boldsymbol{\mu}_2,\boldsymbol{\Sigma})$ 的似然函数为

$$L(\boldsymbol{\mu}_1,\boldsymbol{\mu}_2,\boldsymbol{\Sigma})=\frac{1}{|\boldsymbol{\Sigma}|^{(m+n)/2}}\exp\left\{-\frac{1}{2}\mathrm{tr}\Big(\boldsymbol{\Sigma}^{-1}(\boldsymbol{V}_1+\boldsymbol{V}_2+m(\bar{\boldsymbol{x}}-\boldsymbol{\mu}_1)(\bar{\boldsymbol{x}}-\boldsymbol{\mu}_1)'+n(\bar{\boldsymbol{y}}-\boldsymbol{\mu}_2)(\bar{\boldsymbol{y}}-\boldsymbol{\mu}_2)')\Big)\right\}. \tag{5.3.4}$$

当 $\boldsymbol{\mu}_1,\boldsymbol{\mu}_2\in\mathbf{R}^p$, $\boldsymbol{\Sigma}>0$ 时, $\boldsymbol{\mu}_1$ 和 $\boldsymbol{\mu}_2$ 的极大似然估计分别为 $\hat{\boldsymbol{\mu}}_1=\bar{\boldsymbol{x}}$ 和 $\hat{\boldsymbol{\mu}}_2=\bar{\boldsymbol{y}}$, $\boldsymbol{\Sigma}$ 的极大似然估计是 $\hat{\boldsymbol{\Sigma}}=(\boldsymbol{V}_1+\boldsymbol{V}_2)/(m+n)$. 在原假设 H_0 成立, 即当 $\boldsymbol{\mu}_1=\boldsymbol{\mu}_2=\boldsymbol{\mu}$, $\boldsymbol{\Sigma}>0$ 时, $\boldsymbol{\mu}$ 的极大似然估计为 $\hat{\boldsymbol{\mu}}_0=(m\bar{\boldsymbol{x}}+n\bar{\boldsymbol{y}})/(m+n)$. 将 $(\boldsymbol{\mu}_1,\boldsymbol{\mu}_2,\boldsymbol{\Sigma})$ 的似然函数 $L(\boldsymbol{\mu}_1,\boldsymbol{\mu}_2,\boldsymbol{\Sigma})$(见 (5.3.4) 式) 中的 $\boldsymbol{\mu}_1$ 和 $\boldsymbol{\mu}_2$ 都用 $\hat{\boldsymbol{\mu}}_0$ 来代替, 从而得到原假设 H_0 成立时 $\boldsymbol{\Sigma}$ 的似然函数为

$$\frac{1}{|\boldsymbol{\Sigma}|^{(m+n)/2}}\exp\left\{-\frac{1}{2}\mathrm{tr}\Big(\boldsymbol{\Sigma}^{-1}(\boldsymbol{V}_1+\boldsymbol{V}_2+m(\bar{\boldsymbol{x}}-\hat{\boldsymbol{\mu}}_0)(\bar{\boldsymbol{x}}-\hat{\boldsymbol{\mu}}_0)'+n(\bar{\boldsymbol{y}}-\hat{\boldsymbol{\mu}}_0)(\bar{\boldsymbol{y}}-\hat{\boldsymbol{\mu}}_0)')\Big)\right\}.$$

由此即得原假设 H_0 成立时, $\boldsymbol{\Sigma}$ 的极大似然估计为

$$\hat{\boldsymbol{\Sigma}}_0=\frac{\boldsymbol{V}_1+\boldsymbol{V}_2+m(\bar{\boldsymbol{x}}-\hat{\boldsymbol{\mu}}_0)(\bar{\boldsymbol{x}}-\hat{\boldsymbol{\mu}}_0)'+n(\bar{\boldsymbol{y}}-\hat{\boldsymbol{\mu}}_0)(\bar{\boldsymbol{y}}-\hat{\boldsymbol{\mu}}_0)'}{m+n}$$

$$=\frac{\boldsymbol{V}_1+\boldsymbol{V}_2+\dfrac{mn}{m+n}(\bar{\boldsymbol{x}}-\bar{\boldsymbol{y}})(\bar{\boldsymbol{x}}-\bar{\boldsymbol{y}})'}{m+n}.$$

因此, 检验问题 (5.3.1) 的似然比为

$$\lambda = \frac{\sup\limits_{\boldsymbol{\mu},\boldsymbol{\Sigma}} L\left(\boldsymbol{\mu},\boldsymbol{\mu},\boldsymbol{\Sigma}\right)}{\sup\limits_{\boldsymbol{\mu}_1,\boldsymbol{\mu}_2,\boldsymbol{\Sigma}} L\left(\boldsymbol{\mu}_1,\boldsymbol{\mu}_2,\boldsymbol{\Sigma}\right)} = \frac{L\left(\hat{\boldsymbol{\mu}}_0,\hat{\boldsymbol{\mu}}_0,\hat{\boldsymbol{\Sigma}}_0\right)}{L\left(\hat{\boldsymbol{\mu}}_1,\hat{\boldsymbol{\mu}}_2,\hat{\boldsymbol{\Sigma}}\right)}$$

$$= \left(\frac{\left|\boldsymbol{V}_1+\boldsymbol{V}_2\right|}{\left|\boldsymbol{V}_1+\boldsymbol{V}_2+\dfrac{mn}{m+n}\left(\bar{\boldsymbol{x}}-\bar{\boldsymbol{y}}\right)\left(\bar{\boldsymbol{x}}-\bar{\boldsymbol{y}}\right)\right|}\right)^{(m+n)/2}. \tag{5.3.5}$$

在 λ 比较小的时候拒绝原假设, 从而认为 $\boldsymbol{\mu}_1 \neq \boldsymbol{\mu}_2$.

根据 (3.2.5) 式, 有

$$\left|\boldsymbol{I}_p + \frac{mn}{m+n}\left(\boldsymbol{V}_1+\boldsymbol{V}_2\right)^{-1/2}\left(\bar{\boldsymbol{x}}-\bar{\boldsymbol{y}}\right)\left(\bar{\boldsymbol{x}}-\bar{\boldsymbol{y}}\right)'\left(\boldsymbol{V}_1+\boldsymbol{V}_2\right)^{-1/2}\right|$$

$$= 1 + \frac{mn}{m+n}\left(\bar{\boldsymbol{x}}-\bar{\boldsymbol{y}}\right)'\left(\boldsymbol{V}_1+\boldsymbol{V}_2\right)^{-1}\left(\bar{\boldsymbol{x}}-\bar{\boldsymbol{y}}\right).$$

从而有

$$\frac{\left|\boldsymbol{V}_1+\boldsymbol{V}_2\right|}{\left|\boldsymbol{V}_1+\boldsymbol{V}_2+\dfrac{mn}{m+n}\left(\bar{\boldsymbol{x}}-\bar{\boldsymbol{y}}\right)\left(\bar{\boldsymbol{x}}-\bar{\boldsymbol{y}}\right)'\right|}$$

$$= \frac{1}{\left|\boldsymbol{I}_p + \dfrac{mn}{m+n}\left(\boldsymbol{V}_1+\boldsymbol{V}_2\right)^{-1/2}\left(\bar{\boldsymbol{x}}-\bar{\boldsymbol{y}}\right)\left(\bar{\boldsymbol{x}}-\bar{\boldsymbol{y}}\right)'\left(\boldsymbol{V}_1+\boldsymbol{V}_2\right)^{-1/2}\right|}$$

$$= \frac{1}{1 + \dfrac{mn}{m+n}\left(\bar{\boldsymbol{x}}-\bar{\boldsymbol{y}}\right)'\left(\boldsymbol{V}_1+\boldsymbol{V}_2\right)^{-1}\left(\bar{\boldsymbol{x}}-\bar{\boldsymbol{y}}\right)'}.$$

据 (5.3.5) 式, 得到检验问题 (5.3.1) 的似然比为

$$\lambda = \left(1 + \frac{mn}{m+n}\left(\bar{\boldsymbol{x}}-\bar{\boldsymbol{y}}\right)'\left(\boldsymbol{V}_1+\boldsymbol{V}_2\right)^{-1}\left(\bar{\boldsymbol{x}}-\bar{\boldsymbol{y}}\right)'\right)^{-(m+n)/2}. \tag{5.3.6}$$

由 3.4 节 Hotelling T^2 分布的定义知可以取

$$T^2 = \frac{mn\left(m+n-2\right)}{m+n}\left(\bar{\boldsymbol{x}}-\bar{\boldsymbol{y}}\right)'\left(\boldsymbol{V}_1+\boldsymbol{V}_2\right)^{-1}\left(\bar{\boldsymbol{x}}-\bar{\boldsymbol{y}}\right)$$

为检验统计量, 则在原假设为真, 即 $\boldsymbol{\mu}_1 = \boldsymbol{\mu}_2$ 时,

$$T^2 = \frac{mn\left(m+n-2\right)}{m+n}\left(\bar{\boldsymbol{x}}-\bar{\boldsymbol{y}}\right)'\left(\boldsymbol{V}_1+\boldsymbol{V}_2\right)^{-1}\left(\bar{\boldsymbol{x}}-\bar{\boldsymbol{y}}\right) \sim T_p\left(m+n-2\right). \tag{5.3.7}$$

在 T^2 比较大的时候拒绝原假设, 从而认为 $\mu_1 \neq \mu_2$. 根据 Hotelling T^2 分布的性质 3.4.1 和性质 3.4.2,

$$\frac{1}{m+n-2}T_p^2(m+n-2) \overset{\mathrm{d}}{=} \frac{\chi^2(p)}{\chi^2(m+n-p-1)}, \text{分子与分母的 } \chi^2 \text{分布相互独立},$$

$$\frac{m+n-p-1}{(m+n-2)p}T_p^2(m+n-2) \sim F(p, m+n-p-1),$$

所以这个 Hotelling T^2 检验的 p 值为

$$p = P\left(F(p, m+n-p-1) \geqslant \frac{m+n-p-1}{(m+n-2)p}T^2\right).$$

下面将利用交并原则导出检验统计量. 可以看到, 同 5.1 节单个多元正态分布均值比较的检验问题, 由交并原则导出的两个多元正态分布均值比较的检验问题的检验统计量与由似然比原则导出的检验统计量是相同的.

5.3.2　交并原则

仅讨论在 $\boldsymbol{\Sigma}$ 未知时, 如何由交并原则导出两个多元正态分布均值比较的检验问题的检验统计量. 至于在 $\boldsymbol{\Sigma}$ 已知时, 由交并原则导出检验统计量的问题留作习题 (见习题 5.9).

将 "$\boldsymbol{\mu}_1 = \boldsymbol{\mu}_2$" 等价于 "对任意的 $\boldsymbol{a} \in \mathbf{R}^p$ 都有 $\boldsymbol{a}'\boldsymbol{\mu}_1 = \boldsymbol{a}'\boldsymbol{\mu}_2$", 并对任意的 $\boldsymbol{a} \in \mathbf{R}^p$, 考虑检验问题

$$H_{a0}: \boldsymbol{a}'\boldsymbol{\mu}_1 = \boldsymbol{a}'\boldsymbol{\mu}_2, \quad H_{a1}: \boldsymbol{a}'\boldsymbol{\mu}_1 \neq \boldsymbol{a}'\boldsymbol{\mu}_2, \tag{5.3.8}$$

则检验问题 (5.3.1) 的原假设

$$H_0 = \bigcap_{\boldsymbol{a} \in \mathbf{R}^p} H_{a0}.$$

由 $\boldsymbol{X} \sim N_p(\boldsymbol{\mu}_1, \boldsymbol{\Sigma})$, $\boldsymbol{Y} \sim N_p(\boldsymbol{\mu}_2, \boldsymbol{\Sigma})$ 知, $\boldsymbol{a}'\boldsymbol{X} \sim N(\boldsymbol{a}'\boldsymbol{\mu}_1, \boldsymbol{a}'\boldsymbol{\Sigma}\boldsymbol{a})$, $\boldsymbol{a}'\boldsymbol{Y} \sim N(\boldsymbol{a}'\boldsymbol{\mu}_2, \boldsymbol{a}'\boldsymbol{\Sigma}\boldsymbol{a})$, 所以检验问题 (5.3.8) 是两个一元正态分布均值比较的检验问题, 其检验统计量为

$$\begin{aligned} t_a &= \sqrt{\frac{mn}{m+n}} \frac{\boldsymbol{a}'\bar{\boldsymbol{x}} - \boldsymbol{a}'\bar{\boldsymbol{y}}}{\sqrt{\boldsymbol{a}'(\boldsymbol{V}_1 + \boldsymbol{V}_2)\boldsymbol{a}/(m+n-2)}} \\ &= \sqrt{\frac{mn(m+n-2)}{m+n}} \frac{\boldsymbol{a}'\bar{\boldsymbol{x}} - \boldsymbol{a}'\bar{\boldsymbol{y}}}{\sqrt{\boldsymbol{a}'(\boldsymbol{V}_1 + \boldsymbol{V}_2)\boldsymbol{a}}}. \end{aligned}$$

在原假设 H_{a0} 成立, 即 $\boldsymbol{a}'\boldsymbol{\mu}_1 = \boldsymbol{a}'\boldsymbol{\mu}_2$ 时,

$$t_a \sim t(m+n-2). \tag{5.3.9}$$

根据交并原则, 检验问题 (5.3.1) 的检验统计量为

$$\sup_{\boldsymbol{a}\in\mathbf{R}^p}\left\{t_{\boldsymbol{a}}^2\right\}=\sup_{\boldsymbol{a}\in\mathbf{R}^p}\left\{\frac{mn\,(m+n-2)}{m+n}\frac{(\boldsymbol{a}'\bar{\boldsymbol{x}}-\boldsymbol{a}'\bar{\boldsymbol{y}})^2}{\boldsymbol{a}'\,(\boldsymbol{V}_1+\boldsymbol{V}_2)\,\boldsymbol{a}}\right\}.$$

由关于二次型极值的性质 A.8.1 知

$$\sup_{\boldsymbol{a}\in\mathbf{R}^p}\left\{t_{\boldsymbol{a}}^2\right\}=\frac{mn\,(m+n-2)}{m+n}\,(\bar{\boldsymbol{x}}-\bar{\boldsymbol{y}})'\,(\boldsymbol{V}_1+\boldsymbol{V}_2)^{-1}\,(\bar{\boldsymbol{x}}-\bar{\boldsymbol{y}})\,.$$

在原假设 H_0 成立, 即 $\boldsymbol{\mu}_1=\boldsymbol{\mu}_2$ 时,

$$T^2=\frac{mn\,(m+n-2)}{m+n}\,(\bar{\boldsymbol{x}}-\bar{\boldsymbol{y}})'\,(\boldsymbol{V}_1+\boldsymbol{V}_2)^{-1}\,(\bar{\boldsymbol{x}}-\bar{\boldsymbol{y}})\sim T_p\,(m+n-2)\,. \tag{5.3.10}$$

这说明对两个多元正态分布均值比较的检验问题而言, 由交并原则导出的检验统计量与由似然比原则导出的检验统计量是相同的, 都是

$$T^2=\frac{mn\,(m+n-2)}{m+n}\,(\bar{\boldsymbol{x}}-\bar{\boldsymbol{y}})'\,(\boldsymbol{V}_1+\boldsymbol{V}_2)^{-1}\,(\bar{\boldsymbol{x}}-\bar{\boldsymbol{y}})\,.$$

在原假设 H_0 为真, 即 $\boldsymbol{\mu}_1=\boldsymbol{\mu}_2$ 时它的抽样分布是 Hotelling T^2 分布 $T_p^2\,(m+n-2)$.

5.3.3 多元 Behrens-Fisher 问题

设 $\boldsymbol{x}_1,\cdots,\boldsymbol{x}_m$ 是来自总体 $\boldsymbol{X}\sim N_p\,(\boldsymbol{\mu}_1,\boldsymbol{\Sigma}_1)$ 的样本, $\boldsymbol{y}_1,\cdots,\boldsymbol{y}_n$ 是来自另一个总体 $\boldsymbol{Y}\sim N_p\,(\boldsymbol{\mu}_2,\boldsymbol{\Sigma}_2)$ 的样本, $\boldsymbol{X}$ 与 $\boldsymbol{Y}$ 相互独立, $\boldsymbol{\mu}_1,\boldsymbol{\mu}_2\in\mathbf{R}^p$, $\boldsymbol{\Sigma}_1,\boldsymbol{\Sigma}_2>0$, $m,n>p$. 在 $\boldsymbol{\Sigma}_1$ 和 $\boldsymbol{\Sigma}_2$ 相等且都等于 $\boldsymbol{\Sigma}$ 的条件下, 讨论了 $\boldsymbol{\mu}_1$ 与 $\boldsymbol{\mu}_2$ 是否相等的假设检验问题. 在 $\boldsymbol{\Sigma}_1\neq\boldsymbol{\Sigma}_2$ 时, $\boldsymbol{\mu}_1$ 与 $\boldsymbol{\mu}_2$ 是否相等的假设检验问题就是所谓的 Behrens-Fisher 问题. 在 $p=1$, 即一元正态分布时, Welch 给出了 Behrens-Fisher 问题的一个近似解法, 参见文献 [142], [143]. Welch 解法的具体实施步骤, 读者可参阅文献 [17] 的 4.4.3 节. Yao 将 Welch 的近似解法推广到 $p\geqslant 2$, 多元正态分布的情况, 给出了多元 Behrens-Fisher 问题的一个近似解法. 下面介绍 Yao 是如何将一元的 Welch 的近似解法推广到多元的, 以及 Yao 解法的具体实施步骤. 对 Yao 方法有兴趣的读者可参阅文献 [147]. 多元 Behrens-Fisher 问题也可以利用信念 (fiducial) 推断方法, 对此有兴趣的读者可参阅文献 [69], [70]. 此外, 多元 Behrens-Fisher 问题还可用广义 p 值的方法, 对此有兴趣的读者可参阅文献 [135].

Yao 根据交并原则将一元的 Welch 的近似解法推广到多元. 由 Welch 的近似解法知在 $\boldsymbol{\Sigma}_1\neq\boldsymbol{\Sigma}_2$ 时, 检验问题 (5.3.8) 的检验统计量为

$$t_a=\frac{\boldsymbol{a}'\bar{\boldsymbol{x}}-\boldsymbol{a}'\bar{\boldsymbol{y}}}{\sqrt{\boldsymbol{a}'\boldsymbol{S}_*\boldsymbol{a}}},$$

其中,

$$\boldsymbol{S}_* = \frac{\boldsymbol{S}_1}{m} + \frac{\boldsymbol{S}_2}{n}, \quad \boldsymbol{S}_1 = \frac{\boldsymbol{V}_1}{m-1}, \quad \boldsymbol{S}_2 = \frac{\boldsymbol{V}_2}{n-1}.$$

在原假设 H_{a0} 成立, 即 $\boldsymbol{a}'\boldsymbol{\mu}_1 = \boldsymbol{a}'\boldsymbol{\mu}_2$ 时, $t_{\boldsymbol{a}}$ 近似服从 $t(r_{\boldsymbol{a}})$ 分布, 其自由度 $r_{\boldsymbol{a}}$ 为

$$r_{\boldsymbol{a}} = \frac{(\boldsymbol{a}'\boldsymbol{S}_*\boldsymbol{a})^2}{\dfrac{(\boldsymbol{a}'\boldsymbol{S}_1\boldsymbol{a})^2}{m^2(m-1)} + \dfrac{(\boldsymbol{a}'\boldsymbol{S}_2\boldsymbol{a})^2}{n^2(n-1)}}. \tag{5.3.11}$$

根据交并原则导出的检验问题 (5.3.1) 的检验统计量为

$$\sup_{\boldsymbol{a}\in\mathbf{R}^p}\left\{t_{\boldsymbol{a}}^2\right\} = \sup_{\boldsymbol{a}\in\mathbf{R}^p}\left\{\frac{(\boldsymbol{a}'\bar{\boldsymbol{x}} - \boldsymbol{a}'\bar{\boldsymbol{y}})^2}{\boldsymbol{a}'\boldsymbol{S}_*\boldsymbol{a}}\right\}.$$

根据二次型极值的性质 A.8.1, 有

$$\sup_{\boldsymbol{a}\in\mathbf{R}^p}\left\{t_{\boldsymbol{a}}^2\right\} = (\bar{\boldsymbol{x}} - \bar{\boldsymbol{y}})'\boldsymbol{S}_*^{-1}(\bar{\boldsymbol{x}} - \bar{\boldsymbol{y}}),$$

并且在 $\boldsymbol{a} = \boldsymbol{S}_*^{-1}(\bar{\boldsymbol{x}} - \bar{\boldsymbol{y}})$ 时取最大值, 所以 Yao 取多元 Behrens-Fisher 问题的检验统计量为

$$T^2 = (\bar{\boldsymbol{x}} - \bar{\boldsymbol{y}})'\boldsymbol{S}_*^{-1}(\bar{\boldsymbol{x}} - \bar{\boldsymbol{y}}), \tag{5.3.12}$$

并认为在原假设 H_0 成立, 即 $\boldsymbol{\mu}_1 = \boldsymbol{\mu}_2$ 时, T^2 近似服从 Hotelling T^2 分布 $T_p(f)$. 已经知道在 $\boldsymbol{a} = \boldsymbol{S}_*^{-1}(\bar{\boldsymbol{x}} - \bar{\boldsymbol{y}})$ 时 $t_{\boldsymbol{a}}^2$ 取最大值, 所以 Yao 取 f 的值等于 $\boldsymbol{a} = \boldsymbol{S}_*^{-1}(\bar{\boldsymbol{x}} - \bar{\boldsymbol{y}})$ 时 $r_{\boldsymbol{a}}$ 的值

$$\begin{aligned} f &= r_{\boldsymbol{S}_*^{-1}(\bar{\boldsymbol{x}} - \bar{\boldsymbol{y}})} \\ &= \frac{((\bar{\boldsymbol{x}} - \bar{\boldsymbol{y}})'\boldsymbol{S}_*^{-1}(\bar{\boldsymbol{x}} - \bar{\boldsymbol{y}}))^2}{\dfrac{((\bar{\boldsymbol{x}} - \bar{\boldsymbol{y}})'\boldsymbol{S}_*^{-1}\boldsymbol{S}_1\boldsymbol{S}_*^{-1}(\bar{\boldsymbol{x}} - \bar{\boldsymbol{y}}))^2}{m^2(m-1)} + \dfrac{((\bar{\boldsymbol{x}} - \bar{\boldsymbol{y}})'\boldsymbol{S}_*^{-1}\boldsymbol{S}_2\boldsymbol{S}_*^{-1}(\bar{\boldsymbol{x}} - \bar{\boldsymbol{y}}))^2}{n^2(n-1)}}. \end{aligned} \tag{5.3.13}$$

由此可见, 多元 Behrens-Fisher 问题 Yao 的近似解法的 p 值为

$$p = P\left(F(p, f-p+1) \geqslant \frac{f-p+1}{fp}T^2\right). \tag{5.3.14}$$

下面讨论在 $\boldsymbol{\Sigma}_1 \neq \boldsymbol{\Sigma}_2$ 时, 总体均值之差 $\boldsymbol{\delta} = \boldsymbol{\mu}_1 - \boldsymbol{\mu}_2$ 的置信域估计问题. 与 (5.3.12) 式类似地, 令

$$T_*^2 = ((\bar{\boldsymbol{x}} - \bar{\boldsymbol{y}}) - \boldsymbol{\delta})'\boldsymbol{S}_*^{-1}((\bar{\boldsymbol{x}} - \bar{\boldsymbol{y}}) - \boldsymbol{\delta}),$$

则 T_*^2 近似服从 Hotelling T^2 分布 $T_p(f)$, 其中, f 的值按 (5.3.13) 式进行计算. 由此得到 $\boldsymbol{\delta}$ 的水平近似为 $1-\alpha$ 置信域估计为超椭球 D

$$D=\left\{\boldsymbol{\delta}:\frac{f-p+1}{fp}\left((\bar{\boldsymbol{x}}-\bar{\boldsymbol{y}})-\boldsymbol{\delta}\right)'\boldsymbol{S}_*^{-1}\left((\bar{\boldsymbol{x}}-\bar{\boldsymbol{y}})-\boldsymbol{\delta}\right)\leqslant F_{1-\alpha}(p,f-p+1)\right\},$$

或等价地写为

$$D=\left\{\boldsymbol{\delta}:\left((\bar{\boldsymbol{x}}-\bar{\boldsymbol{y}})-\boldsymbol{\delta}\right)'\boldsymbol{S}_*^{-1}\left((\bar{\boldsymbol{x}}-\bar{\boldsymbol{y}})-\boldsymbol{\delta}\right)\leqslant\frac{fp}{f-p+1}F_{1-\alpha}(p,f-p+1)\right\}.\tag{5.3.15}$$

多元 Behrens-Fisher 问题除了 Yao 的近似解法外, 还有 James 的近似解法[89]. 同 (5.3.12) 式, James 解法的检验统计量仍然是 $(\bar{\boldsymbol{x}}-\bar{\boldsymbol{y}})'\boldsymbol{S}_*^{-1}(\bar{\boldsymbol{x}}-\bar{\boldsymbol{y}})$. 若取水平为 α, James 建议取临界值为

$$h(\boldsymbol{S}_1,\boldsymbol{S}_2,\boldsymbol{\alpha})=\chi_{1-\alpha}^2(p)\left\{1+\frac{1}{2}\left[\frac{k_1}{2}+\frac{k_2\chi_{1-\alpha}^2(p)}{p(p+2)}\right]\right\},\tag{5.3.16}$$

其中,

$$k_1=\frac{\left[\operatorname{tr}\left(\boldsymbol{S}_*^{-1}\boldsymbol{S}_1\right)\right]^2}{m^2(m-1)}+\frac{\left[\operatorname{tr}\left(\boldsymbol{S}_*^{-1}\boldsymbol{S}_2\right)\right]^2}{n^2(n-1)},$$

$$k_2=k_1+2\left\{\frac{\operatorname{tr}\left(\boldsymbol{S}_*^{-1}\boldsymbol{S}_1\boldsymbol{S}_*^{-1}\boldsymbol{S}_1\right)}{m^2(m-1)}+\frac{\operatorname{tr}\left(\boldsymbol{S}_*^{-1}\boldsymbol{S}_2\boldsymbol{S}_*^{-1}\boldsymbol{S}_2\right)}{n^2(n-1)}\right\}.$$

由 James 解法得到的 $\boldsymbol{\delta}$ 的水平近似为 1-α 置信域估计为超椭球 D

$$D=\left\{\boldsymbol{\delta}:\left((\bar{\boldsymbol{x}}-\bar{\boldsymbol{y}})-\boldsymbol{\delta}\right)'\boldsymbol{S}_*^{-1}\left((\bar{\boldsymbol{x}}-\bar{\boldsymbol{y}})-\boldsymbol{\delta}\right)\leqslant h(\boldsymbol{S}_1,\boldsymbol{S}_2,\alpha)\right\}.\tag{5.3.17}$$

关于 James 和 Yao 的解法以及其他解法的 Monte-Carlo 模拟比较参见文献 [95].

例 5.3.1 下面的数值例子来自文献 [89], 其中, $p=2$, $m=16$, $n=11$,

$$\bar{\boldsymbol{x}}=\begin{pmatrix}9.82\\15.06\end{pmatrix},\quad\bar{\boldsymbol{y}}=\begin{pmatrix}13.05\\22.57\end{pmatrix},$$

$$\boldsymbol{S}_1=\begin{pmatrix}120.000&-16.304\\-16.304&17.792\end{pmatrix},\quad\boldsymbol{S}_2=\begin{pmatrix}81.796&32.098\\32.098&53.801\end{pmatrix},$$

所以

$$\boldsymbol{S}_*=\begin{pmatrix}14.936&1.899\\1.899&6.003\end{pmatrix},\quad(\bar{\boldsymbol{x}}-\bar{\boldsymbol{y}})'\boldsymbol{S}_*^{-1}(\bar{\boldsymbol{x}}-\bar{\boldsymbol{y}})=9.447.$$

首先讨论 James 的解法. 由 (5.3.16) 式算得 $h(\boldsymbol{S}_1,\boldsymbol{S}_2,\alpha)$ 的值为

$$h(\boldsymbol{S}_1,\boldsymbol{S}_2,0.05)=7.23,\quad h(\boldsymbol{S}_1,\boldsymbol{S}_2,0.025)=9.18,\quad h(\boldsymbol{S}_1,\boldsymbol{S}_2,0.01)=11.90.$$

由于 $(\bar{\boldsymbol{x}}-\bar{\boldsymbol{y}})' \boldsymbol{S}_*^{-1} (\bar{\boldsymbol{x}}-\bar{\boldsymbol{y}}) = 9.447$, 所以 James 解法的 p 值在 0.025 与 0.01 之间.

接下来讨论 Yao 的解法. 由 (5.3.13) 式得 $f = 14$. 由 (5.3.14) 式得 Yao 的解法的 p 值为

$$p = P\left(\frac{fp}{f-p+1} F(p, f-p+1) \geqslant T^2\right).$$

不妨记

$$T^2(p, f, \alpha) = \frac{fp}{f-p+1} F_{1-\alpha}(p, f-p+1),$$

则 $T^2(p, f, \alpha)$ 就是 Yao 解法的水平为 α 的临界值的值. 经计算知

$$T^2(p, f, 0.05) = 8.21, \quad T^2(p, f, 0.025) = 10.70, \quad T^2(p, f, 0.01) = 14.43.$$

由于 $T^2 = (\bar{\boldsymbol{x}}-\bar{\boldsymbol{y}})' \boldsymbol{S}_*^{-1} (\bar{\boldsymbol{x}}-\bar{\boldsymbol{y}}) = 9.447$, 所以 Yao 解法的 p 值在 0.05 与 0.025 之间.

无论是 James 解法还是 Yao 解法, 都倾向于拒绝原假设, 认为 $\boldsymbol{\mu}_1 \neq \boldsymbol{\mu}_2$, 只不过 James 解法的 p 值小一些.

比较 (5.3.15) 式与 (5.3.17) 式, 可以发现, 对于本题来说, 由 Yao 解法得到的均值之差的水平近似为 $1-\alpha$ 置信超椭球大, 而由 James 解法得到的均值之差的水平近似为 $1-\alpha$ 置信超椭球小. 可想而知, 正因为如此, 故对本题来说 James 解法的 p 值小, 而 Yao 解法的 p 值大.

(5.3.16) 式中的 $\boldsymbol{S}_1$ 和 $\boldsymbol{S}_2$ 分别可看作 $\boldsymbol{\Sigma}_1$ 和 $\boldsymbol{\Sigma}_2$ 的估计. 由此可见, 这两个二元正态分布的协方差阵的差异比较大. 倘若使用协方差阵相等时的 Hotelling T^2 检验方法去检验它们的均值是否相等, 那是不妥当的.

多个多元正态分布的协方差阵是否相等的检验问题将在 6.4 节进行讨论. 例 5.3.1 的两个二元正态分布的协方差阵不相等的检验问题留作习题 (见习题 6.10).

5.4　多元方差分析

设有 k 个相互独立的总体 $\boldsymbol{X}_j \sim N_p(\boldsymbol{\mu}_j, \boldsymbol{\Sigma})$, $\boldsymbol{\mu}_j \in \mathbf{R}^p$, $\boldsymbol{\Sigma} > 0$, $\boldsymbol{x}_{j1}, \cdots, \boldsymbol{x}_{jn_j}$ 是来自总体 $\boldsymbol{X}_j$ 的样本, $j = 1, \cdots, k$. 记 $n = \sum\limits_{j=1}^{k} n_j$, $n \geqslant p+k$. 本节讨论这 k 个总体的均值是否全都相等的假设检验问题, 其原假设和备择假设分别为

$$H_0: \boldsymbol{\mu}_1 = \cdots = \boldsymbol{\mu}_k, \quad H_1: \boldsymbol{\mu}_1, \cdots, \boldsymbol{\mu}_k \text{ 不全相等}. \tag{5.4.1}$$

通常称 k 个总体的均值是否全都相等的假设检验问题为多元方差分析. 分别用似然比原则和交并原则导出多元方差分析问题的检验统计量.

5.4.1 似然比原则

由 (4.1.1) 式, 样本 $\boldsymbol{x}_{j1},\cdots,\boldsymbol{x}_{jn_j}(j=1,\cdots,k)$ 的联合密度为

$$\frac{1}{(2\pi)^{np/2}|\boldsymbol{\Sigma}|^{n/2}}\exp\left\{-\frac{1}{2}\mathrm{tr}\left(\boldsymbol{\Sigma}^{-1}\left[\sum_{j=1}^{k}\boldsymbol{V}_j+\sum_{j=1}^{k}n_j\left(\bar{\boldsymbol{x}}_j-\boldsymbol{\mu}_j\right)\left(\bar{\boldsymbol{x}}_j-\boldsymbol{\mu}_j\right)'\right]\right)\right\},$$

其中,

$$\bar{\boldsymbol{x}}_j=\sum_{i=1}^{n_j}\frac{\boldsymbol{x}_{ji}}{n_j} \text{ 是第 } j \text{ 个总体的样本均值, } j=1,\cdots,k,$$

$$\boldsymbol{V}_j=\sum_{i=1}^{n_j}(\boldsymbol{x}_{ji}-\bar{\boldsymbol{x}}_j)(\boldsymbol{x}_{ji}-\bar{\boldsymbol{x}}_j)' \text{ 是第 } j \text{ 个总体的样本离差阵, } j=1,\cdots,k.$$

情况 1 $\boldsymbol{\Sigma}$ 已知. $\boldsymbol{\mu}_j(j=1,\cdots,k)$ 的似然函数为

$$L(\boldsymbol{\mu}_1,\cdots,\boldsymbol{\mu}_k)=\exp\left\{-\frac{1}{2}\mathrm{tr}\left(\boldsymbol{\Sigma}^{-1}\left[\sum_{j=1}^{k}n_j\left(\bar{\boldsymbol{x}}_j-\boldsymbol{\mu}_j\right)\left(\bar{\boldsymbol{x}}_j-\boldsymbol{\mu}_j\right)'\right]\right)\right\}.$$

在 $\boldsymbol{\mu}_j\in\mathbf{R}^p(j=1,\cdots,k)$ 时, $\boldsymbol{\mu}_j$ 的极大似然估计为 $\hat{\boldsymbol{\mu}}_j=\bar{\boldsymbol{x}}_j$, 而在原假设 H_0 成立, 即在 $\boldsymbol{\mu}_1=\cdots=\boldsymbol{\mu}_k=\boldsymbol{\mu}$ 时, $\boldsymbol{\mu}$ 的极大似然估计为 $\hat{\boldsymbol{\mu}}_0=\bar{\boldsymbol{x}}=\sum_{j=1}^{k}n_j\bar{\boldsymbol{x}}_j/n=\sum_{j=1}^{k}\sum_{i=1}^{n_j}\boldsymbol{x}_{ij}/n$. 从而得检验问题 (5.4.1) 的似然比为

$$\begin{aligned}\lambda&=\frac{\sup\limits_{\boldsymbol{\mu}}L(\boldsymbol{\mu},\cdots,\boldsymbol{\mu})}{\sup\limits_{\boldsymbol{\mu}_1,\boldsymbol{\mu}_2}L(\boldsymbol{\mu}_1,\cdots,\boldsymbol{\mu}_k)}=\frac{L(\hat{\boldsymbol{\mu}}_0,\cdots,\hat{\boldsymbol{\mu}}_0)}{L(\hat{\boldsymbol{\mu}}_1,\cdots,\hat{\boldsymbol{\mu}}_k)}\\&=\exp\left\{-\frac{1}{2}\mathrm{tr}\left(\boldsymbol{\Sigma}^{-1}\left[\sum_{j=1}^{k}n_j(\bar{\boldsymbol{x}}_j-\bar{\boldsymbol{x}})(\bar{\boldsymbol{x}}_j-\bar{\boldsymbol{x}})'\right]\right)\right\}.\end{aligned}$$

在 λ 比较小的时候拒绝原假设, 从而认为 $\boldsymbol{\mu}_1,\cdots,\boldsymbol{\mu}_k$ 不全相等. 似然比 λ 中的 $\sum_{j=1}^{k}n_j(\bar{\boldsymbol{x}}_j-\bar{\boldsymbol{x}})(\bar{\boldsymbol{x}}_j-\bar{\boldsymbol{x}})'$ 就是通常所说的组间离差阵, 记为

$$\mathbf{SSB}=\sum_{j=1}^{k}n_j(\bar{\boldsymbol{x}}_j-\bar{\boldsymbol{x}})(\bar{\boldsymbol{x}}_j-\bar{\boldsymbol{x}})'.$$

在原假设为真, 即 $\boldsymbol{\mu}_1=\cdots=\boldsymbol{\mu}_k$ 时, 可以证明 **SSB** 服从 Wishart 分布 $W_p(k-1,\boldsymbol{\Sigma})$, 其证明留作习题 (见习题 5.10). 从而有 $\boldsymbol{\Sigma}^{-1/2}(\mathbf{SSB})\boldsymbol{\Sigma}^{-1/2}\sim W_p(k-1,\boldsymbol{I}_p)$. 由习题 3.3(2) 知

$$\operatorname{tr}\left(\boldsymbol{\Sigma}^{-1}\left[\sum_{j=1}^{k} n_j\left(\bar{\boldsymbol{x}}_j-\bar{\boldsymbol{x}}\right)\left(\bar{\boldsymbol{x}}_j-\bar{\boldsymbol{x}}\right)'\right]\right)$$
$$=\operatorname{tr}\left(\boldsymbol{\Sigma}^{-1/2}(\mathbf{SSB})\boldsymbol{\Sigma}^{-1/2}\right)\sim\chi^2((k-1)p).$$

为此, 通常取

$$\begin{aligned}\chi^2 &= \operatorname{tr}\left(\boldsymbol{\Sigma}^{-1}\left[\sum_{j=1}^{k} n_j\left(\bar{\boldsymbol{x}}_j-\bar{\boldsymbol{x}}\right)\left(\bar{\boldsymbol{x}}_j-\bar{\boldsymbol{x}}\right)'\right]\right)\\ &=\sum_{j=1}^{k} n_j\left(\bar{\boldsymbol{x}}_j-\bar{\boldsymbol{x}}\right)'\boldsymbol{\Sigma}^{-1}\left(\bar{\boldsymbol{x}}_j-\bar{\boldsymbol{x}}\right)\end{aligned} \tag{5.4.2}$$

为检验统计量, 并且在 χ^2 比较大的时候拒绝原假设, 从而认为 $\boldsymbol{\mu}_1,\cdots,\boldsymbol{\mu}_k$ 不全相等, 其 p 值为

$$p=P\left(\chi^2((k-1)p)\geqslant\chi^2\right).$$

很容易证明 (证明从略), 在对 $k=2$ 个总体的均值是否相等进行检验时, 这里所导出的 χ^2 检验统计量 (见 (5.4.2) 式) 等同于 5.3 节协方差阵 $\boldsymbol{\Sigma}$ 已知时, 两个多元正态分布均值比较检验问题的 χ^2 检验统计量, 即 (5.3.3) 式. 这说明在对 $k=2$ 个总体的均值进行比较时, 本节的 χ^2 检验方法与 5.3 节的 χ^2 检验方法是一回事.

情况 2　$\boldsymbol{\Sigma}$ 未知. $(\boldsymbol{\mu}_1,\cdots,\boldsymbol{\mu}_k,\boldsymbol{\Sigma})$ 的似然函数为

$$\begin{aligned}&L(\boldsymbol{\mu}_1,\cdots,\boldsymbol{\mu}_k,\boldsymbol{\Sigma})\\ &=\frac{1}{|\boldsymbol{\Sigma}|^{n/2}}\exp\left\{-\frac{1}{2}\operatorname{tr}\left(\boldsymbol{\Sigma}^{-1}\left[\sum_{j=1}^{k}\boldsymbol{V}_j+\sum_{j=1}^{k} n_j\left(\bar{\boldsymbol{x}}_j-\boldsymbol{\mu}_j\right)\left(\bar{\boldsymbol{x}}_j-\boldsymbol{\mu}_j\right)'\right]\right)\right\}.\end{aligned} \tag{5.4.3}$$

在 $\boldsymbol{\mu}_j\in\mathbf{R}^p(j=1,\cdots,k)$, $\boldsymbol{\Sigma}>0$ 时, $\boldsymbol{\mu}_j$ 的极大似然估计为 $\hat{\boldsymbol{\mu}}_j=\bar{\boldsymbol{x}}_j$, $\boldsymbol{\Sigma}$ 的极大似然估计是 $\hat{\boldsymbol{\Sigma}}=\sum\limits_{j=1}^{k}\boldsymbol{V}_j/n$, 其中, $\sum\limits_{j=1}^{k}\boldsymbol{V}_j$ 就是通常所说的组内离差阵, 记为

$$\mathbf{SSW}=\sum_{j=1}^{k}\boldsymbol{V}_j=\sum_{j=1}^{k}\sum_{i=1}^{n_j}\left(\boldsymbol{x}_{ji}-\bar{\boldsymbol{x}}_j\right)\left(\boldsymbol{x}_{ji}-\bar{\boldsymbol{x}}_j\right)'.$$

由于 $\boldsymbol{V}_j\sim W_p(n_j-1,\boldsymbol{\Sigma})$, $j=1,\cdots,k$, 所以不论原假设成立与否, **SSW** 总是服从 Wishart 分布 $W_p(n-k,\boldsymbol{\Sigma})$.

在原假设 H_0 成立, 即 $\boldsymbol{\mu}_1=\cdots=\boldsymbol{\mu}_k=\boldsymbol{\mu}$, $\boldsymbol{\Sigma}>0$ 时, $\boldsymbol{\mu}$ 的极大似然估计为

$$\hat{\boldsymbol{\mu}}_0=\bar{\boldsymbol{x}}=\sum_{j=1}^{k}\sum_{i=1}^{n_j}\frac{\boldsymbol{x}_{ij}}{n}=\sum_{j=1}^{k}\frac{n_j\bar{\boldsymbol{x}}_j}{n}.$$

将 $(\boldsymbol{\mu}_1,\cdots,\boldsymbol{\mu}_k,\boldsymbol{\Sigma})$ 的似然函数 $L(\boldsymbol{\mu}_1,\cdots,\boldsymbol{\mu}_k,\boldsymbol{\Sigma})$(见 (5.4.3) 式) 中所有的 $\boldsymbol{\mu}_j(j=1,\cdots,k)$ 都用 $\hat{\boldsymbol{\mu}}_0$ 来代替, 从而得到原假设 H_0 成立时 $\boldsymbol{\Sigma}$ 的似然函数为

$$
\begin{aligned}
&\frac{1}{|\boldsymbol{\Sigma}|^{n/2}}\exp\left\{-\frac{1}{2}\mathrm{tr}\left(\boldsymbol{\Sigma}^{-1}\left[\sum_{j=1}^{k}\boldsymbol{V}_j+\sum_{j=1}^{k}n_j\left(\bar{\boldsymbol{x}}_j-\bar{\boldsymbol{x}}\right)\left(\bar{\boldsymbol{x}}_j-\bar{\boldsymbol{x}}\right)'\right]\right)\right\}\\
=&\frac{1}{|\boldsymbol{\Sigma}|^{n/2}}\exp\left\{-\frac{1}{2}\mathrm{tr}\left(\boldsymbol{\Sigma}^{-1}\left(\mathbf{SSW}+\mathbf{SSB}\right)\right)\right\}.
\end{aligned}
$$

由此即得原假设 H_0 成立时 $\boldsymbol{\Sigma}$ 的极大似然估计为

$$
\hat{\boldsymbol{\Sigma}}_0=\frac{\mathbf{SSW}+\mathbf{SSB}}{n}.
$$

若令

$$
\mathbf{SST}=\sum_{j=1}^{k}\sum_{i=1}^{n_j}\left(\boldsymbol{x}_{ji}-\bar{\boldsymbol{x}}\right)\left(\boldsymbol{x}_{ji}-\bar{\boldsymbol{x}}\right)',
$$

并称它为总的离差阵, 则可以证明总的离差阵 **SST** 等于组间离差阵 **SSB** 与组内离差阵 **SSW** 的和, 即 $\mathbf{SST}=\mathbf{SSW}+\mathbf{SSB}$, 也即

$$
\begin{aligned}
&\sum_{j=1}^{k}\sum_{i=1}^{n_j}\left(\boldsymbol{x}_{ji}-\bar{\boldsymbol{x}}\right)\left(\boldsymbol{x}_{ji}-\bar{\boldsymbol{x}}\right)'\\
=&\sum_{j=1}^{k}\sum_{i=1}^{n_j}\left(\boldsymbol{x}_{ji}-\bar{\boldsymbol{x}}_j\right)\left(\boldsymbol{x}_{ji}-\bar{\boldsymbol{x}}_j\right)'+\sum_{j=1}^{k}n_j\left(\bar{\boldsymbol{x}}_j-\bar{\boldsymbol{x}}\right)\left(\bar{\boldsymbol{x}}_j-\bar{\boldsymbol{x}}\right)'.
\end{aligned}
$$

前面说过, 在原假设成立时 $\mathbf{SSB}\sim W_p(k-1,\boldsymbol{\Sigma})$, 不论原假设成立与否, $\mathbf{SSW}\sim W_p(n-k,\boldsymbol{\Sigma})$. 此外还可以证明, 在原假设成立时, **SST** 服从 Wishart 分布 $W_p(n-1,\boldsymbol{\Sigma})$, 并且 **SSW** 与 **SSB** 相互独立. 这些结论的证明都留作习题 (见习题 5.10). 事实上, 不论原假设是否成立, **SSW** 与 **SSB** 总是相互独立的.

检验问题 (5.4.1) 的似然比为

$$
\begin{aligned}
\lambda&=\frac{\sup\limits_{\boldsymbol{\mu},\boldsymbol{\Sigma}}L(\boldsymbol{\mu},\cdots,\boldsymbol{\mu},\boldsymbol{\Sigma})}{\sup\limits_{\boldsymbol{\mu}_1,\cdots,\boldsymbol{\mu}_k,\boldsymbol{\Sigma}}L(\boldsymbol{\mu}_1,\cdots,\boldsymbol{\mu}_k,\boldsymbol{\Sigma})}=\frac{L\left(\hat{\boldsymbol{\mu}}_0,\cdots,\hat{\boldsymbol{\mu}}_0,\hat{\boldsymbol{\Sigma}}_0\right)}{L\left(\hat{\boldsymbol{\mu}}_1,\cdots,\hat{\boldsymbol{\mu}}_k,\hat{\boldsymbol{\Sigma}}\right)}\\
&=\left(\frac{|\mathbf{SSW}|}{|\mathbf{SSW}+\mathbf{SSB}|}\right)^{n/2}.
\end{aligned}\tag{5.4.4}
$$

在 λ 比较小的时候拒绝原假设, 从而认为 $\boldsymbol{\mu}_1,\cdots,\boldsymbol{\mu}_k$ 不全相等.

由于在原假设为真, 即 $\boldsymbol{\mu}_1 = \cdots = \boldsymbol{\mu}_k$ 时, $\mathbf{SSW} \sim W_p(n-k, \boldsymbol{\Sigma})$, $\mathbf{SSB} \sim W_p(k-1, \boldsymbol{\Sigma})$, $\mathbf{SSW}$ 与 $\mathbf{SSB}$ 相互独立, 所以据 3.5 节的 Wilks 分布的定义知

$$\Lambda = \frac{|\mathbf{SSW}|}{|\mathbf{SSW}+\mathbf{SSB}|} \sim \Lambda_{p,n-k,k-1}. \tag{5.4.5}$$

为此取 Λ 为检验统计量, 在 Λ 比较小的时候拒绝原假设, 从而认为 $\boldsymbol{\mu}_1, \cdots, \boldsymbol{\mu}_k$ 不全相等.

下面说明, 在对 $k=2$ 个总体的均值是否相等进行检验时, 这里所导出的 WilksΛ 检验统计量 (见 (5.4.5) 式) 等价于 5.3 节协方差阵 $\boldsymbol{\Sigma}$ 未知时, 两个多元正态分布均值比较检验问题的 Hotelling T^2 检验统计量, 即 (5.3.7) 式. 在对 $k=2$ 个总体的均值是否相等进行检验时, 由于 $\mathbf{SSB} = n_1 n_2 (\bar{\boldsymbol{x}}_1 - \bar{\boldsymbol{x}}_2)(\bar{\boldsymbol{x}}_1 - \bar{\boldsymbol{x}}_2)' / (n_1+n_2)$, 所以

$$\begin{aligned}
\Lambda &= \frac{|\mathbf{SSW}|}{|\mathbf{SSW}+\mathbf{SSB}|} \\
&= \frac{1}{\left|\boldsymbol{I}_p + \dfrac{n_1 n_2}{n_1+n_2}(\mathbf{SSW})^{-1/2}(\bar{\boldsymbol{x}}_1 - \bar{\boldsymbol{x}}_2)(\bar{\boldsymbol{x}}_1 - \bar{\boldsymbol{x}}_2)'(\mathbf{SSW})^{-1/2}\right|} \\
&= \left(1 + \frac{n_1 n_2}{n_1+n_2}(\bar{\boldsymbol{x}}_1 - \bar{\boldsymbol{x}}_2)'(\mathbf{SSW})^{-1}(\bar{\boldsymbol{x}}_1 - \bar{\boldsymbol{x}}_2)\right)^{-1}.
\end{aligned}$$

代替 Λ 可等价地用

$$\frac{n_1 n_2 (n_1+n_2-2)}{n_1+n_2}(\bar{\boldsymbol{x}}_1 - \bar{\boldsymbol{x}}_2)'(\mathbf{SSW})^{-1}(\bar{\boldsymbol{x}}_1 - \bar{\boldsymbol{x}}_2) \tag{5.4.6}$$

作为检验统计量. 考虑到 $\mathbf{SSW} = \boldsymbol{V}_1 + \boldsymbol{V}_2$, 所以这个检验统计量实际上就是 5.2 节的两个多元正态分布均值比较检验问题的 Hotelling T^2 统计量, 即 (5.3.7) 式.

3.5 节 Wilks 分布的性质说明, 在 $p=1, 2$ 或 $m=1, 2$ 时, Wilks 分布 $\Lambda_{p,n,m}$ 可化为 F 分布. 据此, 在 $p=1, 2$ 或 $k=2, 3$ 时可以代替 $\Lambda \sim \Lambda_{p,n-k,k-1}$ 取 F 为检验统计量, 在 F 比较大的时候拒绝原假设, 从而认为 $\boldsymbol{\mu}_1, \cdots, \boldsymbol{\mu}_k$ 不全相等, 其中, F 的定义如下:

(1) $p=1$ 时, 由于 $\Lambda \sim \Lambda_{1,n-k,k-1}$, 由 (3.5.4) 式知

$$F = \frac{n-k}{k-1}\frac{1-\Lambda}{\Lambda} \sim F(k-1, n-k), \tag{5.4.7}$$

检验的 p 值为 $p = P(F(k-1, n-k) \geqslant F)$. 在 $p=1$ 时 $\Lambda = (\mathbf{SSW})/(\mathbf{SSW}+\mathbf{SSB})$, 所以 F 实际上就是

$$F = \frac{\mathbf{SSB}/(k-1)}{\mathbf{SSW}/(n-k)},$$

它就是大家所熟悉的 ($p=1$ 元) 方差分析的 F 统计量.

(2) $k=2$ 时, 由于 $\Lambda \sim \Lambda_{p,n-2,1}$, 由 (3.5.5) 式知

$$F=\frac{n-1-p}{p}\frac{1-\Lambda}{\Lambda}\sim F\left(p,n-1-p\right), \tag{5.4.8}$$

检验的 p 值为 $p=P\left(F\left(p,n-1-p\right)\geqslant F\right)$.

(3) $p=2$ 时, 由于 $\Lambda \sim \Lambda_{2,n-k,k-1}$, 由 (3.5.6) 式知

$$F=\frac{n-k-1}{k-1}\frac{1-\sqrt{\Lambda}}{\sqrt{\Lambda}}\sim F\left(2\left(k-1\right),2(n-k-1)\right), \tag{5.4.9}$$

检验的 p 值为 $p=P\left(F\left(2\left(k-1\right),2\left(n-k-1\right)\right)\geqslant F\right)$.

(4) $k=3$ 时, 由于 $\Lambda \sim \Lambda_{p,n-3,2}$, 由 (3.5.7) 式知

$$F=\frac{n-2-p}{p}\frac{1-\sqrt{\Lambda}}{\sqrt{\Lambda}}\sim F\left(2p,2(n-2-p)\right), \tag{5.4.10}$$

检验的 p 值为 $p=P\left(F\left(2p,2\left(n-2-p\right)\right)\geqslant F\right)$.

在 $p\neq 1, 2$ 和 $k\neq 2, 3$ 时, 可以根据似然比统计量的极限分布 (参见文献 [17] 的 3.6.2 节和 3.6.3 节), 从而在原假设为真, 即 $\boldsymbol{\mu}_1=\cdots=\boldsymbol{\mu}_k$ 时, 有

$$-2\ln\lambda=-n\ln\Lambda\xrightarrow{\mathrm{L}}\chi^2\left(\left(k-1\right)p\right),$$

其中, λ 为似然比 (见 (5.4.4) 式), 而渐近 χ^2 分布的自由度按下面的公式计算:

渐近 χ^2 分布的自由度
= 完全参数空间被估计的独立参数的个数 $(kp+p\left(p+1\right)/2)$
$-$原假设成立时参数空间被估计的独立参数的个数 $(p+p\left(p+1\right)/2)$
$=\left(k-1\right)p$,

其中, 完全参数空间是原假设可能成立, 也可能不成立 (原假设 $\cup$ 备择假设) 时的参数空间. 由此得到 Wilks Λ 检验的渐近 p 值为

$$p=P\left(\chi^2\left(\left(k-1\right)p\right)\geqslant -n\ln\Lambda\right). \tag{5.4.11}$$

还可以根据 3.6 节 Wilks 分布的渐近的展开式得到 Wilks Λ 检验的渐近临界值. 3.6 节 Wilks 分布 $\Lambda_{p,n,m}$ 的渐近展开式 (见 (3.6.11) 式, (3.6.17) 式和 (3.6.18) 式) 说明, 在维数 p 和总体个数 k 给定的条件下, 由于似然比 $\Lambda\sim\Lambda_{p,n-k,k-1}$, 所以当 $n\to\infty$ 时,

$$P\left(-\left(n-k\right)\ln\Lambda\geqslant x\right)=P\left(\chi^2\left(\left(k-1\right)p\right)\geqslant x\right)+O\left(\left(n-k\right)^{-1}\right), \tag{5.4.12}$$

$$P\left(-\left(n-\frac{p+k+2}{2}\right)\ln\Lambda\geqslant x\right)=P\left(\chi^2\left((k-1)p\right)\geqslant x\right)+O\left((n-k)^{-2}\right),\tag{5.4.13}$$

$$\begin{aligned}&P\left(-\left(n-\frac{p+k+2}{2}\right)\ln\Lambda\geqslant x\right)\\=&P\left(\chi^2\left((k-1)p\right)\geqslant x\right)+(n-k)^{-2}\omega_2\left(P\left(\chi^2\left((k-1)p+4\right)\geqslant x\right)\right.\\&\left.-\left(\chi^2\left((k-1)p\right)\geqslant x\right)\right)+O\left((n-k)^{-3}\right),\end{aligned}\tag{5.4.14}$$

其中, ω_2 的值根据 (3.6.16) 式进行计算,

$$\omega_2=\frac{(k-1)p\left((k-1)^2+p^2-5\right)}{48}=\frac{(k-1)p\left(k^2+p^2-2k-4\right)}{48}.$$

由于是在 $n\to\infty$, 而 k 给定的条件下计算检验的渐近 p 值, 所以由 (5.4.12) 式得到 Wilks Λ 检验的渐近 p 值可写为

$$p=P\left(\chi^2\left((k-1)p\right)\geqslant-(n-k)\ln\Lambda\right)+O\left(n^{-1}\right).\tag{5.4.15}$$

这个 Wilks Λ 检验渐近 p 值的计算公式比 (5.4.11) 式有改进. 类似地, 由 (5.4.13) 式和 (5.4.14) 式得到 Wilks Λ 检验的渐近 p 值分别也可写为

$$p=P\left(\chi^2\left((k-1)p\right)\geqslant-\left(n-\frac{p+k+2}{2}\right)\ln\Lambda\right)+O\left(n^{-2}\right),\tag{5.4.16}$$

$$\begin{aligned}p=&P\left(\chi^2\left((k-1)p\right)\geqslant-\left(n-\frac{p+k+2}{2}\right)\ln\Lambda\right)\\&+\frac{(k-1)p\left(k^2+p^2-2k-4\right)}{48\,(n-k)^2}\left(P\left(\chi^2\left((k-1)p+4\right)\geqslant-\left(n-\frac{p+k+2}{2}\right)\ln\Lambda\right)\right.\\&\left.-P\left(\chi^2\left((k-1)p\right)\geqslant-\left(n-\frac{p+k+2}{2}\right)\ln\Lambda\right)\right)+O\left(n^{-3}\right).\end{aligned}\tag{5.4.17}$$

建议使用 (5.4.16) 式和 (5.4.17) 式分别计算 Wilks Λ 检验的精度为 n^{-2} 和 n^{-3} 的渐近 p 值.

5.4.2　交并原则

情况 1　$\boldsymbol{\Sigma}$ 已知. 将 "$\boldsymbol{\mu}_1=\cdots=\boldsymbol{\mu}_k$" 等价于 "对任意的 $\boldsymbol{a}\in\mathbf{R}^p$, 都有 $\boldsymbol{a}'\boldsymbol{\mu}_1=\cdots=\boldsymbol{a}'\boldsymbol{\mu}_k$", 并对任意的 $\boldsymbol{a}\in\mathbf{R}^p$, 考虑检验问题

$$H_{\boldsymbol{a}0}:\boldsymbol{a}'\boldsymbol{\mu}_1=\cdots=\boldsymbol{a}'\boldsymbol{\mu}_k,\quad H_{\boldsymbol{a}1}:\boldsymbol{a}'\boldsymbol{\mu}_1,\cdots,\boldsymbol{a}'\boldsymbol{\mu}_k\text{ 不全相等},\tag{5.4.18}$$

则检验问题 (5.4.1) 的原假设

$$H_0=\bigcap_{\boldsymbol{a}\in\mathbf{R}^p}H_{\boldsymbol{a}0}$$

在 $\boldsymbol{X}_j \sim N_p\left(\boldsymbol{\mu}_j, \boldsymbol{\Sigma}\right)$ 时, 有 $\boldsymbol{a}'\boldsymbol{X}_j \sim N\left(\boldsymbol{a}'\boldsymbol{\mu}_j, \boldsymbol{a}'\boldsymbol{\Sigma}\boldsymbol{a}\right), j=1,\cdots,k$. 检验问题 (5.4.18) 是一元方差分析, 但与一般意义的方差分析有所不同, 它们的方差不仅齐性而且已知. 不难求得它的检验统计量为

$$\chi_{\boldsymbol{a}}^2 = \frac{\boldsymbol{a}'\left(\mathbf{SSB}\right)\boldsymbol{a}}{\boldsymbol{a}'\boldsymbol{\Sigma}\boldsymbol{a}},$$

从而导出检验问题 (5.4.1) 的检验统计量为

$$\sup_{\boldsymbol{a}\in\mathbf{R}^p}\left\{\chi_{\boldsymbol{a}}^2\right\} = \sup_{\boldsymbol{a}\in\mathbf{R}^p}\left\{\frac{\boldsymbol{a}'\left(\mathbf{SSB}\right)\boldsymbol{a}}{\boldsymbol{a}'\boldsymbol{\Sigma}\boldsymbol{a}}\right\}.$$

根据关于二次型极值的性质 A.8.2, 有

$$\sup_{\boldsymbol{a}\in\mathbf{R}^p}\left\{\chi_{\boldsymbol{a}}^2\right\} = \lambda_1.$$

λ_1 是 $|\mathbf{SSB} - \boldsymbol{\lambda}\boldsymbol{\Sigma}| = 0$ 的最大的根, 也就是 $\boldsymbol{\Sigma}^{-1}\left(\mathbf{SSB}\right)$ 或 $\boldsymbol{\Sigma}^{-1/2}\left(\mathbf{SSB}\right)\boldsymbol{\Sigma}^{-1/2}$ 的最大特征根. λ_1 就是在 $\boldsymbol{\Sigma}$ 已知时由交并原则导出的检验统计量, 在 λ_1 比较大时拒绝原假设, 从而认为 $\boldsymbol{\mu}_1,\cdots,\boldsymbol{\mu}_k$ 不全相等.

事实上, 在 $\boldsymbol{\Sigma}$ 已知时, 由似然比原则导出的检验统计量 (见 (5.4.2) 式) 就是 $\operatorname{tr}\left(\boldsymbol{\Sigma}^{-1/2}\left(\mathbf{SSB}\right)\boldsymbol{\Sigma}^{-1/2}\right)$. 由此可见, 由交并原则导出的检验统计量是矩阵 $\boldsymbol{\Sigma}^{-1/2}\left(\mathbf{SSB}\right)\boldsymbol{\Sigma}^{-1/2}$ 的最大特征根, 而由似然比原则导出的检验统计量是矩阵 $\boldsymbol{\Sigma}^{-1/2}\left(\mathbf{SSB}\right)\boldsymbol{\Sigma}^{-1/2}$ 的迹. 在对 $k=2$ 个总体的均值进行比较时, 由于 $\mathbf{SSB} = n_1n_2\left(\bar{\boldsymbol{x}}_1 - \bar{\boldsymbol{x}}_2\right)\left(\bar{\boldsymbol{x}}_1 - \bar{\boldsymbol{x}}_2\right)'/(n_1+n_2)$, 其秩为 1, 所以 $\boldsymbol{\Sigma}^{-1/2}\left(\mathbf{SSB}\right)\boldsymbol{\Sigma}^{-1/2}$ 只有一个非零的特征根. 因而由似然比原则导出的检验统计量 (矩阵 $\boldsymbol{\Sigma}^{-1/2}\left(\mathbf{SSB}\right)\boldsymbol{\Sigma}^{-1/2}$ 的迹) 等于由交并原则导出的检验统计量 (矩阵 $\boldsymbol{\Sigma}^{-1/2}\left(\mathbf{SSB}\right)\boldsymbol{\Sigma}^{-1/2}$ 的最大特征根), 它们都等于 5.3 节协方差阵 $\boldsymbol{\Sigma}$ 已知时两个多元正态分布均值比较检验问题的检验统计量 $\chi^2 = n_1n_2\left(\bar{\boldsymbol{x}}_1 - \bar{\boldsymbol{x}}_2\right)'\boldsymbol{\Sigma}^{-1}\left(\bar{\boldsymbol{x}}_1 - \bar{\boldsymbol{x}}_2\right)/(n_1+n_2)$. 但是在对 $k \geqslant 3$ 个总体的均值进行比较时, 由似然比原则导出的检验统计量与由交并原则导出的检验统计量是不等价的. 在解决 $k \geqslant 3$ 个总体的均值是否全都相等的检验问题时, 建议这两种检验方法不妨都使用一下.

在原假设 H_0 成立, 即 $\boldsymbol{\mu}_1 = \cdots = \boldsymbol{\mu}_k$ 时, 由似然比原则导出的检验统计量的抽样分布 (见 (5.4.2) 式) 是 $\chi^2\left((k-1)\,p\right)$, 而由交并原则导出的检验统计量的抽样分布较难求得. 因为 $\mathbf{SSB} \sim W_p\left(k-1, \boldsymbol{\Sigma}\right)$, 则 $\boldsymbol{\Sigma}^{-1/2}\left(\mathbf{SSB}\right)\boldsymbol{\Sigma}^{-1/2} \sim W_p\left(k-1, \boldsymbol{I}_p\right)$, 所以由交并原则导出的检验统计量 λ_1 的抽样分布实际上就是 Wishart 矩阵 $W_p\left(k-1, \boldsymbol{I}_p\right)$ 的最大特征根的分布. 这个问题留待下一节讨论.

情况 2 $\boldsymbol{\Sigma}$ 未知. 这时的检验问题 (5.4.18) 正是一元方差分析问题, 其检验统计量为

$$F_a = \frac{n-k}{k-1}\frac{\boldsymbol{a}'\left(\mathbf{SSB}\right)\boldsymbol{a}}{\boldsymbol{a}'\left(\mathbf{SSW}\right)\boldsymbol{a}},$$

从而导出检验问题 (5.4.1) 的检验统计量为

$$\sup_{\boldsymbol{a}\in\mathbf{R}^p}\{F_{\boldsymbol{a}}\}=\frac{n-k}{k-1}\sup_{\boldsymbol{a}\in\mathbf{R}^p}\left\{\frac{\boldsymbol{a}'\,(\mathbf{SSB})\,\boldsymbol{a}}{\boldsymbol{a}'\,(\mathbf{SSW})\,\boldsymbol{a}}\right\}. \tag{5.4.19}$$

根据关于二次型极值的性质 A.8.2, 有

$$\sup_{\boldsymbol{a}\in\mathbf{R}^p}\{F_{\boldsymbol{a}}\}=\frac{n-k}{k-1}\lambda_1, \tag{5.4.20}$$

其中, λ_1 是 $|\mathbf{SSB}-\lambda\,(\mathbf{SSW})|=0$ 的最大的根, 也就是 $(\mathbf{SSW})^{-1}(\mathbf{SSB})$ 或 $(\mathbf{SSW})^{-1/2}(\mathbf{SSB})\,(\mathbf{SSW})^{-1/2}$ 的最大特征根. λ_1 可取为在 $\boldsymbol{\Sigma}$ 未知时由交并原则导出的检验统计量, 在 λ_1 比较大的时候拒绝原假设, 从而认为 $\boldsymbol{\mu}_1,\cdots,\boldsymbol{\mu}_k$ 不全相等. 这个检验方法最早是由 Roy[123] 提出来的. 把这个检验统计量 λ_1 记为 $\lambda_{\max}$, 并称为 Roy 的 $\lambda_{\max}$ 统计量, 简称 $\lambda_{\max}$ 统计量.

通常取 $\theta_{\max}$ 作为检验统计量, 它是 $|\mathbf{SSB}-\lambda\,(\mathbf{SSW}+\mathbf{SSB})|=0$ 的最大的根 θ_1, 也就是 $(\mathbf{SSW}+\mathbf{SSB})^{-1}\,(\mathbf{SSB})$ 或 $(\mathbf{SSW}+\mathbf{SSB})^{-1/2}\,(\mathbf{SSB})\,(\mathbf{SSW}+\mathbf{SSB})^{-1/2}$ 的最大特征根. 通常称它为 Pillai[117] 的 $\theta_{\max}$ 统计量, 简称 $\theta_{\max}$ 统计量. 由于

$$|\mathbf{SSB}-\lambda\,(\mathbf{SSW}+\mathbf{SSB})|=0 \text{ 等价于 } \left|\mathbf{SSB}-\frac{\theta}{1-\theta}\,(\mathbf{SSW})\right|=0,$$

所以

$$\lambda_{\max}=\frac{\theta_{\max}}{1-\theta_{\max}} \text{ 或 } \theta_{\max}=\frac{\lambda_{\max}}{1+\lambda_{\max}}. \tag{5.4.21}$$

考虑到在 x 由 0 增加到 1 时, 函数 $y=x/(1-x)$ 严格单调上升, 因而 $\boldsymbol{\Sigma}$ 未知时由交并原则导出的检验统计量 $\lambda_{\max}$ 与 $\theta_{\max}$ 相互等价, 并且同 $\lambda_{\max}$, 也是在 $\theta_{\max}$ 比较大的时候拒绝原假设, 从而认为 $\boldsymbol{\mu}_1,\cdots,\boldsymbol{\mu}_k$ 不全相等. $\theta_{\max}$ 的临界值表见附表 1.

事实上, 在 $\boldsymbol{\Sigma}$ 未知时, 由似然比原则导出的 Wilks $\varLambda$ 检验统计量 (见 (5.4.5) 式) 也可以写为

$$\varLambda=\frac{|\mathbf{SSW}|}{|\mathbf{SSW}+\mathbf{SSB}|}=\left|\boldsymbol{I}_p-(\mathbf{SSW}+\mathbf{SSB})^{-1}\,\mathbf{SSB}\right|.$$

由此可见, 在 $\theta_1>\cdots>\theta_p$ 是 $(\mathbf{SSW}+\mathbf{SSB})^{-1}\,(\mathbf{SSB})$ 的特征根时, $\varLambda=\prod\limits_{i=1}^{p}(1-\theta_i)$, 而由交并原则导出的检验统计量是 $(\mathbf{SSW}+\mathbf{SSB})^{-1}\,(\mathbf{SSB})$ 的最大特征根 θ_1. 在 $k=2$ 时, 由于 $\mathbf{SSB}=n_1n_2\,(\bar{\boldsymbol{x}}_1-\bar{\boldsymbol{x}}_2)\,(\bar{\boldsymbol{x}}_1-\bar{\boldsymbol{x}}_2)'/(n_1+n_2)$ 的秩为 1, $(\mathbf{SSW}+\mathbf{SSB})^{-1}\,(\mathbf{SSB})$ 只有一个非零的特征根, 所以由似然比原则导出的检验统计量 $\varLambda=1-\theta_1$. 它与由交并原则导出的检验统计量 θ_1 是相互等价的. 因而在 $k=2$ 个总体

时, 它们都等价于 5.3 节协方差阵 $\boldsymbol{\Sigma}$ 未知时, 两个多元正态分布均值比较检验问题的 Hotelling T^2 检验统计量. 但是在对 $k \geqslant 3$ 个总体的均值进行比较时, 由似然比原则导出的 Wilks Λ 检验统计量与由交并原则导出的 Pillai $\theta_{\max}$ 或 Roy $\lambda_{\max}$ 检验统计量是不等价的. 在解决 $k \geqslant 3$ 个总体的均值是否全都相等的检验问题时, 建议这两种检验方法不妨都使用一下.

当 $\boldsymbol{\Sigma}$ 未知时, 由交并原则导出的检验统计量是矩阵 $(\mathbf{SSW}+\mathbf{SSB})^{-1}(\mathbf{SSB})$ 的最大特征根 $\theta_{\max}$. 在原假设成立时, $(\mathbf{SSB}) \sim W_p(k-1, \boldsymbol{\Sigma})$, $(\mathbf{SSW}) \sim W_p(n-k, \boldsymbol{\Sigma})$, SSB 与 SSW 相互独立. 由此可见, 求 $\theta_{\max}$ 统计量的抽样分布的问题等价于解下面的问题:

设 $\boldsymbol{A} \sim W_p(n, \boldsymbol{\Sigma})$, $\boldsymbol{B} \sim W_p(m, \boldsymbol{\Sigma})$, $\boldsymbol{A}$ 与 $\boldsymbol{B}$ 相互独立, $n \geqslant p$, 试求 $(\boldsymbol{A}+\boldsymbol{B})^{-1}\boldsymbol{B}$, 或等价地求 $(\boldsymbol{A}+\boldsymbol{B})^{-1/2}\boldsymbol{B}(\boldsymbol{A}+\boldsymbol{B})^{-1/2}$ 的最大特征根 $\theta_{\max}$ 的分布. 由于 $(\boldsymbol{A}+\boldsymbol{B})^{-1}\boldsymbol{B}$ 的特征根就是方程 $|\boldsymbol{B}-\lambda(\boldsymbol{A}+\boldsymbol{B})|=0$ 的根, 显然也就是方程

$$\left|\boldsymbol{\Sigma}^{-1/2}\boldsymbol{B}\boldsymbol{\Sigma}^{-1/2}-\lambda\left(\boldsymbol{\Sigma}^{-1/2}\boldsymbol{A}\boldsymbol{\Sigma}^{-1/2}+\boldsymbol{\Sigma}^{-1/2}\boldsymbol{B}\boldsymbol{\Sigma}^{-1/2}\right)\right|=0$$

的根. 由于 $\boldsymbol{\Sigma}^{-1/2}\boldsymbol{A}\boldsymbol{\Sigma}^{-1/2} \sim W_p(n, \boldsymbol{I}_p)$, $\boldsymbol{\Sigma}^{-1/2}\boldsymbol{B}\boldsymbol{\Sigma}^{-1/2} \sim W_p(m, \boldsymbol{I}_p)$, 所以不失一般性, 在求 $\theta_{\max}$ 统计量的抽样分布时不妨假设 $\boldsymbol{\Sigma}=\boldsymbol{I}_p$. 这也就是说, $\theta_{\max}$ 的分布与 $\boldsymbol{\Sigma}$ 无关. 为此将 $\theta_{\max}$ 特记为 $\theta_{\max}(p,n,m)$. 类似地, 将 $\lambda_{\max}$ 特记为 $\lambda_{\max}(p,n,m)$.

在 $m=1$ 时, 容易求得 $\lambda_{\max}(p,n,1)$ 和 $\theta_{\max}(p,n,1)$ 统计量的抽样分布. 计算过程如下:

设 $\boldsymbol{X} \sim N_p(\mathbf{0}, \boldsymbol{\Sigma})$, 则 $\boldsymbol{X}\boldsymbol{X}' \sim W_p(1, \boldsymbol{\Sigma})$, 所以在 $m=1$ 时, $\boldsymbol{B}$ 可以用 $\boldsymbol{X}\boldsymbol{X}'$ 来代替. 首先求 $\boldsymbol{A}^{-1}(\boldsymbol{X}\boldsymbol{X}')$ 的最大特征根 $\lambda_{\max}(p,n,1)=\boldsymbol{X}'\boldsymbol{A}^{-1}\boldsymbol{X}$ 的分布. 由 Hotelling T^2 分布的性质 3.4.1 知

$$\lambda_{\max}(p,n,1) \stackrel{\mathrm{d}}{=} \frac{\chi^2(p)}{\chi^2(n-p+1)} \sim Z\left(\frac{p}{2}, \frac{n-p+1}{2}\right), \tag{5.4.22}$$

其中, 分子与分母的这两个 χ^2 分布相互独立. 由 (5.4.21) 式知

$$\begin{aligned}\theta_{\max}(p,n,1) &= \frac{\lambda_{\max}(p,n,1)}{1+\lambda_{\max}(p,n,1)} \stackrel{\mathrm{d}}{=} \frac{\chi^2(p)}{\chi^2(p)+\chi^2(n-p+1)} \\ &\sim \beta\left(\frac{p}{2}, \frac{n-p+1}{2}\right).\end{aligned} \tag{5.4.23}$$

(5.4.22) 式和 (5.4.23) 式分别是 $m=1$ 时 $\lambda_{\max}(p,n,1)$ 和 $\theta_{\max}(p,n,1)$ 统计量的抽样分布. 它们分别服从 $Z(p/2,(n-p+1)/2)$ 分布和 $\beta(p/2,(n-p+1)/2)$ 分布. 而在 $m \geqslant 2$ 时, $\lambda_{\max}(p,n,m)$ 和 $\theta_{\max}(p,n,m)$ 的分布的计算问题比较复杂, 留待下一节讨论.

附表中只有 $m \geqslant p$ 时检验统计量 $\theta_{\max}(p,n,m)$ 的临界值. 若要得到它在 $m<p$ 时的临界值, 需要利用下面的公式:

$$\theta_{\max}(p,n,m) \overset{\mathrm{d}}{=} \theta_{\max}(m, m+n-p, p)\,. \tag{5.4.24}$$

(5.4.24) 式的证明见下一节. 按照这个公式, 在 $m<p$ 时在附表中查 $\theta_{\max}(m, m+n-p, p)$ 的临界值, 就得到了所要求的 $\theta_{\max}(p,n,m)$ 的临界值.

Wilks 分布的性质 3.5.2 说明

$$\Lambda_{p,n,m} \overset{\mathrm{d}}{=} \Lambda_{m,n+m-p,p},$$

它与 (5.4.24) 式是完全相似的.

例 5.4.1　假设某公司有 3 种生产方法供员工执行生产任务时使用. 公司试图研究生产方法对完成生产任务的影响, 为此选择 4 个不同的生产任务, 并随机挑选 30 个员工. 从这 30 个员工中随机挑选 10 人, 让他们用方法 1 去完成这 4 个生产任务, 然后从剩下的 20 个员工中再随机挑选 10 人, 让他们用方法 2 去完成这 4 个生产任务, 最后剩下的 10 个员工让他们用方法 3 去完成这 4 个生产任务. 他们完成生产任务所花的时间 (单位：min) 见表 5.4.1.

表 5.4.1

生产方法 1				生产方法 2				生产方法 3			
X_1	X_2	X_3	X_4	X_1	X_2	X_3	X_4	X_1	X_2	X_3	X_4
5.3	8.3	10.2	5.4	10.4	9.1	16.4	14.2	10.8	13.5	11.3	12.5
4.5	7.0	5.4	4.4	8.2	11.5	14.3	12.6	20.5	20.9	24.5	22.4
4.7	5.5	4.4	4.7	7.4	7.2	10.7	9.6	18.1	21.1	18.4	21.2
12.1	17.7	18.8	10.9	17.8	17.0	23.1	20.1	17.8	21.3	20.7	22.2
15.9	16.3	18.6	11.0	12.7	13.7	18.2	20.2	19.0	22.9	20.9	24.6
12.7	15.9	17.9	12.6	17.8	17.8	27.5	23.9	5.9	12.1	11.6	11.7
9.4	9.4	9.9	10.4	13.0	17.7	23.9	22.5	15.6	22.1	21.3	21.6
14.8	18.0	15.2	12.1	9.9	10.5	14.2	11.6	20.1	23.7	24.4	23.7
9.9	11.3	14.2	13.5	5.9	6.6	10.7	9.8	11.3	18.1	17.4	17.2
17.7	18.7	20.3	18.1	5.9	9.5	17.7	11.9	8.6	10.9	9.0	10.0

本例的 $p=4$, $k=3$, 3 个总体的样本容量 $n_1=n_2=n_3=10$, 总的样本容量 $n=30$. 假设总体的分布为正态分布, 试检验这 3 种生产方法对完成生产任务有没有差异?

(1) Wilks 检验. 经计算这 3 个总体的样本离差阵分别为

$$\boldsymbol{V}_1 = \begin{pmatrix} 204.74 & 203.56 & 224.07 & 165.01 \\ 203.56 & 228.71 & 245.87 & 159.91 \\ 224.07 & 245.87 & 295.35 & 189.77 \\ 165.01 & 159.91 & 189.77 & 170.65 \end{pmatrix},$$

$$V_2 = \begin{pmatrix} 173.66 & 150.15 & 191.63 & 192.39 \\ 150.15 & 163.34 & 202.17 & 198.70 \\ 191.63 & 202.17 & 287.38 & 259.35 \\ 192.39 & 198.70 & 259.35 & 268.18 \end{pmatrix},$$

$$V_3 = \begin{pmatrix} 244.64 & 205.11 & 236.86 & 239.73 \\ 205.11 & 203.34 & 225.30 & 230.08 \\ 236.86 & 225.30 & 277.15 & 258.73 \\ 239.73 & 230.08 & 258.73 & 265.79 \end{pmatrix}.$$

组内离差阵为

$$\mathbf{SSW} = V_1 + V_2 + V_3 = \begin{pmatrix} 623.04 & 558.82 & 652.56 & 597.13 \\ 558.82 & 595.40 & 673.34 & 588.69 \\ 652.56 & 673.34 & 859.88 & 707.85 \\ 597.13 & 588.69 & 707.85 & 704.62 \end{pmatrix},$$

组间离差阵为

$$\mathbf{SSB} = \begin{pmatrix} 105.27 & 164.01 & 66.91 & 157.12 \\ 164.01 & 261.15 & 82.68 & 218.02 \\ 66.91 & 82.68 & 124.81 & 202.01 \\ 157.12 & 218.02 & 202.01 & 361.31 \end{pmatrix}.$$

Wilks 检验统计量的值为 $\Lambda = 0.1068$. 由于 $k = 3$, 可以根据 (5.4.10) 式得到精确的 p 值. 首先计算

$$F = \frac{n-2-p}{p}\frac{1-\sqrt{\Lambda}}{\sqrt{\Lambda}} = 12.3597,$$

然后得到检验的 p 值为 $p = P\left(F\left(2p, 2\left(n-2-p\right)\right) \geqslant 12.3597\right) = 2.0840 \times 10^{-9}$, p 值很小, 认为这 3 种生产方法有差异.

下面计算检验的渐近 p 值, 看看渐近 p 值与上面得到的精确 p 值之间的差距究竟有多大. 首先根据似然比统计量的极限分布导出的 (5.4.11) 式, 得到检验的渐近 p 值为

$$p = P\left(\chi^2\left(\left(k-1\right)p\right) \geqslant -n\ln\Lambda\right) = P\left(\chi^2\left(8\right) \geqslant 67.1039\right) = 1.8491 \times 10^{-11},$$

然后根据 Wilks 分布的渐近的展开式导出的 (5.4.15) 式 ~ (5.4.17) 式, 得到检验的

渐近 p 值分别为

$$
\begin{aligned}
p &= P\left(\chi^2\left((k-1)p\right) \geqslant -(n-k)\ln\Lambda\right) = P\left(\chi^2(8) \geqslant 60.3935\right) = 3.9018\times 10^{-10},\\
p &= P\left(\chi^2\left((k-1)p\right) \geqslant -\left(n-\frac{p+k+2}{2}\right)\ln\Lambda\right)\\
&= P\left(\chi^2(8) \geqslant 57.0383\right) = 1.7700\times 10^{-9},\\
p &= P\left(\chi^2\left((k-1)p\right) \geqslant -\left(n-\frac{p+k+2}{2}\right)\ln\Lambda\right)\\
&\quad +\frac{(k-1)p\left(k^2+p^2-2k-4\right)}{48(n-k)^2}\left(P\left(\chi^2\left((k-1)p+4\right) \geqslant -\left(n-\frac{p+k+2}{2}\right)\ln\Lambda\right)\right.\\
&\quad \left.-P\left(\chi^2\left((k-1)p\right) \geqslant -\left(n-\frac{p+k+2}{2}\right)\ln\Lambda\right)\right)\\
&= P\left(\chi^2(8) \geqslant 57.0383\right)\\
&\quad +0.0008573\left(P\left(\chi^2(12) \geqslant 57.0383\right) - P\left(\chi^2(8) \geqslant 57.0383\right)\right)\\
&= 1.8352\times 10^{-9}.
\end{aligned}
$$

可以看到, 根据似然比统计量的极限分布导出的 (5.4.11) 式得到的渐近 p 值与精确 p 值误差大, 而根据 Wilks 分布的渐近展开式导出的 (5.4.15) 式 $\sim$ (5.4.17) 式得到的渐近 p 值与精确 p 值误差小, 其中, 尤以根据 (5.4.17) 式得到的渐近 p 值的误差最小. 还可以看到根据 (5.4.16) 式和 (5.4.17) 式得到的这两个渐近 p 值相差不大. 通常根据 (5.4.16) 式或 (5.4.17) 式计算渐近 p 值. 根据算得的 Wilks 检验统计量的 p 值, 认为这 3 种生产方法有差异.

(2) Roy 检验. 经计算, $\theta_{\max}=0.7579$, 其中, $\theta_{\max}$ 应该是 $\theta_{\max}(p,n-k,k-1)=\theta_{\max}(4,27,2)$. 在查附表之前, 先根据 (5.4.24) 式, 将 $\theta_{\max}(4,27,2)$ 转换为 $\theta_{\max}(2,25,4)$, 由此得 $\alpha=0.01$ 时检验的临界值为 0.4824. 由于 $\theta_{\max}=0.7579>0.4824$, 所以认为这 3 种生产方法有差异. Wilks 和 Roy 这两个检验方法的结论是一致的.

在知道了这 3 种生产方法有差异之后, 人们很关心的一个问题就是其中任意两种生产方法的差异情况如何. 此外, 这里有 4 个不同的生产任务, 故进一步很关心的一个问题就是 3 种生产方法中的任意 2 种, 它们完成这 4 个生产任务中的任意一个生产任务所花时间的差异情况如何, 这个问题就是 5.6 节将要讨论的多重比较问题.

本节讨论的多元方差分析问题假设这 k 个正态总体的协方差阵全都相等. 例 5.4.1 的 3 个正态总体的协方差阵是否全都相等, 这需要检验. 这个问题将在 6.4 节进行讨论.

*5.5 Wishart 分布矩阵的特征根

在 5.4 节多元方差分析问题中, $\boldsymbol{\Sigma}$ 已知时, 由交并原则导出的检验统计量是矩阵 $\boldsymbol{\Sigma}^{-1/2}\,(\mathbf{SSB})\,\boldsymbol{\Sigma}^{-1/2}$ 的最大特征根 λ_1. 在原假设成立时, $\boldsymbol{\Sigma}^{-1/2}\,(\mathbf{SSB})\,\boldsymbol{\Sigma}^{-1/2} \sim W_p\,(k-1, \boldsymbol{I}_p)$, 所以 λ_1 的抽样分布就是 Wishart 矩阵 $W_p\,(k-1, \boldsymbol{I}_p)$ 的最大特征根的分布. 本节首先讨论当协方差阵为单位矩阵时, Wishart 分布矩阵的特征根的分布问题, 然后讨论其最大特征根的分布问题.

设 p 阶矩阵 $\boldsymbol{W} \sim W_p\,(k-1, \boldsymbol{I}_p)$. 在 $n \geqslant p$ 时, $\boldsymbol{W}$ 以概率 1 为正定矩阵, 它的 p 个特征根都是非零 (正的) 特征根, 而在 $n < p$ 时, $\boldsymbol{W}$ 的 p 个特征根中仅有 n 个非零 (正的) 特征根, 其余的 $p-n$ 个特征根都等于 0. $n \geqslant p$ 时 Wishart 分布 $W_p\,(k-1, \boldsymbol{I}_p)$ 有密度函数, 而 $n < p$ 时它没有密度函数. 下面说明, 密度函数不存在的 Wishart 分布矩阵非零特征根的分布等同于某个有密度函数的 Wishart 分布矩阵特征根的分布.

根据 3.1 节 Wishart 分布的定义, 假设 $\boldsymbol{x}_1, \cdots, \boldsymbol{x}_n$ 独立同 p 维正态分布 $N_p\,(0, \boldsymbol{I}_p)$, 则 p 阶矩阵 $\boldsymbol{W} = \boldsymbol{X}'\boldsymbol{X} = \sum\limits_{i=1}^{n} \boldsymbol{x}_i \boldsymbol{x}_i' \sim W_p\,(n, \boldsymbol{I}_p)$, 其中, $\boldsymbol{X} = (\boldsymbol{x}_1, \cdots, \boldsymbol{x}_n)'$, $\boldsymbol{x}_i'$ 是 $n \times p$ 阶矩阵 $\boldsymbol{X}$ 的第 i 个行向量. 令 $\boldsymbol{X} = \big(\boldsymbol{x}_{(1)}, \cdots, \boldsymbol{x}_{(p)}\big)$, 其中, $\boldsymbol{x}_{(1)}, \cdots, \boldsymbol{x}_{(p)}$ 依次为 $\boldsymbol{X}$ 的列向量. 显然, $\boldsymbol{x}_{(1)}, \cdots, \boldsymbol{x}_{(p)}$ 独立同 n 维正态分布 $N_n\,(0, \boldsymbol{I}_n)$, 所以 n 阶矩阵$\boldsymbol{X}\boldsymbol{X}' = \sum\limits_{i=1}^{p} \boldsymbol{x}_{(i)} \boldsymbol{x}_{(i)}' \sim W_n\,(p, \boldsymbol{I}_n)$. 由于 $\boldsymbol{X}'\boldsymbol{X}$ 与 $\boldsymbol{X}\boldsymbol{X}'$ 有相同的非零特征根, 所以至此证得了一个结论: $W_p\,(n, \boldsymbol{I}_p)$ 的非零特征根的分布等同于 $W_n\,(p, \boldsymbol{I}_n)$ 的非零特征根的分布. 在 $n < p$ 时, $W_p\,(n, \boldsymbol{I}_p)$ 的密度函数不存在, 而 $W_n\,(p, \boldsymbol{I}_n)$ 是有密度函数的, 所以计算密度函数不存在的 Wishart 分布矩阵非零特征根的分布的问题, 可转化为计算有密度函数的 Wishart 分布矩阵特征根的分布的问题. 不失一般性, 本节仅讨论有密度函数的 Wishart 分布矩阵特征根的分布问题.

设 $\boldsymbol{W} \sim W_p\,(n, \boldsymbol{I}_p)$, 其中, $n \geqslant p$. 作正交变换 $\boldsymbol{W} = \boldsymbol{U}\boldsymbol{\Lambda}\boldsymbol{U}'$, $\boldsymbol{U}$ 为正交矩阵, $\boldsymbol{\Lambda} = \mathrm{diag}\,(\lambda_1, \cdots, \lambda_p)$ 为对角矩阵, 其中, $\lambda_1 \geqslant \cdots \geqslant \lambda_p > 0$ 是 $\boldsymbol{W}$ 的特征根, 而 λ_1 是 $\boldsymbol{W}$ 的最大特征根. 按以下两个步骤由 $\boldsymbol{W}$ 的密度函数求得 $\boldsymbol{W}$ 的特征根 $\lambda_1 \geqslant \cdots \geqslant \lambda_p > 0$ 的密度函数.

(1) 由 $\boldsymbol{W}$ 的密度函数计算 $(\boldsymbol{U}, \boldsymbol{\Lambda})$ 的密度函数. $\boldsymbol{W}$ 有 $p\,(p+1)/2$ 个变量. p 阶正交矩阵 $\boldsymbol{U}$ 有 $(1+2+\cdots+p) = p\,(p+1)/2$ 个约束条件, 所以 $\boldsymbol{U}$ 实际上只有 $p^2 - [p\,(p+1)/2] = p\,(p-1)/2$ 个变量. 由于 $\boldsymbol{\Lambda}$ 有 p 个变量, 所以 $(\boldsymbol{U}, \boldsymbol{\Lambda})$ 有 $p + [p\,(p-1)/2] = p\,(p+1)/2$ 个变量, $(\boldsymbol{U}, \boldsymbol{\Lambda})$ 与 $\boldsymbol{W}$ 有同样多个变量. 从而知, 计算雅可比行列式 $J\,(\boldsymbol{W} \to (\boldsymbol{U}, \boldsymbol{\Lambda}))$ 是由 $\boldsymbol{W}$ 的密度函数得到 $(\boldsymbol{U}, \boldsymbol{\Lambda})$ 的密度函数的

关键. 为计算雅可比行列式, 这个正交变换必须是 1-1 变换. 这就要求把 $\boldsymbol{W}$ 分解成 $\boldsymbol{U\Lambda U}'$, 分解必须唯一. 为此, 要求正交矩阵 $\boldsymbol{U}$ 的对角线 (或第一行) 上的元素都是非负的.

既然由 $\boldsymbol{W}$ 的密度函数计算了 $(\boldsymbol{U},\boldsymbol{\Lambda})$ 的密度函数, 由此看来, $(\boldsymbol{U},\boldsymbol{\Lambda})$ 是连续型变量. 这说明 $n\geqslant p$ 时, 以概率 1 保证 $\boldsymbol{W}\sim W_p(k-1,\boldsymbol{I}_p)$ 的 p 个正的特征根互不相等: $\lambda_1>\cdots>\lambda_p>0$.

(2) 由 $(\boldsymbol{U},\boldsymbol{\Lambda})$ 的密度函数计算 $\boldsymbol{\Lambda}$, 即 $\boldsymbol{W}$ 的特征根 $\lambda_1>\cdots>\lambda_p>0$ 的密度函数. 可以知道, 由联合密度计算边际密度的关键是积分运算. 运算这个积分就要讲到以我国著名统计学家许宝騄先生命名的许氏公式[71,87].

5.5.1　正交变换

设 $\boldsymbol{W}\sim W_p(n,\boldsymbol{I}_p)$, $n\geqslant p$. 令正交变换 $\boldsymbol{W}=\boldsymbol{U\Lambda U}'$, $\boldsymbol{U}=(u_{ij})_{1\leqslant i,j\leqslant p}$ 为对角线上的元素 $u_{ii}(i=1,\cdots,p)$ 都是非负的正交矩阵, $\boldsymbol{\Lambda}=\mathrm{diag}(\lambda_1,\cdots,\lambda_p)$ 为对角矩阵, 其中, $\lambda_1>\cdots>\lambda_p>0$ 是 $\boldsymbol{W}$ 的特征根. 根据定理 A.5.11, 有

$$J(\boldsymbol{W}\to(\boldsymbol{U},\boldsymbol{\Lambda}))=\prod_{1\leqslant i<j\leqslant p}(\lambda_i-\lambda_j)\cdot g_p(\boldsymbol{U}),\tag{5.5.1}$$

其中,

$$g_p(\boldsymbol{U})=J\left(\boldsymbol{U}'\mathrm{d}\boldsymbol{U}\to\mathrm{d}\boldsymbol{U}\right)=\frac{1}{\prod\limits_{j=2}^{p}|\boldsymbol{U}_{j-1}|},\tag{5.5.2}$$

$$\boldsymbol{U}_{j-1}=\begin{pmatrix}u_{11}&\cdots&u_{1,j-1}\\ \vdots&&\vdots\\ u_{j-1,1}&\cdots&u_{j-1,j-1}\end{pmatrix}.$$

此外, 若不考虑正负号, 则除了 (5.5.2) 式, $g_p(\boldsymbol{U})$ 还有另外一些表示形式

$$g_p(\boldsymbol{U})=J\left((\mathrm{d}\boldsymbol{U}')\boldsymbol{U}\to\mathrm{d}\boldsymbol{U}\right)=J\left((\mathrm{d}\boldsymbol{U}')\boldsymbol{U}\to\mathrm{d}\boldsymbol{U}'\right).\tag{5.5.3}$$

在 $\boldsymbol{W}\sim W_p(n,\boldsymbol{I}_p)$, $n\geqslant p$ 时, 由 (3.1.7) 式知 $\boldsymbol{W}$ 有密度函数

$$\frac{|\boldsymbol{W}|^{(n-p-1)/2}\exp\left\{-\dfrac{1}{2}\mathrm{tr}(\boldsymbol{W})\right\}}{2^{np/2}\Gamma_p(n/2)}.$$

根据正交变换雅可比行列式的计算公式 (见 (5.5.1) 式), $(\boldsymbol{U},\boldsymbol{\Lambda})$ 的密度函数为

$$\frac{\left(\prod\limits_{i=1}^{p}\lambda_i\right)^{(n-p-1)/2}\exp\left\{-\dfrac{1}{2}\sum\limits_{i=1}^{p}\lambda_i\right\}}{2^{np/2}\Gamma_p(n/2)}\prod_{1\leqslant i<j\leqslant p}(\lambda_i-\lambda_j)\cdot|g_p(\boldsymbol{U})|.\tag{5.5.4}$$

由此可见, 由 $(\boldsymbol{U}, \boldsymbol{\Lambda})$ 的密度函数计算 $\boldsymbol{\Lambda}$, 即 $\boldsymbol{W}$ 的特征根 $\lambda_1 > \cdots > \lambda_p > 0$ 的密度函数的关键是积分运算

$$\int_{\substack{\boldsymbol{U}\boldsymbol{U}' = \boldsymbol{I}_p \\ \boldsymbol{U}\text{ 的对角线元素非负}}} |g_p(\boldsymbol{U})|\, \mathrm{d}\boldsymbol{U}. \tag{5.5.5}$$

5.5.2 三角化变换

设 $p\times n$ 阶矩阵变量 $\boldsymbol{X}$ 的秩 $R(\boldsymbol{X}) = p \leqslant n$. $\boldsymbol{X}$ 的三角化变换就是令 $\boldsymbol{X} = \boldsymbol{T}\boldsymbol{U}$, 其中, $\boldsymbol{T}$ 是 $p \times p$ 阶下三角阵, $\boldsymbol{U}$ 是 $p \times n$ 阶使得 $\boldsymbol{U}\boldsymbol{U}' = \boldsymbol{I}_p$ 的行正交矩阵. 为保证分解的唯一性, 要求 $\boldsymbol{T}$ 是 $p \times p$ 阶对角线元素 $t_{ii}(i = 1, \cdots, p)$ 为正的下三角阵, 但对行正交矩阵 $\boldsymbol{U}$ 没有任何约束, 这与正交变换不同. 根据定理 A.5.12, 有

$$J(\boldsymbol{X} \to (\boldsymbol{T}, \boldsymbol{U})) = \left(\prod_{i=1}^{p} t_{ii}^{n-i}\right) \cdot h_{n,p}(\boldsymbol{U}), \tag{5.5.6}$$

其中,

$$h_{n,p}(\boldsymbol{U}) = J\left((\mathrm{d}\boldsymbol{U})\boldsymbol{U}_*' \to \mathrm{d}\boldsymbol{U}\right),$$

$\boldsymbol{U}_* = \begin{pmatrix} \boldsymbol{U} \\ \boldsymbol{U}_1 \end{pmatrix}$ 是 $\boldsymbol{U}$ 的增补矩阵, 使得 $\boldsymbol{U}_*$ 是 n 阶正交矩阵 $\boldsymbol{U}_*\boldsymbol{U}_*' = \boldsymbol{I}_n$.

下面分析三角化变换中的 $h_{n,p}(\boldsymbol{U})$ 与正交变换中的 $g_p(\boldsymbol{U})$(见 (5.5.2) 式, (5.5.3) 式) 有什么关系? 由 (5.5.3) 式知 $g_p(\boldsymbol{U})=J\left((\mathrm{d}\boldsymbol{U}')\boldsymbol{U} \to \mathrm{d}\boldsymbol{U}'\right)$. 在 $n=p$ 时, $h_{p,p}(\boldsymbol{U}) = J\left((\mathrm{d}\boldsymbol{U})\boldsymbol{U}' \to \mathrm{d}\boldsymbol{U}\right)$. 把 $g_p(\boldsymbol{U}) = J\left((\mathrm{d}\boldsymbol{U}')\boldsymbol{U} \to \mathrm{d}\boldsymbol{U}'\right)$ 中 $\boldsymbol{U}$ 看成 $h_{p,p}(\boldsymbol{U})$ 中的 $\boldsymbol{U}'$, 则由此可见, 在 $n = p$ 时, $h_{p,p}(\boldsymbol{U}) = g_p(\boldsymbol{U})$.

下面计算积分

$$\int_{\boldsymbol{U}\boldsymbol{U}'=\boldsymbol{I}_p} |h_{n,p}(\boldsymbol{U})|\, \mathrm{d}\boldsymbol{U}.$$

由于在 $n = p$ 时, $h_{p,p}(\boldsymbol{U}) = g_p(\boldsymbol{U})$, 所以若能计算这个积分, (5.5.5) 式给出的积分也就算出来了.

设 $\boldsymbol{x}_1, \cdots, \boldsymbol{x}_n$ 独立同 p 维正态分布 $N_p(\boldsymbol{0}, \boldsymbol{I}_p)$, 记 $\boldsymbol{X} = (\boldsymbol{x}_1, \cdots, \boldsymbol{x}_n)$, 则 $\boldsymbol{X} \sim N_{p\times n}(\boldsymbol{0}, \boldsymbol{I}_n \otimes \boldsymbol{I}_p)$. 由 (2.5.9) 式知 $p \times n$ 阶矩阵 $\boldsymbol{X}$ 的密度函数为

$$\frac{1}{(2\pi)^{np/2}} \exp\left\{-\frac{1}{2}\mathrm{tr}\left(\boldsymbol{X}\boldsymbol{X}'\right)\right\}.$$

令 $\boldsymbol{X} = \boldsymbol{T}\boldsymbol{U}$, 其中, $\boldsymbol{T}$ 是 $p \times p$ 阶对角线元素都为正的下三角阵, $\boldsymbol{U}$ 是 $p \times n$ 阶行正交矩阵. 根据三角化变换雅可比行列式的计算公式 (见 (5.5.6) 式), $(\boldsymbol{T}, \boldsymbol{U})$ 的密度函数为

$$\frac{1}{(2\pi)^{np/2}} \exp\left\{-\frac{1}{2}\mathrm{tr}\left(\boldsymbol{T}\boldsymbol{T}'\right)\right\} \left(\prod_{i=1}^{p} t_{ii}^{n-i}\right) \cdot |h_{n,p}(\boldsymbol{U})|.$$

因而有

$$\begin{aligned}
&\int_{\boldsymbol{UU}'=\boldsymbol{I}_p} |h_{n,p}(\boldsymbol{U})|\,\mathrm{d}\boldsymbol{U} \\
&= \left(\int_{t_{ii}>0, i=1,\cdots,p} \frac{1}{(2\pi)^{np/2}} \exp\left\{-\frac{1}{2}\mathrm{tr}\left(\boldsymbol{TT}'\right)\right\} \prod_{i=1}^{p} t_{ii}^{n-i}\mathrm{d}\boldsymbol{T} \right)^{-1} \\
&= \frac{2^p \pi^{pn/2}}{\Gamma_p(n/2)}.
\end{aligned} \tag{5.5.7}$$

其中详细的计算过程留作习题 (见习题 5.11). 由这个积分, 有

$$\int_{\boldsymbol{UU}'=\boldsymbol{I}_p} |g_p(\boldsymbol{U})|\,\mathrm{d}\boldsymbol{U} = \int_{\boldsymbol{UU}'=\boldsymbol{I}_p} |h_{p,p}(\boldsymbol{U})|\,\mathrm{d}\boldsymbol{U} = \frac{2^p \pi^{p^2/2}}{\Gamma_p(n/2)}. \tag{5.5.8}$$

(5.5.8) 式的积分区域为 $\{\boldsymbol{UU}' = \boldsymbol{I}_p\}$, (5.5.5) 式的积分区域为 $\{\boldsymbol{UU}' = \boldsymbol{I}_p, \boldsymbol{U}$ 的对角线元素非负 $\}$. $\boldsymbol{U}$ 有 p 个对角线元素 $u_{11}, \cdots, u_{pp}$, $(u_{11}, \cdots, u_{pp})' \in \mathbf{R}^p$, $\mathbf{R}^p$ 有 2^p 个象限, $\{u_{11} \geqslant 0, \cdots, u_{pp} \geqslant 0\}$ 是其中的一个象限. 由 (5.5.2) 式知, $|g_p(\boldsymbol{U})|$ 在每一个象限上的积分都相等, 所以由 (5.5.8) 式知, (5.5.5) 式给出的积分为

$$\int_{\substack{\boldsymbol{UU}'=\boldsymbol{I}_p \\ \boldsymbol{U}\text{ 的对角线元素非负}}} |g_p(\boldsymbol{U})|\,\mathrm{d}\boldsymbol{U} = \frac{\pi^{p^2/2}}{\Gamma_p(p/2)} = \frac{\pi^{p(p+1)/4}}{\prod\limits_{i=1}^{p} \Gamma\left((p-i+1)/2\right)}. \tag{5.5.9}$$

由此积分, 不难求得 Wishart 分布 $W_p(n, \boldsymbol{I}_p)$ 的特征根 $\lambda_1 > \cdots > \lambda_p > 0$ 的密度函数.

5.5.3　Wishart 分布矩阵特征根的分布

由 $(\boldsymbol{U}, \boldsymbol{\Lambda})$ 的密度函数 (见 (5.5.4) 式), 利用积分 (见 (5.5.9) 式), 求得 Wishart 分布 $W_p(n, \boldsymbol{I}_p)$ 的特征根 $\lambda_1 > \cdots > \lambda_p > 0$ 的密度函数为

$$\begin{aligned}
&\frac{\left(\prod\limits_{i=1}^{p}\lambda_i\right)^{(n-p-1)/2} \exp\left\{-\frac{1}{2}\sum\limits_{i=1}^{p}\lambda_i\right\}}{2^{np/2}\Gamma_p(n/2)} \prod_{1\leqslant i<j\leqslant p} (\lambda_i - \lambda_j) \frac{\pi^{p(p+1)/4}}{\prod\limits_{i=1}^{p}\Gamma\left((p-i+1)/2\right)} \\
&= \frac{\pi^{p/2}\left(\prod\limits_{i=1}^{p}\lambda_i\right)^{(n-p-1)/2} \prod\limits_{1\leqslant i<j\leqslant p} (\lambda_i - \lambda_j) \exp\left\{-\frac{1}{2}\sum\limits_{i=1}^{p}\lambda_i\right\}}{2^{np/2}\prod\limits_{i=1}^{p}\Gamma\left((n-i+1)/2\right)\prod\limits_{i=1}^{p}\Gamma\left((p-i+1)/2\right)}.
\end{aligned}$$

至此, 求得了 Wishart 分布矩阵 $W_p(n, \boldsymbol{I}_p)$ 的特征根 $\lambda_1 > \cdots > \lambda_p > 0$ 的密度函数, 而由它计算最大特征根 λ_1 的密度函数比较复杂. 仅在 $p=2,3$ 时计算最大特征根 λ_1 的密度函数. $p>3$ 时最大特征根 λ_1 的密度函数的计算与 $p=2,3$ 时的计算完全类似, 只不过随着 p 的增加, 它的计算越来越复杂.

情况 1 $p=2$. 利用 4.2 节曾经使用过的 Γ 函数的一个公式 $\Gamma(a)\Gamma(a+1/2)=\sqrt{\pi}\Gamma(2a)/2^{2a-1}$, 最大特征根 λ_1 的密度函数为

$$\frac{1}{4\Gamma(n-1)}\lambda_1^{(n-3)/2}\mathrm{e}^{-\lambda_1/2}\int_0^{\lambda_1}\lambda_2^{(n-3)/2}(\lambda_1-\lambda_2)\,\mathrm{e}^{-\lambda_2/2}\mathrm{d}\lambda_2$$

$$=\frac{1}{4\Gamma(n-1)}\lambda_1^{(n-3)/2}\mathrm{e}^{-\lambda_1/2}\left[2\lambda_1^{(n-1)/2}\mathrm{e}^{-\lambda_1/2}+(\lambda_1-n+1)\int_0^{\lambda_1}\lambda_2^{(n-3)/2}\mathrm{e}^{-\lambda_2/2}\mathrm{d}\lambda_2\right].$$

不难证明下面两个公式: 在 $k=1,2,\cdots$ 时,

$$\int_0^{\lambda} y^k\mathrm{e}^{-y}\mathrm{d}y = 1-k!\left(\sum_{i=0}^{k}\frac{\lambda^i}{i!}\mathrm{e}^{-\lambda}\right), \tag{5.5.10}$$

$$\int_0^{\lambda} y^{k-1/2}\mathrm{e}^{-y}\mathrm{d}y = -(k-1/2)!\left(\sum_{i=0}^{k-1}\frac{\lambda^{i+1/2}}{(i+1/2)!}\mathrm{e}^{-\lambda}-\int_0^{\lambda}y^{-1/2}\mathrm{e}^{-y}\mathrm{d}y\right), \tag{5.5.11}$$

其中, $(k+1/2)!=(k+1/2)(k-1/2)\cdots(1/2)$. 利用这两个公式, 有

(1) 在 $n=2k+1(k=1,2,\cdots)$ 为奇数时, 最大特征根 λ_1 的密度函数为

$$\frac{1}{4\Gamma(2k)}\left[2\lambda_1^{2k-1}\mathrm{e}^{-\lambda_1}+(\lambda_1-2k)\,2^k\left(\lambda_1^{k-1}\mathrm{e}^{-\lambda_1/2}-(k-1)!\sum_{i=0}^{k-1}\frac{\lambda_1^{k+i-1}\mathrm{e}^{-\lambda_1}}{2^i i!}\right)\right].$$

(2) 在 $n=2k\ (k=2,4,\cdots)$ 为偶数 $(4,6,8,\cdots)$ 时, 最大特征根 λ_1 的密度函数为

$$\frac{1}{4\Gamma(2k-1)}\lambda_1^{(2k-3)/2}\mathrm{e}^{-\lambda_1/2}\Bigg[2\lambda_1^{(2k-1)/2}\mathrm{e}^{-\lambda_1/2} -(\lambda_1-2k+1)\,2^{(2k-1)/2}\left(k-\frac{3}{2}\right)!\Bigg(\sum_{i=0}^{k-2}\frac{\lambda_1^{i+1/2}\mathrm{e}^{-\lambda_1/2}}{2^{i+1/2}(i+1/2)!} -\frac{1}{\sqrt{2}}\int_0^{\lambda_1}\lambda_2^{-1/2}\mathrm{e}^{-\lambda_2/2}\mathrm{d}\lambda_2\Bigg)\Bigg].$$

(3) 在 $n=2$ 时, 最大特征根 λ_1 的密度函数为

$$\frac{1}{4}\lambda_1^{-1/2}\mathrm{e}^{-\lambda_1/2}\left[2\lambda_1^{1/2}\mathrm{e}^{-\lambda_1/2}+(\lambda_1-1)\int_0^{\lambda_1}\lambda_2^{-1/2}\mathrm{e}^{-\lambda_2/2}\mathrm{d}\lambda_2\right].$$

情况 2　$p=3$. 最大特征根 λ_1 的密度函数为

$$\frac{2\sqrt{\pi}}{2^{3n/2}\Gamma(n/2)\Gamma((n-1)/2)\Gamma((n-2)/2)}$$
$$\cdot\lambda_1^{(n-4)/2}\mathrm{e}^{-\lambda_1/2}\int_0^{\lambda_1}\lambda_2^{(n-4)/2}(\lambda_1-\lambda_2)\,\mathrm{e}^{-\lambda_2/2}$$
$$\cdot\left(\int_0^{\lambda_2}\lambda_3^{(n-4)/2}(\lambda_1-\lambda_3)(\lambda_2-\lambda_3)\,\mathrm{e}^{-\lambda_3/2}\mathrm{d}\lambda_3\right)\mathrm{d}\lambda_2.$$

利用 (5.5.10) 式和 (5.5.11) 式不难将上述 $p=3$ 时最大特征根 λ_1 的密度函数的表达式进一步简化, 这里从略.

$p=2,3$ 时最大特征根 λ_1 的密度函数的表达式比较复杂. 随着 p 的增加, 这个表达式会越来越复杂.

5.5.4　Roy 的 $\lambda_{\max}$ 统计量

在 5.4 节多元方差分析问题中, 当 $\boldsymbol{\Sigma}$ 未知时, 由交并原则导出的检验统计量是矩阵 $(\mathbf{SSW})^{-1}(\mathbf{SSB})$ 的最大特征根 $\lambda_{\max}$, 称为 Roy 的 $\lambda_{\max}$ 统计量, 简称 $\lambda_{\max}$ 统计量. 5.4 节也说了, 通常用矩阵 $(\mathbf{SSW}+\mathbf{SSB})^{-1}(\mathbf{SSB})$ 的最大特征根 $\theta_{\max}$ 作为检验统计量, 并称它为 Pillal 的 $\theta_{\max}$ 统计量, 简称 $\theta_{\max}$ 统计量. $\lambda_{\max}$ 与 $\theta_{\max}$ 之间的关系见 (5.4.21) 式. 下面讨论 $\lambda_{\max}$ 统计量的抽样分布问题, 而将 $\theta_{\max}$ 统计量的抽样分布问题留作习题 (见习题 5.12).

在原假设成立时, $(\mathbf{SSB})\sim W_p(k-1,\boldsymbol{\Sigma})$, $(\mathbf{SSW})\sim W_p(n-k,\boldsymbol{\Sigma})$, $n\geqslant p+k$, **SSB** 与 **SSW** 相互独立. 由此可见, 求 $\lambda_{\max}$ 统计量的抽样分布的问题等价于解下面的问题:

设 $\boldsymbol{A}\sim W_p(n,\boldsymbol{\Sigma})$, $\boldsymbol{B}\sim W_p(m,\boldsymbol{\Sigma})$, $\boldsymbol{A}$ 与 $\boldsymbol{B}$ 相互独立, $n\geqslant p$, 试求 $\boldsymbol{A}^{-1}\boldsymbol{B}$ 或等价地求 $\boldsymbol{A}^{-1/2}\boldsymbol{B}\boldsymbol{A}^{-1/2}$ 的最大特征根的分布. 由于 $\boldsymbol{A}^{-1}\boldsymbol{B}$ 的特征根就是方程 $|\boldsymbol{B}-\lambda\boldsymbol{A}|=0$ 的根, 显然也就是方程 $\left|\boldsymbol{\Sigma}^{-1/2}\boldsymbol{B}\boldsymbol{\Sigma}^{-1/2}-\lambda\boldsymbol{\Sigma}^{-1/2}\boldsymbol{A}\boldsymbol{\Sigma}^{-1/2}\right|=0$ 的根. 由于 $\boldsymbol{\Sigma}^{-1/2}\boldsymbol{A}\boldsymbol{\Sigma}^{-1/2}\sim W_p(n,\boldsymbol{I}_p)$, $\boldsymbol{\Sigma}^{-1/2}\boldsymbol{B}\boldsymbol{\Sigma}^{-1/2}\sim W_p(m,\boldsymbol{I}_p)$, 所以不失一般性, 在求 $\lambda_{\max}$ 统计量的抽样分布时不妨假设 $\boldsymbol{\Sigma}=\boldsymbol{I}_p$. 为求 $\lambda_{\max}$ 统计量, 即 $\boldsymbol{A}^{-1}\boldsymbol{B}$ 的最大特征根的分布, 首先考虑它的非零特征根的分布的计算.

下面分 $m\geqslant p$ 和 $m<p$ 两种情况分别计算 $\boldsymbol{A}^{-1}\boldsymbol{B}$ 的非零特征根的分布.

情况 1　$m\geqslant p$. 此时 $\boldsymbol{W}=\boldsymbol{A}^{-1/2}\boldsymbol{B}\boldsymbol{A}^{-1/2}$ 以概率 1 为正定矩阵, $\boldsymbol{W}$ 有 p 个正的特征根. 取习题 3.4 (2) 的 $k=1$, 从而知 $\boldsymbol{W}=\boldsymbol{A}^{-1/2}\boldsymbol{B}\boldsymbol{A}^{-1/2}$ 有密度函数为

$$\frac{\Gamma_p((m+n)/2)}{\Gamma_p(m/2)\Gamma_p(n/2)}\cdot|\boldsymbol{W}|^{(m-p-1)/2}\,|\boldsymbol{I}_p+\boldsymbol{W}|^{-(m+n)/2}. \tag{5.5.12}$$

下面的做法与求 Wishart 分布矩阵特征根分布的方法相同. 令正交变换 $\boldsymbol{W} = \boldsymbol{U\Lambda U}'$, $\boldsymbol{U}$ 为对角线上的元素都是非负的正交矩阵, $\boldsymbol{\Lambda} = \mathrm{diag}(\lambda_1, \cdots, \lambda_p)$ 为对角矩阵, 其中, $\lambda_1 \geqslant \cdots \geqslant \lambda_p > 0$ 是 $\boldsymbol{W} = \boldsymbol{A}^{-1/2}\boldsymbol{B}\boldsymbol{A}^{-1/2}$, 即 $\boldsymbol{A}^{-1}\boldsymbol{B}$ 的特征根. 首先由 $\boldsymbol{W}$ 的密度函数计算 $(\boldsymbol{U}, \boldsymbol{\Lambda})$ 的密度函数, 然后由 $(\boldsymbol{U}, \boldsymbol{\Lambda})$ 的密度函数计算 $\boldsymbol{\Lambda}$, 即 $\boldsymbol{W}$ 的特征根的密度函数. 由此看来 $\boldsymbol{\Lambda}$ 是连续型变量. 这说明 $m \geqslant p$ 时, 以概率 1 保证 $\boldsymbol{W}$ 的 p 个正的特征根互不相等 $\lambda_1 > \cdots > \lambda_p > 0$.

根据正交变换雅可比行列式的计算公式 (见 (5.5.1) 式), 得到 $(\boldsymbol{U}, \boldsymbol{\Lambda})$ 的密度函数为

$$\frac{\Gamma_p\left((m+n)/2\right)}{\Gamma_p(m/2)\,\Gamma_p(n/2)} \cdot \left(\prod_{i=1}^{p}\lambda_i\right)^{(m-p-1)/2} \left(\prod_{i=1}^{p}(1+\lambda_i)\right)^{-(m+n)/2} \cdot \prod_{1\leqslant i<j\leqslant p}(\lambda_i - \lambda_j) \cdot \left|g_p(\boldsymbol{U})\right|,$$

接下来利用积分 (见 (5.5.9) 式), 得到 $\boldsymbol{W} = \boldsymbol{A}^{-1/2}\boldsymbol{B}\boldsymbol{A}^{-1/2}$, 即 $\boldsymbol{A}^{-1}\boldsymbol{B}$ 的特征根的密度函数为

$$\frac{\pi^{p^2/2}\Gamma_p\left((m+n)/2\right)\left(\prod_{i=1}^{p}\lambda_i\right)^{(m-p-1)/2}\left(\prod_{i=1}^{p}(1+\lambda_i)\right)^{-(m+n)/2}\prod_{1\leqslant i<j\leqslant p}(\lambda_i-\lambda_j)}{\Gamma_p(m/2)\,\Gamma_p(n/2)\,\Gamma_p(p/2)}.$$

情况 2 $m < p$. 这时 p 阶矩阵 $\boldsymbol{A}^{-1/2}\boldsymbol{B}\boldsymbol{A}^{-1/2}$ 非正定, 它的 p 个特征根中有 $p-m$ 个等于零, 仅有 m 个非零. 而情况 1, $m \geqslant p$ 时 p 阶矩阵 $\boldsymbol{A}^{-1/2}\boldsymbol{B}\boldsymbol{A}^{-1/2}$ 正定, 它的 p 个特征根都非零. 情况 2 与情况 1 最大的不同就在于此. 下面将说明情况 2 可以转化为情况 1.

设 $\boldsymbol{x}_1, \cdots, \boldsymbol{x}_m$ 相互独立, $\boldsymbol{x}_i \sim N_p(0, \boldsymbol{I}_p)$, $i = 1, \cdots, m$. 令 $\boldsymbol{X}' = (\boldsymbol{x}_1, \cdots, \boldsymbol{x}_m)$, 则 $\boldsymbol{B} \overset{\mathrm{d}}{=} \boldsymbol{X}'\boldsymbol{X} \sim W_p(m, \boldsymbol{I}_p)$. 令 $\boldsymbol{Y}' = \boldsymbol{A}^{-1/2}\boldsymbol{X}'$, 则 $\boldsymbol{Y}'\boldsymbol{Y} = \boldsymbol{A}^{-1/2}\left(\boldsymbol{X}'\boldsymbol{X}\right)\boldsymbol{A}^{-1/2} \overset{\mathrm{d}}{=} \boldsymbol{A}^{-1/2}\boldsymbol{B}\boldsymbol{A}^{-1/2}$. 从而知, 欲求 $\boldsymbol{A}^{-1/2}\boldsymbol{B}\boldsymbol{A}^{-1/2}$ 的非零特征根的分布, 仅需求 $\boldsymbol{Y}'\boldsymbol{Y}$ 的非零特征根的分布. 同 $\boldsymbol{A}^{-1/2}\boldsymbol{B}\boldsymbol{A}^{-1/2}$, p 阶矩阵 $\boldsymbol{Y}'\boldsymbol{Y}$ 也非正定, 它的 p 个特征根中也是 $p-m$ 个等于零, 它也仅有 m 个非零特征根. 知道, $\boldsymbol{Y}'\boldsymbol{Y}$ 与 $\boldsymbol{Y}\boldsymbol{Y}'$ 有相同的非零特征根, 考虑到 m 阶矩阵 $\boldsymbol{Y}\boldsymbol{Y}'$ 正定, 它的 m 个特征根都非零, 所以将求 $\boldsymbol{A}^{-1/2}\boldsymbol{B}\boldsymbol{A}^{-1/2}$ 的非零特征根分布的问题进一步转化为求 $\boldsymbol{Y}\boldsymbol{Y}'$ 的特征根分布的问题. 为此首先计算 $\boldsymbol{W} = \boldsymbol{Y}\boldsymbol{Y}'$ 的密度函数.

由习题 3.2 (1) 知, $\boldsymbol{Y}' = \boldsymbol{A}^{-1/2}\boldsymbol{X}'$ 的密度函数为

$$\frac{\Gamma_p\left((m+n)/2\right)}{\pi^{mp/2}\Gamma_p(n/2)}\left|\boldsymbol{I}_p + \boldsymbol{Y}'\boldsymbol{Y}\right|^{-(m+n)/2}, \tag{5.5.13}$$

其中, $\boldsymbol{Y}'$ 是 $p \times m$ 阶矩阵. 在 3.2 节计算 Wishart 分布的特征函数时, 曾经证明了一个等式, 即 (3.2.5) 式. 利用这个等式, 有 $\left|\boldsymbol{I}_p + \boldsymbol{Y}'\boldsymbol{Y}\right| = \left|\boldsymbol{I}_m + \boldsymbol{Y}\boldsymbol{Y}'\right|$, 从而可以将

$\boldsymbol{Y}'$ 的密度函数改写为

$$\frac{\Gamma_p\left((m+n)/2\right)}{\pi^{mp/2}\Gamma_p\left(n/2\right)}\left|\boldsymbol{I}_m+\boldsymbol{Y}\boldsymbol{Y}'\right|^{-(m+n)/2}. \tag{5.5.14}$$

由于情况 2 是 $m<p$, 所以 (5.5.14) 式中的 m 阶矩阵 $\boldsymbol{Y}\boldsymbol{Y}'$ 以概率 1 正定, 而 (5.5.13) 式中的 p 阶矩阵 $\boldsymbol{Y}'\boldsymbol{Y}$ 非正定. 将 (5.5.13) 式改写为 (5.5.14) 式的目的是为了利用许氏公式 (见附录 A.9.1). 为方便起见, 这里将定理 A.9.1 (许氏公式) 复述如下.

许氏公式　若 $p\times n$ 阶矩阵变量 $\boldsymbol{X}$ 以概率 1 行满秩, 即它的秩以概率 1 有 $R(\boldsymbol{X})=p\leqslant n$, 且其密度函数形为 $f\left(\boldsymbol{X}\boldsymbol{X}'\right)$, 则 p 阶矩阵 $\boldsymbol{W}=\boldsymbol{X}\boldsymbol{X}'$ 的密度函数形为

$$\frac{\pi^{pn/2}}{\Gamma_p\left(n/2\right)}\cdot|\boldsymbol{W}|^{(n-p-1)/2}f\left(\boldsymbol{W}\right).$$

显然, 许氏公式还可等价地按下面的方式表述.

许氏公式　若 $n\times p$ 阶矩阵变量 $\boldsymbol{X}$ 以概率 1 列满秩, 即它的秩以概率 1 有 $R(\boldsymbol{X})=p\leqslant n$, 且其密度函数形为 $f\left(\boldsymbol{X}'\boldsymbol{X}\right)$, 则 p 阶矩阵 $\boldsymbol{W}=\boldsymbol{X}'\boldsymbol{X}$ 的密度函数形为

$$\frac{\pi^{pn/2}}{\Gamma_p\left(n/2\right)}\cdot|\boldsymbol{W}|^{(n-p-1)/2}f\left(\boldsymbol{W}\right).$$

由于 $\boldsymbol{Y}'\boldsymbol{Y}$ 非正定, 所以许氏公式不能用于 (5.5.13) 式. 但如果令 $\boldsymbol{W}=\boldsymbol{Y}\boldsymbol{Y}'$, 其中, $\boldsymbol{Y}$ 是 $m\times p$ 阶行满秩阵, 则许氏公式可用于 (5.5.14) 式, 从而得到 m 阶矩阵 $\boldsymbol{W}=\boldsymbol{Y}\boldsymbol{Y}'$ 的密度函数为

$$\frac{\Gamma_p\left((m+n)/2\right)}{\Gamma_m\left(p/2\right)\Gamma_p\left(n/2\right)}|\boldsymbol{W}|^{(p-m-1)/2}\left|\boldsymbol{I}_m+\boldsymbol{W}\right|^{-(m+n)/2}. \tag{5.5.15}$$

有了 $\boldsymbol{W}$ 的密度函数之后, 与上述情况 1 的做法完全相类似地, 可以得到 $\boldsymbol{W}=\boldsymbol{Y}\boldsymbol{Y}'$ 的特征根, 也就是 $\boldsymbol{A}^{-1/2}\boldsymbol{B}\boldsymbol{A}^{-1/2}$ 的非零特征根分布的密度函数, 其计算过程从略. 下面着重说明如何将情况 2 转化为情况 1.

在情况 2, $m<p$ 时, 有

$$\frac{\Gamma_p\left(\dfrac{m+n}{2}\right)}{\Gamma_p\left(\dfrac{n}{2}\right)}=\frac{\prod\limits_{i=1}^{p}\Gamma\left(\dfrac{m+n-i+1}{2}\right)}{\prod\limits_{i=1}^{p}\Gamma\left(\dfrac{n-i+1}{2}\right)}$$

$$=\frac{\prod\limits_{i=1}^{m}\Gamma\left(\dfrac{m+n-i+1}{2}\right)}{\prod\limits_{i=1}^{m}\Gamma\left(\dfrac{m+n-p-i+1}{2}\right)}=\frac{\Gamma_m\left(\dfrac{m+n}{2}\right)}{\Gamma_m\left(\dfrac{m+n-p}{2}\right)}.$$

所以在 $m<p$ 时, $\boldsymbol{W}$ 的密度函数 (见 (5.5.15) 式) 可改写为

$$\frac{\Gamma_m\left(\left(p+(m+n-p)\right)/2\right)}{\Gamma_m\left(p/2\right)\Gamma_m\left(\left(m+n-p\right)/2\right)}|\boldsymbol{W}|^{(p-m-1)/2}|\boldsymbol{I}_m+\boldsymbol{W}|^{-(p+(m+n-p))/2}. \tag{5.5.16}$$

注 (5.5.16) 式中的 $\boldsymbol{W}$ 是 m 阶矩阵, 而 (5.5.12) 式的 $\boldsymbol{W}$ 是 p 阶矩阵. 将 (5.5.16) 式与 (5.5.12) 式进行比较和对照, 就可看到, (5.5.16) 式中的 $m, m+n-p, p$ 分别对应于 (5.5.12) 式中的 p, n, m. 这也就是说, 在 $n \geqslant p$, $m<p$ 时, 情况 2 可以转化为情况 1. 转化的过程如下:

情况 2 $n \geqslant p$, $m<p$ 时, $\boldsymbol{A} \sim W_p(n, \boldsymbol{\Sigma})$, $\boldsymbol{B} \sim W_p(m, \boldsymbol{\Sigma})$, $\boldsymbol{A}$ 与 $\boldsymbol{B}$ 相互独立, $\boldsymbol{A}^{-1}\boldsymbol{B}$ 的非零特征根的分布等同于情况 1 时 $\boldsymbol{A} \sim W_m(m+n-p, \boldsymbol{\Sigma})$, $\boldsymbol{B} \sim W_m(p, \boldsymbol{\Sigma})$, $\boldsymbol{A}$ 与 $\boldsymbol{B}$ 相互独立, $\boldsymbol{A}^{-1}\boldsymbol{B}$ 的特征根的分布, 其中, $m+n-p \geqslant m$, $p>m$.

在将情况 2 转化为情况 1 后, 情况 2 讨论的问题, 即 $m<p$ 时 $\boldsymbol{A}^{-1}\boldsymbol{B}$ 的非零特征根的分布的计算问题也就得到了解决, 详细计算过程从略.

5.4 节将 $\boldsymbol{A} \sim W_p(n, \boldsymbol{I}_p)$, $\boldsymbol{B} \sim W_p(m, \boldsymbol{I}_p)$, $\boldsymbol{A}$ 与 $\boldsymbol{B}$ 相互独立时, $\boldsymbol{A}^{-1}\boldsymbol{B}$ 的最大特征根 $\lambda_{\max}$ 统计量记为 $\lambda_{\max}(p, n, m)$, 则由于情况 1 与情况 2 可以互相转化, 所以

$$\lambda_{\max}(p, n, m) \overset{\mathrm{d}}{=} \lambda_{\max}(m, m+n-p, p). \tag{5.5.17}$$

5.4 节将 $(\boldsymbol{A}+\boldsymbol{B})^{-1}\boldsymbol{B}$ 的最大特征根 $\theta_{\max}$ 统计量记为 $\theta_{\max}(p, n, m)$, 那么根据 (5.5.17) 式以及 (5.4.21) 式, 有

$$\theta_{\max}(p, n, m) \overset{\mathrm{d}}{=} \theta_{\max}(m, m+n-p, p).$$

这就证明了 (5.4.24) 式.

虽然求得了 $\boldsymbol{W}=\boldsymbol{A}^{-1/2}\boldsymbol{B}\boldsymbol{A}^{-1/2}$ 的非零特征根的密度函数, 但由 $\boldsymbol{W}$ 的非零特征根的密度函数计算其最大特征根 $\lambda_{\max}$ 的密度函数很是复杂. 计算过程从略.

5.6 多重比较

多重比较就是有若干个检验问题同时检验. 在 5.1 节均值的检验问题中, 总体 $\boldsymbol{X} \sim N_p(\boldsymbol{\mu}, \boldsymbol{\Sigma})$, $\boldsymbol{\mu}=(\mu_1, \cdots, \mu_p)'$ 未知, $\boldsymbol{\mu}_0=(\mu_{10}, \cdots, \mu_{p0})'$ 已知. 倘若 Hotelling T^2 检验说明, 原假设 "$\boldsymbol{\mu}=\boldsymbol{\mu}_0$" 被拒绝, 那么很关心的一个问题就是, 对于哪一些 $i(i=1, \cdots, p)$ 来说, $\mu_i \neq \mu_{i0}$. 这也就是说, 将考虑下面的 p 个检验问题:

$$H_{i0}: \mu_i=\mu_{i0}, \quad H_{i1}: \mu_i \neq \mu_{i0}, \quad i=1, \cdots, p. \tag{5.6.1}$$

根据样本 $\boldsymbol{x}_1, \cdots, \boldsymbol{x}_n$i.i.d. $\sim N_p(\boldsymbol{\mu}, \boldsymbol{\Sigma})$, $n \geqslant p+1$, 作出判断, 这些检验问题中哪一些被拒绝, 哪一些不能被拒绝. 这种类型的问题就是多重比较.

通常考虑的检验问题只有一个. 在只有一个检验问题时, 给出了一个检验方法犯第 1 类和第 2 类错误以及犯这两类错误的概率的定义, 并把它们作为评判一个检验方法好坏的标准. 多重比较考虑的检验问题有好几个, 要对每一个检验问题都给出拒绝或不能拒绝的判断. 如何将只有一个检验问题时犯第 1 类和第 2 类错误以及犯这两类错误的概率的定义推广到多重比较, 如何判断一个多重比较方法的好坏, 这是首先要解决的问题.

5.6.1 错误率

以多重比较问题 (5.6.1) 为例, 说明它的一个重要概念 —— 错误率的含义. 记集合 $\Omega = \{1, \cdots, p\}$, $I = \{i : \mu_i = \mu_{i0}, 1, \cdots, p\}$, $I \subseteq \Omega$. (5.6.1) 式的 p 个检验问题中有的原假设为真, 有的原假设不为真, 而 I 就是由原假设为真的这样一些检验问题构成的集合. 已经熟悉了只有一个检验问题时检验犯第 1 类错误以及犯第 1 类错误的概率的定义, 很自然地按下面的方式推广到多重比较问题.

犯错误 对某个多重比较方法而言, 若存在 $i \in I$, 按这个多重比较方法拒绝 H_{i0}, 认为 $\mu_i \neq \mu_{i0}$, 这时称它犯错误. 这说明, 犯错误意味着至少存在这样的一个 $i \in I$, H_{i0} 被拒绝.

错误率(error rate) 对某个 I 而言, 用 Θ_I 表示 I 时参数 $\boldsymbol{\mu}$ 的集合

$$\Theta_I = \left\{\boldsymbol{\mu} = (\mu_1, \cdots, \mu_p)' : \mu_i = \mu_{i0}, i \in I; \mu_i \neq \mu_{i0}, i \notin I\right\},$$

那么对某个 I 而言, 多重比较方法犯错误的概率为

$$\sup_{\boldsymbol{\mu} \in \Theta_I} \left\{P\left(\bigcup_{i \in I} (\text{拒绝 } H_{i0})\right)\right\}. \tag{5.6.2}$$

对每一个 $I \subseteq \Omega$, 都按 (5.6.2) 式计算犯错误的概率, 那么多重比较方法的错误率就定义为它们的上确界

$$\sup_{I \subseteq \Omega}\left\{\sup_{\boldsymbol{\mu} \in \Theta_I}\left[P\left(\bigcup_{i \in I} (\text{拒绝 } H_{i0})\right)\right]\right\}, \tag{5.6.3}$$

或简单地写为

$$\sup\left[P\left(\bigcup_{i \in I} (\text{拒绝 } H_{i0})\right)\right].$$

在 $I = \{1\}$ 时, 犯错误的概率就是在 $\mu_1 = \mu_{10}$, 而 $\mu_2 \neq \mu_{20}, \cdots, \mu_p \neq \mu_{p0}$ 的情况下计算概率 $P\{\text{拒绝 } H_{10}\}$, 并取它的上确界. 在 $I = \{1, 2\}$ 时, 犯错误的概率就

是在 $\mu_1=\mu_{10}$, $\mu_2=\mu_{20}$, 而 $\mu_3\neq\mu_{30},\cdots,\mu_p\neq\mu_{p0}$ 的情况下, 下面这个概率的上确界:

$$P\left(\text{拒绝 } H_{10}, \text{不拒绝 } H_{20}\right)+P\left(\text{拒绝 } H_{20}, \text{不拒绝 } H_{10}\right)+P\left(\text{拒绝 } H_{10} \text{ 与 } H_{20}\right).$$

在 $I=\{1,2\}$ 时, 犯错误的概率也可以是下面这个概率的上确界:

$$P\left(\text{拒绝 } H_{10}\right)+P\left(\text{拒绝 } H_{20}, \text{不拒绝 } H_{10}\right).$$

通常把一些比较有把握或者不能被轻易否定的命题作为原假设, 所以就如 Neyman 和 Pearson 的假设检验理论的基本思想所说的, 对多重比较问题也是着重控制它的错误率, 即首先给定一个比较小的数 α, 然后构造错误率不大于 α 的检验方法.

类似地, 只有一个检验问题时检验犯第 2 类错误以及犯第 2 类错误的概率的定义也可以推广到多重比较问题. 详细叙述这里从略.

5.6.2 联合置信区间

已经知道, 假设检验和区间估计 (或置信域) 这两个统计推断问题有着非常密切的关系. 既然多重比较是若干个检验问题的同时检验, 可想而知, 多重比较就与联合置信区间有关系. 下面以多重比较问题 (5.6.1) 为例, 说明如何由水平为 $1-\alpha$ 的联合置信区间构造多重比较的错误率不大于 α 的检验方法.

对多重比较问题 (5.6.1) 而言, 如果已构造出水平为 $1-\alpha$ 的 p 个参数 $\mu_1,\cdots,\mu_p$ 的联合置信区间 $\{(\hat{\mu}_{iL},\hat{\mu}_{iU}), i=1,\cdots,p\}$, 它使得

$$P\left(\hat{\mu}_{iL}<\mu_i<\hat{\mu}_{iU}, i=1,\cdots,p\right)=P\left(\bigcap_{i=1}^{p}\left\{\hat{\mu}_{iL}<\mu_i<\hat{\mu}_{iU}\right\}\right)\geqslant 1-\alpha, \tag{5.6.4}$$

则基于这个 $1-\alpha$ 的联合置信区间就得到了错误率不大于 α 的一个检验方法: 对每一个 $i=1,\cdots,p$,

$$\text{若 } \mu_{i0}\leqslant\hat{\mu}_{iL} \text{ 或 } \mu_{i0}\geqslant\hat{\mu}_{iU}, \text{ 则拒绝 } H_{i0}, \text{ 认为 } \mu_i\neq\mu_{i0};$$

$$\text{否则, 即在 } \hat{\mu}_{iL}<\mu_{i0}<\hat{\mu}_{iU} \text{ 时不拒绝 } H_{i0}, \text{ 认为 } \mu_i=\mu_{i0}.$$

显然, 为了证明这个检验方法的错误率不大于 α, 仅需证明对任意的 $I\subseteq\Omega=\{1,\cdots,p\}$, 这个检验方法犯错误的概率不会超过 α, 即需证明

$$P\left(\bigcup_{i\in I}\left(\text{拒绝 } H_{i0}\right)\right)\leqslant\alpha. \tag{5.6.5}$$

由于

$$
\begin{aligned}
P\left(\bigcup_{i\in I}(\text{拒绝 } H_{i0})\right) &= P\left(\bigcup_{i\in I}[(\mu_{i0}\leqslant\hat{\mu}_{iL})\cup(\mu_{i0}\geqslant\hat{\mu}_{iU})]\right)\\
&=1-P\left(\bigcap_{i\in I}(\hat{\mu}_{iL}<\mu_{i0}<\hat{\mu}_{iU})\right)\\
&\leqslant 1-P\left(\left[\bigcap_{i\in I}(\hat{\mu}_{iL}<\mu_{i0}<\hat{\mu}_{iU})\right]\bigcap\left[\bigcap_{i\notin I}(\hat{\mu}_{iL}<\mu_{i}<\hat{\mu}_{iU})\right]\right),
\end{aligned}
$$

并由 (5.6.4) 式知

$$
P\left(\left[\bigcap_{i\in I}(\hat{\mu}_{iL}<\mu_{i0}<\hat{\mu}_{iU})\right]\bigcap\left[\bigcap_{i\notin I}(\hat{\mu}_{iL}<\mu_{i}<\hat{\mu}_{iU})\right]\right)\geqslant 1-\alpha,
$$

所以 (5.6.5) 式得到了证明. 由 $1-\alpha$ 的联合置信区间导出多重比较问题的错误率不大于 α 的一个检验方法, 这是解决多重比较问题常用的一个方法.

多重比较问题理论很丰富, 应用很广, 有兴趣的读者可阅读文献 [86].

下面以多重比较问题 (5.6.1) 为例, 给出多元统计分析领域构造联合置信区间的一些常用方法.

5.6.3　Bonferroni 不等式方法

设样本 $\boldsymbol{x}_1,\cdots,\boldsymbol{x}_n$ i.i.d. $\sim N_p(\boldsymbol{\mu},\boldsymbol{\Sigma})$, $\boldsymbol{\mu}$ 和 $\boldsymbol{\Sigma}$ 的常用估计为

$$
\text{样本均值 } \bar{\boldsymbol{x}}=\frac{\sum_{i=1}^{n}\boldsymbol{x}_i}{n}=(\bar{x}_1,\cdots,\bar{x}_p)',
$$

$$
\text{样本协方差阵 } \boldsymbol{S}=\frac{\sum_{i=1}^{n}(\boldsymbol{x}_i-\bar{\boldsymbol{x}})(\boldsymbol{x}_i-\bar{\boldsymbol{x}})'}{n-1}=(s_{ij}).
$$

显然

$$
\sqrt{n}\frac{\bar{x}_i-\mu_i}{\sqrt{s_{ii}}}\sim t(n-1),\quad i=1,\cdots,p. \tag{5.6.6}
$$

由此可见, 取 $\boldsymbol{\mu}=(\mu_1,\cdots,\mu_p)'$ 的联合置信区间为下面的形式是合理的:

$$
\sqrt{n}\frac{|\bar{x}_i-\mu_i|}{\sqrt{s_{ii}}}<c,\quad i=1,\cdots,p,
$$

或等价地写为

$$
\bar{x}_i-c\frac{\sqrt{s_{ii}}}{\sqrt{n}}<\mu_i<\bar{x}_i+c\frac{\sqrt{s_{ii}}}{\sqrt{n}},\quad i=1,\cdots,p, \tag{5.6.7}
$$

其中, c 待定, 以使得这个联合置信区间的水平为 $1-\alpha$,

$$P\left(\bigcap_{i=1}^{p}\left\{\bar{x}_i - c\frac{\sqrt{s_{ii}}}{\sqrt{n}} < \mu_i < \bar{x}_i + c\frac{\sqrt{s_{ii}}}{\sqrt{n}}\right\}\right) \geqslant 1-\alpha. \tag{5.6.8}$$

根据众所周知的 Bonferroni 不等式

$$P\left(\bigcup_{i=1}^{p} A_i\right) \leqslant \sum_{i=1}^{p} P(A_i),$$

有

$$P\left(\bigcap_{i=1}^{p} A_i\right) = 1 - P\left(\bigcup_{i=1}^{p} A_i^{\mathrm{c}}\right) \geqslant 1 - \sum_{i=1}^{p} P(A_i^{\mathrm{c}}), \tag{5.6.9}$$

其中, A_i^{c} 表示事件 A_i 的逆事件. 从而由 (5.6.9) 式知

$$\begin{aligned}
&P\left(\bigcap_{i=1}^{p}\left\{\bar{x}_i - c\frac{\sqrt{s_{ii}}}{\sqrt{n}} < \mu_i < \bar{x}_i + c\frac{\sqrt{s_{ii}}}{\sqrt{n}}\right\}\right)\\
\geqslant{}& 1 - \sum_{i=1}^{p} P\left(\left(\mu_i \leqslant \bar{x}_i - c\frac{\sqrt{s_{ii}}}{\sqrt{n}}\right) \bigcup \left(\mu_i \geqslant \bar{x}_i + c\frac{\sqrt{s_{ii}}}{\sqrt{n}}\right)\right)\\
={}& 1 - \sum_{i=1}^{p} P\left(\sqrt{n}\frac{|\bar{x}_i - \mu_i|}{\sqrt{s_{ii}}} \geqslant c\right).
\end{aligned} \tag{5.6.10}$$

所以为了使得 (5.6.8) 式成立, 只需

$$P\left(\sqrt{n}\frac{|\bar{x}_i - \mu_i|}{\sqrt{s_{ii}}} \geqslant c\right) \leqslant \frac{\alpha}{p}.$$

根据 (5.6.6) 式, 取 $c = t_{1-\alpha/(2p)}(n-1)$, 其中, $t_{1-\alpha/(2p)}(n-1)$ 是自由度为 $n-1$ 的 t 分布的 $1-\alpha/(2p)$ 分位点. 从而得到 $\boldsymbol{\mu} = (\mu_1, \cdots, \mu_p)'$ 的 $1-\alpha$ 的联合置信区间为

$$\bar{x}_i - \frac{\sqrt{s_{ii}}}{\sqrt{n}} t_{1-\alpha/(2p)}(n-1) < \mu_i < \bar{x}_i + \frac{\sqrt{s_{ii}}}{\sqrt{n}} t_{1-\alpha/(2p)}(n-1), \quad i = 1, \cdots, p,$$

其长度为

$$2\frac{\sqrt{s_{ii}}}{\sqrt{n}} t_{1-\alpha/(2p)}(n-1). \tag{5.6.11}$$

通常, 尤其是在实际问题中, 把这个联合置信区间简写为

$$\mu_i : \bar{x}_i \pm \frac{\sqrt{s_{ii}}}{\sqrt{n}} t_{1-\alpha/(2p)}(n-1), \quad i = 1, \cdots, p.$$

由此得到了多重比较问题 (5.6.1) 的错误率不大于 α 的一个检验方法: 对第 i 个检验问题, $i=1,\cdots,p$, 若

$$\mu_{i0} \leqslant \bar{x}_i - \frac{\sqrt{s_{ii}}}{\sqrt{n}} t_{1-\alpha/(2p)}(n-1) \text{ 或}$$

$$\mu_{i0} \geqslant \bar{x}_i + \frac{\sqrt{s_{ii}}}{\sqrt{n}} t_{1-\alpha/(2p)}(n-1),$$

则拒绝 H_{i0}; 否则, 即在

$$\bar{x}_i - \frac{\sqrt{s_{ii}}}{\sqrt{n}} t_{1-\alpha/(2p)}(n-1) < \mu_{i0} < \bar{x}_i + \frac{\sqrt{s_{ii}}}{\sqrt{n}} t_{1-\alpha/(2p)}(n-1)$$

时不拒绝 H_{i0}.

这个检验方法通常简单地写为

对每一个 $i=1,\cdots,p$,

$$\text{若 } |t_i| \geqslant t_{1-\alpha/(2p)}(n-1), \text{ 则拒绝 } H_{i0};$$

$$\text{否则, 即在 } |t_i| < t_{1-\alpha/(2p)}(n-1) \text{ 时不拒绝 } H_{i0},$$

其中,

$$t_i = \sqrt{n}\frac{\bar{x}_i - \mu_{i0}}{\sqrt{s_{ii}}}, \quad i=1,\cdots,p.$$

(5.6.9) 式等号成立的条件是 $A_1^c,\cdots,A_p^c$ 两两互不相容, 所以 (5.6.10) 式等号成立的条件是, 下列这 p 个事件两两不可能同时发生:

$$\left\{\sqrt{n}\frac{|\bar{x}_1-\mu_1|}{\sqrt{s_{11}}} \geqslant c\right\}, \quad \cdots, \quad \left\{\sqrt{n}\frac{|\bar{x}_p-\mu_p|}{\sqrt{s_{pp}}} \geqslant c\right\}.$$

由此可见, (5.6.10) 式的等号一般来说是不会成立的, 所以 (5.6.8) 式的大于号 “>” 一般来说总是成立的. 知道 (5.6.8) 式说明这个联合置信区间水平为 $1-\alpha$, 正因为它的大于号 “>” 一般来说总是成立的, 所以称由 Bonferroni 不等式得到的联合置信区间是较为 “保守” 的. 所谓 “保守” 指的是它的水平并没有被 “足量” 地使用. 这就导致使用 Bonferroni 不等式方法得到的多重比较问题的检验方法也较为 “保守”. 下面说明一个检验方法 “保守” 的含义以及它有什么不足.

根据多重比较错误率的计算公式 (5.6.3), 说一个错误率不大于 α 的检验方法. 如果它犯错误的概率总是等于 α, 也就是对任意的 I 和 Θ_I,

$$P\left(\bigcup_{i\in I}(\text{拒绝 } H_{i0})\right) = \alpha,$$

那么这个检验方法的错误率就被"足量"地使用. 所谓一个错误率不大于 α 的检验方法是"保守"的, 指的是错误率没有被"足量"地使用, 它犯错误的概率并不始终都等于 α, 即对某一些 I 或 Θ_I,

$$P\left(\bigcup_{i\in I}(\text{拒绝 } H_{i0})\right) < \alpha.$$

相对于错误率被足量使用的检验方法来说, 错误率没有被"足量"使用的检验方法的不足之处就在于, 在原假设非真时, 不拒绝它, 从而认为它是真的, 犯这种类型(即通常所说的第 2 类) 错误的概率就比错误率被"足量"使用的检验方法大. 但遗憾的是, 难以得到错误率被足量地使用的检验方法. 一般来说, 通常考虑的是这样的一个问题, 错误率没有被足量使用的检验方法有没有改进的余地. 所谓改进就是在错误率仍不大于 α 的前提下, 提高它犯错误的概率. 由 Bonferroni 不等式得到的多重比较问题的检验方法的改进问题将在 5.6.6 节中叙述.

5.6.4 Scheffe 方法

Scheffe 方法[125,126] 实际上讨论的是下面这样一个多重比较问题:

$$H_{\boldsymbol{a}0}: \boldsymbol{a}'\boldsymbol{\mu} = \boldsymbol{a}'\boldsymbol{\mu}_0, \quad H_{\boldsymbol{a}1}: \boldsymbol{a}'\boldsymbol{\mu} \neq \boldsymbol{a}'\boldsymbol{\mu}_0, \quad \boldsymbol{a} \in \mathbf{R}^p. \tag{5.6.12}$$

前面所讨论的多重比较问题 (5.6.1) 被它所包含. 这说明多重比较问题 (5.6.12) 的错误率不超过 α 的检验方法, 当然也是多重比较问题 (5.6.1) 的错误率不超过 α 的检验方法. 但反之不真. 同样地, $\{\boldsymbol{a}'\boldsymbol{\mu}, \boldsymbol{a} \in \mathbf{R}^p\}$ 的 1-α 联合置信区间一定也是 p 个参数 $\boldsymbol{\mu}_1, \cdots, \boldsymbol{\mu}_p$ 的 1-α 联合置信区间. Scheffe 方法实际上是通过构造 $\{\boldsymbol{a}'\boldsymbol{\mu}, \boldsymbol{a} \in \mathbf{R}^p\}$ 的 1-α 联合置信区间, 从而得到 $\boldsymbol{\mu}_1, \cdots, \boldsymbol{\mu}_p$ 的 1-α 联合置信区间. 由此可见, 这个方法同 Bonferroni 不等式方法, 它也是"保守"的. 其改进问题将在本节的 5.6.6 节中叙述. 此外还可以看到, Scheffe 方法与在本章前面所说的由交并原则构造检验统计量的方法有相似之处.

对任意的 $\boldsymbol{a} \in \mathbf{R}^p$,

$$\sqrt{n}\frac{\boldsymbol{a}'\bar{\boldsymbol{x}} - \boldsymbol{a}'\boldsymbol{\mu}}{\sqrt{\boldsymbol{a}'\boldsymbol{S}\boldsymbol{a}}} \sim t\,(n-1)\,,$$

所以, 取 $\{\boldsymbol{a}'\boldsymbol{\mu}, \boldsymbol{a} \in \mathbf{R}^p\}$ 的联合置信区间为下面的形式是合理的:

$$\sqrt{n}\frac{|\boldsymbol{a}'\bar{\boldsymbol{x}} - \boldsymbol{a}'\boldsymbol{\mu}|}{\sqrt{\boldsymbol{a}'\boldsymbol{S}\boldsymbol{a}}} < c, \quad \boldsymbol{a} \in \mathbf{R}^p,$$

其中, c 待定以使得这个联合置信区间的水平为 $1-\alpha$,

$$P\left(\bigcap_{\boldsymbol{a}\in\mathbf{R}^p}\left\{\sqrt{n}\frac{|\boldsymbol{a}'\bar{\boldsymbol{x}} - \boldsymbol{a}'\boldsymbol{\mu}|}{\sqrt{\boldsymbol{a}'\boldsymbol{s}\boldsymbol{a}}} < c\right\}\right) \geqslant 1-\alpha,$$

或等价地, 要求 c 满足条件

$$P\left(\sup_{\boldsymbol{a}\in\mathbf{R}^p}\sqrt{n}\frac{|\boldsymbol{a}'\bar{\boldsymbol{x}}-\boldsymbol{a}'\boldsymbol{\mu}|}{\sqrt{\boldsymbol{a}'\boldsymbol{S}\boldsymbol{a}}}<c\right)\geqslant 1-\alpha. \tag{5.6.13}$$

下面的做法就完全与由交并原则导出检验统计量的方法相类似了. 根据关于二次型极值的性质 A.8.1 以及 Hotelling T^2 分布的定义, 有

$$\sup_{\boldsymbol{a}\in\mathbf{R}^p}\left\{n\frac{(\boldsymbol{a}'\bar{\boldsymbol{x}}-\boldsymbol{a}'\boldsymbol{\mu})^2}{\boldsymbol{a}'\boldsymbol{S}\boldsymbol{a}}\right\}=n\left(\bar{\boldsymbol{x}}-\boldsymbol{\mu}_0\right)'\boldsymbol{S}^{-1}\left(\bar{\boldsymbol{x}}-\boldsymbol{\mu}_0\right)\sim T_p^2\left(n-1\right).$$

由 Hotelling T^2 分布的性质知

$$\frac{n-p}{p\left(n-1\right)}n\left(\bar{\boldsymbol{x}}-\boldsymbol{\mu}_0\right)'\boldsymbol{S}^{-1}\left(\bar{\boldsymbol{x}}-\boldsymbol{\mu}_0\right)\sim F\left(p,n-p\right),$$

所以满足 (5.6.13) 式的 c 取为

$$c=\sqrt{\frac{p\left(n-1\right)}{n-p}F_{1-\alpha}\left(p,n-p\right)}\ ,$$

其中, $F_{1-\alpha}\left(p,n-p\right)$ 是自由度为 p 和 $n-p$ 的 F 分布的 $1-\alpha$ 分位点. 根据不等式

$$\sqrt{n}\frac{|\boldsymbol{a}'\bar{\boldsymbol{x}}-\boldsymbol{a}'\boldsymbol{\mu}|}{\sqrt{\boldsymbol{a}'\boldsymbol{S}\boldsymbol{a}}}<\sqrt{\frac{p\left(n-1\right)}{n-p}F_{1-\alpha}\left(p,n-p\right)},\quad \boldsymbol{a}\in\mathbf{R}^p,$$

得到了 $\{\boldsymbol{a}'\boldsymbol{\mu},\boldsymbol{a}\in\mathbf{R}^p\}$ 的 $1-\alpha$ 联合置信区间

$$\begin{aligned}&\boldsymbol{a}'\bar{\boldsymbol{x}}-\sqrt{F_{1-\alpha}\left(p,n-p\right)}\sqrt{\frac{p\left(n-1\right)\boldsymbol{a}'\boldsymbol{S}\boldsymbol{a}}{n\left(n-p\right)}}\\&<\boldsymbol{a}'\boldsymbol{\mu}<\boldsymbol{a}'\bar{\boldsymbol{x}}+\sqrt{F_{1-\alpha}\left(p,n-p\right)}\sqrt{\frac{p\left(n-1\right)\boldsymbol{a}'\boldsymbol{S}\boldsymbol{a}}{n\left(n-p\right)}},\end{aligned}$$

其长度为

$$2\sqrt{F_{1-\alpha}\left(p,n-p\right)}\sqrt{\frac{p\left(n-1\right)\boldsymbol{a}'\boldsymbol{S}\boldsymbol{a}}{n\left(n-p\right)}}, \tag{5.6.14}$$

或简写为

$$\boldsymbol{a}'\boldsymbol{\mu}:\boldsymbol{a}'\bar{\boldsymbol{x}}\pm\sqrt{F_{1-\alpha}\left(p,n-p\right)}\sqrt{\frac{p\left(n-1\right)\boldsymbol{a}'\boldsymbol{S}\boldsymbol{a}}{n\left(n-p\right)}},\quad \boldsymbol{a}\in\mathbf{R}^p.$$

取 $\boldsymbol{a}=\boldsymbol{e}_i$ 为第 i 个元素为 1 而其余元素为 0 的向量, $i=1,\cdots,p$, 从而得到 $\boldsymbol{\mu}=(\mu_1,\cdots,\mu_p)'$ 的联合置信区间为

$$\bar{x}_i\pm\sqrt{F_{1-\alpha}\left(p,n-p\right)}\sqrt{\frac{p\left(n-1\right)s_{ii}}{n\left(n-p\right)}},\quad i=1,\cdots,p.$$

由此得到了多重比较问题 (5.6.1) 的错误率不大于 α 的一个检验方法：对第 i 个检验问题, $i=1,\cdots,p$,

$$\text{若 } \mu_{i0} \notin \left(\bar{x}_i \pm \sqrt{F_{1-\alpha}(p,n-p)}\sqrt{\frac{p(n-1)s_{ii}}{n(n-p)}}\right), \text{ 则拒绝 } H_{i0};$$

$$\text{否则, 若 } \mu_{i0} \in \left(\bar{x}_i \pm \sqrt{F_{1-\alpha}(p,n-p)}\sqrt{\frac{p(n-1)s_{ii}}{n(n-p)}}\right), \text{ 不拒绝 } H_{i0}.$$

这个检验方法通常简单地写为

对每一个 $i=1,\cdots,p$,

$$\text{若 } |t_i| \geqslant \sqrt{F_{1-\alpha}(p,n-p)}\sqrt{\frac{p(n-1)}{n-p}}, \text{ 则拒绝 } H_{i0};$$

$$\text{否则, 即在 } |t_i| < \sqrt{F_{1-\alpha}(p,n-p)}\sqrt{\frac{p(n-1)}{n-p}} \text{ 时不拒绝 } H_{i0}.$$

5.6.5 Bonferroni 不等式方法和 Scheffe 方法的比较

由 Bonferroni 不等式方法和由 Scheffe 方法得到的多重比较问题的两个检验方法的不同, 就在于它们的临界值不同, Bonferroni 不等式方法的临界值为

$$b(p,n,\alpha) = t_{1-\alpha/(2p)}(n-1),$$

而 Scheffe 方法的临界值为

$$s(p,n,\alpha) = \sqrt{\frac{p(n-1)}{n-p}F_{1-\alpha}(p,n-p)}.$$

可以证明对一些常用的 p 和 α, 即在 $\alpha \leqslant 0.10$, $p=2,3,\cdots,12$ 时, 对任意的 $n \geqslant p+1$, 都有 $b(p,n,\alpha) < s(p,n,\alpha)$, 即

$$t_{1-\alpha/(2p)}(n-1) < \sqrt{\frac{p(n-1)}{n-p}F_{1-\alpha}(p,n-p)}. \tag{5.6.15}$$

(5.6.15) 式的证明见附录 A.10.

既然 Bonferroni 不等式方法的临界值比 Scheffe 方法的小, 这就导致 Bonferroni 不等式方法的联合区间估计的长度比 Scheffe 方法的短. 对多重比较问题 (5.6.1) 来说, 倾向于使用 Bonferroni 不等式方法进行多重比较. 必须指出的是, Scheffe 方法给出了 $\{\boldsymbol{a}'\boldsymbol{\mu}, \boldsymbol{a} \in \mathbf{R}^p\}$, 也就是 $\boldsymbol{\mu}$ 的任意一个线性组合的联合置信区间, 而 Bonferroni 不等式方法仅给出 $\boldsymbol{\mu}=(\mu_1,\cdots,\mu_p)'$, 也就是 $\{\boldsymbol{a}'\boldsymbol{\mu}, \boldsymbol{a}=\boldsymbol{e}_i \in \mathbf{R}^p, i=1,\cdots,p\}$ 的联

合置信区间. 就此而言, Scheffe 方法的优点就在于它全方位地考察了 p 维向量 $\boldsymbol{\mu}$, 而这恰是 Bonferroni 不等式方法的不足之处.

对某些 n 和 p 的值, 在 $\alpha = 0.05$ 时它们的临界值, 即它们的长度 (见 (5.6.11) 式和 (5.6.14) 式) 之比值见表 5.6.1.

表 5.6.1 Bonferroni 不等式方法的临界值与 Scheffe 方法的临界值的比值

		p				
		2	4	6	8	10
n	15	0.870	0.686	0.541	0.411	0.285
	25	0.892	0.747	0.642	0.557	0.483
	50	0.905	0.782	0.699	0.635	0.582
	100	9.911	0.797	0.722	0.666	0.622
	200	0.913	0.804	0.733	0.681	0.640

前面说了, Bonferroni 不等式方法是 "保守" 的. 同 Bonferroni 不等式方法, 由 Scheffe 方法得到的联合置信区间, 以及多重比较问题的检验方法也是 "保守" 的. 下面一个小节讲述的方法就是 Bonferroni 不等式方法和 Scheffe 方法的改进.

5.6.6 Shaffer-Holm 逐步检验方法

对于多重比较问题 (5.1.6), 已经有了一个水平为 $1-\alpha$ 的联合置信区间

$$P\left(\bar{x}_i - c\frac{\sqrt{s_{ii}}}{\sqrt{n}} < \mu_i < \bar{x}_i + c\frac{\sqrt{s_{ii}}}{\sqrt{n}}, i = 1, \cdots, p\right) \geqslant 1-\alpha,$$

或等价地表示为

$$P\left(\sqrt{n}\frac{|\bar{x}_i - \mu_i|}{\sqrt{s_{ii}}} < c_p, i = 1, \cdots, p\right) \geqslant 1-\alpha, \tag{5.6.16}$$

并由它得到了错误率不大于 α 的一个检验方法: 对每一个 $i = 1, \cdots, p$,

在 $|t_i| \geqslant c_p$ 时拒绝 H_{i0}, 认为 $\mu_i \neq \mu_{i0}$;

否则, 即在 $|t_i| < c_p$ 时不拒绝 H_{i0}, 认为 $\mu_i = \mu_{i0}$.

由 Bonferroni 不等式得到的 c_p 为

$$c_p = t_{1-\alpha/(2p)}\,(n-1)\,,$$

由 Scheffe 方法得到的 c_p 为

$$c_p = \sqrt{\frac{p\,(n-1)}{n-p}F_{1-\alpha}\,(p, n-p)}. \tag{5.6.17}$$

显然, 由 Bonferroni 不等式得到的 c_p 关于 p 是严格单调增加的. 下面证明由 Scheffe 方法得到的 c_p 关于 p 也是严格单调增加的.

由于在 $F \sim F(m,n)$ 时, $Z = mF/n \sim Z(m/2, n/2)$, $B = Z/(1+Z) \sim \beta(m/2, n/2)$, 故由 (5.6.17) 式知, d_p 是 $\beta(p/2, (n-p)/2)$ 分布的上 α 分位点, 因而有

$$\int_{d_p}^{1} \frac{\Gamma(n/2)}{\Gamma(p/2)\Gamma((n-p)/2)} t^{p/2-1}(1-t)^{(n-p)/2-1}\,\mathrm{d}t = \alpha, \tag{5.6.18}$$

其中,

$$d_p = \frac{c_p^2/(n-1)}{1+c_p^2/(n-1)}.$$

显然, 欲证 c_p 关于 p 严格单调增加, 仅需证明 d_p 关于 p 严格单调增加. 假设 $B_1, \cdots, B_n$ 独立同 $\chi^2(1)$ 分布, 那么 (5.6.18) 式可改写为

$$P\left(\frac{B_1+\cdots+B_p}{B_1+\cdots+B_n} > d_p\right) = \alpha.$$

由此可知 d_p 关于 p 严格单调增加, 进而知 c_p 关于 p 严格单调增加.

下面叙述关于多重比较问题 (5.6.1), Shaffer-Holm 逐步检验方法[85,127] 是如何实施的. Shaffer-Holm 逐步检验方法是 Bonferroni 不等式检验方法和 Scheffe 检验方法的改进. Shaffer-Holm 逐步检验方法的计算与检验的过程如下:

首先计算

$$t_i = \sqrt{n}\frac{|\bar{x}_i - \mu_{i0}|}{\sqrt{s_{ii}}}, \quad i = 1, \cdots, p. \tag{5.6.19}$$

注意, 这里以及下面计算的 t_i 与 5.6.4 小节和 5.6.5 小节 Bonferroni 不等式方法和 Scheffe 方法中定义的 t_i 有所不同. 这里的 t_i 是前面定义的 t_i 的绝对值.

然后将这些 $t_1, \cdots, t_p$ 由小到大排列成

$$t_{(1)} \leqslant \cdots \leqslant t_{(p)}.$$

相应地, 将 (5.6.1) 式中的 p 个检验问题重新排列为

$$H_{(i)0}: \mu_{(i)} = \mu_{(i)0}, \quad H_{(i)1}: \mu_{(i)} \neq \mu_{(i)0}, \quad i = 1, \cdots, p.$$

Shaffer-Holm 逐步检验的步骤如下:

第 1 步. 若 $t_{(p)} < c_p$, 则不拒绝所有的原假设, 结束检验; 否则拒绝 $H_{(p)0}$, 并转入下一步.

第 2 步. 若 $t_{(p-1)} < c_{p-1}$, 则不拒绝除 $H_{(p)0}$ 之外的所有的原假设, 结束检验; 否则拒绝 $H_{(p-1)0}$, 并转入下一步.

依此类推 ……

第 p 步. 若 $t_{(1)} < c_1$, 则仅不拒绝 $H_{(1)0}$, 结束检验; 否则拒绝 $H_{(1)0}$, 从而拒绝所有的原假设, 结束检验.

由此可见, Shaffer-Holm 逐步检验方法的临界值并不是一成不变的, 第 1 步用 c_p, 第 2 步用 c_{p-1}, 依此类推. 而 Bonferroni 不等式方法和 Scheffe 方法的临界值始终不变, 它们一直用 c_p 作为临界值. 由于 $c_p > \cdots > c_1$, 所以相对于 Bonferroni 不等式方法和 Scheffe 方法来说, Shaffer-Holm 逐步检验方法犯错误的概率提高了. 下面将证明它的错误率仍不大于 α. 由此看来, Shaffer-Holm 逐步检验方法的确是 Bonferroni 不等式方法和 Scheffe 方法的改进.

Shaffer-Holm 逐步检验方法的错误率不大于 α 的证明如下:

同前, 记集合 $\Omega = \{1, \cdots, p\}$, $I = \{i : \mu_i = \mu_{i0}, 1, \cdots, p\}$, $I \subseteq \Omega$, I 是由原假设为真的这样一些检验问题构成的集合. 倘若 $I = \varnothing$ 是空集, 则任何一个检验方法都不会犯错误. 由此可见, 不妨假设 I 非空. 令 $|I|$ 表示集合 I 中点的个数, 并令

$$\max_{i \in I} t_i = t_{(M)}.$$

显然 $M \geqslant |I|$, 故 $c_{(M)} \geqslant c_{|I|}$. 假设 E 是这样的一个事件,

$$E = \left\{ t_i = \sqrt{n} \frac{|\bar{x}_i - \mu_i|}{\sqrt{s_{ii}}} < c_{|I|}, i \in I \right\},$$

则由 (5.6.16) 式知 $P(E) \geqslant 1 - \alpha$. 若 E 发生, 则

$$t_{(M)} = \max_{i \in I} t_i < c_{|I|} \leqslant c_{(M)}.$$

这说明所有在 I 里的原假设 $H_{i0} (i \in I)$ 都没有被拒绝, 检验没有犯错误. 由此可见,

$$\text{检验不犯错误的概率} \geqslant P(E) \geqslant 1 - \alpha.$$

至此证明了 Shaffer-Holm 逐步检验方法犯错误的概率虽然提高了, 但是它的错误率仍没有大于 α.

例 5.6.1 据说有 4 种新药物都有镇痛效果. 为检验它们相对于原有药物的镇痛效果, 选取情况相似的 9 个病人作试验. 对每一个病人先后分别按随机排列的次序用这 4 种新的药物以及原有的药物镇痛, 镇痛时间 (单位: min) 见表 5.6.2.

假设总体 $\boldsymbol{X} = (X_1, \cdots, X_5)' \sim N_5(\boldsymbol{\mu}, \boldsymbol{\Sigma})$, 其中, $X_1, \cdots, X_5$ 分别表示原有药物以及新药 A, B, C 和 D 的镇痛时间. $\boldsymbol{\mu} = (\mu_1, \cdots, \mu_5)'$, 其中, $\mu_1, \cdots, \mu_5$ 分别表示原有药物以及新药 A, B, C 和 D 的平均镇痛时间. 本例欲解的多重比较问题为

$$H_{i0} : \mu_{i+1} - \mu_1 = 0, \quad H_{i1} : \mu_{i+1} - \mu_1 \neq 0, \quad i = 1, \cdots, 4,$$

这是均值向量 $\boldsymbol{\mu}=(\mu_1,\cdots,\mu_5)'$ 的线性函数的多重比较问题. 关于均值向量线性函数的假设检验和多重比较问题, 往往将总体作一个线性变换, 使得均值向量的线性函数的假设检验和多重比较问题转换为均值的假设检验和多重比较问题. 至于均值向量线性函数的假设检验问题见习题 5.1~5.8.

表 5.6.2 镇痛时间

		病人								
		1	2	3	4	5	6	7	8	9
原有药物		15.8	16.7	15.7	14.0	16.2	13.7	15.9	17.9	15.8
新药	A	17.8	15.9	17.7	17.4	19.2	17.6	16.7	17.4	17.6
	B	19.1	20.0	18.0	19.3	20.0	19.1	19.0	20.4	19.4
	C	16.8	14.9	16.9	15.8	14.4	14.8	16.2	17.6	16.6
	D	21.4	20.4	20.1	21.3	19.4	20.2	21.1	21.2	20.3

本例的线性变换为

$$\boldsymbol{Y}=\boldsymbol{C}\boldsymbol{X}=(Y_1,\cdots,Y_4)'\sim N_4(\boldsymbol{\theta},\boldsymbol{T}), \tag{5.6.20}$$

其中,

$$\boldsymbol{C}=\begin{pmatrix}-1 & 1 & 0 & 0 & 0\\ -1 & 0 & 1 & 0 & 0\\ -1 & 0 & 0 & 1 & 0\\ -1 & 0 & 0 & 0 & 1\end{pmatrix},$$

$$\boldsymbol{\theta}=\boldsymbol{C}\boldsymbol{\mu}=(\theta_1,\cdots,\theta_4)',\quad \theta_i=\mu_{i+1}-\mu_1, i=1,\cdots,4,$$

$$\boldsymbol{T}=\boldsymbol{C}\boldsymbol{\Sigma}\boldsymbol{C}',$$

从而将本例欲解的多重比较问题转换为

$$H_{i0}:\theta_i=0,\quad H_{i1}:\theta_i\neq 0,\quad i=1,\cdots,4.$$

将表 5.6.2 的数据作 (5.6.20) 式的线性变换, 变换后的数据见表 5.6.3.

表 5.6.3

	病人								
	1	2	3	4	5	6	7	8	9
新药 A-原有药物	2.0	−0.8	2.0	3.4	3.0	3.9	0.8	−0.5	1.8
新药 B-原有药物	3.3	3.3	2.3	5.3	3.8	5.4	3.1	2.5	3.6
新药 C-原有药物	1.0	−1.8	1.2	1.8	−1.8	1.1	0.3	−0.3	0.8
新药 D-原有药物	5.6	3.7	4.4	7.3	3.2	6.5	5.2	3.3	4.5

经计算,

$$\text{样本均值 } \bar{\boldsymbol{y}} = \begin{pmatrix} 1.7333 \\ 3.6222 \\ 0.2556 \\ 4.8550 \end{pmatrix},$$

$$\text{样本协方差阵 } \boldsymbol{S} = \begin{pmatrix} 2.6875 & 1.2804 & 1.0867 & 1.4592 \\ 1.2804 & 1.1869 & 0.4361 & 1.1299 \\ 1.0867 & 0.4361 & 1.7003 & 1.4690 \\ 1.4592 & 1.1299 & 1.4690 & 2.0228 \end{pmatrix},$$

然后据 (5.6.19) 式计算 $t_i, i = 1, \cdots, 4,$

$$t_1 = 3.1719, \quad t_2 = 9.9744, \quad t_3 = 0.5881, \quad t_4 = 10.2401.$$

下面使用 Bonferroni 不等式方法以及基于 Bonferroni 不等式方法的 Shaffer-Holm 逐步检验方法求解本例.

(1) Bonferroni 不等式方法. 这里 $p = 4$, $n = 9$. 取 $\alpha = 0.05$, 则

$$c_4 = t_{1-\alpha/(2p)}\,(n-1) = t_{0.99375}\,(8) = 3.2060.$$

将 c_4 与 $t_i (i = 1, \cdots, 4)$ 进行比较后知, 新药 A 和 C 的镇痛效果与原有的药都没有差异, 而新药 B 和 D 的镇痛效果与原有的药都有差异.

(2) Shaffer-Holm 逐步检验方法. 将 $t_1, \cdots, t_p$ 由小到大排列成 $t_{(1)} \leqslant \cdots \leqslant t_{(p)}$, 则

$$t_{(1)} = t_3 = 0.5881, \quad t_{(2)} = t_1 = 3.1719,$$

$$t_{(3)} = t_2 = 9.9744, \quad t_{(4)} = t_4 = 10.2401.$$

基于 Bonferroni 不等式方法的 Shaffer-Holm 逐步检验方法需要计算

$$c_p = t_{1-\alpha/(2p)}\,(n-1), \quad p = 1, \cdots, 4,$$

它们的值分别为

$$c_1 = 2.3060, \quad c_2 = 2.7515, \quad c_3 = 3.0158, \quad c_4 = 3.2060.$$

直到最后一步才结束检验, 而且最后一步是不拒绝. 所以检验结论与 Bonferroni 不等式方法的检验结论不同, 认为新药 C 的镇痛效果与原有的药没有差异, 而新药 A, B 和 D 的镇痛效果与原有的药都有差异.

5.6.7 多元方差分析中的多重比较

设有相互独立的 k 个总体 $\boldsymbol{X}_j \sim N_p(\boldsymbol{\mu}_j, \boldsymbol{\Sigma})$, $\boldsymbol{\mu}_j \in \mathbf{R}^p$, $j=1,\cdots,k$, $\boldsymbol{\Sigma}>0$. 首先需要指出的是, 这里的 $k \geqslant 2$, 这也就是说, 下面得到的结果可用于两个正态总体的情况. 倘若多元方差分析告诉我们, 原假设 "$\boldsymbol{\mu}_1=\cdots=\boldsymbol{\mu}_k$" 被拒绝, 很容易想到这样一个问题, 是否有 $\boldsymbol{\mu}_s$ 和 $\boldsymbol{\mu}_t$, 使得 $\boldsymbol{\mu}_s \neq \boldsymbol{\mu}_t$. 令 $\boldsymbol{\mu}_s=(\mu_{1s},\cdots,\mu_{ps})'$, 则倘若 "$\boldsymbol{\mu}_s=\boldsymbol{\mu}_t$" 被拒绝, 很容易进一步想到这样一个问题, 是否有这样的 i, 使得 $\mu_{is}\neq\mu_{it}$. 由此看来, 当假设 "$\boldsymbol{\mu}_1=\cdots=\boldsymbol{\mu}_k$" 被拒绝后, 有必要考虑下面的多重比较问题:

$$H_{sti0}:\mu_{is}=\mu_{it}, \quad H_{sti1}:\mu_{is}\neq\mu_{it}, \quad 1\leqslant s<t\leqslant k, i=1,\cdots,p.$$

为此首先考虑下面的联合置信区间问题:

$$\mu_{is}-\mu_{it}, \quad 1\leqslant s<t\leqslant k, i=1,\cdots,p.$$

5.6.7.1 Bonferroni 不等式方法

设 $\boldsymbol{x}_{j1},\cdots,\boldsymbol{x}_{jn_j}$ 是来自总体 $\boldsymbol{X}_j$ 的样本, $j=1,\cdots,k$. 记 $n=\sum_{j=1}^{k} n_j$, $n\geqslant p+k$. 计算下列统计量的值:

第 j 个总体的样本均值: $\bar{\boldsymbol{x}}_j=\sum_{i=1}^{n_j}\dfrac{\boldsymbol{x}_{ji}}{n_j}=(\bar{\boldsymbol{x}}_{1j},\cdots,\bar{\boldsymbol{x}}_{pj})'$, $j=1,\cdots,k$;

第 j 个总体的样本离差阵: $\boldsymbol{V}_j=\sum_{i=1}^{n_j}(\boldsymbol{x}_{ji}-\bar{\boldsymbol{x}}_j)(\boldsymbol{x}_{ji}-\bar{\boldsymbol{x}}_j)'$, $j=1,\cdots,k$;

组内离差阵: $\mathbf{SSW}=\sum_{j=1}^{k}\boldsymbol{V}_j=\sum_{j=1}^{k}\sum_{i=1}^{n_j}(\boldsymbol{x}_{ji}-\bar{\boldsymbol{x}}_j)(\boldsymbol{x}_{ji}-\bar{\boldsymbol{x}}_j)'=(w_{ij})$;

样本协方差阵: $\boldsymbol{S}=\dfrac{\mathbf{SSW}}{n-k}=(s_{ij})$,

则有

$$\sqrt{\frac{n_s n_t}{n_s+n_t}}\frac{(\bar{x}_{is}-\bar{x}_{it})-(\mu_{is}-\mu_{it})}{\sqrt{s_{ii}}}\sim t(n-k), \quad 1\leqslant s<t\leqslant k, i=1,\cdots,p.$$

使用 Bonferroni 不等式方法得到 $1-\alpha$ 的联合置信区间为

$$\mu_{is}-\mu_{it}:\bar{x}_{is}-\bar{x}_{it}\pm\sqrt{\frac{n_s+n_t}{n_s n_t}}\sqrt{s_{ii}}t_{1-\alpha/(k(k-1)p)}(n-k),$$
$$1\leqslant s<t\leqslant k,\ i=1\cdots,p.$$

从而得到了多重比较问题的错误率不大于 α 的一个检验方法:

若 $|t_{sti}| \geqslant t_{1-\alpha/(k(k-1)p)}(n-k)$, 则拒绝$H_{sti0}$;

否则, 即在 $|t_{sti}| < t_{1-\alpha/(k(k-1)p)}(n-k)$ 时, 不拒绝H_{sti0},

其中,

$$t_{sti} = \sqrt{\frac{n_s n_t}{n_s + n_t}} \frac{\bar{x}_{is} - \bar{x}_{it}}{\sqrt{s_{ii}}}.$$

5.6.7.2　Scheffe **方法**

令 $\boldsymbol{\mu} = (\boldsymbol{\mu}_1, \cdots, \boldsymbol{\mu}_k)$, $\boldsymbol{M} = (\bar{\boldsymbol{x}}_1, \cdots, \bar{\boldsymbol{x}}_k)$, 它们都是 $p \times k$ 阶矩阵. 显然, 若令 $\boldsymbol{a} = \boldsymbol{e}_i$ 是第 i 个元素为 1 而其余元素皆为 0 的 p 维向量, $\boldsymbol{b}$ 是第 s 个元素为 1, 第 t 个元素为 -1 而其余元素皆为 0 的 k 维向量, 则 $\boldsymbol{a}'\boldsymbol{\mu}\boldsymbol{b} = \mu_{is} - \mu_{it}$, $\boldsymbol{a}'\boldsymbol{M}\boldsymbol{b} = \bar{x}_{is} - \bar{x}_{it}$.

Scheffe 方法实际上讨论的是下面这样的问题：对于任意的 $\boldsymbol{a} \in \mathbf{R}^p$ 和任意的满足条件 $\mathbf{1}_k'\boldsymbol{b} = 0$ 的 $\boldsymbol{b} \in \mathbf{R}^k$, 其中, $\mathbf{1}_k$ 是元素全等于 1 的 k 维向量, 考虑多重比较问题

$$H_{ab0} : \boldsymbol{a}'\boldsymbol{\mu}\boldsymbol{b} = 0, \quad H_{ab1} : \boldsymbol{a}'\boldsymbol{\mu}\boldsymbol{b} \neq 0, \quad \boldsymbol{a} \in \mathbf{R}^p, \quad \boldsymbol{b} \in \mathbf{R}^k, \quad \mathbf{1}_k'\boldsymbol{b} = 0$$

和联合置信区间问题

$$\boldsymbol{a}'\boldsymbol{\mu}\boldsymbol{b}, \quad \boldsymbol{a} \in \mathbf{R}^p, \quad \boldsymbol{b} \in \mathbf{R}^k, \quad \mathbf{1}_k'\boldsymbol{b} = 0.$$

对任意的 $\boldsymbol{a} \in \mathbf{R}^p$ 和 $\boldsymbol{b} \in \mathbf{R}^k$,

$$\frac{\boldsymbol{a}'(\boldsymbol{M} - \boldsymbol{\mu})\boldsymbol{b}}{\sqrt{\sum_{i=1}^{k} b_i^2/n_i}\sqrt{\boldsymbol{a}'\boldsymbol{\Sigma}\boldsymbol{a}}} \sim N(0,1).$$

由于

$$\boldsymbol{a}'\boldsymbol{S}\boldsymbol{a} \sim \frac{\boldsymbol{a}'\boldsymbol{\Sigma}\boldsymbol{a}}{n-k}\chi^2(n-k), \quad \boldsymbol{S} \text{ 和 } \boldsymbol{M} \text{ 相互独立},$$

所以

$$\frac{\boldsymbol{a}'(\boldsymbol{M} - \boldsymbol{\mu})\boldsymbol{b}}{\sqrt{\sum_{i=1}^{k} b_i^2/n_i}\sqrt{\boldsymbol{a}'\boldsymbol{S}\boldsymbol{a}}} \sim t(n-k). \tag{5.6.21}$$

由此可见, 取 $\left\{\boldsymbol{a}'\boldsymbol{\mu}\boldsymbol{b} : \boldsymbol{a} \in \mathbf{R}^p, \boldsymbol{b} \in \mathbf{R}^k, \mathbf{1}_k'\boldsymbol{b} = 0\right\}$ 的联合置信区间为下面的形式是合理的：

$$\frac{|\boldsymbol{a}'(\boldsymbol{M} - \boldsymbol{\mu})\boldsymbol{b}|}{\sqrt{\sum_{i=1}^{k} b_i^2/n_i}\sqrt{\boldsymbol{a}'\boldsymbol{S}\boldsymbol{a}}} < c, \quad \boldsymbol{a} \in \mathbf{R}^p, \boldsymbol{b} \in \mathbf{R}^k, \mathbf{1}_k'\boldsymbol{b} = 0,$$

其中, c 待定以使得这个联合置信区间的水平为 $1-\alpha$,

$$P\left(\bigcap_{\boldsymbol{a}\in\mathbf{R}^p,\boldsymbol{b}\in\mathbf{R}^k,\mathbf{1}_k'\boldsymbol{b}=0}\frac{|\boldsymbol{a}'(\boldsymbol{M}-\boldsymbol{\mu})\boldsymbol{b}|}{\sqrt{\sum_{i=1}^{k}b_i^2/n_i}\sqrt{\boldsymbol{a}'\boldsymbol{S}\boldsymbol{a}}}<c\right)\geqslant 1-\alpha,$$

或等价地, 要求 c 满足条件

$$P\left(\sup_{\boldsymbol{a}\in\mathbf{R}^p,\boldsymbol{b}\in\mathbf{R}^k,\mathbf{1}_k'\boldsymbol{b}=0}\frac{(\boldsymbol{a}'(\boldsymbol{M}-\boldsymbol{\mu})\boldsymbol{b})^2}{\left(\sum_{i=1}^{k}b_i^2/n_i\right)(\boldsymbol{a}'\boldsymbol{S}\boldsymbol{a})}<c^2\right)\geqslant 1-\alpha. \tag{5.6.22}$$

下面讨论如何确定 c 的数值的问题. 令 $y_{ji}=x_{ji}-\mu_j, j=1,\cdots,k, i=1,\cdots,n_j$, 则 $y_{j1},\cdots,y_{jn_j}$ 相互独立同 $N_p(0,\boldsymbol{\Sigma})$ 分布. 显然, $\{y_{1i}:i=1,\cdots,n_1\},\cdots,\{y_{ki}:i=1,\cdots,n_k\}$ 的组内离差阵与 $\{x_{1i}:i=1,\cdots,n_1\},\cdots,\{x_{ki}:i=1,\cdots,n_k\}$ 的组内离差阵 **SSW** 是相同的

$$\begin{aligned}\sum_{j=1}^{k}\sum_{i=1}^{n_j}(\boldsymbol{y}_{ji}-\bar{\boldsymbol{y}}_j)(\boldsymbol{y}_{ji}-\bar{\boldsymbol{y}}_j)'&=\sum_{j=1}^{k}\sum_{i=1}^{n_j}(\boldsymbol{x}_{ji}-\bar{\boldsymbol{x}}_j)(\boldsymbol{x}_{ji}-\bar{\boldsymbol{x}}_j)'\\&=\mathbf{SSW}\sim W_p(n-k,\boldsymbol{\Sigma}),\end{aligned}$$

但是它们的组间离差阵是不同的. 记 $\{y_{1i}:i=1,\cdots,n_1\},\cdots,\{y_{ki}:i=1,\cdots,n_k\}$ 的组间离差阵为 **SSB**, 则

$$\mathbf{SSB}=\sum_{j=1}^{k}n_j(\bar{\boldsymbol{y}}_j-\bar{\boldsymbol{y}})(\bar{\boldsymbol{y}}_j-\bar{\boldsymbol{y}})'\sim W_p(k-1,\boldsymbol{\Sigma}).$$

令 $\boldsymbol{D}$ 为 k 阶对角矩阵 $\mathrm{diag}(\sqrt{n_1},\cdots,\sqrt{n_k})$, $\boldsymbol{\Pi}=(\bar{y}_1,\cdots,\bar{y}_k)$ 是 $p\times k$ 阶矩阵, 则

$$\boldsymbol{\Pi}=\boldsymbol{M}-\boldsymbol{\mu},\quad \mathbf{SSB}=(\boldsymbol{\Pi}-\bar{\boldsymbol{y}}\mathbf{1}_k')\boldsymbol{D}^2(\boldsymbol{\Pi}-\bar{\boldsymbol{y}}\mathbf{1}_k')'.$$

由于 $\mathbf{1}_k'\boldsymbol{b}=0$, 所以

$$\frac{(\boldsymbol{a}'(\boldsymbol{M}-\boldsymbol{\mu})\boldsymbol{b})^2}{\left(\sum_{i=1}^{k}b_i^2/n_i\right)(\boldsymbol{a}'\boldsymbol{S}\boldsymbol{a})}=\frac{(\boldsymbol{a}'(\boldsymbol{\Pi}-\bar{\boldsymbol{y}}\mathbf{1}_k')\boldsymbol{D}\boldsymbol{D}^{-1}\boldsymbol{b})^2}{\left(\sum_{i=1}^{k}b_i^2/n_i\right)(\boldsymbol{a}'\boldsymbol{S}\boldsymbol{a})}.$$

应用 Cauchy-Schwarz 不等式 $(\boldsymbol{u}'\boldsymbol{v})^2 \leqslant (\boldsymbol{u}'\boldsymbol{u})(\boldsymbol{v}'\boldsymbol{v})$, 有

$$\frac{\left(\boldsymbol{a}'(\boldsymbol{M}-\boldsymbol{\mu})\boldsymbol{b}\right)^2}{\left(\sum_{i=1}^{k} b_i^2/n_i\right)(\boldsymbol{a}'\boldsymbol{S}\boldsymbol{a})} \leqslant \frac{\left[\left(\boldsymbol{a}'\left(\boldsymbol{\Pi}-\bar{\boldsymbol{y}}\mathbf{1}_k'\right)\boldsymbol{D}\right)\left(\boldsymbol{a}'\left(\boldsymbol{\Pi}-\bar{\boldsymbol{y}}\mathbf{1}_k'\right)\boldsymbol{D}\right)'\right]\left[\left(\boldsymbol{D}^{-1}\boldsymbol{b}\right)\left(\boldsymbol{D}^{-1}\boldsymbol{b}\right)'\right]}{\left(\sum_{i=1}^{k} b_i^2/n_i\right)(\boldsymbol{a}'\boldsymbol{S}\boldsymbol{a})}.$$

由于

$$\left(\boldsymbol{D}^{-1}\boldsymbol{b}\right)\left(\boldsymbol{D}^{-1}\boldsymbol{b}\right)' = \sum_{i=1}^{k}\frac{b_i^2}{n_i},$$

$$\left(\boldsymbol{a}'\left(\boldsymbol{\Pi}-\bar{\boldsymbol{y}}\mathbf{1}_k'\right)\boldsymbol{D}\right)\left(\boldsymbol{a}'\left(\boldsymbol{\Pi}-\bar{\boldsymbol{y}}\mathbf{1}_k'\right)\boldsymbol{D}\right)' = \boldsymbol{a}'(\mathbf{SSB})\boldsymbol{a},$$

所以

$$\frac{\left(\boldsymbol{a}'(\boldsymbol{M}-\boldsymbol{\mu})\boldsymbol{b}\right)^2}{\left(\sum_{i=1}^{k} b_i^2/n_i\right)(\boldsymbol{a}'\boldsymbol{S}\boldsymbol{a})} \leqslant \frac{\boldsymbol{a}'(\mathbf{SSB})\boldsymbol{a}}{\boldsymbol{a}'\boldsymbol{S}\boldsymbol{a}} = (n-k)\frac{\boldsymbol{a}'(\mathbf{SSB})\boldsymbol{a}}{\boldsymbol{a}'(\mathbf{SSW})\boldsymbol{a}}. \tag{5.6.23}$$

根据关于二次型极值的性质 A.8.2, 有

$$\begin{aligned}&\sup_{\boldsymbol{a}\in\mathbf{R}^p,\boldsymbol{b}\in\mathbf{R}^k,\mathbf{1}_k'\boldsymbol{b}=0}\frac{\left(\boldsymbol{a}'(\boldsymbol{M}-\boldsymbol{\mu})\boldsymbol{b}\right)^2}{\left(\sum_{i=1}^{k} b_i^2/n_i\right)(\boldsymbol{a}'\boldsymbol{S}\boldsymbol{a})}\\ \leqslant\ &(n-k)\sup_{\boldsymbol{a}\in\mathbf{R}^p}\frac{\boldsymbol{a}'(\mathbf{SSB})\boldsymbol{a}}{\boldsymbol{a}'(\mathbf{SSW})\boldsymbol{a}} = (n-k)\lambda_{\max}.\end{aligned} \tag{5.6.24}$$

$\lambda_{\max}$ 就是 5.4 节定义的 Roy$\lambda_{\max}$ 统计量. 它是 $|\mathbf{SSB}-\lambda(\mathbf{SSW})|=0$ 的最大的根, 也就是 $(\mathbf{SSW})^{-1}(\mathbf{SSB})$ 或 $(\mathbf{SSW})^{-1/2}(\mathbf{SSB})(\mathbf{SSW})^{-1/2}$ 的最大特征根. 按 5.5 节的符号 “$\lambda_{\max}(p,n,m)$” 的定义, 由于 $\mathbf{SSW}\sim W_p(n-k,\boldsymbol{\Sigma})$, $\mathbf{SSB}\sim W_p(k-1,\boldsymbol{\Sigma})$, 这个 $\lambda_{\max}$ 记为 $\lambda_{\max}(p,n-k,k-1)$.

由 (5.6.24) 式知欲使 (5.6.22) 式成立, 仅需使下式成立:

$$P\left((n-k)\lambda_{\max}(p,n-k,k-1)<c^2\right)\geqslant 1-\alpha.$$

为此取

$$c=\sqrt{(n-k)\lambda_{1-\alpha}(p,n-k,k-1)},$$

其中, $\lambda_{1-\alpha}(p,n,m)$ 是 $\lambda_{\max}(p,n,m)$ 的 $1-\alpha$ 分位点.

由此得到 $\left\{\boldsymbol{a}'\boldsymbol{\mu}\boldsymbol{b}:\boldsymbol{a}\in\mathbf{R}^p,\boldsymbol{b}\in\mathbf{R}^k,\mathbf{1}_k'\boldsymbol{b}=0\right\}$ 的 $1-\alpha$ 联合置信区间

$$\frac{|\boldsymbol{a}'\boldsymbol{M}\boldsymbol{b}-\boldsymbol{a}'\boldsymbol{\mu}\boldsymbol{b}|}{\sqrt{\sum_{i=1}^{k} b_i^2/n_i}\sqrt{\boldsymbol{a}'\boldsymbol{S}\boldsymbol{a}}}<\sqrt{(n-k)\lambda_{1-\alpha}(p,n-k,k-1)}.$$

取 $\boldsymbol{a}=\boldsymbol{e}_i$ 是第 i 个元素为 1 而其余元素皆为 0 的 p 维向量, $\boldsymbol{b}$ 是第 s 个元素为 1, 第 t 个元素为 -1 而其余元素皆为 0 的 k 维向量, 则 $\boldsymbol{a}'\boldsymbol{M}\boldsymbol{b}=\bar{x}_{is}-\bar{x}_{it}$, $\boldsymbol{a}'\boldsymbol{\mu}\boldsymbol{b}=\mu_{is}-\mu_{it}$, 从而得到 $\{\mu_{is}-\mu_{it}:1\leqslant s<t\leqslant k,i=1,\cdots,p\}$ 的联合置信区间为

$$\sqrt{\frac{n_sn_t}{n_s+n_t}}\frac{|(\bar{x}_{is}-\bar{x}_{it})-(\mu_{is}-\mu_{it})|}{\sqrt{s_{ii}}}<\sqrt{(n-k)\,\lambda_{1-\alpha}\,(p,n-k,k-1)},$$
$$1\leqslant s<t\leqslant k,\quad i=1,\cdots,p,$$

或等价地写为

$$\mu_{is}-\mu_{it}:\bar{x}_{is}-\bar{x}_{it}\pm\sqrt{\frac{n_s+n_t}{n_sn_t}}\sqrt{s_{ii}}\sqrt{(n-k)\,\lambda_{1-\alpha}\,(p,n-k,k-1)},$$
$$1\leqslant s<t\leqslant k,\quad i=1,\cdots,p.$$

这就是使用 Scheffe 方法得到的 $\{\mu_{is}-\mu_{it}:1\leqslant s<t\leqslant k,i=1,\cdots,p\}$ 的 $1-\alpha$ 联合置信区间.

从而得到了多重比较问题的错误率不大于 α 的一个检验方法:

若 $|t_{sti}|\geqslant\sqrt{(n-k)\,\lambda_{1-\alpha}\,(p,n-k,k-1)}$, 则拒绝 H_{sti0};

否则, 即在 $|t_{sti}|<\sqrt{(n-k)\,\lambda_{1-\alpha}\,(p,n-k,k-1)}$ 时, 不拒绝 H_{sti0}.

5.6.7.3 简化的 Scheffe 方法

如前所述, 令 $\boldsymbol{e}_i$ 是第 i 个元素为 1 而其余元素皆为 0 的 p 维向量, 简化的 Scheffe 方法实际上讨论的是下面这样的问题: 对于任意的 $\boldsymbol{e}_i$, $i=1,\cdots,p$ 和任意的满足条件 $\mathbf{1}_k'\boldsymbol{b}=0$ 的 $\boldsymbol{b}\in\mathbf{R}^k$, 其中, $\mathbf{1}_k$ 是元素全等于 1 的 k 维向量, 考虑多重比较问题

$$H_{ib0}:\boldsymbol{e}_i'\boldsymbol{\mu}\boldsymbol{b}=0,\quad H_{ib1}:\boldsymbol{e}_i'\boldsymbol{\mu}\boldsymbol{b}\neq 0,\quad i=1,\cdots,p,\ \boldsymbol{b}\in\mathbf{R}^k,\ \mathbf{1}_k'\boldsymbol{b}=0$$

和联合置信区间问题

$$\boldsymbol{e}_i'\boldsymbol{\mu}\boldsymbol{b},\quad i=1,\cdots,p,\ \boldsymbol{b}\in\mathbf{R}^k,\ \mathbf{1}_k'\boldsymbol{b}=0,$$

取 $\boldsymbol{a}=\boldsymbol{e}_i$, 则由 (5.6.21) 式知

$$\frac{\boldsymbol{e}_i'\,(\boldsymbol{M}-\boldsymbol{\mu})\,\boldsymbol{b}}{\sqrt{\sum\limits_{j=1}^{k}b_j^2/n_j}\sqrt{s_{ii}}}\sim t\,(n-k)\,.$$

接下来的问题就是求使得下式成立的 c:

$$P\left(\bigcap_{i=1,\cdots,p,\boldsymbol{b}\in\mathbf{R}^k,\mathbf{1}_k'\boldsymbol{b}=0}\frac{|\boldsymbol{e}_i'(\boldsymbol{M}-\boldsymbol{\mu})\boldsymbol{b}|}{\sqrt{\sum_{j=1}^{k}b_j^2/n_j\sqrt{s_{ii}}}}<c\right)\geqslant 1-\alpha,$$

或等价地求使得下式成立的 c:

$$P\left(\sup_{i=1,\cdots,p,\boldsymbol{b}\in\mathbf{R}^k,\mathbf{1}_k'\boldsymbol{b}=0}\frac{(\boldsymbol{e}_i'(\boldsymbol{M}-\boldsymbol{\mu})\boldsymbol{b})^2}{\left(\sum_{j=1}^{k}b_j^2/n_j\right)(s_{ii})}<c^2\right)\geqslant 1-\alpha. \tag{5.6.25}$$

下面的做法就完全和上述 Scheffe 方法相同, 取 $\boldsymbol{a}=\boldsymbol{e}_i$, 并令 $\mathbf{SSB}=(b_{ij})$, 则由 (5.6.23) 式知

$$\sup_{i=1,\cdots,p,\boldsymbol{b}\in\mathbf{R}^k,\mathbf{1}_k'\boldsymbol{b}=0}\frac{(\boldsymbol{e}_i'(\boldsymbol{M}-\boldsymbol{\mu})\boldsymbol{b})^2}{\left(\sum_{j=1}^{k}b_j^2/n_j\right)(s_{ii})}\leqslant(n-k)\max_{i=1,\cdots,p}\left\{\frac{b_{ii}}{w_{ii}}\right\}. \tag{5.6.26}$$

故欲使 (5.6.25) 式成立, 仅需要求 c 使下式成立:

$$P\left((n-k)\max_{i=1,\cdots,p}\left\{\frac{b_{ii}}{w_{ii}}\right\}<c^2\right)\geqslant 1-\alpha. \tag{5.6.27}$$

使用 Bonferroni 不等式求 c. 由于

$$\frac{n-k}{k-1}\frac{b_{ii}}{w_{ii}}\sim F(k-1,n-k),$$

为此取

$$c=\sqrt{(k-1)F_{1-\alpha/p}(k-1,n-k)},$$

取 $\boldsymbol{b}$ 是第 s 个元素为 1, 第 t 个元素为 -1 而其余元素皆为 0 的 k 维向量, 从而使用 Bonferroni 不等式, 由 (5.6.25) 式 $\sim$ (5.6.27) 式得到了 $\{\mu_{is}-\mu_{it}:1\leqslant s<t\leqslant k,i=1,\cdots,p\}$ 的联合置信区间

$$\sqrt{\frac{n_sn_t}{n_s+n_t}}\frac{|(\bar{x}_{is}-\bar{x}_{it})-(\mu_{is}-\mu_{it})|}{\sqrt{s_{ii}}}<\sqrt{(k-1)F_{1-\alpha/p}(k-1,n-k)},$$
$$1\leqslant s<t\leqslant k,\quad i=1,\cdots,p,$$

或等价地写为

$$\mu_{is}-\mu_{it}:\bar{x}_{is}-\bar{x}_{it}\pm\sqrt{\frac{n_s+n_t}{n_sn_t}}\sqrt{s_{ii}}\sqrt{(k-1)\,F_{1-\alpha/p}\,(k-1,n-k)},$$
$$1\leqslant s<t\leqslant k,\quad i=1,\cdots,p.$$

这就是使用简化的 Scheffe 方法得到的 $\{\mu_{is}-\mu_{it}:1\leqslant s<t\leqslant k,i=1,\cdots,p\}$ 的 1-α 的联合置信区间. 从而得到了多重比较问题的错误率不大于 α 的一个检验方法:

若$|t_{sti}|\geqslant\sqrt{(k-1)\,F_{1-\alpha/p}\,(k-1,n-k)}$, 则拒绝 H_{sti0};
否则, 即在 $|t_{sti}|<\sqrt{(k-1)\,F_{1-\alpha/p}\,(k-1,n-k)}$ 时, 不拒绝 H_{sti0}.

5.6.7.4 Bonferroni 不等式方法、Scheffe 方法和简化的 Scheffe 方法的比较

由 Bonferroni 不等式方法、Scheffe 方法以及简化的 Scheffe 方法得到的多元方差分析中的多重比较问题的 3 个检验方法的不同, 就在于它们的临界值不同. Bonferroni 不等式方法的临界值为

$$b\,(p,k,n,\alpha)=t_{1-\alpha/(k(k-1)p)}\,(n-k)\,,$$

Scheffe 方法的临界值为

$$s_1\,(p,k,n,\alpha)=\sqrt{(n-k)\,\lambda_{1-\alpha}\,(p,n-k,k-1)},$$

简化的 Scheffe 方法的临界值为

$$s_2\,(p,k,n,\alpha)=\sqrt{(k-1)\,F_{1-\alpha/p}\,(k-1,n-k)}.$$

这 3 个方法临界值的比较问题的详细讨论见附录 A.10. 这里仅叙述有关结论.

(1) $k=2$, $p=2,\cdots,10$, $\alpha\leqslant 0.10$ 和 $n\geqslant p+2$ 时, 使用 Bonferroni 不等式方法的临界值, 或等价地使用简化的 Scheffe 方法的临界值.

(2) $k=3,\cdots,10$, $p=2,\cdots,10$, $\alpha\leqslant 0.10$ 和 $n\geqslant p+k$ 时, 由表 5.6.4 查 $n\,(p,k)$, 在 $n<n\,(p,k)$ 时使用简化的 Scheffe 方法的临界值, 在 $n\geqslant n\,(p,k)$ 时使用 Bonferroni 不等式方法的临界值.

正如前面在比较 Bonferroni 不等式方法和 Scheffe 方法时所说的, 对多元方差分析中的多重比较问题而言, Scheffe 方法的优点也在于它全方位地考察了均值向量的差异, 这恰是 Bonferroni 不等式方法的不足之处. 简化的 Scheffe 方法介于这两者之间, 考察均值向量的差异它不如 Scheffe 方法那么全方位, 但比 Bonferroni 不等式方法要广.

基于 Bonferroni 不等式方法, Scheffe 方法或简化的 Scheffe 方法都可以构造多元方差分析多重比较问题的 Shaffer-Holm 型逐步检验方法. 构造过程从略.

在例 5.4.1 中, $p=4$, $k=3$, 3 个总体的样本容量 $n_1=n_2=n_3=10$, 总的样本容量为 $n=30$. 由表 5.6.4 知 $n(4,3)=11<30$, 故对本例来说, 使用 Bonferroni 不等式方法的临界值.

表 5.6.4 $n(p,k)$ 的值

		p								
		2	3	4	5	6	7	8	9	10
k	3	14	12	11	11	11	10	11	12	13
	4	12	11	11	11	11	11	12	13	14
	5	12	12	11	11	11	12	13	14	15
	6	13	12	12	12	12	13	14	15	16
	7	13	13	13	13	13	14	15	16	17
	8	14	14	14	14	14	15	16	17	18
	9	15	15	15	15	15	16	17	18	19
	10	16	16	16	16	16	17	18	19	20

取 $\alpha=0.05$. Bonferroni 不等式方法的临界值为

$$b(4,30,3,0.05)=t_{1-0.05/24}(27)=3.1301,$$

简化的 Scheffe 方法的临界值为

$$s_2(p,n,k,\alpha)=\sqrt{2F_{1-0.0125}(2,27)}=3.2177,$$

Scheffe 方法的临界值为

$$s_1(4,30,3,0.05)=\sqrt{27\lambda_{0.95}(4,27,2)}=4.1783,$$

其中, $\lambda_{\max}(2,25,4)$ 的 95% 分位点 $\lambda_{0.95}(4,27,2)$ 是根据 (5.4.21) 式计算的

$$\lambda_{0.95}(4,27,2)=\frac{\theta_{0.95}(4,27,2)}{1-\theta_{0.95}(4,27,2)}=0.6466,$$

而 $\theta_{0.95}(4,27,2)=0.3927$ 是查附表得到的. 在这 3 个临界值中 Bonferroni 不等式方法的临界值最小.

经计算, 这 3 个总体的样本均值与样本协方差阵分别为

$$\bar{\boldsymbol{x}}_1=\begin{pmatrix}10.70\\12.81\\13.49\\10.31\end{pmatrix},\quad \bar{\boldsymbol{x}}_2=\begin{pmatrix}10.90\\12.06\\17.67\\15.64\end{pmatrix},\quad \bar{\boldsymbol{x}}_3=\begin{pmatrix}14.77\\18.66\\17.95\\18.71\end{pmatrix},$$

样本协方差阵为

$$S = \frac{\textbf{SSW}}{n-k} = \begin{pmatrix} 23.08 & 20.70 & 24.17 & 22.12 \\ 20.70 & 22.06 & 24.94 & 21.80 \\ 24.17 & 24.94 & 31.85 & 26.22 \\ 22.12 & 21.80 & 26.22 & 26.10 \end{pmatrix}.$$

检验第 s 与第 t 个总体的第 i 个指标是否有差异的统计量 $t_{sti}(1 \leqslant s < t \leqslant 3, i = 1, \cdots, 4)$ 的值见表 5.6.5.

表 5.6.5　统计量 t_{sti} 的值, $1 \leqslant s < t \leqslant 3$, $i = 1, \cdots, 4$

		$s=1, t=2$	$s=1, t=3$	$s=2, t=3$
i	1	−0.0931	−1.8945	−1.8014
	2	0.3571	−2.7856	−3.1427
	3	−1.6562	−1.7672	−0.1109
	4	−2.3330	−3.6768	−1.3438

由表 5.6.5 可以看到, 方法 1 与方法 3 在完成第 4 个生产任务时有差别, 方法 1 完成第 4 个生产任务所花的时间少; 方法 2 与方法 3 在完成第 2 个生产任务时有差别, 方法 2 完成第 2 个生产任务所花的时间少.

至此有可能产生一个错觉, 认为多重比较可以代替均值的检验方法. 事实上, 二者是有差别的, 它们的作用相互补充. 多重比较是对一个个指标分别作检验, 所以有可能一个个指标分别作检验都不能说它们有差异, 但均值检验的结果却是说均值有差异. 均值检验的结论与多重比较的结论看似矛盾, 实际上是不矛盾的. 虽然一个个指标分开来看差异不大, 但存在指标的某个组合, 不同的总体关于这个指标组合的差异却很大, 这就导致均值检验的结果说均值有差异. 一般来说, 对一个多元方差分析问题而言, 均值有没有差异需要检验, 此外还需要进行多重比较.

*5.7　多元正态分布均值变点的检验问题

设 $\boldsymbol{x}_1, \cdots, \boldsymbol{x}_n$ 是相互独立的随机向量序列, 其中, 前 k 个向量 $\boldsymbol{x}_1, \cdots, \boldsymbol{x}_k$ 有一个共同的多元正态分布 $N_p(\boldsymbol{\mu}, \boldsymbol{\Sigma})$, 后 $n-k$ 个向量 $\boldsymbol{x}_{k+1}, \cdots, \boldsymbol{x}_n$ 有一个共同的多元正态分布 $N_p(\boldsymbol{\mu}^*, \boldsymbol{\Sigma})$, 均值向量 $\boldsymbol{\mu}$ 和 $\boldsymbol{\mu}^*$ 皆未知. 在 $\boldsymbol{\mu} \neq \boldsymbol{\mu}^*$ 时 k 称为变点, k 也未知. k 的取值空间为 $\{1, 2, \cdots, n\}$. $k = n$ 的含意是没有变点. 本节讨论的检验问题是

$$H_0 : \boldsymbol{\mu} = \boldsymbol{\mu}^*, \quad H_1 : \boldsymbol{\mu} \neq \boldsymbol{\mu}^*, \tag{5.7.1}$$

这就是所谓的变点检验问题. 拒绝原假设意味着均值有变点. 在 $\boldsymbol{\Sigma}$ 已知与 $\boldsymbol{\Sigma}$ 未知这两种情况, 分别讨论变点的检验问题.

5.7.1 协方差阵 $\boldsymbol{\Sigma}$ 已知时均值变点的似然比检验

首先讨论 $\boldsymbol{\Sigma}$ 已知时变点的检验问题. 这时可以将 $\boldsymbol{x}_i$ 变换为 $\boldsymbol{\Sigma}^{-1/2}\boldsymbol{x}_i$, $i=1,\cdots,n$, 所以不失一般性, 令 $\boldsymbol{\Sigma}=\boldsymbol{I}_p$. 似然比原则被用来构造检验统计量.

5.7.1.1 似然比检验统计量

对于固定的 k, 检验问题 (5.7.1) 实际上是 $\boldsymbol{\Sigma}=\boldsymbol{I}_p$ 时两个多元正态分布均值比较的检验问题. 由 (5.3.2) 式知其似然比为

$$\lambda_k=\exp\left\{-\frac{1}{2}\left[\frac{k(n-k)}{n}(\bar{\boldsymbol{x}}_k-\tilde{\boldsymbol{x}}_{n-k})'(\bar{\boldsymbol{x}}_k-\tilde{\boldsymbol{x}}_{n-k})\right]\right\},$$

其中,

$$\bar{\boldsymbol{x}}_k=\frac{1}{k}\sum_{i=1}^{k}\boldsymbol{x}_i \text{ 是前 } k \text{ 个样本观察向量 } \boldsymbol{x}_1,\cdots,\boldsymbol{x}_k \text{ 的平均;}$$

$$\tilde{\boldsymbol{x}}_{n-k}=\frac{1}{n-k}\sum_{i=k+1}^{n}\boldsymbol{x}_i \text{ 是后 } n-k \text{ 个样本观察向量 } \boldsymbol{x}_{k+1},\cdots,\boldsymbol{x}_n \text{ 的平均.}$$

当 k 未知时变点检验问题 (5.7.1) 的似然比为

$$\lambda=\max_{1\leqslant k\leqslant n-1}\lambda_k.$$

令

$$U=-2\ln\lambda=\max_{1\leqslant k\leqslant n-1}\left\{\frac{k(n-k)}{n}(\bar{\boldsymbol{x}}_k-\tilde{\boldsymbol{x}}_{n-k})'(\bar{\boldsymbol{x}}_k-\tilde{\boldsymbol{x}}_{n-k})\right\}.$$

在 U 比较大的时候, 拒绝原假设, 认为均值有变点. 由于变点的检验问题 (5.7.1) 的参数空间

$$\Theta=\{(\boldsymbol{\mu},\boldsymbol{\mu}^*,\boldsymbol{\Sigma},k):-\infty<\boldsymbol{\mu},\boldsymbol{\mu}^*<\infty,\boldsymbol{\Sigma}>0,k=1,\cdots,n\}$$

是 m 维欧氏空间中一个没有内点的集合, 其中, $m=2p+p(p+1)/2+1$, 所以不能根据似然比统计量的极限分布 (参见文献 [17] 3.6.2 节和 3.6.3 节) 说在原假设成立, 即没有变点时 U 有渐近 χ^2 分布.

通常把 U 改写为

$$U=\max_{1\leqslant k\leqslant n-1}E_k,$$

其中,

$$E_k=\boldsymbol{T}_k'\boldsymbol{T}_k,\quad \boldsymbol{T}_k=\sqrt{\frac{k(n-k)}{n}}(\bar{\boldsymbol{x}}_k-\tilde{\boldsymbol{x}}_{n-k})=\sqrt{\frac{n}{k(n-k)}}\sum_{i=1}^{k}(\boldsymbol{x}_i-\bar{\boldsymbol{x}}),$$

$$\bar{\boldsymbol{x}}=\frac{1}{n}\sum_{i=1}^{n}\boldsymbol{x}_i \text{ 是样本观察向量 } \boldsymbol{x}_1,\cdots,\boldsymbol{x}_n \text{ 的总的平均.}$$

在原假设为真均值没有变点时, 对于固定的 k, 有

$$E_k = \boldsymbol{T}_k' \boldsymbol{T}_k = \frac{k(n-k)}{n} (\bar{\boldsymbol{x}}_k - \tilde{\boldsymbol{x}}_{n-k})' (\bar{\boldsymbol{x}}_k - \tilde{\boldsymbol{x}}_{n-k}) \sim \chi^2(p).$$

而当 k 未知时, U 的分布问题就没有那么简单了. 下面讨论, 当原假设为真均值没有变点时, 变点检验问题 (5.7.1) 的似然比检验统计量 $U = \max\limits_{1\leqslant k\leqslant n-1} E_k$ 的抽样分布问题.

5.7.1.2 似然比检验统计量的抽样分布

首先证明不论原假设是否为真, 即不论均值有没有变点以及变点在哪里, 序列 $\{\boldsymbol{T}_1, \boldsymbol{T}_2, \cdots, \boldsymbol{T}_{n-1}\}$ 总是有马尔可夫性, 即对任意的 $s = 3, 4, \cdots, n-1$,

在 $\boldsymbol{T}_{s-1}$ 给定后, $\boldsymbol{T}_s$ 与 $\boldsymbol{T}_1, \cdots, \boldsymbol{T}_{s-2}$ 相互条件独立.

令 $\boldsymbol{Y}_1 = \sum\limits_{i=1}^{s} (\boldsymbol{x}_i - \bar{\boldsymbol{x}})$, $\boldsymbol{Y}_2 = \sum\limits_{i=1}^{s-1} (\boldsymbol{x}_i - \bar{\boldsymbol{x}})$, $\boldsymbol{Y}_3 = (\boldsymbol{x}_1 - \bar{\boldsymbol{x}}, \cdots, \boldsymbol{x}_{s-2} - \bar{\boldsymbol{x}})$, 则欲证序列 $\{\boldsymbol{T}_1, \boldsymbol{T}_2, \cdots, \boldsymbol{T}_{n-1}\}$ 的马尔可夫性, 仅需证明

在 $\boldsymbol{Y}_2$ 给定后, $\boldsymbol{Y}_1$ 与 $\boldsymbol{Y}_3$ 相互条件独立.

从而由 (2.4.10) 式知, 仅需证明

$$\boldsymbol{\Sigma}_{13} - \boldsymbol{\Sigma}_{12} \boldsymbol{\Sigma}_{22}^{-1} \boldsymbol{\Sigma}_{23} = \boldsymbol{0}, \tag{5.7.2}$$

其中, $\boldsymbol{\Sigma}_{ij} = \mathrm{Cov}(\boldsymbol{Y}_i, \boldsymbol{Y}_j)$, $i, j = 1, 2, 3$. 经计算,

$$\boldsymbol{\Sigma}_{13} = \mathrm{Cov}(\boldsymbol{Y}_1, \boldsymbol{Y}_3) = \frac{(n-1)^2 + (s-1)(-2n+1)}{n^2} (\boldsymbol{1}_{s-2}' \otimes \boldsymbol{I}_p),$$

$$\boldsymbol{\Sigma}_{12} = \mathrm{Cov}(\boldsymbol{Y}_1, \boldsymbol{Y}_2) = (s-1) \frac{(n-1)^2 + (s-1)(-2n+1)}{n^2} \boldsymbol{I}_p,$$

$$\boldsymbol{\Sigma}_{22} = \mathrm{Var}(\boldsymbol{Y}_2) = (s-1) \frac{(n-1)^2 + (s-2)(-2n+1)}{n^2} \boldsymbol{I}_p,$$

$$\boldsymbol{\Sigma}_{23} = \mathrm{Cov}(\boldsymbol{Y}_2, \boldsymbol{Y}_3) = \frac{(n-1)^2 + (s-2)(-2n+1)}{n^2} (\boldsymbol{1}_{s-2}' \otimes \boldsymbol{I}_p),$$

其中, $\boldsymbol{1}_{s-2}$ 正如前面所说的, 它是元素全为 1 的 $s-2$ 维向量. 不难验证 (5.7.2) 式成立. 序列 $\{\boldsymbol{T}_1, \boldsymbol{T}_2, \cdots, \boldsymbol{T}_{n-1}\}$ 的马尔可夫性得到证明. 事实上, 为证该序列的马尔可夫性, 仅需要验证, 对任意的 $i = 1, \cdots, s-2$,

在 $\sum\limits_{i=1}^{s-1} (\boldsymbol{x}_i - \bar{\boldsymbol{x}})$ 给定后, $\boldsymbol{x}_s - \bar{\boldsymbol{x}}$ 与 $\boldsymbol{x}_i - \bar{\boldsymbol{x}}$ 相互条件独立.

下面利用序列 $\{\boldsymbol{T}_1,\boldsymbol{T}_2,\cdots,\boldsymbol{T}_{n-1}\}$ 的马尔可夫性, 在原假设为真时推导似然比检验统计量 U 的抽样分布的递推公式. 令

$$F_1(\boldsymbol{T}_1,x)=1,$$
$$F_s(\boldsymbol{T}_s,x)=P\left(\boldsymbol{T}_1'\boldsymbol{T}_1\leqslant x,\cdots,\boldsymbol{T}_{s-1}'\boldsymbol{T}_{s-1}\leqslant x|\boldsymbol{T}_s\right),\quad s=2,3,\cdots,n-1,$$

则由序列 $\{\boldsymbol{T}_1,\boldsymbol{T}_2,\cdots,\boldsymbol{T}_{n-1}\}$ 的马尔可夫性可以得到 $\{F_s(\boldsymbol{T}_s,x),s=1,\cdots,n-1\}$ 的递推公式

$$\begin{aligned}F_2(\boldsymbol{T}_2,x)&=P\left(\boldsymbol{T}_1'\boldsymbol{T}_1\leqslant x|\boldsymbol{T}_2\right)=\int_{\boldsymbol{T}_1'\boldsymbol{T}_1\leqslant x}f(\boldsymbol{T}_1|\boldsymbol{T}_2)\,\mathrm{d}\boldsymbol{T}_1\\&=\int_{\boldsymbol{T}_1'\boldsymbol{T}_1\leqslant x}F_1(\boldsymbol{T}_1,x)f(\boldsymbol{T}_1|\boldsymbol{T}_2)\,\mathrm{d}\boldsymbol{T}_1.\end{aligned}\tag{5.7.3}$$

在 $s=3,\cdots,n-1$ 时, 有

$$\begin{aligned}&F_s(\boldsymbol{T}_s,x)\\=&\int_{\boldsymbol{T}_{s-1}'\boldsymbol{T}_{s-1}\leqslant x}P\left(\boldsymbol{T}_1'\boldsymbol{T}_1\leqslant x,\cdots,\boldsymbol{T}_{s-2}'\boldsymbol{T}_{s-2}\leqslant x|\boldsymbol{T}_s,\boldsymbol{T}_{s-1}\right)f(\boldsymbol{T}_{s-1}|\boldsymbol{T}_s)\,\mathrm{d}\boldsymbol{T}_{s-1}\\=&\int_{\boldsymbol{T}_{s-1}'\boldsymbol{T}_{s-1}\leqslant x}P\left(\boldsymbol{T}_1'\boldsymbol{T}_1\leqslant x,\cdots,\boldsymbol{T}_{s-2}'\boldsymbol{T}_{s-2}\leqslant x|\boldsymbol{T}_{s-1}\right)f(\boldsymbol{T}_{s-1}|\boldsymbol{T}_s)\,\mathrm{d}\boldsymbol{T}_{s-1}\\=&\int_{\boldsymbol{T}_{s-1}'\boldsymbol{T}_{s-1}\leqslant x}F_{s-1}(\boldsymbol{T}_{s-1},x)f(\boldsymbol{T}_{s-1}|\boldsymbol{T}_s)\,\mathrm{d}\boldsymbol{T}_{s-1},\end{aligned}\tag{5.7.4}$$

其中, $f(\boldsymbol{T}_{s-1}|\boldsymbol{T}_s)$ 是 $\boldsymbol{T}_s$ 给定后 $\boldsymbol{T}_{s-1}$ 的条件密度, 即正态分布

$$N_p\left(\rho_{s-1,s}\boldsymbol{T}_s,\left(1-\rho_{s-1,s}^2\right)\boldsymbol{I}_p\right),\quad \rho_{s-1,s}=\sqrt{\frac{(s-1)(n-s)}{s(n-s+1)}}\tag{5.7.5}$$

的密度函数.

基于这个递推公式, 得到似然比检验统计量 U 的抽样分布为

$$\begin{aligned}F(x)&=P(U\leqslant x)=P\left(\boldsymbol{T}_1'\boldsymbol{T}_1\leqslant x,\cdots,\boldsymbol{T}_{n-1}'\boldsymbol{T}_{n-1}\leqslant x\right)\\&=\int_{\boldsymbol{T}_{n-1}'\boldsymbol{T}_{n-1}\leqslant x}P\left(\boldsymbol{T}_1'\boldsymbol{T}_1\leqslant x,\cdots,\boldsymbol{T}_{n-2}'\boldsymbol{T}_{n-2}\leqslant x|\boldsymbol{T}_{n-1}\right)f(\boldsymbol{T}_{n-1})\,\mathrm{d}\boldsymbol{T}_{n-1}\\&=\int_{\boldsymbol{T}_{n-1}'\boldsymbol{T}_{n-1}\leqslant x}F_{n-1}(\boldsymbol{T}_{n-1},x)f(\boldsymbol{T}_{n-1})\,\mathrm{d}\boldsymbol{T}_{n-1},\end{aligned}\tag{5.7.6}$$

其中, $f(\boldsymbol{T}_{n-1})$ 是 $\boldsymbol{T}_{n-1}$ 的密度, 即标准正态分布 $N_p(\boldsymbol{0},\boldsymbol{I}_p)$ 的密度函数.

下面依次说明递推公式中的 (5.7.3) 式, (5.7.4) 式以及 (5.7.4) 式是如何具体计算的. 由 (5.7.5) 式知, $\boldsymbol{T}_s$ 给定后 $E_{s-1}=\boldsymbol{T}_{s-1}\boldsymbol{T}'_{s-1}$ 的条件分布为

$$\left(1-\rho_{s-1,s}^2\right)\chi^2\left(p,\gamma_s\right),\quad \gamma_s=\frac{\rho_{s-1,s}^2 E_s}{\left(1-\rho_{s-1,s}^2\right)},$$

其中, $\chi^2\left(p,\gamma_s\right)$ 是自由度为 p 非中心参数为 γ_s 的 χ^2 分布, 它的密度函数为

$$\sum_{i=0}^{\infty}\exp\left\{-\frac{\gamma_s}{2}\right\}\frac{\left(\gamma_s/2\right)^i}{i!}\frac{\exp\left\{-x/2\right\}x^{i+p/2-1}\left(1/2\right)^{i+p/2}}{\Gamma\left(i+p/2\right)},\tag{5.7.7}$$

所以 (5.7.3) 式很容易计算,

$$\begin{aligned}F_2\left(\boldsymbol{T}_2,x\right)&=P\left(E_1\leqslant x|\boldsymbol{T}_2\right)\\&=\sum_{i=0}^{\infty}\exp\left\{-\frac{\gamma_2}{2}\right\}\frac{\left(\gamma_2/2\right)^i}{i!}\\&\quad\cdot\int_0^x\frac{\exp\left\{-u/\left[2\left(1-\rho_{1,2}^2\right)\right]\right\}u^{i+p/2-1}\left(1/\left[2\left(1-\rho_{1,2}^2\right)\right]\right)^{i+p/2}}{\Gamma\left(i+p/2\right)}\mathrm{d}u.\end{aligned}$$

由此可见, $F_2\left(\boldsymbol{T}_2,x\right)$ 是通过 γ_2, 也就是通过 $E_2=\boldsymbol{T}'_2\boldsymbol{T}_2$ 依赖于 $\boldsymbol{T}_2$ 的. 事实上, 可以用数学归纳法证明: 对任意的 $s=3,\cdots,n-1$, $F_s\left(\boldsymbol{T}_s,x\right)$ 都是通过 $E_s=\boldsymbol{T}'_s\boldsymbol{T}_s$ 依赖于 $\boldsymbol{T}_s$ 的. 归纳法假设这个结论在 $s-1$ 时为真, 即假设 $F_{s-1}\left(\boldsymbol{T}_{s-1},x\right)$ 是通过 $E_{s-1}=\boldsymbol{T}'_{s-1}\boldsymbol{T}_{s-1}$ 依赖于 $\boldsymbol{T}_{s-1}$ 的, 由此将 $F_{s-1}\left(\boldsymbol{T}_{s-1},x\right)$ 改写为 $F_{s-1}\left(\boldsymbol{T}_{s-1},x\right)=\tilde{F}_{s-1}\left(E_{s-1},x\right)$. 由 (5.7.4) 式知

$$\begin{aligned}F_s\left(\boldsymbol{T}_s,x\right)&=E\left\{\tilde{F}_{s-1}\left(E_{s-1},x\right)I_{\left(E_{s-1}\leqslant x\right)}|\boldsymbol{T}_s\right\}\\&=\sum_{i=0}^{\infty}\exp\left\{-\frac{\gamma_s}{2}\right\}\frac{\left(\gamma_s/2\right)^i}{i!}\int_0^x\tilde{F}_{s-1}\left(u,x\right)\\&\quad\cdot\frac{\exp\left\{-u/\left[2\left(1-\rho_{s-1,s}^2\right)\right]\right\}u^{p/2-1}\left(1/\left[2\left(1-\rho_{s-1,s}^2\right)\right]\right)^{i+p/2}}{\Gamma\left(i+p/2\right)}\mathrm{d}u,\end{aligned}\tag{5.7.8}$$

其中, $I_{\left(E_{s-1}\leqslant x\right)}$ 是示性函数. 由此可见, $F_s\left(\boldsymbol{T}_s,x\right)$ 是通过 γ_s, 也就是通过 $E_s=\boldsymbol{T}'_s\boldsymbol{T}_s$ 依赖于 $\boldsymbol{T}_s$ 的. 至此用数学归纳法证明了, 对任意的 $s=1,2,\cdots,n-1$, $F_s\left(\boldsymbol{T}_s,x\right)$ 都是通过 $E_s=\boldsymbol{T}'_s\boldsymbol{T}_s$ 依赖于 $\boldsymbol{T}_s$ 的, $F_s\left(\boldsymbol{T}_s,x\right)$ 都可以改写为

$$F_s\left(\boldsymbol{T}_s,x\right)=\tilde{F}_s\left(E_s,x\right).\tag{5.7.9}$$

(5.7.4) 式就是根据 (5.7.8) 式进行计算的.

似然比检验统计量 U 的抽样分布的 (5.7.6) 式很容易计算, 它等于

$$F(x)=\int_0^x \tilde{F}_{n-1}(u,x)\,\frac{\exp\{-u/2\}\,u^{i+p/2-1}\,(1/2)^{p/2}}{\Gamma(p/2)}\mathrm{d}u.$$

根据递推公式计算得到的似然比检验统计量 U 的临界值 U_α 见表 5.7.1 中没有括号的数, 也可以利用 Bonferroni 不等式计算临界值. 由于 $E_1,E_2,\cdots,E_{n-1}$ 都服从 $\chi^2(p)$ 分布, 所以

$$P(U>c)=P\left(\bigcup_{s=1}^{n-1}[E_s>c]\right)\leqslant\sum_{s=1}^{n-1}P(E_s>c).$$

由此可见, 若取 $c=\chi^2_{1-\alpha/(n-1)}(p)$, 则有 $P(U>c)\leqslant\alpha$. 根据 Bonferroni 不等式算得的临界值见表 5.7.1 中有括号的数. 由于根据 Bonferroni 不等式算得的临界值总是比根据递推公式计算得的精确的临界值大, 所以说根据 Bonferroni 不等式算得的临界值是 “保守” 的临界值.

表 5.7.1 多元正态分布均值变点的似然比检验统计量的临界值表

p	α	n						
		10	15	20	25	30	35	40
2	0.10	8.20	8.80	9.16	9.46	9.66	9.81	9.94
		(9.00)	(9.88)	(10.49)	(10.96)	(1134)	(11.66)	(11.93)
	0.05	9.75	10.37	10.76	11.00	11.25	11.43	11.58
		(10.39)	(11.27)	(11.88)	(12.35)	(12.73)	(13.04)	(13.32)
	0.01	13.18	13.84	14.27	14.58	14.79	14.95	15.11
		(13.60)	(14.49)	(15.10)	(15.57)	(15.94)	(16.26)	(16.54)
3	0.10	10.29	10.92	11.36	11.66	11.87	12.03	12.21
		(11.12)	(12.07)	(12.73)	(13.23)	(13.63)	(13.98)	(14.27)
	0.05	11.93	12.64	13.02	13.36	13.60	13.78	13.92
		(12.61)	(13.56)	(14.21)	(14.71)	(15.12)	(15.46)	(15.75)
	0.01	15.64	16.34	16.78	17.08	17.36	17.56	17.72
		(16.05)	(16.99)	(17.64)	(18.14)	(18.54)	(18.88)	(19.18)
4	0.10	12.16	12.86	13.32	13.64	13.87	14.05	14.24
		(13.03)	(14.05)	(14.74)	(15.27)	(15.71)	(16.06)	(16.37)
	0.05	13.93	14.67	15.10	15.45	15.70	15.88	16.03
		(14.62)	(15.62)	(16.31)	(16.83)	(17.26)	(17.61)	(17.92)
	0.01	17.81	18.58	19.00	19.38	19.64	19.84	19.99
		(18.23)	(19.21)	(19.88)	(20.40)	(20.81)	(21.16)	(21.46)
5	0.10	13.92	14.69	15.14	15.50	15.75	15.94	16.12
		(14.83)	(15.90)	(16.63)	(17.18)	(17.63)	(18.01)	(18.33)
	0.05	15.81	16.58	17.01	17.39	17.66	17.85	18.00
		(16.50)	(17.55)	(18.27)	(18.82)	(19.26)	(19.63)	(19.95)
	0.01	19.85	20.86	21.11	21.49	21.76	21.95	22.37
		(20.28)	(21.30)	(22.01)	(22.54)	(22.98)	(23.35)	(23.66)

续表

p	α	n						
		10	15	20	25	30	35	40
6	0.10	15.63	16.42	16.89	17.26	17.54	17.75	17.91
		(16.54)	(17.66)	(18.42)	(19.00)	(19.46)	(19.85)	(20.19)
	0.05	17.59	18.38	18.86	19.23	19.52	19.73	19.90
		(18.29)	(19.38)	(20.12)	(20.69)	(21.15)	(21.53)	(21.86)
	0.01	21.78	22.61	23.09	23.49	23.76	23.99	23.92
		(22.21)	(23.26)	(23.98)	(24.53)	(24.98)	(25.35)	(25.67)
7	0.10	17.25	18.05	18.60	18.94	19.24	19.46	19.66
		(18.19)	(19.36)	(20.15)	(20.75)	(21.23)	(21.63)	(21.98)
	0.05	19.28	20.09	20.64	20.98	21.29	21.53	21.72
		(20.01)	(21.14)	(21.92)	(22.50)	(22.98)	(23.37)	(23.72)
	0.01	23.64	24.49	24.98	25.40	25.69	26.34	26.53
		(24.07)	(25.16)	(25.91)	(26.49)	(26.95)	(27.34)	(27.68)

5.7.1.3 检验的势

备择假设成立时假设变点为 k. 这也就是说, 前 k 个向量 $\boldsymbol{x}_1,\cdots,\boldsymbol{x}_k$ 都是 $N_p(\boldsymbol{\mu},\boldsymbol{\Sigma})$, 后 $n-k$ 个向量 $\boldsymbol{x}_{k+1},\cdots,\boldsymbol{x}_n$ 都是 $N_p(\boldsymbol{\mu}^*,\boldsymbol{\Sigma})$. 令

$$\Delta=|\boldsymbol{\delta}|=\sqrt{\boldsymbol{\delta}'\boldsymbol{\delta}},\quad \boldsymbol{\delta}=\boldsymbol{\mu}-\boldsymbol{\mu}^*.$$

Δ 可理解为在变点 k 处均值变化的幅度. 显然, $\Delta=0$ 意味着没有变点. 下面证明检验的势 $P(U\geqslant c)$ 关于 Δ 严格上升, 从而知多元正态分布均值变点的似然比检验是无偏检验. 显然, 欲证 $P(U\geqslant c)$ 关于 Δ 严格上升, 仅需证明 $P(U<c)$ 关于 Δ 严格下降.

知道不论有没有变点, 序列 $\{\boldsymbol{T}_1,\boldsymbol{T}_2,\cdots,\boldsymbol{T}_{n-1}\}$ 总是有马尔可夫性. 由此可见

$$\begin{aligned}P(U<c)&=P(E_1<c,\cdots,E_{n-1}\leqslant c)\\&=\int_{\boldsymbol{T}_k'\boldsymbol{T}_k<c}P(E_1<c,\cdots,E_{k-1}<c|\boldsymbol{T}_k)\\&\quad\cdot P(E_{k+1}<c,\cdots,E_{n-1}<c|\boldsymbol{T}_k)g(\boldsymbol{T}_k)\mathrm{d}\boldsymbol{T}_k,\end{aligned}\tag{5.7.10}$$

其中, $g(\boldsymbol{T}_k)$ 是 $\boldsymbol{T}_k$ 的密度, 即正态分布

$$N_p\left(-\sqrt{\frac{k\,(n-k)}{n}}\delta,\boldsymbol{I}_p\right)\tag{5.7.11}$$

的密度函数.

在原假设为真没有变点时, 对任意的 $s=1,2,\cdots,n-1$, $\boldsymbol{T}_s\sim N_p(\mathbf{0},\boldsymbol{I}_p)$. 而在原假设不真, 存在变点, 且变点为 k 时, $\boldsymbol{T}_s\sim N_p(a_{s,k}\boldsymbol{\delta},\boldsymbol{I}_p)$, 其中,

$$a_{s,k}=\begin{cases}-(n-k)\sqrt{\dfrac{s}{n(n-s)}}, & s\leqslant k,\\ -k\sqrt{\dfrac{n-s}{ns}}, & s>k,\end{cases}\tag{5.7.12}$$

所以有变点与没有变点, 情况的确有所不同. 但令人感到幸运的是, 在原假设不真存在变点, 且变点为 k 时, 对于任意的 $s=2,3,\cdots,k$, $\boldsymbol{T}_{s-1}$ 给定后 $\boldsymbol{T}_s$ 的条件分布为正态分布

$$N_p\left(\rho_{s-1,s}\boldsymbol{T}_s,\left(1-\rho_{s-1,s}^2\right)\boldsymbol{I}_p\right),\quad \rho_{s-1,s}=\sqrt{\frac{(s-1)(n-s)}{s(n-s+1)}}.\tag{5.7.13}$$

这与 (5.7.5) 式是完全相同的. 由此可见, 有变点还是没有变点对 $s\leqslant k$ 时, $\boldsymbol{T}_{s-1}$ 给定后 $\boldsymbol{T}_s$ 的条件分布没有影响, 所以可以根据 (5.7.3) 式以及 (5.7.4) 式递推地计算 $P(E_1<c,\cdots,E_{k-1}<c|\boldsymbol{T}_k)$, 并且根据 (5.7.9) 式, 将它写为

$$P(E_1<c,\cdots,E_{k-1}<c|\boldsymbol{T}_k)=F_k(\boldsymbol{T}_k,c)=\tilde{F}_k(E_k,c).\tag{5.7.14}$$

可以验证, 在 $s>k$, 有变点和没有变点时, $\boldsymbol{T}_{s-1}$ 给定后 $\boldsymbol{T}_s$ 的条件分布是不同的, 但是 $\boldsymbol{T}_s$ 给定后 $\boldsymbol{T}_{s-1}$ 的条件分布却是相同的. 由此可见, 在 $s>k$ 时需要倒过来看. 所谓倒过来看就是令 $\boldsymbol{y}_i=\boldsymbol{x}_{n+1-i}$, $i=1,2,\cdots,n$. 将 $\{\boldsymbol{x}_1,\boldsymbol{x}_2,\cdots,\boldsymbol{x}_n\}$ 倒过来看就是 $\{\boldsymbol{y}_1,\boldsymbol{y}_2,\cdots,\boldsymbol{y}_n\}$, 然后令 $\boldsymbol{V}_s=\sqrt{n/[s(n-s)]}\sum\limits_{i=1}^{s}(\boldsymbol{y}_i-\bar{\boldsymbol{y}})$, $s=1,2,\cdots,n-1$. 由于对任意的 $s=1,2,\cdots,n-1$, 都有

$$\begin{aligned}\boldsymbol{V}_s&=\sqrt{\frac{n}{s(n-s)}}\sum_{i=1}^{s}(\boldsymbol{y}_i-\bar{\boldsymbol{y}})=\sqrt{\frac{n}{s(n-s)}}\sum_{i=n}^{n+1-s}(\boldsymbol{x}_i-\bar{\boldsymbol{x}})\\&=-\sqrt{\frac{n}{s(n-s)}}\sum_{i=1}^{n-s}(\boldsymbol{x}_i-\bar{\boldsymbol{x}})=-\boldsymbol{T}_{n-s},\end{aligned}$$

所以将 $\{\boldsymbol{T}_1,\boldsymbol{T}_2,\cdots,\boldsymbol{T}_{n-1}\}$ 倒过来看就是 $\{-\boldsymbol{V}_1,-\boldsymbol{V}_2,\cdots,-\boldsymbol{V}_{n-1}\}$. 显然, 如果序列 $\boldsymbol{x}_1,\cdots,\boldsymbol{x}_n$ 的变点是 k, 那么序列 $\boldsymbol{y}_1,\cdots,\boldsymbol{y}_n$ 的变点就是 $n-k$. 令 $\boldsymbol{V}_s'\boldsymbol{V}_s=\boldsymbol{H}_s$, 则 $\boldsymbol{H}_s=\boldsymbol{T}_{n-s}'\boldsymbol{T}_{n-s}=E_{n-s}$, $s=1,2,\cdots,n-1$. 显然, 由序列 $\{\boldsymbol{V}_1,\boldsymbol{V}_2,\cdots,\boldsymbol{V}_{n-1}\}$ 的马尔可夫性, 可得序列 $\{-\boldsymbol{V}_1,-\boldsymbol{V}_2,\cdots,-\boldsymbol{V}_{n-1}\}$ 的马尔可夫性, 所以

$$P(E_{k+1}<c,\cdots,E_{n-1}<c|\boldsymbol{T}_k)=P(H_1<c,\cdots,H_{n-k-1}<c|-\boldsymbol{V}_{n-k}).$$

这说明可以根据 (5.7.3) 式以及 (5.7.4) 式递推地计算$P\left(E_{k+1}<c,\cdots,E_{n-1}<c|\boldsymbol{T}_k\right)$, 并且同 (5.7.14) 式, 有

$$P\left(E_{k+1}<c,\cdots,E_{n-1}<c|\boldsymbol{T}_k\right)=\tilde{F}_{n-k}\left(H_{n-k},c\right)=\tilde{F}_{n-k}\left(E_k,c\right). \tag{5.7.15}$$

从而由 (5.7.10) 式, 有

$$\begin{aligned}P\left(U<c\right)&=\int_{E_k<c}\tilde{F}_k\left(E_k,c\right)\tilde{F}_{n-k}\left(E_k,c\right)g\left(\boldsymbol{T}_k\right)\mathrm{d}\boldsymbol{T}_k\\&=E(\tilde{F}_k\left(E_k,c\right)\tilde{F}_{n-k}\left(E_k,c\right)I_{(E_k<c)}).\end{aligned} \tag{5.7.16}$$

必须指出的是, (5.7.16) 式中的 $\tilde{F}_k\left(E_k,c\right)$ 是在序列 $\{x_1,x_2,\cdots,x_n\}$ 的变点为 k 的情况根据由马尔科夫性得到的 (5.7.3) 式和 (5.7.4) 式递推地计算的, 而 $\tilde{F}_{n-k}\left(E_k,c\right)$ 是在序列 $\{\boldsymbol{x}_1,\boldsymbol{x}_2,\cdots,\boldsymbol{x}_n\}$ 倒过来看成 $\{\boldsymbol{x}_n,\boldsymbol{x}_{n-1},\cdots,\boldsymbol{x}_1\}$, 其变点为 $n-k$ 的情况根据由马尔科夫性得到的 (5.7.3) 式和 (5.7.4) 式递推地计算的.

按以下两个步骤证明 $P\left(U<c\right)$ 关于 $\varDelta$ 是严格下降的:

第 1 步. 由 (5.7.11) 式知, $E_k=\boldsymbol{T}_k'\boldsymbol{T}_k$ 有自由度为 p 的非中心的 $\chi^2\left(p,\gamma\right)$ 分布, 其非中心参数 γ 为

$$\gamma=\frac{k\left(n-k\right)}{n}\boldsymbol{\delta}'\boldsymbol{\delta}=\frac{k\left(n-k\right)}{n}\varDelta.$$

很容易验证, 非中心的 $\chi^2\left(p,\gamma\right)$ 分布关于非中心参数 γ 有非降的单调似然比, 也就是说, 对任意的 $\gamma_1<\gamma_2$ 和 $x_1<x_2$, 都有

$$\frac{f\left(x_2,\gamma_2\right)}{f\left(x_2,\gamma_1\right)}-\frac{f\left(x_1,\gamma_2\right)}{f\left(x_1,\gamma_1\right)}>0,$$

其中, $f\left(x,\gamma\right)$ 是非中心的 $\chi^2\left(p,\gamma\right)$ 分布的密度函数 (见 (5.7.7) 式). 单调似然比分布族有一个很好的性质: 若 X 的分布关于参数 θ 有非降的单调似然比, $h\left(x\right)$ 是 x 的非降 (或非增) 函数, 则 $E\left[h\left(X\right)\right]$ 是 θ 的非降 (或非增) 函数. 对单调似然比分布族有兴趣的读者可参阅文献 [100] 第 3 章第 3 节. 作为单调似然比分布族, 非中心的 $\chi^2\left(p,\gamma\right)$ 变量 X 有其更进一步的性质, 它关于非中心参数 γ 有严格上升的单调似然比, 所以在 $h\left(x\right)$ 是 x 的非降 (或非增) 函数, 并且存在区间 (a,b), $a<b$, 当 $x\in(a,b)$, $h\left(x\right)$ 关于 x 严格上升 (或严格下降) 时, 则 $E\left[h\left(X\right)\right]$ 是 γ 的严格上升 (或严格下降) 的函数. 从而由 (5.7.16) 式, 也就是

$$P\left(U<c\right)=E\left(\tilde{F}_k\left(E_k,c\right)\tilde{F}_{n-k}\left(E_k,c\right)I_{(E_k<c)}\right)$$

以及 $E_k\sim\chi^2\left(p,\gamma\right)$ 知, 欲证 $P\left(U<c\right)$ 关于 $\varDelta$ 严格下降, 仅需证明: ① 在原假设不真存在变点且变点为 k 时, $\tilde{F}_k\left(E_k,c\right)$ 是 E_k 的严格下降的函数; ② 在原假设

不真存在变点, 将序列倒过来看变点为 $n-k$ 时, $\tilde{F}_{n-k}(E_k, c) = \tilde{F}_{n-k}(H_{n-k}, c)$ 是 $H_{n-k} = E_k$ 的严格下降的函数. 仅证明①. 证明了①也就证明了②.

第 2 步. 由于在原假设不真存在变点且变点为 k 时, 有

$$\tilde{F}_1(E_1, x) = 1,$$

$$\tilde{F}_s(E_s, x) = E\left(\tilde{F}_{s-1}(E_{s-1}, x) I_{(E_{s-1}<x)} | \boldsymbol{T}_s\right), \quad s = 2, 3, \cdots, k,$$

并且在 $s \leqslant k$ 时, $\boldsymbol{T}_s$ 给定后, $E_{s-1} = \boldsymbol{T}'_{s-1}\boldsymbol{T}_{s-1}$ 的条件分布为

$$\left(1-\rho_{s-1,s}^2\right)\chi^2(p, \gamma_s), \quad \gamma_s = \frac{\rho_{s-1,s}^2 E_s}{\left(1-\rho_{s-1,s}^2\right)}, \quad \rho_{s-1,s} = \sqrt{\frac{(s-1)(n-s)}{s(n-s+1)}}.$$

所以不难根据非中心 χ^2 分布关于其非中心参数的单调似然比的性质, 使用归纳法证明: $\tilde{F}_k(E_k, c)$ 是 E_k 的严格下降的函数. 至此, $P(U<c)$ 关于 $\varDelta$ 严格下降的性质得到了证明. 从而证明了检验的势 $P(U \geqslant c)$ 关于 $\varDelta$ 严格上升.

5.7.1.4　变点 k 的极大似然估计

变点 k 的极大似然估计 $\hat{k}$ 满足下面的条件:

$$E_{\hat{k}} = U = \max_{1\leqslant k\leqslant n-1} E_k.$$

$\hat{k}$ 的分布, 即概率 $P\left(\hat{k}=s\right)$ 的计算如下:

$$\begin{aligned} P\left(\hat{k}=s\right) &= P(E_1 \leqslant E_s, \cdots, E_{n-1} \leqslant E_s) \\ &= \int P(E_1 \leqslant E_s, \cdots, E_{s-1} \leqslant E_s | \boldsymbol{T}_s) \\ &\quad \cdot P(E_{s+1} \leqslant E_s, \cdots, E_{n-1} \leqslant E_s | \boldsymbol{T}_s) h_s(\boldsymbol{T}_s) \mathrm{d}\boldsymbol{T}_s, \quad s = 1, 2, \cdots, n-1, \end{aligned}$$

其中, $h_s(x)$ 是 $\boldsymbol{T}_s$ 的密度函数, 即正态分布 $N_p(a_{s,k}\boldsymbol{\delta}, \boldsymbol{I}_p)$ 的密度函数, $a_{s,k}$ 的值见 (5.7.12) 式.

最为关心的是 $\hat{k}$ 恰好等于变点 k 的概率

$$\begin{aligned} &P\left(\hat{k}=k\right) \\ &= \int P(E_1 \leqslant E_k, \cdots, E_{k-1} \leqslant E_k | \boldsymbol{T}_k) P(E_{k+1} \leqslant E_k, \cdots, E_{n-1} \leqslant E_k | \boldsymbol{T}_k) h_k(\boldsymbol{T}_k) \mathrm{d}\boldsymbol{T}_k, \end{aligned}$$

由 (5.7.14) 式和 (5.7.15) 式知

$$P\left(\hat{k}=k\right) = E\left(\tilde{F}_k(E_k, E_k)\tilde{F}_{n-k}(E_k, E_k)\right),$$

其中, 由 (5.7.11) 式知

$$E_k \sim \chi^2\left(p, \frac{k(n-k)}{n}\Delta\right).$$

下面证明: $\hat{k}$ 恰好等于变点 k 的概率 $P\left(\hat{k}=k\right)$ 关于均值变化幅度 Δ 严格上升.

由非中心 χ^2 分布关于其非中心参数的单调似然比性质知, 欲证 $P\left(\hat{k}=k\right)$ 关于均值变化幅度 Δ 严格上升, 仅需证明: ① 在原假设不真存在变点且变点为 k 时, $\tilde{F}_k(E_k, E_k)$ 是 E_k 的严格上升的函数; ② 在原假设不真存在变点, 将序列倒过来看变点为 $n-k$ 时, $\tilde{F}_{n-k}(E_k, E_k) = \tilde{F}_{n-k}(H_{n-k}, H_{n-k})$ 是 $H_{n-k} = E_k$ 的严格上升的函数. 仅证明①. 证明了①也就证明了②.

简记 $\tilde{F}_k(E_k, E_k)$ 为 $G(E_k)$. 已经知道

(1) $G(E_k) = P(E_1 \leqslant E_k, \cdots, E_{k-1} \leqslant E_k | \boldsymbol{T}_k)$
$\quad = P\left(\boldsymbol{T}_1'\boldsymbol{T}_1 \leqslant E_k, \cdots, \boldsymbol{T}_{k-1}'\boldsymbol{T}_{k-1} \leqslant E_k | \boldsymbol{T}_k\right)$;

(2) 在 $\boldsymbol{T}_k$ 给定后, $(\boldsymbol{T}_1, \cdots, \boldsymbol{T}_{k-1})$ 的条件分布为正态分布;

(3) $E(\boldsymbol{T}_i | \boldsymbol{T}_k) = \rho_{i,k}\boldsymbol{T}_k, \quad i=1,\cdots,k-1$;

(4) $\mathrm{Cov}(\boldsymbol{T}_i, \boldsymbol{T}_j | \boldsymbol{T}_k) = (\rho_{i,j} - \rho_{i,k}\rho_{j,k})\boldsymbol{I}_p, \quad 1 \leqslant i < j \leqslant k-1.$

令

$$\tilde{\boldsymbol{T}}_i = \boldsymbol{T}_i - \rho_{i,k}\boldsymbol{T}_k, \quad i=1,\cdots,k-1,$$

那么 $\left(\tilde{\boldsymbol{T}}_1, \cdots, \tilde{\boldsymbol{T}}_{k-1}\right)$ 与 $\boldsymbol{T}_k$ 相互独立, $\left(\tilde{\boldsymbol{T}}_1, \cdots, \tilde{\boldsymbol{T}}_{k-1}\right)$ 服从正态分布,

$$E\left(\tilde{\boldsymbol{T}}_i\right) = 0, \quad i=1,\cdots,k-1,$$

$$\mathrm{Cov}(\boldsymbol{T}_i, \boldsymbol{T}_j) = (\rho_{i,j} - \rho_{i,k}\rho_{j,k})\boldsymbol{I}_p, \quad 1 \leqslant i < j \leqslant k-1,$$

并且

$$\begin{aligned} G(E_k) &= P\left(\boldsymbol{T}_1'\boldsymbol{T}_1 \leqslant E_k, \cdots, \boldsymbol{T}_{k-1}'\boldsymbol{T}_{k-1} \leqslant E_k | \boldsymbol{T}_k\right) \\ &= P\left(\left[\bigcap_{i=1}^{k-1}\left(\tilde{\boldsymbol{T}}_i + \rho_{i,k}\boldsymbol{T}_k\right)'\left(\tilde{\boldsymbol{T}}_i + \rho_{i,k}\boldsymbol{T}_k\right) \leqslant E_k\right]\middle| \boldsymbol{T}_k\right). \end{aligned}$$

由此可见, 证明 $G(E_k) = \tilde{F}_k(E_k, E_k)$ 是 $E_k = \boldsymbol{T}_k'\boldsymbol{T}_k$ 的严格上升的函数, 等价于证明

$$G(\boldsymbol{y}'\boldsymbol{y}) = P\left(\bigcap_{i=1}^{k-1}\left[\left(\tilde{\boldsymbol{T}}_i + \rho_{i,k}\boldsymbol{y}\right)'\left(\tilde{\boldsymbol{T}}_i + \rho_{i,k}\boldsymbol{y}\right) \leqslant \boldsymbol{y}'\boldsymbol{y}\right]\right) \tag{5.7.17}$$

关于 $H = \boldsymbol{y}'\boldsymbol{y}$ 严格上升.

显然, 对任意的正交矩阵 $\boldsymbol{Q}$, $\left(\boldsymbol{Q}\tilde{\boldsymbol{T}}_1, \cdots, \boldsymbol{Q}\tilde{\boldsymbol{T}}_{k-1}\right)$ 与 $\left(\tilde{\boldsymbol{T}}_1, \cdots, \tilde{\boldsymbol{T}}_{k-1}\right)$ 有相同的分布, 所以 (5.7.17) 式可等价地写为

$$\begin{aligned}G(\boldsymbol{y}'\boldsymbol{y})&=P\left(\bigcap_{i=1}^{k-1}\left[\left(\boldsymbol{Q}\tilde{\boldsymbol{T}}_i+\rho_{i,k}\boldsymbol{y}\right)'\left(\boldsymbol{Q}\tilde{\boldsymbol{T}}_i+\rho_{i,k}\boldsymbol{y}\right)\leqslant\boldsymbol{y}'\boldsymbol{y}\right]\right)\\&=P\left(\bigcap_{i=1}^{k-1}\left[\left(\tilde{\boldsymbol{T}}_i+\rho_{i,k}\boldsymbol{Q}'\boldsymbol{y}\right)'\left(\tilde{\boldsymbol{T}}_i+\rho_{i,k}\boldsymbol{Q}'\boldsymbol{y}\right)\leqslant(\boldsymbol{Q}'\boldsymbol{y})'(\boldsymbol{Q}'\boldsymbol{y})\right]\right).\end{aligned}$$

选取这样的正交矩阵 $\boldsymbol{Q}$, 使得 $\boldsymbol{Q}'\boldsymbol{y}=\left(\sqrt{H},0,\cdots,0\right)'$, 其中, $H=\boldsymbol{y}'\boldsymbol{y}$. 令 $\tilde{\boldsymbol{T}}_i=\left(\tilde{T}_{i1},\cdots,\tilde{T}_{ip}\right)'$, $i=1,\cdots,k-1$, 则 $\left(\tilde{\boldsymbol{T}}_i+\rho_{i,k}\boldsymbol{Q}'\boldsymbol{y}\right)'\left(\tilde{\boldsymbol{T}}_i+\rho_{i,k}\boldsymbol{Q}'\boldsymbol{y}\right)\leqslant(\boldsymbol{Q}'\boldsymbol{y})'(\boldsymbol{Q}'\boldsymbol{y})$ 就变化为

$$\left(\tilde{T}_{i1}+\rho_{i,k}\sqrt{H}\right)^2+\tilde{T}_{i2}^2+\cdots+\tilde{T}_{ip}^2\leqslant H.$$

从而 (5.7.17) 式可等价地写为

$$G(H)=P\left(\bigcap_{i=1}^{k-1}\left[\left(\tilde{T}_{i1}+\rho_{i,k}\sqrt{H}\right)^2+\tilde{T}_{i2}^2+\cdots+\tilde{T}_{ip}^2\leqslant H\right]\right).$$

下面证明: 在 $H_1<H_2$ 时, 由 $\left(\tilde{T}_{i1}+\rho_{i,k}\sqrt{H_1}\right)^2+\tilde{T}_{i2}^2+\cdots+\tilde{T}_{ip}^2\leqslant H_1$ 可以导出 $\left(\tilde{T}_{i1}+\rho_{i,k}\sqrt{H_2}\right)^2+\tilde{T}_{i2}^2+\cdots+\tilde{T}_{ip}^2\leqslant H_2$, 反之不行. 如果证明了这个结论, 那么就有 $A_1\subset A_2$, 其中,

$$\begin{aligned}A_1&=\left\{\tilde{\boldsymbol{T}}_i,i=1,\cdots,k-1:\bigcap_{i=1}^{k-1}\left[\left(\tilde{T}_{i1}+\rho_{i,k}\sqrt{H_1}\right)^2+\tilde{T}_{i2}^2+\cdots+\tilde{T}_{ip}^2\leqslant H_1\right]\right\},\\A_2&=\left\{\tilde{\boldsymbol{T}}_i,i=1,\cdots,k-1:\bigcap_{i=1}^{k-1}\left[\left(\tilde{T}_{i1}+\rho_{i,k}\sqrt{H_2}\right)^2+\tilde{T}_{i2}^2+\cdots+\tilde{T}_{ip}^2\leqslant H_2\right]\right\},\end{aligned}$$

所以 $P(A_1)<P(A_2)$, 从而 $G(H_1)<G(H_2)$. 这就证明了 $\tilde{F}_k(E_k,E_k)$ 是 $E_k=\boldsymbol{T}_k'\boldsymbol{T}_k$ 的严格上升的函数.

下面证明在 $H_1<H_2$ 时, 由 $\left(\tilde{T}_{i1}+\rho_{i,k}\sqrt{H_1}\right)^2+\tilde{T}_{i2}^2+\cdots+\tilde{T}_{ip}^2\leqslant H_1$ 可以导出 $\left(\tilde{T}_{i1}+\rho_{i,k}\sqrt{H_2}\right)^2+\tilde{T}_{i2}^2+\cdots+\tilde{T}_{ip}^2\leqslant H_2$.

若 $\left(\tilde{T}_{i1}+\rho_{i,k}\sqrt{H_1}\right)^2\leqslant H_1$, 则 $-(1+\rho_{i,k})\sqrt{H_1}\leqslant\tilde{T}_{i1}\leqslant(1-\rho_{i,k})\sqrt{H_1}$. 而在 $\tilde{T}_{i1}\leqslant(1-\rho_{i,k})\sqrt{H_1}$ 时, 由于 $H_1<H_2$, 所以有

$$\begin{aligned}&\left(\tilde{T}_{i1}+\rho_{i,k}\sqrt{H_2}\right)^2-H_2-\left(\tilde{T}_{i1}+\rho_{i,k}\sqrt{H_1}\right)^2+H_1\\&=\left(\sqrt{H_2}-\sqrt{H_1}\right)\left[2\rho_{i,k}\tilde{T}_{i1}-\left(1-\rho_{i,k}^2\right)\left(\sqrt{H_2}+\sqrt{H_1}\right)\right]\\&<2\left(\sqrt{H_2}-\sqrt{H_1}\right)\left[\rho_{i,k}\tilde{T}_{i1}-\left(1-\rho_{i,k}^2\right)\sqrt{H_1}\right]\end{aligned}$$

$$
\begin{aligned}
&< 2\left(\sqrt{H_2}-\sqrt{H_1}\right)\left[\rho_{i,k}\left(1-\rho_{i,k}\right)\sqrt{H_1}-\left(1-\rho_{i,k}^2\right)\sqrt{H_1}\right] \\
&= -2\left(\sqrt{H_2}-\sqrt{H_1}\right)\left(1-\rho_{i,k}\right)\sqrt{H_1}<0.
\end{aligned}
$$

由此可见

$$
\begin{aligned}
&\left(\tilde{T}_{i1}+\rho_{i,k}\sqrt{H_1}\right)^2+\tilde{T}_{i2}^2+\cdots+\tilde{T}_{ip}^2 \leqslant H_1 \\
\Rightarrow &\left(\tilde{T}_{i1}+\rho_{i,k}\sqrt{H_1}\right)^2 \leqslant H_1 \\
\Rightarrow &-\left(1+\rho_{i,k}\right)\sqrt{H_1} \leqslant \tilde{T}_{i1} \leqslant \left(1-\rho_{i,k}\right)\sqrt{H_1} \\
\Rightarrow &\left(\tilde{T}_{i1}+\rho_{i,k}\sqrt{H_2}\right)^2-H_2-\left(\tilde{T}_{i1}+\rho_{i,k}\sqrt{H_1}\right)^2+H_1<0 \\
\Rightarrow &\left(\tilde{T}_{i1}+\rho_{i,k}\sqrt{H_2}\right)^2+\tilde{T}_{i2}^2+\cdots+\tilde{T}_{ip}^2 \leqslant H_2,
\end{aligned}
$$

所以在 $H_1<H_2$ 时, 由 $\left(\tilde{T}_{i1}+\rho_{i,k}\sqrt{H_1}\right)^2+\tilde{T}_{i2}^2+\cdots+\tilde{T}_{ip}^2 \leqslant H_1$ 可以导出

$$
\left(\tilde{T}_{i1}+\rho_{i,k}\sqrt{H_2}\right)^2+\tilde{T}_{i2}^2+\cdots+\tilde{T}_{ip}^2 \leqslant H_2.
$$

从而知在原假设不真存在变点且变点为 k 时, $\tilde{F}_k(E_k,E_k)$ 是 E_k 的严格上升函数. 同理可证, 在原假设不真存在变点, 将序列倒过来看变点为 $n-k$ 时, $\tilde{F}_{n-k}\left(E_k,E_k\right)$ 也是 E_k 的严格上升函数. 进而由非中心 χ^2 分布关于其非中心参数的单调似然比性质知, 变点 k 的极大似然估计 $\hat{k}$ 恰好等于变点 k 的概率, $P\left(\hat{k}=k\right)$ 关于均值变化幅度 $\varDelta$ 严格上升. 这也就意味着, 变点 k 的极大似然估计 $\hat{k}$ 不等于变点 k 的概率, $P\left(\hat{k}\neq k\right)$ 关于均值变化幅度 $\varDelta$ 严格下降.

关于变点 k 的区间估计等问题, 有兴趣的读者可参阅文献 [139].

5.7.2 协方差阵 $\boldsymbol{\Sigma}$ 未知时均值变点的似然比检验

对于固定的 k, 检验问题 (5.7.1) 实际上是 $\boldsymbol{\Sigma}$ 未知时两个多元正态分布均值比较的检验问题. 由 (5.3.6) 式知, 其似然比为

$$
\lambda_k=\left(1+\boldsymbol{T}_k'\boldsymbol{V}_k^{-1}\boldsymbol{T}_k\right)^{-n/2},
$$

其中,

$$
\boldsymbol{V}_k=\sum_{i=1}^{k}\left(\boldsymbol{x}_i-\bar{\boldsymbol{x}}_k\right)\left(\boldsymbol{x}_i-\bar{\boldsymbol{x}}_k\right)'+\sum_{i=k+1}^{n}\left(\boldsymbol{x}_i-\tilde{\boldsymbol{x}}_k\right)\left(\boldsymbol{x}_i-\tilde{\boldsymbol{x}}_k\right)'.
$$

这里将 $\boldsymbol{V}_k$ 改写成

$$
\boldsymbol{V}_k=\sum_{i=1}^{n}\left(\boldsymbol{x}_i-\bar{\boldsymbol{x}}\right)\left(\boldsymbol{x}_i-\bar{\boldsymbol{x}}\right)'-\boldsymbol{T}_k'\boldsymbol{T}_k.
$$

当 k 未知时, 变点检验问题 (5.7.1) 的似然比检验统计量可取为

$$W=\max_{1\leqslant k\leqslant n-1} G_k,$$

其中,

$$G_k=\boldsymbol{T}_k'\boldsymbol{V}_k^{-1}\boldsymbol{T}_k=\frac{k\,(n-k)}{n}\left(\bar{\boldsymbol{x}}_k-\tilde{\boldsymbol{x}}_k\right)'\boldsymbol{V}_k^{-1}\left(\bar{\boldsymbol{x}}_k-\tilde{\boldsymbol{x}}_k\right).$$

在 W 的值比较大的时候, 认为均值有变点.

尽管序列 $\{\boldsymbol{T}_1,\boldsymbol{T}_2,\cdots,\boldsymbol{T}_{k-1}\}$ 有马尔可夫性, 并且对每一个 $k=1,2,\cdots,n-1$, $\boldsymbol{T}_k$ 与 $\boldsymbol{V}_k$ 相互独立, 然而由于 $\{\boldsymbol{T}_1,\boldsymbol{T}_2,\cdots,\boldsymbol{T}_{k-1}\}$ 与 $\{\boldsymbol{V}_1,\boldsymbol{V}_2,\cdots,\boldsymbol{V}_{k-1}\}$ 并不相互独立, 所以在 $\{\boldsymbol{V}_1,\boldsymbol{V}_2,\cdots,\boldsymbol{V}_{k-1}\}$ 给定后, 序列 $\{\boldsymbol{T}_1,\boldsymbol{T}_2,\cdots,\boldsymbol{T}_{k-1}\}$ 没有马尔可夫性. 知道在 $\boldsymbol{\Sigma}$ 已知时似然比检验统计量 U 的抽样分布有递推公式, 而在 $\boldsymbol{\Sigma}$ 未知时似然比检验统计量 W 的抽样分布没有递推公式, 所以在 $\boldsymbol{\Sigma}$ 未知时难以计算 W 的精确分布. 可以用随机模拟的方法得到 W 的渐近临界值. 随机模拟法得到的临界值 W_α 见表 5.7.2 中没有括号的数. 也可以根据 Bonferroni 不等式计算临界值.

在原假设为真均值没有变点时, 由 (5.3.7) 式知

$$(n-2)\,G_k\sim T_{p,n-2}^2,\quad k=1,2,\cdots,n-1,$$

因此

$$\frac{n-p-1}{p}G_k\sim F\,(p,n-p-1)\,,\quad k=1,2,\cdots,n-1.$$

由于

$$\begin{aligned}P\,(W>c)&=P\left(\bigcup_{k=1}^{n-1}(G_k>c)\right)\leqslant\sum_{k=1}^{n-1}P\,(G_k>c)\\&=\sum_{k-1}^{n-1}P\left(\frac{n-p-1}{p}G_k>\frac{n-p-1}{p}c\right),\end{aligned}$$

所以若取

$$c=\frac{p}{n-p-1}F_{1-\alpha/(n-1)}\,(p,n-p-1)\,,$$

则有 $P\,(W>c)\leqslant\alpha$. 根据 Bonferroni 不等式算得的临界值见表 5.7.2 中有括号的数.

变点问题有很强的应用背景, 但其理论分析有比较大的难度. 正态分布方差已知时均值的变点问题还是比较容易处理的, 这个问题有一些比较理想的结果. 至于其他情况下的变点问题就不容易得到满意的结论了. 除了上面讨论的变点的检验、检验的势和变点的估计问题外, 变点问题还包括变化幅度的估计, 在不只一个变点

时变点个数的估计以及变点检验统计量的大样本理论等问题. 对这些问题有兴趣的读者可参阅文献 [61], [96].

表 5.7.2 $\boldsymbol{\Sigma}$ 未知, $\alpha = 0.05$ 时均值变点的检验统计量 $\boldsymbol{W}$ 的临界值 $\boldsymbol{W}_{0.05}$

p	n						
	30	40	50	60	80	100	150
2	0.5279	0.3717	0.2747	0.2392	0.1435	0.0990	0.0704
	(0.6026)	(0.4333)	(0.3405)	(0.2824)	(0.2111)	(0.1699)	(0.1150)
3	0.7036	0.4821	0.3699	0.2920	0.1912	0.1192	0.0915
	(0.7699)	(0.5396)	(0.4180)	(0.3419)	(0.2528)	(0.2008)	(0.1343)
4	0.8116	0.5911	0.4280	0.3550	0.2279	0.1357	0.1050
	(0.9444)	(0.6450)	(0.4932)	(0.4000)	(0.2922)	(0.2306)	(0.1530)
5	1.1505	0.7050	0.5378	0.3918	0.2642	0.1601	0.1146
	(1.1368)	(0.7562)	(0.5694)	(0.4590)	(0.3308)	(0.2607)	(0.1719)
6	1.1622	0.7889	0.5748	0.4514	0.2718	0.1799	0.1280
	(1.3474)	(0.8723)	(0.6474)	(0.5163)	(0.3695)	(0.2887)	(0.1885)
7	1.6021	0.9960	0.6926	0.5256	0.3256	0.2111	0.1461
	(1.5813)	(0.9972)	(0.7283)	(0.5760)	(0.4075)	(0.3172)	(0.2053)

*5.8 多元正态分布均值参数的有方向的检验问题

设 $\boldsymbol{X}' = (\boldsymbol{x}_1, \cdots, \boldsymbol{x}_n)$ 是来自多元正态分布总体 $\boldsymbol{X} \sim N_p(\boldsymbol{\mu}, \boldsymbol{\Sigma})$ 的样本, 其中, $n > p$, $\boldsymbol{\mu} \in \mathbf{R}^p$, $\boldsymbol{\Sigma} > 0$. 本节讨论总体均值 $\boldsymbol{\mu}$ 的有方向的检验问题

$$H_0 : \boldsymbol{\mu} = 0, \quad H_1 : \boldsymbol{\mu} \geqslant 0, \quad \boldsymbol{\mu} \neq 0. \tag{5.8.1}$$

令 $\boldsymbol{\mu} = (\mu_1, \cdots, \mu_p)'$, 则 $\boldsymbol{\mu} = 0$ 的意思是所有的 $\mu_i = 0, i = 1, \cdots, p$; 而 $\boldsymbol{\mu} \geqslant 0$ 的意思是所有的 $\mu_i \geqslant 0, i = 1, \cdots, p$. 类似地, 有 $\boldsymbol{\mu} > 0$, $\boldsymbol{\mu} \leqslant 0$ 和 $\boldsymbol{\mu} < 0$ 的含义. $\boldsymbol{\mu} \geqslant 0$ 通常记为 $\boldsymbol{\mu} \in O_+$, O_+ 就是欧氏空间中所有坐标都为非负的正象限. 仅在 $\boldsymbol{\Sigma}$ 已知时讨论检验问题 (5.8.1). 至于 $\boldsymbol{\Sigma}$ 未知时均值参数的有方向的检验问题, 有兴趣的读者可参阅文献 [44], [45], [115], [140]. 有方向的检验问题是保序统计推断 (包括保序估计、保序检验和保序回归等) 中的一个较为简单的问题. 对保序问题有兴趣的读者可参阅文献 [20].

5.8.1 协方差阵 $\boldsymbol{\Sigma} = \boldsymbol{I}_p$ 时有方向检验问题的似然比检验

由 (4.1.1) 式, 在 $\boldsymbol{\Sigma} = \boldsymbol{I}_p$ 时, 样本 $\boldsymbol{x}_1, \cdots, \boldsymbol{x}_n$ 的联合密度为

$$\frac{1}{(2\pi)^{np/2}} \exp\left\{-\frac{1}{2}\mathrm{tr}\left(\boldsymbol{V} + n\left(\bar{\boldsymbol{x}} - \boldsymbol{\mu}\right)\left(\bar{\boldsymbol{x}} - \boldsymbol{\mu}\right)'\right)\right\}$$

$$= \frac{1}{(2\pi)^{np/2}} \exp\left\{-\frac{1}{2}\left(\mathrm{tr}\,(\boldsymbol{V}) + n\,(\bar{\boldsymbol{x}}-\boldsymbol{\mu})'\,(\bar{\boldsymbol{x}}-\boldsymbol{\mu})\right)\right\},$$

其中, $\boldsymbol{V} = \sum_{i=1}^{n} (\boldsymbol{x}_i - \bar{\boldsymbol{x}})\,(\boldsymbol{x}_i - \bar{\boldsymbol{x}})'$ 为样本离差阵. $\boldsymbol{\mu} \in O_+$ 时 $\boldsymbol{\mu}$ 的极大似然估计 $\hat{\boldsymbol{\mu}}$ 满足下面的条件:

$$(\bar{\boldsymbol{x}}-\hat{\boldsymbol{\mu}})'\,(\bar{\boldsymbol{x}}-\hat{\boldsymbol{\mu}}) = \min_{\boldsymbol{\mu}\in O_+} \left\{(\bar{\boldsymbol{x}}-\boldsymbol{\mu})'\,(\bar{\boldsymbol{x}}-\boldsymbol{\mu})\right\}. \tag{5.8.2}$$

这时称极大似然估计 $\hat{\boldsymbol{\mu}}$ 是 (5.8.2) 式的最优解. 令 $\bar{\boldsymbol{x}} = (\bar{x}_1, \cdots, \bar{x}_p)'$, 则 $(\bar{\boldsymbol{x}}-\boldsymbol{\mu})'\,(\bar{\boldsymbol{x}}-\boldsymbol{\mu}) = \sum_{i=1}^{p} (\bar{\boldsymbol{x}}_i - \boldsymbol{\mu}_i)^2$. 由此不难证明 (5.8.2) 式的最优解 $\hat{\boldsymbol{\mu}}$ 为

$$\hat{\boldsymbol{\mu}} = \left(\bar{x}_1^+, \cdots, \bar{x}_p^+\right)', \tag{5.8.3}$$

其中, $\bar{x}_i^+$ 表示 $\bar{x}_i$ 的正部, 即

$$\bar{x}_i^+ = \begin{cases} \bar{x}_i, & \bar{x}_i > 0, \\ 0, & \bar{x}_i \leqslant 0, \end{cases} \qquad i = 1, \cdots, p.$$

从而得到有方向检验问题 (5.8.1) 的似然比为

$$\lambda = \frac{\exp\left\{-\frac{1}{2}\left(\mathrm{tr}\,(\boldsymbol{V}) + n\bar{\boldsymbol{x}}'\bar{\boldsymbol{x}}\right)\right\}}{\sup\limits_{\boldsymbol{\mu}\in O_+}\left\{\exp\left\{-\frac{1}{2}\left(\mathrm{tr}\,(\boldsymbol{V}) + n\,(\bar{\boldsymbol{x}}-\boldsymbol{\mu})'\,(\bar{\boldsymbol{x}}-\boldsymbol{\mu})\right)\right\}\right\}}$$

$$= \exp\left\{-\frac{n}{2}\left[\bar{\boldsymbol{x}}'\bar{\boldsymbol{x}} - (\bar{\boldsymbol{x}}-\hat{\boldsymbol{\mu}})'\,(\bar{\boldsymbol{x}}-\hat{\boldsymbol{\mu}})\right]\right\}$$

$$= \exp\left\{-\frac{n}{2}\left[\sum_{i=1}^{p}\bar{x}_i^2 - \sum_{i=1}^{p}\left(\bar{x}_i - \bar{x}_i^+\right)^2\right]\right\} = \exp\left\{-\frac{n}{2}\left[\sum_{i=1}^{p}\left(\bar{x}_i^+\right)^2\right]\right\}.$$

令

$$T = -2\ln\lambda = n\sum_{i=1}^{p}\left(\bar{x}_i^+\right)^2,$$

在 T 比较大的时候拒绝原假设, 认为 $\boldsymbol{\mu} \in O_+$ 且 $\boldsymbol{\mu} \neq 0$. 有方向检验问题的参数空间为

$$\Theta = \{(\boldsymbol{\mu}, \boldsymbol{\Sigma}) : \boldsymbol{\mu} \in O_+, \boldsymbol{\Sigma} > 0\}.$$

原假设成立时 $\boldsymbol{\mu} = \mathbf{0}$. 由于 $\boldsymbol{\mu} = \mathbf{0}$ 不是参数空间 Θ 的内点, 所以不能根据似然比统计量的极限分布 (参阅文献 [17] 3.6.2 小节和 3.6.3 小节) 说在原假设成立, 即

$\boldsymbol{\mu}=\mathbf{0}$ 时 T 有渐近 χ^2 分布. 下面证明: T 的分布实际上是一些 χ^2 分布的加权组合.

由于 $\boldsymbol{\Sigma}=\boldsymbol{I}_p$, 所以 $\bar{\boldsymbol{x}}_1,\cdots,\bar{\boldsymbol{x}}_p$ 相互独立, 并且在原假设为真, 即 $\boldsymbol{\mu}=\mathbf{0}$ 时 $\sqrt{n}\bar{\boldsymbol{x}}_1,\cdots,\sqrt{n}\bar{\boldsymbol{x}}_p$ 有相同的标准正态 $N(0,1)$ 分布, 它关于原点 0 对称, 从而可以证明下列一些性质.

性质 5.8.1 $P\left(\bar{x}_i^+=0\right)=\dfrac{1}{2},\quad i=1,\cdots,p.$

性质 5.8.2 $P\left(\bar{x}_i^+>0\right)=\dfrac{1}{2},\quad i=1,\cdots,p.$

性质 5.8.3 $$P\left(n\sum_{j=1}^{k}\left(\bar{x}_{i_j}^+\right)^2\geqslant c\,\middle|\,\bar{x}_{i_1}^+>0,\cdots,\bar{x}_{i_k}^+>0\right)=P\left(\chi^2(k)\geqslant c\right),$$

$$1\leqslant i_1<\cdots<i_k\leqslant p,\quad c>0.$$

性质 5.8.1 和性质 5.8.2 都是很显然的事实. 性质 5.8.3 的证明需要用到多元正态 $N_p(\mathbf{0},\boldsymbol{\Sigma})$ 分布的随机向量 $\boldsymbol{W}$ 的一个重要的性质, 其中, $\boldsymbol{\Sigma}>0$. 由性质 2.3.6 知 $\boldsymbol{W}'\boldsymbol{\Sigma}^{-1}\boldsymbol{W}\sim\chi^2(p)$. 不仅如此 (见习题 2.7), 给定 $\boldsymbol{W}>0$ 后, $\boldsymbol{W}'\boldsymbol{\Sigma}^{-1}\boldsymbol{W}$ 的条件分布仍为 $\chi^2(p)$ 分布. 将这个性质写成引理的形式.

引理 5.8.1 假设 $\boldsymbol{W}\sim N_p(\mathbf{0},\boldsymbol{\Sigma})$, 其中, $\boldsymbol{\Sigma}>0$, 则给定 $\boldsymbol{W}>0$ 后, $\boldsymbol{W}'\boldsymbol{\Sigma}^{-1}\boldsymbol{W}$ 的条件分布为 $\chi^2(p)$ 分布.

根据这个引理, 性质 5.8.3 立即证得.

由性质 5.8.2 和性质 5.8.3, 有

$$\begin{aligned}
&P\left(n\sum_{j=1}^{k}\left(\bar{x}_j^+\right)^2\geqslant c,\bar{x}_1^+>0,\cdots,\bar{x}_k^+>0\right)\\
&=P\left(n\sum_{j=1}^{k}\left(\bar{x}_{i_j}^+\right)^2\geqslant c\,\middle|\,\bar{x}_1^+>0,\cdots,\bar{x}_k^+>0\right)P\left(\bar{x}_1^+>0,\cdots,\bar{x}_k^+>0\right)\\
&=2^{-k}P\left(\chi^2(k)\geqslant c\right).
\end{aligned}$$

根据上述结果就能得到 $\boldsymbol{\Sigma}=\boldsymbol{I}_p$ 时, 有方向检验问题 (5.8.1) 的检验统计量 T 的分布是一些 χ^2 分布的加权组合

$$\begin{aligned}
&P(T\geqslant c)\\
&=\sum_{k=1}^{p}\frac{p!}{k!\,(p-k)!}P\left(n\sum_{j=1}^{k}\left(\bar{x}_j^+\right)^2\geqslant c,\bar{x}_1^+>0,\cdots,\bar{x}_k^+>0,\bar{x}_{k+1}^+=\cdots\bar{x}_p^+=0\right)\\
&=\sum_{k=1}^{p}2^{-p}\frac{p!}{k!\,(p-k)!}P\left(\chi^2(k)\geqslant c\right),\quad c>0.
\end{aligned}\tag{5.8.4}$$

根据 (5.8.4) 式可以计算检验的 p 值和临界值. 表 5.8.1 是根据 (5.8.4) 式计算得到的检验统计量 T 的临界值表, 它来自于文献 [133].

表 5.8.1 检验统计量 T 的水平 α 的临界值表

α	p								
	2	3	4	5	6	7	8	9	10
0.10	2.95	4.01	4.96	5.84	6.67	7.48	8.26	9.02	9.76
0.05	4.23	5.44	6.50	7.48	8.41	9.29	10.16	10.99	11.81
0.025	5.54	6.86	8.02	9.09	10.09	11.05	11.98	12.87	13.73
0.01	7.29	8.75	10.02	11.20	12.26	13.30	14.30	15.26	16.20
0.005	8.63	10.19	11.52	12.76	13.89	14.98	16.03	17.04	18.02
0.001	11.78	13.48	14.97	16.33	17.58	18.77	19.93	21.04	21.91

对于 $\boldsymbol{\Sigma}$ 已知但不等于 $\boldsymbol{I}_p$ 时的有方向的检验问题, 按以往通常的做法, 将 $\boldsymbol{x}_i$ 变换为 $\boldsymbol{\Sigma}^{-1/2}\boldsymbol{x}_i,\ i=1,\cdots,n$, 然后令 $\boldsymbol{\Sigma}=\boldsymbol{I}_p$. 对以往讨论的问题, 如 5.7 节 $\boldsymbol{\Sigma}$ 已知时变点的检验问题而言, 这样的变换 "不失一般性". 但对于有方向的检验问题 (5.8.1), 这样的变换并没有 "不失一般性". 经过这样的变换, 备择假设发生了变化, 从原来的 "$H_1:\boldsymbol{\mu}\in O_+,\ \boldsymbol{\mu}\neq\boldsymbol{0}$" 变为 "$H_1:\boldsymbol{\mu}\in\boldsymbol{\Sigma}^{-1/2}(O_+),\ \boldsymbol{\mu}\neq 0$", 其中,

$$\boldsymbol{\Sigma}^{-1/2}(O_+)=\left\{\boldsymbol{\mu}:\boldsymbol{\mu}=\boldsymbol{\Sigma}^{-1/2}\boldsymbol{\eta},\boldsymbol{\eta}\in O_+\right\}=\left\{\boldsymbol{\mu}:\boldsymbol{\Sigma}^{1/2}\boldsymbol{\mu}\in O_+\right\},$$

O_+ 是正象限. 显然, 在 $\boldsymbol{\Sigma}$ 为对角矩阵时 $\boldsymbol{\Sigma}^{-1/2}(O_+)=O_+$. 由于 $\boldsymbol{\Sigma}^{-1/2}(O_+)$ 一般来说不是正象限, 所以 $\boldsymbol{\Sigma}=\boldsymbol{I}_p$ 时的检验方法并不能直接用来解决 $\boldsymbol{\Sigma}$ 已知但不是对角矩阵时的有方向检验问题.

下面介绍如何由似然比原则, 导出 $\boldsymbol{\Sigma}$ 已知时有方向检验问题 (5.8.1) 的检验统计量. 为此首先介绍如何在 $\boldsymbol{\mu}\in O_+$ 的约束条件下, 计算 $\boldsymbol{\mu}$ 的极大似然估计 $\hat{\boldsymbol{\mu}}$.

5.8.2 协方差阵 $\boldsymbol{\Sigma}$ 已知, 均值 $\boldsymbol{\mu}\geqslant\boldsymbol{0}$ 时 $\boldsymbol{\mu}$ 的极大似然估计

由 (4.1.1) 式, 样本 $\boldsymbol{x}_1,\cdots,\boldsymbol{x}_n$ 的联合密度为

$$\begin{aligned}&\frac{1}{(2\pi)^{np/2}}\exp\left\{-\frac{1}{2}\operatorname{tr}\left(\boldsymbol{\Sigma}^{-1}\left[\boldsymbol{V}+n(\bar{\boldsymbol{x}}-\boldsymbol{\mu})(\bar{\boldsymbol{x}}-\boldsymbol{\mu})'\right]\right)\right\}\\&=\frac{1}{(2\pi)^{np/2}}\exp\left\{-\frac{1}{2}\left[\operatorname{tr}\left(\boldsymbol{\Sigma}^{-1}\boldsymbol{V}\right)+n(\bar{\boldsymbol{x}}-\boldsymbol{\mu})'\boldsymbol{\Sigma}^{-1}(\bar{\boldsymbol{x}}-\boldsymbol{\mu})\right]\right\},\end{aligned}$$

所以在 $\boldsymbol{\mu}\in O_+$ 时, $\boldsymbol{\mu}$ 的极大似然估计 $\hat{\boldsymbol{\mu}}$ 满足下面的条件:

$$(\bar{\boldsymbol{x}}-\hat{\boldsymbol{\mu}})'\boldsymbol{\Sigma}^{-1}(\bar{\boldsymbol{x}}-\hat{\boldsymbol{\mu}})=\min_{\boldsymbol{\mu}\in O_+}(\bar{\boldsymbol{x}}-\boldsymbol{\mu})'\boldsymbol{\Sigma}^{-1}(\bar{\boldsymbol{x}}-\boldsymbol{\mu}).\tag{5.8.5}$$

在 $\boldsymbol{\Sigma}=\boldsymbol{I}_p$ 时 (5.8.5) 式简化为 (5.8.2) 式. 前面已经说了, (5.8.2) 式的最优解 $\hat{\boldsymbol{\mu}}$ 是

不难得到的, 如 (5.8.3) 式所示. 而对于一般的 $\boldsymbol{\Sigma}$, (5.8.5) 式的最优解 $\hat{\boldsymbol{\mu}}$ 的计算比较复杂. 下面简要叙述它的求解方法.

由于 O_+ 是凸集, 在 $\boldsymbol{\Sigma}>0$ 时 $\boldsymbol{Y}'\boldsymbol{\Sigma}^{-1}\boldsymbol{Y}$ 是 $\boldsymbol{Y}$ 的严凸函数, 所以 (5.8.5) 式的最优解 $\hat{\boldsymbol{\mu}}$ 是唯一存在的. 考虑到 O_+ 是 p 维欧氏空间的正象限, 将 O_+ 划分为 2^p 个部分, O_+^k 表示 k 个坐标为正而其余坐标皆为 0 的点构成的集合, $k=0,1,\cdots,p$. $O_+^p=\{\boldsymbol{x}:\boldsymbol{x}>0\}$ 就是 O_+ 的内点构成的集合, 而在 $k=0,1,\cdots,p-1$ 时 O_+^k 都在 O_+ 的边界上, 特别 $O_+^0=\{0\}$ 是单点集.

(1) 首先讨论 $\hat{\boldsymbol{\mu}}\in O_+^p$ 的情况. 显然, 在 $\bar{\boldsymbol{x}}\in O_+^p$ 时 $\hat{\boldsymbol{\mu}}=\bar{\boldsymbol{x}}\in O_+^p$. 事实上, 这个结论可进一步推广为在 $\bar{\boldsymbol{x}}\in O_+$ 时, $\hat{\boldsymbol{\mu}}=\bar{\boldsymbol{x}}\in O_+$.

(2) 接下来讨论 $\hat{\boldsymbol{\mu}}=0\in O_+^0$ 的情况. 下面证明在 $\boldsymbol{\Sigma}^{-1}\bar{\boldsymbol{x}}\leqslant 0$ 时, $\hat{\boldsymbol{\mu}}=0\in O_+^0$. 首先注意: 在 $\bar{\boldsymbol{x}}>0$ 时, 不可能有 $\boldsymbol{\Sigma}^{-1}\bar{\boldsymbol{x}}\leqslant 0$, 否则 $\bar{\boldsymbol{x}}'\boldsymbol{\Sigma}^{-1}\bar{\boldsymbol{x}}\leqslant 0$, 与 $\boldsymbol{\Sigma}>0$ 相矛盾. 假设 $\boldsymbol{\Sigma}^{-1}\bar{\boldsymbol{x}}\leqslant 0$, 则对于任意的 $\boldsymbol{\mu}\in O_+$, 都有 $\boldsymbol{\mu}'\boldsymbol{\Sigma}^{-1}\bar{\boldsymbol{x}}\leqslant 0$, 所以

$$(\bar{\boldsymbol{x}}-\boldsymbol{\mu})'\boldsymbol{\Sigma}^{-1}(\bar{\boldsymbol{x}}-\boldsymbol{\mu})=\bar{\boldsymbol{x}}'\boldsymbol{\Sigma}^{-1}\bar{\boldsymbol{x}}+\boldsymbol{\mu}'\boldsymbol{\Sigma}^{-1}\boldsymbol{\mu}-2\boldsymbol{\mu}'\boldsymbol{\Sigma}^{-1}\bar{\boldsymbol{x}}\geqslant\bar{\boldsymbol{x}}'\boldsymbol{\Sigma}^{-1}\bar{\boldsymbol{x}}. \tag{5.8.6}$$

这说明 $\bar{\boldsymbol{x}}'\boldsymbol{\Sigma}^{-1}\bar{\boldsymbol{x}}=\min\limits_{\boldsymbol{\mu}\in O_+}(\bar{\boldsymbol{x}}-\boldsymbol{\mu})'\boldsymbol{\Sigma}^{-1}(\bar{\boldsymbol{x}}-\boldsymbol{\mu})$, 从而知 $\hat{\boldsymbol{\mu}}=0\in O_+^0$.

(3) 最后讨论 $\hat{\boldsymbol{\mu}}\in O_+^k$, $k=1,\cdots,p-1$ 的情况. 不失一般性, 假设

$$\hat{\boldsymbol{\mu}}=\begin{pmatrix}\hat{\boldsymbol{\mu}}_1\\ \hat{\boldsymbol{\mu}}_2\end{pmatrix}\begin{matrix}{\scriptstyle p-k}\\ {\scriptstyle k}\end{matrix},\quad \hat{\boldsymbol{\mu}}_1=0,\quad \hat{\boldsymbol{\mu}}_2>0.$$

这也就是说, 讨论 $\hat{\boldsymbol{\mu}}$ 的后 $k(=1,\cdots,p-1)$ 个元素为正而其余元素为 0 的情况. 和 $\hat{\boldsymbol{\mu}}$ 相类似, 将 $\boldsymbol{\mu}$, $\bar{\boldsymbol{x}}$ 和 $\boldsymbol{\Sigma}$ 分别剖分为

$$\boldsymbol{\mu}=\begin{pmatrix}\boldsymbol{\mu}_1\\ \boldsymbol{\mu}_2\end{pmatrix}\begin{matrix}{\scriptstyle p-k}\\ {\scriptstyle k}\end{matrix},\quad \bar{\boldsymbol{x}}=\begin{pmatrix}\bar{\boldsymbol{x}}_1\\ \bar{\boldsymbol{x}}_2\end{pmatrix}\begin{matrix}{\scriptstyle p-k}\\ {\scriptstyle k}\end{matrix},\quad \boldsymbol{\Sigma}=\underset{\quad\;\; {\scriptstyle p-k}\qquad {\scriptstyle k}}{\begin{pmatrix}\boldsymbol{\Sigma}_{11} & \boldsymbol{\Sigma}_{12}\\ \boldsymbol{\Sigma}_{21} & \boldsymbol{\Sigma}_{22}\end{pmatrix}}\begin{matrix}{\scriptstyle p-k}\\ {\scriptstyle k}\end{matrix}.$$

下面证明: 在 $\boldsymbol{\Sigma}_{11}^{-1}\bar{\boldsymbol{x}}_1\leqslant 0$, $\bar{\boldsymbol{x}}_2-\boldsymbol{\Sigma}_{21}\boldsymbol{\Sigma}_{11}^{-1}\bar{x}_1>0$ 时, $\hat{\boldsymbol{\mu}}\in O_+^k$, $\hat{\boldsymbol{\mu}}$ 的后 $k(=1,\cdots,p-1)$ 个元素为正而其余元素为 0. 根据 (A.2.4) 式, $\boldsymbol{\Sigma}$ 的逆为

$$\boldsymbol{\Sigma}^{-1}=\begin{pmatrix}\boldsymbol{I} & -\boldsymbol{\Sigma}_{11}^{-1}\boldsymbol{\Sigma}_{12}\\ \boldsymbol{0} & \boldsymbol{I}\end{pmatrix}\begin{pmatrix}\boldsymbol{\Sigma}_{11}^{-1} & \boldsymbol{0}\\ \boldsymbol{0} & \boldsymbol{\Sigma}_{2|1}^{-1}\end{pmatrix}\begin{pmatrix}\boldsymbol{I} & \boldsymbol{0}\\ -\boldsymbol{\Sigma}_{21}\boldsymbol{\Sigma}_{11}^{-1} & \boldsymbol{I}\end{pmatrix}, \tag{5.8.7}$$

其中, $\boldsymbol{\Sigma}_{2|1}=\boldsymbol{\Sigma}_{22}-\boldsymbol{\Sigma}_{21}\boldsymbol{\Sigma}_{11}^{-1}\boldsymbol{\Sigma}_{12}$, 所以

$$\begin{aligned}&(\bar{\boldsymbol{x}}-\boldsymbol{\mu})'\,\boldsymbol{\Sigma}^{-1}\,(\bar{\boldsymbol{x}}-\boldsymbol{\mu})\\&=(\bar{\boldsymbol{x}}_1'-\boldsymbol{\mu}_1'\bar{\boldsymbol{x}}_2'-\boldsymbol{\mu}_2')\begin{pmatrix}\boldsymbol{I}&-\boldsymbol{\Sigma}_{11}^{-1}\boldsymbol{\Sigma}_{12}\\\boldsymbol{0}&\boldsymbol{I}\end{pmatrix}\begin{pmatrix}\boldsymbol{\Sigma}_{11}^{-1}&\boldsymbol{0}\\\boldsymbol{0}&\boldsymbol{\Sigma}_{2|1}^{-1}\end{pmatrix}\\&\cdot\begin{pmatrix}\boldsymbol{I}&\boldsymbol{0}\\-\boldsymbol{\Sigma}_{21}\boldsymbol{\Sigma}_{11}^{-1}&\boldsymbol{I}\end{pmatrix}\begin{pmatrix}\bar{\boldsymbol{x}}_1-\boldsymbol{\mu}_1\\\bar{\boldsymbol{x}}_2-\boldsymbol{\mu}_2\end{pmatrix}.\end{aligned}$$

令

$$\begin{aligned}\text{(I)}\ &=(\bar{\boldsymbol{x}}_1-\boldsymbol{\mu}_1)'\,\boldsymbol{\Sigma}_{11}^{-1}\,(\bar{\boldsymbol{x}}_1-\boldsymbol{\mu}_1)\,,\\\text{(II)}&=\left((\bar{\boldsymbol{x}}_2-\boldsymbol{\Sigma}_{21}\boldsymbol{\Sigma}_{11}^{-1}\bar{\boldsymbol{x}}_1)-(\boldsymbol{\mu}_2-\boldsymbol{\Sigma}_{21}\boldsymbol{\Sigma}_{11}^{-1}\boldsymbol{\mu}_1)\right)'\,\boldsymbol{\Sigma}_{2|1}^{-1}\left((\bar{\boldsymbol{x}}_2-\boldsymbol{\Sigma}_{21}\boldsymbol{\Sigma}_{11}^{-1}\bar{\boldsymbol{x}}_1)\right.\\&\quad\left.-(\boldsymbol{\mu}_2-\boldsymbol{\Sigma}_{21}\boldsymbol{\Sigma}_{11}^{-1}\boldsymbol{\mu}_1)\right),\end{aligned}$$

则

$$(\bar{\boldsymbol{x}}-\boldsymbol{\mu})'\boldsymbol{\Sigma}^{-1}(\bar{\boldsymbol{x}}-\boldsymbol{\mu})=\text{(I)}+\text{(II)}.$$

由 (5.8.6) 式知, 在 $\boldsymbol{\Sigma}_{11}^{-1}\bar{\boldsymbol{x}}_1\leqslant 0$ 时, (I)$\geqslant\bar{\boldsymbol{x}}_1'\boldsymbol{\Sigma}_{11}^{-1}\bar{\boldsymbol{x}}_1$ 且等号在 $\boldsymbol{\mu}_1=0$ 时成立. 此外, (II)$\geqslant 0$ 显然成立. 由于 $\bar{\boldsymbol{x}}_2-\boldsymbol{\Sigma}_{21}\boldsymbol{\Sigma}_{11}^{-1}\bar{\boldsymbol{x}}_1>0$, 所以可以取 $\boldsymbol{\mu}_2=\bar{\boldsymbol{x}}_2-\boldsymbol{\Sigma}_{21}\boldsymbol{\Sigma}_{11}^{-1}\bar{\boldsymbol{x}}_1>0$, $\boldsymbol{\mu}_1=0$, 从而有 (II)$=0$. 这说明在 $\boldsymbol{\Sigma}_{11}^{-1}\bar{\boldsymbol{x}}_1\leqslant 0$, $\bar{\boldsymbol{x}}_2-\boldsymbol{\Sigma}_{21}\boldsymbol{\Sigma}_{11}^{-1}\bar{\boldsymbol{x}}_1>0$ 时,

$$\min_{\boldsymbol{\mu}\in O_+}(\bar{\boldsymbol{x}}-\boldsymbol{\mu})'\,\boldsymbol{\Sigma}^{-1}\,(\bar{\boldsymbol{x}}-\boldsymbol{\mu})=\bar{\boldsymbol{x}}_1'\boldsymbol{\Sigma}_{11}^{-1}\bar{\boldsymbol{x}}_1.$$

(5.8.5) 式的最优解为

$$\hat{\boldsymbol{\mu}}=\begin{pmatrix}\boldsymbol{0}\\\bar{\boldsymbol{x}}_2-\boldsymbol{\Sigma}_{21}\boldsymbol{\Sigma}_{11}^{-1}\bar{\boldsymbol{x}}_1\end{pmatrix}\in O_+^k.$$

上面仅仅是对每一个 $k=0,1,\cdots,p$, 给出了 (5.8.5) 式的最优解 $\hat{\boldsymbol{\mu}}\in O_+^k$ 的充分条件, 可以证明这些条件也是必要的. 关于必要性的证明本书从略. 对必要性的证明以及最优解 $\hat{\boldsymbol{\mu}}$ 的计算过程有兴趣的读者可参阅文献 [97], [110], [111].

下面以 $p=2$ 为例给出 $\hat{\boldsymbol{\mu}}\in O_+^k(k=0,1,2)$ 的条件, 并说明所给出的 (5.8.5) 式的最优解的充分条件也是必要的. 设

$$\boldsymbol{\Sigma}=\begin{pmatrix}\sigma_{11}&\sigma_{12}\\\sigma_{21}&\sigma_{22}\end{pmatrix}>0,\quad\bar{\boldsymbol{x}}=\begin{pmatrix}\bar{x}_1\\\bar{x}_2\end{pmatrix}\in\mathbf{R}^2,\quad\hat{\boldsymbol{\mu}}=\begin{pmatrix}\hat{\mu}_1\\\hat{\mu}_2\end{pmatrix}\in O_+,$$

则有

(1) $\bar{x}_1>0$ 和 $\bar{x}_2>0$ 时, $\hat{\mu}_1>0$, $\hat{\mu}_2>0$;

(2) $\sigma_{11}^{-1}\bar{x}_1 \leqslant 0$ 和 $\bar{x}_2-\sigma_{21}\sigma_{11}^{-1}\bar{x}_1 > 0$, 即 $\bar{x}_1 \leqslant 0$ 和 $\bar{x}_2-\sigma_{21}\sigma_{11}^{-1}\bar{x}_1 > 0$ 时, $\hat{\mu}_1 = 0$, $\hat{\mu}_2 = \bar{x}_2 - \sigma_{21}\sigma_{11}^{-1}\bar{x}_1 > 0$;

(3) $\sigma_{22}^{-1}\bar{x}_2 \leqslant 0$ 和 $\bar{x}_1-\sigma_{12}\sigma_{22}^{-1}\bar{x}_2 > 0$, 即 $\bar{x}_2 \leqslant 0$ 和 $\bar{x}_1-\sigma_{12}\sigma_{22}^{-1}\bar{x}_2 > 0$ 时, $\hat{\mu}_2 = 0$, $\hat{\mu}_1 = \bar{x}_1 - \sigma_{12}\sigma_{22}^{-1}\bar{x}_2 > 0$;

(4) $\boldsymbol{\Sigma}^{-1}\bar{\boldsymbol{x}} \leqslant 0$, 即 $\bar{x}_1 - \sigma_{12}\sigma_{22}^{-1}\bar{x}_2 \leqslant 0$ 和 $\bar{x}_2 - \sigma_{21}\sigma_{11}^{-1}\bar{x}_1 \leqslant 0$ 时, $\hat{\mu}_1 = \hat{\mu}_2 = 0$.

可以看到, $\mathbf{R}^2$ 平面被划分为互不重叠的 4 部分

$$\begin{cases} \{\bar{x}_1 > 0, \bar{x}_2 > 0\}, \\ \left\{\bar{x}_1 \leqslant 0, \bar{x}_2 - \sigma_{21}\sigma_{11}^{-1}\bar{x}_1 > 0\right\}, \\ \left\{\bar{x}_2 \leqslant 0, \bar{x}_1 - \sigma_{12}\sigma_{22}^{-1}\bar{x}_2 > 0\right\}, \\ \left\{\bar{x}_2 - \sigma_{21}\sigma_{11}^{-1}\bar{x}_1 \leqslant 0, \bar{x}_1 - \sigma_{12}\sigma_{22}^{-1}\bar{x}_2 \leqslant 0\right\}. \end{cases} \tag{5.8.8}$$

由此可见, $p = 2$ 时所给出的 (5.8.5) 式的最优解的充分条件也是必要的.

如果

$$\boldsymbol{\Sigma} = \begin{pmatrix} 1 & -0.5 \\ -0.5 & 0.5 \end{pmatrix} > 0,$$

则 $\mathbf{R}^2$ 平面被划分的互不重叠的 4 个部分如图 5.8.1 所示.

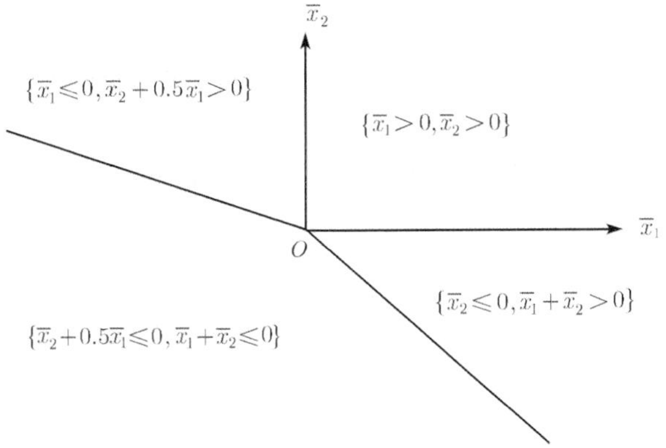

图 5.8.1 $\mathbf{R}^2$ 平面的划分

5.8.3 协方差阵 Σ 已知时有方向检验问题的似然比检验

有了 $\boldsymbol{\mu} \in O_+$ 时 $\boldsymbol{\mu}$ 的极大似然估计 $\hat{\boldsymbol{\mu}}$ 之后, 就得到了有方向检验问题 (5.8.1)

的似然比

$$\lambda = \frac{\exp\left\{-\frac{1}{2}\mathrm{tr}\left(\boldsymbol{\Sigma}^{-1}\left(\boldsymbol{V}+n\bar{\boldsymbol{x}}'\bar{\boldsymbol{x}}\right)\right)\right\}}{\sup\limits_{\boldsymbol{\mu}\in O_+}\left\{\exp\left\{-\frac{1}{2}\mathrm{tr}\left(\boldsymbol{\Sigma}^{-1}\left(\boldsymbol{V}+n\left(\bar{\boldsymbol{x}}-\boldsymbol{\mu}\right)'\left(\bar{\boldsymbol{x}}-\boldsymbol{\mu}\right)\right)\right)\right\}\right\}}$$

$$= \exp\left\{-\frac{n}{2}\left[\bar{\boldsymbol{x}}'\boldsymbol{\Sigma}^{-1}\bar{\boldsymbol{x}}-\left(\bar{\boldsymbol{x}}-\hat{\boldsymbol{\mu}}\right)'\boldsymbol{\Sigma}^{-1}\left(\bar{\boldsymbol{x}}-\hat{\boldsymbol{\mu}}\right)\right]\right\}.$$

下面验证:

$$\bar{\boldsymbol{x}}'\boldsymbol{\Sigma}^{-1}\bar{\boldsymbol{x}}-\left(\bar{\boldsymbol{x}}-\hat{\boldsymbol{\mu}}\right)'\boldsymbol{\Sigma}^{-1}\left(\bar{\boldsymbol{x}}-\hat{\boldsymbol{\mu}}\right)=\hat{\boldsymbol{\mu}}'\boldsymbol{\Sigma}^{-1}\hat{\boldsymbol{\mu}}. \tag{5.8.9}$$

(1) 在 $\bar{\boldsymbol{x}}\in O_+^p$ 时, $\hat{\boldsymbol{\mu}}=\bar{\boldsymbol{x}}\in O_+^p$, (5.8.6) 式显然成立;

(2) 在 $\boldsymbol{\Sigma}^{-1}\bar{\boldsymbol{x}}\leqslant 0$ 时, $\hat{\boldsymbol{\mu}}=0\in O_+^0$, (5.8.9) 式也显然成立;

(3) $\hat{\boldsymbol{\mu}}\in O_+^k(k=1,\cdots,p-1)$ 时, 不失一般性, 仅在 $\hat{\boldsymbol{\mu}}$ 的后 k 个元素为正而其余元素为 0 的情况验证 (5.8.9) 式成立. 这时 $\boldsymbol{\Sigma}_{11}^{-1}\bar{\boldsymbol{x}}_1\leqslant 0$, $\bar{\boldsymbol{x}}_2-\boldsymbol{\Sigma}_{21}\boldsymbol{\Sigma}_{11}^{-1}\bar{\boldsymbol{x}}_1>0$,

$$\hat{\boldsymbol{\mu}}=\begin{pmatrix}\boldsymbol{0}\\ \bar{\boldsymbol{x}}_2-\boldsymbol{\Sigma}_{21}\boldsymbol{\Sigma}_{11}^{-1}\bar{\boldsymbol{x}}_1\end{pmatrix}\in O_+^k.$$

根据 (5.8.7) 式给出的 $\boldsymbol{\Sigma}$ 的逆, 有

$$\bar{\boldsymbol{x}}'\boldsymbol{\Sigma}^{-1}\bar{\boldsymbol{x}}=\bar{\boldsymbol{x}}_1'\boldsymbol{\Sigma}_{11}^{-1}\bar{\boldsymbol{x}}_1+\left(\bar{\boldsymbol{x}}_2-\boldsymbol{\Sigma}_{21}\boldsymbol{\Sigma}_{11}^{-1}\bar{\boldsymbol{x}}_1\right)'\boldsymbol{\Sigma}_{2|1}^{-1}\left(\bar{\boldsymbol{x}}_2-\boldsymbol{\Sigma}_{21}\boldsymbol{\Sigma}_{11}^{-1}\bar{\boldsymbol{x}}_1\right),$$

$$\left(\bar{\boldsymbol{x}}-\hat{\boldsymbol{\mu}}\right)'\boldsymbol{\Sigma}^{-1}\left(\bar{\boldsymbol{x}}-\hat{\boldsymbol{\mu}}\right)=\bar{\boldsymbol{x}}_1'\boldsymbol{\Sigma}_{11}^{-1}\bar{\boldsymbol{x}}_1,$$

$$\hat{\boldsymbol{\mu}}'\boldsymbol{\Sigma}^{-1}\hat{\boldsymbol{\mu}}=\left(\bar{\boldsymbol{x}}_2-\boldsymbol{\Sigma}_{21}\boldsymbol{\Sigma}_{11}^{-1}\bar{\boldsymbol{x}}_1\right)'\boldsymbol{\Sigma}_{2|1}^{-1}\left(\bar{\boldsymbol{x}}_2-\boldsymbol{\Sigma}_{21}\boldsymbol{\Sigma}_{11}^{-1}\bar{\boldsymbol{x}}_1\right),$$

所以 (5.8.9) 式仍然成立.

根据 (5.8.9) 式将由似然比原则导出的有方向检验问题 (5.8.1) 的检验统计量取为

$$U=n\hat{\boldsymbol{\mu}}'\boldsymbol{\Sigma}^{-1}\hat{\boldsymbol{\mu}}.$$

具体地说,

(1) 在 $\hat{\boldsymbol{\mu}}=\bar{\boldsymbol{x}}\in O_+^p$ 时, $U=n\bar{\boldsymbol{x}}'\boldsymbol{\Sigma}^{-1}\bar{\boldsymbol{x}}$;

(2) 在 $\hat{\boldsymbol{\mu}}=0\in O_+^0$ 时, $U=0$;

(3) 而当 $\hat{\boldsymbol{\mu}}\in O_+^k(k=1,\cdots,p-1)$ 时, 不失一般性, 仅在 $\hat{\boldsymbol{\mu}}$ 的后 k 个元素为正而其余元素为 0 的情况写出 U 的表达形式. 这时

$$\hat{\boldsymbol{\mu}}=\begin{pmatrix}\boldsymbol{0}\\ \bar{\boldsymbol{x}}_2-\boldsymbol{\Sigma}_{21}\boldsymbol{\Sigma}_{11}^{-1}\bar{\boldsymbol{x}}_1\end{pmatrix}\in O_+^k,$$

$$U=\left(\bar{\boldsymbol{x}}_2-\boldsymbol{\Sigma}_{21}\boldsymbol{\Sigma}_{11}^{-1}\bar{\boldsymbol{x}}_1\right)'\boldsymbol{\Sigma}_{2|1}^{-1}\left(\bar{\boldsymbol{x}}_2-\boldsymbol{\Sigma}_{21}\boldsymbol{\Sigma}_{11}^{-1}\bar{\boldsymbol{x}}_1\right).$$

在 U 比较大的时候拒绝原假设, 认为 $\boldsymbol{\mu} \in O_+$ 且 $\boldsymbol{\mu} \neq 0$.

根据引理 5.8.1, 可以计算有方向检验问题 (5.8.1) 的检验统计量 U 的 p 值和临界值, 计算方法如下. 在原假设为真, 即 $\boldsymbol{\mu} = 0$ 时, 有

$$\begin{aligned} P(U \geqslant c) &= \sum_{k=0}^{p} P\left(U \geqslant c, \hat{\boldsymbol{\mu}} \in O_+^k\right) \\ &= \sum_{k=1}^{p-1} P\left(U \geqslant c, \hat{\boldsymbol{\mu}} \in O_+^k\right) + P\left(n\bar{\boldsymbol{x}}'\boldsymbol{\Sigma}^{-1}\bar{\boldsymbol{x}} \geqslant c, \hat{\boldsymbol{\mu}} \in O_+^p\right). \end{aligned} \tag{5.8.10}$$

已经知道, 在 $\hat{\boldsymbol{\mu}} \in O_+^p$ 时, $\bar{\boldsymbol{x}} > 0$, 故由引理 5.8.1 知

$$\begin{aligned} P\left(n\bar{\boldsymbol{x}}'\boldsymbol{\Sigma}^{-1}\bar{\boldsymbol{x}} \geqslant c, \hat{\boldsymbol{\mu}} \in O_+^p\right) &= P\left(n\bar{\boldsymbol{x}}'\boldsymbol{\Sigma}^{-1}\bar{\boldsymbol{x}} \geqslant c \,|\, \bar{\boldsymbol{x}} > 0\right) P(\bar{\boldsymbol{x}} > 0) \\ &= P\left(\chi^2(p) \geqslant c\right) P(\bar{\boldsymbol{x}} > 0). \end{aligned} \tag{5.8.11}$$

关于 $\hat{\boldsymbol{\mu}} \in O_+^k (k = 1, \cdots, p-1)$ 时概率 $P\left(U \geqslant c, \hat{\boldsymbol{\mu}} \in O_+^k\right)$ 的计算, 不失一般性, 仅在 $\hat{\boldsymbol{\mu}}$ 的后 k 个元素为正而其余元素为 0 的情况计算概率

$$P(U \geqslant c, \hat{\boldsymbol{\mu}} \text{ 的后 } k \text{ 个元素为正而其余元素为 } 0).$$

此时 $\boldsymbol{\Sigma}_{11}^{-1}\bar{\boldsymbol{x}}_1 \leqslant 0$, $\bar{\boldsymbol{x}}_2 - \boldsymbol{\Sigma}_{21}\boldsymbol{\Sigma}_{11}^{-1}\bar{\boldsymbol{x}}_1 > 0$,

$$U = \left(\bar{\boldsymbol{x}}_2 - \boldsymbol{\Sigma}_{21}\boldsymbol{\Sigma}_{11}^{-1}\bar{\boldsymbol{x}}_1\right)' \boldsymbol{\Sigma}_{2|1}^{-1} \left(\bar{\boldsymbol{x}}_2 - \boldsymbol{\Sigma}_{21}\boldsymbol{\Sigma}_{11}^{-1}\bar{\boldsymbol{x}}_1\right).$$

从而由引理 5.8.1 知

$$\begin{aligned} & P(U \geqslant c, \hat{\boldsymbol{\mu}} \text{ 的后 } k \text{ 个元素为正而其余元素为 } 0) \\ =& P\Big(\left(\bar{\boldsymbol{x}}_2 - \boldsymbol{\Sigma}_{21}\boldsymbol{\Sigma}_{11}^{-1}\bar{\boldsymbol{x}}_1\right)' \boldsymbol{\Sigma}_{2|1}^{-1} \left(\bar{\boldsymbol{x}}_2 - \boldsymbol{\Sigma}_{21}\boldsymbol{\Sigma}_{11}^{-1}\bar{\boldsymbol{x}}_1\right) \geqslant c, \boldsymbol{\Sigma}_{11}^{-1}\bar{\boldsymbol{x}}_1 \leqslant 0, \\ & \quad \bar{\boldsymbol{x}}_2 - \boldsymbol{\Sigma}_{21}\boldsymbol{\Sigma}_{11}^{-1}\bar{\boldsymbol{x}}_1 > 0\Big). \end{aligned}$$

令

$$\begin{aligned} (\mathrm{I}) =& P\Big(\left(\bar{\boldsymbol{x}}_2 - \boldsymbol{\Sigma}_{21}\boldsymbol{\Sigma}_{11}^{-1}\bar{\boldsymbol{x}}_1\right)' \boldsymbol{\Sigma}_{2|1}^{-1} \left(\bar{\boldsymbol{x}}_2 - \boldsymbol{\Sigma}_{21}\boldsymbol{\Sigma}_{11}^{-1}\bar{\boldsymbol{x}}_1\right) \geqslant c \,\Big|\, \boldsymbol{\Sigma}_{11}^{-1}\bar{\boldsymbol{x}}_1 \leqslant 0, \\ & \quad \bar{\boldsymbol{x}}_2 - \boldsymbol{\Sigma}_{21}\boldsymbol{\Sigma}_{11}^{-1}\bar{\boldsymbol{x}}_1 > 0\Big), \\ (\mathrm{II}) =& P(\boldsymbol{\Sigma}_{11}^{-1}\bar{\boldsymbol{x}}_1 \leqslant 0, \bar{\boldsymbol{x}}_2 - \boldsymbol{\Sigma}_{21}\boldsymbol{\Sigma}_{11}^{-1}\bar{\boldsymbol{x}}_1 > 0), \end{aligned}$$

则

$$P(U \geqslant c, \hat{\boldsymbol{\mu}} \text{ 的后 } k \text{ 个元素为正而其余元素为 } 0) = (\mathrm{I}) \cdot (\mathrm{II}).$$

据性质 2.3.11, $\boldsymbol{\Sigma}_{11}^{-1}\bar{\boldsymbol{x}}_1$ 与 $\bar{\boldsymbol{x}}_2-\boldsymbol{\Sigma}_{21}\boldsymbol{\Sigma}_{11}^{-1}\bar{\boldsymbol{x}}_1$ 相互独立, 且在原假设为真, 即 $\boldsymbol{\mu}=0$ 时, $\bar{\boldsymbol{x}}_2-\boldsymbol{\Sigma}_{21}\boldsymbol{\Sigma}_{11}^{-1}\bar{\boldsymbol{x}}_1\sim N_k\left(0,\boldsymbol{\Sigma}_{2|1}\right)$, 则由引理 5.8.1 知

$$\begin{aligned}(\mathrm{I})\ &=P\left(\left(\bar{\boldsymbol{x}}_2-\boldsymbol{\Sigma}_{21}\boldsymbol{\Sigma}_{11}^{-1}\bar{\boldsymbol{x}}_1\right)'\boldsymbol{\Sigma}_{2|1}^{-1}\left(\bar{\boldsymbol{x}}_2-\boldsymbol{\Sigma}_{21}\boldsymbol{\Sigma}_{11}^{-1}\bar{\boldsymbol{x}}_1\right)\geqslant c\left|\bar{\boldsymbol{x}}_2-\boldsymbol{\Sigma}_{21}\boldsymbol{\Sigma}_{11}^{-1}\bar{\boldsymbol{x}}_1>0\right.\right)\\&=P\left(\chi^2(k)\geqslant c\right),\\(\mathrm{II})&=P\left(\hat{\boldsymbol{\mu}}\text{ 的后 }k\text{ 个元素为正而其余元素为 }0\right).\end{aligned}$$

这说明

$$\begin{aligned}&P\left(U\geqslant c,\hat{\boldsymbol{\mu}}\text{ 的后 }k\text{ 个元素为正而其余元素为 }0\right)\\=&P\left(\chi^2(k)\geqslant c\right)\cdot P\left(\hat{\boldsymbol{\mu}}\text{ 的后 }k\text{ 个元素为正而其余元素为 }0\right).\end{aligned}$$

由此可见

$$P\left(U\geqslant c,\hat{\boldsymbol{\mu}}\in O_+^k\right)=P\left(\chi^2(k)\geqslant c\right)\cdot P\left(\hat{\boldsymbol{\mu}}\in O_+^k\right).\tag{5.8.12}$$

用 $\omega(k;p,\boldsymbol{\Sigma})$ 表示在原假设为真, 即 $\boldsymbol{\mu}=\mathbf{0}$ 时 $\hat{\boldsymbol{\mu}}$ 中有 $k(=0,1,\cdots,p)$ 个元素为正而其余元素为 0 的概率 $P\left(\hat{\boldsymbol{\mu}}\in O_+^k\right)$, 那么

$$\omega(p;p,\boldsymbol{\Sigma})=P(\bar{x}>0),\quad \omega(0;p,\boldsymbol{\Sigma})=P\left(\boldsymbol{\Sigma}^{-1}\bar{\boldsymbol{x}}\leqslant 0\right).$$

而在 $k=1,\cdots,p-1$ 时, $\omega(k;p,\boldsymbol{\Sigma})$ 是一些概率的和, 其中, 包括的一个概率为

$$P\left(\boldsymbol{\Sigma}_{11}^{-1}\bar{\boldsymbol{x}}_1\leqslant 0,\bar{\boldsymbol{x}}_2-\boldsymbol{\Sigma}_{21}\boldsymbol{\Sigma}_{11}^{-1}\bar{\boldsymbol{x}}_1>0\right),$$

包括的其余概率与这个概率相仿. 根据 (5.8.8) 式, $p=2$ 时 $\omega(k;2,\boldsymbol{\Sigma})$, $k=0,1,2$ 的计算公式如下:

$$\begin{aligned}\omega(0;2,\boldsymbol{\Sigma})&=P\left(\bar{\boldsymbol{x}}_2-\boldsymbol{\sigma}_{21}\boldsymbol{\sigma}_{11}^{-1}\bar{\boldsymbol{x}}_1\leqslant 0,\bar{\boldsymbol{x}}_1-\boldsymbol{\sigma}_{12}\boldsymbol{\sigma}_{22}^{-1}\bar{\boldsymbol{x}}_2\leqslant 0\right),\\\omega(1;2,\boldsymbol{\Sigma})&=P\left(\bar{\boldsymbol{x}}_1\leqslant 0,\bar{\boldsymbol{x}}_2-\boldsymbol{\sigma}_{21}\boldsymbol{\sigma}_{11}^{-1}\bar{\boldsymbol{x}}_1>0\right)+P\left(\bar{\boldsymbol{x}}_2\leqslant 0,\bar{\boldsymbol{x}}_1-\boldsymbol{\sigma}_{12}\boldsymbol{\sigma}_{22}^{-1}\bar{\boldsymbol{x}}_2>0\right),\\\omega(2;2,\boldsymbol{\Sigma})&=P\left(\bar{\boldsymbol{x}}_1>0,\bar{\boldsymbol{x}}_2>0\right).\end{aligned}$$

由此可见, 即使在 $p=2$ 的时候, 计算这些 $\omega(k;2,\boldsymbol{\Sigma})$, $k=0,1,2$ 的值也不是一件容易的事.

由 (5.8.10) 式 ~ (5.8.12) 式得到有方向检验问题 (5.8.1) 的检验统计量 U 的分布为

$$P(U\geqslant c)=\sum_{k=1}^{p}\omega(k;p,\boldsymbol{\Sigma})P\left(\chi^2(k)\geqslant c\right),\quad c>0.$$

$\omega(k;p,\boldsymbol{\Sigma})$ 的计算是很困难的. 多维正态分布 W 大于 0 的概率 $P(W>0)$ 的计算方法可用来求 $\omega(k;p,\boldsymbol{\Sigma})$. 这个计算方法见文献 [105]. 由于不同的 $\boldsymbol{\Sigma}$ 有不同的 $\omega(k;p,\boldsymbol{\Sigma})$ 的值, 所以无法将它的值制表列出. 为方便实际应用, 寻找近似的检验方法. 下面介绍的近似检验方法见文献 [133].

5.8.4 协方差阵 $\boldsymbol{\Sigma}$ 已知时有方向检验问题的近似检验方法

前面说了, 由于将 $\boldsymbol{x}_i$ 变换为 $\boldsymbol{\Sigma}^{-1/2}\boldsymbol{x}_i$, $i=1,\cdots,n$ 后, 备择假设从原来的 “$H_1:\boldsymbol{\mu}\in O_+,\boldsymbol{\mu}\neq 0$” 变为 “$H_1:\boldsymbol{\mu}\in\boldsymbol{\Sigma}^{-1/2}(O_+),\boldsymbol{\mu}\neq\mathbf{0}$”, 所以 $\boldsymbol{\Sigma}$ 等于 $\boldsymbol{I}_p$ 时有方向检验问题的似然比检验不能用于 $\boldsymbol{\Sigma}$ 已知但不等于 $\boldsymbol{I}_p$ 时有方向的检验问题. 但这也反过来启发我们, 如果 $\boldsymbol{\Sigma}^{-1/2}(O_+)$ 与正象限 O_+ 差别不大, 就可以将 $\boldsymbol{\Sigma}$ 等于 $\boldsymbol{I}_p$ 时有方向检验问题的似然比检验方法近似地用来解 $\boldsymbol{\Sigma}$ 已知但并不知道是否等于 $\boldsymbol{I}_p$ 时有方向的检验问题了.

事实上, 只要

$$\boldsymbol{A}'\boldsymbol{A}=\boldsymbol{\Sigma}^{-1}, \tag{5.8.13}$$

那么在将 $\boldsymbol{x}_i$ 变换为 $\boldsymbol{y}_i=\boldsymbol{A}\boldsymbol{x}_i$, $i=1,\cdots,n$ 后, 就能由 $\boldsymbol{X}'=(x_1,\cdots,x_n)$ 是来自多元正态分布总体 $\boldsymbol{X}\sim N_p(\boldsymbol{\mu},\boldsymbol{\Sigma})$ 的样本推得 $\boldsymbol{Y}'=(y_1,\cdots,y_n)$ 是来自多元正态分布总体 $\boldsymbol{Y}\sim N_p(\boldsymbol{A}\boldsymbol{\mu},\boldsymbol{I}_p)$ 的样本了. 接下来需要考虑的问题就是选取怎样的 $\boldsymbol{A}$, 以使得 $\boldsymbol{A}(O_+)$ 与正象限 O_+ 尽可能地接近, 其中,

$$A(O_+)=\{\boldsymbol{\mu}:\boldsymbol{\mu}=\boldsymbol{A}\boldsymbol{\eta},\boldsymbol{\eta}\in O_+\}. \tag{5.8.14}$$

O_+ 与 $A(O_+)$ 都是凸集. O_+ 的中心方向向量为 $\mathbf{1}_p=(1,\cdots,1)'$. 为使得 $A(O_+)$ 与 O_+ 尽可能地接近, 很自然地希望 $A(O_+)$ 的中心方向向量仍然为 $\mathbf{1}_p$, 这就要求 $\mathbf{1}_p$ 与 $A(O_+)$ 的各条边 $\boldsymbol{A}e_i$ 的夹角一样大, 其中, $\boldsymbol{e}_i$ 是 O_+ 的边, 即如同前面所说的, 它是第 i 个元素为 1 而其余元素皆为 0 的 p 维向量, $i=1,\cdots,p$.

假设 $A(O_+)$ 的中心方向向量为 $\boldsymbol{c}_A$, 则 $\boldsymbol{c}_A$ 与 $\boldsymbol{A}\boldsymbol{e}_i$ 的夹角余弦等于

$$\frac{\boldsymbol{e}_i'\boldsymbol{A}'\boldsymbol{c}_A}{\sqrt{\boldsymbol{e}_i'\boldsymbol{\Sigma}^{-1}\boldsymbol{e}_i}\sqrt{\boldsymbol{c}_A'\boldsymbol{c}_A}},\quad i=1,\cdots,p,$$

其中, $\boldsymbol{e}_i'\boldsymbol{\Sigma}^{-1}\boldsymbol{e}_i$ 是矩阵 $\boldsymbol{\Sigma}^{-1}$ 的对角线上第 i 个元素. 既然 $\boldsymbol{c}_A$ 是 $A(O_+)$ 的中心方向向量, 那么这些夹角余弦应全都相等. 由此可见, 若不考虑常数因子, 那么 $A(O_+)$ 的中心方向向量为

$$\boldsymbol{c}_A=(\boldsymbol{D}\boldsymbol{A}')^{-1}\mathbf{1}_p, \tag{5.8.15}$$

其中, $\boldsymbol{D}$ 为对角矩阵

$$\begin{aligned}\boldsymbol{D}&=\left(\frac{\boldsymbol{e}_1}{\sqrt{\boldsymbol{e}_1'\boldsymbol{\Sigma}^{-1}\boldsymbol{e}_1}},\cdots,\frac{\boldsymbol{e}_p}{\sqrt{\boldsymbol{e}_p'\boldsymbol{\Sigma}^{-1}\boldsymbol{e}_p}}\right)'\\&=\mathrm{diag}\left((\boldsymbol{e}_1'\boldsymbol{\Sigma}^{-1}\boldsymbol{e}_1)^{-1/2},\cdots,(\boldsymbol{e}_p'\boldsymbol{\Sigma}^{-1}\boldsymbol{e}_p)^{-1/2}\right).\end{aligned}$$

由此看来, 为使得 $A(O_+)$ 与 O_+ 有相同的中心方向向量, 即使得 $A(O_+)$ 的中心方向向量 $\boldsymbol{c}_A=\gamma\mathbf{1}_p$, 其中, γ 为正数, 下式必须成立:

$$\boldsymbol{D}\boldsymbol{A}'\mathbf{1}_p=d\mathbf{1}_p, \tag{5.8.16}$$

其中, $d=\gamma^{-1}>0$.

下面说明, 如果 $\boldsymbol{A}$ 使得 (5.8.13) 式和 (5.8.16) 式成立, 为什么可以认为 $A(O_+)$ 与正象限 O_+ 是比较接近的. 必须指出的是, 这里仅仅说明而不是严格地证明 $A(O_+)$ 与 O_+ 比较接近.

由 (5.8.16) 式知, 对任意的 $\boldsymbol{\eta}=(\eta_1,\cdots,\eta_p)'\in O_+$, 都有

$$\begin{aligned}(\boldsymbol{A\eta})'\mathbf{1}_p&=\boldsymbol{\eta}'\boldsymbol{A}'\mathbf{1}_p=\boldsymbol{\eta}'\boldsymbol{D}^{-1}\left(\boldsymbol{D}\boldsymbol{A}'\mathbf{1}_p\right)=d\boldsymbol{\eta}'\boldsymbol{D}^{-1}\mathbf{1}_p\\&=d\sum_{i=1}^{p}\eta_i\sqrt{\boldsymbol{e}_i'\boldsymbol{\Sigma}^{-1}\boldsymbol{e}_i}\geqslant 0.\end{aligned}$$

可见, 对任意的 $\boldsymbol{\mu}\in\boldsymbol{A}(O_+)$ 都有 $\boldsymbol{\mu}'\mathbf{1}_p\geqslant 0$. 这说明, 只要 $\boldsymbol{A}$ 使得 (5.8.13) 式和 (5.8.16) 式成立, 那么 $A(O_+)\subseteq G$, G 是 p 维欧氏空间 $\mathbf{R}^p$ 的一半

$$G=\{\boldsymbol{x}:\boldsymbol{x}\in\mathbf{R}^p,\boldsymbol{x}'\mathbf{1}_p\geqslant 0\}.$$

显然, $O_+\subseteq G$ 且同 O_+ 和 $A(O_+)$, G 的法线方向向量也为 $\mathbf{1}_p$. 由此看来, $A(O_+)$ 可能有两个很极端的情况. 一是 $A(O_+)$ 与半平面 G 很接近; 二是 $A(O_+)$ 与半直线 L 很接近, 其中, 半直线 L 为

$$L=\left\{\boldsymbol{x}=(x_1,\cdots,x_p)':\boldsymbol{x}\in O_+;x_1=\cdots=x_p\right\}.$$

该半直线 L 的方向向量同 O_+, $A(O_+)$ 和 G 的中心方向向量, 都是 $\mathbf{1}_p$. 显然, 当 $A(O_+)$ 为这两个极端情况时, $A(O_+)$ 与正象限 O_+ 最不接近. 下面分析在什么样的情况下, $A(O_+)$ 趋向于这两个极端情况. 有必要再一次指出, 仅仅是分析, 而不是证明. 分析基于下面的概率等式:

$$P\left(\boldsymbol{X}\in O_+\,|\boldsymbol{X}\sim N_p(0,\boldsymbol{\Sigma})\right)=P\left(\boldsymbol{Y}\in A(O_+)\,|\boldsymbol{Y}\sim N_p(0,\boldsymbol{I}_p)\right). \tag{5.8.17}$$

这个等式的证明不难, 只需要将 $\boldsymbol{X}$ 变换为 $\boldsymbol{Y}=\boldsymbol{AX}$ 就可以推出了.

显然, 对于使得 (5.8.13) 式和 (5.8.16) 式成立的 $\boldsymbol{A}$, $A(O_+)$ 与正象限 O_+ 是不是比较接近与协方差阵 $\boldsymbol{\Sigma}$ 的结构有关. 我们知道, 在 $\boldsymbol{B}$ 是对角矩阵时, $B(O_+)=O_+$. 所以若记 $\boldsymbol{\Sigma}=(\sigma_{ij})$, 并令 $\boldsymbol{B}$ 为对角矩阵

$$\boldsymbol{B}=\operatorname{diag}\left(\sigma_{11}^{-1/2},\cdots,\sigma_{pp}^{-1/2}\right),$$

那么对于 $\boldsymbol{\Sigma}$ 已知但不等于 $\boldsymbol{I}_p$ 时的有方向的检验问题 (5.8.1) 来说, 将 $\boldsymbol{x}_i$ 变换为 $\boldsymbol{B}\boldsymbol{x}_i$, $i=1,\cdots,n$, 不仅原假设而且备择假设都没有发生变化. 所以不失一般性, 可以取 $\boldsymbol{\Sigma}$ 为它的相关系数矩阵 $\boldsymbol{R}=\boldsymbol{B}\boldsymbol{\Sigma}\boldsymbol{B}'=(\rho_{ij})$, 其中, ρ_{ij} 就是变量 $\boldsymbol{x}_i$ 与 $\boldsymbol{x}_j$ 的相关系数. 这也告诉我们对于使得 (5.8.13) 式和 (5.8.16) 式成立的 $\boldsymbol{A}$, $A(O_+)$ 与正象限 O_+ 是不是比较接近仅与变量之间的相关性有关的.

(1) 首先分析 $A(O_+)$ 与半平面 G 很接近时变量之间是什么样的相关性. 此时, 等式 (5.8.17) 的左边越来越大, 逐渐趋向于 1/2. 由此可见, 在 $\boldsymbol{X}\sim N_p(\boldsymbol{0},\boldsymbol{\Sigma})$ 时, 概率 $\boldsymbol{P}(X\in O_+\cup O_-)$ 越来越大, 逐渐趋向于 1, 其中, O_- 就是欧氏空间中所有坐标都为非正的象限. 这说明 p 维向量 $\boldsymbol{X}$ 的各个分量的值很可能或者都是正的, 或者都是负的. 由此看来, 若令 $\boldsymbol{X}=(\boldsymbol{x}_1,\cdots,\boldsymbol{x}_p)'$, 则 $\boldsymbol{X}$ 的任意两个分量 $\boldsymbol{x}_i$ 与 $\boldsymbol{x}_j(i\neq j)$ 都有正相关的趋势, 即 σ_{ij} 趋向于取正值. 当正态分布所有的 $\sigma_{ij}>0$ 时, 称它有正回归相依结构. 有关正回归相依结构 (positive regression dependency structure, PRDS) 的概念读者可参阅文献 [53]. 一般来说, 正态分布的正回归相依结构, 尤其是 ρ_{ij} 趋向于 1 的情况在实际问题中是不多见的. 正因为如此, 所以说 $A(O_+)$ 与半平面 G 很接近时的情况在实际问题中是比较少发生的.

(2) 接下来分析 $A(O_+)$ 与半直线 L 很接近时变量之间是什么样的相关性. 此时, 等式 (5.8.17) 的左边越来越小, 逐渐趋向于 0. 由此可见, 在 $\boldsymbol{X}\sim N_p(\boldsymbol{0},\boldsymbol{\Sigma})$ 时, 概率 $P(\boldsymbol{X}\in O_+\cup O_-)$ 越来越小, 逐渐趋向于 0. 这说明 p 维向量 $\boldsymbol{X}$ 的各个分量的值既不大可能全都是正的, 也不可能全都是负的. 此外还可以看到, 在 $A(O_+)$ 与半直线 L 很接近时, $\boldsymbol{A}\boldsymbol{e}_i(i=1,\cdots,p)$ 与 $\boldsymbol{1}_p$ 的方向越来越一致. 这说明对任意的 $\boldsymbol{e}_i$ 都存在一个 $\gamma_i>0$, 使得 $\boldsymbol{A}\boldsymbol{e}_i$ 都趋向于 $\gamma_i\boldsymbol{1}_p$. 令 $\boldsymbol{A}=(\boldsymbol{a}_1,\cdots,\boldsymbol{a}_p)$, 其中, $\boldsymbol{a}_1,\cdots,\boldsymbol{a}_p$ 分别是 $\boldsymbol{A}$ 的各个列向量, 则 $\boldsymbol{A}\boldsymbol{e}_i=\boldsymbol{a}_i$. 从而由 $\boldsymbol{A}\boldsymbol{e}_i=\boldsymbol{a}_i$ 趋向于 $\gamma_i\boldsymbol{1}_p(i=1,\cdots,p)$ 以及 (5.8.13) 式知, 精度矩阵 $\boldsymbol{K}=\boldsymbol{\Sigma}^{-1}=(k_{ij})$ 的各个元素 k_{ij} 都有取正值的趋势. 由引理 2.4.1 知, 在其余的变量给定后, $\boldsymbol{x}_i$ 与 $\boldsymbol{x}_j(i\neq j)$ 都有条件负相关的趋势. 在正态分布精度矩阵 $\boldsymbol{K}$ 的各个元素 k_{ij} 都取正值时称它有负相依结构. 一般来说, 正态分布的这样一种负相依结构, 尤其是偏相关系数都趋向于 1 的情况在实际问题中是不多见的. 正因为如此, 所以说 $A(O_+)$ 与半直线 L 很接近时的情况在实际问题中也是比较少发生的.

由上面 (1) 和 (2) 的分析知, 在实际问题中一般来说可以认为 $A(O_+)$ 与正象限 O_+ 是比较接近的, 可以将 $\boldsymbol{\Sigma}$ 等于 $\boldsymbol{I}_p$ 时有方向检验问题的似然比检验方法近似地用来解 $\boldsymbol{\Sigma}$ 已知但不等于 $\boldsymbol{I}_p$ 时有方向的检验问题.

要想用 $\boldsymbol{\Sigma}$ 等于 $\boldsymbol{I}_p$ 时有方向检验问题的似然比检验方法近似地解决 $\boldsymbol{\Sigma}$ 已知但不等于 $\boldsymbol{I}_p$ 时有方向的检验问题, 尚需要解决的问题是, 如何构造矩阵 $\boldsymbol{A}$, 既使得 (5.8.13) 式成立, 也使得 (5.8.16) 式成立. 运用矩阵算法并将这些算法用软件 (如 MATLAB) 来实现, 不难构造出矩阵 $\boldsymbol{A}$, 使得 (5.8.13) 式和 (5.8.16) 式都成立. 构造

$\boldsymbol{A}$ 的过程共有 4 个步骤, 如下所示:

(1) 将 $\boldsymbol{\Sigma}^{-1}$ 根据 (5.8.13) 式作 Cholesky 分解 $\boldsymbol{\Sigma}^{-1}=\boldsymbol{U}'\boldsymbol{U}$, $\boldsymbol{U}$ 为对角线元素为正的上三角阵.

(2) 根据 (5.8.15) 式求 $U(O_+)$ 的中心方向向量 $\boldsymbol{c}_U=\left(\boldsymbol{D}\boldsymbol{U}'\right)^{-1}\boldsymbol{1}_p$.

(3) 将矩阵 $(\boldsymbol{c}_U,\boldsymbol{e}_2,\cdots,\boldsymbol{e}_p)$ 作 QR 分解: $(\boldsymbol{c}_U,\boldsymbol{e}_2,\cdots,\boldsymbol{e}_p)=\boldsymbol{Q}_1\boldsymbol{V}_1$, 其中, $\boldsymbol{Q}_1$ 是正交矩阵, $\boldsymbol{V}_1$ 是对角线元素为正的上三角阵. 有以下两个问题值得注意. 第 1 个问题就是为什么要将 $\boldsymbol{K}$ 作 Cholesky 分解? 其目的就是为了使得向量 $\boldsymbol{c}_U$ 的第 1 个元素不等于 0, 从而保证矩阵 $(\boldsymbol{c}_U,\boldsymbol{e}_2,\cdots,\boldsymbol{e}_p)$ 非奇异. 第 2 个问题就是 QR 分解使用的是格拉姆–施密特 (Gram-Schmidt) 三角化运算. 该运算使得正交矩阵 $\boldsymbol{Q}_1$ 的第 1 个列向量为 $\boldsymbol{c}_U/\sqrt{\boldsymbol{c}_U'\boldsymbol{c}_U}$, 而上三角阵 $\boldsymbol{V}_1$ 的第 1 列第 1 行上的元素为 $\sqrt{\boldsymbol{c}_U'\boldsymbol{c}_U}$.

(4) 将矩阵 $(1_p,\boldsymbol{e}_2,\cdots,\boldsymbol{e}_p)$ 作 QR 分解 $(\boldsymbol{1}_p,\boldsymbol{e}_2,\cdots,\boldsymbol{e}_p)=\boldsymbol{Q}_2\boldsymbol{V}_2$, 其中, $\boldsymbol{Q}_2$ 是正交矩阵, 其第 1 个列向量为 $\boldsymbol{1}_p/\sqrt{p}$, $\boldsymbol{V}_2$ 是对角线元素为正的上三角阵, 其第 1 列第 1 行上的元素为 $\sqrt{p}$.

令 $\boldsymbol{A}=\boldsymbol{Q}_2\boldsymbol{Q}_1'\boldsymbol{U}$, 下面证明这个 $\boldsymbol{A}$ 既使得 (5.8.13) 式成立, 也使得 (5.8.16) 式成立. (5.8.13) 式成立很容易验证

$$\boldsymbol{A}'\boldsymbol{A}=\left(\boldsymbol{Q}_2\boldsymbol{Q}_1'\boldsymbol{U}\right)'\boldsymbol{Q}_2\boldsymbol{Q}_1'\boldsymbol{U}=\boldsymbol{U}'\boldsymbol{U}=\boldsymbol{\Sigma}^{-1}.$$

(5.8.16) 式成立的证明如下:

$$\boldsymbol{D}\boldsymbol{A}'\boldsymbol{1}_p=\boldsymbol{D}\boldsymbol{U}'\boldsymbol{Q}_1\boldsymbol{Q}_2'\boldsymbol{1}_p.$$

由于 $\boldsymbol{Q}_2$ 是正交矩阵, 且其第 1 个列向量为 $\boldsymbol{1}_p/\sqrt{p}$, 所以

$$\boldsymbol{Q}_2'\boldsymbol{1}_p=\left(\sqrt{p},0,\cdots,0\right)', \tag{5.8.18}$$

从而有

$$\boldsymbol{D}\boldsymbol{A}'\boldsymbol{1}_p=\boldsymbol{D}\boldsymbol{U}'\boldsymbol{Q}_1\left(\sqrt{p},0,\cdots,0\right)'.$$

又因 $\boldsymbol{Q}_1$ 的第 1 个列向量为 $\boldsymbol{c}_U/\sqrt{\boldsymbol{c}_U'\boldsymbol{c}_U}$, 所以

$$\boldsymbol{Q}_1\left(\sqrt{p},0,\cdots,0\right)'=\sqrt{\frac{p}{\boldsymbol{c}_U'\boldsymbol{c}_U}}\boldsymbol{c}_U, \tag{5.8.19}$$

从而有

$$\boldsymbol{D}\boldsymbol{A}'\boldsymbol{1}_p=\sqrt{\frac{p}{\boldsymbol{c}_U'\boldsymbol{c}_U}}\boldsymbol{D}\boldsymbol{U}'\boldsymbol{c}_U.$$

由于取 $\boldsymbol{c}_U=\left(\boldsymbol{D}\boldsymbol{U}'\right)^{-1}\boldsymbol{1}_p$, 所以 $\boldsymbol{D}\boldsymbol{U}'\boldsymbol{c}_U=\boldsymbol{1}_p$, 因而

$$\boldsymbol{D}\boldsymbol{A}'\boldsymbol{1}_p=d\boldsymbol{1}_p,\quad d=\sqrt{\frac{p}{\boldsymbol{c}_U'\boldsymbol{c}_U}}>0,$$

(5.8.16) 式也被验证成立. 由 (5.8.18) 式和 (5.8.19) 式知 $\boldsymbol{Q}_1\boldsymbol{Q}_2'\boldsymbol{1}_p = \sqrt{p/(\boldsymbol{c}_U'\boldsymbol{c}_U)}\boldsymbol{c}_U$. 这说明 $\boldsymbol{Q}_1\boldsymbol{Q}_2'$ 是从 $\boldsymbol{1}_p$ 方向到 $\boldsymbol{c}_U$ 方向的正交投影. 反之, $\boldsymbol{Q}_2\boldsymbol{Q}_1'$ 是从 $\boldsymbol{c}_U$ 方向到 $\boldsymbol{1}_p$ 方向的正交投影. 由此可见, $\boldsymbol{A} = \boldsymbol{Q}_2\boldsymbol{Q}_1'\boldsymbol{U}$ 就是将 $\boldsymbol{U}$ 沿着 $\boldsymbol{c}_U$ 到 $\boldsymbol{1}_p$ 的方向的正交投影.

至此证明了按上述步骤 (1)~(4) 所构造的矩阵 $\boldsymbol{A}$ 满足要求, 它既使得 (5.8.13) 式成立, 也使得 (5.8.16) 式成立.

最后, 将 $\boldsymbol{\Sigma}$ 已知时有方向检验问题近似检验方法归纳叙述如下:

假设样本观察值为 $\boldsymbol{X}' = (x_1, \cdots, x_n)$.

第 1 步. 按上述步骤 (1)~(4) 构造矩阵 $\boldsymbol{A}$.

第 2 步. 将样本观察值 $\boldsymbol{X}' = (\boldsymbol{x}_1, \cdots, \boldsymbol{x}_n)$ 变换为 $\boldsymbol{Y}' = (\boldsymbol{y}_1, \cdots, \boldsymbol{y}_n)$, 其中, $\boldsymbol{y}_i = \boldsymbol{A}\boldsymbol{x}_i$, $i = 1, \cdots, n$.

第 3 步. 计算检验统计量 T 的值, 其中,

$$T = n\sum_{i=1}^{p}\left(\bar{y}_i^+\right)^2,$$

$$\bar{y}_i^+ = \begin{cases} \bar{y}_i, & \bar{y}_i > 0, \\ 0, & \bar{y}_i \leqslant 0, \end{cases} \qquad i = 1, \cdots, p.$$

第 4 步. 根据 (5.8.4) 式可以计算检验的 p 值, 或由表 5.8.1 得到检验的临界值表, 然后决定是拒绝原假设, 认为 $\boldsymbol{\mu} \geqslant 0$ 且 $\boldsymbol{\mu} \neq 0$, 还是不拒绝原假设, 认为 $\boldsymbol{\mu} = 0$.

多元正态分布均值参数的有方向的检验问题还包括多重比较. 有方向的多重比较问题本书从略. 有兴趣的读者可阅读文献 [44], [86].

习 题 五

5.1 设 $\boldsymbol{X}' = (\boldsymbol{x}_1, \cdots, \boldsymbol{x}_n)$ 是来自多元正态分布总体 $N_p(\boldsymbol{\mu}, \boldsymbol{\Sigma})$ 的样本, 其中, $n > p$, $\boldsymbol{\mu} \in \mathbf{R}^p$, $\boldsymbol{\Sigma} > 0$. 设有总体均值 $\boldsymbol{\mu}$ 的线性函数 $\boldsymbol{C\mu}$ 的检验问题

$$H_0 : \boldsymbol{C\mu} = 0, \quad H_1 : \boldsymbol{C\mu} \neq 0,$$

其中, $\boldsymbol{C}$ 是秩为 k 的 $k \times p$ 的已知矩阵. 试解该检验问题.

提示: 作变换 $\boldsymbol{y}_i = \boldsymbol{C}\boldsymbol{x}_i$, $i = 1, \cdots, n$. 则 $\boldsymbol{Y}' = (\boldsymbol{y}_1, \cdots, \boldsymbol{y}_n)$ 是来自多元正态分布总体 $N_k(\boldsymbol{\mu}^*, \boldsymbol{\Sigma}^*)$ 的样本, 其中, $\boldsymbol{\mu}^* = \boldsymbol{C\mu}$, $\boldsymbol{\Sigma}^* = \boldsymbol{C\Sigma C}' > 0$, 那么基于 $\boldsymbol{X}' = (\boldsymbol{x}_1, \cdots, \boldsymbol{x}_n)$ 欲求解的检验问题就简化为, 基于 $\boldsymbol{Y}' = (\boldsymbol{y}_1, \cdots, \boldsymbol{y}_n)$ 求解检验问题 $H_0 : \boldsymbol{\mu}^* = \boldsymbol{0}$, $H_1 : \boldsymbol{\mu}^* \neq \boldsymbol{0}$. 而这正是检验问题 (5.1.1).

注 (1) 严格地说, 该检验问题的似然比应为

$$\lambda=\frac{\sup\limits_{\boldsymbol{\mu}:\boldsymbol{C}\boldsymbol{\mu}=0,\boldsymbol{\Sigma}}\left[|\boldsymbol{\Sigma}|^{-n/2}\exp\left\{-\frac{1}{2}\sum_{i=1}^{n}(\boldsymbol{x}_i-\boldsymbol{\mu})'\boldsymbol{\Sigma}^{-1}(\boldsymbol{x}_i-\boldsymbol{\mu})\right\}\right]}{\sup\limits_{\boldsymbol{\mu},\boldsymbol{\Sigma}}\left[|\boldsymbol{\Sigma}|^{-n/2}\exp\left\{-\frac{1}{2}\sum_{i=1}^{n}(\boldsymbol{x}_i-\boldsymbol{\mu})'\boldsymbol{\Sigma}^{-1}(\boldsymbol{x}_i-\boldsymbol{\mu})\right\}\right]}.$$

变换之后求得的似然比为

$$\lambda^*=\frac{\sup\limits_{\boldsymbol{\Sigma}^*}\left[|\boldsymbol{\Sigma}^*|^{-n/2}\exp\left\{-\frac{1}{2}\sum_{i=1}^{n}\boldsymbol{y}_i'(\boldsymbol{\Sigma}^*)^{-1}\boldsymbol{y}_i\right\}\right]}{\sup\limits_{\boldsymbol{\mu}^*,\boldsymbol{\Sigma}^*}\left[|\boldsymbol{\Sigma}^*|^{-n/2}\exp\left\{-\frac{1}{2}\sum_{i=1}^{n}(\boldsymbol{y}_i-\boldsymbol{\mu}^*)'(\boldsymbol{\Sigma}^*)^{-1}(\boldsymbol{y}_i-\boldsymbol{\mu}^*)\right\}\right]}.$$

可以证明 $\lambda=\lambda^*$(证明见 7.1.6 小节, 均值子集的线性假设检验), 所以这样的简化变换是可行的.

(2) 习题 5.1~5.8 这 8 个问题都是很有意义且有广泛的应用. 它们都是第 5 章正文内容的补充.

5.2 设 $\boldsymbol{X}'=(\boldsymbol{x}_1,\cdots,\boldsymbol{x}_n)$ 是来自多元正态分布总体 $N_p(\boldsymbol{\mu},\boldsymbol{\Sigma})$ 的样本, 其中, $n>p$, $\boldsymbol{\mu}=(\mu_1,\cdots,\mu_p)'\in\mathbf{R}^p$, $\boldsymbol{\Sigma}>0$. 所谓均值向量是否具有对称性的检验问题就是均值 $\boldsymbol{\mu}$ 的 p 个分量是否全都相等的检验问题

$$H_0:\mu_1=\cdots=\mu_p,\quad H_1:\mu_1,\cdots,\mu_p\ \text{不全相等}.$$

试用习题 5.1 的结果解均值向量是否具有对称性的检验问题.

5.3 设 $\boldsymbol{X}'=(\boldsymbol{x}_1,\cdots,\boldsymbol{x}_n)$ 是来自多元正态分布总体 $N_p(\boldsymbol{\mu},\boldsymbol{\Sigma})$ 的样本, 其中, $n>p$, $\boldsymbol{\mu}\in\mathbf{R}^p$, $\boldsymbol{\Sigma}>0$. 将均值向量 $\boldsymbol{\mu}$ 剖分为两部分

$$\boldsymbol{\mu}=\begin{pmatrix}\boldsymbol{\mu}_1\\ \boldsymbol{\mu}_2\end{pmatrix}\begin{matrix}q\\ p-q\end{matrix}.$$

试利用习题 5.1 的结果解均值向量 $\boldsymbol{\mu}$ 的子向量 $\boldsymbol{\mu}_1$ 是否等于某个已知向量 $\boldsymbol{\mu}_1^{(0)}$ 的检验问题

$$H_0:\boldsymbol{\mu}_1=\boldsymbol{\mu}_1^{(0)},\quad H_1:\boldsymbol{\mu}_1\neq\boldsymbol{\mu}_1^{(0)}.$$

5.4 接习题 5.3. 如果考虑均值向量 $\boldsymbol{\mu}$ 的某个子向量 $\boldsymbol{\mu}_1=\boldsymbol{\mu}_1^{(0)}$ 已知时, 另一个子向量 $\boldsymbol{\mu}_2$ 是否等于某个已知向量 $\boldsymbol{\mu}_2^{(0)}$ 的检验问题

$$H_0:\boldsymbol{\mu}_1=\boldsymbol{\mu}_1^{(0)},\boldsymbol{\mu}_2=\boldsymbol{\mu}_2^{(0)},\quad H_1:\boldsymbol{\mu}_1=\boldsymbol{\mu}_1^{(0)},\boldsymbol{\mu}_2\neq\boldsymbol{\mu}_2^{(0)}.$$

试问这个检验问题与习题 5.3 的检验问题有没有区别? 这个检验问题的似然比检验统计量的计算方法见习题 5.5.

5.5 设 $\boldsymbol{X}'=(\boldsymbol{x}_1,\cdots,\boldsymbol{x}_n)$ 是来自多元正态分布总体 $N_p(\boldsymbol{\mu},\boldsymbol{\Sigma})$ 的样本, 其中, $n>p$, $\boldsymbol{\mu}\in\mathbf{R}^p$, $\boldsymbol{\Sigma}>0$. 将均值向量 $\boldsymbol{\mu}$ 和某个已知向量 $\boldsymbol{\mu}^{(0)}$ 分别剖分为两部分

$$\boldsymbol{\mu}=\begin{pmatrix}\boldsymbol{\mu}_1\\ \boldsymbol{\mu}_2\end{pmatrix}\begin{matrix}q\\ p-q\end{matrix},\quad \boldsymbol{\mu}^{(0)}=\begin{pmatrix}\boldsymbol{\mu}_1^{(0)}\\ \boldsymbol{\mu}_2^{(0)}\end{pmatrix}\begin{matrix}q\\ p-q\end{matrix},$$

考虑下面 3 个检验问题:

问题 1. $H_0: \boldsymbol{\mu}_1 = \boldsymbol{\mu}_1^{(0)}, \quad H_1: \boldsymbol{\mu}_1 \neq \boldsymbol{\mu}_1^{(0)}$.

问题 2. $H_0: \boldsymbol{\mu}_1 = \boldsymbol{\mu}_1^{(0)}, \boldsymbol{\mu}_2 = \boldsymbol{\mu}_2^{(0)}, \quad H_1: \boldsymbol{\mu}_1 = \boldsymbol{\mu}_1^{(0)}, \boldsymbol{\mu}_2 \neq \boldsymbol{\mu}_2^{(0)}$.

问题 3. $H_0: \boldsymbol{\mu} = \boldsymbol{\mu}^{(0)}, \quad H_1: \boldsymbol{\mu} \neq \boldsymbol{\mu}^{(0)}$.

如果 λ_1, λ_2 和 λ 分别是这 3 个检验问题的似然比, 试证明 $\lambda = \lambda_1\lambda_2$, 并根据这个公式计算问题 2 的似然比 $\lambda_2 = \lambda/\lambda_1$, 并求习题 5.4 的似然比检验统计量.

5.6 设 $\boldsymbol{X} \sim N_p(\boldsymbol{\mu}, \boldsymbol{\Sigma})$ 和 $\boldsymbol{Y} \sim N_p(\boldsymbol{\eta}, \boldsymbol{\Sigma})$ 是相互独立的两个总体, $\boldsymbol{\mu}, \boldsymbol{\eta} \in \mathbf{R}^p$, $\boldsymbol{\Sigma} > 0$. $\boldsymbol{x}_1, \cdots, \boldsymbol{x}_m$ 和 $\boldsymbol{y}_1, \cdots, \boldsymbol{y}_n$ 分别是来自总体 $\boldsymbol{X}$ 和 $\boldsymbol{Y}$ 的样本, $m+n \geqslant p+2$. 将均值向量 $\boldsymbol{\mu}$ 和 $\boldsymbol{\eta}$ 剖分为两部分

$$\boldsymbol{\mu} = \begin{pmatrix} \boldsymbol{\mu}_1 \\ \boldsymbol{\mu}_2 \end{pmatrix} \begin{matrix} {\scriptstyle q} \\ {\scriptstyle p-q} \end{matrix}, \quad \boldsymbol{\eta} = \begin{pmatrix} \boldsymbol{\eta}_1 \\ \boldsymbol{\eta}_2 \end{pmatrix} \begin{matrix} {\scriptstyle q} \\ {\scriptstyle p-q} \end{matrix}.$$

试解两总体的均值向量的子向量是否相等的检验问题

$$H_0: \boldsymbol{\mu}_1 = \boldsymbol{\eta}_1, \quad H_1: \boldsymbol{\mu}_1 \neq \boldsymbol{\eta}_1.$$

提示: 利用与习题 5.3 相类似的方法.

5.7 接习题 5.6. 考虑两总体的均值向量的某个子向量已知相等时, 另一个子向量子向量是否相等的检验问题

$$H_0: \boldsymbol{\mu}_1 = \boldsymbol{\eta}_1, \boldsymbol{\mu}_2 = \boldsymbol{\eta}_2, \quad H_1: \boldsymbol{\mu}_1 = \boldsymbol{\eta}_1, \boldsymbol{\mu}_2 \neq \boldsymbol{\eta}_2.$$

这个检验问题与习题 5.6 的检验问题有没有区别? 如何解这个检验问题?

提示: 利用与习题 5.5 相类似的方法.

5.8 接习题 5.6. 令 $\boldsymbol{\mu} = (\mu_1, \cdots, \mu_p)', \boldsymbol{\eta} = (\eta_1, \cdots, \eta_p)' \in \mathbf{R}^p$. 依次连接点 $(1, \mu_1)$, $(2, \mu_2)$, $\cdots$, (p, μ_p) 的折线称为第 1 个总体的图像. 类似地, 依次连接点 $(1, \eta_1)$, $(2, \eta_2)$, $\cdots$, (p, η_p) 的折线称为第 2 个总体的图像. 图像分析指的是下面 3 个问题:

(1) 这两个总体的图像是否平行的检验问题

$$H_0: \mu_1 - \eta_1 = \cdots = \mu_p - \eta_p, \quad H_1: \mu_1 - \eta_1, \cdots, \mu_p - \eta_p \text{ 不全相等}.$$

(2) 若这两个总体的图像是平行的, 下面需要考虑的问题就是它们是否是完全重合的:

$$H_0: \mu_1 - \eta_1 = \cdots = \mu_p - \eta_p = 0, \quad H_0: \mu_1 - \eta_1 = \cdots = \mu_p - \eta_p = \delta, \quad \delta \neq 0.$$

(3) 若这两个总体的图像是重合的, 下面需要考虑的问题就是它们是否是水平的:

$$H_0: \mu_1 = \eta_1 = \cdots = \mu_p = \eta_p,$$
$$H_1: \mu_1 - \eta_1 = \cdots = \mu_p - \eta_p = 0, \text{但 } \mu_1, \cdots, \mu_p, \eta_1, \cdots, \eta_p \text{ 不全相等}.$$

试求图像分析的这 3 个检验问题的似然比.

提示 1: 对第 1 个平行图像的检验问题, 建议将原假设改写成下面的形式:

$$H_0: \mu_2 - \mu_1 = \eta_2 - \eta_1, \cdots \mu_p - \mu_{p-1} = \eta_p - \eta_{p-1},$$

并取

$$C_{(p-1)\times p}=\begin{pmatrix}1 & -1 & 0 & 0 & \cdots & 0 & 0\\ 0 & 1 & -1 & 0 & \cdots & 0 & 0\\ \vdots & \vdots & \vdots & \vdots & & \vdots & \vdots\\ 0 & 0 & 0 & 0 & \cdots & 1 & -1\end{pmatrix},$$

然后作变换 $\boldsymbol{u}_i=\boldsymbol{C}\boldsymbol{x}_i(i=1,\cdots,m)$, $\boldsymbol{v}_j=\boldsymbol{C}\boldsymbol{y}_j(j=1,\cdots,n)$. 那么平行图像的检验问题就转化为两个多元正态分布均值比较的检验问题.

提示 2: 对后两个重合和水平图像的检验问题, 可不可以用与习题 5.5 相类似的方法?

5.9 设 $\boldsymbol{X}\sim N_p(\boldsymbol{\mu},\boldsymbol{\Sigma})$ 和 $\boldsymbol{Y}\sim N_p(\boldsymbol{\eta},\boldsymbol{\Sigma})$ 是相互独立的两个总体, $\boldsymbol{\mu}_1,\boldsymbol{\mu}_2\in\mathbf{R}^p$, $\boldsymbol{\Sigma}>0$. $\boldsymbol{x}_1,\cdots,\boldsymbol{x}_m$ 和 $\boldsymbol{y}_1,\cdots,\boldsymbol{y}_n$ 分别是来自总体 $\boldsymbol{X}$ 和 $\boldsymbol{Y}$ 的样本, $m+n\geqslant p+2$. 试在 $\boldsymbol{\Sigma}$ 已知时, 由交并原则导出均值之差 $\boldsymbol{\mu}_1-\boldsymbol{\mu}_2$ 是否等于 0 的检验问题的检验统计量.

5.10 设有 k 个相互独立的总体 $\boldsymbol{X}_j\sim N_p\left(\boldsymbol{\mu}_j,\boldsymbol{\Sigma}\right)$, $\boldsymbol{\mu}_j\in\mathbf{R}^p$, $\boldsymbol{\Sigma}>0$, $\boldsymbol{x}_{j1},\cdots,\boldsymbol{x}_{jn_j}$ 是来自总体 $\boldsymbol{X}_j$ 的样本, $j=1,\cdots,k$. 记 $n=\sum\limits_{j=1}^{k}n_j$, $n\geqslant p+k$.

$$\bar{\boldsymbol{x}}_j=\sum_{i=1}^{n_j}\frac{\boldsymbol{x}_{ji}}{n_j}\text{是第 } j \text{ 个总体的样本均值},\quad j=1,\cdots,k,$$

$$\bar{\boldsymbol{x}}=\sum_{j=1}^{k}\frac{n_j\bar{\boldsymbol{x}}_j}{n}=\sum_{j=1}^{k}\sum_{i=1}^{n_j}\frac{\boldsymbol{x}_{ji}}{n}\text{是总的样本均值},$$

$$\mathbf{SSB}=\sum_{j=1}^{k}n_j\left(\bar{\boldsymbol{x}}_j-\bar{\boldsymbol{x}}\right)\left(\bar{\boldsymbol{x}}_j-\bar{\boldsymbol{x}}\right)'\text{是组间离差阵},$$

$$\mathbf{SSW}=\sum_{j=1}^{k}\sum_{i=1}^{n_j}\left(\boldsymbol{x}_{ji}-\bar{\boldsymbol{x}}_j\right)\left(\boldsymbol{x}_{ji}-\bar{\boldsymbol{x}}_j\right)'\text{是组内离差阵},$$

$$\mathbf{SST}=\sum_{j=1}^{k}\sum_{i=1}^{n_j}\left(\boldsymbol{x}_{ji}-\bar{\boldsymbol{x}}\right)\left(\boldsymbol{x}_{ji}-\bar{\boldsymbol{x}}\right)'\text{是总的离差阵}.$$

试证明: ① $\mathbf{SST}=\mathbf{SSW}+\mathbf{SSB}$; ② $\mathbf{SSW}$ 与 $\mathbf{SSB}$ 相互独立; ③ $\mathbf{SSW}\sim W_p(n-k,\boldsymbol{\Sigma})$; ④ 在 $\boldsymbol{\mu}_1=\cdots=\boldsymbol{\mu}_k$ 时, $\mathbf{SSB}\sim W_p(k-1,\boldsymbol{\Sigma})$, $\mathbf{SST}\sim W_p(n-1,\boldsymbol{\Sigma})$.

5.11 设 $\boldsymbol{x}_1,\cdots,\boldsymbol{x}_n$ 独立同 p 维正态分布 $N_p(0,\boldsymbol{I}_p)$. 令 $\boldsymbol{X}=(\boldsymbol{x}_1,\cdots,\boldsymbol{x}_n)=\boldsymbol{T}\boldsymbol{U}$, 其中, $\boldsymbol{T}$ 是 $p\times p$ 阶对角线元素都为正的下三角阵, $\boldsymbol{U}$ 是 $p\times n$ 阶行正交矩阵.

(1) 试证明 $(\boldsymbol{T},\boldsymbol{U})$ 的密度函数为

$$\frac{1}{(2\pi)^{np/2}}\exp\left\{-\frac{1}{2}\mathrm{tr}\left(\boldsymbol{T}\boldsymbol{T}'\right)\right\}\left(\prod_{i=1}^{p}t_{ii}^{n-i}\right)\cdot h_{n,p}(\boldsymbol{U}),$$

其中, $h_{n,p}(\boldsymbol{U})$ 的定义见定理 A.5.12.

(2) 试计算积分 $\displaystyle\int_{\boldsymbol{U}\boldsymbol{U}'=\boldsymbol{I}_p}h_{n,p}(\boldsymbol{U})\,\mathrm{d}\boldsymbol{U}$.

5.12 $\theta_{\max}$ 是 $(\mathbf{SSW}+\mathbf{SSB})^{-1}(\mathbf{SSB})$ 的最大特征根, 其中, $\mathbf{SSB}\sim W_p(k-1,\boldsymbol{\Sigma})$,

$\mathbf{SSW} \sim W_p(n-k, \boldsymbol{\Sigma})$, $\mathbf{SSB}$ 与 $\mathbf{SSW}$ 相互独立, $n \geqslant p+k$. 由此可见, 求 $\theta_{\max}$ 统计量的分布的问题与下面的问题有联系. 设 $\boldsymbol{A} \sim W_p(n, \boldsymbol{\Sigma})$, $\boldsymbol{B} \sim W_p(m, \boldsymbol{\Sigma})$, A 与 B 相互独立, $n \geqslant p$, 试求 $(\boldsymbol{A}+\boldsymbol{B})^{-1}\boldsymbol{B}$, 或等价地求 $(\boldsymbol{A}+\boldsymbol{B})^{-1/2}\boldsymbol{B}(\boldsymbol{A}+\boldsymbol{B})^{-1/2}$ 的最大特征根的分布. 为此, 试计算 $(\boldsymbol{A}+\boldsymbol{B})^{-1}\boldsymbol{B}$ 或者 $(\boldsymbol{A}+\boldsymbol{B})^{-1/2}\boldsymbol{B}(\boldsymbol{A}+\boldsymbol{B})^{-1/2}$ 的非零特征根的分布.

5.13 接习题 4.9.

(1) 分别取水平 $\alpha = 0.10$ 和 0.05, 检验

$$H_0: \boldsymbol{\mu} = \boldsymbol{\mu}_0 = (4, 50, 10)', \quad H_1: \boldsymbol{\mu} \neq \boldsymbol{\mu}_0.$$

(2) 试求 $\boldsymbol{\mu}$ 的 99%的置信椭球.

5.14 美国威斯康星州的卫生和社会服务部欲考察小型医院的所有制对医疗费用的影响. 小型医院的所有制有 3 种形式：私立、非盈利组织经营和政府开办等. 考察的变量有 4 个：$X_1 =$ 护理费用, $X_2 =$ 膳食服务费用, $X_3 =$ 设备使用及维修费用, $X_4 =$ 房产管理和洗衣费用. 数据摘自文献 [22] 的例 5.1 和文献 [35] 的例 5.5.

来自私立医院有 $n_1 = 90$ 个样本, 经计算

$$\bar{\boldsymbol{x}}_1 = \begin{pmatrix} 2.066 \\ 0.480 \\ 0.082 \\ 0.360 \end{pmatrix},$$

$$\boldsymbol{s}_1 = \frac{\sum_{j=1}^{n_1}\left(\boldsymbol{x}_j^{(1)} - \bar{\boldsymbol{x}}_1\right)\left(\boldsymbol{x}_j^{(1)} - \bar{\boldsymbol{x}}_1\right)'}{n_1 - 1} = \begin{pmatrix} 0.291 & & & \\ -0.001 & 0.011 & & \\ 0.002 & 0.000 & 0.001 & \\ 0.010 & 0.003 & 0.000 & 0.010 \end{pmatrix}.$$

来自非盈利组织经营的医院有 $n_2 = 46$ 个样本, 经计算,

$$\bar{\boldsymbol{x}}_2 = \begin{pmatrix} 2.167 \\ 0.596 \\ 0.124 \\ 0.418 \end{pmatrix},$$

$$\boldsymbol{s}_2 = \frac{\sum_{j=1}^{n_2}\left(\boldsymbol{x}_j^{(2)} - \bar{\boldsymbol{x}}_2\right)\left(\boldsymbol{x}_j^{(2)} - \bar{\boldsymbol{x}}_2\right)'}{n_2 - 1} = \begin{pmatrix} 0.561 & & & \\ 0.011 & 0.025 & & \\ 0.001 & 0.004 & 0.005 & \\ 0.037 & 0.007 & 0.002 & 0.019 \end{pmatrix}.$$

来自政府开办的医院有 $n_3 = 36$ 个样本, 经计算,

$$\bar{\boldsymbol{x}}_3 = \begin{pmatrix} 2.273 \\ 0.521 \\ 0.125 \\ 0.383 \end{pmatrix},$$

$$\boldsymbol{s}_3 = \frac{\sum\limits_{j=1}^{n_3} \left(\boldsymbol{x}_j^{(3)} - \bar{\boldsymbol{x}}_3\right)\left(\boldsymbol{x}_j^{(3)} - \bar{\boldsymbol{x}}_3\right)'}{n_3 - 1} = \begin{pmatrix} 0.261 & & & \\ 0.030 & 0.017 & & \\ 0.003 & 0.000 & 0.004 & \\ 0.018 & 0.006 & 0.001 & 0.013 \end{pmatrix}.$$

假设来自私立医院、非盈利组织经营的医院和政府开办的医院的样本分别服从正态分布 $N_4(\boldsymbol{\mu}_1, \boldsymbol{\Sigma})$, $N_4(\boldsymbol{\mu}_2, \boldsymbol{\Sigma})$ 和 $N_4(\boldsymbol{\mu}_3, \boldsymbol{\Sigma})$.

(1) 取水平 $\alpha = 0.01$, 检验

H_0 : 这 3 种所有制对平均医疗费用没有显著影响, 即 $\boldsymbol{\mu}_1 = \boldsymbol{\mu}_2 = \boldsymbol{\mu}_3$,

H_1 : 这 3 种所有制对平均医疗费用有显著影响, 即 $\boldsymbol{\mu}_1, \boldsymbol{\mu}_2$ 和 $\boldsymbol{\mu}_3$ 不全相等.

(2) 作多重比较, 观察任意两种所有制的医院在护理费用、膳食服务费用、设备使用及维修费用和房产管理和洗衣费用上的差异情况.

第 6 章 多元正态分布协方差阵的检验

本章 6.1 节讨论单个多元正态分布的协方差阵是否等于已知正定矩阵的检验问题; 6.2 节讨论球形检验, 即协方差阵是否与已知正定矩阵成比例的检验问题; 6.3 节讨论多元正态分布均值向量和协方差阵的联合检验问题; 6.4 节讨论多个协方差阵是否相等的检验问题; 6.5 节讨论多个多元正态分布是否相同的检验问题, 即它们的均值向量以及协方差阵是否分别都相等的检验问题; 6.6 节讨论独立性检验问题. 本章各节都是用似然比原则导出检验统计量.

6.1 协方差阵等于已知正定矩阵的检验问题

设 $\boldsymbol{X}' = (\boldsymbol{x}_1, \cdots, \boldsymbol{x}_n)$ 是来自多元正态分布总体 $N_p(\boldsymbol{\mu}, \boldsymbol{\Sigma})$ 的样本, 其中, $n > p$, $\boldsymbol{\mu} \in \mathbf{R}^p$, $\boldsymbol{\Sigma} > 0$. 本节讨论总体协方差阵 $\boldsymbol{\Sigma}$ 的检验问题

$$H_0 : \boldsymbol{\Sigma} = \boldsymbol{\Sigma}_0, \quad H_1 : \boldsymbol{\Sigma} \neq \boldsymbol{\Sigma}_0, \tag{6.1.1}$$

其中, $\boldsymbol{\Sigma}_0 > 0$ 已知. 仅在 $\boldsymbol{\mu}$ 未知时讨论 $\boldsymbol{\Sigma}$ 的检验问题. $\boldsymbol{\mu}$ 已知时检验问题 (6.1.1) 的讨论留作习题 (见习题 6.1).

由于可以将 $\boldsymbol{x}_i$ 变换为 $\boldsymbol{\Sigma}_0^{-1/2}\boldsymbol{x}_i \sim N_p\left(\boldsymbol{\Sigma}_0^{-1/2}\boldsymbol{\mu}, \boldsymbol{\Sigma}_0^{-1/2}\boldsymbol{\Sigma}\boldsymbol{\Sigma}_0^{-1/2}\right)$, $i = 1, \cdots, n$, 故不失一般性, 仅需讨论 $\boldsymbol{\Sigma}_0 = \boldsymbol{I}_p$, 即协方差阵 $\boldsymbol{\Sigma}$ 等于单位矩阵 $\boldsymbol{I}_p$ 的检验问题

$$H_0 : \boldsymbol{\Sigma} = \boldsymbol{I}_p, \quad H_1 : \boldsymbol{\Sigma} \neq \boldsymbol{I}_p. \tag{6.1.2}$$

6.1.1 似然比检验

样本 $\boldsymbol{X}' = (\boldsymbol{x}_1, \cdots, \boldsymbol{x}_n)$ 的联合密度为

$$\frac{1}{(2\pi)^{np/2}|\boldsymbol{\Sigma}|^{n/2}} \exp\left\{-\frac{1}{2}\mathrm{tr}\left(\boldsymbol{\Sigma}^{-1}\left(\boldsymbol{V} + n(\bar{\boldsymbol{x}} - \boldsymbol{\mu})(\bar{\boldsymbol{x}} - \boldsymbol{\mu})'\right)\right)\right\},$$

其中,

$$\text{样本均值 } \bar{\boldsymbol{x}} = \sum_{i=1}^{n} \frac{\boldsymbol{x}_i}{n}, \quad \text{样本离差阵 } \boldsymbol{V} = \sum_{i=1}^{n} (\boldsymbol{x}_i - \bar{\boldsymbol{x}})(\boldsymbol{x}_i - \bar{\boldsymbol{x}})',$$

由此得 $(\boldsymbol{\mu}, \boldsymbol{\Sigma})$ 的似然函数

$$L(\boldsymbol{\mu}, \boldsymbol{\Sigma}) = |\boldsymbol{\Sigma}|^{-n/2} \exp\left\{-\frac{1}{2}\mathrm{tr}\left(\boldsymbol{\Sigma}^{-1}\left(\boldsymbol{V} + n(\bar{\boldsymbol{x}} - \boldsymbol{\mu})(\bar{\boldsymbol{x}} - \boldsymbol{\mu})'\right)\right)\right\}.$$

在原假设成立, 即 $\boldsymbol{\Sigma}=\boldsymbol{I}_p$ 时, 均值 $\boldsymbol{\mu}$ 的极大似然估计为样本均值 $\bar{\boldsymbol{x}}$, 而当 $\boldsymbol{\Sigma}>0$ 未知时, 均值 $\boldsymbol{\mu}$ 和协方差阵 $\boldsymbol{\Sigma}$ 的极大似然估计分别为样本均值 $\bar{\boldsymbol{x}}$ 和样本协方差阵 $\boldsymbol{V}/n$. 由此得到检验问题 (6.1.2) 的似然比检验统计量为

$$\lambda=\frac{\sup\limits_{\boldsymbol{\mu}} L\left(\boldsymbol{\mu}, \boldsymbol{I}_p\right)}{\sup\limits_{\boldsymbol{\mu}, \boldsymbol{\Sigma}} L(\boldsymbol{\mu}, \boldsymbol{\Sigma})}=\left(\frac{\mathrm{e}}{n}\right)^{pn/2}|\boldsymbol{V}|^{n/2} \exp \left\{-\frac{1}{2} \operatorname{tr}(\boldsymbol{V})\right\}. \tag{6.1.3}$$

在 λ 比较小的时候拒绝原假设, 认为 $\boldsymbol{\Sigma} \neq \boldsymbol{I}_p$. 根据似然比统计量的极限分布, 由于完全参数空间被估计的独立参数的个数为 $(p+p(p+1)/2)$, 而原假设成立时参数空间被估计的独立参数的个数为 p, 所以渐近 χ^2 分布的自由度为 $p(p+1)/2$, 在原假设成立即 $\boldsymbol{\Sigma}=\boldsymbol{I}_p$ 时, 有

$$-2 \ln \lambda \xrightarrow{\mathrm{L}} \chi^2(p(p+1)/2), \quad n \rightarrow \infty,$$

从而得到检验的渐近 p 值为 $P\left(\chi^2(p(p+1)/2) \geqslant-2 \ln \lambda\right)$.

由 (6.1.3) 式得到检验问题 (6.1.1) 的似然比检验统计量为

$$\lambda_1=\left(\frac{\mathrm{e}}{n}\right)^{pn/2}\left|\boldsymbol{V} \boldsymbol{\Sigma}_0^{-1}\right|^{n/2} \exp \left\{-\frac{1}{2} \operatorname{tr}\left(\boldsymbol{V} \boldsymbol{\Sigma}_0^{-1}\right)\right\}. \tag{6.1.4}$$

检验的渐近 p 值仍为 $P\left(\chi^2(p(p+1)/2) \geqslant-2 \ln \lambda_1\right)$.

6.1.2 无偏检验

设有一个检验问题, 其原假设为 $H_0: \boldsymbol{\theta} \in \Theta_0$, 备择假设为 $H_1: \boldsymbol{\theta} \in \Theta_1$, 并设 $\phi(x)$ 是它的一个检验, 其势函数为 $g(\boldsymbol{\theta})=E \phi(x)$. 已经知道, 如果

$$g(\boldsymbol{\theta}) \leqslant \alpha, \quad \forall \boldsymbol{\theta} \in \Theta_0,$$

则称 $\phi(x)$ 为水平为 α 的检验. 又如果进一步要求

$$g(\boldsymbol{\theta}) \geqslant \alpha, \quad \forall \boldsymbol{\theta} \in \Theta_1,$$

则称 $\phi(x)$ 为水平为 α 的无偏检验. 很自然地希望, 原假设为真时拒绝原假设的概率要小, 而原假设不为真时拒绝原假设的概率要大. 由此看来, 要求检验具有无偏性, 这是一个很合理的要求. 本章关于协方差阵的这些检验问题, 有的似然比检验有无偏性, 而有的没有无偏性. 在似然比检验没有无偏性的时候, 需要对它进行修正, 然后研究修正后的似然比检验有没有无偏性. 修正的方法就是将样本容量 n 换为 $n-1$. 例如, 协方差阵是否等于已知正定矩阵的似然比检验统计量 (6.1.3) 式和 (6.1.4) 式分别被修正为

$$\lambda^*=\left(\frac{\mathrm{e}}{n-1}\right)^{p(n-1)/2}|\boldsymbol{V}|^{(n-1)/2} \exp \left\{-\frac{1}{2} \operatorname{tr}(\boldsymbol{V})\right\}, \tag{6.1.5}$$

$$\lambda_1^* = \left(\frac{\mathrm{e}}{n-1}\right)^{p(n-1)/2} \left|\boldsymbol{V}\boldsymbol{\Sigma}_0^{-1}\right|^{(n-1)/2} \exp\left\{-\frac{1}{2}\mathrm{tr}\left(\boldsymbol{V}\boldsymbol{\Sigma}_0^{-1}\right)\right\}. \tag{6.1.6}$$

4.2 节对协方差阵 $\boldsymbol{\Sigma}$ 的估计问题进行了讨论. $\boldsymbol{\Sigma}$ 的极大似然估计 $(\boldsymbol{V}/n)$ 是有偏估计, 而它修正后的估计 $(\boldsymbol{V}/(n-1))$ 是无偏估计. 估计时的修正方法与检验时的修正方法是相同的, 都是将样本容量 n 换为 $n-1$. 要说它们之间有差别, 那么最大的差别就在于, 证明协方差阵的极大似然估计的有偏性, 以及修正后的估计的无偏性都是不难的. 但证明协方差阵的似然比检验的有偏性, 以及修正后的检验的无偏性却都很困难.

由于 $\boldsymbol{V}$ 服从自由度为 $n-1$ 的 Wishart 分布, 所以在估计的时候为了得到无偏估计, 修正的方法是将样本容量 n 换为 $n-1$. 检验的时候, 修正的方法仍是将样本容量 n 换为 $n-1$, 其原因也在于此. 如何修正要看 Wishart 分布的自由度. 例如, 4.3 节和 5.3 节都考虑了同协方差阵的两个多元正态分布的协方差阵的估计问题, 5.3 节给出了它的极大似然估计为 $(\boldsymbol{V}_1+\boldsymbol{V}_2)/(m+n)$, 4.3 节给出了其无偏估计为 $\hat{\boldsymbol{\Sigma}} = (\boldsymbol{V}_1+\boldsymbol{V}_2)/(m+n-2)$, 其中, m 和 n 分别是来自这两个多元正态分布的样本容量, 而 $\boldsymbol{V}_1$ 和 $\boldsymbol{V}_2$ 分布是这两个样本的样本离差阵. 这里的 $\boldsymbol{V}_1+\boldsymbol{V}_2$ 服从自由度为 $m+n-2$ 的 Wishart 分布, 所以修正的方法是将 $m+n$ 换为 $m+n-2$. 对检验问题来说, 修正的方法也是如此, 见习题 6.5.

首先在 $p=1$ 时, 考察方差是否等于已知正数的似然比检验统计量 (6.1.4) 式的有偏性以及修正后的似然比检验统计量 (6.1.6) 式的无偏性. $p=1$ 时, 设 $\boldsymbol{\Sigma}_0 = \sigma_0^2$. 这时 $\boldsymbol{V} = \sum\limits_{i=1}^{n}(\boldsymbol{x}_i-\bar{\boldsymbol{x}})^2$, 似然比检验统计量 (6.1.4) 式简化为

$$\lambda_1 = \left(\frac{\mathrm{e}}{n}\right)^{n/2}\left(\frac{\sum\limits_{i=1}^{n}(x_i-\bar{x})^2}{\sigma_0^2}\right)^{n/2} \exp\left\{-\frac{\sum\limits_{i=1}^{n}(x_i-\bar{x})^2}{2\sigma_0^2}\right\}.$$

由于函数 $x^{n/2}\exp\{-x/2\}$ 是单峰函数, 所以拒绝域 $\lambda_1 \leqslant d$, 其中, 临界值 $d>0$, 就等价地变换为

$$\frac{\sum\limits_{i=1}^{n}(x_i-\bar{x})^2}{\sigma_0^2} \leqslant d_1 \text{ 或 } \frac{\sum\limits_{i=1}^{n}(x_i-\bar{x})^2}{\sigma_0^2} \geqslant d_2. \tag{6.1.7}$$

d_1 和 d_2 满足条件

$$d_1^{n/2}\exp\left\{-\frac{d_1}{2}\right\} = d_2^{n/2}\exp\left\{-\frac{d_2}{2}\right\}. \tag{6.1.8}$$

与此相类似地, 修正后的似然比检验统计量 (6.1.6) 式简化为

$$\lambda_1^* = \left(\frac{\mathrm{e}}{n-1}\right)^{(n-1)/2} \left(\frac{\sum_{i=1}^{n}(x_i-\bar{x})^2}{\sigma_0^2}\right)^{(n-1)/2} \exp\left\{-\frac{\sum_{i=1}^{n}(x_i-\bar{x})^2}{2\sigma_0^2}\right\},$$

其拒绝域 $\lambda_1^* \leqslant d$ 也等价地变换为 (6.1.7) 式, 但临界值 d_1 和 d_2 满足的条件为

$$d_1^{(n-1)/2} \exp\left\{-\frac{d_1}{2}\right\} = d_2^{(n-1)/2} \exp\left\{-\frac{d_2}{2}\right\}, \tag{6.1.9}$$

(6.1.9) 式与 (6.1.8) 式不同. 如果取水平为 α, 那么对于似然比检验以及对于修正后的似然比检验来说, d_1 和 d_2 都还需要满足的另一个条件是

$$\int_{d_1}^{d_2} \chi^2(x|n-1)\,\mathrm{d}x = 1-\alpha, \tag{6.1.10}$$

其中, $\chi^2(x|n-1)$ 是自由度为 $n-1$ 的 χ^2 分布的密度函数. 由 (6.1.9) 式和 (6.1.10) 式给出的检验是无偏检验, 而由 (6.1.8) 式和 (6.1.10) 式给出的检验不是无偏检验, 其证明见文献 [17] 定理 3.14. 这也就是说, $p=1$ 时方差是否等于已知正数的似然比检验是有偏的, 而修正后的似然比检验是无偏的.

在 $p \geqslant 2$ 时, 似然比检验统计量 (6.1.4) 式的有偏性的证明见文献 [65]. 下面证明修正后的似然比检验统计量 (6.1.6) 式具有无偏性. 不失一般性, 仅在 $\boldsymbol{\Sigma}_0 = \boldsymbol{I}_p$ 时关于检验问题 (6.1.2) 给出证明.

考虑检验问题 (6.1.2), 将其修正后的似然比检验的接受域记为

$$\omega = \left\{\boldsymbol{V} : \boldsymbol{V} > 0, \left(\frac{\mathrm{e}}{n-1}\right)^{p(n-1)/2} |\boldsymbol{V}|^{(n-1)/2} \exp\left\{-\frac{1}{2}\mathrm{tr}(\boldsymbol{V})\right\} > d\right\}, \tag{6.1.11}$$

其中, 临界值 $d>0$, 那么欲证修正后的似然比检验具有无偏性, 仅需证明

$$P(\boldsymbol{V} \in \omega | \boldsymbol{V} \sim W_p(n-1, \boldsymbol{I}_p)) \geqslant P(\boldsymbol{V} \in \omega | \boldsymbol{V} \sim W_p(n-1, \boldsymbol{\Sigma})), \tag{6.1.12}$$

其中,

$$\begin{aligned} &P(\boldsymbol{V} \in \omega | \boldsymbol{V} \sim W_p(n-1, \boldsymbol{I}_p)) \\ &= \int_\omega c_{n-1,p} |\boldsymbol{V}|^{(n-p-2)/2} \exp\left\{-\frac{1}{2}\mathrm{tr}(\boldsymbol{V})\right\} \mathrm{d}\boldsymbol{V}, \end{aligned}$$

它是原假设为真时接受原假设的概率, 而

$$\begin{aligned} &P(\boldsymbol{V} \in \omega | \boldsymbol{V} \sim W_p(n-1, \boldsymbol{\Sigma})) \\ &= \int_\omega c_{n-1,p} |\boldsymbol{\Sigma}|^{-(n-1)/2} |\boldsymbol{V}|^{(n-p-2)/2} \exp\left\{-\frac{1}{2}\mathrm{tr}\left(\boldsymbol{\Sigma}^{-1}\boldsymbol{V}\right)\right\} \mathrm{d}\boldsymbol{V}, \end{aligned} \tag{6.1.13}$$

它是原假设不为真时接受原假设的概率, 其中, $c_{n-1,p}$ 的定义见 3.1 节. 它满足条件

$$\begin{aligned}(c_{n-1,p})^{-1} &= 2^{(n-1)p/2}\Gamma_p\left((n-1)/2\right)\\ &= 2^{(n-1)p/2}\pi^{p(p-1)/4}\prod_{i=1}^{p}\Gamma\left((n-i)/2\right).\end{aligned}$$

对 (6.1.13) 式的积分作积分变换, 令

$$\boldsymbol{U}=\boldsymbol{\Sigma}^{-1/2}\boldsymbol{V}\boldsymbol{\Sigma}^{-1/2}, \tag{6.1.14}$$

则 $\boldsymbol{U}\sim W_p\left(n-1,\boldsymbol{I}_p\right)$. 由定理 A.5.7 知, 这个变换的雅可比行列式为

$$J\left(\boldsymbol{V}\to\boldsymbol{U}\right)=\frac{\partial\left(\boldsymbol{V}\right)}{\partial\left(\boldsymbol{U}\right)}=\left|\boldsymbol{\Sigma}^{1/2}\right|^{(p+1)},$$

故 (6.1.13) 式的积分变换为

$$\begin{aligned}&P\left(\boldsymbol{V}\in\omega|\boldsymbol{V}\sim W_p\left(n-1,\boldsymbol{\Sigma}\right)\right)\\ &=\int_{\omega}c_{n-1,p}\left|\boldsymbol{\Sigma}\right|^{-(n-1)/2}\left|\boldsymbol{V}\right|^{(n-p-2)/2}\exp\left\{-\frac{1}{2}\mathrm{tr}\left(\boldsymbol{\Sigma}^{-1}\boldsymbol{V}\right)\right\}\mathrm{d}\boldsymbol{V}\\ &=\int_{\omega^*}c_{n-1,p}\left|\boldsymbol{U}\right|^{(n-p-2)/2}\exp\left\{-\frac{1}{2}\mathrm{tr}\left(\boldsymbol{U}\right)\right\}\mathrm{d}\boldsymbol{U}\\ &=P\left(\boldsymbol{U}\in\omega^*|\boldsymbol{U}\sim W_p\left(n-1,\boldsymbol{I}_p\right)\right),\end{aligned} \tag{6.1.15}$$

其中,

$$\omega^*=\left\{\boldsymbol{U}:\boldsymbol{U}=\boldsymbol{\Sigma}^{-1/2}\boldsymbol{V}\boldsymbol{\Sigma}^{-1/2},\boldsymbol{V}\in\omega\right\}. \tag{6.1.16}$$

(6.1.16) 式说明 ω^* 和 ω 有这样的关系: 若 $\boldsymbol{V}\in\omega$, 则 $\boldsymbol{\Sigma}^{-1/2}\boldsymbol{V}\boldsymbol{\Sigma}^{-1/2}\in\omega^*$. 这样的关系可简写为

$$\omega^*=\boldsymbol{\Sigma}^{-1/2}\boldsymbol{\omega}\boldsymbol{\Sigma}^{-1/2}. \tag{6.1.17}$$

将 (6.1.15) 式中的变量 $\boldsymbol{U}$ 改写为 $\boldsymbol{V}$, 从而有

$$P\left(\boldsymbol{V}\in\omega|\boldsymbol{V}\sim W_p\left(n-1,\boldsymbol{\Sigma}\right)\right)=P\left(\boldsymbol{V}\in\omega^*|\boldsymbol{V}\sim W_p\left(n-1,\boldsymbol{I}_p\right)\right),$$

则由 (6.1.12) 式知, 欲证修正后的似然比检验具有无偏性, 仅需证明

$$P\left(\boldsymbol{V}\in\omega|\boldsymbol{V}\sim W_p\left(n-1,\boldsymbol{I}_p\right)\right)\geqslant P\left(\boldsymbol{V}\in\omega^*|\boldsymbol{V}\sim W_p\left(n-1,\boldsymbol{I}_p\right)\right). \tag{6.1.18}$$

为证 (6.1.18) 式, 首先给出等式: 令 $\varOmega$ 表示由所有的 p 阶正定矩阵构成的集合: $\varOmega=\{\boldsymbol{V}:\boldsymbol{V}>0\}$, 则对任意的 $G\subseteq\varOmega$ 都有

$$\int_G\left|\boldsymbol{V}\right|^{-(p+1)/2}\mathrm{d}\boldsymbol{V}=\int_{G^*}\left|\boldsymbol{V}\right|^{-(p+1)/2}\mathrm{d}\boldsymbol{V}, \tag{6.1.19}$$

其中, G^* 和 G 有 (6.1.17) 式那样的关系 $\boldsymbol{G}^* = \boldsymbol{\Sigma}^{-1/2}\boldsymbol{G}\boldsymbol{\Sigma}^{-1/2}$, 即若 $\boldsymbol{V} \in G$, 则 $\boldsymbol{\Sigma}^{-1/2}\boldsymbol{V}\boldsymbol{\Sigma}^{-1/2} \in G^*$. 这个等式不难验证. 其验证留作习题 (见习题 6.2).

由 (6.1.11) 式知

$$\boldsymbol{V} \in \omega \text{ 时}, \quad |\boldsymbol{V}|^{(n-p-2)/2} \exp\left\{-\frac{1}{2}\boldsymbol{V}\right\} > d\left(\frac{n-1}{\mathrm{e}}\right)^{p(n-1)/2} |\boldsymbol{V}|^{-(p+1)/2},$$

$$\boldsymbol{V} \notin \omega \text{ 时}, \quad |\boldsymbol{V}|^{(n-p-2)/2} \exp\left\{-\frac{1}{2}\boldsymbol{V}\right\} \leqslant d\left(\frac{n-1}{\mathrm{e}}\right)^{p(n-1)/2} |\boldsymbol{V}|^{-(p+1)/2}.$$

据此, 令

$$\begin{aligned}
(\mathrm{I}) &= \int_{\omega-\omega\cap\omega^*} c_{n-1,p} |\boldsymbol{V}|^{(n-p-2)/2} \exp\left\{-\frac{1}{2}\mathrm{tr}\,(\boldsymbol{V})\right\} \mathrm{d}\boldsymbol{V} \\
&\geqslant b\int_{\omega-\omega\cap\omega^*} |\boldsymbol{V}|^{-(p+1)/2}\,\mathrm{d}\boldsymbol{V}, \\
(\mathrm{II}) &= \int_{\omega^*-\omega\cap\omega^*} c_{n-1,p} |\boldsymbol{V}|^{(n-p-2)/2} \exp\left\{-\frac{1}{2}\mathrm{tr}\,(\boldsymbol{V})\right\} \mathrm{d}\boldsymbol{V} \\
&\leqslant b\int_{\omega-\omega\cap\omega^*} |\boldsymbol{V}|^{-(p+1)/2}\,\mathrm{d}\boldsymbol{V},
\end{aligned}$$

其中,

$$b = c_{n-1,p}d\left(\frac{n-1}{\mathrm{e}}\right)^{p(n-1)/2}.$$

则有

$$P\left(\boldsymbol{V} \in \omega | \boldsymbol{V} \sim W_p\left(n-1, \boldsymbol{I}_p\right)\right) - P\left(\boldsymbol{V} \in \omega^* | \boldsymbol{V} \sim W_p\left(n-1, \boldsymbol{I}_p\right)\right) = (\mathrm{I}) - (\mathrm{II}),$$

根据 (6.1.19) 式, 有

$$\begin{aligned}
&P\left(\boldsymbol{V} \in \omega | \boldsymbol{V} \sim W_p\left(n-1, \boldsymbol{I}_p\right)\right) - P\left(\boldsymbol{V} \in \omega^* | \boldsymbol{V} \sim W_p\left(n-1, \boldsymbol{I}_p\right)\right) \\
&= (\mathrm{I}) - (\mathrm{II}) \\
&\geqslant b\left(\int_{\omega-\omega\cap\omega^*} |\boldsymbol{V}|^{-(p+1)/2}\,\mathrm{d}\boldsymbol{V} - \int_{\omega^*-\omega\cap\omega^*} |\boldsymbol{V}|^{-(p+1)/2}\,\mathrm{d}\boldsymbol{V}\right) \\
&= b\left(\int_{\omega} |\boldsymbol{V}|^{-(p+1)/2}\,\mathrm{d}\boldsymbol{V} - \int_{\omega^*} |\boldsymbol{V}|^{-(p+1)/2}\,\mathrm{d}\boldsymbol{V}\right) = 0,
\end{aligned}$$

因而 (6.1.18) 式成立. 至此证明了修正后的似然比检验具有无偏性.

本章以后各节的似然比检验, 有的是无偏检验, 不需要修正; 有的是有偏检验, 修正后的似然比检验才是无偏检验. 本章以后各节关于检验无偏性的证明都从略.

6.1.3 渐近 p 值

通常使用修正后的似然比检验解检验问题. 不失一般性, 仅讨论 $\boldsymbol{\Sigma}_0=\boldsymbol{I}_p$ 时检验问题 (6.1.2) 修正后的似然比检验的渐近 p 值问题. 对似然比检验统计量 λ(见 (6.1.3) 式) 来说, 根据似然比统计量的极限分布, 有

$$-2\ln\lambda=-2\left[\frac{pn}{2}\ln\left(\frac{\mathrm{e}}{n}\right)+\frac{n}{2}\ln|\boldsymbol{V}|-\frac{1}{2}\mathrm{tr}\left(\boldsymbol{V}\right)\right]\xrightarrow{\mathrm{L}}\chi^2\left(\frac{p\left(p+1\right)}{2}\right).$$

对修正后的似然比检验统计量 λ^*(见 (6.1.5) 式) 来说, 由于

$$-2\ln\lambda^*=-2\left[\frac{p\left(n-1\right)}{2}\ln\left(\frac{\mathrm{e}}{n-1}\right)+\frac{n-1}{2}\ln|\boldsymbol{V}|-\frac{1}{2}\mathrm{tr}\left(\boldsymbol{V}\right)\right].$$

故不难证明 (见习题 6.3)

$$(-2\ln\lambda^*)-(-2\ln\lambda)\xrightarrow{\mathrm{p}}0,\quad n\to\infty,$$

因而 $-2\ln\lambda^*$ 与 $-2\ln\lambda$ 有相同的极限分布, 所以修正后的似然比检验统计量 λ^* 仍有渐近的 χ^2 分布 $-2\ln\lambda^*\xrightarrow{\mathrm{L}}\chi^2\left(p\left(p+1\right)/2\right)$, $n\to\infty$. 这说明如果使用修正后的似然比检验, 则检验的渐近 p 值仍为 $P\left(\chi^2\left(p\left(p+1\right)/2\right)\geqslant-2\ln\lambda^*\right)$.

修正后的似然比检验的渐近 p 值的精度如何? 可不可以改进? 如何改进? 这些问题的讨论与 3.6 节关于 Wilks 分布的分布函数的渐近计算的讨论相类似. 讨论分以下 3 个步骤:

(1) 计算 λ^* 的矩;

(2) 使用 Γ 函数的展开式 (见 (3.6.3) 式) 将 $-2\ln\lambda^*$ 的特征函数渐近展开, 从而得到 $-2\ln\lambda^*$ 的分布函数的渐近展开式;

(3) 为提高渐近 p 值的精度, 引入待定常数 ρ, 使得 $-2\rho\ln\lambda^*$ 的分布函数的渐近展开式较 $-2\ln\lambda^*$ 的分布函数的渐近展开式更为精确. 用 $-2\rho\ln\lambda^*$ 作为检验统计量, 它的渐近 p 值的精度比 $-2\ln\lambda^*$ 的高.

下面具体讨论:

(1) λ^* 的 h 矩为

$$E\left(\lambda^*\right)^h=\left(\frac{2\mathrm{e}}{n-1}\right)^{(n-1)ph/2}(1+h)^{-(n-1)(1+h)p/2}\cdot\frac{\prod\limits_{j=1}^{p}\Gamma\left(\left(\left(n-1\right)\left(1+h\right)-j+1\right)/2\right)}{\prod\limits_{j=1}^{p}\Gamma\left(\left(n-j\right)/2\right)}.\tag{6.1.20}$$

(6.1.20) 式的证明留作习题 (见习题 6.4(1)).

(2) $-2\ln\lambda^*$ 的特征函数

$$\begin{aligned}\phi(t) &= E\left(\exp\{it(-2\ln\lambda^*)\}\right) = E\left(\lambda^*\right)^{-2it} \\ &= \left(\frac{2e}{n-1}\right)^{-i(n-1)pt}(1-2it)^{-(n-1)(1-2it)p/2}\frac{\prod\limits_{j=1}^{p}\Gamma\left(((n-1)(1-2it)-j+1)/2\right)}{\prod\limits_{j=1}^{p}\Gamma\left((n-j)/2\right)}.\end{aligned}$$

$-2\ln\lambda^*$ 的特征函数 $\phi(t)$ 的对数

$$\begin{aligned}\varPhi(t) &= \ln\phi(t) \\ &= -i(n-1)pt\left(\ln 2+1-\ln(n-1)\right)-\frac{(n-1)(1-2it)p}{2}\ln(1-2it) \\ &\quad+\sum_{j=1}^{p}\left[\ln\Gamma\left(\frac{(n-1)(1-2it)}{2}+\frac{-j+1}{2}\right)-\ln\Gamma\left(\frac{n-1}{2}+\frac{-j+1}{2}\right)\right].\end{aligned}$$

使用 Γ 函数的展开式 (见 (3.6.3) 式)

$$\Gamma(x+h)=\ln\sqrt{2\pi}+\left(x+h-\frac{1}{2}\right)\ln(x)-x+O\left(x^{-1}\right).$$

将 $-2\ln\lambda^*$ 的特征函数 $\phi(t)$ 的对数 $\varPhi(t)$ 化为

$$\varPhi(t)=-\frac{f}{2}\ln(1-2it)+O\left(n^{-1}\right), \tag{6.1.21}$$

其中, $f=\dfrac{p(p+1)}{2}$. (6.1.21) 式的具体的计算过程留作习题 (见习题 6.4(2)). 根据 (6.1.21) 式, $-2\ln\lambda^*$ 的特征函数为 $\phi(t)=(1-2it)^{-f/2}+O\left(n^{-1}\right)$. 从而得到 $-2\ln\lambda^*$ 的分布函数的渐近展开式

$$P\left(-2\ln\lambda^*\geqslant x\right)=P\left(\chi^2\left(p(p+1)/2\right)\geqslant x\right)+O\left(n^{-1}\right), \tag{6.1.22}$$

所以修正后的似然比检验的渐近 p 值为

$$P\left(\chi^2\left(p(p+1)/2\right)\geqslant -2\ln\lambda^*\right)+O\left(n^{-1}\right).$$

(3) 3.6 节在讨论 Wilks 分布的分布函数的渐近计算时, 取的 $\rho=1-(p-m+1)/(2n)$(见 (3.6.15) 式). 受此启发, 为提高似然比检验的渐近 p 值的精度, 取 $\rho=1-\alpha/(n-1)$, 其中, α 是与 n 无关的待定常数. 令 $m=\rho(n-1)=(n-1)-\alpha$. 下面计算 $-2\rho\ln\lambda^*$ 的特征函数

$$
\begin{aligned}
&\phi(t) = E\left(\exp\left\{\mathrm{i}t\left(-2\rho\ln\lambda^*\right)\right\}\right) = E\left(\lambda^*\right)^{-2\rho\mathrm{i}t}\\
=&\left(\frac{2\mathrm{e}}{n-1}\right)^{-\mathrm{i}\rho(n-1)pt}\left(1-2\mathrm{i}\rho t\right)^{-(n-1)(1-2\mathrm{i}\rho t)p/2}\\
&\cdot\frac{\prod_{j=1}^{p}\Gamma\left(\left(\left(n-1\right)\left(1-2\mathrm{i}\rho t\right)-j+1\right)/2\right)}{\prod_{j=1}^{p}\Gamma\left(\left(n-j\right)/2\right)}\\
=&\left(\frac{2\mathrm{e}}{m+\alpha}\right)^{mp[(1-2\mathrm{i}t)-1]/2}\left(\frac{m}{m+\alpha}\left(1-2\mathrm{i}t\right)+\frac{\alpha}{m+\alpha}\right)^{-m(1-2\mathrm{i}t)p/2-\alpha p/2}\\
&\cdot\frac{\prod_{j=1}^{p}\Gamma\left(\left(m\left(1-2\mathrm{i}t\right)+\alpha-j+1\right)/2\right)}{\prod_{j=1}^{p}\Gamma\left(\left(m+\alpha-j+1\right)/2\right)}.
\end{aligned}
$$

$-2\rho\ln\lambda^*$ 的特征函数 $\phi(t)$ 的对数为

$$
\begin{aligned}
\varPhi(t) =& \ln\phi(t)\\
=& mp\frac{(1-2\mathrm{i}t)-1}{2}\left(\ln 2+1-\ln m-\ln\left(1+\frac{\alpha}{m}\right)\right)\\
&+\frac{m\left(1-2\mathrm{i}t\right)p+\alpha p}{2}\ln\left(1+\frac{\alpha}{m}\right)\\
&-\frac{m\left(1-2\mathrm{i}t\right)p+\alpha p}{2}\left[\ln\left(1-2\mathrm{i}t\right)+\ln\left(1+\frac{\alpha}{m\left(1-2\mathrm{i}t\right)}\right)\right]\\
&+\sum_{j=1}^{p}\left[\ln\Gamma\left(\frac{m\left(1-2\mathrm{i}t\right)}{2}+\frac{\alpha-j+1}{2}\right)-\ln\Gamma\left(\frac{m}{2}+\frac{\alpha-j+1}{2}\right)\right].
\end{aligned}
$$

使用下列展开式:

$$
\begin{aligned}
&\ln\left(1+x\right) = x-\frac{x^2}{2}+\frac{x^3}{3}-\frac{x^4}{4}+\cdots,\\
&\Gamma\left(x+h\right) = \ln\sqrt{2\pi}+\left(x+h-\frac{1}{2}\right)\ln\left(x\right)-x+\frac{B_2\left(h\right)}{2x}-\frac{B_3\left(h\right)}{6x^2}+O\left(x^{-3}\right),
\end{aligned}
$$

将 $-2\rho\ln\lambda^*$ 的特征函数 $\phi(t)$ 的对数 $\varPhi(t)$ 化为

$$
\varPhi(t) = -\frac{f}{2}\ln\left(1-2\mathrm{i}t\right)+\omega_1\left[\left(1-2\mathrm{i}t\right)^{-1}-1\right]+\omega_2\left[\left(1-2\mathrm{i}t\right)^{-2}-1\right]+O\left(n^{-3}\right),
$$

其中,

$$
\begin{aligned}
&\omega_1 = \frac{p}{24m}\left[-6\alpha(p+1)+\left(2p^2+3p-1\right)\right],\\
&\omega_2 = \frac{p}{48m^2}\left[6(p+1)\alpha^2-2\left(2p^2+3p-1\right)\alpha+\left(p+1\right)\left(p^2+p-2\right)\right].
\end{aligned}
$$

为使 $\omega_1=0$, 取

$$\alpha=\frac{2p^2+3p-1}{6(p+1)},$$

则

$$\begin{aligned}\rho&=1-\frac{\alpha}{n-1}=1-\frac{2p^2+3p-1}{6(p+1)(n-1)},\\ m&=\rho(n-1)=(n-1)-\alpha=(n-1)-\frac{2p^2+3p-1}{6(p+1)},\\ \omega_2&=\frac{\gamma}{m^2},\quad \gamma=\frac{p}{288(p+1)}\left[2p^4+6p^3+p^2-12p-13\right].\end{aligned}$$

从而将 $-2\rho\ln\lambda^*$ 的特征函数 $\phi(t)$ 的对数 $\varPhi(t)$, 以及 $-2\rho\ln\lambda^*$ 的特征函数 $\phi(t)$ 分别化为

$$\varPhi(t)=-\frac{f}{2}\ln(1-2\mathrm{i}t)+\omega_2\left[(1-2\mathrm{i}t)^{-2}-1\right]m^{-2}+O\left(n^{-3}\right),\tag{6.1.23}$$

$$\phi(t)=(1-2\mathrm{i}t)^{-f/2}+\gamma\left[(1-2\mathrm{i}t)^{-(f+4)/2}-(1-2\mathrm{i}t)^{-f/2}\right]m^{-2}+O\left(n^{-3}\right).\tag{6.1.24}$$

(6.1.23) 式和 (6.1.24) 式的具体计算过程留作习题 (见习题 6.4(3)). 根据 (6.1.24) 式, 修正后的似然比检验的精度为 n^{-2} 的渐近 p 值为

$$p=P\left(\chi^2(f)\geqslant-2\rho\ln\lambda^*\right)+O\left(n^{-2}\right),\tag{6.1.25}$$

而精度为 n^{-3} 的渐近 p 值为

$$\begin{aligned}p=&P\left(\chi^2(f)\geqslant-2\rho\ln\lambda^*\right)+\frac{\omega_2}{m^2}\left[P\left(\chi^2(f+4)\geqslant-2\rho\ln\lambda^*\right)\right.\\&\left.-P\left(\chi^2(f)\geqslant-2\rho\ln\lambda^*\right)\right]+O\left(n^{-3}\right).\end{aligned}\tag{6.1.26}$$

(6.1.22) 式, (6.1.25) 式和 (6.1.26) 式不仅可用来计算 $\boldsymbol{\Sigma}_0=\boldsymbol{I}_p$ 时检验问题 (6.1.2) 的修正后的似然比检验的渐近 p 值, 还可用来计算 $\boldsymbol{\Sigma}=\boldsymbol{\Sigma}_0$, 但 $\boldsymbol{\Sigma}_0$ 不一定等于 $\boldsymbol{I}_p$ 时检验问题 (6.1.1) 的修正后的似然比检验的渐近 p 值. 建议使用 (6.1.25) 式和 (6.1.26) 式分别计算精度为 n^{-2} 和 n^{-3} 的渐近 p 值.

可以从 (6.1.3) 式 ~(6.1.6) 式看到, 对于单个多元正态分布的协方差阵是否等于已知正定矩阵的检验问题, 其似然比或修正后的似然比检验统计量都仅与样本离差阵 $\boldsymbol{V}$ 有关. 对于两个或多个多元正态分布的协方差阵是否等于已知正定矩阵的检验问题, 也可以看到类似的情况. 设有 k 个相互独立的总体 $\boldsymbol{X}_j\sim N_p\left(\boldsymbol{\mu}_j,\boldsymbol{\Sigma}\right)$, $\boldsymbol{\mu}_j\in\mathbf{R}^p$, $\boldsymbol{\Sigma}>0$, $\boldsymbol{x}_{j1},\cdots,\boldsymbol{x}_{jn_j}$ 是来自总体 $\boldsymbol{X}_j$ 的样本, $j=1,\cdots,k$. 记 $n=\sum\limits_{j=1}^{k}n_j$, $n\geqslant p+k$. 此时关于检验问题 (6.1.2) 和问题 (6.1.1) 的似然比检验统计量分别为

$$\lambda = \left(\frac{\mathrm{e}}{n}\right)^{pn/2} |\mathbf{SSW}|^{n/2} \exp\left\{-\frac{1}{2}\mathrm{tr}\,(\mathbf{SSW})\right\},$$
$$\lambda_1 = \left(\frac{\mathrm{e}}{n}\right)^{pn/2} \left|(\mathbf{SSW})\,\boldsymbol{\Sigma}_0^{-1}\right|^{n/2} \exp\left\{-\frac{1}{2}\mathrm{tr}\left((\mathbf{SSW})\,\boldsymbol{\Sigma}_0^{-1}\right)\right\}.$$

它们都仅与组间离差阵 $\mathbf{SSW}$ 有关. 与单个多元正态分布的协方差阵是否等于已知正定矩阵的检验问题不同之处就在于, 单个时的 $\boldsymbol{V} \sim W_p\,(n-1, \boldsymbol{\Sigma})$, 而多个时的 $\mathbf{SSW} \sim W_p\,(n-k, \boldsymbol{\Sigma})$. 所以多个时的修正方法是将 n 换为 $n-k$. 从而得到检验问题 (6.1.2) 和问题 (6.1.1) 的修正后的似然比检验统计量分别为

$$\lambda^* = \left(\frac{\mathrm{e}}{n-k}\right)^{p(n-k)/2} |\mathbf{SSW}|^{(n-k)/2} \exp\left\{-\frac{1}{2}\mathrm{tr}\,(\mathbf{SSW})\right\},$$
$$\lambda_1^* = \left(\frac{\mathrm{e}}{n-k}\right)^{p(n-k)/2} \left|(\mathbf{SSW})\,\boldsymbol{\Sigma}_0^{-1}\right|^{(n-k)/2} \exp\left\{-\frac{1}{2}\mathrm{tr}\left((\mathbf{SSW})\,\boldsymbol{\Sigma}_0^{-1}\right)\right\}.$$

这样一来, 就可以将单个多元正态分布的协方差阵是否等于已知正定矩阵的检验问题的有关结论, 用于在多个多元正态分布的情况, 仅需将有关公式, 如 (6.1.25) 式和 (6.1.26) 式中的 $n-1$ 换为 $n-k$. 对于其他场合的协方差阵是否等于已知正定矩阵的检验问题, 往往也有类似的结论. 本章后面各节有关协方差阵的其他检验问题也有类似的结论, 不再赘述.

6.2 协方差阵和已知正定矩阵成比例的球形检验问题

设 $\boldsymbol{X}' = (\boldsymbol{x}_1, \cdots, \boldsymbol{x}_n)$ 是来自多元正态分布总体 $N_p\,(\boldsymbol{\mu}, \boldsymbol{\Sigma})$ 的样本, 其中, $n > p$, $\boldsymbol{\mu} \in \mathbf{R}^p$, $\boldsymbol{\Sigma} > 0$. 本节讨论总体协方差阵 $\boldsymbol{\Sigma}$ 是否与已知正定矩阵 $\boldsymbol{\Sigma}_0$ 成比例的检验问题

$$H_0 : \boldsymbol{\Sigma} = \sigma^2 \boldsymbol{\Sigma}_0, \quad H_1 : \boldsymbol{\Sigma} \neq \sigma^2 \boldsymbol{\Sigma}_0, \tag{6.2.1}$$

其中, $\sigma^2 > 0$ 未知. 仅在 $\boldsymbol{\mu}$ 未知时讨论这个检验问题.

由于可以将 $\boldsymbol{x}_i$ 变换为 $\boldsymbol{\Sigma}_0^{-1/2}\boldsymbol{x}_i \sim N_p\left(\boldsymbol{\Sigma}_0^{-1/2}\boldsymbol{\mu}, \boldsymbol{\Sigma}_0^{-1/2}\boldsymbol{\Sigma}\boldsymbol{\Sigma}_0^{-1/2}\right)$, $i = 1, \cdots, n$, 所以不失一般性, 假设 $\boldsymbol{\Sigma}_0 = \boldsymbol{I}_p$, 讨论协方差阵 $\boldsymbol{\Sigma}$ 是否与单位矩阵 $\boldsymbol{I}_p$ 成比例的检验问题

$$H_0 : \boldsymbol{\Sigma} = \sigma^2 \boldsymbol{I}_p, \quad H_1 : \boldsymbol{\Sigma} \neq \sigma^2 \boldsymbol{I}_p. \tag{6.2.2}$$

如果检验问题 (6.2.2) 的原假设为真, 则总体 $\boldsymbol{X} \sim N_p\left(\boldsymbol{\mu}, \sigma^2\boldsymbol{I}_p\right)$. 我们知道, p 维正态分布 $N_p\left(\boldsymbol{\mu}, \sigma^2\boldsymbol{I}_p\right)$ 的密度等高曲面是 p 维欧氏空间 $\mathbf{R}^p$ 中的超球面. 正因为如此, 所以将协方差阵是否与单位矩阵成比例的检验问题, 进而将协方差阵是否与已知正定矩阵成比例的检验问题统称为球形检验 (sphericity test) 问题.

6.2.1 似然比检验

样本 $\boldsymbol{X}'=(\boldsymbol{x}_1,\cdots,\boldsymbol{x}_n)$ 的联合密度为

$$\frac{1}{(2\pi)^{np/2}\left|\boldsymbol{\Sigma}\right|^{n/2}}\exp\left\{-\frac{1}{2}\mathrm{tr}\left(\boldsymbol{\Sigma}^{-1}\left(\boldsymbol{V}+n\left(\bar{\boldsymbol{x}}-\boldsymbol{\mu}\right)\left(\bar{\boldsymbol{x}}-\boldsymbol{\mu}\right)'\right)\right)\right\},$$

其中,

$$\text{样本均值 } \bar{\boldsymbol{x}}=\sum_{i=1}^{n}\frac{\boldsymbol{x}_i}{n},\quad \text{样本离差阵 } \boldsymbol{V}=\sum_{i=1}^{n}\left(\boldsymbol{x}_i-\bar{\boldsymbol{x}}\right)\left(\boldsymbol{x}_i-\bar{\boldsymbol{x}}\right)'.$$

由此得 $(\boldsymbol{\mu},\boldsymbol{\Sigma})$ 的似然函数

$$L\left(\boldsymbol{\mu},\boldsymbol{\Sigma}\right)=\left|\boldsymbol{\Sigma}\right|^{-n/2}\exp\left\{-\frac{1}{2}\mathrm{tr}\left(\boldsymbol{\Sigma}^{-1}\left(\boldsymbol{V}+n\left(\bar{\boldsymbol{x}}-\boldsymbol{\mu}\right)\left(\bar{\boldsymbol{x}}-\boldsymbol{\mu}\right)'\right)\right)\right\}.$$

在原假设成立, 即 $\boldsymbol{\Sigma}=\sigma^2\boldsymbol{I}_p$, $\sigma^2>0$ 未知时, 均值 $\boldsymbol{\mu}$ 的极大似然估计为样本均值 $\bar{\boldsymbol{x}}$, σ^2 的极大似然估计为 $\mathrm{tr}\left(\boldsymbol{V}\right)/(pn)$(见习题 6.6(1)). 而当 $\boldsymbol{\Sigma}>0$ 未知时, 均值 $\boldsymbol{\mu}$ 和协方差阵 $\boldsymbol{\Sigma}$ 的极大似然估计分别为样本均值 $\bar{\boldsymbol{x}}$ 和样本协方差阵 $\boldsymbol{V}/n$. 由此得到检验问题 (6.2.2) 的似然比检验统计量为

$$\lambda=\frac{\sup\limits_{\boldsymbol{\mu},\sigma^2}L\left(\boldsymbol{\mu},\sigma^2\boldsymbol{I}_p\right)}{\sup\limits_{\boldsymbol{\mu},\boldsymbol{\Sigma}}L\left(\boldsymbol{\mu},\boldsymbol{\Sigma}\right)}=\frac{\left|\boldsymbol{V}\right|^{n/2}}{\left(\mathrm{tr}\left(\boldsymbol{V}\right)/p\right)^{np/2}}. \tag{6.2.3}$$

在 λ 比较小的时候拒绝原假设, 认为 $\boldsymbol{\Sigma}\neq\sigma^2\boldsymbol{I}_p$.

λ 可以改写为下面的形式:

$$\lambda^{2/(np)}=\frac{\left|\boldsymbol{V}\right|^{1/p}}{\mathrm{tr}\left(\boldsymbol{V}\right)/p}=\frac{\sqrt[p]{\eta_1\cdots\eta_p}}{(\eta_1+\cdots+\eta_p)/p}, \tag{6.2.4}$$

其中, $\eta_1,\cdots,\eta_p$ 是 $\boldsymbol{V}$ 的 p 个非零的特征根. (6.2.4) 式的分子是这些特征根的几何平均数, 而分母是它们的算术平均数. 我们知道, 几何平均数不会比算术平均数大, 当且仅当 $\boldsymbol{V}$ 的这些特征根全都相等的时候几何平均数才等于算术平均数. 由此可见, λ 不会比 1 大, 当且仅当 $\boldsymbol{V}$ 的特征根全都相等的时候 λ 才等于 1. 在 $\boldsymbol{V}$ 的特征根全都相等的时候, $\boldsymbol{V}$ 就与单位矩阵成比例. 由此看来, 在 λ 比较大的时候认为 $\boldsymbol{\Sigma}=\sigma^2\boldsymbol{I}_p$, 这样的检验方法是非常合理的.

根据似然比统计量的极限分布, 由于完全参数空间被估计的独立参数的个数为 $(p+p\left(p+1\right)/2)$, 而原假设成立时参数空间被估计的独立参数的个数为 $(p+1)$, 所以渐近 χ^2 分布的自由度为 $p\left(p+1\right)/2-1=\left(p+2\right)\left(p-1\right)/2$, 在原假设成立即 $\boldsymbol{\Sigma}=\sigma^2\boldsymbol{I}_p$ 时有

$$-2\ln\lambda\xrightarrow{\mathrm{L}}\chi^2\left(\left(p+2\right)\left(p-1\right)/2\right),\quad n\to\infty.$$

从而得到检验的渐近 p 值为 $P\left(\chi^2\left((p+2)(p-1)/2\right) \geqslant -2\ln\lambda\right)$.

由 (6.2.3) 式得到检验问题 (6.2.1) 的似然比检验统计量为

$$\lambda_1 = \frac{\left|\boldsymbol{\Sigma}_0^{-1}\boldsymbol{V}\right|^{n/2}}{\left(\operatorname{tr}\left(\boldsymbol{\Sigma}_0^{-1}\boldsymbol{V}\right)/p\right)^{np/2}}, \tag{6.2.5}$$

检验的渐近 p 值仍为 $P\left(\chi^2\left((p+2)(p-1)/2\right) \geqslant -2\ln\lambda\right)$.

球形检验的似然比检验 (6.2.3) 式和 (6.2.5) 式分别被修正为

$$\lambda^* = \frac{|\boldsymbol{V}|^{(n-1)/2}}{(\operatorname{tr}(\boldsymbol{V})/p)^{(n-1)p/2}}, \tag{6.2.6}$$

$$\lambda_1^* = \frac{\left|\boldsymbol{\Sigma}_0^{-1}\boldsymbol{V}\right|^{(n-1)/2}}{\left(\operatorname{tr}\left(\boldsymbol{\Sigma}_0^{-1}\boldsymbol{V}\right)/p\right)^{(n-1)p/2}}. \tag{6.2.7}$$

修正的方法仍然是将样本容量 n 换为 $n-1$. 尽管它与未经修正的似然比检验统计量没有实质差别, 但通常使用修正后的似然比检验解检验问题. 不失一般性, 仅对检验问题 (6.2.2) 讨论修正后的似然比检验. 同似然比检验统计量 λ(见 (6.2.3) 式), 修正后的似然比检验统计量 λ^*(见 (6.2.6) 式) 在原假设成立, 即 $\boldsymbol{\Sigma}=\sigma^2\boldsymbol{I}_p$ 时仍有渐近的 χ^2 分布 (见习题 6.6(2))

$$-2\ln\lambda^* \xrightarrow{\mathrm{L}} \chi^2\left(\frac{(p+2)(p-1)}{2}\right), \quad n\to\infty.$$

若使用修正后的似然比检验, 则检验的渐近 p 值为 $P(\chi^2\left((p+2)(p-1)/2\right) \geqslant -2\cdot\ln\lambda^*)$. 检验问题 (6.2.1) 的修正后的似然比检验有同样的结论.

下面对检验问题 (6.2.2), 讨论修正后的似然比检验的渐近 p 值的精度问题. 与 6.1 节的讨论完全相类似, 本节的讨论也是分以下 3 个步骤:

(1) 计算 λ^* 的矩;

(2) 使用 Γ 函数的展开式 (见 (3.6.3) 式) 将 $-2\ln\lambda^*$ 的特征函数渐近展开, 从而得到 $-2\ln\lambda^*$ 的分布函数的渐近展开式;

(3) 为提高渐近 p 值的精度, 引入待定常数 ρ, 使得 $-2\rho\ln\lambda^*$ 的分布函数的渐近展开式较 $-2\ln\lambda^*$ 的分布函数的渐近展开式更为精确.

在讨论之前首先注意: 在原假设成立, 即 $\boldsymbol{\Sigma}=\sigma^2\boldsymbol{I}_p$ 时 λ^* 的分布与 σ^2 没有关系, 所以不失一般性, 假设 $\sigma^2=1$. 下面的讨论就是在 $\boldsymbol{X}'=(\boldsymbol{x}_1,\cdots,\boldsymbol{x}_n)$ 为来自 $N_p(\boldsymbol{\mu},\boldsymbol{I}_p)$ 的样本, 其中, $n>p$, $\boldsymbol{\mu}\in\mathbf{R}^p$, 从而有 $\boldsymbol{V}\sim W_p(n-1,\boldsymbol{I}_p)$ 的条件下进行的.

(1) 令 $V=(v_{ij})$. 令样本相关系数矩阵为 $\boldsymbol{R}=(r_{ij})$, 其中, $r_{ij}=v_{ij}/(\sqrt{v_{ii}}\cdot\sqrt{v_{jj}})$ 是样本相关系数, $i,j=1,\cdots,p$, 然后将 λ^* 分解成下面的形式:

$$\lambda^* = p^{(n-1)p/2}\eta_1\eta_2, \tag{6.2.8}$$

其中,

$$\eta_1 = |\boldsymbol{R}|^{(n-1)/2}, \quad \eta_2 = \frac{(v_{11}\cdots v_{pp})^{(n-1)/2}}{(v_{11}+\cdots+v_{pp})^{(n-1)p/2}}.$$

根据习题 3.3 的结果, η_1 与 η_2 相互独立, 并不难计算 η_1 与 η_2 的 h 矩 (计算 η_2 的 h 矩时可利用习题 2.2 的结果). 从而算得 λ^* 的 h 矩为

$$E(\lambda^*)^h = p^{(n-1)ph/2}\frac{\Gamma\left(\dfrac{p(n-1)}{2}\right)}{\Gamma\left(\dfrac{p(n-1)}{2}(1+h)\right)}\frac{\prod\limits_{j=1}^{p}\Gamma\left(\dfrac{(n-1)(1+h)-j+1}{2}\right)}{\prod\limits_{j=1}^{p}\Gamma\left(\dfrac{n-j}{2}\right)}, \tag{6.2.9}$$

其计算过程留作习题 (见习题 6.7(1)).

在 $p=2$ 时, $E(\lambda^*)^h=(1+h)^{-1}$, 由此可以推得: λ^* 服从 $0\sim 1$ 区间上的均匀分布, 所以 λ^* 本身的值就是它的 p 值. 其证明留作习题 (见习题 6.7(2)).

(2) $-2\ln\lambda^*$ 的特征函数为

$$\begin{aligned}\phi(t) &= E(\exp\{\mathrm{i}t(-2\ln\lambda^*)\}) = E(\lambda^*)^{-2\mathrm{i}t}\\ &= p^{-\mathrm{i}(n-1)pt}\frac{\Gamma\left(\dfrac{p(n-1)}{2}\right)}{\Gamma\left(\dfrac{p(n-1)(1-2\mathrm{i}t)}{2}\right)}\frac{\prod\limits_{j=1}^{p}\Gamma\left(\dfrac{(n-1)(1-2\mathrm{i}t)-j+1}{2}\right)}{\prod\limits_{j=1}^{p}\Gamma\left(\dfrac{n-j}{2}\right)}.\end{aligned}$$

$-2\ln\lambda^*$ 的特征函数 $\phi(t)$ 的对数为

$$\varPhi(t) = \ln\phi(t) = -\mathrm{i}(n-1)pt(\ln p) + g(t) - g(0),$$

其中,

$$g(t) = \left[\sum_{j=1}^{p}\ln\Gamma\left(\frac{(n-1)(1-2\mathrm{i}t)}{2}+\frac{-j+1}{2}\right)\right] - \ln\Gamma\left(\frac{p(n-1)(1-2\mathrm{i}t)}{2}\right).$$

使用 Γ 函数的展开式 (见 (3.6.3) 式)

$$\Gamma(x+h) = \ln\sqrt{2\pi} + \left(x+h-\frac{1}{2}\right)\ln(x) - x + O\left(x^{-1}\right),$$

将 $g(t)$ 展开, 从而将 $-2\ln\lambda^*$ 的特征函数 $\phi(t)$ 的对数 $\varPhi(t)$ 化为

$$\varPhi(t) = -\frac{f}{2}\ln(1-2\mathrm{i}t) + O\left(n^{-1}\right), \tag{6.2.10}$$

其中, $f=\dfrac{(p+2)(p-1)}{2}$. (6.2.10) 式的具体计算过程留作习题 (见习题 6.7(3)).

根据 (6.2.10) 式, $-2\ln\lambda^*$ 的特征函数为 $\phi(t)=(1-2\mathrm{i}t)^{-f/2}+O\left(n^{-1}\right)$. 由此得到 $-2\ln\lambda^*$ 的分布函数的渐近展开式

$$P\left(-2\ln\lambda^*\geqslant x\right)=P\left(\chi^2\left((p+2)(p-1)/2\right)\geqslant x\right)+O\left(n^{-1}\right),$$

所以修正后的似然比检验的渐近 p 值为

$$P\left(\chi^2\left((p+2)(p-1)/2\right)\geqslant -2\ln\lambda^*\right)+O\left(n^{-1}\right). \tag{6.2.11}$$

(3) 与 6.1 节相类似, 为提高修正后的似然比检验的渐近 p 值的精度, 取 $\rho=1-\alpha/(n-1)$, 其中, α 是与 n 无关的待定常数, 并且令 $m=\rho(n-1)=(n-1)-\alpha$. 接下来计算 $-2\rho\ln\lambda^*$ 的特征函数 $\phi(t)$, 然后使用 Γ 函数的展开式将特征函数的对数 $\varPhi(t)$ 渐近展开, 最后令展开式中 m^{-1} 的系数为零求得待定常数 α 的值, 得到精度为 n^{-3} 的渐近 p 值的计算公式. 计算的过程完全与 6.1 节相同, 但是计算技术稍有不同. 而 3.6 节 Wilks 分布的分布函数的渐近计算的讨论以及 6.4 节 ~6.6 节关于渐近 p 值的讨论都与本章的讨论 (即使在计算技术方面) 是基本相同的. 人们将它总结成下面的引理.

6.2.2 关于渐近 p 值的一个基本引理

引理 6.2.1 假设变量 Z 的 h 阶矩为

$$E\left(Z^h\right)=C\left(\frac{\prod\limits_{j=1}^{q}b_j^{b_j}}{\prod\limits_{k=1}^{r}a_k^{a_k}}\right)^h\frac{\prod\limits_{k=1}^{r}\Gamma\left(a_k(1+h)+\xi_k\right)}{\prod\limits_{j=1}^{q}\Gamma\left(b_j(1+h)+\eta_j\right)}, \tag{6.2.12}$$

其中, C 是一个常数, 它使得 $E\left(Z^0\right)=1$, 所以

$$C=\frac{\prod\limits_{j=1}^{q}\Gamma(b_j+\eta_j)}{\prod\limits_{k=1}^{r}\Gamma(a_k+\xi_k)}.$$

除了 $a_k=O(n)\,(k=1,\cdots,r)$ 和 $b_j=O(n)\,(j=1,\cdots,q)$ 之外, 其余的 $\xi_k(k=1,\cdots,r)$ 和 $\eta_j(j=1,\cdots,q)$ 以及 q 和 r 都与 n 无关. 如果

$$\sum_{k=1}^{r}a_k=\sum_{j=1}^{q}b_j,$$

若取

$$f=-2\left[\sum_{k=1}^{r}\xi_k-\sum_{j=1}^{q}\eta_j-\frac{1}{2}(r-q)\right], \tag{6.2.13}$$

$$\rho=1-\frac{1}{f}\left[\sum_{k=1}^{r}a_k^{-1}B_2(\xi_k)-\sum_{j=1}^{q}b_j^{-1}B_2(\eta_j)\right], \tag{6.2.14}$$

$$\omega_2=-\frac{1}{6\rho^2}\left\{\sum_{k=1}^{r}a_k^{-2}B_3\left[(1-\rho)a_k+\xi_k\right]-\sum_{j=1}^{q}b_j^{-2}B_3\left[(1-\rho)b_j+\eta_j\right]\right\}, \tag{6.2.15}$$

其中, $B_2(h)$ 和 $B_3(h)$ 分别是二次和三次 Bernoulli 多项式

$$B_2(h)=h^2-h+\frac{1}{6},\quad B_3(h)=h^3-\frac{3}{2}h^2+\frac{1}{2}h,$$

则有

$$P(-2\ln Z\geqslant x)=P\left(\chi^2(f)\geqslant x\right)+O\left(n^{-1}\right), \tag{6.2.16}$$

$$P(-2\rho\ln Z\geqslant x)=P\left(\chi^2(f)\geqslant x\right)+O\left(n^{-2}\right), \tag{6.2.17}$$

$$\begin{aligned}P(-2\rho\ln Z\geqslant x)=&P\left(\chi^2(f)\geqslant x\right)+\omega_2\left[P\left(\chi^2(f+4)\geqslant x\right)\right.\\&\left.-P\left(\chi^2(f)\geqslant x\right)\right]+O\left(n^{-3}\right).\end{aligned} \tag{6.2.18}$$

引理 6.2.1 的证明从略. 有兴趣的读者不妨尝试自行证明, 也可参阅文献 [49] 的 8.5.1 小节以及文献 [106] 的 8.2.4 小节.

通常使用 (6.2.17) 式和 (6.2.18) 式分别计算精度为 $O(n^{-2})$ 和 $O(n^{-3})$ 的渐近 p 值.

将 (6.2.9) 式改写成下面的形式:

$$E(\lambda^*)^h=C\left(\frac{(p(n-1)/2)^{p(n-1)/2}}{\prod_{j=1}^{p}((n-1)/2)^{(n-1)/2}}\right)^h\frac{\prod_{j=1}^{p}\Gamma(((n-1)(1+h)-j+1)/2)}{\Gamma(p(n-1)(1+h)/2)},$$

其中,

$$C=\frac{\Gamma((p(n-1))/2)}{\Gamma(p(n-1)(1+h)/2)},$$

并将它与 (6.2.12) 式进行对照, 若取

$$\begin{aligned}&r=p,\quad a_k=\frac{n-1}{2},\quad \xi_k=\frac{-k+1}{2},\quad k=1,\cdots,p,\\&q=1,\quad b_1=\frac{p(n-1)}{2},\quad \eta_1=0,\end{aligned}$$

则有 $\sum_{k=1}^{p} a_k = b_1$. 应用引理 6.2.1 就可以很快得到球形检验的修正后的似然比检验的渐近 p 值的精度 (见 (6.2.11) 式), 并能将它提高. 根据 (6.2.13) 式 ~(6.2.15) 式算得

$$f = -2\left[\sum_{k=1}^{p} \frac{-k+1}{2} - \frac{1}{2}(p-1)\right] = \frac{(p+2)(p-1)}{2},$$

$$\rho = 1 - \frac{1}{f}\left[\sum_{k=1}^{r} \frac{2}{n-1} B_2\left(\frac{-k+1}{2}\right) - \frac{2}{p(n-1)} B_2(0)\right] = 1 - \frac{\alpha}{n-1},$$

$$\alpha = \frac{2p^2+p+2}{6p},$$

$$\begin{aligned}\omega_2 = &-\frac{1}{6\rho^2}\left[\sum_{k=1}^{r} \frac{4}{(n-1)^2} B_3\left(\frac{2p^2+p+2}{12p} + \frac{-k+1}{2}\right)\right.\\ &\left.-\frac{4}{p^2(n-1)^2} B_3\left(\frac{2p^2+p+2}{12}\right)\right]\\ =&\frac{\gamma}{m^2},\end{aligned}$$

$$m = \rho(n-1), \quad \gamma = \frac{(p-2)(p-1)(p+2)\left(2p^3+6p^2+3p+2\right)}{288p^2}.$$

根据 (6.2.16) 式得到球形检验的修正后的似然比检验的精度为 $O\left(n^{-1}\right)$ 的渐近 p 值为

$$P\left(\chi^2(f) \geqslant -2\ln\lambda^*\right) + O\left(n^{-1}\right).$$

这就得到了 (6.2.11) 式. 根据 (6.2.17) 式和 (6.2.18) 式得到球形检验的修正后的似然比检验的精度为 $O\left(n^{-2}\right)$ 和 $O\left(n^{-3}\right)$ 的渐近 p 值分别为

$$P\left(\chi^2(f) \geqslant -2\rho\ln\lambda^*\right) + O\left(n^{-2}\right),$$

$$\begin{aligned}&P\left(\chi^2(f) \geqslant -2\rho\ln\lambda^*\right)\\ &+\frac{\gamma}{m^2}\left[P\left(\chi^2(f+4) \geqslant -2\rho\ln\lambda^*\right) + P\left(\chi^2(f) \geqslant -2\rho\ln\lambda^*\right)\right] + O\left(n^{-3}\right).\end{aligned}$$

6.3 均值向量和协方差阵的联合检验问题

设 $\boldsymbol{X}' = (\boldsymbol{x}_1, \cdots, \boldsymbol{x}_n)$ 是来自多元正态分布总体 $N_p(\boldsymbol{\mu}, \boldsymbol{\Sigma})$ 的样本, 其中, $n > p$, $\boldsymbol{\mu} \in \mathbf{R}^p$, $\boldsymbol{\Sigma} > 0$. 本节讨论均值向量 $\boldsymbol{\mu}$ 和协方差阵 $\boldsymbol{\Sigma}$ 是否分别等于已知向量 $\boldsymbol{\mu}_0$ 和

正定矩阵 $\boldsymbol{\Sigma}_0$ 的检验问题

$$H_0:\boldsymbol{\mu}=\boldsymbol{\mu}_0,\boldsymbol{\Sigma}=\boldsymbol{\Sigma}_0,\quad H_1:\boldsymbol{\mu}\neq\boldsymbol{\mu}_0\text{ 或 }\boldsymbol{\Sigma}\neq\boldsymbol{\Sigma}_0. \tag{6.3.1}$$

在 $\boldsymbol{\mu}_0$ 和 $\boldsymbol{\Sigma}_0$ 已知时可以将 $\boldsymbol{x}_i$ 变换为 $\boldsymbol{\Sigma}_0^{-1/2}(\boldsymbol{x}_i-\boldsymbol{\mu}_0)\sim N_p(\boldsymbol{\Sigma}_0^{-1/2}(\boldsymbol{\mu}-\boldsymbol{\mu}_0),\boldsymbol{\Sigma}_0^{-1/2}\cdot\boldsymbol{\Sigma}\boldsymbol{\Sigma}_0^{-1/2})$, $i=1,\cdots,n$, 所以不失一般性, 假设 $\boldsymbol{\mu}_0=0$, $\boldsymbol{\Sigma}_0=\boldsymbol{I}_p$, 讨论检验问题

$$H_0:\boldsymbol{\mu}=\mathbf{0},\boldsymbol{\Sigma}=\boldsymbol{I}_p,\quad H_1:\boldsymbol{\mu}\neq\mathbf{0}\text{ 或 }\boldsymbol{\Sigma}\neq\boldsymbol{I}_p. \tag{6.3.2}$$

不难证明检验问题 (6.3.2) 的似然比检验统计量为

$$\lambda=\frac{L(0,\boldsymbol{I}_p)}{\sup\limits_{\boldsymbol{\mu},\boldsymbol{\Sigma}}L(\boldsymbol{\mu},\boldsymbol{\Sigma})}=\left(\frac{\mathrm{e}}{n}\right)^{pn/2}|\boldsymbol{V}|^{n/2}\exp\left\{-\frac{1}{2}\left(V+n\bar{\boldsymbol{x}}\bar{\boldsymbol{x}}'\right)\right\}, \tag{6.3.3}$$

其中, $L(\boldsymbol{\mu},\boldsymbol{\Sigma})$ 是似然函数

$$L(\boldsymbol{\mu},\boldsymbol{\Sigma})=|\boldsymbol{\Sigma}|^{-n/2}\exp\left\{-\frac{1}{2}\mathrm{tr}\left(\boldsymbol{\Sigma}^{-1}\left(\boldsymbol{V}+n\left(\bar{\boldsymbol{x}}-\boldsymbol{\mu}\right)\left(\bar{\boldsymbol{x}}-\boldsymbol{\mu}\right)'\right)\right)\right\}.$$

(6.3.3) 式的证明留作习题 (见习题 6.8(1)). 在 λ 比较小的时候拒绝原假设, 认为 $\boldsymbol{\mu}\neq\mathbf{0}$ 或 $\boldsymbol{\Sigma}\neq\boldsymbol{I}_p$. 根据似然比统计量的极限分布, 由于完全参数空间被估计的独立参数的个数为 $(p+p(p+1)/2)=p(p+3)/2$, 而原假设成立时没有独立参数需要估计, 所以渐近 χ^2 分布的自由度为 $p(p+3)/2$, 在原假设成立即 $\boldsymbol{\mu}=\mathbf{0}$ 和 $\boldsymbol{\Sigma}=\boldsymbol{I}_p$ 时有

$$-2\ln\lambda\xrightarrow{\mathrm{L}}\chi^2\left(\frac{p(p+3)}{2}\right),\quad n\to\infty,$$

从而得到检验的渐近 p 值为 $P\left(\chi^2(p(p+3)/2)\geqslant-2\ln\lambda\right)$.

由 (6.3.3) 式得到检验问题 (6.3.1) 的似然比检验统计量为

$$\lambda_1=\left(\frac{\mathrm{e}}{n}\right)^{pn/2}\left|\boldsymbol{V}\boldsymbol{\Sigma}_0^{-1}\right|^{n/2}\exp\left\{-\frac{1}{2}\left(\boldsymbol{\Sigma}_0^{-1}\left(\boldsymbol{V}+n\left(\bar{\boldsymbol{x}}-\boldsymbol{\mu}_0\right)\left(\bar{\boldsymbol{x}}-\boldsymbol{\mu}_0\right)'\right)\right)\right\},$$

检验的渐近 p 值仍为 $P\left(\chi^2(p(p+3)/2)\geqslant-2\ln\lambda_1\right)$.

均值向量和协方差阵是否分别等于已知向量和已知正定矩阵的检验问题的似然比检验是无偏检验, 它的证明方法与 6.1 节证明修正后的似然比检验是无偏检验的方法是相同的. 把它留作习题 (见习题 6.8(2)). 有兴趣的读者不妨尝试自行证明, 也可参阅文献 [106] 的 8.5 节.

为讨论似然比检验渐近 p 值的精度问题, 首先计算它的检验统计量 λ 的矩. 将 (6.3.3) 式的 λ 分解成

$$\lambda=\left(\frac{\mathrm{e}}{n}\right)^{pn/2}\eta_1\eta_2,$$

其中,

$$\eta_1 = |\boldsymbol{V}|^{n/2} \exp\left\{-\frac{\boldsymbol{V}}{2}\right\}, \quad \eta_2 = \exp\left\{-\frac{n\bar{\boldsymbol{x}}\bar{\boldsymbol{x}}'}{2}\right\}.$$

η_1 仅与 $\boldsymbol{V}$ 有关, η_2 仅与 $\bar{\boldsymbol{x}}$ 有关. 在多元正态统计分析中样本离差阵 $\boldsymbol{V}$ 与样本均值 $\bar{\boldsymbol{x}}$ 相互独立. 由此立即导出 η_1 与 η_2 的相互独立性. 注意: 不论原假设是否成立, η_1 与 η_2 总是相互独立的. 由此得到关系式

$$E\lambda^h = \left(\frac{\mathrm{e}}{n}\right)^{pnh/2} E(\eta_1)^h E(\eta_2)^h, \quad h = 0, 1, 2, \cdots.$$

在原假设成立, 即 $\boldsymbol{\mu} = 0$, $\boldsymbol{\Sigma} = \boldsymbol{I}_p$ 时, $\boldsymbol{V} \sim W_p(n-1, \boldsymbol{I}_p)$, $n\bar{\boldsymbol{x}}'\bar{\boldsymbol{x}} \sim \chi^2(p)$, 所以

$$E(\eta_1)^h = 2^{nph/2}(1+h)^{-(n(1+h)-1)p/2} \frac{\prod_{j=1}^{p} \Gamma((n(1+h)-j)/2)}{\prod_{j=1}^{p} \Gamma((n-j)/2)},$$

$$E(\eta_2)^h = (1+h)^{-p/2},$$

$$E(\lambda)^h = \left(\frac{\mathrm{e}}{n}\right)^{nph/2} E(\eta_1)^h E(\eta_2)^h$$

$$= \left(\frac{2\mathrm{e}}{n}\right)^{nph/2} (1+h)^{-n(1+h)p/2} \frac{\prod_{j=1}^{p} \Gamma((n(1+h)-j)/2)}{\prod_{j=1}^{p} \Gamma((n-j)/2)}.$$

λ 的矩的详细计算过程留作习题 (见习题 6.8(3)).

不能应用引理 6.2.1 找到 ρ, 使得 $-2\rho\ln\lambda$ 有比 $-2\ln\lambda$ 更高精度的渐近 p 值, 但使用与 6.1.3 小节相类似的方法可以找到这样的 ρ, 计算过程留作习题 (见习题 6.8(4)). 关于检验问题 (6.3.2) 的似然比检验 λ 的渐近 p 值精度的有关结果如下:

(1) 若使用 $-2\ln\lambda$ 作为检验统计量, 则其精度为 $O(n^{-1})$ 的渐近 p 值为

$$P\left(\chi^2\left(\frac{p(p+3)}{2}\right) \geqslant -2\ln\lambda\right) + O(n^{-1}).$$

(2) 取

$$\rho = 1 - \frac{2p^2+9p+11}{6n(p+3)},$$

并使用 $-2\rho\ln\lambda$ 作为检验统计量, 则其精度为 $O(n^{-2})$ 的渐近 p 值为

$$P\left(\chi^2\left(\frac{p(p+3)}{2}\right) \geqslant -2\rho\ln\lambda\right) + O(n^{-2}).$$

(3) 取

$$\gamma=\frac{p\left(2p^4+18p^3+49p^2+36p-13\right)}{288\left(p+3\right)},\quad m=\rho n,$$

则 $-2\rho\ln\lambda$ 的精度为 $O\left(n^{-3}\right)$ 的渐近 p 值为

$$P\left(\chi^2\left(\frac{p\left(p+3\right)}{2}\right)\geqslant-2\rho\ln\lambda\right)+\frac{\gamma}{m^2}\left[P\left(\chi^2\left(\frac{p\left(p+3\right)}{2}+4\right)\geqslant-2\rho\ln\lambda\right)\right.$$
$$\left.-P\left(\chi^2\left(\frac{p\left(p+3\right)}{2}\right)\geqslant-2\rho\ln\lambda\right)\right]+O\left(n^{-3}\right).$$

至于检验问题 (6.3.1), 它的似然比检验 λ_1 的渐近 p 值的精度有与检验问题 (6.3.2) 完全相同的结果.

6.4 多个协方差阵是否相等的检验问题

设有 k 个相互独立的总体 $\boldsymbol{X}_j\sim N_p\left(\boldsymbol{\mu}_j,\boldsymbol{\Sigma}_j\right)$, $\boldsymbol{\mu}_j\in\mathbf{R}^p$, $\boldsymbol{\Sigma}_j>0$, $\boldsymbol{x}_{j1},\cdots,\boldsymbol{x}_{jn_j}$ 是来自总体 $\boldsymbol{X}_j$ 的样本, $n_j\geqslant p+1$, $j=1,\cdots,k$. 记 $n=\sum\limits_{j=1}^{k}n_j$. 本节讨论这 k 个总体的协方差阵是否全都相等的假设检验问题, 其原假设和备择假设分别为

$$H_0:\boldsymbol{\Sigma}_1=\cdots=\boldsymbol{\Sigma}_k,\quad H_1:\boldsymbol{\Sigma}_1,\cdots,\boldsymbol{\Sigma}_k\ \text{不全相等}.\tag{6.4.1}$$

设样本 $x_{11},\cdots,x_{1n_1},\cdots,x_{k1},\cdots,x_{kn_k}$ 的联合密度为

$$\frac{1}{(2\pi)^{np/2}\left|\boldsymbol{\Sigma}\right|^{n/2}}\exp\left\{-\frac{1}{2}\mathrm{tr}\left(\sum_{j=1}^{k}\boldsymbol{\Sigma}_j^{-1}\left(\boldsymbol{V}_j+\sum_{j=1}^{k}n_j\left(\bar{\boldsymbol{x}}_j-\boldsymbol{\mu}_j\right)\left(\bar{\boldsymbol{x}}_j-\boldsymbol{\mu}_j\right)'\right)\right)\right\},$$

其中,

$$\bar{\boldsymbol{x}}_j=\sum_{i=1}^{n_j}\frac{\boldsymbol{x}_{ji}}{n_j}\ \text{是第}\ j\ \text{个总体的样本均值},\quad j=1,\cdots,k,$$
$$\boldsymbol{V}_j=\sum_{i=1}^{n_j}\left(\boldsymbol{x}_{ji}-\bar{\boldsymbol{x}}_j\right)\left(\boldsymbol{x}_{ji}-\bar{\boldsymbol{x}}_j\right)'\ \text{是第}\ j\ \text{个总体的样本离差阵},\quad j=1,\cdots,k,$$

由此得 $(\boldsymbol{\mu}_1,\cdots,\boldsymbol{\mu}_k,\boldsymbol{\Sigma}_1,\cdots,\boldsymbol{\Sigma}_k)$ 的似然函数为

$$\begin{aligned}&L\left(\boldsymbol{\mu}_1,\cdots,\boldsymbol{\mu}_k,\boldsymbol{\Sigma}_1,\cdots,\boldsymbol{\Sigma}_k\right)\\=&\prod_{j=1}^{k}\left|\boldsymbol{\Sigma}_j\right|^{-n_j/2}\exp\left\{-\frac{1}{2}\mathrm{tr}\left(\sum_{j=1}^{k}\boldsymbol{\Sigma}_j^{-1}\left(\boldsymbol{V}_j+n_j\left(\bar{\boldsymbol{x}}_j-\boldsymbol{\mu}_j\right)\left(\bar{\boldsymbol{x}}_j-\boldsymbol{\mu}_j\right)'\right)\right)\right\}.\end{aligned}$$

不论原假设成立与否, $\boldsymbol{\mu}_j$ 的极大似然估计总是 $\hat{\boldsymbol{\mu}}_j = \bar{\boldsymbol{x}}_j (j = 1, \cdots, k)$. 在原假设成立, 即 $\boldsymbol{\Sigma}_1 = \cdots = \boldsymbol{\Sigma}_k$ 时, 若记 $\boldsymbol{\Sigma}_1 = \cdots = \boldsymbol{\Sigma}_k = \boldsymbol{\Sigma}$, 则 $\boldsymbol{\Sigma}$ 的极大似然估计是 $\hat{\boldsymbol{\Sigma}}_0 = \sum\limits_{j=1}^{k} \boldsymbol{V}_j / n$. 而在 $\boldsymbol{\Sigma}_j > 0 (j = 1, \cdots, k)$ 时, $\boldsymbol{\Sigma}_j$ 的极大似然估计为 $\hat{\boldsymbol{\Sigma}}_j = \boldsymbol{V}_j / n_j$. 由此得到检验问题 (6.4.1) 的似然比检验统计量为

$$\lambda = \frac{\sup\limits_{\boldsymbol{\mu}_1, \cdots, \boldsymbol{\mu}_k, \boldsymbol{\Sigma}} L(\boldsymbol{\mu}_1, \cdots, \boldsymbol{\mu}_k, \boldsymbol{\Sigma}, \cdots, \boldsymbol{\Sigma})}{\sup\limits_{\boldsymbol{\mu}_1, \cdots, \boldsymbol{\mu}_k, \boldsymbol{\Sigma}_1, \cdots, \boldsymbol{\Sigma}_k} L(\boldsymbol{\mu}_1, \cdots, \boldsymbol{\mu}_k, \boldsymbol{\Sigma}_1, \cdots, \boldsymbol{\Sigma}_k)}$$

$$= \frac{n^{pn/2}}{\prod\limits_{j=1}^{k} n_j^{pn_j/2}} \frac{\prod\limits_{j=1}^{k} |\boldsymbol{V}_j|^{n_j/2}}{\left| \sum\limits_{j=1}^{k} \boldsymbol{V}_j \right|^{n/2}}. \tag{6.4.2}$$

在 λ 比较小的时候拒绝原假设, 认为 $\boldsymbol{\Sigma}_1, \cdots, \boldsymbol{\Sigma}_k$ 不全相等. 根据似然比统计量的极限分布, 由于完全参数空间被估计的独立参数的个数为 $k(p + p(p+1)/2)$, 而原假设成立时参数空间被估计的独立参数的个数为 $kp + p(p+1)/2$, 所以渐近 χ^2 分布的自由度为 $(k-1)p(p+1)/2$, 在原假设成立, 即 $\boldsymbol{\Sigma}_1 = \cdots = \boldsymbol{\Sigma}_k$ 时, 有

$$-2 \ln \lambda \xrightarrow{\mathrm{L}} \chi^2 \left(\frac{(k-1)p(p+1)}{2} \right), \quad n \to \infty,$$

从而得到检验的渐近 p 值为 $P\left(\chi^2((k-1)p(p+1)/2) \geqslant -2\ln\lambda\right)$.

对 k 个总体的协方差阵是否全都相等的检验问题 (6.4.1) 来说, 它的似然比检验统计量 λ 的修正方法是将每一个总体的样本容量 n_j 都换为 $n_j - 1 (j = 1, \cdots, k)$, 从而将总的样本容量 n 换为 $n - k$. 修正后的似然比检验统计量为

$$\lambda^* = \frac{(n-k)^{p(n-k)/2}}{\prod\limits_{j=1}^{k} (n_j - 1)^{p(n_j-1)/2}} \frac{\prod\limits_{j=1}^{k} |\boldsymbol{V}_j|^{(n_j-1)/2}}{\left| \sum\limits_{j=1}^{k} \boldsymbol{V}_j \right|^{(n-k)/2}}. \tag{6.4.3}$$

在 k 个总体的样本容量全都相等的时候, 若记 $n_1 = \cdots = n_k = m$, 则有

$$\lambda = \left(k^{pk/2} \frac{\prod\limits_{j=1}^{k} |\boldsymbol{V}_j|^{1/2}}{\left| \sum\limits_{j=1}^{k} \boldsymbol{V}_j \right|^{k/2}} \right)^m, \quad \lambda^* = \left(k^{pk/2} \frac{\prod\limits_{j=1}^{k} |\boldsymbol{V}_j|^{1/2}}{\left| \sum\limits_{j=1}^{k} \boldsymbol{V}_j \right|^{k/2}} \right)^{m-1}.$$

由此可见, 在 k 个总体的样本容量全都相等时, 检验统计量似然比检验 λ 与修正后的似然比检验 λ^* 是相互等价的.

关于检验的无偏性有以下的结论:

(1) 在 k 个总体的样本容量不是全都相等的时候, 似然比检验统计量 λ 是有偏的, 而在样本容量全都相等时, 似然比检验统计量 λ 是无偏的;

(2) 不论样本容量是否全都相等, 修正后的似然比检验统计量 λ^* 总是无偏的. 这两个结论的证明从略. 有兴趣的读者可参阅文献 [65], [131] 以及文献 [106] 的 8.2.2 小节.

同似然比检验统计量 λ, 在原假设成立, 即 $\boldsymbol{\Sigma}_1=\cdots=\boldsymbol{\Sigma}_k$ 时, 修正后的似然比检验统计量 λ^* 仍有渐近的 χ^2 分布 (见习题 6.9)

$$-2\ln\lambda^* \xrightarrow{\mathrm{L}} \chi^2\left((k-1)\,p\,(p+1)/2\right), \quad n\to\infty,$$

修正后的似然比检验的渐近 p 值仍为 $P\left(\chi^2\left((k-1)\,p\,(p+1)/2\right)\geqslant -2\ln\lambda^*\right)$.

通常使用修正后的似然比检验解检验问题. 为讨论它的渐近 p 值的精度问题, 需要计算修正后的似然比检验统计量 λ^* 的矩. 为此首先叙述习题 3.12 的有关结论. 设 $\boldsymbol{W}_1$ 与 $\boldsymbol{W}_2$ 相互独立, $\boldsymbol{W}_1\sim W_p\,(n,\boldsymbol{\Sigma})$, $\boldsymbol{W}_2\sim W_p\,(m,\boldsymbol{\Sigma})$, 其中, $\boldsymbol{\Sigma}>0$, $n\geqslant p$, $m\geqslant p$. 则 $\boldsymbol{W}_1+\boldsymbol{W}_2\sim W_p\,(n+m,\boldsymbol{\Sigma})$ 与 $\boldsymbol{B}=(\boldsymbol{W}_1+\boldsymbol{W}_2)^{-1/2}\,\boldsymbol{W}_1\,(\boldsymbol{W}_1+\boldsymbol{W}_2)^{-1/2}$ 相互独立, $\boldsymbol{B}$ 的密度函数为

$$\frac{\Gamma_p\left((n+m)/2\right)}{\Gamma_p\left(n/2\right)\Gamma_p\left(m/2\right)}\left|\boldsymbol{B}\right|^{(n-p-1)/2}\left|\boldsymbol{I}_p-\boldsymbol{B}\right|^{(m-p-1)/2}, \tag{6.4.4}$$

通常称 $\boldsymbol{B}$ 服从矩阵 Beta 分布, 记为 $\boldsymbol{B}\sim M\beta_p\,(n/2,m/2)$. 根据这个结论, 考虑到在原假设成立, 即 $\boldsymbol{\Sigma}_1=\cdots=\boldsymbol{\Sigma}_k=\boldsymbol{\Sigma}$ 时, $\boldsymbol{V}_j\sim W_p\,(n_j-1,\boldsymbol{\Sigma})$, $j=1,\cdots,k$, 并且 $\boldsymbol{V}_1,\cdots,\boldsymbol{V}_k$ 相互独立, 所以若令

$$\boldsymbol{B}_j=(\boldsymbol{V}_1+\cdots+\boldsymbol{V}_j+\boldsymbol{V}_{j+1})^{-1/2}\,(\boldsymbol{V}_1+\cdots+\boldsymbol{V}_j)\,(\boldsymbol{V}_1+\cdots+\boldsymbol{V}_j+\boldsymbol{V}_{j+1})^{-1/2}, \quad j=1,\cdots,k-1,$$

则 $\boldsymbol{B}_j$ 服从矩阵 Beta 分布

$$\boldsymbol{B}_j\sim M\beta_p\left(\frac{n_1+\cdots+n_j-j}{2},\frac{n_{j+1}-1}{2}\right), \quad j=1,\cdots,k-1$$

且 $\boldsymbol{B}_1,\cdots,\boldsymbol{B}_{k-1}$ 相互独立. 将修正后的似然比检验统计量写成

$$\lambda^*=\frac{(n-k)^{p(n-k)/2}}{\prod\limits_{j=1}^{k}(n_j-1)^{p(n_j-1)/2}}\prod_{j=1}^{k-1}U_j, \tag{6.4.5}$$

其中,

$$U_j = |\boldsymbol{B}_j|^{(n_1+\cdots+n_j-j)/2} |\boldsymbol{I}_p - \boldsymbol{B}_j|^{(n_{j+1}-1)/2}, \quad j = 1, \cdots, k-1.$$

由于 $\boldsymbol{B}_1, \cdots, \boldsymbol{B}_{k-1}$ 相互独立, 所以 $U_1, \cdots, U_{k-1}$ 也相互独立. 由于 $\boldsymbol{B}_j$ 服从矩阵 Beta 分布, 则根据矩阵 Beta 分布的密度函数 (6.4.4) 式, 有

$$E(U_j)^h = \frac{\Gamma_p((n_1+\cdots+n_j+n_{j+1}-j-1)/2)}{\Gamma_p((n_1+\cdots+n_j-j)/2)\,\Gamma_p((n_{j+1}-1)/2)} \cdot \frac{\Gamma_p((1+h)(n_1+\cdots+n_j-j)/2)\,\Gamma_p((1+h)(n_{j+1}-1)/2)}{\Gamma_p((1+h)(n_1+\cdots+n_j+n_{j+1}-j-1)/2)}.$$

从而由 (6.4.5) 式,

$$\begin{aligned} &E(\lambda^*)^h \\ =& \frac{(n-k)^{p(n-k)h/2}}{\prod_{j=1}^{k}(n_j-1)^{p(n_j-1)h/2}} \prod_{j=1}^{k-1} E(U_j)^h \\ =& \frac{(n-k)^{p(n-k)h/2}}{\prod_{j=1}^{k}(n_j-1)^{p(n_j-1)h/2}} \frac{\Gamma_p((n-k)/2)}{\prod_{j=1}^{k}\Gamma_p((n_j-1)/2)} \frac{\prod_{j=1}^{k}\Gamma_p((1+h)(n_j-1)/2)}{\Gamma_p((1+h)(n-k)/2)}. \end{aligned} \tag{6.4.6}$$

将上式改写成下面的形式:

$$\begin{aligned} &E(\lambda^*)^h \\ =& C\left(\frac{\prod_{r=1}^{p}((n-k)/2)^{(n-k)/2}}{\prod_{j=1}^{k}\prod_{r=1}^{p}((n_j-1)/2)^{(n_j-1)/2}}\right)^h \frac{\prod_{j=1}^{k}\prod_{r=1}^{p}\Gamma(((n_j-1)(1+h)-r+1)/2)}{\prod_{r=1}^{p}\Gamma(((n-k)(1+h)-r+1)/2)}, \end{aligned}$$

其中,

$$C = \frac{\Gamma_p((n-k)/2)}{\prod_{j=1}^{k}\Gamma_p((n_j-1)/2)} = \frac{\prod_{r=1}^{p}\Gamma((n-k-r+1)/2)}{\prod_{j=1}^{k}\prod_{r=1}^{p}\Gamma((n_j-r)/2)}.$$

然后将它与 (6.2.12) 式进行对照. 若取

$$r=kp,\quad a_{p(j-1)+r}=\frac{n_j-1}{2},\quad \xi_{p(j-1)+r}=\frac{-r+1}{2},\quad r=1,\cdots,p,j=1,\cdots,k,$$

$$q=p,\quad b_r=\frac{n-k}{2},\quad \eta_r=\frac{-r+1}{2},\quad r=1,\cdots,p,$$

就可应用这个引理提高修正后的似然比检验的渐近 p 值的精度. 根据 (6.2.13) 式 ~ (6.2.15) 式算得

$$f=\frac{(k-1)\,p\,(p+1)}{2},$$

$$\rho=1-\frac{\alpha}{n-k},\quad \alpha=\frac{2p^2+3p-1}{6\,(p+1)\,(k-1)}\left(\sum_{j=1}^{k}\frac{1}{h_j}-1\right),\quad h_j=\frac{n_j-1}{n-k},\quad j=1,\cdots,k,$$

$$\omega_2=\frac{\gamma}{m^2},\quad m=\rho\,(n-k)\,,$$

$$\gamma=\frac{p\,(p+1)}{48}\left[(p-1)\,(p+2)\left(\sum_{j=1}^{k}\frac{1}{h_j^2}-1\right)-\frac{\left(2p^2+3p-1\right)^2}{6\,(p+1)^2\,(k-1)}\left(\sum_{j=1}^{k}\frac{1}{h_j}-1\right)^2\right].$$

根据 (6.2.16) 式 ~(6.2.18) 式, 修正后的似然比检验的精度为 $O(n^{-1})$, $O(n^{-2})$ 和 $O(n^{-3})$ 的渐近 p 值分别为

$$\begin{aligned}
&P\left(\chi^2\,(f)\geqslant -2\ln\lambda^*\right)+O\left(n^{-1}\right),\\
&P\left(\chi^2\,(f)\geqslant -2\rho\ln\lambda^*\right)+O\left(n^{-2}\right),\\
&P\left(\chi^2\,(f)\geqslant -2\rho\ln\lambda^*\right)\\
&+\frac{\gamma}{m^2}\left[P\left(\chi^2\,(f+4)\geqslant -2\rho\ln\lambda^*\right)-P\left(\chi^2\,(f)\geqslant -2\rho\ln\lambda^*\right)\right]+O\left(n^{-3}\right).
\end{aligned}$$

上述这 3 个等式的精度可理解为在每一个 $h_j=(n_j-1)/(n-k)\to\tau_j$, 非零常数 τ_j 都给定的条件下, 当 $n\to\infty$ 时的精度.

下面检验例 5.4.1 中的 3 个正态总体的协方差阵是否全都相等. 本例的 $p=4$, $k=3$, 3 个总体的样本容量 $n_1=n_2=n_3=10$, 总的样本容量 $n=30$. 经计算,

$$|\boldsymbol{V}_1|=5.0698\cdot 10^6,\quad |\boldsymbol{V}_2|=4.2057\cdot 10^6,\quad |\boldsymbol{V}_3|=7.2397\cdot 10^5,$$

$$|\boldsymbol{V}|=5.0218\cdot 10^8,$$

根据 (6.4.3) 式算得修正后的似然比检验统计量为

$$-2\ln\lambda^*=24.631.$$

由于 $f=20$, $\rho=0.788$, $m=21.267$, $\gamma=30.644$, 所以 $-2\rho\ln\lambda^*=19.410$ 检验的渐近 p 值为

$$\begin{aligned}&P\left(\chi^2(20) \geqslant 19.410\right)\\&+\frac{30.644}{21.267^2}\left[P\left(\chi^2(24) \geqslant 19.410\right)+P\left(\chi^2(20) \geqslant 19.410\right)\right]+O\left(n^{-3}\right)\\\approx\,&0.511.\end{aligned}$$

由于 p 值比较大, 所以认为这 3 个正态总体的协方差阵全都相等, 故而 5.4 节对例 5.4.1 的多元方差分析以及 5.6 节对例 5.4.1 的多重比较分析时假定协方差阵相等是合理的.

6.5 多个均值向量和协方差阵是否分别全都相等的检验问题

设有 k 个相互独立的总体 $\boldsymbol{X}_j \sim N_p\left(\boldsymbol{\mu}_j, \boldsymbol{\Sigma}_j\right)$, $\boldsymbol{\mu}_j \in \mathbf{R}^p$, $\boldsymbol{\Sigma}_j>0$, $\boldsymbol{x}_{j1}, \cdots, \boldsymbol{x}_{jn_j}$ 是来自总体 $\boldsymbol{X}_j$ 的样本, $n_j \geqslant p+1$, $j=1, \cdots, k$. 记 $n=\sum\limits_{j=1}^k n_j$. 本节讨论这 k 个总体的均值向量和协方差阵是否分别全都相等的假设检验问题, 其原假设和备择假设分别为

$$\left\{\begin{array}{l}H_0: \boldsymbol{\mu}_1=\cdots=\boldsymbol{\mu}_k, \quad \boldsymbol{\Sigma}_1=\cdots=\boldsymbol{\Sigma}_k, \\ H_1: \boldsymbol{\mu}_1, \cdots, \boldsymbol{\mu}_k \text{ 不全相等或 } \boldsymbol{\Sigma}_1, \cdots, \boldsymbol{\Sigma}_k \text{ 不全相等.}\end{array}\right. \tag{6.5.1}$$

显然, 在原假设成立, 即均值向量和协方差阵分别全都相等时, 这 k 个正态总体全都相同.

6.5.1 检验的分解

把一个检验问题分解成两个, 甚至多个比较简单的检验问题的联合检验, 这是多元统计分析研究检验问题的一个常用的方法. 例如, 问题 (6.5.1) 就可以分解成下面两个已经讨论过的检验问题的联合检验:

(1) 检验协方差阵是否全都相等.

$$H_0: \boldsymbol{\Sigma}_1=\cdots=\boldsymbol{\Sigma}_k, \quad H_1: \boldsymbol{\Sigma}_1, \cdots, \boldsymbol{\Sigma}_k \text{ 不全相等.} \tag{6.5.2}$$

这是 6.4 节讨论的多个协方差阵是否全都相等的检验问题, 它的似然比 (见 (6.4.2) 式) 为

$$\lambda_1=\frac{n^{pn/2}}{\prod\limits_{j=1}^k n_j^{pn_j/2}} \frac{\prod\limits_{j=1}^k\left|\boldsymbol{V}_j\right|^{n_j/2}}{\left|\sum\limits_{j=1}^k \boldsymbol{V}_j\right|^{n/2}}, \tag{6.5.3}$$

其中, $\boldsymbol{V}_j = \sum\limits_{i=1}^{n_j}(\boldsymbol{x}_{ji}-\bar{\boldsymbol{x}}_j)(\boldsymbol{x}_{ji}-\bar{\boldsymbol{x}}_j)'$ 是第 j 个总体的样本离差阵, $\bar{\boldsymbol{x}}_j = \sum\limits_{i=1}^{n_j}\boldsymbol{x}_{ji}/n_j$ 是第 j 个总体的样本均值, $j=1,\cdots,k$.

(2) 在协方差阵 $\boldsymbol{\Sigma}$ 全都相等的条件下检验均值向量是否全都相等.

$$
\begin{aligned}
&H_0: \boldsymbol{\Sigma}_1=\cdots=\boldsymbol{\Sigma}_k,\quad \boldsymbol{\mu}_1=\cdots=\boldsymbol{\mu}_k,\\
&H_1: \boldsymbol{\Sigma}_1,\cdots,\boldsymbol{\Sigma}_k,\boldsymbol{\mu}_1,\cdots,\boldsymbol{\mu}_k \text{ 不全相等}.
\end{aligned}
\tag{6.5.4}
$$

这是 5.4 节讨论的多元方差分析问题, 它的似然比 (见 (5.4.4) 式) 为

$$
\lambda_2 = \left(\frac{|\mathbf{SSW}|}{|\mathbf{SSW}+\mathbf{SSB}|}\right)^{n/2}, \tag{6.5.5}
$$

其中, **SSW** 是组内离差阵, **SSB** 是组间离差阵, 而 $\mathbf{SST}=\mathbf{SSW}+\mathbf{SSB}$ 是总的离差阵

$$
\mathbf{SSW} = \sum_{j=1}^{k}\sum_{i=1}^{n_j}(\boldsymbol{x}_{ji}-\bar{\boldsymbol{x}}_j)(\boldsymbol{x}_{ji}-\bar{\boldsymbol{x}}_j)' = \sum_{j=1}^{k}\boldsymbol{V}_j,
$$

$$
\mathbf{SSB} = \sum_{j=1}^{k} n_j(\bar{\boldsymbol{x}}_j-\bar{\boldsymbol{x}})(\bar{\boldsymbol{x}}_j-\bar{\boldsymbol{x}})',\quad \bar{\boldsymbol{x}} = \frac{\left(\sum\limits_{j=1}^{k} n_j\bar{\boldsymbol{x}}_j\right)}{n} \text{ 是总的样本均值},
$$

$$
\mathbf{SST} = \mathbf{SSW}+\mathbf{SSB} = \sum_{j=1}^{k}\sum_{i=1}^{n_j}(\boldsymbol{x}_{ji}-\bar{\boldsymbol{x}})(\boldsymbol{x}_{ji}-\bar{\boldsymbol{x}})'.
$$

多元方差分析问题的似然比 (6.5.5) 式可改写为

$$
\lambda_2 = \left(\frac{\left|\sum\limits_{j=1}^{k}\boldsymbol{V}_j\right|}{\left|\sum\limits_{j=1}^{k}\sum\limits_{i=1}^{n_j}(\boldsymbol{x}_{ji}-\bar{\boldsymbol{x}})(\boldsymbol{x}_{ji}-\bar{\boldsymbol{x}})'\right|}\right)^{n/2}. \tag{6.5.6}
$$

正因为问题 (6.5.1) 是检验问题 (6.5.2) 和问题 (6.5.4) 的联合检验, 所以问题 (6.5.1) 的似然比 λ 等于检验问题 (6.5.2) 和问题 (6.5.4) 的似然比 λ_1 和 λ_2 的乘积

$$
\lambda = \lambda_1\lambda_2. \tag{6.5.7}
$$

事实上, (6.5.7) 式可以严格地证明. 由于

$$
\lambda = \frac{\sup\limits_{\boldsymbol{\mu},\boldsymbol{\Sigma}} L(\boldsymbol{\mu},\cdots,\boldsymbol{\mu},\boldsymbol{\Sigma},\cdots,\boldsymbol{\Sigma})}{\sup\limits_{\boldsymbol{\mu}_1,\cdots,\boldsymbol{\mu}_k,\boldsymbol{\Sigma}_1,\cdots,\boldsymbol{\Sigma}_k} L(\boldsymbol{\mu}_1,\cdots,\boldsymbol{\mu}_k,\boldsymbol{\Sigma}_1,\cdots,\boldsymbol{\Sigma}_k)},
$$

$$\lambda_1 = \frac{\sup\limits_{\boldsymbol{\mu}_1,\cdots,\boldsymbol{\mu}_k,\boldsymbol{\Sigma}} L\left(\boldsymbol{\mu}_1,\cdots,\boldsymbol{\mu}_k,\boldsymbol{\Sigma},\cdots,\boldsymbol{\Sigma}\right)}{\sup\limits_{\boldsymbol{\mu}_1,\cdots,\boldsymbol{\mu}_k,\boldsymbol{\Sigma}_1,\cdots,\boldsymbol{\Sigma}_k} L(\boldsymbol{\mu}_1,\cdots,\boldsymbol{\mu}_k,\boldsymbol{\Sigma}_1,\cdots,\boldsymbol{\Sigma}_k)},$$

$$\lambda_2 = \frac{\sup\limits_{\boldsymbol{\mu},\boldsymbol{\Sigma}} L\left(\boldsymbol{\mu},\cdots,\boldsymbol{\mu},\boldsymbol{\Sigma},\cdots,\boldsymbol{\Sigma}\right)}{\sup\limits_{\boldsymbol{\mu}_1,\cdots,\boldsymbol{\mu}_k,\boldsymbol{\Sigma}} L\left(\boldsymbol{\mu}_1,\cdots,\boldsymbol{\mu}_k,\boldsymbol{\Sigma},\cdots,\boldsymbol{\Sigma}\right)},$$

其中, $L\left(\boldsymbol{\mu}_1,\cdots,\boldsymbol{\mu}_k,\boldsymbol{\Sigma}_1,\cdots,\boldsymbol{\Sigma}_k\right)$ 是似然函数,

$$\begin{aligned} & L\left(\boldsymbol{\mu}_1,\cdots,\boldsymbol{\mu}_k,\boldsymbol{\Sigma}_1,\cdots,\boldsymbol{\Sigma}_k\right) \\ = & \prod_{j=1}^{k} |\boldsymbol{\Sigma}_j|^{-n_j/2} \exp\left\{-\frac{1}{2}\mathrm{tr}\left(\sum_{j=1}^{k} \boldsymbol{\Sigma}_j^{-1}\left(\boldsymbol{V}_j + n_j\left(\bar{\boldsymbol{x}}_j - \boldsymbol{\mu}_j\right)\left(\bar{\boldsymbol{x}}_j - \boldsymbol{\mu}_j\right)'\right)\right)\right\}, \end{aligned}$$

所以 $\lambda = \lambda_1\lambda_2$, (6.5.7) 式成立.

由 (6.5.3) 式, (6.5.6) 式和 (6.5.7) 式得到检验问题 (6.5.1) 的似然比检验统计量为

$$\lambda = \frac{n^{pn/2}}{\prod\limits_{j=1}^{k} n_j^{pn_j/2}} \frac{\prod\limits_{j=1}^{k} |\boldsymbol{V}_j|^{n_j/2}}{\left|\sum\limits_{j=1}^{k}\sum\limits_{i=1}^{n_j} \left(\boldsymbol{x}_{ji} - \bar{\boldsymbol{x}}\right)\left(\boldsymbol{x}_{ji} - \bar{\boldsymbol{x}}\right)'\right|^{n/2}}. \tag{6.5.8}$$

在 λ 比较小的时候拒绝原假设, 认为 $\boldsymbol{\mu}_1,\cdots,\boldsymbol{\mu}_k$ 不全相等或 $\boldsymbol{\Sigma}_1,\cdots,\boldsymbol{\Sigma}_k$ 不全相等, 也就是认为这 k 个正态总体不全都相同. 根据似然比统计量的极限分布, 由于完全参数空间被估计的独立参数的个数为 $k\left(p + p\left(p+1\right)/2\right) = kp\left(p+3\right)/2$, 而原假设成立时参数空间被估计的独立参数的个数为 $p + p\left(p+1\right)/2 = p\left(p+3\right)/2$, 所以渐近 χ^2 分布的自由度为 $(k-1)\,p\left(p+3\right)/2$, 在原假设成立即 $\boldsymbol{\mu}_1 = \cdots = \boldsymbol{\mu}_k$, $\boldsymbol{\Sigma}_1 = \cdots = \boldsymbol{\Sigma}_k$ 时有

$$-2\ln\lambda \xrightarrow{\mathrm{L}} \chi^2\left((k-1)\,p\left(p+3\right)/2\right), \quad n \to \infty,$$

从而得到检验的渐近 p 值为 $P\left(\chi^2\left((k-1)\,p\left(p+3\right)/2\right) \geqslant -2\ln\lambda\right)$.

6.3 节讨论了均值向量和协方差阵是否分别等于已知向量和已知正定矩阵的检验问题, 它的似然比检验是无偏检验. 与它相类似, 多个均值向量和协方差阵是否分别都相等的检验问题的似然比检验也是无偏检验. 对这个问题有兴趣的读者可参阅文献 [116]. 正因为如此, 所以不需要对似然比检验进行修正. 似然比检验方法被用来解多个均值向量和协方差阵是否分别都相等的检验问题.

6.3 节讨论的单个正态分布均值向量和协方差阵是否分别等于已知向量和已知正定矩阵的检验问题, 也可以分解成两个比较简单的检验问题的联合检验. 设

$\boldsymbol{X}' = (\boldsymbol{x}_1, \cdots, \boldsymbol{x}_n)$ 是来自多元正态分布总体 $N_p(\boldsymbol{\mu}, \boldsymbol{\Sigma})$ 的样本, 其中, $n > p$, $\boldsymbol{\mu} \in \mathbf{R}^p$, $\boldsymbol{\Sigma} > 0$. 均值向量 $\boldsymbol{\mu}$ 和协方差阵 $\boldsymbol{\Sigma}$ 是否分别等于已知向量 $\boldsymbol{\mu}_0$ 和正定矩阵 $\boldsymbol{\Sigma}_0$ 的检验问题 (见 (6.3.1) 式) 为

$$H_0 : \boldsymbol{\mu} = \boldsymbol{\mu}_0, \boldsymbol{\Sigma} = \boldsymbol{\Sigma}_0, \quad H_1 : \boldsymbol{\mu} \neq \boldsymbol{\mu}_0 \text{ 或 } \boldsymbol{\Sigma} \neq \boldsymbol{\Sigma}_0,$$

或不失一般性, 将这个检验问题变换为检验问题 (见 (6.3.2) 式)

$$H_0 : \boldsymbol{\mu} = \mathbf{0}, \boldsymbol{\Sigma} = \boldsymbol{I}_p, \quad H_1 : \boldsymbol{\mu} \neq \mathbf{0} \text{ 或 } \boldsymbol{\Sigma} \neq \boldsymbol{I}_p.$$

这个检验问题是下面两个检验问题的联合检验:

(1) 检验协方差阵 $\boldsymbol{\Sigma}$ 是否等于单位矩阵 $\boldsymbol{I}_p$.

$$H_0 : \boldsymbol{\Sigma} = \boldsymbol{I}_p, \quad H_1 : \boldsymbol{\Sigma} \neq \boldsymbol{I}_p.$$

这是 6.1 节讨论的检验问题, 它的似然比 (见 (6.1.3) 式) 为

$$\eta_1 = \left(\frac{\mathrm{e}}{n}\right)^{pn/2} |\boldsymbol{V}|^{n/2} \exp\left\{-\frac{1}{2}\boldsymbol{V}\right\},$$

其中, $\boldsymbol{V} = \sum\limits_{i=1}^{n} (\boldsymbol{x}_i - \bar{\boldsymbol{x}})(\boldsymbol{x}_i - \bar{\boldsymbol{x}})'$ 是样本离差阵, $\bar{\boldsymbol{x}} = \sum\limits_{i=1}^{n} \boldsymbol{x}_i / n$ 是样本均值.

(2) 在协方差阵 $\boldsymbol{\Sigma}$ 等于单位矩阵 $\boldsymbol{I}_p$ 的条件下检验均值向量 $\boldsymbol{\mu}$ 是否等于 $\mathbf{0}$.

$$H_0 : \boldsymbol{\Sigma} = \boldsymbol{I}_p, \boldsymbol{\mu} = \mathbf{0}, \quad H_1 : \boldsymbol{\Sigma} = \boldsymbol{I}_p, \boldsymbol{\mu} \neq \mathbf{0}.$$

这是 5.1 节讨论的多元正态分布协方差阵已知时关于均值向量的检验问题, 它的似然比 (见 (5.1.2) 式, 取其中的 $\boldsymbol{\Sigma} = \boldsymbol{I}_p, \boldsymbol{\mu}_0 = \mathbf{0}$) 为

$$\eta_2 = \exp\left\{-\frac{1}{2}n\bar{\boldsymbol{x}}'\bar{\boldsymbol{x}}\right\}.$$

与 (6.5.7) 式完全类似, 有 $\eta = \eta_1\eta_2$, 其中, η 是检验问题 (6.3.2), 即均值向量 $\boldsymbol{\mu}$ 是否等于 $\mathbf{0}$ 和协方差阵 $\boldsymbol{\Sigma}$ 是否等于单位矩阵 $\boldsymbol{I}_p$ 的检验问题的似然比. 由此得到 η 的值为

$$\eta = \eta_1\eta_2 = \left(\frac{\mathrm{e}}{n}\right)^{pn/2} |\boldsymbol{V}|^{n/2} \exp\left\{-\frac{1}{2}(\boldsymbol{V} + n\bar{\boldsymbol{x}}'\bar{\boldsymbol{x}})\right\}.$$

这就是 (6.3.3) 式给出的似然比.

在将一个检验问题分解成两个, 甚至多个检验问题的联合检验时, 它们的似然比总是有 (6.5.7) 式那样的关系. 对于多元正态统计分析来说, 往往还可以证明它们的似然比有更进一步的关系: 分解成的这些检验问题的似然比相互独立. 这也就是说, 对本节讨论的检验问题 (6.5.1) 而言, 不仅 $\lambda = \lambda_1\lambda_2$ 而且 λ_1 与 λ_2 相互独立; 而对检验问题 (6.3.2) 而言, 不仅 $\eta = \eta_1\eta_2$ 而且 η_1 与 η_2 相互独立.

η_1 与 η_2 相互独立的证明比较容易. 由于 η_1 仅与样本离差阵 $\boldsymbol{V}$ 有关, η_2 仅与样本均值 $\bar{\boldsymbol{x}}$ 有关. 在多元正态统计分析中样本离差阵 $\boldsymbol{V}$ 与样本均值 $\bar{\boldsymbol{x}}$ 相互独立. 由此立即导出 η_1 与 η_2 的相互独立性. 注意: 不论均值向量 $\boldsymbol{\mu}$ 是否等于 $\mathbf{0}$ 和协方差阵 $\boldsymbol{\Sigma}$ 是否等于单位矩阵 $\boldsymbol{I}_p$, η_1 与 η_2 总是相互独立的.

λ_1 与 λ_2 相互独立的证明不很容易. 利用有界完全统计量的概念以及有关有界完全统计量的一个性质, 证明 λ_1 与 λ_2 的相互独立性.

设变量 X 的概率分布函数为 $F(x,\theta)$, $\theta\in\Theta$, $T=T(X)$ 是统计量. 对任意的有界可测函数 $f(T)$ 来说, 若它满足下列条件:

$$E(f(T))=\int f(T(x))\,\mathrm{d}F(x,\theta)=0,\quad \text{对一切的 } \theta\in\Theta \text{ 都成立},$$

必几乎处处地有 $f(T)=0$, 则称 $T=T(X)$ 为有界完全统计量.

显然, 完全统计量一定是有界完全的.

引理 6.5.1 设有统计量 $T(X)$ 和 $f(X)$, 如果 $T(X)$ 为充分且有界完全的统计量, 而 $f(X)$ 的分布与 $\theta\in\Theta$ 无关, 则 $T(X)$ 与 $f(X)$ 相互独立.

有关这个引理的证明以及有界完全统计量的概念请读者参阅文献 [1] 的 1.6 节.

下面根据这个引理证明, 在 $\boldsymbol{\Sigma}_1=\cdots=\boldsymbol{\Sigma}_k=\boldsymbol{\Sigma}$ 时 λ_1 与 λ_2 相互独立. 在 $\boldsymbol{x}_{j1},\cdots,\boldsymbol{x}_{jn_j}$ 是来自 $\boldsymbol{X}_j\sim N_p(\boldsymbol{\mu}_j,\boldsymbol{\Sigma})$ 的样本的时候, $j=1,\cdots,k$, 参数 $(\boldsymbol{\mu}_1,\cdots,\boldsymbol{\mu}_k,\boldsymbol{\Sigma})$ 的充分且完全的统计量为

$$\left(\bar{\boldsymbol{x}}_1,\cdots,\bar{\boldsymbol{x}}_k,\sum_{j=1}^{k}\boldsymbol{V}_j\right).$$

由引理 6.5.1 知, 为证明 λ_1 与 λ_2 相互独立, 仅需要证明 λ_1 的分布与参数无关, 而 λ_2 仅依赖于

$$\left(\bar{\boldsymbol{x}}_1,\cdots,\bar{\boldsymbol{x}}_k,\sum_{j=1}^{k}\boldsymbol{V}_j\right).$$

由于 $\boldsymbol{V}_j\sim W_p(n_j-1,\boldsymbol{\Sigma})$, 所以 $\boldsymbol{\Sigma}^{-1/2}\boldsymbol{V}_j\boldsymbol{\Sigma}^{-1/2}\sim W_p(n_j-1,\boldsymbol{I}_p)$, $j=1,\cdots,k$, 则因

$$\lambda_1=\frac{n^{pn/2}}{\prod\limits_{j=1}^{k}n_j^{pn_j/2}}\frac{\prod\limits_{j=1}^{k}|\boldsymbol{V}_j|^{n_j/2}}{\left|\sum\limits_{j=1}^{k}\boldsymbol{V}_j\right|^{n/2}}$$

$$= \frac{n^{pn/2}}{\prod_{j=1}^{k} n_j^{pn_j/2}} \frac{\prod_{j=1}^{k} \left|\boldsymbol{\Sigma}^{-1/2}\boldsymbol{V}_j\boldsymbol{\Sigma}^{-1/2}\right|^{n_j/2}}{\left|\sum_{j=1}^{k} \boldsymbol{\Sigma}^{-1/2}\boldsymbol{V}_j\boldsymbol{\Sigma}^{-1/2}\right|^{n/2}},$$

λ_1 的分布与参数 $(\boldsymbol{\mu}_1, \cdots, \boldsymbol{\mu}_k, \boldsymbol{\Sigma})$ 无关. 从而由引理 6.5.1 知, λ_1 与充分且完全的统计量 $\left(\bar{\boldsymbol{x}}_1, \cdots, \bar{\boldsymbol{x}}_k, \sum_{j=1}^{k} \boldsymbol{V}_j\right)$ 相互独立. 接下来证明 λ_2 仅依赖于 $\left(\bar{\boldsymbol{x}}_1, \cdots, \bar{\boldsymbol{x}}_k, \sum_{j=1}^{k} \boldsymbol{V}_j\right)$. 由 (6.5.5) 式和 (6.5.6) 式知

$$\lambda_2 = \left(\frac{|\mathbf{SSW}|}{|\mathbf{SSW}+\mathbf{SSB}|}\right)^{n/2} = \left(\frac{\left|\sum_{j=1}^{k} \boldsymbol{V}_j\right|}{\left|\sum_{j=1}^{k} \boldsymbol{V}_j + \sum_{j=1}^{k} n_j (\bar{\boldsymbol{x}}_j - \bar{\boldsymbol{x}})(\bar{\boldsymbol{x}}_j - \bar{\boldsymbol{x}})'\right|}\right)^{n/2},$$

其中, $\bar{\boldsymbol{x}} = \left(\sum_{j=1}^{k} n_j \bar{\boldsymbol{x}}_j\right)\Big/ n$, 所以 λ_2 仅依赖于 $\left(\bar{\boldsymbol{x}}_1, \cdots, \bar{\boldsymbol{x}}_k, \sum_{j=1}^{k} \boldsymbol{V}_j\right)$. 由于 λ_1 与 $\left(\bar{\boldsymbol{x}}_1, \cdots, \bar{\boldsymbol{x}}_k, \sum_{j=1}^{k} \boldsymbol{V}_j\right)$ 相互独立, 所以这就证明了, 在 $\boldsymbol{\Sigma}_1 = \cdots = \boldsymbol{\Sigma}_k = \boldsymbol{\Sigma}$ 时 λ_1 与 λ_2 相互独立. 由此可见, 原假设成立, 即在 $\boldsymbol{\mu}_1 = \cdots = \boldsymbol{\mu}_k$ 和 $\boldsymbol{\Sigma}_1 = \cdots = \boldsymbol{\Sigma}_k$ 时, λ_1 与 λ_2 也相互独立.

6.5.2　渐近 p 值

为讨论似然比检验渐近 p 值的精度问题, 首先计算检验统计量 λ 的矩.

在原假设成立, 即在 $\boldsymbol{\mu}_1 = \cdots = \boldsymbol{\mu}_k$ 和 $\boldsymbol{\Sigma}_1 = \cdots = \boldsymbol{\Sigma}_k$ 时, 由于 λ_1 与 λ_2 相互独立, 所以

$$E\lambda^h = E(\lambda_1)^h E(\lambda_2)^h, \quad h = 0, 1, 2, \cdots. \tag{6.5.9}$$

6.4 节在讨论多个协方差阵是否相等的检验问题时, 导出了修正后的似然比检验统计量的 h 阶矩的计算公式 (见 (6.4.6) 式). 类似地, 不难算得似然比检验统计量的 h 阶矩为

$$E(\lambda_1)^h = \frac{n^{pnh/2}}{\prod_{j=1}^{k} n_j^{pn_jh/2}} \frac{\Gamma_p((n-k)/2)}{\prod_{j=1}^{k} \Gamma_p((n_j-1)/2)} \frac{\prod_{j=1}^{k} \Gamma_p(((n_j-1)+hn_j)/2)}{\Gamma_p(((n-k)+hn)/2)}.$$

由 (6.5.5) 式知

$$\lambda_2 \overset{\mathrm{d}}{=} (\Lambda)^{n/2}, \quad \Lambda \text{ 服从 Wilks 分布 } \Lambda_{p,n-k,k-1}.$$

故 $E(\lambda_2)^h = E\Lambda^{nh/2}$. (3.5.3) 式 (或 (3.5.2) 式) 给出了 $\Lambda_{p,n,m}$ 分布的 h 阶矩的计算公式, 由此得到 λ_2 的 h 阶矩为

$$\begin{aligned}
E(\lambda_2)^h &= E(\Lambda)^{nh/2} \\
&= \frac{\prod_{i=1}^{p}\Gamma(((n-1)-i+1)/2)\prod_{i=1}^{p}\Gamma(((n-k)+nh-i+1)/2)}{\prod_{i=1}^{p}\Gamma(((n-k)-i+1)/2)\prod_{i=1}^{p}\Gamma(((n-1)+nh-i+1)/2)} \\
&= \frac{\Gamma_p((n-1)/2)}{\Gamma_p((n-k)/2)}\frac{\Gamma_p(((n-k)+nh)/2)}{\Gamma_p(((n-1)+nh)/2)}.
\end{aligned}$$

从而得到 λ 的 h 阶矩为

$$\begin{aligned}
E\lambda^h &= \frac{n^{pnh/2}}{\prod_{j=1}^{k} n_j^{pn_j h/2}} \frac{\Gamma_p((n-1)/2)}{\prod_{j=1}^{k}\Gamma_p((n_j-1)/2)} \frac{\prod_{j=1}^{k}\Gamma_p(((n_j-1)+hn_j)/2)}{\Gamma_p(((n-1)+hn)/2)} \\
&= C\left(\frac{\prod_{r=1}^{p}(n/2)^{n/2}}{\prod_{j=1}^{k}\prod_{r=1}^{p}(n_j/2)^{n_j/2}}\right)^h \frac{\prod_{j=1}^{k}\prod_{r=1}^{p}\Gamma((n_j(1+h)-r)/2)}{\prod_{r=1}^{p}\Gamma((n(1+h)-r)/2)},
\end{aligned}$$

其中,

$$C = \frac{\Gamma_p((n-1)/2)}{\prod_{j=1}^{k}\Gamma_p((n_j-1)/2)} = \frac{\prod_{r=1}^{p}\Gamma((n-r)/2)}{\prod_{j=1}^{k}\prod_{r=1}^{p}\Gamma((n_j-r)/2)}.$$

将 $E\lambda^h$ 与 (6.2.12) 式进行对照. 若取

$$r = kp, \quad a_{p(j-1)+r} = \frac{n_j}{2}, \quad \xi_{p(j-1)+r} = \frac{-r}{2}, \quad r = 1, \cdots, p, \quad j = 1, \cdots, k,$$

$$q = p, \quad b_r = \frac{n}{2}, \quad \eta_r = \frac{-r}{2}, \quad r = 1, \cdots, p.$$

就可应用引理 6.2.1 提高似然比检验的渐近 p 值的精度. 根据 (6.2.13) 式 ~(6.2.15) 式算得

$$f=\frac{(k-1)\,p\,(p+3)}{2},$$

$$\rho=1-\frac{\alpha}{n},\quad \alpha=\frac{2p^2+9p+11}{6\,(p+3)\,(k-1)}\left(\sum_{j=1}^{k}\frac{1}{h_j}-1\right),\quad h_j=\frac{n_j}{n},\quad j=1,\cdots,k,$$

$$\omega_2=\frac{\gamma}{m^2},\quad m=\rho n,$$

$$\gamma=\frac{p\,(p+3)}{48}\left[(p-1)\,(p+2)\left(\sum_{j=1}^{k}\frac{1}{h_j^2}-1\right)-\frac{\left(2p^2+9p+11\right)^2}{6\,(p+3)^2\,(k-1)}\left(\sum_{j=1}^{k}\frac{1}{h_j}-1\right)^2\right].$$

根据 (6.2.16) 式 ~(6.2.18) 式, 似然比检验的精度为 $O\left(n^{-1}\right)$, $O\left(n^{-2}\right)$ 和 $O\left(n^{-3}\right)$ 的渐近 p 值分别为

$$P\left(\chi^2(f)\geqslant -2\ln\lambda^*\right)+O\left(n^{-1}\right),$$

$$P\left(\chi^2(f)\geqslant -2\rho\ln\lambda^*\right)+O\left(n^{-2}\right),$$

$$P\left(\chi^2(f)\geqslant -2\rho\ln\lambda^*\right)+\frac{\gamma}{m^2}\left[P\left(\chi^2(f+4)\geqslant -2\rho\ln\lambda^*\right)-P\left(\chi^2(f)\geqslant -2\rho\ln\lambda^*\right)\right]+O\left(n^{-3}\right).$$

上述这 3 个等式的精度可理解为在每一个 $h_j=n_j/n\to\tau_j$, 非零常数 τ_j 都给定的条件下当 $n\to\infty$ 时的精度.

6.6 独立性检验问题

设 $\boldsymbol{X}'=(\boldsymbol{x}_1,\cdots,\boldsymbol{x}_n)$ 是来自多元正态分布总体 $\boldsymbol{X}\sim N_p\left(\boldsymbol{\mu},\boldsymbol{\Sigma}\right)$ 的样本, 其中, $n>p$, $\boldsymbol{\mu}\in\mathbf{R}^p$, $\boldsymbol{\Sigma}>0$. 将总体 $\boldsymbol{X}$ 和它的协方差阵 $\boldsymbol{\Sigma}$ 分别剖分为

$$\boldsymbol{X}=\begin{pmatrix}\boldsymbol{X}_1\\ \vdots\\ \boldsymbol{X}_m\end{pmatrix}\begin{matrix}p_1\\ \vdots\\ p_m\end{matrix},\qquad \boldsymbol{\Sigma}=\begin{pmatrix}\boldsymbol{\Sigma}_{11}&\cdots&\boldsymbol{\Sigma}_{1m}\\ \vdots&&\vdots\\ \boldsymbol{\Sigma}_{m1}&\cdots&\boldsymbol{\Sigma}_{mm}\end{pmatrix}\begin{matrix}p_1\\ \vdots\\ p_m\end{matrix},$$
$$\qquad\qquad\qquad\qquad p_1\quad\cdots\quad p_m$$

其中, $\sum\limits_{j=1}^{m}p_j=p$. 由性质 2.3.9 知 $\mathrm{Cov}(\boldsymbol{X}_j,\boldsymbol{X}_k)=\boldsymbol{\Sigma}_{jk}=\mathbf{0}$ $(1\leqslant j<k\leqslant m)$ 是 $\boldsymbol{X}_1,\cdots,\boldsymbol{X}_m$ 相互独立的充要条件. 本节讨论 $\boldsymbol{X}_1,\cdots,\boldsymbol{X}_m$ 是否相互独立的假设检验问题, 其原假设和备择假设分别为

$$H_0:\boldsymbol{\Sigma}_{jk}=\mathbf{0},\quad 1\leqslant j<k\leqslant m,\quad H_1:\boldsymbol{\Sigma}_{jk}\text{ 不全等于 }\mathbf{0},\quad 1\leqslant j<k\leqslant m.\tag{6.6.1}$$

6.6.1 似然比检验

完全参数空间时样本的联合密度为

$$\frac{1}{(2\pi)^{np/2}|\boldsymbol{\Sigma}|^{n/2}}\exp\left\{-\frac{1}{2}\mathrm{tr}\left(\boldsymbol{\Sigma}^{-1}\left(\boldsymbol{V}+n\left(\bar{\boldsymbol{x}}-\boldsymbol{\mu}\right)\left(\bar{\boldsymbol{x}}-\boldsymbol{\mu}\right)'\right)\right)\right\},$$

其中,

$$\text{样本均值 } \bar{\boldsymbol{x}}=\sum_{i=1}^{n}\frac{\boldsymbol{x}_i}{n},\quad \text{样本离差阵 } \boldsymbol{V}=\sum_{i=1}^{n}\left(\boldsymbol{x}_i-\bar{\boldsymbol{x}}\right)\left(\boldsymbol{x}_i-\bar{\boldsymbol{x}}\right)',$$

由此得 $(\boldsymbol{\mu},\boldsymbol{\Sigma})$ 的似然函数

$$L\left(\boldsymbol{\mu},\boldsymbol{\Sigma}\right)=|\boldsymbol{\Sigma}|^{-n/2}\exp\left\{-\frac{1}{2}\mathrm{tr}\left(\boldsymbol{\Sigma}^{-1}\left(\boldsymbol{V}+n\left(\bar{\boldsymbol{x}}-\boldsymbol{\mu}\right)\left(\bar{\boldsymbol{x}}-\boldsymbol{\mu}\right)'\right)\right)\right\}.$$

均值 $\boldsymbol{\mu}$ 和协方差阵 $\boldsymbol{\Sigma}$ 的极大似然估计分别为样本均值 $\bar{\boldsymbol{x}}$ 和样本协方差阵 $\boldsymbol{V}/n$.

若将 $\boldsymbol{\mu}$, $\bar{\boldsymbol{x}}$ 和 $\boldsymbol{V}$ 分别剖分为

$$\boldsymbol{\mu}=\begin{pmatrix}\boldsymbol{\mu}_1\\ \vdots\\ \boldsymbol{\mu}_m\end{pmatrix}\begin{matrix}p_1\\ \vdots\\ p_m\end{matrix},\quad \bar{\boldsymbol{x}}=\begin{pmatrix}\bar{\boldsymbol{x}}_1\\ \vdots\\ \bar{\boldsymbol{x}}_m\end{pmatrix}\begin{matrix}p_1\\ \vdots\\ p_m\end{matrix},\quad \boldsymbol{V}=\begin{pmatrix}\boldsymbol{V}_{11}&\cdots&\boldsymbol{V}_{1m}\\ \vdots&&\vdots\\ \boldsymbol{V}_{m1}&\cdots&\boldsymbol{V}_{mm}\end{pmatrix}\begin{matrix}p_1\\ \vdots\\ p_m\end{matrix},$$
$$\qquad\qquad\qquad\qquad\qquad\qquad\qquad p_1 \quad \cdots \quad p_m$$

则在原假设 H_0 成立, 即 $\boldsymbol{X}_1,\cdots,\boldsymbol{X}_m$ 相互独立 $(\boldsymbol{\Sigma}_{jk}=0,\ 1\leqslant j<k\leqslant m)$ 时, 样本的联合密度为

$$\frac{1}{(2\pi)^{np/2}\prod\limits_{j=1}^{m}|\boldsymbol{\Sigma}_{jj}|^{n/2}}\exp\left\{-\frac{1}{2}\sum_{j=1}^{m}\mathrm{tr}\left(\boldsymbol{\Sigma}_{jj}^{-1}\left(\boldsymbol{V}_{jj}+n\left(\bar{\boldsymbol{x}}_j-\boldsymbol{\mu}_j\right)\left(\bar{\boldsymbol{x}}_j-\boldsymbol{\mu}_j\right)'\right)\right)\right\}.$$

由此得原假设 H_0 成立时, $(\boldsymbol{\mu}_1,\cdots,\boldsymbol{\mu}_m,\boldsymbol{\Sigma}_{11},\cdots,\boldsymbol{\Sigma}_{mm})$ 的似然函数

$$\begin{aligned}&L_0\left(\boldsymbol{\mu}_1,\cdots,\boldsymbol{\mu}_m,\boldsymbol{\Sigma}_{11},\cdots,\boldsymbol{\Sigma}_{mm}\right)\\ =&\frac{1}{\prod\limits_{j=1}^{m}|\boldsymbol{\Sigma}_{jj}|^{n/2}}\exp\left\{-\frac{1}{2}\sum_{j=1}^{m}\mathrm{tr}\left(\boldsymbol{\Sigma}_{jj}^{-1}\left(\boldsymbol{V}_{jj}+n\left(\bar{\boldsymbol{x}}_j-\boldsymbol{\mu}_j\right)\left(\bar{\boldsymbol{x}}_j-\boldsymbol{\mu}_j\right)'\right)\right)\right\}.\end{aligned}$$

显然, $\boldsymbol{\mu}_j$ 和 $\boldsymbol{\Sigma}_{jj}$ 的极大似然估计分别为 $\bar{\boldsymbol{x}}_j$ 和 $\boldsymbol{V}_{jj}/n$, $j=1,\cdots,m$. 由此得到检验问题 (6.6.1) 的似然比检验统计量为

$$\lambda = \frac{\sup\limits_{\boldsymbol{\mu}_1,\cdots,\boldsymbol{\mu}_m,\boldsymbol{\Sigma}_{11},\cdots,\boldsymbol{\Sigma}_{mm}} L_0\left(\boldsymbol{\mu}_1,\cdots,\boldsymbol{\mu}_m,\boldsymbol{\Sigma}_{11},\cdots,\boldsymbol{\Sigma}_{mm}\right)}{\sup\limits_{\boldsymbol{\mu},\boldsymbol{\Sigma}} L\left(\boldsymbol{\mu},\boldsymbol{\Sigma}\right)} = \left(\frac{|\boldsymbol{V}|}{\prod\limits_{j=1}^{m}|\boldsymbol{V}_{jj}|}\right)^{n/2}. \tag{6.6.2}$$

由样本离差阵 $\boldsymbol{V}$(或由样本协方差阵 $\boldsymbol{V}/n$) 构造样本相关系数矩阵 $\boldsymbol{R}$, 并将它剖分为

$$\boldsymbol{R} = \begin{pmatrix} \boldsymbol{R}_{11} & \cdots & \boldsymbol{R}_{1m} \\ \vdots & & \vdots \\ \boldsymbol{R}_{m1} & \cdots & \boldsymbol{R}_{mm} \end{pmatrix} \begin{matrix} p_1 \\ \vdots \\ p_m \end{matrix},$$
$$\qquad\quad p_1 \quad \cdots \quad p_m$$

则检验问题 (6.6.1) 的似然比检验统计量 λ 可变换为

$$\lambda = \left(\frac{|\boldsymbol{V}|}{\prod\limits_{j=1}^{m}|\boldsymbol{V}_{jj}|}\right)^{n/2} = \left(\frac{|\boldsymbol{R}|}{\prod\limits_{j=1}^{m}|\boldsymbol{R}_{jj}|}\right)^{n/2}.$$

由此看来, $\boldsymbol{X}_1,\cdots,\boldsymbol{X}_m$ 是否相互独立仅与样本的相关结构有关. 尽管如此, 但是在处理有关似然比检验统计量 λ 的问题时, 还是使用由样本离差阵 $\boldsymbol{V}$ 给出的 λ (见 (6.6.2) 式) 来进行讨论.

在 λ 比较小的时候拒绝原假设, 认为 $\boldsymbol{X}_1,\cdots,\boldsymbol{X}_m$ 不相互独立. 根据似然比统计量的极限分布, 由于完全参数空间被估计的独立参数的个数为 $(p+p(p+1)/2)$, 而原假设成立时参数空间被估计的独立参数的个数为 $p+\sum\limits_{j=1}^{m}p_j(p_j+1)/2$, 所以渐近 χ^2 分布的自由度为

$$\frac{p(p+1)}{2} - \frac{\sum\limits_{j=1}^{m}p_j(p_j+1)}{2} = \frac{\left(p^2-\sum\limits_{j=1}^{m}p_j^2\right)}{2} = \sum_{1\leqslant i<j\leqslant m} p_ip_j.$$

在原假设成立即 $\boldsymbol{X}_1,\cdots,\boldsymbol{X}_m$ 相互独立时, 有

$$-2\ln\lambda \xrightarrow{\mathrm{L}} \chi^2\left(\left(p^2-\sum_{j=1}^{m}p_j^2\right)\Big/2\right), \quad n\to\infty.$$

从而得到检验的渐近 p 值为 $P\left(\chi^2\left(\left(p^2-\sum\limits_{j=1}^{m}p_j^2\right)\Big/2\right)\geqslant -2\ln\lambda\right)$.

似然比检验的无偏性的证明请参阅文献 [108].

由 (6.6.2) 式知修正后的似然比检验统计量为

$$\lambda^* = \left(\frac{|\boldsymbol{V}|}{\prod\limits_{j=1}^{m} |\boldsymbol{V}_{jj}|}\right)^{(n-1)/2}.$$

由此看来, 似然比检验与修正后的似然比检验, 作为检验统计量它们没有实质上的差别, 互相等价. 关于独立性检验问题通常使用似然比检验解检验问题.

为讨论似然比检验渐近 p 值的精度问题, 需要计算检验统计量 λ 的矩. 为此首先叙述习题 3.11 的有关结论. 设 $\boldsymbol{W} \sim W_p(n, \boldsymbol{\Sigma})$, 其中,

$$\boldsymbol{\Sigma} = \begin{pmatrix} \boldsymbol{\Sigma}_{11} & \boldsymbol{0} \\ \boldsymbol{0} & \boldsymbol{\Sigma}_{22} \end{pmatrix} \begin{matrix} q \\ p-q \end{matrix}, \quad \text{列分块: } q,\ p-q.$$

若将 $\boldsymbol{W}$ 剖分为

$$\boldsymbol{W} = \begin{pmatrix} \boldsymbol{W}_{11} & \boldsymbol{W}_{12} \\ \boldsymbol{W}_{21} & \boldsymbol{W}_{22} \end{pmatrix} \begin{matrix} q \\ p-q \end{matrix}, \quad \text{列分块: } q,\ p-q,$$

则 $\boldsymbol{W}_{11}$ 与 $\Lambda = |\boldsymbol{W}|/(|\boldsymbol{W}_{11}| \cdot |\boldsymbol{W}_{22}|) = \left|\boldsymbol{W}_{22} - \boldsymbol{W}_{21}\boldsymbol{W}_{11}^{-1}\boldsymbol{W}_{12}\right|/|\boldsymbol{W}_{22}| \sim \Lambda_{p-q,n-q,q}$ 相互独立. 根据这个结论, 考虑到 $\boldsymbol{V} \sim W_p(n-1, \boldsymbol{\Sigma})$ 且在原假设成立时, 有 $\boldsymbol{\Sigma}_{jk} = 0 (1 \leqslant j < k \leqslant m)$, 所以若令

$$\Lambda_i = \frac{\begin{vmatrix} \boldsymbol{V}_{11} & \cdots & \boldsymbol{V}_{1i} & \boldsymbol{V}_{1i+1} \\ \vdots & & \vdots & \vdots \\ \boldsymbol{V}_{i1} & \cdots & \boldsymbol{V}_{ii} & \boldsymbol{V}_{ii+1} \\ \boldsymbol{V}_{i+11} & \cdots & \boldsymbol{V}_{i+1i} & \boldsymbol{V}_{i+1i+1} \end{vmatrix}}{\begin{vmatrix} \boldsymbol{V}_{11} & \cdots & \boldsymbol{V}_{1i} \\ \vdots & & \vdots \\ \boldsymbol{V}_{i1} & \cdots & \boldsymbol{V}_{ii} \end{vmatrix} |\boldsymbol{V}_{i+1i+1}|}, \quad i = 1, \cdots, m-1,$$

则 $\Lambda_i \sim \Lambda_{p_{i+1}, n-1-\sum\limits_{j=1}^{i} p_j, \sum\limits_{j=1}^{i} p_j}$ 且 Λ_i 与

$$\begin{vmatrix} \boldsymbol{V}_{11} & \cdots & \boldsymbol{V}_{1i} \\ \vdots & & \vdots \\ \boldsymbol{V}_{i1} & \cdots & \boldsymbol{V}_{ii} \end{vmatrix}$$

相互独立, $i=m-1,\cdots,1$. 由此可见 $\varLambda_{m-1},\cdots,\varLambda_1$ 相互独立. 由 (6.6.2) 式知似然比检验统计量 λ 等于

$$\lambda=\prod_{i=1}^{m-1}(\varLambda_i)^{n/2},\quad \varLambda_i\sim\varLambda_{p_{i+1},n-1-\sum\limits_{j=1}^{i}p_j,\sum\limits_{j=1}^{i}p_j},\tag{6.6.3}$$

从而有

$$E\lambda^h=\prod_{i=1}^{m-1}E(\varLambda_i)^{nh/2}.\tag{6.6.4}$$

(3.5.3) 式 (或 (3.5.2) 式) 给出了 $\varLambda_{p,n,m}$ 分布的 h 阶矩的计算公式, 由此得到 $\varLambda_i\sim\varLambda_{p_{i+1},n-1-\sum\limits_{j=1}^{i}p_j,\sum\limits_{j=1}^{i}p_j}$ 的 $nh/2$ 阶矩为

$$\begin{aligned}&E(\varLambda_i)^{nh/2}\\&=\frac{\prod\limits_{r=1}^{p_{i+1}}\Gamma((n-r)/2)}{\prod\limits_{r=1}^{p_{i+1}}\Gamma\left(\left(n-\sum\limits_{j=1}^{i}p_j-r\right)\Big/2\right)}\frac{\prod\limits_{r=1}^{p_{i+1}}\Gamma\left(\left(n-\sum\limits_{j=1}^{i}p_j+nh-r\right)\Big/2\right)}{\prod\limits_{r=1}^{p_{i+1}}\Gamma((n+nh-r)/2)}.\end{aligned}$$

由于

$$\prod_{i=1}^{m-1}\prod_{r=1}^{p_{i+1}}\Gamma\left(\left(n-\sum_{j=1}^{i}p_j-r\right)\Big/2\right)=\frac{\prod\limits_{r=1}^{p}\Gamma((n-r)/2)}{\prod\limits_{r=1}^{p_1}\Gamma((n-r)/2)},$$

$$\prod_{i=1}^{m-1}\prod_{r=1}^{p_{i+1}}\Gamma\left(\left(n-\sum_{j=1}^{i}p_j+nh-r\right)\Big/2\right)=\frac{\prod\limits_{r=1}^{p}\Gamma((n+nh-r)/2)}{\prod\limits_{r=1}^{p_1}\Gamma((n+nh-r)/2)},$$

则根据 (6.6.4) 式, 得到 λ 的 h 阶矩为

$$\begin{aligned}E\lambda^h&=\frac{\prod\limits_{i=1}^{m}\prod\limits_{r=1}^{p_i}\Gamma((n-r)/2)}{\prod\limits_{r=1}^{p}\Gamma((n-r)/2)}\frac{\prod\limits_{r=1}^{p}\Gamma((n+nh-r)/2)}{\prod\limits_{i=1}^{m}\prod\limits_{r=1}^{p_i}\Gamma((n+nh-r)/2)}\\&=C\frac{\prod\limits_{r=1}^{p}\Gamma((n(1+h)-r)/2)}{\prod\limits_{i=1}^{m}\prod\limits_{r=1}^{p_i}\Gamma((n(1+h)-r)/2)},\end{aligned}\tag{6.6.5}$$

其中,

$$C=\frac{\displaystyle\prod_{i=1}^{m}\prod_{r=1}^{p_i}\Gamma\left((n-r)/2\right)}{\displaystyle\prod_{r=1}^{p}\Gamma\left((n-r)/2\right)}.$$

将 (6.6.5) 式与 (6.2.12) 式进行对照. 若取

$$\begin{aligned}
&r=p,\quad a_k=\frac{n}{2},\quad \xi_k=\frac{-k}{2},\quad k=1,\cdots,p,\\
&q=p,\quad b_j=\frac{n}{2},\quad j=1,\cdots,p,\\
&\eta_j=\begin{cases}-\dfrac{j}{2}, & 1\leqslant j\leqslant p_1,\\ -\dfrac{(j-p_1)}{2}, & p_1+1\leqslant j\leqslant p_1+p_2,\\ \cdots\cdots & \\ -\dfrac{\left(j-\displaystyle\sum_{i=1}^{m-1}p_i\right)}{2}, & \displaystyle\sum_{i=1}^{m-1}p_i+1\leqslant j\leqslant p=\sum_{i=1}^{m-1}p_i+p_m.\end{cases}
\end{aligned}$$

就将 (6.6.5) 式化为 (6.2.12) 式的形式, 因而可以应用这个引理提高渐近 p 值的精度. 根据 (6.2.13) 式 ~(6.2.15) 式, 不难算得

$$\begin{aligned}
&f=\frac{\left(p^2-\displaystyle\sum_{j=1}^{m}p_j^2\right)}{2}=\sum_{1\leqslant i<j\leqslant m}p_ip_j,\\
&\rho=1-\frac{\alpha}{n},\quad \alpha=\frac{2\left(p^3-\displaystyle\sum_{i=1}^{m}p_i^3\right)+9\left(p^2-\displaystyle\sum_{i=1}^{m}p_i^2\right)}{6\left(p^2-\displaystyle\sum_{i=1}^{m}p_i^2\right)},\\
&\omega_2=\frac{\gamma}{m^2},\quad m=\rho n,\\
&\gamma=\frac{p^4-\displaystyle\sum_{i=1}^{m}p_i^4}{48}-\frac{\left(p^3-\displaystyle\sum_{i=1}^{m}p_i^3\right)^2}{72\left(p^2-\displaystyle\sum_{i=1}^{m}p_i^2\right)}-\frac{5\left(p^2-\displaystyle\sum_{i=1}^{m}p_i^2\right)}{96}.
\end{aligned}$$

根据 (6.2.16) 式 ~(6.2.18) 式, 似然比检验的精度为 $O\left(n^{-1}\right)$, $O\left(n^{-2}\right)$ 和 $O\left(n^{-3}\right)$

的渐近 p 值分别为

$$P\left(\chi^2(f) \geqslant -2\ln\lambda\right) + O\left(n^{-1}\right), \tag{6.6.6}$$

$$P\left(\chi^2(f) \geqslant -2\rho\ln\lambda\right) + O\left(n^{-2}\right), \tag{6.6.7}$$

$$\begin{aligned} &P\left(\chi^2(f) \geqslant -2\rho\ln\lambda\right) + \frac{\gamma}{m^2}\left[P\left(\chi^2(f+4) \geqslant -2\rho\ln\lambda\right)\right. \\ &\left.-P\left(\chi^2(f) \geqslant -2\rho\ln\lambda\right)\right] + O\left(n^{-3}\right). \end{aligned} \tag{6.6.8}$$

下面考察一些特殊情况, 对独立性检验的似然比检验统计量进行讨论.

(1) 若 $m=2$, 这也就是说将 $\boldsymbol{X}$ 一分为二

$$\boldsymbol{X} = \begin{pmatrix} \boldsymbol{X}_1 \\ \boldsymbol{X}_2 \end{pmatrix} \begin{matrix} p_1 \\ p_2 \end{matrix},$$

其中, $p_1+p_2=p$. 由 (6.6.2) 式知, 检验 $\boldsymbol{X}_1$ 和 $\boldsymbol{X}_2$ 是否相互独立的似然比检验统计量为

$$\lambda = \varLambda^{n/2}, \quad \varLambda \sim \varLambda_{p_2, n-1-p_1, p_1},$$

从而由 (3.5.4) 式 ~(3.5.7) 式知

情况 1 $p_2=1$ 时, 有

$$F = \frac{n-1-p_1}{p_1}\frac{1-\lambda^{2/n}}{\lambda^{2/n}} \sim F\left(p_1, n-1-p_1\right), \tag{6.6.9}$$

情况 2 $p_2=2$ 时, 有

$$F = \frac{n-2-p_1}{p_1}\frac{1-\lambda^{1/n}}{\lambda^{1/n}} \sim F\left(2p_1, 2\left(n-2-p_1\right)\right), \tag{6.6.10}$$

情况 3 $p_1=1$ 时, 有

$$F = \frac{n-1-p_2}{p_2}\frac{1-\lambda^{2/n}}{\lambda^{2/n}} \sim F\left(p_2, n-1-p_2\right), \tag{6.6.11}$$

情况 4 $p_1=2$ 时, 有

$$F = \frac{n-2-p_2}{p_2}\frac{1-\lambda^{1/n}}{\lambda^{1/n}} \sim F\left(2p_2, 2\left(n-2-p_2\right)\right). \tag{6.6.12}$$

显然, 将情况 1 和情况 2 的 F, 其中, p_1 换成 p_2 就分别得到情况 3 和情况 4 的 F.

特别地, 在 $p_1=p_2=1$, 检验两个变量 x_1 和 x_2 是否相互独立时, 根据 (6.6.2) 式, 它的似然比检验统计量为

$$\lambda = \left(\frac{|\boldsymbol{V}|}{v_{11}v_{22}}\right)^{n/2} = \left(1-\frac{v_{12}^2}{v_{11}v_{22}}\right)^{n/2} = \left(1-r^2\right)^{n/2},$$

其中, $r = v_{12}/\sqrt{v_{11}v_{22}}$ 就是样本相关系数 (见 (4.2.4) 式). 根据 (6.6.9) 式, 在 $p_1 = p_2 = 1$ 时, 有

$$F = (n-2)\,\frac{1-\lambda^{2/n}}{\lambda^{2/n}} = (n-2)\,\frac{r^2}{1-r^2} \sim F\,(1, n-2)\,.$$

对两个变量 x_1 和 x_2 是否相互独立的检验问题而言, 用 F 作为检验统计量和用 4.2 节中的 t(见 (4.2.8) 式) 作为检验统计量是相互等价的.

(2) 若 $m = p$, 这也就是说令 p 维变量 $\boldsymbol{X}$ 为

$$\boldsymbol{X} = \begin{pmatrix} \boldsymbol{X}_1 \\ \vdots \\ \boldsymbol{X}_p \end{pmatrix}.$$

检验 $\boldsymbol{X}$ 的各个分量 $\boldsymbol{X}_1, \cdots, \boldsymbol{X}_p$ 相互之间是否独立. 根据 (6.6.2) 式, 这个检验问题的似然比检验统计量为

$$\lambda = \left(\frac{|\boldsymbol{V}|}{\prod\limits_{j=1}^{p} v_{jj}}\right)^{n/2} = |\boldsymbol{R}|^{n/2}, \tag{6.6.13}$$

其中, v_{jj} 是 $\boldsymbol{V}$ 的对角线上的元素, $j = 1, \cdots, p$; $\boldsymbol{R}$ 为样本相关系数矩阵. 习题 3.3(5) 在 $\boldsymbol{X}$ 的各个分量 $\boldsymbol{X}_1, \cdots, \boldsymbol{X}_p$ 相互之间独立时给出了样本相关系数矩阵 $\boldsymbol{R}$ 的分布.

下面对 6.2 节讨论的协方差阵和单位矩阵 $\boldsymbol{I}_p$ 成比例的球形检验问题再进行讨论, 将它分解成下面两个检验问题的联合检验:

(1) 检验 $\boldsymbol{X}$ 的各个分量 $\boldsymbol{X}_1, \cdots, \boldsymbol{X}_p$ 相互之间是否独立, 它的似然比 λ_1 见 (6.6.13) 式.

(2) 在 $\boldsymbol{X}$ 的各个分量 $\boldsymbol{X}_1, \cdots, \boldsymbol{X}_p$ 相互独立的条件下, 检验它们的方差是否全都相等. 这里有 p 个相互独立的总体 $\boldsymbol{X}_j \sim N_p\left(\boldsymbol{\mu}_j, \sigma_j^2\right)$, $-\infty < \boldsymbol{\mu}_j < \infty$, $\sigma_j^2 > 0$, $j = 1, \cdots, p$, 欲检验的原假设和备择假设分别是

$$H_0: \sigma_1^2 = \cdots = \sigma_p^2, \quad H_1: \sigma_1^2, \cdots, \sigma_p^2 \text{ 不全相等},$$

将来自多元正态分布总体 $\boldsymbol{X} \sim N_p(\boldsymbol{\mu}, \boldsymbol{\Sigma})$ 的样本 $\boldsymbol{X}' = (\boldsymbol{x}_1, \cdots, \boldsymbol{x}_n)$ 写为

$$\boldsymbol{X}' = \begin{pmatrix} x_{11} & \cdots & x_{n1} \\ \vdots & & \vdots \\ x_{1p} & \cdots & x_{np} \end{pmatrix},$$

也就是令 $\boldsymbol{x}_i=(x_{i1},\cdots,x_{ip})'$, $i=1,\cdots,n$. 那么 $x_{1j},\cdots,x_{nj}$ 就可看成是来自总体 $\boldsymbol{X}_j$ 的样本, $j=1,\cdots,p$. 这是 6.4 节讨论的多个协方差阵是否相等的检验问题, 根据 (6.4.2) 式得到它的似然比 λ_2 为

$$\lambda_2=p^{pn/2}\frac{\prod\limits_{j=1}^{p}|v_{jj}|^{n/2}}{|v_{11}+\cdots+v_{pp}|^{pn/2}}.$$

根据 (6.5.7) 式, 得到球形检验的似然比 λ 为

$$\lambda=\lambda_1\lambda_2=p^{np/2}\frac{|\boldsymbol{V}|^{n/2}}{(v_{11}+\cdots+v_{pp})^{np/2}}=\frac{|\boldsymbol{V}|^{n/2}}{\left(\dfrac{\mathrm{tr}(\boldsymbol{V})}{p}\right)^{np/2}}.$$

这与 (6.2.3) 式给出的似然比 λ 是完全相同的.

下面讨论 4.2 节在讨论例 2.4.1 时留下的问题: 检验 (x_1,x_3) 是否与 (x_2,x_4) 相互独立. 例 2.4.1 的样本容量 $n=13$. 由表 2.4.3 得到 (x_1,x_2,x_3,x_4) 的样本离差阵为

$$\boldsymbol{V}=\begin{pmatrix}415.2 & 251.1 & -372.6 & -290.0\\ 251.1 & 2905.7 & -166.5 & -3041.0\\ -372.6 & -166.5 & 492.3 & 38.0\\ -290 & -3041.0 & 38.0 & 3362.0\end{pmatrix},$$

(x_1,x_3) 和 (x_2,x_4) 的样本离差阵分别为

$$\boldsymbol{V}_{11}=\begin{pmatrix}415.2 & -372.6\\ -372.6 & 492.3\end{pmatrix},\quad \boldsymbol{V}_{22}=\begin{pmatrix}2905.7 & -3041.0\\ -3041.0 & 3362.0\end{pmatrix}.$$

经计算

$$|\boldsymbol{V}|=2.1321\times10^9,\quad |\boldsymbol{V}_{11}|=6.5572\times10^4,\quad |\boldsymbol{V}_{22}|=5.2128\times10^5.$$

似然比检验统计量的值为

$$\lambda^{2/n}=\lambda^{2/13}=\frac{|\boldsymbol{V}|}{|\boldsymbol{V}_{11}||\boldsymbol{V}_{22}|}=0.0624.$$

由于 $p_1=p_2=2$, 故由 (6.6.10) 式或 (6.6.12) 式首先计算

$$\frac{n-2-p_1}{p_1}\frac{1-\lambda^{1/n}}{\lambda^{1/n}}=13.514,$$

然后得到检验的 p 值为

$$P\left(F\left(4,18\right)\geqslant 13.514\right)=0.0000294.$$

p 值很小, 所以拒绝独立性的假设, 认为 (x_1,x_3) 与 (x_2,x_4) 不相互独立.

6.6.2 条件独立性检验

将 $\boldsymbol{X}$ 和 $\boldsymbol{\Sigma}$ 剖分为

$$\boldsymbol{X}=\begin{pmatrix}\boldsymbol{X}_1\\ \boldsymbol{X}_2\end{pmatrix}\begin{matrix}q_1\\ q_2\end{matrix},\quad \boldsymbol{\Sigma}=\begin{pmatrix}\boldsymbol{\Sigma}_{11} & \boldsymbol{\Sigma}_{12}\\ \boldsymbol{\Sigma}_{21} & \boldsymbol{\Sigma}_{22}\end{pmatrix}\begin{matrix}q_1\\ q_2\end{matrix},\quad \begin{matrix}q_1 & q_2\end{matrix}$$

其中, $q_1+q_2=p$. 根据性质 2.3.10, 在 $\boldsymbol{X}_2$ 给定后 $\boldsymbol{X}_1$ 的条件协方差阵为

$$\boldsymbol{T}=\boldsymbol{\Sigma}_{1|2}=\boldsymbol{\Sigma}_{11}-\boldsymbol{\Sigma}_{12}\boldsymbol{\Sigma}_{22}^{-1}\boldsymbol{\Sigma}_{21},$$

将 $\boldsymbol{X}_1$ 和它的条件协方差阵 $\boldsymbol{T}$ 剖分为

$$\boldsymbol{X}_1=\begin{pmatrix}\boldsymbol{X}_{11}\\ \vdots\\ \boldsymbol{X}_{1m}\end{pmatrix}\begin{matrix}p_1\\ \vdots\\ p_m\end{matrix},\quad \boldsymbol{T}=\begin{pmatrix}\boldsymbol{T}_{11} & \cdots & \boldsymbol{T}_{1m}\\ \vdots & & \vdots\\ \boldsymbol{T}_{m1} & \cdots & \boldsymbol{T}_{mm}\end{pmatrix}\begin{matrix}p_1\\ \vdots\\ p_m\end{matrix},\quad \begin{matrix}p_1 & \cdots & p_m\end{matrix}$$

其中, $\sum\limits_{j=1}^{m}p_j=q_1$. 那么 $\mathrm{Cov}(\boldsymbol{X}_{1j},\boldsymbol{X}_{1k}|\boldsymbol{X}_2)=\boldsymbol{T}_{jk}=0(1\leqslant j<k\leqslant m)$ 是 $\boldsymbol{X}_2$ 给定后 $\boldsymbol{X}_{11},\cdots,\boldsymbol{X}_{1m}$ 相互之间条件独立的充要条件. 下面讨论 $\boldsymbol{X}_{11},\cdots,\boldsymbol{X}_{1m}$ 是否在 $\boldsymbol{X}_2$ 给定后相互之间条件独立的假设检验问题, 其原假设和备择假设分别为

$$H_0:\boldsymbol{T}_{ij}=0,\ 1\leqslant i<j\leqslant m,\quad H_1:\boldsymbol{T}_{jk}\ \text{不全等于}\ 0,\ 1\leqslant j<k\leqslant m. \tag{6.6.14}$$

关于这个条件独立性检验问题将不作详细的讨论, 下面仅给出求解的思路和检验的方法.

与 $\boldsymbol{\Sigma}$ 相类似, 首先将样本离差阵 $\boldsymbol{V}$ 剖分为

$$\boldsymbol{V}=\begin{pmatrix}\boldsymbol{V}_{11} & \boldsymbol{V}_{12}\\ \boldsymbol{V}_{21} & \boldsymbol{V}_{22}\end{pmatrix}\begin{matrix}q_1\\ q_2\end{matrix}.\quad \begin{matrix}q_1 & q_2\end{matrix}$$

将 $\boldsymbol{W}=\boldsymbol{V}_{1|2}=\boldsymbol{V}_{11}-\boldsymbol{V}_{12}\boldsymbol{V}_{22}^{-1}\boldsymbol{V}_{21}$ 称为在 $\boldsymbol{X}_2$ 给定后 $\boldsymbol{X}_1$ 的样本条件离差阵. $\boldsymbol{W}$ 在条件独立性检验问题 (6.6.14) 中的作用等同于 $\boldsymbol{V}$ 在独立性检验问题 (6.6.1) 中的作用. 知道 $\boldsymbol{V}\sim W_p(n-1,\boldsymbol{\Sigma})$, 而根据性质 3.2.6, $\boldsymbol{W}\sim W_{q_1}\left(n-q_2-1,\boldsymbol{\Sigma}_{1|2}\right)$, 所以在根据 $\boldsymbol{W}$ 的观察值解条件独立性检验问题 (6.6.14) 时, 需要将维数从 p 减少为 q_1, 样本容量从 n 减少为 $n-q_2$. 如果将 $\boldsymbol{W}$ 剖分为

$$\boldsymbol{W}=\begin{pmatrix}\boldsymbol{W}_{11} & \cdots & \boldsymbol{W}_{1m}\\ \vdots & & \vdots\\ \boldsymbol{W}_{m1} & \cdots & \boldsymbol{W}_{mm}\end{pmatrix}\begin{matrix}p_1\\ \vdots\\ p_m\end{matrix},\quad \begin{matrix}p_1 & \cdots & p_m\end{matrix}$$

那么由 (6.6.2) 式知, 条件独立性检验问题 (6.6.14) 的似然比检验统计量为

$$\eta=\left(\frac{|\boldsymbol{W}|}{\prod\limits_{j=1}^{m}|\boldsymbol{W}_{jj}|}\right)^{(n-q_2)/2}.$$

它的精度为 $O(n^{-1})$, $O(n^{-2})$ 和 $O(n^{-3})$ 的渐近 p 值的计算公式同 (6.6.6) 式 ~ (6.6.8) 式, 只不过其中的维数 p 要换为 q_1, 样本容量 n 要换为 $n-q_2$. 此外, 条件独立性检验问题也有一些特殊的情况, 其处理方法同独立性检验问题 (见 (6.6.9) 式 ~ (6.6.12) 式).

下面讨论例 2.4.1 留下的问题: 在 (x_1,x_2) 给定后, y 与 (x_3,x_4) 是否相互条件独立. (x_1,x_2,x_3,x_4,y) 的样本离差阵为

$$\boldsymbol{V}=\begin{pmatrix}415.2 & 251.1 & -372.6 & -290.0 & 776.0\\ 251.1 & 2905.7 & -166.5 & -3041.0 & 2293.0\\ -372.6 & -166.5 & 492.3 & 38.0 & -618.2\\ -290.0 & -3041.0 & 38.0 & 3362.0 & -2481.7\\ 776.0 & 2293.0 & -618.2 & -2481.7 & 2715.8\end{pmatrix}.$$

由此算得 (x_1,x_2) 给定后, (x_3,x_4,y) 的样本条件离差阵为

$$\boldsymbol{W}=\begin{pmatrix}156.68 & -161.08 & 39.17\\ -161.08 & 177.51 & -41.99\\ 39.17 & -41.99 & 57.91\end{pmatrix},$$

这时的样本容量 n 从 13 减少为 $13-2=11$.

$$\boldsymbol{W}_{11}=\begin{pmatrix}156.68 & -161.08\\ -161.08 & 177.51\end{pmatrix},\quad w_{22}=57.91,$$

条件独立性检验的似然比检验统计量的值为

$$\lambda=\left(\frac{|\boldsymbol{W}|}{|\boldsymbol{W}_{11}|\,|w_{22}|}\right)^{11/2}=0.8265^{11/2}. \tag{6.6.15}$$

由于 $p_1=2$, $p_2=1$, 故根据 (6.6.9) 式算得统计量 F 和检验的 p 值分别为

$$F=\frac{11-1-2}{2}\frac{1-0.8265}{0.8265}=0.8397,$$

$$p=P\left(F\left(2,8\right)\geqslant 0.8397\right)=0.466.$$

而根据 (6.6.12) 式统计量 F 和检验的 p 值分别为

$$F = \frac{11-2-1}{1}\frac{1-\sqrt{0.9885}}{\sqrt{0.9885}} = 0.7997,$$

$$p = P\left(F(2,16) \geqslant 0.7997\right) = 0.466.$$

按这两个公式计算得到的 p 值是相等的. 由于 p 值比较大, 所以不能拒绝条件独立的假设. 因而认为在 (x_1, x_2) 给定后, y 与 (x_3, x_4) 相互条件独立.

习 题 六

6.1 设 $\boldsymbol{X}' = (\boldsymbol{x}_1, \cdots, \boldsymbol{x}_n)$ 是来自多元正态分布总体 $N_p(\boldsymbol{\mu}, \boldsymbol{\Sigma})$ 的样本, 其中, $n > p$, $\boldsymbol{\mu} \in \mathbf{R}^p$ 已知, $\boldsymbol{\Sigma} > 0$ 未知. 试求检验问题 $H_0: \boldsymbol{\Sigma} = \boldsymbol{\Sigma}_0$, $H_1: \boldsymbol{\Sigma} \neq \boldsymbol{\Sigma}_0$ 的似然比检验, 并计算它的 p 值, 其中, $\boldsymbol{\Sigma}_0 > 0$ 已知.

6.2 令 Ω 表示由所有的 p 阶正定矩阵构成的集合: $\Omega = \{\boldsymbol{V} : \boldsymbol{V} > 0\}$. 试证明: 对任意的 $G \subseteq \Omega$, 都有

$$\int_G |\boldsymbol{V}|^{-(p+1)/2}\,\mathrm{d}\boldsymbol{V} = \int_{G^*} |\boldsymbol{V}|^{-(p+1)/2}\,\mathrm{d}\boldsymbol{V},$$

其中, G^* 与 G 有这样的关系: 若 $\boldsymbol{V} \in G$, 则 $\boldsymbol{\Sigma}^{-1/2}\boldsymbol{V}\boldsymbol{\Sigma}^{-1/2} \in G^*$, 即 $\boldsymbol{G}^* = \boldsymbol{\Sigma}^{-1/2}\boldsymbol{G}\boldsymbol{\Sigma}^{-1/2}$.

6.3 设 $\boldsymbol{X}' = (\boldsymbol{x}_1, \cdots, \boldsymbol{x}_n)$ 是来自多元正态分布总体 $N_p(\boldsymbol{\mu}, \boldsymbol{\Sigma})$ 的样本, 其中, $n > p$, $\boldsymbol{\mu} \in \mathbf{R}^p$. 令

$$\lambda = \left(\frac{\mathrm{e}}{n}\right)^{pn/2} |\boldsymbol{V}|^{n/2} \exp\left\{-\frac{1}{2}\boldsymbol{V}\right\},$$

$$\lambda^* = \left(\frac{\mathrm{e}}{n-1}\right)^{p(n-1)/2} |\boldsymbol{V}|^{(n-1)/2} \exp\left\{-\frac{1}{2}\boldsymbol{V}\right\},$$

其中, $\bar{\boldsymbol{x}} = \sum\limits_{i=1}^{n} \boldsymbol{x}_i/n$, $\boldsymbol{V} = \sum\limits_{i=1}^{n} (\boldsymbol{x}_i - \bar{\boldsymbol{x}})(\boldsymbol{x}_i - \bar{\boldsymbol{x}})'$. 试证明

$$(-2\ln\lambda^*) - (-2\ln\lambda) \xrightarrow{\mathrm{p}} 0, \quad n \to \infty.$$

6.4 (1) 试计算 $E(\lambda^*)^h$, $h = 0, 1, 2, \cdots$, 其中,

$$\lambda^* = \left(\frac{\mathrm{e}}{n-1}\right)^{p(n-1)/2} |\boldsymbol{V}|^{(n-1)/2} \exp\left\{-\frac{1}{2}\boldsymbol{V}\right\}, \quad \boldsymbol{V} \sim W_p(n-1, \boldsymbol{I}_p).$$

(2) 如何将 $-2\ln\lambda^*$ 的特征函数 $\phi(t) = E(\exp\{\mathrm{i}t(-2\ln\lambda^*)\})$ 的对数 $\Phi(t) = \ln\phi(t)$ 展开成

$$\Phi(t) = -\frac{f}{2}\ln(1-2\mathrm{i}t) + O\left(n^{-1}\right), \text{ 其中, } f = \frac{p(p+1)}{2}.$$

(3) 令

$$\rho = 1 - \frac{2p^2+3p-1}{6(p+1)(n-1)}, \quad m = \rho(n-1),$$

$$\omega_2 = \frac{p}{288(p+1)}\left(2p^4 + 6p^3 + p^2 - 12p - 13\right).$$

试证明：$-2\rho\ln\lambda^*$ 的特征函数 $\phi(t)$ 的对数 $\Phi(t)$, 以及 $-2\rho\ln\lambda^*$ 的特征函数 $\phi(t)$ 可分别化为

$$\Phi(t) = -\frac{f}{2}\ln(1-2\mathrm{i}t) + \omega_2\left[(1-2\mathrm{i}t)^{-2}-1\right]m^{-2} + O\left(n^{-3}\right),$$

$$\phi(t) = (1-2\mathrm{i}t)^{-f/2} + \omega_2\left[(1-2\mathrm{i}t)^{-(f+4)/2} - (1-2\mathrm{i}t)^{-f/2}\right]m^{-2} + O\left(n^{-3}\right).$$

6.5 设相互独立的总体 $\boldsymbol{X} \sim N_p(\boldsymbol{\mu}_1, \boldsymbol{\Sigma})$ 和 $\boldsymbol{Y} \sim N_p(\boldsymbol{\mu}_2, \boldsymbol{\Sigma})$, $\boldsymbol{\mu}_1, \boldsymbol{\mu}_2 \in \mathbf{R}^p$, $\boldsymbol{\Sigma} > 0$. $\boldsymbol{X}' = (\boldsymbol{x}_1, \cdots, \boldsymbol{x}_m)$ 和 $\boldsymbol{Y}' = (\boldsymbol{y}_1, \cdots, \boldsymbol{y}_n)$ 分别是来自总体 $\boldsymbol{X}$ 和 $\boldsymbol{Y}$ 的样本, $m, n > p$. 试解检验问题 (6.1.1) 和问题 (6.1.2).

6.6 设 $\boldsymbol{X}' = (\boldsymbol{x}_1, \cdots, \boldsymbol{x}_n)$ 是来自多元正态分布总体 $\boldsymbol{X} \sim N_p\left(\boldsymbol{\mu}, \sigma^2\boldsymbol{I}_p\right)$ 的样本, 其中, $n > p$, $\boldsymbol{\mu} \in \mathbf{R}^p$, $\sigma^2 > 0$.

(1) 试证明：均值 $\boldsymbol{\mu}$ 的极大似然估计为样本均值 $\bar{\boldsymbol{x}}$, σ^2 的极大似然估计为 $\mathrm{tr}(\boldsymbol{V})/(pn)$, 其中, $\bar{\boldsymbol{x}} = \sum\limits_{i=1}^{n}\boldsymbol{x}_i/n$, $\boldsymbol{V} = \sum\limits_{i=1}^{n}(\boldsymbol{x}_i - \bar{\boldsymbol{x}})(\boldsymbol{x}_i - \bar{\boldsymbol{x}})'$.

(2) 令

$$\lambda = \frac{|\boldsymbol{V}|^{n/2}}{(\mathrm{tr}(\boldsymbol{V})/p)^{np/2}}, \quad \lambda^* = \frac{|\boldsymbol{V}|^{(n-1)/2}}{(\mathrm{tr}(\boldsymbol{V})/p)^{(n-1)p/2}}.$$

试证明：$(-2\ln\lambda^*) - (-2\ln\lambda) \xrightarrow{\mathrm{P}} 0$, $n \to \infty$.

6.7 接习题 6.5. (1) 在 $\sigma^2 = 1$, 从而 $\boldsymbol{V} \sim W_p(n-1, \boldsymbol{I}_p)$ 时, 计算 $E(\lambda^*)^h$, $h = 0, 1, 2, \cdots$.

(2) 试证明：在 $p = 2$ 时 λ^* 服从 $0 \sim 1$ 区间上的均匀分布.

(3) 如何将 $-2\ln\lambda^*$ 的特征函数 $\phi(t) = E(\exp\{\mathrm{i}t(-2\ln\lambda^*)\})$ 的对数 $\Phi(t) = \ln\phi(t)$ 化为

$$\Phi(t) = -\frac{f}{2}\ln(1-2\mathrm{i}t) + O\left(n^{-1}\right), \quad 其中, f = \frac{(p+2)(p-1)}{2}.$$

6.8 设 $\boldsymbol{X}' = (\boldsymbol{x}_1, \cdots, \boldsymbol{x}_n)$ 是来自多元正态分布总体 $N_p(\boldsymbol{\mu}, \boldsymbol{\Sigma})$ 的样本, 其中, $n > p$, $\boldsymbol{\mu} \in \mathbf{R}^p$, $\boldsymbol{\Sigma} > 0$. 考虑检验问题 $H_0: \boldsymbol{\mu} = \boldsymbol{\mu}_0, \boldsymbol{\Sigma} = \boldsymbol{\Sigma}_0$, $H_1: \boldsymbol{\mu} \neq \boldsymbol{\mu}_0$ 或 $\boldsymbol{\Sigma} \neq \boldsymbol{\Sigma}_0$.

(1) 试证明它的似然比检验为

$$\lambda = \left(\frac{\mathrm{e}}{n}\right)^{pn/2}|\boldsymbol{V}|^{n/2}\exp\left\{-\frac{1}{2}\left(\boldsymbol{V} + n\bar{\boldsymbol{x}}\bar{\boldsymbol{x}}'\right)\right\}.$$

(2) 试证明它的似然比检验是无偏检验.

(3) 试证明在 $\boldsymbol{\mu} = \boldsymbol{0}$ 和 $\boldsymbol{\Sigma} = \boldsymbol{I}_p$ 时, λ 的 h 矩为

$$E(\lambda)^h = \left(\frac{2\mathrm{e}}{n}\right)^{nph/2}(1+h)^{-n(1+h)p/2}\frac{\prod\limits_{j=1}^{p}\Gamma((n(1+h)-j)/2)}{\prod\limits_{j=1}^{p}\Gamma((n-j)/2)}.$$

(4) 令

$$\rho = 1 - \frac{2p^2+9p+11}{6n(p+3)}, \quad \gamma = \frac{p\left(2p^4+18p^3+49p^2+36p-13\right)}{288(p+3)}, \quad m = \rho n.$$

试证明: 在 $\boldsymbol{\mu}=\mathbf{0}$ 和 $\boldsymbol{\Sigma}=\boldsymbol{I}_p$ 时, $-2\rho\ln\lambda$ 的渐近 p 值为

$$P\left(\chi^2\left(p\left(p+3\right)/2\right)\geqslant -2\rho\ln\lambda\right)+O\left(n^{-2}\right),$$

$$P\left(\chi^2\left(p\left(p+3\right)/2\right)\geqslant -2\rho\ln\lambda\right)+\frac{\gamma}{m^2}\left[P\left(\chi^2\left(p\left(p+3\right)/2+4\right)\geqslant -2\rho\ln\lambda\right)\right.$$
$$\left.-P\left(\chi^2\left(p\left(p+3\right)/2\right)\geqslant -2\rho\ln\lambda\right)\right]+O\left(n^{-3}\right).$$

6.9 设有 k 个相互独立的总体 $\boldsymbol{X}_j\sim N_p\left(\boldsymbol{\mu}_j,\boldsymbol{\Sigma}\right)$, $\boldsymbol{\mu}_j\in\mathbf{R}^p$, $\boldsymbol{\Sigma}>0$, $\boldsymbol{x}_{j1},\cdots,\boldsymbol{x}_{jn_j}$ 是来自总体 $\boldsymbol{X}_j$ 的样本, $j=1,\cdots,k$. 记 $n=\sum\limits_{j=1}^{k}n_j\geqslant p+k$,

$$\bar{\boldsymbol{x}}_j=\sum_{i=1}^{n_j}\frac{\boldsymbol{x}_{ji}}{n_j},\quad \boldsymbol{V}_j=\sum_{i=1}^{n_j}\left(\boldsymbol{x}_{ji}-\bar{\boldsymbol{x}}_j\right)\left(\boldsymbol{x}_{ji}-\bar{\boldsymbol{x}}_j\right)',\quad j=1,\cdots,k.$$

令

$$\lambda=\frac{n^{pn/2}}{\prod\limits_{j=1}^{k}n_j^{pn_j/2}}\frac{\prod\limits_{j=1}^{k}|\boldsymbol{V}_j|^{n_j/2}}{\left|\sum\limits_{j=1}^{k}\boldsymbol{V}_j\right|^{n/2}},$$

$$\lambda^*=\frac{(n-k)^{p(n-k)/2}}{\prod\limits_{j=1}^{k}(n_j-1)^{p\left(n_j-1\right)/2}}\frac{\prod\limits_{j=1}^{k}|\boldsymbol{V}_j|^{\left(n_j-1\right)/2}}{\left|\sum\limits_{j=1}^{k}\boldsymbol{V}_j\right|^{(n-k)/2}}.$$

试证明: $(-2\ln\lambda^*)-(-2\ln\lambda)\xrightarrow{\mathrm{P}}0$, $n\to\infty$.

6.10 接例 5.3.1. 这里有 $k=2$ 个 $p=2$ 元正态分布总体, 样本容量 $n_1=16$, $n_2=11$. 经计算样本均值和样本协方差阵分别为

$$\bar{\boldsymbol{x}}=\begin{pmatrix}9.82\\15.06\end{pmatrix},\quad \bar{\boldsymbol{y}}=\begin{pmatrix}13.05\\22.57\end{pmatrix},$$

$$\boldsymbol{S}_1=\begin{pmatrix}120.000 & -16.304\\-16.304 & 17.792\end{pmatrix},\quad \boldsymbol{S}_2=\begin{pmatrix}81.796 & 32.098\\32.098 & 53.801\end{pmatrix}.$$

试检验这两个二元正态总体的协方差阵是否相等.

6.11(数据摘自文献 [144] 的 1.1 节) 由 88 位学生的力学、向量、代数、分析、统计等 5 门数学课的成绩算得样本相关阵为

$$\begin{matrix}\text{力学}\\\text{向量}\\\text{代数}\\\text{分析}\\\text{统计}\\ \end{matrix}\begin{pmatrix}1 & & & & \\0.55 & 1 & & & \\0.55 & 0.61 & 1 & & \\0.41 & 0.49 & 0.71 & 1 & \\0.39 & 0.44 & 0.66 & 0.61 & 1\end{pmatrix},$$
$$\qquad\qquad\begin{matrix}\text{力学} & \text{向量} & \text{代数} & \text{分析} & \text{统计}\end{matrix}$$

样本偏相关阵为

$$
\begin{array}{c}
\text{力学} \\ \text{向量} \\ \text{代数} \\ \text{分析} \\ \text{统计} \\ \\
\end{array}
\begin{array}{c}
\left(\begin{array}{ccccc}
1 & & & & \\
-0.33 & 1 & & & \\
-0.23 & -0.28 & 1 & & \\
0.00 & -0.08 & -0.43 & 1 & \\
-0.02 & -0.02 & -0.36 & -0.25 & 1
\end{array}\right) \\
\begin{array}{ccccc}
\text{力学} & \text{向量} & \text{代数} & \text{分析} & \text{统计}
\end{array}
\end{array}.
$$

假设这 5 门课程的学习成绩服从多元正态分布,

(1) 试根据样本偏相关阵推测总体偏相关阵哪几个值最有可能等于 0;

(2) 试根据引理 2.4.2, 推测这 5 门课程相互之间最有可能的条件独立性;

(3) 试对发现的条件独立性进行检验.

第 7 章 线性模型

本章 7.1 节讨论多元线性模型的估计与检验问题, 7.2 节讨论多元线性回归模型, 7.3 节讨论重复测量模型的估计与参数检验问题, 7.4 节讨论重复测量模型的复合对称结构的检验问题.

7.1 多元线性模型

在介绍多元线性模型之前, 首先叙述所熟悉的一元线性模型 (简称线性模型) 的有关概念. 所谓的一元线性模型用向量和矩阵的形式表示就是

$$\boldsymbol{Y}=\boldsymbol{X}\boldsymbol{\beta}+\varepsilon, \tag{7.1.1}$$

其中,

(1) $\boldsymbol{Y}$ 是 n 维可观察的随机向量;

(2) $\boldsymbol{X}$ 是已知的 $n\times k$ 阶矩阵, $\boldsymbol{X}$ 称为设计矩阵, $n\geqslant k$, 其秩 $R(\boldsymbol{X})=r\leqslant k$. 对实际问题而言, $\boldsymbol{X}$ 往往是秩为 k 的列满秩阵;

(3) $\boldsymbol{\beta}$ 是 k 维未知的参数向量, $\boldsymbol{\beta}$ 通常称为回归系数;

(4) ε 是 n 维不可观察的随机向量, ε 通常称为误差向量. 关于误差向量 ε 所作的假设一般有以下两种情况:

情况 1 仅对 ε 作一、二阶矩的假设. 假设 $E(\boldsymbol{\varepsilon})=\mathbf{0}$, $\mathrm{Cov}(\boldsymbol{\varepsilon})=\sigma^2\boldsymbol{I}_n$, $\sigma^2>0$. 这也就是说, 令 $\boldsymbol{\varepsilon}=(\varepsilon_1,\cdots,\varepsilon_n)'$, 则 $\varepsilon_1,\cdots,\varepsilon_n$ 互不相关, $E(\varepsilon_i)=0$, $D(\varepsilon_i)=\sigma^2$, $i=1,\cdots,n$, 误差方差 σ^2 未知.

情况 2 对 ε 作正态分布假设. 假设 $\varepsilon\sim N_n\left(\mathbf{0},\sigma^2\boldsymbol{I}_n\right)$, $\sigma^2>0$. 这也就是说, 令 $\boldsymbol{\varepsilon}=(\varepsilon_1,\cdots,\varepsilon_n)'$, 则 $\varepsilon_1,\cdots,\varepsilon_n$ 相互独立同分布, $\varepsilon_i\sim N\left(0,\sigma^2\right)$, $i=1,\cdots,n$, 误差方差 σ^2 未知.

显然, 由情况 2 的假设可以推出情况 1 的假设. 在情况 1, 通常仅讨论回归系数 β 与误差方差 σ^2 的估计问题. 而在情况 2, 除了估计问题, 还讨论这些参数的检验问题.

令 $\boldsymbol{Y}=(\boldsymbol{y}_1,\cdots,\boldsymbol{y}_n)'$, $\boldsymbol{x}_i'$ 是 $\boldsymbol{X}$ 的第 i 个行向量, 则 $\boldsymbol{y}_i=\boldsymbol{x}_i'\boldsymbol{\beta}+\boldsymbol{\varepsilon}_i$, $i=1,\cdots,n$. 一元线性模型可理解为独立地作了 n 次观察, 而 $\boldsymbol{y}_i$ 是它的第 i 次观察值, $i=1,\cdots,n$. 正因为每次观察仅得到一个观察值, 才把它称为一元线性模型. 而多元线

性模型作为一元线性模型的推广，就是因为它每次观察得到的不是一个观察值，而是一个向量.

7.1.1 模型

多元线性模型的定义如下：

$$\boldsymbol{Y}=\boldsymbol{X}\boldsymbol{B}+\varepsilon, \tag{7.1.2}$$

其中，

(1) $\boldsymbol{Y}$ 是 $n\times p$ 阶可观察的随机矩阵, $n\geqslant p$;

(2) 设计矩阵 $\boldsymbol{X}$ 是已知的 $n\times k$ 阶矩阵, $n\geqslant k$, 其秩 $R(\boldsymbol{X})=r\leqslant k$;

(3) 回归系数矩阵 $\boldsymbol{B}$ 是 $k\times p$ 阶未知的参数矩阵;

(4) ε 是 $n\times p$ 阶不可观察的随机误差矩阵, 关于误差矩阵 $\boldsymbol{\varepsilon}$ 所作的假设也有两种情况: 情况 1 仅对 ε 作一、二阶矩的假设. 假设 $E(\varepsilon)=0$, $\mathrm{Cov}(\mathrm{vec}(\boldsymbol{\varepsilon}))=\boldsymbol{\Sigma}\otimes\boldsymbol{I}_n$, 误差协方差阵 $\boldsymbol{\Sigma}$ 是未知的 p 阶正定矩阵. 情况 2 对 ε 作正态分布假设. 本书考虑后一种情况. 若仅对 ε 作一、二阶矩的假设, 会特别加以说明.

假设 $\boldsymbol{\varepsilon}\sim N_{n\times p}(\boldsymbol{0},\boldsymbol{\Sigma}\otimes\boldsymbol{I}_n)$, 误差协方差阵 $\boldsymbol{\Sigma}$ 是未知的 p 阶正定矩阵. 由此知, 若令 ε 的行向量分别为 $\varepsilon_1',\cdots,\varepsilon_n'$, 则 $\varepsilon_1,\cdots,\varepsilon_n$ 相互独立同分布, $\varepsilon_i\sim N_p(\boldsymbol{0},\boldsymbol{\Sigma})$, $i=1,\cdots,n$. 由 $\boldsymbol{\varepsilon}\sim N_{n\times p}(\boldsymbol{0},\boldsymbol{\Sigma}\otimes\boldsymbol{I}_n)$ 可以推得 $\boldsymbol{Y}\sim N_{n\times p}(\boldsymbol{X}\boldsymbol{B},\boldsymbol{\Sigma}\otimes\boldsymbol{I}_n)$.

令 $\boldsymbol{Y}$ 的行向量分别为 $\boldsymbol{y}_1',\cdots,\boldsymbol{y}_n'$, $\boldsymbol{X}$ 的行向量分别为 $\boldsymbol{x}_1',\cdots,\boldsymbol{x}_n'$, 则有 $\boldsymbol{y}_i'=\boldsymbol{x}_i'\boldsymbol{B}+\varepsilon_i'\sim N_p(\boldsymbol{x}_i'\boldsymbol{B},\boldsymbol{\Sigma})$, $i=1,\cdots,n$. 多元线性模型可理解为独立地作了 n 次观察, 而 $\boldsymbol{y}_i$ 是它的第 i 次观察向量, $i=1,\cdots,n$. 由此看来, 模型 (7.1.2) 也可表述为

$$\begin{cases}E(\boldsymbol{Y})=\boldsymbol{X}\boldsymbol{B},\\ \boldsymbol{Y}\ \text{的行向量}\ \boldsymbol{y}_1',\cdots,\boldsymbol{y}_n'\ \text{相互独立, 都服从正态分布, 同协方差阵}\boldsymbol{\Sigma},\boldsymbol{\Sigma}>0.\end{cases}$$

令 $\boldsymbol{Y}$ 的列向量分别为 $\boldsymbol{Y}_{(1)},\cdots,\boldsymbol{Y}_{(p)}$, $\boldsymbol{B}$ 的列向量分别为 $\boldsymbol{\beta}_1,\cdots,\boldsymbol{\beta}_p$, ε 的列向量分别为 $\varepsilon_{(1)},\cdots,\varepsilon_{(p)}$, 则有

$$\boldsymbol{Y}_{(j)}=\boldsymbol{X}\boldsymbol{\beta}_j+\varepsilon_{(j)},\quad j=1,\cdots,p.$$

由此看来, 多元线性模型 (7.1.2) 可以分解成 p 个一元线性模型, 而这 p 个一元线性模型有相同的设计矩阵. 由一元线性模型回归系数的估计公式, 有 $\boldsymbol{\beta}_j$ 的估计为

$$\hat{\boldsymbol{\beta}}_j=(\boldsymbol{X}'\boldsymbol{X})^-\boldsymbol{X}'\boldsymbol{Y}_{(j)},\quad j=1,\cdots,p,$$

其中, $(\boldsymbol{X}'\boldsymbol{X})^-$ 表示矩阵 $\boldsymbol{X}'\boldsymbol{X}$ 的广义逆. 矩阵广义逆的简要介绍见附录 A.2.2. 在 $n\times k$ 阶矩阵 $\boldsymbol{X}$ 是秩为 k 的列满秩阵时, k 阶阵 $\boldsymbol{X}'\boldsymbol{X}$ 非奇异, 其广义逆 $(\boldsymbol{X}'\boldsymbol{X})^-$ 就是它的通常意义下的逆 $(\boldsymbol{X}'\boldsymbol{X})^{-1}$.

由 $\boldsymbol{\beta}_j(j=1,\cdots,p)$ 的估计得到多元线性模型 (7.1.2) 中回归系数矩阵 $\boldsymbol{B}$ 的估计为

$$\hat{\boldsymbol{B}}=\left(\hat{\boldsymbol{\beta}}_1,\cdots,\hat{\boldsymbol{\beta}}_p\right)=\left(\boldsymbol{X}'\boldsymbol{X}\right)^{-1}\boldsymbol{X}'(\boldsymbol{Y}_{(1)},\cdots,\boldsymbol{Y}_{(p)})=\left(\boldsymbol{X}'\boldsymbol{X}\right)^{-1}\boldsymbol{X}'\boldsymbol{Y}.$$

这是将多元线性模型分解成若干个一元线性模型后得到的回归系数矩阵估计. 下面的 7.1.3 小节把多元线性模型看成一个整体, 然后据此给出回归系数矩阵估计. 将发现这两个估计是完全相同的. 必须指出的是, 分解多元线性模型对于估计回归系数矩阵这个问题来说是可行的, 但是对于多元线性模型的其他很多的问题, 如检验问题来说它并不有效.

前面几章讨论过的问题不少都可转换为多元线性模型. 由于前面通常用 $\boldsymbol{X}$(或 $\boldsymbol{x}$) 表示变量, 在多元线性模型用 $\boldsymbol{Y}$(或 $\boldsymbol{y}$) 表示变量, 而把设计矩阵记为 $\boldsymbol{X}$, 必须注意理解字母的含意. 例如, 单个正态总体的问题, 假设 $\boldsymbol{X}'=(\boldsymbol{x}_1,\cdots,\boldsymbol{x}_n)$ 是来自多元正态分布总体 $N_p(\boldsymbol{\mu},\boldsymbol{\Sigma})$ 的样本, 其中, $\boldsymbol{\Sigma}>0$, 这就相当于有一个多元线性模型

$$\begin{cases}E(\boldsymbol{Y})=\boldsymbol{X}\boldsymbol{B},\\ \boldsymbol{Y}\text{ 的行向量 }\boldsymbol{y}_1',\cdots,\boldsymbol{y}_n'\text{ 相互独立, 都服从正态分布, 同协方差阵}\boldsymbol{\Sigma},\boldsymbol{\Sigma}>0,\end{cases}$$

其中, 设计矩阵 $\boldsymbol{X}=\mathbf{1}_n$ 是元素全为 1 的 n 维向量, 参数阵 $\boldsymbol{B}=\boldsymbol{\mu}'$ 是 $1\times p$ 的向量.

又如多元方差分析问题, 设有 k 个相互独立的总体 $\boldsymbol{X}_j\sim N_p\left(\boldsymbol{\mu}_j,\boldsymbol{\Sigma}\right)$, $k\geqslant 2$. $\boldsymbol{x}_{j1},\cdots,\boldsymbol{x}_{jn_j}$ 是来自总体 $\boldsymbol{X}_j$ 的样本, $j=1,\cdots,k$, $\boldsymbol{\Sigma}>0$. 记 $n=\sum\limits_{j=1}^{k}n_j$. 这就相当于有一个多元线性模型

$$\begin{cases}E(\boldsymbol{Y})=\boldsymbol{X}\boldsymbol{B},\\ \boldsymbol{Y}\text{ 的行向量 }\boldsymbol{y}_1',\cdots,\boldsymbol{y}_n'\text{ 相互独立, 都服从正态分布, 同协方差阵 }\boldsymbol{\Sigma},\boldsymbol{\Sigma}>0,\end{cases}$$

其中,

$$\text{设计矩阵 }\boldsymbol{X}=\begin{pmatrix}\mathbf{1}_{n_1}&\mathbf{0}&\cdots&\mathbf{0}\\ \mathbf{0}&\mathbf{1}_{n_2}&\cdots&\mathbf{0}\\ \vdots&\vdots&&\vdots\\ \mathbf{0}&\mathbf{0}&\cdots&\mathbf{1}_{n_k}\end{pmatrix}\text{ 是 }n\times k\text{ 阶对角分块矩阵,}$$

$$\text{参数矩阵 }\boldsymbol{B}=\begin{pmatrix}\boldsymbol{\mu}_1'\\ \boldsymbol{\mu}_2'\\ \vdots\\ \boldsymbol{\mu}_k'\end{pmatrix}\text{ 是 }k\times p\text{ 阶矩阵.}$$

7.1.2 充分统计量

根据 $\boldsymbol{y}_1,\cdots,\boldsymbol{y}_n$ 相互独立, $\boldsymbol{y}_i' \sim N_p(\boldsymbol{x}_i'\boldsymbol{B},\boldsymbol{\Sigma})$, 有 $\boldsymbol{Y}$ 的密度函数为

$$\begin{aligned}
f(\boldsymbol{Y}|\boldsymbol{B},\boldsymbol{\Sigma}) &= \prod_{i=1}^{n}\left[\frac{1}{(2\pi)^{p/2}|\boldsymbol{\Sigma}|^{1/2}}\exp\left\{-\frac{(\boldsymbol{y}_i'-\boldsymbol{x}_i'\boldsymbol{B})\boldsymbol{\Sigma}^{-1}(\boldsymbol{y}_i-\boldsymbol{B}x_i)}{2}\right\}\right] \\
&= \frac{1}{(2\pi)^{np/2}|\boldsymbol{\Sigma}|^{n/2}}\exp\left\{-\frac{\operatorname{tr}\left((\boldsymbol{Y}-\boldsymbol{X}\boldsymbol{B})\boldsymbol{\Sigma}^{-1}(\boldsymbol{Y}-\boldsymbol{X}\boldsymbol{B})'\right)}{2}\right\} \\
&= \frac{1}{(2\pi)^{np/2}|\boldsymbol{\Sigma}|^{n/2}}\exp\left\{-\frac{\operatorname{tr}\left((\boldsymbol{Y}-\boldsymbol{X}\boldsymbol{B})'(\boldsymbol{Y}-\boldsymbol{X}\boldsymbol{B})\boldsymbol{\Sigma}^{-1}\right)}{2}\right\} \\
&= \frac{\exp\left\{-\operatorname{tr}\left(\boldsymbol{B}'\boldsymbol{X}'\boldsymbol{X}\boldsymbol{B}\boldsymbol{\Sigma}^{-1}\right)/2\right\}}{(2\pi)^{np/2}|\boldsymbol{\Sigma}|^{n/2}}\exp\left\{-\frac{\operatorname{tr}\left(\boldsymbol{Y}'\boldsymbol{Y}\boldsymbol{\Sigma}^{-1}-2\boldsymbol{B}'\boldsymbol{X}'\boldsymbol{Y}\boldsymbol{\Sigma}^{-1}\right)}{2}\right\}.
\end{aligned} \tag{7.1.3}$$

(7.1.3) 式说明这是指数型分布族, $\left(\boldsymbol{Y}'\boldsymbol{Y},\boldsymbol{X}'\boldsymbol{Y}\right)$ 是 $(\boldsymbol{B},\boldsymbol{\Sigma})$ 的充分统计量.

下面这种类型的平方和分解公式是大家很熟悉的:

$$\sum_{i=1}^{n}(\boldsymbol{x}_i-\boldsymbol{\mu})^2=\sum_{i=1}^{n}(\boldsymbol{x}_i-\bar{\boldsymbol{x}})^2+n(\bar{\boldsymbol{x}}-\boldsymbol{\mu})^2.$$

在多元统计分析中也有类似的平方和分解公式:

$$\begin{aligned}
(\boldsymbol{Y}-\boldsymbol{X}\boldsymbol{B})'(\boldsymbol{Y}-\boldsymbol{X}\boldsymbol{B}) &= \boldsymbol{Y}'(\boldsymbol{I}_n-\boldsymbol{X}(\boldsymbol{X}'\boldsymbol{X})^-\boldsymbol{X}')\boldsymbol{Y} \\
&\quad +((\boldsymbol{X}'\boldsymbol{X})^-\boldsymbol{X}'\boldsymbol{Y}-\boldsymbol{B})'\boldsymbol{X}'\boldsymbol{X}((\boldsymbol{X}'\boldsymbol{X})^-\boldsymbol{X}'\boldsymbol{Y}-\boldsymbol{B}).
\end{aligned} \tag{7.1.4}$$

利用这个公式, $\boldsymbol{Y}$ 的密度函数 (见 (7.1.3) 式) 可改写为

$$\begin{aligned}
f(\boldsymbol{Y}|\boldsymbol{B},\boldsymbol{\Sigma}) &= \frac{1}{(2\pi)^{np/2}|\boldsymbol{\Sigma}|^{n/2}}\exp\left\{-\frac{\operatorname{tr}\left((\boldsymbol{Y}-\boldsymbol{X}\boldsymbol{B})'(\boldsymbol{Y}-\boldsymbol{X}\boldsymbol{B})\boldsymbol{\Sigma}^{-1}\right)}{2}\right\} \\
&= \frac{1}{(2\pi)^{np/2}|\boldsymbol{\Sigma}|^{n/2}}\exp\left\{-\frac{1}{2}\operatorname{tr}\left(\boldsymbol{Y}'\left(\boldsymbol{I}_n-X\left(\boldsymbol{X}'\boldsymbol{X}\right)^-\boldsymbol{X}'\right)\boldsymbol{Y}\boldsymbol{\Sigma}^{-1}\right)\right. \\
&\quad \left.-\frac{1}{2}\operatorname{tr}\left(\left(\left(\boldsymbol{X}'\boldsymbol{X}\right)^-\boldsymbol{X}'\boldsymbol{Y}-\boldsymbol{B}\right)'\boldsymbol{X}'\boldsymbol{X}\left(\left(\boldsymbol{X}'\boldsymbol{X}\right)^-\boldsymbol{X}'\boldsymbol{Y}-\boldsymbol{B}\right)\boldsymbol{\Sigma}^{-1}\right)\right\}.
\end{aligned} \tag{7.1.5}$$

由此可见, $\left((\boldsymbol{X}'\boldsymbol{X})^-\boldsymbol{X}'\boldsymbol{Y},\boldsymbol{Y}'\left(\boldsymbol{I}_n-\boldsymbol{X}(\boldsymbol{X}'\boldsymbol{X})^-\boldsymbol{X}'\right)'\boldsymbol{Y}\right)$ 也是 $(\boldsymbol{B},\boldsymbol{\Sigma})$ 的充分统计量.

至于 $(\boldsymbol{B},\boldsymbol{\Sigma})$ 的充分统计量的完全性, 按 $\boldsymbol{X}$ 是和不是列满秩阵这两种情况分别进行讨论.

情况 1 $n\times k$ 阶设计矩阵 $\boldsymbol{X}$ 是列满秩阵, 其秩 $R(\boldsymbol{X})=k$ 时, 指数分布族 (7.1.3) 式的自然形式为

$$\frac{|\boldsymbol{T}|^{n/2}\exp\left\{-\boldsymbol{T}^{-1}\boldsymbol{\Theta}\boldsymbol{X}'\boldsymbol{X}\boldsymbol{\Theta}'/2\right\}}{(2\pi)^{np/2}}\exp\left\{-\frac{1}{2}\mathrm{tr}\left((\boldsymbol{Y}'\boldsymbol{Y})\boldsymbol{T}\right)+\mathrm{tr}\left((\boldsymbol{X}'\boldsymbol{Y})\boldsymbol{\Theta}\right)\right\},\quad(7.1.6)$$

其中, $\boldsymbol{T}=\boldsymbol{\Sigma}^{-1}$, $\boldsymbol{\Theta}=\boldsymbol{\Sigma}^{-1}\boldsymbol{B}'$. 前面令 $\boldsymbol{Y}$ 的列向量分别为 $\boldsymbol{Y}_{(1)},\cdots,\boldsymbol{Y}_{(p)}$, 现再令 $\boldsymbol{X}$ 的列向量分别为 $\boldsymbol{X}_{(1)},\cdots,\boldsymbol{X}_{(k)}$, 则有

$$\boldsymbol{Y}'\boldsymbol{Y}=(\boldsymbol{Y}'_{(i)}\boldsymbol{Y}_{(j)})_{1\leqslant i,j\leqslant p},\quad \boldsymbol{X}'\boldsymbol{Y}=(\boldsymbol{X}'_{(i)}\boldsymbol{Y}_{(j)})_{1\leqslant i\leqslant k,1\leqslant j\leqslant p}.$$

在 $\boldsymbol{X}$ 是秩为 k 的列满秩阵时, $\{\boldsymbol{X}'_{(i)}\boldsymbol{Y}_{(j)}:1\leqslant i\leqslant k,1\leqslant j\leqslant p\}$ 这 pk 个函数之间没有线性关系, 故对自然参数空间 $(\boldsymbol{\Theta}\in\mathbf{R}^{pk},\boldsymbol{T}>0)$ 而言, 在 $\boldsymbol{X}$ 是秩为 k 的列满秩阵, $(\boldsymbol{Y}'\boldsymbol{Y},\boldsymbol{X}'\boldsymbol{Y})$ 是 $(\boldsymbol{\Theta},\boldsymbol{T})$ 的完全的统计量. 由于 $(\boldsymbol{B},\boldsymbol{\Sigma})$ 与 $(\boldsymbol{\Theta},\boldsymbol{T})$ 一一对应, 故 $(\boldsymbol{Y}'\boldsymbol{Y},\boldsymbol{X}'\boldsymbol{Y})$ 是 $(\boldsymbol{B},\boldsymbol{\Sigma})$ 的充分且完全的统计量. 在 $\boldsymbol{X}$ 列满秩时, 充分统计量 $((\boldsymbol{X}'\boldsymbol{X})^{-}\boldsymbol{X}'\boldsymbol{Y},\boldsymbol{Y}'\left(\boldsymbol{I}_n-\boldsymbol{X}(\boldsymbol{X}'\boldsymbol{X})^{-}\boldsymbol{X}'\right)'\boldsymbol{Y})$ 就是 $((\boldsymbol{X}'\boldsymbol{X})^{-1}\boldsymbol{X}'\boldsymbol{Y},\boldsymbol{Y}'(\boldsymbol{I}_n-\boldsymbol{X}(\boldsymbol{X}'\cdot\boldsymbol{X})^{-1}\boldsymbol{X}')'\boldsymbol{Y})$, 而它又与 $(\boldsymbol{Y}'\boldsymbol{Y},\boldsymbol{X}'\boldsymbol{Y})$ 一一对应, 因而 $((\boldsymbol{X}'\boldsymbol{X})^{-1}\boldsymbol{X}'\boldsymbol{Y},\boldsymbol{Y}'(\boldsymbol{I}_n-\boldsymbol{X}\cdot(\boldsymbol{X}'\boldsymbol{X})^{-1}\boldsymbol{X}')'\boldsymbol{Y})$ 也是 $(\boldsymbol{B},\boldsymbol{\Sigma})$ 的充分且完全的统计量. 通常使用 $((\boldsymbol{X}'\boldsymbol{X})^{-1}\boldsymbol{X}'\boldsymbol{Y},\boldsymbol{Y}'\cdot(\boldsymbol{I}_n-\boldsymbol{X}(\boldsymbol{X}'\boldsymbol{X})^{-1}\boldsymbol{X}')'\boldsymbol{Y})$ 作为 $(\boldsymbol{B},\boldsymbol{\Sigma})$ 的充分且完全的统计量, 这是因为它的抽样分布有非常好的性质; 这个性质与性质 4.1.1 相类似. 事实上, 性质 4.1.1 是它在 $\boldsymbol{X}=\boldsymbol{1}_n$ 时的一个特例. 这个性质由以下的 3 个结论所组成.

性质 7.1.1

(1) $(\boldsymbol{X}'\boldsymbol{X})^{-1}\boldsymbol{X}'\boldsymbol{Y}\sim N_{k\times p}\left(\boldsymbol{B},\boldsymbol{\Sigma}\otimes(\boldsymbol{X}'\boldsymbol{X})^{-1}\right)$;

(2) $\boldsymbol{Y}'\left(\boldsymbol{I}_n-\boldsymbol{X}(\boldsymbol{X}'\boldsymbol{X})^{-1}\boldsymbol{X}'\right)\boldsymbol{Y}\sim W_p(n-k,\boldsymbol{\Sigma})$;

(3) $(\boldsymbol{X}'\boldsymbol{X})^{-1}\boldsymbol{X}'\boldsymbol{Y}$ 与 $\boldsymbol{Y}'\left(\boldsymbol{I}_n-\boldsymbol{X}(\boldsymbol{X}'\boldsymbol{X})^{-1}\boldsymbol{X}'\right)\boldsymbol{Y}$ 相互独立.

下面给出这个性质的证明:

已经知道 $\boldsymbol{Y}\sim N_{n\times p}(\boldsymbol{X}\boldsymbol{B},\boldsymbol{\Sigma}\otimes\boldsymbol{I}_n)$, 等价于 $\mathrm{vec}(\boldsymbol{Y})\sim N_{np}(\mathrm{vec}(\boldsymbol{X}\boldsymbol{B}),\boldsymbol{\Sigma}\otimes\boldsymbol{I}_n)$. 根据拉直运算和 Kronecker 积的性质 A.4.9, 有

$$\mathrm{vec}\left((\boldsymbol{X}'\boldsymbol{X})^{-1}\boldsymbol{X}'\boldsymbol{Y}\right)=\left(\boldsymbol{I}_p\otimes(\boldsymbol{X}'\boldsymbol{X})^{-1}\boldsymbol{X}'\right)\mathrm{vec}(\boldsymbol{Y}).$$

由于

$$\begin{aligned}&E\left(\mathrm{vec}\left((\boldsymbol{X}'\boldsymbol{X})^{-1}\boldsymbol{X}'\boldsymbol{Y}\right)\right)=\left(\boldsymbol{I}_p\otimes(\boldsymbol{X}'\boldsymbol{X})^{-1}\boldsymbol{X}'\right)E(\mathrm{vec}(\boldsymbol{Y}))\\=&\left(\boldsymbol{I}_p\otimes(\boldsymbol{X}'\boldsymbol{X})^{-1}\boldsymbol{X}'\right)\mathrm{vec}(\boldsymbol{X}\boldsymbol{B})=\mathrm{vec}\left(\left((\boldsymbol{X}'\boldsymbol{X})^{-1}\boldsymbol{X}'\right)(\boldsymbol{X}\boldsymbol{B})\right)=\mathrm{vec}(\boldsymbol{B}),\\&\mathrm{Cov}\left(\mathrm{vec}\left((\boldsymbol{X}'\boldsymbol{X})^{-1}\boldsymbol{X}'\boldsymbol{Y}\right)\right)=\left(\boldsymbol{I}_p\otimes(\boldsymbol{X}'\boldsymbol{X})^{-1}\boldsymbol{X}'\right)E(\mathrm{vec}(\boldsymbol{Y}))\left(\boldsymbol{I}_p\otimes\boldsymbol{X}(\boldsymbol{X}'\boldsymbol{X})^{-1}\right)\\=&\left(\boldsymbol{I}_p\otimes(\boldsymbol{X}'\boldsymbol{X})^{-1}\boldsymbol{X}'\right)(\boldsymbol{\Sigma}\otimes\boldsymbol{I}_n)\left(\boldsymbol{I}_p\otimes\boldsymbol{X}(\boldsymbol{X}'\boldsymbol{X})^{-1}\right)=\boldsymbol{\Sigma}\otimes(\boldsymbol{X}'\boldsymbol{X})^{-1},\end{aligned}$$

所以 $\mathrm{vec}\left((\boldsymbol{X}'\boldsymbol{X})^{-1}\boldsymbol{X}'\boldsymbol{Y}\right)\sim N_{kp}\left(\mathrm{vec}(\boldsymbol{B}),\boldsymbol{\Sigma}\otimes(\boldsymbol{X}'\boldsymbol{X})^{-1}\right)$. 因而第 1 个结论得证. 事实上, 根据习题 2.4(1) 可立即推得第 1 个结论.

由于 $\boldsymbol{Y}=\boldsymbol{X}\boldsymbol{B}+\boldsymbol{\varepsilon}$, 所以 $\boldsymbol{Y}'\left(\boldsymbol{I}_n-\boldsymbol{X}(\boldsymbol{X}'\boldsymbol{X})^{-1}\boldsymbol{X}'\right)\boldsymbol{Y}=\boldsymbol{\varepsilon}'\left(\boldsymbol{I}_n-\boldsymbol{X}(\boldsymbol{X}'\boldsymbol{X})^{-1}\boldsymbol{X}'\right)\cdot\boldsymbol{\varepsilon}$, 其中, $\boldsymbol{\varepsilon}=(\varepsilon_1,\cdots,\varepsilon_n)'$, $\varepsilon_1,\cdots,\varepsilon_n$ 独立同 p 维正态分布 $N_p(0,\boldsymbol{\Sigma})$, 其中, $\boldsymbol{\Sigma}>0$. 由此可见, $\boldsymbol{\varepsilon}'\left(\boldsymbol{I}_n-\boldsymbol{X}(\boldsymbol{X}'\boldsymbol{X})^{-1}\boldsymbol{X}'\right)\boldsymbol{\varepsilon}$ 可看成矩阵二次型 (见性质 3.2.5 和附录 A.3.2). 由于矩阵 $\boldsymbol{I}_n-\boldsymbol{X}(\boldsymbol{X}'\boldsymbol{X})^{-1}\boldsymbol{X}'$ 是秩为 $n-k$ 的幂等矩阵, 所以根据性质 3.2.5 的 (1), 可立即推得 $\boldsymbol{\varepsilon}'\left(\boldsymbol{I}_n-\boldsymbol{X}(\boldsymbol{X}'\boldsymbol{X})^{-1}\boldsymbol{X}'\right)\boldsymbol{\varepsilon}\sim W_p(n-k,\boldsymbol{\Sigma})$. 从而得到性质 7.1.1 的第 2 个结论.

根据性质 3.2.5 的 (3), 立即推得 $\boldsymbol{\varepsilon}'\left(\boldsymbol{I}_n-\boldsymbol{X}(\boldsymbol{X}'\boldsymbol{X})^{-1}\boldsymbol{X}'\right)\boldsymbol{\varepsilon}$ 与 $(\boldsymbol{X}'\boldsymbol{X})^{-1}\boldsymbol{X}'\boldsymbol{\varepsilon}$ 相互独立. 由于 $(\boldsymbol{X}'\boldsymbol{X})^{-1}\boldsymbol{X}'\boldsymbol{Y}=\boldsymbol{B}+(\boldsymbol{X}'\boldsymbol{X})^{-1}\boldsymbol{X}'\boldsymbol{\varepsilon}$, $\boldsymbol{Y}'\left(\boldsymbol{I}_n-\boldsymbol{X}(\boldsymbol{X}'\boldsymbol{X})^{-1}\boldsymbol{X}'\right)\boldsymbol{Y}=\boldsymbol{\varepsilon}'\left(\boldsymbol{I}_n-\boldsymbol{X}(\boldsymbol{X}'\boldsymbol{X})^{-1}\boldsymbol{X}'\right)\boldsymbol{\varepsilon}$, 从而得到性质 7.1.1 的第 3 个结论.

情况 2 $n\times k$ 阶设计矩阵 $\boldsymbol{X}$ 不是列满秩阵, 其秩 $R(\boldsymbol{X})=r<k$ 时, 考虑到 $\left\{\boldsymbol{X}'_{(i)}\boldsymbol{Y}_{(j)}:1\leqslant i\leqslant k,1\leqslant j\leqslant p\right\}$ 这 pk 个函数之间有线性关系, 故由指数分布族的自然形式 (7.1.6) 式, 并不能说 $\left(\boldsymbol{Y}'\boldsymbol{Y},\boldsymbol{X}'\boldsymbol{Y}\right)$ 是 $(\boldsymbol{\Theta},\boldsymbol{K})$ 的完全的统计量. 在 $\boldsymbol{X}$ 不是列满秩阵时, 只能说 $\left(\boldsymbol{Y}'\boldsymbol{Y},\boldsymbol{X}'\boldsymbol{Y}\right)$ 是 $(\boldsymbol{B},\boldsymbol{\Sigma})$ 的充分统计量. $((\boldsymbol{X}'\boldsymbol{X})^{-}\boldsymbol{X}'\boldsymbol{Y},\boldsymbol{Y}'(\boldsymbol{I}_n-\boldsymbol{X}(\boldsymbol{X}'\boldsymbol{X})^{-}\boldsymbol{X}')'\boldsymbol{Y})$ 也只能说是 $(\boldsymbol{B},\boldsymbol{\Sigma})$ 的充分统计量, 而不能说它是完全的统计量.

在 $\boldsymbol{X}$ 不是列满秩时, 通常使用 $((\boldsymbol{X}'\boldsymbol{X})^{-}\boldsymbol{X}'\boldsymbol{Y},\boldsymbol{Y}'\left(\boldsymbol{I}_n-\boldsymbol{X}(\boldsymbol{X}'\boldsymbol{X})^{-}\boldsymbol{X}'\right)'\boldsymbol{Y})$ 作为 $(\boldsymbol{B},\boldsymbol{\Sigma})$ 的充分的统计量, 这是因为它的抽样分布有和性质 7.1.1 相类似的性质.

性质 7.1.1 的推论 同性质 7.1.1 的 (3), $(\boldsymbol{X}'\boldsymbol{X})^{-}\boldsymbol{X}'\boldsymbol{Y}$ 与 $\boldsymbol{Y}'(\boldsymbol{I}_n-\boldsymbol{X}(\boldsymbol{X}'\boldsymbol{X})^{-}\cdot\boldsymbol{X}')\boldsymbol{Y}$ 仍相互独立. 性质 7.1.1 的 (2) 也成立, 仅需把 χ^2 分布的自由度 $n-k$ 修改为 $n-r$,

$$\boldsymbol{Y}'\left(\boldsymbol{I}_n-\boldsymbol{X}(\boldsymbol{X}'\boldsymbol{X})^{-}\boldsymbol{X}'\right)\boldsymbol{Y}\sim W_p(n-r,\boldsymbol{\Sigma}). \tag{7.1.7}$$

性质 7.1.1 的 (1) 就变得复杂了

$$(\boldsymbol{X}'\boldsymbol{X})^{-}\boldsymbol{X}'\boldsymbol{Y}\sim N_{k\times p}\left((\boldsymbol{X}'\boldsymbol{X})^{-}\boldsymbol{X}'\boldsymbol{X}\boldsymbol{B},\boldsymbol{\Sigma}\otimes(\boldsymbol{X}'\boldsymbol{X})^{-}\boldsymbol{X}'\boldsymbol{X}(\boldsymbol{X}'\boldsymbol{X})^{-}\right). \tag{7.1.8}$$

虽然 (7.1.8) 式比较复杂, 但由它得到的下面的式子就比较简单:

$$\boldsymbol{X}(\boldsymbol{X}'\boldsymbol{X})^{-}\boldsymbol{X}'\boldsymbol{Y}\sim N_{k\times p}\left(\boldsymbol{X}\boldsymbol{B},\boldsymbol{\Sigma}\otimes\boldsymbol{X}(\boldsymbol{X}'\boldsymbol{X})^{-}\boldsymbol{X}'\right),$$

或更一般地, 若 $k\times s$ 阶矩阵 $\boldsymbol{L}$ 的列向量在 $\boldsymbol{X}'$ 的列向量张成的子空间中, 即存在矩阵 $\boldsymbol{C}$, 使得 $L=\boldsymbol{X}'\boldsymbol{C}$, 那么

$$\boldsymbol{L}'(\boldsymbol{X}'\boldsymbol{X})^{-}\boldsymbol{X}'\boldsymbol{Y}\sim N_{s\times p}\left(\boldsymbol{L}'\boldsymbol{B},\boldsymbol{\Sigma}\otimes\boldsymbol{L}'(\boldsymbol{X}'\boldsymbol{X})^{-}\boldsymbol{L}\right). \tag{7.1.9}$$

在 $\boldsymbol{X}$ 不是列满秩阵时, $((\boldsymbol{X}'\boldsymbol{X})^{-}\boldsymbol{X}'\boldsymbol{Y},\boldsymbol{Y}'\left(\boldsymbol{I}_n-\boldsymbol{X}(\boldsymbol{X}'\boldsymbol{X})^{-}\boldsymbol{X}'\right)'\boldsymbol{Y})$ 作为 $(\boldsymbol{B},\boldsymbol{\Sigma})$ 的充分的统计量, 它的上述这些性质的证明留作习题 (见习题 7.1).

7.1.3 估计

由 $\boldsymbol{Y}$ 的密度函数 (见 (7.1.5) 式), 得到 $(\boldsymbol{B},\boldsymbol{\Sigma})$ 的似然函数为

$$\begin{aligned}L(\boldsymbol{B},\boldsymbol{\Sigma}|\boldsymbol{Y})=|\boldsymbol{\Sigma}|^{-n/2}\exp\bigg\{&-\frac{1}{2}\mathrm{tr}\left(\boldsymbol{Y}'\left(\boldsymbol{I}_n-\boldsymbol{X}(\boldsymbol{X}'\boldsymbol{X})^-\boldsymbol{X}'\right)'\boldsymbol{Y}\boldsymbol{\Sigma}^{-1}\right)\\&-\frac{1}{2}\mathrm{tr}\left(((\boldsymbol{X}'\boldsymbol{X})^-\boldsymbol{X}'\boldsymbol{Y}-\boldsymbol{B})'\boldsymbol{X}'\boldsymbol{X}\left((\boldsymbol{X}'\boldsymbol{X})^-\boldsymbol{X}'\boldsymbol{Y}-\boldsymbol{B}\right)\boldsymbol{\Sigma}^{-1}\right)\bigg\}.\end{aligned}\tag{7.1.10}$$

由此可见, $\boldsymbol{B}$ 的极大似然估计为 $\boldsymbol{Y}$ 的线性函数

$$\hat{\boldsymbol{B}}=\left(\boldsymbol{X}'\boldsymbol{X}\right)^-\boldsymbol{X}'\boldsymbol{Y},\tag{7.1.11}$$

从而由 (7.1.4) 式知它满足条件

$$\begin{aligned}(\boldsymbol{Y}-\boldsymbol{X}\hat{\boldsymbol{B}})'(\boldsymbol{Y}-\boldsymbol{X}\hat{\boldsymbol{B}})&=\min_{\boldsymbol{B}}(\boldsymbol{Y}-\boldsymbol{X}\boldsymbol{B})'(\boldsymbol{Y}-\boldsymbol{X}\boldsymbol{B})\\&=\boldsymbol{Y}'\left(\boldsymbol{I}_n-\boldsymbol{X}(\boldsymbol{X}'\boldsymbol{X})^-\boldsymbol{X}'\right)'\boldsymbol{Y}.\end{aligned}\tag{7.1.12}$$

正因为 $\hat{\boldsymbol{B}}$ 使得 $(\boldsymbol{Y}-\boldsymbol{X}\boldsymbol{B})'(\boldsymbol{Y}-\boldsymbol{X}\boldsymbol{B})$ 达到最小, 所以通常称 $\hat{\boldsymbol{B}}$ 为 $\boldsymbol{B}$ 的最小二乘估计.

在 $\boldsymbol{X}$ 列满秩时, $\hat{\boldsymbol{B}}=\left(\boldsymbol{X}'\boldsymbol{X}\right)^{-1}\boldsymbol{X}'\boldsymbol{Y}$. 由性质 7.1.1 的结论 (1) 知 $\hat{\boldsymbol{B}}=\left(\boldsymbol{X}'\boldsymbol{X}\right)^{-1}\boldsymbol{X}'\boldsymbol{Y}\sim N_{k\times p}\left(\boldsymbol{B},\boldsymbol{\Sigma}\otimes(\boldsymbol{X}'\boldsymbol{X})^{-1}\right)$, 所以 $\hat{\boldsymbol{B}}$ 是 $\boldsymbol{B}$ 的无偏估计, 其协方差阵为

$$\mathrm{Cov}\left(\mathrm{vec}(\hat{\boldsymbol{B}})\right)=\boldsymbol{\Sigma}\otimes\left(\boldsymbol{X}'\boldsymbol{X}\right)^{-1}.\tag{7.1.13}$$

在 $\boldsymbol{X}$ 不是列满秩时, 由 (7.1.8) 式知

$$\hat{\boldsymbol{B}}=(\boldsymbol{X}'\boldsymbol{X})^-\boldsymbol{X}'\boldsymbol{Y}\sim N_{k\times p}\left((\boldsymbol{X}'\boldsymbol{X})^-\boldsymbol{X}'\boldsymbol{X}B,\boldsymbol{\Sigma}\otimes(\boldsymbol{X}'\boldsymbol{X})^-\boldsymbol{X}'\boldsymbol{X}(\boldsymbol{X}'\boldsymbol{X})^-\right).$$

$\boldsymbol{B}$ 的最小二乘估计 $\hat{\boldsymbol{B}}$ 并不是 $\boldsymbol{B}$ 的无偏估计. 但由 (7.1.9) 式知, 只要 $k\times s$ 阶矩阵 $\boldsymbol{L}$ 的列向量在 $\boldsymbol{X}'$ 的列向量张成的子空间中, 即存在矩阵 $\boldsymbol{C}$, 使得 $\boldsymbol{L}=\boldsymbol{X}'\boldsymbol{C}$, 就有

$$\boldsymbol{L}'\hat{\boldsymbol{B}}=\boldsymbol{L}'(\boldsymbol{X}'\boldsymbol{X})^-\boldsymbol{X}'\boldsymbol{Y}\sim N_{s\times p}\left(\boldsymbol{L}'B,\boldsymbol{\Sigma}\otimes\boldsymbol{L}'(\boldsymbol{X}'\boldsymbol{X})^-L\right).$$

因而 $\boldsymbol{Y}$ 的线性函数 $\boldsymbol{L}'\hat{\boldsymbol{B}}=\boldsymbol{L}'(\boldsymbol{X}'\boldsymbol{X})^-\boldsymbol{X}'\boldsymbol{Y}$ 就是 $\boldsymbol{L}'\boldsymbol{B}$ 的无偏估计, 其协方差阵为 $\boldsymbol{\Sigma}\otimes\boldsymbol{L}'(\boldsymbol{X}'\boldsymbol{X})^-\boldsymbol{L}$.

如果存在 $\boldsymbol{Y}$ 的线性函数, 它是 $\boldsymbol{B}$ 的某个线性函数的无偏估计, 则称满足这样条件的 $\boldsymbol{B}$ 的线性函数是可估的. 由此看来, 只要 $\boldsymbol{L}$ 的列向量在 $\boldsymbol{X}'$ 的列向量张成的子空间中, 即存在矩阵 $\boldsymbol{C}$, 使得 $\boldsymbol{L}=\boldsymbol{X}'\boldsymbol{C}$, 则 $\boldsymbol{L}'\boldsymbol{B}$ 就是可估参数. 反之亦然. 若

$\boldsymbol{L}'\boldsymbol{B}$ 就是可估的, 则存在矩阵 $\boldsymbol{C}$, 使得 $\boldsymbol{L}=\boldsymbol{X}'\boldsymbol{C}$, 这说明 $\boldsymbol{L}$ 的列向量必在 $\boldsymbol{X}'$ 的列向量张成的子空间中. 此外, 还可以看到, 在 $\boldsymbol{X}$ 是列满秩时, $\boldsymbol{B}$ 的任意一个线性函数都是可估的. 有关 "可估" 的这些内容的详细讨论请参阅文献 [43] 的第 7 章.

将 (7.1.10) 式中的 $\boldsymbol{B}$ 用 $\hat{\boldsymbol{B}}$ 来代替, 则有 $\boldsymbol{\Sigma}$ 的极大似然估计 $\hat{\boldsymbol{\Sigma}}$ 满足的条件为 $\boldsymbol{L}(\hat{\boldsymbol{B}},\hat{\boldsymbol{\Sigma}}|\boldsymbol{Y})=\min\limits_{\boldsymbol{\Sigma}}\boldsymbol{L}(\hat{\boldsymbol{B}},\boldsymbol{\Sigma}|\boldsymbol{Y})$, 即

$$\begin{aligned}&|\hat{\boldsymbol{\Sigma}}|^{-n/2}\exp\left\{-\frac{1}{2}\mathrm{tr}\left(\boldsymbol{Y}'\left(\boldsymbol{I}_n-\boldsymbol{X}(\boldsymbol{X}'\boldsymbol{X})^-\boldsymbol{X}'\right)'\boldsymbol{Y}\hat{\boldsymbol{\Sigma}}^{-1}\right)\right\}\\ =&\min_{\boldsymbol{\Sigma}}|\boldsymbol{\Sigma}|^{-n/2}\exp\left\{-\frac{1}{2}\mathrm{tr}\left(\boldsymbol{Y}'\left(\boldsymbol{I}_n-\boldsymbol{X}(\boldsymbol{X}'\boldsymbol{X})^-\boldsymbol{X}'\right)'\boldsymbol{Y}\boldsymbol{\Sigma}^{-1}\right)\right\}.\end{aligned}\tag{7.1.14}$$

由此得 $\boldsymbol{\Sigma}$ 的极大似然估计为

$$\hat{\boldsymbol{\Sigma}}=\frac{1}{n}\boldsymbol{Y}'(\boldsymbol{I}_n-\boldsymbol{X}\left(\boldsymbol{X}'\boldsymbol{X}\right)^-\boldsymbol{X}')\boldsymbol{Y}.\tag{7.1.15}$$

其计算方法与 4.2.1 小节计算协方差阵的极大似然估计的方法是类似的. 由性质 7.1.1 及其推论的 (3) 知, $\boldsymbol{B}$ 和 $\boldsymbol{\Sigma}$ 的这两个极大似然估计 (见 (7.1.11) 式和 (7.1.15) 式) 是相互独立的.

根据 $\boldsymbol{B}$ 和 $\boldsymbol{\Sigma}$ 的这两个极大似然估计, 得到 $(\boldsymbol{B},\boldsymbol{\Sigma})$ 的似然函数的最大值为

$$\begin{aligned}\max_{\boldsymbol{B},\boldsymbol{\Sigma}}\boldsymbol{L}\left(\boldsymbol{B},\boldsymbol{\Sigma}|\boldsymbol{Y}\right)=\boldsymbol{L}\left(\hat{\boldsymbol{B}},\hat{\boldsymbol{\Sigma}}|\boldsymbol{Y}\right)&=|\hat{\boldsymbol{\Sigma}}|^{-n/2}\mathrm{e}^{-np/2}\\ &=\left|\boldsymbol{Y}'\left(\boldsymbol{I}_n-\boldsymbol{X}\left(\boldsymbol{X}'\boldsymbol{X}\right)^-\boldsymbol{X}'\right)\boldsymbol{Y}\right|^{-n/2}\left(\frac{n}{\mathrm{e}}\right)^{np/2}.\end{aligned}\tag{7.1.16}$$

由性质 7.1.1 及其推论的 (2) 知 $\boldsymbol{Y}'\left(\boldsymbol{I}_n-\boldsymbol{X}(\boldsymbol{X}'\boldsymbol{X})^-\boldsymbol{X}'\right)'\boldsymbol{Y}\sim W_p\left(n-r,\boldsymbol{\Sigma}\right)$, 所以 $\boldsymbol{\Sigma}$ 的极大似然估计并不是 $\boldsymbol{\Sigma}$ 的无偏估计. 如果把极大似然估计修正为

$$\hat{\boldsymbol{\Sigma}}=\frac{1}{n-r}\boldsymbol{Y}'\left(\boldsymbol{I}_n-\boldsymbol{X}\left(\boldsymbol{X}'\boldsymbol{X}\right)^-\boldsymbol{X}'\right)\boldsymbol{Y},\tag{7.1.17}$$

则它就是 $\boldsymbol{\Sigma}$ 的无偏估计. 通常用无偏估计 (见 (7.1.17) 式) 来估计 $\boldsymbol{\Sigma}$. 由性质 7.1.1 及其推论的 (3) 知, $\boldsymbol{\Sigma}$ 的这个无偏估计 $\hat{\boldsymbol{\Sigma}}$ 和 $\boldsymbol{B}$ 的极大似然估计 $\hat{\boldsymbol{B}}$ 也是相互独立的.

在 $\boldsymbol{X}$ 是秩为 k 的列满秩阵时, $\hat{\boldsymbol{B}}$ 就是 $\boldsymbol{B}$ 的无偏估计. 由于 $\boldsymbol{B}$ 和 $\boldsymbol{\Sigma}$ 的这两个无偏估计 $\hat{\boldsymbol{B}}$ 和 $\hat{\boldsymbol{\Sigma}}$ 仅依赖于 $\boldsymbol{B}$ 和 $\boldsymbol{\Sigma}$ 的充分且完全的统计量 $((\boldsymbol{X}'\boldsymbol{X})^{-1}\boldsymbol{X}'\boldsymbol{Y},\boldsymbol{Y}'(\boldsymbol{I}_n-\boldsymbol{X}(\boldsymbol{X}'\boldsymbol{X})^{-1}\boldsymbol{X}')'\boldsymbol{Y})$, 所以它们分别是 $\boldsymbol{B}$ 和 $\boldsymbol{\Sigma}$ 唯一的一致最小协方差阵无偏估计.

关于多元线性模型的估计问题有一个补充说明.

补充说明: 如果对误差矩阵 $\boldsymbol{\varepsilon}$ 不作正态分布假设, 仅作一、二阶矩的假设: 假设 $E\left(\boldsymbol{\varepsilon}\right)=\boldsymbol{0}$, $\mathrm{Cov}\left(\mathrm{vec}(\boldsymbol{\varepsilon})\right)=\boldsymbol{\Sigma}\otimes\boldsymbol{I}_n$, 那么 $\hat{\boldsymbol{B}}=(\boldsymbol{X}'\boldsymbol{X})^-\boldsymbol{X}'\boldsymbol{Y}$ 作为 $\boldsymbol{B}$ 的估计, 它有什么样的性质. 按 $\boldsymbol{X}$ 是和不是列满秩阵两种情况分别进行讨论.

情况 1 $n\times k$ 阶设计矩阵 $\boldsymbol{X}$ 是列满秩阵, 其秩 $R(\boldsymbol{X})=k$ 时, $\hat{\boldsymbol{B}}=(\boldsymbol{X}'\boldsymbol{X})^{-1}\cdot\boldsymbol{X}'\boldsymbol{Y}$ 作为 $\boldsymbol{B}$ 的估计, 它在线性无偏估计类中是协方差阵最小的, 其中, 所谓的线性估计就是用 $\boldsymbol{Y}$ 的线性函数 $\boldsymbol{C}'\boldsymbol{Y}$ 来估计 $\boldsymbol{B}$. 如果 $\boldsymbol{C}'\boldsymbol{Y}$ 是 $\boldsymbol{B}$ 的无偏估计, 那么 $E\left(\boldsymbol{C}'\boldsymbol{Y}\right)=\boldsymbol{C}'\boldsymbol{X}\boldsymbol{B}=\boldsymbol{B}$, 对所有的 $\boldsymbol{B}\in\mathrm{R}^{pk}$ 都成立, 由此得 $\boldsymbol{C}'\boldsymbol{X}=\boldsymbol{I}_k$. 考虑到 $\boldsymbol{I}_n-\boldsymbol{X}(\boldsymbol{X}'\boldsymbol{X})^{-1}\boldsymbol{X}'\geqslant 0$, 则由 $\boldsymbol{I}_n\geqslant\boldsymbol{X}(\boldsymbol{X}'\boldsymbol{X})^{-1}\boldsymbol{X}'$, 即推得 $\boldsymbol{C}'\boldsymbol{C}\geqslant\boldsymbol{C}'\boldsymbol{X}(\boldsymbol{X}'\boldsymbol{X})^{-1}\cdot\boldsymbol{X}'\boldsymbol{C}=(\boldsymbol{X}'\boldsymbol{X})^{-1}$, 从而有

$$
\begin{aligned}
\mathrm{Cov}\left(\mathrm{vec}(\boldsymbol{C}'\boldsymbol{Y})\right)&=\mathrm{Cov}\left((\boldsymbol{I}_p\otimes\boldsymbol{C}')\mathrm{vec}(\boldsymbol{Y})\right)=\left(\boldsymbol{I}_p\otimes\boldsymbol{C}'\right)\left(\boldsymbol{\Sigma}\otimes\boldsymbol{I}_n\right)\left(\boldsymbol{I}_p\otimes\boldsymbol{C}\right)\\
&=\boldsymbol{\Sigma}\otimes\boldsymbol{C}'\boldsymbol{C}\geqslant\boldsymbol{\Sigma}\otimes\left(\boldsymbol{X}'\boldsymbol{X}\right)^{-1}=\mathrm{Cov}(\hat{\boldsymbol{B}}).
\end{aligned}
$$

因而 $\hat{\boldsymbol{B}}=(\boldsymbol{X}'\boldsymbol{X})^{-1}\boldsymbol{X}'\boldsymbol{Y}$ 作为 $\boldsymbol{B}$ 的估计, 在线性无偏估计类中是协方差阵最小的. 通常称它为 $\boldsymbol{B}$ 的最佳线性无偏估计. 不仅如此, 对任意的 $\boldsymbol{L}'\boldsymbol{B}$, $\boldsymbol{L}'\hat{\boldsymbol{B}}=\boldsymbol{L}'(\boldsymbol{X}'\boldsymbol{X})^{-1}\boldsymbol{X}'\boldsymbol{Y}$ 作为 $\boldsymbol{L}'\boldsymbol{B}$ 的无偏估计在线性无偏估计类中也是协方差阵最小的. $\boldsymbol{L}'\hat{\boldsymbol{B}}$ 是 $\boldsymbol{L}'\boldsymbol{B}$ 的最佳线性无偏估计

情况 2 $n\times k$ 阶设计矩阵 $\boldsymbol{X}$ 不是列满秩阵, 其秩 $R(\boldsymbol{X})=r<k$ 时, 对任意的可估参数 $\boldsymbol{L}'\boldsymbol{B}$, 可以证明 $\boldsymbol{Y}$ 的线性函数 $\boldsymbol{L}'\hat{\boldsymbol{B}}=\boldsymbol{L}'(\boldsymbol{X}'\boldsymbol{X})^{-}\boldsymbol{X}'\boldsymbol{Y}$ 作为 $\boldsymbol{L}'\boldsymbol{B}$ 的无偏估计在线性无偏估计类中是协方差阵最小的, $\boldsymbol{L}'\hat{\boldsymbol{B}}$ 为 $\boldsymbol{L}'\boldsymbol{B}$ 的最佳线性无偏估计. 其证明留作习题 (见习题 7.2).

至此看到, 不论 $\boldsymbol{X}$ 是不是列满秩阵都不难给出多元线性模型参数的估计. 对于估计问题来说, 最感困难的是, 在 $\boldsymbol{X}$ 是列满秩矩阵但它的列向量有近似的线性关系, 即 $\boldsymbol{X}$ 是 "近似" 列满秩矩阵时, 如何给出并精确地计算多元线性模型参数的估计问题. 在 $\boldsymbol{X}$ 是列满秩矩阵但它的列向量有近似的线性关系的时候, 称设计矩阵 $\boldsymbol{X}$ 有复共线性 (multi-collinearity) 关系. 考虑到以下两个方面的原因, 在设计矩阵有复共线性关系时, 试图改进最小二乘估计, 寻找其他的估计, 即使这些估计是有偏估计.

试图改进最小二乘估计原因之一是, 虽然 $\boldsymbol{X}$ 是列满秩矩阵, $\boldsymbol{X}'\boldsymbol{X}$ 的逆矩阵 $\left(\boldsymbol{X}'\boldsymbol{X}\right)^{-1}$ 存在, 但由于 $\boldsymbol{X}$ 的列向量有近似的线性关系, 所以 $\left(\boldsymbol{X}'\boldsymbol{X}\right)^{-1}$ 的计算精度不高. 此外, 虽然设计矩阵 $\boldsymbol{X}$ 是已知矩阵, 但实际得到的 $\boldsymbol{X}$ 难免会有误差. 由于 $\boldsymbol{X}$ 的列向量有近似的线性关系, 所以当 $\boldsymbol{X}$ 有一个小的误差扰动时, $\boldsymbol{X}'\boldsymbol{X}$ 的逆矩阵 $\left(\boldsymbol{X}'\boldsymbol{X}\right)^{-1}$ 的值就会有大的波动, 稳定性差. 正因为稳定性差, 所以在设计矩阵 $\boldsymbol{X}$ 有复共线性关系时, 形象地称 $\boldsymbol{X}$ "病态". 这时 $\left(\boldsymbol{X}'\boldsymbol{X}\right)^{-1}$ 的计算精度不高且稳定性差, 从而直接导致最小二乘估计的计算精度不高且稳定性差. 改进最小二乘估计是实际计算的需要.

试图改进最小二乘估计的原因之二是, 在设计矩阵 X 有复共线性关系时, 最小二乘估计的性质不太理想. 这方面的详细内容可参阅文献 [34].

在复共线性关系时人们是如何改进最小二乘估计的, 这方面的详细内容读者仍

可参阅文献 [34].

7.1.4 最小二乘估计的三个基本定理

关于一元线性模型的最小二乘估计的 3 个基本定理见文献 [121]3b.5 节. 与此相对应地, 多元线性模型中的最小二乘估计也有 3 个基本定理.

(1) **第一基本定理** 令 $\boldsymbol{R}_0^2 = \min\limits_{\boldsymbol{B}} (\boldsymbol{Y} - \boldsymbol{X}\boldsymbol{B})'(\boldsymbol{Y} - \boldsymbol{X}\boldsymbol{B})$, 则 $\boldsymbol{R}_0^2 \sim W_p(n-r, \boldsymbol{\Sigma})$, $r = R(\boldsymbol{X})$.

证明 根据 (7.1.12) 式, $\boldsymbol{R}_0^2 = \boldsymbol{Y}'\left(\boldsymbol{I}_n - \boldsymbol{X}(\boldsymbol{X}'\boldsymbol{X})^-\boldsymbol{X}'\right)'\boldsymbol{Y}$. 从而根据性质 7.1.1 及其推论的 (2), 第一基本定理成立.

(2) **第二基本定理** 在 $\boldsymbol{H}'\boldsymbol{B} = \boldsymbol{0}$ 的约束条件下, 令

$$\boldsymbol{R}_H^2 = \min_{\boldsymbol{B}:\boldsymbol{H}'\boldsymbol{B}=\boldsymbol{0}} (\boldsymbol{Y} - \boldsymbol{X}\boldsymbol{B})'(\boldsymbol{Y} - \boldsymbol{X}\boldsymbol{B}),$$

那么

(i) $\boldsymbol{R}_H^2 \sim W_p(n-t, \boldsymbol{\Sigma})$, 其中, $t = R(\boldsymbol{X}_H)$, $\boldsymbol{X}_H = \boldsymbol{X}\left(\boldsymbol{I}_k - \boldsymbol{H}\left(\boldsymbol{H}'\boldsymbol{H}\right)^-\boldsymbol{H}'\right)$;

(ii) $\boldsymbol{R}_H^2 - \boldsymbol{R}_0^2 \sim W_p(r-t, \boldsymbol{\Sigma})$;

(iii) $\boldsymbol{R}_0^2$ 与 $\boldsymbol{R}_H^2 - \boldsymbol{R}_0^2$ 相互独立;

(iv) $\dfrac{|\boldsymbol{R}_0^2|}{|\boldsymbol{R}_H^2|} \sim \Lambda_{p,n-r,r-t}$.

证明 $\boldsymbol{H}'\boldsymbol{B} = \boldsymbol{0}$ 的通解为 $\boldsymbol{B} = \left(\boldsymbol{I}_k - \boldsymbol{H}\left(\boldsymbol{H}'\boldsymbol{H}\right)^-\boldsymbol{H}\right)\boldsymbol{\Theta}$, 其中, $\boldsymbol{\Theta}$ 是任意的 $k \times p$ 阶矩阵. 从而在 $\boldsymbol{H}'\boldsymbol{B} = \boldsymbol{0}$ 的约束条件下将多元线性模型 (7.1.12) 转换为

$$\boldsymbol{Y} = \boldsymbol{X}_H\boldsymbol{\Theta} + \varepsilon, \quad \boldsymbol{X}_H = \boldsymbol{X}\left(\boldsymbol{I}_k - \boldsymbol{H}\left(\boldsymbol{H}'\boldsymbol{H}\right)^-\boldsymbol{H}'\right).$$

这个多元线性模型的设计矩阵为 $\boldsymbol{X}_H$, 其秩为 $t = R(\boldsymbol{X}_H) \leqslant R(\boldsymbol{X}) = r$. 根据最小二乘估计的第一基本定理,

$$\begin{aligned}\boldsymbol{R}_H^2 &= \min_{\boldsymbol{B}:\boldsymbol{H}'\boldsymbol{B}=\boldsymbol{0}} (\boldsymbol{Y} - \boldsymbol{X}\boldsymbol{B})'(\boldsymbol{Y} - \boldsymbol{X}\boldsymbol{B}) = \min_{\boldsymbol{\Theta}} (\boldsymbol{Y} - \boldsymbol{X}_H\boldsymbol{\Theta})'(\boldsymbol{Y} - \boldsymbol{X}_H\boldsymbol{\Theta}) \\ &= \boldsymbol{Y}'\left(\boldsymbol{I}_n - \boldsymbol{X}_H(\boldsymbol{X}_H'\boldsymbol{X}_H)^-\boldsymbol{X}_H'\right)\boldsymbol{Y} \sim W_p(n-t, \boldsymbol{\Sigma}).\end{aligned}$$

显然

$$\boldsymbol{R}_H^2 = \min_{\boldsymbol{B}:\boldsymbol{H}'\boldsymbol{B}=\boldsymbol{0}} (\boldsymbol{Y} - \boldsymbol{X}\boldsymbol{B})'(\boldsymbol{Y} - \boldsymbol{X}\boldsymbol{B}) \geqslant \min_{\boldsymbol{B}} (\boldsymbol{Y} - \boldsymbol{X}\boldsymbol{B})'(\boldsymbol{Y} - \boldsymbol{X}\boldsymbol{B}) = \boldsymbol{R}_0^2.$$

根据性质 3.2.5 的 (2), 有 $\boldsymbol{R}_H^2 - \boldsymbol{R}_0^2 \sim W_p(r-t, \boldsymbol{\Sigma})$, $\boldsymbol{R}_0^2$ 与 $\boldsymbol{R}_H^2 - \boldsymbol{R}_0^2$ 相互独立, 因而有

$$\frac{|\boldsymbol{R}_0^2|}{|\boldsymbol{R}_H^2|} = \frac{|\boldsymbol{R}_0^2|}{|\boldsymbol{R}_0^2 + (\boldsymbol{R}_H^2 - \boldsymbol{R}_0^2)|} \sim \Lambda_{p,n-r,r-t}.$$

第二基本定理成立.

第二基本定理的补充说明 1 在设计矩阵 $\boldsymbol{X}$ 是秩为 k 的 $n\times k$ 阶列满秩, $\boldsymbol{H}$ 是秩为 s 的 $k\times s$ 阶列满秩矩阵时, 由于 $\boldsymbol{X}_H=\boldsymbol{X}\left(\boldsymbol{I}_k-\boldsymbol{H}\left(\boldsymbol{H}'\boldsymbol{H}\right)^-\boldsymbol{H}'\right)$ 的秩 $t=k-s$, 所以第二基本定理的 4 个结论简化为

(i) $\boldsymbol{R}_H^2\sim W_p\left(n-(k-s),\boldsymbol{\Sigma}\right)$;

(ii) $\boldsymbol{R}_H^2-\boldsymbol{R}_0^2\sim W_p\left(s,\boldsymbol{\Sigma}\right)$;

(iii) $\boldsymbol{R}_0^2$ 与 $\boldsymbol{R}_H^2-\boldsymbol{R}_0^2$ 相互独立;

(iv) $\dfrac{\left|\boldsymbol{R}_0^2\right|}{\left|\boldsymbol{R}_H^2\right|}\sim \Lambda_{p,n-k,s}$.

第二基本定理的补充说明 2 如果将约束条件改为 $\boldsymbol{H}'\boldsymbol{B}=\boldsymbol{Z}$, 第二基本定理的这些结论仍然成立, 其证明如下. 如果 $\boldsymbol{H}$ 是列满秩矩阵, 则方程 $\boldsymbol{H}'\boldsymbol{B}=\boldsymbol{Z}$ 有解 (称方程相容), 而当 $\boldsymbol{H}$ 不是列满秩矩阵时, 方程 $\boldsymbol{H}'\boldsymbol{B}=\boldsymbol{Z}$ 可能有解 (称方程相容), 也可能无解 (称方程不相容). 显然, 方程相容等价于 $\boldsymbol{Z}$ 的列向量在 $\boldsymbol{H}'$ 的列向量张成的子空间中. 只需在方程 $\boldsymbol{H}'\boldsymbol{B}=\boldsymbol{Z}$ 相容时, 验证第二基本定理的这些结论是否仍然成立.

方程 $\boldsymbol{H}'\boldsymbol{B}=\boldsymbol{Z}$ 的通解为 $\boldsymbol{B}=\boldsymbol{B}_0+\left(\boldsymbol{I}_k-\boldsymbol{H}\left(\boldsymbol{H}'\boldsymbol{H}\right)^-\boldsymbol{H}'\right)\boldsymbol{\Theta}$, 其中, $\boldsymbol{\Theta}$ 是任意的 $k\times p$ 阶矩阵, $\boldsymbol{B}_0$ 是方程 $\boldsymbol{H}'\boldsymbol{B}=\boldsymbol{Z}$ 的一个特解, 如取 $\boldsymbol{B}_0=\boldsymbol{H}\left(\boldsymbol{H}'\boldsymbol{H}\right)^-\boldsymbol{Z}$. 注意, 只有当方程 $\boldsymbol{H}'\boldsymbol{B}=\boldsymbol{Z}$ 相容时, $\boldsymbol{B}_0=\boldsymbol{H}\left(\boldsymbol{H}'\boldsymbol{H}\right)^-\boldsymbol{Z}$ 才是这个方程的一个特解. 将多元线性模型 (7.1.2) 转换为

$$\tilde{\boldsymbol{Y}}=\boldsymbol{X}_H\boldsymbol{\Theta}+\boldsymbol{\varepsilon},\quad \tilde{\boldsymbol{Y}}=\boldsymbol{Y}-\boldsymbol{X}\boldsymbol{B}_0,\quad \boldsymbol{X}_H=\boldsymbol{X}\left(\boldsymbol{I}_k-\boldsymbol{H}\left(\boldsymbol{H}'\boldsymbol{H}\right)^-\boldsymbol{H}'\right),$$

则有

$$\begin{aligned}\boldsymbol{R}_H^2&=\min_{\boldsymbol{B}:\boldsymbol{H}'\boldsymbol{B}=\boldsymbol{Z}}\left(\boldsymbol{Y}-\boldsymbol{X}\boldsymbol{B}\right)'\left(\boldsymbol{Y}-\boldsymbol{X}\boldsymbol{B}\right)\\&=\min_{\boldsymbol{\Theta}}\left(\tilde{\boldsymbol{Y}}-\boldsymbol{X}_H\boldsymbol{\Theta}\right)'\left(\tilde{\boldsymbol{Y}}-\boldsymbol{X}_H\boldsymbol{\Theta}\right)=\tilde{\boldsymbol{Y}}'\left(\boldsymbol{I}_n-\boldsymbol{X}_H(\boldsymbol{X}'_H\boldsymbol{X}_H)^-\boldsymbol{X}'_H\right)\tilde{\boldsymbol{Y}}\\&\sim W_p\left(n-t,\boldsymbol{\Sigma}\right),\quad t=R\left(\boldsymbol{X}_H\right).\end{aligned}$$

显然, $\boldsymbol{R}_H^2$ 是 $\tilde{\boldsymbol{Y}}$ 的二次型, $\boldsymbol{R}_0^2$ 是 $\boldsymbol{Y}$ 的二次型. 下面将 $\boldsymbol{R}_0^2$ 改写为 $\tilde{\boldsymbol{Y}}$ 的二次型:

$$\begin{aligned}\boldsymbol{R}_0^2&=\boldsymbol{Y}'\left(\boldsymbol{I}_n-\boldsymbol{X}(\boldsymbol{X}'\boldsymbol{X})^-\boldsymbol{X}'\right)'\boldsymbol{Y}\\&=\left(\tilde{\boldsymbol{Y}}+\boldsymbol{X}\boldsymbol{B}_0\right)'\left(\boldsymbol{I}_n-\boldsymbol{X}(\boldsymbol{X}'\boldsymbol{X})^-\boldsymbol{X}'\right)'\left(\tilde{\boldsymbol{Y}}+\boldsymbol{X}\boldsymbol{B}_0\right)\\&=\tilde{\boldsymbol{Y}}'\left(\boldsymbol{I}_n-\boldsymbol{X}(\boldsymbol{X}'\boldsymbol{X})^-\boldsymbol{X}'\right)'\tilde{\boldsymbol{Y}}.\end{aligned}$$

这样一来, 就可以使用性质 3.2.5 的性质 (2), 从而得到 $\boldsymbol{R}_H^2-\boldsymbol{R}_0^2\sim W_p\left(r-t,\boldsymbol{\Sigma}\right)$, $\boldsymbol{R}_0^2$ 与 $\boldsymbol{R}_H^2-\boldsymbol{R}_0^2$ 相互独立, 故有 $\left|\boldsymbol{R}_0^2\right|/\left|\boldsymbol{R}_H^2\right|\sim\Lambda_{p,n-r,r-t}$. 第二基本定理的这些结论仍然成立.

(3) **第三基本定理**　将 $\boldsymbol{Y}$ 和 $\boldsymbol{X}$ 分别剖分为

$$\boldsymbol{Y} = \begin{pmatrix} \boldsymbol{Y}_1 \\ \boldsymbol{Y}_2 \end{pmatrix} \begin{matrix} m\times p \\ (n-m)\times p \end{matrix}, \quad \boldsymbol{X} = \begin{pmatrix} \boldsymbol{X}_1 \\ \boldsymbol{X}_2 \end{pmatrix} \begin{matrix} m\times k \\ (n-m)\times k \end{matrix}.$$

假设 $\boldsymbol{X}_1$ 的秩为 r_1, 并令 $\boldsymbol{R}_1^2 = \min\limits_{\boldsymbol{B}} (\boldsymbol{Y}_1 - \boldsymbol{X}_1\boldsymbol{B})'(\boldsymbol{Y}_1 - \boldsymbol{X}_1\boldsymbol{B})$, 那么

$$\frac{|\boldsymbol{R}_1^2|}{|\boldsymbol{R}_0^2|} \sim \Lambda_{p,m-r_1,n-m-r+r_1}.$$

证明　已经知道

$$\begin{aligned} \boldsymbol{R}_0^2 &= \min_{\boldsymbol{B}} (\boldsymbol{Y} - \boldsymbol{X}\boldsymbol{B})'(\boldsymbol{Y} - \boldsymbol{X}\boldsymbol{B}) = \boldsymbol{Y}'\left(\boldsymbol{I}_n - \boldsymbol{X}(\boldsymbol{X}'\boldsymbol{X})^-\boldsymbol{X}'\right)'\boldsymbol{Y} \\ &\sim W_p(n-r, \boldsymbol{\Sigma}), \\ \boldsymbol{R}_1^2 &= \min_{\boldsymbol{B}} (\boldsymbol{Y}_1 - \boldsymbol{X}_1\boldsymbol{B})'(\boldsymbol{Y}_1 - \boldsymbol{X}_1\boldsymbol{B}) = \boldsymbol{Y}_1'\left(\boldsymbol{I}_m - \boldsymbol{X}_1(\boldsymbol{X}_1'\boldsymbol{X}_1)^-\boldsymbol{X}_1'\right)'\boldsymbol{Y}_1 \\ &\sim W_p(m-r_1, \boldsymbol{\Sigma}). \end{aligned}$$

由于

$$\begin{aligned} &(\boldsymbol{Y} - \boldsymbol{X}\boldsymbol{B})'(\boldsymbol{Y} - \boldsymbol{X}\boldsymbol{B}) \\ =&(\boldsymbol{Y}_1 - \boldsymbol{X}_1\boldsymbol{B})'(\boldsymbol{Y}_1 - \boldsymbol{X}_1\boldsymbol{B}) + (\boldsymbol{Y}_2 - \boldsymbol{X}_2\boldsymbol{B})'(\boldsymbol{Y}_2 - \boldsymbol{X}_2\boldsymbol{B}), \end{aligned}$$

所以有 $\boldsymbol{R}_0^2 \geqslant \boldsymbol{R}_1^2$. $\boldsymbol{R}_1^2$ 可写为 $\boldsymbol{Y}$ 的二次型 $\boldsymbol{R}_1^2 = \boldsymbol{Y}'\boldsymbol{A}\boldsymbol{Y}$, 其中,

$$\boldsymbol{A} = \begin{pmatrix} \boldsymbol{I}_m - \boldsymbol{X}_1(\boldsymbol{X}_1'\boldsymbol{X}_1)^-\boldsymbol{X}_1' & \boldsymbol{0} \\ \boldsymbol{0} & \boldsymbol{0} \end{pmatrix}.$$

故据矩阵二次型的性质, 有 $\boldsymbol{R}_0^2 - \boldsymbol{R}_1^2 \sim W_p(n-m-r+r_1, \boldsymbol{\Sigma})$ 且 $\boldsymbol{R}_0^2 - \boldsymbol{R}_1^2$ 与 $\boldsymbol{R}_1^2$ 相互独立, 从而有

$$\frac{|\boldsymbol{R}_1^2|}{|\boldsymbol{R}_0^2|} = \frac{|\boldsymbol{R}_1^2|}{|\boldsymbol{R}_1^2 + (\boldsymbol{R}_0^2 - \boldsymbol{R}_1^2)|} \sim \Lambda_{p,m-r_1,n-m-r+r_1}.$$

第三基本定理成立.

最小二乘估计的这 3 个基本定理主要用于回归系数矩阵 $\boldsymbol{B}$ 的线性假设的检验问题.

7.1.5　线性假设检验

令

$$\boldsymbol{X} = \underset{n\times(k-s)}{(\boldsymbol{X}_1,}\ \underset{n\times s}{\boldsymbol{X}_2)}, \quad \boldsymbol{B} = \begin{pmatrix} \boldsymbol{B}_1 \\ \boldsymbol{B}_2 \end{pmatrix} \begin{matrix} (k-s)\times p \\ s\times p \end{matrix},$$

则多元线性模型 (7.1.2) 就化为 $\boldsymbol{Y}=\boldsymbol{X}_1\boldsymbol{B}_1+\boldsymbol{X}_2\boldsymbol{B}_2+\varepsilon$. $\boldsymbol{B}_2$ 是否等于 $\mathbf{0}$, 即模型是否可简化为 $\boldsymbol{Y}=\boldsymbol{X}_1\boldsymbol{B}_1+\varepsilon$ 的检验问题是一个很有意义的问题. 这个问题就是下面讨论的检验问题在

$$\boldsymbol{H}=\begin{pmatrix}\mathbf{0}\\ \boldsymbol{I}_s\end{pmatrix}\begin{matrix}{\scriptstyle (k-s)\times s}\\ {\scriptstyle s\times s}\end{matrix}$$

时的特殊情况.

(1) 考虑 $\boldsymbol{H}'\boldsymbol{B}$ 是否等于 $\mathbf{0}$ 的线性假设的检验问题

$$H_0:\boldsymbol{H}'\boldsymbol{B}=\mathbf{0},\quad H_1:\boldsymbol{H}'\boldsymbol{B}\neq\mathbf{0},\tag{7.1.18}$$

其中, $\boldsymbol{H}$ 是 $k\times s$ 阶矩阵.

该检验问题的似然比为

$$\lambda=\frac{\max\limits_{\boldsymbol{B}:\boldsymbol{H}'\boldsymbol{B}=0,\boldsymbol{\Sigma}}L\left(\boldsymbol{B},\boldsymbol{\Sigma}|\boldsymbol{Y}\right)}{\max\limits_{\boldsymbol{B},\boldsymbol{\Sigma}}L\left(\boldsymbol{B},\boldsymbol{\Sigma}|\boldsymbol{Y}\right)},\tag{7.1.19}$$

其中, $L\left(\boldsymbol{B},\boldsymbol{\Sigma}|\boldsymbol{Y}\right)$ 是多元线性模型 (7.1.2) 的似然函数 (见 (7.1.10) 式).

由 (7.1.16) 式知, (7.1.19) 式的分母为

$$\max_{\boldsymbol{B},\boldsymbol{\Sigma}}L\left(\boldsymbol{B},\boldsymbol{\Sigma}|\boldsymbol{Y}\right)=\left|\boldsymbol{Y}'\left(\boldsymbol{I}_n-\boldsymbol{X}\left(\boldsymbol{X}'\boldsymbol{X}\right)^-\boldsymbol{X}'\right)\boldsymbol{Y}\right|^{-n/2}\left(\frac{n}{\mathrm{e}}\right)^{np/2}.\tag{7.1.20}$$

下面计算 (7.1.19) 式的分子.

在 7.1.4 小节最小二乘估计第二基本定理的证明过程中, 在 $\boldsymbol{H}'\boldsymbol{B}=\mathbf{0}$ 的约束条件下, 多元线性模型 (7.1.2) 可转换为

$$\boldsymbol{Y}=\boldsymbol{X}_H\boldsymbol{\Theta}+\varepsilon,\quad \boldsymbol{X}_H=\boldsymbol{X}\left(\boldsymbol{I}_k-\boldsymbol{H}\left(\boldsymbol{H}'\boldsymbol{H}\right)^{-1}\boldsymbol{H}'\right),\tag{7.1.21}$$

因而 (7.1.19) 式的分子就等于

$$\max_{\boldsymbol{B}:\boldsymbol{H}'\boldsymbol{B}=0,\boldsymbol{\Sigma}}L\left(\boldsymbol{B},\boldsymbol{\Sigma}|\boldsymbol{Y}\right)=\max_{\boldsymbol{\Theta},\boldsymbol{\Sigma}}L\left(\boldsymbol{\Theta},\boldsymbol{\Sigma}|\boldsymbol{Y}\right),$$

其中, $L\left(\boldsymbol{\Theta},\boldsymbol{\Sigma}|\boldsymbol{Y}\right)$ 是多元线性模型 (7.1.21) 的似然函数. 将多元线性模型 (7.1.2) 的似然函数 $L\left(\boldsymbol{B},\boldsymbol{\Sigma}|\boldsymbol{Y}\right)$ (见 (7.1.10) 式) 中的 $\boldsymbol{B}$ 和 $\boldsymbol{X}$ 分别替换为 $\boldsymbol{\Theta}$ 和 $\boldsymbol{X}_H$, 就得到 $L\left(\boldsymbol{\Theta},\boldsymbol{\Sigma}|\boldsymbol{Y}\right)$. 从而由 (7.1.16) 式知有

$$\max_{\boldsymbol{\Theta},\boldsymbol{\Sigma}}L\left(\boldsymbol{\Theta},\boldsymbol{\Sigma}|\boldsymbol{Y}\right)=\left|\boldsymbol{Y}'\left(\boldsymbol{I}_n-\boldsymbol{X}_H\left(\boldsymbol{X}_H'\boldsymbol{X}_H\right)^-\boldsymbol{X}_H'\right)\boldsymbol{Y}\right|^{-n/2}\left(\frac{n}{\mathrm{e}}\right)^{np/2},$$

所以, (7.1.19) 式的分子为

$$\max_{\boldsymbol{B}:\boldsymbol{H}'\boldsymbol{B}=\mathbf{0},\boldsymbol{\Sigma}}L\left(\boldsymbol{B},\boldsymbol{\Sigma}|\boldsymbol{Y}\right)=\left|\boldsymbol{Y}'\left(\boldsymbol{I}_n-\boldsymbol{X}_H\left(\boldsymbol{X}_H'\boldsymbol{X}_H\right)^-\boldsymbol{X}_H'\right)\boldsymbol{Y}\right|^{-n/2}\left(\frac{n}{\mathrm{e}}\right)^{np/2}.\tag{7.1.22}$$

根据 (7.1.20) 式和 (7.1.22) 式, 得到检验问题 (7.1.18) 的似然比为

$$\lambda = \frac{\max\limits_{\boldsymbol{B}:\boldsymbol{H}'\boldsymbol{B}=\boldsymbol{0},\boldsymbol{\Sigma}} L(\boldsymbol{B},\boldsymbol{\Sigma}|\boldsymbol{Y})}{\max\limits_{\boldsymbol{B},\boldsymbol{\Sigma}} L(\boldsymbol{B},\boldsymbol{\Sigma}|\boldsymbol{Y})} = \left(\frac{\left|\boldsymbol{Y}'\left(\boldsymbol{I}_n - \boldsymbol{X}\left(\boldsymbol{X}'\boldsymbol{X}\right)^{-}\boldsymbol{X}'\right)\boldsymbol{Y}\right|}{\left|\boldsymbol{Y}'\left(\boldsymbol{I}_n - \boldsymbol{X}_H\left(\boldsymbol{X}_H'\boldsymbol{X}_H\right)^{-}\boldsymbol{X}_H'\right)\boldsymbol{Y}\right|}\right)^{n/2}. \tag{7.1.23}$$

为此取它的检验统计量为

$$\Lambda = \frac{|\boldsymbol{R}_0^2|}{|\boldsymbol{R}_H^2|},$$

其中,

$$\boldsymbol{R}_0^2 = \boldsymbol{Y}'\left(\boldsymbol{I}_n - \boldsymbol{X}(\boldsymbol{X}'\boldsymbol{X})^{-}\boldsymbol{X}'\right)'\boldsymbol{Y}, \quad \boldsymbol{R}_H^2 = \boldsymbol{Y}'\left(\boldsymbol{I}_n - \boldsymbol{X}_H(\boldsymbol{X}_H'\boldsymbol{X}_H)^{-}\boldsymbol{X}_H'\right)\boldsymbol{Y},$$

由于

$$\begin{aligned}\boldsymbol{Y}'\left(\boldsymbol{I}_n - \boldsymbol{X}(\boldsymbol{X}'\boldsymbol{X})^{-}\boldsymbol{X}'\right)'\boldsymbol{Y} &= \min_{\boldsymbol{B}}(\boldsymbol{Y}-\boldsymbol{X}\boldsymbol{B})'(\boldsymbol{Y}-\boldsymbol{X}\boldsymbol{B}),\\ \boldsymbol{Y}'\left(\boldsymbol{I}_n - \boldsymbol{X}_H(\boldsymbol{X}_H'\boldsymbol{X}_H)^{-}\boldsymbol{X}_H'\right)\boldsymbol{Y} &= \min_{\boldsymbol{B}:\boldsymbol{H}'\boldsymbol{B}=\boldsymbol{0}}(\boldsymbol{Y}-\boldsymbol{X}\boldsymbol{B})'(\boldsymbol{Y}-\boldsymbol{X}\boldsymbol{B}),\end{aligned}$$

所以, 取的检验统计量 Λ 可记为

$$\Lambda = \frac{\left|\min\limits_{\boldsymbol{B}}(\boldsymbol{Y}-\boldsymbol{X}\boldsymbol{B})'(\boldsymbol{Y}-\boldsymbol{X}\boldsymbol{B})\right|}{\left|\min\limits_{\boldsymbol{B}:\boldsymbol{H}'\boldsymbol{B}=\boldsymbol{0}}(\boldsymbol{Y}-\boldsymbol{X}\boldsymbol{B})'(\boldsymbol{Y}-\boldsymbol{X}\boldsymbol{B})\right|}. \tag{7.1.24}$$

此外, 由 (7.1.23) 式知似然比为

$$\lambda = \Lambda^{n/2} = \left(\frac{\left|\min\limits_{\boldsymbol{B}}(\boldsymbol{Y}-\boldsymbol{X}\boldsymbol{B})'(\boldsymbol{Y}-\boldsymbol{X}\boldsymbol{B})\right|}{\left|\min\limits_{\boldsymbol{B}:\boldsymbol{H}'\boldsymbol{B}=\boldsymbol{0}}(\boldsymbol{Y}-\boldsymbol{X}\boldsymbol{B})'(\boldsymbol{Y}-\boldsymbol{X}\boldsymbol{B})\right|}\right)^{n/2}. \tag{7.1.25}$$

由检验问题 (7.1.18) 的似然比 (见 (7.1.23) 式) 导出了它的检验统计量 Λ, 并证明了 Λ 可写成 (7.1.24) 式的形式. 事实上, 多元线性模型的线性假设的检验问题都有 (7.1.24) 式那样类似的结果. 记住下面的公式:

$$\Lambda = \frac{\left|\min\limits_{H_0\cup H_1}(\boldsymbol{Y}-\boldsymbol{X}\boldsymbol{B})'(\boldsymbol{Y}-\boldsymbol{X}\boldsymbol{B})\right|}{\left|\min\limits_{H_0}(\boldsymbol{Y}-\boldsymbol{X}\boldsymbol{B})'(\boldsymbol{Y}-\boldsymbol{X}\boldsymbol{B})\right|} \tag{7.1.26}$$

就可以比较快地得到多元线性模型线性假设检验问题的检验统计量. 不仅如此, 多元线性模型的线性假设的检验问题也都有 (7.1.25) 式那样类似的结果. 记住下面的

公式:

$$\lambda = \Lambda^{n/2} = \left(\frac{\left| \min\limits_{H_0 \cup H_1} (\boldsymbol{Y} - \boldsymbol{X}\boldsymbol{B})' (\boldsymbol{Y} - \boldsymbol{X}\boldsymbol{B}) \right|}{\left| \min\limits_{H_0} (\boldsymbol{Y} - \boldsymbol{X}\boldsymbol{B})' (\boldsymbol{Y} - \boldsymbol{X}\boldsymbol{B}) \right|} \right)^{n/2} \tag{7.1.27}$$

就可以比较快地得到多元线性模型线性假设检验问题的似然比.

在 Λ 比较小的时候拒绝原假设, 认为 $\boldsymbol{H}'\boldsymbol{B} \neq 0$. 在原假设成立, 即 $\boldsymbol{H}'\boldsymbol{B} = \boldsymbol{0}$ 时, 根据最小二乘估计的第二基本定理, 有 $\Lambda \sim \Lambda_{p,n-r,r-t}$, 其中, $r = R(\boldsymbol{X})$, $t = R(\boldsymbol{X}_H)$.

(2) 考虑 $\boldsymbol{H}'\boldsymbol{B}$ 是否等于 $\boldsymbol{Z}$ 的线性假设的检验问题

$$H_0 : \boldsymbol{H}'\boldsymbol{B} = \boldsymbol{Z}, \quad H_1 : \boldsymbol{H}'\boldsymbol{B} \neq \boldsymbol{Z}, \tag{7.1.28}$$

其中, $\boldsymbol{H}$ 是 $k \times s$ 阶矩阵.

正如在第二基本定理的补充说明 2 中所说的, 如果 $\boldsymbol{H}$ 是列满秩矩阵, 则方程 $\boldsymbol{H}'\boldsymbol{B} = \boldsymbol{Z}$ 有解 (称方程相容), 而当 $\boldsymbol{H}$ 不是列满秩矩阵时, 方程 $\boldsymbol{H}'\boldsymbol{B} = \boldsymbol{Z}$ 可能有解 (称方程相容), 也可能无解 (称方程不相容). 在方程不相容时, 检验问题 (7.1.28) 的原假设显然非真, 它势必被拒绝. 在方程相容时, 该检验问题的解如下:

可以证明 (证明留作习题 7.3) 该检验问题的似然比为

$$\lambda = \frac{\max\limits_{\boldsymbol{B}:\boldsymbol{H}'\boldsymbol{B}=\boldsymbol{Z},\boldsymbol{\Sigma}} L(\boldsymbol{B}, \boldsymbol{\Sigma}|\boldsymbol{Y})}{\max\limits_{\boldsymbol{B},\boldsymbol{\Sigma}} L(\boldsymbol{B}, \boldsymbol{\Sigma}|\boldsymbol{Y})} = \left(\frac{\left|\boldsymbol{Y}' \left(\boldsymbol{I}_n - \boldsymbol{X}(\boldsymbol{X}'\boldsymbol{X})^- \boldsymbol{X}'\right) \boldsymbol{Y}\right|}{\left|\tilde{\boldsymbol{Y}}' \left(\boldsymbol{I}_n - \boldsymbol{X}_H(\boldsymbol{X}'_H\boldsymbol{X}_H)^- \boldsymbol{X}'_H\right) \tilde{\boldsymbol{Y}}\right|} \right)^{n/2},$$

所以取似然比检验统计量为

$$\Lambda = \frac{\left|\boldsymbol{R}_0^2\right|}{\left|\tilde{\boldsymbol{R}}_H^2\right|},$$

其中,

$$\boldsymbol{R}_0^2 = \boldsymbol{Y}' \left(\boldsymbol{I}_n - \boldsymbol{X}(\boldsymbol{X}'\boldsymbol{X})^- \boldsymbol{X}'\right)' \boldsymbol{Y}, \quad \tilde{\boldsymbol{R}}_H^2 = \tilde{\boldsymbol{Y}}' \left(\boldsymbol{I}_n - \boldsymbol{X}_H(\boldsymbol{X}'_H\boldsymbol{X}_H)^- \boldsymbol{X}'_H\right) \tilde{\boldsymbol{Y}},$$

$\tilde{\boldsymbol{Y}} = \boldsymbol{Y} - \boldsymbol{X}\boldsymbol{B}_0$, $\boldsymbol{B}_0$ 是相容方程 $\boldsymbol{H}'\boldsymbol{B}=\boldsymbol{Z}$ 的一个特解, 如取 $\boldsymbol{B}_0=\boldsymbol{H}\left(\boldsymbol{H}'\boldsymbol{H}\right)^- \boldsymbol{Z}$,

$\boldsymbol{X}_H = \boldsymbol{X}\left(\boldsymbol{I}_k - \boldsymbol{H}\left(\boldsymbol{H}'\boldsymbol{H}\right)^- \boldsymbol{H}'\right)$.

也可以如 (7.1.26) 式那样, 得到线性假设检验问题 (7.1.28) 的似然比检验统计量为

$$\Lambda = \frac{\left| \min\limits_{\boldsymbol{B}} (\boldsymbol{Y} - \boldsymbol{X}\boldsymbol{B})' (\boldsymbol{Y} - \boldsymbol{X}\boldsymbol{B}) \right|}{\left| \min\limits_{\boldsymbol{B}:\boldsymbol{H}'\boldsymbol{B}=\boldsymbol{Z}} (\boldsymbol{Y} - \boldsymbol{X}\boldsymbol{B})' (\boldsymbol{Y} - \boldsymbol{X}\boldsymbol{B}) \right|} = \frac{\left|\boldsymbol{Y}' \left(\boldsymbol{I}_n - \boldsymbol{X}(\boldsymbol{X}'\boldsymbol{X})^- \boldsymbol{X}'\right) \boldsymbol{Y}\right|}{\left|\tilde{\boldsymbol{Y}}' \left(\boldsymbol{I}_n - \boldsymbol{X}_H(\boldsymbol{X}'_H\boldsymbol{X}_H)^- \boldsymbol{X}'_H\right) \tilde{\boldsymbol{Y}}\right|}. \tag{7.1.29}$$

在 Λ 比较小的时候拒绝原假设, 认为 $\boldsymbol{H}'\boldsymbol{B} \neq \boldsymbol{Z}$. 在原假设成立, 即 $\boldsymbol{H}'\boldsymbol{B} = \boldsymbol{Z}$ 时, 根据多元线性模型最小二乘估计第二基本定理的补充说明 2, $\Lambda \sim \Lambda_{p,n-r,r-t}$, 其中, $r = R(\boldsymbol{X})$, $t = R(\boldsymbol{X}_H)$.

(3) 考虑线性假设的检验问题

$$H_0 : \boldsymbol{H}'\boldsymbol{B} = \boldsymbol{0}, \quad H_1 : \boldsymbol{H}'\boldsymbol{B} \neq \boldsymbol{0}, \text{ 但 } \boldsymbol{H}_1'\boldsymbol{B} = \boldsymbol{0}, \tag{7.1.30}$$

其中, $\boldsymbol{H}$ 是 $k \times s$ 阶矩阵, $\boldsymbol{H}_1$ 是 $k \times s_1$ 阶矩阵, $\boldsymbol{H}_1$ 的列向量在 $\boldsymbol{H}$ 的列向量张成的子空间中, 即存在矩阵 $\boldsymbol{C}$, 使得 $\boldsymbol{H}_1 = \boldsymbol{H}\boldsymbol{C}$.

可以如 (7.1.26) 式那样, 得到这个线性假设检验问题的似然比检验统计量为

$$\Lambda = \frac{\left|\min\limits_{\boldsymbol{B}:\boldsymbol{H}_1'\boldsymbol{B}=\boldsymbol{0}} (\boldsymbol{Y} - \boldsymbol{X}\boldsymbol{B})'(\boldsymbol{Y} - \boldsymbol{X}\boldsymbol{B})\right|}{\left|\min\limits_{\boldsymbol{B}:\boldsymbol{H}'\boldsymbol{B}=\boldsymbol{0}} (\boldsymbol{Y} - \boldsymbol{X}\boldsymbol{B})'(\boldsymbol{Y} - \boldsymbol{X}\boldsymbol{B})\right|} = \frac{\left|\boldsymbol{Y}'\left(\boldsymbol{I}_n - \boldsymbol{X}_{H_1}(\boldsymbol{X}_{H_1}'\boldsymbol{X}_{H_1})^{-}\boldsymbol{X}_{H_1}'\right)\boldsymbol{Y}\right|}{\left|\boldsymbol{Y}'\left(\boldsymbol{I}_n - \boldsymbol{X}_H(\boldsymbol{X}_H'\boldsymbol{X}_H)^{-}\boldsymbol{X}_H'\right)\boldsymbol{Y}\right|},$$

其中,

$$\boldsymbol{X}_H = \boldsymbol{X}\left(\boldsymbol{I}_k - \boldsymbol{H}\left(\boldsymbol{H}'\boldsymbol{H}\right)^{-1}\boldsymbol{H}'\right), \quad \boldsymbol{X}_{H_1} = \boldsymbol{X}\left(\boldsymbol{I}_k - \boldsymbol{H}_1\left(\boldsymbol{H}_1'\boldsymbol{H}_1\right)^{-1}\boldsymbol{H}_1'\right).$$

在 Λ 比较小的时候拒绝原假设, 认为 $\boldsymbol{H}'\boldsymbol{B} \neq \boldsymbol{0}$, 但 $\boldsymbol{H}_1'\boldsymbol{B} = \boldsymbol{0}$.

在原假设成立, 即 $\boldsymbol{H}'\boldsymbol{B} = \boldsymbol{0}$ 时, 显然有 $\boldsymbol{H}_1'\boldsymbol{B} = \boldsymbol{0}$. 根据最小二乘估计的第二基本定理, 在原假设成立时有

$$\boldsymbol{R}_H^2 = \min_{\boldsymbol{B}:\boldsymbol{H}'\boldsymbol{B}=\boldsymbol{0}} (\boldsymbol{Y} - \boldsymbol{X}\boldsymbol{B})'(\boldsymbol{Y} - \boldsymbol{X}\boldsymbol{B}) \sim W_p(n - t, \boldsymbol{\Sigma}), \quad t = R(\boldsymbol{X}_H),$$

$$\boldsymbol{R}_{H_1}^2 = \min_{\boldsymbol{B}:\boldsymbol{H}_1'\boldsymbol{B}=\boldsymbol{0}} (\boldsymbol{Y} - \boldsymbol{X}\boldsymbol{B})'(\boldsymbol{Y} - \boldsymbol{X}\boldsymbol{B}) \sim W_p(n - t_1, \boldsymbol{\Sigma}), \quad t_1 = R(\boldsymbol{X}_{H_1}).$$

显然, $\boldsymbol{R}_H^2 \geqslant \boldsymbol{R}_{H_1}^2$, 所以 $\boldsymbol{R}_H^2 - \boldsymbol{R}_{H_1}^2 \sim W_p(t_1 - t, \boldsymbol{\Sigma})$ 并且 $\boldsymbol{R}_H^2 - \boldsymbol{R}_{H_1}^2$ 与 $\boldsymbol{R}_{H_1}^2$ 相互独立. 由此可见

$$\begin{aligned}\Lambda &= \frac{\left|\boldsymbol{Y}'\left(\boldsymbol{I}_n - \boldsymbol{X}_{H_1}(\boldsymbol{X}_{H_1}'\boldsymbol{X}_{H_1})\ \ \boldsymbol{X}_{H_1}'\right)\boldsymbol{Y}\right|}{\left|\boldsymbol{Y}'\left(\boldsymbol{I}_n - \boldsymbol{X}_H(\boldsymbol{X}_H'\boldsymbol{X}_H)^{-}\boldsymbol{X}_H'\right)\boldsymbol{Y}\right|} = \frac{\left|\boldsymbol{R}_{H_1}^2\right|}{\left|\boldsymbol{R}_H^2\right|} \\ &= \frac{\left|\boldsymbol{R}_{H_1}^2\right|}{\left|\boldsymbol{R}_{H_1}^2 + (\boldsymbol{R}_H^2 - \boldsymbol{R}_{H_1}^2)\right|} \sim \Lambda_{p,n-t_1,t_1-t}.\end{aligned}$$

请读者考虑一个问题：为什么 $t_1 > t$?

7.1.6　均值子集的线性假设检验

令

$$\boldsymbol{Y} = (\underset{n\times q}{\boldsymbol{U}}, \quad \underset{n\times(p-q)}{\boldsymbol{W}}), \quad B = (\underset{k\times q}{\boldsymbol{\Theta}}, \quad \underset{k\times(p-q)}{\boldsymbol{B}_2}), \quad \boldsymbol{\varepsilon} = (\underset{n\times q}{\boldsymbol{\delta}}, \quad \underset{n\times(p-q)}{\boldsymbol{\varepsilon}_2}),$$

则多元线性模型 (7.1.2) 就化为

$$\begin{cases} \boldsymbol{U} = \boldsymbol{X}\boldsymbol{\Theta} + \boldsymbol{\delta}, \\ \boldsymbol{W} = \boldsymbol{X}\boldsymbol{B}_2 + \boldsymbol{\varepsilon}_2. \end{cases}$$

$\boldsymbol{\Theta}$ 是否等于 $\mathbf{0}$, 即 $\boldsymbol{Y}$ 的子集 $\boldsymbol{U}$ 的均值 $E(\boldsymbol{U}) = \mathbf{0}$ 的检验问题是一个很有意义的问题. 这个问题也可以看成 $\boldsymbol{Y}$ 的均值 $\boldsymbol{X}\boldsymbol{B} = (\boldsymbol{X}\boldsymbol{\Theta},\ \boldsymbol{X}\boldsymbol{B}_2)$ 的子集 $\boldsymbol{X}\boldsymbol{\Theta} = \mathbf{0}$ 的检验问题. 为此通常称它为均值子集是否等于 $\mathbf{0}$ 的检验问题. 习题 5.3 就是单个多元正态总体的均值子集是否等于 $\mathbf{0}$ 的检验问题.

考虑 $\boldsymbol{Y}$ 的某个子集 $\boldsymbol{U}$ 的均值是否等于 $\mathbf{0}$ 的检验问题

$$H_0: \boldsymbol{\Theta} = \mathbf{0}, \quad H_1: \boldsymbol{\Theta} \neq \mathbf{0}. \tag{7.1.31}$$

通常使用下面这个较为简单的方法解这个检验问题. 令

$$\boldsymbol{\Sigma} = \begin{pmatrix} \boldsymbol{T} & \boldsymbol{\Sigma}_{12} \\ \boldsymbol{\Sigma}_{21} & \boldsymbol{\Sigma}_{22} \end{pmatrix} \begin{matrix} q \\ p-q \end{matrix}, \quad \text{列分块 } q,\ p-q$$

并将多元线性模型 (7.1.2) 简化为

$$\begin{cases} E(\boldsymbol{U}) = \boldsymbol{X}\boldsymbol{\Theta} \\ \boldsymbol{U} \text{ 的行向量 } \boldsymbol{u}_1', \cdots, \boldsymbol{u}_n' \text{ 相互独立, 都服从正态分布, 同协方差阵 } \boldsymbol{T},\ \boldsymbol{T} > 0. \end{cases} \tag{7.1.32}$$

对于模型 (7.1.32) 来说, 检验问题 (7.1.31) 就是 (7.1.18) 那种类型的检验问题, 其中, $\boldsymbol{H} = \boldsymbol{I}_k$. 由此得到它的似然比检验统计量为

$$\Lambda = \frac{|\boldsymbol{R}_0^2|}{|\boldsymbol{R}_H^2|},$$

其中, $\boldsymbol{R}_0^2 = \boldsymbol{U}'\left(\boldsymbol{I}_n - \boldsymbol{X}(\boldsymbol{X}'\boldsymbol{X})^{-1}\boldsymbol{X}'\right)'\boldsymbol{U}$, $\boldsymbol{R}_H^2 = \boldsymbol{U}'\boldsymbol{U}$. 在 Λ 比较小的时候拒绝原假设, 认为 $\boldsymbol{\Theta} \neq \mathbf{0}$. 在原假设成立, 即 $\boldsymbol{\Theta} = \mathbf{0}$ 时, 根据多元线性模型最小二乘估计的第二基本定理, $\Lambda \sim \Lambda_{q,n-r,r}$, 其中, $r = R(\boldsymbol{X})$.

下面证明, 为什么对于检验问题 (7.1.31) 来说, 可以将模型 (7.1.2) 简化为模型 (7.1.32), 也就是说, 模型 (7.1.2) 的似然比为什么等于模型 (7.1.32) 的似然比

$$\frac{\max\limits_{\boldsymbol{\Theta}=\mathbf{0}, \boldsymbol{B}_2, \boldsymbol{\Sigma}} L(\boldsymbol{B}, \boldsymbol{\Sigma}|\boldsymbol{Y})}{\max\limits_{\boldsymbol{B}, \boldsymbol{\Sigma}} L(\boldsymbol{B}, \boldsymbol{\Sigma}|\boldsymbol{Y})} = \frac{\max\limits_{\boldsymbol{T}} L_1(0, \boldsymbol{T}|\boldsymbol{U})}{\max\limits_{\boldsymbol{\Theta}, \boldsymbol{T}} L_1(\boldsymbol{\Theta}, \boldsymbol{T}|\boldsymbol{U})}, \tag{7.1.33}$$

其中, $L(\boldsymbol{B}, \boldsymbol{\Sigma}|\boldsymbol{Y})$ 和 $L_1(\boldsymbol{\Theta}, \boldsymbol{T}|\boldsymbol{U})$ 分别是模型 (7.1.2) 和模型 (7.1.32) 的似然函数.

记 $\boldsymbol{W}$ 的行向量为 $\boldsymbol{w}_1', \cdots, \boldsymbol{w}_n'$, 则 $\boldsymbol{Y}$ 的行向量是 $\boldsymbol{U}$ 与 $\boldsymbol{W}$ 的行向量的组合

$$\boldsymbol{y}_i' = (\boldsymbol{u}_i', \boldsymbol{w}_i'), \quad i = 1, \cdots, n.$$

将 $\boldsymbol{y}_i$ 的密度函数分解为 $\boldsymbol{u}_i$ 的密度函数与 $\boldsymbol{u}_i$ 给定后 $\boldsymbol{w}_i$ 的条件密度的乘积, 并由此将模型 (7.1.2) 的似然函数 $L(\boldsymbol{B}, \boldsymbol{\Sigma}|\boldsymbol{Y})$ 分解为两部分的乘积:

$$L(\boldsymbol{B}, \boldsymbol{\Sigma}|\boldsymbol{Y}) = (\boldsymbol{U} \text{ 的似然函数}) * (\boldsymbol{U} \text{ 给定后 } \boldsymbol{W} \text{ 的条件似然函数}).$$

第一部分 $\boldsymbol{U}$ 的似然函数实际上就是模型 (7.1.32) 的似然函数 $L_1(\boldsymbol{\Theta}, \boldsymbol{T}|\boldsymbol{U})$

$$\begin{aligned} &L_1(\boldsymbol{\Theta}, \boldsymbol{T}|\boldsymbol{U}) \\ &= (2\pi)^{-nq/2} |\boldsymbol{T}|^{-n/2} \exp\left\{-\frac{\sum_{i=1}^{n} (\boldsymbol{u}_i - \boldsymbol{\Theta}'\boldsymbol{x}_i)' \boldsymbol{T}^{-1} (\boldsymbol{u}_i - \boldsymbol{\Theta}'\boldsymbol{x}_i)}{2}\right\}, \end{aligned}$$

其中, x_i 如同前面所说, 它是设计矩阵 $\boldsymbol{X}$ 的第 i 个行向量 $\boldsymbol{X}' = (\boldsymbol{x}_1, \cdots, \boldsymbol{x}_n)$. 第二部分在 $\boldsymbol{U}$ 给定后 $\boldsymbol{W}$ 的条件似然函数为

$$\begin{aligned} L_{2|1}(\boldsymbol{B}, \boldsymbol{\Sigma}|\boldsymbol{Y}) = &(2\pi)^{-n(p-q)/2} \left|\boldsymbol{\Sigma}_{2|1}\right|^{-n/2} \\ &\cdot \exp\left\{-\frac{\sum_{i=1}^{n} (\boldsymbol{w}_i - \boldsymbol{\Psi}_{2|1}(\boldsymbol{u}_i))' \boldsymbol{\Sigma}_{2|1}^{-1} (\boldsymbol{w}_i - \boldsymbol{\Psi}_{2|1}(\boldsymbol{u}_i))}{2}\right\}, \end{aligned}$$

其中, $\boldsymbol{\Psi}_{2|1}(u_i)$ 与 $\boldsymbol{\Sigma}_{2|1}$ 分别是 $\boldsymbol{u}_i$ 给定后 $\boldsymbol{w}_i$ 的条件期望与条件协方差

$$\begin{aligned} \boldsymbol{\Psi}_{2|1}(\boldsymbol{u}_i) &= \boldsymbol{B}_2'\boldsymbol{x}_i + \boldsymbol{\Sigma}_{21}T^{-1}(\boldsymbol{u}_i - \boldsymbol{\Theta}'\boldsymbol{x}_i) \\ &= (\boldsymbol{B}_2' - \boldsymbol{\Sigma}_{21}\boldsymbol{T}^{-1}\boldsymbol{\Theta}')\boldsymbol{x}_i + \boldsymbol{\Sigma}_{21}\boldsymbol{T}^{-1}u_i, \quad i = 1, \cdots, n, \\ \boldsymbol{\Sigma}_{2|1} &= \boldsymbol{\Sigma}_{22} - \boldsymbol{\Sigma}_{21}\boldsymbol{T}^{-1}\boldsymbol{\Sigma}_{12}, \end{aligned}$$

从而有

$$L(\boldsymbol{B}, \boldsymbol{\Sigma}|\boldsymbol{Y}) = L_1(\boldsymbol{\Theta}, \boldsymbol{T}|\boldsymbol{U})\, L_{2|1}(\boldsymbol{B}, \boldsymbol{\Sigma}|\boldsymbol{Y}).$$

令 $\boldsymbol{R} = \boldsymbol{T}^{-1}\boldsymbol{\Sigma}_{12}$, $\boldsymbol{S} = \boldsymbol{B}_2 - \boldsymbol{\Theta}\boldsymbol{T}^{-1}\boldsymbol{\Sigma}_{12}$, 则 $\boldsymbol{\Psi}_{2|1}(\boldsymbol{u}_i) = \boldsymbol{S}'x_i + \boldsymbol{R}'u_i$. 可以将 $L_{2|1}(\boldsymbol{B}, \boldsymbol{\Sigma}|\boldsymbol{Y})$ 改写为 $L_{2|1}(\boldsymbol{S}, \boldsymbol{R}, \boldsymbol{\Sigma}_{2|1}|\boldsymbol{Y})$,

$$\begin{aligned} L_{2|1}(\boldsymbol{S}, \boldsymbol{R}, \boldsymbol{\Sigma}_{2|1}|\boldsymbol{Y}) = &(2\pi)^{-n(p-q)/2}|\boldsymbol{\Sigma}_{2|1}|^{-n/2} \\ &\cdot \exp\left\{-\frac{\sum_{i=1}^{n} (\boldsymbol{w}_i - \boldsymbol{S}'\boldsymbol{x}_i - \boldsymbol{R}'\boldsymbol{u}_i)' \boldsymbol{\Sigma}_{2|1}^{-1} (\boldsymbol{w}_i - \boldsymbol{S}'x_i - \boldsymbol{R}'u_i)}{2}\right\}. \end{aligned} \tag{7.1.34}$$

考虑到参数 $(\boldsymbol{\Theta}, \boldsymbol{B}_2, \boldsymbol{T}, \boldsymbol{\Sigma}_{12}, \boldsymbol{\Sigma}_{22})$ 与 $\left(\boldsymbol{\Theta}, \boldsymbol{S}, \boldsymbol{T}, \boldsymbol{R}, \boldsymbol{\Sigma}_{2|1}\right)$ 之间是一一对应, 所以

$$\max_{\boldsymbol{B},\boldsymbol{\Sigma}} L(\boldsymbol{B}, \boldsymbol{\Sigma}|\boldsymbol{Y}) = (\max_{\boldsymbol{\Theta},\boldsymbol{T}} L_1(\boldsymbol{\Theta}, \boldsymbol{T}|\boldsymbol{U}))(\max_{\boldsymbol{S},\boldsymbol{R},\boldsymbol{\Sigma}_{2|1}} L_{2|1}\left(\boldsymbol{S}, \boldsymbol{R}, \boldsymbol{\Sigma}_{2|1}|\boldsymbol{Y}\right)). \tag{7.1.35}$$

同理, 对于 $\max\limits_{\boldsymbol{\Theta}=\boldsymbol{0},\boldsymbol{B}_2,\boldsymbol{\Sigma}} L\left(\boldsymbol{B}, \boldsymbol{\Sigma}|\boldsymbol{Y}\right)$ 来说, 有

$$\max_{\boldsymbol{\Theta}=\boldsymbol{0},\boldsymbol{B}_2,\boldsymbol{\Sigma}} L\left(\boldsymbol{B}, \boldsymbol{\Sigma}|\boldsymbol{Y}\right) = \left(\max_{\boldsymbol{T}} L_1\left(\boldsymbol{0}, \boldsymbol{T}|\boldsymbol{U}\right)\right)(\max_{\boldsymbol{B}_2,\boldsymbol{R},\boldsymbol{\Sigma}_{2|1}} L_{2|1}\left(\boldsymbol{B}_2, \boldsymbol{R}, \boldsymbol{\Sigma}_{2|1}|\boldsymbol{Y}\right)), \tag{7.1.36}$$

其中, 与 (7.1.34) 式相类似,

$$L_{2|1}\left(\boldsymbol{B}_2, \boldsymbol{R}, \boldsymbol{\Sigma}_{2|1}|\boldsymbol{Y}\right) = (2\pi)^{-n(p-q)/2}\left|\boldsymbol{\Sigma}_{2|1}\right|^{-n/2} \cdot \exp\left\{-\frac{\sum\limits_{i=1}^{n}\left(\boldsymbol{w}_i - \boldsymbol{B}_2' x_i - \boldsymbol{R}' u_i\right)' \boldsymbol{\Sigma}_{2|1}^{-1}\left(\boldsymbol{w}_i - \boldsymbol{B}_2' x_i - \boldsymbol{R}' \boldsymbol{u}_i\right)}{2}\right\}. \tag{7.1.37}$$

由 (7.1.34) 式和 (7.1.37) 式可以看到

$$\max_{\boldsymbol{B}_2,\boldsymbol{R},\boldsymbol{\Sigma}_{2|1}} L_{2|1}\left(\boldsymbol{B}_2, \boldsymbol{R}, \boldsymbol{\Sigma}_{2|1}|\boldsymbol{Y}\right) = \max_{\boldsymbol{S},\boldsymbol{R},\boldsymbol{\Sigma}_{2|1}} L_{2|1}\left(\boldsymbol{S}, \boldsymbol{R}, \boldsymbol{\Sigma}_{2|1}|\boldsymbol{Y}\right). \tag{7.1.38}$$

从而根据 (7.1.35) 式和 (7.1.36) 式以及 (7.1.38) 式, 有

$$\begin{aligned}\frac{\max\limits_{\boldsymbol{\Theta}=0,\boldsymbol{B}_2,\boldsymbol{\Sigma}} L\left(\boldsymbol{B}, \boldsymbol{\Sigma}|\boldsymbol{Y}\right)}{\max\limits_{\boldsymbol{B},\boldsymbol{\Sigma}} L\left(\boldsymbol{B}, \boldsymbol{\Sigma}|\boldsymbol{Y}\right)} &= \frac{\max\limits_{\boldsymbol{T}} L_1\left(\boldsymbol{0}, \boldsymbol{T}|\boldsymbol{U}\right)}{\max\limits_{\boldsymbol{\Theta},\boldsymbol{T}} L_1\left(\boldsymbol{\Theta}, \boldsymbol{T}|\boldsymbol{U}\right)} \cdot \frac{\max\limits_{\boldsymbol{B}_2,\boldsymbol{R},\boldsymbol{\Sigma}_{2|1}} L_{2|1}\left(\boldsymbol{B}_2, \boldsymbol{R}, \boldsymbol{\Sigma}_{2|1}|\boldsymbol{Y}\right)}{\max\limits_{\boldsymbol{S},\boldsymbol{R},\boldsymbol{\Sigma}_{2|1}} L_{2|1}\left(\boldsymbol{S}, \boldsymbol{R}, \boldsymbol{\Sigma}_{2|1}|\boldsymbol{Y}\right)} \\ &= \frac{\max\limits_{\boldsymbol{T}} L_1\left(\boldsymbol{0}, \boldsymbol{T}|\boldsymbol{U}\right)}{\max\limits_{\boldsymbol{\Theta},\boldsymbol{T}} L_1\left(\boldsymbol{\Theta}, \boldsymbol{T}|\boldsymbol{U}\right)}.\end{aligned}$$

(7.1.33) 式成立, 故对于检验问题 (7.1.31) 来说, 将模型 (7.1.2) 简化为模型 (7.1.32) 是可行的. 必须指出的是, 之所以能简化, 就是因为模型 (7.1.2) 的行向量的协方差阵 $\boldsymbol{\Sigma}$ 是一个没有任何特殊结构的正定矩阵. 如果 $\boldsymbol{\Sigma}$ 有某个特殊结构, 如 7.3 节所说的复合对称结构, 就不一定能简化了.

事实上, $\max\limits_{\boldsymbol{S},\boldsymbol{R},\boldsymbol{\Sigma}_{2|1}} L_{2|1}\left(\boldsymbol{S}, \boldsymbol{R}, \boldsymbol{\Sigma}_{2|1}|\boldsymbol{Y}\right)$ 和 $\max\limits_{\boldsymbol{B}_2,\boldsymbol{R},\boldsymbol{\Sigma}_{2|1}} L_{2|1}\left(\boldsymbol{B}_2, \boldsymbol{R}, \boldsymbol{\Sigma}_{2|1}|\boldsymbol{Y}\right)$ 的值是不难求得的. $L_{2|1}\left(\boldsymbol{S}, \boldsymbol{R}, \boldsymbol{\Sigma}_{2|1}|\boldsymbol{Y}\right)$ 可以看成下面这个多元线性模型的似然函数:

$$\begin{cases} E\left(\boldsymbol{W}\right) = \tilde{\boldsymbol{X}}\tilde{\boldsymbol{B}}, \\ \boldsymbol{W} \text{ 的行向量 } \boldsymbol{w}_1', \cdots, \boldsymbol{w}_n' \text{ 相互独立, 都服从正态分布, 同协方差阵 } \boldsymbol{\Sigma}_{2|1}, \boldsymbol{\Sigma}_{2|1} > 0, \end{cases}$$

其中,

$$\tilde{\boldsymbol{X}} = (\boldsymbol{X}, \boldsymbol{U}), \quad \tilde{\boldsymbol{B}} = \begin{pmatrix} \boldsymbol{S} \\ \boldsymbol{R} \end{pmatrix}.$$

根据 (7.1.16) 式, 其似然函数的最大值为

$$\max_{\boldsymbol{S},\boldsymbol{R},\boldsymbol{\Sigma}_{2|1}} L_{2|1}\left(\boldsymbol{S}, \boldsymbol{R}, \boldsymbol{\Sigma}_{2|1}|\boldsymbol{Y}\right) = \left|\boldsymbol{W}'\left(\boldsymbol{I}_n - \tilde{\boldsymbol{X}}\left(\tilde{\boldsymbol{X}}'\tilde{\boldsymbol{X}}\right)^{-1}\tilde{\boldsymbol{X}}'\right)\boldsymbol{W}\right|^{-n/2}\left(\frac{n}{\mathrm{e}}\right)^{n(p-q)/2},$$

而 $L_{2|1}\left(\boldsymbol{B}_2, \boldsymbol{R}, \boldsymbol{\Sigma}_{2|1}|\boldsymbol{Y}\right)$ 是下面这个多元线性模型的似然函数:

$$\begin{cases} E(\boldsymbol{W}) = \tilde{\boldsymbol{X}}\tilde{\boldsymbol{B}}_0 \\ \boldsymbol{W} \text{ 的行向量 } \boldsymbol{w}_1', \cdots, \boldsymbol{w}_n' \text{ 相互独立, 都服从正态分布, 同协方差阵 } \boldsymbol{\Sigma}_{2|1}, \boldsymbol{\Sigma}_{2|1} > 0, \end{cases}$$

其中,

$$\tilde{\boldsymbol{B}}_0 = \begin{pmatrix} \boldsymbol{B}_2 \\ \boldsymbol{R} \end{pmatrix}.$$

根据 (7.1.16) 式, 其似然函数的最大值也为

$$\max_{\boldsymbol{B}_2,\boldsymbol{R},\boldsymbol{\Sigma}_{2|1}} L_{2|1}\left(\boldsymbol{B}_2, \boldsymbol{R}, \boldsymbol{\Sigma}_{2|1}|\boldsymbol{Y}\right) = \left|\boldsymbol{W}'(\boldsymbol{I}_n - \tilde{\boldsymbol{X}}(\tilde{\boldsymbol{X}}'\tilde{\boldsymbol{X}})^{-1}\tilde{\boldsymbol{X}}')\boldsymbol{W}\right|^{-n/2}\left(\frac{n}{\mathrm{e}}\right)^{n(p-q)/2}.$$

这说明 (7.1.38) 式成立, 从而知 (7.1.33) 式成立.

上面讨论的均值子集是否等于 $\mathbf{0}$ 的检验问题 (7.1.31) 可以推广为: 考虑均值子集是否等于 $\boldsymbol{Z}$ 的检验问题

$$H_0: \boldsymbol{\Theta} = \boldsymbol{Z}, \quad H_1: \boldsymbol{\Theta} \neq \boldsymbol{Z}, \text{ 其中, } Z \text{ 已知.} \tag{7.1.39}$$

显然, 它也可以简化为模型 (7.1.32) 的检验问题.

检验问题 (7.1.31) 还可以进一步推广为: 考虑检验问题

$$H_0: \boldsymbol{BG} = \boldsymbol{Z}, \quad H_1: \boldsymbol{BG} \neq \boldsymbol{Z}, \tag{7.1.40}$$

其中, $\boldsymbol{G}$ 是 $p \times q$ 阶列满秩矩阵, $q < p$. 这个检验问题也可以简化. 令 $\boldsymbol{W} = \boldsymbol{YG}$, $\boldsymbol{\Theta} = \boldsymbol{BG}$, $\boldsymbol{T} = \boldsymbol{G}'\boldsymbol{\Sigma}G$, 则

$$\begin{aligned} E(\boldsymbol{W}) &= \boldsymbol{X}\boldsymbol{\Theta}, \\ \mathrm{Cov}(\mathrm{vec}(\boldsymbol{W})) &= \mathrm{Cov}\left((\boldsymbol{G}' \times \boldsymbol{I}_n)\,\mathrm{vec}(\boldsymbol{Y})\right) \\ &= (\boldsymbol{G}' \otimes \boldsymbol{I}_n)(\boldsymbol{\Sigma} \otimes \boldsymbol{I}_n)(\boldsymbol{G} \otimes \boldsymbol{I}_n) = \boldsymbol{T} \otimes \boldsymbol{I}_n. \end{aligned}$$

由此可见, 要求 $\boldsymbol{G}$ 是列满秩矩阵就是为了使得 $\boldsymbol{T}$ 是 q 阶正定矩阵. 这样一来, 多元线性模型 (7.1.2) 就简化为下面的模型:

$$\begin{cases} E(\boldsymbol{W}) = \boldsymbol{X\Theta}, \\ \boldsymbol{W} \text{ 的行向量 } \boldsymbol{w}_1', \cdots, \boldsymbol{w}_n' \text{ 相互独立, 都服从正态分布, 同协方差阵 } \boldsymbol{T}, \boldsymbol{T} > 0. \end{cases} \tag{7.1.41}$$

同时所考虑的检验问题就简化为模型 (7.1.41) 的 (7.1.39) 那种类型的检验问题. 为什么可以简化, 其证明留作习题 (见习题 7.4).

更一般地, 考虑模型 (7.1.2) 的 $\boldsymbol{H}'\boldsymbol{BG}$ 是否等于 $\boldsymbol{Z}$ 的线性假设的检验问题

$$H_0: \boldsymbol{H}'\boldsymbol{BG} = \boldsymbol{Z}, \quad H_1: \boldsymbol{H}'\boldsymbol{BG} \neq \boldsymbol{Z}. \tag{7.1.42}$$

这个检验问题可简化为模型 (7.1.41) 的检验问题 (其证明留作习题 7.4)

$$H_0: \boldsymbol{H}'\boldsymbol{\Theta} = \boldsymbol{Z}, \quad H_1: \boldsymbol{H}'\boldsymbol{\Theta} \neq \boldsymbol{Z}.$$

而这就是 (7.1.28) 式那种类型的检验问题, 不难得到它的似然比检验统计量.

比 (7.1.2) 式更为一般的多元线性模型为

$$\boldsymbol{Y} = \boldsymbol{X}_1\boldsymbol{B}\boldsymbol{X}_2 + \boldsymbol{\varepsilon},$$

其中, $\boldsymbol{Y}$ 仍是 $n \times p$ 阶可观察的随机矩阵, 设计矩阵 $\boldsymbol{X}_1$ 和 $\boldsymbol{X}_2$ 分别是已知的 $n \times k$ 和 $m \times p$ 阶矩阵, 回归系数矩阵 $\boldsymbol{B}$ 是 $k \times m$ 阶未知的参数矩阵, $\boldsymbol{\varepsilon}$ 是 $n \times p$ 阶不可观察的随机误差矩阵, $\boldsymbol{\varepsilon} \sim N_{n\times p}(\boldsymbol{0}, \boldsymbol{\Sigma} \otimes \boldsymbol{I}_n)$, 误差协方差阵 $\boldsymbol{\Sigma}$ 未知. 由于这类模型广泛用于生物生长问题, 故称它为生长曲线模型 (growth curve model). 对生长曲线模型有兴趣的读者可参阅文献 [119], [120], [129].

7.2 多元线性回归模型

在介绍多元线性回归模型之前, 首先简述熟悉的一元线性回归模型 (简称线性回归模型) 的有关概念. 所谓的一元线性回归模型就是

$$\boldsymbol{Y} = \boldsymbol{1}_n\boldsymbol{\beta}_0 + \boldsymbol{X\beta} + \boldsymbol{\varepsilon}, \tag{7.2.1}$$

其中,

(1) 因变量 $\boldsymbol{Y}$ 是 n 维可观察的随机向量;

(2) 设计矩阵 (预报因子) $\boldsymbol{X}$ 是已知的 $n \times k$ 阶矩阵;

(3) $(\boldsymbol{\beta}_0, \boldsymbol{\beta})$ 称为回归系数, 截距 $\boldsymbol{\beta}_0$ 与斜率 (k 维向量) $\boldsymbol{\beta}$ 都未知;

(4) 误差向量 $\boldsymbol{\varepsilon}$ 是 n 维不可观察的随机向量, 其中, 假设 $\boldsymbol{\varepsilon} \sim N_n\left(0, \sigma^2\boldsymbol{I}_n\right)$, 误差方差 $\sigma^2 > 0$ 未知.

令 $\boldsymbol{Y} = (\boldsymbol{y}_1, \cdots, \boldsymbol{y}_n)'$, $\boldsymbol{X} = (\boldsymbol{x}_1, \cdots, \boldsymbol{x}_n)'$, $\boldsymbol{\varepsilon} = (\varepsilon_1, \cdots, \varepsilon_n)'$, 则 $\boldsymbol{y}_i = \boldsymbol{\beta}_0 + \boldsymbol{x}_i'\boldsymbol{\beta} + \varepsilon_i \sim N\left(\boldsymbol{\beta}_0 + \boldsymbol{x}_i'\boldsymbol{\beta}, \sigma^2\right)$, $i = 1, \cdots, n$. 一元线性回归模型根据 k 个预报因子作了 n

次预报, 每次预报一个因变量值. 多元线性回归模型之所以是它的推广, 就因为它每次预报的是一组因变量值.

7.2.1 模型

多元线性回归模型的定义如下:

$$\boldsymbol{Y} = \mathbf{1}_n\boldsymbol{\beta}_0' + \boldsymbol{X}\boldsymbol{B} + \varepsilon, \tag{7.2.2}$$

其中,

(1) 因变量 $\boldsymbol{Y}$ 是 $n \times p$ 阶可观察的随机矩阵, $n \geqslant p$;

(2) 设计矩阵 (预报因子) $\boldsymbol{X}$ 是已知的 $n \times k$ 阶矩阵;

(3) $(\boldsymbol{\beta}_0, \boldsymbol{B})$ 称为回归系数, 截距 $\boldsymbol{\beta}_0$ 是 p 维向量, 斜率 $\boldsymbol{B}$ 是 $k \times p$ 阶矩阵, 它们都未知;

(4) 误差矩阵 ε 是 $n \times p$ 阶不可观察的随机矩阵, 其中, 假设 $\varepsilon \sim N_{n\times p}(\mathbf{0}, \boldsymbol{\Sigma} \otimes \boldsymbol{I}_n)$, 误差协方差阵 $\boldsymbol{\Sigma}$ 是未知的 p 阶正定矩阵.

记 $\boldsymbol{Y}$, $\boldsymbol{X}$ 和 ε 的行与列向量分别为

$$\boldsymbol{Y} = \begin{pmatrix} \boldsymbol{y}_1' \\ \vdots \\ \boldsymbol{y}_n' \end{pmatrix} = \left(\boldsymbol{y}_{(1)}, \cdots, \boldsymbol{y}_{(p)}\right), \quad \boldsymbol{X} = \begin{pmatrix} \boldsymbol{x}_1' \\ \vdots \\ \boldsymbol{x}_n' \end{pmatrix} = \left(\boldsymbol{x}_{(1)}, \cdots, \boldsymbol{x}_{(k)}\right),$$

$$\varepsilon = \begin{pmatrix} \varepsilon_1' \\ \vdots \\ \varepsilon_n' \end{pmatrix} = \left(\varepsilon_{(1)}, \cdots, \varepsilon_{(p)}\right).$$

从而有 $\boldsymbol{y}_i' = \boldsymbol{\beta}_0' + \boldsymbol{x}_i'\boldsymbol{B} + \varepsilon_i' \sim N_p\left(\boldsymbol{\beta}_0' + \boldsymbol{x}_i'\boldsymbol{B}, \boldsymbol{\Sigma}\right)$, $i = 1, \cdots, n$. 故多元线性回归模型根据 k 个预报因子作了 n 次预报, 每次预报 p 个因变量的值.

令 $\boldsymbol{\beta}_0' = (\beta_{01}, \cdots, \beta_{0p})$, $\boldsymbol{B} = \left(\boldsymbol{\beta}_1, \cdots, \boldsymbol{\beta}_p\right)$, 则有

$$\boldsymbol{y}_{(j)} = \mathbf{1}_n\beta_{0j} + \boldsymbol{X}\boldsymbol{\beta}_j + \varepsilon_{(j)}, \quad j = 1, \cdots, p. \tag{7.2.3}$$

由此看来, 多元线性回归模型 (7.2.2) 可以分解成 p 个一元线性回归模型, 而这 p 个一元线性回归模型有相同的设计矩阵 $\boldsymbol{X}$.

为了后面叙述的方便, 给出下面一系列的记号:

$$\boldsymbol{y}_{(j)} = \begin{pmatrix} y_{1j} \\ \vdots \\ y_{nj} \end{pmatrix}, \quad \bar{\boldsymbol{y}} = (\bar{y}_1, \cdots, \bar{y}_p)', \quad \bar{y}_j = \frac{\sum\limits_{i=1}^{n} y_{ij}}{n}, \quad j = 1, \cdots, p,$$

$$\boldsymbol{x}_{(j)} = \begin{pmatrix} x_{1j} \\ \vdots \\ x_{nj} \end{pmatrix}, \quad \bar{\boldsymbol{x}} = (\bar{x}_1, \cdots, \bar{x}_k)', \quad \bar{x}_j = \frac{\sum\limits_{i=1}^{n} x_{ij}}{n}, \quad j = 1, \cdots, k,$$

$$\boldsymbol{L}_{xx} = \sum_{i=1}^{n} (\boldsymbol{x}_i - \bar{\boldsymbol{x}})(\boldsymbol{x}_i - \bar{\boldsymbol{x}})' = \boldsymbol{X}'\boldsymbol{X} - n\bar{\boldsymbol{x}}\bar{\boldsymbol{x}}' = \boldsymbol{X}'\left(\boldsymbol{I}_n - \frac{\boldsymbol{J}_n}{n}\right)\boldsymbol{X}, \tag{7.2.4}$$

$$\boldsymbol{L}_{xy} = \sum_{i=1}^{n} (\boldsymbol{x}_i - \bar{\boldsymbol{x}})(\boldsymbol{y}_i - \bar{\boldsymbol{y}})' = \boldsymbol{X}'\boldsymbol{Y} - n\bar{\boldsymbol{x}}\bar{\boldsymbol{y}}' = \boldsymbol{X}'\left(\boldsymbol{I}_n - \frac{\boldsymbol{J}_n}{n}\right)\boldsymbol{Y}, \tag{7.2.5}$$

$$\boldsymbol{L}_{yx} = \sum_{i=1}^{n} (\boldsymbol{y}_i - \bar{\boldsymbol{y}})(\boldsymbol{x}_i - \bar{\boldsymbol{x}})' = \boldsymbol{Y}'\boldsymbol{X} - n\bar{\boldsymbol{y}}\bar{\boldsymbol{x}}' = \boldsymbol{Y}'\left(\boldsymbol{I}_n - \frac{\boldsymbol{J}_n}{n}\right)\boldsymbol{X}, \tag{7.2.6}$$

$$\boldsymbol{L}_{yy} = \sum_{i=1}^{n} (\boldsymbol{y}_i - \bar{\boldsymbol{y}})(\boldsymbol{y}_i - \bar{\boldsymbol{y}})' = \boldsymbol{Y}'\boldsymbol{Y} - n\bar{\boldsymbol{y}}\bar{\boldsymbol{y}}' = \boldsymbol{Y}'\left(\boldsymbol{I}_n - \frac{\boldsymbol{J}_n}{n}\right)\boldsymbol{Y}, \tag{7.2.7}$$

其中, $\boldsymbol{J}_n$ 是元素全等于 1 的 n 阶方阵. 显然, $\boldsymbol{L}_{yx} = \boldsymbol{L}_{xy}'$. $\boldsymbol{L}_{xx}$, $\boldsymbol{L}_{xy}$, $\boldsymbol{L}_{yx}$ 和 $\boldsymbol{L}_{yy}$ 中这些表达式类似于 (4.1.4) 式和 (4.1.5) 式.

令

$$\boldsymbol{L}_{xy_{(j)}} = \sum_{i=1}^{n} (\boldsymbol{x}_i - \bar{\boldsymbol{x}})(y_{ij} - \bar{y}_j) = \boldsymbol{X}'\boldsymbol{y}_{(j)} - n\bar{\boldsymbol{x}}\bar{y}_j = \boldsymbol{X}'\left(\boldsymbol{I}_n - \frac{\boldsymbol{J}_n}{n}\right)\boldsymbol{y}_{(j)}, \quad j = 1, \cdots, p,$$

则有 $\boldsymbol{L}_{xy} = \left(\boldsymbol{L}_{xy_{(1)}}, \cdots, \boldsymbol{L}_{xy_{(p)}}\right)$. 由一元线性回归模型回归系数的估计公式, 得到 $\boldsymbol{\beta}_j$ 和 β_{0j} 的估计分别为

$$\hat{\boldsymbol{\beta}}_j = \boldsymbol{L}_{xx}^{-1}\boldsymbol{L}_{xy_{(j)}}, \quad \hat{\beta}_{0j} = \bar{y}_j - \bar{\boldsymbol{x}}'\hat{\boldsymbol{\beta}}_j, \quad j = 1, \cdots, p. \tag{7.2.8}$$

由 (7.2.8) 式得到多元线性回归模型 (7.2.2) 中回归系数 $(\boldsymbol{\beta}_0, \boldsymbol{B})$ 的估计为

$$\hat{\boldsymbol{B}} = \left(\hat{\boldsymbol{\beta}}_1, \cdots, \hat{\boldsymbol{\beta}}_p\right) = \boldsymbol{L}_{xx}^{-1}\left(\boldsymbol{L}_{xy_{(1)}}, \cdots, \boldsymbol{L}_{xy_{(p)}}\right) = \boldsymbol{L}_{xx}^{-1}\boldsymbol{L}_{xy},$$

$$\hat{\boldsymbol{\beta}}_0 = \left(\hat{\beta}_{01}, \cdots, \hat{\beta}_{0p}\right)' = \left(\bar{\boldsymbol{y}}_1 - \bar{\boldsymbol{x}}'\hat{\boldsymbol{\beta}}_1, \cdots, \bar{\boldsymbol{y}}_p - \bar{\boldsymbol{x}}'\hat{\boldsymbol{\beta}}_p\right)' = \bar{\boldsymbol{y}} - \hat{\boldsymbol{B}}'\bar{\boldsymbol{x}}.$$

这是将多元线性回归模型分解后得到的回归系数的估计. 如同多元线性模型, 下面将看到, 从多元线性回归模型的整体出发给出的回归系数估计, 与分解后得到的估计完全相同. 但同样必须指出的是, 分解多元线性回归模型对于估计回归系数这个问题来说是可行的, 但是对于多元线性回归模型其他很多的问题, 如检验问题来说它并不有效.

例 2.3.1 说, 有 8 个人体部位与成年人的上衣有关. 为简化起见, 生产和销售上衣时并不是 8 个部位的尺寸都要. 从这 8 个部位中挑选出来的最有代表性的两

个基本部位是身高和胸围. 对服装生产厂家来说, 接下来的一个问题就是由这两个基本部位, 身高和胸围的尺寸如何确定其余 6 个部位的尺寸. 这就是多元线性回归, 身高和胸围是预报因子, 而需要预报的因变量就是其余 6 个部位的尺寸. 对成年男子来说, 样本量 $n=5115$. 把第 i 个被测成年男子的身高和胸围的尺寸分别记为 x_{i1} 和 x_{i2}, 而把他的颈椎点高、腰围高、坐姿颈椎点高、颈围、后肩横弧和臂全长的尺寸分别记为 y_{i1}, y_{i2}, y_{i3}, y_{i4}, y_{i5} 和 y_{i6}, 从而有多元线性回归模型

$$\begin{aligned}&(y_{i1},y_{i2},y_{i3},y_{i4},y_{i5},y_{i6})\\&=(\beta_{01},\beta_{02},\beta_{03},\beta_{04},\beta_{05},\beta_{06})+(x_{i1},x_{i2})\begin{pmatrix}\beta_{11}&\beta_{12}&\beta_{13}&\beta_{14}&\beta_{15}&\beta_{16}\\\beta_{21}&\beta_{22}&\beta_{23}&\beta_{24}&\beta_{25}&\beta_{26}\end{pmatrix}\\&\quad+(\varepsilon_{i1},\varepsilon_{i2},\varepsilon_{i3},\varepsilon_{i4},\varepsilon_{i5},\varepsilon_{i6}),\quad i=1,2,\cdots,5115.\end{aligned}$$

类似地, 有成年女子上衣的多元线性回归模型. 表 2.3.6 就是将成年人上衣的多元线性回归模型分解成 6 个一元线性回归模型后得到的回归系数的估计值.

很容易将多元线性回归模型转换为多元线性模型, 只需要将 (7.2.2) 式改写为

$$\boldsymbol{Y}=\boldsymbol{X}^*\boldsymbol{B}^*+\boldsymbol{\varepsilon},\quad \boldsymbol{X}^*=(\boldsymbol{1}_n,\boldsymbol{X}),\quad \boldsymbol{B}^*=\begin{pmatrix}\boldsymbol{\beta}_0'\\\boldsymbol{B}\end{pmatrix},\tag{7.2.9}$$

其中, $\boldsymbol{X}^*$ 是 $n\times(k+1)$ 阶矩阵. 本节假设 $\boldsymbol{X}^*$ 是秩为 $k+1$ 的列满秩矩阵, 这说明 $\boldsymbol{X}$ 是秩为 k 的 $n\times k$ 阶列满秩矩阵, 并且 $\boldsymbol{X}$ 的列向量与 $\boldsymbol{1}_n$ 线性无关, 而 $\boldsymbol{B}^*$ 是 $(k+1)\times p$ 阶参数矩阵. 由此可见, 根据多元线性模型的估计和检验的有关结论, 不难解决多元线性回归模型的估计和检验问题. 必须注意的是, 对多元线性回归模型转换后的多元线性模型来说, 它的设计矩阵 $\boldsymbol{X}^*$ 是秩为 $k+1$ 的 $n\times(k+1)$ 阶列满秩矩阵, 所以在将 7.1 节多元线性模型的公式用于解多元线性回归模型的问题时, 需要将公式中的 k 换为 $k+1$, 设计矩阵的秩 r 也换为 $k+1$.

7.2.2　估计

由多元线性模型回归系数的估计公式 (见 (7.1.11) 式), 得到多元线性模型 (7.2.9) 中参数 $\boldsymbol{B}^*$, 即 $(\boldsymbol{\beta}_0,\boldsymbol{B})$ 的极大似然估计为

$$\begin{aligned}\begin{pmatrix}\hat{\boldsymbol{\beta}}'_0\\\hat{\boldsymbol{B}}\end{pmatrix}&=\left(\begin{pmatrix}\boldsymbol{1}_n'\\\boldsymbol{X}'\end{pmatrix}(\boldsymbol{1}_n,\boldsymbol{X})\right)^{-1}\begin{pmatrix}\boldsymbol{1}_n'\\\boldsymbol{X}'\end{pmatrix}\boldsymbol{Y}\\&=\begin{pmatrix}n&n\bar{\boldsymbol{x}}'\\n\bar{\boldsymbol{x}}&\boldsymbol{X}'\boldsymbol{X}\end{pmatrix}^{-1}\begin{pmatrix}n\bar{\boldsymbol{y}}'\\\boldsymbol{X}'\boldsymbol{Y}\end{pmatrix}.\end{aligned}$$

根据矩阵逆矩阵的计算公式 (见 (A.2.5) 式),

$$\begin{pmatrix} \hat{\boldsymbol{\beta}}'_0 \\ \hat{\boldsymbol{B}} \end{pmatrix} = \begin{pmatrix} \frac{1}{n} + \bar{\boldsymbol{x}}'\boldsymbol{L}_{xx}^{-1}\bar{\boldsymbol{x}} & -\bar{\boldsymbol{x}}'\boldsymbol{L}_{xx}^{-1} \\ -\boldsymbol{L}_{xx}^{-1}\bar{\boldsymbol{x}} & \boldsymbol{L}_{xx}^{-1} \end{pmatrix} \begin{pmatrix} n\bar{\boldsymbol{y}}' \\ \boldsymbol{X}'\boldsymbol{Y} \end{pmatrix}$$
$$= \begin{pmatrix} \bar{\boldsymbol{y}}' - \bar{\boldsymbol{x}}'\boldsymbol{L}_{xx}^{-1}\left(\boldsymbol{X}'\boldsymbol{Y} - n\bar{\boldsymbol{x}}\bar{\boldsymbol{y}}'\right) \\ \boldsymbol{L}_{xx}^{-1}\left(\boldsymbol{X}'\boldsymbol{Y} - n\bar{\boldsymbol{x}}\bar{\boldsymbol{y}}'\right) \end{pmatrix} = \begin{pmatrix} \bar{\boldsymbol{y}}' - \bar{\boldsymbol{x}}'\boldsymbol{L}_{xx}^{-1}\boldsymbol{L}_{xy} \\ \boldsymbol{L}_{xx}^{-1}\boldsymbol{L}_{xy} \end{pmatrix},$$

从而得到 $(\boldsymbol{\beta}_0, \boldsymbol{B})$ 的极大似然估计分别为

$$\hat{\boldsymbol{B}} = \boldsymbol{L}_{xx}^{-1}\boldsymbol{L}_{xy}, \tag{7.2.10}$$

$$\hat{\boldsymbol{\beta}}_0 = \bar{\boldsymbol{y}} - \hat{\boldsymbol{B}}'\bar{\boldsymbol{x}}. \tag{7.2.11}$$

类似于 (7.1.12) 式, $\left(\hat{\boldsymbol{\beta}}_0, \hat{\boldsymbol{B}}\right)$ 满足条件

$$\begin{aligned}
&\left(\boldsymbol{Y} - \boldsymbol{1}'_n\hat{\boldsymbol{\beta}}'_0 - \boldsymbol{X}\hat{\boldsymbol{B}}\right)'\left(\boldsymbol{Y} - \boldsymbol{1}'_n\hat{\boldsymbol{\beta}}'_0 - \boldsymbol{X}\hat{\boldsymbol{B}}\right) \\
&= \min_{\boldsymbol{\beta}_0, \boldsymbol{B}} \left(\boldsymbol{Y} - \boldsymbol{1}'_n\boldsymbol{\beta}'_0 - \boldsymbol{X}\boldsymbol{B}\right)'\left(\boldsymbol{Y} - \boldsymbol{1}'_n\boldsymbol{\beta}' - \boldsymbol{X}\boldsymbol{B}\right) \\
&= \boldsymbol{Y}'\left(\boldsymbol{I}_n - (\boldsymbol{1}_n, \boldsymbol{X})\left((\boldsymbol{1}_n, \boldsymbol{X})\begin{pmatrix} \boldsymbol{1}'_n \\ \boldsymbol{X}' \end{pmatrix}\right)^{-1}\begin{pmatrix} \boldsymbol{1}'_n \\ \boldsymbol{X}' \end{pmatrix}\right)\boldsymbol{Y} \\
&= \boldsymbol{Y}'\left(\boldsymbol{I}_n - \frac{\boldsymbol{1}_n\boldsymbol{1}'_n}{n}\right)\boldsymbol{Y} - \left(\boldsymbol{Y}'\boldsymbol{X} - n\bar{\boldsymbol{y}}\bar{\boldsymbol{x}}'\right)\boldsymbol{L}_{xx}^{-1}\left(\boldsymbol{X}'\boldsymbol{Y} - n\bar{\boldsymbol{x}}\bar{\boldsymbol{y}}'\right) \\
&= \boldsymbol{L}_{yy} - \boldsymbol{L}_{yx}\boldsymbol{L}_{xx}^{-1}\boldsymbol{L}_{xy},
\end{aligned} \tag{7.2.12}$$

并且 $\boldsymbol{L}_{yy} - \boldsymbol{L}_{yx}\boldsymbol{L}_{xx}^{-1}\boldsymbol{L}_{xy} \sim W_p\left(n - (k+1), \boldsymbol{\Sigma}\right)$.

由多元线性模型回归系数的极大似然估计的无偏性知, $\left(\hat{\boldsymbol{\beta}}_0, \hat{\boldsymbol{B}}\right)$ 分别是 $(\boldsymbol{\beta}_0, \boldsymbol{B})$ 的无偏估计, 并且由 (7.1.13) 式知它们的协方差阵为

$$\mathrm{Cov}\left(\mathrm{vec}\begin{pmatrix} \hat{\boldsymbol{\beta}}'_0 \\ \hat{\boldsymbol{B}} \end{pmatrix}\right) = \boldsymbol{\Sigma} \otimes \left(\begin{pmatrix} \boldsymbol{1}'_n \\ \boldsymbol{X}' \end{pmatrix}(\boldsymbol{1}_n, \boldsymbol{X})\right)^{-1} = \boldsymbol{\Sigma} \otimes \begin{pmatrix} \frac{1}{n} + \bar{\boldsymbol{x}}'\boldsymbol{L}_{xx}^{-1}\bar{\boldsymbol{x}} & -\bar{\boldsymbol{x}}'\boldsymbol{L}_{xx}^{-1} \\ -\boldsymbol{L}_{xx}^{-1}\bar{\boldsymbol{x}} & \boldsymbol{L}_{xx}^{-1} \end{pmatrix},$$

这说明

$$\begin{pmatrix} \hat{\boldsymbol{\beta}}'_0 \\ \hat{\boldsymbol{B}} \end{pmatrix} \sim N_{(k+1)\times p}\left(\begin{pmatrix} \boldsymbol{\beta}'_0 \\ \boldsymbol{B} \end{pmatrix}, \quad \boldsymbol{\Sigma} \otimes \begin{pmatrix} \frac{1}{n} + \bar{\boldsymbol{x}}'\boldsymbol{L}_{xx}^{-1}\bar{\boldsymbol{x}} & -\bar{\boldsymbol{x}}'\boldsymbol{L}_{xx}^{-1} \\ -\boldsymbol{L}_{xx}^{-1}\bar{\boldsymbol{x}} & \boldsymbol{L}_{xx}^{-1} \end{pmatrix}\right),$$

从而有

$$\begin{aligned}
&\hat{\boldsymbol{\beta}}_0 = \bar{\boldsymbol{y}} - \hat{\boldsymbol{B}}'\bar{\boldsymbol{x}} \sim N_p\left(\boldsymbol{\beta}_0, \left(\frac{1}{n} + \bar{\boldsymbol{x}}'\boldsymbol{L}_{xx}^{-1}\bar{\boldsymbol{x}}\right)\boldsymbol{\Sigma}\right), \\
&\hat{\boldsymbol{B}} = \boldsymbol{L}_{xx}^{-1}\boldsymbol{L}_{xy} \sim N_{k\times p}\left(\boldsymbol{B}, \boldsymbol{\Sigma} \otimes \boldsymbol{L}_{xx}^{-1}\right), \\
&\mathrm{Cov}(\hat{\boldsymbol{\beta}}'_0, \mathrm{vec}(\hat{\boldsymbol{B}})) = -\boldsymbol{\Sigma} \otimes \bar{\boldsymbol{x}}'\boldsymbol{L}_{xx}^{-1}.
\end{aligned}$$

由此看来, 为了提高回归系数估计的精度, 从而提高预报的精度, 样本容量 n 必须足够大, 而且设计矩阵 $\boldsymbol{X}$ 必须足够的分散, 以使得 $\boldsymbol{L}_{xx}$ 足够的大. 同时还可以看到, 当 $\bar{\boldsymbol{x}}=\boldsymbol{0}$, 也就是设计矩阵 $\boldsymbol{X}$ 的每一列都中心化之后, $\boldsymbol{\beta}_0$ 与 $\boldsymbol{B}$ 的这两个估计 $\hat{\boldsymbol{\beta}}_0$ 与 $\hat{\boldsymbol{B}}$ 相互独立.

根据 (7.1.15) 式, 得到 $\boldsymbol{\Sigma}$ 的极大似然估计 (其计算同 (7.2.12) 式的计算) 为

$$\begin{aligned}\hat{\boldsymbol{\Sigma}}&=\frac{1}{n}\boldsymbol{Y}'\left(\boldsymbol{I}_n-(\boldsymbol{1}_n,\boldsymbol{X})\left((\boldsymbol{1}_n,\boldsymbol{X})\begin{pmatrix}\boldsymbol{1}_n'\\ \boldsymbol{X}'\end{pmatrix}\right)^{-1}\begin{pmatrix}\boldsymbol{1}_n'\\ \boldsymbol{X}'\end{pmatrix}\right)\boldsymbol{Y}\\&=\frac{1}{n}\left(\boldsymbol{L}_{yy}-\boldsymbol{L}_{yx}\boldsymbol{L}_{xx}^{-1}\boldsymbol{L}_{xy}\right).\end{aligned}$$

$(\boldsymbol{\beta}_0,\boldsymbol{B})$ 的极大似然估计 $(\hat{\boldsymbol{\beta}}_0,\hat{\boldsymbol{B}})$ 与 $\boldsymbol{\Sigma}$ 的极大似然估计 $\hat{\boldsymbol{\Sigma}}$ 相互独立.

由于 $\boldsymbol{y}_1,\cdots,\boldsymbol{y}_n$ 相互独立, $\boldsymbol{y}_i'\sim N_p(\boldsymbol{\beta}_0'+\boldsymbol{x}_i'\boldsymbol{B},\boldsymbol{\Sigma})$, 则有 $\boldsymbol{Y}$ 的密度函数, 从而有 $(\boldsymbol{\beta}_0,\boldsymbol{B},\boldsymbol{\Sigma})$ 的似然函数 $L(\boldsymbol{\beta}_0,\boldsymbol{B},\boldsymbol{\Sigma}|\boldsymbol{Y})$ 为

$$\begin{aligned}&\boldsymbol{L}(\boldsymbol{\beta}_0,\boldsymbol{B},\boldsymbol{\Sigma}|\boldsymbol{Y})\\&=\prod_{i=1}^n\left[\frac{1}{(2\pi)^{p/2}|\boldsymbol{\Sigma}|^{1/2}}\exp\left\{-\frac{(\boldsymbol{y}_i'-\boldsymbol{\beta}_0'-\boldsymbol{x}_i'\boldsymbol{B})\,\boldsymbol{\Sigma}^{-1}\,(\boldsymbol{y}_i-\boldsymbol{\beta}_0'-\boldsymbol{B}\boldsymbol{x}_i)}{2}\right\}\right]\\&=\frac{1}{(2\pi)^{np/2}|\boldsymbol{\Sigma}|^{n/2}}\exp\left\{-\frac{\mathrm{tr}\left((\boldsymbol{Y}-\boldsymbol{1}_n\boldsymbol{\beta}_0'-\boldsymbol{X}\boldsymbol{B})\,\boldsymbol{\Sigma}^{-1}\,(\boldsymbol{Y}-\boldsymbol{1}_n\boldsymbol{\beta}_0'-\boldsymbol{X}\boldsymbol{B})'\right)}{2}\right\}.\end{aligned}$$

类似于 (7.1.16) 式, 可以得到 $(\boldsymbol{\beta}_0,\boldsymbol{B},\boldsymbol{\Sigma})$ 的似然函数 $L(\boldsymbol{\beta}_0,\boldsymbol{B},\boldsymbol{\Sigma}|\boldsymbol{Y})$ 的最大值为

$$\begin{aligned}\max_{\boldsymbol{\beta}_0,\boldsymbol{B},\boldsymbol{\Sigma}}L(\boldsymbol{\beta}_0,\boldsymbol{B},\boldsymbol{\Sigma}|\boldsymbol{Y})&=L\left(\hat{\boldsymbol{\beta}}_0,\hat{\boldsymbol{B}},\hat{\boldsymbol{\Sigma}}|\boldsymbol{Y}\right)\\&=\left|\boldsymbol{L}_{yy}-\boldsymbol{L}_{yx}\boldsymbol{L}_{xx}^{-1}\boldsymbol{L}_{xy}\right|^{-n/2}\left(\frac{n}{\mathrm{e}}\right)^{np/2}.\end{aligned}\tag{7.2.13}$$

与 (7.1.17) 式相类似, $\boldsymbol{\Sigma}$ 的无偏估计为

$$\hat{\boldsymbol{\Sigma}}=\frac{1}{n-(k+1)}\left(\boldsymbol{L}_{yy}-\boldsymbol{L}_{yx}\boldsymbol{L}_{xx}^{-1}\boldsymbol{L}_{xy}\right).\tag{7.2.14}$$

通常用无偏估计 (见 (7.2.10) 式, (7.2.11) 式和 (7.2.14) 式) 来估计 $\boldsymbol{\beta}_0$, $\boldsymbol{B}$ 和 $\boldsymbol{\Sigma}$. 显然, $(\boldsymbol{\beta}_0,\boldsymbol{B})$ 的无偏估计 $(\hat{\boldsymbol{\beta}}_0,\hat{\boldsymbol{B}})$ 与 $\boldsymbol{\Sigma}$ 的无偏估计 $\hat{\boldsymbol{\Sigma}}$ 相互独立.

7.2.3 检验

令

$$\boldsymbol{X}=(\underset{n\times(k-s)}{\boldsymbol{X}_1},\quad\underset{n\times s}{\boldsymbol{X}_2}),\quad\boldsymbol{B}=\begin{pmatrix}\boldsymbol{B}_1\\ \boldsymbol{B}_2\end{pmatrix}\begin{matrix}{\scriptstyle (k-s)\times p}\\ {\scriptstyle s\times p}\end{matrix},$$

则多元线性回归模型 (7.2.2) 就化为 $\boldsymbol{Y}=\boldsymbol{1}_n\boldsymbol{\beta}_0'+\boldsymbol{X}_1\boldsymbol{B}_1+\boldsymbol{X}_2\boldsymbol{B}_2+\boldsymbol{\varepsilon}$. 倘若 $\boldsymbol{B}_2=\boldsymbol{0}$, 则模型简化为 $\boldsymbol{Y}=\boldsymbol{1}_n\boldsymbol{\beta}_0'+\boldsymbol{X}_1\boldsymbol{B}_1+\boldsymbol{\varepsilon}$. 这说明预报因子 $\boldsymbol{X}_2$ 对预报因变量 $\boldsymbol{Y}$ 没有作用. 由此可见, $\boldsymbol{B}_2$ 是否等于 $\boldsymbol{0}$ 的检验问题是有实际意义的.

(1) 考虑检验问题

$$H_0:\boldsymbol{B}_2=\boldsymbol{0},\quad H_1:\boldsymbol{B}_2\neq\boldsymbol{0}. \tag{7.2.15}$$

前面说了, 多元线性回归模型 (7.2.2) 可转换为多元线性模型 (7.2.9). 对于多元线性模型 (7.2.9) 来说, 检验问题 (7.2.15) 就是 (7.1.18) 式那种类型的检验问题, 其中, $(k+1)\times s$ 阶矩阵 $\boldsymbol{H}$ 为

$$\boldsymbol{H}=\begin{pmatrix}\boldsymbol{0}\\ \boldsymbol{I}_s\end{pmatrix}.$$

显然, $\boldsymbol{H}$ 是列满秩矩阵, 其秩 $R(\boldsymbol{H})=s$. 由此得到它的似然比检验统计量为

$$\Lambda=\frac{\left|\boldsymbol{R}_0^2\right|}{\left|\boldsymbol{R}_H^2\right|}, \tag{7.2.16}$$

其中,

$$\boldsymbol{R}_0^2=\min_{\boldsymbol{B}^*}(\boldsymbol{Y}-\boldsymbol{X}^*\boldsymbol{B}^*)'(\boldsymbol{Y}-\boldsymbol{X}^*\boldsymbol{B}^*)=\min_{\boldsymbol{\beta}_0,\boldsymbol{B}}\left(\boldsymbol{Y}-\boldsymbol{1}_n'\boldsymbol{\beta}_0'-\boldsymbol{X}\boldsymbol{B}\right)'\left(\boldsymbol{Y}-\boldsymbol{1}_n'\boldsymbol{\beta}'-\boldsymbol{X}\boldsymbol{B}\right),$$

$$\boldsymbol{R}_H^2=\min_{\boldsymbol{H}\boldsymbol{B}^*=0}(\boldsymbol{Y}-\boldsymbol{X}^*\boldsymbol{B}^*)'(\boldsymbol{Y}-\boldsymbol{X}^*\boldsymbol{B}^*)=\min_{\boldsymbol{\beta}_0,\boldsymbol{B}_1}\left(\boldsymbol{Y}-\boldsymbol{1}_n'\boldsymbol{\beta}_0'-\boldsymbol{X}_1\boldsymbol{B}_1\right)'\left(\boldsymbol{Y}-\boldsymbol{1}_n'\boldsymbol{\beta}'-\boldsymbol{X}_1\boldsymbol{B}_1\right).$$

根据 (7.2.12) 式, 有 $\boldsymbol{R}_0^2=\boldsymbol{L}_{yy}-\boldsymbol{L}_{yx}\boldsymbol{L}_{xx}^{-1}\boldsymbol{L}_{xy}$, $\boldsymbol{R}_H^2=\boldsymbol{L}_{yy}-\boldsymbol{L}_{yx_1}\boldsymbol{L}_{x_1x_1}^{-1}\boldsymbol{L}_{x_1y}$, 其中, $\boldsymbol{L}_{x_1x_1}$, $\boldsymbol{L}_{x_1y}$ 和 $\boldsymbol{L}_{yx_1}$ 分别类似于 (7.2.4) 式 ~(7.2.6) 式, 仅需把这些式子中的 $\boldsymbol{X}$ 换为 $\boldsymbol{X}_1$. 在 Λ 比较小的时候拒绝原假设, 认为 $\boldsymbol{B}_2\neq 0$. 在原假设成立, 即 $\boldsymbol{B}_2=\boldsymbol{0}$ 时, 根据多元线性模型最小二乘估计的第二基本定理的补充说明 1,

$$\Lambda=\frac{\left|\boldsymbol{L}_{yy}-\boldsymbol{L}_{yx}\boldsymbol{L}_{xx}^{-1}\boldsymbol{L}_{xy}\right|}{\left|\boldsymbol{L}_{yy}-\boldsymbol{L}_{yx_1}\boldsymbol{L}_{x_1x_1}^{-1}\boldsymbol{L}_{x_1y}\right|}\sim\Lambda_{p,n-(k+1),s}. \tag{7.2.17}$$

逐步回归分析是回归分析的常用算法. 它的一个重要内容就是如何选入预报因子与如何剔除已选入的预报因子的办法. 它从理论上来讲就是这样一个问题: 假设有 k 个待选预报因子. 在逐步回归分析的某一步, 有 r 个预报因子已选入. 不妨假设就是前 r 个, 其所对应的设计矩阵为

$$\boldsymbol{X}_{1,\cdots,r}=\begin{pmatrix}x_{11}&\cdots&x_{1r}\\ \vdots&&\vdots\\ x_{n1}&\cdots&x_{nr}\end{pmatrix}, \tag{7.2.18}$$

它是 $n\times r$ 阶矩阵. 逐步回归分析接下来要做的工作有以下两种可能性:

情况 1　如果前一项工作是“剔除”, 则接下来要做的工作就是“选入”. 前 r 个预报因子已经选入, 则待选的预报因子是后 $k-r$ 个. 逐步回归分析每次选入一个. 后 $k-r$ 个预报因子一个一个地添加, 考察添加后的情况. 若添加的是第 $r+1$ 个预报因子, 则添加后的设计矩阵为

$$\boldsymbol{X}_{1,\cdots,(r+1)}=\begin{pmatrix} x_{11} & \cdots & x_{1r} & x_{1,r+1} \\ \vdots & & \vdots & \vdots \\ x_{n1} & \cdots & x_{nr} & x_{n,r+1} \end{pmatrix}, \tag{7.2.19}$$

它是 $n\times(r+1)$ 阶矩阵. 第 $r+1$ 个预报因子要不要选入, 其实就是检验问题 (7.2.15). 将 (7.2.19) 式的矩阵看成 $\boldsymbol{X}$, 而把 (7.2.18) 式的矩阵看成 $\boldsymbol{X}_1$, $\boldsymbol{X}_2$ 就是 $n\times 1$ 阶矩阵, 即 n 维向量 $(x_{1,r+1},\cdots,x_{n,r+1})'$. 由 (7.2.17) 式, 第 $r+1$ 个预报因子要不要选入的似然比检验统计量 $\Lambda\sim\Lambda_{p,n-(r+2),1}$. 根据 (3.5.5) 式,

$$F=\frac{n-r-p-1}{p}\frac{1-\Lambda_{p,n-(r+2),1}}{\Lambda_{p,n-(r+2),1}}\sim F(p,n-r-p-1).$$

F 越大, 第 $r+1$ 个预报因子越有可能选入. 逐一考察待选的预报因子, 对应着 F 最大值的那个预报因子最有可能选入. 至于它能不能选入, 还要看这个最大的 F 有没有大于事先给定的临界值, 如 $F_{1-\alpha}(p,n-r-p-1)$. 选入的详细过程与算法请参阅文献 [43] 的第 5 章.

情况 2　如果前一项工作是“选入”, 则接下来要做的工作就是“剔除”. 在“选入”了一个待选的预报因子后, 接下来要做的工作就是在已选入的预报因子中, 逐个考察有没有因子可以被剔除. 若前 r 个预报因子选入, 且被剔除的是第 r 个预报因子, 则剔除后的设计矩阵为

$$\boldsymbol{X}_{1,\cdots,(r-1)}=\begin{pmatrix} x_{11} & \cdots & x_{1,r-1} \\ \vdots & & \vdots \\ x_{n1} & \cdots & x_{n,r-1} \end{pmatrix}, \tag{7.2.20}$$

它是 $n\times(r-1)$ 阶矩阵. 第 r 个预报因子要不要剔除, 其实也是检验问题 (7.2.15), 但这时将 (7.2.18) 式的 $n\times r$ 阶矩阵看成设计矩阵 $\boldsymbol{X}$, 而把 (7.2.20) 式的矩阵看成 $\boldsymbol{X}_1$, $\boldsymbol{X}_2$ 就是 $n\times 1$ 阶矩阵, 即 n 维向量 $(x_{1r},\cdots,x_{nr})'$. 由 (7.2.17) 式, 第 r 个预报因子要不要剔除的似然比检验统计量 $\Lambda\sim\Lambda_{p,n-(r+1),1}$. 根据 (3.5.5) 式,

$$F=\frac{n-r-p}{p}\frac{1-\Lambda_{p,n-(r+1),1}}{\Lambda_{p,n-(r+1),1}}\sim F(p,n-r-p).$$

F 越小, 第 r 预报因子越有可能剔除. 逐一考察已选入的预报因子, 对应着 F 最小值的那个预报因子最有可能剔除. 至于它能不能剔除, 还要看这个最小的 F 有没有

小于事先给定的临界值, 如 $F_{1-\alpha}(p, n-r-p)$. 剔除的详细过程与算法同样请参阅文献 [43] 的第 5 章.

令

$$\underset{n\times(p-t)}{\boldsymbol{Y}} = (\boldsymbol{Y}_1, \quad \underset{n\times t}{\boldsymbol{Y}_2}),\quad \boldsymbol{\beta}_0' = (\underset{p-t}{\boldsymbol{\beta}_{01}'}, \quad \underset{t}{\boldsymbol{\beta}_{02}'}),\quad \boldsymbol{B} = (\underset{k\times(p-t)}{\boldsymbol{B}^{(1)}}, \quad \underset{k\times t}{\boldsymbol{B}^{(2)}}),\quad \boldsymbol{\varepsilon} = (\underset{n\times(p-t)}{\boldsymbol{\varepsilon}_1}, \quad \underset{n\times t}{\boldsymbol{\varepsilon}_2}),$$

则由多元线性回归模型 (7.2.2) 就有 $\boldsymbol{Y}_1 = \boldsymbol{1}_n\boldsymbol{\beta}_{01}' + \boldsymbol{X}\boldsymbol{B}^{(1)} + \boldsymbol{\varepsilon}_1$, $\boldsymbol{Y}_2 = \boldsymbol{1}_n\boldsymbol{\beta}_{02}' + \boldsymbol{X}\boldsymbol{B}^{(2)} + \boldsymbol{\varepsilon}_2$. $\boldsymbol{B}^{(2)} = 0$ 意味着预报因子 $\boldsymbol{X}$ 对预报因变量 $\boldsymbol{Y}_2$ 没有作用. 由此可见, $\boldsymbol{B}^{(2)}$ 是否等于 0 的检验问题也是有实际意义的. 必须注意的是, 检验问题 (1) 是检验某一部分预报因子对预报因变量 $\boldsymbol{Y}$ 有没有作用, 而下面要讨论的检验问题 (2) 是检验某一部分因变量能不能被预报因子 $\boldsymbol{X}$ 所预报.

(2) 考虑检验问题

$$H_0: \boldsymbol{B}^{(2)} = \boldsymbol{0},\quad H_1: \boldsymbol{B}^{(2)} \neq \boldsymbol{0}. \tag{7.2.21}$$

前面说了, 多元线性回归模型 (7.2.2) 可转换为多元线性模型 (7.2.9), 也就是

$$\boldsymbol{Y} = \boldsymbol{X}^*\boldsymbol{B}^* + \boldsymbol{\varepsilon},\quad \boldsymbol{X}^* = (\boldsymbol{1}_n, \boldsymbol{X}),\quad \boldsymbol{B}^* = \begin{pmatrix} \boldsymbol{\beta}_0' \\ \boldsymbol{B} \end{pmatrix} = \begin{pmatrix} \boldsymbol{\beta}_{01}' & \boldsymbol{\beta}_{02}' \\ \boldsymbol{B}^{(1)} & \boldsymbol{B}^{(2)} \end{pmatrix}.$$

取

$$\boldsymbol{H}' = (\boldsymbol{0}, \boldsymbol{I}_k),\quad \boldsymbol{G} = \begin{pmatrix} \boldsymbol{0} \\ \boldsymbol{I}_t \end{pmatrix},$$

则 $\boldsymbol{H}'\boldsymbol{B}^*\boldsymbol{G} = \boldsymbol{B}^{(2)}$. 由此可见, 对于多元线性模型 (7.2.9) 来说, 检验问题 (7.2.21) 就是 (7.1.42) 式那种类型的均值子集的线性假设的检验问题. 类似于检验问题 (7.1.42) 的解法, 将多元线性回归模型 (7.2.2) 简化为

$$\boldsymbol{Y}_2 = \boldsymbol{1}_n\boldsymbol{\beta}_{02}' + \boldsymbol{X}\boldsymbol{B}^{(2)} + \boldsymbol{\varepsilon}_2. \tag{7.2.22}$$

对于这个简化模型, 检验问题 (7.2.21) 就是 (7.2.15) 式那种类型的检验问题, 但此时 $\boldsymbol{X}_1 = 0$, $\boldsymbol{X}_2 = \boldsymbol{X}$. 由 (7.2.16) 式得到检验问题 (7.2.21) 的似然比检验统计量为

$$\Lambda = \frac{|\boldsymbol{R}_0^2|}{|\boldsymbol{R}_H^2|} = \frac{|\boldsymbol{L}_{y_2y_2} - \boldsymbol{L}_{y_2x}\boldsymbol{L}_{xx}^{-1}\boldsymbol{L}_{xy_2}|}{|\boldsymbol{L}_{y_2y_2}|}. \tag{7.2.23}$$

在 Λ 比较小的时候拒绝原假设, 认为 $\boldsymbol{B}_2 \neq 0$. 在原假设成立, 即 $\boldsymbol{B}_2 = 0$ 时, 根据 (7.2.17) 式, 有

$$\Lambda \sim \Lambda_{t,n-(k+1),k}. \tag{7.2.24}$$

与一元线性回归模型的逐步回归分析算法不同的是, 多元线性回归模型的逐步回归分析算法除了预报因子的选入与剔除外, 还有如何选入与剔除因变量的问题. 它从理论上来讲就是这样一个问题：假设有 p 个因变量, 在逐步回归分析的某一步, 前 q 个因变量被选入. 不妨假设就是前 q 个, 其所对应的观察值矩阵为

$$\boldsymbol{Y}_{1,\cdots,q} = \begin{pmatrix} y_{11} & \cdots & y_{1q} \\ \vdots & & \vdots \\ y_{n1} & \cdots & y_{1q} \end{pmatrix}, \tag{7.2.25}$$

它是 $n \times q$ 阶矩阵. 假设此时有 r 个预报因子已被选入, 设计矩阵为 $n \times r$ 阶矩阵. 逐步回归分析接下来要做的选入与剔除因变量工作有以下两种可能性：

情况 1 如果前一项工作是 "剔除", 则接下来要做的工作就是 "选入". 前 q 个因变量已经选入, 则待选的因变量是后 $p-q$ 个. 逐步回归分析每次选入一个. 后 $p-q$ 个因变量一个一个地添加, 考察添加后的情况. 若添加的是第 $q+1$ 个因变量, 则添加后的观察值矩阵为

$$\boldsymbol{Y}_{1,\cdots,(q+1)} = \begin{pmatrix} y_{11} & \cdots & y_{1q} & y_{1,q+1} \\ \vdots & & \vdots & \vdots \\ y_{n1} & \cdots & y_{nq} & y_{n,q+1} \end{pmatrix}, \tag{7.2.26}$$

它是 $n\times(q+1)$ 阶矩阵. 第 $q+1$ 个因变量要不要选入, 其实就是检验问题 (7.2.21). 将 (7.2.26) 式的矩阵看成 $\boldsymbol{Y}$, 而把 (7.2.25) 式的矩阵看成 $\boldsymbol{Y}_1$, $\boldsymbol{Y}_2$ 就是 $n \times 1$ 阶矩阵, 即 n 维向量 $(y_{1,q+1}, \cdots, y_{n,q+1})'$. 由于这里的 $t=1$, 所以简化后的模型 (7.2.22) 其实是一个一元线性模型. 由 (7.2.24) 式, 第 $q+1$ 个因变量要不要选入的似然比检验统计量 $\Lambda \sim \Lambda_{1,n-(r+1),r}$, 其中, Λ 可根据 (7.2.23) 式写出, 这里从略. 根据 (3.5.4) 式,

$$F = \frac{n-(r+1)}{r} \frac{1-\Lambda_{1,n-(r+1),r}}{\Lambda_{1,n-(r+1),r}} \sim F\left(r, n-(r+1)\right).$$

F 越大, 第 $q+1$ 个因变量越有可能选入. 逐一考察待选的因变量, 对应着 F 最大值的那个因变量最有可能选入. 至于它能不能选入, 还要看这个最大的 F 有没有大于事先给定的临界值, 如 $F_{1-\alpha}\left(r, n-(r+1)\right)$. 选入的详细过程与算法同样请参阅文献 [43] 的第 5 章.

情况 2 如果前一项工作是 "选入", 则接下来要做的工作就是 "剔除". 在 "选入" 了一个待选的因变量后, 接下来要做的工作就是在已选入的因变量中, 逐个考察有没有因变量可以被剔除. 若前 q 个因变量已被选入, 且被剔除的是第 q 个因变

量, 则剔除后的观察矩阵为

$$\boldsymbol{Y}_{1,\cdots,(q-1)}=\begin{pmatrix} y_{11} & \cdots & y_{1,q-1}\\ \vdots & & \vdots\\ y_{n1} & \cdots & y_{n,q-1}\end{pmatrix}, \tag{7.2.27}$$

它是 $n\times(q-1)$ 阶矩阵. 第 q 个因变量要不要剔除, 其实也是检验问题 (7.2.21), 但这时将 (7.2.25) 式的 $n\times q$ 阶矩阵看成 $\boldsymbol{Y}$, 而把 (7.2.27) 式的矩阵看成 $\boldsymbol{Y}_1$, $\boldsymbol{Y}_2$ 就是 $n\times 1$ 阶矩阵, 即 n 维向量 $(y_{1q},\cdots,y_{nq})'$. 由 (7.2.24) 式, 第 q 个因变量要不要剔除的似然比检验统计量的分布为 $\Lambda\sim\Lambda_{1,n-(r+1),r}$, 其中, Λ 可根据 (7.2.23) 式写出, 这里从略. 根据 (3.5.4) 式,

$$F=\frac{n-(r+1)}{r}\frac{1-\Lambda_{1,n-(r+1),r}}{\Lambda_{1,n-(r+1),r}}\sim F\left(r,n-(r+1)\right).$$

F 越小, 第 q 个预报因子越有可能剔除. 逐一考察已选入的预报因子, 对应着 F 最小值的那个预报因子最有可能剔除. 至于它能不能剔除, 还要看这个最小的 F 有没有小于事先给定的临界值, 如 $F_{1-\alpha}\left(r,n-(r+1)\right)$. 剔除的详细过程与算法同样请参阅文献 [43] 的第 5 章.

回归统计诊断也是回归分析的一个重要内容. 对多元线性回归模型的统计诊断有兴趣的读者可参阅文献 [38] 的第 8 章.

7.3 重复测量模型

所谓重复测量 (repeated measure) 就是指对同一个研究对象在不同的时间点上进行的多次观察. 这种类型的观察数据称为重复测量数据. 在很多的研究领域都可以看到重复测量数据. 例如, 某项医学研究, 观察对象是 n 个病人, 对其中的每一个病人连续在 p 个时刻观察他的病情, 所得到的数据就是重复测量数据. 又如在生物学中, 对某种作物的生长过程进行追踪观察; 在环境科学中对某地区的污染情况在不同的时间点进行连续监测, 这样得到的数据都是重复测量数据. 本节采用多元线性模型的方法研究重复测量数据. 通常将这类多元线性模型称为重复测量模型. 以上述某项医学研究为例, 叙述重复测量模型有关概念.

7.3.1 模型

假设该医学研究的目的是考察处理之间有没有差异, 并且病情在不同的时间点上有没有变化. 设有 q 个处理, 第 j 个处理有 n_j 个病人, $n_1+\cdots+n_q=n$. 第 j 个处理的第 i 个病人在 t 时刻的观察值记为 y_{jit}, $j=1,\cdots,q$, $i=1,\cdots,n_j$, $t=1,\cdots,p$.

考虑到是在 p 个时刻对同一个病人连续进行观察, 为此建立下面的模型:

$$y_{jit} = \mu + \alpha_j + \beta_t + \gamma_{jt} + \delta_{ji} + \varepsilon_{jit}, \tag{7.3.1}$$

其中,

α_j, β_t 和 γ_{jt} 是固定效应, δ_{ji} 是随机效应, ε_{jit} 是随机误差;
α_j 是处理效应, 它满足条件 $n_1\alpha_1 + \cdots + n_q\alpha_q = 0$;
β_t 是时间效应, 它满足条件 $\beta_1 + \cdots + \beta_p = 0$;
γ_{jt} 是处理与时间的交互效应, 它满足条件
  对任意的 $t = 1, \cdots, p$, 都有 $n_1\gamma_{1t} + \cdots + n_q\gamma_{qt} = 0$,
  对任意的 $j = 1, \cdots, q$, 都有 $\gamma_{j1} + \cdots + \gamma_{jp} = 0$;
第 j 个处理的第 i 个病人的随机效应 δ_{ji} 独立同 $N\left(0, \sigma_\delta^2\right)$ 分布;
随机误差 ε_{jit} 独立同 $N\left(0, \sigma_\varepsilon^2\right)$ 分布;
随机效应 δ_{ji} 与随机误差 ε_{jit} 相互独立.

模型 (7.3.1) 称为有交互效应的重复测量模型.

这个重复测量模型不能写成 (7.1.2) 式那样的多元线性模型的形式. 但它可以写成下面的形式:

把第 j 个处理的第 i 个病人的 p 个观察值写成向量的形式 $\boldsymbol{y}_{ji} = (y_{ji1}, \cdots, y_{jip})'$, 则模型 (7.3.1) 有

$$E\left(\boldsymbol{y}_{ji}\right) = (\mu + \alpha_j)\,\mathbf{1}_p + \boldsymbol{\beta} + \boldsymbol{\gamma}_j,$$

$$\boldsymbol{\Sigma} = \mathrm{Cov}\left(\boldsymbol{y}_{ji}\right) = \sigma_\delta^2\boldsymbol{J}_p + \sigma_\varepsilon^2\boldsymbol{I}_p,$$

其中, $\boldsymbol{\beta} = (\beta_1, \cdots, \beta_p)'$, $\boldsymbol{\gamma}_j = (\gamma_{j1}, \cdots, \gamma_{jp})'$, $\mathbf{1}_p$ 是元素全为 1 的 p 维向量, $\boldsymbol{J}_p$ 是元素全为 1 的 $p \times p$ 阶矩阵. 令

$$\sigma^2 = \sigma_\delta^2 + \sigma_\varepsilon^2, \quad \rho = \frac{\sigma_\delta^2}{\sigma_\delta^2 + \sigma_\varepsilon^2},$$

则

$$\boldsymbol{\Sigma} = \mathrm{Cov}\left(\boldsymbol{y}_{ji}\right) = \sigma^2\rho\boldsymbol{J}_p + \sigma^2(1-\rho)\,\boldsymbol{I}_p = \sigma^2\begin{pmatrix} 1 & \rho & \cdots & \rho \\ \rho & \ddots & \ddots & \vdots \\ \vdots & \ddots & \ddots & \rho \\ \rho & \cdots & \rho & 1 \end{pmatrix}. \tag{7.3.2}$$

(7.3.2) 式的矩阵称为复合对称矩阵 (compound symmetry matrix). 在协方差阵为复合对称矩阵时, 称重复测量模型有**复合对称结构**.

在复合对称结构下, 对同一个病人来说, 各时间点上的观察值的方差都相等, 并且不同时间点上的观察值互相不独立, 有相关关系, 且这种相关关系对任何两个时间点上的观察值来说都是相等的, 与这两个时间点的间隔大小没有关系.

除了复合对称结构, 重复测量模型还有以下一些类型的相关结构:

独立结构 如果第 j 个处理的第 i 个病人在 t 时刻的随机效应为 $\delta_{jit} \sim N(0,\sigma_{\delta t}^2)$, 并假设在 $t_1 \neq t_2$ 时, δ_{jit_1} 与 δ_{jit_2} 相互独立, 那么重复测量模型

$$y_{jit} = \mu + \alpha_j + \beta_t + \gamma_{jt} + \delta_{jit} + \varepsilon_{jit}, \tag{7.3.3}$$

就有独立结构

$$\boldsymbol{\Sigma} = \mathrm{Cov}\left(\boldsymbol{y}_{ji}\right) = \mathrm{diag}\left(\sigma_1^2, \cdots, \sigma_p^2\right), \tag{7.3.4}$$

其中, $\sigma_t^2 = \sigma_{\delta t}^2 + \sigma_\varepsilon^2$. 在独立结构下, 任意两个时间点上的观察值都相互独立. 事实上, 可以将重复测量独立结构模型 (7.3.3) 中的随机效应 δ_{jit} 与随机误差 ε_{jit} 合并在一起. 不妨仍将合并后的变量记为 ε_{jit}, 并仍称它为随机误差. 从而有重复测量模型

$$y_{jit} = \mu + \alpha_j + \beta_t + \gamma_{jt} + \varepsilon_{jit}, \tag{7.3.5}$$

其中, ε_{jit} 相互独立, $\varepsilon_{jit} \sim N(0,\sigma_t^2)$.

如果在独立结构中, $\sigma_1^2 = \cdots = \sigma_p^2$, 则称重复测量模型有球形结构. 显然, 球形结构既是独立结构的一种特殊情况, 也是复合对称结构在 $\rho = 0$ 时的一种特殊情况. $\rho = 0$ 意味着 $\sigma_\delta^2 = 0$, 没有随机效应.

一阶自回归结构 如果重复测量模型 (7.3.5) 中的随机误差序列 $\{\varepsilon_{ji1}, \cdots, \varepsilon_{jip}\}$ 服从一阶自回归模型

$$\varepsilon_{jit} = \rho\varepsilon_{j,i,t-1} + \tau_{jit},$$

其中, $\rho \in (-1,1)$, $\left\{\tau_{jit} : \tau_{jit} \sim N(0,\sigma_\tau^2)\right\}$ 是正态白噪声序列, 并且对所有的 $s < t$, ε_{jis} 与 τ_{jit} 都相互独立, 那么重复测量模型 (7.3.5) 有一阶自回归结构

$$\boldsymbol{\Sigma} = \mathrm{Cov}\left(\boldsymbol{y}_{ji}\right) = \sigma^2 \begin{pmatrix} 1 & \rho & \cdots & \rho^{p-2} & \rho^{p-1} \\ \rho & 1 & \cdots & \rho^{p-3} & \rho^{p-2} \\ \vdots & \vdots & & \vdots & \vdots \\ \rho^{p-2} & \rho^{p-3} & \cdots & 1 & \rho \\ \rho^{p-1} & \rho^{p-2} & \cdots & \rho & 1 \end{pmatrix}, \tag{7.3.6}$$

其中,

$$\sigma^2 = \frac{\sigma_\tau^2}{1-\rho^2}.$$

在一阶自回归结构下, 序列 $\{y_{ji1},\cdots,y_{jip}\}$ 有马尔可夫性, 这也就是说, 第 j 个处理的第 i 个病人在时间点 $t-1$ 上的观察值 $y_{j,i,t-1}$ 给定后, 时间点 t 上的观察值 y_{jit} 与再前面, 即时间点 $t-2$, $t-3,\cdots$ 上的观察值 $y_{j,i,t-2}$, $y_{j,i,t-3},\cdots$ 都没有关系. 下面计算马尔可夫序列 $\{y_{ji1},\cdots,y_{jip}\}$ 的协方差阵 $\boldsymbol{\Sigma}$ 的逆矩阵, 即它的精度矩阵 $\boldsymbol{K}$. 经计算, (7.3.6) 式的矩阵 $\boldsymbol{\Sigma}$ 的逆矩阵为

$$
\boldsymbol{K}=\boldsymbol{\Sigma}^{-1}=\frac{1}{(1-\rho^2)\,\sigma^2}\begin{pmatrix} 1 & -\rho & 0 & \cdots & 0 \\ -\rho & 1+\rho^2 & -\rho & \ddots & \vdots \\ 0 & \ddots & \ddots & \ddots & 0 \\ \vdots & \ddots & -\rho & 1+\rho^2 & -\rho \\ 0 & \cdots & 0 & -\rho & 1 \end{pmatrix}.
$$

根据引理 2.4.1 和 2.4.2, 也可以看到, 在时间点 $t-1$ 上的观察值 $y_{j,i,t-1}$ 给定后, 时间点 t 上的观察值 y_{jit} 与再前面, 即时间点 $t-2$, $t-3,\cdots$ 上的观察值 $y_{j,i,t-2}$, $y_{j,i,t-3},\cdots$ 相互条件独立.

本书仅讨论复合对称结构, 讨论的问题有以下 3 个.

第 1 个问题是参数 μ, α_j, β_t, γ_{jt} 以及 σ_ε^2 和 σ_δ^2 的估计问题;

第 2 个问题是关于处理效应 α_j, 时间效应 β_t 和交互效应 γ_{jt} 的检验问题;

第 3 个问题是关于复合对称结构的检验问题.

本节讨论前两个问题. 下一节讨论第 3 个问题.

7.3.2 方差分析

解决具有复合对称结构的重复测量模型 (7.3.1) 的估计与检验问题的关键是对它作一个正交变换.

令 $\boldsymbol{U}_*$ 是 p 阶正交矩阵, 形如

$$
\boldsymbol{U}_*=\begin{pmatrix} \dfrac{\boldsymbol{1}_p'}{\sqrt{p}} \\ U \end{pmatrix}, \tag{7.3.7}
$$

其中, $\boldsymbol{U}$ 是 $(p-1)\times p$ 阶行正交矩阵, $\boldsymbol{U}\boldsymbol{U}'=\boldsymbol{I}_{p-1}$, 并且有 $\boldsymbol{U}\boldsymbol{1}_p=\boldsymbol{0}$. $\boldsymbol{U}$ 有很多种选择, 其中, 最为常用的是取

$$
\boldsymbol{U}=\begin{pmatrix} \boldsymbol{U}_2 \\ \vdots \\ \boldsymbol{U}_p \end{pmatrix},
$$

$$
\boldsymbol{U}_2=\left(\frac{1}{\sqrt{1\cdot 2}},-\frac{1}{\sqrt{1\cdot 2}},0,\cdots,0\right),
$$

$$U_3 = \left(\frac{1}{\sqrt{2\cdot 3}}, \frac{1}{\sqrt{2\cdot 3}}, -\frac{2}{\sqrt{2\cdot 3}}, 0, \cdots, 0\right),$$

依此类推.

令 $\boldsymbol{z}_{ji} = \boldsymbol{U}_*\boldsymbol{y}_{ji}$, $\boldsymbol{z}_{ji} = (z_{ji1}, z_{ji2}, \cdots, z_{jip})'$, $\boldsymbol{z}_{ji(2)} = \boldsymbol{U}\boldsymbol{y}_{ji} = (z_{ji2}, \cdots, z_{jip})'$, 有以下一些结果:

(1) z_{ji} 的协方差阵为对角矩阵,

$$\begin{aligned}\mathrm{Cov}\,(\boldsymbol{z}_{ji}) &= \sigma^2 \mathrm{diag}\,(1+(p-1)\,\rho, 1-\rho, \cdots, 1-\rho)\\ &= \mathrm{diag}\left(\sigma_\varepsilon^2 + p\sigma_\delta^2, \sigma_\varepsilon^2, \cdots, \sigma_\varepsilon^2\right).\end{aligned}$$

由此可见, $\{z_{jit}; j=1,\cdots,q, i=1,\cdots,n_j, t=1,\cdots,p\}$ 相互独立.

(2) 由于正交矩阵 $\boldsymbol{U}_*$ 的第 1 个行向量为 $\mathbf{1}_p'/\sqrt{p}$, 所以

$$z_{ji1} = \frac{\sum\limits_{t=1}^{p} y_{jit}}{\sqrt{p}}, \tag{7.3.8}$$

并由于 $\beta_1 + \cdots + \beta_p = 0$ 和 $\gamma_{j1} + \cdots + \gamma_{jp} = 0$, 所以

$$E\,(z_{ji1}) = \sqrt{p}\,(\mu + \alpha_j)\,.$$

因此对任意的 $j=1,\cdots,q$, $\{z_{ji1}; i=1,\cdots,n_j\}$ 独立同 $N\left(\sqrt{p}\,(\mu+\alpha_j)\,, \sigma_\varepsilon^2 + p\sigma_\delta^2\right)$ 正态分布.

(3) 由于 $\boldsymbol{U}\mathbf{1}_p = \mathbf{0}$, 所以

$$E\left(z_{ji(2)}\right) = \boldsymbol{\eta} + \boldsymbol{\xi}_j, \tag{7.3.9}$$

其中,

$$\boldsymbol{\eta} = (\eta_2, \cdots, \eta_p)' = \boldsymbol{U}\boldsymbol{\beta}, \quad \boldsymbol{\xi}_j = (\xi_{j2}, \cdots, \xi_{jp})' = \boldsymbol{U}\boldsymbol{\gamma}_j.$$

因此, 对任意的 $j=1,\cdots,q$ 和 $t=2,\cdots,p-1$, $\{z_{jit}; i=1,\cdots,n_j\}$ 独立同 $N(\eta_t + \xi_{jt}, \sigma_\varepsilon^2)$ 正态分布. 考虑到 $\beta_1+\cdots+\beta_p=0$, $\gamma_{j1}+\cdots+\gamma_{jp}=0$, 所以

$$\begin{pmatrix}\mathbf{0}\\ \boldsymbol{\eta}\end{pmatrix} = \begin{pmatrix}\dfrac{\mathbf{1}_p'}{\sqrt{p}}\\ \boldsymbol{U}\end{pmatrix}\boldsymbol{\beta} = \boldsymbol{U}_*\boldsymbol{\beta}, \quad \begin{pmatrix}\mathbf{0}\\ \boldsymbol{\xi}_j\end{pmatrix} = \begin{pmatrix}\dfrac{\mathbf{1}_p'}{\sqrt{p}}\\ \boldsymbol{U}\end{pmatrix}\boldsymbol{\gamma}_j = \boldsymbol{U}_*\boldsymbol{\gamma}_j,$$

从而有

$$\boldsymbol{\beta} = \boldsymbol{U}_*'\begin{pmatrix}\mathbf{0}\\ \boldsymbol{\eta}\end{pmatrix}, \quad \boldsymbol{\gamma}_j = \boldsymbol{U}_*'\begin{pmatrix}\mathbf{0}\\ \boldsymbol{\xi}_j\end{pmatrix}. \tag{7.3.10}$$

这说明 $\boldsymbol{\beta}$ 与 $\boldsymbol{\eta}$ 之间以及 $\boldsymbol{\gamma}_j$ 与 $\boldsymbol{\xi}_j$ 之间都是一一对应的. 此外, 由于对任意的 $t=1,\cdots,p$, 都有 $n_1\gamma_{1t} + \cdots + n_q\gamma_{qt} = 0$, 所以对任意的 $t=2,\cdots,p$, 都有

$$n_1\xi_{1t} + \cdots + n_q\xi_{qt} = 0. \tag{7.3.11}$$

下面运用方差分析的方法, 分析正交变换后的数据, 从而得到具有复合对称结构的重复测量模型 (7.3.1) 的估计与检验问题的解.

(1) 将 (一元) 方差分析 (ANOVA) 方法用于 $\{z_{ji1}; j=1,\cdots,q, i=1,\cdots,n_j\}$, 从而得到参数 μ, α_j 和 $\sigma_\varepsilon^2+p\sigma_\delta^2$ 的极大似然估计

$$\hat{\mu}=\frac{1}{\sqrt{p}}\bar{z}_1, \quad \bar{z}_1=\frac{\sum_{j=1}^{q}\sum_{i=1}^{n_j} z_{ji1}}{n}, \tag{7.3.12}$$

$$\hat{\alpha}_j=\frac{1}{\sqrt{p}}\left(\bar{z}_{j1}-\bar{z}_1\right), \quad \bar{z}_{j1}=\frac{\sum_{i=1}^{n_j} z_{ji1}}{n_j}, \quad j=1,\cdots,q. \tag{7.3.13}$$

由 (7.3.8) 式知

$$\begin{aligned}
\hat{\mu}&=\frac{\sum_{j=1}^{q}\sum_{i=1}^{n_j}\sum_{t=1}^{p} y_{jit}}{np},\\
\hat{\alpha}_j&=\frac{\sum_{i=1}^{n_j}\sum_{t=1}^{p} y_{jit}}{n_j p}-\frac{\sum_{j=1}^{q}\sum_{i=1}^{n_j}\sum_{t=1}^{p} y_{jit}}{np}, \quad j=1,\cdots,q.
\end{aligned}$$

$\hat{\boldsymbol{\mu}}$ 和 $\hat{\boldsymbol{\alpha}}_j$ 分别是 $\boldsymbol{\mu}$ 和 $\boldsymbol{\alpha}_j$ 的无偏估计, $j=1,\cdots,q$. $\sigma_\varepsilon^2+p\sigma_\delta^2$ 的极大似然估计为

$$\frac{\mathrm{SSW}_1}{n}, \quad \mathrm{SSW}_1=\sum_{j=1}^{q}\sum_{i=1}^{n_j}\left(z_{ji1}-\bar{z}_{j1}\right)^2, \tag{7.3.14}$$

它不是无偏估计, $\sigma_\varepsilon^2+p\sigma_\delta^2$ 的无偏估计为 $\mathrm{SSW}_1/(n-q)$.

处理效应是否无差异, 即 $\alpha_1=\cdots=\alpha_q=0$ 是否成立的检验问题的 F 检验统计量为

$$F_\alpha=\frac{\mathrm{SSB}_\alpha/(q-1)}{\mathrm{SSW}_1/(n-q)}, \quad \mathrm{SSB}_\alpha=\sum_{j=1}^{q} n_j\left(\bar{z}_{j1}-\bar{z}_1\right)^2.$$

在 F_α 比较大的时候认为 q 个处理效应之间有差异. 在处理效应没有差异, 即 $\alpha_1=\cdots=\alpha_q=0$ 成立时 $F_\alpha\sim F(q-1,n-q)$.

(2) 由 (7.3.9) 式知 $E\left(z_{jit}\right)=\eta_t+\xi_{jt}$, $t=2,\cdots,p$, $j=1,\cdots,q$, $i=1,\cdots,n_j$. 由此看来, 可以将 $\{z_{jit}; t=2,\cdots,p, j=1,\cdots,q, i=1,\cdots,n_j\}$ 看成套分类模型 (nested classification model). 套分类模型的有关知识读者可参阅文献 [34] 的 7.4 节.

将要讨论的这个套分类模型的参数有 $p-1$ 个约束条件 (见 (7.3.11) 式): 对任意的 $t=2,\cdots,p$, 都有 $n_1\xi_{1t}+\cdots+n_q\xi_{qt}=0$, 所以该套分类模型的参数是可估的. 根据方差分析方法得到参数 η_t, ξ_{jt} 和 σ_ε^2 的极大似然估计为

$$\hat{\eta}_t=\bar{z}_t,\quad \bar{z}_t=\frac{\sum_{j=1}^{q}\sum_{i=1}^{n_j}z_{jit}}{n},\quad t=2,\cdots,p, \tag{7.3.15}$$

$$\hat{\xi}_{jt}=\bar{z}_{jt}-\bar{z}_t,\quad \bar{z}_{jt}=\frac{\sum_{i=1}^{n_j}z_{jit}}{n_j},\quad t=2,\cdots,p,\quad j=1,\cdots,q. \tag{7.3.16}$$

根据 (7.3.10) 式, 得到参数 β_t 和 γ_{jt} 的估计

$$\hat{\boldsymbol{\beta}}=\boldsymbol{U}_*'\begin{pmatrix}\boldsymbol{0}\\ \hat{\boldsymbol{\eta}}\end{pmatrix},\quad \hat{\boldsymbol{\beta}}=(\hat{\beta}_1,\cdots,\hat{\beta}_p)',\quad \hat{\boldsymbol{\eta}}=(\hat{\eta}_2,\cdots,\hat{\eta}_p)',$$

$$\hat{\boldsymbol{\gamma}}_j=\boldsymbol{U}_*'\begin{pmatrix}\boldsymbol{0}\\ \hat{\boldsymbol{\xi}}_j\end{pmatrix},\quad \hat{\boldsymbol{\gamma}}_j=(\hat{\gamma}_{j1},\cdots,\hat{\gamma}_{jp})',\quad \hat{\boldsymbol{\xi}}_j=(\hat{\xi}_{j2},\cdots,\hat{\xi}_{jp})'.$$

$\hat{\eta}_t$ 和 $\hat{\xi}_{jt}$ 分别是 η_t 和 ξ_{jt} 的无偏估计, $t=2,\cdots,p, j=1,\cdots,q$. 从而知 $\hat{\beta}_t$ 和 $\hat{\gamma}_{jt}$ 分别是 β_t 和 γ_{jt} 的无偏估计, $t=1,\cdots,p, j=1,\cdots,q$.

$\hat{\sigma}_\varepsilon^2$ 的极大似然估计为

$$\hat{\sigma}_\varepsilon^2=\frac{\mathrm{SSW}_{(2)}}{(p-1)\,n},\quad \mathrm{SSW}_{(2)}=\sum_{t=2}^{p}\sum_{j=1}^{q}\sum_{i=1}^{n_j}(z_{jit}-\bar{z}_{jt})^2. \tag{7.3.17}$$

它不是无偏估计, 其无偏估计为

$$\hat{\sigma}_\varepsilon^2=\frac{\mathrm{SSW}_{(2)}}{(p-1)\,(n-q)}.$$

由 $\hat{\sigma}_\varepsilon^2$ 与 $\sigma_\varepsilon^2+p\sigma_\delta^2$ 的估计 (见 (7.3.17) 式与 (7.3.14) 式), 得到 σ_δ^2 的极大似然估计

$$\hat{\sigma}_\delta^2=\frac{1}{n}\left(\mathrm{SSW}_1-\frac{\mathrm{SSW}_{(2)}}{p-1}\right),$$

它不是无偏估计, 其无偏估计为

$$\hat{\sigma}_\delta^2=\frac{1}{n-q}\left(\mathrm{SSW}_1-\frac{\mathrm{SSW}_{(2)}}{p-1}\right).$$

在 $\mathrm{SSW}_1 \leqslant \mathrm{SSW}_{(2)}/(p-1)$, 即在

$$\sum_{j=1}^{q}\sum_{i=1}^{n_j}(z_{ji1}-\bar{z}_{j1})^2 \leqslant \frac{\sum_{t=2}^{p}\sum_{j=1}^{q}\sum_{i=1}^{n_j}(z_{jit}-\bar{z}_{jt})^2}{p-1} \tag{7.3.18}$$

时, σ_δ^2 的估计 $\hat{\sigma}_\delta^2$ 非正. 在 (7.3.18) 式成立时, 通常将 σ_δ^2 估计为 0, 也就是把复合对称结构进一步认为是球形结构. 事实上, 把复合对称结构的重复测量模型进一步认为是球形结构其实就是一个检验问题. 它的原假设是重复测量模型有球形结构, 备择假设是重复测量模型没有球形结构, 但有复合对称结构. 这个问题留作习题 (见习题 7.8).

前面说 $\{z_{jit}; t=2,\cdots,p, j=1,\cdots,q, i=1,\cdots,n_j\}$ 可以看成套分类模型. 对此套分类模型将要讨论的检验问题有 2 个, 第一个问题是 $\eta_2=\cdots=\eta_p=0$ 是否成立的检验问题. 由 (7.3.10) 式知 $\eta_2=\cdots=\eta_p=0$ 等价于 $\beta_1=\cdots=\beta_p=0$. 由此可见, 第一个检验问题实际上就是重复测量模型 (7.3.1) 的有没有时间效应的检验问题. 将要讨论的第二个检验问题是对任意的 $t=2,\cdots,p$ 和 $j=1,\cdots,q$, $\xi_{jt}=0$ 是否都成立的检验问题. 由 (7.3.10) 式知道, 这个问题相当于对任意的 $t=1,\cdots,p$ 和 $j=1,\cdots,q$, $\gamma_{jt}=0$ 是否都成立的检验问题. 由此可见, 第二个检验问题实际上就是重复测量模型 (7.3.1) 的有没有处理与时间的交互效应的检验问题.

这个套分类模型实际上是 (单元) 线性模型, 所以可以如 (7.1.26) 式 (或 (7.1.29) 式) 那样, 得到所讨论的检验问题的似然比检验统计量. 关于 $\eta_2=\cdots=\eta_p=0$ 是否成立的检验问题, 取的似然比检验统计量为

$$\begin{aligned}\Lambda &= \frac{\min\limits_{\eta_t,\xi_{jt}}\sum_{t=2}^{p}\sum_{j=1}^{q}\sum_{i=1}^{n_j}(z_{jit}-\eta_t-\xi_{jt})^2}{\min\limits_{\xi_{jt}}\sum_{t=2}^{p}\sum_{j=1}^{q}\sum_{i=1}^{n_j}(z_{jit}-\xi_{jt})^2}\\ &= \frac{\sum_{t=2}^{p}\sum_{j=1}^{q}\sum_{i=1}^{n_j}(z_{jit}-\bar{z}_{jt})^2}{\sum_{t=2}^{p}\sum_{j=1}^{q}\sum_{i=1}^{n_j}(z_{jit}-\bar{z}_{jt}+\bar{z}_t)^2} = \frac{\mathrm{SSW}_{(2)}}{\sum_{t=2}^{p}\sum_{j=1}^{q}\sum_{i=1}^{n_j}(z_{jit}-\bar{z}_{jt}+\bar{z}_t)^2}.\end{aligned}$$

考虑到

$$\sum_{t=2}^{p}\sum_{j=1}^{q}\sum_{i=1}^{n_j}(z_{jit}-\bar{z}_{jt}+\bar{z}_t)^2 = \mathrm{SSW}_{(2)} + n\sum_{t=2}^{p}\bar{z}_t^2,$$

所以取的 F 检验统计量为

$$F_\beta = \frac{\mathrm{SSB}_\beta/(p-2)}{\mathrm{SSW}_{2-p}/[(p-1)(n-q)]}, \quad \mathrm{SSB}_\beta = n\sum_{t=2}^{p} \bar{z}_t^2.$$

在 F_β 比较大的时候认为 $\eta_2 = \cdots = \eta_p = 0$ 不成立, 从而认为 $\beta_1 = \cdots = \beta_p = 0$ 不成立, 即认为重复测量模型有时间效应. 在没有时间效应时,

$$F_\beta \sim F(p-1, (p-1)(n-q)).$$

对任意的 $t = 2, \cdots, p$ 和 $j = 1, \cdots, q$, $\xi_{jt} = 0$ 是否都成立的检验问题, 似然比检验统计量为

$$\begin{aligned}\varLambda_{\alpha\times\beta} &= \frac{\min\limits_{\eta_t,\xi_{jt}} \sum\limits_{t=2}^{p}\sum\limits_{j=1}^{q}\sum\limits_{i=1}^{n_j} (z_{jit} - \eta_t - \xi_{jt})^2}{\min\limits_{\eta_t} \sum\limits_{t=2}^{p}\sum\limits_{j=1}^{q}\sum\limits_{i=1}^{n_j} (z_{jit} - \eta_t)^2} \\ &= \frac{\sum\limits_{t=2}^{p}\sum\limits_{j=1}^{q}\sum\limits_{i=1}^{n_j} (z_{jit} - \bar{z}_{jt})^2}{\sum\limits_{t=2}^{p}\sum\limits_{j=1}^{q}\sum\limits_{i=1}^{n_j} (z_{jit} - \bar{z}_t)^2} = \frac{\mathrm{SSW}_{(2)}}{\sum\limits_{t=2}^{p}\sum\limits_{j=1}^{q}\sum\limits_{i=1}^{n_j} (z_{jit} - \bar{z}_t)^2}.\end{aligned}$$

考虑到

$$\sum_{t=2}^{p}\sum_{j=1}^{q}\sum_{i=1}^{n_j} (z_{jit} - \bar{z}_t)^2 = \mathrm{SSW}_{(2)} + \sum_{t=2}^{p}\sum_{j=1}^{q} n_j (\bar{z}_{jt} - \bar{z}_t)^2,$$

所以取的 F 检验统计量为

$$F_{\alpha\times\beta} = \frac{\mathrm{SSB}_{\alpha\times\beta}/[(p-1)(q-1)]}{\mathrm{SSW}_{(2)}/[(p-1)(n-q)]}, \quad \mathrm{SSB}_{\alpha\times\beta} = \sum_{t=2}^{p}\sum_{j=1}^{q} n_j (\bar{z}_{jt} - \bar{z}_t)^2.$$

在 $F_{\alpha\times\beta}$ 比较大的时候, 认为对任意的 $t = 2, \cdots, p$ 和 $j = 1, \cdots, q$, $\xi_{jt} = 0$ 不全都成立, 从而认为对任意的 $t = 1, \cdots, p$ 和 $j = 1, \cdots, q$, $\gamma_{jt} = 0$ 不全都成立, 即认为重复测量模型有处理与时间的交互效应. 在没有处理与时间的交互效应时,

$$F_{\alpha\times\beta} \sim F((p-1)(q-1), (p-1)(n-q)).$$

第 j 个处理的第 i 个病人在 t 时刻的观察值可能不止一个, 而是一个向量. 对这种多元重复测量模型有兴趣的读者可参阅文献 [46], [47], 对重复测量有兴趣的读者可参阅文献 [64].

关于重复测量模型参数的似然比检验的功效分析, 读者可参阅文献 [10], [11].

在生物医学领域重复测量数据通常成为纵向数据 (longitudinal data), 而在经济学常称为面板数据 (panel data). 读者若对纵向数据和面板数据有兴趣, 可参阅文献 [74].

7.4 复合对称结构的检验

首先讨论单组重复测量数据的复合对称结构的检验问题, 然后讨论多组重复测量数据的复合对称结构的检验问题. 关于多组重复测量数据的复合对称结构的检验问题, 就处理与时间是否有交互效应这两种情况分别进行讨论.

7.4.1 单组重复测量数据

所谓单组就是重复测量模型中的处理数 $q=1$. 在 $q=1$ 时没有处理效应, 也就没有处理与时间的交互效应, 所以如果把第 i 个研究对象的 p 个观察值记为 $\boldsymbol{y}_i=(y_{i1},\cdots,y_{ip})'$, 那么复合对称结构的重复测量模型就可以表述为 $y_1,\cdots,y_n$ 独立同 $N_p(\boldsymbol{\eta},\boldsymbol{\Sigma})$ 分布, 其中, $\boldsymbol{\eta}=\boldsymbol{\mu}+\boldsymbol{\beta}$, $\boldsymbol{\Sigma}=\sigma_\delta^2\boldsymbol{J}_p+\sigma_\varepsilon^2\boldsymbol{I}_p$. 所谓复合对称结构的检验问题就是

$$H_0:\boldsymbol{\Sigma}=\sigma_\delta^2\boldsymbol{J}_p+\sigma_\varepsilon^2\boldsymbol{I}_p,\quad H_1:\boldsymbol{\Sigma}\neq\sigma_\delta^2\boldsymbol{J}_p+\sigma_\varepsilon^2\boldsymbol{I}_p. \tag{7.4.1}$$

类似地, 独立结构与球形结构的检验问题分别是

$$\begin{aligned}&H_0:\boldsymbol{\Sigma}=\operatorname{diag}\left(\sigma_1^2,\cdots,\sigma_p^2\right),\quad H_1:\boldsymbol{\Sigma}\neq\operatorname{diag}\left(\sigma_1^2,\cdots,\sigma_p^2\right),\\&H_0:\boldsymbol{\Sigma}=\sigma^2\boldsymbol{I}_p,\quad H_1:\boldsymbol{\Sigma}\neq\sigma^2\boldsymbol{I}_p.\end{aligned}$$

独立结构与球形结构的检验问题在 6.6 节与 6.2 节就都已经分别讨论过了, 这里从略. 下面讨论复合对称结构的检验问题 (7.4.1).

与 7.3.2 小节相类似, 作正交变换 $\boldsymbol{z}_i=\boldsymbol{U}_*\boldsymbol{y}_i$, $i=1,\cdots,n$, 其中, p 阶正交矩阵 $\boldsymbol{U}_*$ 见 (7.3.7) 式. 那么 $z_1,\cdots,z_n$ 独立同 $N_p(\boldsymbol{\eta},\boldsymbol{\Sigma}^*)$ 分布, 其中, $\boldsymbol{\eta}=\boldsymbol{U}_*\boldsymbol{\beta}$, $\boldsymbol{\Sigma}^*$ 为对角矩阵

$$\boldsymbol{\Sigma}^*=\operatorname{diag}\left(\sigma_\varepsilon^2+p\sigma_\delta^2,\sigma_\varepsilon^2,\cdots,\sigma_\varepsilon^2\right).$$

从而把复合对称结构的检验问题 (7.4.1) 变换为检验问题

$$\begin{cases}H_0:\boldsymbol{\Sigma}^*=\operatorname{diag}\left(\sigma_\varepsilon^2+p\sigma_\delta^2,\sigma_\varepsilon^2,\cdots,\sigma_\varepsilon^2\right),\\H_1:\boldsymbol{\Sigma}^*\neq\operatorname{diag}\left(\sigma_\varepsilon^2+p\sigma_\delta^2,\sigma_\varepsilon^2,\cdots,\sigma_\varepsilon^2\right).\end{cases} \tag{7.4.2}$$

令正交变换后的数据 $\{z_1,\cdots,z_n\}$ 的离差阵为

$$\boldsymbol{V}=\sum_{i=1}^n\left(z_i-\bar{z}\right)\left(z_i-\bar{z}\right)'=\left(v_{ij}\right).$$

可以证明检验问题 (7.4.2) 的似然比检验统计量 λ 为

$$\lambda = \left[\frac{(p-1)^{p-1}\,|\boldsymbol{V}|}{v_{11}\,(v_{22}+\cdots+v_{pp})^{p-1}} \right]^{n/2},$$

其证明留作习题 (见习题 7.7). 在 λ 比较小的时候拒绝原假设, 认为没有复合对称结构. 根据似然比统计量的极限分布, 由于完全参数空间被估计的独立参数的个数为 $(p+p\,(p+1)/2)$, 而原假设成立时参数空间被估计的独立参数的个数为 $p+2$, 所以渐近 χ^2 分布的自由度为 $p\,(p+1)/2-2$, 在原假设成立即复合对称结构时, 有

$$-2\ln\lambda \xrightarrow{\text{L}} \chi^2\left(\frac{p\,(p+1)}{2-2}\right), \quad n\to\infty, \tag{7.4.3}$$

从而得到检验的渐近 p 值为 $P\left(\chi^2\,(p\,(p+1)/2-2) \geqslant -2\ln\lambda\right)$.

修正后的似然比检验统计量为

$$\lambda^* = \left[\frac{(p-1)^{p-1}\,|\boldsymbol{V}|}{v_{11}\,(v_{22}+\cdots+v_{pp})^{p-1}} \right]^{(n-1)/2}. \tag{7.4.4}$$

尽管它与未经修正的似然比检验统计量没有本质差别, 但通常使用修正后的似然比检验统计量去解单组重复测量数据的复合对称结构的检验问题.

在 λ^* 比较小的时候拒绝原假设, 认为没有复合对称结构. 类似于 (7.4.3) 式, 在原假设成立即复合对称结构时, 有 (证明从略)

$$-2\ln\lambda^* \xrightarrow{\text{L}} \chi^2\left(\frac{p\,(p+1)}{2-2}\right), \quad n\to\infty,$$

从而得到检验的渐近 p 值为 $P(\chi^2\,(p\,(p+1)/2-2) \geqslant -2\ln\lambda^*)$. 检验的渐近 p 值的精度如何? 可不可以改进? 如何改进? 这些问题的讨论与 3.6 节以及第 6 章各节的讨论相类似. 首先在原假设成立, 即 $\boldsymbol{\Sigma}^* = \operatorname{diag}\left(\sigma_\varepsilon^2+p\sigma_\delta^2, \sigma_\varepsilon^2, \cdots, \sigma_\varepsilon^2\right)$ 时计算修正后的似然比检验统计量 λ^* 的矩.

由 $\boldsymbol{V}$ 构造相关阵 $\boldsymbol{R}=(r_{ij})$, $r_{ij}=v_{ij}\big/\sqrt{v_{ii}v_{jj}}$, $i,j=1,\cdots,p$, 则根据 (7.4.4) 式, 有

$$\lambda^* = \left[(p-1)^{p-1}\,\zeta_1\zeta_2\right]^{(n-1)/2},$$

其中,

$$\zeta_1 = \frac{v_{22}\cdots v_{pp}}{(v_{22}+\cdots+v_{pp})^{p-1}}, \quad \zeta_2 = |\boldsymbol{R}|.$$

根据习题 3.3 的结果, ζ_1 与 ζ_2 相互独立, 并不难计算 ζ_1 与 ζ_2 的 h 矩 (计算 ζ_1 的

h 矩时可利用习题 2.2 的结果). 从而算得 λ^* 的 h 矩为

$$E(\lambda^*)^h=(p-1)^{(p-1)(n-1)h/2}\cdot\frac{\Gamma((n-1)/2)}{\Gamma((n-1)(1+h)/2)}\cdot\frac{\Gamma((n-1)(p-1)/2)}{\Gamma((n-1)(1+h)(p-1)/2)}\cdot\frac{\prod_{j=1}^{p}\Gamma(((n-1)(1+h)-j+1)/2)}{\prod_{j=1}^{p}\Gamma((n-j)/2)},\tag{7.4.5}$$

其详细计算过程留作习题 (见习题 7.9).

(7.4.5) 式虽然与 (6.2.9) 式不同, 但很容易看到它们有相似之处. 下面的讨论与 6.2 节关于球形检验的讨论完全类似. 首先将 (7.4.5) 式改写成下面的形式:

$$E(\lambda^*)^h=C\left[(p-1)^{(p-1)(n-1)/2}\right]^h\cdot\frac{\prod_{j=1}^{p}\Gamma(((n-1)(1+h)-j+1)/2)}{\Gamma((n-1)(1+h)/2)\Gamma((n-1)(1+h)(p-1)/2)},$$

其中,

$$C=\frac{\Gamma((n-1)/2)\Gamma((n-1)(p-1)/2)}{\prod_{j=1}^{p}\Gamma((n-j)/2)}.$$

并将它与 (6.2.12) 式进行对照, 若取

$$r=p,\quad a_k=\frac{n-1}{2},\quad \xi_k=\frac{-k+1}{2},\quad k=1,\cdots,p,$$

$$q=2,\quad b_1=\frac{n-1}{2},\quad b_2=\frac{(n-1)(p-1)}{2},\quad \eta_1=\eta_2=0,$$

然后根据 (6.2.13) 式 ~(6.2.15) 式算得

$$f=-2\left[\sum_{k=1}^{p}\frac{-k+1}{2}-\frac{1}{2}(p-2)\right]=\frac{p(p+1)}{2}-2,$$

$$\rho=1-\frac{1}{f}\left[\sum_{k=1}^{p}\frac{2}{n-1}B_2\left(\frac{-k+1}{2}\right)-\frac{2}{n-1}B_2(0)-\frac{2}{(n-1)(p-1)}B_2(0)\right]$$

$$=1-\frac{\alpha}{n-1},\quad \alpha=\frac{p(p+1)^2(2p-3)}{6(p-1)(p^2+p-4)},$$

$$\omega_2=-\frac{1}{6\rho^2}\left[\sum_{k=1}^{p}\frac{4}{(n-1)^2}B_3\left(\frac{p(p+1)^2(2p-3)}{12(p-1)(p^2+p-4)}+\frac{-k+1}{2}\right)\right.$$

$$-\frac{4}{(n-1)^2}B_3\left(\frac{p(p+1)^2(2p-3)}{12(p-1)(p^2+p-4)}\right)$$
$$\left.-\frac{4}{(n-1)^2(p-1)^2}B_3\left(\frac{p(p+1)^2(2p-3)}{12(p^2+p-4)}\right)\right]$$
$$=\frac{\gamma}{m^2},\quad m=\rho(n-1),$$
$$\gamma=\frac{p(p+1)\left(2p^6-33p^4+41p^3+75p^2-141p+48\right)}{288(p-1)^2(p^2+p-4)}.$$

根据 (6.2.16) 式 ~(6.2.18) 式, 单组重复测量数据的复合对称结构检验的修正后的似然比检验的精度为 $O\left(n^{-1}\right)$, $O\left(n^{-2}\right)$ 和 $O\left(n^{-3}\right)$ 的渐近 p 值分别为

$$P\left(\chi^2(f)\geqslant -2\ln\lambda^*\right)+O\left(n^{-1}\right),$$
$$P\left(\chi^2(f)\geqslant -2\rho\ln\lambda^*\right)+O\left(n^{-2}\right),$$
$$P\left(\chi^2(f)\geqslant -2\rho\ln\lambda^*\right)$$
$$+\frac{\gamma}{m^2}\left[P\left(\chi^2(f+4)\geqslant -2\rho\ln\lambda^*\right)+P\left(\chi^2(f)\geqslant -2\rho\ln\lambda^*\right)\right]+O\left(n^{-3}\right).$$

至于复合对称结构检验问题 (7.4.1) 的 SAS 程序, 读者可参阅文献 [41] 的第 1 章第 4 节的 3.

7.4.2 多组重复测量数据 (无交互效应)

首先讨论处理与时间没有交互效应的多组重复测量数据的复合对称结构的检验问题. 设有 q 个处理, 第 j 个处理有 n_j 个研究对象, $n_1+\cdots+n_q=n$. 第 j 个处理的第 i 个研究对象在 t 时刻的观察值记为 y_{jit}, $j=1,\cdots,q$, $i=1,\cdots,n_j$, $t=1,\cdots,p$. 在没有处理与时间交互效应时,

$$E\left(y_{jit}\right)=\mu+\alpha_j+\beta_t,$$

其中,

α_j 是处理效应, 它满足条件 $n_1\alpha_1+\cdots+n_q\alpha_q=0$;

β_t 是时间效应, 它满足条件 $\beta_1+\cdots+\beta_p=0$.

令 $\boldsymbol{y}_{ji}=(y_{ji1},\cdots,y_{jip})'$, 那么复合对称结构就意味着 $\boldsymbol{\Sigma}=\mathrm{Cov}\left(\boldsymbol{y}_{ji}\right)=\sigma_\delta^2\boldsymbol{J}_p+\sigma_\varepsilon^2\boldsymbol{I}_p$, 检验问题 (7.4.1) 就是它的复合对称结构的检验问题.

与单组重复测量数据相仿地, 作正交变换 $\boldsymbol{z}_{ji}=\boldsymbol{U}_*\boldsymbol{y}_{ji}$, 其中, p 阶正交矩阵 $\boldsymbol{U}_*$ 见 (7.3.7) 式. 令

$$\boldsymbol{z}_{ji}=(z_{ji1},z_{ji2},\cdots,z_{jip})',\quad \boldsymbol{z}_{ji(2)}=\boldsymbol{U}y_{ji}=(z_{ji2},\cdots,z_{jip})',$$
$$\boldsymbol{\eta}=\boldsymbol{U}\boldsymbol{\beta},\quad \boldsymbol{\beta}=(\beta_1,\cdots,\beta_p)',\quad \boldsymbol{\eta}=(\eta_2,\cdots,\eta_p)',$$

其中, $(p-1)\times p$ 阶矩阵 $\boldsymbol{U}$ 见 (7.3.7) 式. 令 $\boldsymbol{\theta}_j=\sqrt{p}\,(\boldsymbol{\mu}+\boldsymbol{\alpha}_j)\,(j=1,\cdots,q)$, $\boldsymbol{\theta}=(\theta_1,\cdots,\theta_q)'$, 则有

$$\begin{cases}E\left(z_{ji1}\right)=\theta_j,\\ E\left(z_{jit}\right)=\eta_t,\quad t=2,\cdots,p,\\ \boldsymbol{\Sigma}^*=\mathrm{Cov}\left(\boldsymbol{z}_{ji}\right)=\mathrm{diag}\left(\sigma_\varepsilon^2+p\sigma_\delta^2,\sigma_\varepsilon^2,\cdots,\sigma_\varepsilon^2\right).\end{cases}$$

复合对称结构的检验问题 (7.4.1) 就转换为检验问题 (7.4.2).

在原假设成立, 即 $\boldsymbol{\Sigma}^*=\mathrm{diag}\left(\sigma_\varepsilon^2+p\sigma_\delta^2,\sigma_\varepsilon^2,\cdots,\sigma_\varepsilon^2\right)$ 时, 多组重复测量数据的似然函数

$$L\left(\boldsymbol{\theta},\boldsymbol{\eta},\sigma_\varepsilon^2,\sigma_\delta^2\right)=L_1\left(\boldsymbol{\theta},\sigma_\varepsilon^2+p\sigma_\delta^2\right)L_2\left(\boldsymbol{\eta},\sigma_\varepsilon^2\right),$$

其中,

$$L_1\left(\boldsymbol{\theta},\sigma_\varepsilon^2+p\sigma_\delta^2\right)=(2\pi)^{-n/2}\left(\sigma_\varepsilon^2+p\sigma_\delta^2\right)^{-n/2}\exp\left\{-\frac{\sum\limits_{j=1}^{q}\sum\limits_{i=1}^{n_j}\left(z_{ji1}-\theta_j\right)^2}{2\left(\sigma_\varepsilon^2+p\sigma_\delta^2\right)}\right\},$$

$$L_2\left(\boldsymbol{\eta},\sigma_\varepsilon^2\right)=(2\pi)^{-n(p-1)/2}\left(\sigma_\varepsilon^2\right)^{-n(p-1)/2}\exp\left\{-\frac{\sum\limits_{t=2}^{p}\sum\limits_{j=1}^{q}\sum\limits_{i=1}^{n_j}\left(z_{jit}-\eta_t\right)^2}{2\sigma_\varepsilon^2}\right\}.$$

由此可见

$$\max_{\boldsymbol{\theta},\boldsymbol{\eta},\sigma_\varepsilon^2,\sigma_\delta^2}L\left(\boldsymbol{\theta},\boldsymbol{\eta},\sigma_\varepsilon^2,\sigma_\delta^2\right)=\left(\max_{\boldsymbol{\theta},\sigma_\varepsilon^2+p\sigma_\delta^2}L_1\left(\boldsymbol{\theta},\sigma_\varepsilon^2+p\sigma_\delta^2\right)\right)\cdot\left(\max_{\boldsymbol{\eta},\sigma_\varepsilon^2}L_2\left(\boldsymbol{\eta},\sigma_\varepsilon^2\right)\right).$$

不难求得 (其具体计算过程留作习题 7.10)

$$\max_{\boldsymbol{\theta},\sigma_\varepsilon^2+p\sigma_\delta^2}L_1\left(\boldsymbol{\theta},\sigma_\varepsilon^2+p\sigma_\delta^2\right)=\frac{n^{n/2}\exp\{-n/2\}}{(2\pi)^{n/2}\left(\mathrm{SSW}_1\right)^{n/2}},$$

$$\max_{\boldsymbol{\eta},\sigma_\varepsilon^2}L_2\left(\boldsymbol{\eta},\sigma_\varepsilon^2\right)=\frac{n^{n(p-1)/2}(p-1)^{n(p-1)/2}\exp\{-n(p-1)/2\}}{(2\pi)^{n(p-1)/2}\left(\mathrm{SSW}_2\right)^{n(p-1)/2}},$$

其中, SSW_1 如同 (7.3.14) 式所说的, 它等于

$$\mathrm{SSW}_1=\sum_{j=1}^{q}\sum_{i=1}^{n_j}\left(z_{ji1}-\bar{z}_{j1}\right)^2,\tag{7.4.6}$$

$$\bar{z}_{j1}=\frac{\sum\limits_{i=1}^{n_j}z_{ji1}}{n_j},\quad j=1,\cdots,q.$$

而 SSW_2 与 (7.3.17) 式所说的 $\mathrm{SSW}_{(2)}$ 是有区别的, 它等于

$$\mathrm{SSW}_2 = \sum_{t=2}^{p}\sum_{j=1}^{q}\sum_{i=1}^{n_j}(z_{jit}-\bar{z}_t)^2, \tag{7.4.7}$$

$$\bar{z}_t = \frac{\sum_{j=1}^{q}\sum_{i=1}^{n_j} z_{jit}}{n}, \quad t=2,\cdots,p.$$

由此得到原假设成立时, 多组重复测量数据的似然函数的最大值为

$$\max_{\boldsymbol{\theta},\boldsymbol{\eta},\sigma_\varepsilon^2,\sigma_\delta^2} L\left(\boldsymbol{\theta},\boldsymbol{\eta},\sigma_\varepsilon^2,\sigma_\delta^2\right) = \frac{n^{np/2}(p-1)^{n(p-1)/2}\exp\{-np/2\}}{(2\pi)^{np/2}(\mathrm{SSW}_1)^{n/2}(\mathrm{SSW}_2)^{n(p-1)/2}}. \tag{7.4.8}$$

接下来, 在并不知道复合对称结构是否成立的条件下, 对于一般的 $\boldsymbol{\Sigma}^*$ 计算多组重复测量数据的似然函数. 这个问题的困难之处就在于 z_{ji1} 的期望为 θ_j, 它与 $j(j=1,\cdots,q)$ 有关, 而对 $\boldsymbol{z}_{ji(2)}=(z_{ji2},\cdots,z_{jip})$ 来说, $z_{jit}(t=2,\cdots,p)$ 的期望为 η_t, 它与 $j(j=1,\cdots,q)$ 无关. 为此将 $\boldsymbol{z}_{ji}$ 的密度函数分解为 $\boldsymbol{z}_{ji(2)}$ 的密度函数与 $\boldsymbol{z}_{ji(2)}$ 给定后 z_{ji1} 的条件密度的乘积, 并将 $\boldsymbol{\Sigma}^*$ 剖分为

$$\boldsymbol{\Sigma}^* = \begin{pmatrix} \sigma_{11}^* & \boldsymbol{\Sigma}_{12}^* \\ \boldsymbol{\Sigma}_{21}^* & \boldsymbol{\Sigma}_{22}^* \end{pmatrix} \begin{matrix} 1 \\ p-1 \end{matrix}, \quad \text{列分块: } 1,\ p-1$$

从而多组重复测量数据的似然函数

$$L\left(\boldsymbol{\theta},\boldsymbol{\eta},\sigma_{11}^*,\boldsymbol{\Sigma}_{21}^*,\boldsymbol{\Sigma}_{22}^*\right) = L_1\left(\boldsymbol{\eta},\boldsymbol{\Sigma}_{22}^*\right) L_2\left(\boldsymbol{\theta},\boldsymbol{\eta},\sigma_{11}^*,\boldsymbol{\Sigma}_{21}^*,\boldsymbol{\Sigma}_{22}^*\right), \tag{7.4.9}$$

其中, L_1 是数据 $\left\{\boldsymbol{z}_{ji(2)}; j=1,\cdots,q, i=1,\cdots,n_j\right\}$ 的似然函数

$$\begin{aligned} &L_1\left(\boldsymbol{\eta},\boldsymbol{\Sigma}_{22}^*\right) \\ &= (2\pi)^{-n(p-1)/2}\left|\boldsymbol{\Sigma}_{22}^*\right|^{-n/2}\exp\left\{-\frac{\sum_{j=1}^{q}\sum_{i=1}^{n_j}\left(\boldsymbol{z}_{ji(2)}-\boldsymbol{\eta}\right)'\left(\boldsymbol{\Sigma}_{22}^*\right)^{-1}\left(\boldsymbol{z}_{ji(2)}-\boldsymbol{\eta}\right)}{2}\right\}, \end{aligned}$$

而 L_2 是在 $\left\{\boldsymbol{z}_{ji(2)}; j=1,\cdots,q, i=1,\cdots,n_j\right\}$ 给定后, 数据 $\{z_{ji1}; j=1,\cdots,q, i=1,\cdots,n_j\}$ 的条件似然函数

$$\begin{aligned} &L_2\left(\boldsymbol{\theta},\boldsymbol{\eta},\sigma_{11}^*,\boldsymbol{\Sigma}_{21}^*,\boldsymbol{\Sigma}_{22}^*\right) \\ &= (2\pi)^{-n/2}\left(\sigma_{1|2}^*\right)^{-n/2} \\ &\quad\cdot\exp\left\{-\frac{\sum_{j=1}^{q}\sum_{i=1}^{n_j}\left[z_{ji1}-\theta_j-\boldsymbol{\Sigma}_{12}^*\left(\boldsymbol{\Sigma}_{22}^*\right)^{-1}\left(\boldsymbol{z}_{ji(2)}-\boldsymbol{\eta}\right)\right]^2}{2\sigma_{1|2}^*}\right\}, \end{aligned}$$

其中, $\theta_j + \boldsymbol{\Sigma}_{12}^{*}\left(\boldsymbol{\Sigma}_{22}^{*}\right)^{-1}\left(\boldsymbol{z}_{ji(2)} - \boldsymbol{\eta}\right)$ 和 $\sigma_{1|2}^{*} = \sigma_{11}^{*} - \boldsymbol{\Sigma}_{12}\boldsymbol{\Sigma}_{22}^{-1}\boldsymbol{\Sigma}_{21}$ 分别是 $\boldsymbol{z}_{ji(2)}$ 给定后 z_{ji1} 的条件期望和条件方差. (7.4.9) 式将多组重复测量数据的似然函数 L 分解为似然函数 L_1 与 L_2 的乘积 $L = L_1L_2$. 不仅如此, 还可以证明: L 的最大值等于 L_1 的最大值与 L_2 的最大值的乘积.

令 $\boldsymbol{b} = \left(\boldsymbol{\Sigma}_{22}^{*}\right)^{-1}\boldsymbol{\Sigma}_{21}^{*}$, $\xi_j = \theta_j - \boldsymbol{\Sigma}_{12}^{*}\left(\boldsymbol{\Sigma}_{22}^{*}\right)^{-1}\boldsymbol{\eta}$, $j = 1, \cdots, q$, $\boldsymbol{\xi} = (\xi_1, \cdots, \xi_q)'$, 则 $L_2\left(\boldsymbol{\theta}, \boldsymbol{\eta}, \sigma_{11}^{*}, \boldsymbol{\Sigma}_{21}^{*}, \boldsymbol{\Sigma}_{22}^{*}\right)$ 仅依赖于 $\boldsymbol{\xi}, \sigma_{1|2}^{*}, \boldsymbol{b}$, 可以把它简单地改写为 $L_2(\boldsymbol{\xi}, \sigma_{1|2}^{*}, \boldsymbol{b})$

$$L_2(\boldsymbol{\xi}, \sigma_{1|2}^{*}, \boldsymbol{b}) = (2\pi)^{-n/2}\left(\sigma_{1|2}^{*}\right)^{-n/2}\exp\left\{-\frac{\displaystyle\sum_{j=1}^{q}\sum_{i=1}^{n_j}\left[z_{ji1} - \xi_j - \boldsymbol{b}\boldsymbol{z}_{ji(2)}\right]^2}{2\sigma_{1|2}^{*}}\right\}.$$

由于参数 $(\boldsymbol{\theta}, \boldsymbol{\eta}, \sigma_{11}^{*}, \boldsymbol{\Sigma}_{21}^{*}, \boldsymbol{\Sigma}_{22}^{*})$ 与 $(\boldsymbol{\xi}, \boldsymbol{\eta}, \sigma_{1|2}^{*}, \boldsymbol{b}, \boldsymbol{\Sigma}_{22}^{*})$ 之间一一对应, 所以 L 的最大值等于 L_1 的最大值与 L_2 的最大值的乘积

$$\begin{aligned}&\max L(\boldsymbol{\theta}, \boldsymbol{\eta}, \sigma_{11}^{*}, \boldsymbol{\Sigma}_{21}^{*}, \boldsymbol{\Sigma}_{22}^{*})\\ =&(\max L_1(\boldsymbol{\eta}, \boldsymbol{\Sigma}_{22}^{*}))(\max L_2(\boldsymbol{\xi}, \sigma_{1|2}^{*}, b)).\end{aligned}$$

不难计算 $L_1\left(\boldsymbol{\eta}, \boldsymbol{\Sigma}_{22}^{*}\right)$ 的最大值. 令

$$\begin{aligned}\bar{\boldsymbol{z}}_{(2)} &= (\bar{z}_2, \cdots, \bar{z}_p)', \\ \boldsymbol{W} &= \sum_{j=1}^{q}\sum_{i=1}^{n_j}\left(\boldsymbol{z}_{ji(2)} - \bar{\boldsymbol{z}}_{(2)}\right)\left(\boldsymbol{z}_{ji(2)} - \bar{\boldsymbol{z}}_{(2)}\right)',\end{aligned} \tag{7.4.10}$$

则由 4.2 节单个正态总体的有关结论知, $\bar{\boldsymbol{z}}_{(2)}$ 与 $\boldsymbol{W}/n$ 分别是 $\boldsymbol{\eta}$ 与 $\boldsymbol{\Sigma}_{22}$ 的极大似然估计, 因而在 $\boldsymbol{\eta} = \bar{\boldsymbol{z}}_{(2)}$, $\boldsymbol{\Sigma}_{22} = \boldsymbol{W}/n$ 时, $L_1\left(\boldsymbol{\eta}, \boldsymbol{\Sigma}_{22}^{*}\right)$ 取最大值

$$\max L_1 = \frac{n^{n(p-1)/2}\exp\left\{-n\left(p-1\right)/2\right\}}{(2\pi)^{n(p-1)/2}\left|\boldsymbol{W}\right|^{n/2}}. \tag{7.4.11}$$

显然

$$\mathrm{SSW}_2 = \mathrm{tr}\left(\boldsymbol{W}\right), \tag{7.4.12}$$

SSW_2 见 (7.4.7) 式.

接下来计算 $L_2(\boldsymbol{\xi}, \sigma_{1|2}^{*}, \boldsymbol{b})$ 的最大值. 计算的方法与 7.1.6 节所使用的方法相类似, 把 $L_2(\boldsymbol{\xi}, \sigma_{1|2}^{*}, \boldsymbol{b})$ 看成为某个线性模型的似然函数. 令

$$\boldsymbol{Z} = \left(z_{111}, \cdots, z_{1n_11}, \cdots, z_{q11}, \cdots, z_{qn_q1}\right)' \text{ 是 } n \text{ 维向量},$$

$$\boldsymbol{X} = (\boldsymbol{X}_1, \boldsymbol{X}_2) \text{ 是 } n \times (q + p - 1) \text{ 阶矩阵, 其中},$$

$$\boldsymbol{X}_1=\begin{pmatrix}\boldsymbol{1}_{n_1} & \boldsymbol{0} & \cdots & \boldsymbol{0}\\ \boldsymbol{0} & \boldsymbol{1}_{n_2} & \cdots & \boldsymbol{0}\\ \vdots & \vdots & & \vdots\\ \boldsymbol{0} & \boldsymbol{0} & \cdots & \boldsymbol{1}_{n_k}\end{pmatrix}\text{ 是 } n\times q \text{ 阶对角分块矩阵,}$$

$$\boldsymbol{X}_2=\begin{pmatrix}\boldsymbol{z}'_{11(2)}\\ \vdots\\ \boldsymbol{z}'_{1n_1(2)}\\ \vdots\\ \boldsymbol{z}'_{q1(2)}\\ \vdots\\ \boldsymbol{z}'_{qn_q(2)}\end{pmatrix}\text{ 是 } n\times(p-1)\text{ 阶矩阵,}$$

$$\boldsymbol{B}=\begin{pmatrix}\boldsymbol{\xi}\\ \boldsymbol{b}\end{pmatrix}\text{ 是 } q+p-1 \text{ 维向量,}$$

那么 $L_2\left(\boldsymbol{\xi},\sigma^*_{1|2},\boldsymbol{b}\right)$ 是下面这个 (单元) 线性模型的似然函数:

$$\begin{cases}E(\boldsymbol{Z})=\boldsymbol{X}\boldsymbol{B},\\ z_{111},\cdots,z_{1n_11},\cdots,z_{q11},\cdots,z_{qn_q1}\text{ 相互独立, 正态分布, 同方差 }\sigma^*_{1|2}.\end{cases}$$

事实上, 这是单元线性模型中的协方差分析模型, 其中, $\boldsymbol{X}_2$ 看成协变量, b 看成回归系数, ξ_j 看成方差分析的第 j 个处理的效应, $j=1,\cdots,q$.

令

$$\boldsymbol{S}=\sum_{j=1}^{q}\sum_{i=1}^{n_j}(\boldsymbol{z}_{ji}-\bar{\boldsymbol{z}}_j)(\boldsymbol{z}_{ji}-\bar{\boldsymbol{z}}_j)',\quad \bar{\boldsymbol{z}}_j=(\bar{z}_{j1},\cdots,\bar{z}_{jp})',\tag{7.4.13}$$

$$\bar{z}_{jt}=\frac{\sum\limits_{i=1}^{n_j}z_{jit}}{n_j},\quad j=1,\cdots,q,\quad t=1,\cdots,p,$$

并将 $\boldsymbol{S}$ 剖分为

$$\boldsymbol{S}=\begin{pmatrix}s_{11} & \boldsymbol{S}_{12}\\ \boldsymbol{S}_{21} & \boldsymbol{S}_{22}\end{pmatrix}\begin{matrix}1\\ p-1\end{matrix},\quad\text{(列: } 1,\ p-1\text{)}\tag{7.4.14}$$

则有

$$\mathrm{SSW}_1=s_{11},\tag{7.4.15}$$

SSW_1 见 (7.4.6) 式. 根据协方差分析模型的有关知识 (参见文献 [34] 的第 8 章), 若令

$$\begin{aligned}&\boldsymbol{b}=\boldsymbol{S}_{22}^{-1}\boldsymbol{S}_{21},\\&\xi_j=\bar{z}_{j1}-\bar{\boldsymbol{z}}_{j(2)}'\hat{\boldsymbol{b}},\quad \bar{z}_{j(2)}=(\bar{z}_{j2},\cdots,\bar{z}_{jp})',\quad j=1,\cdots,q,\\&\sigma_{1|2}^*=\frac{s_{11}-\boldsymbol{S}_{12}\boldsymbol{S}_{22}^{-1}\boldsymbol{S}_{21}}{n},\end{aligned}$$

则 $L_2(\boldsymbol{\xi},\sigma_{1|2}^*,\boldsymbol{b})$ 有最大值

$$\max L_2=(2\pi)^{-n/2}n^{n/2}\left(s_{11}-\boldsymbol{S}_{12}\boldsymbol{S}_{22}^{-1}\boldsymbol{S}_{21}\right)^{-n/2}\exp\left\{-\frac{n}{2}\right\}. \tag{7.4.16}$$

根据 (7.4.11) 式和 (7.4.16) 式, 得到在并不知道复合对称结构是否成立时, 多组重复测量数据的似然函数的最大值为

$$\frac{n^{np/2}\exp\{-np/2\}}{(2\pi)^{np/2}|\boldsymbol{W}|^{n/2}\left(s_{11}-\boldsymbol{S}_{12}\boldsymbol{S}_{22}^{-1}\boldsymbol{S}_{21}\right)^{n/2}}. \tag{7.4.17}$$

当然, 也可以将 $\boldsymbol{z}_{ji}$ 的密度函数分解为 z_{ji1} 的密度函数与 z_{ji1} 给定后 $\boldsymbol{z}_{ji(2)}$ 的条件密度的乘积, 从而类似于 (7.4.9) 式, 将多组重复测量数据的似然函数 L 分解为似然函数 L_1^* 与 L_2^* 的乘积, 其中, L_1^* 是数据 $\{z_{ji1};j=1,\cdots,q,i=1,\cdots,n_j\}$ 的似然函数, L_2^* 是在 $\{z_{ji1};j=1,\cdots,q,i=1,\cdots,n_j\}$ 给定后, 数据 $\{\boldsymbol{z}_{ji(2)};j=1,\cdots,q,i=1,\cdots,n_j\}$ 的条件似然函数. L_1^* 与 L_2^* 的最大值都能得到, 但是 L 的最大值并不等于 L_1^* 的最大值与 L_2^* 的最大值的乘积, 其中的缘由请读者思考.

根据 (7.4.8) 式与 (7.4.17) 式, 并利用 (7.4.12) 式和 (7.4.15) 式, 得到无交互作用时多组重复测量数据的复合对称检验的似然比检验统计量 λ 为

$$\lambda=\left[\frac{(p-1)^{p-1}|\boldsymbol{W}|\left(s_{11}-\boldsymbol{S}_{12}\boldsymbol{S}_{22}^{-1}\boldsymbol{S}_{21}\right)}{s_{11}[\mathrm{tr}(\boldsymbol{W})]^{p-1}}\right]^{n/2}. \tag{7.4.18}$$

在 λ 比较小的时候拒绝原假设, 认为没有复合对称结构. 根据似然比统计量的极限分布, 由于完全参数空间被估计的独立参数的个数为 $(k+p-1+p(p+1)/2)$, 而原假设成立时参数空间被估计的独立参数的个数为 $k+p+1$, 所以渐近 χ^2 分布的自由度为 $p(p+1)/2-2$, 在原假设成立即复合对称结构时, 有

$$-2\ln\lambda\xrightarrow{\mathrm{L}}\chi^2(p(p+1)/2-2),\quad n\to\infty, \tag{7.4.19}$$

从而得到检验的渐近 p 值为 $P\left(\chi^2(p(p+1)/2-2)\geqslant-2\ln\lambda\right)$.

由似然比检验统计量的推导过程可以看到, 不妨把 λ(见 (7.4.18) 式) 分解为

$$\lambda=\left[\frac{|\boldsymbol{W}|}{[\mathrm{tr}(\boldsymbol{W})/(p-1)]^{p-1}}\right]^{n/2}\left(\frac{s_{11}-\boldsymbol{S}_{12}\boldsymbol{S}_{22}^{-1}\boldsymbol{S}_{21}}{s_{11}}\right)^{n/2}.$$

考虑到 $\boldsymbol{W}$ 服从自由度为 $n-1$ 的 Wishart 分布, 而 $\boldsymbol{S}$ 服从自由度为 $n-q$ 的 Wishart 分布, 把修正后的似然比检验统计量取为

$$\lambda^* = \left[\frac{(p-1)^{p-1}\,|\boldsymbol{W}|}{[\mathrm{tr}\,(\boldsymbol{W})]^{p-1}}\right]^{(n-1)/2} \left(\frac{s_{11}-\boldsymbol{S}_{12}\boldsymbol{S}_{22}^{-1}\boldsymbol{S}_{21}}{s_{11}}\right)^{(n-q)/2}. \tag{7.4.20}$$

关于多组重复测量数据的复合对称结构的检验问题, 通常使用修正后的似然比检验统计量. 在 λ^* 比较小的时候拒绝原假设, 认为没有复合对称结构. 类似于 (7.4.19) 式, 在原假设成立即复合对称结构时, 有 (证明从略)

$$-2\ln\lambda^* \xrightarrow{\mathrm{L}} \chi^2\left(\frac{p\,(p+1)}{2-2}\right), \quad n\to\infty,$$

从而得到检验的渐近 p 值为 $P\left(\chi^2\left(p\,(p+1)/2-2\right)\geqslant -2\ln\lambda^*\right)$. 检验的渐近 p 值的精度如何? 可不可以改进? 如何改进? 这些问题的讨论与单组重复测量数据的复合对称结构的检验问题时的讨论相类似. 首先在原假设成立, 即 $\boldsymbol{\Sigma}^* = \mathrm{diag}(\sigma_\varepsilon^2+p\sigma_\delta^2, \sigma_\varepsilon^2,\cdots,\sigma_\varepsilon^2)$ 时计算修正后的似然比检验统计量 λ^* 的矩.

令

$$\boldsymbol{V} = \sum_{j=1}^{q}\sum_{i=1}^{n_j}(\boldsymbol{z}_{ji}-\bar{\boldsymbol{z}})(\boldsymbol{z}_{ji}-\bar{\boldsymbol{z}})', \quad \bar{\boldsymbol{z}} = (\bar{z}_1,\cdots,\bar{z}_p)' = (\bar{z}_1, \bar{z}_{(2)}')',$$

$$\bar{z}_t = \frac{\displaystyle\sum_{j=1}^{q}\sum_{i=1}^{n_j} z_{jit}}{n}, \quad t=1,\cdots,p,$$

$$\boldsymbol{B} = \sum_{j=1}^{q} n_j\,(\bar{\boldsymbol{z}}_j-\bar{\boldsymbol{z}})(\bar{\boldsymbol{z}}_j-\bar{\boldsymbol{z}})',$$

则 $\boldsymbol{V}=\boldsymbol{B}+\boldsymbol{S}$. 注意, 在有处理效应时, 这里的 $\boldsymbol{V}$ 是非中心的 Wishart 分布. 由 3.3 节非中心矩阵二次型分布的性质知 $\boldsymbol{B}$ 与 $\boldsymbol{S}$ 相互独立. 将 $\boldsymbol{V}$ 与 $\boldsymbol{B}$ 剖分为

$$\boldsymbol{V} = \begin{pmatrix} v_{11} & \boldsymbol{V}_{12} \\ \boldsymbol{V}_{21} & \boldsymbol{V}_{22} \end{pmatrix}\begin{matrix} 1 \\ p-1 \end{matrix}, \quad \boldsymbol{B} = \begin{pmatrix} b_{11} & \boldsymbol{B}_{12} \\ \boldsymbol{B}_{21} & \boldsymbol{B}_{22} \end{pmatrix}\begin{matrix} 1 \\ p-1 \end{matrix},$$
$$\qquad\quad 1 \qquad p-1 \qquad\qquad\qquad 1 \qquad p-1$$

则 $(v_{11},\boldsymbol{V}_{12},\boldsymbol{V}_{22})$ 与 $(b_{11},\boldsymbol{B}_{12},\boldsymbol{B}_{22})$ 相互独立. 显然, $\boldsymbol{W}=\boldsymbol{V}_{22}=\boldsymbol{S}_{22}+\boldsymbol{B}_{22}$, $\boldsymbol{W}$ 见 (7.4.10) 式. 由于是在 $\boldsymbol{\Sigma}^*=\mathrm{diag}(\sigma_\varepsilon^2+p\sigma_\delta^2,\sigma_\varepsilon^2,\cdots,\sigma_\varepsilon^2)$ 时计算 λ^* 的矩, 则由性质 3.2.6 知 $\boldsymbol{S}_{22}$ 与 $(s_{11}, s_{11}-\boldsymbol{S}_{12}\boldsymbol{S}_{22}^{-1}\boldsymbol{S}_{21})$ 相互独立, 从而知 $\boldsymbol{W}$ 与 $(s_{11}, s_{11}-\boldsymbol{S}_{12}\boldsymbol{S}_{22}^{-1}\boldsymbol{S}_{21})$ 独立. 因而

$$E(\lambda^*)^h = (p-1)^{(p-1)(n-1)h/2}\,E\,(\nu_1)^{(n-1)h/2}\,E\,(\nu_2)^{(n-q)h/2},$$

其中,

$$\nu_1=\frac{|\boldsymbol{W}|}{[\operatorname{tr}(\boldsymbol{W})]^{p-1}},\quad \nu_2=\frac{s_{11}-\boldsymbol{S}_{12}\boldsymbol{S}_{22}^{-1}\boldsymbol{S}_{21}}{s_{11}}.$$

将 ν_1 与 (6.2.6) 式相对照, 并考虑到 $\boldsymbol{W}\sim W_{p-1}\left(n-1,\sigma_{\varepsilon}^2\boldsymbol{I}_{p-1}\right)$, 所以与 (6.2.8) 式和 (6.2.9) 式相类似, 有

$$E\left(\nu_1\right)^{(n-1)h/2}=\frac{\Gamma\left((n-1)\left(p-1\right)/2\right)}{\Gamma\left((n-1)\left(1+h\right)\left(p-1\right)/2\right)}\frac{\prod\limits_{j=1}^{p-1}\Gamma\left(((n-1)\left(1+h\right)-j+1)/2\right)}{\prod\limits_{j=1}^{p-1}\Gamma\left((n-j)/2\right)}.$$

由于 $\boldsymbol{S}\sim\boldsymbol{W}_p\left(n-q,\boldsymbol{\Sigma}^*\right)$, 其中, $\boldsymbol{\Sigma}^*=\operatorname{diag}(\sigma_{\varepsilon}^2+p\sigma_{\delta}^2,\sigma_{\varepsilon}^2,\cdots,\sigma_{\varepsilon}^2)$, 则由性质 3.2.6 知

$$\begin{aligned}&t_1=s_{11}-\boldsymbol{S}_{12}\boldsymbol{S}_{22}^{-1}\boldsymbol{S}_{21}\sim\left(\sigma_{\varepsilon}^2+p\sigma_{\delta}^2\right)\chi^2\left(n-q-p+1\right),\\&t_2=\boldsymbol{S}_{22}^{-1/2}\boldsymbol{S}_{21}\sim N_{p-1}\left(\boldsymbol{0},\left(\sigma_{\varepsilon}^2+p\sigma_{\delta}^2\right)\boldsymbol{I}_{p-1}\right),\end{aligned}$$

t_1 与 t_2 相互独立.

由此可见

$$\frac{t_1}{t_1+t_2't_2}\sim\beta\left(\frac{n-q-p+1}{2},\frac{p-1}{2}\right),$$

从而有

$$\begin{aligned}E\left(\nu_2\right)^{(n-q)h/2}&=E\left(\frac{t_1}{t_1+t_2't_2}\right)^{(n-q)h/2}\\&=\frac{\Gamma\left((n-q)/2\right)\Gamma\left(((n-q)\left(1+h\right)-p+1)/2\right)}{\Gamma\left((n-q-p+1)/2\right)\Gamma\left(((n-q)\left(1+h\right))/2\right)}.\end{aligned}$$

从而 λ^* 的 h 矩为

$$\begin{aligned}&E\left(\lambda^*\right)^h\\&=(p-1)^{(p-1)(n-1)h/2}\frac{\Gamma\left((n-1)\left(p-1\right)/2\right)}{\Gamma\left((n-1)\left(1+h\right)\left(p-1\right)/2\right)}\frac{\prod\limits_{j=1}^{p-1}\Gamma\left(((n-1)\left(1+h\right)-j+1)/2\right)}{\prod\limits_{j=1}^{p-1}\Gamma\left((n-j)/2\right)}\\&\quad\cdot\frac{\Gamma\left((n-q)/2\right)\Gamma\left(((n-q)\left(1+h\right)-p+1)/2\right)}{\Gamma\left((n-p-q+1)/2\right)\Gamma\left((n-q)\left(1+h\right)/2\right)}\end{aligned}\qquad(7.4.21)$$

(矩的具体计算过程留作习题 7.11).

很容易看到, 单组重复测量数据的 (7.4.5) 式是 (7.4.21) 式在 $q=1$ 时的特殊情况.

下面的讨论与单组重复测量数据的讨论完全类似. 首先将 (7.4.21) 式改写成下面的形式:

$$E(\lambda^*)^h = C\left[(p-1)^{(p-1)(n-1)/2}\right]^h \cdot \frac{\prod_{j=1}^{p-1}\Gamma\left(((n-1)(1+h)-j+1)/2\right)\Gamma\left(((n-q)(1+h)-p+1)/2\right)}{\Gamma\left((n-1)(1+h)(p-1)/2\right)\Gamma\left((n-q)(1+h)/2\right)},$$

其中,

$$C = \frac{\Gamma\left((n-1)(p-1)/2\right)\Gamma\left((n-q)/2\right)}{\prod_{j=1}^{p-1}\Gamma\left((n-j)/2\right)\Gamma\left((n-p-q+1)/2\right)},$$

并将它与 (6.2.12) 式进行对照. 取 $r=p$,

在 $k=1,\cdots,p-1$ 时, 取 $a_k=\dfrac{n-1}{2}$; 在 $k=p$ 时, 取 $a_p=\dfrac{n-q}{2}$;

在 $k=1,\cdots,p$ 时, 取 $\xi_k=\dfrac{-k+1}{2}$,

$$q=2,\quad b_1=\frac{(n-1)(p-1)}{2},\quad b_2=\frac{n-1}{2},\quad \eta_1=\eta_2=0.$$

首先根据 (6.2.13) 式 ~(6.2.15) 式算得

$$f=-2\left[\sum_{k=1}^{p}\frac{-k+1}{2}-\frac{1}{2}(p-2)\right]=\frac{p(p+1)}{2}-2,$$

$$\begin{aligned}\rho &= 1-\frac{1}{f}\left[\sum_{k=1}^{p-1}\frac{2}{n-1}B_2\left(\frac{-k+1}{2}\right)+\frac{2}{n-q}B_2\left(\frac{-p+1}{2}\right)\right.\\ &\quad\left.-\frac{2}{(n-1)(p-1)}B_2(0)-\frac{2}{n-1}B_2(0)\right]\\ &= 1-\frac{p(p+1)^2(2p-3)}{6(p-1)(p^2+p-4)}\frac{1}{n-1}+\frac{(q-1)\left(3p^2-1\right)}{3\left(p^2+p-4\right)}\frac{1}{(n-q)(n-1)},\end{aligned}$$

$$\omega_2=-\frac{1}{6\rho^2} \cdot\left[\sum_{k=1}^{p-1}\frac{4}{(n-1)^2}B_3\left(\frac{p(p+1)^2(2p-3)}{12(p-1)(p^2+p-4)}-\frac{(q-1)\left(3p^2-1\right)}{6\left(p^2+p-4\right)}\frac{1}{n-q}+\frac{-k+1}{2}\right)\right.$$

$$+\frac{4}{(n-q)^2}B_3\left(\frac{p(p+1)^2(2p-3)(n-q)}{12(p-1)(p^2+p-4)(n-1)}-\frac{(q-1)(3p^2-1)}{6(p^2+p-4)}\frac{1}{n-1}+\frac{-p+1}{2}\right)$$

$$-\frac{4}{(n-1)^2(p-1)^2}B_3\left(\frac{p(p+1)^2(2p-3)}{12(p^2+p-4)}-\frac{(q-1)(3p^2-1)(p-1)}{6(p^2+p-4)}\frac{1}{n-q}\right)$$

$$-\frac{4}{(n-1)^2}B_3\left(\frac{p(p+1)^2(2p-3)}{12(p-1)(p^2+p-4)}-\frac{(q-1)(3p^2-1)}{6(p^2+p-4)}\frac{1}{n-q}\right)\Bigg],$$

其中, $B_3(h)=h^3-3h^2/2+h/2$. 根据 (6.2.16) 式 ~(6.2.18) 等三式, 单组重复测量数据的复合对称结构检验的修正后的似然比检验的精度为 $O(n^{-1})$, $O(n^{-2})$ 和 $O(n^{-3})$ 的渐近 p 值分别为

$$P\left(\chi^2(f)\geqslant -2\ln\lambda^*\right)+O\left(n^{-1}\right),$$

$$P\left(\chi^2(f)\geqslant -2\rho\ln\lambda^*\right)+O\left(n^{-2}\right),$$

$$P\left(\chi^2(f)\geqslant -2\rho\ln\lambda^*\right)$$
$$+\frac{\gamma}{m^2}\left[P\left(\chi^2(f+4)\geqslant -2\rho\ln\lambda^*\right)+P\left(\chi^2(f)\geqslant -2\rho\ln\lambda^*\right)\right]+O\left(n^{-3}\right).$$

7.4.3 多组重复测量数据 (有交互效应)

接下来讨论处理与时间有交互效应的多组重复测量数据的复合对称结构的检验问题. 设有 q 个处理, 第 j 个处理有 n_j 个研究对象, $n_1+\cdots+n_q=n$. 第 j 个处理的第 i 个研究对象在 t 时刻的观察值记为 y_{jit}, $j=1,\cdots,q$, $i=1,\cdots,n_j$, $t=1,\cdots,p$, 则在有处理与时间交互效应时,

$$E(y_{jit})=\mu+\alpha_j+\beta_t+\gamma_{jt},$$

其中,

α_j 是处理效应, 满足条件 $n_1\alpha_1+\cdots+n_q\alpha_q=0$;

β_t 是时间效应, 满足条件 $\beta_1+\cdots+\beta_p=0$;

γ_{jt} 是处理与时间的交互效应, 满足条件

对任意的 $t=1,\cdots,p$, 都有 $n_1\gamma_{1t}+\cdots+n_q\gamma_{qt}=0$,

对任意的 $j=1,\cdots,q$, 都有 $\gamma_{j1}+\cdots+\gamma_{jp}=0$;

令 $\boldsymbol{y}_{ji}=(y_{ji1},\cdots,y_{jip})'$, 那么复合对称结构就意味着 $\boldsymbol{\Sigma}=\mathrm{Cov}(\boldsymbol{y}_{ji})=\sigma_\delta^2\boldsymbol{J}_p+\sigma_\varepsilon^2\boldsymbol{I}_p$, 检验问题 (7.4.1) 就是它的复合对称结构的检验问题.

作正交变换 $\boldsymbol{z}_i=\boldsymbol{U}_*\boldsymbol{y}_i$, $\boldsymbol{z}_{ji}=(z_{ji1},\cdots,z_{jip})'$, $j=1,\cdots,q$, $i=1,\cdots,n_j$, 其中, p 阶正交矩阵 U_* 见 (7.3.7) 式, 那么 $\boldsymbol{\Sigma}^*=\mathrm{Cov}(\boldsymbol{z}_{ji})$ 为对角矩阵

$$\boldsymbol{\Sigma}^* = \operatorname{diag}(\sigma_\varepsilon^2 + p\sigma_\delta^2, \sigma_\varepsilon^2, \cdots, \sigma_\varepsilon^2).$$

从而把复合对称结构的检验问题 (7.4.1) 变换为检验问题 (7.4.2).

令

$$\begin{aligned}
&\boldsymbol{z}_{ji(2)} = (z_{ji2}, \cdots, z_{jip})', \\
&\theta_j = \sqrt{p}\,(\mu + \alpha_j), \quad j = 1, \cdots, q, \\
&\boldsymbol{\eta} = \boldsymbol{U}\boldsymbol{\beta}, \quad \boldsymbol{\eta} = (\eta_2, \cdots, \eta_p)', \quad \boldsymbol{\beta} = (\boldsymbol{\beta}_1, \cdots, \boldsymbol{\beta}_p)', \quad \boldsymbol{U} \text{ 见 (7.3.7) 式}, \\
&\boldsymbol{\xi}_j = \boldsymbol{U}\gamma_j, \quad \boldsymbol{\xi}_j = (\xi_{j2}, \cdots, \xi_{jp})', \quad \boldsymbol{\gamma}_j = (\gamma_{1j}, \cdots, \gamma_{jp})',
\end{aligned}$$

那么对任意的 $j = 1, \cdots, q$, $i = 1, \cdots, n_j$,

$$\begin{cases} E\left(z_{ji1}\right) = \theta_j, \quad \operatorname{Cov}\left(z_{ji1}\right) = \sigma_\varepsilon^2 + p\sigma_\delta^2, \\ E\left(z_{ji(2)}\right) = \boldsymbol{\eta} + \boldsymbol{\gamma}_j, \quad \operatorname{Cov}\left(z_{ji(2)}\right) = \sigma_\varepsilon^2 \boldsymbol{I}_{p-1}. \end{cases}$$

根据 7.3 节所得到的各个参数的极大似然估计 (见 (7.3.12) 式 ~(7.3.17) 式), 不难算得原假设成立时, 处理与时间有交互效应的多组重复测量数据的似然函数的最大值为

$$\frac{n^{np/2}\left(p-1\right)^{n(p-1)/2}\exp\left\{-np/2\right\}}{(2\pi)^{np/2}\left(\mathrm{SSW}_1\right)^{n/2}\left(\mathrm{SSW}_{(2)}\right)^{n(p-1)/2}}, \tag{7.4.22}$$

其中, SSW_1 如 (7.3.14) 式或 (7.4.6) 式, 而 $\mathrm{SSW}_{(2)}$ 如 (7.3.17) 式, 它等于

$$\mathrm{SSW}_{(2)} = \sum_{t=2}^{p}\sum_{j=1}^{q}\sum_{i=1}^{n_j}\left(z_{jit} - \bar{z}_{jt}\right)^2.$$

在并不知道原假设是否成立的时候, 复合对称结构的重复测量模型就可以简单地表述为 $\boldsymbol{z}_{ji}(j = 1, \cdots, q,\ i = 1, \cdots, n_j)$ 相互独立, 对给定的 $j = 1, \cdots, q$, $\boldsymbol{z}_{ji}(i = 1, \cdots, n_j)$ 同 $N_p\left(\boldsymbol{\mu}_j, \boldsymbol{\Sigma}^*\right)$ 分布. 显然, 它的似然函数的最大值为

$$\frac{n^{np/2}\exp\left\{-np/2\right\}}{(2\pi)^{np/2}\left|\boldsymbol{S}\right|^{n/2}}, \tag{7.4.23}$$

其中, $\boldsymbol{S}$ 见 (7.4.13) 式. 若将 $\boldsymbol{S}$ 剖分 (见 (7.4.14) 式), 那么如 (7.4.15) 式所述, $s_{11} = \mathrm{SSW}_1$, 并且还有 $\operatorname{tr}\left(\boldsymbol{S}_{22}\right) = \mathrm{SSW}_{(2)}$. 根据 (7.4.22) 式与 (7.4.23) 式, 得到有交互作用时多组重复测量数据的复合对称检验的似然比检验统计量 λ 为

$$\lambda = \left[\frac{(p-1)^{p-1}\left|\boldsymbol{S}\right|}{\mathrm{SSW}_1\left[\mathrm{SSW}_{(2)}\right]^{p-1}}\right]^{n/2} = \left[\frac{(p-1)^{p-1}\left|\boldsymbol{S}\right|}{s_{11}\left[\operatorname{tr}\left(\boldsymbol{S}_{22}\right)\right]^{p-1}}\right]^{n/2}.$$

考虑到 $\boldsymbol{S}$ 服从自由度为 $n-q$ 的 Wishart 分布, 把修正后的似然比检验统计量取为

$$\lambda^* = \left[\frac{(p-1)^{p-1}|\boldsymbol{S}|}{s_{11}\left[\operatorname{tr}\left(\boldsymbol{S}_{22}\right)\right]^{p-1}}\right]^{(n-q)/2}. \tag{7.4.24}$$

考虑到单组重复测量数据的修正后的似然比检验统计量 (见 (7.4.4) 式) 中的 $\boldsymbol{W}$ 服从自由度为 $n-1$ 的 Wishart 分布, 所以 (7.4.24) 式与 (7.4.4) 式没有本质差别, 它们的差别仅在于 (7.4.24) 式中的自由度为 $n-q$, 而 (7.4.4) 式中的自由度为 $n-1$. 若把单组重复测量数据的修正后的似然比检验统计量的渐近 p 值的有关结论中的 $n-1$ 换为 $n-q$, 则就得到有交互作用时, 多组重复测量数据的修正后的似然比检验统计量的渐近 p 值的有关结论. 令

$$\begin{aligned}
&f=\frac{p(p+1)}{2}-2,\\
&\rho=1-\frac{\alpha}{n-q},\quad \alpha=\frac{p(p+1)^2(2p-3)}{6(p-1)\left(p^2+p-4\right)},\\
&\omega_2=\frac{\gamma}{m^2},\quad m=\rho(n-q),\\
&\gamma=\frac{p(p+1)\left(2p^6-33p^4+41p^3+75p^2-141p+48\right)}{288(p-1)^2\left(p^2+p-4\right)},
\end{aligned}$$

则有交互作用时多组重复测量数据的修正后的似然比检验的精度为 $O(n^{-1}), O(n^{-2})$ 和 $O(n^{-3})$ 的渐近 p 值分别为

$$\begin{aligned}
&P\left(\chi^2(f)\geqslant -2\ln\lambda^*\right)+O\left(n^{-1}\right),\\
&P\left(\chi^2(f)\geqslant -2\rho\ln\lambda^*\right)+O\left(n^{-2}\right),\\
&P\left(\chi^2(f)\geqslant -2\rho\ln\lambda^*\right)\\
&+\frac{\gamma}{m^2}\left[P\left(\chi^2(f+4)\geqslant -2\rho\ln\lambda^*\right)+P\left(\chi^2(f)\geqslant -2\rho\ln\lambda^*\right)\right]+O\left(n^{-3}\right).
\end{aligned}$$

比复合对称结构检验问题更为一般化的讨论见文献 [21].

习　题　七

7.1　设有多元线性模型 (7.1.2), 其中, $\boldsymbol{X}$ 不是列满秩, 试证明

(1) $(\boldsymbol{X}'\boldsymbol{X})^-\boldsymbol{X}'\boldsymbol{Y}$ 与 $\boldsymbol{Y}'\left(\boldsymbol{I}_n-\boldsymbol{X}(\boldsymbol{X}'\boldsymbol{X})^-\boldsymbol{X}'\right)\boldsymbol{Y}$ 相互独立;

(2) $\boldsymbol{Y}'\left(\boldsymbol{I}_n-\boldsymbol{X}(\boldsymbol{X}'\boldsymbol{X})^-\boldsymbol{X}'\right)\boldsymbol{Y}\sim W_p(n-r,\boldsymbol{\Sigma})$, $r=R(\boldsymbol{X})$;

(3) 若 $\boldsymbol{L}$ 的列向量在 $\boldsymbol{X}'$ 的列向量张成的子空间中, 即存在矩阵 $\boldsymbol{C}$, 使得 $\boldsymbol{L}=\boldsymbol{X}'\boldsymbol{C}$, 那么 $\boldsymbol{L}'(\boldsymbol{X}'\boldsymbol{X})^-\boldsymbol{X}'\boldsymbol{Y}\sim N_{k\times p}\left(\boldsymbol{L}'\boldsymbol{B},\boldsymbol{\Sigma}\otimes\boldsymbol{L}'(\boldsymbol{X}'\boldsymbol{X})^-\boldsymbol{L}\right)$.

7.2 设有多元线性模型 (7.1.2), 其中, $\boldsymbol{X}$ 不是列满秩. 设 $\boldsymbol{L}'\boldsymbol{B}$ 是可估参数, 试证明 $\boldsymbol{Y}$ 的线性函数 $\boldsymbol{L}'\hat{\boldsymbol{B}} = \boldsymbol{L}'(\boldsymbol{X}'\boldsymbol{X})^{-}\boldsymbol{X}'\boldsymbol{Y}$ 是 $\boldsymbol{L}'\boldsymbol{B}$ 的无偏估计, 并且它是 $\boldsymbol{L}'\boldsymbol{B}$ 的最佳线性无偏估计, 这也就是说, 它在 $\boldsymbol{L}'\boldsymbol{B}$ 的确线性无偏估计类中是协方差阵最小的.

7.3 试求检验问题 (7.1.28) 的似然比.

7.4 (1) 试解检验问题 (7.1.40); (2) 试解检验问题 (7.1.42).

7.5 (习题 5.4) 设 $\boldsymbol{X}' = (x_1, \cdots, x_n)$ 是来自多元正态分布总体 $N_p(\boldsymbol{\mu}, \boldsymbol{\Sigma})$ 的样本, 其中, $n > p$, $\boldsymbol{\mu} \in \mathbf{R}^p$, $\boldsymbol{\Sigma} > 0$. 将均值向量 $\boldsymbol{\mu}$ 剖分为两部分

$$\boldsymbol{\mu} = \begin{pmatrix} \boldsymbol{\mu}_1 \\ \boldsymbol{\mu}_2 \end{pmatrix} \begin{matrix} q \\ p-q \end{matrix},$$

考虑均值向量 $\boldsymbol{\mu}$ 的某个子向量, 如 $\boldsymbol{\mu}_1 = \boldsymbol{\mu}_1^{(0)}$ 已知时, 另一个子向量 $\boldsymbol{\mu}_2$ 是否等于某个已知向量 $\boldsymbol{\mu}_2^{(0)}$ 的检验问题 $H_0: \boldsymbol{\mu}_1 = \boldsymbol{\mu}_1^{(0)}, \boldsymbol{\mu}_2 = \boldsymbol{\mu}_2^{(0)}$, $H_1: \boldsymbol{\mu}_1 = \boldsymbol{\mu}_1^{(0)}, \boldsymbol{\mu}_2 \neq \boldsymbol{\mu}_2^{(0)}$. 将 $\boldsymbol{x}_i (i = 1, \cdots, n)$ 和 $\boldsymbol{\Sigma}$ 分别剖分为

$$\boldsymbol{x}_i = \begin{pmatrix} \boldsymbol{x}_{1i} \\ \boldsymbol{x}_{2i} \end{pmatrix} \begin{matrix} q \\ p-q \end{matrix}, \quad \boldsymbol{\Sigma} = \begin{pmatrix} \boldsymbol{\Sigma}_{11} & \boldsymbol{\Sigma}_{12} \\ \boldsymbol{\Sigma}_{21} & \boldsymbol{\Sigma}_{22} \end{pmatrix} \begin{matrix} q \\ p-q \end{matrix}, \\ \qquad\qquad\qquad\qquad q \qquad p-q$$

则在 $(\boldsymbol{x}_{11}, \cdots, \boldsymbol{x}_{1n})$ 给定后, $\boldsymbol{x}_{21}, \cdots, \boldsymbol{x}_{2n}$ 相互独立, $\boldsymbol{x}_{2i} \sim N_{p-q}(\boldsymbol{\mu}_2 + \boldsymbol{\beta}\boldsymbol{x}_{1i}^*, \boldsymbol{\Sigma}_{2|1})$, 其中, $\boldsymbol{\beta} = \boldsymbol{\Sigma}_{21}\boldsymbol{\Sigma}_{11}^{-1}$, $\boldsymbol{x}_{1i}^* = \boldsymbol{x}_{1i} - \boldsymbol{\mu}_1^{(0)}$, $\boldsymbol{\Sigma}_{2|1} = \boldsymbol{\Sigma}_{22} - \boldsymbol{\Sigma}_{21}\boldsymbol{\Sigma}_{11}^{-1}\boldsymbol{\Sigma}_{12}$, $i = 1, \cdots, n$. 试计算所考虑的检验问题在 $(\boldsymbol{x}_{11}, \cdots, \boldsymbol{x}_{1n})$ 给定后的条件似然比, 并由此解该检验问题.

7.6 (习题 5.7) 设 $\boldsymbol{X} \sim N_p(\boldsymbol{\mu}, \boldsymbol{\Sigma})$ 和 $\boldsymbol{Y} \sim N_p(\boldsymbol{\eta}, \boldsymbol{\Sigma})$ 是相互独立的两个总体, $\boldsymbol{\mu}, \boldsymbol{\eta} \in \mathbf{R}^p$, $\boldsymbol{\Sigma} > 0$. $\boldsymbol{x}_1, \cdots, \boldsymbol{x}_m$ 和 $\boldsymbol{y}_1, \cdots, \boldsymbol{y}_n$ 分别是来自总体 $\boldsymbol{X}$ 和 $\boldsymbol{Y}$ 的样本, $m + n \geqslant p + 2$. 将均值向量 $\boldsymbol{\mu}$ 和 $\boldsymbol{\eta}$ 剖分为两部分

$$\boldsymbol{\mu} = \begin{pmatrix} \boldsymbol{\mu}_1 \\ \boldsymbol{\mu}_2 \end{pmatrix} \begin{matrix} q \\ p-q \end{matrix}, \quad \boldsymbol{\eta} = \begin{pmatrix} \boldsymbol{\eta}_1 \\ \boldsymbol{\eta}_2 \end{pmatrix} \begin{matrix} q \\ p-q \end{matrix}.$$

试利用习题 7.5 的方法解两总体的均值向量的某个子向量已知相等时, 另一个子向量是否相等的检验问题

$$H_0: \boldsymbol{\mu}_1 = \boldsymbol{\eta}_1, \boldsymbol{\mu}_2 = \boldsymbol{\eta}_2, \quad H_1: \boldsymbol{\mu}_1 = \boldsymbol{\eta}_1, \boldsymbol{\mu}_2 \neq \boldsymbol{\eta}_2.$$

7.7 试就单组重复测量数据, 计算检验问题 (7.4.2) 的似然比.

7.8 考虑检验问题: 原假设是重复测量模型有球形结构, 备择假设是重复测量模型没有球形结构, 但有复合对称结构. 试在以下 3 种情况分别解此检验问题: ① 单组重复测量数据; ② 处理与时间没有交互效应的多组重复测量数据; ③ 处理与时间有交互效应的多组重复测量数据.

7.9 试计算单组重复测量数据复合对称结构检验的修正后的似然比检验统计量的 h 阶矩.

7.10 试分别计算下列两个似然函数的最大值:

$$L_1(\boldsymbol{\theta}, \sigma_\varepsilon^2 + p\sigma_\delta^2) = (2\pi)^{-n/2}(\sigma_\varepsilon^2 + p\sigma_\delta^2)^{-n/2} \exp\left\{-\frac{\displaystyle\sum_{j=1}^{q}\sum_{i=1}^{n_j}(z_{ji1} - \theta_j)^2}{2(\sigma_\varepsilon^2 + p\sigma_\delta^2)}\right\},$$

$$L_2\left(\boldsymbol{\eta},\sigma_\varepsilon^2\right)=(2\pi)^{-n(p-1)/2}\left(\sigma_\varepsilon^2\right)^{-n(p-1)/2}\exp\left\{-\frac{\sum_{t=2}^{p}\sum_{j=1}^{q}\sum_{i=1}^{n_j}\left(z_{jit}-\eta_t\right)^2}{2\sigma_\varepsilon^2}\right\}.$$

7.11 试计算处理与时间没有交互效应的多组重复测量数据复合对称结构检验的修正后的似然比检验统计量的 h 阶矩.

7.12 计算机硬件设备的质量指标有 y_1 = 主机运行时间 (h) 和 y_2 = 磁盘 I/O(输入/输出) 容量. 通常根据 x_1 = 指令 (以千条记) 和 x_2 = 插入 − 删除条目来预测计算机硬件设备这两个质量指标. 假设

$$\begin{pmatrix} y_1 \\ y_2 \end{pmatrix}\sim N_2\left(\begin{pmatrix}\beta_{10}+\beta_{11}x_1+\beta_{12}x_2\\ \beta_{20}+\beta_{21}x_1+\beta_{22}x_2\end{pmatrix},\boldsymbol{\Sigma}\right).$$

(1) 试根据下表的数据 (数据摘自文献 [35] 的例 6.6) 计算回归系数与协方差阵的估计.

y_1	141.5	168.9	154.8	146.5	172.8	160.1	108.5
y_2	301.8	396.1	328.2	307.4	362.4	369.5	229.1
x_1	123.5	146.5	133.9	128.5	151.5	136.2	92.0
x_2	2.108	9.213	1.905	0.815	1.061	8.603	1.125

(2) 在 $x_1=130$, $x_2=7.5$ 时, 构造 (y_1,y_2) 的均值的水平 95% 的置信椭圆.

(3) 在 $x_1=130$, $x_2=7.5$ 时, 构造 (y_1,y_2) 的水平 95% 的预测椭圆.

7.13 第一组的 6 个研究对象对酒精有严重的依赖性, 而第二组的 8 个研究对象对酒精只有轻微的依赖性. 对每一个研究对象连续 4 天观察他的猪毛菜酚 (salsolinol) 水平值 (数据摘自文献 [64]).

组别	第 1 天	第 2 天	第 3 天	第 4 天	组别	第 1 天	第 2 天	第 3 天	第 4 天
1	0.33	0.70	2.33	3.20	2	0.64	0.70	1.00	1.40
1	5.30	0.90	1.80	0.70	2	0.73	1.85	3.60	2.60
1	2.50	2.10	1.12	1.01	2	0.70	4.20	7.30	5.40
1	0.98	0.32	3.91	0.66	2	0.40	1.60	1.40	7.10
1	0.39	0.69	0.73	2.45	2	2.60	1.30	0.70	0.70
1	0.31	6.34	0.63	3.86	2	7.80	1.20	2.60	1.80
					2	1.90	1.30	4.40	2.80
					2	0.50	0.40	1.10	8.10

记第 j 组第 i 个研究对象连续 4 天的观察值依次为 y_{ji1}, y_{ji2}, y_{ji3} 和 y_{ji4}. 假设

$$\boldsymbol{y}_{ji}\sim N_4\left(\boldsymbol{\mu}_j,\boldsymbol{\Sigma}\right),\quad \boldsymbol{\Sigma}\text{ 为复合对称矩阵},$$

其中, $\boldsymbol{y}_{ji}=(y_{ji1},\cdots,y_{ji4})'$. 求检验问题 $H_0:\boldsymbol{\mu}_1=\boldsymbol{\mu}_2$, $H_1:\boldsymbol{\mu}_1\neq\boldsymbol{\mu}_2$ 的解.

第8章　相关分析

本章 8.1 节讨论复相关系数, 8.2 节讨论典型相关分析, 8.3 节讨论主成分分析, 8.4 节讨论因子分析, 8.5 节讨论协方差选择模型.

8.1　复相关系数

2.4 节讨论了两个变量之间的相关系数以及其他变量给定后两个变量之间的偏 (条件) 相关系数. 有时把两个变量之间的相关系数称为简单相关系数. 本节把简单相关系数推广到复相关系数. 它可用来描述一个变量与一个向量之间的相关关系. 下一节讨论描述两个向量之间的相关关系的典型相关分析.

8.1.1　总体复相关系数

假设 $\boldsymbol{Y} \sim N_p(\boldsymbol{\mu}, \boldsymbol{\Sigma})$, 其中, $\boldsymbol{\Sigma} > 0$. 将 $\boldsymbol{Y}$, $\boldsymbol{\mu}$ 和 $\boldsymbol{\Sigma}$ 分别剖分为

$$\boldsymbol{Y} = \begin{pmatrix} y_1 \\ \boldsymbol{Y}_2 \end{pmatrix} \begin{matrix} 1 \\ p-1 \end{matrix}, \quad \boldsymbol{\mu} = \begin{pmatrix} \mu_1 \\ \boldsymbol{\mu}_2 \end{pmatrix} \begin{matrix} 1 \\ p-1 \end{matrix}, \quad \boldsymbol{\Sigma} = \begin{pmatrix} \sigma_{11} & \boldsymbol{\Sigma}_{12} \\ \boldsymbol{\Sigma}_{21} & \boldsymbol{\Sigma}_{22} \end{pmatrix} \begin{matrix} 1 \\ p-1 \end{matrix}.$$
$$\qquad\qquad\qquad\qquad\qquad 1 \qquad p-1$$

变量 y_1 与向量变量 $\boldsymbol{Y}_2$ 之间的复相关系数是基于简单相关系数来定义的. 构造向量变量 $\boldsymbol{Y}_2$ 的线性组合 $\boldsymbol{a}'\boldsymbol{Y}_2$, 其中, $\boldsymbol{a} \in \mathbf{R}^{p-1}$. 变量 y_1 与变量 $\boldsymbol{a}'\boldsymbol{Y}_2$ 之间的简单相关系数为

$$\rho_{y_1,\boldsymbol{a}'\boldsymbol{Y}_2} = \frac{\operatorname{Cov}(y_1, \boldsymbol{a}'\boldsymbol{Y}_2)}{\sqrt{\operatorname{Var}(y_1)}\sqrt{\operatorname{Var}(\boldsymbol{a}'\boldsymbol{Y}_2)}} = \frac{\operatorname{Cov}(y_1, \boldsymbol{Y}_2)\,\boldsymbol{a}}{\sqrt{\sigma_{11}}\sqrt{\boldsymbol{a}'\operatorname{Var}(\boldsymbol{Y}_2)\,\boldsymbol{a}}}$$
$$= \frac{\boldsymbol{\Sigma}_{12}\boldsymbol{a}}{\sqrt{\sigma_{11}}\sqrt{\boldsymbol{a}'\boldsymbol{\Sigma}_{22}\boldsymbol{a}}}.$$

变量 y_1 与向量变量 $\boldsymbol{Y}_2$ 之间的复相关系数 $\rho_{y_1,\boldsymbol{Y}_2}$ 被定义为在 $\boldsymbol{a} \in \mathbf{R}^{p-1}$ 时, 变量 y_1 与 $\boldsymbol{a}'\boldsymbol{Y}_2$ 之间的简单相关系数 $\rho_{y_1,\boldsymbol{a}'\boldsymbol{Y}_2}$ 的最大值

$$\rho_{y_1,\boldsymbol{Y}_2} = \sup_{\boldsymbol{a}\in\mathbf{R}^{p-1}} \rho_{y_1,\boldsymbol{a}'\boldsymbol{Y}_2} = \frac{1}{\sqrt{\sigma_{11}}} \sup_{\boldsymbol{a}\in\mathbf{R}^{p-1}} \frac{\boldsymbol{\Sigma}_{12}\boldsymbol{a}}{\sqrt{\boldsymbol{a}'\boldsymbol{\Sigma}_{22}\boldsymbol{a}}}.$$

考虑到这个最大值一定是非负的, 所以

$$\rho_{y_1,\boldsymbol{Y}_2} = \frac{1}{\sqrt{\sigma_{11}}} \sqrt{\sup_{\boldsymbol{a}\in\mathbf{R}^{p-1}} \frac{(\boldsymbol{\Sigma}_{12}\boldsymbol{a})^2}{\boldsymbol{a}'\boldsymbol{\Sigma}_{22}\boldsymbol{a}}}.$$

根据关于二次型极值的性质 A.8.1, 有

$$\sup_{\boldsymbol{a}\in\mathbf{R}^{p-1}} \frac{(\boldsymbol{\Sigma}_{12}\boldsymbol{a})^2}{\boldsymbol{a}'\boldsymbol{\Sigma}_{22}\boldsymbol{a}} = \boldsymbol{\Sigma}_{12}\boldsymbol{\Sigma}_{22}^{-1}\boldsymbol{\Sigma}_{21},$$

并且在 $\boldsymbol{a} = \boldsymbol{\Sigma}_{22}^{-1}\boldsymbol{\Sigma}_{21}$ 的时候取最大值. 从而有下面的定义.

定义 8.1.1 变量 y_1 与向量变量 $\boldsymbol{Y}_2$ 之间的复相关系数 ρ_{y_1,Y_2} 定义为

$$\rho_{y_1,\boldsymbol{Y}_2} = \sqrt{\frac{\boldsymbol{\Sigma}_{12}\boldsymbol{\Sigma}_{22}^{-1}\boldsymbol{\Sigma}_{21}}{\sigma_{11}}},$$

其中, $\sigma_{11} = \mathrm{Var}\,(y_1)$, $\boldsymbol{\Sigma}_{22} = \mathrm{Cov}\,(\boldsymbol{Y}_2)$, $\boldsymbol{\Sigma}_{12} = \mathrm{Cov}\,(y_1, \boldsymbol{Y}_2)$.

显然 $0 \leqslant \rho_{y_1,\boldsymbol{Y}_2} \leqslant 1$. $\rho_{y_1,\boldsymbol{Y}_2}$ 越大, 意味着变量 y_1 与向量变量 $\boldsymbol{Y}_2$ 之间的相关性越强. 当且仅当 $\boldsymbol{\Sigma}_{12} = 0$ 时 $\rho_{y_1,\boldsymbol{Y}_2} = 0$, 所以在 $\rho_{y_1,\boldsymbol{Y}_2} = 0$ 的时候, y_1 与 $\boldsymbol{Y}_2$ 相互独立, 反之亦真. $p = 2$ 时的复相关系数就简化为 2.4 节给出的两个变量间的相关系数.

上面证明了在 $\boldsymbol{a} = \boldsymbol{\Sigma}_{22}^{-1}\boldsymbol{\Sigma}_{21}$ 时, y_1 与 $\boldsymbol{a}'\boldsymbol{Y}_2$ 之间的 (简单) 相关系数最大. 不仅如此, 还可以证明在 $\boldsymbol{a} = \boldsymbol{\Sigma}_{22}^{-1}\boldsymbol{\Sigma}_{21}$ 时, $y_1 - \boldsymbol{a}'\boldsymbol{Y}_2$ 的方差最小.

证明 对任意的 $\boldsymbol{b} \in \mathbf{R}^{p-1}$,

$$\begin{aligned}\mathrm{Var}(y_1 - \boldsymbol{b}'\boldsymbol{Y}_2) &= \mathrm{Var}(y_1 - \boldsymbol{a}'\boldsymbol{Y}_2 + (\boldsymbol{a}-\boldsymbol{b})'\boldsymbol{Y}_2)\\ &= \mathrm{Var}(y_1 - \boldsymbol{a}'\boldsymbol{Y}_2) + (\boldsymbol{a}-\boldsymbol{b})'\mathrm{Var}(\boldsymbol{Y}_2)(\boldsymbol{a}-\boldsymbol{b})\\ &\quad +2\mathrm{Cov}(y_1 - \boldsymbol{a}'\boldsymbol{Y}_2, (\boldsymbol{a}-\boldsymbol{b})'\boldsymbol{Y}_2).\end{aligned}$$

由于 $\boldsymbol{a} = \boldsymbol{\Sigma}_{22}^{-1}\boldsymbol{\Sigma}_{21}$, 所以

$$\mathrm{Cov}(y_1 - \boldsymbol{a}'\boldsymbol{Y}_2, \boldsymbol{Y}_2) = \boldsymbol{\Sigma}_{12} - \boldsymbol{a}'\boldsymbol{\Sigma}_{22} = \mathbf{0},$$

从而

$$\begin{aligned}\mathrm{Var}(y_1 - \boldsymbol{b}'\boldsymbol{Y}_2) &= \mathrm{Var}(y_1 - \boldsymbol{a}'\boldsymbol{Y}_2) + (\boldsymbol{a}-\boldsymbol{b})'\mathrm{Var}(\boldsymbol{Y}_2)(\boldsymbol{a}-\boldsymbol{b})\\ &= \mathrm{Var}(y_1 - \boldsymbol{a}'\boldsymbol{Y}_2) + (\boldsymbol{a}-\boldsymbol{b})'\boldsymbol{\Sigma}_{22}(\boldsymbol{a}-\boldsymbol{b})\\ &\geqslant \mathrm{Var}(y_1 - \boldsymbol{a}'\boldsymbol{Y}_2).\end{aligned}$$

由此可见, 在 $\boldsymbol{a} = \boldsymbol{\Sigma}_{22}^{-1}\boldsymbol{\Sigma}_{21}$ 时, $y_1 - \boldsymbol{a}'\boldsymbol{Y}_2$ 的方差最小. 不难计算, 在 $\boldsymbol{a} = \boldsymbol{\Sigma}_{22}^{-1}\boldsymbol{\Sigma}_{21}$ 时, $y_1 - \boldsymbol{a}'\boldsymbol{Y}_2$ 的方差为

$$\mathrm{Var}\,(y_1 - \boldsymbol{a}'\boldsymbol{Y}_2) = \sigma_{11} - \boldsymbol{\Sigma}_{12}\boldsymbol{\Sigma}_{22}^{-1}\boldsymbol{\Sigma}_{21}.$$

由性质 2.3.10 知, $\sigma_{11} - \boldsymbol{\Sigma}_{12}\boldsymbol{\Sigma}_{22}^{-1}\boldsymbol{\Sigma}_{21}$ 就是 $\boldsymbol{Y}_2$ 给定后 y_1 的条件方差.

综上所述, 有下面的定理.

定理 8.1.1 在 $\boldsymbol{a}=\boldsymbol{\Sigma}_{22}^{-1}\boldsymbol{\Sigma}_{21}$ 时, y_1 与 $\boldsymbol{a}'\boldsymbol{Y}_2$ 的相关系数最大, 其相关系数为复相关系数 $\rho_{y_1,\boldsymbol{Y}_2}$(见定义 8.1.1) 且 $y_1-\boldsymbol{a}'\boldsymbol{Y}_2$ 的方差最小, 其方差为 $\sigma_{11}-\boldsymbol{\Sigma}_{12}\boldsymbol{\Sigma}_{22}^{-1}\boldsymbol{\Sigma}_{21}$, 它就是 $\boldsymbol{Y}_2$ 给定后 y_1 的条件方差.

由于

$$\mathrm{Var}(y_1-\boldsymbol{a}'\boldsymbol{Y}_2)=E[(y_1-\mu_1)-(\boldsymbol{a}'\boldsymbol{Y}_2-\boldsymbol{a}'\boldsymbol{\mu}_2)]^2,$$

所以 $y_1-\boldsymbol{a}'\boldsymbol{Y}_2$ 的方差最小可理解为 $y_1-\mu_1$ 与 $\boldsymbol{a}'\boldsymbol{Y}_2-\boldsymbol{a}'\boldsymbol{\mu}_2$ 最为接近, 或等价地理解为

$$y_1 \text{ 与 } (\mu_1-\boldsymbol{a}'\boldsymbol{\mu}_2)+\boldsymbol{a}'\boldsymbol{Y}_2 \text{ 最为接近}. \tag{8.1.1}$$

这意味着 $y_1-\boldsymbol{a}'\boldsymbol{Y}_2$ 的方差最小时 y_1 与 $\boldsymbol{a}'\boldsymbol{Y}_2$ 最为相关. 由此不难理解定理 8.1.1 的含义.

8.1.2 样本复相关系数

设总体 $\boldsymbol{X}\sim N_p(\boldsymbol{\mu},\boldsymbol{\Sigma})$, 其样本为 $\boldsymbol{x}_1,\cdots,\boldsymbol{x}_n$. 将 $\boldsymbol{X}$, $\boldsymbol{\mu}$ 和 $\boldsymbol{\Sigma}$ 分别剖分为

$$\boldsymbol{X}=\begin{pmatrix} x^{(1)} \\ \boldsymbol{X}^{(2)} \end{pmatrix}\begin{matrix} 1 \\ p-1 \end{matrix}, \quad \boldsymbol{\mu}=\begin{pmatrix} \mu_1 \\ \boldsymbol{\mu}_2 \end{pmatrix}\begin{matrix} 1 \\ p-1 \end{matrix}, \quad \boldsymbol{\Sigma}=\begin{pmatrix} \sigma_{11} & \boldsymbol{\Sigma}_{12} \\ \boldsymbol{\Sigma}_{21} & \boldsymbol{\Sigma}_{22} \end{pmatrix}\begin{matrix} 1 \\ p-1 \end{matrix}, \atop \qquad\qquad\qquad\qquad\qquad\qquad\qquad\qquad\; 1 \qquad p-1$$

那么在 $\boldsymbol{a}=\boldsymbol{\Sigma}_{22}^{-1}\boldsymbol{\Sigma}_{21}$ 时, $x^{(1)}$ 与 $\boldsymbol{a}'\boldsymbol{X}^{(2)}$ 的相关系数最大, 其相关系数为 $x^{(1)}$ 与 $\boldsymbol{X}^{(2)}$ 的复相关系数

$$\rho_{x^{(1)},\boldsymbol{X}^{(2)}}=\sqrt{\frac{\boldsymbol{\Sigma}_{12}\boldsymbol{\Sigma}_{22}^{-1}\boldsymbol{\Sigma}_{21}}{\sigma_{11}}}.$$

将样本均值 $\bar{\boldsymbol{x}}=\sum\limits_{i=1}^{n}x_i/n$, 样本离差阵 $\boldsymbol{V}=\sum\limits_{i=1}^{n}(\boldsymbol{x}_i-\bar{\boldsymbol{x}})(\boldsymbol{x}_i-\bar{\boldsymbol{x}})'$ 和样本协方差阵 $\boldsymbol{S}=\boldsymbol{V}/(n-1)$ 分别剖分为

$$\bar{\boldsymbol{x}}=\begin{pmatrix} \bar{x}^{(1)} \\ \bar{\boldsymbol{x}}^{(2)} \end{pmatrix}\begin{matrix} 1 \\ p-1 \end{matrix}, \quad \boldsymbol{V}=\begin{pmatrix} v_{11} & \boldsymbol{V}_{12} \\ \boldsymbol{V}_{21} & \boldsymbol{V}_{22} \end{pmatrix}\begin{matrix} 1 \\ p-1 \end{matrix}, \quad \boldsymbol{S}=\begin{pmatrix} s_{11} & \boldsymbol{S}_{12} \\ \boldsymbol{S}_{21} & \boldsymbol{S}_{22} \end{pmatrix}\begin{matrix} 1 \\ p-1 \end{matrix}, \atop \qquad\qquad\qquad\qquad 1 \qquad p-1 \qquad\qquad\qquad\qquad 1 \qquad p-1$$

则 $x^{(1)}$ 与 $\boldsymbol{X}^{(2)}$ 的样本复相关系数定义为

$$r_{x^{(1)},\boldsymbol{X}^{(2)}}=\sqrt{\frac{\boldsymbol{V}_{12}\boldsymbol{V}_{22}^{-1}\boldsymbol{V}_{21}}{v_{11}}}.$$

相应地, $\boldsymbol{a}$ 的估计为 $\hat{\boldsymbol{a}}=\boldsymbol{V}_{22}^{-1}\boldsymbol{V}_{21}$. 它们分别是复相关系数 $\rho_{x^{(1)},\boldsymbol{X}^{(2)}}$ 和 $\boldsymbol{a}$ 的极大似然估计. 复相关系数 $\rho_{x^{(1)},\boldsymbol{X}^{(2)}}$ 和 $\boldsymbol{a}$ 的极大似然估计也可等价地写为

$$r_{x^{(1)},\boldsymbol{X}^{(2)}}=\sqrt{\frac{\boldsymbol{S}_{12}\boldsymbol{S}_{22}^{-1}\boldsymbol{S}_{21}}{s_{11}}}, \quad \hat{\boldsymbol{a}}=\boldsymbol{S}_{22}^{-1}\boldsymbol{S}_{21}.$$

$p=2$ 时的样本复相关系数就简化为 4.2 节给出的两个变量间的样本相关系数.

由性质 3.2.6 知, v_{11} 与 $v_{11}-\boldsymbol{V}_{12}\boldsymbol{V}_{22}^{-1}\boldsymbol{V}_{21}$ 的自由度分别为 $n-1$ 与 $(n-1)-(p-1)=n-p$, 为此将样本复相关系数 $r^2_{x^{(1)},\boldsymbol{X}^{(2)}}$ 作如下的修正:

$$1-r^2_{x^{(1)},\boldsymbol{X}^{(2)}}=\frac{v_{11}-\boldsymbol{V}_{12}\boldsymbol{V}_{22}^{-1}\boldsymbol{V}_{21}}{v_{11}}$$

$$\to\frac{(v_{11}-\boldsymbol{V}_{12}\boldsymbol{V}_{22}^{-1}\boldsymbol{V}_{21})/(n-p)}{v_{11}/(n-1)}=\frac{n-1}{n-p}\frac{v_{11}-\boldsymbol{V}_{12}\boldsymbol{V}_{22}^{-1}\boldsymbol{V}_{21}}{v_{11}}.$$

这也就是说, 修正后的 $(r^*_{x^{(1)},\boldsymbol{X}^{(2)}})^2$ 满足条件

$$1-(r^*_{x^{(1)},\boldsymbol{X}^{(2)}})^2=\frac{n-1}{n-p}(1-r^2_{x^{(1)},\boldsymbol{X}^{(2)}}),$$

所以修正后的样本复相关系数定义为

$$\begin{aligned}(r^*_{x^{(1)},\boldsymbol{X}^{(2)}})^2&=1-\frac{n-1}{n-p}(1-r^2_{x^{(1)},\boldsymbol{X}^{(2)}})\\&=r^2_{x^{(1)},\boldsymbol{X}^{(2)}}-\frac{p-1}{n-p}(1-r^2_{x^{(1)},\boldsymbol{X}^{(2)}}).\end{aligned}$$

显然, $p=1$ 时修正后的样本相关系数等于样本相关系数, 而在 $p\geqslant 2$ 时, 修正后的样本复相关系数比样本复相关系数小.

如 (8.1.1) 式所示, 复相关系数 (或样本复相关系数) 可用于只有一个因变量, 但有 $p-1$ 个预报因子的单元线性回归. 对这个单元线性回归模型而言, $\boldsymbol{a}$ 称为斜率, (8.1.1) 式中的 $(\boldsymbol{\mu}_1-\boldsymbol{a}'\boldsymbol{\mu}_2)$ 称为截距. 这个单元线性回归有 $p-1$ 个预报因子. 显然, 这个因变量与这 $p-1$ 个预报因子之间的复相关系数, 可用来描述预报因子对预报因变量究竟有多大的作用. 修正后的样本复相关系数常用于单元线性回归的如何选入与剔除预报因子的问题. 如果再选入一个预报因子, 复相关系数必定增大 (见习题 8.1), 看来似乎预报因子越多越好. 事实上, 预报因子越多, 线性回归模型就越复杂. 复杂的模型不仅增加了工作量, 更为困难的是, 复杂的模型使人难以把握事物的本质. 正因为复相关系数有这样一个问题, 才把它修正. 如果再选入一个预报因子, 复相关系数必定增大, 而修正后的样本复相关系数就不一定增大.

为方便起见, 通常计算样本复相关系数的平方, 即 $r^2_{x^{(1)},\boldsymbol{X}^{(2)}}$ 的抽样分布. 下面首先在 $\boldsymbol{\Sigma}_{12}=0$, 也就是在 $x^{(1)}$ 与 $\boldsymbol{X}^{(2)}$ 相互独立时计算 $r^2_{x^{(1)},\boldsymbol{X}^{(2)}}$ 的抽样分布, 然后在并不知道 $\boldsymbol{\Sigma}_{12}$ 是否等于 0 的情况下, 计算 $r^2_{x^{(1)},\boldsymbol{X}^{(2)}}$ 的抽样分布. 由 $r^2_{x^{(1)},\boldsymbol{X}^{(2)}}$ 的抽样分布不难导出 $(r^*_{x^{(1)},\boldsymbol{X}^{(2)}})^2$ 的分布, 修正后的样本复相关系数的抽样分布从略.

8.1.2.1 相互独立时样本复相关系数的抽样分布

在 $\boldsymbol{\Sigma}_{12}=0$ 时, $\boldsymbol{V}\sim W_p(n-1,\boldsymbol{\Sigma})$, 其中, $\boldsymbol{\Sigma}=\operatorname{diag}(\sigma_{11},\boldsymbol{\Sigma}_{22})$, 由性质 3.2.6 知 $t_1=v_{11}-\boldsymbol{V}_{12}\boldsymbol{V}_{22}^{-1}\boldsymbol{V}_{21}\sim\sigma_{11}\chi^2(n-p)$, $t_2=\boldsymbol{V}_{22}^{-1/2}\boldsymbol{V}_{21}\sim N_{p-1}(0,\sigma_{11}\boldsymbol{I}_{p-1})$, t_1 与 t_2 相互独立. 因而

$$
\begin{aligned}
F&=\frac{n-p}{p-1}\frac{r^2_{x^{(1)},\boldsymbol{X}^{(2)}}}{1-r^2_{x^{(1)},\boldsymbol{X}^{(2)}}}=\frac{n-p}{p-1}\frac{\boldsymbol{V}_{12}\boldsymbol{V}_{22}^{-1}\boldsymbol{V}_{21}}{v_{11}-\boldsymbol{V}_{12}\boldsymbol{V}_{22}^{-1}\boldsymbol{V}_{21}}\\
&=\frac{t_2't_2/p}{t_1/(n-p)}\sim F(p-1,n-p).
\end{aligned}\tag{8.1.2}
$$

在 $p=2$ 时, (8.1.2) 式与 (4.2.8) 式给出的两个变量相互独立时样本相关系数的分布没有本质差别.

(8.1.2) 式可用来检验 $x^{(1)}$ 与 $\boldsymbol{X}^{(2)}$ 是否相互独立. 若取水平 $\boldsymbol{\alpha}$, 则在 $F\geqslant F_{1-\alpha}(p-1,n-p)$ 时认为 $x^{(1)}$ 与 $\boldsymbol{X}^{(2)}$ 不相互独立. 这等同于利用 (6.6.11) 式来检验 $x^{(1)}$ 与 $\boldsymbol{X}^{(2)}$ 是否相互独立.

8.1.2.2 样本复相关系数的抽样分布

在并不知道 $\boldsymbol{\Sigma}_{12}=\mathbf{0}$ 是否成立时, 为简单起见, 将 $x^{(1)}$ 与 $\boldsymbol{X}^{(2)}$ 的复相关系数 $\rho_{x^{(1)},\boldsymbol{X}^{(2)}}$ 与样本复相关系数 $r_{x^{(1)},\boldsymbol{X}^{(2)}}$ 分别简记为 ρ 与 r. 作变换

$$
\boldsymbol{Y}=\begin{pmatrix}\sigma_{11}^{-1/2} & \mathbf{0}\\ \mathbf{0} & \boldsymbol{\Sigma}_{22}^{-1/2}\end{pmatrix}\boldsymbol{X},\quad \boldsymbol{X}=\begin{pmatrix}x^{(1)}\\ \boldsymbol{X}^{(2)}\end{pmatrix}\begin{matrix}1\\ p-1\end{matrix},\quad \boldsymbol{Y}=\begin{pmatrix}y^{(1)}\\ \boldsymbol{Y}^{(2)}\end{pmatrix}\begin{matrix}1\\ p-1\end{matrix},
$$

则 $y^{(1)}=x^{(1)}/\sigma_{11}^{-1/2}$, $\boldsymbol{Y}^{(2)}=\boldsymbol{\Sigma}_{22}^{-1/2}\boldsymbol{X}^{(2)}$. 显然, $x^{(1)}$ 与 $\boldsymbol{X}^{(2)}$ 的复相关系数等于 $y^{(1)}$ 与 $\boldsymbol{Y}^{(2)}$ 的复相关系数. 考虑到 $\boldsymbol{Y}$ 的协方差阵为

$$
\begin{aligned}
\operatorname{Cov}(\boldsymbol{Y})&=\begin{pmatrix}\sigma_1^{-1/2} & \mathbf{0}\\ \mathbf{0} & \boldsymbol{\Sigma}_{22}^{-1/2}\end{pmatrix}\begin{pmatrix}\sigma_1 & \boldsymbol{\Sigma}_{12}\\ \boldsymbol{\Sigma}_{21} & \boldsymbol{\Sigma}_{22}\end{pmatrix}\begin{pmatrix}\sigma_1^{-1/2} & \mathbf{0}\\ \mathbf{0} & \boldsymbol{\Sigma}_{22}^{-1/2}\end{pmatrix}\\
&=\begin{pmatrix}1 & \boldsymbol{\Sigma}_{12}\boldsymbol{\Sigma}_{22}^{-1/2}/\sigma_1^{1/2}\\ \boldsymbol{\Sigma}_{22}^{-1/2}\boldsymbol{\Sigma}_{21}/\sigma_1^{1/2} & \boldsymbol{I}_{p-1}\end{pmatrix}.
\end{aligned}
$$

考虑到复相关系数 $\rho=(\boldsymbol{\Sigma}_{12}\boldsymbol{\Sigma}_{22}^{-1/2}/\sigma_1^{1/2})(\boldsymbol{\Sigma}_{22}^{-1/2}\boldsymbol{\Sigma}_{21}/\sigma_1^{1/2})$, 故为简单起见, 不妨假设 $\boldsymbol{X}$ 的协方差阵为

$$
\operatorname{Cov}(\boldsymbol{X})=\begin{pmatrix}1 & \boldsymbol{\Sigma}_{12}\\ \boldsymbol{\Sigma}_{21} & \boldsymbol{I}_{p-1}\end{pmatrix},
$$

并且有 $\rho^2=\boldsymbol{\Sigma}_{12}\boldsymbol{\Sigma}_{21}$.

由性质 3.2.6 知

$$t_1 = v_{11} - \boldsymbol{V}_{12}\boldsymbol{V}_{22}^{-1}\boldsymbol{V}_{21} \sim \sigma_{1|2}\chi^2(n-p), \quad \sigma_{1|2} = 1-\rho^2,$$

在 $\boldsymbol{V}_{22}$ 给定的条件下，$\boldsymbol{t}_2 = \boldsymbol{V}_{22}^{-1/2}\boldsymbol{V}_{21} \sim N_{p-1}(\boldsymbol{V}_{22}^{1/2}\boldsymbol{\Sigma}_{21}, (1-\rho^2)\boldsymbol{I}_{p-1})$，$t_1$ 与 $(\boldsymbol{t}_2, \boldsymbol{V}_{22})$ 相互独立. 因而在 $\boldsymbol{V}_{22}$ 给定的条件下,

$$u = \boldsymbol{t}_2'\boldsymbol{t}_2 = \boldsymbol{V}_{12}\boldsymbol{V}_{22}^{-1}\boldsymbol{V}_{21} \sim (1-\rho^2)\chi^2(p-1,\eta), \quad \eta = \frac{\boldsymbol{\Sigma}_{12}\boldsymbol{V}_{22}\boldsymbol{\Sigma}_{21}}{1-\rho^2}.$$

由于 $\boldsymbol{V}_{22} \sim W_{p-1}(n-1, \boldsymbol{I}_{p-1})$, 所以

$$\eta \sim W_1(n-1,\tau) = \tau\chi^2(n-1), \quad \tau = \frac{\boldsymbol{\Sigma}_{12}\boldsymbol{\Sigma}_{21}}{1-\rho^2} = \frac{\rho^2}{1-\rho^2}.$$

从而得到 u 的密度函数为

$$\begin{aligned}&\sum_{k=0}^{\infty}\int_0^{\infty}\frac{(\eta/2)^k}{k!}\mathrm{e}^{-\eta/2}p(u|k)\frac{\eta^{(n-1)/2-1}\mathrm{e}^{-\eta/(2\tau)}}{(2\tau)^{(n-1)/2}\Gamma((n-1/2))}\mathrm{d}\eta\\ =&\sum_{k=0}^{\infty}\frac{(1-\rho^2)^{(n-1)/2}\rho^{2k}\Gamma((n-1)/2+k)}{k!\Gamma((n-1)/2)}p(u|k),\end{aligned}$$

其中, $p(u|k)$ 是 $(1-\rho^2)\chi^2(p-1+2k)$ 分布的密度函数. 由此可见

$$z = \frac{r^2}{1-r^2} = \frac{\boldsymbol{V}_{12}\boldsymbol{V}_{22}^{-1}\boldsymbol{V}_{21}}{v_{11} - \boldsymbol{V}_{12}\boldsymbol{V}_{22}^{-1}\boldsymbol{V}_{21}} = \frac{u}{t_1}$$

的密度函数为

$$\sum_{k=0}^{\infty}\frac{(1-\rho^2)^{(n-1)/2}\rho^{2k}\Gamma((n-1)/2+k)}{k!\Gamma((n-1)/2)}f\left(z\middle|\frac{p-1}{2}+k, \frac{n-p}{2}\right),$$

其中, $f(z|\alpha,\beta)$ 是 $z(\alpha,\beta)$ 分布的密度函数

$$f(z|\alpha,\beta) = \frac{\Gamma(\alpha+\beta)}{\Gamma(\alpha)\Gamma(\beta)}\frac{z^{\alpha-1}}{(1+z)^{\alpha+\beta}}.$$

因而得到 $R = r^2$ 的密度函数为

$$\frac{(1-\rho^2)^{(n-1)/2}(1-R)^{(n-p)/2-1}}{\Gamma((n-1)/2)\Gamma((n-p)/2)}\sum_{k=0}^{\infty}\frac{\rho^{2k}R^{(p-1)/2+k-1}}{k!\Gamma((p-1)/2+k)}\Gamma^2((n-1)/2+k). \quad (8.1.3)$$

在 $p=2$ 时, (8.1.3) 式与 (4.2.5) 式给出的两个变量间的样本相关系数 r 的密度函数是没有差别的.

8.2 典型相关分析

本节讨论如何描述两个向量之间的相关关系. 假设

$$\begin{pmatrix} \boldsymbol{X} \\ \boldsymbol{Y} \end{pmatrix}\begin{matrix} p \\ q \end{matrix} \sim N_{p+q}(\boldsymbol{\mu}, \boldsymbol{\Sigma}), \quad \boldsymbol{\mu} = \begin{pmatrix} \boldsymbol{\mu}_x \\ \boldsymbol{\mu}_y \end{pmatrix}\begin{matrix} p \\ q \end{matrix}, \quad \boldsymbol{\Sigma} = \underset{\quad p \qquad q}{\begin{pmatrix} \boldsymbol{\Sigma}_{xx} & \boldsymbol{\Sigma}_{xy} \\ \boldsymbol{\Sigma}_{yx} & \boldsymbol{\Sigma}_{yy} \end{pmatrix}}\begin{matrix} p \\ q \end{matrix} > 0,$$

分别构造 $\boldsymbol{X}$ 与 $\boldsymbol{Y}$ 的线性组合: $\boldsymbol{a}_1'\boldsymbol{X}$ 与 $\boldsymbol{b}_1'\boldsymbol{Y}$, 其中, $\boldsymbol{a}_1 \in \mathbf{R}^p$, $\boldsymbol{b}_1 \in \mathbf{R}^q$. 与复相关系数相类似, $\boldsymbol{X}$ 与 $\boldsymbol{Y}$ 的相关关系可以用变量 $\boldsymbol{a}_1'\boldsymbol{X}$ 与 $\boldsymbol{b}_1'\boldsymbol{Y}$ 的相关系数 $\rho_{\boldsymbol{a}_1'\boldsymbol{X},\boldsymbol{b}_1'\boldsymbol{Y}}$ 的最大值来描述

$$\begin{aligned}\sup_{\substack{\boldsymbol{a}_1 \in \mathbf{R}^p \\ \boldsymbol{b}_1 \in \mathbf{R}^q}} \rho_{\boldsymbol{a}_1'\boldsymbol{X},\boldsymbol{b}_1'\boldsymbol{Y}} &= \sup_{\substack{\boldsymbol{a}_1 \in \mathbf{R}^p \\ \boldsymbol{b}_1 \in \mathbf{R}^q}} \frac{\mathrm{Cov}(\boldsymbol{a}_1'\boldsymbol{X}, \boldsymbol{b}_1'\boldsymbol{Y})}{\sqrt{\mathrm{Var}(\boldsymbol{a}_1'\boldsymbol{X})}\sqrt{\mathrm{Var}(\boldsymbol{b}_1'\boldsymbol{Y})}} \\ &= \sup_{\substack{\boldsymbol{a}_1 \in \mathbf{R}^p \\ \boldsymbol{b}_1 \in \mathbf{R}^q}} \frac{\boldsymbol{a}_1'\boldsymbol{\Sigma}_{xy}\boldsymbol{b}_1}{\sqrt{\boldsymbol{a}_1'\boldsymbol{\Sigma}_{xx}\boldsymbol{a}_1}\sqrt{\boldsymbol{b}_1'\boldsymbol{\Sigma}_{yy}\boldsymbol{b}_1}}. \end{aligned} \tag{8.2.1}$$

显然, 在描述 $\boldsymbol{X}$ 与 $\boldsymbol{Y}$ 的相关关系时, $\boldsymbol{a}_1'\boldsymbol{X}$ 与 $\boldsymbol{b}_1'\boldsymbol{Y}$ 的相关系数是正的还是负的并没有本质的差别. 事实上, 只要 $\boldsymbol{a}_1'\boldsymbol{X}$ 与 $\boldsymbol{b}_1'\boldsymbol{Y}$ 的相关系数的绝对值比较大, 就意味着 $\boldsymbol{X}$ 与 $\boldsymbol{Y}$ 有比较强的相关关系. 况且, $\rho_{\boldsymbol{a}_1'\boldsymbol{X},\boldsymbol{b}_1'\boldsymbol{Y}}$ 的最大值不可能是负的, 故为便于求解, 通常将极值问题 (8.2.1) 转化为下面的极值问题:

$$\sup_{\substack{\boldsymbol{a}_1 \in \mathbf{R}^p \\ \boldsymbol{b}_1 \in \mathbf{R}^q}} (\rho_{\boldsymbol{a}_1'\boldsymbol{X},\boldsymbol{b}_1'\boldsymbol{Y}})^2 = \sup_{\substack{\boldsymbol{a}_1 \in \mathbf{R}^p \\ \boldsymbol{b}_1 \in \mathbf{R}^q}} \frac{(\boldsymbol{a}_1'\boldsymbol{\Sigma}_{xy}\boldsymbol{b}_1)^2}{(\boldsymbol{a}_1'\boldsymbol{\Sigma}_{xx}\boldsymbol{a}_1)(\boldsymbol{b}_1'\boldsymbol{\Sigma}_{yy}\boldsymbol{b}_1)}. \tag{8.2.2}$$

下面将极值问题 (8.2.2) 进一步转化为一个条件极值问题. 令

$$\tilde{\boldsymbol{a}}_1 = \frac{\boldsymbol{a}_1}{\sqrt{\boldsymbol{a}_1'\boldsymbol{\Sigma}_{xx}a_1}}, \quad \tilde{\boldsymbol{b}}_1 = \frac{\boldsymbol{b}_1}{\sqrt{\boldsymbol{b}_1'\boldsymbol{\Sigma}_{yy}\boldsymbol{b}_1}},$$

则

$$\mathrm{Var}(\tilde{\boldsymbol{a}}_1'\boldsymbol{X}) = \tilde{\boldsymbol{a}}_1'\boldsymbol{\Sigma}_{xx}\tilde{\boldsymbol{a}}_1 = 1, \quad \mathrm{Var}(\tilde{\boldsymbol{b}}_1'\boldsymbol{Y}) = \tilde{\boldsymbol{b}}_1'\boldsymbol{\Sigma}_{yy}\tilde{\boldsymbol{b}}_1 = 1,$$

$$\rho_{\tilde{a}_1'\boldsymbol{X},\tilde{b}_1'\boldsymbol{Y}} = \mathrm{Cov}(\tilde{\boldsymbol{a}}_1'\boldsymbol{X}, \tilde{\boldsymbol{b}}_1'Y_1) = \frac{\boldsymbol{a}_1'\boldsymbol{\Sigma}_{xy}\boldsymbol{b}_1}{\sqrt{\boldsymbol{a}_1'\boldsymbol{\Sigma}_{xx}\boldsymbol{a}_1}\sqrt{\boldsymbol{b}_1'\boldsymbol{\Sigma}_{yy}\boldsymbol{b}_1}}.$$

由此看来, 极值问题 (8.2.2) 可转化为下面这样一个条件极值问题:

该条件极值问题的约束条件有

正则化约束: $\mathrm{Var}(\boldsymbol{a}_1'\boldsymbol{X}) = \boldsymbol{a}_1'\boldsymbol{\Sigma}_{xx}\boldsymbol{a}_1 = 1, \quad \mathrm{Var}(\boldsymbol{b}_1'\boldsymbol{Y}) = \boldsymbol{b}_1'\boldsymbol{\Sigma}_{yy}\boldsymbol{b}_1 = 1,$

在上述正则化的约束条件都满足的情况下，求使得 $a_1'X$ 与 $b_1'Y$ 的相关系数 $\rho_{a_1'X,b_1'Y}=a_1'\Sigma_{xy}b_1$ 达到最大值的 a_1 和 b_1.

这个条件极值问题可简单地表示为

$$\sup_{\substack{a_1\in \mathrm{R}^p,a_1'\Sigma_{xx}a_1=1\\ b_1\in \mathrm{R}^q,b_1'\Sigma_{yy}b_1=1}} (a_1'\Sigma_{xy}b_1)^2. \tag{8.2.3}$$

8.2.1 总体典型相关分析

首先在 Σ_{xy} 为非零矩阵时讨论条件极值问题 (8.2.3). 根据关于二次型极值的 (A.8.7) 式, 条件极值问题 (8.2.3) 的解如下：

在 $a_1'\Sigma_{xx}a_1=1, b_1'\Sigma_{yy}b_1=1$ 的约束条件下, $(a_1'\Sigma_{xy}b_1)^2$ 的最大值为 λ_1^2, λ_1^2 是 $\Sigma_{xx}^{-1}\Sigma_{xy}\Sigma_{yy}^{-1}\Sigma_{yx}$, $\Sigma_{xx}^{-1/2}\Sigma_{xy}\Sigma_{yy}^{-1}\Sigma_{yx}\Sigma_{xx}^{-1/2}$, $\Sigma_{yy}^{-1}\Sigma_{yx}\Sigma_{xx}^{-1}\Sigma_{xy}$ 或 $\Sigma_{yy}^{-1/2}\Sigma_{yx}\Sigma_{xx}^{-1}\cdot\Sigma_{xy}\Sigma_{yy}^{-1/2}$ 的最大的特征根, 在 $a_1=\Sigma_{xx}^{-1/2}\alpha_1, b_1=\Sigma_{yy}^{-1/2}\beta_1$ 时取最大值, 其中, α_1 和 $\beta_1=\lambda_1^{-1}\Sigma_{yy}^{-1/2}\Sigma_{yx}\Sigma_{xx}^{-1/2}\alpha_1$ 分别是 $\Sigma_{xx}^{-1/2}\Sigma_{xy}\Sigma_{yy}^{-1}\Sigma_{yx}\Sigma_{xx}^{-1/2}$ 和 $\Sigma_{yy}^{-1/2}\Sigma_{yx}\cdot\Sigma_{xx}^{-1}\Sigma_{xy}\Sigma_{yy}^{-1/2}$ 的最大的特征根 λ_1^2 所对应的正则特征向量, $a_1'X$ 与 $b_1'Y$ 的相关系数 $\rho_{a_1'X,b_1'Y}=a_1'\Sigma_{xy}b_1$ 的值为 $\lambda_1>0$. 这时 a_1 和 b_1 分别是 λ_1^2 作为 $\Sigma_{xx}^{-1}\Sigma_{xy}\Sigma_{yy}^{-1}\Sigma_{yx}$ 和 $\Sigma_{yy}^{-1}\Sigma_{yx}\Sigma_{xx}^{-1}\Sigma_{xy}$ 的最大的特征根所对应的特征向量.

在 Σ_{xy} 为零矩阵时 (8.2.3) 式的最大值为 0. 注意, Σ_{xy} 为零矩阵等价于 X 与 Y 相互独立, $\Sigma_{xx}^{-1}\Sigma_{xy}\Sigma_{yy}^{-1}\Sigma_{yx}$, $\Sigma_{xx}^{-1/2}\Sigma_{xy}\Sigma_{yy}^{-1}\Sigma_{yx}\Sigma_{xx}^{-1/2}$, $\Sigma_{yy}^{-1}\Sigma_{yx}\Sigma_{xx}^{-1}\Sigma_{xy}$ 和 $\Sigma_{yy}^{-1/2}\Sigma_{yx}\Sigma_{xx}^{-1}\Sigma_{xy}\Sigma_{yy}^{-1/2}$ 的所有的特征根都等于 0.

典型相关分析是多元统计分析的一个重要的内容. 上面所讨论的是向量 X 与 Y 的典型相关分析的第一步工作.

8.2.1.1 典型相关分析的第一步

(1) 在 Σ_{xy} 为零矩阵, 即 X 与 Y 相互独立时, 无需进行典型相关分析.

(2) 在 Σ_{xy} 为非零矩阵时, X 与 Y 不相互独立, 取 $a_1=\Sigma_{xx}^{-1/2}\alpha_1$, $b_1=\Sigma_{yy}^{1/2}\beta_1$, 其中, α_1 和 $\beta_1=\lambda_1^{-1}\Sigma_{yy}^{-1/2}\Sigma_{yx}\Sigma_{xx}^{-1/2}\alpha_1$ 分别是 λ_1^2 作为 $\Sigma_{xx}^{-1/2}\Sigma_{xy}\Sigma_{yy}^{-1}\cdot\Sigma_{yx}\Sigma_{xx}^{-1/2}$ 和 $\Sigma_{yy}^{-1/2}\Sigma_{yx}\Sigma_{xx}^{-1}\Sigma_{xy}\Sigma_{yy}^{-1/2}$ 的最大特征根所对应的正则特征向量, 则称 $(a_1'X, b_1'Y)$ 为 X 与 Y 的第一组 (对) 典型相关变量, $a_1'X$ 与 $b_1'Y$ 的相关系数为 $\lambda_1>0$, 称 λ_1 为 X 与 Y 的第一个典型相关系数.

第一典型相关系数 λ_1 可用来度量 X 与 Y 的相关关系. λ_1 越接近 1 说明 X 与 Y 的相关关系越强, λ_1 越接近 0 说明 X 与 Y 的相关关系越弱. 这也就是说两个向量 X 与 Y 的相关关系可用第一组 (对) 典型相关变量 $a_1'X$ 与 $b_1'Y$ 的相关关系来解释. 接下来需要讨论的问题就是, 用 λ_1 来度量 X 与 Y 的相关关系是否完全充分, 或者说 X 与 Y 的相关关系是否完全可以用 $a_1'X$ 与 $b_1'Y$ 的相关关系来解释. 为此在 $\lambda_1>0$ 时有必要考虑典型相关分析的第二步工作.

8.2.1.2 典型相关分析的第二步

在 $\lambda_1>0$ 典型相关分析第一步工作完成后, 它的第二步的工作也是一个条件极值问题, 其约束条件有

(1) 正则化约束: $\operatorname{Var}(\boldsymbol{a}_2'\boldsymbol{X})=\boldsymbol{a}_2'\boldsymbol{\Sigma}_{xx}\boldsymbol{a}_2=1,\quad \operatorname{Var}(\boldsymbol{b}_2'\boldsymbol{Y})=\boldsymbol{b}_2'\boldsymbol{\Sigma}_{yy}\boldsymbol{b}_2=1.$

(2) 正交化约束:

$$\operatorname{Cov}(\boldsymbol{a}_2\boldsymbol{X},\boldsymbol{a}_1\boldsymbol{X})=\boldsymbol{a}_2'\boldsymbol{\Sigma}_{xx}\boldsymbol{a}_1=0,\quad \operatorname{Cov}(\boldsymbol{a}_2\boldsymbol{X},\boldsymbol{b}_1\boldsymbol{Y})=\boldsymbol{a}_2'\boldsymbol{\Sigma}_{xy}\boldsymbol{b}_1=0,$$

$$\operatorname{Cov}(\boldsymbol{b}_2\boldsymbol{Y},\boldsymbol{a}_1\boldsymbol{X})=\boldsymbol{b}_2'\boldsymbol{\Sigma}_{yx}\boldsymbol{a}_1=0,\quad \operatorname{Cov}(\boldsymbol{b}_2\boldsymbol{Y},\boldsymbol{b}_1\boldsymbol{Y})=\boldsymbol{b}_2'\boldsymbol{\Sigma}_{yy}\boldsymbol{b}_1=0.$$

典型相关分析的第二步工作就是求下述条件极值问题的解: 在上述正则正交化的约束条件都满足的情况下, 求使得 $\boldsymbol{a}_2'\boldsymbol{X}$ 与 $\boldsymbol{b}_2'\boldsymbol{Y}$ 的相关系数 $\rho_{\boldsymbol{a}_2'\boldsymbol{X},\boldsymbol{b}_2'\boldsymbol{Y}}=\boldsymbol{a}_2'\boldsymbol{\Sigma}_{xy}\boldsymbol{b}_2$ 达到最大值的 $\boldsymbol{a}_2$ 和 $\boldsymbol{b}_2$.

正交化约束的目的是使得找到的第二组 (对) 典型相关变量 $\boldsymbol{a}_2'\boldsymbol{X}$ 与 $\boldsymbol{b}_2'\boldsymbol{Y}$ 与第一组 (对) 典型相关变量 $\boldsymbol{a}_1'\boldsymbol{X}$ 与 $\boldsymbol{b}_1'\boldsymbol{Y}$ 互相独立. 这也就是说, 是在 $\boldsymbol{X}$ 与 $\boldsymbol{Y}$ 的相关关系中, 把被第一组 (对) 典型相关变量 $\boldsymbol{a}_1'\boldsymbol{X}$ 与 $\boldsymbol{b}_1'\boldsymbol{Y}$ 所解释的部分去除之后, 寻找最能解释 $\boldsymbol{X}$ 与 $\boldsymbol{Y}$ 的相关关系剩余部分的另一组 (对) 变量 $\boldsymbol{a}_2'\boldsymbol{X}$ 与 $\boldsymbol{b}_2'\boldsymbol{Y}$.

推论 A.8.6 可用来解这个条件极值问题. 假设 $\boldsymbol{\Sigma}_{xy}$ 是秩为 k 的 $p\times q$ 阶非零矩阵, $p\leqslant q$, $k=1,\cdots,p$, $\boldsymbol{\Sigma}_{xx}^{-1}\boldsymbol{\Sigma}_{xy}\boldsymbol{\Sigma}_{yy}^{-1}\boldsymbol{\Sigma}_{yx}$, $\boldsymbol{\Sigma}_{xx}^{-1/2}\boldsymbol{\Sigma}_{xy}\boldsymbol{\Sigma}_{yy}^{-1}\boldsymbol{\Sigma}_{yx}\boldsymbol{\Sigma}_{xx}^{-1/2}$, $\boldsymbol{\Sigma}_{yy}^{-1}\boldsymbol{\Sigma}_{yx}\boldsymbol{\Sigma}_{xx}^{-1}\cdot\boldsymbol{\Sigma}_{xy}$ 或 $\boldsymbol{\Sigma}_{yy}^{-1/2}\boldsymbol{\Sigma}_{yx}\boldsymbol{\Sigma}_{xx}^{-1}\boldsymbol{\Sigma}_{xy}\boldsymbol{\Sigma}_{yy}^{-1/2}$ 的由大到小排列的非负的前 p 个特征根中有 k 个正的特征根, $\lambda_1^2\geqslant\cdots\geqslant\lambda_k^2>0$, 而其余 $p-k$ 个特征根 $\lambda_{k+1}^2=\cdots=\lambda_p^2=0$. $\boldsymbol{\alpha}_1,\cdots,\boldsymbol{\alpha}_p$ 和 $\boldsymbol{\beta}_1,\cdots,\boldsymbol{\beta}_p$ 分别是 $\boldsymbol{\Sigma}_{xx}^{-1/2}\boldsymbol{\Sigma}_{xy}\boldsymbol{\Sigma}_{yy}^{-1}\boldsymbol{\Sigma}_{yx}\boldsymbol{\Sigma}_{xx}^{-1/2}$ 和 $\boldsymbol{\Sigma}_{yy}^{-1/2}\boldsymbol{\Sigma}_{yx}\boldsymbol{\Sigma}_{xx}^{-1}\boldsymbol{\Sigma}_{xy}\cdot\boldsymbol{\Sigma}_{yy}^{-1/2}$ 的对应于特征根 $\lambda_1^2,\cdots,\lambda_p^2$ 的正则正交特征向量, 在 $i=1,\cdots,k$, $\lambda_i>0$ 时令 $\boldsymbol{\beta}_i=\lambda_i^{-1}\boldsymbol{\Sigma}_{yy}^{-1/2}\boldsymbol{\Sigma}_{yx}\boldsymbol{\Sigma}_{xx}^{-1/2}\alpha_i$. 则根据推论 A.8.6, 典型相关分析的第二步的工作如下所述.

在 $\lambda_2=0$ 时, 那么 $k=1$, $\boldsymbol{\Sigma}_{xy}$ 的秩为 1, 根据推论 A.8.6 的结论 (2), 只要 $\boldsymbol{a}_2'\boldsymbol{X}$ 与 $\boldsymbol{b}_2'\boldsymbol{Y}$ 满足上述正则正交化的约束条件, 都是相互独立的

$$\operatorname{Cov}(\boldsymbol{a}_2\boldsymbol{X},\boldsymbol{b}_2\boldsymbol{Y})=\boldsymbol{a}_2'\boldsymbol{\Sigma}_{xy}\boldsymbol{b}_2=0.$$

这说明在 $\lambda_2=0$ 时 $\boldsymbol{X}$ 与 $\boldsymbol{Y}$ 的相关关系用 λ_1 来度量, 或 $\boldsymbol{X}$ 与 $\boldsymbol{Y}$ 的相关关系用第一组 (对) 典型相关变量 $\boldsymbol{a}_1'\boldsymbol{X}$ 与 $\boldsymbol{b}_1'\boldsymbol{Y}$ 的相关关系来解释就已足够了. 典型相关分析就此结束. $\lambda_2=0$ 意味着 $\boldsymbol{\Sigma}_{xy}$ 的秩为 1. 考虑到 $\boldsymbol{\Sigma}_{xy}=\operatorname{Cov}(\boldsymbol{X},\boldsymbol{Y})$, 所以在 $\boldsymbol{\Sigma}_{xy}$ 的秩为 1 时 $\boldsymbol{X}$ 与 $\boldsymbol{Y}$ 的相关关系只用第一组 (对) 典型相关变量 $\boldsymbol{a}_1'\boldsymbol{X}$ 与 $\boldsymbol{b}_1'\boldsymbol{Y}$ 的相关关系来解释也就可以理解了.

在 $\lambda_2>0$ 时, 那么 $k\geqslant 2$, $\operatorname{Cov}(\boldsymbol{X},\boldsymbol{Y})=\boldsymbol{\Sigma}_{xy}$ 的秩大于 1, $\boldsymbol{X}$ 与 $\boldsymbol{Y}$ 的相关关系只用第一组 (对) 典型相关变量 $\boldsymbol{a}_1'\boldsymbol{X}$ 与 $\boldsymbol{b}_1'Y$ 的相关关系来解释是不够的. 取

$\boldsymbol{a}_2 = \boldsymbol{\Sigma}_{xx}^{-1/2}\boldsymbol{\alpha}_2$, $\boldsymbol{b}_2 = \boldsymbol{\Sigma}_{yy}^{-1/2}\boldsymbol{\beta}_2$, $\boldsymbol{\beta}_2 = \lambda_2^{-1}\boldsymbol{\Sigma}_{yy}^{-1/2}\boldsymbol{\Sigma}_{yx}\boldsymbol{\Sigma}_{xx}^{-1/2}\boldsymbol{\alpha}_2$, 则称 $\left(\boldsymbol{a}_2'\boldsymbol{X}, \boldsymbol{b}_2'\boldsymbol{Y}\right)$ 为第二组 (对) 典型相关变量, $\boldsymbol{a}_2'\boldsymbol{X}$ 与 $\boldsymbol{b}_2'\boldsymbol{Y}$ 的相关系数为 $\lambda_2 > 0$, 称 λ_2 为第二个典型相关系数. 这时 $\boldsymbol{a}_2$ 和 $\boldsymbol{b}_2$ 分别是 λ_2 作为 $\boldsymbol{\Sigma}_{xx}^{-1}\boldsymbol{\Sigma}_{xy}\boldsymbol{\Sigma}_{yy}^{-1}\boldsymbol{\Sigma}_{yx}$ 和 $\boldsymbol{\Sigma}_{yy}^{-1}\boldsymbol{\Sigma}_{yx}\boldsymbol{\Sigma}_{xx}^{-1}\boldsymbol{\Sigma}_{xy}$ 的特征根所对应的特征向量.

与典型相关分析的第二步相类似地, 有典型相关分析的第 3 步, 第 4 步等的结论, 这里不一一列举. 下面对典型相关分析作一个总结.

8.2.1.3 典型相关分析

(1) 设 $\mathrm{Cov}(\boldsymbol{X}, \boldsymbol{Y}) = \boldsymbol{\Sigma}_{xy}$ 的秩为 k, 则向量 $\boldsymbol{X}$ 与 $\boldsymbol{Y}$ 一共有 k 组 (对) 典型相关变量, k 个典型相关系数.

(2) 取 $\boldsymbol{a}_i = \boldsymbol{\Sigma}_{xx}^{-1/2}\boldsymbol{\alpha}_i$, $\boldsymbol{b}_i = \boldsymbol{\Sigma}_{yy}^{-1/2}\boldsymbol{\beta}_i$, $i = 1, \cdots, k$, $\boldsymbol{\alpha}_1, \cdots, \boldsymbol{\alpha}_k$ 和 $\boldsymbol{\beta}_1, \cdots, \boldsymbol{\beta}_k$ 分别是 $\boldsymbol{\Sigma}_{xx}^{-1/2}\boldsymbol{\Sigma}_{xy}\boldsymbol{\Sigma}_{yy}^{-1}\boldsymbol{\Sigma}_{yx}\boldsymbol{\Sigma}_{xx}^{-1/2}$ 和 $\boldsymbol{\Sigma}_{yy}^{-1/2}\boldsymbol{\Sigma}_{yx}\boldsymbol{\Sigma}_{xx}^{-1}\boldsymbol{\Sigma}_{xy}\boldsymbol{\Sigma}_{yy}^{-1/2}$ 的对应于正特征根 $\lambda_1^2 \geqslant \cdots \geqslant \lambda_k^2 > 0$ 的正则正交特征向量, 其中, $\boldsymbol{\beta}_i = \lambda_i^{-1}\boldsymbol{\Sigma}_{yy}^{-1/2}\boldsymbol{\Sigma}_{yx}\boldsymbol{\Sigma}_{xx}^{-1/2}\boldsymbol{\alpha}_i$, $i = 1, \cdots, k$. 则称 $\left(\boldsymbol{a}_i'\boldsymbol{X}, \boldsymbol{b}_i'\boldsymbol{Y}\right)$ 为第 i 组 (对) 典型相关变量, $\boldsymbol{a}_i'\boldsymbol{X}$ 与 $\boldsymbol{b}_i'\boldsymbol{Y}$ 的相关系数为 $\lambda_i > 0$, 称 λ_i 为第 i 个典型相关系数, $i = 1, \cdots, k$. 这时 a_i 和 b_i 分别是 λ_i^2 作为 $\boldsymbol{\Sigma}_{xx}^{-1}\boldsymbol{\Sigma}_{xy}\boldsymbol{\Sigma}_{yy}^{-1}\boldsymbol{\Sigma}_{yx}$ 和 $\boldsymbol{\Sigma}_{yy}^{-1}\boldsymbol{\Sigma}_{yx}\boldsymbol{\Sigma}_{xx}^{-1}\boldsymbol{\Sigma}_{xy}$ 的特征根所对应的特征向量, $i = 1, \cdots, k$.

(3) 第 i 组 (对) 典型相关变量 $\left(\boldsymbol{a}_i'\boldsymbol{X}, \boldsymbol{b}_i'\boldsymbol{Y}\right)$ 是正则的

$$\mathrm{Var}(\boldsymbol{a}_i'\boldsymbol{X}) = \boldsymbol{a}_i'\boldsymbol{\Sigma}_{xx}\boldsymbol{a}_i = 1, \quad \mathrm{Var}\left(\boldsymbol{b}_i'\boldsymbol{Y}\right) = \boldsymbol{b}_i'\boldsymbol{\Sigma}_{yy}\boldsymbol{b}_i = 1, \quad i = 1, \cdots, k.$$

(4) 典型相关变量 $\left\{\left(\boldsymbol{a}_i'\boldsymbol{X}, \boldsymbol{b}_i'\boldsymbol{Y}\right),\ i = 1, \cdots, \boldsymbol{k}\right\}$ 之间是正交的: 在 $1 \leqslant j < i \leqslant k$ 时,

$$\mathrm{Cov}(\boldsymbol{a}_i\boldsymbol{X}, \boldsymbol{a}_j\boldsymbol{X}) = \boldsymbol{a}_i'\boldsymbol{\Sigma}_{xx}\boldsymbol{a}_j = 0, \quad \mathrm{Cov}(\boldsymbol{a}_i\boldsymbol{X}, \boldsymbol{b}_j\boldsymbol{Y}) = \boldsymbol{a}_i'\boldsymbol{\Sigma}_{xy}\boldsymbol{b}_j = 0,$$

$$\mathrm{Cov}(\boldsymbol{b}_i\boldsymbol{Y}, \boldsymbol{b}_j\boldsymbol{Y}) = \boldsymbol{b}_i'\boldsymbol{\Sigma}_{yy}\boldsymbol{b}_j = 0, \quad \mathrm{Cov}(\boldsymbol{b}_i\boldsymbol{X}, \boldsymbol{a}_j\boldsymbol{Y}) = \boldsymbol{b}_i'\boldsymbol{\Sigma}_{xy}\boldsymbol{a}_j = 0.$$

(5) 第一组 (对) 典型相关变量 $\left(\boldsymbol{a}_1'\boldsymbol{X}, \boldsymbol{b}_1'\boldsymbol{Y}\right)$ 是下述条件极值问题的解: 在 $\boldsymbol{a}_1'\boldsymbol{\Sigma}_{xx}\boldsymbol{a}_1 = 1$, $\boldsymbol{b}_1'\boldsymbol{\Sigma}_{yy}\boldsymbol{b}_1 = 1$ 的条件下, 它使得 $\boldsymbol{a}_1'\boldsymbol{\Sigma}_{xy}\boldsymbol{b}_1$ 达到最大值, 其最大值为 $\lambda_1 > 0$.

(6) 在 $i = 2, \cdots, k$ 时, 第 i 组 (对) 典型相关变量 $\left(\boldsymbol{a}_i'\boldsymbol{X}, \boldsymbol{b}_i'\boldsymbol{Y}\right)$ 是下述条件极值问题的解: 在 $\boldsymbol{a}_i'\boldsymbol{\Sigma}_{xx}\boldsymbol{a}_i = \boldsymbol{b}_i'\boldsymbol{\Sigma}_{yy}\boldsymbol{b}_i = 1$, 且对任意的 $j = 1, \cdots, k-1$ 都有 $\boldsymbol{a}_i'\boldsymbol{\Sigma}_{xx}\boldsymbol{a}_j = \boldsymbol{a}_i'\boldsymbol{\Sigma}_{xy}\boldsymbol{b}_j = \boldsymbol{b}_i'\boldsymbol{\Sigma}_{yx}a_j = \boldsymbol{b}_i'\boldsymbol{\Sigma}_{yy}\boldsymbol{b}_j = 0$ 的条件下, 它使得 $\boldsymbol{a}_i'\boldsymbol{\Sigma}_{xy}\boldsymbol{b}_i$ 达到最大值, 其最大值为 $\lambda_i > 0$.

需要指出的是, 当 $\boldsymbol{\Sigma}_{xy}$ 是秩为 k 的 $p \times q$ 阶矩阵, $p \leqslant q$ 时, 也可以广义地说, $\boldsymbol{X}$ 与 $\boldsymbol{Y}$ 一共有 p 组 (对) 典型相关变量, p 个典型相关系数, 只不过后 $p-k$ 个典型相关系数 $\lambda_{k+1}, \cdots, \lambda_p$ 都等于 0, 且在 $\boldsymbol{\alpha}_{k+1}, \cdots, \boldsymbol{\alpha}_p$ 和 $\boldsymbol{\beta}_{k+1}, \cdots, \boldsymbol{\beta}_p$ 分别是 $\boldsymbol{\Sigma}_{xx}^{-1/2}\boldsymbol{\Sigma}_{xy}\boldsymbol{\Sigma}_{yy}^{-1}\boldsymbol{\Sigma}_{yx}\boldsymbol{\Sigma}_{xx}^{-1/2}$ 和 $\boldsymbol{\Sigma}_{yy}^{-1/2}\boldsymbol{\Sigma}_{yx}\boldsymbol{\Sigma}_{xx}^{-1}\boldsymbol{\Sigma}_{xy}\boldsymbol{\Sigma}_{yy}^{-1/2}$ 的对应于 0 特征根的正

则正交特征向量时, 那么 $(\boldsymbol{a}_i'\boldsymbol{X}, \boldsymbol{b}_i'\boldsymbol{Y})$ 就是后 $p-k$ 组 (对) 典型相关变量, 其中, $\boldsymbol{a}_i = \boldsymbol{\Sigma}_{xx}^{-1/2}\boldsymbol{\alpha}_i$, $\boldsymbol{b}_i = \boldsymbol{\Sigma}_{yy}^{-1/2}\boldsymbol{\beta}_i$, $i = k+1, \cdots, p$.

下面分析典型相关分析的作用. 在 $p \leqslant q$ 时, 假设 p 阶阵 $\boldsymbol{\Sigma}_{xx}^{-1/2}\boldsymbol{\Sigma}_{xy}\boldsymbol{\Sigma}_{yy}^{-1}\boldsymbol{\Sigma}_{yx}\cdot\boldsymbol{\Sigma}_{xx}^{-1/2}$ 的 p 个特征根中有 k 个是正的, 记为 $\lambda_1^2 \geqslant \cdots \geqslant \lambda_k^2 > 0$, 而其余 $p-k$ 个特征根 $\lambda_{k+1}^2, \cdots \lambda_p^2$ 都等于 0, 而 $\boldsymbol{\alpha}_i$ 是它的对应于特征根 λ_i^2 的正则正交特征向量, $i = 1, \cdots, p$. q 阶阵 $\boldsymbol{\Sigma}_{yy}^{-1/2}\boldsymbol{\Sigma}_{yx}\boldsymbol{\Sigma}_{xx}^{-1}\boldsymbol{\Sigma}_{xy}\boldsymbol{\Sigma}_{yy}^{-1/2}$ 除了这 p 个特征根 $\lambda_1^2, \cdots, \lambda_p^2$ 外, 其余 $q-p$ 个特征根 $\lambda_{p+1}^2, \cdots, \lambda_q^2$ 都等于 0. 这也就是说, 它的 q 个特征根中有 k 个是正的, 它们是 $\lambda_1^2 \geqslant \cdots \geqslant \lambda_k^2 > 0$, 其余 $q-k$ 个特征根 $\lambda_{k+1}^2, \cdots, \lambda_q^2$ 都等于 0, 而 $\boldsymbol{\beta}_i$ 是它的对应于特征根 λ_i^2 的正则正交特征向量, $i = 1, \cdots, q$. 又假设在 $i = 1, \cdots, k$, $\lambda_i > 0$ 时, $\boldsymbol{\beta}_i = \lambda_i^{-1}\boldsymbol{\Sigma}_{yy}^{-1/2}\boldsymbol{\Sigma}_{yx}\boldsymbol{\Sigma}_{xx}^{-1/2}\boldsymbol{\alpha}_i$. 令

$$\boldsymbol{U} = \boldsymbol{\Sigma}_{xx}^{-1/2}\boldsymbol{A}'\boldsymbol{X}, \quad \boldsymbol{V} = \boldsymbol{\Sigma}_{yy}^{-1/2}\boldsymbol{B}'\boldsymbol{Y},$$
$$\boldsymbol{W} = \begin{pmatrix} \boldsymbol{W}_1 \\ \boldsymbol{W}_2 \end{pmatrix}, \quad \boldsymbol{W}_1 = \boldsymbol{\Sigma}_{xx}^{-1/2}\boldsymbol{C}_1'\boldsymbol{X}, \quad \boldsymbol{W}_2 = \boldsymbol{\Sigma}_{yy}^{-1/2}\boldsymbol{C}_2'\boldsymbol{Y},$$

其中, $\boldsymbol{A} = (\boldsymbol{\alpha}_1, \cdots, \boldsymbol{\alpha}_k)$, $\boldsymbol{B} = (\boldsymbol{\beta}_1, \cdots, \boldsymbol{\beta}_k)$, $\boldsymbol{C}_1 = (\boldsymbol{\alpha}_{k+1}, \cdots, \boldsymbol{\alpha}_p)$, $\boldsymbol{C}_2 = (\boldsymbol{\beta}_{k+1}, \cdots, \boldsymbol{\beta}_q)$. 那么

$$\mathrm{Cov}\begin{pmatrix} \boldsymbol{U} \\ \boldsymbol{V} \\ \boldsymbol{W} \end{pmatrix} = \begin{pmatrix} \boldsymbol{I}_k & \boldsymbol{\Lambda} & \boldsymbol{0} \\ \boldsymbol{\Lambda} & \boldsymbol{I}_k & \boldsymbol{0} \\ \boldsymbol{0} & \boldsymbol{0} & \boldsymbol{I}_{p+q-2k} \end{pmatrix},$$

其中, $\boldsymbol{\Lambda} = \mathrm{diag}(\lambda_1, \cdots, \lambda_k)$. 这样一来, p 维向量 $\boldsymbol{X}$ 与 q 维向量 $\boldsymbol{Y}$ 之间的相关性, 可以由两个 k 维向量 $\boldsymbol{U}$ 与 $\boldsymbol{V}$ 之间的相关性来体现. 由于 $k \leqslant p$, $k \leqslant q$, 所以典型相关分析有降维的作用. 令 $\boldsymbol{U} = (\boldsymbol{U}_1, \cdots, \boldsymbol{U}_k)'$, $\boldsymbol{V} = (\boldsymbol{V}_1, \cdots, \boldsymbol{V}_k)'$, 那么 $(\boldsymbol{U}_i, \boldsymbol{V}_i)$ 就是第 i 组 (对) 典型相关变量, 它们的相关系数就是第 i 个典型相关系数 $\lambda_i > 0$. 考虑到 $\lambda_1 \geqslant \cdots \geqslant \lambda_k > 0$, 可以选取适当的 $r(1 \leqslant r \leqslant k)$, 使得这两个 r 维向量 $(\boldsymbol{U}_1, \cdots, \boldsymbol{U}_r)'$ 与 $(\boldsymbol{V}_1, \cdots, \boldsymbol{V}_r)'$ 之间的相关性足够的大, 它既体现出 $\boldsymbol{X}$ 与 $\boldsymbol{Y}$ 之间的相关性, 并进一步起到降维的作用.

8.2.2 样本典型相关分析

设总体为

$$\begin{pmatrix} \boldsymbol{X} \\ \boldsymbol{Y} \end{pmatrix} \sim N_{p+q}\left(\begin{pmatrix} \boldsymbol{\mu}_x \\ \boldsymbol{\mu}_y \end{pmatrix}, \begin{pmatrix} \boldsymbol{\Sigma}_{xx} & \boldsymbol{\Sigma}_{xy} \\ \boldsymbol{\Sigma}_{yx} & \boldsymbol{\Sigma}_{yy} \end{pmatrix}\right), \quad \begin{pmatrix} \boldsymbol{\Sigma}_{xx} & \boldsymbol{\Sigma}_{xy} \\ \boldsymbol{\Sigma}_{yx} & \boldsymbol{\Sigma}_{yy} \end{pmatrix} > 0, \quad p \leqslant q,$$

其样本为

$$\begin{pmatrix} x_1 \\ y_1 \end{pmatrix}, \cdots, \begin{pmatrix} x_n \\ y_n \end{pmatrix}, \quad n > p+q,$$

那么 $\boldsymbol{\Sigma}_{xx}$, $\boldsymbol{\Sigma}_{yy}$ 和 $\boldsymbol{\Sigma}_{xy}$ 的极大似然估计分别为

$$\hat{\boldsymbol{\Sigma}}_{xx}=\frac{\sum_{i=1}^{n}(\boldsymbol{x}_i-\bar{\boldsymbol{x}})(\boldsymbol{x}_i-\bar{\boldsymbol{x}})'}{n},\quad \hat{\boldsymbol{\Sigma}}_{yy}=\frac{\sum_{i=1}^{n}(\boldsymbol{y}_i-\bar{\boldsymbol{y}})(\boldsymbol{y}_i-\bar{\boldsymbol{y}})'}{n},$$
$$\hat{\boldsymbol{\Sigma}}_{xy}=\frac{\sum_{i=1}^{n}(\boldsymbol{x}_i-\bar{\boldsymbol{x}})(\boldsymbol{y}_i-\bar{\boldsymbol{y}})'}{n}.$$

正如 5.5 节所说的, 在 $n\geqslant p$ 时 Wishart 分布 $W_p(n,\boldsymbol{I}_p)$ 矩阵的特征根是连续型变量, 因而以概率 1 保证这些特征根不仅都是正的且互不相等. 与此相类似地, 无论 $p\times q$ 阶矩阵 $\boldsymbol{\Sigma}_{xy}$ 的秩 k 多大, $\hat{\boldsymbol{\Sigma}}_{xx}^{-1/2}\hat{\boldsymbol{\Sigma}}_{xy}\hat{\boldsymbol{\Sigma}}_{yy}^{-1}\hat{\boldsymbol{\Sigma}}_{yx}\hat{\boldsymbol{\Sigma}}_{xx}^{-1/2}$ 的特征根也不仅都是正的且互不相等: $1>\hat{\lambda}_1^2>\cdots>\hat{\lambda}_p^2>0$. 假设 $\hat{\boldsymbol{\alpha}}_1,\cdots,\hat{\boldsymbol{\alpha}}_p$ 和 $\hat{\boldsymbol{\beta}}_1,\cdots,\hat{\boldsymbol{\beta}}_p$ 分别是 $\hat{\boldsymbol{\Sigma}}_{xx}^{-1/2}\hat{\boldsymbol{\Sigma}}_{xy}\hat{\boldsymbol{\Sigma}}_{yy}^{-1}\hat{\boldsymbol{\Sigma}}_{yx}\hat{\boldsymbol{\Sigma}}_{xx}^{-1/2}$ 和 $\hat{\boldsymbol{\Sigma}}_{yy}^{-1/2}\hat{\boldsymbol{\Sigma}}_{yx}\hat{\boldsymbol{\Sigma}}_{xx}^{-1}\hat{\boldsymbol{\Sigma}}_{xy}\hat{\boldsymbol{\Sigma}}_{yy}^{-1/2}$ 的对应于特征根 $\hat{\lambda}_1^2,\cdots,\hat{\lambda}_p^2$ 的正则正交特征向量. 取 $\hat{\boldsymbol{a}}_i=\hat{\boldsymbol{\Sigma}}_{xx}^{-1/2}\hat{\boldsymbol{\alpha}}_i$, $\hat{\boldsymbol{b}}_i=\hat{\boldsymbol{\Sigma}}_{yy}^{-1/2}\hat{\boldsymbol{\beta}}_i$, $\hat{\boldsymbol{\beta}}_i=\hat{\lambda}_i^{-1}\hat{\boldsymbol{\Sigma}}_{yy}^{-1/2}\hat{\boldsymbol{\Sigma}}_{yx}\hat{\boldsymbol{\Sigma}}_{xx}^{-1/2}\hat{\boldsymbol{\alpha}}_i$, 则称 $\left(\hat{\boldsymbol{a}}'_i\boldsymbol{X},\hat{\boldsymbol{b}}'_i\boldsymbol{Y}\right)$ 为第 i 组 (对) 样本典型相关变量, 称 $\hat{\lambda}_i>0$ 为第 i 个样本典型相关系数, $i=1,\cdots,p$. 由此可见, 样本典型相关变量 $\left(\hat{\boldsymbol{a}}'_i\boldsymbol{X},\hat{\boldsymbol{b}}'_i\boldsymbol{Y}\right)$ 与样本典型相关系数 $\hat{\lambda}_i$ 分别是典型相关变量 $(\boldsymbol{a}_i'\boldsymbol{X},\boldsymbol{b}_i'\boldsymbol{Y})$ 与典型相关系数 λ_i 的极大似然估计, $i=1,\cdots,p$. 这时, $\hat{\boldsymbol{a}}_1,\cdots,\hat{\boldsymbol{a}}_p$ 和 $\hat{\boldsymbol{b}}_1,\cdots,\hat{\boldsymbol{b}}_p$ 分别是 $\hat{\boldsymbol{\Sigma}}_{xx}^{-1}\hat{\boldsymbol{\Sigma}}_{xy}\hat{\boldsymbol{\Sigma}}_{yy}^{-1}\hat{\boldsymbol{\Sigma}}_{yx}$ 和 $\hat{\boldsymbol{\Sigma}}_{yy}^{-1}\hat{\boldsymbol{\Sigma}}_{yx}\hat{\boldsymbol{\Sigma}}_{xx}^{-1}\hat{\boldsymbol{\Sigma}}_{xy}$ 的对应于特征根 $\hat{\lambda}_1^2,\cdots,\hat{\lambda}_p^2$ 的特征向量.

知道在 $\boldsymbol{X}$ 和 $\boldsymbol{Y}$ 相互独立时, 由于 $\boldsymbol{\Sigma}_{xy}=\boldsymbol{0}$, 所以 $\boldsymbol{\Sigma}_{xx}^{-1/2}\boldsymbol{\Sigma}_{xy}\boldsymbol{\Sigma}_{yy}^{-1}\boldsymbol{\Sigma}_{yx}\boldsymbol{\Sigma}_{xx}^{-1/2}$ 的 p 个特征根, 也就是 (总体) 典型相关系数的平方都等于 0, 但 $\hat{\boldsymbol{\Sigma}}_{xx}^{-1/2}\hat{\boldsymbol{\Sigma}}_{xy}\hat{\boldsymbol{\Sigma}}_{yy}^{-1}\hat{\boldsymbol{\Sigma}}_{yx}\cdot\hat{\boldsymbol{\Sigma}}_{xx}^{-1/2}$ 的 p 个特征根, 也就是样本典型相关系数的平方, 以概率 1 保证它们都是正的且互不相等: $1>\hat{\lambda}_1^2>\cdots>\hat{\lambda}_p^2>0$. 下面计算在 $\boldsymbol{X}$ 和 $\boldsymbol{Y}$ 相互独立时 $\left(\hat{\lambda}_1^2,\cdots,\hat{\lambda}_p^2\right)$ 的密度函数. 记

$$\boldsymbol{V}_{xx}=\sum_{i=1}^{n}(\boldsymbol{x}_i-\bar{\boldsymbol{x}})(\boldsymbol{x}_i-\bar{\boldsymbol{x}})',\quad \boldsymbol{V}_{yy}=\sum_{i=1}^{n}(\boldsymbol{y}_i-\bar{\boldsymbol{y}})(\boldsymbol{y}_i-\bar{\boldsymbol{y}})',$$
$$\boldsymbol{V}_{xy}=\sum_{i=1}^{n}(\boldsymbol{x}_i-\bar{\boldsymbol{x}})(\boldsymbol{y}_i-\bar{\boldsymbol{y}})',$$

则样本典型相关系数的平方 $1>\hat{\lambda}_1^2>\cdots>\hat{\lambda}_p^2>0$ 也是 $\boldsymbol{V}_{xx}^{-1/2}\boldsymbol{V}_{xy}\boldsymbol{V}_{yy}^{-1}\boldsymbol{V}_{yx}\boldsymbol{V}_{xx}^{-1/2}$ 的特征根或 $\boldsymbol{V}_{xx}^{-1}\boldsymbol{V}_{xy}\boldsymbol{V}_{yy}^{-1}\boldsymbol{V}_{yx}$ 的特征根, 从而也是下列方程的解:

$$\left|\boldsymbol{V}_{xy}\boldsymbol{V}_{yy}^{-1}\boldsymbol{V}_{yx}-r\boldsymbol{V}_{xx}\right|=0. \tag{8.2.4}$$

对于样本典型相关变量的系数也有类似的结论, $\hat{\boldsymbol{\alpha}}_1,\cdots,\hat{\boldsymbol{\alpha}}_p$ 和 $\hat{\boldsymbol{\beta}}_1,\cdots,\hat{\boldsymbol{\beta}}_p$ 也分别是 $\boldsymbol{V}_{xx}^{-1/2}\boldsymbol{V}_{xy}\boldsymbol{V}_{yy}^{-1}\boldsymbol{V}_{yx}\boldsymbol{V}_{xx}^{-1/2}$ 和 $\boldsymbol{V}_{yy}^{-1/2}\boldsymbol{V}_{yx}\boldsymbol{V}_{xx}^{-1}\boldsymbol{V}_{xy}\boldsymbol{V}_{yy}^{-1/2}$ 的对应于特征根 $\hat{\lambda}_1^2,\cdots,\hat{\lambda}_p^2$

的正则正交特征向量, $\hat{\boldsymbol{a}}_1, \cdots, \hat{\boldsymbol{a}}_p$ 和 $\hat{\boldsymbol{b}}_1, \cdots, \hat{\boldsymbol{b}}_p$ 也分别是 $\boldsymbol{V}_{xx}^{-1}\boldsymbol{V}_{xy}\boldsymbol{V}_{yy}^{-1}\boldsymbol{V}_{yx}$ 和 $\boldsymbol{V}_{yy}^{-1}\cdot\boldsymbol{V}_{yx}\boldsymbol{V}_{xx}^{-1}\boldsymbol{V}_{xy}$ 的对应于特征根 $\hat{\lambda}_1^2, \cdots, \hat{\lambda}_p^2$ 的特征向量. 在对典型相关分析进行统计推断的时候, 往往用样本离差阵 $\boldsymbol{V}_{xx}$, $\boldsymbol{V}_{yy}$ 和 $\boldsymbol{V}_{xy}$, 而不用样本协方差阵 $\hat{\boldsymbol{\Sigma}}_{xx}$, $\hat{\boldsymbol{\Sigma}}_{yy}$ 和 $\hat{\boldsymbol{\Sigma}}_{xy}$ 来定义样本典型相关系数和样本典型相关变量. 下面就根据 (8.2.4) 式来计算样本典型相关系数的平方, $1 > \hat{\lambda}_1^2 > \cdots > \hat{\lambda}_p^2 > 0$ 的密度函数.

由于

$$\begin{pmatrix} \boldsymbol{V}_{xx} & \boldsymbol{V}_{xy} \\ \boldsymbol{V}_{yx} & \boldsymbol{V}_{yy} \end{pmatrix} \sim W_{p+q}\left(n-1, \begin{pmatrix} \boldsymbol{\Sigma}_{xx} & \boldsymbol{\Sigma}_{xy} \\ \boldsymbol{\Sigma}_{yx} & \boldsymbol{\Sigma}_{yy} \end{pmatrix}\right),$$

则由性质 3.2.6 知 $\boldsymbol{V}_{xx} - \boldsymbol{V}_{xy}\boldsymbol{V}_{yy}^{-1}\boldsymbol{V}_{yx}$ 与 $\boldsymbol{V}_{xy}\boldsymbol{V}_{yy}^{-1/2}$ 相互独立, $\boldsymbol{V}_{xx} - \boldsymbol{V}_{xy}\boldsymbol{V}_{yy}^{-1}\cdot\boldsymbol{V}_{yx} \sim W_p\left(n-q-1, \boldsymbol{\Sigma}_{x|y}\right)$, $\boldsymbol{\Sigma}_{x|y} = \boldsymbol{\Sigma}_{xx} - \boldsymbol{\Sigma}_{xy}\boldsymbol{\Sigma}_{yy}^{-1}\boldsymbol{\Sigma}_{yx}$, 在 $\boldsymbol{V}_{yy}$ 给定的条件下, $\boldsymbol{V}_{xy}\boldsymbol{V}_{yy}^{-1/2} \sim N_{p\times q}\left(\boldsymbol{\Sigma}_{xy}\boldsymbol{\Sigma}_{yy}^{-1}\boldsymbol{V}_{yy}^{1/2}, \boldsymbol{I}_q \otimes \boldsymbol{\Sigma}_{x|y}\right)$. 在 $\boldsymbol{X}$ 和 $\boldsymbol{Y}$ 相互独立, 即 $\boldsymbol{\Sigma}_{xy} = \boldsymbol{0}$ 时, $\boldsymbol{V}_{xy}\boldsymbol{V}_{yy}^{-1/2}$ 的 (无条件) 分布为 $N_{p\times q}(\boldsymbol{0}, \boldsymbol{I}_q \otimes \boldsymbol{\Sigma}_{xx})$, 因而 $\boldsymbol{V}_{xy}\boldsymbol{V}_{yy}^{-1}\boldsymbol{V}_{yx} \sim W_p\left(q, \boldsymbol{\Sigma}_{xx}\right)$. 令 $\boldsymbol{A} = \boldsymbol{V}_{xx} - \boldsymbol{V}_{xy}\boldsymbol{V}_{yy}^{-1}\boldsymbol{V}_{yx}$, $\boldsymbol{B} = \boldsymbol{V}_{xy}\boldsymbol{V}_{yy}^{-1}\boldsymbol{V}_{yx}$, 则在 $\boldsymbol{X}$ 和 $\boldsymbol{Y}$ 相互独立的时候,

$$\boldsymbol{A} \sim W_p\left(n-1-q, \boldsymbol{\Sigma}_{xx}\right), \quad \boldsymbol{B} \sim W_p\left(q, \boldsymbol{\Sigma}_{xx}\right), \quad \boldsymbol{A} \text{ 和 } \boldsymbol{B} \text{ 相互独立},$$

且由 (8.2.4) 式知, 样本典型相关系数的平方 $1 > \hat{\lambda}_1^2 > \cdots > \hat{\lambda}_p^2 > 0$ 是下列方程的解:

$$|\boldsymbol{B} - r\left(\boldsymbol{A} + \boldsymbol{B}\right)| = 0. \tag{8.2.5}$$

可以知道, (8.2.5) 式的解实际上就是 $(\boldsymbol{A}+\boldsymbol{B})^{-1/2}\boldsymbol{B}(\boldsymbol{A}+\boldsymbol{B})^{-1/2}$, 或等价地, $(\boldsymbol{A}+\boldsymbol{B})^{-1}\boldsymbol{B}$ 的特征根. 由此看来, 计算样本典型相关系数的平方, $1 > \hat{\lambda}_1^2 > \cdots > \hat{\lambda}_p^2 > 0$ 的密度函数的问题就是习题 5.12. 由此得到 $\boldsymbol{X}$ 和 $\boldsymbol{Y}$ 相互独立时样本典型相关系数的平方 $1 > \hat{\lambda}_1^2 > \cdots > \hat{\lambda}_p^2 > 0$ 的密度函数为

$$\frac{\pi^{p^2/2}\Gamma_p\left((n-1)/2\right)\left(\prod_{i=1}^p \hat{\lambda}_i^2\right)^{(q-p-1)/2}\left(\prod_{i=1}^p\left(1-\hat{\lambda}_i^2\right)\right)^{(n-p-q-2)/2}\prod_{1\leqslant i<j\leqslant p}\left(\hat{\lambda}_i^2-\hat{\lambda}_j^2\right)}{\Gamma_p\left(q/2\right)\Gamma_p\left((n-q-1)/2\right)\Gamma_p\left(p/2\right)}.$$

既然样本典型相关系数的平方有密度函数, 说明它是连续型变量, 因而正如在前面所说的, 以概率 1 保证, 即使在 $\boldsymbol{X}$ 和 $\boldsymbol{Y}$ 相互独立, $\boldsymbol{\Sigma}_{xx}^{-1/2}\boldsymbol{\Sigma}_{xy}\boldsymbol{\Sigma}_{yy}^{-1}\boldsymbol{\Sigma}_{yx}\boldsymbol{\Sigma}_{xx}^{-1/2}$ 的特征根都等于 0 的时候, 样本典型相关系数, 即 $\boldsymbol{V}_{xx}^{-1/2}\boldsymbol{V}_{xy}\boldsymbol{V}_{yy}^{-1}\boldsymbol{V}_{yx}\boldsymbol{V}_{xx}^{-1/2}$ 的特征根不仅都是正的且互不相等, $1 > \hat{\lambda}_1^2 > \cdots > \hat{\lambda}_p^2 > 0$.

至于 $\boldsymbol{X}$ 和 $\boldsymbol{Y}$ 不相互独立时样本典型相关系数的平方, $1 > \hat{\lambda}_1^2 > \cdots > \hat{\lambda}_p^2 > 0$ 服从什么样分布的问题比较复杂, 有兴趣的读者可以参阅文献 [106] 的 11.3.4 小节和 11.3.5 小节.

8.2.3 典型相关变量个数的检验

假设总体为

$$\begin{pmatrix} \boldsymbol{X} \\ \boldsymbol{Y} \end{pmatrix} \sim N_{p+q}\left(\begin{pmatrix} \boldsymbol{\mu}_x \\ \boldsymbol{\mu}_y \end{pmatrix}, \begin{pmatrix} \boldsymbol{\Sigma}_{xx} & \boldsymbol{\Sigma}_{xy} \\ \boldsymbol{\Sigma}_{yx} & \boldsymbol{\Sigma}_{yy} \end{pmatrix}\right), \quad \begin{pmatrix} \boldsymbol{\Sigma}_{xx} & \boldsymbol{\Sigma}_{xy} \\ \boldsymbol{\Sigma}_{yx} & \boldsymbol{\Sigma}_{yy} \end{pmatrix} > 0, \quad p \leqslant q.$$

8.2.1 小节说明, 当 $p \leqslant q$ 时, 若 $\boldsymbol{\Sigma}_{xy}$ 的秩为 k, 则 $\boldsymbol{\Sigma}_{xx}^{-1/2}\boldsymbol{\Sigma}_{xy}\boldsymbol{\Sigma}_{yy}^{-1}\boldsymbol{\Sigma}_{yx}\boldsymbol{\Sigma}_{xx}^{-1/2}$ 有 k 个正的特征根, 向量 $\boldsymbol{X}$ 与 $\boldsymbol{Y}$ 一共有 k 组 (对) 典型相关变量, k 个典型相关系数, 其中, $k = 0, \cdots, p$.

假设

$$\begin{pmatrix} x_1 \\ y_1 \end{pmatrix}, \cdots, \begin{pmatrix} x_n \\ y_n \end{pmatrix}$$

是来自该总体的样本. 令

$$\boldsymbol{V} = \begin{pmatrix} \boldsymbol{V}_{xx} & \boldsymbol{V}_{xy} \\ \boldsymbol{V}_{yx} & \boldsymbol{V}_{yy} \end{pmatrix}, \quad \boldsymbol{V}_{xx} = \sum_{i=1}^{n}(\boldsymbol{x}_i - \bar{\boldsymbol{x}})(\boldsymbol{x}_i - \bar{\boldsymbol{x}})',$$

$$\boldsymbol{V}_{yy} = \sum_{i=1}^{n}(\boldsymbol{y}_i - \bar{\boldsymbol{y}})(\boldsymbol{y}_i - \bar{\boldsymbol{y}})', \quad \boldsymbol{V}_{xy} = \sum_{i=1}^{n}(\boldsymbol{x}_i - \bar{\boldsymbol{x}})(\boldsymbol{y}_i - \bar{\boldsymbol{y}})',$$

8.2.2 小节说明, 当 $p \leqslant q$, $n > p + q$ 时, 不论 $\boldsymbol{\Sigma}_{xy}$ 的秩 k 多大, 都能以概率 1 保证 $\boldsymbol{V}_{xx}^{-1/2}\boldsymbol{V}_{xy}\boldsymbol{V}_{yy}^{-1}\boldsymbol{V}_{yx}\boldsymbol{V}_{xx}^{-1/2}$ 的 p 个特征根不仅都是正的且互不相等. 因而一共有 p 组 (对) 样本典型相关变量, p 个样本典型相关系数. 由此看来, 在有了样本之后, 有必要对 $\boldsymbol{\Sigma}_{xy}$ 的秩, 也就是对典型相关变量的个数 k 进行检验.

8.2.3.1 典型相关变量个数是等于 0, 还是大于 0 的检验问题

由于当且仅当 $\boldsymbol{X}$ 与 $\boldsymbol{Y}$ 相互独立, 即 $\boldsymbol{\Sigma}_{xy} = \boldsymbol{0}$ 的时候, 典型相关变量的个数等于 0, 所以这个检验问题实际上就是 $\boldsymbol{X}$ 与 $\boldsymbol{Y}$ 是否相互独立的检验问题. 它就是 6.6 节所讨论的独立性检验问题.

由 6.6 节知似然比检验统计量为

$$\lambda = \left(\frac{|\boldsymbol{V}|}{|\boldsymbol{V}_{xx}|\,|\boldsymbol{V}_{yy}|}\right)^{n/2} = \left(\frac{\left|\boldsymbol{V}_{xx} - \boldsymbol{V}_{xy}\boldsymbol{V}_{yy}^{-1}\boldsymbol{V}_{yx}\right|}{|\boldsymbol{V}_{xx}|}\right)^{n/2},$$

因而取

$$T_0 = \frac{\left|\boldsymbol{V}_{xx} - \boldsymbol{V}_{xy}\boldsymbol{V}_{yy}^{-1}\boldsymbol{V}_{yx}\right|}{|\boldsymbol{V}_{xx}|} = \left|\boldsymbol{I}_p - \boldsymbol{V}_{xx}^{-1}\boldsymbol{V}_{xy}\boldsymbol{V}_{yy}^{-1}\boldsymbol{V}_{yx}\right| = \prod_{i=1}^{p}\left(1 - \hat{\lambda}_i^2\right)$$

为检验统计量, 并且在 T_0 比较小的时候认为典型相关变量的个数不等于 0, 其中, $1>\hat{\lambda}_1^2>\cdots>\hat{\lambda}_p^2>0$ 是 $\boldsymbol{V}_{xx}^{-1}\boldsymbol{V}_{xy}\boldsymbol{V}_{yy}^{-1}\boldsymbol{V}_{yx}$ 的特征根, 也就是样本典型相关系数的平方.

正如前面在推导 $\boldsymbol{X}$ 和 $\boldsymbol{Y}$ 相互独立时样本典型相关系数的平方 $\left(\hat{\lambda}_1^2,\cdots,\hat{\lambda}_p^2\right)$ 的密度函数时所说的

$$\boldsymbol{A}\sim W_p\left(n-1-q,\boldsymbol{\Sigma}_{xx}\right),\quad \boldsymbol{B}\sim W_p\left(q,\boldsymbol{\Sigma}_{xx}\right),\quad \boldsymbol{A}\text{ 和 }\boldsymbol{B}\text{ 相互独立},$$

其中, $\boldsymbol{A}=\boldsymbol{V}_{xx}-\boldsymbol{V}_{xy}\boldsymbol{V}_{yy}^{-1}\boldsymbol{V}_{yx}$, $\boldsymbol{B}=\boldsymbol{V}_{xy}\boldsymbol{V}_{yy}^{-1}\boldsymbol{V}_{yx}$, 则

$$\begin{aligned}T_0&=\prod_{i=1}^{p}\left(1-\hat{\lambda}_i^2\right)=\frac{\left|\boldsymbol{V}_{xx}-\boldsymbol{V}_{xy}\boldsymbol{V}_{yy}^{-1}\boldsymbol{V}_{yx}\right|}{\left|\left(\boldsymbol{V}_{xx}-\boldsymbol{V}_{xy}\boldsymbol{V}_{yy}^{-1}\boldsymbol{V}_{yx}\right)+\boldsymbol{V}_{xy}\boldsymbol{V}_{yy}^{-1}\boldsymbol{V}_{yx}\right|}\\&=\frac{|\boldsymbol{A}|}{|\boldsymbol{A}+\boldsymbol{B}|}\sim\Lambda_{p,n-1-q,q}.\end{aligned}$$

事实上, 由 (6.6.3) 式, 立即推得 $\boldsymbol{X}$ 和 $\boldsymbol{Y}$ 相互独立时 $T_0\sim\Lambda_{p,n-1-q,q}$. 根据 (3.6.11) 式, (3.6.17) 式和 (3.6.18) 式, 得到它的精度为 $O\left(n^{-1}\right)$, $O\left(n^{-2}\right)$ 和 $O\left(n^{-3}\right)$ 的渐近 p 值分别为

$$\begin{aligned}&P\left(-(n-1-q)\ln\left(T_0\right)\geqslant x\right)=P\left(\chi^2(pq)\geqslant x\right)+O\left(n^{-1}\right),\\&P\left(L_0\geqslant x\right)=P\left(\chi^2(pq)\geqslant x\right)+O\left(n^{-2}\right),\\&P\left(L_0\geqslant x\right)=P\left(\chi^2(pq)\geqslant x\right)\\&\qquad+(n-1-q)^{-2}\omega_2\left(P\left(\chi^2(pq+4)\geqslant x\right)-\left(\chi^2(pq)\geqslant x\right)\right)+O\left(n^{-3}\right),\end{aligned}$$

其中,

$$L_0=-\left(n-1-\frac{p+q+1}{2}\right)\ln T_0,\quad \omega_2=\frac{pq\left(p^2+q^2-5\right)}{48}.$$

倘若拒绝原假设, 认为典型相关变量个数大于 0, 那么接下来需要考虑的检验问题就是典型相关变量个数是等于 1 还是大于 1. 然后再考虑典型相关变量个数是等于 2 还是大于 2 的检验问题, 由此看来, 典型相关变量个数的检验是一个逐步检验的过程.

8.2.3.2 典型相关变量的个数是等于 k, 还是大于 k 的检验问题

下面考虑典型相关变量个数是等于 k 还是大于 k 的检验问题, 其中, $k\geqslant 1$. 显然, 这个检验问题相当于检验 $\boldsymbol{X}$ 和 $\boldsymbol{Y}$ 的协方差阵 $\boldsymbol{\Sigma}_{xy}$ 的秩是等于 k 还是大于 k. 显然, $\boldsymbol{\Sigma}_{xy}$ 的秩等于 $q\times p$ 阶矩阵 $\boldsymbol{\Sigma}_{yy}^{-1}\boldsymbol{\Sigma}_{yx}$ 的秩. 所以典型相关变量的个数是等于 k, 还是大于 k 的检验问题, 相当于检验 $q\times p$ 阶矩阵 $\boldsymbol{\Sigma}_{yy}^{-1}\boldsymbol{\Sigma}_{yx}$ 的秩是等于 k 还是大于 k, 也就是是否存在 $p\times(p-k)$ 阶列满秩阵 $\boldsymbol{C}$, 使得 $\boldsymbol{\Sigma}_{yy}^{-1}\boldsymbol{\Sigma}_{yx}\boldsymbol{C}=\boldsymbol{0}$ 的检验问

题. 由此可见, 若令 $\boldsymbol{B}=\boldsymbol{\Sigma}_{yy}^{-1}\boldsymbol{\Sigma}_{yx}$, 则典型相关变量的个数是等于 k, 还是大于 k 的检验问题的原假设可以表述为

$$H_0: 存在\ p\times(p-k)\ 阶列满秩阵\ \boldsymbol{C},\ 使得\ \boldsymbol{BC}=\boldsymbol{0}. \tag{8.2.6}$$

为什么把关于 $\boldsymbol{\Sigma}_{xy}$ 的秩的检验问题转化为关于 $\boldsymbol{B}=\boldsymbol{\Sigma}_{yy}^{-1}\boldsymbol{\Sigma}_{yx}$ 的秩的检验问题, 其原因就在于, 采用密度分解方法解检验问题 (8.2.6). 所谓密度分解就是将 $(\boldsymbol{X},\ \boldsymbol{Y})$ 的联合密度分解成 $\boldsymbol{Y}$ 的边际密度与 $\boldsymbol{Y}$ 给定后 $\boldsymbol{X}$ 的条件密度的乘积. 7.1.6 小节在解均值子集的线性假设检验问题时, 以及 7.4.2 小节在解无交互效应的多组重复测量数据的复合对称结构的检验问题时, 都使用了密度分解的方法. 对某些统计推断问题来说, 密度分解方法不失是一个有效的方法.

$\boldsymbol{Y}$ 的边际分布为 $N_q(\boldsymbol{\mu}_y,\boldsymbol{\Sigma}_{yy})$, $\boldsymbol{Y}$ 给定后 $\boldsymbol{X}$ 的条件分布为 $N_p(\boldsymbol{\beta}_0+\boldsymbol{B}'\boldsymbol{Y},\boldsymbol{\Sigma}_{x|y})$, 其中, $\boldsymbol{\beta}_0=\boldsymbol{\mu}_x-\boldsymbol{B}'\boldsymbol{\mu}_y$, $\boldsymbol{\Sigma}_{x|y}=\boldsymbol{\Sigma}_{xx}-\boldsymbol{\Sigma}_{xy}\boldsymbol{\Sigma}_{yy}^{-1}\boldsymbol{\Sigma}_{yx}$. 显然, 参数 $(\boldsymbol{\mu}_x,\boldsymbol{\mu}_y,\boldsymbol{\Sigma}_{xx},\boldsymbol{\Sigma}_{yy},\boldsymbol{\Sigma}_{xy})$ 与 $(\boldsymbol{\mu}_y,\boldsymbol{\Sigma}_{yy},\boldsymbol{\beta}_0,\boldsymbol{B},\boldsymbol{\Sigma}_{x|y})$ 之间一一对应. $\boldsymbol{Y}$ 的边际分布的参数为 $(\boldsymbol{\mu}_y,\boldsymbol{\Sigma}_{yy})$, 其中, 不包含 $\boldsymbol{B}$, 而 $\boldsymbol{Y}$ 给定后 $\boldsymbol{X}$ 的条件分布的参数为 $(\boldsymbol{\beta}_0,\boldsymbol{B},\boldsymbol{\Sigma}_{x|y})$, 其中, 包含 $\boldsymbol{B}$. 由此可见, 检验问题 (8.2.6) 可简化为 $\boldsymbol{Y}$ 给定后 $\boldsymbol{X}$ 的条件分布 $N_p(\boldsymbol{\beta}_0+\boldsymbol{B}'\boldsymbol{Y},\boldsymbol{\Sigma}_{x|y})$ 的检验问题, 也就是下面这个多元线性回归模型:

$$\boldsymbol{U}=\boldsymbol{1}_n\boldsymbol{\beta}_0'+\boldsymbol{WB}+\boldsymbol{\varepsilon} \tag{8.2.7}$$

的检验问题, 其中,

$$\boldsymbol{U}=\begin{pmatrix} x_1' \\ \vdots \\ x_n' \end{pmatrix},\quad \boldsymbol{W}=\begin{pmatrix} y_1' \\ \vdots \\ y_n' \end{pmatrix},\quad \boldsymbol{\varepsilon}\sim N_{n\times p}\left(\boldsymbol{0},\boldsymbol{\Sigma}_{x|y}\otimes\boldsymbol{I}_n\right).$$

检验问题 (8.2.6) 就是检验回归系数 $\boldsymbol{B}$ 的维数. 关于回归系数维数检验问题的详细讨论, 读者可参阅文献 [78].

首先在 $p\times(p-k)$ 阶列满秩阵 $\boldsymbol{C}$ 已知的时候解检验问题 (8.2.6). 记它的似然比为 λ_c. 那么所要求的检验问题 (8.2.6) 的似然比等于

$$\lambda=\sup_{\boldsymbol{C}}\lambda_c. \tag{8.2.8}$$

存在 $p\times k$ 阶列满秩阵 $\boldsymbol{C}_1$, 使得 p 阶方阵 $\boldsymbol{C}^*=(\boldsymbol{C}_1,\boldsymbol{C})$ 非奇异. 然后将多元线性回归模型 (8.2.7) 等价地变换为

$$\boldsymbol{UC}^*=\boldsymbol{1}_n\boldsymbol{\beta}_0'\boldsymbol{C}^*+\boldsymbol{WBC}^*+\boldsymbol{\varepsilon C}^*,$$

也就是变换为

$$\begin{cases} \boldsymbol{U}\boldsymbol{C}_1 = \boldsymbol{1}_n\boldsymbol{\beta}_0'\boldsymbol{C}_1 + \boldsymbol{W}\boldsymbol{B}\boldsymbol{C}_1 + \boldsymbol{\varepsilon}\boldsymbol{C}_1, \\ \boldsymbol{U}\boldsymbol{C} = \boldsymbol{1}_n\boldsymbol{\beta}_0'\boldsymbol{C} + \boldsymbol{W}\boldsymbol{B}\boldsymbol{C} + \boldsymbol{\varepsilon}\boldsymbol{C}. \end{cases} \tag{8.2.9}$$

由此可见, 当 $p\times(p-k)$ 阶列满秩阵 $\boldsymbol{C}$ 已知时, 若令 $\boldsymbol{B}\boldsymbol{C}=\boldsymbol{\Theta}$, 则检验问题 (8.2.6) 就是 7.2.3 小节中所讨论的检验问题 (2), 也就是均值子集的线性假设的那种类型的检验问题. 与检验问题 (7.2.21) 的做法完全类似地, 可以将多元线性回归模型 (8.2.9) 简化为

$$\boldsymbol{Z} = \boldsymbol{1}_n\boldsymbol{\gamma}_0' + \boldsymbol{W}\boldsymbol{\Theta} + \boldsymbol{\eta}, \tag{8.2.10}$$

其中, $\boldsymbol{Z}=\boldsymbol{U}\boldsymbol{C}$, $\boldsymbol{\gamma}_0=\boldsymbol{C}'\boldsymbol{\beta}_0$, $\boldsymbol{\eta}=\boldsymbol{\varepsilon}\boldsymbol{C}\sim N_{n\times p}\left(\boldsymbol{0},\boldsymbol{C}'\boldsymbol{\Sigma}_{x|y}\boldsymbol{C}\otimes\boldsymbol{I}_n\right)$. 因而在 $\boldsymbol{C}$ 已知的时候模型 (8.2.7) 的检验问题 (8.2.6) 就转化为模型 (8.2.10) 的原假设为 $H_0:\boldsymbol{\Theta}=\boldsymbol{0}$ 的检验问题. 根据 (7.1.27) 式以及 (7.2.23) 式, 得到 $\boldsymbol{C}$ 已知时的检验问题 (8.2.6) 的似然比为

$$\lambda_c = \left(\frac{\left|\boldsymbol{V}_{zz}-\boldsymbol{V}_{zw}\boldsymbol{V}_{ww}^{-1}\boldsymbol{V}_{wz}\right|}{\left|\boldsymbol{V}_{zz}\right|}\right)^{n/2},$$

其中, $\boldsymbol{V}_{zz}$, $\boldsymbol{V}_{zw}$ 和 $\boldsymbol{V}_{ww}$ 的计算方法分别等同于 7.2 节中的 $\boldsymbol{L}_{xx}$, $\boldsymbol{L}_{xy}$ 和 $\boldsymbol{L}_{yy}$ 的计算方法 (见 (7.2.4) 式 ~(7.2.7) 式). 由于

$$\boldsymbol{U}=\begin{pmatrix} x_1' \\ \vdots \\ x_n' \end{pmatrix}, \quad W=\begin{pmatrix} y_1' \\ \vdots \\ y_n' \end{pmatrix}, \quad \boldsymbol{Z}=\boldsymbol{U}\boldsymbol{C},$$

所以 $\boldsymbol{V}_{zz}=\boldsymbol{C}'\boldsymbol{V}_{xx}\boldsymbol{C}$, $\boldsymbol{V}_{ww}=\boldsymbol{V}_{yy}$, $\boldsymbol{V}_{zw}=\boldsymbol{C}'\boldsymbol{V}_{xy}$. 因而

$$\lambda_c = \left(\frac{\left|\boldsymbol{C}'\left(\boldsymbol{V}_{xx}-\boldsymbol{V}_{xy}\boldsymbol{V}_{yy}^{-1}\boldsymbol{V}_{yx}\right)\boldsymbol{C}\right|}{\left|\boldsymbol{C}'V_{xx}\boldsymbol{C}\right|}\right)^{n/2}.$$

接下来根据 (8.2.8) 式, 计算在 $p\times(p-k)$ 阶列满秩阵 $\boldsymbol{C}$ 未知时模型 (8.2.7) 的检验问题 (8.2.6), 也就是典型相关变量的个数是等于 k, 还是大于 k 的检验问题的似然比 λ. 显然

$$\begin{aligned}
&\sup_{\boldsymbol{C}} \frac{\left|\boldsymbol{C}'\left(\boldsymbol{V}_{xx}-\boldsymbol{V}_{xy}\boldsymbol{V}_{yy}^{-1}\boldsymbol{V}_{yx}\right)\boldsymbol{C}\right|}{\left|\boldsymbol{C}'\boldsymbol{V}_{xx}\boldsymbol{C}\right|} \\
=&\sup_{\boldsymbol{C}} \frac{\left|\boldsymbol{C}'\left(\boldsymbol{I}_p-\boldsymbol{V}_{xx}^{-1/2}\boldsymbol{V}_{xy}\boldsymbol{V}_{yy}^{-1}\boldsymbol{V}_{yx}\boldsymbol{V}_{xx}^{-1/2}\right)\boldsymbol{C}\right|}{\left|\boldsymbol{C}'\boldsymbol{C}\right|} \\
=&\sup_{\boldsymbol{C}} \left|\left(\boldsymbol{C}'\boldsymbol{C}\right)^{-1/2}\boldsymbol{C}'\left(\boldsymbol{I}_p-\boldsymbol{V}_{xx}^{-1/2}\boldsymbol{V}_{xy}\boldsymbol{V}_{yy}^{-1}\boldsymbol{V}_{yx}\boldsymbol{V}_{xx}^{-1/2}\right)\boldsymbol{C}\left(\boldsymbol{C}'\boldsymbol{C}\right)^{-1/2}\right| \\
=&\sup_{\boldsymbol{C}'\boldsymbol{C}=\boldsymbol{I}_{p-k}} \left|\boldsymbol{C}'\left(\boldsymbol{I}_p-\boldsymbol{V}_{xx}^{-1/2}\boldsymbol{V}_{xy}\boldsymbol{V}_{yy}^{-1}\boldsymbol{V}_{yx}\boldsymbol{V}_{xx}^{-1/2}\right)\boldsymbol{C}\right|,
\end{aligned}$$

其中, $\boldsymbol{C}'\boldsymbol{C}=\boldsymbol{I}_{p-k}$ 的意思是说 $\boldsymbol{C}$ 是列正交矩阵.

按前面的假设, $1>\hat{\lambda}_1^2>\cdots>\hat{\lambda}_p^2>0$ 分别是 $\boldsymbol{V}_{xx}^{-1/2}\boldsymbol{V}_{xy}\boldsymbol{V}_{yy}^{-1}\boldsymbol{V}_{yx}\boldsymbol{V}_{xx}^{-1/2}$ 的特征根, $\hat{\boldsymbol{\alpha}}_1,\cdots,\hat{\boldsymbol{\alpha}}_p$ 是 $\boldsymbol{V}_{xx}^{-1/2}\boldsymbol{V}_{xy}\boldsymbol{V}_{yy}^{-1}\boldsymbol{V}_{yx}\boldsymbol{V}_{xx}^{-1/2}$ 的对应于特征根 $\hat{\lambda}_1^2,\cdots,\hat{\lambda}_p^2$ 的正则正交特征向量. 令 $\boldsymbol{C}=\hat{\boldsymbol{T}}\boldsymbol{D}$, 其中, $\hat{\boldsymbol{T}}=(\hat{\boldsymbol{\alpha}}_1,\cdots,\hat{\boldsymbol{\alpha}}_p)$ 是正交矩阵. 由 $\boldsymbol{C}'\boldsymbol{C}=\boldsymbol{I}_{p-k}$ 知 $\boldsymbol{D}'\boldsymbol{D}=\boldsymbol{I}_{p-k}$, $\boldsymbol{D}$ 也是列正交矩阵. 从而有

$$
\begin{aligned}
&\sup_{\boldsymbol{C}}\frac{\left|\boldsymbol{C}'\left(\boldsymbol{V}_{xx}-\boldsymbol{V}_{xy}\boldsymbol{V}_{yy}^{-1}\boldsymbol{V}_{yx}\right)\boldsymbol{C}\right|}{\left|\boldsymbol{C}'\boldsymbol{V}_{xx}\boldsymbol{C}\right|}\\
=&\sup_{\boldsymbol{C}'\boldsymbol{C}=\boldsymbol{I}_{p-k}}\left|\boldsymbol{C}'\left(\boldsymbol{I}_p-\boldsymbol{V}_{xx}^{-1/2}\boldsymbol{V}_{xy}\boldsymbol{V}_{yy}^{-1}\boldsymbol{V}_{yx}\boldsymbol{V}_{xx}^{-1/2}\right)\boldsymbol{C}\right|\\
=&\sup_{\boldsymbol{D}'\boldsymbol{D}=\boldsymbol{I}_{p-k}}\left|\boldsymbol{D}'\mathrm{diag}\left(1-\hat{\lambda}_1^2,\cdots,1-\hat{\lambda}_p^2\right)\boldsymbol{D}\right|.
\end{aligned}
\tag{8.2.11}
$$

关于矩阵的特征值和行列式有许多有用的结果, 其中的一个结果称为 Poincaré 分离定理 (见文献 [121] 的 1f.2).

Poincaré 分离定理　记 m 阶非负定矩阵 A 的特征根为 $\lambda_1(\boldsymbol{A})\geqslant\cdots\geqslant\lambda_p(\boldsymbol{A})\geqslant 0$. 设 $m\times k$ 阶矩阵 $\boldsymbol{B}$ 是列正交矩阵 $\boldsymbol{B}'\boldsymbol{B}=\boldsymbol{I}_k$. 记 $\boldsymbol{B}'\boldsymbol{A}\boldsymbol{B}$ 的特征根为 $\lambda_1\left(\boldsymbol{B}'\boldsymbol{A}\boldsymbol{B}\right)\geqslant\cdots\geqslant\lambda_k\left(\boldsymbol{B}'\boldsymbol{A}\boldsymbol{B}\right)\geqslant 0$, 则有

$$
\left\{\begin{array}{ll}
\lambda_i\left(\boldsymbol{B}'\boldsymbol{A}\boldsymbol{B}\right)\leqslant\lambda_i(\boldsymbol{A}), & i=1,\cdots,k,\\
\lambda_{k-i}\left(\boldsymbol{B}'\boldsymbol{A}\boldsymbol{B}\right)\geqslant\lambda_{m-i}(\boldsymbol{A}), & i=0,1,\cdots,k-1.
\end{array}\right.
\tag{8.2.12}
$$

将 Poincaré 分离定理的 (8.2.12) 式用于 (8.2.11) 式, 则有

$$
\begin{aligned}
&\sup_{\boldsymbol{C}}\frac{\left|\boldsymbol{C}'\left(\boldsymbol{V}_{xx}-\boldsymbol{V}_{xy}\boldsymbol{V}_{yy}^{-1}\boldsymbol{V}_{yx}\right)\boldsymbol{C}\right|}{\left|\boldsymbol{C}'\boldsymbol{V}_{xx}\boldsymbol{C}\right|}\\
=&\sup_{\boldsymbol{D}'\boldsymbol{D}=\boldsymbol{I}_{p-k}}\left|\boldsymbol{D}'\mathrm{diag}\left(1-\hat{\lambda}_1^2,\cdots,1-\hat{\lambda}_p^2\right)\boldsymbol{D}\right|\leqslant\prod_{i=k+1}^{p}\left(1-\hat{\lambda}_i^2\right).
\end{aligned}
\tag{8.2.13}
$$

事实上, 将 Poincaré 分离定理的 (8.2.12) 式用于 $\sup\limits_{\boldsymbol{C}'\boldsymbol{C}=\boldsymbol{I}_{p-k}}|\boldsymbol{C}'(\boldsymbol{I}_p-\boldsymbol{V}_{xx}^{-1/2}\boldsymbol{V}_{xy}\boldsymbol{V}_{yy}^{-1}\cdot\boldsymbol{V}_{yx}\boldsymbol{V}_{xx}^{-1/2})\boldsymbol{C}|$, 立即推得 (8.2.13) 式

$$
\begin{aligned}
&\sup_{\boldsymbol{C}}\frac{\left|\boldsymbol{C}'\left(\boldsymbol{V}_{xx}-\boldsymbol{V}_{xy}\boldsymbol{V}_{yy}^{-1}\boldsymbol{V}_{yx}\right)\boldsymbol{C}\right|}{\left|\boldsymbol{C}'V_{xx}\boldsymbol{C}\right|}\\
=&\sup_{\boldsymbol{C}'\boldsymbol{C}=\boldsymbol{I}_{p-k}}\left|\boldsymbol{C}'\left(\boldsymbol{I}_p-\boldsymbol{V}_{xx}^{-1/2}\boldsymbol{V}_{xy}\boldsymbol{V}_{yy}^{-1}\boldsymbol{V}_{yx}\boldsymbol{V}_{xx}^{-1/2}\right)\boldsymbol{C}\right|\leqslant\prod_{i=k+1}^{p}\left(1-\hat{\lambda}_i^2\right).
\end{aligned}
$$

令

$$\begin{aligned}&\sup_{\boldsymbol{C}'\boldsymbol{C}=\boldsymbol{I}_{p-k}}\left|\boldsymbol{C}'\left(\boldsymbol{I}_p-\boldsymbol{V}_{xx}^{-1/2}\boldsymbol{V}_{xy}\boldsymbol{V}_{yy}^{-1}\boldsymbol{V}_{yx}\boldsymbol{V}_{xx}^{-1/2}\right)\boldsymbol{C}\right|\\=&\sup_{\boldsymbol{C}'\boldsymbol{C}=\boldsymbol{I}_{p-k}}\left|\boldsymbol{C}'\left(\boldsymbol{I}_p-\boldsymbol{V}_{xx}^{-1/2}\boldsymbol{V}_{xy}\boldsymbol{V}_{yy}^{-1}\boldsymbol{V}_{yx}\boldsymbol{V}_{xx}^{-1/2}\right)\boldsymbol{C}\right|,\end{aligned}$$

然后使用 Poincaré 分离定理的 (8.2.12) 式得到 (8.2.13) 式, 目的是为了说明 (8.2.13) 式等号可以成立. 取

$$\boldsymbol{D}=\begin{pmatrix}\boldsymbol{0}\\\boldsymbol{I}_{p-k}\end{pmatrix},$$

则 (8.2.13) 式等号成立, 从而才能由 (8.2.8) 式得到检验问题 (8.2.6) 的似然比为

$$\lambda=\sup_{\boldsymbol{C}}\lambda_c=\left(\prod_{i=k+1}^{p}\left(1-\hat{\lambda}_i^2\right)\right)^{n/2}.$$

故取检验问题 (8.2.6), 即典型相关变量的个数是等于 k 还是大于 k 的检验问题的似然比检验统计量为

$$T_k=\prod_{i=k+1}^{p}\left(1-\hat{\lambda}_i^2\right).$$

在 T_k 比较小的时候认为典型相关变量的个数大于 k. 在并不知道典型相关变量的个数是否等于 k 时, 参数空间的参数个数为

$$p+q+\frac{p\,(p+1)}{2}+\frac{q\,(q+1)}{2}+pq.$$

在典型相关变量的个数等于 k 时, $p\times q$ 阶矩阵 $\boldsymbol{\Sigma}_{xy}$ 的秩等于 k. 不妨令

$$\boldsymbol{\Sigma}_{xy}=\begin{pmatrix}\boldsymbol{C}_1\\\boldsymbol{C}_2\end{pmatrix},$$

其中, $\boldsymbol{C}_1$ 和 $\boldsymbol{C}_2$ 分别是 $k\times q$ 阶和 $(p-k)\times q$ 阶矩阵, 且 $\boldsymbol{C}_1$ 的秩为 k. 存在 $(p-k)\times k$ 阶矩阵 $\boldsymbol{D}$, 使得 $\boldsymbol{C}_2=\boldsymbol{D}\boldsymbol{C}_1$. 由此可见, 在典型相关变量的个数等于 k 时, 参数空间的参数个数为

$$p+q+\frac{p\,(p+1)}{2}+\frac{q\,(q+1)}{2}+kq+(p-k)\,k,$$

因而似然比检验统计量的渐近 χ^2 分布的自由度为

$$pq-kq-(p-k)\,k=(p-k)\,(q-k)\,.$$

根据似然比统计量的极限分布, $W_k=-n\ln T_k$ 渐近服从自由度为 $(p-k)\,(q-k)$ 的 χ^2 分布. 从而得到检验的渐近 p 值为 $P\left(\chi^2\left((p-k)\,(q-k)\right)\geqslant W_k\right)$.

文献 [82] 给出了 $\boldsymbol{W}_k$ 的一个改进, 建议采用的检验统计量为

$$L_k = -\left(n - 1 - k - \frac{p+q+1}{2} + \sum_{i=1}^{k} \hat{\lambda}_i^{-2}\right) \ln T_k.$$

L_k 渐近服从自由度为 $(p-k)(q-k)$ 的 χ^2 分布, L_k 作为 $\boldsymbol{W}_k$ 的一个改进就在于当 $\hat{\lambda}_1^2 > \cdots > \hat{\lambda}_k^2$ 给定后, L_k 的数学期望与自由度为 $(p-k)(q-k)$ 的 χ^2 分布的数学期望仅相差 $O\left(n^{-2}\right)$,

$$E\left(L_k | \hat{\lambda}_1^2, \cdots, \hat{\lambda}_k^2\right) = (p-k)(q-k) + O\left(n^{-2}\right).$$

8.3　主成分分析

2.3 节在讨论如何制定成年男子和成年女子上衣服装号型的问题的时候, 由于在成年男子上衣 8 个人体部位尺寸中身高的方差最大, 所以取身高为成年男子上衣的第一基本部位, 而对于成年女子上衣来说, 胸围的方差最大, 故取胸围为成年女子上衣的第一基本部位. 但在有些国家制定服装号型时常用多元统计分析中的“主成分分析”方法. 对上衣服装号型的问题来说, 所谓主成分分析法就是取这 8 个人体部位尺寸的一个线性组合, 而主成分就是使得方差达到最大的那个线性组合. 下面详细介绍主成分分析的基本概念、方法与性质.

8.3.1　总体主成分分析

设 $\boldsymbol{X} \sim N_p(\boldsymbol{\mu}, \boldsymbol{\Sigma})$. $\boldsymbol{X}$ 的线性组合 $\boldsymbol{a}'\boldsymbol{X}(\boldsymbol{a} \in \mathbf{R}^p)$ 的方差为 $\operatorname{Var}(\boldsymbol{a}'\boldsymbol{X}) = \boldsymbol{a}'\boldsymbol{\Sigma}\boldsymbol{a}$. 显然, 倘若对系数 $\boldsymbol{a}$ 没有任何约束条件的话, 线性组合 $\boldsymbol{a}'\boldsymbol{X}$ 的方差可以无穷的大. $\boldsymbol{a}$ 满足正则化的约束条件 $\boldsymbol{a}'\boldsymbol{a} = 1$, 是一个很自然的要求. 在这个正则约束条件下, 使得 $\boldsymbol{a}'\boldsymbol{X}$ 的方差达到最大的 $\boldsymbol{a}'\boldsymbol{X}$ 称为 $\boldsymbol{X}$ 的第一主成分. 由此看来, 主成分分析第一步的工作其实就是解一个条件极值问题: 在 $\boldsymbol{a}'\boldsymbol{a} = 1$ 的正则化约束条件下, 求使得 $\boldsymbol{a}'\boldsymbol{\Sigma}\boldsymbol{a}$ 达到最大值的 $\boldsymbol{a}$. 关于二次型极值的性质 A.8.3 的结论 (1) 可用来解这个条件极值问题.

令 $\boldsymbol{\Sigma}$ 的特征根为 $\lambda_1 \geqslant \cdots \geqslant \lambda_p \geqslant 0$, 与这些特征根相对应的正则正交特征向量分别为 $\boldsymbol{\alpha}_1, \cdots, \boldsymbol{\alpha}_p$. 根据性质 A.8.3 的结论 (1) 即得该条件极值问题的解. 在 $\boldsymbol{a}'\boldsymbol{a} = 1$ 的正则化约束条件下, $\boldsymbol{a}'\boldsymbol{\Sigma}\boldsymbol{a}$ 的最大值为 λ_1, 在 $\boldsymbol{a} = \boldsymbol{\alpha}_1$ 时取最大值, $\boldsymbol{\alpha}_1$ 是 $\boldsymbol{\Sigma}$ 的最大特征根 λ_1 所对应的正则特征向量.

令 $\boldsymbol{X} = (x_1, \cdots, x_p)'$, $\boldsymbol{\alpha}_1 = (\alpha_{11}, \cdots, \alpha_{p1})'$, 则称 $\boldsymbol{y}_1 = \boldsymbol{\alpha}_1'\boldsymbol{X} = \alpha_{11}x_1 + \cdots + \alpha_{p1}x_p$ 为 $\boldsymbol{X}$ 的第一主成分. 第一主成分的方差为 $\operatorname{Var}(\boldsymbol{y}_1) = \boldsymbol{\alpha}_1'\boldsymbol{\Sigma}\boldsymbol{\alpha}_1 = \lambda_1$.

上衣 8 个人体部位尺寸服从 $p = 8$ 元正态分布. 2.3 节中, 考虑到样本量很大 (超过 5000), 故不妨认为成年男子和成年女子这两个 8 元正态分布的协方差阵都

是已知的, 分别见表 2.3.2 和表 2.3.3. 由成年男子上衣的 8 个人体部位尺寸的协方差阵 $\boldsymbol{\Sigma}$(表 2.3.2), 求得它的最大特征根以及最大特征根所对应的正则特征向量分别为

$$\lambda_1 = 100.5771,$$
$$\boldsymbol{\alpha}_1 = (0.5920,\ 0.5469,\ 0.4052,\ 0.2062,\ 0.0638,\ 0.2680,\ 0.1416,\ 0.2183)',$$

从而有成年男子上衣的第一主成分, 见表 8.3.1.

表 8.3.1 成年男子上衣第一主成分

部位 (x_i)	系数 (α_{i1})
身高	0.5920
颈椎点高	0.5469
腰围高	0.4052
坐姿颈椎点高	0.2062
颈围	0.0638
胸围	0.2680
后肩横弧	0.1416
臂全长	0.2183

它的方差为 100.5771. 由表 2.3.2 知成年男子身高的方差为 37.115, 比第一主成分的方差小得多. 因为第一主成分的方差大, 所以它的取值在人群中的变化就大. 2.3 节是根据身高的大小将人群划分为不同的类别, 从而制定成年男子上衣服装规格系列号型. 如果根据第一主成分的大小将人群划分类别, 它将会把人群更加细分. 由此可见, 用第一主成分比用身高来制定服装规格系列号型更为细致恰当. 看来有些国家制定服装号型用主成分分析方法, 将第一主成分作为成年男子上衣的第一基本部位是有道理的.

2.4 节将这些人体部位尺寸大致聚合为两类, 一类是表示人的高矮的尺寸, 包括身高、颈椎点高、腰围高、坐姿颈椎点高和臂全长等尺寸, 另一类是表示人的胖瘦的尺寸, 包括颈围和胸围等尺寸. 由第一主成分各个部位的系数值可以看到, 有近似等式

$$\text{第一主成分} \approx 0.5\times(\text{身高} + \text{颈椎点高} + \text{腰围高}).$$

由此可见, 第一主成分主要表示人的高矮. 考虑到这样一个因素, 并考虑到第一主成分不够直观, 不易被大家所接受, 故针对中国的具体情况, 服装行业还是采用身高作为成年男子上衣的第一基本部位.

p 维随机向量 $\boldsymbol{X} = (x_1, \cdots, x_p)'$ 所含有离散程度的信息可以用它的各个成分方差的总和 $\mathrm{Var}(x_1) + \cdots + \mathrm{Var}(x_p)$ 来表示. 第一主成分的作用就在于将 $\boldsymbol{X}$ 所含有离散程度的信息最大化地用一个变量 y_1 所含有离散程度的信息来代替. 例如, 表

2.3.2 是成年男子上衣的 8 个人体部位尺寸的协方差阵, 其对角线上各个元素的和为 147.32. 它等于成年男子上衣 8 个人体部位尺寸的方差的总和, 可用来度量成年男子上衣 8 个人体部位尺寸含有的人群离散程度的信息. 由于第一主成分 y_1 的方差为

$$100.5771 = 147.32 \times 68.3\%,$$

所以若用第一主成分 y_1 代替 8 个人体部位, 则保留了 68.3% 的人群离散程度的信息. 由此看来, 主成分分析方法有降维的作用.

如果第一主成分所保留的离散程度的信息还不够多, 那么可以构造第二主成分. 主成分分析的第二步的工作其实也是解一个条件极值问题：在 $\boldsymbol{a}'\boldsymbol{a} = 1$ 的正则化约束条件以及与第一主成分正交, $\boldsymbol{a}'\boldsymbol{\alpha}_1 = 0$ 的正交化约束条件下, 求使得 $\boldsymbol{a}'\boldsymbol{X}$ 的方差, $\boldsymbol{a}'\boldsymbol{\Sigma}\boldsymbol{a}$ 达到最大值的 $\boldsymbol{a}$. 在正则正交化约束条件下, 使得 $\boldsymbol{a}'\boldsymbol{X}$ 的方差达到最大的 $\boldsymbol{a}'\boldsymbol{X}$ 称为 $\boldsymbol{X}$ 的第二主成分. 在导出了第二主成分的表达形式后, 将证明正交化约束条件使得第一与第二主成分相互独立. 由此可见, 是在去除了第一主成分所保留的离散程度的信息之后, 寻找第二主成分用以尽可能多地保留去除了第一主成分之后剩余下来的离散程度的信息.

性质 A.8.3 的结论 (2) 可用来解求第二主成分的那个条件极值问题. 在 $\boldsymbol{a}'\boldsymbol{a} = 1$ 与 $\boldsymbol{a}'\boldsymbol{\alpha}_1 = 0$ 的正则正交化约束条件下, $\boldsymbol{a}'\boldsymbol{\Sigma}\boldsymbol{a}$ 的最大值为 λ_2, 在 $\boldsymbol{a} = \boldsymbol{\alpha}_2$ 时取最大值, $\boldsymbol{\alpha}_2$ 是 $\boldsymbol{\Sigma}$ 的次大特征根 λ_2 所对应的正则特征向量.

令 $\boldsymbol{\alpha}_2 = (\alpha_{12}, \cdots, \alpha_{p2})'$, 则称 $y_2 = \boldsymbol{\alpha}_2'\boldsymbol{X} = \alpha_{12}x_1 + \cdots + \alpha_{p2}x_p$ 为 $\boldsymbol{X}$ 的第二主成分. 第二主成分的方差为 $\operatorname{Var}(y_2) = \boldsymbol{\alpha}_2'\boldsymbol{\Sigma}\boldsymbol{\alpha}_2 = \lambda_2$.

下面证明第一主成分 $\boldsymbol{\alpha}_1'\boldsymbol{X}$ 与第二主成分 $\boldsymbol{\alpha}_2'\boldsymbol{X}$ 相互独立. 由于 $\boldsymbol{\alpha}_2$ 是 $\boldsymbol{\Sigma}$ 的特征根为 λ_2 所对应的特征向量, 则 $\boldsymbol{\Sigma}\boldsymbol{\alpha}_2 = \lambda_2\boldsymbol{\alpha}_2$. 从而根据正交化约束条件

$$\operatorname{Cov}(\boldsymbol{\alpha}_1'\boldsymbol{X}, \boldsymbol{\alpha}_2'\boldsymbol{X}) = \boldsymbol{\alpha}_1'\boldsymbol{\Sigma}\boldsymbol{\alpha}_2 = \boldsymbol{\alpha}_1'(\lambda_2\boldsymbol{\alpha}_2) = \lambda_2(\boldsymbol{\alpha}_1'\boldsymbol{\alpha}_2) = 0,$$

所以第一主成分 $\boldsymbol{\alpha}_1'\boldsymbol{X}$ 与第二主成分 $\boldsymbol{\alpha}_2'\boldsymbol{X}$ 相互独立.

由成年男子上衣的 8 个人体部位尺寸的协方差阵 $\boldsymbol{\Sigma}$(表 2.3.2), 求得它的次大特征根以及次大特征根所对应的正则特征向量分别为

$$\lambda_2 = 28.4471,$$

$$\boldsymbol{\alpha}_2 = (0.1849, 0.1362, 0.2028, -0.0083, -0.2320, -0.9003, -0.1867, 0.0831)',$$

从而有成年男子上衣的第二主成分, 见表 8.3.2.

由第二主成分各个部位的系数值可以看到, 第二主成分近似地等于胸围 (系数的正负没有本质差别), 它主要表示人的胖瘦. 由此看来, 我国的服装行业采用胸围作为成年男子上衣的第二基本部位非常合理.

表 8.3.2 成年男子上衣第二主成分

部位 (x_i)	系数 (α_{i2})
身高	0.1849
颈椎点高	0.1362
腰围高	0.2028
坐姿颈椎点高	−0.0083
颈围	−0.2320
胸围	−0.9003
后肩横弧	−0.1867
臂全长	0.0831

成年男子上衣 8 个人体部位尺寸的方差的和为 147.32. 它可用来度量成年男子上衣 8 个人体部位尺寸含有的人群离散程度的信息. 由于第一、二主成分 y_1 与 y_2 的方差的和为

$$100.5771 + 28.4471 = 147.32 \times 87.6\%,$$

所以若用第一和第二个主成分 (y_1, y_2) 代替 8 个人体部位, 则累积保留了 87.6% 的人群离散程度的信息.

通常称第一主成分 y_1 最重要, 它的贡献率为 68.3%, 称前两个主成分 y_1 和 y_2 的累计贡献率为 87.6%. 必须注意的是, 所谓第一主成分最重要是因为在 $\boldsymbol{X}$ 的线性组合中它保留了 $\boldsymbol{X}$ 的离散程度的信息最多. 而所谓贡献率 (或累计贡献率) 就是第一主成分 (或前两个主成分) 保留的 $\boldsymbol{X}$ 的离散程度的信息的比例. 最重要和贡献率是对离散程度的信息而言的, 有其特定的含意, 不能任意延伸.

与第二主成分相类似地, 主成分分析的第三步的工作也是解一个条件极值问题: 在 $\boldsymbol{a}'\boldsymbol{a} = 1$ 的正则化约束条件以及与第一、二主成分都正交, $\boldsymbol{a}'\boldsymbol{\alpha}_1 = 0$ 和 $\boldsymbol{a}'\boldsymbol{\alpha}_2 = 0$ 的正交化约束条件下, 求使得 $\boldsymbol{a}'\boldsymbol{X}$ 的方差, $\boldsymbol{a}'\boldsymbol{\Sigma}\boldsymbol{a}$ 达到最大值的 $\boldsymbol{a}$. 在这些正则正交化约束条件下, 使得 $\boldsymbol{a}'\boldsymbol{X}$ 的方差达到最大的 $\boldsymbol{a}'\boldsymbol{X}$ 称为 $\boldsymbol{X}$ 的第三主成分.

根据性质 A.8.3 的结论 (2) 即得该条件极值问题的解. 在这些正则正交化约束条件下, $\boldsymbol{a}'\boldsymbol{\Sigma}\boldsymbol{a}$ 的最大值为 λ_3, 在 $\boldsymbol{a} = \boldsymbol{\alpha}_3$ 时取最大值, $\boldsymbol{\alpha}_3$ 是 $\boldsymbol{\Sigma}$ 的第三大特征根 λ_3 所对应的正则特征向量. 令 $\boldsymbol{\alpha}_3 = (\alpha_{13}, \cdots, \alpha_{p3})'$, 则称 $y_3 = \boldsymbol{\alpha}_3'\boldsymbol{X} = \alpha_{13}x_1 + \cdots + \alpha_{p3}x_p$ 为 $\boldsymbol{X}$ 的第三主成分. 第三主成分的方差为 $\mathrm{Var}\,(y_3) = \boldsymbol{\alpha}_3'\boldsymbol{\Sigma}\boldsymbol{\alpha}_3 = \lambda_3$. 可以证明 (证明从略): 第三主成分 $\boldsymbol{\alpha}_3'\boldsymbol{X}$ 分别与第一、二主成分 $\boldsymbol{\alpha}_1'\boldsymbol{X}$, $\boldsymbol{\alpha}_2'\boldsymbol{X}$ 相互独立.

依此类推, 有第四主成分等, 直到第 p 个主成分, 这里不一一列举. 下面对主成分分析作一个总结.

主成分分析

(1) 假设 $\boldsymbol{\Sigma}$ 的特征根为 $\lambda_1 \geqslant \cdots \geqslant \lambda_p \geqslant 0$, 与这些特征根相对应的正则正交特

征向量分别为 $\boldsymbol{\alpha}_1, \cdots, \boldsymbol{\alpha}_p$. 这也就是说, 矩阵 $\boldsymbol{T} = (\boldsymbol{\alpha}_1, \cdots, \boldsymbol{\alpha}_p)$ 是正交矩阵, 并且 $\boldsymbol{T}'\boldsymbol{\Sigma}\boldsymbol{T} = \boldsymbol{\Lambda}$, $\boldsymbol{\Lambda} = \mathrm{diag}\,(\lambda_1, \cdots, \lambda_p)$. 令 $\boldsymbol{Y} = \boldsymbol{T}'\boldsymbol{X}$, $\boldsymbol{Y} = (y_1, \cdots, y_p)'$, 则称 $\boldsymbol{Y}$ 为 $\boldsymbol{X}$ 的主成分. 令 $\boldsymbol{\alpha}_i = (\alpha_{1i}, \cdots, \alpha_{pi})'$, 则称 $y_i = \boldsymbol{\alpha}_i'\boldsymbol{X} = \alpha_{1i}x_1 + \cdots + \alpha_{pi}x_p$ 为 $\boldsymbol{X}$ 的第 i 个主成分, 其方差 $\mathrm{Var}\,(y_i) = \boldsymbol{\alpha}_i'\boldsymbol{\Sigma}\boldsymbol{\alpha}_i = \lambda_i$, $i = 1, \cdots, p$.

(2) $\boldsymbol{Y}$ 的协方差阵为 $\mathrm{Cov}\,(\boldsymbol{Y}) = \boldsymbol{T}'\boldsymbol{\Sigma}\boldsymbol{T} = \boldsymbol{\Lambda}$, 从而有

(i) $\boldsymbol{X}$ 的第 i 个主成分的方差为 $\mathrm{Var}\,(y_i) = \lambda_i$, $i = 1, \cdots, p$;

(ii) 令 $\boldsymbol{\Sigma} = (\sigma_{ij})$, 则

$$\sum_{i=1}^{p} \mathrm{Var}\,(y_i) = \sum_{i=1}^{p} \lambda_i = \mathrm{tr}\,(\boldsymbol{\Sigma}) = \sum_{i=1}^{p} \sigma_{ii} = \sum_{i=1}^{p} \mathrm{Var}\,(x_i),$$

$\boldsymbol{X}$ 与 $\boldsymbol{Y}$ 所含有的离散程度的信息一样多;

(iii) 任意两个主成分都相互独立.

(3) 称 $\lambda_k \Big/ \sum\limits_{i=1}^{p} \lambda_i$ 是第 k 个主成分 y_k 的贡献率, 它表示第 k 个主成分保留的 $\boldsymbol{X}$ 的离散程度的信息的比例; 称 $\sum\limits_{i=1}^{k} \lambda_i \Big/ \sum\limits_{i=1}^{p} \lambda_i$ 是前 k 个主成分 $(y_1, \cdots, y_k)$ 的累计贡献率, 它表示前 k 个主成分保留的 $\boldsymbol{X}$ 的离散程度的信息的比例.

下面叙述主成分分析的其他一些性质.

首先计算第 k 个主成分 $y_k = \alpha_{1k}x_1 + \cdots + \alpha_{pk}x_p$ 与 $\boldsymbol{X}$ 的第 j 个成分 x_j 的相关系数. 令 $\boldsymbol{\Sigma}$ 的第 j 个行向量为 $(\sigma_{j1}, \cdots, \sigma_{jp})$, 由于 $\boldsymbol{\Sigma}\boldsymbol{\alpha}_k = \lambda_k\boldsymbol{\alpha}_k$, 所以 $\sigma_{j1}\alpha_{1k} + \cdots + \sigma_{jp}\alpha_{pk} = \lambda_k\alpha_{jk}$, 故也有 $\sigma_{1j}\alpha_{1k} + \cdots + \sigma_{pj}\alpha_{pk} = \lambda_k\alpha_{jk}$. 由此知

$$\mathrm{Cov}\,(y_k,\ x_j) = \mathrm{Cov}\left(\sum_{i=1}^{p} \alpha_{ik}x_i,\ x_j\right) = \sum_{i=1}^{p} \alpha_{ik}\sigma_{ij} = \lambda_k\alpha_{jk}.$$

考虑到 $\mathrm{Var}\,(y_k) = \lambda_k$, $\mathrm{Var}\,(x_j) = \sigma_{jj}$, 所以 y_k 与 x_j 的相关系数为

$$\rho_{y_k,\ x_j} = \frac{\mathrm{Cov}\,(y_k,\ x_j)}{\sqrt{\mathrm{Var}\,(y_k)}\sqrt{\mathrm{Var}\,(x_j)}} = \frac{\sqrt{\lambda_k}\alpha_{jk}}{\sqrt{\sigma_{jj}}}, \tag{8.3.1}$$

称 $\rho_{y_k,\ x_j}$ 为第 k 个主成分 y_k 中变量 x_j 的因子负荷量.

注意, 在 $y_k = \boldsymbol{\alpha}_k'\boldsymbol{X} = \alpha_{1k}x_1 + \cdots + \alpha_{pk}x_p$ 中, x_j 的系数为 α_{jk}. 第 k 个主成分 y_k 中变量 x_j 的因子负荷量不仅与 α_{jk} 有关, 还与 λ_k 和 σ_{jj} 有关.

接下来计算主成分 $\boldsymbol{Y} = (y_1, \cdots, y_p)'$ 与 $\boldsymbol{X}$ 的第 j 个成分 x_j 的复相关系数 $\rho_{\boldsymbol{Y},\ x_j}$. 由于 $y_1, \cdots, y_p$ 相互独立, 则根据习题 8.2 以及 (8.3.1) 式,

$$\rho^2_{\boldsymbol{Y},\ x_j} = \sum_{k=1}^{p} \rho^2_{y_k,\ x_j} = \sum_{k=1}^{p} \frac{\lambda_k\alpha^2_{jk}}{\sigma_{jj}}.$$

由于 $\boldsymbol{T}'\boldsymbol{\Sigma}\boldsymbol{T}=\boldsymbol{\Lambda}$, 所以 $\boldsymbol{\Sigma}=\boldsymbol{T}\boldsymbol{\Lambda}\boldsymbol{T}'$. 从而有 $\sigma_{jj}=\sum_{k=1}^{p}\lambda_k\alpha_{jk}^2$, 则主成分 $\boldsymbol{Y}$ 与 x_j 的复相关系数 $\rho_{\boldsymbol{Y},\,x_j}=1$. 事实上, 由于 $\boldsymbol{Y}=\boldsymbol{T}'\boldsymbol{X}$, 所以 $\boldsymbol{X}=\boldsymbol{T}\boldsymbol{Y}$. 从而有 $x_j=\sum_{i=1}^{p}\alpha_{ji}y_i$. 既然 x_j 可精确地表示为 $y_1,\cdots,y_p$ 的线性组合, 这说明主成分 $\boldsymbol{Y}=(y_1,\cdots,y_p)'$ 有 x_j 的离散程度的全部信息. 这就是 $\rho_{\boldsymbol{Y},\,x_j}=1$ 的含意. 把 (8.3.1) 式与下面的 (8.3.2) 式进行对照,

$$\rho_{\boldsymbol{Y},\,x_j}^2=\sum_{k=1}^{p}\rho_{y_k,\,x_j}^2=1. \tag{8.3.2}$$

可以看到, 把 $\lambda_k\alpha_{jk}^2/\sigma_{jj}$ 看成第 k 个主成分 y_k 保留的 x_j 的离散程度的信息的比例是合理的. 为此称 $\lambda_k\alpha_{jk}^2/\sigma_{jj}$ 为第 k 个主成分 y_k 的对于 $\boldsymbol{X}$ 的第 j 个成分 x_j 的贡献率. 从而有主成分分析的另两个性质.

(4) 称 $\rho_{y_k,\,x_j}=\sqrt{\lambda_k}\alpha_{jk}/\sqrt{\sigma_{jj}}$ 为第 k 个主成分 y_k 中变量 x_j 的因子负荷量, $\sum_{k=1}^{p}\lambda_k\alpha_{jk}^2/\sigma_{jj}=1$.

(5) 称 $\lambda_k\alpha_{jk}^2/\sigma_{jj}$ 是第 k 个主成分 y_k 的对于 $\boldsymbol{X}$ 的第 j 个成分 x_j 的贡献率, 它表示第 k 个主成分保留的 x_j 的离散程度的信息的比例; 称 $\sum_{i=1}^{k}\lambda_i\alpha_{ji}^2/\sigma_{jj}$ 是前 k 个主成分 $(y_1,\cdots,y_k)$ 的对于 $\boldsymbol{X}$ 的第 j 个成分 x_j 的累计贡献率, 它表示前 k 个主成分保留的 x_j 的离散程度的信息的比例. 值得指出的是, 不仅要关心前 k 个主成分保留的 $\boldsymbol{X}$ 的离散程度的信息的比例, 还要关心前 k 个主成分保留的 $\boldsymbol{X}$ 的任意一个成分, 如 $x_j\,(j=1,\cdots,p)$ 的离散程度的信息的比例.

由表 8.3.1 以及表 2.3.1 算得, 成年男子上衣的第一主成分对于 8 个人体部位的贡献率 (表 8.3.3) 分别为

表 8.3.3

部位 (x_i)	第一主成分对各部位的贡献率 $\lambda_1\alpha_{i1}^2/\sigma_{ii}$
身高	95.04%
颈椎点高	95.93%
腰围高	83.77%
坐姿颈椎点高	59.99%
颈围	9.20%
胸围	23.45%
后肩横弧	26.67%
臂全长	51.86%

前面说在这 8 个人体部位中, 身高、颈椎点高、腰围高、坐姿颈椎点高和臂全长表示人的高矮. 第一主成分对于这 5 个表示人的高矮的人体部位的贡献率都比较大, 而

对于表示人的胖瘦的颈围和胸围以及后肩横弧等人体部位的贡献率都比较小. 由此看来, 第一主成分的确主要表示人的高矮. 这反过来也说明, 只取一个主成分是不够的, 因为它基本上没有人的胖瘦的信息.

8.3.2 *R* 主成分分析

在实际问题中, 主成分分析的结果与变量采用什么样的量纲有关系. 例如, 某个问题中有个变量是长度. 长度可以用 cm, 也可以用 m 来度量. 由于是通过协方差阵求主成分, 方差大的变量优先考虑, 所以很可能会出现这样一种情况, 用 m 来度量时该长度变量在第一主成分中不重要, 而用 cm 来度量时它在第一主成分中却变得重要. 将变量标准化是消除量纲影响的常用方法. 所谓标准化就是将变量 x 变换为 $x^*=(x-E(x))/\sqrt{\mathrm{Var}(x)}$. 事实上, 将变量 x 简单地变换为 $x^*=x/\sqrt{\mathrm{Var}(x)}$ 就可以消除量纲的影响了. 令 $\boldsymbol{X}$ 的协方差阵 $\boldsymbol{\Sigma}=(\sigma_{ij})$. 那么为了消除量纲对主成分分析的影响, 将 $\boldsymbol{X}$ 变换为 $\boldsymbol{X}^*=\mathrm{diag}\left(\sigma_{11}^{-1/2},\cdots,\sigma_{pp}^{-1/2}\right)\boldsymbol{X}$, 则 $\boldsymbol{X}^*$ 的主成分就与量纲没有关系了. $\boldsymbol{X}^*$ 的协方差阵为

$$\mathrm{Cov}(\boldsymbol{X}^*)=\mathrm{diag}\left(\sigma_{11}^{-1/2},\cdots,\sigma_{pp}^{-1/2}\right)\cdot\boldsymbol{\Sigma}\cdot\mathrm{diag}\left(\sigma_{11}^{-1/2},\cdots,\sigma_{pp}^{-1/2}\right)=\boldsymbol{R},$$

其中, $\boldsymbol{R}$ 为 $\boldsymbol{X}$ 的相关阵. 由此看来, 对 $\boldsymbol{X}^*$ 的协方差阵进行主成分分析相当于对 $\boldsymbol{X}$ 的相关阵进行主成分分析. 这样的主成分分析称为 $\boldsymbol{R}$ 主成分分析. 它与变量采用何种量纲没有关系.

$\boldsymbol{R}$ 主成分分析的讨论与上述主成分分析的讨论相类似, 从略. 现将其基本概念、方法与性质总结如下. 必须指出的是, 由于相关阵 $\boldsymbol{R}$ 对角线上的元素都等于 1, 所以 R 主成分分析的结论有的比较简单.

***R* 主成分分析**

(1) 假设 $\boldsymbol{R}$ 的特征根为 $\lambda_1^*\geqslant\cdots\geqslant\lambda_p^*\geqslant 0$, 与这些特征根相对应的正则正交特征向量分别为 $\boldsymbol{\alpha}_1^*,\cdots,\boldsymbol{\alpha}_p^*$. 令 $\boldsymbol{T}^*=\left(\boldsymbol{\alpha}_1^*,\cdots,\boldsymbol{\alpha}_p^*\right)$,

$$\boldsymbol{Y}^*=(\boldsymbol{T}^*)'\boldsymbol{X}^*=(\boldsymbol{T}^*)'\cdot\mathrm{diag}\left(\sigma_{11}^{-1/2},\cdots,\sigma_{pp}^{-1/2}\right)\cdot\boldsymbol{X}=(\boldsymbol{T}^*)'\begin{pmatrix}\dfrac{x_1}{\sigma_{11}^{-1/2}}\\ \vdots\\ \dfrac{x_p}{\sigma_{pp}^{-1/2}}\end{pmatrix},$$

则称 $\boldsymbol{Y}^*$ 为 $\boldsymbol{X}$ 的 $\boldsymbol{R}$ 主成分, 简称主成分. 令 $\boldsymbol{Y}^*=\left(y_1^*,\cdots,y_p^*\right)'$, $\boldsymbol{\alpha}_i^*=(\alpha_{1i}^*,\cdots,\alpha_{pi}^*)'$, 则称

$$y_i^*=\alpha_{1i}^*x_1/\sigma_{11}^{-1/2}+\cdots+\alpha_{pi}^*x_p/\sigma_{pp}^{-1/2}$$

为 $\boldsymbol{X}$ 的第 i 个 (R) 主成分, $i=1,\cdots,p$.

(2) $\boldsymbol{Y}^*$ 的协方差阵为 $\mathrm{Cov}(\boldsymbol{Y}^*)=\boldsymbol{\Lambda}^*=\mathrm{diag}\left(\lambda_1^*,\cdots,\lambda_p^*\right)$, $\lambda_1^*+\cdots+\lambda_p^*=p$.

(3) 称 λ_k^*/p 是第 k 个 (R) 主成分 y_k^* 的贡献率, $\sum_{i=1}^{k}\lambda_i^*/p$ 是前 k 个 (R) 主成分 $(y_1^*,\cdots,y_k^*)$ 的累计贡献率.

(4) 称 $\sqrt{\lambda_k^*}\alpha_{jk}^*$ 为第 k 个 (R) 主成分 y_k^* 中变量 x_j 的因子负荷量,

$$\sum_{k=1}^{p}\lambda_k^*\left(\alpha_{jk}^*\right)^2=1.$$

(5) 称 $\sum_{i=1}^{k}\lambda_i^*\left(\alpha_{ji}^*\right)^2$ 是前 k 个 (R) 主成分 $(y_1^*,\cdots,y_k^*)$ 的对于 $\boldsymbol{X}$ 的第 j 个成分 x_j 的累计贡献率.

8.3.3 样本主成分分析

设总体 $\boldsymbol{X}\sim N_p(\boldsymbol{\mu},\boldsymbol{\Sigma})$, 它的样本是 $\boldsymbol{x}_1,\cdots,\boldsymbol{x}_n$, 那么 $\boldsymbol{\Sigma}$ 的极大似然估计为

$$\hat{\boldsymbol{\Sigma}}=\boldsymbol{S},\quad \boldsymbol{S}=\frac{\sum_{i=1}^{n}(\boldsymbol{x}_i-\bar{\boldsymbol{x}})(\boldsymbol{x}_i-\bar{\boldsymbol{x}})'}{n}\text{为样本协方差阵.}$$

假设 $\boldsymbol{S}$ 的特征根分别为 $\hat{\lambda}_1\geqslant\cdots\geqslant\hat{\lambda}_p\geqslant 0$, 与这些特征根相对应的正则正交特征向量分别为 $\hat{\boldsymbol{\alpha}}_1,\cdots,\hat{\boldsymbol{\alpha}}_p$. 令 $\hat{\boldsymbol{Y}}=\hat{\boldsymbol{T}}'\boldsymbol{X}$, $\hat{\boldsymbol{Y}}=(\hat{y}_1,\cdots,\hat{y}_p)'$, $\hat{\boldsymbol{T}}=(\hat{\boldsymbol{\alpha}}_1,\cdots,\hat{\boldsymbol{\alpha}}_p)$ 是正交矩阵, 则称 $\hat{\boldsymbol{Y}}$ 为 $\boldsymbol{X}$ 的样本主成分. 令 $\hat{\boldsymbol{\alpha}}_i=(\hat{\alpha}_{1i},\cdots,\hat{\alpha}_{pi})'$, 则称 $\hat{y}_i=\hat{\boldsymbol{\alpha}}'_i\boldsymbol{X}=\hat{\alpha}_{1i}x_1+\cdots+\hat{\alpha}_{pi}x_p$ 为 $\boldsymbol{X}$ 的第 i 个样本主成分. $\hat{\boldsymbol{y}}_i=\hat{\boldsymbol{\alpha}}'_i\boldsymbol{X}$, $\hat{\boldsymbol{\alpha}}_i$ 和 $\hat{\lambda}_i$ 分别是 $\boldsymbol{X}$ 的第 i 个主成分 $y_i=\boldsymbol{\alpha}'_i\boldsymbol{X}$, 第 i 个主成分的系数 $\boldsymbol{\alpha}_i$ 和其方差 λ_i 的极大似然估计.

知道主成分分析的工作其实就是解条件极值问题, 而样本主成分分析也可以看成条件极值问题. 主成分分析的条件极值问题是对总体分布 $\boldsymbol{X}\sim N_p(\boldsymbol{\mu},\ \boldsymbol{\Sigma})$ 而言的, 而样本主成分分析的条件极值问题是对样本 $\boldsymbol{x}_1,\cdots,\boldsymbol{x}_n$ 的经验分布而言的. 所谓样本 $\boldsymbol{x}_1,\cdots,\boldsymbol{x}_n$ 的经验分布就是这样一个随机向量 $\boldsymbol{X}^*$, 它服从离散型分布

$$P(\boldsymbol{X}^*=\boldsymbol{x}_i)=\frac{1}{n},\quad i=1,\cdots,n. \tag{8.3.3}$$

$\boldsymbol{X}^*$ 的均值和协方差阵分别为样本均值和样本协方差阵

$$E(\boldsymbol{X}^*)=\bar{\boldsymbol{x}},\quad \mathrm{Cov}(\boldsymbol{X}^*)=\boldsymbol{S}.$$

样本主成分分析的第一步的工作其实就是解一个条件极值问题：在 $\boldsymbol{a}'\boldsymbol{a}=1$ 的正则化约束条件下, 求使得 $\mathrm{Var}(\boldsymbol{a}'\boldsymbol{X}^*)=\boldsymbol{a}'\boldsymbol{S}\boldsymbol{a}$ 达到最大值的 $\boldsymbol{a}$. 在 $\boldsymbol{a}=\hat{\boldsymbol{\alpha}}_1$ 时, $\mathrm{Var}(\boldsymbol{a}'\boldsymbol{X}^*)=\boldsymbol{a}'\boldsymbol{S}\boldsymbol{a}$ 有正则化约束条件下的最大值 $\hat{\lambda}_1$, 从而有对经验分布而言的第一主成分为 $\hat{\boldsymbol{\alpha}}_1\boldsymbol{X}^*$. 样本主成分分析的第二步的工作其实也是解一个条件极值问题：在 $\boldsymbol{a}'\boldsymbol{a}=1$ 与 $\boldsymbol{a}'\hat{\boldsymbol{\alpha}}_1=0$ 的正则正交化约束条件下, 求使得 $\mathrm{Var}(\boldsymbol{a}'\boldsymbol{X}^*)=\boldsymbol{a}'\boldsymbol{S}\boldsymbol{a}$

达到最大值的 $\boldsymbol{a}$. 在 $\boldsymbol{a}=\hat{\boldsymbol{\alpha}}_2$ 时, $\mathrm{Var}\,(\boldsymbol{a}'\boldsymbol{X}^*)=\boldsymbol{a}'\boldsymbol{S}\boldsymbol{a}$ 有正则正交化约束条件下最大值 $\hat{\lambda}_2$, 从而有对经验分布而言的第二主成分为 $\hat{\boldsymbol{\alpha}}_2\boldsymbol{X}^*$. 对经验分布而言的主成分分析的第 3, 4 等各步的工作依此类推. 知道经验分布函数是总体分布函数的极大似然估计, 并且根据格利文科定理, 随着样本容量 n 的增加, 在概率的意义下经验分布函数越来越一致地接近总体分布函数. 这也就是说, 随着样本容量 n 的增加, 在概率的意义下经验分布 $\boldsymbol{X}^*$ 与总体分布 $\boldsymbol{X}$ 越来越同分布, $\boldsymbol{X}^*$ 与 $\boldsymbol{X}$ 有很好的拟合. 既然如此, 样本的第 i 个主成分 $\hat{\boldsymbol{\alpha}}_i\boldsymbol{X}$ 就可以看成是对经验分布而言的第 i 个主成分 $\hat{\boldsymbol{\alpha}}_i\boldsymbol{X}^*$, $i=1,\cdots,n$. 事实上, 关于样本典型相关变量也有类似的结论, 此处不再赘述.

对格利文科定理有兴趣的读者可参阅文献 [66]. 根据格利文科定理, 经验分布 $\boldsymbol{X}^*$ 与总体分布 $\boldsymbol{X}$ 有很好的拟合, 这是自助 (bootstrap) 法的基本思想. 自助法是一个非常重要的重抽样方法, 对它有兴趣的读者可参阅文献 [76].

第 k 个主成分 y_k 的贡献率, 也就是第 k 个主成分保留的 $\boldsymbol{X}$ 的离散程度的信息的比例 $\lambda_k\Big/\sum\limits_{i=1}^{p}\lambda_i$的极大似然估计为 $\hat{\lambda}_k\Big/\sum\limits_{i=1}^{p}\hat{\lambda}_i$, 而 $\sum\limits_{i=1}^{k}\hat{\lambda}_i\Big/\sum\limits_{i=1}^{p}\hat{\lambda}_i$ 就是前 k 个主成分 $(y_1,\cdots,y_k)$ 的累计贡献率, 即前 k 个主成分保留的 $\boldsymbol{X}$ 的离散程度信息的比例 $\sum\limits_{i=1}^{k}\lambda_i\Big/\sum\limits_{i=1}^{p}\lambda_i$ 的极大似然估计.

记样本协方差阵 $\boldsymbol{S}=(s_{ij})$, 则 $\hat{\rho}_{y_k,\,x_j}=\sqrt{\hat{\lambda}_k}\hat{\alpha}_{jk}/\sqrt{s_{jj}}$ 是第 k 个主成分 y_k 中变量 x_j 的因子负荷量 $\rho_{y_k,\,x_j}=\sqrt{\lambda_k}\alpha_{jk}/\sqrt{\sigma_{jj}}$ 的极大似然估计, $\sum\limits_{k=1}^{p}\hat{\lambda}_k\hat{\alpha}_{jk}^2/s_{jj}=1$.

第 k 个主成分 y_k 的对于 $\boldsymbol{X}$ 的第 j 个成分 x_j 的贡献率, 也就是第 k 个主成分保留的 x_j 的离散程度的信息的比例 $\lambda_k\alpha_{jk}^2/\sigma_{jj}$ 的极大似然估计为 $\hat{\lambda}_k\hat{\alpha}_{jk}^2/s_{jj}$, 而 $\sum\limits_{i=1}^{k}\hat{\lambda}_i\hat{\alpha}_{ji}^2/s_{jj}$ 就是前 k 个主成分 $(y_1,\cdots,y_k)$ 的对于 $\boldsymbol{X}$ 的第 j 个成分 x_j 的累计贡献率, 即前 k 个主成分保留的 x_j 的离散程度的信息的比例 $\sum\limits_{i=1}^{k}\lambda_i\alpha_{ji}^2/\sigma_{jj}$ 的极大似然估计.

和 $\boldsymbol{R}$ 主成分分析相类似地, 有样本 $\boldsymbol{R}$ 主成分分析. $\boldsymbol{R}$ 主成分分析基于总体相关阵, 而样本 $\boldsymbol{R}$ 主成分分析基于样本相关阵. 由样本协方差阵 $\boldsymbol{S}=(s_{ij})$ 可以得到样本相关阵 $\hat{\boldsymbol{R}}=\mathrm{diag}\big(s_{11}^{-1/2},\cdots,s_{pp}^{-1/2}\big)\cdot\boldsymbol{S}\cdot\mathrm{diag}\big(s_{11}^{-1/2},\cdots,s_{pp}^{-1/2}\big)$. 此外, 样本相关阵 $\hat{\boldsymbol{R}}$ 还可以有另外一种构造方法. 将样本 $\boldsymbol{x}_1,\cdots,\boldsymbol{x}_n$ 标准化. 所谓标准化就是令

$$\boldsymbol{x}_i^*=\mathrm{diag}\left(s_{11}^{-1/2},\cdots,s_{pp}^{-1/2}\right)\cdot(\boldsymbol{x}_i-\bar{\boldsymbol{x}}),\quad i=1,\cdots,n,$$

那么 $\boldsymbol{x}_1^*,\cdots,\boldsymbol{x}_n^*$ 的样本协方差阵就是样本 $\boldsymbol{x}_1,\cdots,\boldsymbol{x}_n$ 的样本相关阵 $\hat{\boldsymbol{R}}$.

样本 $\boldsymbol{R}$ 主成分分析的有关结论从略. 必须指出的是, 主成分分析与 $\boldsymbol{R}$ 主成分分析的结论可能有很大的不同, 类似地, 样本主成分分析与样本 $\boldsymbol{R}$ 主成分分析也可能有很大的不同. 对一个实际问题来说, 用样本主成分分析还是用样本 $\boldsymbol{R}$ 主成分分析, 这要具体问题具体分析. 对这个问题的讨论有兴趣的读者可参阅文献 [12].

8.3.4 主成分的统计推断

正如前面所说的, 设 $\boldsymbol{\Sigma}$ 的特征根为 $\lambda_1 \geqslant \cdots \geqslant \lambda_p \geqslant 0$, 与这些特征根相对应的正则正交特征向量分别为 $\boldsymbol{\alpha}_1, \cdots, \boldsymbol{\alpha}_p$. 仅讨论关于特征根 $\lambda_1 \geqslant \cdots \geqslant \lambda_p \geqslant 0$ 的统计推断问题. 事实上, 相对于特征向量, 即主成分系数 $\boldsymbol{\alpha}_1, \cdots, \boldsymbol{\alpha}_p$ 来说, 对特征根的统计推断问题更为关心.

设总体 $\boldsymbol{X} \sim N_p(\boldsymbol{\mu},\ \boldsymbol{\Sigma})$, $\boldsymbol{x}_1, \cdots, \boldsymbol{x}_n$ 是它的样本, $\boldsymbol{\Sigma} > 0$, $n > p$. $\boldsymbol{\Sigma}$ 的极大似然估计为

$$\hat{\boldsymbol{\Sigma}} = \boldsymbol{S}, \quad \boldsymbol{S} = \frac{\sum_{i=1}^{n} (\boldsymbol{x}_i - \bar{\boldsymbol{x}})(\boldsymbol{x}_i - \bar{\boldsymbol{x}})'}{n} \text{为样本协方差阵.}$$

设 $\boldsymbol{S}$ 的特征根分别为 $\hat{\lambda}_1 \geqslant \cdots \geqslant \hat{\lambda}_p \geqslant 0$, 与这些特征根相对应的正则正交特征向量分别为 $\hat{\boldsymbol{\alpha}}_1, \cdots, \hat{\boldsymbol{\alpha}}_p$, 其中, $\hat{\boldsymbol{\alpha}}_i = (\hat{\alpha}_{1i}, \cdots, \hat{\alpha}_{pi})'$. 为使得定义没有歧义, 假设 $\alpha_{1i} \geqslant 0$, $i = 1, \cdots, p$. $\hat{\lambda}_i$ 与 $\hat{\alpha}_i$ 分别是 λ_i 与 α_i 的极大似然估计, $i = 1, \cdots, p$.

下面在 $\boldsymbol{\Sigma} > 0$, 且 $\boldsymbol{\Sigma}$ 的特征根都不相等, 即 $\lambda_1 > \cdots > \lambda_p > 0$ 时, 计算 $\left(\hat{\lambda}_1, \cdots, \hat{\lambda}_p\right)$ 的渐近正态分布. 由于 $\hat{\lambda}_1, \cdots, \hat{\lambda}_p$ 与 $\hat{\boldsymbol{\alpha}}_1, \cdots, \hat{\boldsymbol{\alpha}}_p$ 分别是 $\lambda_1, \cdots, \lambda_p$ 与 $\boldsymbol{\alpha}_1, \cdots, \boldsymbol{\alpha}_p$ 的极大似然估计, 所以它们有渐近正态分布. 关于极大似然估计的渐近正态性的详细讨论读者可参阅文献 [17] 的 2.5.2 小节.

样本 $x_1, \cdots, x_n$ 的联合密度为

$$\frac{1}{(2\pi)^{np/2}\left|\boldsymbol{\Sigma}\right|^{n/2}} \exp\left\{-\frac{1}{2}\mathrm{tr}\left(\boldsymbol{\Sigma}^{-1}\left(\boldsymbol{V} + n\left(\bar{\boldsymbol{x}} - \boldsymbol{\mu}\right)\left(\bar{\boldsymbol{x}} - \boldsymbol{\mu}\right)'\right)\right)\right\},$$

其中, $\boldsymbol{V} = \sum_{i=1}^{n} (\boldsymbol{x}_i - \bar{\boldsymbol{x}})(\boldsymbol{x}_i - \bar{\boldsymbol{x}})' \sim W_p(n-1, \boldsymbol{\Sigma})$ 为样本协方差阵. 对于 $\left(\hat{\lambda}_1, \cdots, \hat{\lambda}_p\right)$ 的渐近正态分布的计算来说, 其关键就是计算样本 $\boldsymbol{x}_1, \cdots, \boldsymbol{x}_n$ 的 Fisher 信息. $\boldsymbol{\mu}$, $\lambda_1 \cdots, \lambda_p$ 与 $\boldsymbol{\alpha}_1, \cdots, \boldsymbol{\alpha}_p$ 的似然函数为

$$\frac{1}{\left|\boldsymbol{\Sigma}\right|^{n/2}} \exp\left\{-\frac{1}{2}\mathrm{tr}\left(\boldsymbol{\Sigma}^{-1}\left(\boldsymbol{V} + n\left(\bar{\boldsymbol{x}} - \boldsymbol{\mu}\right)\left(\bar{\boldsymbol{x}} - \boldsymbol{\mu}\right)'\right)\right)\right\}.$$

由此可见 $\lambda_1, \cdots, \lambda_p$ 与 $\boldsymbol{\alpha}_1, \cdots, \boldsymbol{\alpha}_p$ 的似然函数为

$$L\left(\lambda_1, \cdots, \lambda_p, \boldsymbol{\alpha}_1, \cdots, \boldsymbol{\alpha}_p\right) = \frac{1}{\left|\boldsymbol{\Sigma}\right|^{n/2}} \exp\left\{-\frac{1}{2}\mathrm{tr}\left(\boldsymbol{\Sigma}^{-1}\boldsymbol{V}\right)\right\}. \tag{8.3.4}$$

$\boldsymbol{T}=(\boldsymbol{\alpha}_1,\cdots,\boldsymbol{\alpha}_p)$ 是正交矩阵且 $\boldsymbol{T}'\boldsymbol{\Sigma}\boldsymbol{T}=\boldsymbol{\Lambda}$, $\boldsymbol{\Lambda}=\operatorname{diag}(\lambda_1,\cdots,\lambda_p)$. 从而由 (8.3.4) 式知 $\lambda_1,\cdots,\lambda_p$ 与 $\boldsymbol{\alpha}_1,\cdots,\boldsymbol{\alpha}_p$ 的似然函数为

$$\begin{aligned}&L(\lambda_1,\cdots,\lambda_p,\boldsymbol{\alpha}_1,\cdots,\boldsymbol{\alpha}_p)\\&=(\lambda_1\cdots\lambda_p)^{-n/2}\exp\left\{-\frac{1}{2}\left(\frac{\boldsymbol{\alpha}_1'\boldsymbol{V}\boldsymbol{\alpha}_1}{\lambda_1}+\cdots+\frac{\boldsymbol{\alpha}_p'\boldsymbol{V}\boldsymbol{\alpha}_p}{\lambda_p}\right)\right\}.\end{aligned}\tag{8.3.5}$$

由于协方差阵 $\boldsymbol{\Sigma}$ 的特征根 $\lambda_1>\cdots>\lambda_p>0$ 与这些特征根相对应的正则正交特征向量 $\boldsymbol{\alpha}_1,\cdots,\boldsymbol{\alpha}_p$ 是没有关系的, 所以从 (8.3.5) 式可以看到

$$\text{对任意的 } i\neq j,\text{ 都有 }\frac{\partial^2\ln L(\lambda_1,\cdots,\lambda_p,\boldsymbol{\alpha}_1,\cdots,\boldsymbol{\alpha}_p)}{\partial\lambda_i\partial\lambda_j}=0,$$

这说明 $\hat{\lambda}_1,\cdots,\hat{\lambda}_p$ 有渐近相互独立的正态分布. 由于 $\boldsymbol{\alpha}_1,\cdots,\boldsymbol{\alpha}_p$ 两两都是相互正交的, 所以 (8.3.5) 式并没有告诉我们

$$\text{对任意的 } i\neq j,\text{ 都有 }\frac{\partial\ln L(\lambda_1,\cdots,\lambda_p,\boldsymbol{\alpha}_1,\cdots,\boldsymbol{\alpha}_p)}{\partial\boldsymbol{\alpha}_i\partial\boldsymbol{\alpha}_j}=0,$$

$\hat{\boldsymbol{\alpha}}_1,\cdots,\hat{\boldsymbol{\alpha}}_p$ 并不渐近相互独立. 关于 $\hat{\boldsymbol{\alpha}}_1,\cdots,\hat{\boldsymbol{\alpha}}_p$ 的渐近正态分布读者可参阅文献 [49] 的 11.6 和 13.5.1.

由 (8.3.5) 式得 λ_i 的似然函数为

$$L(\lambda_i)=(\lambda_i)^{-n/2}\exp\left\{-\frac{1}{2}\frac{\boldsymbol{\alpha}_i'\boldsymbol{V}\boldsymbol{\alpha}_i}{\lambda_i}\right\},\quad i=1,\cdots,p.\tag{8.3.6}$$

由于 $\boldsymbol{\alpha}_i'\boldsymbol{\Sigma}\boldsymbol{\alpha}_i=\lambda_i$, $\boldsymbol{V}\sim W_p(n-1,\boldsymbol{\Sigma})$, 所以 $\boldsymbol{\alpha}_i'\boldsymbol{V}\boldsymbol{\alpha}_i\sim\lambda_i\chi^2(n-1)$, 由 (8.3.6) 式得到 $\hat{\lambda}_i$ 的 Fisher 信息为

$$-E\left(\frac{\partial^2\ln L(\lambda_i)}{\partial\lambda_i^2}\right)=\frac{n-2}{2\lambda_i^2}.\tag{8.3.7}$$

考虑到 $\hat{\lambda}_1,\cdots,\hat{\lambda}_p$ 渐近相互独立, 从而有 $\left(\hat{\lambda}_1,\cdots,\hat{\lambda}_p\right)$ 的渐近正态分布为

$$\sqrt{n-2}\begin{pmatrix}\hat{\lambda}_1-\lambda_1\\\vdots\\\hat{\lambda}_p-\lambda_p\end{pmatrix}\xrightarrow{\text{L}}N_p\left(\boldsymbol{0},\ \operatorname{diag}\left(2\lambda_1^2,\cdots,2\lambda_p^2\right)\right).\tag{8.3.8}$$

在 $\boldsymbol{\Sigma}$ 的特征根全不相等的时候, 计算了 $\left(\hat{\lambda}_1,\cdots,\hat{\lambda}_p\right)$ 的渐近正态分布. 至于在 $\boldsymbol{\Sigma}$ 的特征根有重根时, 关于 $\left(\hat{\lambda}_1,\cdots,\hat{\lambda}_p\right)$ 的渐近正态分布的计算读者可参阅文献 [49] 的 11.7 和 13.5.2.

由 (8.3.8) 式得到 λ_j 的 $1-\beta$ 的渐近置信区间为

$$\frac{\hat{\lambda}_j}{1+\sqrt{2/(n-2)}U_{1-\beta/2}} \leqslant \lambda_j \leqslant \frac{\hat{\lambda}_j}{1-\sqrt{2/(n-2)}U_{1-\beta/2}}.$$

由此可见, 样本容量 n 必须足够大, 以使得 $\sqrt{2/(n-2)}U_{1-\beta/2}<1$. 也可以使用方差齐性变换的方法 (见 4.2 节), 由 (8.3.8) 式求得 $\sqrt{n-2}\left(\ln\hat{\lambda}_j-\ln\lambda_j\right)\xrightarrow{\mathrm{L}}N(0,2)$, 然后据此构造 λ_j 的 $1-\beta$ 的渐近置信区间

$$\frac{\hat{\lambda}_j}{\exp\left\{\sqrt{2/(n-2)}U_{1-\beta/2}\right\}} \leqslant \lambda_j \leqslant \hat{\lambda}_j\exp\left\{\sqrt{\frac{2}{n-2}}U_{1-\beta/2}\right\}.$$

接下来考虑主成分分析中令人感兴趣的两个问题.

(1) 首先考虑 $\boldsymbol{\Sigma}$ 的最小的 $p-k$ 个特征根的和是否小于给定的值 γ 的检验问题

$$H_0:\lambda_{k+1}+\cdots+\lambda_p\leqslant\gamma. \tag{8.3.9}$$

根据 (8.3.8) 式,

$$\sqrt{n-2}\left(\left(\hat{\lambda}_{k+1}+\cdots+\hat{\lambda}_p\right)-(\lambda_{k+1}+\cdots+\lambda_p)\right)\xrightarrow{\mathrm{L}}N\left(0,\left(2\lambda_{k+1}^2+\cdots+2\lambda_p^2\right)\right).$$

考虑到 $\hat{\lambda}_j$ 是 λ_j 的极大似然估计, $j=1,\cdots,p$, 所以

$$\sqrt{n-2}\frac{\left(\hat{\lambda}_{k+1}+\cdots+\hat{\lambda}_p\right)-(\lambda_{k+1}+\cdots+\lambda_p)}{\sqrt{2\hat{\lambda}_{k+1}^2+\cdots+2\hat{\lambda}_p^2}}\xrightarrow{\mathrm{L}}N(0,1),$$

从而得检验问题 (8.3.9) 的水平为 β 的解,

在 $\left(\hat{\lambda}_{k+1}+\cdots+\hat{\lambda}_p\right)\leqslant\gamma-\dfrac{\sqrt{2\hat{\lambda}_{k+1}^2+\cdots+2\hat{\lambda}_p^2}}{\sqrt{n-2}}U_{1-\beta}$ 时, 认为 $\lambda_{k+1}+\cdots+\lambda_p<\gamma$.

(2) 然后考虑前 k 个主成分的累计贡献率, 即前 k 个主成分保留的 $\boldsymbol{X}$ 的离散程度的信息的比例是否大于给定的值 δ 的检验问题

$$H_0:\frac{\sum\limits_{i=1}^{k}\lambda_i}{\sum\limits_{i=1}^{p}\lambda_i}\leqslant\delta. \tag{8.3.10}$$

根据 (8.3.8) 式, 利用定理 A.6.2, 有

$$\sqrt{n-2}\left(\frac{\sum_{i=1}^{k}\hat{\lambda}_i}{\sum_{i=1}^{p}\hat{\lambda}_i}-\frac{\sum_{i=1}^{k}\lambda_i}{\sum_{i=1}^{p}\lambda_i}\right)\xrightarrow{\mathrm{L}} N\left(0,\upsilon^2\right),$$

其中,

$$\upsilon^2=\frac{2\left[\left(\lambda_{k+1}+\cdots+\lambda_p\right)^2\left(\lambda_1^2+\cdots+\lambda_k^2\right)+\left(\lambda_1+\cdots+\lambda_k\right)^2\left(\lambda_{k+1}^2+\cdots+\lambda_p^2\right)\right]}{\left(\lambda_1+\cdots+\lambda_p\right)^4}.$$

考虑到 $\hat{\lambda}_j$ 是 λ_j 的极大似然估计, $j=1,\cdots,p$, 所以

$$\sqrt{n-2}\frac{1}{\hat{\upsilon}}\left(\frac{\sum_{i=1}^{k}\hat{\lambda}_i}{\sum_{i=1}^{p}\hat{\lambda}_i}-\frac{\sum_{i=1}^{k}\lambda_i}{\sum_{i=1}^{p}\lambda_i}\right)\xrightarrow{\mathrm{L}} N\left(0,1\right),$$

其中,

$$\hat{\upsilon}^2=\frac{2\left[\left(\hat{\lambda}_{k+1}+\cdots+\hat{\lambda}_p\right)^2\left(\hat{\lambda}_1^2+\cdots+\hat{\lambda}_k^2\right)+\left(\hat{\lambda}_1+\cdots+\hat{\lambda}_k\right)^2\left(\hat{\lambda}_{k+1}^2+\cdots+\hat{\lambda}_p^2\right)\right]}{\left(\hat{\lambda}_1+\cdots+\hat{\lambda}_p\right)^4}.$$

从而得检验问题 (8.3.10) 的水平为 β 的解,

$$\text{在 }\frac{\sum_{i=1}^{k}\hat{\lambda}_i^2}{\sum_{i=1}^{p}\hat{\lambda}_i^2}\geqslant\delta+\frac{\hat{\upsilon}}{\sqrt{n-2}}U_{1-\beta}\text{ 时, 认为 }\frac{\sum_{i=1}^{k}\lambda_i}{\sum_{i=1}^{p}\lambda_i}>\delta.$$

关于主成分的统计推断问题的详细讨论, 读者可参阅文献 [106] 的 9.4 节 ~9.7 节.

前面说过, 由于相关阵 $\boldsymbol{R}$ 对角线上的元素都等于 1, 故相对于总体主成分分析而言, 总体 $\boldsymbol{R}$ 主成分分析的有些结论比较简单. 也正由于这一点, $\boldsymbol{R}$ 主成分的统计推断, 它比主成分的统计推断困难得多. 下面简要分析其中的原因.

由于样本相关阵的特征根 $\hat{\lambda}_1^*,\cdots,\hat{\lambda}_p^*$ 满足条件 $\hat{\lambda}_1^*+\cdots+\hat{\lambda}_p^*=p$, 所以 $(\hat{\lambda}_1^*,\cdots,\hat{\lambda}_p^*)$ 不可能有样本协方差阵的特征根 $(\hat{\lambda}_1,\cdots,\hat{\lambda}_p)$ 那样的渐近相互独立的正态分布 (见 (8.3.8) 式). 这是 $\boldsymbol{R}$ 主成分的统计推断比主成分的统计推断困难得多的第一个原因.

为什么能够在 $\boldsymbol{\Sigma}>0$ 且 $\boldsymbol{\Sigma}$ 的特征根都不相等, 即 $\lambda_1>\cdots>\lambda_p>0$ 时, 计算样本协方差阵特征根 $\left(\hat{\lambda}_1,\cdots,\hat{\lambda}_p\right)$ 的渐近正态分布, 其关键就在于协方差阵 $\boldsymbol{\Sigma}$ 的特征根 $\lambda_1>\cdots>\lambda_p>0$ 与这些特征根相对应的正则正交特征向量 $\boldsymbol{\alpha}_1,\cdots,\boldsymbol{\alpha}_p$ 是没有关系的. 为什么从 (8.3.5) 式可以得到 (8.3.6) 式, 从 (8.3.6) 式可以得到 (8.3.7) 式, 其原因就在于此. 为什么不能类似地在 $\boldsymbol{\Sigma}>0$ 且样本相关阵 $\boldsymbol{R}$ 的特征根都不相等, 即 $\lambda_1^*>\cdots>\lambda_p^*>0$ 时, 计算样本相关阵的特征根 $\left(\hat{\lambda}_1^*,\cdots,\hat{\lambda}_p^*\right)$ 的渐近正态分布, 其困难就在于 $p\geqslant 3$ 时相关阵 $\boldsymbol{R}$ 的特征根 $\lambda_1^*>\cdots>\lambda_p^*>0$ 与这些特征根相对应的正则正交特征向量 $\boldsymbol{\alpha}_1^*,\cdots,\boldsymbol{\alpha}_p^*$ 是有关系的. 考虑到相关阵 $\boldsymbol{R}$ 对角线上的元素都等于 1, 所以只要特征根 $\left(\hat{\lambda}_1^*,\cdots,\hat{\lambda}_p^*\right)$ 与特征向量 $(\boldsymbol{\alpha}_1^*,\cdots,\boldsymbol{\alpha}_p^*)$ 中有变量, 那么 $\left(\hat{\lambda}_1^*,\cdots,\hat{\lambda}_p^*\right)$ 中的变量与 $(\boldsymbol{\alpha}_1^*,\cdots,\boldsymbol{\alpha}_p^*)$ 中的变量一定是有关系的. 已经知道,

$$\boldsymbol{R}=\boldsymbol{T}^*\boldsymbol{\Lambda}^*\left(\boldsymbol{T}^*\right)',\quad \boldsymbol{T}^*=\left(\boldsymbol{\alpha}_1^*,\cdots,\boldsymbol{\alpha}_p^*\right),\quad \boldsymbol{\Lambda}^*=\mathrm{diag}\left(\lambda_1^*,\cdots,\lambda_p^*\right),$$

$\boldsymbol{R}$ 有 $p\,(p-1)/2$ 个变量, $\boldsymbol{\Lambda}^*=\mathrm{diag}\left(\lambda_1^*,\cdots,\lambda_p^*\right)$ 有一个约束条件 $\hat{\lambda}_1^*+\cdots+\hat{\lambda}_p^*=p$, 所以特征根 $\left(\hat{\lambda}_1^*,\cdots,\hat{\lambda}_p^*\right)$ 中至多有 $p-1$ 个变量, 从而知 $\boldsymbol{T}^*=\left(\boldsymbol{\alpha}_1^*,\cdots,\boldsymbol{\alpha}_p^*\right)$ 的变量个数至少为

$$\frac{p(p-1)}{2}-(p-1)=\frac{(p-1)(p-2)}{2}.$$

这说明在 $p\geqslant 3$ 时, 特征根 $\left(\hat{\lambda}_1^*,\cdots,\hat{\lambda}_p^*\right)$ 与特征向量 $(\boldsymbol{\alpha}_1^*,\cdots,\boldsymbol{\alpha}_p^*)$ 都有变量, 所以特征根 $\left(\hat{\lambda}_1^*,\cdots,\hat{\lambda}_p^*\right)$ 中的变量与特征向量 $(\boldsymbol{\alpha}_1^*,\cdots,\boldsymbol{\alpha}_p^*)$ 中的变量是有关系的. 这就使得不能和推导样本协方差阵特征根 $\left(\hat{\lambda}_1,\cdots,\hat{\lambda}_p\right)$ 的渐近正态分布的方法相类似地, 得到样本相关阵的特征根 $\hat{\lambda}_1^*,\cdots,\hat{\lambda}_p^*$ 的渐近正态分布.

必须指出的是, “$p=2$” 是个例外. $p=2$ 时, 相关阵与样本相关阵分别为

$$\begin{pmatrix}1&\rho\\ \rho&1\end{pmatrix},\quad \begin{pmatrix}1&r\\ r&1\end{pmatrix},$$

其中, ρ 与 r 分别是总体与样本相关系数, 样本相关系数的计算见 (4.2.4) 式. 相关阵与样本相关阵的两个特征根分别是 $(1+\rho,1-\rho)$ 与 $(1+r,1-r)$. 它们所对应的特征向量分别是 $(1/\sqrt{2},1/\sqrt{2})$ 与 $(1/\sqrt{2},-1/\sqrt{2})$. 由样本相关系数 r 的渐近正态性 (见 (4.2.10) 式), 有

$$\sqrt{n}\left((1+r)-(1+\rho)\right)\xrightarrow{\mathrm{L}}N\left(0,\left((1-\rho)\left(1+\rho\right)\right)^2\right).$$

这说明, 在 $p=2$ 时, 有特征根 $\hat{\lambda}_1^*=1+r$ 的渐近正态性

$$\sqrt{n}\left(\hat{\lambda}_1^*-\lambda_1^*\right)\xrightarrow{\mathrm{L}}N\left(0,\left(\lambda_1^*\lambda_2^*\right)^2\right),\quad i=1,2.$$

除了 $p=2$, 在 $p\geqslant 3$ 时难以得到 $\hat{\lambda}_1^*,\cdots,\hat{\lambda}_p^*$ 的渐近分布.

8.4 因子分析

因子分析最早开始于 1904 年英国著名统计学家斯皮尔曼 (C. Spearman) 发表的一篇文章[128], 看看他是如何引入因子分析的.

8.4.1 因子分析的引入

斯皮尔曼在这一篇研究人的智力的定义和测量的文章中, 对某学校 33 个学生 6 门功课 (古典语、法语、英语、数学、判别和音乐) 的成绩进行分析. 33 个学生 6 门功课成绩的样本相关系数矩阵如表 8.4.1 所示.

表 8.4.1 33 个学生 6 门功课成绩的相关系数矩阵

	古典语 (x_1)	法语 (x_2)	英语 (x_3)	数学 (x_4)	判别 (x_5)	音乐 (x_6)
古典语 (x_1)	1	0.83	0.78	0.70	0.66	0.63
法语 (x_2)	0.83	1	0.67	0.67	0.65	0.57
英语 (x_3)	0.78	0.67	1	0.64	0.54	0.51
数学 (x_4)	0.70	0.67	0.64	1	0.54	0.51
判别 (x_5)	0.66	0.65	0.54	0.54	1	0.40
音乐 (x_6)	0.63	0.57	0.51	0.51	0.40	1

表中的相关系数 (不考虑对角线上的值) 自左到右越来越小, 值得注意的是同一列上的值比起前一列上的值基本上按同样的比例减小. 例如, 第 2 列与第 1 列在同一行上两个相关系数的比值

$$\frac{0.67}{0.78}=0.859,\quad \frac{0.67}{0.70}=0.957,\quad \frac{0.65}{0.66}=0.985,\quad \frac{0.57}{0.63}=0.905,$$

它们基本上是相等的. 又如, 第 3 列与第 2 列在同一行上两个相关系数的比值

$$\frac{0.78}{0.83}=0.940,\quad \frac{0.64}{0.67}=0.955,\quad \frac{0.54}{0.65}=0.831,\quad \frac{0.51}{0.57}=0.895,$$

它们基本上也是相等的. 第 4 列与第 3 列, 第 5 列与第 4 列以及第 6 列与第 5 列在同一行上两个相关系数的比值也都是基本上是相等的. 考虑到相关系数矩阵与协方差阵有 (2.4.1) 式那样的关系, 所以对 33 个学生 6 门功课成绩的样本协方差阵来说, 也有与相关系数矩阵完全相同的情况, 同一列上的协方差值比起前一列上的协方差值基本上按同样的比例减小. 根据样本协方差阵这样一个情况, 斯皮尔曼推测总体协方差阵具有下面的性质:

对任意给定的第 j 列和第 k 列 ($j\neq k$), 只要 $i\neq j,\ i\neq k$,

$$\frac{\mathrm{Cov}\,(x_i,x_j)}{\mathrm{Cov}\,(x_i,x_k)}\text{的值与 } i \text{ 无关.} \tag{8.4.1}$$

斯皮尔曼然后进一步推测, 总体协方差阵, 也就是这 6 门功课成绩的协方差阵, 有这样的结构

$$\boldsymbol{a}\boldsymbol{a}' + \mathrm{diag}\left(\sigma_1^2,\ \sigma_2^2,\ \sigma_3^2,\ \sigma_4^2,\ \sigma_5^2,\ \sigma_6^2\right), \tag{8.4.2}$$

其中, $\boldsymbol{a} = (a_1,\ a_2,\ a_3,\ a_4,\ a_5,\ a_6)'$. 这也就是说, 它的协方差阵的结构为

$$\begin{pmatrix} \sigma_1^2 + a_1^2 & a_1a_2 & a_1a_3 & a_1a_4 & a_1a_5 & a_1a_6 \\ a_2a_1 & \sigma_2^2 + a_2^2 & a_2a_3 & a_2a_4 & a_2a_5 & a_2a_6 \\ a_3a_1 & a_3a_2 & \sigma_3^2 + a_3^2 & a_3a_4 & a_3a_5 & a_3a_6 \\ a_4a_1 & a_4a_2 & a_4a_3 & \sigma_4^2 + a_4^2 & a_4a_5 & a_4a_6 \\ a_5a_1 & a_5a_2 & a_5a_3 & a_5a_4 & \sigma_5^2 + a_5^2 & a_5a_6 \\ a_6a_1 & a_6a_2 & a_6a_3 & a_6a_4 & a_6a_5 & \sigma_6^2 + a_6^2 \end{pmatrix}.$$

根据协方差阵的这样一个结构, 斯皮尔曼指出可以对这 6 门功课的成绩建立模型

$$\begin{pmatrix} x_1 \\ x_2 \\ x_3 \\ x_4 \\ x_5 \\ x_6 \end{pmatrix} = \begin{pmatrix} a_1 \\ a_2 \\ a_3 \\ a_4 \\ a_5 \\ a_6 \end{pmatrix} f + \begin{pmatrix} u_1 \\ u_2 \\ u_3 \\ u_4 \\ u_5 \\ u_6 \end{pmatrix}. \tag{8.4.3}$$

由数据建立一个模型需要统计学家对数据的敏锐的观察力. 而建立的模型能否得到人们的认可依赖于能不能给模型一个合理的解释, 即能不能用模型来解释实际问题. 模型 (8.4.3) 很好地解释了课程的考试成绩的结构问题, 从而解释了人的智力的结构问题. 模型 (8.4.3) 说明, $x_i = a_if + u_i$, $i = 1, \cdots, 6$. 每一门功课的成绩都是由两部分组成. 前一部分中的 f 是对所有课程的考试成绩都有贡献的一个随机变量, 后一部分中的 u_i 是仅对第 i 门课程的考试成绩有贡献的一个随机变量. 为此称 f 为公共因子, 而把 u_i 称为特殊因子, 并假设公共因子 f 与特殊因子 u_i 相互独立, 特殊因子 $u_1, \cdots, u_6$ 之间相互独立, 特殊因子 $u_1, \cdots, u_6$ 的方差分别为 $\sigma_1^2, \cdots, \sigma_6^2$. 不失一般性, 假设公共因子 f 的方差为 1. 有了这些假设, 不难验证, 由模型 (8.4.3) 推得的协方差阵形如 (8.4.2) 式所示, 从而证明同一列上的协方差值比起前一列上的协方差值有 (8.4.1) 式那样的关系. 模型 (8.4.3) 中的 a_i 称为第 i 门课程考试成绩的因子负荷, 它可直观地理解为公共因子 f 对第 i 门功课的考试成绩作了多大程度的贡献. 有人把这个公共因子 f 看成是人的阅读能力. 不同的人有不同的阅

读能力, 所以它是一个随机变量. 显然, 阅读能力对这 6 门功课的考试成绩都有贡献. 不同的课程, 阅读能力对它的贡献程度是不同的.

模型 (8.4.3) 称为仅有一个公共因子的因子模型. 自斯皮尔曼提出了这个模型之后, 开始了因子分析的理论及它在很多领域的应用研究.

8.4.2　顾客满意度指数的因子分析模型

顾客对所购买的产品或接受的服务事前是有期望的. 顾客还会将事前的期望与事后顾客使用产品或接受服务的感知作比较. 顾客满意度是指事前的期望与事后的感知, 这两者的差异程度. 直观地说, 顾客满意度就是顾客的要求被满足的程度. 满意度指数与满意率是两个不同的概念. 顾客满意率是顾客中满意的顾客所占的百分比. 它的优点就是计算简单, 而它的最大的缺点就是只能处理单一变量和简单现象. 随着经济发展, 市场商品从供不应求转向为供大于求. 在市场商品供不应求时, 顾客的期望比较低. 它主要基于商品的基本功能、必要数量和低廉价格. 而在市场商品供大于求时, 顾客的期望越来越高. 它更注重商品的优越性能、广泛的功能、驰名的品牌、鲜明的特色、方便的服务等, 更注重消费的个性化、受尊重感、优越感、安全感等情感上和心理上的满足. 为了处理这样一个有多个变量的复杂现象, 从 20 世纪 70 年代中期开始, 经过消费心理学家、市场营销和顾客行为研究人员、计量经济学家和统计学家等的共同努力, 顾客满意度指数应运而生. 顾客满意度指数通过全面观察, 综合地度量顾客的满意程度. 在顾客满意度指数的活动中, 无论何时、何地都会用到统计方法. 统计方法对顾客满意度指数的整个活动都有深刻的影响. 下面简要介绍顾客满意度指数的因子分析方法.

顾客满意度指数的因子分析常用的有以下 3 个模型:

(1) **顾客期望因子模型**. 社会心理学的原理说, 期望产生需求. 顾客的期望主要有对质量、可靠性和满足需求程度等 3 个方面的表现. 令 ξ 表示顾客期望, x_1, x_2, x_3 分别表示顾客对质量, 可靠性和满足需求程度的期望值. 则有顾客期望的因子模型

$$\begin{pmatrix} x_1 \\ x_2 \\ x_3 \end{pmatrix} = \begin{pmatrix} a_1 \\ a_2 \\ a_3 \end{pmatrix} \xi + \begin{pmatrix} \varepsilon_1 \\ \varepsilon_2 \\ \varepsilon_3 \end{pmatrix},$$

其中, x_1, x_2, x_3 的观察值可以通过问卷调查得到. 针对不同的产品和不同的服务, 问卷有不同的问题. 必须指出的是, 问卷中很可能不止一个问题调查顾客对质量 (或对可靠性和满足需求程度) 的期望值, 所以顾客期望的因子模型中的观察变量 (x_i) 很可能不止 3 个. ξ 是公共因子. 在顾客满意度指数因子分析模型中公共因子常称为潜变量.

(2) **顾客感知因子模型**. 顾客感知的因子模型为

$$\begin{pmatrix} y_1 \\ y_2 \\ y_3 \\ y_4 \\ y_5 \\ y_6 \\ y_7 \\ y_8 \\ y_9 \\ y_{10} \\ y_{11} \end{pmatrix} = \begin{pmatrix} b_{11} & 0 & 0 & 0 & 0 \\ b_{21} & 0 & 0 & 0 & 0 \\ b_{31} & 0 & 0 & 0 & 0 \\ 0 & b_{42} & 0 & 0 & 0 \\ 0 & b_{52} & 0 & 0 & 0 \\ 0 & 0 & b_{63} & 0 & 0 \\ 0 & 0 & b_{73} & 0 & 0 \\ 0 & 0 & b_{83} & 0 & 0 \\ 0 & 0 & 0 & b_{94} & 0 \\ 0 & 0 & 0 & 0 & b_{10,5} \\ 0 & 0 & 0 & 0 & b_{11,5} \end{pmatrix} \begin{pmatrix} \eta_1 \\ \eta_2 \\ \eta_3 \\ \eta_4 \\ \eta_5 \end{pmatrix} + \begin{pmatrix} \delta_1 \\ \delta_2 \\ \delta_3 \\ \delta_4 \\ \delta_5 \\ \delta_6 \\ \delta_7 \\ \delta_8 \\ \delta_9 \\ \delta_{10} \\ \delta_{11} \end{pmatrix}. \tag{8.4.4}$$

η_1, η_2, η_3, η_4, η_5 是潜变量, 分别表示顾客对质量的感知、对价值的感知、顾客满意度、顾客抱怨和顾客忠诚. y_1, y_2, y_3 分别表示顾客对质量、质量可靠性和质量满足需求程度的评价, 它们与潜变量 η_1(对质量的感知) 有关. y_4, y_5 分别表示给定价格后顾客对质量的评价和给定质量后顾客对价格的评价, 它们与潜变量 η_2(对价值的感知) 有关. y_6, y_7, y_8 分别表示顾客对企业的总体评价、感知的质量与期望的比较, 以及感知的质量与理想中的质量的差距, 它们与潜变量 η_3(顾客满意度) 有关. y_9 表示顾客正式或非正式的投诉行为对质量的评价和给定质量后顾客对价格的评价, 它与潜变量 η_4(顾客抱怨) 有关. y_{10}, y_{11} 分别表示顾客重复购买的可能性, 顾客可承受的涨价幅度或促销 (降价) 对顾客购买的影响, 它们与潜变量 η_5(顾客忠诚) 有关.

(3) **因果关系模型**. 顾客满意度指数的数学模型的结构方程式如下, 它其实是一个因果关系模型.

$$\begin{pmatrix} \eta_1 \\ \eta_2 \\ \eta_3 \\ \eta_4 \\ \eta_5 \end{pmatrix} = \begin{pmatrix} 0 & 0 & 0 & 0 & 0 \\ \beta_{21} & 0 & 0 & 0 & 0 \\ \beta_{31} & \beta_{32} & 0 & 0 & 0 \\ 0 & 0 & \beta_{43} & 0 & 0 \\ 0 & 0 & 0 & \beta_{54} & 0 \end{pmatrix} \begin{pmatrix} \eta_1 \\ \eta_2 \\ \eta_3 \\ \eta_4 \\ \eta_5 \end{pmatrix} + \begin{pmatrix} \gamma_{11} \\ \gamma_{21} \\ \gamma_{31} \\ 0 \\ 0 \end{pmatrix} \xi + \begin{pmatrix} \upsilon_1 \\ \upsilon_2 \\ \upsilon_3 \\ \upsilon_4 \\ \upsilon_5 \end{pmatrix}.$$

对顾客满意度指数有兴趣的读者可参阅文献 [19].

对于有超过 1 个公共因子的个数因子模型, 如有 5 个公共因子 η_1, η_2, η_3, η_4, η_5 的模型 (8.4.4), 如果这些公共因子相互独立, 则称它为正交因子模型, 否则称它为斜交因子模型. 下面首先介绍正交因子模型, 然后介绍斜交因子模型.

8.4.3 正交因子模型

设 p 维随机向量 $\boldsymbol{x}=\boldsymbol{\Lambda}\boldsymbol{f}+\boldsymbol{u}$, $\boldsymbol{f}\sim N_m(\boldsymbol{\mu},\boldsymbol{G})$ 与 $\boldsymbol{u}\sim N_p(\boldsymbol{\eta},\boldsymbol{D})$ 相互独立, $\boldsymbol{D}=\operatorname{diag}\left(\varphi_1^2,\cdots,\varphi_p^2\right)$, 则称 $\boldsymbol{x}=\boldsymbol{\Lambda}\boldsymbol{f}+\boldsymbol{u}$ 为有 m 个公共因子的因子模型. 令 $\boldsymbol{f}=(f_1,\cdots,f_m)'$, 则在 $f_1,\cdots,f_m$ 相互独立, 即 $\operatorname{Cov}(\boldsymbol{f})=\boldsymbol{G}=\operatorname{diag}\left(g_1^2,\cdots,g_m^2\right)>0$ 时, 称 $\boldsymbol{x}=\boldsymbol{\Lambda}\boldsymbol{f}+\boldsymbol{u}$ 为正交因子模型.

令 $\boldsymbol{f}^*=\boldsymbol{G}^{-1/2}(\boldsymbol{f}-\boldsymbol{\mu})\sim N_m(\boldsymbol{0},\boldsymbol{I}_m)$, $\boldsymbol{u}^*=\boldsymbol{u}-\boldsymbol{\eta}\sim N_p(\boldsymbol{0},\boldsymbol{D})$, 则有

$$\boldsymbol{x}=\boldsymbol{\Lambda}\boldsymbol{f}+\boldsymbol{u}=(\boldsymbol{\Lambda}\boldsymbol{\mu}+\boldsymbol{\eta})+\left(\boldsymbol{\Lambda}\boldsymbol{G}^{1/2}\right)\boldsymbol{f}^*+\boldsymbol{u}^*.$$

由此可见, 不失一般性, 正交因子模型的定义可以用下面这个较为简单明了的形式表示.

设 p 维随机向量 $\boldsymbol{x}$ 可以表示为

$$\boldsymbol{x}=\boldsymbol{\mu}+\boldsymbol{\Lambda}\boldsymbol{f}+\boldsymbol{u}, \tag{8.4.5}$$

其中, $\boldsymbol{\mu}$ 是 p 维未知常数向量, $\boldsymbol{\Lambda}$ 是 $p\times m$ 阶未知常数矩阵, m 维随机向量 $\boldsymbol{f}\sim N_m(\boldsymbol{0},\boldsymbol{I}_m)$, $m<p$, p 维随机向量 $\boldsymbol{u}\sim N_p(\boldsymbol{0},\boldsymbol{D})$, $\boldsymbol{D}=\operatorname{diag}\left(\varphi_1^2,\cdots,\varphi_p^2\right)$, $\boldsymbol{f}$ 和 $\boldsymbol{u}$ 相互独立, 则称模型 (8.4.5) 为正交因子模型, 并称 $\boldsymbol{f}$ 为公共因子, $\boldsymbol{u}$ 为特殊因子, $\boldsymbol{\Lambda}$ 为因子负荷矩阵. 在 $\boldsymbol{x}$ 有正交因子模型 (8.4.5) 时,

$$\begin{cases} E(\boldsymbol{x})=\boldsymbol{\mu}, \\ \operatorname{Cov}(\boldsymbol{x})=\boldsymbol{\Sigma}=\boldsymbol{\Lambda}\boldsymbol{\Lambda}'+\boldsymbol{D}. \end{cases} \tag{8.4.6}$$

正交因子模型的一个显著的特点就是, 它的协方差阵的结构为 $\boldsymbol{\Sigma}=\boldsymbol{\Lambda}\boldsymbol{\Lambda}'+\boldsymbol{D}$. 模型 (8.4.3) 只有 1 个公共因子, 它可以看成是正交因子模型, 其协方差阵的结构见 (8.4.2) 式, 有 (8.4.6) 式所示的那种结构.

在讨论因子分析问题时, 一般假设因子负荷矩阵 $\boldsymbol{\Lambda}$ 是完全未知的. 对一些特殊的具体问题, 因子负荷矩阵 $\boldsymbol{\Lambda}$ 可能部分未知, 部分已知, 就如顾客满意度指数中的顾客感知的因子模型 (8.4.4). 事实上, 模型 (8.4.4) 可以分解为 5 个因子模型. 它们分别是顾客对质量感知、对价值感知、顾客满意度、顾客抱怨和顾客忠诚的因子模型. 这 5 个因子模型都仅只有一个公共因子, 且它们的因子负荷矩阵都完全未知. 倘若把因子负荷矩阵 $\boldsymbol{\Lambda}$ 看成设计矩阵, 那么 (8.4.5) 式看上去就是线性回归模型, 但正因为因子负荷矩阵 $\boldsymbol{\Lambda}$ 未知, 所以因子分析问题与线性回归问题是不同的两个问题.

下面讨论因子分析问题时说因子负荷矩阵未知, 意思是说它是完全未知的. 在因子负荷矩阵 $\boldsymbol{\Lambda}$ 未知时, 它就不是唯一的. 这是因为对任意的 m 阶正交矩阵 $\boldsymbol{T}$, 都有

$$\boldsymbol{x}=\boldsymbol{\mu}+\boldsymbol{\Lambda}f+\boldsymbol{u}=\boldsymbol{\mu}+(\boldsymbol{\Lambda}\boldsymbol{T})\left(\boldsymbol{T}'\boldsymbol{f}\right)+\boldsymbol{u},$$

其中, $\boldsymbol{T}'\boldsymbol{f} \sim N_m(\mathbf{0}, \boldsymbol{I}_m)$. 把 $\boldsymbol{T}'\boldsymbol{f}$ 看成是公共因子, 这仍然是正交因子模型. 对于这个公共因子来说, 它的因子负荷矩阵是 $\boldsymbol{\Lambda T}$. 与其把因子负荷矩阵的不唯一性看成是一个缺点, 不如把它看成是一个优点. 在对实际问题进行因子分析的时候, 往往通过因子的正交旋转, 寻找到某个正交矩阵 $\boldsymbol{T}$, 使得公共因子 $\boldsymbol{T}'\boldsymbol{f}$, 因子负荷矩阵 $\boldsymbol{\Lambda T}$ 有鲜明的实际意义, 能合理地解释实际问题. 关于因子的正交旋转问题本书从略. 因子的正交旋转问题读者可参阅文献 [43] 的第 6 章第 5 节和文献 [6] 的第 10 章第 3 节. 本书着重介绍正交因子模型中因子负荷矩阵 $\boldsymbol{\Lambda}$ 和特殊因子 $\boldsymbol{u}$ 的方差 $\varphi_1^2, \cdots, \varphi_p^2$, 也就是对角矩阵 $\boldsymbol{D} = \operatorname{diag}\left(\varphi_1^2, \cdots, \varphi_p^2\right)$ 估计问题以及正交因子模型中协方差阵结构的检验问题.

8.4.4 正交因子模型因子负荷矩阵和特殊因子方差的估计

关于这个估计问题, 主要有极大似然法、主成分法和主因子法. 这里仅介绍极大似然法. 关于主成分法读者可参阅文献 [22] 的第 10 章第 2 节, 而关于主因子法读者可参阅文献 [6] 的第 10 章第 2 节.

设 $\boldsymbol{x}_1, \cdots, \boldsymbol{x}_n$ 是来自多元正态分布总体 $N_p(\boldsymbol{\mu}, \boldsymbol{\Sigma})$ 的样本, 其中, $n > p$, $\boldsymbol{\Sigma} = \boldsymbol{\Lambda\Lambda}' + \boldsymbol{D}$, $\boldsymbol{\Lambda}$ 是秩为 m 的 $p \times m$ 阶参数矩阵, $\boldsymbol{D} = \operatorname{diag}\left(\varphi_1^2, \cdots, \varphi_p^2\right)$. 也可以说, $\boldsymbol{x}_1, \cdots, \boldsymbol{x}_n$ 是来自正交因子模型 (8.4.5) 的样本, $\boldsymbol{x}_i = \boldsymbol{\mu} + \boldsymbol{\Lambda} f_i + \boldsymbol{u}_i$, $\boldsymbol{f}_1, \cdots, \boldsymbol{f}_n$ 独立同 $N_m(\mathbf{0}, \boldsymbol{I}_m)$ 分布, $\boldsymbol{u}_1, \cdots, \boldsymbol{u}_n$ 独立同 $N_p(\mathbf{0}, \boldsymbol{D})$ 分布, $\boldsymbol{D} = \operatorname{diag}\left(\varphi_1^2, \cdots, \varphi_p^2\right)$, $\boldsymbol{f}_1, \cdots, \boldsymbol{f}_n$ 与 $\boldsymbol{u}_1, \cdots, \boldsymbol{u}_n$ 相互独立.

由 (4.1.1) 式知 $(\boldsymbol{\mu}, \boldsymbol{\Lambda}, \boldsymbol{D})$ 的似然函数为

$$\left|\boldsymbol{\Lambda\Lambda}' + \boldsymbol{D}\right|^{-n/2} \exp\left\{-\frac{n}{2}\operatorname{tr}\left(\left(\boldsymbol{\Lambda\Lambda}' + \boldsymbol{D}\right)^{-1}\left(\boldsymbol{S} + (\bar{\boldsymbol{x}} - \boldsymbol{\mu})(\bar{\boldsymbol{x}} - \boldsymbol{\mu})'\right)\right)\right\},$$

其中, $\boldsymbol{S}$ 为样本协方差阵

$$\boldsymbol{S} = \frac{\boldsymbol{V}}{n}, \quad \boldsymbol{V} = \sum_{i=1}^{n}(\boldsymbol{x}_i - \bar{\boldsymbol{x}})(\boldsymbol{x}_i - \bar{\boldsymbol{x}})' \text{ 是样本离差阵.}$$

显然, $\boldsymbol{\mu}$ 的极大似然估计为样本均值 $\bar{\boldsymbol{x}}$, 由此得 $(\boldsymbol{\Lambda}, \boldsymbol{D})$ 的似然函数为

$$L(\boldsymbol{\Lambda}, \boldsymbol{D}) = \left|\boldsymbol{\Lambda\Lambda}' + \boldsymbol{D}\right|^{-n/2} \exp\left\{-\frac{n}{2}\operatorname{tr}\left(\left(\boldsymbol{\Lambda\Lambda}' + \boldsymbol{D}\right)^{-1}\boldsymbol{S}\right)\right\},$$

从而有 $(\boldsymbol{\Lambda}, \boldsymbol{D})$ 的对数似然函数为

$$\ln L(\boldsymbol{\Lambda}, \boldsymbol{D}) = -\frac{n}{2}\ln\left|\boldsymbol{\Lambda\Lambda}' + \boldsymbol{D}\right| - \frac{n}{2}\operatorname{tr}\left(\left(\boldsymbol{\Lambda\Lambda}' + \boldsymbol{D}\right)^{-1}\boldsymbol{S}\right), \tag{8.4.7}$$

其中, $\boldsymbol{\Lambda}$ 是 $p \times m$ 阶矩阵, $\boldsymbol{D}$ 是对角矩阵 $\operatorname{diag}\left(\varphi_1^2, \cdots, \varphi_p^2\right)$. 为了由对数似然函数 $\ln L(\boldsymbol{\Lambda}, \boldsymbol{D})$ 得到似然方程, 需要用到附录 A.6.3 介绍的关于对矩阵的函数求导和计算微分的有关知识.

根据定理 A.6.4 和定理 A.6.5, 由 (8.4.7) 式得到 $(\boldsymbol{\Lambda},\boldsymbol{D})$ 的对数似然函数的微分为

$$\begin{aligned}\mathrm{d}\ln L(\boldsymbol{\Lambda},\boldsymbol{D}) =& -\frac{n}{2}\mathrm{tr}\left(\left(\boldsymbol{\Lambda}\boldsymbol{\Lambda}'+\boldsymbol{D}\right)^{-1}\left(2\boldsymbol{\Lambda}\mathrm{d}\boldsymbol{\Lambda}'+\mathrm{d}\boldsymbol{D}\right)\right)\\ &+\frac{n}{2}\mathrm{tr}\left(\left(\boldsymbol{\Lambda}\boldsymbol{\Lambda}'+\boldsymbol{D}\right)^{-1}\left(2\boldsymbol{\Lambda}\mathrm{d}\boldsymbol{\Lambda}'+\mathrm{d}\boldsymbol{D}\right)\left(\boldsymbol{\Lambda}\boldsymbol{\Lambda}'+\boldsymbol{D}\right)^{-1}\boldsymbol{S}\right)\\ =& -\frac{n}{2}\mathrm{tr}\left(\left[\left(\boldsymbol{\Lambda}\boldsymbol{\Lambda}'+\boldsymbol{D}\right)^{-1}-\left(\boldsymbol{\Lambda}\boldsymbol{\Lambda}'+\boldsymbol{D}\right)^{-1}\boldsymbol{S}\left(\boldsymbol{\Lambda}\boldsymbol{\Lambda}'+\boldsymbol{D}\right)^{-1}\right]\mathrm{d}\boldsymbol{D}\right)\\ &-n\mathrm{tr}\left(\left[\left(\boldsymbol{\Lambda}\boldsymbol{\Lambda}'+\boldsymbol{D}\right)^{-1}\boldsymbol{\Lambda}-\left(\boldsymbol{\Lambda}\boldsymbol{\Lambda}'+\boldsymbol{D}\right)^{-1}\boldsymbol{S}\left(\boldsymbol{\Lambda}\boldsymbol{\Lambda}'+\boldsymbol{D}\right)^{-1}\boldsymbol{\Lambda}\right]\mathrm{d}\boldsymbol{\Lambda}'\right).\end{aligned}$$

考虑到 $\boldsymbol{D}$ 是对角矩阵 $\mathrm{diag}\left(\varphi_1^2,\cdots,\varphi_p^2\right)$, 所以有似然方程组

$$\begin{cases}\mathrm{diag}\left(\left(\boldsymbol{\Lambda}\boldsymbol{\Lambda}'+\boldsymbol{D}\right)^{-1}-\left(\boldsymbol{\Lambda}\boldsymbol{\Lambda}'+\boldsymbol{D}\right)^{-1}\boldsymbol{S}\left(\boldsymbol{\Lambda}\boldsymbol{\Lambda}'+\boldsymbol{D}\right)^{-1}\right)=\boldsymbol{0},\\ \left(\boldsymbol{\Lambda}\boldsymbol{\Lambda}'+\boldsymbol{D}\right)^{-1}\boldsymbol{\Lambda}-\left(\boldsymbol{\Lambda}\boldsymbol{\Lambda}'+\boldsymbol{D}\right)^{-1}\boldsymbol{S}\left(\boldsymbol{\Lambda}\boldsymbol{\Lambda}'+\boldsymbol{D}\right)^{-1}\boldsymbol{\Lambda}=\boldsymbol{0},\end{cases}\tag{8.4.8}$$

其中, $\mathrm{diag}\,(\boldsymbol{A})$ 表示由方阵 $\boldsymbol{A}$ 的对角线元素构成的对角矩阵. 下面分别简化似然方程组 (8.4.8) 的这两个等式.

显然, 方程组 (8.4.8) 的第 2 个等式可等价地简化为

$$\boldsymbol{\Lambda}=\boldsymbol{S}\left(\boldsymbol{\Lambda}\boldsymbol{\Lambda}'+\boldsymbol{D}\right)^{-1}\boldsymbol{\Lambda}.\tag{8.4.9}$$

简化方程组 (8.4.8) 的第 1 个等式不如简化第 2 个等式那么容易. 不难验证下列两式成立:

$$\begin{aligned}\left(\boldsymbol{D}+\boldsymbol{\Lambda}\boldsymbol{\Lambda}'\right)^{-1}&=\boldsymbol{D}^{-1}-\boldsymbol{D}^{-1}\boldsymbol{\Lambda}\boldsymbol{\Lambda}'\left(\boldsymbol{D}+\boldsymbol{\Lambda}\boldsymbol{\Lambda}'\right)^{-1},\\ \left(\boldsymbol{D}+\boldsymbol{\Lambda}\boldsymbol{\Lambda}'\right)^{-1}\boldsymbol{D}&=\boldsymbol{I}-\left(\boldsymbol{D}+\boldsymbol{\Lambda}\boldsymbol{\Lambda}'\right)^{-1}\boldsymbol{\Lambda}\boldsymbol{\Lambda}',\end{aligned}$$

从而有 (8.4.10) 式和 (8.4.11) 式:

$$\begin{aligned}\boldsymbol{D}\left(\boldsymbol{D}+\boldsymbol{\Lambda}\boldsymbol{\Lambda}'\right)^{-1}\boldsymbol{D}&=\boldsymbol{D}-\boldsymbol{\Lambda}\boldsymbol{\Lambda}'\left(\boldsymbol{D}+\boldsymbol{\Lambda}\boldsymbol{\Lambda}'\right)^{-1}\boldsymbol{D}\\ &=\boldsymbol{D}-\boldsymbol{\Lambda}\boldsymbol{\Lambda}'+\boldsymbol{\Lambda}\boldsymbol{\Lambda}'\left(\boldsymbol{D}+\boldsymbol{\Lambda}\boldsymbol{\Lambda}'\right)^{-1}\boldsymbol{\Lambda}\boldsymbol{\Lambda}',\end{aligned}\tag{8.4.10}$$

$$\begin{aligned}&\boldsymbol{D}\left(\boldsymbol{D}+\boldsymbol{\Lambda}\boldsymbol{\Lambda}'\right)^{-1}\boldsymbol{S}\left(\boldsymbol{D}+\boldsymbol{\Lambda}\boldsymbol{\Lambda}'\right)^{-1}\boldsymbol{D}\\ =&\boldsymbol{D}\left(\boldsymbol{D}^{-1}-\boldsymbol{D}^{-1}\boldsymbol{\Lambda}\boldsymbol{\Lambda}'\left(\boldsymbol{D}+\boldsymbol{\Lambda}\boldsymbol{\Lambda}'\right)^{-1}\right)\boldsymbol{S}\left(\boldsymbol{I}-\left(\boldsymbol{D}+\boldsymbol{\Lambda}\boldsymbol{\Lambda}'\right)^{-1}\boldsymbol{\Lambda}\boldsymbol{\Lambda}'\right)\\ =&\boldsymbol{S}-\boldsymbol{S}\left(\boldsymbol{D}+\boldsymbol{\Lambda}\boldsymbol{\Lambda}'\right)^{-1}\boldsymbol{\Lambda}\boldsymbol{\Lambda}'-\boldsymbol{\Lambda}\boldsymbol{\Lambda}'\left(\boldsymbol{D}+\boldsymbol{\Lambda}\boldsymbol{\Lambda}'\right)^{-1}\boldsymbol{S}\\ &+\boldsymbol{\Lambda}\boldsymbol{\Lambda}'\left(\boldsymbol{D}+\boldsymbol{\Lambda}\boldsymbol{\Lambda}'\right)^{-1}\boldsymbol{S}\left(\boldsymbol{D}+\boldsymbol{\Lambda}\boldsymbol{\Lambda}'\right)^{-1}\boldsymbol{\Lambda}\boldsymbol{\Lambda}'.\end{aligned}\tag{8.4.11}$$

显然, 方程组 (8.4.8) 的第 1 个等式等价于

$$\mathrm{diag}\left(\boldsymbol{D}\left(\boldsymbol{\Lambda}\boldsymbol{\Lambda}'+\boldsymbol{D}\right)^{-1}\boldsymbol{D}-\boldsymbol{D}\left(\boldsymbol{\Lambda}\boldsymbol{\Lambda}'+\boldsymbol{D}\right)^{-1}\boldsymbol{S}\left(\boldsymbol{\Lambda}\boldsymbol{\Lambda}'+\boldsymbol{D}\right)^{-1}\boldsymbol{D}\right)=\boldsymbol{0}.$$

根据 (8.4.10) 式和 (8.4.11) 式, 并利用 (8.4.9) 式, 有

$$\boldsymbol{D}\left(\boldsymbol{\Lambda}\boldsymbol{\Lambda}'+\boldsymbol{D}\right)^{-1}\boldsymbol{D}-\boldsymbol{D}\left(\boldsymbol{\Lambda}\boldsymbol{\Lambda}'+\boldsymbol{D}\right)^{-1}\boldsymbol{S}\left(\boldsymbol{\Lambda}\boldsymbol{\Lambda}'+\boldsymbol{D}\right)^{-1}\boldsymbol{D}=\boldsymbol{D}-\boldsymbol{S}+\boldsymbol{\Lambda}\boldsymbol{\Lambda}',$$

所以方程组 (8.4.8) 的第 1 个等式可等价地简化为

$$\operatorname{diag}(\boldsymbol{S})=\operatorname{diag}\left(\boldsymbol{D}+\boldsymbol{\Lambda}\boldsymbol{\Lambda}'\right). \tag{8.4.12}$$

至此, 将似然方程组 (8.4.8) 等价地简化为由 (8.4.9) 式和 (8.4.12) 式构成的似然方程组

$$\begin{cases}\boldsymbol{\Lambda}=\boldsymbol{S}\left(\boldsymbol{\Lambda}\boldsymbol{\Lambda}'+\boldsymbol{D}\right)^{-1}\boldsymbol{\Lambda},\\ \operatorname{diag}(\boldsymbol{S})=\operatorname{diag}\left(\boldsymbol{\Lambda}\boldsymbol{\Lambda}'+\boldsymbol{D}\right).\end{cases} \tag{8.4.13}$$

前面说了, 在因子负荷矩阵 $\boldsymbol{\Lambda}$ 未知时, 它就不是唯一的. 从似然方程组 (8.4.13) 也可以看到这一情况. 如果 $(\boldsymbol{\Lambda},\boldsymbol{D})$ 是方程组的解, 那么对任意的正交矩阵 $\boldsymbol{T}$, $(\boldsymbol{\Lambda}\boldsymbol{T},\boldsymbol{D})$ 也是方程组的解. 为此需要加上某个约束条件, 以使得似然方程组的解是唯一的. 一般来说, 似然方程组 (8.4.13) 只能用迭代算法求解. 下面分析需要加多少个约束条件以及加上什么样的约束条件后, 求解的迭代算法就比较容易实现.

$p\times m$ 阶因子负荷矩阵 $\boldsymbol{\Lambda}$ 不唯一, 就是因为对任意的 m 阶正交矩阵 $\boldsymbol{T}$, 都有 $\boldsymbol{\Sigma}=\boldsymbol{\Lambda}\boldsymbol{\Lambda}'+\boldsymbol{D}=(\boldsymbol{\Lambda}\boldsymbol{T})(\boldsymbol{\Lambda}\boldsymbol{T})'+\boldsymbol{D}$. 由于 m 阶正交矩阵 $\boldsymbol{T}$, 有 $m(m-1)/2$ 个变量, 这也就是说, 为使得 $\boldsymbol{\Lambda}$ 唯一, 需要给 $\boldsymbol{\Lambda}$ 加上 $m(m-1)/2$ 个约束条件.

由 $\boldsymbol{\Lambda}\left(\boldsymbol{I}+\boldsymbol{\Lambda}'\boldsymbol{D}^{-1}\boldsymbol{\Lambda}\right)=\left(\boldsymbol{D}+\boldsymbol{\Lambda}\boldsymbol{\Lambda}'\right)\boldsymbol{D}^{-1}\boldsymbol{\Lambda}$ 知 $\left(\boldsymbol{D}+\boldsymbol{\Lambda}\boldsymbol{\Lambda}'\right)^{-1}\boldsymbol{\Lambda}=\boldsymbol{D}^{-1}\boldsymbol{\Lambda}(\boldsymbol{I}+\boldsymbol{\Lambda}'\boldsymbol{D}^{-1}\boldsymbol{\Lambda})^{-1}$, 从而 (8.4.9) 式可等价地改写为 $\boldsymbol{\Lambda}=\boldsymbol{S}\boldsymbol{D}^{-1}\boldsymbol{\Lambda}\left(\boldsymbol{I}+\boldsymbol{\Lambda}'\boldsymbol{D}^{-1}\boldsymbol{\Lambda}\right)^{-1}$ 或 $\boldsymbol{S}\boldsymbol{D}^{-1}\boldsymbol{\Lambda}=\boldsymbol{\Lambda}\left(\boldsymbol{I}+\boldsymbol{\Lambda}'\boldsymbol{D}^{-1}\boldsymbol{\Lambda}\right)$. 故似然方程组 (8.4.8) 或等价地方程组 (8.4.13) 可改写为

$$\begin{cases}\boldsymbol{S}\boldsymbol{D}^{-1}\boldsymbol{\Lambda}=\boldsymbol{\Lambda}\left(\boldsymbol{I}+\boldsymbol{\Lambda}'\boldsymbol{D}^{-1}\boldsymbol{\Lambda}\right),\\ \operatorname{diag}(\boldsymbol{S})=\operatorname{diag}\left(\boldsymbol{\Lambda}\boldsymbol{\Lambda}'+\boldsymbol{D}\right).\end{cases} \tag{8.4.14}$$

由似然方程组 (8.4.13) 的第一个方程可以得到

$$\left(\boldsymbol{D}^{-1/2}\boldsymbol{S}\boldsymbol{D}^{-1/2}\right)\left(\boldsymbol{D}^{-1/2}\boldsymbol{\Lambda}\right)=\left(\boldsymbol{D}^{-1/2}\boldsymbol{\Lambda}\right)\left(\boldsymbol{I}+\boldsymbol{\Lambda}'\boldsymbol{D}^{-1}\boldsymbol{\Lambda}\right).$$

发现, 如果加上约束条件 $\boldsymbol{\Lambda}'\boldsymbol{D}^{-1}\boldsymbol{\Lambda}=\boldsymbol{\Gamma}$, 其中, $\boldsymbol{\Gamma}$ 是对角线上的元素互不相等的对角矩阵, $\boldsymbol{\Gamma}=\operatorname{diag}(\gamma_1,\cdots,\gamma_m)$, 那么由方程组 (8.4.13) 以及 $\boldsymbol{\Gamma}$ 是对角矩阵知

$$\begin{cases}\left(\boldsymbol{D}^{-1/2}\boldsymbol{S}\boldsymbol{D}^{-1/2}\right)\left(\boldsymbol{D}^{-1/2}\boldsymbol{\Lambda}\boldsymbol{\Gamma}^{-1/2}\right)=\left(\boldsymbol{D}^{-1/2}\boldsymbol{\Lambda}\boldsymbol{\Gamma}^{-1/2}\right)(\boldsymbol{I}+\boldsymbol{\Gamma}),\\ \left(\boldsymbol{D}^{-1/2}\boldsymbol{\Lambda}\boldsymbol{\Gamma}^{-1/2}\right)'\left(\boldsymbol{D}^{-1/2}\boldsymbol{\Lambda}\boldsymbol{\Gamma}^{-1/2}\right)=\boldsymbol{I}_m.\end{cases} \tag{8.4.15}$$

由于 $\boldsymbol{\Gamma}=\operatorname{diag}(\gamma_1,\cdots,\gamma_m)$, 则由方程组 (8.4.15) 的第 1 个等式知, $1+\gamma_1,\cdots,1+\gamma_m$ 是 $\boldsymbol{D}^{-1/2}\boldsymbol{S}\boldsymbol{D}^{-1/2}$ 的 m 个互不相等的特征根, 且其所对应的特征向量为 $\boldsymbol{D}^{-1/2}$.

$\boldsymbol{\Lambda}\boldsymbol{\Gamma}^{-1/2}$. 由于 $\boldsymbol{\Lambda}'\boldsymbol{D}^{-1}\boldsymbol{\Lambda}=\boldsymbol{\Gamma}$, 所以 $\left(\boldsymbol{D}^{-1/2}\boldsymbol{\Lambda}\boldsymbol{\Gamma}^{-1/2}\right)\left(\boldsymbol{D}^{-1/2}\boldsymbol{\Lambda}\boldsymbol{\Gamma}^{-1/2}\right)'=\boldsymbol{D}^{-1/2}$ $\boldsymbol{\Lambda}\boldsymbol{\Gamma}\boldsymbol{\Lambda}\boldsymbol{D}^{-1/2}=\boldsymbol{I}_m$, 从而知 $\boldsymbol{D}^{-1/2}\boldsymbol{\Lambda}\boldsymbol{\Gamma}^{-1/2}$ 是 $\boldsymbol{D}^{-1/2}\boldsymbol{S}\boldsymbol{D}^{-1/2}$ 的与特征根 $1+\gamma_1,\cdots,1+\gamma_m$ 相对应的正则正交特征向量.

$\boldsymbol{D}^{-1/2}\boldsymbol{S}\boldsymbol{D}^{-1/2}$ 是 p 阶矩阵, 它有 p 个特征根. 下面说明 $1+\gamma_1,\cdots,1+\gamma_m$ 为什么可以看成是 $\boldsymbol{D}^{-1/2}\boldsymbol{S}\boldsymbol{D}^{-1/2}$ 的由大到小排列的前 m 个特征根. 考虑到 $\boldsymbol{S}$ 是样本协方差阵, 它是总体协方差阵 $\boldsymbol{\Sigma}$ 的极大似然估计, 故首先考察 p 阶矩阵 $\boldsymbol{D}^{-1/2}\boldsymbol{\Sigma}\boldsymbol{D}^{-1/2}$ 的特征根有什么样的性质. 由于正交因子模型的协方差阵的结构为 $\boldsymbol{\Sigma}=\boldsymbol{\Lambda}\boldsymbol{\Lambda}'+\boldsymbol{D}$, 所以

$$\boldsymbol{D}^{-1/2}\boldsymbol{\Sigma}\boldsymbol{D}^{-1/2}=\left(\boldsymbol{\Lambda}'\boldsymbol{D}^{-1/2}\right)'\left(\boldsymbol{\Lambda}'\boldsymbol{D}^{-1/2}\right)+\boldsymbol{I}_p.$$

因为 $\left(\boldsymbol{\Lambda}'\boldsymbol{D}^{-1/2}\right)\left(\boldsymbol{\Lambda}'\boldsymbol{D}^{-1/2}\right)'=\boldsymbol{\Lambda}'\boldsymbol{D}^{-1}\boldsymbol{\Lambda}=\boldsymbol{\Gamma}$, 并考虑到 p 阶阵 $\left(\boldsymbol{\Lambda}'\boldsymbol{D}^{-1/2}\right)'\cdot\left(\boldsymbol{\Lambda}'\boldsymbol{D}^{-1/2}\right)$ 与 m 阶阵 $\left(\boldsymbol{\Lambda}'\boldsymbol{D}^{-1/2}\right)\left(\boldsymbol{\Lambda}'\boldsymbol{D}^{-1/2}\right)'=\boldsymbol{\Gamma}$ 有相同的非零特征根, 所以 $\boldsymbol{D}^{-1/2}\boldsymbol{\Sigma}\boldsymbol{D}^{-1/2}$ 的由大到小排列的前 m 个特征根为 $1+\gamma_1,\cdots,1+\gamma_m$, 而剩余的后 $p-m$ 个特征根都等于 1. 正是基于这样的情况, 并考虑到样本协方差阵 $\boldsymbol{S}$ 是总体协方差阵 $\boldsymbol{\Sigma}$ 的极大似然估计, 所以 $1+\gamma_1,\cdots,1+\gamma_m$ 可以看成是 $\boldsymbol{D}^{-1/2}\boldsymbol{S}\boldsymbol{D}^{-1/2}$ 的由大到小排列的前 m 个特征根. 至此得到了利用迭代算法求解似然方程组 (8.4.8) 或等价地 (8.4.13) 式, (8.4.14) 式的依据: $\boldsymbol{D}^{-1/2}\boldsymbol{\Lambda}\boldsymbol{\Gamma}^{-1/2}$ 是 $\boldsymbol{D}^{-1/2}\boldsymbol{S}\boldsymbol{D}^{-1/2}$ 的与由大到小排列的前 m 个特征根 $1+\gamma_1,\cdots,1+\gamma_m$ 相对应的正则正交特征向量. 这个依据来自于方程组 (8.4.14) 的第 1 个等式. 此外, 迭代算法还用到方程组 (8.4.14) 的第 2 个等式.

注　仅知道 $\boldsymbol{\Gamma}$ 是对角矩阵, 其对角线上的元素 $\gamma_1,\cdots,\gamma_m$ 并不知道, 所以约束条件 $\boldsymbol{\Lambda}'\boldsymbol{D}^{-1}\boldsymbol{\Lambda}=\boldsymbol{\Gamma}$ 共有 $m(m-1)/2$ 个等式约束. 正因为加了这 $m(m-1)/2$ 个等式约束条件, 似然方程组 (8.4.8) 或等价地 (8.4.13) 式, (8.4.14) 式的解就唯一了.

下面是求解似然方程组 (8.4.14) 的迭代算法:

(1) 给出特殊因子 $\boldsymbol{U}$ 的方差 $\boldsymbol{D}$ 的初始估计. 可以将根据主成分法, 或根据主因子法得到的特殊因子 $\boldsymbol{U}$ 的方差 $\boldsymbol{D}$ 的估计作为它在迭代算法中的初始估计 $\boldsymbol{D}_0=\operatorname{diag}\left(\varphi_{1,0}^2,\cdots,\varphi_{p,0}^2\right)$;

(2) 对给定的初始估计 $\boldsymbol{D}_0=\operatorname{diag}\left(\varphi_{1,0}^2,\cdots,\varphi_{p,0}^2\right)$, 计算 $\boldsymbol{D}_0^{-1/2}\boldsymbol{S}\boldsymbol{D}_0^{-1/2}$ 的由大到小排列的前 m 个特征根 $\hat{\lambda}_1,\cdots,\hat{\lambda}_m$, 以及它们所对应的正则正交特征向量 $\hat{\boldsymbol{e}}_1,\cdots,\hat{\boldsymbol{e}}_m$. 记 $\hat{\boldsymbol{\Gamma}}=\operatorname{diag}\left(\hat{\lambda}_1-1,\cdots,\hat{\lambda}_m-1\right)$, $\hat{\boldsymbol{E}}=(\hat{e}_1,\cdots,\hat{e}_m)$. 从而得因子负荷矩阵 $\boldsymbol{\Lambda}$ 的迭代估计为

$$\boldsymbol{\Lambda}_1=\boldsymbol{D}_0^{1/2}\hat{\boldsymbol{E}}\boldsymbol{\Gamma}^{1/2},$$

这一步的计算需要 $\hat{\lambda}_1,\cdots,\hat{\lambda}_m$ 都不比 1 小.

(3) 根据似然方程组 (8.4.14) 的第 2 个方程, 得到特殊因子 $\boldsymbol{U}$ 的方差 $\boldsymbol{D}$ 的迭代估计为

$$\boldsymbol{D}_1 = \operatorname{diag}(\boldsymbol{S}) - \operatorname{diag}\left(\boldsymbol{\Lambda}\boldsymbol{\Lambda}'\right),$$

这一步的计算需要 $\boldsymbol{D}_1 > 0$.

将所得到的 $\boldsymbol{U}$ 的方差 $\boldsymbol{D}$ 的迭代估计 $\boldsymbol{D}_1$ 作为它的初始估计, 重复步骤 (2) 与 (3). 依此类推, 直到相邻两次迭代得到的 $\boldsymbol{\Lambda}$ 和 $\boldsymbol{D}$ 的迭代估计仅有比较小的差别. 最后得到的迭代估计就是因子负荷矩阵和特殊因子方差的极大似然估计.

在求解实际问题的时候, 这个迭代算法可能会遇到问题, 难以实施. 这其中的原因可能涉及究竟因子模型正确与否. 如果模型正确, 问题就涉及究竟取多少个公共因子, 即 m 应取多大的问题. 因子模型是否正确, 与其用统计方法判断, 不妨根据问题的实际意义来进行判断. 至于 m 取多大的问题, 这就需要检验, 在公共因子个数 m 给定后检验因子模型协方差阵的结构. 由于 $m \leqslant p$, 总可以经过有限次的检验找到一个合适的公共因子个数 m. 事实上, 可以根据主成分法给出公共因子个数 m. 此外, 在特殊因子 $\boldsymbol{U}$ 的方差 $\boldsymbol{D} = \operatorname{diag}\left(\varphi_1^2, \cdots, \varphi_p^2\right)$ 的迭代估计中, 有可能某些 φ_i^2 的迭代估计不是正的, 这时就取 0 为这些 φ_i^2 的估计.

上述迭代算法最早见于文献 [92]. 用于寻找极大似然估计的迭代算法还有最速下降 (steepest descent), Newton-Raphson 和用信息矩阵的划线 (scoring) 等迭代算法. 对此有兴趣的读者可参阅文献 [99]. 除了这些迭代算法, 还可以用 EM 算法求解极大似然估计. EM 算法见文献 [73]. EM 算法也是一种迭代算法. 它的基本思想就是把没有观察到的公共因子 $\boldsymbol{f}$ 看成缺损数据.

设有正交因子模型 $\boldsymbol{x} = \boldsymbol{\mu} + \boldsymbol{\Lambda}\boldsymbol{f} + \boldsymbol{u}$, $\boldsymbol{f}$ 与 $\boldsymbol{u}$ 相互独立, $\boldsymbol{f} \sim N_m(\boldsymbol{0}, \boldsymbol{I}_m)$, $\boldsymbol{u} \sim N_p(\boldsymbol{0}, \boldsymbol{D})$, $\boldsymbol{D} = \operatorname{diag}\left(\varphi_1^2, \cdots, \varphi_p^2\right)$, 则

$$\begin{pmatrix} \boldsymbol{x} \\ \boldsymbol{f} \end{pmatrix} \sim N_{p+m}\left(\begin{pmatrix} \boldsymbol{\mu} \\ \boldsymbol{0} \end{pmatrix}, \begin{pmatrix} \boldsymbol{D} + \boldsymbol{\Lambda}\boldsymbol{\Lambda}' & \boldsymbol{\Lambda} \\ \boldsymbol{\Lambda}' & \boldsymbol{I}_m \end{pmatrix}\right), \tag{8.4.16}$$

所以因子负荷矩阵 $\boldsymbol{\Lambda}$ 是变量 $\boldsymbol{x}$ 和它的公共因子 $\boldsymbol{f}$ 的协方差阵 $\operatorname{Cov}(\boldsymbol{x}, \boldsymbol{f}) = \boldsymbol{\Lambda}$. 由 (8.4.16) 式知 $\boldsymbol{x}$ 给定后, $\boldsymbol{f}$ 的条件分布为

$$\boldsymbol{f} \sim N_m\left(\boldsymbol{\Lambda}'\left(\boldsymbol{D} + \boldsymbol{\Lambda}\boldsymbol{\Lambda}'\right)^{-1}(\boldsymbol{x} - \boldsymbol{\mu}),\ \boldsymbol{I}_m - \boldsymbol{\Lambda}'\left(\boldsymbol{D} + \boldsymbol{\Lambda}\boldsymbol{\Lambda}'\right)^{-1}\boldsymbol{\Lambda}\right). \tag{8.4.17}$$

设 $\boldsymbol{x}_1, \cdots, \boldsymbol{x}_n$ 是来自该正交因子模型的样本, $\boldsymbol{x}_i = \boldsymbol{\mu} + \boldsymbol{\Lambda}\boldsymbol{f}_i + \boldsymbol{u}_i$, $\boldsymbol{f}_1, \cdots, \boldsymbol{f}_n$ 独立同 $N_m(\boldsymbol{0}, \boldsymbol{I}_m)$ 分布, $\boldsymbol{u}_1, \cdots, \boldsymbol{u}_n$ 独立同 $N_p(\boldsymbol{0}, \boldsymbol{D})$ 分布, $\boldsymbol{f}_1, \cdots, \boldsymbol{f}_n$ 与 $\boldsymbol{u}_1, \cdots, \boldsymbol{u}_n$ 相互独立. 令 $\boldsymbol{X} = (\boldsymbol{x}_1, \cdots, \boldsymbol{x}_n)$, $\boldsymbol{F} = (\boldsymbol{f}_1, \cdots, \boldsymbol{f}_n)$. 倘若 $(\boldsymbol{x}_1, \boldsymbol{f}_1), \cdots, (\boldsymbol{x}_n, \boldsymbol{f}_n)$ 都是观察数据, 即 $(\boldsymbol{X}, \boldsymbol{F})$ 是数据集, 那么 $(\boldsymbol{x}_1, \boldsymbol{f}_1), \cdots, (\boldsymbol{x}_n, \boldsymbol{f}_n)$ 的联合密度函数为

$$\prod_{i=1}^{n}\left\{\frac{1}{(2\pi)^{p/2}|\boldsymbol{D}|^{1/2}}\exp\left\{-\frac{1}{2}(\boldsymbol{x}_i-\boldsymbol{\mu}-\boldsymbol{\Lambda f}_i)'\boldsymbol{D}^{-1}(\boldsymbol{x}_i-\boldsymbol{\mu}-\boldsymbol{\Lambda f}_i)\right\}\right.$$
$$\left.\cdot\frac{1}{(2\pi)^{m/2}}\exp\left\{-\frac{\boldsymbol{f}_i'\boldsymbol{f}_i}{2}\right\}\right\}. \tag{8.4.18}$$

$\boldsymbol{\mu},\boldsymbol{\Lambda},\boldsymbol{D}$ 的对数似然函数为

$$\begin{aligned}&\ln L(\boldsymbol{\mu},\boldsymbol{\Lambda},\boldsymbol{D};\boldsymbol{X},\boldsymbol{F})\\&=-\frac{n}{2}\ln|\boldsymbol{D}|-\frac{1}{2}\mathrm{tr}\left(\boldsymbol{D}^{-1}\left[\sum_{i=1}^{n}(\boldsymbol{x}_i-\boldsymbol{\mu}-\boldsymbol{\Lambda f}_i)(\boldsymbol{x}_i-\boldsymbol{\mu}-\boldsymbol{\Lambda f}_i)'\right]\right).\end{aligned} \tag{8.4.19}$$

由此不难得到 $\boldsymbol{\mu},\boldsymbol{\Lambda},\boldsymbol{D}$ 的极大似然估计分别为 (其计算过程留作习题 8.6)

$$\hat{\boldsymbol{\mu}}=\bar{\boldsymbol{x}}-\hat{\boldsymbol{\Lambda}}\bar{\boldsymbol{f}},\quad \bar{\boldsymbol{x}}=\frac{\sum_{i=1}^{n}\boldsymbol{x}_i}{n},\quad \bar{\boldsymbol{f}}=\frac{\sum_{i=1}^{n}\boldsymbol{f}_i}{n},$$
$$\hat{\boldsymbol{\Lambda}}=\boldsymbol{C}_{xf}\boldsymbol{C}_{ff}^{-1},\quad \boldsymbol{C}_{xf}=\frac{\sum_{i=1}^{n}(\boldsymbol{x}_i-\bar{\boldsymbol{x}})(\boldsymbol{f}_i-\bar{\boldsymbol{f}})'}{n},\quad \boldsymbol{C}_{ff}=\frac{\sum_{i=1}^{n}(\boldsymbol{f}_i-\bar{\boldsymbol{f}})(\boldsymbol{f}_i-\bar{\boldsymbol{f}})'}{n},$$
$$\hat{\boldsymbol{D}}=\mathrm{diag}\left(\boldsymbol{C}_{xx}-\boldsymbol{C}_{xf}\boldsymbol{C}_{ff}^{-1}\boldsymbol{C}_{fx}'\right),\quad \boldsymbol{C}_{xx}=\frac{\sum_{i=1}^{n}(\boldsymbol{x}_i-\bar{\boldsymbol{x}})(\boldsymbol{x}_i-\bar{\boldsymbol{x}})'}{n}.$$

由于 $\boldsymbol{f}_1,\cdots,\boldsymbol{f}_n$ 是缺损数据, 所以这些极大似然估计都不能实现. 为解决这个问题很容易想到以下两个方法:

方法 1. 由 $(\boldsymbol{x}_1,\boldsymbol{f}_1),\cdots,(\boldsymbol{x}_n,\boldsymbol{f}_n)$ 的联合密度函数得到 $\boldsymbol{x}_1,\cdots,\boldsymbol{x}_n$ 的边际密度. 根据这个边际密度, 基于观察数据 $\boldsymbol{x}_1,\cdots,\boldsymbol{x}_n$ 写出 $\boldsymbol{\mu},\boldsymbol{\Lambda},\boldsymbol{D}$ 的对数似然函数, 然后求这些参数的极大似然估计. 事实上, 前面就是根据这个方法, 导出了似然方程组 (8.4.13) 式, 然后根据这个似然方程组, 迭代计算 $\boldsymbol{\mu},\boldsymbol{\Lambda},\boldsymbol{D}$ 的极大似然估计. 发现在求解实际问题的时候, 这个迭代算法可能会遇到问题, 难以实施.

方法 2. 将基于 $(\boldsymbol{x}_1,\boldsymbol{f}_1),\cdots,(\boldsymbol{x}_n,\boldsymbol{f}_n)$ 的 $\boldsymbol{\mu},\boldsymbol{\Lambda},\boldsymbol{D}$ 的对数似然函数 (见 (8.4.19) 式), 在 $\boldsymbol{x}_1,\cdots,\boldsymbol{x}_n$ 给定的条件下求它的条件数学期望 $E(\ln L(\boldsymbol{\mu},\boldsymbol{\Lambda},\boldsymbol{D};\boldsymbol{X},\boldsymbol{F})|\boldsymbol{X})$, 然后让这个条件数学期望极大化, 以求 $\boldsymbol{\mu},\boldsymbol{\Lambda},\boldsymbol{D}$ 的极大似然估计. 发现这样做也难以求得这些参数的极大似然估计.

EM 算法正是受了方法 2 的启发提出的. 它是一个迭代算法, 下面是它的迭代过程:

(1) 给出 $\boldsymbol{\mu},\boldsymbol{\Lambda},\boldsymbol{D}$ 的初始估计 $\boldsymbol{\mu}^{(0)},\boldsymbol{\Lambda}^{(0)},\boldsymbol{D}^{(0)}$. $\boldsymbol{\mu}$ 用 $\bar{\boldsymbol{x}}$ 作为它的初始估计, 至于 $\boldsymbol{\Lambda},\boldsymbol{D}$ 的初始估计, 可以将根据主成分法或根据主因子法得到的估计作为它们的初始估计;

(2) (E 步) 在 $\boldsymbol{x}_1,\cdots,\boldsymbol{x}_n$ 给定, 并且在 $\boldsymbol{x}_1,\cdots,\boldsymbol{x}_n$ 给定的条件下, $\boldsymbol{f}_1,\cdots,\boldsymbol{f}_n$ 的条件分布中的参数 $\boldsymbol{\mu},\boldsymbol{\Lambda},\boldsymbol{D}$ 分别给定为 $\boldsymbol{\mu}^{(0)},\boldsymbol{\Lambda}^{(0)},\boldsymbol{D}^{(0)}$ 后, 计算条件数学期望.

$$
\begin{aligned}
&E\left(\ln L\left(\boldsymbol{\mu},\boldsymbol{\Lambda},\boldsymbol{D};\boldsymbol{X},\boldsymbol{F}\right)|\boldsymbol{X},\boldsymbol{\mu}^{(0)},\boldsymbol{\Lambda}^{(0)},\boldsymbol{D}^{(0)}\right)\\
=&-\frac{n}{2}\ln|\boldsymbol{D}|\\
&-\frac{1}{2}\mathrm{tr}\left(\boldsymbol{D}^{-1}\left[\sum_{i=1}^{n}E\left(\left(\boldsymbol{x}_i-\boldsymbol{\mu}-\boldsymbol{\Lambda}\boldsymbol{f}_i\right)\left(\boldsymbol{x}_i-\boldsymbol{\mu}-\boldsymbol{\Lambda}\boldsymbol{f}_i\right)'|\boldsymbol{x}_i,\boldsymbol{\mu}^{(0)},\boldsymbol{\Lambda}^{(0)},\boldsymbol{D}^{(0)}\right)\right]\right)\\
=&-\frac{n}{2}\ln|\boldsymbol{D}|\\
&-\frac{1}{2}\mathrm{tr}\Bigg(\boldsymbol{D}^{-1}\Bigg[\sum_{i=1}^{n}\Bigg(\left(\boldsymbol{x}_i-\boldsymbol{\mu}\right)\left(\boldsymbol{x}_i-\boldsymbol{\mu}\right)'-\left(\boldsymbol{x}_i-\boldsymbol{\mu}\right)E\left(\boldsymbol{f}_i'|x_i,\boldsymbol{\mu}^{(0)},\boldsymbol{\Lambda}^{(0)},\boldsymbol{D}^{(0)}\right)\boldsymbol{\Lambda}'\\
&\qquad-\boldsymbol{\Lambda}E\left(\boldsymbol{f}_i|\boldsymbol{x}_i,\boldsymbol{\mu}^{(0)},\boldsymbol{\Lambda}^{(0)},\boldsymbol{D}^{(0)}\right)\left(\boldsymbol{x}_i-\boldsymbol{\mu}\right)'\\
&\qquad+\boldsymbol{\Lambda}E\left(\boldsymbol{f}_i\boldsymbol{f}_i'|\boldsymbol{x}_i,\boldsymbol{\mu}^{(0)},\boldsymbol{\Lambda}^{(0)},\boldsymbol{D}^{(0)}\right)\boldsymbol{\Lambda}'\Bigg]\Bigg).
\end{aligned}
\tag{8.4.20}
$$

根据 (8.4.17) 式,

$$
\begin{aligned}
E\left(\boldsymbol{f}_i|\boldsymbol{x}_i,\boldsymbol{\mu}^{(0)},\boldsymbol{\Lambda}^{(0)},\boldsymbol{D}^{(0)}\right)&=\boldsymbol{\Lambda}'^{(0)}\left(\boldsymbol{D}^{(0)}+\boldsymbol{\Lambda}^{(0)}\boldsymbol{\Lambda}'^{(0)}\right)^{-1}\left(\boldsymbol{x}_i-\boldsymbol{\mu}^{(0)}\right)\\
&=\boldsymbol{\Lambda}'^{(0)}\left(D^{(0)}+\boldsymbol{\Lambda}^{(0)}\boldsymbol{\Lambda}'^{(0)}\right)^{-1}\left(\boldsymbol{x}_i-\bar{\boldsymbol{x}}\right),
\end{aligned}
$$

$$
\mathrm{Cov}\left(\boldsymbol{f}_i|\boldsymbol{x}_i,\boldsymbol{\mu}^{(0)},\boldsymbol{\Lambda}^{(0)},\boldsymbol{D}^{(0)}\right)=\boldsymbol{I}_m-\boldsymbol{\Lambda}'^{(0)}\left(\boldsymbol{D}^{(0)}+\boldsymbol{\Lambda}^{(0)}\boldsymbol{\Lambda}'^{(0)}\right)^{-1}\boldsymbol{\Lambda}^{(0)},
$$

所以 (8.4.20) 式是不难计算的. 这一步因为是计算条件期望, 故称为 E 步.

(3) (M 步) 记 (8.4.20) 式为 $Q(\boldsymbol{\mu},\boldsymbol{\Lambda},\boldsymbol{D};\boldsymbol{X},\boldsymbol{\mu}^{(0)},\boldsymbol{\Lambda}^{(0)},\boldsymbol{D}^{(0)})$. 求 $\boldsymbol{\mu}^{(1)},\boldsymbol{\Lambda}^{(1)},\boldsymbol{D}^{(1)}$, 使得

$$
Q\left(\boldsymbol{\mu}^{(1)},\boldsymbol{\Lambda}^{(1)},\boldsymbol{D}^{(1)};\boldsymbol{X},\boldsymbol{\mu}^{(0)},\boldsymbol{\Lambda}^{(0)},\boldsymbol{D}^{(0)}\right)=\max_{\boldsymbol{\mu},\boldsymbol{\Lambda},\boldsymbol{D}}Q\left(\boldsymbol{\mu},\boldsymbol{\Lambda},\boldsymbol{D};\boldsymbol{X},\boldsymbol{\mu}^{(0)},\boldsymbol{\Lambda}^{(0)},\boldsymbol{D}^{(0)}\right)
$$

这一步因为是计算最大值, 故称为 M 步. 正因为有 E 步和 M 步, 所以把这个算法称为 EM 算法.

不难计算由初始估计 $\boldsymbol{\mu}^{(0)},\boldsymbol{\Lambda}^{(0)},\boldsymbol{D}^{(0)}$ 得到的迭代估计 $\boldsymbol{\mu}^{(1)},\boldsymbol{\Lambda}^{(1)},\boldsymbol{D}^{(1)}$ 分别为 (其计算过程留作习题 8.7)

$$
\begin{aligned}
&\boldsymbol{\mu}^{(1)}=\bar{\boldsymbol{x}},\\
&\boldsymbol{\Lambda}^{(1)}=\boldsymbol{C}_{xf}^{(1)}\left(\boldsymbol{C}_{ff}^{(1)}\right)^{-1},\\
&\boldsymbol{D}^{(1)}=\mathrm{diag}\left(\boldsymbol{C}_{xx}-\boldsymbol{C}_{xf}^{(1)}\left(\boldsymbol{C}_{ff}^{(1)}\right)^{-1}\boldsymbol{C}_{fx}^{(1)}\right),
\end{aligned}
$$

其中,

$$\begin{aligned}
\boldsymbol{C}_{xf}^{(1)} &= \boldsymbol{C}_{xx}\left(\boldsymbol{D}^{(0)}+\boldsymbol{\Lambda}^{(0)}\boldsymbol{\Lambda}'^{(0)}\right)^{-1}\boldsymbol{\Lambda}^{(0)}, \quad \boldsymbol{C}_{fx}^{(1)}=\left(\boldsymbol{C}_{xf}^{(1)}\right)', \\
\boldsymbol{C}_{ff}^{(1)} &= \boldsymbol{\Lambda}'^{(0)}\left(\boldsymbol{D}^{(0)}+\boldsymbol{\Lambda}^{(0)}\boldsymbol{\Lambda}'^{(0)}\right)^{-1}\boldsymbol{C}_{xx}\left(\boldsymbol{D}^{(0)}+\boldsymbol{\Lambda}^{(0)}\boldsymbol{\Lambda}'^{(0)}\right)^{-1}\boldsymbol{\Lambda}^{(0)} \\
&\quad +\boldsymbol{I}_m-\boldsymbol{\Lambda}'^{(0)}\left(\boldsymbol{D}^{(0)}+\boldsymbol{\Lambda}^{(0)}\boldsymbol{\Lambda}'^{(0)}\right)^{-1}\boldsymbol{\Lambda}^{(0)}.
\end{aligned}$$

将所得到的迭代估计 $\boldsymbol{\mu}^{(1)},\boldsymbol{\Lambda}^{(1)},\boldsymbol{D}^{(1)}$ 作为初始估计, 重复步骤 (2) 与 (3), 也就是重复 E 步和 M 步, 依此类推. 可以看到, $\boldsymbol{\mu}$ 的迭代估计始终是 $\bar{\boldsymbol{x}}$. 至于 $\boldsymbol{\Lambda}$ 和 $\boldsymbol{D}$ 的迭代估计是有变化的. 迭代过程直到相邻两次迭代得到的 $\boldsymbol{\Lambda}$ 和 $\boldsymbol{D}$ 的迭代估计仅有比较小的差别为止. 最后得到的迭代估计就是因子负荷矩阵 $\boldsymbol{\Lambda}$ 和特殊因子方差 $\boldsymbol{D}$ 的极大似然估计.

前面说了, 在因子负荷矩阵 $\boldsymbol{\Lambda}$ 未知时, 它就不是唯一的. 由 EM 算法也可以看到这一情况. 对任意的正交矩阵 $\boldsymbol{T}$, 若取 $\boldsymbol{\mu},\boldsymbol{\Lambda},\boldsymbol{D}$ 的初始估计为 $\boldsymbol{\mu}^{(0)},\boldsymbol{\Lambda}^{(0)}\boldsymbol{T},\boldsymbol{D}^{(0)}$, 那么由这个初始估计所得到的因子负荷矩阵 $\boldsymbol{\Lambda}$ 的极大似然估计 $\hat{\boldsymbol{\Lambda}}_{\boldsymbol{T}}$ 和由 $\boldsymbol{\mu}^{(0)},\boldsymbol{\Lambda}^{(0)}$, $\boldsymbol{D}^{(0)}$ 作为初始估计所得到的因子负荷矩阵 $\boldsymbol{\Lambda}$ 的极大似然估计 $\hat{\boldsymbol{\Lambda}}$ 就有这样的关系: $\hat{\boldsymbol{\Lambda}}_{\boldsymbol{T}}=\hat{\boldsymbol{\Lambda}}\boldsymbol{T}$.

EM 算法是统计计算领域中一项很重要的技术. EM 算法应用广泛, 因子分析问题仅是它的一个应用. 对 EM 算法与统计计算的其他技术有兴趣的读者可参阅文献 [134].

8.4.5 正交因子模型协方差阵结构的检验

设 $\boldsymbol{x}_1,\cdots,\boldsymbol{x}_n$ 是来自多元正态分布总体 $N_p(\boldsymbol{\mu},\boldsymbol{\Sigma})$ 的样本, 其中, $n>p$, $\boldsymbol{\Sigma}>0$. 所谓正交因子模型协方差阵结构的检验问题的原假设就是

$$H_0:\boldsymbol{\Sigma}=\boldsymbol{\Lambda}\boldsymbol{\Lambda}'+\boldsymbol{D}, \quad \boldsymbol{\Lambda}\text{是秩为 } m \text{ 的 } p\times m \text{ 阶参数矩阵}, \quad \boldsymbol{D}=\mathrm{diag}\left(\varphi_1^2,\cdots,\varphi_p^2\right)>0.$$

$(\boldsymbol{\mu},\boldsymbol{\Sigma})$ 的似然函数为

$$|\boldsymbol{\Sigma}|^{-n/2}\exp\left\{-\frac{n}{2}\mathrm{tr}\left(\boldsymbol{\Sigma}^{-1}\left(\boldsymbol{S}+(\bar{\boldsymbol{x}}-\boldsymbol{\mu})(\bar{\boldsymbol{x}}-\boldsymbol{\mu})'\right)\right)\right\},$$

其中, $\boldsymbol{S}$ 为样本协方差阵

$$\boldsymbol{S}=\frac{\boldsymbol{V}}{n}, \quad \boldsymbol{V}=\sum_{i=1}^{n}(\boldsymbol{x}_i-\bar{\boldsymbol{x}})(\boldsymbol{x}_i-\bar{\boldsymbol{x}})'\text{是样本离差阵}.$$

在原假设成立, 即 $\boldsymbol{\Sigma}=\boldsymbol{\Lambda}\boldsymbol{\Lambda}'+\boldsymbol{D}$ 时, 似然函数的最大值为

$$\left|\hat{\boldsymbol{\Lambda}}\hat{\boldsymbol{\Lambda}}'+\hat{\boldsymbol{D}}\right|^{-n/2}\exp\left\{-\frac{n}{2}\mathrm{tr}\left(\left(\hat{\boldsymbol{\Lambda}}\hat{\boldsymbol{\Lambda}}'+\hat{\boldsymbol{D}}\right)^{-1}\boldsymbol{S}\right)\right\}, \tag{8.4.21}$$

其中, $\hat{\boldsymbol{\Lambda}}$ 和 $\hat{\boldsymbol{D}}$ 分别是 $\boldsymbol{\Lambda}$ 和 $\boldsymbol{D}$ 的极大似然估计, 它们满足 8.4.4 小节中给出的似然方程组, 如 (8.4.13) 式. 似然方程组 (8.4.13) 的第 1 个等式说 $\hat{\boldsymbol{\Lambda}}$ 和 $\hat{\boldsymbol{D}}$ 满足条件

$$\hat{\boldsymbol{\Lambda}} = \boldsymbol{S}\left(\hat{\boldsymbol{\Lambda}}\hat{\boldsymbol{\Lambda}}' + \hat{\boldsymbol{D}}\right)^{-1}\hat{\boldsymbol{\Lambda}}. \tag{8.4.22}$$

考虑到 $\hat{\boldsymbol{D}}$ 是对角矩阵, 故由似然方程组 (8.4.13) 的第 2 个等式知 $\hat{\boldsymbol{\Lambda}}$ 和 $\hat{\boldsymbol{D}}$ 还满足条件

$$\operatorname{tr}\left(\left(\boldsymbol{S} - \hat{\boldsymbol{\Lambda}}\hat{\boldsymbol{\Lambda}}'\right)\hat{\boldsymbol{D}}^{-1}\right) = p. \tag{8.4.23}$$

下面利用条件 (8.4.22) 和条件 (8.4.23) 证明

$$\operatorname{tr}\left(\left(\hat{\boldsymbol{\Lambda}}\hat{\boldsymbol{\Lambda}}' + \hat{\boldsymbol{D}}\right)^{-1}\boldsymbol{S}\right) = p. \tag{8.4.24}$$

由 (8.4.22) 式和 (8.4.23) 式知

$$\begin{aligned}
\operatorname{tr}\left(\boldsymbol{S}\left(\hat{\boldsymbol{\Lambda}}\hat{\boldsymbol{\Lambda}}' + \hat{\boldsymbol{D}}\right)^{-1}\right) &= \operatorname{tr}\left(\boldsymbol{S}\left(\hat{\boldsymbol{\Lambda}}\hat{\boldsymbol{\Lambda}}' + \hat{\boldsymbol{D}}\right)^{-1}\left(\hat{\boldsymbol{\Lambda}}\hat{\boldsymbol{\Lambda}}' + \hat{\boldsymbol{D}} - \hat{\boldsymbol{\Lambda}}\hat{\boldsymbol{\Lambda}}'\right)\hat{\boldsymbol{D}}^{-1}\right) \\
&= \operatorname{tr}\left(\boldsymbol{S}\hat{\boldsymbol{D}}^{-1} - \left(\boldsymbol{S}\left(\hat{\boldsymbol{\Lambda}}\hat{\boldsymbol{\Lambda}}' + \hat{\boldsymbol{D}}\right)^{-1}\hat{\boldsymbol{\Lambda}}\right)\hat{\boldsymbol{\Lambda}}'\hat{\boldsymbol{D}}^{-1}\right) \\
&= \operatorname{tr}\left(\left(\boldsymbol{S} - \hat{\boldsymbol{\Lambda}}\hat{\boldsymbol{\Lambda}}'\right)\hat{\boldsymbol{D}}^{-1}\right) = p,
\end{aligned}$$

(8.4.24) 式成立. 从而由 (8.4.21) 式知原假设成立, 即 $\boldsymbol{\Sigma} = \boldsymbol{\Lambda}\boldsymbol{\Lambda}' + \boldsymbol{D}$ 时, 似然函数的最大值为

$$\left|\hat{\boldsymbol{\Lambda}}\hat{\boldsymbol{\Lambda}}' + \hat{\boldsymbol{D}}\right|^{-n/2}\exp\left\{-\frac{np}{2}\right\}.$$

由此得到正交因子模型协方差阵结构的检验问题的似然比为

$$\begin{aligned}
\lambda &= \frac{\sup\limits_{\boldsymbol{\mu},\boldsymbol{\Sigma}=\boldsymbol{\Lambda}\boldsymbol{\Lambda}'+\boldsymbol{D}} |\boldsymbol{\Sigma}|^{-n/2}\exp\left\{-\frac{n}{2}\operatorname{tr}\left(\boldsymbol{\Sigma}^{-1}\left(\boldsymbol{S} + (\bar{\boldsymbol{x}} - \boldsymbol{\mu})(\bar{\boldsymbol{x}} - \boldsymbol{\mu})'\right)\right)\right\}}{\sup\limits_{\boldsymbol{\mu},\boldsymbol{\Sigma}} |\boldsymbol{\Sigma}|^{-n/2}\exp\left\{-\frac{n}{2}\operatorname{tr}\left(\boldsymbol{\Sigma}^{-1}\left(\boldsymbol{S} + (\bar{\boldsymbol{x}} - \boldsymbol{\mu})(\bar{\boldsymbol{x}} - \boldsymbol{\mu})'\right)\right)\right\}} \\
&= \left(\frac{|\boldsymbol{S}|}{\left|\hat{\boldsymbol{\Lambda}}\hat{\boldsymbol{\Lambda}}' + \hat{\boldsymbol{D}}\right|}\right)^{n/2}.
\end{aligned}$$

前面说了, 为使得 $p \times m$ 阶因子负荷矩阵 $\boldsymbol{\Lambda}$ 唯一, 需给 $\boldsymbol{\Lambda}$ 加上 $m(m-1)/2$ 个约束条件. 由此看来, $p \times m$ 阶因子负荷矩阵 $\boldsymbol{\Lambda}$ 事实上只有 $mp - (m(m-1)/2)$ 个参数. 根据似然比统计量的极限分布, 由于完全参数空间被估计的独立参数的个数为 $p + (p(p+1)/2)$, 而原假设成立时参数空间被估计的独立参数的个数为 $p +$

$(mp-(m(m-1)/2)+p)$, 所以渐近 χ^2 分布的自由度为

$$\begin{aligned} f &= \left[p+\frac{p(p+1)}{2}\right]-\left[p+\left(mp-\frac{m(m-1)}{2}+p\right)\right] \\ &= \frac{(p-m)^2-(p+m)}{2}. \end{aligned} \tag{8.4.25}$$

在原假设成立, 即 $\boldsymbol{\Sigma}=\boldsymbol{\Lambda}\boldsymbol{\Lambda}'+\boldsymbol{D}$ 时, 有

$$-2\ln\lambda = -n\left(\ln|\boldsymbol{S}|-\ln\left|\hat{\boldsymbol{\Lambda}}\hat{\boldsymbol{\Lambda}}'+\hat{\boldsymbol{D}}\right|\right) \xrightarrow{\mathrm{L}} \chi^2(f), \quad n\to\infty, \tag{8.4.26}$$

从而得到检验的渐近 p 值为 $P\left(\chi^2(f)\geqslant -n\left(\ln|\boldsymbol{S}|-\ln\left|\hat{\boldsymbol{\Lambda}}\hat{\boldsymbol{\Lambda}}'+\hat{\boldsymbol{D}}\right|\right)\right)$.

在对正交因子模型协方差阵结构进行检验时, 要求渐近 χ^2 分布的自由度是正的. 但在实际问题中根据 (8.4.25) 式计算的 f 可能不是正数. 此时的问题就是模型的识别 (identification) 问题.

根据 (8.4.25) 式计算的 f 可能是负数, 如 $p=2, m=1$ 时, $f=-1$. f 是负数意味着 $\boldsymbol{\Sigma}$ 中的参数个数 $(p(p+1)/2)$ 加上 $\boldsymbol{\Lambda}$ 所满足的约束条件的个数 $(m(m-1)/2)$ 比 $\boldsymbol{\Lambda}\boldsymbol{\Lambda}'+\boldsymbol{D}$ 中的参数个数 $(mp+p)$ 小, 由此可见, 在 f 是负数时, $\boldsymbol{\Sigma}$ 的分解 $\boldsymbol{\Sigma}=\boldsymbol{\Lambda}\boldsymbol{\Lambda}'+\boldsymbol{D}$ 可能不是唯一的. 这里的 "唯一" 意思是使得 $\boldsymbol{\Sigma}=\boldsymbol{\Lambda}\boldsymbol{\Lambda}'+\boldsymbol{D}$ 中的对角矩阵 $\boldsymbol{D}$ 不止一个. 例如, $p=2$ 时,

$$\boldsymbol{\Sigma}=\begin{pmatrix}\sigma_{11} & \sigma_{12}\\ \sigma_{21} & \sigma_{22}\end{pmatrix}>0.$$

不妨假设 $\sigma_{11}\geqslant\sigma_{22}>0$. 由于 $|\sigma_{12}|<\sqrt{\sigma_{11}}\sqrt{\sigma_{22}}$, 所以存在 λ_1 与 λ_2, 使得 $\lambda_1\lambda_2=\sigma_{12}$ 且 $|\lambda_1|<\sqrt{\sigma_{11}}$, $|\lambda_2|<\sqrt{\sigma_{22}}$, 从而有

$$\boldsymbol{\Sigma}=\begin{pmatrix}\sigma_{11} & \sigma_{12}\\ \sigma_{21} & \sigma_{22}\end{pmatrix}=\begin{pmatrix}\lambda_1\\ \lambda_2\end{pmatrix}(\lambda_1,\ \lambda_2)+\begin{pmatrix}\sigma_{11}-\lambda_1^2 & 0\\ 0 & \sigma_{22}-\lambda_2^2\end{pmatrix}.$$

显然, 这样的 λ_1 与 λ_2 是有很多个的.

根据 (8.4.25) 式计算的 f 可能等于 0, 此时 $\boldsymbol{\Sigma}$ 中的参数个数 $(p(p+1)/2)$ 加上 $\boldsymbol{\Lambda}$ 所满足的约束条件的个数 $(m(m-1)/2)$ 等于 $\boldsymbol{\Lambda}\boldsymbol{\Lambda}'+\boldsymbol{D}$ 中的参数个数 $(mp+p)$. 在 $f=0$ 时 $\boldsymbol{\Sigma}$ 的分解, $\boldsymbol{\Sigma}=\boldsymbol{\Lambda}\boldsymbol{\Lambda}'+\boldsymbol{D}$ 有时不可行, 而若可行, 则必唯一. 例如, $p=3, m=1$ 时, $f=0$. 若

$$\boldsymbol{\Sigma}=\begin{pmatrix}10 & -1 & -1\\ -1 & 10 & -1\\ -1 & -1 & 10\end{pmatrix}>0,$$

则 $\boldsymbol{\Sigma}$ 的分解 $\boldsymbol{\Sigma}=\boldsymbol{\Lambda}\boldsymbol{\Lambda}'+\boldsymbol{D}$ 是不存在的, 而若

$$\boldsymbol{\Sigma}=\begin{pmatrix}10 & 1 & -1\\ 1 & 10 & -1\\ -1 & -1 & 10\end{pmatrix}>0,$$

则 $\boldsymbol{\Sigma}$ 的分解存在且唯一

$$\boldsymbol{\Sigma}=\begin{pmatrix}1\\ 1\\ -1\end{pmatrix}(1,\ 1,\ -1)+\begin{pmatrix}9 & 0 & 0\\ 0 & 9 & 0\\ 0 & 0 & 9\end{pmatrix}.$$

对正交因子模型的模型识别问题有兴趣的读者可参阅文献 [50].

文献 [52] 指出, 将 (8.4.26) 式中的 n 用 n_0 来代替, 其中,

$$n_0=n-\frac{2p+11}{6}-\frac{2m}{3},$$

那么 $-n_0\left(\ln|\boldsymbol{S}|-\ln\left|\hat{\boldsymbol{\Lambda}}\hat{\boldsymbol{\Lambda}}'+\hat{\boldsymbol{D}}\right|\right)$ 将更快地趋向于 $\chi^2(f)$ 分布. 由此看来, 取检验的渐近 p 值为 $P\left(\chi^2(f)\geqslant -n_0\left(\ln|\boldsymbol{S}|-\ln\left|\hat{\boldsymbol{\Lambda}}\hat{\boldsymbol{\Lambda}}'+\hat{\boldsymbol{D}}\right|\right)\right)$ 比较好.

8.4.6 斜交因子模型

设 p 维随机向量 $\boldsymbol{x}$ 可以表示为

$$\boldsymbol{x}=\boldsymbol{\mu}+\boldsymbol{\Lambda}\boldsymbol{f}+\boldsymbol{u}, \tag{8.4.27}$$

其中, $\boldsymbol{\mu}$ 是 p 维未知常数向量, $\boldsymbol{\Lambda}$ 是 $p\times m$ 阶未知常数矩阵, m 维随机向量 $\boldsymbol{f}\sim N_m(\boldsymbol{0},\boldsymbol{R})$, $m<p$, $\boldsymbol{R}>0$ 为相关阵, p 维随机向量 $\boldsymbol{u}\sim N_p(\boldsymbol{0},\boldsymbol{D})$, $\boldsymbol{D}=\operatorname{diag}\left(\varphi_1^2,\cdots,\varphi_p^2\right)$, $\boldsymbol{f}$ 与 $\boldsymbol{u}$ 相互独立, 则称模型 (8.4.27) 为斜交因子模型, 称 $\boldsymbol{f}$ 为公共因子, $\boldsymbol{u}$ 为特殊因子, $\boldsymbol{\Lambda}$ 为因子负荷矩阵. 显然, 正交因子模型 (8.4.5) 是斜交因子模型 (8.4.27) 在公共因子 $\boldsymbol{f}$ 的相关阵 $\boldsymbol{R}=\boldsymbol{I}_m$ 时的特殊情况. 事实上, 很容易将斜交因子模型简化为正交因子模型. 令 $\boldsymbol{R}=\boldsymbol{T}\boldsymbol{T}'$, $\boldsymbol{A}=\boldsymbol{\Lambda}\boldsymbol{T}$, $\boldsymbol{g}=\boldsymbol{T}^{-1}\boldsymbol{f}$, 那么 $\boldsymbol{g}$ 的相关阵为 $\boldsymbol{I}_m$, 从而将斜交因子模型 $\boldsymbol{x}=\boldsymbol{\mu}+\boldsymbol{\Lambda}\boldsymbol{f}+\boldsymbol{u}$ 简化为正交因子模型

$$\boldsymbol{x}=\boldsymbol{\mu}+\boldsymbol{A}\boldsymbol{g}+\boldsymbol{u}. \tag{8.4.28}$$

在得到了正交因子模型 (8.4.28) 的因子负荷矩阵 $\boldsymbol{A}$ 和特殊因子方差 $\boldsymbol{D}$ 的估计后, 为得到斜交因子模型 (8.4.27) 中因子负荷矩阵 $\boldsymbol{\Lambda}$ 和相关阵 $\boldsymbol{R}$ 的估计, 必须首先求得 $\boldsymbol{T}$ 的估计. 事实上, 求 $\boldsymbol{T}$ 的估计问题仅依赖于对问题的实际背景的理解以及经验. 就一般的意义来说, 若不考虑问题的实际背景, 因子分析还没有一个方法能定量地判断 $\boldsymbol{T}$ 的哪一个估计比较好.

8.5　协方差选择模型

协方差选择模型 (covariance selection models) 最早见于文献 [72]. 与本章前面各节不同的是, 协方差选择模型考虑的是条件独立性.

设有变量 (或向量)$\boldsymbol{X}, \boldsymbol{Y}$ 和 $\boldsymbol{Z}$. $\boldsymbol{Z}$ 给定后, $\boldsymbol{X}$ 与 $\boldsymbol{Y}$ 相互条件独立记为 $\boldsymbol{X} \perp\!\!\!\perp \boldsymbol{Y}|\boldsymbol{Z}$. 类似地, $\boldsymbol{X} \perp\!\!\!\perp \boldsymbol{Y}$ 表示 $\boldsymbol{X}$ 与 $\boldsymbol{Y}$ 相互独立. 条件独立性的有关内容见附录 A.11. 如果希望了解有关条件独立性的更多的知识, 可参阅文献 [67] 和 [68].

8.5.1　模型

设有 p 个变量 $\boldsymbol{x}_1, \cdots, \boldsymbol{x}_p$, $\boldsymbol{x} = (\boldsymbol{x}_1, \cdots, \boldsymbol{x}_p)' \sim N_p(\boldsymbol{\mu}, \boldsymbol{\Sigma})$, $\boldsymbol{\Sigma} > 0$. 如果至少存在这样的一对变量 $\{\boldsymbol{x}_i, \boldsymbol{x}_j\}$, 在给定了其余的变量后, $\boldsymbol{x}_i$ 与 $\boldsymbol{x}_j$ 相互条件独立, 则称这 p 个变量 $\boldsymbol{x}_1, \cdots, \boldsymbol{x}_p$ 有协方差选择模型. 由引理 2.4.1 和引理 2.4.2 可以知道, 在这 p 个变量 $\boldsymbol{x}_1, \cdots, \boldsymbol{x}_p$ 有协方差选择模型时, 它们的精度矩阵 $\boldsymbol{K} = (k_{ij})$ 有这样的结构, 其中, 某些 k_{ij} 的值等于 0.

例 2.4.1 和习题 6.10 都是协方差选择模型.

例 8.5.1　在例 2.4.1 中有一个 5 维正态变量 $(y, x_1, \cdots, x_4)'$, 假设 $(y, x_1, \cdots, x_4)' \sim N_5(\boldsymbol{\mu}, \boldsymbol{\Sigma})$. 通过观察这 5 个变量的样本偏相关系数矩阵 (表 2.4.7), 发现它们的精度矩阵 $\boldsymbol{K} = \boldsymbol{\Sigma}^{-1}$ 如表 2.4.8 所示, 也就是有表 8.5.1 那样的结构:

表 8.5.1　例 8.5.1 的精度矩阵的结构

	x_1	x_2	x_3	x_4	y
x_1	*	*	*	*	*
x_2	*	*	*	*	*
x_3	*	*	*	*	0
x_4	*	*	*	*	0
y	*	*	0	0	*

这说明 $y \perp\!\!\!\perp x_3|(x_1, x_2, x_4)$, $y \perp\!\!\!\perp x_4|(x_1, x_2, x_3)$, 所以这是协方差选择模型.

例 2.4.1 中说, 在 (x_1, x_2) 给定后, y 与 (x_3, x_4) 相互条件独立, 即 $y \perp\!\!\!\perp (x_3, x_4)|(x_1, x_2)$. 事实上,

$$\text{“}y \perp\!\!\!\perp (x_3, x_4)\,|\,(x_1, x_2)\text{”} \Leftrightarrow \text{“}y \perp\!\!\!\perp x_3|\,(x_1, x_2, x_4),\ y \perp\!\!\!\perp x_4|\,(x_1, x_2, x_3).\text{”}$$

根据条件独立性的性质 A.11.7, 由 $y \perp\!\!\!\perp x_3|(x_1, x_2, x_4)$ 与 $y \perp\!\!\!\perp x_4|(x_1, x_2, x_3)$ 可以推得 $y \perp\!\!\!\perp (x_3, x_4)|(x_1, x_2)$. 反之, 根据条件独立性的性质 A.11.3, 由 $y \perp\!\!\!\perp (x_3, x_4)|(x_1, x_2)$ 可以推得 $y \perp\!\!\!\perp x_3|(x_1, x_2, x_4)$ 与 $y \perp\!\!\!\perp x_4|(x_1, x_2, x_3)$.

例 8.5.2　习题 6.10 有一个 5 维正态变量 $(x_1, \cdots, x_5)'$, 其中, $x_1, \cdots, x_5$ 分别表示力学、向量、代数、分析、统计等 5 门数学课的成绩. 假设 $(x_1, \cdots, x_5)' \sim$

$N_5(\boldsymbol{\mu}, \boldsymbol{\Sigma})$. 通过观察这 5 个变量的样本偏相关系数矩阵发现, 它们的精度矩阵 $\boldsymbol{K} = \boldsymbol{\Sigma}^{-1}$ 有下面的结构 (表 8.5.2):

表 8.5.2 例 8.5.2 的精度矩阵的结构

力学 (x_1)	*	*	*	0	0
向量 (x_2)	*	*	*	0	0
代数 (x_3)	*	*	*	*	*
分析 (x_4)	0	0	*	*	*
统计 (x_5)	0	0	*	*	*
	力学 (x_1)	向量 (x_2)	代数 (x_3)	分析 (x_4)	统计 (x_5)

这说明

$$x_1 \perp\!\!\!\perp x_5 | (x_2, x_3, x_4), \quad x_1 \perp\!\!\!\perp x_4 | (x_2, x_3, x_5),$$

$$x_2 \perp\!\!\!\perp x_5 | (x_1, x_3, x_4), \quad x_2 \perp\!\!\!\perp x_4 | (x_1, x_3, x_5).$$

所以这是协方差选择模型.

根据附录 A.11 条件独立性的性质, 不难证明上述这 4 个条件独立性与 x_3 给定后 (x_1, x_2) 与 (x_4, x_5) 有条件独立性, 即 $(x_1, x_2) \perp\!\!\!\perp (x_4, x_5) | x_3$ 相互等价. 把它留作习题 (见习题 8.9).

8.5.2 协方差选择模型中协方差阵的估计

设有协方差选择模型 $\boldsymbol{x} \sim N_p(\boldsymbol{\mu}, \boldsymbol{\Sigma})$, $x_1, \cdots, x_n$ 是来自协方差选择模型的样本, 其中, $n > p$, $\boldsymbol{\Sigma} > 0$.

由 (4.1.1) 式知样本的联合密度函数为

$$(2\pi)^{-np/2} |\boldsymbol{\Sigma}|^{-n/2} \exp\left\{-\frac{1}{2}\mathrm{tr}\left(\boldsymbol{\Sigma}^{-1}\left(\boldsymbol{V} + n(\bar{\boldsymbol{x}} - \boldsymbol{\mu})(\bar{\boldsymbol{x}} - \boldsymbol{\mu})'\right)\right)\right\}, \tag{8.5.1}$$

其中, $\boldsymbol{V} = \sum_{i=1}^{n} (\boldsymbol{x}_i - \bar{\boldsymbol{x}})(\boldsymbol{x}_i - \bar{\boldsymbol{x}})'$ 为样本离差阵. 均值 $\boldsymbol{\mu}$ 的估计问题非常容易. 由 (8.5.1) 式即得, $\boldsymbol{\mu}$ 的极大似然估计为样本均值 $\bar{\boldsymbol{x}}$. 协方差阵 $\boldsymbol{\Sigma}$ 的估计问题就不是那么显而易见的了. 对协方差选择模型来说, 很自然地想到将 (8.5.1) 式中的参数 $\boldsymbol{\Sigma}$ 改写为 $\boldsymbol{K} = \boldsymbol{\Sigma}^{-1}$, 从而将样本的联合密度函数改写为

$$(2\pi)^{-np/2} |\boldsymbol{K}|^{n/2} \exp\left\{-\frac{1}{2}\mathrm{tr}\left(\boldsymbol{K}\left(\boldsymbol{V} + n(\bar{\boldsymbol{x}} - \boldsymbol{\mu})(\bar{\boldsymbol{x}} - \boldsymbol{\mu})'\right)\right)\right\}.$$

令 $\boldsymbol{K} = (k_{ij})$, 并与 4.1 节相类似地, 将样本的联合密度函数写为指数分布族的密度函数的自然形式

$$\frac{|\boldsymbol{K}|^{n/2} \exp\left\{-n\boldsymbol{\beta}'\boldsymbol{K}^{-1}\boldsymbol{\beta}/2\right\}}{(2\pi)^{-np/2}} \exp\left\{-\frac{1}{2}\mathrm{tr}\left(\boldsymbol{K}\left(\boldsymbol{V} + n\bar{\boldsymbol{x}}\bar{\boldsymbol{x}}'\right)\right) + n\boldsymbol{\beta}'\bar{\boldsymbol{x}}\right\},$$

其中, $\boldsymbol{\beta} = \boldsymbol{K}\boldsymbol{\mu}$. 已经知道协方差选择模型的精度矩阵 $\boldsymbol{K} = (k_{ij})$ 有这样的结构, 其中, 某些 k_{ij} 的值等于 0. 记 $G = \{(i,j) : k_{ij} \neq 0\}$, 记 $\boldsymbol{V} = (v_{ij})$, $\bar{\boldsymbol{x}} = (\bar{x}_1, \cdots, \bar{x}_p)'$, 则指数分布族的密度函数的自然形式可进一步写为

$$\frac{|\boldsymbol{K}|^{n/2} \exp\left\{-n\boldsymbol{\beta}'\boldsymbol{K}^{-1}\boldsymbol{\beta}/2\right\}}{(2\pi)^{-np/2}} \cdot \exp\left\{-\frac{1}{2}\sum_{i=1}^{p} k_{ii}\left(v_{ii} + n\bar{x}_i^2\right) - \frac{1}{2}\sum_{(i,j)\in G} k_{ij}\left(v_{ij} + n\bar{x}_i\bar{x}_j\right) + n\boldsymbol{\beta}'\bar{\boldsymbol{x}}\right\}. \quad (8.5.2)$$

对指数分布族的密度函数自然形式, 很容易求得其参数的极大似然估计. 将指数分布族的性质 A.7.4 用于 (8.5.2) 式, 则有

(1) $\bar{\boldsymbol{x}}$ 是 $E(\bar{\boldsymbol{x}}) = \boldsymbol{\mu}$ 的极大似然估计;

(2) $v_{ii} + n\bar{x}_i^2$ 是 $E\left(v_{ii} + n\bar{x}_i^2\right)$ 的极大似然估计;

(3) 当 $(i,j) \in G$ 时, $v_{ij} + n\bar{x}_i\bar{x}_j$ 是 $E(v_{ij} + n\bar{x}_i\bar{x}_j)$ 的极大似然估计.

没有必要根据性质 A.7.4 利用求导的方法来计算 $E\left(v_{ij} + n\bar{x}_i^2\right)$ 和 $E(v_{ij} + n\bar{x}_i\bar{x}_j)$. 事实上, 它们的计算不难. 令 $\boldsymbol{\mu} = (\boldsymbol{\mu}_1, \cdots, \boldsymbol{\mu}_p)'$, $\boldsymbol{\Sigma} = (\sigma_{ij})$, 则有

$$E\left(v_{ii} + n\bar{x}_i^2\right) = (n-1)\,\sigma_{ii} + n\left(\frac{\sigma_{ii}}{n} + \mu_i^2\right) = n\sigma_{ii} + n\mu_i^2,$$

$$E\left(v_{ij} + n\bar{x}_i\bar{x}_j\right) = (n-1)\,\sigma_{ij} + n\left(\frac{\sigma_{ij}}{n} + \mu_i\mu_j\right) = n\sigma_{ij} + n\mu_i\mu_j.$$

知道, $\boldsymbol{\mu}$ 的极大似然估计为 $\bar{\boldsymbol{x}}$. 这说明 μ_i 的极大似然估计为 $\bar{x}_i$, $i = 1, \cdots, p$. 从而有以下的结果:

(1) 由 $n\sigma_{ii} + n\mu_i^2$ 的极大似然估计为 $v_{ii} + n\bar{x}_i^2$ 知, v_{ii} 是 $n\sigma_{ii}$ 的极大似然估计. 令 $\boldsymbol{S} = \boldsymbol{V}/n = (s_{ij})$ 为样本协方差阵, 那么 s_{ii} 是 σ_{ii} 的极大似然估计.

(2) 在 $(i,j) \in G$ 时, 由 $n\sigma_{ij} + n\mu_i\mu_j$ 的极大似然估计为 $v_{ij} + n\bar{x}_i\bar{x}_j$ 知, v_{ij} 是 $n\sigma_{ij}$ 的极大似然估计, 则 s_{ij} 是 σ_{ij} 的极大似然估计.

至于 $(i,j) \notin G$ 时 σ_{ij} 的极大似然估计, 根据 $(i,j) \not\subset G$ 时, $k_{ij} = 0$ 来求解. 综上所述, 计算协方差选择模型的协方差阵的极大似然估计有以下 3 个原则:

(1) s_{ii} 是 σ_{ii} 的极大似然估计, $i = 1, \cdots, p$;

(2) 在 $(i,j) \in G = \{(i,j) : k_{ij} \neq 0\}$ 时, s_{ij} 是 σ_{ij} 的极大似然估计;

(3) 在 $(i,j) \notin G$ 时, k_{ij} 的极大似然估计为 0.

协方差选择模型的协方差阵的极大似然估计的计算比较复杂, 一般都采用迭代算法. 下面简要说明迭代算法的计算过程.

(1) 给出精度矩阵的一个初始估计 $\hat{\boldsymbol{K}}^{(0)}$. 为书写简单起见, 将 $\hat{\boldsymbol{K}}^{(0)}$ 简记为 $\hat{\boldsymbol{K}}$, 并令 $\hat{\boldsymbol{K}} = \left(\hat{k}_{ij}\right)$. 根据计算协方差阵极大似然估计的原则 (3), 要求这个初始估计满足条件在 $(i,j) \notin G$ 时, $\hat{k}_{ij} = 0$. 当然, $\hat{\boldsymbol{K}} > 0$ 是必须成立的.

(2) 令 $\hat{\boldsymbol{K}}^{-1}=\left(\hat{k}^{ij}\right)$. 根据计算协方差阵极大似然估计的原则 (1) 与 (2), 一个接着一个地将 $\hat{k}^{ii}\ (i=1,\cdots,p)$ 的值调整为 s_{ii}, 对 G 中的点 (i,j), 一个接着一个地将 $\hat{k}^{ij}$ 的值调整为 s_{ij}. 迭代算法是将

$$\begin{pmatrix} \hat{k}^{ii} & \hat{k}^{ij} \\ \hat{k}^{ji} & \hat{k}^{jj} \end{pmatrix} \text{ 调整为 } \begin{pmatrix} s_{ii} & s_{ij} \\ s_{ji} & s_{jj} \end{pmatrix}, \quad i<j. \tag{8.5.3}$$

事实上, (8.5.3) 式那样的调整还可以再进一步推广到团 (clique). 设 $\{i_1,\cdots,i_k\}$ 是集合 $\{1,2,\cdots,p\}$ 的一个子集. 称 $\{i_1,\cdots,i_k\}$ 为团, 只要它满足下列两个条件:

条件一. 对任意的 $1\leqslant m<s\leqslant k$, 都有 $(i_m,i_s)\in G$;

条件二. 对不在该子集的任意一个点 j, 在该子集中至少有一个点 i_m, 使得 $(j,i_m)\notin G$.

条件二意味着, 为满足条件一, 团不能再大了.

若 $\{i_1,\cdots,i_k\}$ 是团, 不妨假设 $i_1<\cdots<i_k$. 显然, (8.5.3) 式那样的调整可进一步推广到团 $\{i_1,\cdots,i_k\}$

$$\text{将} \begin{pmatrix} \hat{k}^{i_1i_1} & \cdots & \hat{k}^{i_1i_k} \\ \vdots & & \vdots \\ \hat{k}^{i_ki_1} & \cdots & \hat{k}^{i_ki_k} \end{pmatrix} \text{ 调整为 } \begin{pmatrix} s_{i_1i_1} & \cdots & s_{i_1i_k} \\ \vdots & & \vdots \\ s_{i_ki_1} & \cdots & s_{i_ki_k} \end{pmatrix}. \tag{8.5.4}$$

根据例 8.5.1 的精度矩阵的结构 (表 8.5.1), 例 8.5.1 的协方差选择模型有两个团 $\{x_1,x_2,x_3,x_4\}$ 和 $\{x_1,x_2,y\}$. 如果对这两个团都作了 (8.5.4) 式那样的调整, 则就对所有的 $i=1,\cdots,p$ 以及所有的 $(i,j)\in G$ 都作了调整. 根据例 8.5.2 的精度矩阵的结构 (表 8.5.1), 例 8.5.2 的协方差选择模型也有两个团 $\{x_1,x_2,x_3\}$ 和 $\{x_3,x_4,x_5\}$. 同样地, 对这两个团的调整就对所有的 $i=1,\cdots,p$ 以及所有的 $(i,j)\in G$ 都作了调整.

设 C 是协方差选择模型的一个团, 下面分析如何对团 C 进行调整, 也就是 (8.5.4) 式的调整是如何实现的. 不失一般性, 假设

$$\hat{\boldsymbol{K}}=\begin{pmatrix} \hat{\boldsymbol{K}}_{cc} & \hat{\boldsymbol{K}}_{cd} \\ \hat{\boldsymbol{K}}_{dc} & \hat{\boldsymbol{K}}_{dd} \end{pmatrix}, \quad \hat{\boldsymbol{K}}^{-1}=\begin{pmatrix} \hat{\boldsymbol{K}}^{cc} & \hat{\boldsymbol{K}}^{cd} \\ \hat{\boldsymbol{K}}^{dc} & \hat{\boldsymbol{K}}^{dd} \end{pmatrix}, \quad \boldsymbol{S}=\begin{pmatrix} \boldsymbol{S}_{cc} & \boldsymbol{S}_{cd} \\ \boldsymbol{S}_{dc} & \boldsymbol{S}_{dd} \end{pmatrix}. \tag{8.5.5}$$

根据计算协方差阵极大似然估计的原则 (1) 与 (2), 要求

$$\hat{\boldsymbol{K}}^{cc}=\boldsymbol{S}_{cc}. \tag{8.5.6}$$

假如这个要求满足, 无需对团 C 进行调整. 在这个要求不满足时, 将 $\hat{\boldsymbol{K}}$ 变换成 $\boldsymbol{T}_c\hat{\boldsymbol{K}}$

$$\boldsymbol{T}_c\hat{\boldsymbol{K}} = \begin{pmatrix} \boldsymbol{S}_{cc}^{-1} + \hat{\boldsymbol{K}}_{cd}\hat{\boldsymbol{K}}_{dd}^{-1}\hat{\boldsymbol{K}}_{dc} & \hat{\boldsymbol{K}}_{cd} \\ \hat{\boldsymbol{K}}_{dc} & \hat{\boldsymbol{K}}_{dd} \end{pmatrix}. \tag{8.5.7}$$

如同 $\hat{\boldsymbol{K}}$, 不难证明 $\boldsymbol{T}_c\hat{\boldsymbol{K}}$ 也是正定矩阵 (证明留作习题 8.10). 令

$$\left(\boldsymbol{T}_c\hat{\boldsymbol{K}}\right)^{-1} = \begin{pmatrix} \left(\boldsymbol{T}_c\hat{\boldsymbol{K}}\right)^{cc} & \left(\boldsymbol{T}_c\hat{\boldsymbol{K}}\right)^{cd} \\ \left(\boldsymbol{T}_c\hat{\boldsymbol{K}}\right)^{dc} & \left(\boldsymbol{T}_c\hat{\boldsymbol{K}}\right)^{dd} \end{pmatrix}.$$

根据分块矩阵的逆矩阵的计算方法 (见 (A.2.5) 式)

$$\left(\boldsymbol{T}_c\hat{\boldsymbol{K}}\right)^{cc} = \left[\left(\boldsymbol{S}_{cc}^{-1} + \hat{\boldsymbol{K}}_{cd}\hat{\boldsymbol{K}}_{dd}^{-1}\hat{\boldsymbol{K}}_{dc}\right) - \hat{\boldsymbol{K}}_{cd}\hat{\boldsymbol{K}}_{dd}^{-1}\hat{\boldsymbol{K}}_{dc}\right]^{-1} = \boldsymbol{S}_{cc}.$$

对 $\boldsymbol{T}_c\hat{\boldsymbol{K}}$ 来说, (8.5.6) 式成立, 计算协方差阵极大似然估计的原则 (1) 与 (2) 在团 C 处得到满足. 接下来说明 $\boldsymbol{T}_c\hat{\boldsymbol{K}}$ 不会比 $\hat{\boldsymbol{K}}$ 离开精度矩阵 $\boldsymbol{K}$ 的极大似然估计更远.

综合 (8.5.1) 式和 (8.5.2) 式, 由于 $\boldsymbol{V} = n\boldsymbol{S}$, 则得 $(\boldsymbol{K}, \boldsymbol{\mu})$ 的似然函数为

$$L(\boldsymbol{K}, \boldsymbol{\mu}) = |\boldsymbol{K}|^{n/2} \exp\left\{-\frac{n}{2}\mathrm{tr}\left(\boldsymbol{K}\left(\boldsymbol{S} + (\bar{\boldsymbol{x}} - \boldsymbol{\mu})(\bar{\boldsymbol{x}} - \boldsymbol{\mu})'\right)\right)\right\}. \tag{8.5.8}$$

考虑到 $\boldsymbol{\mu}$ 的极大似然估计为 $\bar{\boldsymbol{x}}$, 因而

$$L\left(\hat{\boldsymbol{K}}, \bar{\boldsymbol{x}}\right) = \left|\hat{\boldsymbol{K}}\right|^{n/2} \exp\left\{-\frac{n}{2}\mathrm{tr}\left(\hat{\boldsymbol{K}}S\right)\right\},$$
$$L\left(\boldsymbol{T}_c\hat{\boldsymbol{K}}, \bar{\boldsymbol{x}}\right) = \left|\boldsymbol{T}_c\hat{\boldsymbol{K}}\right|^{n/2} \exp\left\{-\frac{n}{2}\mathrm{tr}\left(\left(\boldsymbol{T}_c\hat{\boldsymbol{K}}\right)\boldsymbol{S}\right)\right\}.$$

下面证明 $L\left(\boldsymbol{T}_c\hat{\boldsymbol{K}}, \bar{\boldsymbol{x}}\right) \geqslant L(\boldsymbol{K}, \bar{\boldsymbol{x}})$, 从而说明 $\boldsymbol{T}_c\hat{\boldsymbol{K}}$ 不会比 $\hat{\boldsymbol{K}}$ 离开精度矩阵 $\boldsymbol{K}$ 的极大似然估计更远.

由 (8.5.5) 式和 (8.5.7) 式知

$$\left|\hat{\boldsymbol{K}}\right| = \left|\hat{\boldsymbol{K}}_{dd}\right|\left|\hat{\boldsymbol{K}}_{cc} - \hat{\boldsymbol{K}}_{cd}\hat{\boldsymbol{K}}_{dd}^{-1}\hat{\boldsymbol{K}}_{dc}\right|, \quad \left|\boldsymbol{T}_c\hat{\boldsymbol{K}}\right| = \left|\hat{\boldsymbol{K}}_{dd}\right|\left|\boldsymbol{S}_{cc}^{-1}\right|,$$
$$\mathrm{tr}\left(\hat{\boldsymbol{K}}\boldsymbol{S}\right) = \mathrm{tr}\left(\hat{\boldsymbol{K}}_{cc}\boldsymbol{S}_{cc}\right) + \mathrm{tr}\left(\hat{\boldsymbol{K}}_{cd}\boldsymbol{S}_{dc}\right) + \mathrm{tr}\left(\hat{\boldsymbol{K}}_{dc}\boldsymbol{S}_{cd}\right) + \mathrm{tr}\left(\hat{\boldsymbol{K}}_{dd}\boldsymbol{S}_{dd}\right),$$
$$\mathrm{tr}\left(\left(\boldsymbol{T}_c\hat{\boldsymbol{K}}\right)\boldsymbol{S}\right) = \mathrm{tr}\left(\left(\boldsymbol{S}_{cc}^{-1} + \hat{\boldsymbol{K}}_{cd}\hat{\boldsymbol{K}}_{dd}^{-1}\hat{\boldsymbol{K}}_{dc}\right)\boldsymbol{S}_{cc}\right)$$
$$+\mathrm{tr}\left(\hat{\boldsymbol{K}}_{cd}\boldsymbol{S}_{dc}\right) + \mathrm{tr}\left(\hat{\boldsymbol{K}}_{dc}\boldsymbol{S}_{cd}\right) + \mathrm{tr}\left(\hat{\boldsymbol{K}}_{dd}\boldsymbol{S}_{dd}\right),$$

所以

$$\frac{L\left(\boldsymbol{T}_c\hat{\boldsymbol{K}}, \bar{\boldsymbol{x}}\right)}{L\left(\hat{\boldsymbol{K}}, \bar{\boldsymbol{x}}\right)} = \frac{\left|\boldsymbol{S}_{cc}^{-1}\right|^{n/2} \exp\left\{-\frac{n}{2}\mathrm{tr}\left(\boldsymbol{S}_{cc}^{-1} \cdot \boldsymbol{S}_{cc}\right)\right\}}{\left|\hat{\boldsymbol{K}}_{cc} - \hat{\boldsymbol{K}}_{cd}\hat{\boldsymbol{K}}^{-1}\hat{\boldsymbol{K}}_{dc}\right|^{n/2} \exp\left\{-\frac{n}{2}\mathrm{tr}\left(\left(\hat{\boldsymbol{K}}_{cc} - \hat{\boldsymbol{K}}_{cd}\hat{\boldsymbol{K}}^{-1}\hat{\boldsymbol{K}}_{dc}\right) \cdot \boldsymbol{S}_{cc}\right)\right\}}.$$

因为函数

$$Q(\boldsymbol{H}) = |\boldsymbol{H}|^{n/2}\exp\left\{-\frac{n}{2}\mathrm{tr}(\boldsymbol{H}\cdot\boldsymbol{S}_{cc})\right\},\quad \boldsymbol{H}>0.$$

在 $\boldsymbol{H}=\boldsymbol{S}_{cc}^{-1}$ 时取最大值, 所以

$$L\left(\boldsymbol{T}_c\hat{\boldsymbol{K}},\bar{\boldsymbol{x}}\right)\geqslant L(\boldsymbol{K},\bar{\boldsymbol{x}}),\tag{8.5.9}$$

且等号成立的充要条件为

$$\hat{\boldsymbol{K}}_{cc}-\hat{\boldsymbol{K}}_{cd}\hat{\boldsymbol{K}}^{-1}\hat{\boldsymbol{K}}_{dc}=\boldsymbol{S}_{cc}^{-1},\ 即\ \hat{\boldsymbol{K}}^{cc}=\boldsymbol{S}_{cc}.$$

由此看来, 只要对精度矩阵的初始估计 $\hat{\boldsymbol{K}}$ 而言, 在团 C 处 (8.5.6) 式那样的要求没有得到满足, 就有 $L\left(\boldsymbol{T}_c\hat{\boldsymbol{K}},\bar{\boldsymbol{x}}\right)>L(\boldsymbol{K},\bar{\boldsymbol{x}})$, $\boldsymbol{T}_c\hat{K}$ 比 $\hat{K}$ 更接近精度矩阵 $\boldsymbol{K}$ 的极大似然估计.

设某协方差选择模型有 r 个团 $C_1,\cdots,C_r$. 迭代算法的步骤 2 就是对精度矩阵的初始估计 $\hat{\boldsymbol{K}}^{(0)}$ 作一系列的变换, 令

$$\hat{\boldsymbol{K}}^{(1)}=\boldsymbol{T}_{c_r}\boldsymbol{T}_{c_{r-1}}\cdots\boldsymbol{T}_{c_1}\hat{\boldsymbol{K}}^{(0)}.$$

显然, $\boldsymbol{T}_{c_1}\hat{\boldsymbol{K}}^{(0)}$ 使得计算协方差阵极大似然估计的原则 (1) 与 (2) 在团 C_1 处得到满足. 同样地, $\boldsymbol{T}_{c_2}\boldsymbol{T}_{c_1}\hat{\boldsymbol{K}}^{(0)}$ 使得计算协方差阵极大似然估计的原则 (1) 与 (2) 在团 C_2 处得到满足, 但必须注意的是, $\boldsymbol{T}_{c_2}\boldsymbol{T}_{c_1}\hat{\boldsymbol{K}}^{(0)}$ 可能使得计算协方差阵极大似然估计的原则 (1) 或 (2) 在团 C_1 处变得不满足. 无论如何, $\boldsymbol{T}_{c_1}\hat{\boldsymbol{K}}^{(0)}$ 不会比 $\hat{\boldsymbol{K}}^{(0)}$ 离开精度矩阵 $\boldsymbol{K}$ 的极大似然估计更远, 而 $\boldsymbol{T}_{c_2}\boldsymbol{T}_{c_1}\hat{\boldsymbol{K}}^{(0)}$ 不会比 $\boldsymbol{T}_{c_1}\hat{\boldsymbol{K}}^{(0)}$ 离开精度矩阵 $\boldsymbol{K}$ 的极大似然估计更远. 由 (8.5.9) 式知 $L\left(\hat{\boldsymbol{K}}^{(1)},\bar{\boldsymbol{x}}\right)\geqslant L\left(\hat{\boldsymbol{K}}^{(0)},\bar{\boldsymbol{x}}\right)$, 且只要初始估计 $\hat{\boldsymbol{K}}^{(0)}$ 还没有满足计算协方差阵的极大似然估计的原则 (1) 与 (2), $L\left(\hat{\boldsymbol{K}}^{(1)},\bar{\boldsymbol{x}}\right)>L\left(\hat{\boldsymbol{K}}^{(0)},\bar{\boldsymbol{x}}\right)$, $\hat{\boldsymbol{K}}^{(1)}$ 比 $\hat{\boldsymbol{K}}^{(0)}$ 更接近精度矩阵 $\boldsymbol{K}$ 的极大似然估计. 由于仅仅对团进行调整, 所以如同 $\hat{\boldsymbol{K}}^{(0)}$, 计算协方差阵极大似然估计的原则 (3) 对 $\hat{\boldsymbol{K}}^{(1)}$ 来说也是满足的.

将所得到的精度矩阵 $\boldsymbol{K}$ 的迭代估计 $\hat{\boldsymbol{K}}^{(1)}$ 作为它的初始估计, 重复步骤 2. 依此类推, 直到相邻两次迭代得到的迭代估计仅有比较小的差别. 最后得到的迭代估计就是精度矩阵 $\boldsymbol{K}$ 的极大似然估计.

这个迭代算法就是所谓的迭代部分极大化 (iterative partial maximization) 算法. 可以证明 (证明从略) 迭代部分极大化算法的迭代估计将收敛于极大似然估计. 对这个问题有兴趣的读者可参阅文献 [98] 的 5.2.1 和附录 A.4.

对于一些特殊的协方差选择模型, 如例 8.5.1 和例 8.5.2 所讨论的协方差选择模型, 它们的协方差阵的极大似然估计的计算就比较简单, 不需要使用迭代算法.

例 8.5.1 续 根据计算协方差选择模型的协方差阵的极大似然估计的原则 (1) 与 (2), 由表 2.4.4 以及表 8.5.1, 协方差阵的极大似然估计如表 8.5.3 所示,

表 8.5.3 协方差阵的极大似然估计

	x_1	x_2	x_3	x_4	y
x_1	34.602				
x_2	20.923	242.14			
x_3	−31.052	−13.878	41.026		
x_4	−24.167	−253.42	3.1667	280.17	
y	64.663	191.08	$\hat{\sigma}_{53}$	$\hat{\sigma}_{54}$	294.37

其中, $\hat{\sigma}_{53}$ 和 $\hat{\sigma}_{54}$ 的值待定.

这个样本协方差阵的极大似然估计的逆矩阵就是样本精度矩阵的极大似然估计. 由表 8.5.1 知, 样本精度矩阵的极大似然估计中应该有两个 0. 据此可以列出两个方程, 用以求得 $\hat{\sigma}_{53}$ 和 $\hat{\sigma}_{54}$ 的值. 具体计算过程如下:

将协方差阵的极大似然估计和精度矩阵的极大似然估计分别剖分为

$$\hat{\boldsymbol{\Sigma}}=\underset{\quad 2 \qquad 2 \qquad 1}{\begin{pmatrix} \hat{\boldsymbol{\Sigma}}_{11} & \hat{\boldsymbol{\Sigma}}_{12} & \hat{\boldsymbol{\Sigma}}_{13} \\ \hat{\boldsymbol{\Sigma}}_{21} & \hat{\boldsymbol{\Sigma}}_{22} & \hat{\boldsymbol{\Sigma}}_{23} \\ \hat{\boldsymbol{\Sigma}}_{31} & \hat{\boldsymbol{\Sigma}}_{32} & \hat{\sigma}_{33} \end{pmatrix}}\begin{matrix} 2 \\ 2 \\ 1 \end{matrix}, \qquad \hat{\boldsymbol{K}}=\underset{\quad 2 \qquad 2 \qquad 1}{\begin{pmatrix} \hat{\boldsymbol{K}}_{11} & \hat{\boldsymbol{K}}_{12} & \hat{\boldsymbol{K}}_{13} \\ \hat{\boldsymbol{K}}_{21} & \hat{\boldsymbol{K}}_{22} & \hat{\boldsymbol{K}}_{23} \\ \hat{\boldsymbol{K}}_{31} & \hat{\boldsymbol{K}}_{32} & \hat{k}_{33} \end{pmatrix}}\begin{matrix} 2 \\ 2 \\ 1 \end{matrix}.$$

对于协方差阵的极大似然估计 $\hat{\boldsymbol{\Sigma}}$ 来说, 其中, $\hat{\boldsymbol{\Sigma}}_{32}=(\hat{\sigma}_{53},\ \hat{\sigma}_{54})$ 待定, 其余都已知 (表 8.5.3). 而对于精度矩阵的极大似然估计 $\hat{\boldsymbol{K}}$ 来说, 其中, $\hat{\boldsymbol{K}}_{32}=(0,\ 0)$, 其余都未知. 根据 $\hat{\boldsymbol{K}}=\hat{\boldsymbol{\Sigma}}^{-1}$ 来求 $\hat{\boldsymbol{\Sigma}}_{32}$ 的值. 其步骤如下:

(1) 计算

$$\begin{aligned} &\begin{pmatrix} \hat{\boldsymbol{\Sigma}}_{22} & \hat{\boldsymbol{\Sigma}}_{23} \\ \hat{\boldsymbol{\Sigma}}_{32} & \hat{\sigma}_{33} \end{pmatrix}-\begin{pmatrix} \hat{\boldsymbol{\Sigma}}_{21} \\ \hat{\boldsymbol{\Sigma}}_{31} \end{pmatrix}\hat{\boldsymbol{\Sigma}}_{11}^{-1}\left(\hat{\boldsymbol{\Sigma}}_{12} \quad \hat{\boldsymbol{\Sigma}}_{13}\right) \\ =&\begin{pmatrix} 13.0552 & -13.4236 & \hat{\sigma}_{35}+54.7849 \\ -13.4236 & 14.7875 & \hat{\sigma}_{45}+203.3135 \\ \hat{\sigma}_{53}+54.7849 & \hat{\sigma}_{54}+203.3135 & 72.8806 \end{pmatrix}, \end{aligned}$$

从而有

$$\begin{aligned} &\begin{pmatrix} \hat{\boldsymbol{K}}_{22} & \hat{\boldsymbol{K}}_{23} \\ \hat{\boldsymbol{K}}_{32} & \hat{k}_{33} \end{pmatrix}^{-1} \\ =&\begin{pmatrix} 13.0552 & -13.4236 & \hat{\sigma}_{35}+54.7849 \\ -13.4236 & 14.7875 & \hat{\sigma}_{45}+203.3135 \\ \hat{\sigma}_{53}+54.7849 & \hat{\sigma}_{54}+203.3135 & 72.8806 \end{pmatrix}. \end{aligned} \tag{8.5.10}$$

(2) 由 (8.5.10) 式知欲使得 $\hat{\boldsymbol{K}}_{32}=(0,\ 0)$, 则

$$(\hat{\sigma}_{53}+54.7849,\quad \hat{\sigma}_{54}+203.3135)=(0,\quad 0)\,.$$

故得

$$\hat{\sigma}_{53}=-54.7849,\quad \hat{\sigma}_{54}=-203.3135.$$

将这两个数值代入表 8.5.3, 从而得到例 8.5.1 所讨论的协方差选择模型的协方差阵的极大似然估计 $\hat{\boldsymbol{\Sigma}}$. 它的精度矩阵的极大似然估计 $\hat{\boldsymbol{K}}=\hat{\boldsymbol{\Sigma}}^{-1}$ 为

$$\begin{pmatrix} 1.1492 & 1.0486 & 1.1188 & 1.0203 & -0.0201 \\ 1.0486 & 1.0637 & 1.0615 & 1.0340 & -0.0091 \\ 1.1188 & 1.0615 & 1.1497 & 1.0437 & 0 \\ 1.0203 & 1.0340 & 1.0437 & 1.0151 & 0 \\ -0.0201 & -0.0091 & 0 & 0 & 0.0137 \end{pmatrix}. \tag{8.5.11}$$

类似地, 可以得到例 8.5.2 所讨论的协方差选择模型的协方差阵的极大似然估计与精度矩阵的极大似然估计, 其计算过程留作习题 (见习题 8.11).

下面将给出一个公式, 用以计算例 8.5.1 与例 8.5.2 那种类型的协方差选择模型的协方差阵和精度矩阵的极大似然估计.

例 8.5.1 和例 8.5.2 所讨论的协方差选择模型的一般形式如下. 设 $\boldsymbol{x}=(x_1,\cdots,x_p)'\sim N_p(\boldsymbol{\mu},\boldsymbol{\Sigma})$, $\boldsymbol{\Sigma}>0$. 所谓 (G_1,G_2,S) 为集合 $\{1,2,\cdots,p\}$ 的一个分割意思是说, G_1,G_2 和 S 是 $\{1,2,\cdots,p\}$ 的互不相交的非空子集, 并且它们的和集 $G_1\cup G_2\cup S=\{1,2,\cdots,p\}$. 例 8.5.1 和例 8.5.2 所讨论的协方差选择模型都属于下面这种形式的协方差选择模型:

$$\{x_i: i\in G_1\}\perp\!\!\!\perp\{x_i: i\in G_2\}\,|\,\{x_i: i\in S\}\,. \tag{8.5.12}$$

为简化讨论, 不妨设 $G_1=\{1,\cdots,q\}$, $S=\{q+1,\cdots,q+r\}$, $G_2=\{q+r+1,\cdots,p\}$. 把协方差阵 $\boldsymbol{\Sigma}$ 剖分为

$$\boldsymbol{\Sigma}=\begin{pmatrix} \boldsymbol{\Sigma}_{11} & \boldsymbol{\Sigma}_{12} & \boldsymbol{\Sigma}_{13} \\ \boldsymbol{\Sigma}_{21} & \boldsymbol{\Sigma}_{22} & \boldsymbol{\Sigma}_{23} \\ \boldsymbol{\Sigma}_{31} & \boldsymbol{\Sigma}_{32} & \boldsymbol{\Sigma}_{33} \end{pmatrix}\begin{matrix} q \\ r \\ p-q-r \end{matrix}\,.$$
$$\qquad\quad q \qquad r \qquad p-q-r$$

由 (8.5.12) 式知它的精度矩阵有下面的结构:

$$\boldsymbol{K}=\begin{pmatrix} \boldsymbol{K}_{11} & \boldsymbol{K}_{12} & \boldsymbol{0} \\ \boldsymbol{K}_{21} & \boldsymbol{K}_{22} & \boldsymbol{K}_{23} \\ \boldsymbol{0} & \boldsymbol{K}_{32} & \boldsymbol{K}_{33} \end{pmatrix}\begin{matrix} q \\ r \\ p-q-r \end{matrix}\,.$$
$$\qquad\quad q \qquad r \qquad p-q-r$$

由此可见, 该协方差选择模型有两个团

$$G_1\cup S=\{1,\cdots,q,q+1,\cdots,q+r\}\ \text{和}\ S\cup G_2=\{q+1,\cdots,q+r,q+r+1,\cdots,p\},$$

而

$$\bar{G}=\{(i,j):k_{ij}=0\}=\{(i,j):i=q+r+1,\cdots,p;j=1,\cdots,q\}.$$

设 $x_1,\cdots,x_n$ 是来自协方差选择模型的样本, $n>p$. 令 $\boldsymbol{S}$ 为样本协方差阵. 把 $\boldsymbol{S}$ 剖分为

$$\boldsymbol{S}=\begin{pmatrix}\boldsymbol{S}_{11} & \boldsymbol{S}_{12} & \boldsymbol{S}_{13}\\ \boldsymbol{S}_{21} & \boldsymbol{S}_{22} & \boldsymbol{S}_{23}\\ \boldsymbol{S}_{31} & \boldsymbol{S}_{32} & \boldsymbol{S}_{33}\end{pmatrix}\begin{matrix}q\\ r\\ p-q-r\end{matrix}\ .\qquad \begin{matrix}q & r & p-q-r\end{matrix}$$

根据计算协方差选择模型的协方差阵的极大似然估计的原则 (1) 与 (2), 协方差阵的极大似然估计为

$$\hat{\boldsymbol{\Sigma}}=\begin{pmatrix}\boldsymbol{S}_{11} & \boldsymbol{S}_{12} & \hat{\boldsymbol{\Sigma}}_{13}\\ \boldsymbol{S}_{21} & \boldsymbol{S}_{22} & \boldsymbol{S}_{23}\\ \hat{\boldsymbol{\Sigma}}_{31} & \boldsymbol{S}_{32} & \boldsymbol{S}_{33}\end{pmatrix}\begin{matrix}q\\ r\\ p-q-r\end{matrix}\ ,\qquad \begin{matrix}q & r & p-q-r\end{matrix} \tag{8.5.13}$$

其中, $\hat{\boldsymbol{\Sigma}}_{13}$ 的值待定. 它的精度矩阵的极大似然估计必为下面的结构:

$$\hat{\boldsymbol{K}}=\begin{pmatrix}\hat{\boldsymbol{K}}_{11} & \hat{\boldsymbol{K}}_{12} & \boldsymbol{0}\\ \hat{\boldsymbol{K}}_{21} & \hat{\boldsymbol{K}}_{22} & \hat{\boldsymbol{K}}_{23}\\ \boldsymbol{0} & \hat{\boldsymbol{K}}_{32} & \hat{\boldsymbol{K}}_{33}\end{pmatrix}\begin{matrix}q\\ r\\ p-q-r\end{matrix}\ .\qquad \begin{matrix}q & r & p-q-r\end{matrix} \tag{8.5.14}$$

下面的定理将很快地计算出精度矩阵和协方差阵的极大似然估计 $\hat{\boldsymbol{K}}$ 和 $\hat{\boldsymbol{\Sigma}}$.

定理 8.5.1 设有 (8.5.12) 式那样的协方差选择模型, 它的精度矩阵和协方差阵的极大似然估计分别为

$$\hat{\boldsymbol{K}}=\begin{pmatrix}\begin{pmatrix}\boldsymbol{S}_{11} & \boldsymbol{S}_{12}\\ \boldsymbol{S}_{21} & \boldsymbol{S}_{22}\end{pmatrix}^{-1} & \begin{matrix}\boldsymbol{0}\\ \boldsymbol{0}\end{matrix}\\ \begin{matrix}\boldsymbol{0} & \boldsymbol{0}\end{matrix} & \boldsymbol{0}\end{pmatrix}+\begin{pmatrix}\boldsymbol{0} & \begin{matrix}\boldsymbol{0} & \boldsymbol{0}\end{matrix}\\ \begin{matrix}\boldsymbol{0}\\ \boldsymbol{0}\end{matrix} & \begin{pmatrix}\boldsymbol{S}_{22} & \boldsymbol{S}_{23}\\ \boldsymbol{S}_{32} & \boldsymbol{S}_{33}\end{pmatrix}^{-1}\end{pmatrix}-\begin{pmatrix}\boldsymbol{0} & \boldsymbol{0} & \boldsymbol{0}\\ \boldsymbol{0} & \boldsymbol{S}_{22}^{-1} & \boldsymbol{0}\\ \boldsymbol{0} & \boldsymbol{0} & \boldsymbol{0}\end{pmatrix},$$

$$\hat{\boldsymbol{\Sigma}}=\hat{\boldsymbol{K}}^{-1}.$$

定理 8.5.1 说明, 仅需分别计算这两个团 $G_1\cup S$ 和 $S\cup G_2$ 以及 $\boldsymbol{S}$ 的样本协方差阵的逆矩阵, 就能得到精度矩阵的极大似然估计.

下面是定理 8.5.1 的证明.

证明 显然, 定理给出的精度矩阵的极大似然估计 $\hat{\boldsymbol{K}}$ 有 (8.5.14) 式那样的结构. 由此可见, 为证明定理仅需证明 $\hat{\boldsymbol{\Sigma}} = \hat{\boldsymbol{K}}^{-1}$ 有 (8.5.13) 式那样的形式. 这也就是说, 若令

$$\hat{\boldsymbol{K}}^{-1} = \begin{pmatrix} \hat{\boldsymbol{K}}^{11} & \hat{\boldsymbol{K}}^{12} & \hat{\boldsymbol{K}}^{13} \\ \hat{\boldsymbol{K}}^{21} & \hat{\boldsymbol{K}}^{22} & \hat{\boldsymbol{K}}^{23} \\ \hat{\boldsymbol{K}}^{31} & \hat{\boldsymbol{K}}^{32} & \hat{\boldsymbol{K}}^{33} \end{pmatrix} \begin{matrix} q \\ r \\ p-q-r \end{matrix},$$
$$\qquad\qquad\quad q \qquad r \qquad p-q-r$$

则为证明定理仅需证明

$$\begin{pmatrix} \hat{\boldsymbol{K}}^{11} & \hat{\boldsymbol{K}}^{12} \\ \hat{\boldsymbol{K}}^{21} & \hat{\boldsymbol{K}}^{22} \end{pmatrix} = \begin{pmatrix} \boldsymbol{S}_{11} & \boldsymbol{S}_{12} \\ \boldsymbol{S}_{21} & \boldsymbol{S}_{22} \end{pmatrix}, \quad \begin{pmatrix} \hat{\boldsymbol{K}}^{22} & \hat{\boldsymbol{K}}^{23} \\ \hat{\boldsymbol{K}}^{32} & \hat{\boldsymbol{K}}^{33} \end{pmatrix} = \begin{pmatrix} \boldsymbol{S}_{22} & \boldsymbol{S}_{23} \\ \boldsymbol{S}_{32} & \boldsymbol{S}_{33} \end{pmatrix}. \tag{8.5.15}$$

设

$$\begin{pmatrix} \boldsymbol{S}_{11} & \boldsymbol{S}_{12} \\ \boldsymbol{S}_{21} & \boldsymbol{S}_{22} \end{pmatrix}^{-1} = \begin{pmatrix} \boldsymbol{U}^{11} & \boldsymbol{U}^{12} \\ \boldsymbol{U}^{21} & \boldsymbol{U}^{22} \end{pmatrix}, \quad \begin{pmatrix} \boldsymbol{S}_{22} & \boldsymbol{S}_{23} \\ \boldsymbol{S}_{32} & \boldsymbol{S}_{33} \end{pmatrix}^{-1} = \begin{pmatrix} \boldsymbol{V}^{22} & \boldsymbol{V}^{23} \\ \boldsymbol{V}^{32} & \boldsymbol{V}^{33} \end{pmatrix}, \tag{8.5.16}$$

则

$$\hat{\boldsymbol{K}} = \begin{pmatrix} \boldsymbol{U}^{11} & \boldsymbol{U}^{12} & \boldsymbol{0} \\ \boldsymbol{U}^{21} & \boldsymbol{U}^{22} + \boldsymbol{V}^{22} - \boldsymbol{S}_{22}^{-1} & \boldsymbol{V}^{23} \\ \boldsymbol{0} & \boldsymbol{V}^{32} & \boldsymbol{V}^{33} \end{pmatrix}.$$

根据分块矩阵的逆矩阵的计算方法 (见 (A.2.5) 式), 有

$$\begin{aligned} &\begin{pmatrix} \hat{\boldsymbol{K}}^{11} & \hat{\boldsymbol{K}}^{12} \\ \hat{\boldsymbol{K}}^{21} & \hat{\boldsymbol{K}}^{22} \end{pmatrix}^{-1} \\ =&\begin{pmatrix} \boldsymbol{U}^{11} & \boldsymbol{U}^{12} \\ \boldsymbol{U}^{21} & \boldsymbol{U}^{22} + \boldsymbol{V}^{22} - \boldsymbol{S}_{22}^{-1} \end{pmatrix} - \begin{pmatrix} \boldsymbol{0} \\ \boldsymbol{V}^{23} \end{pmatrix} \left(\boldsymbol{V}^{33}\right)^{-1} \begin{pmatrix} \boldsymbol{0}, & \boldsymbol{V}^{32} \end{pmatrix} \\ =&\begin{pmatrix} \boldsymbol{U}^{11} & \boldsymbol{U}^{12} \\ \boldsymbol{U}^{21} & \boldsymbol{U}^{22} + \boldsymbol{V}^{22} - \boldsymbol{S}_{22}^{-1} - \boldsymbol{V}^{23}\left(\boldsymbol{V}^{33}\right)^{-1}\boldsymbol{V}^{32} \end{pmatrix}. \end{aligned}$$

由 (8.5.16) 左边的等式知, 为证 (8.5.15) 式左边的等式仅需证明

$$\boldsymbol{V}^{22} - \boldsymbol{S}_{22}^{-1} - \boldsymbol{V}^{23}\left(\boldsymbol{V}^{33}\right)^{-1}\boldsymbol{V}^{32} = \boldsymbol{0}. \tag{8.5.17}$$

由 (8.5.16) 右边的等式知 $\boldsymbol{V}^{22} - \boldsymbol{V}^{23}\left(\boldsymbol{V}^{33}\right)^{-1}\boldsymbol{V}^{32} = \boldsymbol{S}_{22}^{-1}$, 所以 (8.5.17) 式成立. 进而知 (8.5.15) 左边的等式成立. 类似地, 可以证明 (8.5.15) 右边的等式也成立. 定理 8.5.1 得到证明.

此外, 还可以证明精度矩阵和协方差阵的极大似然估计的行列式值分别为 (证明留作习题 8.12)

$$\left|\hat{\boldsymbol{K}}\right|=\frac{\left|\begin{pmatrix}\boldsymbol{S}_{11} & \boldsymbol{S}_{12}\\ \boldsymbol{S}_{21} & \boldsymbol{S}_{22}\end{pmatrix}^{-1}\right|\cdot\left|\begin{pmatrix}\boldsymbol{S}_{22} & \boldsymbol{S}_{23}\\ \boldsymbol{S}_{32} & \boldsymbol{S}_{33}\end{pmatrix}^{-1}\right|}{\left|\boldsymbol{S}_{22}^{-1}\right|}=\frac{\left|\boldsymbol{S}_{22}\right|}{\left|\begin{pmatrix}\boldsymbol{S}_{11} & \boldsymbol{S}_{12}\\ \boldsymbol{S}_{21} & \boldsymbol{S}_{22}\end{pmatrix}\right|\cdot\left|\begin{pmatrix}\boldsymbol{S}_{22} & \boldsymbol{S}_{23}\\ \boldsymbol{S}_{32} & \boldsymbol{S}_{33}\end{pmatrix}\right|},\tag{8.5.18}$$

$$\left|\hat{\boldsymbol{\Sigma}}\right|=\frac{\left|\begin{pmatrix}\boldsymbol{S}_{11} & \boldsymbol{S}_{12}\\ \boldsymbol{S}_{21} & \boldsymbol{S}_{22}\end{pmatrix}\right|\cdot\left|\begin{pmatrix}\boldsymbol{S}_{22} & \boldsymbol{S}_{23}\\ \boldsymbol{S}_{32} & \boldsymbol{S}_{33}\end{pmatrix}\right|}{\left|\boldsymbol{S}_{22}\right|}.$$

例 8.5.1 续 根据定理 8.5.1 计算协方差选择模型的精度矩阵和协方差阵的极大似然估计的步骤如下. 例 8.5.1 的协方差选择模型为 $y \perp\!\!\!\perp (x_3, x_4) \mid (x_1, x_2)$. 对于这样的协方差选择模型, 首先分别计算 (x_1, x_2, y), (x_1, x_2, x_3, x_4) 与 (x_1, x_2) 的样本协方差阵的逆矩阵, 然后根据定理 8.5.1 计算精度矩阵的极大似然估计. 必须注意的是, 计算过程中需考虑将矩阵的行和列作适当的交换. 精度矩阵的极大似然估计为

$$\hat{\boldsymbol{K}}=\begin{pmatrix}0.0601 & 0.0107 & 0 & 0 & -0.0201\\ 0.0107 & 0.0104 & 0 & 0 & -0.0091\\ 0 & 0 & 0 & 0 & 0\\ 0 & 0 & 0 & 0 & 0\\ -0.0201 & -0.0091 & 0 & 0 & 0.0137\end{pmatrix}$$
$$+\begin{pmatrix}1.1196 & 1.0352 & 1.1188 & 1.0203 & 0\\ 1.0352 & 1.0577 & 1.0615 & 1.0340 & 0\\ 1.1188 & 1.0615 & 1.1497 & 1.0437 & 0\\ 1.0203 & 1.0340 & 1.0437 & 1.0151 & 0\\ 0 & 0 & 0 & 0 & 0\end{pmatrix}$$
$$-\begin{pmatrix}0.0305 & -0.0026 & 0 & 0 & 0\\ -0.0026 & 0.0044 & 0 & 0 & 0\\ 0 & 0 & 0 & 0 & 0\\ 0 & 0 & 0 & 0 & 0\\ 0 & 0 & 0 & 0 & 0\end{pmatrix}$$

$$
= \begin{pmatrix} 1.1492 & 1.0485 & 1.1188 & 1.0203 & -0.0201 \\ 1.0485 & 1.0637 & 1.0615 & 1.0340 & -0.0091 \\ 1.1188 & 1.0615 & 1.1497 & 1.0437 & 0 \\ 1.0203 & 1.0340 & 1.0437 & 1.0151 & 0 \\ -0.0201 & -0.0091 & 0 & 0 & 0.0137 \end{pmatrix}.
$$

这个精度矩阵的极大似然估计与前面用另外的方法求得的极大似然估计 (见 (8.5.11) 式) 仅仅有一个值相差 0.0001, 其余都是完全相同的.

定理 8.5.1 的作用就在于将 p 维向量 $\boldsymbol{x} = (x_1, \cdots, x_p)'$ 分解成 3 部分: $(x_1, \cdots, x_q)'$, $(x_{q+1}, \cdots, x_{q+r})'$ 和 $(x_{q+r+1}, \cdots, x_p)'$, 将 $\boldsymbol{x}$ 的协方差阵和精度矩阵的计算分解为这 3 部分的协方差阵和精度矩阵的计算. 由于这 3 部分的维数都比 p 小, 所以这样的分解计算显然是一种简化. 由定理 8.5.1 的进一步推广, 提出了可分解的协方差选择模型的概念. 对此有兴趣的读者可参阅文献 [98] 的 5.2 节和 5.3 节. 对可分解的协方差选择模型的精度矩阵的极大似然估计有兴趣的读者可参阅文献 [138]. 随着科学技术的发展, 需要考虑的变量越来越多, 系统越来越复杂. 把复杂问题分解为简单问题是解决多变量的复杂系统问题的一个好办法.

8.5.3 协方差选择模型的检验

设 $\boldsymbol{x}_1, \cdots, \boldsymbol{x}_n$ 是来自协方差选择模型 $\boldsymbol{x} \sim N_p(\boldsymbol{\mu}, \boldsymbol{\Sigma})$ 的样本, 其中, $n > p$, $\boldsymbol{\Sigma} > 0$. 令 $\boldsymbol{K} = (k_{ij})$. 协方差选择模型检验问题的原假设为

$$
H_0 : \text{集合 } \{(i,j) : k_{ij} = 0\} \text{ 非空}.
$$

由 (8.5.8) 式知, 这个检验问题的似然比为

$$
\lambda = \frac{\sup\limits_{H_0} |\boldsymbol{K}|^{n/2} \exp\left\{-\frac{n}{2}\mathrm{tr}\left(\boldsymbol{K}\left(\boldsymbol{S} + (\bar{\boldsymbol{x}} - \boldsymbol{\mu})(\bar{\boldsymbol{x}} - \boldsymbol{\mu})'\right)\right)\right\}}{\sup\limits_{\boldsymbol{\mu}, \boldsymbol{K}} |\boldsymbol{K}|^{n/2} \exp\left\{-\frac{n}{2}\mathrm{tr}\left(\boldsymbol{K}\left(\boldsymbol{S} + (\bar{\boldsymbol{x}} - \boldsymbol{\mu})(\bar{\boldsymbol{x}} - \boldsymbol{\mu})'\right)\right)\right\}}. \tag{8.5.19}
$$

事实上, (8.5.19) 式的分母可改写为

$$
\sup_{\boldsymbol{\mu}, \boldsymbol{\Sigma}} |\boldsymbol{\Sigma}|^{-n/2} \exp\left\{-\frac{n}{2}\mathrm{tr}\left(\boldsymbol{\Sigma}^{-1}\left(\boldsymbol{S} + (\bar{\boldsymbol{x}} - \boldsymbol{\mu})(\bar{\boldsymbol{x}} - \boldsymbol{\mu})'\right)\right)\right\}.
$$

在前面, 如第 5, 6 章, 多次计算过这种形式的极大值问题, 它在 $\boldsymbol{\mu} = \bar{\boldsymbol{x}}$, $\boldsymbol{\Sigma} = \boldsymbol{S}$ 时达到极大值, 其极大值为 $\left|\boldsymbol{S}^{-1}\right|^{n/2} \exp\{-(np)/2\}$. 显然, (8.5.19) 式的分子为

$$
\left|\hat{\boldsymbol{K}}\right|^{n/2} \exp\left\{-\frac{n}{2}\mathrm{tr}\left(\hat{\boldsymbol{K}}\boldsymbol{S}\right)\right\},
$$

其中, $\hat{\boldsymbol{K}}$ 是协方差选择模型精度矩阵 $\boldsymbol{K}$ 的极大似然估计. 令 $G=\{(i,j):k_{ij}\neq 0\}$, $\boldsymbol{S}=(s_{ij})$, $\hat{\boldsymbol{K}}=(k_{ij})$, $\hat{\boldsymbol{K}}^{-1}=\left(k^{ij}\right)$. 由于 $\hat{\boldsymbol{K}}$ 与 $\hat{\boldsymbol{K}}^{-1}$ 满足条件在 $(i,j)\notin G$ 时 $\hat{k}_{ij}=0$, 而在 $(i,j)\in G$ 时 $\hat{k}^{ij}=s_{ij}$, 所以

$$\exp\left\{-\frac{n}{2}\mathrm{tr}\left(\hat{\boldsymbol{K}}\boldsymbol{S}\right)\right\}=\exp\left\{-\frac{n}{2}\mathrm{tr}\left(\hat{\boldsymbol{K}}\hat{\boldsymbol{K}}^{-1}\right)\right\}=\exp\left\{-\frac{np}{2}\right\}.$$

根据 (8.5.19) 式的分母和分子的值, 求得协方差选择模型检验问题的似然比为

$$\lambda=\frac{\left|\hat{\boldsymbol{K}}\right|^{n/2}\exp\{-np/2\}}{\left|\boldsymbol{S}^{-1}\right|^{n/2}\exp\{-np/2\}}=\left(|\boldsymbol{S}|\left|\hat{\boldsymbol{K}}\right|\right)^{n/2}. \tag{8.5.20}$$

根据似然比统计量的极限分布, 渐近 χ^2 分布的自由度为集合 $\{(i,j):k_{ij}=0\}$ 中点的个数 $f=\#\{(i,j):k_{ij}=0\}$. 故检验的渐近 p 值为 $P(\chi^2(f)\geqslant -n(\ln|\boldsymbol{S}|+\ln|\hat{\boldsymbol{K}}|))$.

例 8.5.1 续　6.6 节讨论了例 2.4.1 留下的问题: 在 (x_1,x_2) 给定后 y 与 (x_3,x_4) 是否相互条件独立, 并计算了这个条件独立性检验问题的似然比检验统计量 λ 的值为 (见 (6.6.15) 式)

$$\lambda=0.8265^{11/2}.$$

由于这是个协方差选择模型, 可使用这里的方法来求解, 经计算这个协方差选择模型的检验问题的似然比检验统计量的值为

$$\lambda=\left(|\boldsymbol{S}|\left|\hat{\boldsymbol{K}}\right|\right)^{13/2}=0.8265^{13/2},$$

其中, $|\hat{\boldsymbol{K}}|$ 按 (8.5.18) 式进行计算. 这两种方法的计算结果略有差别. 但检验结论是相同的, 都是不能拒绝条件独立的假设, 因而认为在 (x_1,x_2) 给定后 y 与 (x_3,x_4) 相互条件独立.

习　题　八

8.1　设 $\boldsymbol{Y}\sim N_p(\boldsymbol{\mu},\boldsymbol{\Sigma})$, $\boldsymbol{\Sigma}>0$. 将 $\boldsymbol{Y}$ 剖分为

$$\boldsymbol{Y}=\begin{pmatrix} y_1 \\ \boldsymbol{Y}_2 \\ \boldsymbol{Y}_3 \end{pmatrix}\begin{matrix} 1 \\ q \\ r \end{matrix},$$

其中, $q+r=p-1$. 试问 y_1 与 $\boldsymbol{Y}_2$ 的复相关系数以及 y_1 与 $(\boldsymbol{Y}_2',\ \boldsymbol{Y}_3')'$ 的复相关系数, 哪一个比较大? 对样本复相关系数来说, 有没有类似的结论.

8.2　设

$$\begin{pmatrix} \boldsymbol{X} \\ y \end{pmatrix}\begin{matrix} p \\ 1 \end{matrix}\sim N_{p+1}(\boldsymbol{\mu},\boldsymbol{\Sigma}),\quad \boldsymbol{X}=\begin{pmatrix} x_1 \\ \vdots \\ x_p \end{pmatrix},\quad \boldsymbol{\Sigma}=\underset{\quad p\qquad\ 1}{\begin{pmatrix} \boldsymbol{\Sigma}_{xx} & \boldsymbol{\Sigma}_{xy} \\ \boldsymbol{\Sigma}_{yx} & \boldsymbol{\Sigma}_{yy} \end{pmatrix}}\begin{matrix} p \\ 1 \end{matrix}>0.$$

试证明, 在 $x_1,\cdots,x_p$ 相互独立的时候, $\boldsymbol{X}$ 与 y 的复相关系数的平方等于 $\boldsymbol{X}$ 的各个元素与 y 的相关系数的平方和

$$\rho^2_{\boldsymbol{X},y}=\sum_{i=1}^{p}\rho^2_{x_i,y}.$$

8.3 设 $\boldsymbol{C}$ 是秩为 k 的 $p\times q$ 阶非零矩阵, $p\leqslant q$, $k=1,\cdots,p$, $\boldsymbol{A}$ 和 $\boldsymbol{B}$ 分别是 p 阶和 q 阶正定矩阵. p 阶矩阵 $\boldsymbol{A}^{-1/2}\boldsymbol{C}\boldsymbol{B}^{-1}\boldsymbol{C}'\boldsymbol{A}^{-1/2}$ 的 p 个非负特征根中有 k 个正的特征根 $\lambda_1^2\geqslant\cdots\geqslant\lambda_k^2>0$, 其余 $p-k$ 个特征根 $\lambda_{k+1}^2=\cdots=\lambda_p^2=0$. q 阶矩阵 $\boldsymbol{B}^{-1/2}\boldsymbol{C}'\boldsymbol{A}^{-1}\boldsymbol{C}\boldsymbol{B}^{-1/2}$ 的 q 个非负特征根中除了 $\lambda_1^2\geqslant\cdots\geqslant\lambda_k^2>0$ 外, 还有 $q-k$ 个特征根 $\lambda_{k+1}^2=\cdots=\lambda_q^2=0$. 取 $\lambda_1\geqslant\cdots\geqslant\lambda_k>0$. 设 $\boldsymbol{\alpha}_1,\cdots,\boldsymbol{\alpha}_p$ 是 $\lambda_1^2,\cdots,\lambda_p^2$ 作为 $\boldsymbol{A}^{-1/2}\boldsymbol{C}\boldsymbol{B}^{-1}\boldsymbol{C}'\boldsymbol{A}^{-1/2}$ 的特征根所对应的正则正交特征向量, $\boldsymbol{\beta}_1,\cdots,\boldsymbol{\beta}_q$ 是 $\lambda_1^2,\cdots,\lambda_q^2$ 作为 $\boldsymbol{B}^{-1/2}\boldsymbol{C}'\boldsymbol{A}^{-1}\boldsymbol{C}\boldsymbol{B}^{-1/2}$ 的特征根所对应的正则正交特征向量. 在 $i=1,\cdots,k$ 时, 令 $\boldsymbol{\beta}_i=\boldsymbol{B}^{-1/2}\boldsymbol{C}'\boldsymbol{A}^{-1/2}\boldsymbol{\alpha}_i/\lambda_i$. 试证明这样的 $\boldsymbol{\beta}_1,\cdots,\boldsymbol{\beta}_q$, 也就是

$$\frac{\boldsymbol{B}^{-1/2}\boldsymbol{C}'\boldsymbol{A}^{-1/2}\boldsymbol{\alpha}_1}{\lambda_1},\cdots,\frac{\boldsymbol{B}^{-1/2}\boldsymbol{C}'\boldsymbol{A}^{-1/2}\boldsymbol{\alpha}_k}{\lambda_k},\boldsymbol{\beta}_{k+1},\cdots,\boldsymbol{\beta}_q$$

仍然是 $\lambda_1^2,\cdots,\lambda_q^2$ 作为 $\boldsymbol{B}^{-1/2}\boldsymbol{C}'\boldsymbol{A}^{-1}\boldsymbol{C}\boldsymbol{B}^{-1/2}$ 的特征根所对应的正则正交特征向量.

8.4 著名统计学家 Rao 在 1952 年对 25 个家庭的成年长子的头长 (x_1)、头宽 (x_2) 与次子的头长 (y_1)、头宽 (y_2) 进行调查, 所得数据如下表所示:

长子		次子		长子		次子	
头长	头宽	头长	头宽	头长	头宽	头长	头宽
191	155	179	145	190	159	195	157
195	149	201	152	188	151	187	158
181	148	185	149	163	137	161	130
183	153	188	149	195	155	183	158
176	144	171	142	186	153	173	148
208	157	192	152	181	145	182	146
189	150	190	149	175	140	165	137
197	159	189	152	192	154	185	152
188	152	197	159	174	143	178	147
192	150	187	151	176	139	176	143
179	158	186	148	197	167	200	158
183	147	174	147	190	163	187	150
174	150	185	152				

显然, 长子与次子的头长和头宽有比较强的相关性. 试对这批数据进行典型相关分析.

8.5 成年女子上衣的 8 个人体部位尺寸的协方差阵见表 2.3.3, 对此协方差阵进行主成分分析.

8.6 设 $\boldsymbol{x}_1,\cdots,\boldsymbol{x}_n$ 是来自正交因子模型的样本, $\boldsymbol{x}_i=\boldsymbol{\mu}+\boldsymbol{\Lambda}\boldsymbol{f}_i+\boldsymbol{u}_i$, $\boldsymbol{f}_1,\cdots,\boldsymbol{f}_n$ 独立同 $N_m(\boldsymbol{0},\boldsymbol{I}_m)$ 分布, $\boldsymbol{u}_1,\cdots,\boldsymbol{u}_n$ 独立同 $N_p(\boldsymbol{0},\boldsymbol{D})$ 分布, $\boldsymbol{f}_1,\cdots,\boldsymbol{f}_n$ 与 $\boldsymbol{u}_1,\cdots,\boldsymbol{u}_n$ 相互独立. 倘若 $(\boldsymbol{x}_1,\boldsymbol{f}_1),\cdots,(\boldsymbol{x}_n,\boldsymbol{f}_n)$ 都是观察数据, 试求 $\boldsymbol{\mu},\boldsymbol{\Lambda},\boldsymbol{D}$ 的极大似然估计.

8.7　令 $\boldsymbol{X}=(\boldsymbol{x}_1,\cdots,\boldsymbol{x}_n)'$, $\boldsymbol{\mu}^{(k)}=\bar{\boldsymbol{x}}$, $\boldsymbol{\Lambda}^{(k)}$ 和 $\boldsymbol{D}^{(k)}$ 分别是因子分析极大似然估计 EM 算法的 $\boldsymbol{\mu},\boldsymbol{\Lambda},\boldsymbol{D}$ 的第 k 步迭代估计,

$$
\begin{aligned}
& Q\left(\boldsymbol{\mu},\boldsymbol{\Lambda},\boldsymbol{D};\boldsymbol{X},\boldsymbol{\mu}^{(k)},\boldsymbol{\Lambda}^{(k)},\boldsymbol{D}^{(k)}\right)\\
=& -\frac{n}{2}\ln|\boldsymbol{D}|\\
& -\frac{1}{2}\mathrm{tr}\left(\boldsymbol{D}^{-1}\left[\sum_{i=1}^{n}\left(\left(\boldsymbol{x}_i-\boldsymbol{\mu}\right)\left(\boldsymbol{x}_i-\boldsymbol{\mu}\right)'-\left(\boldsymbol{x}_i-\boldsymbol{\mu}\right)E\left(\boldsymbol{f}_i'\right)\boldsymbol{\Lambda}'\right.\right.\right.\\
& \qquad\left.\left.\left.-\boldsymbol{\Lambda}E\left(\boldsymbol{f}_i\right)\left(\boldsymbol{x}_i-\boldsymbol{\mu}\right)'+\boldsymbol{\Lambda}E\left(\boldsymbol{f}_i\boldsymbol{f}_i'\right)\boldsymbol{\Lambda}'\right)\right]\right),
\end{aligned}
$$

其中,

$$
\boldsymbol{f}_i\sim N_m\left(\boldsymbol{\Lambda}'^{(k)}\left(\boldsymbol{D}^{(k)}+\boldsymbol{\Lambda}^{(k)}\boldsymbol{\Lambda}'^{(k)}\right)^{-1}\left(\boldsymbol{x}_i-\boldsymbol{\mu}^{(k)}\right),\boldsymbol{I}_m-\boldsymbol{\Lambda}'^{(k)}\left(\boldsymbol{D}^{(k)}+\boldsymbol{\Lambda}^{(k)}\boldsymbol{\Lambda}'^{(k)}\right)^{-1}\boldsymbol{\Lambda}^{(k)}\right).
$$

求 EM 算法的 $\boldsymbol{\mu},\boldsymbol{\Lambda},\boldsymbol{D}$ 的第 $k+1$ 步迭代估计 $\boldsymbol{\mu}^{(k+1)},\boldsymbol{\Lambda}^{(k+1)},\boldsymbol{D}^{(k+1)}$, 它们使得

$$
Q\left(\boldsymbol{\mu}^{(k+1)},\boldsymbol{\Lambda}^{(k+1)},\boldsymbol{D}^{(k+1)};\boldsymbol{X},\boldsymbol{\mu}^{(k)},\boldsymbol{\Lambda}^{(k)},\boldsymbol{D}^{(k)}\right)=\max_{\boldsymbol{\mu},\boldsymbol{\Lambda},\boldsymbol{D}}Q\left(\boldsymbol{\mu},\boldsymbol{\Lambda},\boldsymbol{D};\boldsymbol{X},\boldsymbol{\mu}^{(k)},\boldsymbol{\Lambda}^{(k)},\boldsymbol{D}^{(k)}\right).
$$

试证明

$$
\begin{aligned}
&\boldsymbol{\mu}^{(k+1)}=\bar{\boldsymbol{x}},\\
&\boldsymbol{\Lambda}^{(k+1)}=\boldsymbol{C}_{xf}^{(k+1)}\left(\boldsymbol{C}_{ff}^{(k+1)}\right)^{-1},\\
&\boldsymbol{D}^{(k+1)}=\mathrm{diag}\left(\boldsymbol{C}_{xx}-\boldsymbol{C}_{xf}^{(k+1)}\left(\boldsymbol{C}_{ff}^{(k+1)}\right)^{-1}\boldsymbol{C}_{fx}^{(k+1)}\right),
\end{aligned}
$$

其中,

$$
\begin{aligned}
\boldsymbol{C}_{xf}^{(k+1)}&=\boldsymbol{C}_{xx}\left(\boldsymbol{D}^{(k)}+\boldsymbol{\Lambda}^{(k)}\boldsymbol{\Lambda}'^{(k)}\right)^{-1}\boldsymbol{\Lambda}^{(k)},\quad \boldsymbol{C}_{fx}^{(k+1)}=\left(\boldsymbol{C}'^{(k+1)}_{xf}\right),\\
\boldsymbol{C}_{ff}^{(k+1)}&=\boldsymbol{\Lambda}'^{(k)}\left(\boldsymbol{D}^{(k)}+\boldsymbol{\Lambda}^{(k)}\boldsymbol{\Lambda}'^{(k)}\right)^{-1}\boldsymbol{C}_{xx}\left(\boldsymbol{D}^{(k)}+\boldsymbol{\Lambda}^{(k)}\boldsymbol{\Lambda}'^{(k)}\right)^{-1}\boldsymbol{\Lambda}^{(k)}\\
&\quad+\boldsymbol{I}_m-\boldsymbol{\Lambda}'^{(k)}\left(\boldsymbol{D}^{(k)}+\boldsymbol{\Lambda}^{(k)}\boldsymbol{\Lambda}'^{(k)}\right)^{-1}\boldsymbol{\Lambda}^{(k)}.
\end{aligned}
$$

8.8　试证明 $X\perp\!\!\!\perp Y|Z$ 有以下的性质:

(1) $X\perp\!\!\!\perp Y|Z\Leftrightarrow Y\perp\!\!\!\perp X|Z$;

(2) $X\perp\!\!\!\perp Y|Z,\ U=h(X)\Rightarrow U\perp\!\!\!\perp Y|Z$;

(3) $X\perp\!\!\!\perp Y|Z,\ U=h(X)\Rightarrow X\perp\!\!\!\perp Y|(Z,U)$;

(4) $X\perp\!\!\!\perp Y|Z,\ X\perp\!\!\!\perp W|(Y,Z)\Rightarrow X\perp\!\!\!\perp(Y,W)|Z$;

(5) $X\perp\!\!\!\perp Y|Z,\ X\perp\!\!\!\perp(Y,W)|Z\Rightarrow X\perp\!\!\!\perp W|(Y,Z)$.

8.9　试证明下面两个结论相互等价:

(1) $x_1\perp\!\!\!\perp x_5|(x_2,x_3,x_4)$,　$x_1\perp\!\!\!\perp x_4|(x_2,x_3,x_5)$,　$x_2\perp\!\!\!\perp x_5|(x_1,x_3,x_4)$,

$$x_2\perp\!\!\!\perp x_4|(x_1,x_3,x_5);$$

(2) $(x_1,x_2)\perp\!\!\!\perp(x_4,x_5)|x_3$.

8.10 设矩阵

$$\boldsymbol{A}=\begin{pmatrix}\boldsymbol{A}_{cc} & \boldsymbol{A}_{cd}\\ \boldsymbol{A}_{dc} & \boldsymbol{A}_{dd}\end{pmatrix}>0,\quad B>0.$$

令

$$\boldsymbol{C}=\begin{pmatrix}\boldsymbol{B}+\boldsymbol{A}_{cd}\boldsymbol{A}_{dd}^{-1}\boldsymbol{A}_{dc} & \boldsymbol{A}_{cd}\\ \boldsymbol{A}_{dc} & \boldsymbol{A}_{dd}\end{pmatrix},$$

试证明 $\boldsymbol{C}>0$.

8.11 计算例 8.5.2 所讨论的协方差选择模型的协方差阵的极大似然估计与精度矩阵的极大似然估计.

8.12 设 $\boldsymbol{x}=(x_1,\cdots,x_p)'\sim N_p(\boldsymbol{\mu},\boldsymbol{\Sigma})$, $\boldsymbol{\Sigma}>0$. 令 $G_1=\{1,\cdots,q\}$, $S=\{q+1,\cdots,q+r\}$, $G_2=\{q+r+1,\cdots,p\}$. 设有协方差选择模型 $\{x_i:i\in G_1\}\perp\!\!\!\perp\{x_i:i\in G_2\}|\{x_i:i\in S\}$. 设 $x_1,\cdots,x_n$ 是来自该协方差选择模型的样本, $n>p$. 令 $\boldsymbol{S}$ 为样本协方差阵, 把 $\boldsymbol{S}$ 剖分为

$$\boldsymbol{S}=\begin{pmatrix}\boldsymbol{S}_{11} & \boldsymbol{S}_{12} & \boldsymbol{S}_{13}\\ \boldsymbol{S}_{21} & \boldsymbol{S}_{22} & \boldsymbol{S}_{23}\\ \boldsymbol{S}_{31} & \boldsymbol{S}_{32} & \boldsymbol{S}_{33}\end{pmatrix}\begin{matrix}q\\ r\\ p-q-r\end{matrix}.$$
$$\qquad\quad q\qquad r\qquad p-q-r$$

试证明: 该协方差选择模型精度矩阵和协方差阵的极大似然估计的行列式值分别为

$$\left|\hat{\boldsymbol{K}}\right|=\frac{\left|\begin{pmatrix}\boldsymbol{S}_{11} & \boldsymbol{S}_{12}\\ \boldsymbol{S}_{21} & \boldsymbol{S}_{22}\end{pmatrix}^{-1}\right|\cdot\left|\begin{pmatrix}\boldsymbol{S}_{22} & \boldsymbol{S}_{23}\\ \boldsymbol{S}_{32} & \boldsymbol{S}_{33}\end{pmatrix}^{-1}\right|}{\left|\boldsymbol{S}_{22}^{-1}\right|}=\frac{|\boldsymbol{S}_{22}|}{\left|\begin{pmatrix}\boldsymbol{S}_{11} & \boldsymbol{S}_{12}\\ \boldsymbol{S}_{21} & \boldsymbol{S}_{22}\end{pmatrix}\right|\cdot\left|\begin{pmatrix}\boldsymbol{S}_{22} & \boldsymbol{S}_{23}\\ \boldsymbol{S}_{32} & \boldsymbol{S}_{33}\end{pmatrix}\right|},$$

$$\left|\hat{\boldsymbol{\Sigma}}\right|=\frac{\left|\begin{pmatrix}\boldsymbol{S}_{11} & \boldsymbol{S}_{12}\\ \boldsymbol{S}_{21} & \boldsymbol{S}_{22}\end{pmatrix}\right|\cdot\left|\begin{pmatrix}\boldsymbol{S}_{22} & \boldsymbol{S}_{23}\\ \boldsymbol{S}_{32} & \boldsymbol{S}_{33}\end{pmatrix}\right|}{|\boldsymbol{S}_{22}|}.$$

8.13 设 $\boldsymbol{x}=(x_1,\cdots,x_p)'\sim N_p(\boldsymbol{\mu},\boldsymbol{\Sigma})$, $\boldsymbol{\Sigma}>0$. 协方差选择模型检验问题的原假设为

$$H_0:\{x_i:i\in G_1\}\perp\!\!\!\perp\{x_i:i\in G_2\}\,|\,\{x_i:i\in S\},$$

其中, $G_1=\{1,\cdots,q\}$, $S=\{q+1,\cdots,q+r\}$, $G_2=\{q+r+1,\cdots,p\}$. 试分别用 6.6 节的条件独立性的检验方法与 8.5 节的协方差选择模型的检验方法解此检验问题, 并比较这两个检验方法.

第 9 章　判别分析与聚类分析

本章简要介绍多元统计分析的一些应用. 9.1 节讨论判别分析, 9.2 节讨论聚类分析.

9.1　判别分析

假设有 k 个总体, 判别分析就是根据某个个体的观察值来推断该个体是来自这 k 个总体中的哪一个总体. 用下面的一些例子来说明判别分析应用的广泛性.

(1) 根据已有的气象资料, 如气温、气压等判断明天是晴天还是阴天, 是有雨还是无雨. 明天的天气情况是未来的行为. 因为是未来行为, 难以得到它的完全信息. 已有的气象资料仅是它的一部分信息. 基于未来行为的不完全信息对未来行为进行预测是判别分析的一个应用.

(2) 在非洲发现了一种头盖骨化石, 考古学家要研究它究竟是像猿 (如黑猩猩) 还是像人. 倘若研究对象是活的, 就能对他进行各个方面的观察, 有充足乃至完全的信息. 但研究对象早就死了, 他的很多的重要信息都丢失了. 考古学家只能根据不完全信息, 如牙齿的长宽来进行判断. 当信息丢失后, 对过去的行为进行判断是判别分析的另一个应用.

(3) 有时人们难以得到完全的信息, 这里有两种情况. 情况之一是完全信息只能来自破坏性试验. 例如, 汽车的寿命只有在把它用坏之后才知道. 一般地, 希望根据一些测量指标 (如零部件的性能) 就能事先对汽车的寿命作出判断. 情况之二是获得完全信息的代价太高. 例如, 有些疾病可用代价昂贵的检查或通过手术得到确诊. 但人们往往更希望用便于观察得到的一些外部症状来诊断体内的疾病, 以避免过大的开支和损失. 在完全信息难以得到时, 对行为进行判断是判别分析的又一个应用.

正因为判别分析是基于不完全信息作出的判断, 它就不可避免地会犯错误, 一个好的判别法则错判的概率应很小. 除了错判概率, 在判别分析问题中还应考虑费用, 一个好的判别法则错判的损失应很小. 关于判别法则优良性的讨论本书从略.

如同其他的统计推断问题, 判别分析中可利用的信息也主要有以下 3 种: 总体信息、先验信息与样本信息. 关于总体信息, 本书假定多元正态分布. 一个好的判别法则应该考虑个体来自某一个总体的先验概率, 这就是贝叶斯 (Bayes) 判别. 考虑先验信息的贝叶斯判别法则本书从略.

判别分析通常使用的方法有距离判别、贝叶斯判别与费希尔 (Fisher) 判别等. 本书着重介绍费希尔判别.

9.1.1 费希尔判别

假设有 k 个总体 $\boldsymbol{\pi}_1, \cdots, \boldsymbol{\pi}_k$. 第 j 个总体 $\boldsymbol{\pi}_j$ 为 $N_p\left(\boldsymbol{\mu}_j, \boldsymbol{\Sigma}\right)$ 分布, $\boldsymbol{\Sigma} > 0$, $j = 1, \cdots, k$. 这里假设这 k 个总体有相同的协方差阵 $\boldsymbol{\Sigma}$. 至于协方差阵不相同时, 也可以进行判别分析, 形式比较复杂, 本书从略. 显然, 如果这 k 个正态总体没有差异, 即 $\boldsymbol{\mu}_1 = \cdots = \boldsymbol{\mu}_k$, 则就没有必要作判别分析, 所以在判别分析之前, 首先要检验这 k 个总体有没有差异, 检验方法见 5.4 节.

假设 $x_{j1}, \cdots, x_{jn_j}$ 是来自总体 $\boldsymbol{\pi}_j$, 即 $N_p\left(\boldsymbol{\mu}_j, \boldsymbol{\Sigma}\right)$ 的样本, $j = 1, \cdots, k$. 记 $n = \sum\limits_{j=1}^{k} n_j$, $n \geqslant p + k$. 在判别分析问题中, 通常称样本 $\left\{x_{j_1}, \cdots, x_{j_{n_j}}, j = 1, \cdots, k\right\}$ 为训练 (training) 样本.

假设某个个体的观察值为 $\boldsymbol{x} = (x_1, \cdots, x_p)'$. 费希尔判别的想法就是构造 $m(\geqslant 1)$ 个线性组合 $\boldsymbol{y}_i = \boldsymbol{a}_i'\boldsymbol{x}(i = 1, \cdots, m)$, 根据这 m 个线性组合 $\boldsymbol{y}_i = \boldsymbol{a}_i'\boldsymbol{x}(i = 1, \cdots, m)$ 的值, 将个体 $\boldsymbol{x}$ 判别分类到这 k 个总体的某一个总体去.

一个很直观的想法就是, 系数 $\boldsymbol{a}_1$ 应使得 $\{\boldsymbol{a}_1'\boldsymbol{x}_{1_1}, \cdots, \boldsymbol{a}_1'\boldsymbol{x}_{1_{n_1}}\}, \cdots, \{\boldsymbol{a}_1'\boldsymbol{x}_{k_1}, \cdots, \boldsymbol{a}_1'\boldsymbol{x}_{k_{n_k}}\}$ 的组间平方和

$$\sum_{j=1}^{k} n_j \left(\boldsymbol{a}_1'\bar{\boldsymbol{x}}_j - \boldsymbol{a}_1'\bar{\boldsymbol{x}}\right)^2 = \boldsymbol{a}_1' \left(\mathbf{SSB}\right) \boldsymbol{a}_1 \tag{9.1.1}$$

最大, 其中,

$\mathbf{SSB} = \sum\limits_{j=1}^{k} n_j(\bar{\boldsymbol{x}}_j - \bar{\boldsymbol{x}})(\bar{\boldsymbol{x}}_j - \bar{\boldsymbol{x}})'$ 是 $\{\boldsymbol{x}_{1_1}, \cdots, \boldsymbol{x}_{1_{n_1}}\}, \cdots, \{\boldsymbol{x}_{k_1}, \cdots, \boldsymbol{x}_{k_{n_k}}\}$ 组间离差阵;

$\bar{\boldsymbol{x}}_j = \dfrac{\sum\limits_{i=1}^{n_j} \boldsymbol{x}_{j_i}}{n_j}$ 是第 j 个总体 π_j 的样本 $x_{j1}, \cdots, x_{jn_j}$ 的平均, $j = 1, \cdots, k$;

$\bar{\boldsymbol{x}} = \dfrac{\sum\limits_{j=1}^{k}\sum\limits_{i=1}^{n_j} \boldsymbol{x}_{j_i}}{n}$ 是样本的总的平均.

显然, 倘若对系数 $\boldsymbol{a}_1$ 没有任何约束条件的话, (9.1.1) 式可以无穷地大. 考虑到 $\mathrm{Var}\left(\boldsymbol{a}_1'\boldsymbol{x}\right) = \boldsymbol{a}_1'\boldsymbol{\Sigma}\boldsymbol{a}_1$ 以及 $\boldsymbol{S} = (\mathbf{SSW})/n$ 是 $\boldsymbol{\Sigma}$ 的极大似然估计, 其中,

$\mathbf{SSW}=\sum_{j=1}^{k}\sum_{i=1}^{n_j}\left(\boldsymbol{x}_{j_i}-\bar{\boldsymbol{x}}_j\right)\left(\boldsymbol{x}_{j_i}-\bar{\boldsymbol{x}}_j\right)'$ 是 $\left\{\boldsymbol{x}_{1_1},\cdots,\boldsymbol{x}_{1_{n_1}}\right\},\cdots,\left\{\boldsymbol{x}_{k_1},\cdots,\boldsymbol{x}_{k_{n_k}}\right\}$ 组内离差阵, 所以取 $\boldsymbol{a}_1$ 满足约束条件 $\boldsymbol{a}_1'\boldsymbol{S}\boldsymbol{a}_1=1$ 或直观地 $\boldsymbol{a}_1'(\mathbf{SSW})\boldsymbol{a}_1=1$ 是一个很自然的要求. 由此看来, 费希尔判别分析的第一步工作其实就是解一个条件极值问题: 在 $\boldsymbol{a}_1'(\mathbf{SSW})\boldsymbol{a}_1=1$ 的约束条件下, 求使得 $\boldsymbol{a}_1'(\mathbf{SSB})\boldsymbol{a}_1$ 达到最大值的 $\boldsymbol{a}_1$. 当然, 它也可以看成是解一个 (无条件) 极值问题: 求 $\boldsymbol{a}_1$ 使得下式达到最大值:

$$\frac{\boldsymbol{a}_1'(\mathbf{SSB})\boldsymbol{a}_1}{\boldsymbol{a}_1'(\mathbf{SSW})\boldsymbol{a}_1}. \tag{9.1.2}$$

早在 5.4 节就讨论了 (9.1.2) 式的极值问题 (见 (5.4.19) 式). 那时主要关心的是其最大值是多少. 而现在费希尔判别分析主要关心的是什么时候, 即 $\boldsymbol{a}_1$ 取何值时, 它有最大值.

5.4 节根据关于二次型极值的性质 A.8.2 求得了 (9.1.2) 式的最大值, 它就是方程 $|\mathbf{SSB}-\lambda(\mathbf{SSW})|=0$ 的最大的根 λ_1. λ_1 也是 $(\mathbf{SSW})^{-1/2}(\mathbf{SSB})(\mathbf{SSW})^{-1/2}$ 或 $(\mathbf{SSW})^{-1}(\mathbf{SSB})$ 的最大特征根. λ_1 称为 Roy 的 $\lambda_{\max}$ 检验统计量, 简称 $\lambda_{\max}$ 统计量. 同样地, 根据关于二次型极值的性质 A.8.2, 还可以看到, 使得 (9.1.2) 式达到最大值的 $\boldsymbol{a}_1=(\mathbf{SSW})^{-1/2}\gamma_1$, 其中, γ_1 是 $(\mathbf{SSW})^{-1/2}(\mathbf{SSB})(\mathbf{SSW})^{-1/2}$ 的对应于最大特征根 λ_1 的正则特征向量. 在 $\boldsymbol{a}_1=(\mathbf{SSW})^{-1/2}\gamma_1$ 时, $\boldsymbol{a}_1'(\mathbf{SSW})\boldsymbol{a}_1=1$, $\boldsymbol{a}_1'(\mathbf{SSB})\boldsymbol{a}_1=\lambda_1$.

由于 5.4 节讨论的是检验问题, 所以最为关心的是当原假设 H_0 为真, 即 $\mu_1=\cdots=\mu_k$ 时, $\lambda_{\max}$ 统计量的抽样分布. 这时 $\mathbf{SSW}\sim W_p(n-k,\boldsymbol{\Sigma})$, $\mathbf{SSB}\sim W_p(k-1,\boldsymbol{\Sigma})$. 而费希尔判别分析是在这 k 个总体有差异, 即 $\mu_1,\cdots,\mu_k$ 不全相等的时候讨论问题, 这时虽然仍然有 $\mathbf{SSW}\sim W_p(n-k,\boldsymbol{\Sigma})$, 但 $\mathbf{SSB}\sim W_p(k-1,\boldsymbol{\Sigma})$ 就不成立了. $\mathbf{SSB}$ 服从非中心的 Wishart 分布 $W_p(k-1,\boldsymbol{\Sigma},\boldsymbol{\Omega})$ (见 2.3 节). 可以证明 (其证明留作习题 9.1), 非中心参数 $\boldsymbol{\Omega}$ 为

$$\boldsymbol{\Omega}=\boldsymbol{\Sigma}^{-1}\left(\sum_{j=1}^{k}n_j\left(\boldsymbol{\mu}_j-\bar{\boldsymbol{\mu}}\right)\left(\boldsymbol{\mu}_j-\bar{\boldsymbol{\mu}}\right)'\right),\quad \bar{\boldsymbol{\mu}}=\frac{\sum_{j=1}^{k}n_j\boldsymbol{\mu}_j}{n}, \tag{9.1.3}$$

它的非中心参数还可以用 $\boldsymbol{A}$ 来表示

$$\boldsymbol{A}=\boldsymbol{\Sigma}^{-1/2}\left(\sum_{j=1}^{k}n_j\left(\boldsymbol{\mu}_j-\bar{\boldsymbol{\mu}}\right)\left(\boldsymbol{\mu}_j-\bar{\boldsymbol{\mu}}\right)'\right)\boldsymbol{\Sigma}^{-1/2}. \tag{9.1.4}$$

由此看来, 费希尔判别分析时一些统计量, 如 $(\mathbf{SSW})^{-1/2}(\mathbf{SSB})(\mathbf{SSW})^{-1/2}$ 的特征根的抽样分布的计算就非常困难.

前面说了, 使得 (9.1.2) 式达到最大值的 $\boldsymbol{a}_1 = (\mathbf{SSW})^{-1/2}\gamma_1$, 其中, γ_1 是 $(\mathbf{SSW})^{-1/2}(\mathbf{SSB})(\mathbf{SSW})^{-1/2}$ 的对应于最大特征根 λ_1 的正则特征向量. 那么 $\boldsymbol{y}_1 = \boldsymbol{a}_1'\boldsymbol{x}$ 就称为费希尔第一判别函数. 它的系数 $\boldsymbol{a}_1$ 满足的约束条件是 $\boldsymbol{a}_1'(\mathbf{SSW})\boldsymbol{a}_1 = 1$. (9.1.2) 式的最大值 λ_1 可以看成费希尔第一判别函数 $\boldsymbol{y}_1 = \boldsymbol{a}_1'\boldsymbol{x}$ 对于区分这 k 个正态总体 $\boldsymbol{\pi}_1, \cdots, \boldsymbol{\pi}_k$ 的贡献.

计算费希尔第二判别函数的系数 $\boldsymbol{a}_2$ 的工作其实也是解一个条件极值问题. 约束条件除了 $\boldsymbol{a}_2'(\mathbf{SSW})\boldsymbol{a}_2=1$ 以外, 还有 $\boldsymbol{a}_1'(\mathbf{SSW})\boldsymbol{a}_2=0$. 考虑到 $\mathrm{Cov}(\boldsymbol{a}_1\boldsymbol{x}, \boldsymbol{a}_2\boldsymbol{x}) = \boldsymbol{a}_1'\boldsymbol{\Sigma}\boldsymbol{a}_2$ 和 $\boldsymbol{S} = (\mathbf{SSW})/n$ 是 $\boldsymbol{\Sigma}$ 的极大似然估计, 为使得是在去除了费希尔第一判别函数 $\boldsymbol{y}_1 = \boldsymbol{a}_1'\boldsymbol{x}$ 对于区分这 k 个正态总体 $\boldsymbol{\pi}_1, \cdots, \boldsymbol{\pi}_k$ 的贡献后, 寻找最能区分这 k 个正态总体的费希尔第二判别函数, 故取约束条件 $\boldsymbol{a}_1'(\mathbf{SSW})\boldsymbol{a}_2 = 0$ 是一个很自然的要求. 由此看来, 费希尔判别分析的第二步的工作其实就是解下面这样一个条件极值问题: 在 $\boldsymbol{a}_2'(\mathbf{SSW})\boldsymbol{a}_2 = 1$ 和 $\boldsymbol{a}_1'(\mathbf{SSW})\boldsymbol{a}_2 = 0$ 的约束条件下, 求 $\boldsymbol{a}_2$ 使得下式达到最大值:

$$\boldsymbol{a}_2'(\mathbf{SSB})\boldsymbol{a}_2. \tag{9.1.5}$$

则根据 (A.8.4) 式, 使得 (9.1.5) 式达到最大值的 $\boldsymbol{a}_2 = (\mathbf{SSW})^{-1/2}\gamma_2$, 其中, γ_2 是 $(\mathbf{SSW})^{-1/2}(\mathbf{SSB})(\mathbf{SSW})^{-1/2}$ 的对应于次大特征根 λ_2 的正则正交特征向量. 那么 $\boldsymbol{y}_2 = \boldsymbol{a}_2'\boldsymbol{x}$ 就称为费希尔第二判别函数. 它的系数 $\boldsymbol{a}_2$ 满足的约束条件是 $\boldsymbol{a}_2'(\mathbf{SSW})\boldsymbol{a}_2 = 1$ 和 $\boldsymbol{a}_1'(\mathbf{SSW})\boldsymbol{a}_2 = 0$. 在这两个约束条件下 (9.1.5) 式的最大值 λ_2 可以看成费希尔第二判别函数 $\boldsymbol{y}_2 = \boldsymbol{a}_2'\boldsymbol{x}$ 对于区分这 k 个正态总体 $\boldsymbol{\pi}_1, \cdots, \boldsymbol{\pi}_k$ 的贡献. 由于 $\lambda_2 \leqslant \lambda_1$, 故对于区分这 k 个正态总体而言, 费希尔第二判别函数的贡献不比费希尔第一判别函数的贡献大.

由于 $\mathbf{SSB} \sim W_p(k-1, \boldsymbol{\Sigma}, \boldsymbol{\Omega})$, 故 $(\mathbf{SSW})^{-1/2}(\mathbf{SSB})(\mathbf{SSW})^{-1/2}$ 有 $m = \min\{p, k-1\}$ 个正的特征根. 如同 5.5 节讨论 Wishart 分布矩阵特征根分布, 以及在 8.2 节讨论样本典型相关系数分布时所说的, 同样能以概率 1 保证这 m 个特征根不仅都是正的且互不相等 $\lambda_1 > \cdots > \lambda_m > 0$. 从而依费希尔第一、二判别函数那样地类推, 共得到了 m 个费希尔判别函数 $\boldsymbol{y}_i = \boldsymbol{a}_i'\boldsymbol{x}$, 其中, $\boldsymbol{a}_i = (\mathbf{SSW})^{-1/2}\gamma_i$, γ_i 是 $(\mathbf{SSW})^{-1/2}(\mathbf{SSB})(\mathbf{SSW})^{-1/2}$ 的对应于特征根 λ_i 的正则正交特征向量, $i = 1, \cdots, m$. 对于区分这 k 个正态总体 $\pi_1, \cdots, \pi_k$ 而言, 这 m 个费希尔判别函数的贡献越来越小, 它们的贡献分别为 $\lambda_1 > \cdots > \lambda_m > 0$. 系数 $\boldsymbol{a}_1, \cdots, \boldsymbol{a}_m$ 所满足的约束条件是

$$\boldsymbol{a}_i'(\mathbf{SSW})\boldsymbol{a}_j = \begin{cases} 1, & i = j, \\ 0, & i \neq j. \end{cases} \tag{9.1.6}$$

考虑到 $\mathrm{Cov}(\boldsymbol{y}_i, \boldsymbol{y}_j) = \boldsymbol{a}_i'\boldsymbol{\Sigma}\boldsymbol{a}_j$ 以及 $\boldsymbol{S} = (\mathbf{SSW})/n$ 是 $\boldsymbol{\Sigma}$ 的极大似然估计, 故

根据 (9.1.6) 式不妨可以这样认为:

m 个费希尔判别函数 $\boldsymbol{y}_i = \boldsymbol{a}_i'\boldsymbol{x}(i=1,\cdots,m)$可看成是相互独立,且有相同的方差. (9.1.7)

由此看来, 是在去除了费希尔第一判别函数 $\boldsymbol{y}_1 = \boldsymbol{a}_1'\boldsymbol{x}$ 对于区分这 k 个正态总体 $\boldsymbol{\pi}_1,\cdots,\boldsymbol{\pi}_k$ 的贡献后, 寻找最能区分这 k 个正态总体的费希尔第二判别函数. 而费希尔第三判别函数是在去除了费希尔第一、二判别函数 $\boldsymbol{y}_1 = \boldsymbol{a}_1'x$ 和 $\boldsymbol{y}_2 = \boldsymbol{a}_2'\boldsymbol{x}$ 对于区分这 k 个正态总体的贡献后, 找到的最能区分这 k 个正态总体的判别函数. 依此类推, 就得到了 m 个费希尔判别函数 $\boldsymbol{y}_i = \boldsymbol{a}_i'\boldsymbol{x}(i=1,\cdots,m)$.

有了这 m 个费希尔判别函数之后, 把观察值为 $\boldsymbol{x} = (x_1,\cdots,x_p)'$ 的某个个体判别分类到这 k 个正态总体 $\boldsymbol{\pi}_1,\cdots,\boldsymbol{\pi}_k$ 的某一个总体去的方法如下:

费希尔判别法则 将 $\bar{x}_j$ 看成第 j 个总体 π_j 的代表, 从而将 $(\boldsymbol{a}_1'\boldsymbol{x},\cdots,\boldsymbol{a}_m'\boldsymbol{x})'$ 与 $(\boldsymbol{a}_1'\bar{\boldsymbol{x}}_j,\cdots,\boldsymbol{a}_m'\bar{\boldsymbol{x}}_j)'$ 之间的距离看成是个体 $\boldsymbol{x}$ 与第 j 个总体 $\boldsymbol{\pi}_j$ 的距离, $j=1,\cdots,k$. $(\boldsymbol{a}_1'\boldsymbol{x},\cdots,\boldsymbol{a}_m'\boldsymbol{x})'$ 与 $(\boldsymbol{a}_1'\bar{\boldsymbol{x}}_j,\cdots,\boldsymbol{a}_m'\bar{\boldsymbol{x}}_j)'$ 之间的距离用欧几里得距离的计算公式

$$\left(\sum_{i=1}^{m}(\boldsymbol{a}_i'\boldsymbol{x}-\boldsymbol{a}_i'\bar{\boldsymbol{x}}_j)^2\right)^{1/2}, \quad j=1,\cdots,k.$$

(1) (就近判别) 若存在 q, 使得对任意的 $j \neq q$, 都有

$$\sum_{i=1}^{m}(\boldsymbol{a}_i'\boldsymbol{x}-\boldsymbol{a}_i'\bar{\boldsymbol{x}}_q)^2 < \sum_{i=1}^{m}(\boldsymbol{a}_i'\boldsymbol{x}-\boldsymbol{a}_i'\bar{\boldsymbol{x}}_j)^2. \tag{9.1.8}$$

这也就是说, 若个体 $\boldsymbol{x}$ 到第 q 个总体 π_q 最近, 则将个体 $\boldsymbol{x}$ 判别分类到第 q 个总体 π_q 去.

(2) (就前判别) 若 (9.1.8) 式不可能成立, 则个体 $\boldsymbol{x}$ 待判. 所谓待判就是在有了新的样本之后再对个体 $\boldsymbol{x}$ 进行判别. 有的时候, 也可以按下面的方法对个体 $\boldsymbol{x}$ 进行判别分类. 若存在 $q_1 < \cdots < q_s$, 使得对任意的不等于 $q_1,\cdots,q_s$ 的 j, 都有

$$\sum_{i=1}^{m}(\boldsymbol{a}_i'\boldsymbol{x}-\boldsymbol{a}_i'\bar{\boldsymbol{x}}_{q_1})^2 = \cdots = \sum_{i=1}^{m}(\boldsymbol{a}_i'x-\boldsymbol{a}_i'\bar{\boldsymbol{x}}_{q_s})^2 < \sum_{i=1}^{m}(\boldsymbol{a}_i'\boldsymbol{x}-\boldsymbol{a}_i'\bar{\boldsymbol{x}}_j)^2,$$

则将个体 $\boldsymbol{x}$ 判别分类到最前面的第 q_1 个总体 π_{q_1}. 就前判别仅仅是为了判别无歧义.

9.1.2 马哈拉诺比斯距离

在 k 个总体 $\boldsymbol{\pi}_1,\cdots,\boldsymbol{\pi}_k$ 有差异时才可进行判别分析. 有差异, 说明它们之间有距离. 度量分布的距离有很多方法, 对这个问题有兴趣的读者可参阅文献 [79]. 这里主要介绍如何度量正态分布之间的距离.

显然, 如果两个正态分布 $N_p(\boldsymbol{\mu}_1, \boldsymbol{I}_p)$ 和 $N_p(\boldsymbol{\mu}_2, \boldsymbol{I}_p)$ 的协方差阵都是单位矩阵, 那么它们之间的距离显然可以用欧几里得距离 D 来度量, 其中, $D^2 = (\boldsymbol{\mu}_1 - \boldsymbol{\mu}_2)' \cdot (\boldsymbol{\mu}_1 - \boldsymbol{\mu}_2)$.

在 $\boldsymbol{X} \sim N_p(\boldsymbol{\mu}_1, \boldsymbol{\Sigma})$, $\boldsymbol{Y} \sim N_p(\boldsymbol{\mu}_2, \boldsymbol{\Sigma})$, $\boldsymbol{\Sigma} > 0$ 时, 由于 $\boldsymbol{\Sigma}^{-1/2}\boldsymbol{X} \sim N_p(\boldsymbol{\Sigma}^{-1/2}\boldsymbol{\mu}_1, \boldsymbol{I}_p)$, $\boldsymbol{\Sigma}^{-1/2}\boldsymbol{Y} \sim N_p(\boldsymbol{\Sigma}^{-1/2}\mu_2, \boldsymbol{I}_p)$, 所以协方差阵都是 $\boldsymbol{\Sigma}$ 的两个正态分布 $N_p(\boldsymbol{\mu}_1, \boldsymbol{\Sigma})$ 和 $N_p(\boldsymbol{\mu}_2, \boldsymbol{\Sigma})$ 之间的距离就是 $N_p\left(\boldsymbol{\Sigma}^{-1/2}\mu_1, \boldsymbol{I}_p\right)$ 和 $N_p\left(\boldsymbol{\Sigma}^{-1/2}\mu_2, \boldsymbol{I}_p\right)$ 之间的欧几里得距离. 由此可见, 若令 $N_p(\boldsymbol{\mu}_1, \boldsymbol{\Sigma})$ 和 $N_p(\boldsymbol{\mu}_2, \boldsymbol{\Sigma})$ 之间的距离为 D, 则

$$D^2 = \left(\boldsymbol{\Sigma}^{-1/2}(\boldsymbol{\mu}_1 - \boldsymbol{\mu}_2)\right)' \left(\boldsymbol{\Sigma}^{-1/2}(\boldsymbol{\mu}_1 - \boldsymbol{\mu}_2)\right) = (\boldsymbol{\mu}_1 - \boldsymbol{\mu}_2)' \boldsymbol{\Sigma}^{-1} (\boldsymbol{\mu}_1 - \boldsymbol{\mu}_2). \quad (9.1.9)$$

用 $D = \sqrt{(\boldsymbol{\mu}_1 - \boldsymbol{\mu}_2)' \boldsymbol{\Sigma}^{-1} (\boldsymbol{\mu}_1 - \boldsymbol{\mu}_2)}$ 表示 $N_p(\boldsymbol{\mu}_1, \boldsymbol{\Sigma})$ 和 $N_p(\boldsymbol{\mu}_2, \boldsymbol{\Sigma})$ 之间的距离. 这个距离计算公式最早是由马哈拉诺比斯 (Mahalanabis) 提出的 [103], 故称 D 为马哈拉诺比斯距离.

马哈拉诺比斯距离不仅用来度量两个正态分布之间的距离, 还可用于以下两种情况:

(1) 样本与正态总体之间的距离可用马哈拉诺比斯距离来度量. 设 $\boldsymbol{x}$ 是来自正态总体 $N_p(\boldsymbol{\mu}, \boldsymbol{\Sigma})$ 的一个样本, 则 $\boldsymbol{x}$ 至 $N_p(\boldsymbol{\mu}, \boldsymbol{\Sigma})$ 分布的距离用马哈拉诺比斯距离 D 来度量, 其中,

$$D^2 = (\boldsymbol{x} - \boldsymbol{\mu})' \boldsymbol{\Sigma}^{-1} (\boldsymbol{x} - \boldsymbol{\mu}). \quad (9.1.10)$$

(2) 样本与样本之间的距离可用马哈拉诺比斯距离来度量. 设 $\boldsymbol{x}_1$ 和 $\boldsymbol{x}_2$ 是来自正态总体 $N_p(\boldsymbol{\mu}, \boldsymbol{\Sigma})$ 的两个样本, 则 $\boldsymbol{x}_1$ 和 $\boldsymbol{x}_2$ 之间的距离用马哈拉诺比斯距离 D 来度量, 其中,

$$D^2 = (\boldsymbol{x}_1 - \boldsymbol{x}_2)' \boldsymbol{\Sigma}^{-1} (\boldsymbol{x}_1 - \boldsymbol{x}_2). \quad (9.1.11)$$

倘若 (9.1.9) 式 ~(9.1.11) 式中的均值参数或协方差阵参数未知, 通常就用其估计值来代替, 并称这样得到的距离为样本马哈拉诺比斯距离.

至此请读者考虑一个问题, 前面在讲费希尔判别法则的时候, 为什么 $(\boldsymbol{a}_1'\boldsymbol{x}, \cdots, \boldsymbol{a}_m'\boldsymbol{x})'$ 与 $(\boldsymbol{a}_1'\bar{\boldsymbol{x}}_j, \cdots, \boldsymbol{a}_m'\bar{\boldsymbol{x}}_j)'$ 之间的距离用欧几里得距离的计算公式? 在 (9.1.7) 式的条件下, 这个欧几里得距离为什么其实就可看成是马哈拉诺比斯距离?

下面计算两个正态分布 $N_p(\boldsymbol{\mu}_1, \boldsymbol{\Sigma})$ 和 $N_p(\boldsymbol{\mu}_2, \boldsymbol{\Sigma})$ 之间的样本马哈拉诺比斯距离. 假设 $x_{j1}, \cdots, x_{jn_j}$ 是来自总体 $N_p(\boldsymbol{\mu}_j, \boldsymbol{\Sigma})$ 的样本, $j = 1, 2$. 令

$$\bar{\boldsymbol{x}}_j = \frac{\sum_{i=1}^{n_j} x_{j_i}}{n_j}, \quad V_j = \sum_{i=1}^{n_j} (\boldsymbol{x}_{j_i} - \bar{\boldsymbol{x}}_j)(\boldsymbol{x}_{j_i} - \bar{\boldsymbol{x}}_j)', \quad j = 1, 2,$$

则 $\boldsymbol{\mu}_1, \boldsymbol{\mu}_2$ 和 $\boldsymbol{\Sigma}$ 的极大似然估计分别为

$$\hat{\boldsymbol{\mu}}_1 = \bar{\boldsymbol{x}}_1, \quad \hat{\boldsymbol{\mu}}_2 = \bar{\boldsymbol{x}}_2, \quad \hat{\boldsymbol{\Sigma}} = \frac{\boldsymbol{V}_1 + \boldsymbol{V}_2}{n}, \quad n = n_1 + n_2.$$

将这些极大似然估计代入 (9.1.9) 式, 则得两个正态分布 $N_p(\boldsymbol{\mu}_1, \boldsymbol{\Sigma})$ 和 $N_p(\boldsymbol{\mu}_2, \boldsymbol{\Sigma})$ 之间的样本马哈拉诺比斯距离 $\hat{D}$, 其中,

$$\hat{D}^2 = (\bar{\boldsymbol{x}}_1 - \bar{\boldsymbol{x}}_2)' \hat{\boldsymbol{\Sigma}}^{-1} (\bar{\boldsymbol{x}}_1 - \bar{\boldsymbol{x}}_2), \tag{9.1.12}$$

$\hat{D}^2$ 是不是 D^2 的无偏估计? 这个问题留待习题 9.2 题讨论.

不难将 (9.1.12) 式改写为

$$\hat{D}^2 = \frac{n_1 (\bar{\boldsymbol{x}}_1 - \bar{\boldsymbol{x}})' (\boldsymbol{V}_1 + \boldsymbol{V}_2)^{-1} (\bar{\boldsymbol{x}}_1 - \bar{\boldsymbol{x}}) + n_1 (\bar{\boldsymbol{x}}_1 - \bar{\boldsymbol{x}})' (\boldsymbol{V}_1 + \boldsymbol{V}_2)^{-1} (\bar{\boldsymbol{x}}_1 - \bar{\boldsymbol{x}})}{n_1 n_2}, \tag{9.1.13}$$

其中, $\boldsymbol{V}_1 + \boldsymbol{V}_2$ 实际上就是两个正态总体样本的组内平方和 **SSW**. 很自然地, (9.1.13) 式的分母 $n_1 n_2$, 这个常数因子可以略去. 下面把计算两个正态总体的样本马哈拉诺比斯距离的 (9.1.13) 式推广到多个正态总体的场合.

假设 $\boldsymbol{x}_{j1}, \cdots, \boldsymbol{x}_{jn_j}$ 是来自总体 $N_p(\boldsymbol{\mu}_j, \boldsymbol{\Sigma})$ 的样本, $j = 1, \cdots, k$. 令

$$\bar{\boldsymbol{x}}_j = \frac{\sum_{i=1}^{n_j} \boldsymbol{x}_{j_i}}{n_j}, \quad j = 1, \cdots, k, \quad \bar{\boldsymbol{x}} = \frac{\sum_{j=1}^{k} n_j \bar{\boldsymbol{x}}_j}{n},$$

$$\mathbf{SSB} = \sum_{j=1}^{k} n_j (\bar{\boldsymbol{x}}_j - \bar{\boldsymbol{x}})(\bar{\boldsymbol{x}}_j - \bar{\boldsymbol{x}})',$$

$$\mathbf{SSW} = \sum_{j=1}^{k} \boldsymbol{V}_j, \quad \boldsymbol{V}_j = \sum_{i=1}^{n_j} (\boldsymbol{x}_{j_i} - \bar{\boldsymbol{x}}_j)(\boldsymbol{x}_{j_i} - \bar{\boldsymbol{x}}_j)', \quad j = 1, \cdots, k.$$

类似于 (9.1.13) 式的分子, 这 k 个正态总体的样本马哈拉诺比斯距离 $\hat{D}$ 的平方定义为

$$\hat{D}^2 = \sum_{j=1}^{k} n_j (\bar{\boldsymbol{x}}_j - \bar{\boldsymbol{x}})' (\mathbf{SSW})^{-1} (\bar{\boldsymbol{x}}_j - \bar{\boldsymbol{x}}). \tag{9.1.14}$$

前面说了, 共有 $m = \min\{p, k-1\}$ 个费希尔判别函数 $\boldsymbol{y}_i = \boldsymbol{a}_i' \boldsymbol{x}$, 其中, $\boldsymbol{a}_i = (\mathbf{SSW})^{-1/2} \gamma_i$, $\gamma_1, \cdots, \gamma_m$ 分别是 $(\mathbf{SSW})^{-1/2} (\mathbf{SSB}) (\mathbf{SSW})^{-1/2}$ 的对应于非零特征根 $\lambda_1 > \cdots > \lambda_m$ 的正则正交特征向量, 且对于区分这 k 个正态总体而言, 这 m 个费希尔判别函数的贡献分别为 $\lambda_1 > \cdots > \lambda_m > 0$. 下面证明这 k 个正态总体的样本马哈拉诺比斯距离的平方 (见 (9.1.14) 式) 正好等于这 m 个判别函数对于区

分这 k 个正态总体的贡献之和 $\hat{D}^2=\sum_{i=1}^{m}\lambda_i$. 由 (9.1.14) 式知

$$\begin{aligned}\hat{D}^2&=\mathrm{tr}\left(\left[\sum_{j=1}^{k}n_j\left(\bar{\boldsymbol{x}}_j-\bar{\boldsymbol{x}}\right)'\left(\bar{\boldsymbol{x}}_j-\bar{\boldsymbol{x}}\right)\right](\mathbf{SSW})^{-1}\right)=\mathrm{tr}\left((\mathbf{SSB})(\mathbf{SSW})^{-1}\right)\\&=\mathrm{tr}\left((\mathbf{SSW})^{-1/2}(\mathbf{SSB})(\mathbf{SSW})^{-1/2}\right)=\sum_{i=1}^{m}\lambda_i.\end{aligned}\tag{9.1.15}$$

费希尔的这 m 个判别函数对于区分 k 个正态总体的贡献既然越来越小, 那么就可以考虑在后 $m-r$ 个判别函数的贡献, $\lambda_{r+1},\cdots,\lambda_m$ 都比较小的时候仅取前 r 个判别函数 $\boldsymbol{y}_i=\boldsymbol{a}_i'\boldsymbol{x}(i=1,\cdots,r,\ r\leqslant m)$ 来进行判别分析, 而将后 $m-r$ 个判别函数 $\boldsymbol{y}_i=\boldsymbol{a}_i'\boldsymbol{x}\ (i=r+1,m)$ 忽略掉. 这个关于费希尔判别函数的个数的检验问题下一小节讨论.

9.1.3 费希尔判别函数个数的检验

可以知道, 协方差阵 $\boldsymbol{\Sigma}$ 的极大似然估计为 $\mathbf{SSW}/n$, 其中, $\mathbf{SSW}$ 是组内离差阵. 由于组间离差阵 $\mathbf{SSB}=\sum_{j=1}^{k}n_j\left(\bar{\boldsymbol{x}}_j-\bar{\boldsymbol{x}}\right)\left(\bar{\boldsymbol{x}}_j-\bar{\boldsymbol{x}}\right)'$, 所以 $\mathbf{SSB}$ 是 $\sum_{j=1}^{k}n_j\left(\boldsymbol{\mu}_j-\bar{\boldsymbol{\mu}}\right)\left(\boldsymbol{\mu}_j-\bar{\boldsymbol{\mu}}\right)'$ 的极大似然估计, 其中, $\bar{\boldsymbol{\mu}}=\sum_{j=1}^{k}n_j\boldsymbol{\mu}_j/n$. 由此看来, $(\mathbf{SSW})^{-1/2}(\mathbf{SSB})(\mathbf{SSW})^{-1/2}$ 的非零特征根 $\lambda_1>\cdots>\lambda_m>0$ 是矩阵

$$\boldsymbol{A}=\boldsymbol{\Sigma}^{-1/2}\left(\sum_{j=1}^{k}n_j\left(\boldsymbol{\mu}_j-\bar{\boldsymbol{\mu}}\right)\left(\boldsymbol{\mu}_j-\bar{\boldsymbol{\mu}}\right)'\right)\boldsymbol{\Sigma}^{-1/2}\tag{9.1.16}$$

的前 m 个特征根 $\xi_1\geqslant\cdots\geqslant\xi_m$ 的极大似然估计, 其中, $\boldsymbol{A}$ 就是 SSB 所服从的非中心的 Wishart 分布的非中心参数 (见 (9.1.14) 式). 显然, 矩阵 $\boldsymbol{A}$ 与矩阵 $\boldsymbol{\Omega}$ 有相同的特征根, 其中,

$$\boldsymbol{\Omega}=\boldsymbol{\Sigma}^{-1}\left(\sum_{j=1}^{k}n_j\left(\boldsymbol{\mu}_j-\bar{\boldsymbol{\mu}}\right)\left(\boldsymbol{\mu}_j-\bar{\boldsymbol{\mu}}\right)'\right),\tag{9.1.17}$$

$\boldsymbol{\Omega}$ 也称为是 SSB 所服从的非中心的 Wishart 分布的非中心参数 (见 (9.1.3) 式). 由 (9.1.16) 式或由 (9.1.17) 式可以看到, 在 $\sum_{j=1}^{k}n_j\left(\boldsymbol{\mu}_j-\bar{\boldsymbol{\mu}}\right)\left(\boldsymbol{\mu}_j-\bar{\boldsymbol{\mu}}\right)'$ 的秩为 $r(r\leqslant m)$ 时, $\boldsymbol{A}$ 和 $\boldsymbol{\Omega}$ 的前 m 个特征根中的前 r 个, $\xi_1\geqslant\cdots\geqslant\xi_r>0$, 而后 $m-r$ 个, $\xi_{r+1}=\cdots=\xi_m=0$. 既然 $\lambda_1>\cdots>\lambda_m$ 是 $\xi_1\geqslant\cdots\geqslant\xi_m$ 的极大似然估计, 所以

在 $\sum_{j=1}^{k} n_j \left(\boldsymbol{\mu}_j - \bar{\boldsymbol{\mu}}\right)\left(\boldsymbol{\mu}_j - \bar{\boldsymbol{\mu}}\right)'$ 的秩为 r 时, λ_{r+1}, $\cdots$, λ_m 都倾向于取比较小的值. 由此可见, 费希尔判别函数的个数的检验问题的原假设可写为

$$H_{r0}: \sum_{j=1}^{k} n_j \left(\boldsymbol{\mu}_j - \bar{\boldsymbol{\mu}}\right)\left(\boldsymbol{\mu}_j - \bar{\boldsymbol{\mu}}\right)' \text{ 的秩为 } r.$$

显然, 矩阵 $\sum_{j=1}^{k} n_j \left(\boldsymbol{\mu}_j - \bar{\boldsymbol{\mu}}\right)\left(\boldsymbol{\mu}_j - \bar{\boldsymbol{\mu}}\right)'$ 与 $k \times p$ 阶矩阵 $\boldsymbol{B}$ 有相同的秩, 其中,

$$\boldsymbol{B} = \begin{pmatrix} \boldsymbol{\mu}_1' - \bar{\boldsymbol{\mu}}' \\ \boldsymbol{\mu}_2' - \bar{\boldsymbol{\mu}}' \\ \vdots \\ \boldsymbol{\mu}_k' - \bar{\boldsymbol{\mu}}' \end{pmatrix} \text{ 是 } k \times p \text{ 阶矩阵,} \tag{9.1.18}$$

所以费希尔判别函数的个数的检验问题的原假设还可写为

$$H_{r0}: k \times p \text{ 阶矩阵 } \boldsymbol{B} \text{ 的秩为 } r. \tag{9.1.19}$$

与 8.2 节所讨论的典型相关变量个数的检验问题相类似, 费希尔判别函数个数的检验也是一个逐步检验的过程. 首先, 考虑费希尔判别函数的个数等于 0 还是大于 0 的检验问题, 倘若拒绝原假设, 认为费希尔判别函数的个数大于 0, 那么接下来需要考虑的检验问题就是, 费希尔判别函数的个数是等于 1 还是大于 1. 然后再考虑费希尔判别函数的个数是等于 2 还是大于 2 的检验问题, 依此类推. 由此看来, 费希尔判别函数个数的检验是一个逐步检验的过程.

关于费希尔判别函数的个数等于 0 还是大于 0 的检验问题, 由 (9.1.19) 式知, 它实际上就是检验 $k \times p$ 阶矩阵 $\boldsymbol{B}$(见 (9.1.18) 式) 是否是 0 矩阵. $\boldsymbol{B}$ 是 0 矩阵等价于 $\boldsymbol{\mu}_1 = \cdots = \boldsymbol{\mu}_k$. 因而关于费希尔判别函数的个数等于 0 还是大于 0 的检验问题, 实际上就是检验这 k 个正态总体 $N_p\left(\boldsymbol{\mu}_1, \boldsymbol{\Sigma}\right), \cdots, N_p\left(\boldsymbol{\mu}_k, \boldsymbol{\Sigma}\right)$ 有没有差异, 5.4 节给出了它的检验统计量 (见 (5.4.5) 式) 为

$$W_0 = \frac{|\mathbf{SSW}|}{|\mathbf{SSW} + \mathbf{SSB}|}. \tag{9.1.20}$$

在 W_0 比较小的时候, 认为这 k 个正态总体没有差异, 没有必要作判别分析, 费希尔判别函数的个数等于 0.

可以知道, 在 $(\mathbf{SSW})^{-1/2}(\mathbf{SSB})(\mathbf{SSW})^{-1/2}$ 的秩为 $m = \min\{p, k-1\}$ 时, 它有 m 个互不相等的正的特征根 $\lambda_1 > \cdots > \lambda_m > 0$, 它们依次是 m 个费希尔判别函数的贡献. 由此可见, 费希尔判别函数的个数等于 0 还是大于 0 的检验问题的检

验统计量 W_0(见 (9.1.20) 式) 可改写为

$$W_0 = \prod_{i=1}^{m} (1 + \lambda_i)^{-1}.$$

5.4 节说明, 在原假设成立, 即费希尔判别函数的个数等于 0 时, $W_0 \sim \Lambda_{p,n-k,k-1}$, 并且由 (5.4.12) 式知 W_0 的渐近 χ^2 分布为

$$-(n-k)\ln W_0 \xrightarrow{\mathrm{L}} \chi^2\left((k-1)p\right), \quad n \to \infty.$$

下面考虑费希尔判别函数的个数是等于 r 还是大于 r 的检验问题, 其中, $r \geqslant 1$. 文献 [48], [78] 和 [106] 的 10.7.4 小节都讨论了这个检验问题. 下面将有关结果简要叙述如下, 证明从略.

费希尔判别函数的个数是等于 r 还是大于 r 的检验问题的检验统计量为

$$W_r = \prod_{i=r+1}^{m} (1 + \lambda_i)^{-1}.$$

在 W_r 比较小的时候, 认为取前 r 个费希尔判别函数就可以了. 至于 W_r 的渐近 χ^2 分布, 除了 $n \geqslant p + k$, 也就是组内离差阵 **SSW** 的自由度 $n - k \geqslant p$ 这个必须满足的要求外, 还要求组间离差阵 **SSB** 的自由度假设 $k - 1 \geqslant p$. 那么 $(\mathbf{SSW})^{-1/2}(\mathbf{SSB})(\mathbf{SSW})^{-1/2}$ 的秩为 $m = \min\{p, k-1\} = p$. 在 $n-k \geqslant p, k-1 \geqslant p$, W_r 的渐近 χ^2 分布为

$$-(n-k)\ln W_r \xrightarrow{\mathrm{L}} \chi^2\left((k-1-r)(p-r)\right), \quad n \to \infty. \tag{9.1.21}$$

(9.1.21) 式的改进见文献 [62], [81]. 他们建议采用的检验统计量为

$$L_r = -\left(n - k - r + \frac{1}{2}(k - p - 2) + \sum_{i=1}^{r} \frac{1 + \hat{\lambda}_i}{\hat{\lambda}_i}\right) \ln W_r,$$

并证明了, L_r 渐近服从自由度为 $(k-1-r)(p-r)$ 的 χ^2 分布. 还证明了 L_r 作为 W_r 的一个改进就在于, 当 $\lambda_1 > \cdots > \lambda_r$ 给定后, L_r 的数学期望与自由度为 $(k-1-r)(p-r)$ 的 χ^2 分布的数学期望仅相差 $O\left(n^{-2}\right)$

$$E\left(L_r | \hat{\lambda}_1^2, \cdots, \hat{\lambda}_r^2\right) = (k-1-r)(p-r) + O\left(n^{-2}\right).$$

9.2 聚类分析

人们认识世界往往首先始于将研究对象进行分类. 分类学的历史悠久, 早期的分类学主要依据人们的经验和专业知识. 随着人们对世界的认识越来越深入, 分类

就越来越细, 要求就越来越高, 于是数学方法逐渐被引进到分类学, 数值分类学应运而生. 20 世纪以来, 由于多元统计分析方法的发展, 从数值分类学中分离出了聚类分析这个分支. 随着经济发展, "海量般" 的数据大量涌现. 所谓 "海量般" 的数据不仅被观察的个体非常之多, 而且每一个个体被观察的变量 (指标) 也很多. 在 "海量般" 的数据中采掘信息, 寻找关系的工作中统计方法大量地被采用. 在这些统计方法中聚类分析方法是不可或缺的, 而且它往往首先被使用. 聚类分析方法应用广泛. 相对于应用而言, 聚类分析的理论研究还不太完善, 有待人们进一步探讨. 本节重在介绍聚类分析的基本思想, 是结合学习和运用统计软件, 尤其是 SAS 的聚类分析而写成的.

9.2.1　个体聚类和变量聚类

假设研究对象是 n 个个体, 每个个体有 p 个变量 (指标) 被观察. 个体聚类就是依据个体与个体间观察值的差别和相似之处, 将这 n 个个体分成若干个类别. 反之, 变量聚类就是依据变量与变量之间的差别和相似之处, 将这 p 个变量分成若干个类别.

例 9.2.1　欧洲各国的语言都是拼音语系, 有的十分相似, 有的差别比较大. 表 9.2.1 列举了英语、挪威语、丹麦语、荷兰语、德语、法语、西班牙语、意大利语、波兰语、匈牙利语和芬兰语等 11 种语言的数字 $1,2,\cdots,10$ 的拼法 (数据摘自文献 [6] 的例 7.2). 这里有 11 个语系类别 (个体), 每个个体有 10 个变量的观察值. 目的是将个体聚类, 看看欧洲各国的语言可以分成几个语系类别.

表 9.2.1　欧洲 11 国语言数字 $1,2,\cdots,10$ 的拼法

	1	2	3	4	5	6	7	8	9	10
英	one	two	three	four	five	six	seven	eight	nine	ten
挪	en	to	tre	fire	fem	seks	sju	atte	ni	ti
丹	en	to	tre	fire	fem	seks	syv	otte	ni	ti
荷	een	twee	drie	vier	vijf	zes	zeven	acht	negen	tien
德	ein	zwei	drei	vier	funf	sechs	siebcn	acht	neun	zehn
法	un	deux	trois	quatre	cinq	six	sept	huit	neuf	dix
西	uno	dos	tres	cuatro	cinco	seix	siete	ocho	nueve	diez
意	uno	due	tre	quattro	cinque	sei	sette	otto	nove	dieci
波	jeden	dwa	trzy	cztery	piec	szesc	siedem	osiem	dziewiec	dziesiec
匈	egy	ketto	harom	negy	ot	hat	het	nyolc	kilenc	tiz
芬	yksi	kaksi	kolme	neua	viisi	kuusi	seitseman	kahdeksan	yhdeksan	kymmenen

至于变量聚类早在 2.4 节就已经讨论过了. 根据 5115 个成年男子 (5507 个成年女子) 的 7 个人体部位尺寸 (变量) 的观察值, 将这 7 个变量聚合成 3 个类别: 第一个类别表示人的高矮. 它有 5 个变量: 身高、颈椎点高、腰围高、坐姿颈椎点高

和臂全长. 第二个类别表示人的胖瘦. 它有 2 个变量：颈围和胸围. 后肩横弧是一个比较特殊的部位, 它属于第三个类别.

9.2.2 距离、相似系数和匹配系数

所谓聚类就是把接近的、相似的和匹配的个体或变量聚在一起. 下面分别介绍接近、相似和匹配程度的度量方法.

9.2.2.1 个体聚类

个体聚类时把接近的个体聚在一起. 个体之间接近的程度通常用闵可夫斯基 (Minkowski) 距离来度量. $\boldsymbol{x}=(x_1,\cdots,x_p)'$ 与 $\boldsymbol{y}=(y_1,\cdots,y_p)'$ 的闵可夫斯基距离为

$$d(\boldsymbol{x},\boldsymbol{y})=\left(\sum_{i=1}^{p}|x_i-y_i|^m\right)^{1/m},\quad m>0.$$

在 $m=1,2,\infty$ 时分别得到下面 3 个通常使用的距离：

(1) $m=1$ 时为绝对值距离 $d(\boldsymbol{x},\boldsymbol{y})=\sum\limits_{i=1}^{p}|x_i-y_i|$. 绝对值距离又称城市街区 (city block) 距离;

(2) $m=2$ 时为欧几里得距离 $d(\boldsymbol{x},\boldsymbol{y})=\sqrt{\sum\limits_{i=1}^{p}(x_i-y_i)^2}$;

(3) $m=\infty$ 时为切比雪夫距离 $d(\boldsymbol{x},\boldsymbol{y})=\max\limits_{i}|x_i-y_i|$.

闵可夫斯基距离满足距离下面 3 个性质：

对称性：$d(x,y)=d(y,x)$;

三角形不等式：$d(x,y)\leqslant d(x,z)+d(z,y)$;

若 $x\neq y$, 则 $d(x,y)>0$, $d(x,x)=0$.

对有的实际问题, 特别是定性数据分析问题如例 9.2.1, 上述这 3 种距离不能直接使用. 究竟如何度量个体之间的距离, 需要具体问题具体分析. 对例 9.2.1 而言, 可以把两种语言的 10 个数字中的第 1 个字母不相同的个数定义为这两种语言之间的距离. 这 11 种语言的两两距离如表 9.2.2 所示.

9.2.2.2 变量聚类

变量聚类时变量之间接近的程度通常通过皮尔逊 (Pearson) 矩相关系数来度量. 变量 w 和 u 在 n 个个体的观察值分别为 $w_1,\cdots,w_n$ 和 $u_1,\cdots,u_n$. 变量 w 和 u 之间的距离定义为

$$d(w,u)=r_{w,u}^2,\tag{9.2.1}$$

表 9.2.2 欧洲 11 国语言之间的距离

	英	挪	丹	荷	德	法	西	意	波	匈	芬
英	0										
挪	2	0									
丹	2	1	0								
荷	7	5	6	0							
德	6	4	5	5	0						
法	6	6	6	9	7	0					
西	6	6	5	9	7	2	0				
意	6	6	5	9	7	1	1	0			
波	7	7	6	10	8	5	3	4	0		
匈	9	8	8	8	9	10	10	10	10	0	
芬	9	9	9	9	9	9	9	9	9	8	0

$$r_{w,u}=\frac{\sum_{i=1}^{n}(w_i-\bar{w})(u_i-\bar{u})}{\sqrt{\sum_{i=1}^{n}(w_i-\bar{w})^2}\sqrt{\sum_{i=1}^{n}(u_i-\bar{u})^2}}$$ 是 w 和 u 的皮尔逊矩相关系数.

度量变量之间接近程度的距离通常称为相似系数, 相似系数在 0 和 1 之间, 相似系数越接近 1 表示这两个变量越相似, 相似系数越接近 0 表示这两个变量越疏远. 2.4 节就是用 (9.2.1) 式所定义的相似系数将 7 个人体部位尺寸聚合成 3 个类别的. 但对有些问题来说, 这个相似系数并不能真正反映变量之间的相似程度. 例如, 变量 w 和 u 的观察值如表 9.2.3 所示.

表 9.2.3

w	10	9	8	7	6	5	4	3	2	1
u	10.1	9.2	8.3	7.4	6.5	5.6	4.7	3.8	2.9	2

显然, 变量 w 和 u 很相似, 但并不是真正完全相似. 经计算 w 和 u 的皮尔逊矩相关系数却等于 1. 由此看来, 皮尔逊矩相关系数有它的不足之处.

9.2.2.3 匹配系数

再来分析例 9.2.1. 在两种语言的某个数字中的第 1 个字母不相同时, 通常称它们不匹配, 而将相同时称为匹配. 将不匹配的个数除以总数 10(即匹配个数与不匹配个数的和), 所得的商称为匹配系数. 显然, 匹配系数在 0 和 1 之间. 匹配系数越接近 1, 表示这两个变量越疏远. 匹配系数越接近 0, 表示这两个变量越接近. 匹配系数常用在 (0-1) 定性数据的分析问题. 看下面的例子.

例 9.2.2 设有两个基因 A 和 B. 在 17 种不同的情况下, 基因 A 和 B 的观察值如表 9.2.4 所示.

表 9.2.4

	1	2	3	4	5	6	7	8	9	10	11	12	13	14	15	16	17
A	2	1	1	0	0	1	0	0	1	0	2	1	1	1	2	0	1
B	2	1	1	2	0	0	0	0	1	1	1	1	1	1	2	1	1

其中, 0, 1 和 2 分别表示基因的 3 个不同的状态. 这 17 对观察值中不匹配的有 5 对, 故匹配系数为 5/17.

9.2.3 聚类方法

有很多的聚类方法, 可大致分成两种类型: **谱系聚类** (hierarchical clustering) 和**迭代分块聚类** (iterative partitive clustering). 谱系聚类法又可分成两种类型. 一是将类别由多到少的**凝聚**, 二是将类别由少到多的**分解**.

9.2.3.1 谱系聚类法

谱系聚类中的**凝聚法**一开始把每个个体 (或变量) 自成一类, 然后将最接近的个体 (或最相似的变量) 凝聚为一小类, 再将最接近 (或最相似) 的类凝聚在一起, 依此类推, 直到所有的个体 (变量) 凝聚为一个大类时止. 最后归纳它的凝聚过程, 画出相应的谱系图 (图 9.2.1(a)).

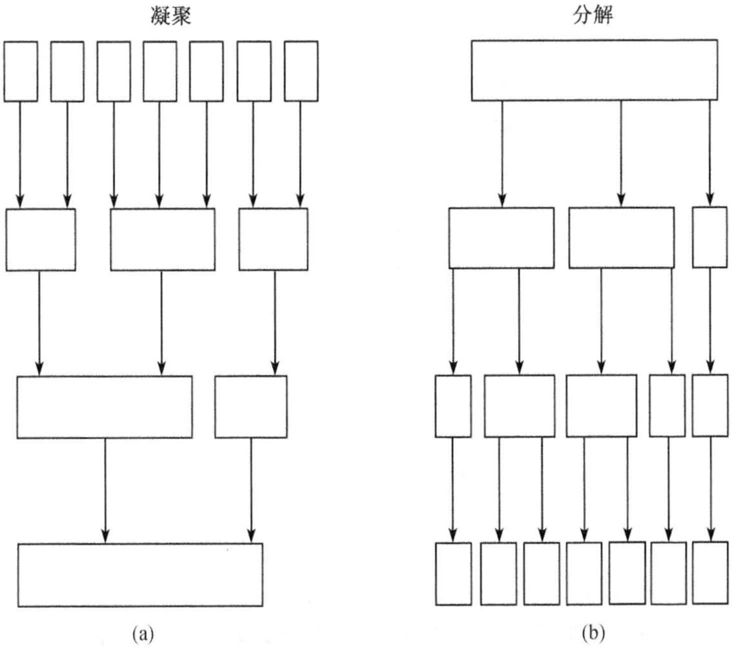

图 9.2.1 谱系图

与凝聚法相反, 谱系聚类中的**分解法**一开始把所有的个体 (变量) 看成一大类, 然后将它分解为两个子类, 使这两个子类最为疏远, 再将子类分为两个最为疏远的子类, 依此类推, 直到每个个体 (或变量) 都自成一类时为止. 最后归纳它的分解过程, 画出相应的谱系图 (图 9.2.1(b)).

在谱系凝聚和分解法的聚类过程中都涉及如何计算类与类之间的距离的问题. 设有两个由个体 (或变量) 组成的类

$$\pi_1=\{x_i, i\in G_1\},\quad \pi_2=\{x_j, j\in G_2\}.$$

类 π_1 与 π_2 之间的距离 $d(\pi_1,\pi_2)$ 的定义有好多种方法, 其中, 常用的有以下一些定义方法:

(1) 最小距离法. $d(\pi_1,\pi_2)=\min\limits_{i\in G_1, j\in G_2} d(x_i,x_j)$, $d(x_i,x_j)$ 是个体或变量 x_i 与 x_j 之间的距离.

(2) 最大距离法. $d(\pi_1,\pi_2)=\max\limits_{i\in G_1, j\in G_2} d(x_i,x_j)$.

(3) 类平均法. $d(\pi_1,\pi_2)=\dfrac{\sum\limits_{i\in G_1}\sum\limits_{i\in G_2} d(x_i,x_j)}{n_1n_2}$,

$$n_1={}^{\#}\{x_i, i\in G_1\},\quad n_2={}^{\#}\{x_j, j\in G_2\}.$$

对于个体聚类问题, 类 π_1 与 π_2 之间的距离 $d(\pi_1,\pi_2)$ 还有下面两个常用的定义方法.

(4) 重心法. $d(\pi_1,\pi_2)=d(\bar{\boldsymbol{x}}_1,\bar{\boldsymbol{x}}_2)$, $\bar{\boldsymbol{x}}_1=\dfrac{1}{n_1}\sum\limits_{i\in G_1}\boldsymbol{x}_i$, $\bar{\boldsymbol{x}}_2=\dfrac{1}{n_2}\sum\limits_{i\in G_2}\boldsymbol{x}_i$.

(5) 离差平方和法. $d(\pi_1,\pi_2)=\dfrac{n_1n_2}{n_1+n_2}(\bar{\boldsymbol{x}}_1-\bar{\boldsymbol{x}}_2)'(\bar{\boldsymbol{x}}_1-\bar{\boldsymbol{x}}_2)$.

离差平方和法最早是由 Ward[137] 提出的. 离差平方和法来源于方差分析. 事实上, 依离差平方和法计算的距离就是熟悉的组间平方和

$$\begin{aligned}d(\pi_1,\pi_2)&=\frac{n_1n_2}{n_1+n_2}(\bar{\boldsymbol{x}}_1-\bar{\boldsymbol{x}}_2)'(\bar{\boldsymbol{x}}_1-\bar{\boldsymbol{x}}_2)\\&=n_1(\bar{\boldsymbol{x}}_1-\bar{\boldsymbol{x}})'(\bar{\boldsymbol{x}}_1-\bar{\boldsymbol{x}})+n_2(\bar{\boldsymbol{x}}_2-\bar{\boldsymbol{x}})'(\bar{\boldsymbol{x}}_2-\bar{\boldsymbol{x}}),\\ \bar{\boldsymbol{x}}&=\frac{1}{n_1+n_2}\left(\sum_{i\in G_1}\boldsymbol{x}_i+\sum_{j\in G_2}\boldsymbol{x}_j\right).\end{aligned}$$

在组间平方和比较小的时候, 很自然地认为类 π_1 与 π_2 比较接近.

接下来分析谱系聚类法有些什么不足之处. 假设在凝聚法的某一步, 个体 (或变量) 被分解成 k 类 $\pi_1,\cdots,\pi_k$. 那么一旦某两个个体 (或变量) 都分入 π_1 类, 则在以后的继续凝聚中, 它们就不可能分入两个不同的类别. 这也就是说, 合在一起

之后就不可能分开. 而对分解法来说, 假设其某一步, 个体 (或变量) 被分解成 k 类 $\pi_1, \cdots, \pi_k$. 那么一旦某两个个体 (或变量) 被分别分入 π_1 和 π_2 类, 则在以后的继续分解中, 它们就不可能合在一起在同一个类里. 这也就是说, 分开之后就不可能合在一起. 谱系聚类法不能分分合合, 这就意味着, 如果某一步的聚类错了的话, 它不可能在后面的步骤中得到纠正. 为此谱系聚类法要求聚类过程的每一步都要准确. 这不能不说是谱系聚类法的不足之处. 此外, 当个体很多 (或变量很多) 时, 谱系聚类法的计算量将过大. 下面介绍的迭代分块聚类法就可以分分合合, 而且它的计算量较谱系聚类法小.

9.2.3.2 迭代分块聚类

迭代分块聚类又称动态聚类 (dynamic cluster). 它有好几种类型, 其迭代搜索过程大致有以下的步骤.

(1) **初始分类** 将 n 个个体 (或变量) 初始分成 k 类, 类的个数 k 可事先给定, 也可以在聚类的过程中逐步确定.

(2) **修改分类** 对每一个个体 (或变量) 逐一进行搜索, 倘若将某一个个体 (或变量) 移动到另一个类后对分类有所改进, 则将它移入改进最多的那一个类, 否则不移动, 它仍在原来的类.

(3) **重复迭代** 在对每一个个体 (或变量) 逐一都进行搜索之后, 重复第 (2) 步, 直到任何一个个体 (或变量) 都不需要移动为止, 从而得到最终分类.

以 k 均值法 (k-means) 为例, 说明迭代搜索过程. k 均值法最早见于文献 [102], 用于个体聚类. 它的迭代搜索过程如下：

(1) **初始分类** 将 n 个个体初始分成 k 类, k 事先给定.

(2) **修改分类** 计算初始 k 类的重心. 然后对每一个个体逐一计算它到初始 k 类的距离 (通常用该个体到类重心的欧几里得距离作为它到该类的距离). 倘若该个体到它原来所在类的距离最近, 则它仍在原来的类, 否则将它移动到和它距离最近的那一类, 并重新计算失去该个体的那个类的重心, 以及接受该个体的那个类的重心. 正因为初始分类数 k 事先给定, 而且在迭代的过程中不断计算类的重心, 故称这个聚类方法为 k 均值法.

(3) **重复迭代** 在对所有的个体都逐一进行验证, 是否需要修改分类之后, 重复步骤 (2), 直到没有个体需要移动为止, 从而得到最终分类.

显然, k 均值法聚类时个体可以分分合合. 由于 k 均值法的聚类过程是一个动态的搜索过程, 所以它可能比较快地得到最终分类, 它的计算量较一步步地得到最终分类的谱系聚类法小.

一般来说, 人们根据经验与专业知识大体知道个体应如何分类, 以及个体大致可分成几个类别. 但不论怎么说, 事先给定类别数 k 总是一个有争论的问题. 在无

法精确给定类别数 k 时, k 均值法的迭代搜索过程可作如下的变化. 根据经验和专业知识, 以及观察到的数据事先给定 3 个数: 类别数 k, 阀值 c_1 和 c_2, $c_2 > c_1 > 0$. 变化后的迭代搜索过程如下:

(1) **选取聚点**　取前 k 个个体作为初始聚点. 计算这 k 个聚点两两之间的距离, 若最小的距离比 c_1 小, 则将最小距离的这两个聚点合并在一起, 并用它们的重心作为新的聚点. 重复上述过程, 直到所有的聚点两两之间的距离都不比 c_1 小时为止. 显然, 此时的聚点个数可能小于 k.

(2) **初始分类**　对余下的 $n-k$ 个个体逐一进行计算. 对输入的一个个体, 分别计算它到所有聚点的距离. 倘若该个体到所有聚点的距离都大于 c_2, 则它作为一个新的聚点, 这时所有聚点两两之间的距离显然都不比 c_1 小; 否则将它归入距它最近的那一类, 并重新计算接受该个体的那个类的重心用以代替该类原来的聚点. 然后重复步骤 (1), 再一次验证聚点两两之间的距离是否都不比 c_1 小, 如果比 c_1 小则将其合并, 直到所有的聚点两两之间的距离都不比 c_1 小时止. 此时的聚点个数可能小于 k, 也可能大于 k.

(3) **重复迭代**　在对所有的个体都逐一进行验证, 是否需要修改分类之后, 重复步骤 (2), 直到没有个体需要移动为止, 从而得到最终分类. 显然最终个体的类别数不一定是 k.

现在的问题是, 个体的最终分类可能与哪 k 个个体在前面有关. 为此人们建议随机地从所有的个体中取 k 个个体作为初始聚点, 并重复聚类过程, 看看它的最终分类是否都一样, 用以检验聚类的稳定性. 不仅初始聚点影响最终分类, 而且在修改分类时, 考虑到个体是逐一地进行计算的, 所以个体进入的次序也有可能影响最终分类. 图 9.2.2 说明个体不同的进入次序可能有不同的最终分类. 这里有 $n = 43$ 个个体, 其最终分类有可能是由点划线围成的两个圆圈, 也有可能是分别由方块和小圆圈代表的个体组成的两个类别. 假设所选取的初始聚点有 2 个, 它们是居中的黑色方块和黑色小圆圈. 如果首先进入的个体是左右下角和上角的 4 个个体, 那么最终分类可能是由点线围成的两个圆圈. 而如果离初始聚点近的先进入, 那么最终分类就可能是由方块和小圆圈代表的个体组成的两个类别. 而倘若假设所选取的初始聚点是有 2 个, 它们是左下角和右上角的 2 个个体, 那么最终分类可能是由点划线围成的两个圆圈. 初始聚点以及个体进入的次序都对迭代分块聚类法最终分类的稳定性有所影响.

9.2.4　数据变换

谱系聚类法和迭代分块聚类法的最终分类都和数据的量纲有关. 通常采用尺度变换或标准化变换的方法, 用以消除量纲的影响. 所谓尺度变换就是将 x 变换为 x/c, 而标准化变换就是将 x 变换为 $(x-\mu)/c$. 关于位置参数 μ 和尺度参数 c 有以下一些选择, 见表 9.2.5.

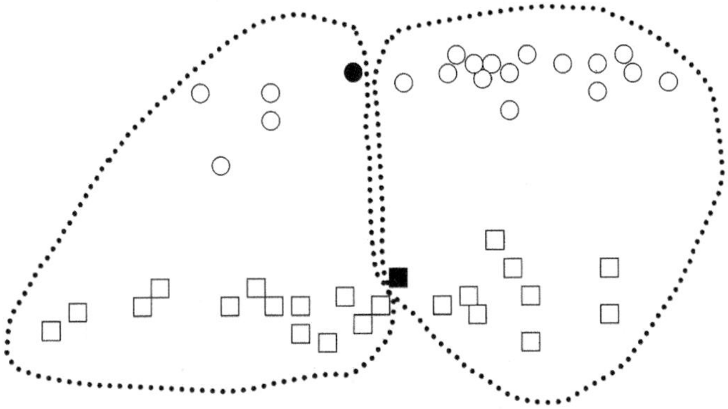

图 9.2.2 不同的初始聚点有不同的最终分类

表 9.2.5 位置和尺度参数 μ 和 c 的值

名称	位置参数 μ	尺度参数 c
SUM	0	$\sum_{i=1}^{n} x_i$
EUCLEN	0	$\sqrt{\sum_{i=1}^{n} x_i^2}$
USTD	0	$\sqrt{\sum_{i=1}^{n} \frac{x_i^2}{n}}$
STD	$\bar{x}$	$\sqrt{\sum_{i=1}^{n} \frac{(x_i-\bar{x})^2}{n-1}}$
RANGE	$x_{(1)} = \min\{x_1, \cdots, x_n\}$	$x_{(n)} - x_{(1)}$, $x_{(n)} = \mathrm{mak}\{x_1, \cdots, x_n\} - x_{(1)}$
MIDRANGE	$\left(x_{(1)} + x_{(n)}\right)/2$	$\left(x_{(n)} - x_{(1)}\right)/2$
MAXABS	0	$\max\{\lvert x_1\rvert, \cdots, \lvert x_n\rvert\}$
IQP	中位数 m	上四分位数 Q_U- 下四分位数 Q_L
MAD	m	$\{\lvert x_1 - m\rvert, \cdots, \lvert x_n - m\rvert\}$ 的中位数

必须注意的是, 数据变换之后有可能使得原本比较疏远的两个类变得接近, 也有可能使得原本比较接近的两个类变得疏远.

9.2.5 图示法

图示法将让人直观明了地看到接近和疏远的情况. 画散点图是最常用的图示方法. 最容易画的是一维和二维数据的散点图. 使用统计计算软件, 如 SAS 可以画三维数据的散点图. 由于二维散点图最为直观, 故对于高维 (包括三维) 的数据, 使用降维的方法画出它的二维散点图, 用以表示高维数据的散布情况, 从而进行初步的聚类分析或验证最终分类. 常用的降维方法有以下几种:

(1) **主成分分析**　首先计算原始数据的第一和第二主成分, 以第一主成分为横坐标、第二主成分为纵坐标画二维散点图, 从而进行初步的聚类分析. 这项工作可作为聚类分析准备工作.

(2) **判别分析**　在得到最终分类之后, 计算该分类的费希尔第一和第二判别函数, 以费希尔第一判别函数为横坐标、第二判别函数为纵坐标画二维散点图, 验证最终分类.

(3) **多维尺度法**(multidimensional scaling plots)　主成分分析的第一和第二主成分, 以及判别分析的费希尔第一和第二判别函数都是线性变换. 下面介绍的多维尺度法是一种非线性变换的降维方法.

假设有 n 个个体 $x_1, \cdots, x_n$, 其中, $\boldsymbol{x}_i = (x_{1i}, \cdots, x_{pi})'$, $p \geqslant 3$. 将 $\boldsymbol{x}_i$ 变换为 $\boldsymbol{y}_i = (y_{1i}, y_{2i})'$, $i = 1, \cdots, n$. 变换的目的就是要求对所有的 $1 \leqslant i < j \leqslant n$ 来说, p 维空间中 $\boldsymbol{x}_i$ 与 $\boldsymbol{x}_j$ 的距离 d_{ij}^* 和二维空间中 $\boldsymbol{y}_i$ 与 $\boldsymbol{y}_j$ 的距离 d_{ij} 都互相比较接近. 为此引入差的加权平方和目标函数

$$L(y_1, \cdots, y_n) = \frac{1}{NF} \sum_{1 \leqslant i < j \leqslant n} w_{ij} \left(d_{ij}^* - d_{ij}\right)^2, \tag{9.2.2}$$

其中,

$$NF = \sum_{1 \leqslant i < j \leqslant n} d_{ij}^* \text{ 称为标准化因子}, \quad w_{ij} = \frac{1}{d_{ij}^*} \text{ 称为权系数}.$$

$L(\boldsymbol{y}_1, \cdots, \boldsymbol{y}_n)$ 越小意味着对所有的 $1 \leqslant i < j \leqslant n, d_{ij}^*$ 和 d_{ij} 都越接近. 为此解方程组 $\partial L(\boldsymbol{y}_1, \cdots, \boldsymbol{y}_n)/\partial \boldsymbol{y}_i = 0, i = 1, \cdots, n$, 也就是解方程组

$$\sum_{\substack{j=1 \\ j \neq i}}^{n} w_{ij} \left(d_{ij}^* - d_{ij}\right) \frac{\partial d_{ij}}{\partial y_{\alpha i}} = 0, \quad i = 1, \cdots, n, \quad \alpha = 1, 2. \tag{9.2.3}$$

用 Newton-Raphson 的迭代算法解方程组 (9.2.3).

一般都是采用主成分分析的方法, 求得 n 个个体的前两个主成分, 从而得到 $\boldsymbol{y}_i = (y_{1i}, y_{2i})'$ 的初始因子 $\boldsymbol{y}_i^{(0)} = \left(y_{1i}^{(0)}, y_{2i}^{(0)}\right)'$ 的值, $i = 1, \cdots, n$.

假设 m 步迭代后, $\boldsymbol{y}_i = (y_{1i}, y_{2i})'$ 的 m 步迭代值为 $\boldsymbol{y}_i^{(m)} = \left(y_{1i}^{(m)}, y_{2i}^{(m)}\right)'$, $i = 1, \cdots, n$. 根据 Newton-Raphson 的迭代算法, $\boldsymbol{y}_i = (y_{1i}, y_{2i})'$ 的第 $m+1$ 步迭代值为

$$\boldsymbol{Y}^{(m+1)} = \boldsymbol{Y}^{(m)} - \boldsymbol{A}_m^{-1} \boldsymbol{b}_m, \tag{9.2.4}$$

其中,

$$\boldsymbol{Y}^{(m)}=\left(\boldsymbol{y}_i^{(m)}\right)_{2n\times 1},\quad m=0,1,\cdots,$$

$$\boldsymbol{b}_m=\left(\frac{\partial L\left(\boldsymbol{y}_1^{(m)},\cdots,\boldsymbol{y}_n^{(m)}\right)}{\partial y_i^{(m)}}\right)_{i=1,\cdots,n}\quad \text{是 } 2n \text{ 维列向量},$$

$$\boldsymbol{A}_m=\left(\frac{\partial^2 L\left(\boldsymbol{y}_1^{(m)},\cdots,\boldsymbol{y}_n^{(m)}\right)}{\partial\boldsymbol{y}_i^{(m)}\partial\boldsymbol{y}_k^{(m)}}\right)_{i,k=1,\cdots,n}\quad \text{是 } 2n\times 2n \text{ 阶矩阵.}$$

由 (9.2.2) 式知

$$\boldsymbol{b}_m=\frac{-2}{NF}\left(\sum_{\substack{j=1\\ j\neq i}}^{n} w_{ij}\left(d_{ij}^{*}-d_{ij}\right)\frac{\partial d_{ij}}{\partial y_{\alpha i}}\right)_{i=1,\cdots,n;\alpha=1,2}.$$

一般来说, 个体数 n 比较大, 故计算 $2n\times 2n$ 阶矩阵 $\boldsymbol{A}_m$ 的逆矩阵不是一件容易的事, 且计算的精度很差. 通常将 $\boldsymbol{A}_m$ 近似地看成一个对角矩阵. 考虑到目的是求 $L\left(\boldsymbol{y}_1,\cdots,\boldsymbol{y}_n\right)$ 的最小值, 而在最小值点上, $2n\times 2n$ 阶矩阵 $\boldsymbol{A}$ 是正定的, 其中,

$$\boldsymbol{A}=\left(\frac{\partial^2 L\left(\boldsymbol{y}_1,\cdots,\boldsymbol{y}_n\right)}{\partial\boldsymbol{y}_i\partial\boldsymbol{y}_k}\right)_{i,k=1,\cdots,n}.$$

为此将 $\boldsymbol{A}_m$ 近似地看成一个正常数 β 与由它的对角线上的元素的绝对值构成的一个 $2n\times 2n$ 阶对角矩阵的乘积:

$$\boldsymbol{A}_m\approx\beta\cdot\mathrm{diag}\left(\left|\frac{\partial^2 L\left(\boldsymbol{y}_1^{(m)},\cdots,\boldsymbol{y}_n^{(m)}\right)}{\partial\left(y_{\alpha i}^{(m)}\right)^2}\right|\right)_{i=1,\cdots,n;\alpha=1,2}.$$

从而由 (9.2.4) 式知

$$y_{\alpha i}^{(m+1)}=y_{\alpha i}^{(m)}-MF\cdot\Delta_{\alpha i}^{(m)},$$

其中,

$$MF=\beta^{-1}>0,\quad MF \text{ 称为控制参数},$$

$$\Delta_{\alpha i}^{(m)}=\frac{\dfrac{\partial L\left(\boldsymbol{y}_1^{(m)},\cdots,\boldsymbol{y}_n^{(m)}\right)}{\partial y_{\alpha i}^{(m)}}}{\left|\dfrac{\partial^2 L\left(\boldsymbol{y}_1^{(m)},\cdots,\boldsymbol{y}_n^{(m)}\right)}{\partial\left(y_{\alpha i}^{(m)}\right)^2}\right|}.$$

二维空间中的距离 d_{ij} 一般取为欧几里得距离, 而 p 维空间中的距离 d_{ij}^* 可以取欧几里得距离, 也可以取非欧距离. 多维尺度法的第一步工作就是构造距离矩阵

$$\boldsymbol{D}^* = \begin{pmatrix} 0 & d_{12}^* & \cdots & d_{1n}^* \\ & 0 & \cdots & d_{2n}^* \\ & & \ddots & \vdots \\ & & & 0 \end{pmatrix}.$$

多维尺度法的迭代算法就是基于这个距离矩阵 $\boldsymbol{D}^*$ 的. 从这个意义上说, d_{ij}^* 除了可以理解为距离外, 还可以理解为相似系数或匹配系数, 所以多维尺度法除了用于个体聚类外, 还可以用于变量聚类.

在二维空间中的距离 d_{ij} 为欧几里得距离时, 经计算

$$\frac{\partial L\left(\boldsymbol{y}_1^{(m)}, \cdots, \boldsymbol{y}_n^{(m)}\right)}{\partial y_{\alpha i}^{(m)}} = \frac{-2}{NF}\sum_{\substack{j=1\\ j\neq i}}^{n} \frac{\left(d_{ij}^* - d_{ij}^{(m)}\right)\left(y_{\alpha i}^{(m)} - y_{\alpha j}^{(m)}\right)}{d_{ij}^* d_{ij}^{(m)}},$$

$$\frac{\partial^2 L\left(\boldsymbol{y}_1^{(m)}, \cdots, \boldsymbol{y}_n^{(m)}\right)}{\partial \left(y_{\alpha i}^{(m)}\right)^2}$$

$$= \frac{-2}{NF}\sum_{\substack{j=1\\ j\neq i}}^{n} \frac{1}{d_{ij}^* d_{ij}^{(m)}}\left[\left(d_{ij}^* - d_{ij}^{(m)}\right) - \frac{\left(y_{\alpha i}^{(m)} - y_{\alpha j}^{(m)}\right)^2}{d_{ij}^{(m)}}\left(1 + \frac{d_{ij}^* - d_{ij}^{(m)}}{d_{ij}^{(m)}}\right)\right].$$

在欧几里得距离时, 通常经验地取控制参数 MF 为 0.3 或 0.4.

多维尺度法将 p 维空间中的点 $\boldsymbol{x}_1, \cdots, \boldsymbol{x}_n$ 映射为二维空间中的点 $\boldsymbol{y}_1, \cdots, \boldsymbol{y}_n$, 使得 $\boldsymbol{x}_1, \cdots, \boldsymbol{x}_n$ 两两之间的距离与 $\boldsymbol{y}_1, \cdots, \boldsymbol{y}_n$ 两两之间的距离相接近. 这也就是说, 平面上的点 $\boldsymbol{y}_1, \cdots, \boldsymbol{y}_n$ 的接近程度可用来形象地表示 $\boldsymbol{x}_1, \cdots, \boldsymbol{x}_n$ 的接近程度. 例如, 欲了解 10 种小吃食品的相似性, 请消费者就食品的咸淡、酸甜、脆硬和香浓等情况打分. 利用多维尺度法得到的平面图形如图 9.2.3 所示. 每个 "*" 点表示一种小吃食品. 这个平面图形形象地表示出了哪些小吃食品比较相似.

聚类分析的实践性很强, 正确地理解和掌握聚类分析需要实践. 下面对聚类分析的实践提几个需要注意之处, 这也可以看成本节的一个简要的总结.

(1) 图示法直观明了, 对于实施和验证个体 (或变量) 的聚类非常有用. 应用统计软件在低维空间画出图形, 从而分析高维数据相互关系是一项很重要的工作.

(2) 影响最终聚类有以下一些因素:

(i) 不同的数据变换方法可能导致不同的最终聚类;

(ii) 不同的距离、相似系数和匹配系数有可能导致不同的最终聚类;

(iii) 不同的类与类之间距离的计算方法有可能导致不同的最终聚类;

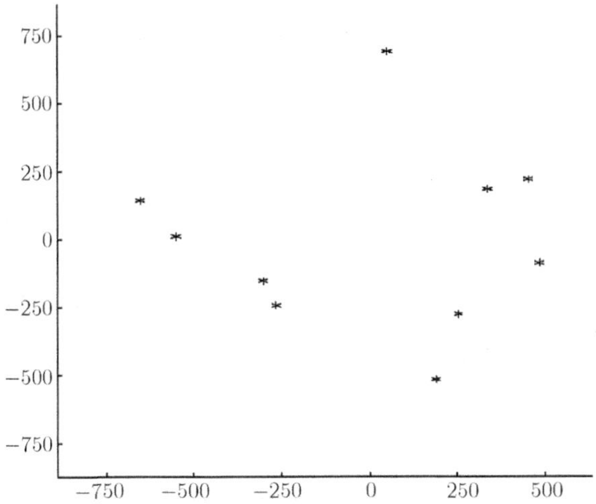

图 9.2.3 小吃食品相似性的平面图形

(iv) 不同的聚类方法有可能导致不同的最终聚类;

(v) 初始聚点以及个体进入的次序都对迭代分块聚类法的最终分类有影响.

(3) 在影响最终聚类的因素的不同情况下分别进行聚类分析, 看它们的最终分类结果是否一致.

(4) 少数几个孤立点有可能导致聚类错误. 见图 9.2.4, 这里有 43 个个体, 其中, 3 个由方块代表的个体孤立地在图的右边. 正因为有这 3 个孤立点最终分类可能是由点线围成的两个圆圈. 显然, 将这 43 个个体聚合成由方块和小圆圈代表的个体组成的两个类别较为合理.

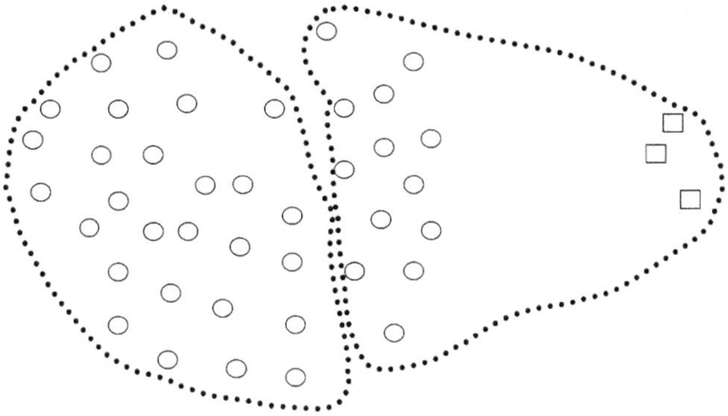

图 9.2.4 孤立点对最终分类的影响

习 题 九

9.1 假设 $\boldsymbol{x}_{j1},\cdots,\boldsymbol{x}_{jn_j}$ 是来自 $N_p\left(\boldsymbol{\mu}_j,\boldsymbol{\Sigma}\right)$ 的样本, $\boldsymbol{\Sigma}>0$, $j=1,\cdots,k$. 记 $n=\sum\limits_{j=1}^{k}n_j$,

$n \geqslant p+k$. 令

$$\mathbf{SSB}=\sum_{j=1}^{k} n_j\left(\bar{\boldsymbol{x}}_j-\bar{\boldsymbol{x}}\right)\left(\bar{\boldsymbol{x}}_j-\bar{\boldsymbol{x}}\right)', \quad \bar{\boldsymbol{x}}_j=\frac{\sum\limits_{i=1}^{n_j} \boldsymbol{x}_{j_i}}{n_j}, \quad \bar{\boldsymbol{x}}=\frac{\sum\limits_{j=1}^{k} \sum\limits_{i=1}^{n_j} \boldsymbol{x}_{j_i}}{n}.$$

试证明: 组间离差阵 **SSB** 服从非中心的 Wishart 分布 $W_p(k-1, \boldsymbol{\Sigma}, \boldsymbol{\Omega})$, 其非中心参数 $\boldsymbol{\Omega}$ 为

$$\boldsymbol{\Omega}=\boldsymbol{\Sigma}^{-1}\left(\sum_{j=1}^{k} n_j\left(\boldsymbol{\mu}_j-\bar{\boldsymbol{\mu}}\right)\left(\boldsymbol{\mu}_j-\bar{\boldsymbol{\mu}}\right)'\right), \quad \bar{\boldsymbol{\mu}}=\frac{\sum\limits_{j=1}^{k} n_j \boldsymbol{\mu}_j}{n}.$$

注 **SSB** 的非中心参数还可以用 $\boldsymbol{A}$ 来表示

$$\boldsymbol{A}=\boldsymbol{\Sigma}^{-1/2}\left(\sum_{j=1}^{k} n_j\left(\boldsymbol{\mu}_j-\bar{\boldsymbol{\mu}}\right)\left(\boldsymbol{\mu}_j-\bar{\boldsymbol{\mu}}\right)'\right) \boldsymbol{\Sigma}^{-1/2}.$$

9.2 假设 $\boldsymbol{x}_{j1}, \cdots, \boldsymbol{x}_{jn_j}$ 是来自总体 $N_p\left(\boldsymbol{\mu}_j, \boldsymbol{\Sigma}\right)$ 的样本, $\boldsymbol{\Sigma}>0$, $j=1,2$. 记 $n=n_1+n_2$, $n \geqslant p+2$. 令

$$\bar{\boldsymbol{x}}_j=\frac{\sum\limits_{i=1}^{n_j} x_{j_i}}{n_j}, \quad \boldsymbol{V}_j=\sum_{i=1}^{n_j}\left(\boldsymbol{x}_{j_i}-\bar{\boldsymbol{x}}_j\right)\left(\boldsymbol{x}_{j_i}-\bar{\boldsymbol{x}}_j\right)', \quad j=1,2.$$

试问, 样本马哈拉诺比斯距离的平方 $\hat{D}^2$ 是不是马哈拉诺比斯距离平方 D^2 的无偏估计? 其中,

$$\hat{D}^2=\left(\bar{\boldsymbol{x}}_1-\bar{\boldsymbol{x}}_2\right)' \hat{\boldsymbol{\Sigma}}^{-1}\left(\bar{\boldsymbol{x}}_1-\bar{\boldsymbol{x}}_2\right), \quad \hat{\boldsymbol{\Sigma}}=\frac{\boldsymbol{V}_1+\boldsymbol{V}_2}{n}, \quad D^2=\left(\boldsymbol{\mu}_1-\boldsymbol{\mu}_2\right)' \boldsymbol{\Sigma}^{-1}\left(\boldsymbol{\mu}_1-\boldsymbol{\mu}_2\right).$$

如果 $\hat{D}^2$ 不是 D^2 的无偏估计, 那么有没有办法把 $\hat{D}^2$ 修正为 D^2 的无偏估计?

参 考 文 献

[1] 陈希孺. 数理统计引论. 北京: 科学出版社, 1984.

[2] 陈希孺. 数理统计学简史. 长沙: 湖南教育出版社, 2002.

[3] 成平. 指数族分布之参数的极小极大化估计. 数学学报, 1964, 14(2): 252−275.

[4] 成平, 陈希孺, 陈桂景等. 参数估计. 上海: 上海科学技术出版社, 1985.

[5] 邓文丽. 重复测量中两组均值是否相等的假设检验. 应用概率统计, 2003, 19(2): 198−202.

[6] 方开泰. 实用多元统计分析. 上海: 华东师范大学出版社, 1986.

[7] 方开泰, 马毅林, 吴传义等. 数理统计与标准化. 北京: 技术标准出版社, 1981.

[8] 菲金哥尔茨. 微积分学教程. 徐献瑜, 冷生明, 梁文骐等译. 北京: 人民教育出版社, 1954.

[9] 高惠璇. 应用多元统计分析. 北京: 北京大学出版社, 2005.

[10] 侯紫燕. 重复测量试验模型参数似然比检验及其功效分析. 应用概率统计, 2007, 23(1): 68−76.

[11] 侯紫燕. 一类多元重复测量模型参数的似然比检验及其功效分析. 系统科学与数学, 2007, 27(4): 544−554.

[12] 何晓群. 多元统计分析. 北京: 中国人民大学出版社, 2004.

[13] 梁小筠. 正态性检验. 北京: 中国统计出版社, 1997.

[14] 梁小筠. 我国正在制订"正态性检验"的新标准. 应用概率统计, 2002, 18(3): 267−276.

[15] 刘金山. Wishart 分布引论. 北京: 科学出版社, 2005.

[16] 茆诗松, 王静龙. 数理统计. 上海: 华东师范大学出版社, 1990.

[17] 茆诗松, 王静龙, 濮晓龙. 高等数理统计. 北京: 高等教育出版社, 1998.

[18] 任若恩, 王惠文. 多元统计数据分析: 理论、方法、实例. 北京: 国防工业出版社, 1997.

[19] 上海质量管理科学研究院. 顾客满意度测评. 上海: 上海科学技术出版社, 2001.

[20] 史宁中. 保序回归与最大似然估计. 应用概率统计, 1993, 9(2): 203−215.

[21] 石世磊. 部分变量均值随组别变动情况下正态总体的统计推断. 上海: 华东师范大学硕士学位论文, 2006.

[22] 孙文爽, 陈兰祥. 多元统计分析. 北京: 高等教育出版社, 1994.

[23] 孙孝前. 多元正态协方差阵的估计与检验. 上海: 华东师范大学博士学位论文, 1999.

[24] 王吉利, 何书元, 吴喜之. 统计学教学案例. 北京: 中国统计出版社, 1981.

[25] 王黎明, 王静龙. 位置参数变点的非参数检验及其渐近性质. 数学年刊, 2002, 23A(2): 229−234.

[26] 王黎明, 王静龙. 尺度参数变点的非参数检验. 应用概率统计, 2007, 23(2): 165−173.

[27] 汪明瑾, 王静龙. 岭回归中确定 K 值的一种方法. 应用概率统计, 2001, 17(1): 7−13.

[28] 王静龙. 广义方差的 Minimax 估计类. 华东师范大学学报: 自然科学版, 1983, (3): 29−36.

[29] 王静龙. 协方差阵最佳仿射同变估计的改进. 应用数学学报, 1984, 7(2): 219−234.

[30] 王静龙. 方差分量的同变二次型估计的可容许. 数学学报, 1987, 30(6): 788−798.

[31] 王静龙. 加权平方和损失下线性估计的可容许. 应用数学学报, 1990, 13(4): 415−420.

[32] 王静龙. 定性数据分析. 上海: 华东师范大学出版社, 2005.

[33] 王静龙. 非参数统计分析. 北京: 高等教育出版社, 2006.
[34] 王松桂, 史建红, 尹素菊等. 线性模型引论. 北京: 科学出版社, 2004.
[35] 王学仁, 王松桂. 实用多元统计分析. 上海: 上海科学技术出版社, 1990.
[36] 王学民. 应用多元分析. 上海: 上海财经大学出版社, 2004.
[37] 王梓坤. 概率论基础及其应用. 北京: 科学出版社, 1976.
[38] 韦博成, 鲁国斌, 史建清. 统计诊断引论. 南京: 东南大学出版社, 1990.
[39] 徐兴忠, 王静龙. 协方差阵的二次型估计的可容许问题. 华东师范大学学报: 自然科学版, 1986, (3): 19−26.
[40] 徐兴忠, 王静龙. 多项式损失下二次型估计的可容许. 数学年刊, 1988, 9A(2): 171−177.
[41] 余松林, 向惠云. 重复测量资料分析方法与 SAS 程序. 北京: 科学出版社, 2004.
[42] 张尧庭等. 定性资料的统计分析. 桂林: 广西师范大学出版社, 1991.
[43] 张尧庭, 方开泰. 多元统计分析引论. 北京: 科学出版社, 1982.
[44] 赵海兵. 统计中的一些假设检验问题: 多重比较、序约束下多元正态均值及面板数据模型回归系数的检验. 上海: 华东师范大学博士学位论文, 2007.
[45] 赵海兵, 王静龙. 序约束下多元正态均值的检验问题. 系统科学与数学, 2007, 27(1): 11−19.
[46] Abdul-Hussein Saber AL-Mouel. 多元重复测量模型与估计的比较. 上海: 华东师范大学博士学位论文, 2004.
[47] Abdul-Hussein Saber AL-Mouel, Wang J L. One-way multivariate repeated measurements analysis of variance model. Applied Mathematics A Journal of Chinese Universities, 2004, 19(B): 435−448.
[48] Anderson T W. Estimating linear restrictions on regression coefficients for multivariate normal distributions. Ann Math Statist, 1951, 22: 327−351.
[49] Anderson T W. An Introduction to Multivariate Statistical Analysis. 2nd Ed. New York: John Wiley & Sons, 1984.
[50] Anderson T W, Rubin H. Statistical inference in factor analysis//Proceedings of the Third Berkeley Symposium on Mathematical Statistics and Probability. Jerzy Neyman ed., Berkeley and Los Angeles, University of California, 1956, V: 111−150.
[51] Barnes E W. The theory of the gamma function. Messenger of Mathematics, 1899, 29: 64−129.
[52] Barlett M S. A note on the multiplying factors for various chi-square approximation. J R Statist Soc, 1954, B 16: 296−298.
[53] Benjamini Y, Yekutieli D. The control of the false discovery rate in multiple testing under dependency. The Ann Statist, 2001, 29: 1165−1188.
[54] Berger J O. Statistical Decision Theory and Bayesian Analysis. New York: Springer-Verlag, 1985. (该书有中译本. 贾乃光译. 统计决策理论和贝叶斯分析. 北京: 中国统计出版社, 1998.)
[55] Bhatti M I, Wang J L. Power comparison of some tests for testing change point. STATISTICA, 1999, 8(1): 127−137.

[56] Bhatti M I, Wang J L. On testing for a change-point in variance of normal distribution. Biometrical Journal, 2000, 42(8): 1021−1032.

[57] Bhatti M I, Wang J L. Tests and confidence interval for change-point in scale of two-parameter exponential distribution. Journal of Applied Statistical Science, 2005, 14(1): 45−57.

[58] Bishop Y M M, Fienberg S E, Holland P W. Discrete Multivariate Analysis: Theory and Practice. MIT Press, Cambridge, Massachusetts, 1975. (该书有中译本. 张尧庭译. 离散多元分析: 理论与实践. 北京: 中国统计出版社, 1998.)

[59] Blackwell D, Girshick M A. Theory of Games and Statistical Decisions. Chapman and Hall, 1954.

[60] Brown L D, Foc M. Admissibility of procedures in two-dimensional location parameter problems. Ann Statist, 1974, 2: 248−266.

[61] Chen X R. Inference in a simple change-point model. Chinese Sci Ser A, 1988: 654−667.

[62] Chou R, Muirhead R J. On some distribution problems in MANOVA and discriminant analysis. J Multivariate Anal, 1979, 9: 410−419.

[63] Cramer H. Mathematical Methods of Statistics. Princeton: Princeton University Press, 1946. (该书有中译本. 魏宗舒, 郑朴, 吴锦译. 统计学数学方法. 上海: 上海科学技术出版社, 1966.)

[64] Crowder M J, Hand D J. Analysis of Repeated Measures. London: Chapman & Hall, 1989.

[65] Das Gupta S. Properties of power functions of some tests concerning dispersion matrices. Ann Math Statist, 1969, 40: 697−702.

[66] David P. Convergence of Stochastic Process. New York: Springer-Verlag, 1984.

[67] Dawid A P. Conditional independence in statistical theory (with discussion). Journal of the Royal Statistical Society, 1979, 41B: 1−31.

[68] Dawid A P. Conditional independence for statistical operations. Annals of Statistics, 1980, 8: 598−617.

[69] Dawid A P, Stone M. The Fiducial-model basis of fiducial inference (with discussion). Ann of Statist, 1982, 10(3): 1054−1074.

[70] Dawid A P, Wang J L. Fiducial prediction and semi-Bayesian inference. Ann of Statist, 1993, 21(3): 1119−1138.

[71] Deemer W L, Olkin I. The Jacobians of certain matrix transformations useful in multivariate analysis. Based on lectures of Hsu P L at the University of North Carolina, 1947. Biometrika, 1951, 38: 346−367.

[72] Dempster A P. Covariance selection. Biometrics, 1972, 28: 157−175.

[73] Dempster A P, Laird N M, Rubin D R. Maximum likelihood from incomplete data via the EM algorithm (with discussion). Journal of the Royal Statistical Society B, 1977, 39: 1−38.

[74] Diggle P, Heagerty P, Liang K Y, et al. Analysis of Longitudinal Data. Second edition. Oxford: Oxford University Press, 2002.

[75] Eaton M L. Multivariate statistical analysis. Inst of Math Statist, Univ of Copenhagen, Denmark, 1972.

[76] Efron B. Bootstrap methods: Another look at the Jackknife. Ann Statist, 1979, 7: 1–26.

[77] Ferguson T S. A course in Large Sample Theory. Chapman & Hall, 1996.

[78] Fujikoshi Y. The likelihood ratio tests for the dimensionality of regression coefficients. J Multivariate Anal, 1974, 4: 327–340.

[79] Gibbs, Alison L, Francis Edward Su. On Choosing and bounding probability metrics. International Statistical Review, 2001, 70: 419–435.

[80] Giri N C. Multivariate Statistical Inference. New York: Academic Press, 1977.

[81] Glynn W J. Asymptotic representations of the densities of canonical correlations and latent roots in MANOVA when the population parameters have arbitrary multiplicity. Ann Statist, 1980, 8: 958–976.

[82] Glynn W J, Muirhead R J. Inference in canonical correlation analysis. J Multivariate Anal, 1978, 8: 468–478.

[83] Hald A. Statistical Theory with Engineering Applications. New York: Wiley, 1952.

[84] Halmos P R. Measure Theory. New York: Springer-Verlag, 1974.

[85] Holm S. A stagewise rejective multiple test procedure based on a modified Bonferroni test. Biometrika, 1979, 75: 383–386.

[86] Hsu J C. Multiple Comparisons Theory and Methods. Chapman & Hall, 1996.

[87] Hsu P L. On the distribution of the roots of certain determinantal equations. Annals of Eugenics, 1939, 9: 250–258.

[88] Hsu P L. On the limiting distribution of the canonical correlations. Biometrika, 1941, 32: 38–45.

[89] James G S. Tests of linear hypotheses in univariate and multivariate analysis when the ratios of the population variances are unknown. Biometrika, 1954, 41: 19–43.

[90] James W, Stein C. Estimation with quadratic loss. Proc Fourth Berkeley Symp Math Statist Prob, 1961, 1: 361–379.

[91] Johnson R A, Dean W W. Applied Multivariate Statistical Analysis. 5th Ed. Prentice Hall, 2001.

[92] Joreskog K G. Some contributions to maximum likelihood factor analysis. Psychometrika, 1967, 32: 443–482.

[93] Kendall M G. Multivariate Analysis. New York: Hafner Press, 1975. (该书有中译本. 中国科学院计算中心概率统计组译. 多元分析. 北京: 科学出版社, 1982.)

[94] Karlin S. Admissibility for estimation with quadratic loss. Ann Math Statist, 1958, 29: 406–436.

[95] Kocherlakota, Subrahmaniam, Kathleen, et al. On the multivariate Behrens-Fisher problem, Biometrika, 1973, 60: 107−111.

[96] Krishnainh P R, Miao B Q, Zhao L C. Local likelihood method in the problems related to change points. Chin Ann of Math, 1990, 11: 363−375.

[97] Kudo A. A multivariate analogue of the one-side test. Biometrika, 1963, 50: 403−418.

[98] Lauritzen S L. Graphical Models. Oxford: Oxford Science Publications, 1996.

[99] Lawley D N, Maxwell A E. Factor Analysis as a Statistical Method. New York: Elsevier Science, 1971.

[100] Lehmann E L. Testing Statistical Hypothesis. New York: John Wiley & Sons, 1986.

[101] Lehmann E L, Casella G. Theory of Point Estimation. New York: Springer-Verlag, 1998. (该书有中译本. 郑忠国, 蒋建成, 童行伟译. 点估计理论. 北京: 中国统计出版社, 2005.)

[102] MacQueen J B. Some methods for classification and analysis of multivariate observations//Proceedings of 5th Berkeley Symposium on Mathematical Statistics and Probability, 1, Berkeley, Calf, University of California Press, 1967, 281−297.

[103] Mahalanabis P C. On tests and measures of group divergence. Journal and Proceedings of the Asiatic Society of Bengal, 1930, 26: 541−588.

[104] Mi J. Crossing properties of F distributions. Statistics & Probability Letter, 1996, 27: 289−294.

[105] Miwa T, Hayter A J, Kuriki S. The evaluation of general non-centered orthant probabilities. Journal of the Royal Statistical Society, Series B, 2003, 65: 223−234.

[106] Muirhead Robb J. Aspects of Multivariate Statistical Theory. New York: John Wiley & Sons, 1982.

[107] Nachbin L. The Haar Integral. Van Nostrand Reinhold, Princeton, 1965.

[108] Narain R D. On the completely Unbiased character of tests of independence in multivariate normal systems. Ann Math Statist, 1950, 21: 293−298.

[109] Noda K, Wang J L, Takahashi R, et al. Improvement to AIC as estimator of Kullback-Leiber information for linear model selection. Communications in Statistics, Theory and Methods, 2003, 32(11): 2209−2227.

[110] Nuesch P E. Multivariate tests of location for restricted alternatives. Doctoral dissertation, Swiss Federal Institute of Technology, Zurich, 1964.

[111] Nuesch P E. On the problem of testing location in multivariate populations for restricted alternatives. The Annals of Mathematical Statistics, 1966, 37(1): 113−119.

[112] Olkin I, Pratt J W. Unbiased estimation of certain correlation coefficients. Ann Math Statist, 1958, 29: 201−211.

[113] Olkin I, Selliah J B. Estimating covariance in a multivariate normal distribution. Statistical Decision Theory and Related Topics, Edited by Gupta S S and Moore D S, 1977.

[114] Pearson K, Lee A. On the laws of inheritance in man. Biometrika, 1903, Part ii, 357−462.

[115] Perlman M D. One-sided testing problems in multivariate analysis. Ann Math Statist, 1969, 40: 549−567.

[116] Perlman M D. Unbiasedness of the likelihood ratio tests for equality of several covariance matrices and equality of several multivariate normal populations. Annals of Statistics, 1980, 8: 247−263.

[117] Pillai K C S. Statistical tables for tests of multivariate hypotheses. Statistical Center, University of the Philippines, Manila, 1960.

[118] Pillai K C S, Gupta A K. On the exact distribution of Wilk's criterion. Biometrika, 1969, 56: 109−118.

[119] Potthoff R F, Roy S N. A generalized multivariate analysis of variance model useful especially for growth curve problems. Biometrika, 1964, 51: 313−326.

[120] Rao C R. Some problems involving linear hypothesis in multivariate analysis. Biometrika, 1959, 46: 149−158.

[121] Rao C R. Linear Statistical Inference and its Applications. 2nd Ed. New York: John Wiley & Sons, 1973. (该书有中译本. 张燮等译. 陈希孺校. 线性统计推断及其应用. 北京: 科学出版社, 1987.)

[122] Rao C R, Mitra S K. Generalized Inverse of Matrices and its Applications. New York: John Wiley, 1971.

[123] Roy S N. On a heuristic method of test construction and its use in multivariate analysis. Annals of Mathematical Statistics, 1953, 24: 220−238.

[124] Ruppert D, Wand M P, Carroll R J. Semiparametric Regression. Cambridge: Cambridge University Press, 2003.

[125] Scheffe H. A method for judging all contrasts in the analysis of variance. Biometrika, 1953, 40: 87−104.

[126] Scheffe H. Analysis of Variance. New York: John Wiley, 1959.

[127] Shaffer J P. Control of directional errors with stagewise multiple test procedures. Annals of Statistics, 1980, 8: 1342−1348.

[128] Spearman C. General intelligence objectively determined and measured. Am J Psychol, 1904, 15: 201−293.

[129] Srivastava M S, Khatri C G. An Introduction to Multivariate Statistics. New York: North-Holland, 1979.

[130] Stone M, Wang J L. A Bayes, Sweep-operational construction for Rao's unified theory of linear estimation. Statistics, 1989, 20(1): 1−11.

[131] Sugiura N, Nagao H. Unbiasedness of some test criteria for the equality of one or two covariance matrices. Ann Math Statist, 1968, 39: 1689−1692.

[132] Tang D I. Uniformly more powerful tests in a one-sided multivariate problem. J Amer Statist Assoc, 1994, 89: 1006−1011.

[133] Tang D I, Gnecco C, Geller N L. An approximate likelihood ratio test for a normal mean vector with nonnegative components with application to clinical trials. Biometrika, 1989, 76: 577−583.

[134] Tanner M A. Tools for Statistical Inference: Methods for the Exploration of Posterior Distributions and Likelihood Functions. New York: Springer-Verlag, 1993.

[135] Tsui K, Weerahandi S. Generalized p-values in significance testing of hypotheses in the presence of nuisance parameters. J Amer Statist Assoc, 1989, 84: 602−607.

[136] Wald A. Statistical Decision Functions. New York: John Wiley, 1950.

[137] Ward J H. Hierarchical grouping to optimize an objective function. J Amer Statist Assoc, 1963, 58: 236−244.

[138] Wang J L. Exact distribution of the MLE of concentration matrices in decomposable covariance selection models. Statistica Sinica, 2001, 11(3): 855−862.

[139] Wang J L, Wang J. The test and confidence interval for a change-point in mean vector of multivariate normal distribution. Multivariate Analysis and Its Applications, Institute of Mathematical Statistics, Lecture Notes-Monograph Series, 1994, 24: 397−411.

[140] Wang Y, Mcdermott M P. Conditional likelihood ratio test for a nonnegative normal mean vector. J Amer Statist Assoc, 1998, 93: 380−386.

[141] Weisberg S. Applied Linear Regression. New York: John Wiley & Sons, 1985. (该书有中译本. 王静龙, 梁小筠, 李宝慧译. 柴根象校. 应用线性回归. 北京: 中国统计出版社, 1998.)

[142] Welch B L. Specification of rules for rejecting too variable a product with particular reference to an electric lamp problem. J R Statist Soc Supp, 1936, 3: 29−48.

[143] Welch B L. The generalization of student's problem when several populations are involved. Biometrika, 1947, 34: 28−35.

[144] Whittaker J. Graphical Models in Applied Multivariate Statistics. New York: John Wiley & Sons, 1990.

[145] Wijsman R A. Random orthogonal transformations and their use in some classical distribution problems in multivariate analysis. Ann Math Statist, 1957, 28: 415−423.

[146] Wu H, Zhang J T. Nonparametric Regression Methods for Longitudinal Data Analysis. New York: John Wiley & Sons, 2006.

[147] Yao Y. An approximate degrees of freedom solution to the multivariate Behrens-Fisher problem. Biometrika, 1965, 52: 139−147.

[148] Zhou X, Sun X Q, Wang J L. Estimation of the multivariate normal precision matrix under the entropy loss. Annals of the Institute of Statistical Mathematics, 2001, 53(4): 760−768.

附　　录

A.1 多元特征函数

随机向量 $\boldsymbol{Y}=(y_1,\cdots,y_p)'$ 的特征函数称为多元特征函数, 它等于

$$\phi(t_1,\cdots,t_p)=E\mathrm{e}^{\mathrm{i}(t_1y_1+\cdots+t_py_p)}.$$

记 $\boldsymbol{t}=(t_1,\cdots,t_p)'$, 则该特征函数可简写为 $\phi(t)=E\mathrm{e}^{\mathrm{i}\boldsymbol{t}'\boldsymbol{Y}}$.

下面叙述本书将要用到的多元特征函数的一些性质.

性质 A.1.1(矩)　如果 $\boldsymbol{Y}=(y_1,\cdots,y_p)'$ 的特征函数为 $\phi(t_1,\cdots,t_p)$, 并且 $E\left(y_1^{k_1}\cdots y_p^{k_p}\right)$ 存在, 则

$$E\left(y_1^{k_1}\cdots y_p^{k_p}\right)=\mathrm{i}^{k_1+\cdots+k_p}\left[\frac{\partial^{k_1+\cdots+k_p}\phi(t_1,\cdots,t_p)}{\partial t_1^{k_1}\cdots\partial t_p^{k_p}}\right]_{t_1=\cdots=t_p=0}.$$

特别地,

(1) 若 y_j 的均值 $E(y_j)$ 存在, 则

$$E(y_j)=\mathrm{i}\left[\frac{\partial\phi(t_1,\cdots,t_p)}{\partial t_j}\right]_{t_1=\cdots=t_p=0};$$

(2) 若 y_j 的二阶矩 $E\left(y_j^2\right)$ 存在, 则

$$E\left(y_j^2\right)=-\left[\frac{\partial^2\phi(t_1,\cdots,t_p)}{\partial t_j^2}\right]_{t_1=\cdots=t_p=0};$$

(3) 若 y_j 和 $y_k(j\neq k)$ 的混合矩 $E(y_jy_k)$ 存在, 则

$$E(y_jy_k)=-\left[\frac{\partial^2\phi(t_1,\cdots,t_p)}{\partial t_j\partial t_k}\right]_{t_1=\cdots=t_p=0}.$$

性质 A.1.2(边际分布)　如果 $\boldsymbol{Y}=(y_1,\cdots,y_p)'$ 的特征函数为 $\phi(t_1,\cdots,t_p)$, 则 $(y_1,\cdots,y_k)'$ 的特征函数为 $\phi(t_1,\cdots,t_k,0,\cdots,0)$, 其中, $k<p$.

性质 A.1.3(唯一性)　特征函数与分布函数相互唯一确定.

性质 A.1.4(独立)　如果 $\phi_1(t_{1,1},\cdots,t_{1,p_1}),\cdots,\phi_m(t_{m,1},\cdots,t_{m,p_m})$ 分别是随机向量 $(y_{1,1},\cdots,y_{1,p_1}),\cdots,(y_{m,1},\cdots,y_{m,p_m})$ 的特征函数, 而 $\phi(t_{1,1},\cdots,t_{1,p_1},\cdots,$

$t_{m,1},\cdots,t_{m,p_m})$ 是 $(y_{1,1},\cdots,y_{1,p_1},\cdots,y_{m,1},\cdots,y_{m,p_m})$ 的特征函数, 则 $(y_{1,1},\cdots,y_{1,p_1}),\cdots,(y_{m,1},\cdots,y_{m,p_m})$ 相互独立的充要条件为

$$\phi(t_{1,1},\cdots,t_{1,p_1},\cdots,t_{m,1},\cdots,t_{m,p_m})=\prod_{j=1}^{m}\phi_j(t_{j,1},\cdots,t_{j,p_j}).$$

性质 A.1.5(和) 假设 $\boldsymbol{Y}_i\in\mathbf{R}^p$, $\boldsymbol{Y}_i$ 的特征函数为 $\phi_i(t)$, $i=1,\cdots,m$. 如果 $\boldsymbol{Y}_1,\cdots,\boldsymbol{Y}_m$ 相互独立, 则 $\boldsymbol{Y}_1+\cdots+\boldsymbol{Y}_m$ 的特征函数 $\phi(t)$ 等于 $\boldsymbol{Y}_1,\cdots,\boldsymbol{Y}_m$ 的特征函数的积

$$\phi(t)=\phi_1(t)\cdots\phi_m(t).$$

A.2 矩 阵 代 数

A.2.1 分块矩阵的逆矩阵和行列式

将矩阵 $\boldsymbol{A}$ 剖分为

$$\boldsymbol{A}=\begin{pmatrix}\boldsymbol{A}_{11} & \boldsymbol{A}_{12}\\ \boldsymbol{A}_{21} & \boldsymbol{A}_{22}\end{pmatrix},$$

则由于

$$\begin{pmatrix}\boldsymbol{I} & \boldsymbol{0}\\ -\boldsymbol{A}_{21}\boldsymbol{A}_{11}^{-1} & \boldsymbol{I}\end{pmatrix}\begin{pmatrix}\boldsymbol{A}_{11} & \boldsymbol{A}_{12}\\ \boldsymbol{A}_{21} & \boldsymbol{A}_{22}\end{pmatrix}\begin{pmatrix}\boldsymbol{I} & -\boldsymbol{A}_{11}^{-1}\boldsymbol{A}_{12}\\ \boldsymbol{0} & \boldsymbol{I}\end{pmatrix}=\begin{pmatrix}\boldsymbol{A}_{11} & \boldsymbol{0}\\ \boldsymbol{0} & \boldsymbol{A}_{2|1}\end{pmatrix}, \quad \text{(A.2.1)}$$

其中, $\boldsymbol{A}_{2|1}=\boldsymbol{A}_{22}-\boldsymbol{A}_{21}\boldsymbol{A}_{11}^{-1}\boldsymbol{A}_{12}$, 所以

$$\boldsymbol{A}=\begin{pmatrix}\boldsymbol{I} & \boldsymbol{0}\\ \boldsymbol{A}_{21}\boldsymbol{A}_{11}^{-1} & \boldsymbol{I}\end{pmatrix}\begin{pmatrix}\boldsymbol{A}_{11} & \boldsymbol{0}\\ \boldsymbol{0} & \boldsymbol{A}_{2|1}\end{pmatrix}\begin{pmatrix}\boldsymbol{I} & \boldsymbol{A}_{11}^{-1}\boldsymbol{A}_{12}\\ \boldsymbol{0} & \boldsymbol{I}\end{pmatrix}. \quad \text{(A.2.2)}$$

从而有

$$|\boldsymbol{A}|=|\boldsymbol{A}_{11}|\,|\boldsymbol{A}_{2|1}|, \quad \text{(A.2.3)}$$

$$\boldsymbol{A}^{-1}=\begin{pmatrix}\boldsymbol{I} & -\boldsymbol{A}_{11}^{-1}\boldsymbol{A}_{12}\\ \boldsymbol{0} & \boldsymbol{I}\end{pmatrix}\begin{pmatrix}\boldsymbol{A}_{11}^{-1} & \boldsymbol{0}\\ \boldsymbol{0} & \boldsymbol{A}_{2|1}^{-1}\end{pmatrix}\begin{pmatrix}\boldsymbol{I} & \boldsymbol{0}\\ -\boldsymbol{A}_{21}\boldsymbol{A}_{11}^{-1} & \boldsymbol{I}\end{pmatrix}. \quad \text{(A.2.4)}$$

由 (A.2.4) 式知若记

$$\begin{pmatrix}\boldsymbol{A}_{11} & \boldsymbol{A}_{12}\\ \boldsymbol{A}_{21} & \boldsymbol{A}_{22}\end{pmatrix}^{-1}=\begin{pmatrix}\boldsymbol{B}_{11} & \boldsymbol{B}_{12}\\ \boldsymbol{B}_{21} & \boldsymbol{B}_{22}\end{pmatrix},$$

则

$$\begin{cases} \boldsymbol{B}_{11} = \boldsymbol{A}_{11}^{-1} + \boldsymbol{A}_{11}^{-1}\boldsymbol{A}_{12}\left(\boldsymbol{A}_{22} - \boldsymbol{A}_{21}\boldsymbol{A}_{11}^{-1}\boldsymbol{A}_{12}\right)^{-1}\boldsymbol{A}_{21}\boldsymbol{A}_{11}^{-1}, \\ \boldsymbol{B}_{22} = \left(\boldsymbol{A}_{22} - \boldsymbol{A}_{21}\boldsymbol{A}_{11}^{-1}\boldsymbol{A}_{12}\right)^{-1}, \\ \boldsymbol{B}_{12} = -\boldsymbol{A}_{11}^{-1}\boldsymbol{A}_{12}\left(\boldsymbol{A}_{22} - \boldsymbol{A}_{21}\boldsymbol{A}_{11}^{-1}\boldsymbol{A}_{12}\right)^{-1}, \\ \boldsymbol{B}_{21} = -\left(\boldsymbol{A}_{22} - \boldsymbol{A}_{21}\boldsymbol{A}_{11}^{-1}\boldsymbol{A}_{12}\right)^{-1}\boldsymbol{A}_{21}\boldsymbol{A}_{11}^{-1}. \end{cases} \tag{A.2.5}$$

由于

$$\left(\boldsymbol{A}_{11}^{-1} + \boldsymbol{A}_{11}^{-1}\boldsymbol{A}_{12}\left(\boldsymbol{A}_{22} - \boldsymbol{A}_{21}\boldsymbol{A}_{11}^{-1}\boldsymbol{A}_{12}\right)^{-1}\boldsymbol{A}_{21}\boldsymbol{A}_{11}^{-1}\right)\left(\boldsymbol{A}_{11} - \boldsymbol{A}_{12}\boldsymbol{A}_{22}^{-1}\boldsymbol{A}_{21}\right) = \boldsymbol{I}, \tag{A.2.6}$$

所以 $\boldsymbol{B}_{11}$ 还可以简写为

$$\boldsymbol{B}_{11} = \left(\boldsymbol{A}_{11} - \boldsymbol{A}_{12}\boldsymbol{A}_{22}^{-1}\boldsymbol{A}_{21}\right)^{-1}.$$

由 (A.2.6) 式知

$$\begin{aligned} &\left(\boldsymbol{A}_{11} - \boldsymbol{A}_{12}\boldsymbol{A}_{22}^{-1}\boldsymbol{A}_{21}\right)^{-1} \\ =& \boldsymbol{A}_{11}^{-1} + \boldsymbol{A}_{11}^{-1}\boldsymbol{A}_{12}\left(\boldsymbol{A}_{22} - \boldsymbol{A}_{21}\boldsymbol{A}_{11}^{-1}\boldsymbol{A}_{12}\right)^{-1}\boldsymbol{A}_{21}\boldsymbol{A}_{11}^{-1}. \end{aligned} \tag{A.2.7}$$

同理, 有

$$\begin{aligned} &\left(\boldsymbol{A}_{22} - \boldsymbol{A}_{21}\boldsymbol{A}_{11}^{-1}\boldsymbol{A}_{12}\right)^{-1} \\ =& \boldsymbol{A}_{22}^{-1} + \boldsymbol{A}_{22}^{-1}\boldsymbol{A}_{21}\left(\boldsymbol{A}_{11} - \boldsymbol{A}_{12}\boldsymbol{A}_{22}^{-1}\boldsymbol{A}_{21}\right)^{-1}\boldsymbol{A}_{12}\boldsymbol{A}_{22}^{-1}, \end{aligned} \tag{A.2.8}$$

所以 $\boldsymbol{B}_{12}$ 和 $\boldsymbol{B}_{21}$ 还可分别改写为

$$\begin{aligned} \boldsymbol{B}_{12} &= -\left(\boldsymbol{A}_{11} - \boldsymbol{A}_{12}\boldsymbol{A}_{22}^{-1}\boldsymbol{A}_{21}\right)^{-1}\boldsymbol{A}_{12}\boldsymbol{A}_{22}^{-1}, \\ \boldsymbol{B}_{21} &= -\boldsymbol{A}_{22}^{-1}\boldsymbol{A}_{21}\left(\boldsymbol{A}_{11} - \boldsymbol{A}_{12}\boldsymbol{A}_{22}^{-1}\boldsymbol{A}_{21}\right)^{-1}. \end{aligned}$$

A.2.2 矩阵的广义逆

关于广义逆的详细讨论读者可参阅文献 [122]. 下面简述将要用到的广义逆的有关内容. $m \times n$ 阶矩阵 $\boldsymbol{A}$ 的广义逆 $\boldsymbol{A}^-$ 满足条件 $\boldsymbol{A}\boldsymbol{A}^-\boldsymbol{A} = \boldsymbol{A}$. 由此可见, 如果 $\boldsymbol{Y}$ 在 $\boldsymbol{A}$ 的列向量张成的线性空间中, 那么 $\boldsymbol{X} = \boldsymbol{A}^-\boldsymbol{Y}$ 是方程 $\boldsymbol{A}\boldsymbol{X} = \boldsymbol{Y}$ 的解. 下面两个等式都成立:

$$\boldsymbol{A}\left(\boldsymbol{A}'\boldsymbol{A}\right)^-\boldsymbol{A}'\boldsymbol{A} = \boldsymbol{A}, \quad \boldsymbol{A}'\boldsymbol{A}\left(\boldsymbol{A}'\boldsymbol{A}\right)^-\boldsymbol{A}' = \boldsymbol{A}'.$$

通过构造 $\boldsymbol{X}'\boldsymbol{X}$ 的广义逆 $\left(\boldsymbol{X}'\boldsymbol{X}\right)^-$ 说明矩阵的广义逆存在但不唯一. 由于 $n\times k$ 阶矩阵 $\boldsymbol{X}$ 的秩 $r < k$, 所以 k 阶方阵 $\boldsymbol{X}'\boldsymbol{X}$ 奇异, 其逆矩阵不存在. 考虑到 $\boldsymbol{X}'\boldsymbol{X}$

是非负定矩阵, 故存在正交矩阵 $\boldsymbol{T}$, 使得

$$\boldsymbol{X}'\boldsymbol{X}=\boldsymbol{T}\begin{pmatrix}\boldsymbol{D} & \boldsymbol{0}\\ \boldsymbol{0} & \boldsymbol{0}\end{pmatrix}\boldsymbol{T}',\quad \boldsymbol{D}=\mathrm{diag}\,(d_1,\cdots,d_r)\text{ 为对角矩阵, } d_1,\cdots,d_r \text{ 都是正数,}$$

则不难证明 $(\boldsymbol{X}'\boldsymbol{X})^-$ 的广义逆必是下面的形式:

$$\boldsymbol{T}\begin{pmatrix}\boldsymbol{D}^{-1} & \boldsymbol{P}\\ \boldsymbol{Q} & \boldsymbol{S}\end{pmatrix}\boldsymbol{T}',$$

其中, $\boldsymbol{P}$, $\boldsymbol{Q}$ 和 $\boldsymbol{S}$ 分别是任意的 $r\times(k-r)$, $(k-r)\times r$ 和 $(k-r)\times(k-r)$ 阶矩阵. 由此看来, $\boldsymbol{X}'\boldsymbol{X}$ 的广义逆 $(\boldsymbol{X}'\boldsymbol{X})^-$ 存在但不唯一.

关于 $\boldsymbol{X}'\boldsymbol{X}$ 的广义逆 $(\boldsymbol{X}'\boldsymbol{X})^-$ 有以下一些性质. $\boldsymbol{X}'\boldsymbol{X}$ 与其广义逆 $(\boldsymbol{X}'\boldsymbol{X})^-$ 有相同的秩, 秩都等于 $\boldsymbol{X}$ 的秩 r. $\boldsymbol{X}\left(\boldsymbol{X}'\boldsymbol{X}\right)^-\boldsymbol{X}'$ 与 $\boldsymbol{I}_n-\boldsymbol{X}\left(\boldsymbol{X}'\boldsymbol{X}\right)^-\boldsymbol{X}'$ 都是幂等矩阵, $\boldsymbol{X}\left(\boldsymbol{X}'\boldsymbol{X}\right)^-\boldsymbol{X}'$ 的秩为 r, 而 $\boldsymbol{I}_n-\boldsymbol{X}\left(\boldsymbol{X}'\boldsymbol{X}\right)^-\boldsymbol{X}'$ 的秩为 $n-r$. 设 $\boldsymbol{H}$ 是给定的 $k\times r$ 阶矩阵, 其中, $r<k$, $k\times p$ 阶矩阵 $\boldsymbol{B}\in \boldsymbol{R}^{k\times p}$, 则方程 $\boldsymbol{H}'\boldsymbol{B}=\boldsymbol{0}$ 的通解为 $\boldsymbol{B}=\left(\boldsymbol{I}_k-\boldsymbol{H}\left(\boldsymbol{H}'\boldsymbol{H}\right)^-\boldsymbol{H}'\right)\boldsymbol{\Theta}$, $\boldsymbol{\Theta}\in\mathrm{R}^{k\times p}$. 设 $\boldsymbol{Z}$ 是给定的 $r\times p$ 阶矩阵, $\boldsymbol{Z}$ 的列向量在 $\boldsymbol{H}$ 的行向量张成的线性空间中, 则方程 $\boldsymbol{H}'\boldsymbol{B}=\boldsymbol{Z}$ 的通解为 $\boldsymbol{B}=\boldsymbol{B}_0+\left(\boldsymbol{I}_k-\boldsymbol{H}\left(\boldsymbol{H}'\boldsymbol{H}\right)^-\boldsymbol{H}'\right)\boldsymbol{\Theta}$, 其中, $\boldsymbol{\Theta}\in\mathrm{R}^{k\times p}$, $\boldsymbol{B}_0$ 是方程 $\boldsymbol{H}'\boldsymbol{B}=\boldsymbol{Z}$ 的一个特解, 如取 $\boldsymbol{B}_0=\boldsymbol{H}\left(\boldsymbol{H}'\boldsymbol{H}\right)^-\boldsymbol{Z}$.

A.3 二 次 型

A.3.1 向量二次型

设有 n 个独立一元正态分布变量 $\boldsymbol{x}_i\sim N(\boldsymbol{\mu}_i,1)$, $i=1,\cdots,n$. 记 $\boldsymbol{X}=(x_1,\cdots,x_n)'$, 则称 $\boldsymbol{Q}=\boldsymbol{X}'\boldsymbol{A}\boldsymbol{X}$ 为向量二次型, 简称二次型, 其中, $\boldsymbol{A}\geqslant 0$. 关于二次型分布有以下 4 个结果.

性质 A.3.1 $\boldsymbol{Q}$ 有 $\chi^2(m,a)$ 分布的充分必要条件是 $\boldsymbol{A}$ 为幂等矩阵, 即 $\boldsymbol{A}^2=\boldsymbol{A}$, 并且 χ^2 分布的自由度 m 等于 $\boldsymbol{A}$ 的秩 $(R(\boldsymbol{A}))$, 也就是 $\boldsymbol{A}$ 的迹 $(\mathrm{tr}(\boldsymbol{A}))$, 非中心参数 $a=\boldsymbol{\mu}'\boldsymbol{A}\boldsymbol{\mu}$, 其中, $\boldsymbol{\mu}=(\mu_1,\cdots,\mu_n)'$. 值得注意的是, 在所有的 μ_i 都等于 0 时, $\boldsymbol{Q}$ 有中心的 χ^2 分布, 否则它可能是非中心的.

一般来说, 在 $\boldsymbol{X}\sim N_n(\boldsymbol{\mu},\boldsymbol{\Sigma})$, 其中, $\boldsymbol{\Sigma}>0$ 时, $\boldsymbol{Q}=\boldsymbol{X}'\boldsymbol{A}\boldsymbol{X}$ 有 $\chi^2(m,a)$ 分布的充分必要条件是 $\boldsymbol{A}\boldsymbol{\Sigma}\boldsymbol{A}\boldsymbol{\Sigma}=\boldsymbol{A}\boldsymbol{\Sigma}$ 且 χ^2 分布的自由度 $m=R(\boldsymbol{A}\boldsymbol{\Sigma})$, 非中心参数 $a=\boldsymbol{\mu}'\boldsymbol{A}\boldsymbol{\mu}$.

$\boldsymbol{Y}\sim\chi^2(m,a)$ 的密度函数为

$$\sum_{k=0}^{\infty}\frac{(a/2)^k}{k!}\mathrm{e}^{-a/2}\frac{1}{\Gamma(m+2k/2)}\left(\frac{1}{2}\right)^{(m+2k)/2}y^{(m+2k)/2-1}\mathrm{e}^{-y/2}. \tag{A.3.1}$$

由 (A.3.1) 式可以看到, 若引入服从泊松分布 $P(a/2)$ 的变量 Ψ, 那么 $Y \sim \chi^2(m,a)$ 可以理解为, 在给定 $\Psi = k$ 后 Y 的条件分布为自由度等于 $m+2k$ 的中心 χ^2 分布.

性质 A.3.2　设 $\boldsymbol{Q} = \boldsymbol{Q}_1 + \boldsymbol{Q}_2$, $\boldsymbol{Q} \sim \chi^2(a,m)$, $\boldsymbol{Q}_1 \sim \chi^2(b,r)$ 且 $\boldsymbol{Q}_2 \geqslant 0$, 则 $\boldsymbol{Q}_2 \sim \chi^2(a-b, m-r)$ 且 $\boldsymbol{Q}_1$ 与 $\boldsymbol{Q}_2$ 相互独立.

性质 A.3.3(Fisher-Cochran 定理)　设 $\boldsymbol{X}'\boldsymbol{X} = \boldsymbol{Q}_1 + \cdots + \boldsymbol{Q}_k$, $\boldsymbol{Q}_i = \boldsymbol{X}'\boldsymbol{A}_i\boldsymbol{X}$, $\boldsymbol{A}_i$ 的秩为 n_i, $i = 1,\cdots,k$. 则 $\boldsymbol{Q}_i$ 有自由度为 n_i 的 χ^2 分布, $i=1,\cdots,k$, 并且 $\boldsymbol{Q}_1,\cdots,\boldsymbol{Q}_k$ 相互独立的充分必要条件为 $n = \sum\limits_{i=1}^{k} n_i$.

性质 A.3.4　设 $\boldsymbol{Q} = \boldsymbol{X}'\boldsymbol{A}\boldsymbol{X}$, $\boldsymbol{A}$ 为幂等矩阵, 则 $\boldsymbol{P}'\boldsymbol{X}$ 与 $\boldsymbol{Q}$ 独立的充分必要条件是 $\boldsymbol{A}\boldsymbol{P} = \boldsymbol{0}$.

A.3.2　矩阵二次型

记 $\boldsymbol{X}' = (x_1,\cdots,x_n)$, 假设 $x_1,\cdots,x_n$ 相互独立, $x_i \sim N_p(\mu_i, \boldsymbol{\Sigma})$, $i=1,\cdots,n$. 则在 $\boldsymbol{A} \geqslant 0$ 时, $\boldsymbol{Q} = \boldsymbol{X}'\boldsymbol{A}\boldsymbol{X}$ 称为非中心的矩阵二次型, 简称矩阵二次型. 对于非中心的矩阵二次型来说, 性质 3.2.5 的关于中心的矩阵二次型的 3 个结论仍然成立, 但需作适当的修改. 关于非中心的矩阵二次型分布的 3 个结论如下所述.

性质 A.3.5(续性质 3.2.5, 矩阵二次型)　(1) 若 $\boldsymbol{A}$ 为幂等矩阵, 则矩阵二次型 $\boldsymbol{Q} = \boldsymbol{X}'\boldsymbol{A}\boldsymbol{X}$ 有 Wishart 分布 $W_p(m, \boldsymbol{\Sigma}, \boldsymbol{\Omega})$, 其中, $m = R(\boldsymbol{A}) = \mathrm{tr}(\boldsymbol{A})$, $\boldsymbol{\Omega} = \boldsymbol{\Sigma}^{-1}(\boldsymbol{\mu}'\boldsymbol{A}\boldsymbol{\mu})$, $\boldsymbol{\mu}' = (\mu_1,\cdots,\mu_n)$.

(2) 设 $\boldsymbol{Q} = \boldsymbol{X}'\boldsymbol{A}\boldsymbol{X}$, $\boldsymbol{Q}_1 = \boldsymbol{X}'\boldsymbol{B}\boldsymbol{X}$, 其中, $\boldsymbol{A}$ 和 $\boldsymbol{B}$ 都是幂等矩阵. 若 $\boldsymbol{Q}_2 = \boldsymbol{Q} - \boldsymbol{Q}_1 \geqslant 0$, 则 $\boldsymbol{Q}_2$ 有 Wishart 分布 $W_p(m-r, \boldsymbol{\Sigma}, \boldsymbol{\Omega})$, 其中, $m = R(\boldsymbol{A}) = \mathrm{tr}(\boldsymbol{A})$, $r = R(\boldsymbol{B}) = \mathrm{tr}(\boldsymbol{B})$, $\boldsymbol{\Omega} = \boldsymbol{\Sigma}^{-1}(\boldsymbol{\mu}'(\boldsymbol{A}-\boldsymbol{B})\boldsymbol{\mu})$, 且 $\boldsymbol{Q}_1$ 与 $\boldsymbol{Q}_2$ 相互独立.

(3) 设 $\boldsymbol{Q} = \boldsymbol{X}'\boldsymbol{A}\boldsymbol{X}$, $\boldsymbol{A}$ 为幂等矩阵, 则 $\boldsymbol{P}'\boldsymbol{X}$ 与 $\boldsymbol{Q}$ 独立的充分必要条件是 $\boldsymbol{A}\boldsymbol{P} = 0$.

非中心矩阵二次型分布的这 3 个结论的证明从略.

A.4　矩阵拉直和 Kronecker 积

矩阵拉直　令 $n \times p$ 阶矩阵 $\boldsymbol{X} = (\boldsymbol{x}_1,\cdots,\boldsymbol{x}_p)$. 所谓矩阵的拉直运算就是将矩阵按列拉直为向量, $\boldsymbol{X}$ 拉直后的向量记为 $\mathrm{vec}(\boldsymbol{X})$(有时也记为 $\vec{\boldsymbol{X}}$), 它等于

$$\mathrm{vec}(\boldsymbol{X}) = \begin{pmatrix} \boldsymbol{x}_1 \\ \vdots \\ \boldsymbol{x}_p \end{pmatrix}.$$

由于 $\boldsymbol{X}$ 是 $n \times p$ 阶矩阵, 所以 $\mathrm{vec}(\boldsymbol{X})$ 是 $np \times 1$ 维向量.

Kronecker 积 令 $\boldsymbol{A}$ 和 $\boldsymbol{B}$ 分别为 $n\times p$ 和 $m\times q$ 阶矩阵, 并记 $\boldsymbol{A}=(a_{ij})$, a_{ij} 为矩阵 $\boldsymbol{A}$ 的元素, $i=1,\cdots,n$, $j=1,\cdots,p$. 矩阵 $\boldsymbol{A}$ 和 $\boldsymbol{B}$ 的 Kronecker 积记为 $\boldsymbol{A}\otimes\boldsymbol{B}$, 它等于

$$\boldsymbol{A}\otimes\boldsymbol{B}=(a_{ij}\boldsymbol{B}),$$

所以 $\boldsymbol{A}\otimes\boldsymbol{B}$ 是 $nm\times pq$ 阶矩阵.

拉直运算和 Kronecker 积的性质

性质 A.4.1(数量乘法) 对任意实数 λ, 都有 $(\lambda\boldsymbol{A})\otimes\boldsymbol{B}=\boldsymbol{A}\otimes(\lambda\boldsymbol{B})=\lambda(\boldsymbol{A}\otimes\boldsymbol{B})$.

性质 A.4.2(分配律) $\boldsymbol{A}\otimes(\boldsymbol{B}+\boldsymbol{C})=\boldsymbol{A}\otimes\boldsymbol{B}+\boldsymbol{A}\otimes\boldsymbol{C}$, $(\boldsymbol{B}+\boldsymbol{C})\otimes\boldsymbol{A}=\boldsymbol{B}\otimes\boldsymbol{A}+\boldsymbol{C}\otimes\boldsymbol{A}$.

性质 A.4.3(结合律) $(\boldsymbol{A}\otimes\boldsymbol{B})\otimes\boldsymbol{C}=\boldsymbol{A}\otimes(\boldsymbol{B}\otimes\boldsymbol{C})$.

性质 A.4.4(矩阵转置) $(\boldsymbol{A}\otimes\boldsymbol{B})'=\boldsymbol{A}'\otimes\boldsymbol{B}'$.

性质 A.4.5(矩阵乘法) $(\boldsymbol{A}\otimes\boldsymbol{B})(\boldsymbol{C}\otimes\boldsymbol{D})=(\boldsymbol{AC}\otimes\boldsymbol{BD})$.

性质 A.4.6(逆矩阵) 若 $\boldsymbol{A}$ 和 $\boldsymbol{B}$ 都是非奇异的方阵, 则 $(\boldsymbol{A}\otimes\boldsymbol{B})^{-1}=\boldsymbol{A}^{-1}\otimes\boldsymbol{B}^{-1}$.

性质 A.4.7(矩阵的迹) $\mathrm{tr}\,(\boldsymbol{A}\otimes\boldsymbol{B})=\mathrm{tr}(\boldsymbol{A})\cdot\mathrm{tr}(\boldsymbol{B})$, $\mathrm{tr}\left(\boldsymbol{A}'\boldsymbol{B}\right)=(\mathrm{vec}(\boldsymbol{A}))'\cdot(\mathrm{vec}(\boldsymbol{B}))$.

性质 A.4.8(行列式) 若 $\boldsymbol{A}$ 和 $\boldsymbol{B}$ 分别是 n 和 m 阶方阵, 则 $|\boldsymbol{A}\otimes\boldsymbol{B}|=|\boldsymbol{A}|^m\cdot|\boldsymbol{B}|^n$.

性质 A.4.9 若 $\boldsymbol{A}$, $\boldsymbol{Y}$ 和 $\boldsymbol{B}$ 分别是 $n\times p$, $p\times q$ 和 $q\times m$ 阶矩阵, 则

$$\mathrm{vec}\,(\boldsymbol{AYB})=(\boldsymbol{B}'\otimes\boldsymbol{A})\mathrm{vec}(\boldsymbol{Y}).$$

注 一般来说, Kronecker 积的交换律不成立, 但 $\boldsymbol{I}_{mn}=\boldsymbol{I}_m\otimes\boldsymbol{I}_n=\boldsymbol{I}_n\otimes\boldsymbol{I}_m$.

性质 A.4.9 很重要, 本书多次用到它. 下面给出它的证明.

性质 A.4.9 的证明 首先在 $n=m=1$ 时证明结论为真. 这时 $\boldsymbol{A}$ 是 p 维行向量, $\boldsymbol{B}$ 是 q 维列向量. 从而知 $\mathrm{vec}\,(\boldsymbol{AYB})=\boldsymbol{AYB}$, 所以在 $n=m=1$ 时欲证明 (2.5.6) 式, 仅需证明

$$\boldsymbol{AYB}=(\boldsymbol{B}'\otimes\boldsymbol{A})\mathrm{vec}(\boldsymbol{Y}).\tag{A.4.1}$$

令 $p\times q$ 阶矩阵 $\boldsymbol{Y}$ 的列向量依次为 $\boldsymbol{y}_1,\cdots,\boldsymbol{y}_q$, 即令 $\boldsymbol{Y}=(\boldsymbol{y}_1,\cdots,\boldsymbol{y}_q)$. 记 q 维列向量 $\boldsymbol{B}=(b_1,\cdots,b_q)'$, 则有

$$\begin{aligned}\boldsymbol{AYB}&=\left(\boldsymbol{Ay}_1,\cdots,\boldsymbol{Ay}_q\right)(b_1,\cdots,b_q)'=\boldsymbol{Ay}_1b_1+\cdots+\boldsymbol{Ay}_qb_q\\&=(b_1\boldsymbol{A},\cdots,b_q\boldsymbol{A})\begin{pmatrix}\boldsymbol{y}_1\\\vdots\\\boldsymbol{y}_q\end{pmatrix}=\left(\boldsymbol{B}'\otimes\boldsymbol{A}\right)\mathrm{vec}\,(\boldsymbol{Y}),\end{aligned}$$

所以在 $n=m=1$ 时结论为真.

下面在 $\boldsymbol{A}$ 和 $\boldsymbol{B}$ 为一般的矩阵时证明结论为真. 这时 $\boldsymbol{AYB}$ 是 $n\times m$ 阶的矩阵, $(\boldsymbol{B}'\otimes\boldsymbol{A})\mathrm{vec}(\boldsymbol{Y})$ 是 $nm\times 1$ 维列向量. 所以欲证结论为真, 仅需证明对任意的 $i(i=1,\cdots,n)$ 以及任意的 $j(j=1,\cdots,m)$ 都有: 矩阵 $\boldsymbol{AYB}$ 的第 i 行第 j 列上的元素等于向量 $(\boldsymbol{B}'\otimes\boldsymbol{A})\mathrm{vec}(\boldsymbol{Y})$ 的第 $(j-1)n+i$ 个元素. 若令 $\boldsymbol{e}_k$ 表示第 k 个元素为 1, 其余的元素皆为 0 的列向量, 则矩阵 $\boldsymbol{AYB}$ 的第 i 行第 j 列上的元素等于 $\boldsymbol{e}_i'\boldsymbol{AYB}\boldsymbol{e}_j$, 向量 $(\boldsymbol{B}'\otimes\boldsymbol{A})\mathrm{vec}(\boldsymbol{Y})$ 的第 $(j-1)n+i$ 个元素等于 $\boldsymbol{e}_{(j-1)n+i}'(\boldsymbol{B}'\otimes\boldsymbol{A})\mathrm{vec}(\boldsymbol{Y})$. 由于这里的 $\boldsymbol{e}_i$ 是 n 维列向量, $\boldsymbol{e}_j$ 是 m 维列向量, $\boldsymbol{e}_{(j-1)n+i}$ 是 $nm\times 1$ 维列向量, 所以有

$$\boldsymbol{e}_{(j-1)n+i}=\boldsymbol{e}_j\otimes\boldsymbol{e}_i.$$

考虑到 $\boldsymbol{e}_i'\boldsymbol{A}$ 是行向量, $\boldsymbol{B}\boldsymbol{e}_j$ 是列向量, 则由已经证得的 (A.4.1) 式知

$$\begin{aligned}\boldsymbol{e}_i'\boldsymbol{AYB}\boldsymbol{e}_j &= \left((\boldsymbol{B}\boldsymbol{e}_j)'\otimes\boldsymbol{e}_i'\boldsymbol{A}\right)\mathrm{vec}(\boldsymbol{Y})=\left(\boldsymbol{e}_j'\boldsymbol{B}'\otimes\boldsymbol{e}_i'\boldsymbol{A}\right)\mathrm{vec}(\boldsymbol{Y})\\ &=\left(\boldsymbol{e}_j'\otimes\boldsymbol{e}_i'\right)\left(\boldsymbol{B}'\otimes\boldsymbol{A}\right)\mathrm{vec}(\boldsymbol{Y})=\boldsymbol{e}_{(j-1)n+i}'\left(\boldsymbol{B}'\otimes\boldsymbol{A}\right)\mathrm{vec}(\boldsymbol{Y}).\end{aligned}$$

这说明对任意的 i 以及任意的 j, 矩阵 $\boldsymbol{AYB}$ 的第 i 行第 j 列上的元素等于向量 $(\boldsymbol{B}'\otimes\boldsymbol{A})\mathrm{vec}(\boldsymbol{Y})$ 的第 $(j-1)n+i$ 个元素. 至此, 性质 A.4.9 得到了证明.

A.5 变换的雅可比行列式

A.5.1 雅可比行列式

设 $\boldsymbol{Y}=g(\boldsymbol{X})$, 其中, $g(\boldsymbol{X})$ 是一个一一对应的函数. 变换 $\boldsymbol{Y}\to\boldsymbol{X}$ 就是 $\boldsymbol{Y}\to g(\boldsymbol{X})$, 就是将 $\boldsymbol{Y}$ 代换为 $g(\boldsymbol{X})$. 变换 $\boldsymbol{X}\to\boldsymbol{Y}$ 就是 $\boldsymbol{X}\to h(\boldsymbol{Y})$, 就是将 $\boldsymbol{X}$ 代换为 $h(\boldsymbol{Y})$, 其中, $\boldsymbol{X}=h(\boldsymbol{Y})$ 是 $\boldsymbol{Y}=g(\boldsymbol{X})$ 的逆函数.

变换 $\boldsymbol{Y}\to\boldsymbol{X}$ 的雅可比行列式记为 $J(\boldsymbol{Y}\to\boldsymbol{X})$, 或简记为 J, 它是下面这个矩阵的行列式的值:

$$\frac{\partial\boldsymbol{Y}}{\partial\boldsymbol{X}}=\frac{\partial g(\boldsymbol{X})}{\partial\boldsymbol{X}}=\begin{pmatrix}\dfrac{\partial y_1}{\partial x_1} & \cdots & \dfrac{\partial y_1}{\partial x_p}\\ \vdots & & \vdots\\ \dfrac{\partial y_p}{\partial x_1} & \cdots & \dfrac{\partial y_p}{\partial x_p}\end{pmatrix}=\begin{pmatrix}\dfrac{\partial g_1(\boldsymbol{X})}{\partial x_1} & \cdots & \dfrac{\partial g_1(\boldsymbol{X})}{\partial x_p}\\ \vdots & & \vdots\\ \dfrac{\partial g_p(\boldsymbol{X})}{\partial x_1} & \cdots & \dfrac{\partial g_p(\boldsymbol{X})}{\partial x_p}\end{pmatrix},$$

其中, $\boldsymbol{X}=(x_1,\cdots,x_p)'$, $\boldsymbol{Y}=(y_1,\cdots,y_p)'$, 而 $\boldsymbol{Y}=g(\boldsymbol{X})$ 意思是说 $y_i=g_i(\boldsymbol{X})$, $i=1,\cdots,p$. 而 $\boldsymbol{X}=h(\boldsymbol{Y})$ 意思是说 $x_i=h_i(\boldsymbol{Y})$, $i=1,\cdots,p$. 注意: $J(\boldsymbol{Y}\to\boldsymbol{X})$ 即 $|\partial(\boldsymbol{Y})/\partial(\boldsymbol{X})|$, 而不是 $|\partial(\boldsymbol{X})/\partial(\boldsymbol{Y})|$. 有时, 将 $\boldsymbol{Y}\to\boldsymbol{X}$ 的雅可比行列式 $J(\boldsymbol{Y}\to\boldsymbol{X})$

写为 $J\left(g\left(\boldsymbol{X}\right)\to\boldsymbol{X}\right)$. 后面的这一种写法只有一个变量 $\boldsymbol{Y}$. 就此而言, 它比前面这种写法简单.

变换 $\boldsymbol{X}\to\boldsymbol{Y}$ 的雅可比行列式 $J\left(\boldsymbol{X}\to\boldsymbol{Y}\right)$ 是下面这个矩阵的行列式的值:

$$\frac{\partial\boldsymbol{X}}{\partial\boldsymbol{Y}}=\frac{\partial h\left(\boldsymbol{Y}\right)}{\partial\boldsymbol{Y}}=\begin{pmatrix}\dfrac{\partial x_1}{\partial y_1} & \cdots & \dfrac{\partial x_1}{\partial y_p}\\ \vdots & & \vdots\\ \dfrac{\partial x_p}{\partial y_1} & \cdots & \dfrac{\partial x_p}{\partial y_p}\end{pmatrix}=\begin{pmatrix}\dfrac{\partial h_1\left(\boldsymbol{Y}\right)}{\partial y_1} & \cdots & \dfrac{\partial h_1\left(\boldsymbol{Y}\right)}{\partial y_p}\\ \vdots & & \vdots\\ \dfrac{\partial h_p\left(\boldsymbol{Y}\right)}{\partial y_1} & \cdots & \dfrac{\partial h_p\left(\boldsymbol{Y}\right)}{\partial y_p}\end{pmatrix}.$$

A.5.2 雅可比行列式计算的简化

引理 A.5.1(逆变换的雅可比行列式) $J\left(\boldsymbol{X}\to\boldsymbol{Y}\right)=\left(J\left(\boldsymbol{Y}\to\boldsymbol{X}\right)\right)^{-1}$.

这个引理不难理解, 证明从略.

引理 A.5.2(雅可比行列式计算的分解一) 设变量 $\boldsymbol{X}$ 和 $\boldsymbol{Y}$ 有相同的剖分

$$\boldsymbol{X}=\begin{pmatrix}\boldsymbol{X}_1\\ \boldsymbol{X}_2\\ \vdots\\ \boldsymbol{X}_k\end{pmatrix}\begin{matrix}p_1\\ p_2\\ \vdots\\ p_k\end{matrix},\quad \boldsymbol{Y}=\begin{pmatrix}\boldsymbol{Y}_1\\ \boldsymbol{Y}_2\\ \vdots\\ \boldsymbol{Y}_k\end{pmatrix}\begin{matrix}p_1\\ p_2\\ \vdots\\ p_k\end{matrix},$$

并有变换

$$\begin{cases}\boldsymbol{X}_1=f_1\left(\boldsymbol{Y}_1,\boldsymbol{Y}_2,\cdots,\boldsymbol{Y}_k\right),\\ \boldsymbol{X}_2=f_2\left(\boldsymbol{Y}_2,\cdots,\boldsymbol{Y}_k\right),\\ \qquad\cdots\cdots\\ \boldsymbol{X}_k=f_k\left(\boldsymbol{Y}_k\right),\end{cases}$$

则变换 $\boldsymbol{X}\to\boldsymbol{Y}$, 也就是 $\left(\boldsymbol{X}_1,\boldsymbol{X}_2,\cdots,\boldsymbol{X}_k\right)\to\left(\boldsymbol{Y}_1,\boldsymbol{Y}_2,\cdots,\boldsymbol{Y}_k\right)$ 的雅可比行列式可分解为 k 个变换 $\boldsymbol{X}_i\to\boldsymbol{Y}_i$ $(i=1,\cdots,k)$ 的雅可比行列式的乘积, 即

$$\begin{aligned}J\left(\left(\boldsymbol{X}_1,\boldsymbol{X}_2,\cdots,\boldsymbol{X}_k\right)\to\left(\boldsymbol{Y}_1,\boldsymbol{Y}_2,\cdots,\boldsymbol{Y}_k\right)\right)&=\prod_{i=1}^{k}J\left(\boldsymbol{X}_i\to\boldsymbol{Y}_i\right)\\ &=\prod_{i=1}^{k}\left|\frac{\partial f_i}{\partial Y_i}\right|.\end{aligned}\tag{A.5.1}$$

证明 由于变换 $\left(\boldsymbol{X}_1,\boldsymbol{X}_2,\cdots,\boldsymbol{X}_k\right)\to\left(\boldsymbol{Y}_1,\boldsymbol{Y}_2,\cdots,\boldsymbol{Y}_k\right)$ 的雅可比行列式为下

面这个矩阵的行列式的值:

$$\begin{pmatrix} \dfrac{\partial f_1}{\partial Y_1} & \dfrac{\partial f_1}{\partial Y_2} & \cdots & \dfrac{\partial f_1}{\partial Y_k} \\ 0 & \dfrac{\partial f_2}{\partial Y_2} & \cdots & \dfrac{\partial f_2}{\partial Y_k} \\ \vdots & \vdots & & \vdots \\ 0 & 0 & \cdots & \dfrac{\partial f_k}{\partial Y_k} \end{pmatrix}.$$

由于这个矩阵是分块下三角阵, 所以它的行列式的值为对角线上矩阵的行列式的值的乘积

$$\prod_{i=1}^{k}\left|\frac{\partial f_i}{\partial Y_i}\right| = \prod_{i=1}^{k} J\left(\boldsymbol{X}_i \to \boldsymbol{Y}_i\right),$$

从而有 (A.5.1) 式. 引理证毕.

引理 A.5.3(中间变量) $J(\boldsymbol{X} \to \boldsymbol{Y}) = J(\boldsymbol{X} \to \boldsymbol{Z})\, J(\boldsymbol{Z} \to \boldsymbol{Y})$, 其中, $\boldsymbol{Z}$ 是引入的中间变量.

这个引理不难理解, 证明从略. 显然, 引理 A.5.3 还可以进一步推广为

$$J(\boldsymbol{X} \to \boldsymbol{Y}) = J(\boldsymbol{X} \to \boldsymbol{Z}_1)\, J(\boldsymbol{Z}_1 \to \boldsymbol{Z}_2) \cdots J(\boldsymbol{Z}_{k-1} \to \boldsymbol{Z}_k)\, J(\boldsymbol{Z}_k \to \boldsymbol{Y}),$$

其中, $\boldsymbol{Z}_1, \cdots, \boldsymbol{Z}_k$ 是引入的 k 个中间变量.

引理 A.5.4(雅可比行列式计算的分解二) 设变量 $\boldsymbol{X}$ 和 $\boldsymbol{Y}$ 有相同的剖分

$$\boldsymbol{X} = \begin{pmatrix} \boldsymbol{X}_1 \\ \boldsymbol{X}_2 \\ \vdots \\ \boldsymbol{X}_k \end{pmatrix} \begin{matrix} p_1 \\ p_2 \\ \vdots \\ p_k \end{matrix}, \quad \boldsymbol{Y} = \begin{pmatrix} \boldsymbol{Y}_1 \\ \boldsymbol{Y}_2 \\ \vdots \\ \boldsymbol{Y}_k \end{pmatrix} \begin{matrix} p_1 \\ p_2 \\ \vdots \\ p_k \end{matrix},$$

并有变换

$$\begin{cases} \boldsymbol{X}_1 = f_1\left(\boldsymbol{Y}_1, \boldsymbol{Y}_2, \boldsymbol{Y}_3, \cdots, \boldsymbol{Y}_k\right), \\ \boldsymbol{X}_2 = f_2\left(\boldsymbol{X}_1, \boldsymbol{Y}_2, \boldsymbol{Y}_3, \cdots, \boldsymbol{Y}_k\right), \\ \boldsymbol{X}_3 = f_2\left(\boldsymbol{X}_1, \boldsymbol{X}_2, \boldsymbol{Y}_3, \cdots, \boldsymbol{Y}_k\right), \\ \qquad \cdots\cdots \\ \boldsymbol{X}_k = f_k\left(\boldsymbol{X}_1, \boldsymbol{X}_2, \cdots, \boldsymbol{X}_{k-1}, \boldsymbol{Y}_k\right), \end{cases}$$

则变换 $\boldsymbol{X} \to \boldsymbol{Y}$ 的雅可比行列式可分解为 k 个变换 $\boldsymbol{X}_i \to \boldsymbol{Y}_i (i = 1, \cdots, k)$ 的雅可比行列式的乘积, 即

$$J(\boldsymbol{X} \to \boldsymbol{Y}) = \prod_{i=1}^{k} J\left(\boldsymbol{X}_i \to \boldsymbol{Y}_i\right).$$

这也就是说, 变换 $\boldsymbol{X} \to \boldsymbol{Y}$ 的雅可比行列式为

$$J = \prod_{i=1}^{k} \left| \frac{\partial f_i}{\partial Y_i} \right|.$$

证明 引入一系列的中间变量

$$(\boldsymbol{X}_1, \cdots, \boldsymbol{X}_{k-1}, \boldsymbol{Y}_k), (\boldsymbol{X}_1, \cdots, \boldsymbol{X}_{k-2}, \boldsymbol{Y}_{k-1}, \boldsymbol{Y}_k), \cdots, (\boldsymbol{X}_1, \boldsymbol{Y}_2, \cdots, \boldsymbol{Y}_k).$$

从而由引理 A.5.3, 有

$$\begin{aligned} J &= J(\boldsymbol{X} \to \boldsymbol{Y}) \\ &= \prod_{i=k}^{1} J\Big(\Big(\boldsymbol{X}_1, \cdots, \boldsymbol{X}_{i-1}, \boldsymbol{X}_i, \boldsymbol{Y}_{i+1}, \cdots, \boldsymbol{Y}_k\Big) \\ &\quad \to (\boldsymbol{X}_1, \cdots, \boldsymbol{X}_{i-1}, \boldsymbol{Y}_i, \boldsymbol{Y}_{i+1}, \cdots, \boldsymbol{Y}_k)\Big). \end{aligned}$$

显然

$$\begin{aligned} & J((\boldsymbol{X}_1, \cdots, \boldsymbol{X}_{i-1}, \boldsymbol{X}_i, \boldsymbol{Y}_{i+1}, \cdots, \boldsymbol{Y}_k) \to (\boldsymbol{X}_1, \cdots, \boldsymbol{X}_{i-1}, \boldsymbol{Y}_i, \boldsymbol{Y}_{i+1}, \cdots, \boldsymbol{Y}_k)) \\ = {} & J(\boldsymbol{X}_i \to \boldsymbol{Y}_i) = \left| \frac{\partial f_i}{\partial Y_i} \right|. \end{aligned}$$

故引理 A.5.4 证毕.

引理 A.5.5(微分雅可比行列式) $J(\boldsymbol{X} \to \boldsymbol{Y}) = J(\mathrm{d}\boldsymbol{X} \to \mathrm{d}\boldsymbol{Y})$, 其中, $\mathrm{d}\boldsymbol{X}$ 和 $\mathrm{d}\boldsymbol{Y}$ 表示 $\boldsymbol{X}$ 和 $\boldsymbol{Y}$ 的微分.

引理 A.5.5 的证明从略.

A.5.3 常用变换的雅可比行列式

定理 A.5.1(线性变换的雅可比行列式) 设变量 $\boldsymbol{X}$ 和 $\boldsymbol{Y}$ 都是 $p \times q$ 阶矩阵, 并且 $\boldsymbol{X} = \boldsymbol{A}\boldsymbol{Y}\boldsymbol{B}$, 其中, $\boldsymbol{A}$ 和 $\boldsymbol{B}$ 分别是非奇异 p 和 q 阶方阵, 则变换 $\boldsymbol{X} \to \boldsymbol{Y}$ 的雅可比行列式为

$$J(\boldsymbol{X} \to \boldsymbol{Y}) = \left| \frac{\partial(\boldsymbol{X})}{\partial(\boldsymbol{Y})} \right| = |\boldsymbol{A}|^q |\boldsymbol{B}|^p,$$

其中, $\partial(\boldsymbol{X})/\partial(\boldsymbol{Y})$ 应理解为 $\boldsymbol{X}$ 的所有的变量对 $\boldsymbol{Y}$ 的所有的变量的微商, 也就是应理解为 $\partial(\mathrm{vec}(\boldsymbol{X}))/\partial(\mathrm{vec}(\boldsymbol{Y}))$.

证明 根据拉直运算和 Kronecker 积的性质 A.4.9, 由 $\boldsymbol{X} = \boldsymbol{A}\boldsymbol{Y}\boldsymbol{B}$ 推得 $\mathrm{vec}(\boldsymbol{X}) = (\boldsymbol{B}' \otimes \boldsymbol{A})\mathrm{vec}(\boldsymbol{Y})$, 所以由引理 2.1.1 知

$$J(\boldsymbol{X} \to \boldsymbol{Y}) = \left| \frac{\partial(\boldsymbol{X})}{\partial(\boldsymbol{Y})} \right| = \left| \frac{\partial(\mathrm{vec}(\boldsymbol{X}))}{\partial(\mathrm{vec}(\boldsymbol{Y}))} \right| = |\boldsymbol{B}' \otimes \boldsymbol{A}|,$$

然后根据拉直运算和 Kronecker 积的性质 A.4.8, $\left|\boldsymbol{B}'\otimes\boldsymbol{A}\right| = |\boldsymbol{A}|^q\,|\boldsymbol{B}|^p$, 因而定理 A.5.1 得证.

显然, 引理 2.1.1 是定理 A.5.1 的特例.

定理 A.5.2(对称矩阵变换的雅可比行列式)　设变量 $\boldsymbol{W}$ 和 $\boldsymbol{S}$ 都是 p 阶对称方阵, 并且 $\boldsymbol{S}=\boldsymbol{AWA}'$, 其中, $\boldsymbol{A}$ 是非奇异 p 阶方阵, 则变换 $\boldsymbol{S}\to\boldsymbol{W}$ 的雅可比行列式为

$$J(\boldsymbol{S}\to\boldsymbol{W})=\left|\frac{\partial(\boldsymbol{S})}{\partial(\boldsymbol{W})}\right|=|\boldsymbol{A}|^{p+1},$$

其中, $\partial(\boldsymbol{S})/\partial(\boldsymbol{W})$ 应理解为 $\boldsymbol{S}$ 的上 (或下) 三角上 $p(p+1)/2$ 个变量对 $\boldsymbol{W}$ 的上 (或下) 三角上 $p(p+1)/2$ 个变量的微商.

证明　在 $p=1$ 时 $s=a^2w$, 所以 $J(s\to w)=a^2$, 故定理 A.5.2 显然成立.

在 $p=2$ 时, 设

$$\boldsymbol{W}=\begin{pmatrix} w_{11} & w_{12}\\ w_{21} & w_{22}\end{pmatrix},\quad \boldsymbol{S}=\begin{pmatrix} s_{11} & s_{12}\\ s_{21} & s_{22}\end{pmatrix},\quad \boldsymbol{A}=\begin{pmatrix} a_{11} & a_{12}\\ a_{21} & a_{22}\end{pmatrix},$$

则

$$\begin{cases} s_{11}=a_{11}^2w_{11}+2a_{11}a_{12}w_{12}+a_{12}^2w_{22},\\ s_{12}=a_{11}a_{21}w_{11}+(a_{12}a_{21}+a_{11}a_{22})w_{12}+a_{12}a_{22}w_{22},\\ s_{22}=a_{21}^2w_{11}+2a_{21}a_{22}w_{12}+a_{22}^2w_{22},\end{cases}$$

故

$$\begin{aligned} J((s_{11},s_{12},s_{22})\to(w_{11},w_{12},w_{22})) &= \begin{vmatrix} a_{11}^2 & 2a_{11}a_{12} & a_{12}^2\\ a_{11}a_{21} & a_{12}a_{21}+a_{11}a_{22} & a_{12}a_{22}\\ a_{21}^2 & 2a_{21}a_{22} & a_{22}^2\end{vmatrix}\\ &=(a_{11}a_{22}-a_{12}a_{21})^3=|\boldsymbol{A}|^3, \end{aligned}$$

所以在 $p=2$ 时定理 A.5.2 成立.

使用数学归纳法证明定理 A.5.2 对任意的阶数 p 都成立. 假设当矩阵的阶数 $p=k-1$ 时定理成立. 下面证明当矩阵的阶数 $p=k$ 时定理 A.5.2 仍然成立. 将 k 阶方阵 $\boldsymbol{W}$, $\boldsymbol{S}$ 和 $\boldsymbol{A}$ 作相同的剖分

$$\boldsymbol{W}=\underset{k-1\quad\ 1}{\begin{pmatrix} \boldsymbol{W}_{11} & \boldsymbol{W}_{12}\\ \boldsymbol{W}_{21} & w_{22}\end{pmatrix}}\begin{matrix} k-1\\ 1\end{matrix},\quad \boldsymbol{S}=\underset{k-1\quad\ 1}{\begin{pmatrix} \boldsymbol{S}_{11} & \boldsymbol{S}_{12}\\ \boldsymbol{S}_{21} & s_{22}\end{pmatrix}}\begin{matrix} k-1\\ 1\end{matrix},\quad \boldsymbol{A}=\underset{k-1\quad\ 1}{\begin{pmatrix} \boldsymbol{A}_{11} & \boldsymbol{A}_{12}\\ \boldsymbol{A}_{21} & a_{22}\end{pmatrix}}\begin{matrix} k-1\\ 1\end{matrix}.$$

由 (A.2.2) 式知

$$\boldsymbol{A}=\begin{pmatrix} \boldsymbol{I}_{k-1} & \boldsymbol{0}\\ \boldsymbol{A}_{21}\boldsymbol{A}_{11}^{-1} & 1\end{pmatrix}\begin{pmatrix} \boldsymbol{A}_{11} & \boldsymbol{0}\\ \boldsymbol{0} & a_{2|1}\end{pmatrix}\begin{pmatrix} \boldsymbol{I}_{k-1} & \boldsymbol{A}_{11}^{-1}\boldsymbol{A}_{12}\\ \boldsymbol{0} & 1\end{pmatrix},\tag{A.5.2}$$

其中, $a_{2|1}=a_{22}-\boldsymbol{A}_{21}\boldsymbol{A}_{11}^{-1}\boldsymbol{A}_{12}$. 为了应用引理 A.5.3 证明定理 A.5.2, 首先证明在 $\boldsymbol{A}$ 分别形如

$$\begin{pmatrix} \boldsymbol{I}_{k-1} & \boldsymbol{0} \\ \boldsymbol{A}_{21} & 1 \end{pmatrix}, \quad \begin{pmatrix} \boldsymbol{I}_{k-1} & \boldsymbol{A}_{12} \\ \boldsymbol{0} & 1 \end{pmatrix} \text{和} \begin{pmatrix} \boldsymbol{A}_{11} & \boldsymbol{0} \\ \boldsymbol{0} & a_{22} \end{pmatrix}$$

时定理 A.5.2 都成立.

情况 1 在 $\boldsymbol{A}$ 形如

$$\begin{pmatrix} \boldsymbol{I}_{k-1} & \boldsymbol{0} \\ \boldsymbol{A}_{21} & 1 \end{pmatrix}$$

时, 由 $\boldsymbol{S}=\boldsymbol{A}\boldsymbol{W}\boldsymbol{A}'$ 知

$$\begin{cases} \boldsymbol{S}_{11}=\boldsymbol{W}_{11}, \\ \boldsymbol{S}_{12}=\boldsymbol{W}_{11}\boldsymbol{A}_{21}'+\boldsymbol{W}_{12}, \\ s_{22}=\boldsymbol{A}_{21}\boldsymbol{W}_{11}\boldsymbol{A}_{21}'+\boldsymbol{W}_{21}\boldsymbol{A}_{21}'+\boldsymbol{A}_{21}\boldsymbol{W}_{12}+w_{22}. \end{cases}$$

由引理 A.5.2 知

$$\begin{aligned} J(\boldsymbol{S}\to\boldsymbol{W}) &= J((\boldsymbol{S}_{11},\boldsymbol{S}_{12},s_{22})\to(\boldsymbol{W}_{11},\boldsymbol{W}_{12},w_{22})) \\ &= \left|\frac{\partial(\boldsymbol{S}_{11})}{\partial(\boldsymbol{W}_{11})}\right|\left|\frac{\partial(\boldsymbol{S}_{12})}{\partial(\boldsymbol{W}_{12})}\right|\left|\frac{\partial(s_{22})}{\partial(w_{22})}\right|=1. \end{aligned}$$

由于这时 $\boldsymbol{A}$ 的行列式的值为 1, 所以情况 1 时定理 A.5.2 成立.

情况 2 在 $\boldsymbol{A}$ 形如

$$\begin{pmatrix} \boldsymbol{I}_{k-1} & \boldsymbol{A}_{12} \\ \boldsymbol{0} & 1 \end{pmatrix}$$

时, $J(\boldsymbol{S}\to\boldsymbol{W})=1$, 情况 2 时定理 A.5.2 仍然成立. 其证明同情况 1, 从略.

情况 3 在 $\boldsymbol{A}$ 形如

$$\begin{pmatrix} \boldsymbol{A}_{11} & \boldsymbol{0} \\ \boldsymbol{0} & a_{22} \end{pmatrix}$$

时, 由 $\boldsymbol{S}=\boldsymbol{A}\boldsymbol{W}\boldsymbol{A}'$ 知

$$\begin{cases} \boldsymbol{S}_{11}=\boldsymbol{A}_{11}\boldsymbol{W}_{11}\boldsymbol{A}_{11}', \\ \boldsymbol{S}_{12}=a_{22}\boldsymbol{A}_{11}\boldsymbol{W}_{12}, \\ s_{22}=a_{22}^2w_{22}, \end{cases}$$

所以

$$J(\boldsymbol{S}\to\boldsymbol{W})=J((\boldsymbol{S}_{11},\boldsymbol{S}_{12},s_{22})\to(\boldsymbol{W}_{11},\boldsymbol{W}_{12},w_{22}))$$

$$= \left|\frac{\partial(\boldsymbol{S}_{11})}{\partial(\boldsymbol{W}_{11})}\right|\left|\frac{\partial(\boldsymbol{S}_{12})}{\partial(\boldsymbol{W}_{12})}\right|\left|\frac{\partial(s_{22})}{\partial(w_{22})}\right|.$$

由于变量 $\boldsymbol{W}_{11}$ 和 $\boldsymbol{S}_{11}$ 都是 $k-1$ 阶对称方阵, 根据归纳法的假设,

$$J(\boldsymbol{S}_{11} \to \boldsymbol{W}_{11}) = \left|\frac{\partial(\boldsymbol{S}_{11})}{\partial(\boldsymbol{W}_{11})}\right| = |\boldsymbol{A}_{11}|^k.$$

变量 $\boldsymbol{W}_{12}$ 和 $\boldsymbol{S}_{12}$ 都是 $k-1$ 维向量, 由引理 2.1.1 或由定理 A.5.1 知

$$J(\boldsymbol{S}_{12} \to \boldsymbol{W}_{12}) = \left|\frac{\partial(\boldsymbol{S}_{12})}{\partial(\boldsymbol{W}_{12})}\right| = |a_{22}\boldsymbol{A}_{11}| = a_{22}^{k-1}|\boldsymbol{A}_{11}|.$$

显然 $J(s_{22} \to w_{22}) = \left|\dfrac{\partial(s_{22})}{\partial(w_{22})}\right| = a_{22}^2$. 由此可见

$$J(\boldsymbol{W} \to \boldsymbol{S}) = (a_{22}|\boldsymbol{A}_{11}|)^{k+1}.$$

由于这时 $\boldsymbol{A}$ 的行列式的值为 $a_{22}|\boldsymbol{A}_{11}|$, 所以情况 3 时定理 A.5.2 成立.

接下来证明对于任意的 $\boldsymbol{A}$, 定理 A.5.2 仍然成立. 由 (A.5.2) 式知若令

$$\boldsymbol{B} = \begin{pmatrix} \boldsymbol{I}_{k-1} & \boldsymbol{A}_{11}^{-1}\boldsymbol{A}_{12} \\ \boldsymbol{0} & 1 \end{pmatrix}, \quad \boldsymbol{C} = \begin{pmatrix} \boldsymbol{A}_{11} & \boldsymbol{0} \\ \boldsymbol{0} & a_{2|1} \end{pmatrix}, \quad D = \begin{pmatrix} \boldsymbol{I}_{k-1} & \boldsymbol{0} \\ \boldsymbol{A}_{21}\boldsymbol{A}_{11}^{-1} & 1 \end{pmatrix},$$

则 $\boldsymbol{A} = \boldsymbol{DCB}$. 引入中间变量 $\boldsymbol{U} = \boldsymbol{BWB}'$, $\boldsymbol{V} = \boldsymbol{CUC}'$, 则 $\boldsymbol{S} = \boldsymbol{DVD}'$. 由引理 A.5.3 知

$$J(\boldsymbol{S} \to \boldsymbol{W}) = J(\boldsymbol{S} \to \boldsymbol{V})J(\boldsymbol{V} \to \boldsymbol{U})J(\boldsymbol{U} \to \boldsymbol{W}),$$

其中, $J(\boldsymbol{S} \to \boldsymbol{V})$ 和 $J(\boldsymbol{U} \to \boldsymbol{W})$ 分别属于情况 1 和情况 2, 所以 $J(\boldsymbol{S} \to \boldsymbol{V}) = J(\boldsymbol{U} \to \boldsymbol{W}) = 1$; 而 $J(\boldsymbol{V} \to \boldsymbol{U})$ 属于情况 3, 所以 $J(\boldsymbol{V} \to \boldsymbol{U}) = \left(a_{2|1}|\boldsymbol{A}_{11}|\right)^{k+1}$, 从而有

$$J(\boldsymbol{W} \to \boldsymbol{S}) = \left(a_{2|1}|\boldsymbol{A}_{11}|\right)^{k+1}.$$

由 (A.5.2) 式或由 (A.2.3) 式知 $|\boldsymbol{A}| = a_{2|1}|\boldsymbol{A}_{11}|$, 所以有

$$J(\boldsymbol{W} \to \boldsymbol{S}) = |\boldsymbol{A}|^{k+1}.$$

这说明当矩阵的阶数 $p = k$ 时, 定理 A.5.2 仍然成立. 至此, 使用数学归纳法证明了定理 A.5.2.

定理 A.5.3(Cholesky 分解的雅可比行列式) 设变量 $\boldsymbol{W}$ 是 p 阶正定矩阵, 变量 $\boldsymbol{T}$ 是对角线元素为正的下三角阵, 并且 $\boldsymbol{W} = \boldsymbol{TT}'$, 则变换 $\boldsymbol{W} \to \boldsymbol{T}$ 的雅可比行列式为

$$J(\boldsymbol{W} \to \boldsymbol{T}) = \frac{\partial(\boldsymbol{W})}{\partial(\boldsymbol{T})} = 2^p \prod_{i=1}^{p} t_{ii}^{p+1-i}.$$

证明 在 $p=1$ 时, $w=t^2$, $J(w\to t)=2t$, 定理显然成立. 在 $p=2$ 时, 由于

$$\begin{pmatrix} w_{11} & w_{12} \\ w_{21} & w_{22} \end{pmatrix} = \begin{pmatrix} t_{11} & 0 \\ t_{21} & t_{22} \end{pmatrix} \begin{pmatrix} t_{11} & t_{21} \\ 0 & t_{22} \end{pmatrix},$$

所以 $w_{11}=t_{11}^2$, $w_{21}=t_{21}t_{11}$, $w_{22}=t_{21}^2+t_{22}^2$, 因而有

$$\begin{aligned} & J\left((w_{11},w_{21},w_{22})\to(t_{11},t_{21},t_{22})\right) \\ = & \frac{\partial(w_{11},w_{21},w_{22})}{\partial(t_{11},t_{21},t_{22})} = \begin{vmatrix} 2t_{11} & 0 & 0 \\ t_{21} & t_{11} & 0 \\ 0 & 2t_{21} & 2t_{22} \end{vmatrix} = 4t_{11}^2 t_{22}. \end{aligned}$$

由此可见, 在 $p=2$ 时定理仍然成立. 下面用数学归纳法证明该定理对矩阵的任意阶数 p 都成立.

假设矩阵的阶数 $p=k-1$ 时定理成立, 下面证明当矩阵的阶数 $p=k$ 时定理仍然成立. 将 k 阶方阵 $\boldsymbol{W}$ 和 $\boldsymbol{T}$ 作相同的剖分

$$\boldsymbol{W} = \underset{\quad k-1 \qquad 1}{\begin{pmatrix} \boldsymbol{W}_{11} & \boldsymbol{W}_{12} \\ \boldsymbol{W}_{21} & w_{22} \end{pmatrix}} \begin{matrix} k-1 \\ 1 \end{matrix}, \qquad \boldsymbol{T} = \underset{\quad k-1 \qquad 1}{\begin{pmatrix} \boldsymbol{T}_{11} & \boldsymbol{0} \\ \boldsymbol{T}_{21} & t_{22} \end{pmatrix}} \begin{matrix} k-1 \\ 1 \end{matrix}.$$

由于 $\boldsymbol{W}=\boldsymbol{T}\boldsymbol{T}'$, 所以 $\boldsymbol{W}_{11}=\boldsymbol{T}_{11}\boldsymbol{T}_{11}'$, $\boldsymbol{W}_{21}=\boldsymbol{T}_{21}\boldsymbol{T}_{11}$, $w_{22}=\boldsymbol{T}_{21}\boldsymbol{T}_{12}+t_{22}^2$. 根据归纳法假设

$$J(\boldsymbol{W}_{11}\to\boldsymbol{T}_{11}) = \frac{\partial(\boldsymbol{W}_{11})}{\partial(\boldsymbol{T}_{11})} = 2^{k-1}\prod_{i=1}^{k-1} t_{ii}^{k-i}.$$

由引理 A.5.2 和定理 A.5.1 知

$$\begin{aligned} J(\boldsymbol{W}\to\boldsymbol{T}) &= J\left((\boldsymbol{W}_{11},\boldsymbol{W}_{21},w_{22})\to(\boldsymbol{T}_{11},\boldsymbol{T}_{21},t_{22})\right) \\ &= J(\boldsymbol{W}_{11}\to\boldsymbol{T}_{11})\, J(\boldsymbol{W}_{21}\to\boldsymbol{T}_{21})\, J(w_{22}\to t_{22}) \\ &= \left(2^{k-1}\prod_{i=1}^{k-1} t_{ii}^{k-i}\right)(|\boldsymbol{T}_{11}|)(2t_{22}). \end{aligned}$$

由于 $|\boldsymbol{T}_{11}| = \prod_{i=1}^{k-1} t_{ii}$, 所以

$$J(\boldsymbol{W}\to\boldsymbol{T}) = \frac{\partial(\boldsymbol{W})}{\partial(\boldsymbol{T})} = 2^k \prod_{i=1}^{k} t_{ii}^{k+1-i}.$$

这说明当矩阵的阶数 $p=k$ 时定理仍然成立. 至此, 用数学归纳法证明了定理 A.5.3.

定理 A.5.4(对称矩阵的逆矩阵的雅可比行列式)　设变量 $\boldsymbol{X}>0$ 和 $\boldsymbol{Y}>0$ 都是 p 阶正定矩阵, 并且 $\boldsymbol{Y}=\boldsymbol{X}^{-1}$, 则变换 $\boldsymbol{Y}\to\boldsymbol{X}$ 的雅可比行列式为

$$J(\boldsymbol{Y}\to\boldsymbol{X})=|\boldsymbol{X}|^{-(p+1)}.$$

证明　由 $\boldsymbol{XY}=\boldsymbol{I}_p$ 知 $\mathrm{d}\boldsymbol{X}\cdot\boldsymbol{Y}+\boldsymbol{X}\cdot\mathrm{d}\boldsymbol{Y}=0$, 故 $\mathrm{d}\boldsymbol{Y}=-\boldsymbol{X}^{-1}\cdot\mathrm{d}\boldsymbol{X}\cdot\boldsymbol{X}^{-1}$, 由定理 A.5.2 知

$$J(\mathrm{d}\boldsymbol{Y}\to\mathrm{d}\boldsymbol{X})=\left|\boldsymbol{X}^{-1}\right|^{p+1}=|\boldsymbol{X}|^{-(p+1)},$$

从而由引理 A.5.5,

$$J(\boldsymbol{Y}\to\boldsymbol{X})=J(\mathrm{d}\boldsymbol{Y}\to\mathrm{d}\boldsymbol{X})=|\boldsymbol{X}|^{-(p+1)}.$$

定理 A.5.4 得到证明.

与定理 A.5.4 相对应的有下面的定理 A.5.5.

定理 A.5.5(逆矩阵的雅可比行列式)　设变量 $\boldsymbol{X}$ 和 $\boldsymbol{Y}$ 都是 p 阶非奇异矩阵, 并且 $\boldsymbol{Y}=\boldsymbol{X}^{-1}$, 则变换 $\boldsymbol{Y}\to\boldsymbol{X}$ 的雅可比行列式为

$$J(\boldsymbol{Y}\to\boldsymbol{X})=|\boldsymbol{X}|^{-2p}.$$

证明　定理 A.5.5 的证明类似于定理 A.5.4, 只是有了 $\mathrm{d}\boldsymbol{Y}=-\boldsymbol{X}^{-1}\cdot\mathrm{d}\boldsymbol{X}\cdot\boldsymbol{X}^{-1}$ 后, 由定理 A.5.6 知

$$J(\mathrm{d}\boldsymbol{Y}\to\mathrm{d}\boldsymbol{X})=\left|\boldsymbol{X}^{-1}\right|^{2p}=|\boldsymbol{X}|^{-2p}.$$

从而由引理 A.5.5, 定理 A.5.5 立即得到证明.

定理 A.5.6(正交变换的雅可比行列式)　设 $\boldsymbol{W}>0$, $\boldsymbol{W}=\boldsymbol{U\Lambda U}'$, $\boldsymbol{U}=(u_{ij})_{1\leqslant i,j\leqslant p}$ 为对角线上的元素 $u_{ii}(i=1,\cdots,p)$ 都是非负的正交矩阵, $\boldsymbol{\Lambda}=\mathrm{diag}(\lambda_1,\cdots,\lambda_p)$ 为对角矩阵, 其中, $\lambda_1>\cdots>\lambda_p>0$ 是 $\boldsymbol{W}$ 的特征根, 则

$$J(\boldsymbol{W}\to(\boldsymbol{U},\boldsymbol{\Lambda}))=\prod_{1\leqslant i<j\leqslant p}(\lambda_i-\lambda_j)\cdot g_p(\boldsymbol{U}),\tag{A.5.3}$$

其中,

$$g_p(\boldsymbol{U})=J\left(\boldsymbol{U}'\mathrm{d}\boldsymbol{U}\to\mathrm{d}\boldsymbol{U}\right)=\frac{1}{\prod_{j=2}^{p}|\boldsymbol{U}_{j-1}|},\tag{A.5.4}$$

$$\boldsymbol{U}_{j-1}=\begin{pmatrix}u_{11}&\cdots&u_{1,j-1}\\\vdots&&\vdots\\u_{j-1,1}&\cdots&u_{j-1,j-1}\end{pmatrix}.$$

证明 由于 $\boldsymbol{W}=\boldsymbol{U}\boldsymbol{\Lambda}\boldsymbol{U}'$, 所以

$$\mathrm{d}\boldsymbol{W}=(\mathrm{d}\boldsymbol{U})\,\boldsymbol{\Lambda}\boldsymbol{U}'+\boldsymbol{U}\,(\mathrm{d}\boldsymbol{\Lambda})\,\boldsymbol{U}'+\boldsymbol{U}\boldsymbol{\Lambda}\left(\mathrm{d}\boldsymbol{U}'\right).$$

令 $\boldsymbol{R}=\boldsymbol{U}'\mathrm{d}\boldsymbol{U}$, 则

$$\boldsymbol{S}=\boldsymbol{U}'\,(\mathrm{d}\boldsymbol{W})\,\boldsymbol{U}=\boldsymbol{R}\boldsymbol{\Lambda}+\mathrm{d}\boldsymbol{\Lambda}+\boldsymbol{\Lambda}\boldsymbol{R}'. \tag{A.5.5}$$

下面说明 $\boldsymbol{R}$ 为反对称矩阵. 由于

$$\boldsymbol{R}+\boldsymbol{R}'=\boldsymbol{U}'\,(\mathrm{d}\boldsymbol{U})+\left(\mathrm{d}\boldsymbol{U}'\right)\boldsymbol{U}=\mathrm{d}\left(\boldsymbol{U}'\boldsymbol{U}\right)=\mathrm{d}\,(\boldsymbol{I}_p)=\boldsymbol{0},$$

所以 $\boldsymbol{R}$ 为反对称矩阵, 故若令 $\boldsymbol{R}=(r_{ij})_{1\leqslant i,j\leqslant p}$, 则有

$$\begin{cases} r_{ii}=0, & i=1,\cdots,p,\\ r_{ij}=-r_{ji}, & 1\leqslant i<j\leqslant p. \end{cases}$$

从而据 (A.5.5) 式, 有

$$\boldsymbol{S}=\boldsymbol{R}\boldsymbol{\Lambda}+\mathrm{d}\boldsymbol{\Lambda}-\boldsymbol{\Lambda}\boldsymbol{R}. \tag{A.5.6}$$

令 $\boldsymbol{S}=(s_{ij})_{1\leqslant i,j\leqslant p}$, 由 (A.5.6) 式知

$$\begin{cases} s_{ii}=d\lambda_i, & i=1,\cdots,p,\\ s_{ij}=(\lambda_i-\lambda_j)\,r_{ij}, & 1\leqslant i<j\leqslant p. \end{cases} \tag{A.5.7}$$

由于

$$\begin{aligned} J\,(\boldsymbol{W}\to(\boldsymbol{U},\boldsymbol{\Lambda}))&=J\,(\mathrm{d}\boldsymbol{W}\to(\mathrm{d}\boldsymbol{U},\mathrm{d}\boldsymbol{\Lambda}))\\ &=J\,(\mathrm{d}\boldsymbol{W}\to\boldsymbol{S})\cdot J\,(\boldsymbol{S}\to(\mathrm{d}\boldsymbol{U},\mathrm{d}\boldsymbol{\Lambda}))\\ &=J\,(\mathrm{d}\boldsymbol{W}\to\boldsymbol{S})\cdot J\,(\boldsymbol{S}\to(\boldsymbol{R},\mathrm{d}\boldsymbol{\Lambda}))\cdot J\,(\boldsymbol{R}\to\mathrm{d}\boldsymbol{U}), \end{aligned} \tag{A.5.8}$$

并因为

(1) 由 $\boldsymbol{S}=\boldsymbol{U}'\,(\mathrm{d}\boldsymbol{W})\,\boldsymbol{U}$ 知 $\mathrm{d}\boldsymbol{W}=\boldsymbol{U}\boldsymbol{S}\boldsymbol{U}'$, 根据定理 A.5.2, $J\,(\mathrm{d}\boldsymbol{W}\to\boldsymbol{S})=|\boldsymbol{U}|^{(p+1)}=1$;

(2) 由 (A.5.7) 式知 $J\,(\boldsymbol{S}\to(\boldsymbol{R},\mathrm{d}\boldsymbol{\Lambda}))=\prod\limits_{1\leqslant i<j\leqslant p}(\lambda_i-\lambda_j)$.

(3) $\boldsymbol{R}=\boldsymbol{U}'\mathrm{d}\boldsymbol{U}$, 所以 $J\,(\boldsymbol{R}\to\mathrm{d}\boldsymbol{U})=g_p\,(\boldsymbol{U})$.

从而根据 (A.5.8) 式, 有 $J\,(\boldsymbol{W}\to(\boldsymbol{U},\boldsymbol{\Lambda}))=\prod\limits_{1\leqslant i<j\leqslant p}(\lambda_i-\lambda_j)\cdot g_p\,(\boldsymbol{U})$, 于是 (A.5.3) 式得证.

下面证明 (A.5.4) 式. 由于 $\boldsymbol{R}=\boldsymbol{U}'\mathrm{d}\boldsymbol{U}$, 所以 $\mathrm{d}\boldsymbol{U}=\boldsymbol{U}\boldsymbol{R}$. 考虑到 $\boldsymbol{R}$ 为反对称矩阵, 所以

$$\mathrm{d}u_{ij}=\sum_{k=1}^{j-1}u_{ik}r_{kj}-\sum_{k=j+1}^{p}u_{ik}r_{jk}. \tag{A.5.9}$$

令 $\mathrm{d}\boldsymbol{U}$ 中的变量为 $\mathrm{d}\tilde{\boldsymbol{u}}_2,\mathrm{d}\tilde{\boldsymbol{u}}_3,\cdots,\mathrm{d}\tilde{\boldsymbol{u}}_p$, $\boldsymbol{R}$ 中的变量为 $\tilde{\boldsymbol{r}}_2,\tilde{\boldsymbol{r}}_3,\cdots,\tilde{\boldsymbol{r}}_p$, 其中,

$$\mathrm{d}\tilde{\boldsymbol{u}}_j=(\mathrm{d}u_{1j},\cdots,\mathrm{d}u_{j-1,j}),\quad \tilde{\boldsymbol{r}}_j=(r_{1j},\cdots,r_{j-1,j}),\quad j=2,3\cdots,p.$$

由 (A.5.9) 式知, $\mathrm{d}u_{ij}$ 仅依赖于 $\tilde{\boldsymbol{r}}_j,\tilde{\boldsymbol{r}}_{j+1},\cdots,\tilde{\boldsymbol{r}}_p$, 从而 $\mathrm{d}\tilde{\boldsymbol{u}}_j$ 仅依赖于 $\tilde{\boldsymbol{r}}_j,\tilde{\boldsymbol{r}}_{j+1},\cdots,\tilde{\boldsymbol{r}}_p$, $j=2,3\cdots,p$. 根据引理 A.5.2, 有

$$J(\mathrm{d}\boldsymbol{U}\to\boldsymbol{R})=\left|\frac{\partial(\mathrm{d}\tilde{\boldsymbol{u}}_2,\mathrm{d}\tilde{\boldsymbol{u}}_3,\cdots,\mathrm{d}\tilde{\boldsymbol{u}}_p)}{\partial(\tilde{\boldsymbol{r}}_2,\tilde{\boldsymbol{r}}_3,\cdots,\tilde{\boldsymbol{r}}_p)}\right|=\prod_{j=2}^{p}\left|\frac{\partial(\mathrm{d}\tilde{\boldsymbol{u}}_j)}{\partial(\tilde{\boldsymbol{r}}_j)}\right|. \tag{A.5.10}$$

由 (A.5.9) 式知

$$\left|\frac{\partial(\mathrm{d}\tilde{\boldsymbol{u}}_j)}{\partial(\tilde{\boldsymbol{r}}_j)}\right|=\left|\frac{\partial(\mathrm{d}u_{1j},\mathrm{d}u_{2j},\cdots,\mathrm{d}u_{j-1,j})}{\partial(r_{1j},r_{2j},\cdots,r_{j-1,j})}\right|=\begin{vmatrix}u_{11}&\cdots&u_{1,j-1}\\ \vdots&&\vdots\\ u_{j-1,j}&\cdots&u_{j-1,j-1}\end{vmatrix}=|\boldsymbol{U}_{j-1}|.$$

从而由 (A.5.10) 式知

$$J(\mathrm{d}\boldsymbol{U}\to\boldsymbol{R})=\prod_{j=2}^{p}|\boldsymbol{U}_{j-1}|.$$

因而有

$$g_p(\boldsymbol{U})=J(\boldsymbol{R}\to\mathrm{d}\boldsymbol{U})=\frac{1}{\prod\limits_{j=2}^{p}|\boldsymbol{U}_{j-1}|}.$$

(A.5.4) 式得证. 至此, 证明了定理 A.5.6.

显然

$$|J(\boldsymbol{R}\to\mathrm{d}\boldsymbol{U})|=\left|J\left(\boldsymbol{R}'\to\mathrm{d}\boldsymbol{U}\right)\right|=\left|J\left(\boldsymbol{R}'\to\mathrm{d}\boldsymbol{U}'\right)\right|.$$

由此可见, 若不考虑正负号, 则除了 (A.5.4) 式, $g_p(\boldsymbol{U})$ 还有另外一些表示形式

$$g_p(\boldsymbol{U})=J\left(\left(\mathrm{d}\boldsymbol{U}'\right)\boldsymbol{U}\to\mathrm{d}\boldsymbol{U}\right)=J\left(\left(\mathrm{d}\boldsymbol{U}'\right)\boldsymbol{U}\to\mathrm{d}\boldsymbol{U}'\right). \tag{A.5.11}$$

定理 A.5.7(三角化变换的雅可比行列式)　设 $p\times n$ 阶矩阵变量 $\boldsymbol{X}$ 的秩 $R(\boldsymbol{X})=p\leqslant n$. $\boldsymbol{X}$ 的三角化变换就是令 $\boldsymbol{X}=\boldsymbol{T}\boldsymbol{U}$, 其中, $\boldsymbol{T}$ 是 $p\times p$ 阶下三角阵, $\boldsymbol{U}$ 是 $p\times n$ 阶使得 $\boldsymbol{U}\boldsymbol{U}'=\boldsymbol{I}_p$ 的行正交矩阵. 为保证分解的唯一性, 这里要

求 $\boldsymbol{T}$ 是 $p\times p$ 阶对角线元素 $t_{ii}(i=1,\cdots,p)$ 为正的下三角阵, 但对行正交矩阵 $\boldsymbol{U}$ 没有任何约束, 这与正交变换不同. 于是

$$J\left(\boldsymbol{X}\to(\boldsymbol{T},\boldsymbol{U})\right)=\left(\prod_{i=1}^{p}t_{ii}^{n-i}\right)\cdot h_{n,p}\left(\boldsymbol{U}\right),$$

其中,

$$h_{n,p}\left(\boldsymbol{U}\right)=J\left(\left(\mathrm{d}\boldsymbol{U}\right)\boldsymbol{U}_*'\to\mathrm{d}\boldsymbol{U}\right),$$

$$\boldsymbol{U}_*=\begin{pmatrix}\boldsymbol{U}\\ \boldsymbol{U}_1\end{pmatrix}$$ 是 $\boldsymbol{U}$的增补矩阵, 使得 $\boldsymbol{U}_*$是 n 阶正交矩阵$\boldsymbol{U}_*\boldsymbol{U}_*'=\boldsymbol{I}_n$.

证明 首先说明 $h_{n,p}\left(\boldsymbol{U}\right)$ 与定理 A.5.6 的正交变换中的 $g_p\left(\boldsymbol{U}\right)=J(\boldsymbol{U}'\mathrm{d}\boldsymbol{U}\to\mathrm{d}\boldsymbol{U})$ (见 (A.5.4) 式) 有什么关系. 由 (A.5.11) 式知 $g_p\left(\boldsymbol{U}\right)=J\left(\left(\mathrm{d}\boldsymbol{U}'\right)\boldsymbol{U}\to\mathrm{d}\boldsymbol{U}'\right)$, 而在 $n=p$ 时, $h_{p,p}\left(\boldsymbol{U}\right)=J\left(\left(\mathrm{d}\boldsymbol{U}\right)\boldsymbol{U}'\to\mathrm{d}\boldsymbol{U}\right)$. 把 $g_p\left(\boldsymbol{U}\right)=J\left(\left(\mathrm{d}\boldsymbol{U}'\right)\boldsymbol{U}\to\mathrm{d}\boldsymbol{U}'\right)$ 中 $\boldsymbol{U}$ 看成 $h_{p,p}\left(\boldsymbol{U}\right)$ 中的 $\boldsymbol{U}'$, 由此可见, 在 $n=p$ 时 $h_{p,p}\left(\boldsymbol{U}\right)=g_p\left(\boldsymbol{U}\right)$.

由 $\boldsymbol{X}=\boldsymbol{T}\boldsymbol{U}=\left(\boldsymbol{T}\vdots\boldsymbol{0}\right)\boldsymbol{U}_*$ 知 $\mathrm{d}\boldsymbol{X}=\left(\mathrm{d}\boldsymbol{T}\vdots\boldsymbol{0}\right)\boldsymbol{U}_*+\left(\boldsymbol{T}\vdots\boldsymbol{0}\right)\mathrm{d}\boldsymbol{U}_*$. 令 $\boldsymbol{V}=\boldsymbol{T}^{-1}\left(\mathrm{d}\boldsymbol{X}\right)\boldsymbol{U}_*'$, 则

$$\begin{aligned}\boldsymbol{V}&=\left(\boldsymbol{T}^{-1}\mathrm{d}\boldsymbol{T}\vdots\boldsymbol{0}\right)+\left(\boldsymbol{I}\vdots\boldsymbol{0}\right)\left(\mathrm{d}\boldsymbol{U}_*\right)\boldsymbol{U}_*'.\\&=\left(\boldsymbol{T}^{-1}\mathrm{d}\boldsymbol{T}\vdots\boldsymbol{0}\right)+\left(\boldsymbol{I}\vdots\boldsymbol{0}\right)\begin{pmatrix}\mathrm{d}\boldsymbol{U}\\ \mathrm{d}\boldsymbol{U}_1\end{pmatrix}\boldsymbol{U}_*'=\left(\boldsymbol{T}^{-1}\mathrm{d}\boldsymbol{T}\vdots\boldsymbol{0}\right)+\left(\mathrm{d}\boldsymbol{U}\right)\boldsymbol{U}_*',\end{aligned}$$

故 $J\left(\boldsymbol{V}\to(\mathrm{d}\boldsymbol{T},\mathrm{d}\boldsymbol{U})\right)=J\left(\boldsymbol{T}^{-1}\mathrm{d}\boldsymbol{T}\to\mathrm{d}\boldsymbol{T}\right)\cdot J\left(\left(\mathrm{d}\boldsymbol{U}\right)\boldsymbol{U}_*'\to\mathrm{d}\boldsymbol{U}\right)$. 从而有

$$\begin{aligned}J\left(\boldsymbol{X}\to(\boldsymbol{T},\boldsymbol{U})\right)&=J\left(\mathrm{d}\boldsymbol{X}\to(\mathrm{d}\boldsymbol{T},\mathrm{d}\boldsymbol{U})\right)\\&=J\left(\mathrm{d}\boldsymbol{X}\to\boldsymbol{V}\right)\cdot J\left(\boldsymbol{V}\to(\mathrm{d}\boldsymbol{T},\mathrm{d}\boldsymbol{U})\right)\\&=J\left(\mathrm{d}\boldsymbol{X}\to\boldsymbol{V}\right)\cdot J\left(\boldsymbol{T}^{-1}\mathrm{d}\boldsymbol{T}\to\mathrm{d}\boldsymbol{T}\right)\\&\quad\cdot J\left(\left(\mathrm{d}\boldsymbol{U}\right)\boldsymbol{U}_*'\to\mathrm{d}\boldsymbol{U}\right)\cdot\end{aligned}\tag{A.5.12}$$

由于

(1) $\boldsymbol{V}=\boldsymbol{T}^{-1}\left(\mathrm{d}\boldsymbol{X}\right)\boldsymbol{U}_*'$, 所以 $\mathrm{d}\boldsymbol{X}=\boldsymbol{T}\boldsymbol{V}\boldsymbol{U}_*$, 从而

$$J\left(\mathrm{d}\boldsymbol{X}\to\boldsymbol{V}\right)=\left|\boldsymbol{T}\right|^n\left|\boldsymbol{U}_*\right|^p=\prod_{i=1}^{p}t_{ii}^{n};$$

(2) $J\left(\left(\mathrm{d}\boldsymbol{U}\right)\boldsymbol{U}_*'\to\mathrm{d}\boldsymbol{U}\right)=h_{n,p}\left(\boldsymbol{U}\right)$;

(3) 令 $\boldsymbol{R} = \boldsymbol{T}^{-1}\mathrm{d}\boldsymbol{T}$. 注意：这里的 $\mathrm{d}\boldsymbol{T}$, $\boldsymbol{T}^{-1}$ 和 $\boldsymbol{R}$ 都是下三角阵. 为计算 $J\left(\boldsymbol{T}^{-1}\mathrm{d}\boldsymbol{T} \to \mathrm{d}\boldsymbol{T}\right)$, 即计算 $J\left(\boldsymbol{R} \to \mathrm{d}\boldsymbol{T}\right)$, 首先计算 $J\left(\mathrm{d}\boldsymbol{T} \to \boldsymbol{R}\right)$, 其中, $\mathrm{d}\boldsymbol{T} = \boldsymbol{T}\boldsymbol{R}$. 令下三角阵 $\boldsymbol{R}$ 与 $\boldsymbol{T}$ 中的元素分别为 r_{ij} 与 t_{ij}, 则在 $1 \leqslant i < j \leqslant p$ 时, $r_{ij} = t_{ij} = 0$. 不难直接算得

$$J\left(\mathrm{d}\boldsymbol{T} \to \boldsymbol{R}\right) = \left|\frac{\partial\left(\mathrm{d}\boldsymbol{T}\right)}{\partial \boldsymbol{R}}\right| = \left|\frac{\partial\left(\mathrm{d}t_{11}, \mathrm{d}t_{21}, \mathrm{d}t_{22}, \cdots, \mathrm{d}t_{p1}, \cdots, \mathrm{d}t_{pp}\right)}{\partial\left(r_{11}, r_{21}, r_{22}, \cdots, r_{p1}, \cdots, r_{pp}\right)}\right|.$$

这是一个下三角阵的行列式, 其对角线上的元素依次为 $t_{11}, t_{22}, t_{22}, \cdots, t_{pp}, \cdots, t_{pp}$, 所以有

$$J\left(\mathrm{d}\boldsymbol{T} \to \boldsymbol{R}\right) = \prod_{i=1}^{p} t_{ii}^{i},$$

从而 $J\left(\boldsymbol{R} \to \mathrm{d}\boldsymbol{T}\right) = \prod\limits_{i=1}^{p} t_{ii}^{-i}$.

据 (A.5.12) 式, 有 $J\left(\boldsymbol{X} \to (\boldsymbol{T}, \boldsymbol{U})\right) = \left(\prod\limits_{i=1}^{p} t_{ii}^{n-i}\right) \cdot h_{n,p}\left(\boldsymbol{U}\right)$, 于是定理 A.5.6 得证.

A.6　向量和矩阵函数的求导及相关的极限定理

变换 $\boldsymbol{Y} \to \boldsymbol{X}$ 有雅可比行列式的一个必要条件是 $\boldsymbol{X} = (x_1, \cdots, x_p)'$ 与 $\boldsymbol{Y} = (y_1, \cdots, y_p)'$ 中所含变量的个数相等. 在 $\boldsymbol{X} = (x_1, \cdots, x_p)'$, $\boldsymbol{Y} = (y_1, \cdots, y_k)'$, $p \neq k$ 时, 虽然变换 $\boldsymbol{Y} \to \boldsymbol{X}$ 没有雅可比行列式, 但仍可对这个变换求导或等价地计算微分. 通常把变量个数不相等的变换称为函数. 从 p 维欧氏空间 $\mathbf{R}^p$ 到 k 维欧氏空间 $\mathbf{R}^k$ 的函数记为 f: $\mathbf{R}^p \to \mathbf{R}^k$, 它就是

$$\boldsymbol{f}\left(x\right) = \begin{pmatrix} f_1\left(x\right) \\ \vdots \\ f_k\left(x\right) \end{pmatrix}, \quad \boldsymbol{x} = (x_1, \cdots, x_p)'.$$

A.6.1　向量函数

(1) 假设 $f\left(\boldsymbol{x}\right)$ 是从 p 维欧氏空间 $\mathbf{R}^p$ 到实数空间 $\mathbf{R}$ 的一个函数, 那么它的导数就是一个行向量

$$\dot{f}\left(\boldsymbol{x}\right) = \frac{\partial}{\partial \boldsymbol{x}} f\left(\boldsymbol{x}\right) = \left(\frac{\partial f\left(\boldsymbol{x}\right)}{\partial x_1}, \cdots, \frac{\partial f\left(\boldsymbol{x}\right)}{\partial x_p}\right).$$

它的二阶导数是将它的 (一阶) 导数转置为列向量后再求导

$$\ddot{f}(\boldsymbol{x})=\frac{\partial}{\partial \boldsymbol{x}}\left(\dot{f}(\boldsymbol{x})\right)'=\begin{pmatrix}\dfrac{\partial^2 f(\boldsymbol{x})}{(\partial x_1)^2} & \cdots & \dfrac{\partial^2 f(\boldsymbol{x})}{\partial x_1 \partial x_p}\\ \vdots & & \vdots \\ \dfrac{\partial^2 f(\boldsymbol{x})}{\partial x_p \partial x_1} & \cdots & \dfrac{\partial^2 f(\boldsymbol{x})}{(\partial x_p)^2}\end{pmatrix}$$

(2) 假设 $\boldsymbol{f}(\boldsymbol{x})$ 是从 p 维欧氏空间 $\mathbf{R}^p$ 到 k 维欧氏空间 $\mathbf{R}^k$ 的一个函数, 那么它的导数就是一个 $k\times p$ 阶的矩阵

$$\dot{\boldsymbol{f}}(\boldsymbol{x})=\frac{\partial}{\partial \boldsymbol{x}}\boldsymbol{f}(\boldsymbol{x})=\begin{pmatrix}\dfrac{\partial f_1(\boldsymbol{x})}{\partial x_1} & \cdots & \dfrac{\partial f_1(\boldsymbol{x})}{\partial x_p}\\ \vdots & & \vdots \\ \dfrac{\partial f_k(\boldsymbol{x})}{\partial x_1} & \cdots & \dfrac{\partial f_k(\boldsymbol{x})}{\partial x_p}\end{pmatrix}.$$

A.6.2 极限定理

定理 A.6.1(独立同分布多元中心极限定理) 若 p 维随机向量序列 $\boldsymbol{x}_1,\boldsymbol{x}_2,\cdots$ i.i.d.(独立同分布), $E(\boldsymbol{x}_1)=\boldsymbol{\mu}$, $\mathrm{Cov}(\boldsymbol{x}_1)=\boldsymbol{\Sigma}$, 则

$$\sqrt{n}(\bar{\boldsymbol{x}}_n-\boldsymbol{\mu})\xrightarrow{\mathrm{L}}N_p(\mathbf{0},\boldsymbol{\Sigma}),\quad n\to\infty,$$

其中, $\bar{\boldsymbol{x}}_n=\sum\limits_{i=1}^{n}\boldsymbol{x}_i/n$.

定理 A.6.2(Cramer 定理) 假设 $\boldsymbol{x}_1,\boldsymbol{x}_2,\cdots$ 是 p 维随机向量序列且

$$\sqrt{n}(\bar{\boldsymbol{x}}_n-\boldsymbol{\mu})\xrightarrow{\mathrm{L}}N_p(\mathbf{0},\boldsymbol{\Sigma}),\quad n\to\infty,$$

并假设 $\boldsymbol{g}(\boldsymbol{t})$ 是从 p 维欧氏空间 $\mathbf{R}^p$ 到 k 维欧氏空间 $\mathbf{R}^k$ 的一个函数, $\dot{\boldsymbol{g}}(\boldsymbol{t})$ 在以 $\boldsymbol{\mu}$ 为中心的一个邻域内连续, 则

$$\sqrt{n}(\boldsymbol{g}(\boldsymbol{x}_n)-\boldsymbol{g}(\boldsymbol{\mu}))\xrightarrow{\mathrm{L}}N_k(\mathbf{0},\dot{\boldsymbol{g}}(\boldsymbol{\mu})\boldsymbol{\Sigma}(\dot{\boldsymbol{g}}(\boldsymbol{\mu})')),\quad n\to\infty.$$

这两个极限定理的应用非常广泛. 其证明读者可参阅文献 [77].

在 $g(t)$ 是从 p 维欧氏空间 $\mathbf{R}^p$ 到实数空间 $\mathbf{R}$ 的一个函数时, Cramer 定理有以下的改进.

定理 A.6.3(Cramer 定理的改进) 假设 $\boldsymbol{x}_1,\boldsymbol{x}_2,\cdots$ 是 p 维随机向量序列且

$$\sqrt{n}(\bar{\boldsymbol{x}}_n-\boldsymbol{\mu})\xrightarrow{\mathrm{L}}N_p(\mathbf{0},\boldsymbol{\Sigma}),\quad n\to\infty,$$

$g(\boldsymbol{t})$ 是从 p 维欧氏空间 $\mathbf{R}^p$ 到实数空间 $\mathbf{R}$ 的一个函数.

(1) 在 $\dot{g}(\boldsymbol{t})$ 在以 $\boldsymbol{\mu}$ 为中心的一个邻域内连续时,

$$\sqrt{n}\left(g\left(\boldsymbol{x}_n\right)-g\left(\boldsymbol{\mu}\right)\right) \xrightarrow{\mathrm{L}} N\left(\mathbf{0}, \dot{g}\left(\boldsymbol{\mu}\right) \boldsymbol{\Sigma}\left(\dot{g}\left(\boldsymbol{\mu}\right)\right)'\right), \quad n \rightarrow \infty.$$

(2) 在 $\dot{g}(\boldsymbol{\mu}) \boldsymbol{\Sigma}(\dot{g}(\boldsymbol{\mu}))'=0$ 时, 若 $\sqrt{n}(g(\boldsymbol{x}_n)-g(\boldsymbol{\mu})) \xrightarrow{p} 0$, $n \rightarrow \infty$, 又若 $\ddot{g}(\boldsymbol{t})$ 在以 $\boldsymbol{\mu}$ 为中心的一个邻域内连续, 则 $n(g(\boldsymbol{x}_n)-g(\boldsymbol{\mu}))$ 的极限分布与 $\dfrac{1}{2}\boldsymbol{u}'\ddot{g}(\boldsymbol{\mu})\boldsymbol{u}$ 同分布, 其中, $\boldsymbol{u} \sim N_p(\mathbf{0}, \boldsymbol{\Sigma})$.

这个定理也有广泛的应用. 其证明读者可参阅文献 [42] 的第 1 章第 9 节.

A.6.3 矩阵函数

下面简要介绍关于对矩阵的函数求导和计算微分的有关知识.

(1) 假设 $y=g(\boldsymbol{X})$ 是 $m \times p$ 阶矩阵 $\boldsymbol{X}=(x_{ij})$ 的一维函数, 则

求导 $\dfrac{\partial g}{\partial \boldsymbol{X}}=\left(\dfrac{\partial g}{\partial x_{ij}}\right)$ 仍是 $m \times p$ 阶矩阵,

计算微分 $\mathrm{d}y=\displaystyle\sum_{i=1}^{m}\sum_{j=1}^{p}\frac{\partial g}{\partial x_{ij}}\mathrm{d}x_{ij}=\mathrm{tr}\left(\left(\frac{\partial g}{\partial \boldsymbol{X}}\right)'\mathrm{d}\boldsymbol{X}\right)$.

(2) 假设 $y=g(\boldsymbol{X})$ 是 m 阶对称矩阵 $\boldsymbol{X}=(x_{ij})$ 的一维函数, 若令

$$v_{ij}=\begin{cases}1, & i=j,\\ \dfrac{1}{2}, & i \neq j,\end{cases}$$

则

求导 $\dfrac{\partial g}{\partial \boldsymbol{X}}=\left(v_{ij}\dfrac{\partial g}{\partial x_{ij}}\right)$,

计算微分 $\mathrm{d}y=\displaystyle\sum_{i=1}^{m}\sum_{j=1}^{i}\frac{\partial g}{\partial x_{ij}}\mathrm{d}x_{ij}=\mathrm{tr}\left(\left(\frac{\partial g}{\partial \boldsymbol{X}}\right)'\mathrm{d}\boldsymbol{X}\right)$, 其中, $\mathrm{d}\boldsymbol{X}=(\mathrm{d}x_{ij})$.

(3) 假设

$$\boldsymbol{Y}=\begin{pmatrix} y_1\\ \vdots\\ y_p\end{pmatrix}=\begin{pmatrix} g_1(\boldsymbol{X})\\ \vdots\\ g_p(\boldsymbol{X})\end{pmatrix} \text{ 是矩阵}\boldsymbol{X}=(x_{ij})\text{ 的 } k \text{ 维向量函数,}$$

则不论 $\boldsymbol{X}$ 是否是对称矩阵, 都有

$$\mathrm{d}\boldsymbol{Y}=\begin{pmatrix}\mathrm{d}y_1\\ \vdots\\ \mathrm{d}y_p\end{pmatrix}=\begin{pmatrix}\mathrm{tr}\left(\left(\dfrac{\partial g_1}{\partial \boldsymbol{X}}\right)'\mathrm{d}\boldsymbol{X}\right)\\ \vdots\\ \mathrm{tr}\left(\left(\dfrac{\partial g_p}{\partial \boldsymbol{X}}\right)'\mathrm{d}\boldsymbol{X}\right)\end{pmatrix} \text{ 仍是 } p \text{ 维向量.}$$

(4) 假设矩阵 $\boldsymbol{Y}=(y_{rs})$ 是矩阵 $\boldsymbol{X}=(x_{ij})$ 的函数: 对所有的 r 和 s, 都有 $y_{rs}=g_{rs}(\boldsymbol{X})$, 则不论 $\boldsymbol{X}$ 是否是对称矩阵, 都有

$$\mathrm{d}\boldsymbol{Y}=(\mathrm{d}y_{rs})\text{ 仍是矩阵, 其中, }\mathrm{d}y_{rs}=\mathrm{tr}\left(\left(\frac{\partial g_{rs}}{\partial \boldsymbol{X}}\right)'\mathrm{d}\boldsymbol{X}\right).$$

矩阵函数的求导和计算微分并不容易, 其一般的方法就是具体问题具体分析.

定理 A.6.4(逆矩阵的微分) 令 $\boldsymbol{Y}=\boldsymbol{X}^{-1}$, 则 $\mathrm{d}\boldsymbol{Y}=-\boldsymbol{X}^{-1}\cdot\mathrm{d}\boldsymbol{X}\cdot\boldsymbol{X}^{-1}$.

这个问题在定理 A.5.4 和定理 A.5.5 中就已经得到解决. 其推导的过程颇为特别. 是由 $\boldsymbol{XY}=\boldsymbol{I}$, 推得 $\mathrm{d}\boldsymbol{X}\cdot\boldsymbol{Y}+\boldsymbol{X}\cdot\mathrm{d}\boldsymbol{Y}=0$, 从而得 $\mathrm{d}\boldsymbol{Y}=-\boldsymbol{X}^{-1}\cdot\mathrm{d}\boldsymbol{X}\cdot\boldsymbol{X}^{-1}$.

定理 A.6.5(行列式的微分) 令 $y=|\boldsymbol{X}|$, 则 $\mathrm{d}y=|\boldsymbol{X}|\,\mathrm{tr}\left(\left(\boldsymbol{X}^{-1}\right)'\mathrm{d}\boldsymbol{X}\right)$.

证明 令 $\boldsymbol{X}=(x_{ij})$ 为 m 阶矩阵, 则对任意的 i, 都有 $|\boldsymbol{X}|=\sum\limits_{j=1}^{p}x_{ij}A(i,j)$, 其中, $A(i,j)$ 是 x_{ij} 的代数余子式. 由于 $A(i,j)$ 与 x_{ij} 无关, 所以对任意的 i 和 j, 都有

$$\frac{\partial|\boldsymbol{X}|}{\partial x_{ij}}=A(i,j). \tag{A.6.1}$$

下面证明, 如果记 $\boldsymbol{X}^{-1}=\left(x^{ij}\right)$, 则对任意的 i 和 j, 都有

$$A(i,j)=|\boldsymbol{X}|\,x^{ij}. \tag{A.6.2}$$

首先在 $i=j=1$ 时证明 (A.6.2) 式. 将 $\boldsymbol{X}$ 剖分为

$$\boldsymbol{X}=\begin{pmatrix} x_{11} & \boldsymbol{X}_{12}\\ \boldsymbol{X}_{21} & \boldsymbol{X}_{22}\end{pmatrix}\begin{matrix}1\\ p-1\end{matrix},\qquad \begin{matrix}1 & p-1\end{matrix}$$

则 $|\boldsymbol{X}_{22}|$ 就是 x_{11} 的代数余子式 $A(1,1)$. 由于 $|\boldsymbol{X}|=\left(x_{11}-\boldsymbol{X}_{12}\boldsymbol{X}_{22}^{-1}\boldsymbol{X}_{21}\right)|\boldsymbol{X}_{22}|$ 以及 $x^{11}=\left(x_{11}-\boldsymbol{X}_{12}\boldsymbol{X}_{22}^{-1}\boldsymbol{X}_{21}\right)^{-1}$, 所以 $A(1,1)=|\boldsymbol{X}|\,x^{11}$. (A.6.2) 式在 $i=j=1$ 时成立.

为证明 (A.6.2) 式对任意的 i 和 j 都成立, 交换矩阵 $\boldsymbol{X}$ 的行和列, 将 $\boldsymbol{X}$ 的第 i 行第 j 列上的元素 x_{ij} 交换到第 1 行第 1 列上. 记 $\boldsymbol{X}$ 的行和列交换后的矩阵为 $\boldsymbol{X}^*=\left(x^*_{ij}\right)$, 那么 $x_{ij}=x^*_{11}$. 显然, $\boldsymbol{X}^{-1}$ 的行和列有与 $\boldsymbol{X}$ 的行和列完全相同的交换, 并且 $\boldsymbol{X}^{-1}$ 的第 i 行第 j 列上的元素 x^{ij} 也交换到 $(\boldsymbol{X}^*)^{-1}$ 的第 1 行第 1 列上. 记 $(\boldsymbol{X}^*)^{-1}=\left(x^{*ij}\right)$, 那么 $x^{ij}=x^{*11}$. 记 x^*_{11} 在 $\boldsymbol{X}^*$ 中的代数余子式为 $A^*(1,1)$, 则由于 (A.6.2) 式在 $i=j=1$ 时成立, 所以 $A^*(1,1)=|\boldsymbol{X}^*|\,x^{*11}$.

显然, $|\boldsymbol{X}|=(-1)^{i+j}|\boldsymbol{X}^*|$. 由于 $A^*(1,1)$ 是 $\boldsymbol{x}^*_{11}$ 在 $\boldsymbol{X}^*$ 中的代数余子式, 故 x_{ij} 在 $\boldsymbol{X}$ 中的代数余子式 $A(i,j)=(-1)^{i+j}A(1,1)$. 从而有

$$A(i,j)=(-1)^{i+j}A^*(1,1)=(-1)^{i+j}|\boldsymbol{X}^*|\,x^{*11}=|\boldsymbol{X}|\,x^{ij},$$

所以 (A.6.2) 式对任意的 i 和 j 都成立.

由 (A.6.1) 式和 (A.6.2) 式知

$$\frac{\partial |\boldsymbol{X}|}{\partial x_{ij}} = |\boldsymbol{X}| \, x^{ij},$$

所以

$$\mathrm{d}|\boldsymbol{X}| = \sum_{i=1}^{p}\sum_{j=1}^{p}\frac{\partial |\boldsymbol{X}|}{\partial x_{ij}}\mathrm{d}x = |\boldsymbol{X}|\sum_{i=1}^{p}\sum_{j=1}^{p}x^{ij}\mathrm{d}x = |\boldsymbol{X}|\,\mathrm{tr}\left(\left(\boldsymbol{X}^{-1}\right)'\mathrm{d}\boldsymbol{X}\right).$$

定理 A.6.5(行列式的微分) 证毕.

A.7 指数分布族及其性质

A.7.1 指数分布族

为方便起见, 这里将连续型变量的密度函数和离散型变量的分布列统称为概率函数. 分布族的概率函数记为 $f(x;\theta)$, $\theta \in \Theta$, Θ 称为参数空间.

定义 A.7.1 若存在 Θ 上的有限函数 $C(\theta), Q_1(\theta), \cdots, Q_k(\theta)$ 以及有限 (可测) 函数 $h(x), T_1(x), \cdots, T_k(x)$, 使得

$$f(x;\theta) = C(\theta)\exp\left\{\sum_{i=1}^{k}Q_i(\theta)\,T_i(x)\right\}h(x), \tag{A.7.1}$$

则称分布族 $\{f(x;\theta), \theta \in \Theta\}$ 为指数分布族. 考虑到 $f(x;\theta) \geqslant 0$, 故不妨假设 $C(\theta)$ 和 $h(x)$ 都是非负函数.

不失一般性, 假设指数分布族 (A.7.1) 式还满足条件: $1, T_1(x), \cdots, T_k(x)$ 之间, 或者在 $1, Q_1(\theta), \cdots, Q_k(\theta)$ 之间没有线性关系. 此外, 函数 $T_1(x), \cdots, T_k(x)$ 可以有非线性的函数关系.

由 (A.7.1) 式知

$$C^{-1}(\theta) = \int \exp\left\{\sum_{i=1}^{k}Q_i(\theta)\,T_i(x)\right\}h(x)\,\mathrm{d}x.$$

由此可见 $\Theta \subseteq \Omega$, 其中,

$$\Omega = \left\{\theta : \int \exp\left\{\sum_{i=1}^{k}Q_i(\theta)\,T_i(x)\right\}h(x)\,\mathrm{d}x < \infty\right\},$$

Ω 称为指数分布族的自然参数空间. 在实际问题中, 根据问题的实际意义, 参数空间 Θ 有可能是自然参数空间 Ω, 也有可能是自然参数空间 Ω 的一个真子集.

为简化讨论, 通常将 $Q_i(\theta)$ 记为 β_i, $i=1,\cdots,k$. 从而将参数 θ 变换为 $\boldsymbol{\beta}=(\beta_1,\cdots,\beta_k)'$, 函数 $C(\theta)$ 变换为 $C^*(\boldsymbol{\beta})$, (A.7.1) 式得到简化. 在简化后的式子中通常将 $\boldsymbol{\beta}$ 仍记为 θ, $C^*(\boldsymbol{\beta})$ 仍记为 $C(\theta)$. 这样一来就有所谓的指数分布族的自然形式.

定义 A.7.2 指数分布族的自然形式为

$$f(x;\theta)=C(\theta)\exp\left\{\sum_{i=1}^{k}\theta_i T_i(x)\right\}h(x). \tag{A.7.2}$$

对这个自然形式而言, 它的自然参数空间为

$$\Omega=\left\{\theta:\int\exp\left\{\sum_{i=1}^{k}\theta_i T_i(x)\right\}h(x)\,\mathrm{d}x<\infty\right\}. \tag{A.7.3}$$

下面就指数分布族的自然形式不加证明地叙述它的分析性质. 关于这些分析性质的证明读者可参阅文献 [1] 的 1.2 节, 1.6 节 (二) 和 2.6 节 (三), 文献 [121] 的 3b.7 或文献 [98] 的 Appendices D.1.

A.7.2 指数分布族的分析性质

性质 A.7.1 假设指数分布族已写成自然形式 (A.7.2), 其自然参数空间 Ω 见 (A.7.3) 式, 则 Ω 是 k 维欧氏空间 $\mathbf{R}^k$ 中的一个凸子集.

由这个性质可以看到, 若 Ω 在 $\mathbf{R}^k$ 中有内点, 则 Ω 的全部内点是 $\mathbf{R}^k$ 的一个凸区域. 特别在 $k=1$ 时自然参数空间 Ω 是数轴上的一个区间 (有限或无限, 包含或不包含端点都有可能).

根据充分性的判定准则 —— 分解定理, 由 (A.7.1) 式或由 (A.7.2) 式即有下面的性质.

性质 A.7.2 对指数分布族 (A.7.1) 式或对其自然形式 (A.7.2) 式而言, $(T_1(x),\cdots,T_k(x))$ 是参数 θ 的充分统计量.

性质 A.7.3 假设指数分布族已写成自然形式 (A.7.2), 其参数空间 Θ 有内点, 则 $(T_1(x),\cdots,T_k(x))$ 是参数 θ 的完全统计量.

性质 A.7.2 说明 $(T_1(x),\cdots,T_k(x))$ 是充分统计量, 而性质 A.7.3 说只有在参数空间 Θ 有内点的时候, $(T_1(x),\cdots,T_k(x))$ 才是既充分又完全的统计量. 下面举个参数空间 Θ 没有内点的指数分布族的例子, 它的充分统计量并不是完全的.

设 $\boldsymbol{X}=(x_1,\cdots,x_m)$ 是来自总体 $N(\boldsymbol{\mu},\sigma_1^2)$ 的样本, $\boldsymbol{Y}=(y_1,\cdots,y_n)$ 是来自另一个总体 $N(\boldsymbol{\mu},\sigma_2^2)$ 的样本, $\boldsymbol{X}$ 与 $\boldsymbol{Y}$ 相互独立, $\boldsymbol{\mu}\in\mathbf{R}^p$, $\sigma_1,\sigma_2>0$, $m,n>1$. 这个模型与所谓的 Behrens-Fisher 问题有关. Behrens-Fisher 问题见文献 [17]3.2 节的四或本书 5.3.3 小节.

不难把 $(\boldsymbol{X},\boldsymbol{Y})$ 的联合密度 $f(x,y;\theta)$ 写成指数分布族的 (A.7.1) 式的形式

$$f(x,y;\theta)=C(\theta)\exp\left\{\sum_{i=1}^{4}Q_i(\theta)T_i(x,y)\right\},\tag{A.7.4}$$

其中, $\theta=\left(\mu,\sigma_1^2,\sigma_2^2\right)$,

$$Q_1(\theta)=-\frac{1}{2\sigma_1^2},\quad T_1(\boldsymbol{X},\boldsymbol{Y})=\sum_{i=1}^{m}x_i^2,\quad Q_2(\theta)=\frac{\mu}{\sigma_1^2},\quad T_2(\boldsymbol{X},\boldsymbol{Y})=\sum_{i=1}^{m}x_i,$$

$$Q_3(\theta)=-\frac{1}{2\sigma_2^2},\quad T_3(\boldsymbol{X},\boldsymbol{Y})=\sum_{i=1}^{n}y_i^2,\quad Q_4(\theta)=\frac{\mu}{\sigma_2^2},\quad T_4(\boldsymbol{X},\boldsymbol{Y})=\sum_{i=1}^{n}y_i.$$

它的参数空间为

$$\Theta=\left\{\left(\mu,\sigma_1^2,\sigma_2^2\right):-\infty<\mu<\infty,\sigma_1^2,\sigma_2^2>0\right\}\subset\mathbf{R}^3.$$

指数分布族 (A.7.4) 式的自然形式为

$$f(x,y;\boldsymbol{\beta})=C^*(\boldsymbol{\beta})\exp\left\{\sum_{i=1}^{4}\beta_iT_i(x,y)\right\},\tag{A.7.5}$$

其中,

$$\beta_1=Q_1(\theta)=-\frac{1}{2\sigma_1^2},\quad \beta_2=Q_2(\theta)=\frac{\mu}{\sigma_1^2},$$

$$\beta_3=Q_3(\theta)=-\frac{1}{2\sigma_2^2},\quad \beta_4=Q_4(\theta)=\frac{\mu}{\sigma_2^2}.$$

由此可见, $\beta_1\beta_4=\beta_2\beta_3$. 指数分布族自然形式 (A.7.5) 式的参数空间为

$$\Theta^*=\{(\beta_1,\beta_2,\beta_3,\beta_4):-\infty<\beta_1,\beta_3<\infty,\beta_2,\beta_4<0,\beta_1\beta_4=\beta_2\beta_3\}\subset\mathbf{R}^4.$$

显然, 自然形式的参数空间 Θ^* 在 $\mathbf{R}^4$ 中没有内点. 由 (A.7.4) 式或由 (A.7.5) 式可知 $(T_1(x),\cdots,T_4(x))$ 是充分统计量, 但由于

$$E\left(\frac{T_2(\boldsymbol{X},\boldsymbol{Y})}{m}-\frac{T_4(\boldsymbol{X},\boldsymbol{Y})}{n}\right)=0,$$

所以充分统计量 $(T_1(x),\cdots,T_4(x))$ 并不完全.

当指数分布族已写成自然形式 (A.7.2), 其参数空间 Θ 没有内点时, 称这样的指数分布族为曲线指数分布族. 参见上面提到的文献 [98] 的 Appendices D.2.

性质 A.7.4 假设指数分布族已写成自然形式 (A.7.2), 如果 θ 是其自然参数空间 Ω 的一个内点, 则当参数为 θ 时, $T_1(x),\cdots,T_k(x)$ 的各阶矩都存在, 其一、二阶矩为

$$E(T_i(x))=-\frac{\partial\ln C(\theta)}{\partial\theta_i}=-\frac{1}{C(\theta)}\frac{\partial C(\theta)}{\partial\theta_i},\quad i=1,\cdots,k,$$

$$\operatorname{Cov}\left(T_i\left(x\right), T_j\left(x\right)\right) = -\frac{\partial^2 \ln C\left(\theta\right)}{\partial\theta_i \partial\theta_j}, \quad 1 \leqslant i \leqslant j \leqslant k.$$

假设指数分布族已写成自然形式 (A.7.2), 其自然参数空间 Ω 见 (A.7.4). 令 Ω_0 表示 Ω 的全部内点构成的集合, 假设 Ω_0 非空. 假设 $\boldsymbol{X} = (x_1, \cdots, x_n)$ 为来自该指数分布族自然形式的样本. 样本的联合概率函数为

$$C^n\left(\theta\right)\exp\left\{\sum_{i=1}^{k}\theta_i\left(\sum_{j=1}^{n}T_i\left(x_j\right)\right)\right\}\prod_{j=1}^{n}h\left(x_j\right).$$

性质 A.7.5 如果对任意的 $\boldsymbol{X} = (x_1, \cdots, x_n)$, 方程组

$$E\left(\sum_{j=1}^{n}T_i\left(x_j\right)\right) = -\frac{n}{C\left(\theta\right)}\frac{\partial C\left(\theta\right)}{\partial\theta_i} = \sum_{j=1}^{n}T_i\left(x_j\right), \quad i = 1, \cdots, k$$

在 Ω_0 有解, 则解必定唯一且为 θ 的极大似然估计.

A.8 二次型极值

有关二次型的极值问题的详细讨论读者可参阅文献 [121] 的 1f.

性质 A.8.1 在 $\boldsymbol{A}$ 是正定矩阵, $\boldsymbol{u} \in \mathbf{R}^p$ 时,

$$\sup_{\boldsymbol{x}\in\mathbf{R}^p}\frac{\left(\boldsymbol{u}'\boldsymbol{x}\right)^2}{\boldsymbol{x}'\boldsymbol{A}\boldsymbol{x}} = \boldsymbol{u}'\boldsymbol{A}^{-1}\boldsymbol{u}$$

在 $\boldsymbol{x} = k\boldsymbol{A}^{-1}\boldsymbol{u}$ 时取最大值, 其中, k 是任意的非零常数.

根据 Cauchy-Schwarz (柯西–施瓦茨) 不等式, 若令 $\boldsymbol{y} = \boldsymbol{A}^{1/2}\boldsymbol{x}$, $\boldsymbol{v} = \boldsymbol{A}^{-1/2}\boldsymbol{u}$, 则

$$\left(\boldsymbol{u}'\boldsymbol{x}\right)^2 = \left(\boldsymbol{v}'\boldsymbol{y}\right)^2 \leqslant \left(\boldsymbol{v}'\boldsymbol{v}\right)\left(\boldsymbol{y}'\boldsymbol{y}\right) = \left(\boldsymbol{u}'\boldsymbol{A}^{-1}\boldsymbol{u}\right)\left(\boldsymbol{x}'\boldsymbol{A}\boldsymbol{x}\right)$$

且当 $\boldsymbol{y} = k\boldsymbol{v}$, 即当 $\boldsymbol{x} = k\boldsymbol{A}^{-1}\boldsymbol{u}$ 时等号成立. 性质 A.8.1 由此得证.

通常简单地说, 在 $\boldsymbol{x} = \boldsymbol{A}^{-1}\boldsymbol{u}$ 时取最大值, 省略常数 k.

性质 A.8.1 的另一种表达形式为

$$\sup_{\substack{\boldsymbol{x}\in\mathbf{R}^p \\ \boldsymbol{x}'\boldsymbol{A}\boldsymbol{x}=1}}\left(\boldsymbol{u}'\boldsymbol{x}\right)^2 = \boldsymbol{u}'\boldsymbol{A}^{-1}\boldsymbol{u}$$

在 $\boldsymbol{x} = \boldsymbol{A}^{-1}\boldsymbol{u}/\sqrt{\boldsymbol{u}'\boldsymbol{A}^{-1}\boldsymbol{u}}$ 时取最大值.

性质 A.8.2 在 $\boldsymbol{B}$ 是对称矩阵, $\boldsymbol{A}$ 是正定矩阵时,

$$\sup_{\boldsymbol{x}\in\mathbf{R}^p}\frac{\boldsymbol{x}'\boldsymbol{B}\boldsymbol{x}}{\boldsymbol{x}'\boldsymbol{A}\boldsymbol{x}} = \lambda_1,$$

其中, λ_1 是 $|\boldsymbol{B}-\lambda\boldsymbol{A}|=0$ 的最大的根, 也就是 $\boldsymbol{A}^{-1}\boldsymbol{B}$ 或 $\boldsymbol{A}^{-1/2}\boldsymbol{B}\boldsymbol{A}^{-1/2}$ 的最大的特征根, 在 $\boldsymbol{x}=\boldsymbol{A}^{-1/2}\boldsymbol{\alpha}_1$ 时取最大值, 其中, $\boldsymbol{\alpha}_1$ 是 λ_1 作为 $\boldsymbol{A}^{-1/2}\boldsymbol{B}\boldsymbol{A}^{-1/2}$ 的最大的特征根所对应的正则 $(\boldsymbol{\alpha}_1'\boldsymbol{\alpha}_1=1)$ 特征向量.

显然, 性质 A.8.1 是性质 A.8.2 在 $\boldsymbol{B}=\boldsymbol{u}\boldsymbol{u}'$ 时的特殊情况.

性质 A.8.2 的另一种表达形式为

$$\sup_{\substack{\boldsymbol{x}\in\mathbf{R}^p\\ \boldsymbol{x}'\boldsymbol{A}\boldsymbol{x}=1}} \boldsymbol{x}'\boldsymbol{B}\boldsymbol{x}=\lambda_1 \tag{A.8.1}$$

在 $\boldsymbol{x}=\boldsymbol{A}^{-1/2}\boldsymbol{\alpha}_1$ 时取最大值. 显然, 证明了 (A.8.1) 式, 也就证明了性质 A.8.2. 而欲证 (A.8.1) 式, 仅需证明下面的性质 A.8.3 的结论 (1). 下面将给出性质 A.8.3 结论 (1) 的证明, 从而证明了 (A.8.1) 式, 证明了性质 A.8.2.

假设 $\boldsymbol{B}$ 是 p 阶对称矩阵, 其特征根为 $\lambda_1\geqslant\cdots\geqslant\lambda_p$, $\boldsymbol{\alpha}_1,\cdots,\boldsymbol{\alpha}_p$ 分别是这些特征根所对应的正则正交特征向量, 则

(1) 矩阵 $\boldsymbol{T}=(\boldsymbol{\alpha}_1,\cdots,\boldsymbol{\alpha}_p)$ 是正交矩阵;

(2) $\boldsymbol{B}$ 分解为 $\boldsymbol{B}=\boldsymbol{T}\boldsymbol{\Lambda}\boldsymbol{T}'$, $\boldsymbol{\Lambda}=\mathrm{diag}\,(\lambda_1,\cdots,\lambda_p)$ 或等价地 $\boldsymbol{B}$ 分解为

$$\boldsymbol{B}=\lambda_1\boldsymbol{\alpha}_1\boldsymbol{\alpha}_1'+\cdots+\lambda_p\boldsymbol{\alpha}_p\boldsymbol{\alpha}_p'. \tag{A.8.2}$$

性质 A.8.3 在上述这些假设条件下, 有

(1) $\sup\limits_{\boldsymbol{x}'\boldsymbol{x}=1}\boldsymbol{x}'\boldsymbol{B}\boldsymbol{x}=\lambda_1$, 当 $\boldsymbol{x}=\boldsymbol{\alpha}_1$ 时取最大值;

(2) 对任意的 $k=1,\cdots,p-1$, 都有

$$\sup_{\substack{\boldsymbol{x}'\boldsymbol{x}=1\\ \boldsymbol{\alpha}_1'\boldsymbol{x}=0\\ \cdots\\ \boldsymbol{\alpha}_k'\boldsymbol{x}=0}} \boldsymbol{x}'\boldsymbol{B}\boldsymbol{x}=\lambda_{k+1},\ \text{当}\ \boldsymbol{x}=\boldsymbol{\alpha}_{k+1}\ \text{时取最大值}.$$

证明 由于任意的 $\boldsymbol{x}\in\mathbf{R}^p$, 都可表示成 $\boldsymbol{\alpha}_1,\cdots,\boldsymbol{\alpha}_p$ 的线性组合 $\boldsymbol{x}=b_1\boldsymbol{\alpha}_1+\cdots+b_p\boldsymbol{\alpha}_p$, 则据 $\boldsymbol{x}'\boldsymbol{x}=1$ 有 $b_1^2+\cdots+b_p^2=1$. 从而由 (A.8.2) 式知

$$\boldsymbol{x}'\boldsymbol{B}\boldsymbol{x}=\lambda_1\boldsymbol{b}_1^2+\cdots+\lambda_p\boldsymbol{b}_p^2. \tag{A.8.3}$$

由于 $\lambda_1\geqslant\cdots\geqslant\lambda_p$, 所以 (A.8.3) 式的右端不大于 λ_1 且在 $b_1=1, b_2=\cdots=b_p=0$, 即 $\boldsymbol{x}=\boldsymbol{\alpha}_1$ 时取最大值 λ_1, 性质 A.8.3 的结论 (1) 得证.

由于 (A.8.1) 式的左端可改写为

$$\sup_{\substack{\boldsymbol{x}\in\mathbf{R}^p\\ \boldsymbol{x}'\boldsymbol{A}\boldsymbol{x}=1}} \boldsymbol{x}'\boldsymbol{B}\boldsymbol{x}=\sup_{\substack{\boldsymbol{x}\in\mathbf{R}^p\\ \boldsymbol{x}'\boldsymbol{x}=1}} \boldsymbol{x}'\left(\boldsymbol{A}^{-1/2}\boldsymbol{B}\boldsymbol{A}^{-1/2}\right)\boldsymbol{x}.$$

故由性质 A.8.3 的结论 (1) 即可推得 (A.8.1) 式, 从而性质 A.8.2 得证.

结论 (2) 的证明与结论 (1) 的证明雷同, 其差别仅在于据 $\boldsymbol{x}'\boldsymbol{x}=1$ 和 $\boldsymbol{\alpha}_1'\boldsymbol{x}=0,\cdots,\boldsymbol{\alpha}_k'\boldsymbol{x}=0$, 有 $b_1=\cdots=b_k=0$ 和 $b_{k+1}^2+\cdots+b_p^2=1$. 这也就是说, 其差别仅在于这时的 $\boldsymbol{x}\in\mathbf{R}^p$ 可表示成 $\boldsymbol{\alpha}_{k+1},\cdots,\boldsymbol{\alpha}_p$ 的线性组合 $\boldsymbol{x}=b_{k+1}\boldsymbol{\alpha}_{k+1}+\cdots+b_p\boldsymbol{\alpha}_p$, 其中, $b_{k+1}^2+\cdots+b_p^2=1$. 从而有 $\boldsymbol{x}'\boldsymbol{B}\boldsymbol{x}=\lambda_{k+1}b_{k+1}^2+\cdots+\lambda_p b_p^2\leqslant\lambda_{k+1}$, 性质 A.8.3 的结论 (2) 得证.

在 $\boldsymbol{B}$ 是 p 阶对称矩阵, $\boldsymbol{A}$ 是 p 阶正定矩阵时, 设 $\boldsymbol{A}^{-1}\boldsymbol{B}$ 或 $\boldsymbol{A}^{-1/2}\boldsymbol{B}\boldsymbol{A}^{-1/2}$ 的特征根为 $\lambda_1\geqslant\cdots\geqslant\lambda_p$, 而 $\boldsymbol{\alpha}_1\cdots,\boldsymbol{\alpha}_p$ 分别是 $\lambda_1,\cdots,\lambda_p$ 作为 $\boldsymbol{A}^{-1/2}\boldsymbol{B}\boldsymbol{A}^{-1/2}$ 的特征根所对应的正则正交特征向量. 令 $\boldsymbol{x}_i=\boldsymbol{A}^{-1/2}\boldsymbol{\alpha}_i$, $i=1,\cdots,p$. 那么下式就是性质 A.8.3 结论 (2) 的推广, 也是 (A.8.1) 式的补充: 对任意的 $k=1,\cdots,p-1$, 都有

$$\sup_{\substack{\boldsymbol{x}'\boldsymbol{A}\boldsymbol{x}=1\\ \boldsymbol{x}_1'\boldsymbol{A}\boldsymbol{x}=0\\ \cdots\\ \boldsymbol{x}_k'\boldsymbol{A}\boldsymbol{x}=0}} \boldsymbol{x}'\boldsymbol{B}\boldsymbol{x}=\lambda_{k+1},\ \text{当 } x=x_{k+1} \text{ 时取最大值}. \tag{A.8.4}$$

性质 A.8.4 设 $\boldsymbol{C}$ 是 $p\times q$ 阶非零矩阵, $\boldsymbol{A}$ 和 $\boldsymbol{B}$ 分别是 p 阶和 q 阶正定矩阵,

$$\sup_{\substack{\boldsymbol{x}\in\mathbf{R}^p\\ \boldsymbol{y}\in\mathbf{R}^q}}\frac{(\boldsymbol{x}'\boldsymbol{C}\boldsymbol{y})^2}{(\boldsymbol{x}'\boldsymbol{A}\boldsymbol{x})(\boldsymbol{y}'\boldsymbol{B}\boldsymbol{y})}=\lambda_1^2>0, \tag{A.8.5}$$

其中, λ_1^2 是 $\boldsymbol{A}^{-1}\boldsymbol{C}\boldsymbol{B}^{-1}\boldsymbol{C}'$, $\boldsymbol{A}^{-1/2}\boldsymbol{C}\boldsymbol{B}^{-1}\boldsymbol{C}'\boldsymbol{A}^{-1/2}$, $\boldsymbol{B}^{-1}\boldsymbol{C}'\boldsymbol{A}^{-1}\boldsymbol{C}$ 或 $\boldsymbol{B}^{-1/2}\boldsymbol{C}'\boldsymbol{A}^{-1}\cdot\boldsymbol{C}\boldsymbol{B}^{-1/2}$ 的最大的特征根, $\lambda_1>0$. 在 $\boldsymbol{x}=\boldsymbol{A}^{-1/2}\boldsymbol{\alpha}_1$, $\boldsymbol{y}=\boldsymbol{B}^{-1/2}\boldsymbol{\beta}_1$ 时 (A.8.5) 式取最大值, 并且 $\boldsymbol{x}'\boldsymbol{C}\boldsymbol{y}=\lambda_1>0$, 其中, $\boldsymbol{\alpha}_1$ 和 $\boldsymbol{\beta}_1=\boldsymbol{B}^{-1/2}\boldsymbol{C}'\boldsymbol{A}^{-1/2}\boldsymbol{\alpha}_1/\lambda_1$ 分别是 λ_1^2 作为 $\boldsymbol{A}^{-1/2}\boldsymbol{C}\boldsymbol{B}^{-1}\boldsymbol{C}'\boldsymbol{A}^{-1/2}$ 和 $\boldsymbol{B}^{-1/2}\boldsymbol{C}'\boldsymbol{A}^{-1}\boldsymbol{C}\boldsymbol{B}^{-1/2}$ 的最大的特征根所对应的正则特征向量.

证明 根据性质 A.8.1 和 A.8.2, 有

$$\begin{aligned}\sup_{\substack{\boldsymbol{x}\in\mathbf{R}^p\\ \boldsymbol{y}\in\mathbf{R}^q}}\frac{(\boldsymbol{x}'\boldsymbol{C}\boldsymbol{y})^2}{(\boldsymbol{x}'\boldsymbol{A}\boldsymbol{x})(\boldsymbol{y}'\boldsymbol{B}\boldsymbol{y})}&=\sup_{\boldsymbol{x}\in\mathbf{R}^p}\frac{1}{\boldsymbol{x}'\boldsymbol{A}\boldsymbol{x}}\sup_{\boldsymbol{y}\in\mathbf{R}^q}\frac{\boldsymbol{y}'\boldsymbol{C}'\boldsymbol{x}\boldsymbol{x}'\boldsymbol{C}\boldsymbol{y}}{\boldsymbol{y}'\boldsymbol{B}\boldsymbol{y}}\\&=\sup_{\boldsymbol{x}\in\mathbf{R}^p}\frac{\boldsymbol{x}'\boldsymbol{C}\boldsymbol{B}^{-1}\boldsymbol{C}'\boldsymbol{x}}{\boldsymbol{x}'\boldsymbol{A}\boldsymbol{x}}=\lambda_1^2>0,\end{aligned}$$

其中, λ_1^2 是 $\boldsymbol{A}^{-1}\boldsymbol{C}\boldsymbol{B}^{-1}\boldsymbol{C}'$ 或 $\boldsymbol{A}^{-1/2}\boldsymbol{C}\boldsymbol{B}^{-1}\boldsymbol{C}'\boldsymbol{A}^{-1/2}$ 的最大的特征根, 在 $\boldsymbol{y}=\boldsymbol{B}^{-1}\boldsymbol{C}'\boldsymbol{x}$, $\boldsymbol{x}=\boldsymbol{A}^{-1/2}\boldsymbol{\alpha}_1$ 时取最大值, 其中, $\boldsymbol{\alpha}_1$ 是 λ_1^2 作为 $\boldsymbol{A}^{-1/2}\boldsymbol{C}\boldsymbol{B}^{-1}\boldsymbol{C}'\boldsymbol{A}^{-1/2}$ 的最大的特征根所对应的正则特征向量.

由矩阵特征值的理论知, λ_1^2 除了是 $\boldsymbol{A}^{-1}\boldsymbol{C}\boldsymbol{B}^{-1}\boldsymbol{C}'$ 或 $\boldsymbol{A}^{-1/2}\boldsymbol{C}\boldsymbol{B}^{-1}\boldsymbol{C}'\boldsymbol{A}^{-1/2}$ 的最大的特征根, 它也是 $\boldsymbol{B}^{-1}\boldsymbol{C}'\boldsymbol{A}^{-1}\boldsymbol{C}$ 或 $\boldsymbol{B}^{-1/2}C'\boldsymbol{A}^{-1}\boldsymbol{C}\boldsymbol{B}^{-1/2}$ 的最大的特征根.

由于 $\boldsymbol{y}=\boldsymbol{B}^{-1}\boldsymbol{C}'\boldsymbol{x}$, $\boldsymbol{x}=\boldsymbol{A}^{-1/2}\boldsymbol{\alpha}_1$, 所以 $\boldsymbol{y}=\boldsymbol{B}^{-1}\boldsymbol{C}'\boldsymbol{x}=\boldsymbol{B}^{-1}\boldsymbol{C}'\boldsymbol{A}^{-1/2}\boldsymbol{\alpha}_1$. 令

$$\boldsymbol{\beta}_1=\frac{\boldsymbol{B}^{-1}\boldsymbol{C}'\boldsymbol{A}^{-1/2}\boldsymbol{\alpha}_1}{\lambda_1}. \tag{A.8.6}$$

不难验证, $\boldsymbol{\beta}_1$ 是 λ_1^2 作为 $\boldsymbol{B}^{-1/2}\boldsymbol{C}'\boldsymbol{A}^{-1}\boldsymbol{C}\boldsymbol{B}^{-1/2}$ 的最大的特征根所对应的正则 $(\boldsymbol{\beta}_1'\boldsymbol{\beta}_1=1)$ 特征向量 (其证明留作习题 8.3). 因而在 $\boldsymbol{x}=\boldsymbol{A}^{-1/2}\boldsymbol{\alpha}_1$, $\boldsymbol{y}=\lambda_1\boldsymbol{B}^{-1/2}\boldsymbol{\beta}_1$ 时 (A.8.5) 式取最大值. 考虑到 λ_1 是常数, 可省略不写. 所以可简单地说, 在 $\boldsymbol{x}=\boldsymbol{A}^{-1/2}\boldsymbol{\alpha}_1$, $\boldsymbol{y}=\boldsymbol{B}^{-1/2}\boldsymbol{\beta}_1$, $\boldsymbol{\beta}_1=\boldsymbol{B}^{-1/2}\boldsymbol{C}'\boldsymbol{A}^{-1/2}\boldsymbol{\alpha}_1/\lambda_1$ 时 (A.8.5) 式取最大值. 不难验证 $\boldsymbol{x}'\boldsymbol{C}\boldsymbol{y}=\lambda_1>0$. 至此, 性质 A.8.4 证毕.

注　在 $\boldsymbol{C}$ 是零矩阵时, 对任意的 $\boldsymbol{x}\in\mathbf{R}^p$ 和 $\boldsymbol{y}\in\mathbf{R}^q$, 都有 $\boldsymbol{x}'\boldsymbol{C}\boldsymbol{y}=0$.

性质 A.8.4 的另一种表达形式为

$$\sup_{\substack{\boldsymbol{x}\in\mathbf{R}^p,\boldsymbol{x}'\boldsymbol{A}\boldsymbol{x}=1\\ \boldsymbol{y}\in\mathbf{R}^q,\boldsymbol{y}'\boldsymbol{B}\boldsymbol{y}=1}}(\boldsymbol{x}'\boldsymbol{C}\boldsymbol{y})^2=\lambda_1^2. \tag{A.8.7}$$

在 $\boldsymbol{x}=\boldsymbol{A}^{-1/2}\boldsymbol{\alpha}_1$, $\boldsymbol{y}=\boldsymbol{B}^{-1/2}\boldsymbol{\beta}_1$, $\boldsymbol{\beta}_1=\boldsymbol{B}^{-1/2}\boldsymbol{C}'\boldsymbol{A}^{-1/2}\boldsymbol{\alpha}_1/\lambda_1$ 时取最大值, 并且 $\boldsymbol{x}'\boldsymbol{C}\boldsymbol{y}=\lambda_1>0$.

设 $\boldsymbol{C}$ 是秩为 k 的 $p\times q$ 阶非零矩阵, $p\leqslant q$, $k=1,\cdots,p$, 则 p 阶矩阵 $\boldsymbol{C}\boldsymbol{C}'$ 的 p 个非负特征根中有 k 个正的特征根, $\lambda_1^2\geqslant\cdots\geqslant\lambda_k^2>0$, 而其余 $p-k$ 个特征根 $\lambda_{k+1}^2=\cdots=\lambda_p^2=0$, 因而 q 阶矩阵 $\boldsymbol{C}'\boldsymbol{C}$ 的 q 个非负特征根中除了 $\lambda_1^2\geqslant\cdots\geqslant\lambda_k^2>0$ 外, 还有 $q-k$ 个特征根 $\lambda_{k+1}^2=\cdots=\lambda_q^2=0$. 取 $\lambda_1\geqslant\cdots\geqslant\lambda_k>0$. 设 $\boldsymbol{\alpha}_1,\cdots,\boldsymbol{\alpha}_p$ 是 $\lambda_1^2,\cdots,\lambda_p^2$ 作为 $\boldsymbol{C}\boldsymbol{C}'$ 的特征根所对应的正则正交特征向量, $\boldsymbol{\beta}_1,\cdots,\boldsymbol{\beta}_q$ 是 $\lambda_1^2,\cdots,\lambda_q^2$ 作为 $\boldsymbol{C}'\boldsymbol{C}$ 的特征根所对应的正则正交特征向量. 在 $i=1,\cdots,k$ 时, 令 $\boldsymbol{\beta}_i=\boldsymbol{C}'\boldsymbol{\alpha}_i/\lambda_i$, 可以证明这样的 $\boldsymbol{\beta}_1,\cdots,\boldsymbol{\beta}_q$, 也就是

$$\frac{\boldsymbol{C}'\boldsymbol{\alpha}_1}{\lambda_1},\cdots,\frac{\boldsymbol{C}'\alpha_k}{\lambda_k},\boldsymbol{\beta}_{k+1},\cdots,\boldsymbol{\beta}_q \tag{A.8.8}$$

仍然是 $\lambda_1^2,\cdots,\lambda_q^2$ 作为 $\boldsymbol{C}'\boldsymbol{C}$ 的特征根所对应的正则正交特征向量 (其证明留作习题 8.3).

在 $i=1,\cdots,k$ 时, 由 $\boldsymbol{\beta}_i=\boldsymbol{C}'\boldsymbol{\alpha}_i/\lambda_i$ 可以推得

$$\boldsymbol{C}\boldsymbol{\beta}_i=\frac{\boldsymbol{C}\boldsymbol{C}'\boldsymbol{\alpha}_i}{\lambda_i}=\lambda_i\boldsymbol{\alpha}_i,\quad \boldsymbol{\alpha}_i=\frac{\boldsymbol{C}\boldsymbol{\beta}_i}{\lambda_i}.$$

反之, 由 $\boldsymbol{\alpha}_i=\boldsymbol{C}\boldsymbol{\beta}_i/\lambda_i$ 可以推得 $\boldsymbol{\beta}_i=\boldsymbol{C}'\boldsymbol{\alpha}_i/\lambda_i$. 在 $i=1,\cdots,k$ 时, 若令 $\boldsymbol{\alpha}_i=\boldsymbol{C}\boldsymbol{\beta}_i/\lambda_i$. 同样可以证明

$$\frac{\boldsymbol{C}\boldsymbol{\beta}_1}{\lambda_1},\cdots,\frac{\boldsymbol{C}\boldsymbol{\beta}_k}{\lambda_k},\boldsymbol{\alpha}_{k+1},\cdots,\boldsymbol{\alpha}_p \tag{A.8.9}$$

仍然是 $\lambda_1^2,\cdots,\lambda_p^2$ 作为 $\boldsymbol{C}\boldsymbol{C}'$ 的特征根所对应的正则正交特征向量.

性质 A.8.5　在上述这些假设条件下, 有

(1) 设 $\boldsymbol{x}\in\mathbf{R}^p$, $\boldsymbol{y}\in\mathbf{R}^q$, 则在 $\boldsymbol{x}'\boldsymbol{x}=1$, $\boldsymbol{y}'\boldsymbol{y}=1$ 的正则化约束条件下,

$$\sup(\boldsymbol{x}'\boldsymbol{C}\boldsymbol{y})^2=\lambda_1^2,\ 当\ \boldsymbol{x}=\boldsymbol{\alpha}_1,\ \boldsymbol{y}=\boldsymbol{\beta}_1\ 时取最大值, 并且\ \boldsymbol{x}'\boldsymbol{C}\boldsymbol{y}=\lambda_1;$$

(2) 对给定的 $m=1,\cdots,p-1$, $\boldsymbol{x}\in\mathbf{R}^p$ 和 $\boldsymbol{y}\in\mathbf{R}^q$ 所满足的约束条件有

正则化约束: $\boldsymbol{x}'\boldsymbol{x}=1$, $\boldsymbol{y}'\boldsymbol{y}=1$,

正交化约束: 对任意的 $i=1,\cdots,m$, 都有 $\boldsymbol{\alpha}_i'\boldsymbol{x}=0$, $\boldsymbol{\beta}_i'\boldsymbol{y}=0$, $\boldsymbol{\alpha}_i'\boldsymbol{C}\boldsymbol{y}=0$, $\boldsymbol{\beta}_i'\boldsymbol{C}'\boldsymbol{x}=0$, 则在上述这些正则正交化约束条件下,

(i) 在 $m=1,\cdots,k-1$ 时, $\sup\left(\boldsymbol{x}'\boldsymbol{C}\boldsymbol{y}\right)^2=\lambda_{m+1}^2$, 当 $\boldsymbol{x}=\boldsymbol{x}_{m+1}$, $\boldsymbol{y}=\boldsymbol{y}_{m+1}$ 时取最大值, 且 $\boldsymbol{x}_{m+1}'\boldsymbol{C}\boldsymbol{y}_{m+1}=\lambda_{m+1}>0$;

(ii) 在 $m=k,\cdots,p-1$ 时, $\boldsymbol{x}'\boldsymbol{C}\boldsymbol{y}=0$.

证明 取 $\boldsymbol{A}=\boldsymbol{I}_p$, $\boldsymbol{B}=\boldsymbol{I}_q$, 则由 (A.8.7) 式即得结论 (1). 结论 (1) 证毕.

结论 (2) 的证明过程如下:

任意的 $\boldsymbol{x}\in\mathbf{R}^p$ 和 $\boldsymbol{y}\in\mathbf{R}^q$ 都可分别表示成 $\boldsymbol{\alpha}_1,\cdots,\boldsymbol{\alpha}_p$ 和 $\boldsymbol{\beta}_1,\cdots,\boldsymbol{\beta}_q$ 的线性组合 $\boldsymbol{x}=d_1\boldsymbol{\alpha}_1+\cdots+d_p\boldsymbol{\alpha}_p$, $\boldsymbol{y}=e_1\boldsymbol{\beta}_1+\cdots+e_q\boldsymbol{\beta}_q$. 下面分析在正则正交化约束条件下, 线性组合的系数 $(d_1,\cdots,d_p)$ 和 $(e_1,\cdots,e_q)$ 满足什么样的条件.

首先由正交化约束 $\boldsymbol{\alpha}_i'\boldsymbol{x}=0$ 和 $\boldsymbol{\beta}_i'\boldsymbol{y}=0$, $i=1,\cdots,m$, 有 $d_1=\cdots=d_m=0$, $e_1=\cdots=e_m=0$, 所以 $\boldsymbol{x}=d_{m+1}\boldsymbol{\alpha}_{m+1}+\cdots+d_p\boldsymbol{\alpha}_p$, $\boldsymbol{y}=e_{m+1}\boldsymbol{\beta}_{m+1}+\cdots+e_q\boldsymbol{\beta}_q$.

接下来验证, 在 $\boldsymbol{x}=d_{m+1}\boldsymbol{\alpha}_{m+1}+\cdots+d_p\boldsymbol{\alpha}_p$, $\boldsymbol{y}=e_{m+1}\boldsymbol{\beta}_{m+1}+\cdots+e_q\boldsymbol{\beta}_q$ 时, 正交化约束 $\boldsymbol{\alpha}_i'\boldsymbol{C}\boldsymbol{y}=0$, $\boldsymbol{\beta}_i'\boldsymbol{C}'\boldsymbol{x}=0$, $i=1,\cdots,m$ 都满足. 显然, 为验证 $\boldsymbol{\alpha}_i'\boldsymbol{C}\boldsymbol{y}=0$, 仅需验证: 对任意的 $i=1,\cdots,m$, $j=m+1,\cdots,q$, 都有 $\boldsymbol{\alpha}_i'\boldsymbol{C}\boldsymbol{\beta}_j=0$. 就下面两种情况分别对它进行验证:

情况 1 $\boldsymbol{\beta}_j$ 作为 $\boldsymbol{C}'\boldsymbol{C}$ 的特征向量所对应的特征根 $\lambda_j^2>0$. 根据 (A.8.8) 式, $\boldsymbol{\beta}_j=\boldsymbol{C}'\boldsymbol{\alpha}_j/\lambda_j$, 所以

$$\boldsymbol{\alpha}_i'\boldsymbol{C}\boldsymbol{\beta}_j=\frac{\boldsymbol{\alpha}_i'\left(\boldsymbol{C}\boldsymbol{C}'\boldsymbol{\alpha}_j\right)}{\lambda_j}=\lambda_j\left(\boldsymbol{\alpha}_i'\boldsymbol{\alpha}_j\right)=0.$$

情况 2 $\boldsymbol{\beta}_j$ 作为 $\boldsymbol{C}'\boldsymbol{C}$ 的特征向量所对应的特征根 $\lambda_j^2=0$. 这时 $\boldsymbol{C}'\boldsymbol{C}\boldsymbol{\beta}_j=0$, 由此得 $\boldsymbol{\beta}_j'\boldsymbol{C}'\boldsymbol{C}\boldsymbol{\beta}_j=0$, 从而知

$$\text{由 } \lambda_j^2=0 \text{ 可以得到 } \boldsymbol{C}\boldsymbol{\beta}_j=0, \text{ 反之亦真.} \tag{A.8.10}$$

故 $\boldsymbol{\alpha}_i'\boldsymbol{C}\boldsymbol{\beta}_j=0$ 成立.

综合情况 1 和情况 2, 所以在 $\boldsymbol{x}=d_{m+1}\boldsymbol{\alpha}_{m+1}+\cdots+d_p\boldsymbol{\alpha}_p$, $\boldsymbol{y}=e_{m+1}\boldsymbol{\beta}_{m+1}+\cdots+e_q\boldsymbol{\beta}_q$ 时, 正交化约束 $\boldsymbol{\alpha}_i'\boldsymbol{C}\boldsymbol{y}=0(i=1,\cdots,m)$ 满足.

和 (A.8.10) 式相类似,

$$\text{由 } \lambda_j^2=0 \text{ 可以得到 } \boldsymbol{C}'\boldsymbol{\alpha}_j=0, \text{ 反之亦真.} \tag{A.8.11}$$

与验证正交化约束 $\boldsymbol{\alpha}_i'\boldsymbol{C}y=0$ 相类似地, 根据 (A.8.9) 和 (A.8.11) 两式可以验证: 正交化约束 $\boldsymbol{\beta}_i'\boldsymbol{C}'\boldsymbol{x}=0(i=1,\cdots,m)$ 也满足.

最后根据正则化约束条件 $\boldsymbol{x}'\boldsymbol{x}=1$, $\boldsymbol{y}'\boldsymbol{y}=1$, 在 $\boldsymbol{x}=d_{m+1}\boldsymbol{\alpha}_{m+1}+\cdots+d_p\boldsymbol{\alpha}_p$, $\boldsymbol{y}=e_{m+1}\boldsymbol{\beta}_{m+1}+\cdots+e_q\boldsymbol{\beta}_q$ 时, 必有 $d_{m+1}^2+\cdots+d_p^2=1$, $e_{m+1}^2+\cdots+e_p^2=1$. 下面分析对这样的 x 和 y, $(\boldsymbol{x}'\boldsymbol{C}\boldsymbol{y})^2$ 的最大值为几.

这个问题分以下两种情况进行讨论:

(a) 在 $m=1,\cdots,k-1$ 时, 根据 (A.8.10) 式, 并由于在 $i=1,\cdots,k$ 时, $\boldsymbol{\beta}_i=\boldsymbol{C}'\boldsymbol{\alpha}_i/\lambda_i$(见 (A.8.8) 式), 有

$$\boldsymbol{x}'\boldsymbol{C}\boldsymbol{y}=\boldsymbol{x}'\boldsymbol{C}\left(e_{m+1}\boldsymbol{\beta}_{m+1}+\cdots+e_k\boldsymbol{\beta}_k\right)=d_{m+1}e_{m+1}\lambda_{m+1}+\cdots+d_ke_k\lambda_k.$$

由于 $\lambda_{m+1}\geqslant\cdots\geqslant\lambda_k>0$, 所以

$$(\boldsymbol{x}'\boldsymbol{C}\boldsymbol{y})^2\leqslant\lambda_{m+1}^2\left(|d_{m+1}e_{m+1}|+\cdots+|d_ke_k|\right)^2.$$

根据 Cauchy-Schwarz 不等式,

$$\left(|d_{m+1}e_{m+1}|+\cdots+|d_ke_k|\right)^2\leqslant\left(d_{m+1}^2+\cdots+d_k^2\right)\left(e_{m+1}^2+\cdots+e_k^2\right)=1.$$

所以在 $m=1,\cdots,k-1$ 时, $\sup(\boldsymbol{x}'\boldsymbol{C}\boldsymbol{y})^2=\lambda_{m+1}^2$ 成立. 在 $d_{m+1}=1$, $d_{m+2}=\cdots=d_k=0$, $e_{m+1}=1$, $e_{m+2}=\cdots=e_k=0$, 即 $x=\alpha_{m+1}$, $y=\beta_{m+1}$ 时取最大值. 这时 $\boldsymbol{x}'\boldsymbol{C}\boldsymbol{y}=\lambda_{m+1}$. 在 $m=1,\cdots,k-1$ 时, 结论 (2) 中的 (i) 得证.

(b) 在 $m=k,\cdots,p-1$ 时, 根据 (A.8.10) 式或 (A.8.11) 式, $\boldsymbol{x}'\boldsymbol{C}\boldsymbol{y}=0$. 显然, 结论 (2) 中的 (ii) 得证.

至此, 结论 (2) 得证. 性质 A.8.5 证毕.

设 $\boldsymbol{C}$ 是秩为 k 的 $p\times q$ 阶非零矩阵, $p\leqslant q$, $k=1,\cdots,p$, $\boldsymbol{A}$ 和 $\boldsymbol{B}$ 分别是 p 阶和 q 阶正定矩阵, 则矩阵 $\boldsymbol{A}^{-1}\boldsymbol{C}\boldsymbol{B}^{-1}\boldsymbol{C}'$, $\boldsymbol{A}^{-1/2}\boldsymbol{C}\boldsymbol{B}^{-1}\boldsymbol{C}'\boldsymbol{A}^{-1/2}$, $\boldsymbol{B}^{-1}\boldsymbol{C}'\boldsymbol{A}^{-1}C$ 或 $\boldsymbol{B}^{-1/2}\boldsymbol{C}'\boldsymbol{A}^{-1}\boldsymbol{C}\boldsymbol{B}^{-1/2}$ 的由大到小排列的非负的前 p 个特征根中有 k 个正的特征根, $\lambda_1^2\geqslant\cdots\geqslant\lambda_k^2>0$, 而其余 $p-k$ 个特征根 $\lambda_{k+1}^2=\cdots=\lambda_p^2=0$, 其中, $\lambda_1\geqslant\cdots\geqslant\lambda_k>0$, 令 $\boldsymbol{x}_i=\boldsymbol{A}^{-1/2}\boldsymbol{\alpha}_i$, $\boldsymbol{y}_i=\boldsymbol{B}^{-1/2}\boldsymbol{\beta}_i$, 其中, $\boldsymbol{\alpha}_i$ 和 $\boldsymbol{\beta}_i$ 分别是 λ_i^2 作为 $\boldsymbol{A}^{-1/2}\boldsymbol{C}\boldsymbol{B}^{-1}\boldsymbol{C}'\boldsymbol{A}^{-1/2}$ 和 $\boldsymbol{B}^{-1/2}\boldsymbol{C}'\boldsymbol{A}^{-1}\boldsymbol{C}\boldsymbol{B}^{-1/2}$ 的第 i 大特征根所对应的正则正交特征向量. 同 (A.8.6) 式, 在 $\lambda_i>0$, 即 $i=1,\cdots,k$ 时, 取 $\boldsymbol{\beta}_i=\boldsymbol{B}^{-1/2}\boldsymbol{C}'\boldsymbol{A}^{-1/2}\boldsymbol{\alpha}_i/\lambda_i$. 令 $\boldsymbol{x}_i=\boldsymbol{A}^{-1/2}\boldsymbol{\alpha}_i$, $\boldsymbol{y}_i=\boldsymbol{B}^{-1/2}\boldsymbol{\beta}_i$, $i=1,\cdots,p$. 在上述这些假设条件下, 性质 A.8.5 的结论 (2) 有下面的推广 (其证明从略).

推论 A.8.1　在上述这些假设条件下, 若对给定的 $m=1,\cdots,p-1$, $\boldsymbol{x}\in\mathbf{R}^p$ 和 $\boldsymbol{y}\in\mathbf{R}^q$ 所满足的约束条件有

正则化约束: $\boldsymbol{x}'\boldsymbol{A}\boldsymbol{x}=1$, $\boldsymbol{y}'\boldsymbol{B}\boldsymbol{y}=1$,

正交化约束: 对任意的 $i=1,\cdots,m$, 都有 $\boldsymbol{x}_i'\boldsymbol{A}\boldsymbol{x}=0$, $\boldsymbol{y}_i'\boldsymbol{B}\boldsymbol{y}=0$, $\boldsymbol{x}_i'\boldsymbol{C}\boldsymbol{y}=0$, $\boldsymbol{y}_i'\boldsymbol{C}'\boldsymbol{x}=0$, 则在上述正则正交化约束条件下,

(1) $m=1,\cdots,k-1$ 时, $\sup(\boldsymbol{x}'\boldsymbol{C}\boldsymbol{y})^2=\lambda_{m+1}^2$, 当 $\boldsymbol{x}=\boldsymbol{x}_{m+1}$, $\boldsymbol{y}=\boldsymbol{y}_{m+1}$ 时取最大值, 且 $\boldsymbol{x}_{m+1}'\boldsymbol{C}\boldsymbol{y}_{m+1}=\lambda_{m+1}>0$;

(2) $m=k,\cdots,p-1$ 时, $\boldsymbol{x}'\boldsymbol{C}\boldsymbol{y}=0$.

A.9 Wishart 分布密度函数

A.9.1 许氏公式

定理 A.9.1(许氏公式) 若 $p\times n$ 阶矩阵变量 $\boldsymbol{X}$ 以概率 1 行满秩, 即它的秩以概率 1 有 $R(\boldsymbol{X})=p\leqslant n$, 且其密度函数形为 $f(\boldsymbol{X}\boldsymbol{X}')$, 则 p 阶矩阵 $\boldsymbol{W}=\boldsymbol{X}\boldsymbol{X}'$ 的密度函数形为

$$\frac{\pi^{pn/2}}{\Gamma_p(n/2)}\cdot|\boldsymbol{W}|^{(n-p-1)/2}f(\boldsymbol{W}).$$

显然, 许氏公式还可以等价地表述为, 若 $n\times p$ 阶矩阵变量 $\boldsymbol{X}$ 以概率 1 列满秩, 即它的秩以概率 1 有 $R(\boldsymbol{X})=p\leqslant n$, 且其密度函数形为 $f(\boldsymbol{X}'\boldsymbol{X})$, 则 p 阶矩阵 $\boldsymbol{W}=\boldsymbol{X}'\boldsymbol{X}$ 的密度函数形为

$$\frac{\pi^{pn/2}}{\Gamma_p(n/2)}\cdot|\boldsymbol{W}|^{(n-p-1)/2}f(\boldsymbol{W}).$$

在证明许氏公式之前首先说说它在推导 Wishart 分布密度函数中的应用. 用许氏公式推导 Wishart 分布密度函数比 3.1 节以及习题 3.7 的推导都要简单得多.

设 $\boldsymbol{x}_1,\cdots,\boldsymbol{x}_n$ 独立同 p 维正态分布 $N_p(\boldsymbol{0},\boldsymbol{\Sigma})$, $\boldsymbol{\Sigma}>0$, $n\geqslant p$. 记 $\boldsymbol{X}=(\boldsymbol{x}_1,\cdots,\boldsymbol{x}_n)$, 则 p 阶矩阵 $\boldsymbol{W}=\boldsymbol{X}\boldsymbol{X}'=\sum\limits_{i=1}^n\boldsymbol{x}_i\boldsymbol{x}_i'$ 的分布为 $W_p(n,\boldsymbol{\Sigma})$. $\boldsymbol{X}$ 的密度函数为

$$\begin{aligned}
&\prod_{i=1}^n\left(\frac{1}{(2\pi)^{p/2}\sqrt{|\boldsymbol{\Sigma}|}}\exp\left\{-\frac{\boldsymbol{x}_i'\boldsymbol{\Sigma}^{-1}\boldsymbol{x}_i}{2}\right\}\right)\\
=&\frac{1}{(2\pi)^{np/2}|\boldsymbol{\Sigma}|^{n/2}}\exp\left\{-\frac{1}{2}\mathrm{tr}\left(\boldsymbol{\Sigma}^{-1}\left(\sum_{i=1}^n\boldsymbol{x}_i\boldsymbol{x}_i'\right)\right)\right\}\\
=&\frac{1}{(2\pi)^{np/2}|\boldsymbol{\Sigma}|^{n/2}}\exp\left\{-\frac{1}{2}\mathrm{tr}\left(\boldsymbol{\Sigma}^{-1}(\boldsymbol{X}\boldsymbol{X}')\right)\right\}.
\end{aligned}$$

因而可以利用许氏公式导出 $\boldsymbol{W}=\boldsymbol{X}\boldsymbol{X}'$ 的 $W_p(n,\boldsymbol{\Sigma})$ 分布的密度函数为

$$\frac{|\boldsymbol{\Sigma}|^{-n/2}|\boldsymbol{W}|^{(n-p-1)/2}\exp\left\{-\frac{1}{2}\mathrm{tr}\left(\boldsymbol{\Sigma}^{-1}\boldsymbol{W}\right)\right\}}{2^{pn/2}\Gamma_p(n/2)}.$$

用许氏公式推导 Wishart 分布密度函数很是简单, 但证明许氏公式却不是一件容易的事, 要用到三角化变换和 Cholesky 分解, 以及它们的雅可比行列式, 还要用到 (5.5.7) 式的积分运算公式.

许氏公式的证明 三角化变换 $\boldsymbol{X}=\boldsymbol{T}\boldsymbol{U}$, 其中, $\boldsymbol{T}$ 是 $p\times p$ 阶下三角阵, $\boldsymbol{U}$ 是 $p\times n$ 阶行正交矩阵. 则有 $\boldsymbol{X}\boldsymbol{X}'=\boldsymbol{T}\boldsymbol{T}'$. 根据定理 A.5.7, 由 $\boldsymbol{X}$ 的密度函数 $f\left(\boldsymbol{X}\boldsymbol{X}'\right)$, 得到 $(\boldsymbol{T},\boldsymbol{U})$ 的密度函数为

$$\left(\prod_{i=1}^{p}t_{ii}^{n-i}\right)\cdot h_{n,p}\left(\boldsymbol{U}\right)\cdot f\left(\boldsymbol{T}\boldsymbol{T}'\right),$$

从而由积分运算公式 (5.5.7) 知 $\boldsymbol{T}$ 的密度函数为

$$\frac{2^{p}\pi^{pn/2}}{\Gamma_{p}\left(n/2\right)}\left(\prod_{i=1}^{p}t_{ii}^{n-i}\right)\cdot f\left(\boldsymbol{T}\boldsymbol{T}'\right).$$

由 $\boldsymbol{W}=\boldsymbol{X}\boldsymbol{X}'$ 知 $\boldsymbol{W}$ 有 Bartlett 分解 $\boldsymbol{W}=\boldsymbol{T}\boldsymbol{T}'$. 根据定理 A.5.3, 有

$$J\left(\boldsymbol{W}\to\boldsymbol{T}\right)=\frac{\partial\left(\boldsymbol{W}\right)}{\partial\left(\boldsymbol{T}\right)}=2^{p}\prod_{i=1}^{p}t_{ii}^{p+1-i},$$

则 $\boldsymbol{W}$ 的密度函数为

$$\begin{aligned}&\frac{2^{p}\pi^{pn/2}}{\Gamma_{p(n/2)}}\left(\prod_{i=1}^{p}t_{ii}^{n-i}\right)\cdot f\left(\boldsymbol{W}\right)2^{-p}\prod_{i=1}^{p}t_{ii}^{-(p+1-i)}\\=&\frac{\pi^{pn/2}}{\Gamma_{p(n/2)}}\cdot\left(\prod_{i=1}^{p}t_{ii}\right)^{n-p-1}f(\boldsymbol{W}).\end{aligned}$$

由于 $\prod_{i=1}^{p}t_{ii}=|\boldsymbol{T}|=|\boldsymbol{W}|^{1/2}$, 所以 W 的密度函数为

$$\frac{\pi^{pn/2}}{\Gamma_{p}\left(n/2\right)}\cdot|\boldsymbol{W}|^{(n-p-1)/2}f\left(\boldsymbol{W}\right).$$

许氏公式的证明完毕.

A.9.2 变换群的不变测度

6.1 节关于修正后的似然比检验统计量 (见 (6.1.6) 式) 具有无偏性的证明事实上隐含着变换群的不变测度 (又称 Haar 测度) 的重要概念. 根据 5.2.1 小节所说的变换群的概念, 令 Ω 表示由所有的 p 阶正定矩阵构成的集合 $\Omega=\{\boldsymbol{W}:\boldsymbol{W}>0\}$.

那么 $\boldsymbol{U}=\boldsymbol{CWC}'$ 就是从 Ω 到 Ω 的一个变换, 其中, $\boldsymbol{C}$ 为 p 阶非奇异方阵. 这个变换将 Ω 中的一个集合 G 变换成 Ω 中的另一个集合

$$G^*=\boldsymbol{C}G\boldsymbol{C}'=\left\{\boldsymbol{U}:\boldsymbol{U}=\boldsymbol{CWC}',\boldsymbol{W}\in G\right\}.$$

不同的 $\boldsymbol{C}$ 有不同的变换. 所有这样的变换形成一个群, 称为全线性变换群 (full linear transformation group).

5.2 节叙述了变换群的两个重要的概念: 同变估计和不变检验. 除它们之外, 不变测度也是变换群的一个重要的概念. 这里结合全线性变换群叙述不变测度概念的含义.

如果 Ω 上的一个测度 m 满足下列条件: 对任意的 $G\in\Omega$, 以及任意的非奇异方阵 $\boldsymbol{C}$, 都有

$$m\left(G\right)=m\left(G^*\right), \tag{A.9.1}$$

其中, $G^*=\boldsymbol{C}G\boldsymbol{C}'$, 则称 m 为 Ω 上全线性变换群的不变测度. 测度通常可写成积分的形式

$$m\left(G\right)=\int_G f\left(\boldsymbol{W}\right)\mathrm{d}\boldsymbol{W}, \tag{A.9.2}$$

那么 (A.9.1) 式就是说

$$\int_G f\left(\boldsymbol{W}\right)\mathrm{d}\boldsymbol{W}=\int_{G^*} f\left(\boldsymbol{W}\right)\mathrm{d}\boldsymbol{W}.$$

若取

$$f\left(\boldsymbol{W}\right)=\left|\boldsymbol{W}\right|^{-(p+1)/2},$$

并定义

$$m\left(G\right)=\int_G \left|\boldsymbol{W}\right|^{-(p+1)/2}\mathrm{d}\boldsymbol{W}. \tag{A.9.3}$$

那么 (6.1.19) 式就是说, (A.9.3) 式的测度 m 是 Ω 上全线性变换群的不变测度. 事实上, 只要 $f\left(\boldsymbol{W}\right)=k\left|\boldsymbol{W}\right|^{-(p+1)/2}$, 其中, k 是任意给定的常数, 那么 (A.9.2) 式的测度都是 Ω 上全线性变换群的不变测度. 反之, 若 (A.9.2) 式的测度是 Ω 上全线性变换群的不变测度, 则根据齐性空间 (homogeneous space) 不变测度的唯一性 [75,107], $f\left(\boldsymbol{W}\right)$ 一定形如 $k\left|\boldsymbol{W}\right|^{-(p+1)/2}$.

已经知道关于协方差阵是否等于单位矩阵的检验问题, (6.1.19) 式在修正后的似然比检验具有无偏性的证明过程中起了关键的作用, 所以这个证明事实上用到了变换群的不变测度的概念.

例 A.9.1 考察 $p=1$ 时的全线性变换群的不变测度.

在 $p=1$ 时 $\Omega=(0,\infty)=\mathbf{R}^+$, 从 $\mathbf{R}^+$ 到 $\mathbf{R}^+$ 的全线性变换就是 $v\to u=cv$, $v,u,c\in\mathbf{R}^+$. 取 $G=(a,b)\subseteq\mathbf{R}^+$, 这个全线性变换将 G 变换成 $G^*=(ca,cb)\subseteq\mathbf{R}^+$. 不难验证为了使得 $m(a,b)=m(ca,cb)$, 其中,

$$m(a,b)=\int_a^b f(x)\,\mathrm{d}x,\quad m(ca,cb)=\int_{ca}^{cb} f(x)\,\mathrm{d}x.$$

取 $f(x)=kx^{-1}$. 由此得到 $p=1$ 时的全线性变换群的不变测度为

$$m(a,b)=\int_a^b kx^{-1}\mathrm{d}x=k\ln\left(\frac{b}{a}\right).$$

例 A.9.2 考察 $p=1$ 时的加法变换群的不变测度.

不同的变换群有不同的不变测度. 例如, 从 $\mathbf{R}=(-\infty,\infty)$ 到 $\mathbf{R}$ 的加法变换: $x\to y=x+c$, $x,y,c\in\mathbf{R}$. 取 $G=(a,b)\subseteq\mathbf{R}$, 这个加法变换群将 G 变换成 $G^*=(a+c,b+c)\subseteq\mathbf{R}$. 显然, 这个加法变换群的不变测度就是勒贝格 (Lebesgue) 测度

$$m(a,b)=\int_a^b k\mathrm{d}x=k(b-a).$$

显然 $m(a,b)=m(a+c,b+c)$. 这时 $f(x)=k$.

对不变测度有兴趣的读者可参阅文献 [84] 的 Chapter XI, Haar Measure 及文献 [80], [106].

利用不变测度可推导 Wishart 分布的密度函数 (见文献 [80] 的 Chapter VI, 6.3). 其推导过程如下:

首先复习测度论的有关结果. 设变量 X 的样本空间为 V, υ 是 V 上的测度, 关于测度 υ 变量 X 有概率密度函数 $f(t(x))$, 其中, $t(x)$ 是 $V\to\Omega$ 的可测变换. 由 υ 和 $t(x)$ 诱导出在 Ω 上的测度 μ: 对任意的可测子集 $B\subseteq\Omega$, 定义 $\mu(B)=\upsilon\left(t^{-1}(B)\right)$. 测度论的有关结果说, 变量 Y 关于 Ω 上的测度 μ 有概率密度函数 $f(y)$.

设 $\boldsymbol{x}_1,\cdots,\boldsymbol{x}_n$ 独立同 p 维正态分布 $N_p(\mathbf{0},\boldsymbol{\Sigma})$, $\boldsymbol{\Sigma}>0$, $n\geqslant p$. 记 $\boldsymbol{X}=(\boldsymbol{x}_1,\cdots,\boldsymbol{x}_n)$, 则 p 阶矩阵 $\boldsymbol{W}=\boldsymbol{X}\boldsymbol{X}'=\sum_{i=1}^n\boldsymbol{x}_i\boldsymbol{x}_i'$ 的分布为 $W_p(n,\boldsymbol{\Sigma})$. $\boldsymbol{X}$ 的密度函数为

$$f(\boldsymbol{X}\boldsymbol{X}')=\frac{1}{(2\pi)^{np/2}|\boldsymbol{\Sigma}|^{n/2}}\exp\left\{-\frac{1}{2}\mathrm{tr}\left(\boldsymbol{\Sigma}^{-1}(\boldsymbol{X}\boldsymbol{X}')\right)\right\},$$

其中, $\boldsymbol{X}\boldsymbol{X}'$ 是 $\mathbf{R}^{pn}\to\Omega=\{V:V>0\}$ 的可测变换. 正如前面所说的, Ω 是由所有的 p 阶正定矩阵构成的集合. 根据上面所述的测度论的这个结果, $\boldsymbol{W}\sim\boldsymbol{W}_p(n,\boldsymbol{\Sigma})$

关于 Ω 上的测度 μ 有概率密度函数

$$\frac{1}{(2\pi)^{np/2}|\boldsymbol{\Sigma}|^{n/2}}\exp\left\{-\frac{1}{2}\mathrm{tr}\left(\boldsymbol{\Sigma}^{-1}\boldsymbol{W}\right)\right\}.$$

Ω 上的测度 μ 是由 $\mathbf{R}^{pn}$ 上的勒贝格测度诱导的 Ω 上的测度: 对 Ω 的任意一个可测子集 G, 这也就是说 G 是由某些 p 阶正定矩阵构成的可测集合, 定义

$$\mu(G)=\int_{\boldsymbol{X}:\boldsymbol{X}\boldsymbol{X}'\in G}\mathrm{d}\boldsymbol{X}.$$

至此根据上面所述的测度论的这个结果, 有

$$\begin{aligned}P(\boldsymbol{W}\in G)&=\int_{\boldsymbol{X}:\boldsymbol{X}\boldsymbol{X}'\in G}\frac{1}{(2\pi)^{np/2}|\boldsymbol{\Sigma}|^{n/2}}\exp\left\{-\frac{1}{2}\mathrm{tr}\left(\boldsymbol{\Sigma}^{-1}\left(\boldsymbol{X}\boldsymbol{X}'\right)\right)\right\}\mathrm{d}\boldsymbol{X}\\&=\int_{G}\frac{1}{(2\pi)^{np/2}|\boldsymbol{\Sigma}|^{n/2}}\exp\left\{-\frac{1}{2}\mathrm{tr}\left(\boldsymbol{\Sigma}^{-1}\boldsymbol{W}\right)\right\}\mathrm{d}\mu(\boldsymbol{W}).\end{aligned}\tag{A.9.4}$$

下面证明测度

$$\mu^*(G)=\int_{\boldsymbol{X}:\boldsymbol{X}\boldsymbol{X}'\in G}\frac{1}{|\boldsymbol{X}\boldsymbol{X}'|^{n/2}}\mathrm{d}\boldsymbol{X}$$

是 Ω 上全线性变换群的不变测度. 由 (A.9.1) 式知仅需验证

$$\mu^*(\boldsymbol{G})=\mu^*\left(\boldsymbol{C}\boldsymbol{G}\boldsymbol{C}'\right),$$

对任意的 $G\subseteq\Omega$ 和任意的非奇异方阵 $\boldsymbol{C}$ 都成立. 令 $\boldsymbol{X}=\boldsymbol{C}\boldsymbol{Y}$, 则由定理 A.5.1 知

$$\mu^*\left(\boldsymbol{C}\boldsymbol{G}\boldsymbol{C}'\right)=\int_{\boldsymbol{X}:\boldsymbol{X}\boldsymbol{X}'\in CGC'}\frac{1}{|\boldsymbol{X}\boldsymbol{X}'|^{n/2}}\mathrm{d}\boldsymbol{X}=\int_{\boldsymbol{Y}:\boldsymbol{Y}\boldsymbol{Y}'\in G}\frac{1}{|\boldsymbol{Y}\boldsymbol{Y}'|^{n/2}}\mathrm{d}\boldsymbol{Y}=\mu^*(\boldsymbol{G}),$$

所以 $\mu^*(\boldsymbol{G})$ 是 Ω 上全线性变换群的不变测度. 从而由 (A.9.3) 式知

$$\mu^*(\boldsymbol{G})=\int_G k|\boldsymbol{W}|^{-(p+1)/2}\mathrm{d}\boldsymbol{W}.$$

注意: 其中的 k 是某个待定的常数. 从证明 $\mu^*(\boldsymbol{G})$ 是 Ω 上全线性变换群的不变测度的过程可以看到, 常数 k 可能与 n 和 p 有关, 但与 $\boldsymbol{\Sigma}$ 无关. 根据 (A.9.4) 式, 有

$$\begin{aligned}P(\boldsymbol{W}\in G)&=\int_G\frac{1}{(2\pi)^{np/2}|\boldsymbol{\Sigma}|^{n/2}}|\boldsymbol{W}|^{n/2}\exp\left\{-\frac{1}{2}\mathrm{tr}\left(\boldsymbol{\Sigma}^{-1}\boldsymbol{W}\right)\right\}\mathrm{d}\mu^*(\boldsymbol{W})\\&=\int_G\frac{k}{(2\pi)^{np/2}|\boldsymbol{\Sigma}|^{n/2}}|\boldsymbol{W}|^{(n-p-1)/2}\exp\left\{-\frac{1}{2}\mathrm{tr}\left(\boldsymbol{\Sigma}^{-1}\boldsymbol{W}\right)\right\}\mathrm{d}\boldsymbol{W}.\end{aligned}$$

由此得到 $\boldsymbol{W}$ 的密度函数为

$$f(\boldsymbol{W}) = c_{n,p}\left|\boldsymbol{\Sigma}\right|^{-n/2}\left|\boldsymbol{W}\right|^{(n-p-1)/2}\exp\left\{-\frac{1}{2}\mathrm{tr}\left(\boldsymbol{\Sigma}^{-1}\boldsymbol{W}\right)\right\}, \quad \boldsymbol{W} > 0, \qquad (\mathrm{A}.9.5)$$

其中, 常数 $c_{n,p} = k\,(2\pi)^{-np/2}$. 根据 $f(\boldsymbol{W})$ 是 $\boldsymbol{W}$ 的密度函数, 利用数学归纳法, 不难求得常数 $c_{n,p}$.

既然 $c_{n,p}$ 与 $\boldsymbol{\Sigma}$ 无关, 故在计算 $c_{n,p}$ 的值时不妨假设 $\boldsymbol{\Sigma} = \boldsymbol{I}_p$. 从而有

$$c_{n,p} = \left(\int \left|\boldsymbol{W}\right|^{(n-p-1)/2}\exp\left\{-\frac{1}{2}\mathrm{tr}\left(\boldsymbol{W}\right)\right\}\mathrm{d}\boldsymbol{W}\right)^{-1}, \qquad (\mathrm{A}.9.6)$$

其中, $\boldsymbol{W} \sim W_p(n, \boldsymbol{I}_p)$. 将 $\boldsymbol{W}$ 剖分为

$$\boldsymbol{W} = \begin{pmatrix} \boldsymbol{W}_{11} & \boldsymbol{W}_{12} \\ \boldsymbol{W}_{21} & w_{22} \end{pmatrix} \begin{matrix} p-1 \\ 1 \end{matrix}.$$
$$\qquad\qquad p-1 \qquad 1$$

令 $u = w_{22} - \boldsymbol{W}_{21}\boldsymbol{W}_{11}^{-1}\boldsymbol{W}_{12}$, $\boldsymbol{Z} = \boldsymbol{W}_{21}\boldsymbol{W}_{11}^{-1/2}$, 则由于

$$\frac{\partial(\boldsymbol{W}_{11}, \boldsymbol{Z}, u)}{\partial(\boldsymbol{W}_{11}, \boldsymbol{W}_{12}, w_{22})} = \left|\boldsymbol{W}_{11}\right|^{-1/2},$$

所以, 令

$$(1) = \int \left|\boldsymbol{W}_{11}\right|^{(n-p)/2}\exp\left\{-\frac{1}{2}\mathrm{tr}\left(\boldsymbol{W}_{11}\right)\right\}\mathrm{d}\boldsymbol{W}_{11},$$

$$(2) = \int u^{(n-p-1)/2}\exp\left\{-\frac{u}{2}\right\}\mathrm{d}u = 2^{(n-p+1)/2}\Gamma\left(\frac{n-p+1}{2}\right),$$

$$(3) = \int \exp\left\{-\frac{zz'}{2}\right\}\mathrm{d}z = (2\pi)^{(p-1)/2},$$

则

$$\int \left|\boldsymbol{W}\right|^{(n-p-1)/2}\exp\left\{-\frac{1}{2}\mathrm{tr}\left(\boldsymbol{W}\right)\right\}\mathrm{d}\boldsymbol{W} = (1)\cdot(2)\cdot(3), \qquad (\mathrm{A}.9.7)$$

由于 $\boldsymbol{W}_{11} \sim W_{p-1}(n, \boldsymbol{I}_{p-1})$, 故根据 (A.9.6) 式 $(1) = (c_{n,p-1})^{-1}$. 综合 (A.9.6) 式和 (A.9.7) 式, 有

$$c_{n,p} = \left[\Gamma\left(\frac{n-p+1}{2}\right)2^{n/2}\pi^{(p-1)/2}\right]^{-1} c_{n,p-1}. \qquad (\mathrm{A}.9.8)$$

将 (A.9.8) 式依此类推, 从而有

$$c_{n,p} = \left[\Gamma\left(\frac{n-p+1}{2}\right)2^{n/2}\pi^{(p-1)/2}\right]^{-1}\cdots\left[\Gamma\left(\frac{n-1}{2}\right)2^{n/2}\pi^{1/2}\right]^{-1} c_{n,1}, \qquad (\mathrm{A}.9.9)$$

而 $c_{n,1}$ 可由 (A.9.6) 式求得

$$c_{n,1} = \left(\int w^{(n-2)/2} \exp\left\{-\frac{w}{2}\right\} \mathrm{d}w\right)^{-1} = \left[\Gamma\left(\frac{n}{2}\right) 2^{n/2}\right]^{-1}. \tag{A.9.10}$$

由 (A.9.9) 式和 (A.9.10) 式, 计算出 $c_{n,p}$ 的值为

$$c_{n,p} = \left(2^{np/2} \pi^{p(p-1)/4} \prod_{i=1}^{p} \Gamma\left((n-i+1)/2\right)\right)^{-1}.$$

将 $c_{n,p}$ 的值代入 (A.9.5) 式, 就得到了 Wishart $W_p(n, \boldsymbol{\Sigma})$ 分布的密度函数, 而这正是 (3.1.3) 式.

至此用 4 种方法推导了 Wishart 分布的密度函数. 第 1 个方法可称为数学归纳法 (见 3.1 节). 这个方法的优点就是它直观、初等, 读者容易理解. 此外考虑到二元正态分布用得比较多, 并且它是多元正态分布的一个缩影, 所以给出了二阶 Wishart 分布的密度函数是这个方法的又一个优点. 它的最大的缺点就在于它使用了数学归纳法, 必须事先知道 Wishart 分布密度函数的表达式. 因而严格地说, 该方法并不是推导, 而仅仅是证明了 Wishart 分布的密度函数. 第 2 个方法可称为 Bartlett 分解 (见习题 3.7). 虽然它也使用了数学归纳法, 但它并不需要事先知道 Wishart 分布密度函数的表达式. 第 1 和第 2 个方法都仅需要基本的概率论与数理统计的知识, 但读者理解第 2 个方法不如理解第 1 个方法容易. 本附录给出了用许氏公式和不变测度推导 Wishart 分布密度函数的第 3 和第 4 个方法. 这两个方法都比前两个方法简单得多. 但证明许氏公式和理解变换群的不变测度都不是一件容易的事. 这两个方法比较抽象.

A.10 Bonferroni 不等式方法和 Scheffe 方法的比较

A.10.1 单个正态分布均值的多重比较

单个正态分布均值的多重比较问题可使用 Bonferroni 不等式检验方法和 Scheffe 检验方法 (见 5.6.3 小节和 5.6.4 小节). 这两个检验方法的不同就在于它们的临界值不同. Bonferroni 不等式方法的临界值为

$$b(p, n, \alpha) = t_{1-\alpha/(2p)}(n-1),$$

而 Scheffe 方法的临界值为

$$s(p, n, \alpha) = \sqrt{\frac{p(n-1)}{n-p} F_{1-\alpha}(p, n-p)}.$$

下面对一些常用的 p 和 α, 即在 $\alpha \leqslant 0.10$, $p = 2, \cdots, 10$ 时, 简要证明对任意的 $n \geqslant p+1$, 都有 $b(p,n,\alpha) < s(p,n,\alpha)$, 即

$$t_{1-\alpha/(2p)}(n-1) < \sqrt{\frac{p(n-1)}{n-p} F_{1-\alpha}(p, n-p)}. \tag{A.10.1}$$

可以知道, 自由度为 f 的 t 分布的平方服从自由度为 1 和 f 的 F 分布, 所以

$$t_{1-\alpha/(2p)}(n-1) = \sqrt{F_{1-\alpha/p}(1, n-1)}.$$

另外还知道, 若 $F \sim F(m,n)$, 则 $Z = mF/n \sim Z(m/2, n/2)$, 其密度函数为

$$\frac{\Gamma((m+n)/2)}{\Gamma(m/2)\Gamma(n/2)} \frac{z^{m/2-1}}{(1+z)^{(m+n)/2}},$$

所以若记

$$f(z) = \frac{p\Gamma(n/2)}{\Gamma(1/2)\Gamma((n-1)/2)} \frac{z^{-1/2}}{(1+z)^{n/2}},$$

$$g(z) = \frac{\Gamma(n/2)}{\Gamma(p/2)\Gamma((n-p)/2)} \frac{z^{p/2-1}}{(1+z)^{n/2}},$$

则

$$\int_{\tilde{b}(p,n,\alpha)}^{\infty} f(z)\,\mathrm{d}z = \int_{\tilde{s}(p,n,\alpha)}^{\infty} g(z)\,\mathrm{d}z = \alpha, \tag{A.10.2}$$

其中,

$$\tilde{b}(p,n,\alpha) = \frac{b^2(p,n,\alpha)}{n-1}, \quad \tilde{s}(p,n,\alpha) = \frac{s^2(p,n,\alpha)}{n-1}.$$

显然, 证明 $b(p,n,\alpha) < s(p,n,\alpha)$ 等价于证明 $\tilde{b}(p,n,\alpha) < \tilde{s}(p,n,\alpha)$.

在 $z > 0$ 时, 曲线 $f(z)$ 和 $g(z)$ 只有一个交点 $z_0(p,n)$,

$$z_0(p,n) = \left(\frac{p\Gamma(p/2)\Gamma((n-p)/2)}{\sqrt{\pi}\Gamma((n-1)/2)}\right)^{2/(p-1)}, \tag{A.10.3}$$

并且在 $0 < z < z_0(p,n)$ 时, $f(z) > g(z)$, 而在 $z > z_0(p,n)$ 时, $f(z) < g(z)$. 从而由 (A.10.2) 式知如果能证明 $\tilde{b}(p,n,0.10) < \tilde{s}(p,n,0.10)$, 或者等价地如果能证明 $b(p,n,0.10) < s(p,n,0.10)$, 那么对所有的 $\alpha \leqslant 0.10$, 都有 $b(p,n,\alpha) < s(p,n,\alpha)$. 此外由 (A.10.2) 式还可以知道, 如果能证明 $(n-1)z_0(p,n) < s^2(p,n,0.10)$, 或者如果能证明 $(n-1)z_0(p,n) < b^2(p,n,0.10)$, 则就证得 $b(p,n,0.10) < s(p,n,0.10)$. 此处由 $(n-1)z_0(p,n) < b^2(p,n,0.10)$ 来推导 $b(p,n,0.10) < s(p,n,0.10)$.

(1) 考察对给定的 p, 在 $n \geqslant p+1$ 时 $(n-1)\,z_0\,(p,n)$ 作为 n 的函数的变化情况. 由 (A.10.3) 式知

$$(n-1)\,z_0\,(p,n) = \left(\frac{p\Gamma\,(p/2)}{\sqrt{\pi}}\right)^{2/(p-1)} \exp\{h\,(n)\},$$

其中,

$$h\,(n) = \ln\,(n-1) + \frac{2}{p-1}\left(\ln\Gamma\left(\frac{n-p}{2}\right) - \ln\Gamma\left(\frac{n-1}{2}\right)\right).$$

由于 (参阅文献 [8] 的第 14 章, 496 页, (24) 式)

$$\frac{\Gamma'\,(a)}{\Gamma\,(a)} + C = \int_0^1 \frac{1-t^{a-1}}{1-t}\mathrm{d}t, \tag{A.10.4}$$

其中, $C = 0.57721566490\cdots$ 为欧拉常数, 所以不难证明 $h\,(n)$ 关于 n 严格单调减少, 从而知 $(n-1)\,z_0\,(p,n)$ 关于 n 严格单调减少. 接下来讨论当 p 给定, 在 n 趋于无穷大时, $(n-1)\,z_0\,(p,n)$ 的极限.

3.5 节讨论 Wilks 分布的渐近展开时使用了 Γ 函数的展开式. 这个展开式的最为简单的形式就是斯特林 (Stirling) 公式

$$\ln\Gamma\,(a) = \ln\sqrt{2\pi} + \left(a-\frac{1}{2}\right)\ln a - a + \frac{\theta}{12a}, \quad 0<\theta<1. \tag{A.10.5}$$

利用斯特林公式不难证明, 对给定的 p, 在 $n\to\infty$ 时, $(n-1)\,z_0\,(p,n)$ 的极限为

$$(n-1)\,z_0\,(p,n) \to \gamma\,(p) = 2\left(\frac{p\Gamma\,(p/2)}{\sqrt{\pi}}\right)^{2/(p-1)}.$$

由此知, 随着 n 从 $p+1$ 起逐渐增加趋向于 ∞, $(n-1)\,z_0\,(p,n)$ 从 $p^{(p+1)/(p-1)}$ 起逐渐减少趋向于 $\gamma\,(p)$.

(2) 显然, 对给定的 p, $b\,(p,n,0.10) = t_{1-0.05/p}\,(n-1)$ 关于 n 严格单调减少, 在 $n\to\infty$ 时它的极限为 $U_{1-0.05/p}$, 其中, U_γ 是标准正态分布 $N\,(0,1)$ 的 γ 分位点. 由于 t 分布的上分位点随着其自由度的增加而逐渐减少 [104], 所以随着 n 从 $p+1$ 起逐渐增加趋向于 ∞, $b\,(n,p,0.10)$ 从 $t_{1-0.05/p}\,(p)$ 起逐渐减少趋向于 $u\,(p) = \left(U_{1-0.05/p}\right)^2$.

表 A.10.1 列举了 $u\,(p) = \left(U_{1-0.05/p}\right)^2$ 和 $\gamma\,(p) = 2\left(p\Gamma\,(p/2)/\sqrt{\pi}\right)^{2/(p-1)}$ 的值, 其中, $p = 2,\cdots,10$.

表 A.10.1

p	$u\,(p)$	$\gamma\,(p)$	p	$u\,(p)$	$\gamma\,(p)$	p	$u\,(p)$	$\gamma\,(p)$
2	3.841	2.546	5	5.412	3.873	8	6.238	5.133
3	4.529	3.000	6	5.731	4.298	9	6.448	5.544
4	5.024	3.441	7	6.002	4.718	10	6.635	5.953

由表 A.10.1 知在 $p=2,\cdots,10$ 时, $\gamma(p)<u(p)$ 总是成立的. 由于 $\gamma(p)$ 是 $n\to\infty$ 时 $(n-1)\,z_0(p,n)$ 的极限, 并考虑到 $(n-1)\,z_0(p,n)$ 关于 n 严格单调减少, 所以存在 $n_0(p)$, 在 $n>n_0(p)$ 时, $(n-1)\,z_0(p,n)<u(p)$ 总是成立的. 由于 $b(p,n,0.10)=t_{1-0.05/p}(n-1)$ 关于 n 严格单调减少, 且在 $n\to\infty$ 时 $b^2(p,n,0.10)$ 其极限为 $u(p)$, 所以在 $p=2,\cdots,10$, $n>n_0(p)$ 时, $(n-1)\,z_0(p,n)<b^2(p,n,0.10)$. 这样一来就证明了, 在 $p=2,\cdots,10$, $n>n_0(p)$ 时, $b(p,n,0.10)<s(p,n,0.10)$, 并由此推得在 $p=2,\cdots,10$, $n>n_0(p)$ 时, 对任意的 $\alpha\leqslant 0.10$, 都有 $b(p,n,\alpha)<s(p,n,\alpha)$. $p=2,\cdots,10$ 时, $n_0(p)$ 的值见表 A.10.2.

表 A.10.2

p	2	3	4	5	6	7	8	9	10
$n_0(p)$	5	6	9	11	15	20	26	37	53

在 $p=2,\cdots,10$, $p+1\leqslant n\leqslant n_0(p)$ 这有限个情况时, 可以把 $b(p,n,0.10)$ 和 $s(p,n,0.10)$ 都一一计算出来, 验证 $b(p,n,0.10)<s(p,n,0.10)$ 也是成立的, 从而推得在 $p=2,\cdots,10$, $p+1\leqslant n\leqslant n_0(p)$ 时, 对任意的 $\alpha\leqslant 0.10$, 都有 $b(p,n,\alpha)<s(p,n,\alpha)$.

至此在 $\alpha\leqslant 0.10$, $p=2,\cdots,10$ 和 $n\geqslant p+1$ 时, 证明了 Bonferroni 不等式方法的临界值总是比 Scheffe 方法的小. 这就导致 Bonferroni 不等式方法的联合区间估计的长度总是比 Scheffe 方法的短. 对多重比较问题 (5.6.1) 来说, 倾向于使用 Bonferroni 不等式方法进行多重比较. 但正如在 5.6.5 小节中所说的, Scheffe 方法给出了 $\{\boldsymbol{a}'\boldsymbol{\mu},\boldsymbol{a}\in\mathbf{R}^p\}$, 也就是 $\boldsymbol{\mu}$ 的任意一个线性组合的联合置信区间, 而 Bonferroni 不等式方法仅给出 $\boldsymbol{\mu}=(\mu_1,\cdots,\mu_p)'$, 也就是 $\{\boldsymbol{a}'\boldsymbol{\mu},\boldsymbol{a}=\boldsymbol{e}_i\in\mathbf{R}^p,i=1,\cdots,p\}$ 的联合置信区间. 就此而言, Scheffe 方法的优点就在于它全方位地考察了 p 维向量 $\boldsymbol{\mu}$, 而这恰是 Bonferroni 不等式方法的不足之处.

A.10.2 多元方差分析中的多重比较

由 Bonferroni 不等式方法、Scheffe 方法以及由简化的 Scheffe 方法得到的多元方差分析中的多重比较问题的三个检验方法的不同就在于它们的临界值不同. Bonferroni 不等式方法的临界值为

$$b(p,k,n,\alpha)=t_{1-\alpha/(k(k-1)p)}(n-k)\,,$$

Scheffe 方法的临界值为

$$s_1(p,k,n,\alpha)=\sqrt{(n-k)\,\lambda_{1-\alpha}(p,n-k,k-1)},$$

简化的 Scheffe 方法的临界值为

$$s_2(p,k,n,\alpha)=\sqrt{(k-1)\,F_{1-\alpha/p}(k-1,n-k)}.$$

在 $k=2$ 时, 由于 $s_2(p,2,n,\alpha)=\sqrt{F_{1-\alpha/p}(1,n-2)}=t_{1-\alpha/(2p)}(n-2)$, 所以

$$s_2(p,2,n,\alpha)=b(p,2,n,\alpha).$$

此外由 (5.4.22) 式可以知道

$$s_1(p,2,n,\alpha)=\sqrt{(n-2)\frac{p}{n-p-1}F_{1-\alpha}(p,n-p-1)}.$$

从而根据 (A.10.1) 式, 在 $\alpha\leqslant 0.10$, $p=2,\cdots,10$ 时, 对任意的 $n\geqslant p+2$ 都有

$$b(p,2,n,\alpha)=s_2(p,2,n,\alpha)<s_1(p,2,n,\alpha).$$

这说明在 $k=2$, 当 $\alpha\leqslant 0.10$, $p=2,\cdots,10$ 和 $n\geqslant p+2$ 时, Bonferroni 不等式方法的临界值与简化的 Scheffe 方法的临界值是相等的, 它们比 Scheffe 方法的临界值小. 人们在 $k=2$ 时倾向于使用 Bonferroni 不等式方法, 或等价地使用简化的 Scheffe 方法进行多重比较.

1) Bonferroni 不等式方法的临界值与简化的 Scheffe 方法的临界值的比较

在 $k\geqslant 3$ 时, 首先将 Bonferroni 不等式方法的临界值与简化的 Scheffe 方法的临界值进行比较. 这里使用的方法与本节上述均值检验的多重比较问题中比较临界值的方法是类似的. 利用 t 分布和 F 分布, 以及 F 分布和 Z 分布之间的关系, 有

$$\int_{\tilde{b}(p,k,n,\alpha)}^{\infty}f(z)\,\mathrm{d}z=\int_{\tilde{s}_2(p,k,n,\alpha)}^{\infty}g(z)\,\mathrm{d}z=\frac{\alpha}{p},$$

其中,

$$\tilde{b}(p,k,n,\alpha)=\frac{b^2(p,k,n,\alpha)}{n-k},\quad \tilde{s}_2(p,k,n,\alpha)=\frac{s^2(p,k,n,\alpha)}{n-k},$$

$$f(z)=\frac{k(k-1)}{2}\frac{\Gamma((n-k+1)/2)}{\Gamma(1/2)\Gamma((n-k)/2)}\frac{z^{-1/2}}{(1+z)^{(n-k+1)/2}},$$

$$g(z)=\frac{\Gamma((n-1)/2)}{\Gamma((k-1)/2)\Gamma((n-k)/2)}\frac{z^{(k-1)/2-1}}{(1+z)^{(n-1)/2}}.$$

在 $k\geqslant 3$, $z>0$ 时, 倘若曲线 $f(z)$ 和 $g(z)$ 不重合, 那它至多有一个交点. 若有一个交点, 则它必是下列方程的解 $z(k,n)$

$$\frac{k(k-1)}{2}\frac{\Gamma((k-1)/2)\Gamma((n-k+1)/2)}{\Gamma(1/2)\Gamma((n-1)/2)}=\left(\frac{z}{1+z}\right)^{k/2-1}. \tag{A.10.6}$$

在 $k=2$ 时 (A.10.6) 式是一个恒等式, 这就印证了上面所说的, $k=2$ 时 Bonferroni 不等式方法的临界值与简化的 Scheffe 方法的临界值是相等的. 记 (A.10.6) 式的左边为 $L(k,n)$, 即令

$$L(k,n)=\frac{k(k-1)}{2}\frac{\Gamma((k-1)/2)\Gamma((n-k+1)/2)}{\Gamma(1/2)\Gamma((n-1)/2)}.$$

利用 (A.10.4) 式和 (A.10.5) 式不难证明: 在 $k\geqslant 3$ 给定后, $L(k,n)$ 随着 n 的逐渐增加而严格减少, 且极限为 0. 这说明在 $k\geqslant 3$ 时, 存在这样的 $n_1(k)$, 当 $n>n_1(k)$ 时, $L(k,n)<1$, 曲线 $f(z)$ 和 $g(z)$ 有一个交点; 而在 $n\leqslant n_1(k)$ 时, $L(k,n)\geqslant 1$, 曲线 $f(z)$ 和 $g(z)$ 不相交. 曲线 $f(z)$ 和 $g(z)$ 不相交, 意味着 $f(z)>g(z)$, $b(p,k,n,\alpha)>s_2(p,k,n,\alpha)$, 所以在 $k\geqslant 3$, $p\geqslant 2$, $p+k\leqslant n\leqslant n_0(k)$ 时, 简化的 Scheffe 方法的临界值比 Bonferroni 不等式方法的临界值小. 经计算 $n_1(3)=8$, $n_1(4)=9$, $n_1(k)=k+4$, $k=5,6,\cdots$. 这说明对表 A.10.3 所列的情况来说, 简化的 Scheffe 方法的临界值比 Bonferroni 不等式方法的临界值小.

表 A.10.3

$k=3$		$k=4$		$k=5,6,\cdots$	
p	n	p	n	p	n
2	5, 6, 7, 8	2	6, 7, 8, 9	2	$2+k$, $3+k$, $4+k$
3	6, 7, 8	3	7, 8, 9	3	$3+k$, $4+k$
4	7, 8	4	8, 9	4	$4+k$
5	8	5	9		

表 5.6.8 所列情况中的总的样本容量 n 比正态总体的个数 k 大不了多少, 所以这些情况在实际问题中都很少见.

下面讨论当 $n>n_1(k)$ 时曲线 $f(z)$ 和 $g(z)$ 有一个交点 $z(k,n)$ 的情况. 由 (A.10.6) 式知

$$z(k,n)=\frac{\tilde{z}(k,n)}{1-\tilde{z}(k,n)},$$

其中,

$$\tilde{z}(k,n)=\left[\frac{k(k-1)}{2}\frac{\Gamma((k-1)/2)\Gamma((n-k+1)/2)}{\Gamma(1/2)\Gamma((n-1)/2)}\right]^{2/(k-2)}.$$

倘若证明了 $\tilde{s}_2(p,k,n,0.10)\geqslant z(k,n)$, 即证明了 $s_2^2(p,k,n,0.10)\geqslant(n-k)z(k,n)$, 那么就对所有的 $0<\alpha\leqslant 0.10$, 都有 $b(p,k,n,\alpha)<s_2(p,k,n,\alpha)$. 下面就把 $s_2^2(p,k,n,0.10)$ 与 $(n-k)z(k,n)$ 进行比较. 这和本节上述均值检验的多重比较问题中的方法稍有不同, 在那里是把 Bonferroni 不等式方法的临界值的平方 $b^2(p,n,0.10)$ 与 $(n-1)z_0(p,n)$ 进行比较, 这里是把简化的 Scheffe 方法的临界值的平方与 $(n-k)\cdot z(k,n)$ 进行比较.

下面利用 (A.10.4) 式证明在 $k \geqslant 3$ 给定后, $(n-k)\,z(k,n)$ 随着 n 的逐渐增加而严格单调减少. $h(n) = \ln(n-k) + \ln z(k,n)$ 关于 n 的导数为

$$h'(n) = \frac{1}{n-k} - \frac{\dfrac{1}{k-2}\displaystyle\int_0^1 \frac{t^{(n-k+1)/2-1}\left(1-t^{(k-2)/2}\right)}{1-t}\mathrm{d}t}{1-\tilde{z}(k,n)}.$$

(1) 首先在 $k=2m$ 为偶数的时候, 证明 $h'(n)$ 小于 0. 这时

$$h'(n) = \frac{1}{n-2m} - \frac{\dfrac{1}{m-1}\left(\dfrac{1}{n-3}+\dfrac{1}{n-5}+\cdots+\dfrac{1}{n-2m+1}\right)}{1-\left(\dfrac{m(2m-1)(2m-3)\cdots 1}{(n-3)(n-5)\cdots(n-2m+1)}\right)^{1/(m-1)}}.$$

根据算术与调和以及几何平均数之间的不等关系, 有

$$\frac{1}{m-1}\left(\frac{1}{n-3}+\frac{1}{n-5}+\cdots+\frac{1}{n-2m+1}\right) > \frac{1}{n-m-1},$$

$$((n-3)(n-5)\cdots(n-2m+1))^{1/(m-1)} < n-m-1.$$

因而

$$h'(n) < \frac{1}{n-2m} - \frac{\dfrac{1}{n-m-1}}{1-\dfrac{1}{n-m-1}(m(2m-1)(2m-3)\cdots 1)^{1/(m-1)}},$$

所以欲证 $h'(n)$ 小于 0, 仅需证明

$$(m-1)^{m-1} < m(2m-1)(2m-3)\cdots 1. \tag{A.10.7}$$

经验证, $m=2,3,\cdots,10$ 时, 上面的不等式成立, 所以在 $k=4,6,\cdots,20$ 时, $(n-k)\cdot z(k,n)$ 随着 n 的逐渐增加而严格单调减少.

(2) 接下来在 $k=2m+1$ 为奇数的时候, 证明 $h'(n)$ 小于 0. 这时

$$h'(n) = \frac{1}{n-(2m+1)} - \frac{\dfrac{1}{2m-1}\displaystyle\int_0^1 \frac{t^{(n-2m)/2-1}\left(1-t^{(2m-1)/2}\right)}{1-t}\mathrm{d}t}{1-\tilde{z}(2m+1,n)}.$$

由

$$\frac{1-t^{(2m-1)/2}}{1-t} \geqslant \frac{1}{2}\sum_{j=0}^{2(m-1)} t^{j/2}$$

以及算术与调和平均数之间的不等关系, 有

$$h'(n) \leqslant \frac{1}{n-(2m+1)} - \frac{\frac{1}{2m-1}\left(\frac{1}{n-2}+\frac{1}{n-3}+\cdots+\frac{1}{n-2m}\right)}{1-\tilde{z}(2m+1,n)}$$
$$< \frac{1}{n-(2m+1)} - \frac{1}{n-m-1}\frac{1}{1-\tilde{z}(2m+1,n)}.$$

由此看来, 欲证 $h'(n)<0$, 仅需证明

$$(n-m-1)\tilde{z}(2m+1,n) \geqslant m. \tag{A.10.8}$$

利用 (A.10.4) 式不难证明 $(n-m-1)\tilde{z}(2m+1,n)$ 随着 n 的逐渐增加而严格单调减少. 而利用 (A.10.5) 式可以证明在 $n\to\infty$ 时, $(n-m-1)\tilde{z}(2m+1,n)$ 的极限为

$$(n-m-1)\tilde{z}(2m+1,n) \longrightarrow 2\left(m(2m+1)\frac{(m-1)!}{\sqrt{\pi}}\right)^{2/(2m-1)}.$$

由 (A.10.8) 式知欲证 $h'(n)<0$, 仅需证明

$$2\left(m(2m+1)\frac{(m-1)!}{\sqrt{\pi}}\right)^{2/(2m-1)} \geqslant m. \tag{A.10.9}$$

经验证, $m=1,2,\cdots,9$ 时, 上面的不等式成立, 所以在 $k=3,5,\cdots,19$ 时, $(n-k)\cdot z(k,n)$ 随着 n 的逐渐增加而严格单调减少.

至此证明了在 $k=3,4,\cdots,20$ 时, $(n-k)z(k,n)$ 随着 n 的逐渐增加而严格单调减少. 接着利用 (A.10.5) 式证明在 $n\to\infty$ 时, $(n-k)z(k,n)$ 的极限为

$$(n-k)z(k,n) \to 2\left(\frac{k(k-1)}{2}\frac{\Gamma((k-1)/2)}{\Gamma(1/2)}\right)^{2/(k-2)}.$$

此外在 $k\geqslant 3$ 给定后, $s_2^2(p,k,n,0.10)=(k-1)F_{1-0.10/p}(k-1,n-k)$ 随着 $n>n_1(k)$ 后的逐渐增加也严格单调减少, 且在 $n\to\infty$ 时 $s_2^2(p,k,n,0.10)$ 的极限为

$$s_2^2(p,k,n,0.10) \to \chi^2_{1-0.10/p}(k-1).$$

在 $p=2,\cdots,10$, $k=3,\cdots,10$ 时, 经验证下列不等式总是成立的:

$$2\left(\frac{k(k-1)}{2}\frac{\Gamma((k-1)/2)}{\Gamma(1/2)}\right)^{2/(k-2)} < \chi^2_{1-0.10/p}(k-1).$$

这说明存在 $n_0(p,k)$, 在 $p=2,\cdots,10$, $k=3,\cdots,10$, $n>n_0(p,k)$ 时,

$$(n-k)z_0(k,n) \leqslant s_2^2(p,k,n,0.10).$$

从而有 $b(p,k,n,0.10) < s_2(p,k,n,0.10)$. 至此证明了 $p=2,\cdots,10$, $k=3,\cdots,10$, $n>n_0(p,k)$ 时, 对任意的 $\alpha\leqslant 0.10$, 都有 $b(p,k,n,\alpha)<s_2(p,k,n,\alpha)$. $n_0(p,k)$ 的值见表 A.10.4.

表 A.10.4 $n_0(p,k)$ 的值

		p								
		2	3	4	5	6	7	8	9	10
k	3	122	36	26	22	20	19	18	17	16
	4	25	20	17	16	16	15	15	14	14
	5	19	17	16	15	15	14	14	14	15
	6	18	16	15	15	15	15	14	15	16
	7	17	16	16	15	15	15	15	16	17
	8	17	17	16	16	16	16	16	17	18
	9	18	17	17	17	16	16	17	18	19
	10	18	18	17	17	17	17	18	19	20

至于 $p=2,\cdots,10$, $k=3,\cdots,10$, $n_1(k)<n\leqslant n_0(p,k)$ 这有限个情况, 可以把 $b(p,k,n,0.10)$ 和 $s_2(p,k,n,0.10)$ 都一一计算出来, 验证它们的大小关系. 对于给定的 $p=2,\cdots,10$ 和 $k=3,\cdots,10$, 存在 $n(p,k)$, 在 $n<n(p,k)$ 时简化的 Scheffe 方法的临界值比 Bonferroni 不等式方法的临界值小, 而在 $n\geqslant n(p,k)$ 时 Bonferroni 不等式方法的临界值比简化的 Scheffe 方法的临界值小. $n(p,k)$ 的值见表 5.6.4.

2) Bonferroni 不等式方法以及简化的 Scheffe 方法的临界值与 Scheffe 方法的临界值的比较

在将Bonferroni不等式方法的临界值以及简化的Scheffe 方法的临界值与 Scheffe 方法的临界值比较之前, 首先给出 $\lambda_{1-\alpha}(p,n-k,k-1)$ 的一个下界

$$\lambda_{1-\alpha}(p,n-k,k-1)\geqslant\frac{k-1}{n-k}F_{(1-\alpha)^{1/p}}(k-1,n-k). \tag{A.10.10}$$

(A.10.10) 式的证明稍后给出. 由 $\lambda_{1-\alpha}(p,n-k,k-1)$ 的下界可以得到 Scheffe 方法的临界值的下界

$$\begin{aligned} s_1(p,n,k,\alpha) &= \sqrt{(n-k)\lambda_{1-\alpha}(p,n-k,k-1)} \\ &\geqslant \sqrt{(k-1)F_{(1-\alpha)^{1/p}}(k-1,n-k)}. \end{aligned}$$

在 $p\geqslant 2$ 时, $(1-\alpha)^{1/p}<1-\alpha/p$, 所以简化的 Scheffe 方法的临界值有和 Scheffe 方法的临界值同样的下界

$$\begin{aligned} s_2(p,n,k,\alpha) &= \sqrt{(k-1)F_{1-\alpha/p}(k-1,n-k)} \\ &\geqslant \sqrt{(k-1)F_{(1-\alpha)^{1/p}}(k-1,n-k)}. \end{aligned}$$

虽然 $1-\alpha/p$ 比 $(1-\alpha)^{1/p}$ 大, 但这两者的差异 $L(p,\alpha)=(1-\alpha/p)-\left((1-\alpha)^{1/p}\right)$ 不大. 下面给出两者的差异很小的一个说明. 下面两个结论是不难证明的.

第 1 个结论是给定 $\alpha(0<\alpha<1)$ 后, 虽然 $L(p,\alpha)>0$, 但当 $p\geqslant 3$ 时随着 p 的增加 $L(p,\alpha)$ 越来越小, 所以差异的最大值为

$$\sup_{p=2,3,\cdots} L(p,\alpha)=\max\{L(2,\alpha),L(3,\alpha)\}. \tag{A.10.11}$$

第 2 个结论是给定 $p\geqslant 2$ 后, 当 $0<\alpha<1$ 时随着 α 的增加 $L(p,\alpha)$ 越来越大. 由这两个结论知在 $p\geqslant 2$, $0<\alpha\leqslant 0.10$ 时,

$$\sup_{\substack{p=2,3,\cdots\\0<\alpha<0.10}} L(p,\alpha)=\max\{L(2,0.10),L(3,0.10)\}.$$

根据 (A.10.11) 式计算了在 $\alpha=0.10$, 0.05 和 0.01 时, $1-\alpha/p$ 与 $(1-\alpha)^{1/p}$ 的差异的最大值 (表 A.10.5).

表 A.10.5　差异 $L(p,\alpha)=(1-\alpha/p)-((1-\alpha)^{1/p})$ 的最大值

α	0.10	0.05	0.01
$\sup_{p=2,3,\cdots} L(p,\alpha)$	0.001316702	0.000320566	0.0000125629

既然 $1-\alpha/p$ 与 $(1-\alpha)^{1/p}$ 的差异很小, 由此可见 $F_{1-\alpha/p}(k-1,n-k)$ 与 $F_{(1-\alpha)^{1/p}}(k-1,n-k)$ 的差异也不大. 一般来说, $k-1$ 不会很大, 所以由 (A.10.9) 式知, 简化的 Scheffe 方法的临界值 $s_2(p,n,k,\alpha)=\sqrt{(k-1)F_{1-\alpha/p}(k-1,n-k)}$ 与 Scheffe 方法的临界值的下界 $\sqrt{(k-1)F_{(1-\alpha)^{1/p}}(k-1,n-k)}$ 差不多一样大, 因而在 $k\geqslant 3$, $0<\alpha\leqslant 0.10$ 时, 倾向于不使用简化的 Scheffe 方法的临界值.

至此关于多元方差分析中的多重比较问题的三个检验方法: Bonferroni 不等式方法、Scheffe 方法以及简化的 Scheffe 方法, 结论如下:

(1) $k=2$, $p=2,\cdots,10$, $\alpha\leqslant 0.10$ 和 $n\geqslant p+2$ 时, 使用 Bonferroni 不等式方法的临界值, 或等价地使用简化的 Scheffe 方法的临界值.

(2) $k=3,\cdots,10$, $p=2,\cdots,10$, $\alpha\leqslant 0.10$ 和 $n\geqslant p+k$ 时, 由表 5.6.4 查得 $n(p,k)$ 值, 在 $n<n(p,k)$ 时使用简化的 Scheffe 方法的临界值, 在 $n\geqslant n(p,k)$ 时使用 Bonferroni 不等式方法的临界值.

下面是(A.10.10)式的证明. 这个式子其实是关于 Roy$\lambda_{\max}$ 统计量 $\lambda_{\max}(p,n,m)$ 的一个性质:

$$\lambda_{1-\alpha}(p,n,m)\geqslant\frac{m}{n}F_{(1-\alpha)^{1/p}}(m,n). \tag{A.10.12}$$

这个性质的证明过程如下：设 $\boldsymbol{A} \sim W_p(n, \boldsymbol{\Sigma})$, $\boldsymbol{B} \sim W_p(m, \boldsymbol{\Sigma})$, $\boldsymbol{A}$ 与 $\boldsymbol{B}$ 相互独立, $n \geqslant p$, Roy$\lambda_{\max}$ 统计量 $\lambda_{\max}(p, n, m)$ 就是方程 $|\boldsymbol{B} - \lambda \boldsymbol{A}| = 0$ 的最大的根, 也就是 $\boldsymbol{A}^{-1}\boldsymbol{B}$ 或等价地 $\boldsymbol{A}^{-1/2}\boldsymbol{B}\boldsymbol{A}^{-1/2}$ 的最大特征根. 不失一般性, 在求 Roy$\lambda_{\max}$ 统计量 $\lambda_{\max}(p, n, m)$ 的抽样分布时不妨假设 $\boldsymbol{\Sigma} = \boldsymbol{I}_p$. 令 $\boldsymbol{A} = (a_{ij})$, $\boldsymbol{B} = (b_{ij})$, 由于 $\boldsymbol{\Sigma} = \boldsymbol{I}_p$, 所以 $a_{11}, \cdots, a_{pp}, b_{11}, \cdots, b_{pp}$ 相互独立. 显然, $a_{11}, \cdots, a_{pp}$ 都服从 $\chi^2(n)$ 分布, $b_{11}, \cdots, b_{pp}$ 都服从 $\chi^2(m)$. 知道

$$\lambda_{\max}(p, n, m) = \sup_{\boldsymbol{a} \in \mathbf{R}^p} \frac{\boldsymbol{a}'\boldsymbol{B}\boldsymbol{a}}{\boldsymbol{a}'\boldsymbol{A}\boldsymbol{a}},$$

因而

$$\begin{aligned} P(\lambda_{\max}(p, n, m) \leqslant x) &= P\left(\sup_{\boldsymbol{a} \in \mathbf{R}^p} \frac{\boldsymbol{a}'\boldsymbol{B}\boldsymbol{a}}{\boldsymbol{a}'\boldsymbol{A}\boldsymbol{a}} \leqslant x\right) \\ &\leqslant P\left(\bigcap_{i=1}^{p}\left\{\frac{b_{ii}}{a_{ii}} \leqslant x\right\}\right) = \prod_{i=1}^{p}\left(P\left(\frac{b_{ii}}{a_{ii}} \leqslant x\right)\right). \end{aligned}$$

由于

$$\frac{n}{m}\frac{b_{ii}}{a_{ii}} \sim F(m, n),$$

所以

$$P\left(\lambda_{\max}(p, n, m) \leqslant \frac{m}{n} F_{(1-\alpha)^{1/p}}(m, n)\right) \leqslant \alpha,$$

从而有

$$\lambda_{1-\alpha}(p, n, m) \geqslant \frac{m}{n} F_{(1-\alpha)^{1/p}}(m, n).$$

至此 (A.10.12) 式得证, 从而 (A.10.10) 式得到了证明.

A.11 条件独立性

当 X, Y 和 Z 是离散型随机变量时, $X \perp\!\!\!\perp Y | Z$ 意思是说, 在 $P(Z = z) > 0$ 时有

$$P(X = x, Y = y | Z = z) = P(X = x | Z = z)\, P(Y = y | Z = z).$$

这个等式还可以改写为

对所有的 z 都有

$$P(X = x, Y = y, Z = z)\, P(Z = z) = P(X = x, Z = z)\, P(Y = y, Z = z).$$

当 X, Y 和 Z 是连续型随机变量时, 用 f 作为一般性的符号, 以表示对应变量的密度 (或条件密度) 函数. 那么 $X \perp\!\!\!\perp Y | Z$ 意思是说在 $f(z) > 0$ 时, 有

$$f(x, y | z) = f(x | z)\, f(y | z). \tag{A.11.1}$$

这个等式还可以改写为

对使用的 z 都有

$$f(x,y,z)\,f(z)=f(x,z)\,f(y,z)\,. \tag{A.11.2}$$

条件独立性有以下的性质:

性质 A.11.1　$X \perp\!\!\!\perp Y|Z \Leftrightarrow Y \perp\!\!\!\perp X|Z$.

性质 A.11.2　$X \perp\!\!\!\perp Y|Z,\, U=h(X) \Rightarrow U \perp\!\!\!\perp Y|Z$.

性质 A.11.3　$X \perp\!\!\!\perp Y|Z,\, U=h(X) \Rightarrow X \perp\!\!\!\perp Y|(Z,U)$.

性质 A.11.4　$X \perp\!\!\!\perp Y|Z,\, X \perp\!\!\!\perp W|(Y,Z) \Rightarrow X \perp\!\!\!\perp (Y,W)|Z$.

性质 A.11.5　$X \perp\!\!\!\perp Y|Z,\, X \perp\!\!\!\perp (Y,W)|Z \Rightarrow X \perp\!\!\!\perp W|(Y,Z)$.

性质 A.11.5 可以看成性质 A.11.4 的逆命题. 由性质 A.11.2 和性质 A.11.3 可以推得性质 A.11.5. 这些性质的证明都留作习题 8.8.

此外, 条件独立性还有以下一个常被使用的性质:

性质 A.11.6　$X \perp\!\!\!\perp Y|Z,\, X \perp\!\!\!\perp Z|Y \Rightarrow X \perp\!\!\!\perp (Y,Z)$.

这个性质并不总是成立的. 例如, 取 $X=Y=Z$, $P(X=1)=P(X=0)=1/2$, 则性质 A.11.6 不成立. 可以证明在 (Y,Z) 的概率函数都是正的时候, 性质 A.11.6 必成立. 这里所说的概率函数, 在离散型随机变量时表示概率分布列, 而在连续型随机变量时表示密度函数. 本书假定正态分布. 对于正态分布而言, 性质 A.11.6 总是成立的.

性质 A.11.6 的证明　若 $X \perp\!\!\!\perp Y|Z$, 则

$$\begin{aligned} f(x,y,z) &= f(x,y|z)\,f(z)=f(x|z)\,f(y|z)\,f(z) \\ &= f(x|z)\,f(y,z)\,. \end{aligned} \tag{A.11.3}$$

类似地, $X \perp\!\!\!\perp Z|Y$, 则有 $f(x,y,z)=f(x|y)\,f(y,z)$. 从而在 (Y,Z) 的概率函数都是正的时候, $f(x|z)=f(x|y)$. 由此可见 $f(x|z)$ 与 z 无关, 所以 $f(x|z)=f(x)$. 类似地有 $f(x|y)=f(x)$. 根据 (A.11.3) 式推得 $f(x,y,z)=f(x)\,f(y,z)$, $X \perp\!\!\!\perp (Y,Z)$ 成立. 至此, 在 (Y,Z) 的概率函数都是正的条件下, 推得了条件独立性的性质 A.11.6.

性质 A.11.6 还可以推广为若 W 给定后, (Y,Z) 的条件概率函数都为正, 则有

性质 A.11.7　$X \perp\!\!\!\perp Y|(Z,W),\, X \perp\!\!\!\perp Z|(Y,W) \Rightarrow X \perp\!\!\!\perp (Y,Z)|W$.

附 表

$\theta_{\max}(p,n,m)$ 分布上 α 分位点 $\theta_{\max}(p,n,m,\alpha)$ 值表

$$P(\theta_{\max}(p,n,m)\geqslant\theta_{\max}(p,n,m,\alpha))=\alpha$$

$p=2$							
α	n	m					
		2	3	4	5	6	7
0.10	3	0.9487	0.9655	0.9740	0.9791	0.9825	0.9851
	5	0.7950	0.8463	0.8767	0.8908	0.9112	0.9221
	7	0.6628	0.7307	0.7746	0.8058	0.8292	0.8474
	9	0.5632	0.6366	0.6805	0.7244	0.7535	0.7768
	11	0.4880	0.5618	0.6146	0.6551	0.6873	0.7138
	13	0.4298	0.5017	0.5548	0.5965	0.6304	0.6587
	15	0.3837	0.4527	0.5049	0.5467	0.5813	0.6106
	17	0.3464	0.4122	0.4630	0.5043	0.5389	0.5685
	19	0.3155	0.3782	0.4273	0.4676	0.5019	0.5315
	21	0.2897	0.3493	0.3985	0.4359	0.4695	0.4989
	25	0.2488	0.3028	0.3465	0.3834	0.4155	0.4439
	31	0.2053	0.2523	0.2911	0.3245	0.3541	0.3805
	35	0.1838	0.2270	0.2630	0.2943	0.3222	0.3473
	41	0.1589	0.1972	0.2296	0.2581	0.2837	0.3070
	61	0.1093	0.1372	0.1613	0.1830	0.2028	0.2211
	101	0.0673	0.0853	0.1011	0.1155	0.1290	0.1416
0.05	3	0.9748	0.9830	0.9873	0.9898	0.9915	0.9927
	5	0.8577	0.8943	0.9155	0.9296	0.9396	0.9471
	7	0.7370	0.7919	0.8269	0.8514	0.8697	0.8839
	9	0.6383	0.7017	0.7446	0.7761	0.8003	0.8197
	11	0.5603	0.6267	0.6735	0.7090	0.7371	0.7600
	13	0.4981	0.5646	0.6131	0.6507	0.6811	0.7063
	15	0.4479	0.5130	0.5617	0.6002	0.6319	0.6585
	17	0.4065	0.4696	0.5177	0.5564	0.5886	0.6160
	19	0.3720	0.4328	0.4798	0.5182	0.5505	0.5782
	21	0.3427	0.4011	0.4469	0.4941	0.5167	0.5445
	25	0.2961	0.3497	0.3927	0.4287	0.4598	0.4872
	31	0.2457	0.2931	0.3319	0.3650	0.3441	0.4200
	35	0.2206	0.2645	0.3007	0.3320	0.3597	0.3845
	41	0.1913	0.2306	0.2635	0.2922	0.3178	0.3411
	61	0.1324	0.1615	0.1864	0.2085	0.2287	0.2474
	101	0.0820	0.1009	0.1174	0.1325	0.1464	0.1594

续表

$p=2$							
α	n	m					
		2	3	4	5	6	7
0.01	3	0.9950	0.9967	0.9975	0.9980	0.9983	0.9985
	5	0.9378	0.9542	0.9636	0.9698	0.9742	0.9774
	7	0.8498	0.8826	0.9031	0.9173	0.9278	0.9358
	9	0.7635	0.8074	0.8365	0.8575	0.8736	0.8862
	11	0.6878	0.7381	0.7730	0.7989	0.8193	0.8356
	13	0.6233	0.6770	0.7153	0.7446	0.7660	0.7872
	15	0.5687	0.6237	0.6640	0.6954	0.7209	0.7422
	17	0.5222	0.5774	0.6185	0.6512	0.6781	0.7008
	19	0.4823	0.5369	0.5783	0.6116	0.6394	0.6630
	21	0.4479	0.5014	0.5388	0.5762	0.6043	0.6285
	25	0.3915	0.4424	0.4824	0.5155	0.5438	0.5685
	31	0.3280	0.3754	0.4128	0.4444	0.4718	0.4962
	35	0.2972	0.3408	0.3763	0.4066	0.4332	0.4569
	41	0.2594	0.2993	0.3321	0.3605	0.3856	0.4082
	61	0.1821	0.2125	0.2383	0.2610	0.2816	0.3004
	101	0.1140	0.1343	0.1520	0.1678	0.1825	0.1961

$p=2$							
α	n	m					
		8	9	10	12	15	20
0.10	3	0.9869	0.9884	0.9895	0.9913	0.9930	0.9947
	5	0.9306	0.9374	0.9430	0.9516	0.9605	0.9698
	7	0.8620	0.8741	0.8842	0.9002	0.9173	0.9356
	9	0.7959	0.8120	0.8257	0.8477	0.8703	0.8987
	11	0.7360	0.7549	0.7711	0.7978	0.8278	0.8618
	13	0.6827	0.7035	0.7216	0.7517	0.7862	0.8261
	15	0.6357	0.6577	0.6770	0.7096	0.7474	0.7922
	17	0.5942	0.6169	0.6370	0.6712	0.7116	0.7603
	19	0.5575	0.5805	0.6011	0.6364	0.6787	0.7303
	21	0.5248	0.5479	0.5687	0.6047	0.6482	0.7023
	25	0.4692	0.4921	0.5129	0.5494	0.5943	0.6515
	31	0.4045	0.4264	0.4405	0.4824	0.5276	0.5869
	35	0.3703	0.3914	0.4109	0.4459	0.4906	0.5501
	41	0.3284	0.3483	0.3668	0.4003	0.4436	0.5025
	61	0.2383	0.2544	0.2097	0.2979	0.3357	0.3891
	101	0.1536	0.1651	0.1761	0.1968	0.2253	0.2674
0.05	3	0.9936	0.9943	0.9949	0.9957	0.9966	0.9974
	5	0.9529	0.9576	0.9613	0.9672	0.9733	0.9796
	7	0.8952	0.9045	0.9123	0.9246	0.9376	0.9515

续表

$p=2$							
α	n	m					
		8	9	10	12	15	20
0.05	9	0.8355	0.8487	0.8599	0.8780	0.8976	0.9192
	11	0.7791	0.7953	0.8091	0.8319	0.8572	0.8858
	13	0.7276	0.7459	0.7618	0.7882	0.8181	0.8526
	15	0.6813	0.7010	0.7184	0.7474	0.7811	0.8206
	17	0.6397	0.6604	0.6780	0.7099	0.7403	0.7899
	19	0.6024	0.6238	0.6428	0.6753	0.7139	0.7609
	21	0.5689	0.5906	0.6100	0.6435	0.6838	0.7334
	25	0.5114	0.5333	0.5530	0.5875	0.6298	0.6832
	31	0.4434	0.4647	0.4842	0.5187	0.5620	0.6183
	35	0.4071	0.4277	0.4468	0.4808	0.5240	0.5810
	41	0.3623	0.3820	0.4002	0.4331	0.4754	0.5324
	61	0.2648	0.2810	0.2964	0.3247	0.3623	0.4152
	101	0.1718	0.1835	0.1947	0.2158	0.2447	0.2872
0.01	3	0.9987	0.9989	0.9990	0.9992	0.9993	0.9995
	5	0.9799	0.9819	0.9836	0.9861	0.9887	0.9914
	7	0.9423	0.9475	0.9519	0.9587	0.9660	0.9736
	9	0.8957	0.9051	0.9124	0.9239	0.9364	0.9501
	11	0.8493	0.8607	0.8705	0.8864	0.9039	0.9235
	13	0.8034	0.8171	0.8290	0.8486	0.8706	0.8958
	15	0.7602	0.7758	0.7894	0.8119	0.8378	0.8679
	17	0.7202	0.7374	0.7520	0.7770	0.8061	0.8404
	19	0.6834	0.7013	0.7172	0.7441	0.7757	0.8137
	21	0.6496	0.6682	0.6848	0.7132	0.7469	0.7880
	25	0.5902	0.6096	0.6271	0.6574	0.6694	0.7399
	31	0.5178	0.5374	0.5553	0.5868	0.6258	0.6760
	35	0.4782	0.4976	0.5154	0.5470	0.5867	0.6384
	41	0.4287	0.4475	0.4609	0.4961	0.5358	0.5887
	61	0.3179	0.3341	0.3494	0.3773	0.4142	0.4654
	101	0.2090	0.2211	0.2326	0.2542	0.2836	0.3264

$p=3$							
α	n	m					
		3	4	5	6	7	8
0.10	4	0.9769	0.9826	0.9801	0.9884	0.9900	0.9913
	6	0.8857	0.9081	0.9238	0.9346	0.9427	0.9490
	8	0.7871	0.8229	0.8480	0.8607	0.8812	0.8929
	10	0.7008	0.7440	0.7757	0.8000	0.8195	0.8353
	12	0.6287	0.6757	0.7112	0.7392	0.7620	0.7810
	14	0.5681	0.6172	0.6548	0.6851	0.7101	0.7313

续表

α	n	p = 3					
		m					
		3	4	5	6	7	8
0.10	16	0.5186	0.5672	0.6057	0.6372	0.6637	0.6863
	18	0.4760	0.5242	0.5629	0.5950	0.6222	0.6457
	20	0.4397	0.4870	0.5254	0.5576	0.5852	0.6093
	26	0.3574	0.4007	0.4370	0.4681	0.4954	0.5196
	30	0.3175	0.3581	0.3925	0.4224	0.4489	0.4726
	36	0.2718	0.3087	0.3410	0.3682	0.3932	0.4158
	40	0.2480	0.2526	0.3125	0.3390	0.3630	0.3848
	60	0.1723	0.1984	0.2216	0.2426	0.2619	0.2798
	100	0.1069	0.1242	0.1399	0.1543	0.1679	0.1806
0.05	4	0.9887	0.9915	0.9932	0.9943	0.9951	0.9957
	6	0.9218	0.9378	0.9482	0.9556	0.9612	0.9655
	8	0.8365	0.8646	0.8842	0.8986	0.9098	0.9188
	10	0.7560	0.7922	0.8185	0.8386	0.8546	0.8076
	12	0.6857	0.7266	0.7573	0.7815	0.8010	0.8172
	14	0.6254	0.6689	0.7024	0.7292	0.7512	0.7698
	16	0.5739	0.6185	0.6535	0.6820	0.7058	0.7261
	18	0.5296	0.5745	0.6103	0.6398	0.6647	0.6861
	20	0.4914	0.5359	0.5718	0.6019	0.6275	0.6497
	26	0.4030	0.4450	0.4798	0.5096	0.5356	0.5586
	30	0.3595	0.3993	0.4328	0.4618	0.4873	0.5101
	36	0.3093	0.3458	0.4043	0.4168	0.4287	0.4507
	40	0.2828	0.3173	0.3470	0.3732	0.3968	0.4181
	60	0.1979	0.2245	0.2479	0.2691	0.2884	0.3064
	100	0.1235	0.1414	0.1575	0.1723	0.1861	0.1991
0.01	4	0.9978	0.9983	0.9987	0.9989	0.9990	0.9992
	6	0.9664	0.9734	0.9779	0.9811	0.9835	0.9853
	8	0.9086	0.9247	0.9359	0.9441	0.9504	0.9554
	10	0.8434	0.8679	0.8552	0.8983	0.9086	0.9170
	12	0.7816	0.8113	0.8334	0.8505	0.8643	0.8757
	14	0.7245	0.7582	0.7837	0.8035	0.8206	0.8344
	16	0.6735	0.7096	0.7376	0.7601	0.7788	0.7947
	18	0.6282	0.6657	0.6953	0.7195	0.7398	0.7571
	20	0.5879	0.6262	0.6568	0.6821	0.7035	0.7220
	26	0.4914	0.5296	0.5610	0.5876	0.6107	0.6309
	30	0.4423	0.4794	0.5103	0.5369	0.5601	0.5808
	36	0.3842	0.4191	0.4495	0.4746	0.4974	0.5180
	40	0.3531	0.3865	0.4151	0.4402	0.4626	0.4828
	60	0.2509	0.2777	0.3012	0.3223	0.3415	0.3592
	100	0.1586	0.1772	0.1939	0.2092	0.2234	0.2367

续表

p = 3						
α	n	m				
		9	10	12	15	20
0.10	4	0.9922	0.9930	0.9942	0.9953	0.9964
	6	0.9541	0.9582	0.9645	0.9711	0.9779
	8	0.9024	0.9103	0.9228	0.9362	0.9504
	10	0.8486	0.8598	0.8779	0.8976	0.9192
	12	0.7971	0.8109	0.8335	0.8586	0.8869
	14	0.7494	0.7652	0.7912	0.8208	0.8549
	16	0.7058	0.7230	0.7518	0.7849	0.8238
	18	0.6663	0.6845	0.7152	0.7512	0.7948
	20	0.6304	0.6493	0.6814	0.7196	0.7658
	26	0.5413	0.5610	0.5952	0.6370	0.6897
	30	0.4941	0.5136	0.5481	0.5909	0.6459
	36	0.4364	0.4555	0.4894	0.5323	0.5889
	40	0.4048	0.4233	0.4566	0.4991	0.5558
	60	0.2965	0.3122	0.3411	0.3793	0.4328
	100	0.1927	0.2043	0.2259	0.2554	0.2981
0.05	4	0.9962	0.9966	0.9972	0.9977	0.9983
	6	0.9689	0.9717	0.9760	0.9805	0.9851
	8	0.9261	0.9322	0.9417	0.9519	0.9627
	10	0.8784	0.8876	0.9022	0.9182	0.9356
	12	0.8309	0.8426	0.8017	0.8828	0.9065
	14	0.7857	0.7994	0.8221	0.8477	0.8770
	16	0.7436	0.7589	0.7844	0.8137	0.8478
	18	0.7048	0.7212	0.7489	0.7812	0.8195
	20	0.6692	0.6864	0.7158	0.7505	0.7923
	26	0.5792	0.5977	0.6299	0.6690	0.7179
	30	0.5307	0.5493	0.5822	0.6227	0.6744
	36	0.4709	0.4893	0.5220	0.5633	0.6172
	40	0.4377	0.4558	0.4881	0.5292	0.5838
	60	0.3231	0.3387	0.3674	0.4052	0.4578
	100	0.2114	0.2231	0.2450	0.2747	0.3145
0.01	4	0.9993	0.9993	0.9994	0.9996	0.9997
	6	0.9868	0.9880	0.9899	0.9918	0.9937
	8	0.9595	0.9628	0.9682	0.9738	0.9797
	10	0.9240	0.9298	0.9361	0.9492	0.9602
	12	0.8853	0.8934	0.9066	0.9212	0.9374
	14	0.8462	0.8564	0.8726	0.8918	0.9130
	16	0.8083	0.8201	0.8397	0.8621	0.8879
	18	0.7721	0.7853	0.8074	0.8329	0.8628
	20	0.7381	0.7524	0.7764	0.8046	0.8381

续表

$p=3$						
α	n	m				
		9	10	12	15	20
0.01	26	0.6490	0.6651	0.6931	0.7267	0.7684
	30	0.5993	0.6160	0.6452	0.6810	0.7263
	36	0.5366	0.5536	0.5836	0.6211	0.6697
	40	0.5012	0.5181	0.5482	0.5862	0.6360
	60	0.3757	0.3910	0.4190	0.4555	0.5058
	100	0.2492	0.2611	0.2832	0.3132	0.3564

$p=4$						
α	n	m				
		4	5	6	7	8
0.10	5	0.9869	0.9895	0.9913	0.9925	0.9934
	7	0.9272	0.9394	0.9480	0.9545	0.9595
	9	0.8532	0.8744	0.8900	0.9022	0.9118
	11	0.7820	0.8095	0.8306	0.8473	0.8610
	13	0.7180	0.7498	0.7746	0.7947	0.8114
	15	0.6619	0.6961	0.7235	0.7460	0.7650
	17	0.6128	0.6485	0.6774	0.7016	0.7221
	19	0.5700	0.6063	0.6361	0.6614	0.6830
	21	0.5323	0.5688	0.5991	0.6250	0.6474
	25	0.4096	0.5054	0.5358	0.5621	0.5851
	31	0.3985	0.4323	0.4615	0.4873	0.5102
	35	0.3617	0.3940	0.4222	0.4472	0.4697
	41	0.3176	0.3476	0.3741	0.3978	0.4198
	61	0.2254	0.2492	0.2706	0.2902	0.3082
	101	0.1425	0.1588	0.1738	0.1878	0.2009
0.05	5	0.9936	0.9949	0.9957	0.9963	0.9968
	7	0.9505	0.9589	0.9648	0.9692	0.9726
	9	0.8882	0.9045	0.9166	0.9259	0.9333
	11	0.8236	0.8463	0.8636	0.8773	0.8884
	13	0.7632	0.7904	0.8116	0.8287	0.8429
	15	0.7085	0.7387	0.7628	0.7825	0.7996
	17	0.6599	0.6920	0.7180	0.7346	0.7579
	19	0.6166	0.6499	0.6771	0.7000	0.7197
	21	0.5782	0.6120	0.6400	0.6638	0.6844
	25	0.5133	0.5472	0.5758	0.6004	0.6220
	31	0.4384	0.4711	0.4992	0.5238	0.5457
	35	0.3993	0.4307	0.4581	0.4822	0.5039
	41	0.3519	0.3814	0.4074	0.4306	0.4516
	61	0.2517	0.2755	0.2970	0.3164	0.3344
	101	0.1600	0.1767	0.1920	0.2062	0.2195

续表

p = 4						
α	n	m				
		4	5	6	7	8
0.01	5	0.9987	0.9990	0.9992	0.9993	0.9994
	7	0.9789	0.9825	0.9850	0.9869	0.9884
	9	0.9381	0.9473	0.9541	0.9593	0.9634
	11	0.8885	0.9032	0.9144	0.9231	0.9302
	13	0.8374	0.8567	0.8716	0.8836	0.8934
	15	0.7882	0.8110	0.8290	0.8436	0.8559
	17	0.7424	0.7677	0.7881	0.8049	0.8190
	19	0.7003	0.7275	0.7495	0.7680	0.7837
	21	0.6619	0.6903	0.7136	0.7333	0.7502
	25	0.5951	0.6247	0.6495	0.6708	0.6894
	31	0.5152	0.5450	0.5704	0.5926	0.6122
	35	0.4724	0.5016	0.5268	0.5490	0.5688
	41	0.4196	0.4476	0.4722	0.4939	0.5135
	61	0.3048	0.3284	0.3495	0.3686	0.3862
	101	0.1964	0.2135	0.2291	0.2435	0.2570

p = 4						
α	n	m				
		9	10	12	15	20
0.10	5	0.9942	0.9947	0.9956	0.9965	0.9974
	7	0.9636	0.9668	0.9719	0.9771	0.9826
	9	0.9197	0.9263	0.9367	0.9377	0.9594
	11	0.8723	0.8819	0.8973	0.9140	0.9323
	13	0.8255	0.8376	0.8572	0.8791	0.9035
	15	0.7812	0.7952	0.8183	0.8445	0.8744
	17	0.7400	0.7554	0.7813	0.8110	0.8457
	19	0.7020	0.7185	0.7466	0.7792	0.8178
	21	0.6670	0.6845	0.7141	0.7490	0.7910
	25	0.6056	0.6240	0.6557	0.6939	0.7410
	31	0.5309	0.5496	0.5826	0.6232	0.6749
	35	0.4901	0.4901	0.5087	0.5417	0.6363
	41	0.4390	0.4572	0.4896	0.5308	0.5854
	61	0.3251	0.3408	0.3697	0.4076	0.4602
	101	0.2134	0.2252	0.2472	0.2772	0.3208
0.05	5	0.9972	0.9974	0.9979	0.9983	0.9987
	7	0.9754	0.9776	0.9810	0.9846	0.9882
	9	0.9393	0.9443	0.9522	0.9606	0.9695
	11	0.8976	0.9054	0.9178	0.9313	0.9460
	13	0.8548	0.8470	0.8815	0.8998	0.9202
	15	0.8131	0.8253	0.8453	0.8678	0.8985

续表

p = 4						
α	n	m				
		9	10	12	15	20
0.05	17	0.7737	0.7874	0.8103	0.8364	0.8667
	19	0.7367	0.7517	0.7768	0.8060	0.8404
	21	0.7024	0.7183	0.7452	0.7760	0.8147
	25	0.6412	0.6583	0.6877	0.7229	0.7663
	31	0.5654	0.5832	0.6144	0.6527	0.7012
	35	0.5235	0.5414	0.5729	0.6121	0.6628
	41	0.4701	0.4883	0.5197	0.5593	0.6116
	61	0.3511	0.3668	0.3952	0.4326	0.4842
	101	0.2320	0.2439	0.2662	0.2962	0.3897
0.01	5	0.9994	0.9995	0.9996	0.9997	0.9997
	7	0.9846	0.9905	0.9920	0.9935	0.9950
	9	0.9668	0.9696	0.9739	0.9785	0.9834
	11	0.9361	0.9410	0.9489	0.9574	0.9666
	13	0.9017	0.9088	0.9202	0.9327	0.9466
	15	0.8663	0.8752	0.8898	0.9062	0.9247
	17	0.8312	0.8417	0.8592	0.8790	0.9019
	19	0.7974	0.8092	0.8291	0.8519	0.8787
	21	0.7650	0.7780	0.7801	0.8254	0.8557
	25	0.7057	0.7203	0.7452	0.7748	0.8110
	31	0.6297	0.6456	0.6731	0.7067	0.7489
	35	0.5867	0.6029	0.6313	0.6664	0.7114
	41	0.5314	0.5477	0.5767	0.6130	0.6605
	61	0.4025	0.4177	0.4452	0.4810	0.5301
	101	0.2696	0.2816	0.3039	0.3339	0.3771

p = 5										
α	n	m								
		6	8	10	12	14	16	20	26	36
0.05	16	0.7882	0.8210	0.8447	0.8627	0.8768	0.8883	0.9058	0.9236	0.9419
	26	0.6069	0.6507	0.6849	0.7125	0.7354	0.7547	0.7858	0.8197	0.8570
	36	0.4883	0.5328	0.5690	0.5993	0.6252	0.6477	0.6850	0.7277	0.7773
	46	0.4072	0.4495	0.4847	0.5150	0.5414	0.5647	0.6043	0.6511	0.7077
	56	0.3488	0.3881	0.4215	0.4507	0.4764	0.4995	0.5394	0.5877	0.6480
	66	0.3049	0.3413	0.3726	0.4003	0.4250	0.4474	0.4865	0.5349	0.5967
	76	0.2708	0.3045	0.3338	0.3599	0.3834	0.4049	0.4428	0.4904	0.5525
	86	0.2434	0.2746	0.3021	0.3267	0.3490	0.3696	0.4061	0.4525	0.5141
	96	0.2212	0.2503	0.2761	0.2992	0.3204	0.3400	0.3750	0.4200	0.4860
	102	0.2097	0.2377	0.2625	0.2849	0.3054	0.3244	0.3585	0.4026	0.4624
	106	0.2027	0.2299	0.2541	0.2760	0.2961	0.3147	0.3483	0.3918	0.4510
	126	0.1732	0.1973	0.2188	0.2385	0.2567	0.2736	0.3045	0.3450	0.4013

续表

p = 5										
α	n	m								
		6	8	10	12	14	16	20	26	36
0.05	166	0.1344	0.1539	0.1714	0.1877	0.2028	0.2171	0.2433	0.2785	0.3286
	246	0.0928	0.1068	0.1196	0.1316	0.1428	0.1535	0.1735	0.2008	0.2409
	486	0.0481	0.0557	0.0627	0.0693	0.0756	0.0816	0.0931	0.1091	0.1335
0.01	16	0.8477	0.8719	0.8892	0.9023	0.9125	0.9208	0.9334	0.9461	0.9591
	26	0.6762	0.7136	0.7452	0.7658	0.7850	0.8011	0.8268	0.8548	0.8853
	36	0.5544	0.5948	0.6274	0.6546	0.6777	0.6977	0.7306	0.7680	0.8111
	46	0.4677	0.5074	0.5404	0.5684	0.5928	0.6143	0.6505	0.6930	0.7440
	56	0.4038	0.4415	0.4735	0.5011	0.5255	0.5473	0.5846	0.6295	0.6851
	66	0.3549	0.3904	0.4208	0.4475	0.4713	0.4927	0.5301	0.5757	0.6337
	76	0.3165	0.3498	0.3783	0.4041	0.4270	0.4478	0.4844	0.5299	0.5889
	86	0.2854	0.3166	0.3438	0.3681	0.3900	0.4101	0.4457	0.4906	0.5497
	96	0.2601	0.2893	0.3150	0.3380	0.3590	0.3783	0.4127	0.4565	0.5151
	102	0.2469	0.2751	0.2999	0.3222	0.3426	0.3614	0.3950	0.4382	0.4962
	106	0.2388	0.2663	0.2806	0.3124	0.3324	0.3509	0.3841	0.4267	0.4844
	126	0.2048	0.2293	0.2512	0.2710	0.2893	0.3063	0.3371	0.3772	0.4326
	166	0.1596	0.1796	0.1977	0.2142	0.2296	0.2441	0.2706	0.3059	0.3559
	246	0.1108	0.1253	0.1386	0.1509	0.1625	0.1735	0.1940	0.2217	0.2624
	486	0.0577	0.0656	0.0730	0.0799	0.0865	0.0927	0.1047	0.1212	0.1464

p = 6										
α	n	m								
		7	9	11	13	15	17	21	27	37
0.05	17	0.8247	0.8499	0.8686	0.8830	0.8945	0.9039	0.9185	0.9335	0.9491
	27	0.6552	0.6917	0.7206	0.7442	0.7640	0.7808	0.8079	0.8377	0.8708
	37	0.5372	0.5759	0.6077	0.6346	0.6577	0.6779	0.7115	0.7500	0.7951
	47	0.4535	0.4913	0.5231	0.5506	0.5747	0.5960	0.6324	0.6754	0.7278
	57	0.3919	0.4276	0.4583	0.4852	0.5091	0.5306	0.5677	0.6128	0.6692
	67	0.3447	0.3782	0.4074	0.4333	0.4565	0.4775	0.5144	0.5600	0.6184
	77	0.3076	0.3390	0.3665	0.3912	0.4135	0.4338	0.4699	0.5151	0.5743
	87	0.2775	0.3069	0.3329	0.3563	0.3777	0.3973	0.4322	0.4767	0.5357
	97	0.2530	0.2806	0.3051	0.3273	0.3476	0.3664	0.4001	0.4434	0.5017
	103	0.2403	0.2668	0.2905	0.3120	0.3317	0.3599	0.3830	0.4256	0.4833
	107	0.2324	0.2583	0.2815	0.3025	0.3219	0.3399	0.3724	0.4144	0.4717
	127	0.1995	0.2226	0.2434	0.2624	0.2801	0.2966	0.3267	0.3662	0.4210
	167	0.1556	0.1745	0.1916	0.2075	0.2224	0.2364	0.2623	0.2969	0.3462
	247	0.1081	0.1218	0.1344	0.1463	0.1574	0.1681	0.1880	0.2151	0.2551
	487	0.0563	0.0638	0.0708	0.0775	0.0838	0.0899	0.1014	0.1176	0.1422

续表

$p=6$										
α	n	m								
		7	9	11	13	15	17	21	27	37
0.01	17	0.8745	0.8929	0.9065	0.9169	0.9252	0.9320	0.9424	0.9531	0.9642
	27	0.7173	0.7482	0.7724	0.7922	0.8086	0.8225	0.8449	0.8694	0.8964
	37	0.5986	0.6334	0.6619	0.6858	0.7063	0.7240	0.7535	0.7872	0.8262
	47	0.5111	0.5462	0.5757	0.6010	0.6231	0.6426	0.6757	0.7147	0.7616
	57	0.4450	0.4790	0.5081	0.5335	0.5559	0.5760	0.6106	0.6524	0.7042
	67	0.3936	0.4261	0.4542	0.4789	0.5011	0.5211	0.5561	0.5990	0.6536
	77	0.3527	0.3835	0.4103	0.4342	0.4557	0.4754	0.5100	0.5531	0.6090
	87	0.3194	0.3484	0.3740	0.3969	0.4177	0.4367	0.4706	0.5134	0.5698
	97	0.2919	0.3193	0.3436	0.3655	0.3854	0.4038	0.4368	0.4788	0.5350
	103	0.2775	0.3040	0.3276	0.3488	0.3683	0.3863	0.4187	0.4602	0.5160
	107	0.2687	0.2946	0.3177	0.3386	0.3577	0.3755	0.4074	0.4485	0.5041
	127	0.2315	0.2548	0.2757	0.2948	0.3125	0.3289	0.3588	0.3977	0.4515
	167	0.1814	0.2006	0.2181	0.2342	0.2493	0.2634	0.2894	0.3240	0.3730
	247	0.1266	0.1407	0.1538	0.1659	0.1774	0.1882	0.2085	0.2360	0.2763
	487	0.0663	0.0741	0.0814	0.0883	0.0949	0.1012	0.1132	0.1298	0.1550

$p=7$										
α	n	m								
		8	10	12	14	16	18	22	28	38
0.05	18	0.8523	0.8722	0.8872	0.8990	0.9085	0.9163	0.9286	0.9413	0.9548
	28	0.6950	0.7257	0.7503	0.7707	0.7878	0.8025	0.8263	0.8527	0.8823
	38	0.5792	0.6130	0.6412	0.6651	0.6858	0.7039	0.7342	0.7692	0.8104
	48	0.4944	0.5282	0.5570	0.5820	0.6040	0.6236	0.6570	0.6968	0.7453
	58	0.4305	0.4631	0.4914	0.5162	0.5384	0.5583	0.5930	0.6351	0.6879
	68	0.3809	0.4119	0.4390	0.4632	0.4850	0.5048	0.5395	0.5825	0.6378
	78	0.3415	0.3707	0.3965	0.4198	0.4409	0.4603	0.4944	0.5374	0.5939
	88	0.3093	0.3369	0.3615	0.3837	0.4040	0.4227	0.4561	0.4986	0.5552
	98	0.2828	0.3088	0.3322	0.3533	0.3728	0.3908	0.4232	0.4648	0.5210
	104	0.2690	0.2941	0.3167	0.3373	0.3562	0.3738	0.4056	0.4466	0.5024
	108	0.2604	0.2850	0.3072	0.3273	0.3459	0.3632	0.3946	0.4352	0.4907
	128	0.2244	0.2465	0.2665	0.2850	0.3021	0.3181	0.3474	0.3858	0.4392
	168	0.1759	0.1942	0.2109	0.2264	0.2410	0.2547	0.2801	0.3141	0.3626
	248	0.1229	0.1363	0.1487	0.1605	0.1715	0.1820	0.2018	0.2287	0.2684
	488	0.0644	0.0718	0.0788	0.0854	0.0918	0.0979	0.1095	0.1257	0.1504
0.01	18	0.8947	0.9091	0.9199	0.9284	0.9352	0.9408	0.9496	0.9587	0.9682
	28	0.7508	0.7766	0.7971	0.8140	0.8282	0.8403	0.8599	0.8815	0.9056
	38	0.6363	0.6665	0.6914	0.7126	0.7308	0.7467	0.7732	0.8037	0.8392
	48	0.5490	0.5803	0.6068	0.6297	0.6497	0.6675	0.6978	0.7336	0.7770

续表

$p=7$										
α	n	m								
		8	10	12	14	16	18	22	28	38
0.01	58	0.4817	0.5125	0.5391	0.5624	0.5831	0.6016	0.6338	0.6726	0.7210
	68	0.4286	0.4583	0.4843	0.5073	0.5280	0.5467	0.5795	0.6198	0.6713
	78	0.3858	0.4142	0.4393	0.4617	0.4820	0.5005	0.5332	0.5740	0.6272
	88	0.3506	0.3777	0.4017	0.4233	0.4431	0.4612	0.4934	0.5342	0.5881
	98	0.3213	0.3471	0.3700	0.3908	0.4099	0.4275	0.4590	0.4993	0.5532
	104	0.3060	0.3309	0.3533	0.3736	0.3922	0.4094	0.4405	0.4803	0.5341
	108	0.2965	0.3210	0.3429	0.3629	0.3812	0.3982	0.4289	0.4685	0.5221
	128	0.2565	0.2787	0.2987	0.3171	0.3341	0.3500	0.3789	0.4167	0.4689
	168	0.2020	0.2205	0.2375	0.2532	0.2678	0.2816	0.3070	0.3409	0.3889
	248	0.1418	0.1556	0.1683	0.1803	0.1916	0.2023	0.2223	0.2496	0.2894
	488	0.0747	0.0824	0.0897	0.0966	0.1031	0.1094	0.1214	0.1380	0.1633

$p=8$										
α	n	m								
		9	11	13	15	17	19	23	29	39
0.05	19	0.8739	0.8898	0.9020	0.9118	0.9197	0.9263	0.9367	0.9478	0.9595
	29	0.7281	0.7542	0.7754	0.7931	0.8080	0.8209	0.8419	0.8655	0.8921
	39	0.6156	0.6453	0.6703	0.6917	0.7103	0.7266	0.7541	0.7859	0.8236
	49	0.5307	0.5611	0.5872	0.6100	0.6302	0.6481	0.6789	0.7157	0.7607
	59	0.4655	0.4953	0.5213	0.5443	0.5648	0.5834	0.6157	0.6551	0.7047
	69	0.4141	0.4428	0.4680	0.4906	0.5110	0.5296	0.5623	0.6029	0.6552
	79	0.3728	0.4001	0.4243	0.4462	0.4662	0.4845	0.5170	0.5578	0.6115
	89	0.3388	0.3648	0.3880	0.4091	0.4284	0.4463	0.4782	0.5188	0.5730
	99	0.3106	0.3352	0.3574	0.3776	0.3962	0.4136	0.4447	0.4846	0.5387
	105	0.2958	0.3197	0.3412	0.3609	0.3791	0.3961	0.4267	0.4662	0.5200
	109	0.2867	0.3101	0.3312	0.3506	0.3685	0.3852	0.4154	0.4546	0.5081
	129	0.2480	0.2692	0.2885	0.3063	0.3229	0.3384	0.3668	0.4041	0.4560
	169	0.1954	0.2131	0.2293	0.2445	0.2587	0.2722	0.2971	0.3304	0.3779
	249	0.1372	0.1503	0.1626	0.1741	0.1850	0.1954	0.2149	0.2417	0.2810
	489	0.0723	0.0797	0.0866	0.0932	0.0996	0.1057	0.1173	0.1335	0.1583
0.01	19	0.9103	0.9218	0.9305	0.9375	0.9432	0.9480	0.9554	0.9632	0.9715
	29	0.7785	0.8003	0.8179	0.8325	0.8448	0.8554	0.8727	0.8919	0.9135
	39	0.6687	0.6950	0.7171	0.7359	0.7522	0.7665	0.7904	0.8180	0.8505
	49	0.5825	0.6104	0.6343	0.6550	0.6733	0.6896	0.7174	0.7504	0.7907
	59	0.5147	0.5427	0.5670	0.5884	0.6075	0.6247	0.6546	0.6908	0.7361
	69	0.4604	0.4877	0.5118	0.5332	0.5524	0.5700	0.6007	0.6387	0.6873
	79	0.4162	0.4425	0.4659	0.4870	0.5060	0.5235	0.5544	0.5932	0.6436
	89	0.3795	0.4048	0.4274	0.4479	0.4665	0.4837	0.5144	0.5533	0.6047
	99	0.3488	0.3730	0.3947	0.4145	0.4326	0.4494	0.4795	0.5181	0.5699

续表

$p=8$										
α	n	m								
		9	11	13	15	17	19	23	29	39
0.01	105	0.3326	0.3561	0.3773	0.3967	0.4145	0.4310	0.4607	0.4990	0.5508
	109	0.3226	0.3457	0.3665	0.3856	0.4032	0.4195	0.4489	0.4870	0.5387
	129	0.2801	0.3012	0.3205	0.3381	0.3546	0.3699	0.3979	0.4345	0.4851
	169	0.2217	0.2396	0.2560	0.2712	0.2855	0.2989	0.3237	0.3569	0.4039
	249	0.1564	0.1699	0.1824	0.1941	0.2052	0.2158	0.2355	0.2625	0.3019
	489	0.0829	0.0906	0.0977	0.1046	0.1111	0.1174	0.1293	0.1459	0.1712

$p=9$										
α	n	m								
		10	12	14	16	18	20	24	30	40
0.05	20	0.8910	0.9039	0.9141	0.9222	0.9289	0.9346	0.9435	0.9531	0.9635
	30	0.7560	0.7784	0.7968	0.8122	0.8253	0.8367	0.8554	0.8765	0.9006
	40	0.6473	0.6736	0.6959	0.7151	0.7318	0.7466	0.7716	0.8007	0.8353
	50	0.5631	0.5906	0.6143	0.6351	0.6536	0.6701	0.6985	0.7326	0.7745
	60	0.4972	0.5245	0.5485	0.5967	0.5888	0.6061	0.6363	0.6732	0.7198
	70	0.4446	0.4712	0.4947	0.5158	0.5350	0.5524	0.5832	0.6216	0.6711
	80	0.4018	0.4274	0.4502	0.4709	0.4897	0.5070	0.5378	0.5767	0.6278
	90	0.3664	0.3908	0.4128	0.4329	0.4512	0.4682	0.4987	0.5376	0.5894
	100	0.3367	0.3600	0.3811	0.4005	0.4182	0.4348	0.4647	0.5032	0.5551
	106	0.3211	0.3437	0.3643	0.3833	0.4006	0.4169	0.4464	0.4845	0.5362
	110	0.3115	0.3336	0.3539	0.3725	0.3896	0.4057	0.4349	0.4727	0.5244
	130	0.2704	0.2907	0.3093	0.3265	0.3426	0.3576	0.3852	0.4214	0.4718
	170	0.2141	0.2312	0.2470	0.2618	0.2757	0.2888	0.3132	0.3458	0.3924
	250	0.1511	0.1639	0.1760	0.1873	0.1981	0.2083	0.2277	0.2542	0.2931
	490	0.0801	0.0874	0.0943	0.1009	0.1072	0.1133	0.1249	0.1412	0.1660
0.01	20	0.9226	0.9319	0.9392	0.9450	0.9498	0.9538	0.9602	0.9670	0.9743
	30	0.8018	0.8203	0.8355	0.8482	0.8590	0.8683	0.8836	0.9008	0.9203
	40	0.6968	0.7199	0.7395	0.7563	0.7709	0.7838	0.8055	0.8307	0.8605
	50	0.6122	0.6373	0.6589	0.6777	0.6944	0.7094	0.7349	0.7655	0.8028
	60	0.5444	0.5699	0.5922	0.6120	0.6296	0.6456	0.6734	0.7072	0.7498
	70	0.4894	0.5146	0.5369	0.5568	0.5749	0.5913	0.6201	0.6559	0.7018
	80	0.4441	0.4687	0.4906	0.5103	0.5283	0.5447	0.5740	0.6107	0.6587
	90	0.4063	0.4300	0.4513	0.4706	0.4883	0.5046	0.5338	0.5709	0.6201
	100	0.3744	0.3972	0.4178	0.4365	0.4538	0.4698	0.4987	0.5357	0.5854
	106	0.3575	0.3797	0.3999	0.4183	0.4353	0.4511	0.4796	0.5164	0.5662
	110	0.3471	0.3689	0.3887	0.4069	0.4237	0.4394	0.4677	0.5043	0.5541
	130	0.3025	0.3226	0.3410	0.3580	0.3739	0.3887	0.4157	0.4511	0.5002
	170	0.2406	0.2578	0.2736	0.2884	0.3023	0.3154	0.3396	0.3720	0.4180
	250	0.1706	0.1837	0.1959	0.2075	0.2184	0.2288	0.2482	0.2748	0.3138
	490	0.0910	0.0985	0.1056	0.1124	0.1189	0.1251	0.1370	0.1536	0.1789

续表

$p = 10$										
α	n	m								
		11	13	15	17	19	21	25	31	41
0.05	21	0.9049	0.9155	0.9240	0.9309	0.9366	0.9414	0.9492	0.9576	0.9672
	31	0.7798	0.7991	0.8151	0.8287	0.8403	0.8504	0.8671	0.8861	0.9079
	41	0.6752	0.6986	0.7185	0.7358	0.7510	0.7644	0.7871	0.8138	0.8457
	51	0.5922	0.6171	0.6387	0.6578	0.6747	0.6900	0.7162	0.7479	0.7870
	61	0.5261	0.5512	0.5733	0.5930	0.6108	0.6269	0.6551	0.6897	0.7336
	71	0.4726	0.4973	0.5193	0.5391	0.5570	0.5734	0.6025	0.6388	0.6857
	81	0.4287	0.4527	0.4742	0.4937	0.5114	0.5278	0.5571	0.5942	0.6429
	91	0.3922	0.4152	0.4360	0.4550	0.4725	0.4887	0.5178	0.5550	0.6047
	101	0.3614	0.3834	0.4035	0.4218	0.4389	0.4548	0.4834	0.5204	0.5704
	107	0.3451	0.3665	0.3861	0.4041	0.4209	0.4366	0.4648	0.5015	0.5516
	111	0.3350	0.3561	0.3753	0.3931	0.4097	0.4252	0.4532	0.4897	0.5396
	131	0.2918	0.3113	0.3292	0.3458	0.3613	0.3758	0.4025	0.4377	0.4867
	171	0.2321	0.2487	0.2640	0.2784	0.2920	0.3048	0.3286	0.3605	0.4062
	251	0.1646	0.1772	0.1890	0.2002	0.2108	0.2209	0.2400	0.2662	0.3045
	491	0.0878	0.0950	0.1019	0.1084	0.1147	0.1208	0.1323	0.1486	0.1734
0.01	21	0.9326	0.9402	0.9462	0.9512	0.9552	0.9587	0.9642	0.9702	0.9768
	31	0.8215	0.8374	0.8506	0.8617	0.8712	0.8795	0.8931	0.9085	0.9262
	41	0.7213	0.7418	0.7593	0.7743	0.7875	0.7992	0.8189	0.8419	0.8693
	51	0.6387	0.6613	0.6800	0.6981	0.7134	0.7271	0.7507	0.7790	0.8138
	61	0.5714	0.5947	0.6152	0.6334	0.6498	0.6646	0.6905	0.7222	0.7622
	71	0.5160	0.5393	0.5600	0.5786	0.5955	0.6108	0.6380	0.6717	0.7152
	81	0.4700	0.4929	0.5134	0.5319	0.5489	0.5644	0.5921	0.6270	0.6727
	91	0.4313	0.4536	0.4736	0.4919	0.5087	0.5242	0.5519	0.5873	0.6344
	101	0.3984	0.4199	0.4394	0.4573	0.4737	0.4890	0.5166	0.5520	0.5998
	107	0.3809	0.4020	0.4211	0.4387	0.4549	0.4700	0.4974	0.5327	0.5807
	111	0.3701	0.3908	0.4097	0.4270	0.4431	0.4581	0.4853	0.5205	0.5685
	131	0.3237	0.3429	0.3606	0.3769	0.3922	0.4064	0.4326	0.4669	0.5144
	171	0.2587	0.2752	0.2906	0.3049	0.3184	0.3312	0.3548	0.3364	0.4313
	251	0.1844	0.1971	0.2091	0.2204	0.2311	0.2413	0.2605	0.2867	0.3251
	491	0.0989	0.1063	0.1133	0.1200	0.1265	0.1327	0.1446	0.1611	0.1863